ASTRONOMY AND ASTROPHYSICS ABSTRACTS

A Publication of the Astronomisches Rechen-Institut Heidelberg
Member of the Abstracting Board of the International
Council of Scientific Unions

Edited by S. Böhme   U. Esser   W. Fricke
U. Güntzel-Lingner I. Heinrich F. Henn D. Krahn
L. Schmadel H. Scholl G. Zech

Volume 15/16

Author and Subject Indexes
to Volumes 1-10
Literature 1969-1973

Prepared by U. Esser I. Heinrich F. Henn
D. Krahn H. Scholl G. Zech

Springer-Verlag Berlin Heidelberg GmbH 1976

Astronomisches Rechen-Institut
Heidelberg

Director: Professor Dr. Walter Fricke

Astronomy and Astrophysics Abstracts
Editor-in-Chief: Frieda Henn

Astronomy and Astrophysics Abstracts
is prepared under the auspices
of the International Astronomical Union

ISBN 978-3-662-12277-8   ISBN 978-3-662-12275-4 (eBook)
DOI 10.1007/978-3-662-12275-4

© by Springer-Verlag Berlin Heidelberg 1976
Originally published by Springer-Verlag Berlin Heidelberg New York in 1976
Softcover reprint of the hardcover 1st edition 1976

Library of Congress Catalog Card Number 72-104650.

Preface

Astronomy and Astrophysics Abstracts, which has appeared in semi-annual volumes since 1969, is devoted to the recording, summarizing and indexing of astronomical publications throughout the world. It is prepared under the auspices of the International Astronomical Union (according to a resolution adopted at the 14th General Assembly in 1970).

Astronomy and Astrophysics Abstracts aims to present a comprehensive documentation of literature in all fields of astronomy and astrophysics.

Volume 15/16 contains author and subject indexes of volumes 1 - 10, covering the literature from 1969 to 1973.

It is a pleasure to express our warmest thanks to Miss Helga Ballmann, Mrs. Monika Betz, Dr. Siegfried Böhme, Mrs. Karola Gudé, Miss Lore Kiefert, and Mrs. Ingrid Wolf for their kind support in the preparation of the indexes.

Heidelberg, June 1976

Ute Esser
Inge Heinrich
Frieda Henn
Dietlinde Krahn
Hans Scholl
Gert Zech

Introduction

The Author Index contains 110180 references to publications of 28654 different authors. The Subject Index contains 38145 references to 7170 different key words.
The main characteristics of the concept of *Astronomy and Astrophysics Abstracts, Author and Subject Indexes* may be summarized briefly.

A complete reference comprises eight figures, two for the volume number, three for the subject category and three for the serial number within the category. In the case of more than one reference to abstracts in one volume or category, the number of the volume or category is given only once and not repeated in the immediately following references.

For the users' information, we would like to mention that, in deviation from the procedure of indexing in the individual volumes 1–10, a new sorting program has been applied in the preparation of the present *Author and Subject Indexes*. This new sorting program is based on the IBM SORT/MERGE Program. This SORT-program sorts blank before hyphen (-) and before letters. Apostrophes are ignored by a special routine.

    Examples: a) De Laeter
         :
        Deacon
         :
        DeLaeter
      b) A Stars
         :
        Aberration Constant
      c) Solar X Rays
         :
        Solar–Terrestrial Relations
      d) Boehm–Vitense
        Boehme

The introduction of small and capital letters in the layout caused some difficulties. Special programs had to code the capital letters into small ones. For the layout, a TN chain for a 1403 IBM high-speed printer was used. All the programs were written in PL/I. The computations and printing were carried out on a IBM 370/168.
It may be mentioned that this program already has been applied from Vol. 11 onwards.

The **Author Index** contains all authors and editors cited in volumes 1–10. In the case of a joint publication, all authors are listed separately.
The entries are listed in alphabetical order according to the initial letter following the first names.
An effort has been made to cite Russian names according to the following transliteration:

А	а	a	Р	р	r
Б	б	b	С	с	s
В	в	v	Т	т	t
Г	г	g	У	у	u
Д	д	d	Ф	ф	f
Е	е	e	Х	х	kh
Ё	ё	e	Ц	ц	ts
Ж	ж	zh	Ч	ч	ch
З	з	z	Ш	ш	sh
И	и	i	Щ	щ	shch
Й	й	j	Ъ	ъ	''
К	к	k	Ы	ы	y
Л	л	l	Ь	ь	'
М	м	m	Э	э	eh
Н	н	n	Ю	ю	yu
О	о	o	Я	я	ya
П	п	p			

This transliteration was recommended by the Abstracting Board of the International Council of Scientific Unions in 1969. It is essentially the same as the transliteration proposed by the Academy of Sciences, Moscow, and used by the Referativnyj Zhurnal. It may be noted that the letters can be read and printed by ordinary data processing machines. Since in volumes 1–10 variant spellings of Russian names occasionally resulted from adopting the transliteration used in diverse journals, Russian names were consistently transliterated for the present index according to the above system and cross-references given under the original variant spellings.

The subject indexes of volumes 1–10 served as the basis for the present **Subject Index**, but an effort was made to standardize the key words. *This Subject Index is considered as an approximation of an optimal index covering all fields of astronomy and astrophysics and their border fields.* In some cases it appeared more useful to refer only to a subject category as a whole than to an item number, in particular, if the total number of abstracts in a category is very small, and if more specific key words do not provide a proper description of the paper.

Author Index

Aaboe, A.
 02.004.027
 04.004.035
 06.004.042 .046
 07.004.018
Aaloe, A. O.
 04.105.090
 08.105.072
Aannestad, P. A.
 09.131.079 .110 .111
 10.131.066 .178 .213
Aardoom, L.
 04.081.035
 09.046.026
Aarons, J.
 01.008.011
 02.077.009 .045
 03.008.010
 07.083.066
 08.083.001
 10.077.021
    083.055
Aarseth, S. J.
 02.160.004
 04.117.013
 06.042.045 .048
    151.035
 07.042.902 .904
    151.014 .030 .036 .057
 08.151.014 .019 .040
 10.042.079
    151.030
Aarsnes, K.
 04.078.031
    084.005
 06.084.221
 07.084.003
 08.078.026
 10.084.009
Aarts, J. F. M.
 01.022.117
 08.022.056
Abadir, A.
 09.063.006
Abak, M.
 07.061.053
Abakumov, I. E.
 06.153.007
Abalakin, V. K.
 03.007.000
    047.001 .020
 04.047.017
 06.003.045
    041.004
    047.015

Abalakin, V. K.
 06.094.283 .284
 07.041.007 .026
    047.002
 08.047.002
 09.047.021
    094.166
 10.043.005
    094.146
Abbas, M.
 01.062.004
 04.083.050
Abbasov, A. R.
 10.077.063
Abbasov, G. I.
 03.021.008
 09.114.107
 10.031.021
    064.021
Abbey, S.
 03.094.059
Abbitt Jr., M. W.
 01.052.022
Abbot, R. I.
 10.041.040
    042.052
    045.006
    094.101
Abbott, E. A.
 08.094.270
Abby, D. G.
 02.034.022
Abdel Rassoul, A. A.
 09.094.399
Abdel-Gawad, M.
 01.105.098
 03.094.123
 04.094.291
 09.094.288 .468 .673 .782
Abdel-Gawad, M. K.
 04.032.031
Abdel-Megied, M.
 10.162.068
Abdel-Wahab, S.
 09.084.266
Abdildin, M.
 06.066.086
Abdil'din, M. M.
 09.066.062
 10.066.028 .105 .106 .109
Abdu, M. A.
 06.083.038
 09.083.028
    141.126

Abdulkadir, A.
 07.094.040
Abdulkasumova, N. A.
 07.004.048
Abdurakhmanov, A.
 10.004.006 .034
Abdusamatov, H. I.
 02.071.061
 04.072.021
Abdussamatov, Kh. I.
 02.072.085
 03.072.018
 05.072.020
 06.072.029 .078
    073.091
 07.072.040
 09.072.035
Abdussattar
 10.162.064
Abe
 04.103.104
Abe, K.
 08.081.028
Abe, O.
 03.124.106
Abe, S.
 02.032.060
 07.045.010
 10.045.022
Abecassis De Laredo, E.
 10.012.030
Abei, I. R.
 05.034.087
Abel, P. G.
 08.082.092 .093
Abel, W. G.
 01.084.010
Abele, G. E.
 10.041.007
Abele, M.
 03.031.011
    032.008
    034.017
 06.031.053
Abele, M. K.
 03.031.032
 10.041.007
Abell, G.
 02.003.019 .020
 03.008.014 .075 .113 .114
 05.008.076
Abell, G. O.
 01.006.000
 03.158.050
 04.007.000

AUTHOR INDEX - VOL. 1-10

Abell, G. O.
04.014.001
07.160.016 .025
09.008.069
014.019
160.004
10.079.101
160.017
Abell, P. I.
03.094.157 .174
04.094.246
09.094.440
Aberth, W.
07.083.004
Abetti, G.
01.100.007
Abhyankar, K. D.
01.063.027
091.020
02.063.015 .016 .025
03.063.016 .017 .023 .026
.028
091.029
04.034.028
05.063.031
091.004
06.064.054
09.121.004
10.010.040
Abileah, R.
05.096.001
Abileath, R.
02.096.019
Ables, H. D.
01.114.082
02.113.020
154.010
158.047
03.118.001
158.029 .112
05.036.009
07.141.120
158.051
08.158.026 .073
09.034.069
158.059
10.141.903
158.903
Ables, J. G.
01.141.140 .212
142.067
143.011
02.141.133
03.141.170
04.141.020
05.141.172
06.141.119
07.125.007
141.524
08.141.560
09.022.044
141.554 .555
10.125.004
141.502 .542
Ables, P. G.
08.158.026 .073
Abom, C.
01.083.040
Abraamyan, M. G.
09.151.027
Abraham, H. J.
08.045.012
Abraham, H. J. M.
03.045.017
09.035.005
041.027
045.021
Abraham, Z.
04.080.035
06.080.049

Abraham De Epstein, A. E.
09.122.025
Abraham-Shrauner, B.
07.062.001
074.049
Abrahamian
See Abramyan
Abrahams, H. J.
08.003.033
Abramenko, A. L.
02.051.026
Abramenko, A. N.
01.034.039
036.007
02.122.081
03.034.063 .064
04.141.206
05.034.001
06.097.024 .097
120.022
08.097.101
122.054
10.097.079
122.125
Abramenko, N. A.
02.082.026
Abrami, A.
01.075.005
02.008.127
075.019
077.046
03.074.007
075.011
077.039 .053 .054 .055
04.075.031
077.059
05.075.028
06.075.034 .043
077.062
07.075.026
077.047 .053
08.075.013
Abramian, G. V.
See Abramyan, G. V.
Abramov, L. A.
08.084.296
09.084.246
Abramov, Y. Y.
02.064.023
Abramova, G. P.
09.044.015
Abramowicz, M.
01.066.053
02.117.039
141.198
03.066.019 .047
141.085
05.065.089
066.037
07.116.015
Abramowicz, M. A.
02.141.022
04.065.011 .048
05.065.038 .040 .088
06.065.109
066.013
09.065.154
10.065.115
Abramyan, G. L.
03.157.022
05.141.087
08.141.019
Abramyan, G. V.
04.103.101
09.034.096
Abramyan, L. E.
10.033.006
Abramyan, M. G.
08.061.039
09.062.061

Abramyan, M. G.
10.062.026
065.015 .016
151.085
Abt, H. A.
01.012.003
114.031
119.009
153.024
02.112.003
116.013
119.002 .004 .013 .015
153.002
03.112.015
122.051
153.003
04.119.003 .005
121.069
152.007
153.008 .021
05.121.001
06.119.013
07.003.170
112.007
114.045
119.002 .003
122.160
153.028
08.116.003
09.114.144 .170
119.008 .010
10.007.000
117.005
118.020
153.019
Abu-Eid, R. M.
07.094.118
09.094.637
10.094.190
Abu-Zeid, M. M.
09.033.054
Abuladze, O. P.
01.124.101 .104
02.122.029
04.122.056
Accad, Y.
08.022.094 .098
Accardo, C. A.
03.079.102
07.079.101
Achar, C. V.
04.061.013
Acharya, H. K.
04.081.018
Acharya, R.
09.066.124
Achiman, Y.
07.162.078
Achtermann, E.
04.084.418 .420
06.078.060
084.406
08.084.414
Acinger, K.
10.022.054
Acker, A.
03.041.015
06.119.003 .009
Ackerman, M.
03.055.015
04.022.054
06.076.017
082.028 .121
08.082.013 .182
10.076.003
082.154
Ackermann, G.
01.113.024
02.113.065
04.113.016

Ackermann, G.
05.113.022
Ackerson, K. L.
05.084.423
07.084.015
08.084.013
Ackley, M. H.
06.082.110
Ackner, J.
03.003.046
Acton, L. W.
01.008.110
02.142.029
03.008.118
076.030
04.074.055
076.018
134.006
142.079
06.034.056 .057
074.093
08.074.070 .072
076.012
09.076.024
142.050
Acton Jr., C. H.
07.097.027
09.097.082
10.051.020
097.028
Adachi, K.
03.124.106
Adachi, Y.
08.034.113
Adair, P. J.
06.096.006
Adair, R. K.
02.022.098
Adam, G.
02.114.074
122.097
07.141.015
Adam, G. R.
05.031.030
Adam, M. G.
02.072.029
06.072.052
Adam, N. V.
04.084.288
09.081.004
Adamczewski, J.
09.003.021
Adamczewski, Z.
04.021.017
Adami, L. H.
03.094.064
04.094.223
Adamiak, L.
08.104.049
Adamian, V.
10.033.122
Adamov, P.
04.005.015
Adams, A. N.
01.041.006
02.041.016
03.041.036
Adams, C. C.
07.003.104
Adams, C. N.
01.063.025
04.093.005
05.091.030
06.093.022
08.082.225
Adams, D. J.
01.142.015 .050
04.142.016
06.061.055
07.034.006

Adams, D. J.
08.034.003
10.142.070
Adams, E. W.
09.105.154
Adams, G.
09.094.569
Adams, G. P.
10.094.410
Adams, G. W.
01.078.011
04.082.109
Adams, J. A. S.
02.105.014
03.094.071
05.094.143
06.105.041
07.034.060
10.094.191
Adams, J. B.
01.097.012
02.094.173
097.009
107.001
03.094.146
098.019
04.094.058 .061 .264
05.094.015 .154
07.094.086
08.092.004 .006 .008
094.050 .051
09.094.072 .171 .473 .567
.585 .815
097.061
10.094.097 .192
Adams, L. A.
03.034.072
04.034.006
Adams, L. P.
01.041.021
Adams, M. J.
09.033.062
Adams, N. G.
05.105.018
Adams, R.
08.103.126
09.010.041
103.121
10.103.118
Adams, R. C.
10.065.148
Adams, T. F.
03.155.010
05.155.023
06.022.021
063.014
07.063.035
158.041 .110 .127
08.142.026
158.019 .080
09.158.012
10.158.058
Adams, W.
10.158.130
Adamyants, R. A.
07.066.085
09.066.040
10.141.536
Adcock, A.
05.142.080
Adcock, B.
01.010.008
02.010.008
Adcock, B. S.
01.010.008
02.097.069
03.010.008
05.099.086
07.010.008
099.060

Adcock, B. S.
09.010.008
10.031.050
Ade, P.
03.114.038
Ade, P. A.
08.034.034
09.094.475
Ade, P. A. R.
05.073.060
07.066.076
08.077.020
09.033.022
Adegbohungbe, C. E.
02.084.208
Adelman, S. J.
08.114.073
09.064.074
114.063 .118
10.064.065
114.004 .005 .051 .185
116.010
152.010
Adgie, R. L.
01.141.073
04.141.084 .117 .228
08.141.033
09.141.026
10.141.009
Aditya, P. K.
02.143.006
04.143.060
Adler, I.
03.094.083
04.003.014
094.134 .409
07.094.020 .087
08.094.005
09.094.301 .330 .587 .755
.896
10.094.165 .193
Adler, J. E. M.
01.094.025 .040
02.094.161
Adler, R. J.
10.065.148
Adler, S. L.
04.141.057
06.022.127
Adler, S. M.
02.072.031
Adorjan, A. S.
06.094.319
07.094.264 .274
Adrada, J.
09.094.392
Adzhyan, G. S.
06.065.051
07.065.074
09.065.008
126.010
10.126.012
Aeberli, R.
10.121.105
Aeppli, E.
10.079.101
Aerts, E.
01.009.018
03.055.015
05.084.247
Afanas'ev, G. D.
04.094.383
Afanas'ev, G. K.
10.082.076
Afanas'ev, S. A.
09.071.026
Afanas'ev, V.
03.103.113
Afanas'ev, V. L.
02.103.110

Afanas'ev, V. L.
03.034.032
103.113
05.103.119
06.103.103 .120
151.029
07.103.120
10.103.119
Afanas'eva, L. T.
07.084.211
Afanas'eva, P. M.
07.041.005 .006
08.041.008
Afanas'eva, V. I.
01.084.258
02.084.263 .268 .270
08.084.235
09.073.025
084.226
Afanasiev
See Afanas'ev
Afanasieva
See Afanas'eva
Afanasjev
See Afanas'ev
Afanasjeva
See Afanas'eva
Afanasyev
See Afanas'ev
Affolter, H. R.
08.084.213
Affronti, F.
02.082.120
03.082.094
Afonin, V. V.
09.083.054
Afonina, R. G.
06.084.242
Aframian, A.
10.094.375 ,
Africk, S.
02.065.034
03.126.005
Africk, S. A.
06.014.003
Afrosimov, V. V.
06.022.132
Afshar, H. K.
05.003.008
Agadzhanova, P. A.
03.003.023
Agafonova, L. D.
04.041.006
Agalakov, V. S.
04.083.057
05.083.017
08.053.024
09.082.038
Agaletskij, P. N.
01.035.005
Aganina, M. U.
01.094.065
02.094.057
09.094.869
Agapov, E. S.
04.034.053
Agarkov, V. P.
08.104.018
Agarwal, D. C.
06.097.100 .101
07.097.103
08.097.110
09.093.045
Agarwala, R. A.
09.085.005
Agekian
See Agekyan
Agekjan
See Agekyan

Agekyan, T. A.
02.003.007
151.011
03.117.007
151.009
05.117.026
151.015
06.003.046
151.010 .022
07.151.022
08.151.013
09.042.055
10.117.036
151.002 .022
Ageshin, P. N.
01.078.009
03.073.097
Aggarwal, M.
01.151.016
02.061.001 .023 .030
151.019
Aggarwal, S.
05.083.024
Aggarwal, S. S.
10.062.015
Aggson, T. L.
03.083.065
08.084.004
Agishev, G. G.
10.052.070
Agnelli, G.
06.083.057
Agnese, A.
01.162.019 .036
02.065.057
162.070
03.162.063
Agnese, A. G.
05.162.086
06.162.078
Agnew, D.
09.141.080
10.141.902
Agostinelli, C.
01.062.030
Agostinelli, S. C.
04.062.039
Agrawal, D. K.
07.094.213
09.094.819
Agrawal, P. C.
02.142.027
04.142.018 .019 .040
05.142.046 .073 .094
06.142.032 .051
07.034.139
142.034 .074 .075 .130
08.142.142
09.142.002 .004
Agrawal, S. P.
03.143.025
06.143.096
08.078.025
Agreen, R. W.
09.045.026
10.055.031
Agrell, J. E.
10.094.194 .195
Agrell, S.
10.094.126
Agrell, S. O.
03.094.081
04.094.133 .135
06.094.251
105.138
09.094.054
10.094.194 .195
Agrinier, B.
02.143.069
03.141.068 .165

Agrinier, B.
04.143.064
05.143.095
06.034.050
141.137 .165
07.141.507
09.134.009
Agueero, E.
03.158.115
09.158.108
Agueero, E. L.
05.158.113 .121
160.013
09.158.088 .091 .151
160.019
10.158.115
Aguilar, M. L.
01.114.044
03.114.146 .148
Aguirre, A. D. S. V.
06.041.036
Aguirre, C.
06.143.071
Aharony, A.
05.162.078
A'Hearn, M. F.
05.132.014
07.131.083
08.034.058
Ahlborn, B.
01.131.086 .115
04.063.036
Ahluwalia, H. S.
01.078.004
03.073.095
04.085.002
143.033
06.143.012 .102 .103
07.074.068
Ahmad, A.
07.151.015
08.151.041 .042
09.151.012
10.151.084
Ahmad, I. A.
08.094.109
10.131.268
Ahmad, S. M. W.
01.141.188
Ahmed, M.
02.084.015
04.082.096
07.083.029
Ahnert, E.
10.096.006
Ahnert, P.
01.047.002
093.070
099.015
02.047.018
095.004
122.068
03.093.006
122.116
04.047.009
096.008
06.123.034
07.003.020
047.013
093.014
095.006 .007
096.002
099.026 .027
09.014.004
072.032
096.008
121.041 .042 .071 .072
.073 .074
123.048 .049
10.047.027 .028

Ahnert, P.
10.096.006
  100.021
  121.074 .075 .126 .127
       .128 .129 .130 .131
  123.051
Ahrendt, M. H.
09.014.043
Ahrens, L. H.
01.012.014
  105.046 .052 .053 .054
       .055 .077
02.105.019 .020 .100
03.094.021
04.105.057 .058 .059 .108
05.105.044
06.003.031
  105.153 .169
07.105.016 .046
09.094.239 .379 .687 .837
  105.047
10.094.261
  105.013
Ahrens, T. J.
04.094.385
  105.035
06.105.044 .045
07.094.128
10.094.196
Aiba, S.
08.033.052
Aichelburg, P. C.
08.066.118
Aidinian, N. Kh.
  See Ajdin'yan, N. Kh.
Aiello, W. P.
07.034.128
Aihara, M.
09.044.035
10.044.025
Aikawa, T.
01.065.022
04.065.151
05.065.093
06.065.106 .107
10.151.010 .035
Aikens, R. S.
02.034.036
06.071.003
Aikin, A. C.
02.097.061
03.076.006
04.091.053
06.083.075
07.093.030
08.083.007
09.083.024 .044
  104.015
Aikman, G. C. L.
06.103.101
  119.004
Aime, C.
02.034.044
09.071.058
Airey, R. W.
07.034.088
09.034.077
Airy, G. B.
01.003.112
Aitchison, C. S.
06.033.048
Aitken, C. J. M.
04.033.047
Aitken, D. K.
06.134.004 .006
08.008.104
  099.066
10.114.027
  133.056

Aitken, F. K.
06.094.132
09.094.333
10.094.317 .413
Aitken, G. J. M.
06.034.103
Aiton, E. J.
03.004.036
07.003.012
Aivazjan, G. M.
01.131.077
Aizawa, K.
09.103.100
Aizawa, Y.
07.042.057
  151.097
Aizenman, M.
07.122.040
08.065.032
Aizenman, M. L.
01.153.009
05.065.005 .066
06.065.070
07.065.025 .048
  122.120
08.065.031
09.065.027 .078 .130
  122.003 .109
10.065.075
  122.147
Aizu, A.
06.141.259
Aizu, K.
01.162.028
04.141.079
08.141.122
10.141.557
  142.130
  158.091
Ajdin'yan, N. Kh.
04.105.067
08.105.083
Ajello, J. M.
08.082.037
10.097.026
Ajian, G. S.
  See Adzhyan, G. S.
Ajnbund, M. R.
10.106.025
Ajvasyan
  See Ajvazyan
Ajvazyan, S. M.
04.003.015
06.003.047
Ajvazyan, Yu. M.
02.162.049
Akabane, K.
02.131.123
  141.193
05.033.039 .044
08.033.074
09.131.005 .189
10.077.085
Akaiwa, Y.
06.033.053
Akasofu, S.-I.
01.082.014
  084.048 .050 .204 .208
       .219
02.084.012 .201 .206
03.083.069
  084.250
04.007.000
  084.041 .043 .258 .275
       .283 .284
05.084.034
  143.009
06.084.058 .238 .240 .258
       .259 .266 .283 .284
  143.047

Akasofu, S.-I.
07.084.002 .031 .035 .273
08.003.034
  012.006
  084.003 .007 .012 .015
       .289 .328 .332 .334
09.083.029
  084.020 .032 .048 .049
10.083.031
  084.002 .010 .016 .242
       .258 .260
  106.019
  143.032
Akatova, L. A.
09.083.047
Akella, J.
09.094.172
10.094.197
Akhababian
  See Akhababyan
Akhababyan, N.
04.143.011
06.143.056
10.143.007
Akhmanova, M. V.
07.094.178
08.094.168
10.094.049
Akhmedov, A.
10.004.080
Akhmedov, S. B.
03.077.037
Akhmedov, Sh. B.
04.077.048
06.072.018
07.077.021
08.077.033
09.077.017 .038
10.077.064
Akhmetshin, I. K.
08.022.123
Akhundova, G. V.
03.133.010
04.133.002 .026
  153.016 .017 .031
07.032.053
08.117.041 .042
Akim, E. L.
06.043.018
10.093.001
Akimoto, S.
09.094.340
Akimoto, S.-I.
03.094.091
04.094.136
Akimov, L. A.
02.094.246 .247
03.094.200
04.094.107
  097.031
06.094.194
09.094.858 .866
Akimov, V. V.
05.143.062 .137
07.143.019 .020 .045 .046
10.143.048
Akinjan
  See Akinyan
Akinyan, S. T.
06.077.031
07.077.045
10.077.004 .026
Akin'yan, S. T.
08.077.061
09.077.034
Ako, S.
10.103.103
Akol'zina, L. D.
08.105.078

Akoum, F.
09.083.035
Aksenov, A. N.
02.099.063 .067
06.003.007
08.099.012
09.099.093
10.099.036 .037 .038
Aksenov, E. P.
01.052.034
06.003.045
07.052.030
08.042.074
  052.026 .027
09.052.022
10.052.059 .060
Aksenov, M. L.
08.014.004
Aksionov, E. P.
06.055.006
  082.143
Aksnes, K.
01.103.120
02.151.028
03.042.059
  052.001
  098.029
04.052.006 .009 .055
05.103.131
06.052.009
  098.026
07.051.036
  052.001
  098.019
09.098.041
  099.022 .085
10.052.004 .011 .028
Akvilonova, A. B.
07.131.016
Akyol, M. Ue.
06.082.082
07.122.095
09.114.151
Akyuz, J.
02.122.156
Al-Chalabi, M.
05.081.038
07.044.005
Al-Hakkak, M. J.
03.033.040
Aladag, E.
01.105.057
Alania
  See Alaniya
Alaniya, I. F.
03.122.005
08.122.064 .135 .149
Alaniya, M. V.
03.143.056
06.078.046
  143.147
10.078.016
Alazraki, G.
06.074.001
Alazraki, J.
07.074.099
Albano, J.
04.082.118
  121.046
10.031.040
Albano, J. R.
04.084.411 .419
09.141.096
10.061.044
Albats, P.
01.142.031
07.034.138
08.141.523
10.061.043

Albats, P. A.
05.142.067
06.142.088
Albaugh, N.
02.033.048
Albee, A. L.
03.094.030
04.094.073 .137
06.094.046 .129 .136
07.094.053
08.094.155
09.003.001
  094.004 .173
10.094.198
Alber, F.
10.010.016
Alberca, L. F.
06.083.019 .067
Albergotti, J. C.
06.004.018
Albernhe, F.
01.082.088
06.061.022
  142.031
08.082.115
Albers, B.
09.082.061
Albers, H.
01.114.048
07.114.126
08.114.072
09.114.171
Albert, D. B.
02.102.036
Albert, E.
07.064.039
Albert, H.
01.014.003
04.014.028
06.014.004 .008 .011
07.014.009
09.014.013 .016
10.014.013 .018
Albert, R. D.
04.084.060
Albino, E.
02.115.016
Albo, H.
06.121.026
  122.049
Al'bokha, V. P.
05.082.128
07.082.087
Albrecht, C.
06.034.094 .095
07.094.081
08.034.009
10.119.005
Albrecht, R.
02.080.035
06.021.004
  099.074
08.099.017 .040
09.034.015
  097.091
  100.046
10.079.101
Albritton, D. L.
10.131.010
Albrow, M. G.
09.162.010
Albury, W. R.
08.004.062
Alcaino, G.
01.154.011
03.154.002
05.154.001 .002 .014
06.154.002 .015
07.154.001

Alcayde, D.
06.082.078
07.082.070
Alcock, G. E. D.
02.123.055
03.103.101 .103
04.124.107
06.123.054
Aldrich, M. J.
02.094.109
06.094.169
Aldrich, N. C.
08.034.071
Aldrovandi, R.
07.162.068
09.066.009
10.162.025
Aldrovandi, S. M. V.
05.162.033
07.158.025
09.022.053
  062.054
Alduseva, V. Ya.
01.114.010
  121.011
02.121.058
04.121.065
10.121.039 .048
Alean, J.
07.093.027
Alekhin, Ju. K.
06.084.298
09.083.001
10.062.006
Aleksakhin, I. V.
01.042.039
02.052.015
Aleksandrov, A. K.
08.053.021 .022
Aleksandrov, A. L.
07.033.010
Aleksandrov, L.
06.143.056
Aleksandrov, S. B.
02.079.103
Aleksandrov, Yu. N.
06.053.033
07.031.002
09.093.057
10.093.001
Aleksandrov, Yu. V.
02.091.050
04.091.027
05.097.053
07.097.101
Aleksandrova, I. A.
07.084.033
Aleksashin, E. P.
09.094.959
Alekseev, A. D.
07.066.085
09.066.040
10.141.536
Alekseev, A. V.
09.094.875
Alekseev, G. N.
04.122.155
05.122.074
10.122.096
  133.055
Alekseev, I. A.
02.033.032
09.033.032
Alekseev, I. I.
02.106.028
04.084.232
05.074.038
  084.277
  143.006
06.074.029

Alekseev, I. I.
06.084.307 .320
106.041
07.084.213
08.084.338
10.084.248
Alekseev, V. A.
01.033.032
094.088
02.033.015 .018 .019
134.007
141.135
04.033.006
07.033.018
Alekseev, V. N.
08.084.056
Alekseev, Yu. I.
01.141.185
02.141.048 .098 .213
05.141.219
06.141.178 .234
07.141.568
08.141.501
09.033.034
074.105
10.141.552
Alekseeva, K. N.
02.105.050 .052
Alekseeva, L. M.
07.084.240
Aleksejev
  See Alekseev
Al'en, I. K.
07.031.003
Aleshin, V. I.
02.097.021
03.097.025
151.013
05.097.054
07.097.061
151.086
08.097.115
09.093.076
097.111
10.052.064
097.069
Aleshina, T. N.
09.033.018
094.875
Alexander, C. C.
04.094.308
09.094.101 .495 .774
10.094.464
Alexander, C. W.
07.010.008
Alexander, D.
05.064.056
06.064.017
07.064.051
Alexander, D. R.
08.064.023
065.046
133.015
10.065.064
Alexander, E.
05.022.090
Alexander, J. B.
02.126.009
03.118.005
122.027 .070
04.122.152
05.122.105
06.113.046
114.072
07.115.011
08.082.216
115.023
122.018 .124
09.113.032
10.113.088

Alexander, J. B.
10.115.005
Alexander, J. K.
02.077.004 .017
141.057
157.006
03.157.008 .021
04.157.008 .011
06.051.029
132.001 .051
07.157.006 .007
08.099.069
09.099.033 .050
Alexander, M.
01.015.003
Alexander, M. E.
10.117.009
Alexander, S.
05.082.070
Alexander, W. M.
02.094.098 .099 .148
05.106.021
06.094.191
08.105.051 .053
Alexander Jr., E. C.
01.105.005 .062
02.105.023
04.094.080
05.061.025
06.061.006
07.094.012
08.105.001
09.094.424 .728
105.120
10.094.199 .200
Alexandrescu, H.
02.055.018
121.090
03.021.009
05.032.016
07.054.017
Alexandrov
  See Aleksandrov
Alexandrova
  See Aleksandrova
Alexanian, M.
02.066.058
03.162.019
Alexeev
  See Alekseev
Alexeeva
  See Alekseeva
Alexejew, W.
06.053.036
Alexis, R.
02.055.004
Alexsandar, K.
04.124.101
Alferova, Z. A.
08.033.028
Alfieri, G.
03.112.018
04.112.007
Alfriend, K. T.
02.052.033
03.042.013
05.042.010
06.042.019
08.042.015
09.042.040
Alfven, H.
01.003.080
094.091
098.014
162.033
02.003.023
071.032
03.042.001
051.009
107.001

Alfven, H.
04.051.027
107.002 .004
05.062.063
084.243
107.005 .014
162.047
06.003.048
042.008
062.031 .057
07.003.165
042.064
098.053 .067
107.009
08.051.002 .007 .024
094.029
107.007
09.003.022
062.037
107.013
10.003.019
051.023
102.023
Alfven, K.
07.003.165
Ali, A. K. M. S.
05.042.033
Ali, M. A.
05.022.054
Aliev, A. A.
05.122.025
07.122.154
Aliev, G. I.
10.114.176
Aliev, S.
04.114.032
Aliev, V. A.
03.091.042
Alieva, N.
01.098.023
Alieva, N. R.
03.103.132
Alijev
  See Aliev
Alikayeva, K. V.
03.073.123
04.082.173
06.064.002
07.074.008
08.074.046 .092
Alimov, O.
04.083.023 .024
Alimova, I. A.
05.105.001
Alissandrakis, C. E.
03.073.006
06.073.059
099.051
07.073.001 .080
08.099.003
10.073.080
Alksne, A.
03.106.003
08.014.018
098.036
10.051.014
Alksne, A. Y.
01.084.211 .240
02.084.241
04.084.207
05.074.083
07.099.053
Alksne, Z.
02.122.140
04.007.000
114.071 .137
06.003.004
015.025
08.011.033
114.032 .182

Alksne, Z.
10.113.016 .017
114.041
131.205
Alksne, Z. K.
03.115.008
Alksnis, A.
02.122.140
04.114.071 .137
06.010.017 .033
015.025
103.011
114.042
08.014.017
114.032
124.100
141.098
10.011.038
032.005 .006
097.087
113.016 .017
114.041 .186
123.003
131.205
141.041
Alksnis, A. K.
02.124.002 .003 .004
03.124.007
04.122.176
05.124.004
06.122.030
08.123.016
124.004
09.122.066
10.114.028
Alladin, S. M.
03.151.050
Allan, D. W.
01.062.041
03.107.008
07.035.016
08.044.027
Allan, H. R.
07.143.049
08.143.037
Allan, R. R.
01.100.010
03.052.020
091.026
05.052.018
07.081.021
082.058
08.082.148
10.081.022
Allcock, M. C.
08.142.141
Alldredge, L. R.
04.084.276
Allegre, C. J.
08.094.194 .195
09.094.924
105.161
107.012
10.094.014 .201
Allen, B. J.
07.065.142
Allen, C.
05.042.043
06.065.097
151.036
07.151.037
Allen, C. W.
01.008.070
076.024
03.071.038
04.008.063
05.022.047
06.008.057
012.009
076.032

Allen, C. W.
08.008.058
09.076.006
10.003.020
Allen, D. A.
01.094.045 .049
132.019
03.098.036
04.124.107
05.094.022 .115
100.006
114.096
06.113.038
114.102
07.098.035
113.045
114.007 .027 .067
133.022
08.113.006 .019
114.111 .157
09.094.547
113.001 .007
114.005 .102
132.024
133.003 .022
10.113.076
114.153
131.033
Allen, E. R.
03.082.011 .050
Allen, J.
04.094.237
Allen, J. E.
04.141.065
Allen, J. W.
01.062.007
Allen, K.
04.076.015
Allen, K. H.
09.076.012
Allen, L.
07.131.049
08.131.022
Allen, L. R.
02.032.031
03.117.009
04.115.001
05.119.002
Allen, M.
05.066.083
06.079.100
Allen, M. S.
10.073.078
Allen, R.
09.072.052
Allen, R. G.
10.071.067
Allen, P. H.
02.071.075
Allen, R. J.
01.141.162
02.141.118
161.009
04.158.009
05.158.001
07.158.092
08.158.011 .125
09.125.102
141.089
158.036
10.033.004
158.119
Allen, R. O.
03.094.040
04.094.205
09.094.396
Allen, R. S.
01.083.004
Allen, S.
09.094.429

Allen, S. C.
04.094.380
Allen Jr., R. O.
04.105.110
09.094.715
105.121
10.094.202
Allenby, R. J.
04.053.008
Aller, H. D.
03.141.051
04.141.016 .017
05.141.034
06.141.096 .106
08.141.038
142.063 .070
10.142.021
Aller, L.
04.071.063
Aller, L. H.
01.064.044
132.044 .061
133.003 .015 .020 .024
.028 .029 .033
02.064.044
106.031
114.050 .106
131.080
132.005 .009
133.003 .004 .008 .012
.013 .021 .025 .026
.031
03.022.034
114.026
132.034 .035
133.002 .003 .004 .018
.021 .028
04.114.007 .008 .038 .039
.049 .059 .067
119.010
132.018 .028 .033
133.014 .022 .027
05.003.016
106.034
114.040
133.003
06.003.049
114.053
133.009 .012 .023
159.002
07.071.013 .019
122.123
133.006 .011
143.028 .029
08.062.013
071.011
09.106.025 .026
124.102
133.013 .028 .034
10.022.047
071.055
124.103
133.039 .064
Aller, M. F.
03.064.040
04.114.111
05.114.015 .032
06.114.091
07.022.014
114.111 .112
08.114.011
10.114.006
Alley, C. O.
01.045.012
02.094.147
03.094.023 .028
04.094.053 .265
06.053.014
094.188
08.034.103

Alley, C. O.
09.094.927
10.094.074
Allison, A. C.
02.022.001 .056 .102
093.001
03.022.032
05.022.074
06.022.065
Allison, T. C.
04.015.004
Allkofer, O. C.
02.143.002
06.143.116
10.143.023
Alloin, D.
01.158.026 .032
04.158.032
05.158.002 .022 .111
07.158.087
08.158.012
09.158.023
10.158.025 .106
Alloucherie, Y.
04.074.077
Alloucherie, Y. F.
01.074.051
Allum, F. R.
02.078.024
05.034.015
078.017
06.078.003 .030 .034
09.078.061
10.078.047
Alm, S. H.
01.113.018
Almar, E. I.
09.082.125
Almar, I.
04.082.101
06.082.057 .142
07.051.024
09.082.125
Alme, M. L.
10.065.130
Almeida, O. G.
03.079.102
083.025
07.079.101
10.083.008
Alon, P.
09.071.053
Alonso, S.
09.082.060
Alpar, G.
04.046.017
Alperin, H.
09.094.464
Alperin, H. A.
06.094.122
10.094.439
Alpern, B.
10.105.033
Alpers, W.
02.084.252
05.084.262
09.074.080
Al'pert, Ya. L.
04.003.016
06.083.023
10.083.058
Alpher, R. A.
08.005.010
162.031
10.162.075
Alpherov, A. M.
02.082.151
05.082.095
08.082.142 .145

Alsberg, H.
09.034.085
Alschuler, W. R.
06.114.115
Al'shevskij, S. V.
03.052.026
08.091.037
Alsmiller Jr., R. G.
01.094.009 .097
09.094.431
Alt, E.
07.031.026
08.011.022
10.103.102
Alt, W.
01.114.056
03.034.011
Altavista, C. A.
01.042.010
03.021.016
042.080
05.042.057 .058
08.042.036
09.042.025
10.042.100
Altenhoff, W.
02.131.135
157.007
03.157.001
Altenhoff, W. J.
03.132.012 .016
141.200
157.011 .012
04.133.006
141.061
06.132.033
07.132.029
141.024
09.131.011
141.025 .115
10.141.055 .112
Alter, D.
01.003.050
03.003.048
Alter, G.
04.153.051
Altizer, R.
07.125.029
Altizer, R. J.
07.158.140
10.114.039
Altman, A. D.
02.071.051
Altman, L.
10.033.117
Altman, S. P.
08.052.048
Altmann, K.
07.022.027
Al'tovskaya, N. P.
06.082.096
Altrock, R. C.
01.071.020 .034
02.071.033
04.071.027
05.071.043
07.071.011 .020 .024 .036
08.080.013 .034
09.071.042 .060
080.023
10.071.056 .901
Altschuler, M.
02.074.039
Altschuler, M. D.
02.074.016
04.074.002 .093
141.129
05.074.017
077.039
141.108

Altschuler, M. D.
06.062.028
071.040
077.040
07.071.014
074.062
08.074.010 .026 .083
084.239
09.074.015 .019 .057 .065
10.074.064
Al'tshuler, B. L.
01.162.042
09.162.020
Altshuler, E. E.
04.033.062
Altshuler, L. I.
05.084.203
Al'tshuler, L. V.
08.081.004
Altukhov, A. M.
05.143.046 .047
06.078.050
143.081 .123
07.143.035
09.078.051
Alurkar, S. K.
02.077.013
08.074.074
09.141.125
Alvarez, E.
09.141.012
Alvarez, H.
03.077.022
04.074.038
077.026
05.077.005
08.077.046
09.074.043
077.047 .069
10.077.035 .051
Alvarez, J.
08.008.104
Alvarez, L. W.
03.094.129
04.094.266
07.094.277
143.015
09.143.020
Alvarez, R.
09.094.110
10.094.114 .143
Alvaro, M.
07.041.043
Aly, J. J.
10.162.003
Alyavdin, V. F.
02.105.043
Amata, E.
07.074.095
Amaudric Du Chaffaut, M.
07.033.071
Amayenc, P.
06.083.029
Ambartsumian
See Ambartsumyan
Ambartsumyan, V.
03.013.016
04.013.007
06.004.033
07.015.010
08.003.036
Ambartsumyan, V. A.
01.015.011
158.067 .074
02.003.024
061.007
158.078
03.013.005
122.011
152.009

AUTHOR INDEX - VOL.1-10

Ambartsumyan, V. A.
03.153.010
158.089
04.061.036
05.122.124
158.127
06.013.005
122.042 .094
158.035
07.122.063 .077
08.003.035
013.004 .006 .008 .014
122.142
09.122.136
10.004.012
061.019
122.030
Ambartzumian
See Ambartsumyan
Ambarzumian
See Ambartsumyan
Ambarzumjan
See Ambartsumyan
Ambroz, P.
01.031.019
04.074.106
06.072.013
080.021
08.072.001
09.071.022
072.028 .036
10.072.046
Amelin, V. M.
01.055.007
Amerighi Puliti, M. C.
04.055.013
Ames, O.
08.065.146
Ames, S.
03.131.070
141.032
08.162.053
09.155.090
10.141.043
Amiantov, S. A.
09.077.023
Amin, B. S.
02.105.111
Aminov, A. N.
04.104.029 .044
10.104.021
Aminov, M. Sh.
04.052.027
Aminova, A. V.
05.066.034
Amitay, N.
08.003.037
033.083
09.003.020
Amli, R.
07.094.154
Ammann, M.
09.121.009
Ammar, A.
08.131.075
Amnuehl', P. R.
01.066.045
02.131.028
03.064.058
04.064.072
065.046 .123
05.142.040
06.065.045
125.012
07.066.032 .034
08.065.155
117.003
125.026
142.027 .152
09.065.082

Amnuehl', P. R.
09.141.563
10.065.101
142.083 .138
Amnuel
See Amnuehl'
Amon, M.
05.031.066
06.032.034
08.032.015
Ampel, R.
04.155.043
Amstislavskij, A. Z.
08.033.009
Amundsen, R.
06.084.221
07.084.003
08.078.026
10.084.009
Amusia, M. Ya.
07.022.116
Anand, D. K.
03.034.042
Anand, K. C.
01.078.015
142.040
157.021
02.143.056
04.142.107
05.143.099 .100
09.155.001
Anand, K. E. C.
01.157.020
Anand, S. P. S.
01.065.010
116.011
02.062.004
117.032
04.065.054 .092
080.020
117.017
06.065.026 .027
154.005
07.062.020
117.026
141.157
08.117.031
10.062.030
066.037
Ananda, M.
06.042.002
Ananieva, M. P.
09.104.022
Ananth, A. G.
08.078.025
Ananthakrishnan, S.
02.083.016
03.079.102
04.142.025 .104
05.033.006
07.083.017
141.083
09.083.028
142.122
Anastassakis, E.
07.094.213
09.094.819
Anastassiades, A.
04.084.201
Anastassiades, M.
02.077.030
04.083.074 .075
084.201
07.003.021
Anastassiadis, M.
02.079.102
03.079.102
10.083.017
Anda, R.
01.143.023

Andelin, J.
04.071.028
Andelin Jr., J. P.
06.034.035
Anderegg, M.
09.094.294 .790 .791
10.094.162
Anderle, R. J.
03.045.007
04.045.040
046.033
054.033 .034
05.055.009
06.045.006
07.045.029
08.045.017
09.045.029 .031
046.019
Anders, E.
01.105.044 .056 .070
107.005
02.105.122 .132
107.009
03.094.041
104.053
105.017 .090 .096 .112
04.094.082 .087 .104 .199
105.011 .050 .086 .111
05.061.013
094.106
105.014 .041 .057
06.105.115
107.002 .004 .005
07.094.005 .067 .902
098.068
105.003 .010 .011 .027
.066
107.018
08.107.009
09.003.001
094.023 .094 .154 .228
.374 .380 .594 .696
.697
105.007 .008 .045 .053
.054 .093 .119 .120
.144
10.094.021 .358 .391 .903
105.055
107.016
Andersen, B. N.
08.122.073
09.122.101
Andersen, C. A.
03.094.113
04.094.138
06.094.092
07.094.077
09.094.073 .354
10.094.203 .415
Andersen, C. M.
06.066.098
Andersen, F.
10.084.283
Andersen, J.
01.041.011
03.041.042
05.032.027
07.113.024
09.121.032
Andersen, P. H.
04.124.106
05.124.100
126.048
10.114.171
Andersen, S.
09.064.062
Andersen, S. E.
01.119.005
Andersen, T.
05.022.044

Andersen, T.
08.022.121
09.022.020 .059 .060
Anderson, A. D.
01.093.005
02.093.018
05.093.068
10.082.079
Anderson, A. J.
05.066.048
Anderson, A. P.
08.033.094
Anderson, A. T.
03.094.227 .345 .346
04.094.131 .132 .182
05.097.055
06.094.228 .229 .230
09.094.345 .657
Anderson, B.
08.142.041
10.033.069
Anderson, B. E.
09.034.083
Anderson, C. E.
05.123.031
09.122.122
Anderson, C. M.
03.034.029
131.079 .136
06.034.085
07.034.038
08.114.119
09.064.030
10.114.212
Anderson, C. R.
04.034.047
079.100
07.074.011
Anderson, D.
03.094.145
04.094.280
10.021.002
063.046
Anderson, D. H.
04.094.069
06.094.061 .132
09.094.153
Anderson, D. L.
01.081.015
02.091.013
03.094.187
05.081.015
07.081.022
097.022 .040
107.012
08.094.045 .098 .227 .267
09.094.039 .523 .847 .910
10.053.008
094.023 .175 .204
Anderson, D. M.
07.097.015
Anderson, D. N.
08.082.066
09.083.017 .030 .031
Anderson, G. M.
01.051.011
Anderson, G. P.
02.097.013
05.097.017 .037
09.097.025
Anderson, H. R.
01.078.019
02.094.122
03.084.032
06.084.030
09.084.012
Anderson, J. A.
01.141.225
Anderson, J. D.
02.043.008

Anderson, J. D.
02.093.011
03.097.012 .046
04.042.007
093.063 .067
05.066.007
097.038
06.094.189
07.098.070
08.066.057
Anderson, J. G.
05.082.140
06.082.079
Anderson, J. H.
02.112.001
07.113.046
Anderson, J. L.
04.065.099
066.066
06.066.110 .123
07.063.001
Anderson, K.
07.094.159 .226
142.003
09.094.779
Anderson, K. A.
01.078.001
084.201
02.078.007
106.001
03.078.011
084.042 .231 .247
094.217
04.076.038
05.084.220
06.073.111
078.036
094.106
07.142.019 .024
08.034.002
073.037 .117
074.048
106.014
09.078.034
106.035
142.049
Anderson, K. R.
10.094.466
Anderson, K. S.
02.158.065
04.158.091
05.122.100
158.048
06.158.095
07.119.008
158.902
09.158.143
10.114.081
Anderson, L.
02.122.046
Anderson, L. E.
07.121.052
Anderson, L. W.
08.034.070
09.034.036
Anderson, M.
05.076.048
Anderson, M. R.
04.094.205
09.094.396
Anderson, O. L.
03.094.144 .258
04.094.267
08.091.056
09.094.489 .784
10.094.205
Anderson, P. W.
05.065.135
10.065.045

Anderson, R.
08.022.040
Anderson, R. A.
06.022.042
Anderson, R. C.
01.093.057
02.051.035
03.093.015
07.099.072
Anderson, R. V.
07.079.101
Anderson, W. A.
02.094.175
Anderson Jr., A. T.
03.094.082
06.094.036 .096
09.094.335
Anderson Jr., D. E.
04.082.012
06.097.045
08.097.901
10.097.074
Anderssen, R. S.
01.084.269
Andersson, F.
03.046.009
04.081.009
06.046.010
Andersson, L.
08.099.031
09.101.008
Andersson, L. E.
04.099.009
10.101.010
Andreasian
See Andreasyan
Andreasyan, N. K.
09.114.167
10.114.165
Andreev, A. F.
10.066.019 .185
Andreev, B. N.
02.093.029
04.093.032
07.093.025
Andreev, E. S.
09.034.021
Andreev, G. V.
09.158.160
10.158.095
Andreeva, L. A.
02.082.159
Andreichikov
See Andrejchikov
Andreiko, A. V.
08.071.071
Andrejchikov, B. M.
03.093.019
04.093.035
05.093.019
06.093.016
08.022.123
09.093.012 .016
10.093.021
Andrejev, V. V.
06.104.094
Andrenelli, P.
04.079.100
05.079.104
10.010.049
079.101
Andresen, R. D.
02.143.002
Andress, J. R.
10.123.036
Andrew, A. L.
01.065.043 .079
05.065.143
Andrew, B. H.
01.141.144

Andrew, B. H.
01.142.042
157.003
02.122.042
141.026
03.141.021 .022 .206
04.142.078
05.141.044 .081 .193
06.141.115 .174 .184
07.123.004
141.129 .134 .135 .170
08.141.070 .076
09.141.032
10.141.056 .094
Andrews, A. D.
01.105.035
122.087 .094 .098
123.025
02.122.052 .153 .163
03.120.012
132.032
05.122.073
07.122.158
08.113.062
122.138
123.038
09.123.017
10.122.129
Andrews, C. J.
01.094.049
Andrews, D.
09.004.046
Andrews, D. H.
05.034.081
Andrews, F. P.
01.117.020
Andrews, J. E.
08.081.018
Andrews, M. H.
01.131.038
02.131.031 .043
06.131.011
Andrews, M. K.
01.083.005
084.228
09.084.007
Andrews, P. J.
02.008.097
05.008.103
124.007
06.159.023 .024
07.123.036
08.122.018
124.010
142.094
159.006
10.118.013
121.002
124.107
154.008
Andreyanov, V. V.
10.106.027
Andrianov, N. K.
01.099.025
02.099.055
10.100.013
Andrianov, N. S.
03.104.028
06.104.043
Andrianov, S. A.
10.077.092
Andrianov, Y. V.
10.062.032
Andrienko, D.
02.103.106
Andrienko, D. A.
01.079.100
03.084.041
05.084.005
06.084.305

Andrienko, D. A.
06.102.002
07.102.011
08.011.020
102.009
10.079.101
102.027
Andriesse, C. D.
09.082.046
10.131.030
Andrieux, P.
02.105.201
Andrievski
See Andrievskij
Andrievskij, A. E.
01.141.181
02.158.032
07.141.060
Andrievsky
See Andrievskij
Andrillat, H.
04.003.017
08.066.153
10.065.098
162.011
Andrillat, Y.
01.114.075 .090
132.041
158.026 .032
02.114.118
124.102
03.114.030
124.100
158.004
04.124.101
05.158.002 .014 .021 .082
06.124.102 .103
07.114.042 .043
124.103
158.087
08.158.012 .048
09.103.100
114.001
158.023 .078 .126
10.103.102
114.147 .148 .154
133.017
158.106
Andrle, P.
01.066.064
151.024
02.151.033
03.015.016
151.069
06.003.041
07.151.017
162.072
09.151.030
10.066.115
151.081
Andruszewski, S.
02.120.007
04.120.008
Andruszkiw, I.
02.103.120
03.103.101 .102
Anfimov, N. A.
05.094.006
Anfinogenova, N. P.
04.032.029
Angel, J. R. P.
01.141.220
142.019 .057 .058
02.034.050
142.026 .028 .046
03.034.019
126.012
134.008
04.126.001 .005
05.126.008 .024 .034 .035

Angel, J. R. P.
05.126.044
134.005 .019
141.163
142.026
06.034.051 .052
142.061 .062
07.126.002 .003 .009
141.178
142.012 .021
08.082.102
126.003 .018 .024 .025
131.004
132.033
142.117
09.131.033
10.131.247
134.008
142.017 .035
Angeletti, L.
10.117.039
Angell, J. K.
08.082.012
Angell, V. C.
05.083.035
Angelotti, E.
02.035.013
Angelov, T.
04.114.147
05.143.065
09.065.168
Angelov, T. D.
06.115.009
Anger, C. D.
05.084.025
06.084.010
08.084.041
09.084.030 .031 .032 .034
.048
10.034.074
082.051
Angerhofer, P.
09.131.175
Angione, R. J.
02.158.051
05.141.041 .137
06.141.252
07.141.086
09.141.098
10.082.127
Angle, K. L.
02.072.032
Anglin, J. D.
10.073.093
078.030
Angouridakis, V. E.
04.082.229
10.085.028
Angreji, P. D.
01.082.091
07.082.005
09.082.042 .080
Angrist, S. W.
09.003.023
Angstroem, A.
08.082.101
Angstroem, A. K.
06.082.108
Anguita, C.
02.041.008 .009 .043
03.041.011
05.041.021
09.044.026
10.041.029
Anikonov, A. S.
08.091.023
09.091.001
Anile, A. M.
09.065.161
10.065.076

Anisimov, M. M.
05.142.095
06.142.099
10.142.039
Anisimov, V. D.
10.052.068
Anisimov, V. F.
04.034.053
05.053.001
Aniskin, E. G.
06.162.005
Annable, R. V.
04.034.004
Annan, A. P.
10.094.442
Annell, C.
03.094.055
Annell, C. S.
04.094.188
08.105.031
09.094.218 .220 .385 .684
10.094.253
Annes, J. O.
10.094.126
Annexstad, J. O.
10.094.126
Anolik, M. V.
03.042.007
09.091.022
Anosova, J. P.
See Anosova, Zh. P.
Anosova, Zh. P.
02.117.010 .038
03.117.007 .027
05.117.026
09.117.039
10.117.036
Ansari, S. M. R.
04.022.078
Anshukova, T. N.
05.084.203
Ansorge, A.
05.031.019
Antal, M.
01.098.007
   103.100 .104 .105 .106
       .109
02.103.112 .113 .114 .120
03.098.024
   103.101 .115
04.103.101 .104 .126 .128
05.102.030
   103.106 .112 .117
07.103.011 .107
08.098.050 .051
   103.015 .107 .116 .117
09.103.012 .014 .100 .105
       .114 .115 .124 .132
10.098.059
   103.004 .102 .103 .113
       .118
Antalova, A.
04.113.047
05.153.015
06.072.062
07.113.010
Antic, B.
06.079.105
Antiochos, S.
07.141.502
Antipova, L. I.
01.124.106
05.124.106
08.124.001
Antipova-Karataeva, I. I.
09.094.820
Antipova-Karatayeva, I. I.
08.094.169
Antjukh, E. V.
08.061.026

Antonacopoulos, G.
02.021.017
08.042.016 .042 .045
Antonacopoulos, G. A.
04.042.039 .082
Antonenko, V. V.
05.055.023
Antonets, M. A.
07.033.018
Antoniadi, E. M.
10.097.120
Antonini, E.
03.008.050
Antonini, G.
04.062.018
05.099.035
09.099.072
Antonov, A. V.
07.083.055
10.066.113
Antonov, V. A.
06.117.003
   151.009
08.102.038
09.011.031
   042.051
   061.023
   151.046 .052
10.151.049 .050 .051 .067
       .068
Antonova, A. E.
03.084.278 .289
06.084.249
Antonova, I. A.
06.034.017
Antonova, T. D.
02.141.078
05.134.002
Antonovich, K. M.
10.055.002
Antonucci, E.
05.078.020
06.143.044 .104
Antonyuk, V. A.
05.124.102
06.124.100
Anttila, E.
08.065.071
Antzilevitch, M. G.
05.083.058
Anufrieva, T. A.
08.083.017
10.083.043
Anzer, U.
01.073.044
02.073.016
03.073.007
04.073.059
05.073.072
06.073.025 .049
08.073.010
09.062.052
10.080.017
   103.102
Aoki, S.
01.043.005
06.041.056
   043.005
07.045.003
   151.095
08.081.012
09.151.001
10.151.902
Aoyagi, M.
07.097.086
08.097.113 .118
Apagyi, B.
09.125.039
Aparicio, B.
01.143.023

Apeldoorn, B.
01.104.009 .022 .025 .026
02.104.009 .015
04.010.019
   104.015 .016
05.104.022 .023 .024 .025
06.104.004 .064
07.010.019
   034.005
   104.026 .032 .033
08.104.016 .045
09.104.008
10.104.016
Apeldoorn, B. C. J.
07.104.010
09.104.006
Apfel, N. H.
07.003.068
Apflauer, G.
03.113.055
04.031.059
Aplers, W.
09.074.052
Aplin, P. S.
07.066.123
08.066.135 .161
Apostolov, E.
10.085.008
Apostolov, E. M.
09.083.012
10.083.062
Apparao, K. M. V.
01.143.007
03.141.011
04.134.008
   141.052
05.141.243
   142.032 .078
06.126.006
   142.095
   158.117
08.065.139
09.134.011
   142.001
   143.068
10.134.005 .007
   143.065
Apparao, M. V. K.
01.141.032 .194
   143.030 .053
03.141.057
Appelbaum, L. T.
08.119.002
Appelt, D.
02.032.066
Appenzeller, I.
02.065.098
03.065.060
   131.032
04.065.059
05.065.017 .107
   131.068 .132
07.065.053 .106 .110
08.065.057 .116
   159.008
09.065.034 .080 .151
   158.121
10.158.075
Appleby, J. F.
06.101.001 .003
08.091.015
09.091.052
   101.007 .015
10.063.002
Appleman, D. E.
03.094.101
04.094.183
09.094.312
10.094.323

AUTHOR INDEX - VOL.1-10

Appleyard, A.
05.100.012
06.100.007 .013 .015
Aprub, S. V.
04.105.047 .048
Apruzese, J. P.
10.065.071
Aptekar', R. L.
02.105.182
04.082.154 .155
142.010
06.104.116
142.020
Apushkinskij, G. P.
01.079.102
03.077.049
06.141.072
08.077.042
09.072.020
10.077.014
Apushkinsky
See Apushkinskij
Arafa, S.
07.094.209
Aragone, C.
08.162.081
Arai, K.
06.143.053
08.143.032
Arak, V.
10.066.104
Arakelian
See Arakelyan
Arakelyan, M. A.
01.155.009
02.011.020
064.022
122.055
141.186
158.074
03.141.044 .132 .185
158.059
04.122.002
158.030 .031 .083 .096
05.141.051
06.141.161
158.033
07.141.061
08.158.001 .103 .133
09.158.032 .049 .051 .132
162.072
10.158.053 .148
Arakelyan, S. N.
05.158.033
Araki, T.
06.033.050
Arant, W. H.
08.094.244
Aravamudan, S.
06.041.037
Araya, G.
06.124.007
07.133.012
08.103.124 .127
124.009
09.103.117
10.103.126
Arazov, G. T.
03.042.020
04.042.086
053.013
06.052.007
09.099.083
10.042.087
Arbey, L.
02.041.007 .044
Arbuzov, B. A.
02.066.035
Archer, R. W.
08.035.004

Archibald, W. A.
05.107.012
Archuleta, R. J.
08.051.013
Arcidiacono, G.
02.162.087
Arcidiacono, V.
01.003.103
Ardavan, H.
10.131.056
Ardeberg, A.
02.113.017
114.058
04.113.067 .068
07.159.022
08.114.022
159.002 .017 .901
09.113.010
124.105
10.113.059
114.146
115.033
125.101
Ardeberg, A. L.
07.125.107
Arden, J.
06.105.100
08.105.044
Aref'eva, G. P.
09.031.044
Arena, P.
04.077.051 .053
Arend, S.
01.098.025
118.022 .023
02.098.021
05.118.022 .037
07.118.026
08.118.013
09.005.038
Arendt, P. R.
03.079.102
05.083.022 .059
06.079.100
07.079.101
083.007
Arens, J. F.
05.078.002
Arenstorf, R. F.
03.042.077
10.042.071
Argence, E.
09.066.006
10.066.032
Argentiero, P. D.
06.106.002
Argo, H. V.
03.076.017
04.076.026
Argo, M. F.
07.065.040
Argue, A. N.
01.032.053
02.153.025
03.103.101
04.141.022 .170
06.141.068
08.111.001
141.078
142.134
09.141.030 .118
10.041.005
113.078 .113 .114
Argunov, P. P.
07.032.029
Argyle, E.
02.099.026
05.082.052
07.141.501 .544
08.141.527

Argyle, E.
10.141.512
Argyrakos, I.
04.008.003
Argyrakos, J.
02.008.008
07.008.010
10.008.006
Argyros, J. D.
04.063.025 .026
06.063.022 .023
07.063.021
Arhipova
See Arkhipova
Arho, R.
06.052.010
08.052.902
Arifov, L. Ya.
03.066.081
04.066.015
09.066.129
10.066.076 .083 .084
Arifov, U. A.
09.094.860
Arinder, G.
04.105.169
05.105.052
07.034.107
Arisawa, M.
04.033.073
06.077.057
Ariskin, V. I.
01.141.079
02.131.125
141.073
157.003 .017 .018
03.157.023
05.155.022
07.131.016
09.131.012
155.028
Arizio, G. P.
05.079.100
Arjun, T. T.
04.066.118
06.066.137
07.066.142
Arkabaev, N. A.
06.104.067
Arkani-Hamed, J.
09.094.011 .012 .015 .046
10.094.056 .314
Arkhangel'skij, Yu. B.
10.032.054 .055
Arkhipova, A. P.
10.123.007
Arkhipova, V. P.
01.133.025
02.133.034
03.122.109
133.009
04.114.126
124.004 .110
133.005 .024 .025
05.123.006
06.114.021
123.070
124.105
131.027
08.114.001
123.014
133.011
09.123.013
10.114.162
122.089
133.022 .053
158.047
Arking, A.
01.093.036
04.093.074

Arking, A.
05.093.003 .015
08.091.045
Arkling, J.
01.113.018
Arkling, J. G.
05.153.003
Arlock, E.
05.003.022
Arlot, J.-E.
10.099.026
Armaly, B. F.
07.063.012
10.063.018
Armenti Jr., A.
07.022.117
08.066.160
Armstrong, B.
02.096.017
Armstrong, B. H.
06.022.053
09.003.024
Armstrong, B. M. F.
02.098.008
103.102
04.098.009
Armstrong, E. B.
01.082.064
03.082.042
Armstrong, H. L.
09.033.003
Armstrong, J. A.
06.034.101
Armstrong, J. C.
03.084.401
04.084.013 .061
Armstrong, J. W.
07.106.022
08.074.047
10.134.018
Armstrong, K. R.
08.091.033 .034
09.091.054
10.034.079
099.077
113.011
131.027
Armstrong, N.
04.094.129
06.094.179
Armstrong, R. J.
03.083.019
04.083.009
Armstrong, T. P.
02.078.030
03.073.101 .112
04.084.403
093.085
106.023
06.078.001 .009
08.078.002
Armstrong, T. W.
01.094.009 .097
07.094.030
09.082.111
094.431
Armstrong Jr., L.
01.022.010
Arnal, M.
02.114.056
05.114.115
Arndt, F.
04.033.086
Arndt, H.
03.094.277
Arndt, J.
01.105.026
03.094.115
04.094.148
06.094.258

Arndt, J.
06.105.080
09.094.211 .361 .653
10.094.275
Arnett, W. D.
01.012.024
125.013
141.226
02.065.004 .027
125.014
03.065.046
125.013
04.065.001 .095 .117
05.033.022
065.051 .090 .114
125.002 .011
155.007 .024
06.065.018 .075 .093 .129
151.048
07.061.045 .059
065.071
08.061.062
065.023 .049 .050 .103
.127
09.065.012 .049
125.008
10.003.117
061.018
065.039 .106 .141
158.103
Arnold, A. R.
10.094.194 .195
Arnold, C. N.
09.121.050
10.121.081
Arnold, D. E.
08.082.202
Arnold, H. J. P.
07.051.047
Arnold, J.
09.094.587
10.046.031
Arnold, J. O.
01.022.090
08.022.027
09.022.009
10.082.022
Arnold, J. R.
02.098.016
105.107
03.094.078
04.094.231
097.019
05.094.156
07.094.031
09.078.021
094.061 .434 .722 .754
.909
142.095
10.094.003 .096 .282 .384
106.067
Arnold, K.
02.081.030
04.054.021
06.046.005 .031
08.046.012 .025
09.046.028
081.029
10.081.041
Arnold, R. A.
10.034.065
Arnoldy, R. L.
02.084.220
03.084.003
06.084.060
106.010
09.084.039
Arnould, M.
01.065.004 .046
02.065.107

Arnould, M.
07.065.100
08.061.016
065.081
09.061.003 .030
Arnquist, W. N.
02.074.024
03.074.006
Arny, T.
01.065.019
02.158.066
03.152.008
06.065.053 .078
09.065.103
151.026
Arny, T. T.
03.158.047
05.133.018
07.133.001
Aro, T. O.
07.082.027
Arochi, L. E.
08.004.041
09.004.066
Arons, J.
02.161.010
03.142.021
161.001 .009
05.063.010 .011
141.190
06.161.005
07.141.059
161.003
08.134.009
142.005
161.005
10.142.032
Aronson, A.
10.094.356
Aronson, E. B.
08.061.038
Aronson, J. R.
08.094.015
Aronson, R.
08.063.025
Arora, B. R.
09.084.263
Arora, K. K.
08.077.031
10.077.072
Arp, H.
01.122.035
158.066
162.055
02.141.092
158.055 .063
03.141.031
158.002 .003 .067 .091
04.125.101
141.198
158.002
05.158.004 .034 .099
06.141.110
158.068
162.055
07.141.150 .177
08.158.047 .119
09.141.080
158.013
10.141.902
158.014 .019 .080
Arp, H. C.
03.158.028
06.154.001
07.141.007
158.100
10.158.122
160.013
Arpigny, C.
01.012.012

Arpigny, C.
 08.102.065
 10.102.021
    103.100 .102
Arpino, P.
 08.105.092
Arponen, J.
 08.065.137
    142.150
Arraya, G.
 09.125.101
Arrhenius, G.
 01.094.091
 03.051.009
    094.111
 04.051.027
    094.146 .268 .294
    107.002 .004
 05.107.005
    131.051
 06.105.081
 07.062.041
    098.053 .067
    107.009
 08.094.029
    105.123
 09.094.289 .319 .507
    107.013
 10.094.206
    107.004 .011
Arriaga, N.
 10.075.024
Arriens, P. A.
 03.094.035
 04.094.190
Arrigucci, A.
 09.082.053
Arroyo, M. L.
 09.034.120
Arsenault, J. L.
 03.052.008
Arseni-Papadimitriou, A.
 08.082.239 .240
Arsenievich, E. D.
 09.131.195
Arsenijevic, J.
 03.034.050
    079.109
    122.075
 04.124.101
 06.122.108 .109
 07.122.097
 10.066.013
Arsent'ev, V. V.
 06.014.016
Arshinova, V. A.
 04.118.016
 05.155.004
 07.131.125
 09.155.068
Arshynova
 See Arshinova
Artamonov, B. P.
 02.132.013
 04.132.041
 09.158.098
Artem'ev, A. V.
 01.107.015
 02.091.031
 05.042.016
    105.090
 10.011.043
Artemyev, P. P.
 08.053.021
Arthanayake, T.
 04.033.089
Arthur, C. W.
 02.094.148
 05.106.021
 06.094.191

Arthur, C. W.
 08.105.051 .053
Arthur, D. W. G.
 06.094.127
 10.097.032
Arthur, E.
 03.099.004
Artiukhina
 See Artyukhina
Artjukh
 See Artyukh
Artru, M.-C.
 08.022.038
Artru, X.
 08.061.060
 09.143.035
Artsimovich, L. A.
 08.013.005
Artukh
 See Artyukh
Artura, C. J.
 02.022.035
Artus, H.
 02.034.084
Artyukh, V. S.
 01.141.175
 07.099.030
 10.141.008 .065
Artyukhina, N. M.
 03.152.015
    153.004
 04.112.006 .029
    154.016
 06.122.020
    153.006 .014 .027
 07.153.015
 08.122.011
 09.115.002
Artyushenko, V. I.
 05.094.008
Artyushkov, E. V.
 08.081.042
Arur, M. G.
 05.045.004
Arutjunian
 See Arutyunyan
Arutyunian
 See Arutyunyan
Arutyunyan, A. S.
 09.126.010
Arutyunyan, Eh. A.
 05.141.053
 07.051.019
 09.141.557
Arutyunyan, G. G.
 05.066.056
 06.065.052
    126.013
 08.126.009 .022
 09.065.037 .040 .064 .065
    066.002
Arutyunyan, Sh. M.
 07.051.020
Arvesen, J. C.
 02.082.094
Arvidson, R. E.
 08.097.119
 09.097.066 .124
 10.097.124
Arzimowitsch, L. A.
 09.003.025
Asaad, A. S.
 02.112.019
 06.054.024
Asano, S.
 05.082.136
Asanov, R. A.
 08.162.095
Asbridge, J. R.
 01.084.270

Asbridge, J. R.
 03.084.269
 04.074.022 .062
 05.084.209
    106.031
 06.084.206 .283
 08.074.003 .061
    084.289
 09.074.070 .095
    084.202
 10.074.006 .041
    084.221 .258
Aschenbach, B.
 10.142.046
Ascoli-Bartoli, U.
 01.034.015
Asenj, F. J.
 10.033.090
Ash, M. B.
 05.066.010
Ash, M. E.
 01.093.028
 02.098.010
 04.093.054 .062
    097.008 .052
 05.066.049
 06.043.017
    066.016
 07.043.001
    092.010
Ashbrook, J.
 01.004.024
    005.002
    099.016
    102.002
 02.005.011 .012
    041.045
    094.018
    123.037
 03.005.004 .007
    015.001
    032.015
    092.017
    124.103 .106
 04.005.001 .004
    007.000
    094.344
    098.014
    104.046
 05.004.003 .026
    095.004 .006
    105.006
    123.001
 06.004.026 .054
    005.004
    007.000
    010.001
    094.005
    124.102
 07.004.005
    005.007
    094.041
    095.008
    123.031
 08.004.009
    005.012
 09.005.003 .020 .028
    011.009
 10.010.017
    046.001
    091.018
Ashbrook, K.
 10.010.001
Ashby, D. E. T. F.
 05.082.053
Ashihara, O.
 07.097.071
Ashmyanskij, R. A.
 09.094.860

Ashpole, E.
03.141.214
Ashraf, S.
06.065.146
Ashton, F.
07.034.140
Ashton, R.
09.033.067
Ashworth, D. G.
01.091.008 .009
02.091.004 .023
03.081.029
091.005
08.094.178
09.094.797
Asimov, A.
02.003.133
Asimov, I.
02.003.048
03.003.058
05.003.017
09.003.026 .027
Asimov, S. M.
05.122.025
Askouri, N. A.
06.105.082
09.105.055
Aslan, Z.
05.111.010
112.015
06.122.059
10.122.109
Aslanian
See Aslanyan
Aslanov, I. A.
04.008.095
013.008
031.014
032.028
114.122
07.114.054
09.114.143
10.114.174
Aslanyan, A. M.
01.141.135
04.141.002
10.033.007 .008
Asnani, G. C.
01.082.068
Asper, H. K.
04.033.002
Assaf, T.
01.075.033
02.075.028
03.075.029
Asselbergh, B.
01.133.017
Asseo, E.
04.084.206
Assous, R.
04.022.027
Assousa, G. E.
04.022.107
06.022.141
08.022.009
10.125.026 .038 .047 .048
Astafev, E. R.
06.114.082
Astaf'ev, E. R.
04.114.031
Astapovich, I. S.
02.104.040
03.104.017
04.082.001
105.164
06.104.022 .105
105.160
08.104.017 .055
105.129
10.104.049

Astashenko, V. N.
07.014.006
Astavin-Rasumin
See Astavin-Razumin
Astavin-Razumin, D. L.
05.103.111
07.104.014
09.074.085
10.104.038
Astbury, A.
04.022.037
Asteriadis, G.
07.122.105
08.122.068
09.122.145
10.122.117
Astheimer, R. W.
04.082.059
Astorga, J. K.
03.162.067
Asunmaa, S.
03.094.111
Asunmaa, S. K.
04.094.268
09.094.289
10.094.206
107.004
Ataev, U.
09.005.033 .034
Atakan, A. K.
07.022.023
Atanasijevic, I.
06.003.025
Aten Jr., A. H. W.
02.105.184
Athavale, R. N.
01.084.293
Athay, R. G.
01.064.030
071.036
02.064.001
071.034
073.007
03.071.029 .047
073.013
080.007
04.063.017
064.013 .083
073.011 .044 .056
080.009
06.064.045
073.002
07.063.027
071.037
073.069
080.022
08.003.038
063.015
071.035
09.074.082
10.064.014
071.041
Atkins, H. L.
07.121.006
08.121.075
Atkinson, G.
02.084.234
04.084.012
07.074.064
Atkinson, R. D'E.
01.066.032
07.111.007
08.041.004
09.045.002
Atkinson, W. C.
03.034.031
Atlasov, K. V.
08.082.171
084.056

Atreya, S. K.
06.084.018
Atwater, M. A.
04.091.018
Au, B. D.
02.035.024
Aubier, M.
05.074.047
077.020
06.077.070
07.074.030
08.077.001
10.077.056
Aubier, M. G.
09.077.005
Aubier-Giraud, M.
05.077.002
Aubry, D.
09.155.011
Aubry, M. P.
04.084.277
05.084.225
06.084.205
08.084.282 .288
09.084.276 .277 .281
Auchmutty, J. F. G.
07.065.145
Auchmuty, J. F. G.
05.065.091
Aucremanne, M. J.
08.032.033
Audoin, C.
06.033.039
07.033.070
Audouze, J.
01.061.048
065.045
105.101 .109
02.022.055
105.112
04.064.015
065.030 .110
05.074.062
107.008
06.143.040
07.022.087 .089
131.110
08.003.039
09.061.008 .063
143.009
10.061.054
065.035 .107
131.070
143.064
Audouze, J. M.
08.065.114
143.052
Audretsch, J.
02.162.019
07.066.095
10.162.076
Audretsch, S.
08.066.110
Aue, W. A.
04.094.254
09.094.751 .952
Auer, L.
09.064.024
Auer, L. H.
01.064.025 .038 .049
02.064.042
03.064.032 .046 .051
04.064.032 .058
073.054
05.064.051
07.064.006
08.064.048
09.064.082
158.009
10.064.001 .010

Auer, P. L.
05.084.252
07.062.035
Auer, R. D.
10.062.005
Auer, S.
05.105.051
07.105.074
Aufgebauer, P.
02.004.017
05.004.007 .017
06.004.036
08.004.015
041.006
Augason, G. C.
04.010.006
131.098 .115
10.132.008 .035
Auger, R.
09.094.723
Augustyn Jr., W. H.
06.031.060
Aujac, G.
07.004.040
Auld, D. R.
03.084.216
04.084.320
06.084.314
08.084.352 .353
10.084.282
Auman, J. R.
02.010.017
04.114.030
05.034.025
114.087
06.114.116
116.003
07.114.082
116.003
122.121
158.061 .141
08.031.015
142.046
09.034.075
122.013
158.142
10.114.100
Auman Jr., J. R.
01.064.060
02.064.009
Aumann, H. H.
01.099.032
02.099.008
155.006
03.155.009
04.114.110
09.100.030
10.100.019
Aumann, H. H. G.
06.032.039
Aumento, F.
06.143.069
Auner, G.
09.153.036
Aure, J.-L.
05.065.033
Aurela, A. M.
04.061.027
071.064
141.209
Ausloos, P.
10.097.063
Aust, C.
06.107.001
09.107.001
10.151.034
Auster, V.
06.084.276
Austin, G.
07.142.141

Austin, R.
04.122.166
Austin, R. R. D.
03.121.045
07.103.115
08.125.102
10.114.192
Austin, S. M.
01.061.032
05.065.011
Auten, T. A.
10.105.064
Autier, B.
09.094.216
Auvergne, M.
10.063.047
Avadhanulu, M. B.
08.083.007
Avakian
See Avakyan
Avakyan, R. M.
01.066.038
02.066.023
05.062.015
07.065.060
08.061.002
09.065.040 .064 .101
126.028
Avakyan, S. V.
06.022.133
10.083.045
Avanzo, P. E.
10.105.014
Avdakushin, I. A.
06.033.023
Avdeev, Yu. F.
05.094.139
07.094.259
Avduevskij, V. S.
01.093.024 .074
02.093.046
04.093.043 .047 .060 .090
05.093.012
094.006 .032
06.093.003 .030
08.093.026
09.093.037 .050 .075 .083
10.093.023
Avduevsky
See Avduevskij
Ave, W. A.
08.094.230
Ave Lallemant, H. G.
03.094.114
04.094.143
09.094.358 .662
Avedisova, V. S.
06.132.030
Aveni, A.
02.003.098
Aveni, A. F.
02.065.024
05.065.069
06.153.010
07.065.047
Averbukh, A. I.
10.052.024
Avery, L.
10.103.102
Avery, L. W.
01.063.022
02.063.027
073.049
04.073.006
05.079.103
Avery, R. W.
07.022.080
08.064.070
09.099.059
100.027

Avery, R. W.
09.122.019
131.053
10.131.115 .248
142.057
Avgyejev, Ju. F.
See Avdeev, Yu. F.
Avignon, Y.
06.074.007 .027
10.074.070
Avni, Y.
10.121.069
142.067
Avotin'sh, A. R.
08.033.063
Avramchuk, V. V.
03.099.043
06.097.092
08.097.011 .099
09.099.073 .094
100.056
Avrett, E. H.
02.064.020
03.071.032
080.008
04.073.036
05.064.048 .050
08.064.044
09.003.069
10.073.016
Avulov, K. D.
07.152.004
Awadalla, E.
06.143.078
Axel, H.
08.099.084
Axel, L.
01.126.023
05.065.004
07.099.033
Axford, W. I.
01.078.013
082.058
084.416
02.143.040
03.084.277 .409
093.001
141.064
143.027
161.005
04.064.030
073.061
074.061
084.303
092.016
05.078.014
151.025
06.074.080
083.017
131.081
143.101
07.074.059
078.025
102.007
08.084.071
09.051.002
084.050
131.088
143.026
10.091.039
131.200
Axisa, F.
06.074.007
078.020
084.201
07.077.030
09.073.041
10.074.070
077.058

Axon, H. J.
01.105.009
02.105.146 .185
06.105.017
08.094.159
105.094
09.094.037 .149 .188 .672
105.041
10.094.302
105.018
Aydin, C.
02.122.130
08.064.003 .052
114.085
Ayers, W. G.
04.104.013
Aymar, M.
06.022.151
Aymerich, G.
09.042.035
Ayres, T.
09.064.025
Ayres, T. R.
07.072.008
08.064.019
09.064.029
080.006
10.064.033 .062 .064
114.108
Azarkhin, V. A.
10.011.031
Azcarraga, A.
07.082.088
Azimov, A.
10.003.036
Azimov, S. M.
03.121.014
124.100
06.114.041
Azusienis, A.
01.113.006 .023
06.113.055
08.113.050

Baader, H.-R.
10.074.044
Baan, W. A.
09.142.019
Baars, J. W. M.
07.033.036
141.056
09.131.038
142.038
10.033.026
141.055 .139
Baart, E. E.
06.099.054
09.009.007
Baath, L.
09.158.044
Baba, Y.
02.151.032
Babadjanjanz
See Babadzhanyants
Babadzhanianz
See Babadzhanyants
Babadzhanjants
See Babadzhanyants
Babadzhanjanz
See Babadzhanyants
Babadzhanov, P. B.
01.104.033 .040
02.104.037 .045
03.003.009
104.045 .054
04.104.021 .022
05.104.006 .021
06.104.049
08.104.061 .062

Babadzhanov, P. B.
10.104.010
Babadzhanyants, L. K.
02.042.026 .038
03.042.067
08.042.001
09.052.023
054.012
Babadzhanyants, M. K.
01.158.064
02.034.064
158.018
03.141.114
158.103
06.034.010
158.013 .094
08.141.035
09.141.135
158.130
Babadzhanyanz
See Babadzhanyants
Babadzhanyianz
See Babadzhanyants
Babaev, B.
06.121.019
Babaev, M. B.
01.124.104
03.103.101
124.103
04.114.123
124.101 .103
05.124.101
06.114.123
121.019 .035 .090
10.121.034 .065
Babaev, M. V.
03.124.104
Babajanow, P. B.
See Babadzhanov, P. B.
Babary, S. P.
10.033.110
Babayan, Kh. P.
07.143.055
Babcock, H. W.
01.008.084
03.008.088
05.008.095
032.035
06.008.078
09.008.091
Babcock, T. A.
05.036.004 .007
Babenkov, K. A.
10.033.078
Babij, B. T.
02.071.017 .051
03.071.049
04.071.052
10.071.002 .013
Babiker, M.
10.066.174
Babin, A. N.
05.073.002
077.003
10.074.048 .049
Babkov, O. I.
08.083.040
Babkov, V. K.
03.151.068
Babott, F.
10.106.012
Babu, G. S. D.
05.116.012
07.116.901
08.103.100
116.007
Babuel-Peyrissac, J. P.
02.124.001
04.063.032

Bachelet, F.
06.143.113
07.143.073 .074 .075
08.143.059
Bachet, G.
06.034.089
Bachmann, G.
01.073.021
02.072.007
04.072.038
10.071.037
Bachmann, P.
04.035.008
09.044.030
Bachofer, B. T.
03.054.007
Bacik, H.
08.073.062
09.034.059 .070
Backer
02.094.050
Backer, D. C.
02.141.011
03.141.162
04.141.008 .113 .116 .165
.217
06.141.090
07.074.067
141.049 .168 .511 .515
.550
08.141.555 .559
09.141.527 .528 .543 .551
10.141.543 .544
Backstrom, R. C.
05.073.064
Backus, G. E.
02.091.025
04.084.269
Bacon, M. E.
02.022.042
03.022.070
06.062.043
07.022.035
10.062.018
Bacon, N. E.
06.082.147
Bacsak, G.
03.081.037
Badalian, H. S.
See Badalyan, G. S.
Badaljan, O. G.
See Badalyan, O. G.
Badalyan, G. S.
02.122.011
04.123.033
09.122.130
Badalyan, O. G.
02.071.024
05.071.011
06.071.011 .067
07.071.008
09.072.062
10.072.017
Baddenhausen, H.
04.094.242
09.094.383 .674 .686
105.031
10.094.476
Bader, M.
04.032.018
051.007
06.032.027
08.032.006
Baderschneider, H.
01.031.003
Badesco, R.
07.081.027
10.081.036
Badhwar, G.
05.142.087

Badhwar, G.
  05.143.102
Badhwar, G. D.
  01.143.008 .029
  06.143.002
Badillo, V. L.
  01.073.060
  02.077.032
Baechtold, W.
  01.033.020
Baedecker, P. A.
  01.105.080
  03.094.047
       105.107
  04.094.244
       105.084
  05.094.046
  06.003.027
       105.024
  08.094.199
  09.094.139 .375 .691 .695
       105.059 .067
  10.094.047 .207 .238
       105.010
Baer, K.
  10.094.349
Baerentzen, J.
  06.094.152
Baeumler, P.
  02.034.016
  03.034.010 .037
Baevskij, A. V.
  06.003.050
Baeyer, H. C. Von
  See Von Baeyer, H. C.
Bagby, J. P.
  01.042.007
  10.081.012
Bagdasaryan, M. B.
  07.078.015
Baggaley, W. J.
  03.083.002
       104.020
  06.083.002
  07.104.036
  08.084.061
       104.001
  09.104.007
Bagge, E.
  02.143.002
Baggenstos, R.
  02.013.003
Bagil'dinskij, B. K.
  08.034.151
       041.080
Bagin, V. M.
  02.154.014
  05.154.009
  08.151.038
  09.153.034
Bagkhos, B. B.
  02.051.018
  06.054.024
Baglin, A.
  01.065.035
       124.008
       126.005
       141.154 .170
  02.122.065
  04.080.039
  05.126.031
  07.065.098
  09.122.016
  10.065.110
       126.004
Bagnuolo, W. G.
  09.065.016
Bagramjants, V. O.
  09.081.012

Bagri, D. S.
  05.033.006
  10.033.032
Bagrov, A. V.
  02.082.026
  03.082.088 .089
  04.031.029
       082.071
Baharev
  See Bakharev
Bahcall, J.
  08.162.003
  09.158.052
Bahcall, J. N.
  01.062.008
       065.012
       066.014
       080.002 .013
       141.088 .101 .102 .152
  02.061.002 .015
       078.003
       141.025 .054 .064 .122
         .125 .126
  03.080.013
       141.028
  04.061.014
       103.134
       141.048 .057 .196 .197
         .204
       158.025 .101
  05.022.003
       061.019 .029
       066.012
       141.006 .125
  06.065.035
       080.051
       141.194
       162.047
  07.061.043
       080.037 .038
       132.007
       141.068
       158.148
       162.013
  08.080.037 .059
       115.014
       121.078
       142.005 .045 .124 .125
       158.056 .075
  09.066.126
       121.067
       141.011 .019
       142.088
  10.065.047
       080.011 .013 .056
       121.069
       141.010 .024 .026 .043
       142.067
Bahcall, N. A.
  01.080.013
  02.061.015
       065.019 .020
  04.065.006
       158.025 .101
  05.061.029
       141.125
  06.160.016
  07.141.068
  08.121.078
       142.124 .125
       160.014
  09.121.067
       160.015
  10.141.024
       142.067
       160.008 .039
Bahner, K.
  01.032.080
  02.032.057
  05.031.027

Bahner, K.
  05.032.075
  07.031.028
       034.082
       122.131
  09.032.015
Bahng, J.
  01.113.003
  02.113.021 .061
Bahng, J. D. R.
  04.034.048
  05.034.096
  06.119.002
  07.124.103
  08.124.100
       132.035
  10.114.209
Bahnsen, A.
  04.084.059
Bahr, J. L.
  02.022.045
  07.022.019
Baiamonte, F. L.
  08.094.151
Baier, F.
  03.141.152
Bailey, A. D.
  07.079.101
Bailey, D. K.
  03.084.010 .422
  08.084.046
Bailey, D. T.
  10.131.174
Bailey, G. J.
  07.083.035
Bailey, J.
  04.094.139
Bailey, J. C.
  03.094.084
Bailey, J. M.
  01.094.075
  03.107.003
  06.099.013 .056
  07.042.018
Bailey, N. G.
  07.094.010
  09.094.606
Bailey, R.
  02.035.025 .026 .033
Bailey, R. C.
  08.011.006
Bailey, R. R.
  04.124.107
  06.124.102
Baillet, A.
  10.034.111
Bailly, J. S.
  10.003.156
Bailyn, M.
  08.066.061
Bain, W. C.
  08.011.006
Bairachenko
  See Bajrachenko
Baird, A. K.
  10.034.002
       053.007
Baird, G. A.
  04.066.010
  05.066.067
  07.142.042 .109
  08.155.067
Baird, K. M.
  06.022.074
  08.022.133
Baity, W. A.
  07.142.080
       155.048
  08.142.103 .109 .112 .118
  09.142.043 .081 .129

AUTHOR INDEX - VOL.1-10

Baity, W. A.
10.142.038 .053 .066
160.001
Baity, W. H.
05.143.021
Baize, P.
01.118.001
07.118.014
10.118.003
Bajaja, E.
03.141.234
155.032
157.030
04.141.059
05.131.140
10.131.130 .229
Bajcar, R.
01.114.054
02.065.007
114.008
Bajcarova, I.
02.065.007
Bajdal, M. Kh.
02.085.010
Bajkov, I. S.
02.074.021
09.078.062
Bajrachenko, I. V.
03.104.027
06.104.012
08.022.086
104.034
10.104.045
Bakanov, V. A.
02.082.105
04.118.016
09.118.002
10.118.023
Baker, A. L.
09.093.030
Baker, B. L.
02.105.001
Baker, D.
02.053.009
03.053.002
04.094.009
05.051.010
06.051.010 .011
053.009 .010 .011
054.007
094.085 .087 .143 .287
07.053.005 .014
08.094.013
09.053.004
10.054.003 .008
Baker, D. C.
05.083.042
Baker, D. J.
04.084.015
06.034.037
084.023
10.082.134
Baker, J. C.
04.062.054
06.151.046
Baker, J. G.
02.032.051
06.031.072
10.091.038
Baker, J. R.
05.157.005
08.083.038
09.125.038
Baker, K. D.
04.083.045
084.015
06.084.023
08.082.020
083.002
10.082.087

Baker, M.
10.082.114
Baker, M. B.
02.078.017
09.082.066
Baker, N.
05.080.029
06.154.013
07.115.017
09.065.108
10.154.012 .014
Baker, N. H.
02.065.099
03.065.030
05.154.017
07.154.033
Baker, N. K.
04.073.037
06.034.026
073.035
Baker, P. L.
09.131.041 .148
155.032
157.002
10.131.252
155.003
Baker, R. E.
10.142.018
Baker, R. H.
06.003.163
10.094.442
Baker, R. N.
09.105.083 .148
Baker, S. C.
05.022.086
Baker, T. F.
10.081.003
Bakharev, A. M.
01.103.100
02.103.101 .106
104.017
03.082.076
104.049
04.104.024
05.095.001
103.104
104.035
07.103.105
09.095.003 .005
096.013
10.009.005
092.002
Bakhareva, M. P.
05.061.041
06.061.004
10.061.034
Bakhchivandzhi, V. E.
07.031.010
Bakhrakh, L. D.
03.033.026 .027
10.033.076
Bakhrakh, N. M.
05.043.003
08.041.056
Bakhshiyan, B. Ts.
01.052.005 .041
09.052.014
Bakhshyan, G. G.
10.061.060
Bakhvalov, N. S.
10.033.046 .075
Bakke, J. C.
07.034.131
Bakken, G. S.
06.031.082
Bakos, G. A.
01.114.054
02.114.035
122.054
04.122.101

Bakos, G. A.
06.114.048 .095
07.118.011
121.036
09.153.029
10.103.100
121.022 .023
Bakov, N.
10.047.039
Bakshi, P.
09.141.550
Bakulin, P. I.
01.003.041
05.003.023
08.047.038
Balacescu, A.
04.094.242
06.094.278
09.094.383 .674 .686
Balaganskij, V. I.
10.052.073
Balakirev, A. N.
10.155.008
Balamore, D. S.
05.158.070
07.064.036
Balasubrahmanyan, V. K.
01.078.007
143.038 .050
03.078.003
04.099.001
05.143.072 .112
06.078.023
091.005
143.079 .118
08.143.013
09.143.007 .052
10.072.063
143.049 .051
Balasubramanian, V.
01.033.029
05.033.006
06.141.127 .238 .250
142.033
Balasundaram, M. S.
09.105.078 .141
Balazs
01.125.018
Balazs, B.
04.153.051
09.155.096
Balazs, L.
02.113.042
04.113.023
Balazs, L. G.
04.122.160
07.122.157
09.122.120
Balazs, N. L.
08.062.032
09.061.004
Balbiani, G.
05.103.111
Baldanza, B.
02.105.147
03.105.004
04.105.063
Baldecchi, M. G.
08.034.032
Baldi, P.
09.093.082
Baldinelli, L.
04.010.038
079.100
05.079.104
07.009.025
08.009.020 .022
011.027
10.010.049
079.101

Baldinelli, L.
10.121.079
123.029
Baldini, A. A.
09.055.006
Baldini, R.
07.034.031
Baldridge, W. S.
08.097.056
09.094.485 .783 .785
Balducci, G.
09.094.402
Baldwin, B.
03.104.006 .008
06.104.001
09.093.021
10.100.015
Baldwin, B. W.
08.121.021
10.121.082
Baldwin, J. A.
09.141.090
10.141.023 .075 .078 .079
Baldwin, J. E.
04.141.080
05.134.016
06.158.078
07.158.001
09.114.046
158.021
10.141.088
158.001 .074
Baldwin, J. R.
08.064.044
09.158.094
10.114.035
Baldwin, M. E.
02.010.001
06.123.040
07.010.001
09.121.049
Baldwin, R.
07.033.043
09.033.067
Baldwin, R. B.
01.094.046
03.094.212 .290
04.094.092 .330 .353
05.094.059 .119
06.094.310
07.105.059
09.094.035
Bale, F. V.
09.158.139
10.158.010
Balekh Bishara Bagkhos
See Bagkhos, B. B.
Balfour, W. J.
04.072.054
06.103.101
Balick, B.
01.141.067
02.133.023
03.131.111
06.131.067
07.125.101
131.106
133.002 .008
08.131.028
141.025 .111
142.040 .057 .077 .131
09.133.037
141.040
155.037
10.125.047 .048
131.138
132.056
Balinov, V. V.
02.033.020

Balinskaja
See Balinskaya
Balinskaya, I. S.
09.158.087
10.158.152
Baliunas, S. L.
10.113.041
Balk, M. B.
09.003.028
Balklavs, A.
08.008.085
061.052
10.003.002
011.045
066.042
071.048
Balklavs, A. Eh.
06.009.003
08.003.019
033.063 .064
Balkowski, C.
08.158.068
09.158.026 .113
10.158.076
Ball, A. W. L.
03.054.012
Ball, J. A.
01.066.055
131.037
02.033.002
03.131.010 .054 .060 .073
.083
04.131.040 .064 .091 .142
141.202
05.131.003 .005 .006
132.030
06.131.074 .098
08.131.038
09.131.052
10.015.002
033.085
131.060
Ball, M.
03.081.019
Ball, R. H.
01.084.295
Ball, S. E.
07.034.138
142.092
Ball, W. F.
01.034.033
05.034.024
Ball Jr., S. E.
09.134.006
10.134.004
Ballabh, G. M.
10.151.028
Ballard, H. N.
01.079.103
Ballarin, S.
01.046.010
02.046.011
05.046.011
Ballario, M. C.
01.085.007 .010
02.085.001
04.085.004
07.085.002
Ballevre, J.
07.034.041
Ballif, J. R.
01.071.035
073.056
085.013
106.031
06.143.091
Ballodis, J. K.
06.055.010
Bally, M.
07.124.102

Balmain, K. G.
04.033.075
Balmino, G.
05.055.019
09.055.007
081.033
Balodimos, D. D.
10.011.044
Balodis, J.
06.046.031
Balodis, J. K.
08.031.040
Balodis, Ja. C.
07.055.007
Balogh, A.
04.078.025
05.078.023 .040 .041 .042
06.078.021
09.078.038
10.078.901
Balsamo, S. R.
09.094.818
097.016 .039
Balsiger, H.
01.105.045 .066
09.094.408 .727
10.094.368
Balsley, B. B.
08.084.021
09.084.037
10.084.020 .026
Balsley, J. R.
06.034.082
Baltes, H. P.
08.034.026
Baluteau, J. P.
06.071.017
08.034.036
09.082.016
10.082.014
Bame, S. J.
01.084.270
02.073.021
03.074.004 .025
084.255 .269
106.003
04.074.021 .022 .062
084.041
106.033
05.074.012 .022 .075
084.209
06.074.018
084.058 .206 .238 .283
106.015
07.073.050
074.034
08.074.060
084.289 .332
09.074.069 .070 .095
084.202
10.074.006 .041 .042 .096
084.221 .258
Bancroft, G. M.
03.094.098
04.094.156
09.094.332
Bandermann, L. W.
01.106.003
02.100.004
106.015
04.094.103
131.022
05.042.035
07.098.058
08.061.057
063.004
09.063.041
105.134
10.082.001

Bando, S.
01.105.027
Bandyopadhaya, R.
06.141.144
09.064.084
Bandyopadhyay, G.
09.061.055
Bandyopadhyay, P.
02.061.045
03.065.105
083.023
143.044
04.061.055
065.141
05.066.088
06.142.063
07.022.118
09.142.084
Banerjee, A.
06.066.076
08.066.120
Banerjee, A. R.
05.033.024
10.033.123
Banerjee, B.
04.065.033
Banerjee, P.
06.083.048
08.083.054
Banerjee, S.
02.105.036
Banerjee, S. K.
05.105.016
08.105.059
09.094.049 .278 .766
Banerji, S.
08.066.047
141.518
09.066.120
Banfi, V.
07.091.025
08.100.001
10.042.105
Banfield, F. P.
10.022.065
Banfield, R. M.
07.113.040
Bangert, W.
08.034.016
Bangs, L.
05.131.052
Bania, T.
09.155.034
Banilis, R.
03.034.079
Banin, V.
03.073.093
Banin, V. G.
01.073.020
06.073.102
09.071.026
10.073.043
Banks, D.
10.022.002
Banks, P. M.
01.083.026
03.093.001
04.092.016
05.083.019
06.083.017
093.027
106.001
08.083.011
084.312
10.083.032
Bankwitz, E.
10.094.504
Bankwitz, P.
10.094.504

Bannier, J.
02.008.048
Bannister, L. A.
10.094.442
Bannister, T. C.
07.053.013
Banos, C.
10.106.007
Banos, C. J.
06.099.051 .063
08.099.003
Banos, G.
10.073.079
Banos, G. J.
03.073.024
Bansal, B.
09.094.268
10.094.126
Bansal, B. M.
07.094.009 .062
08.094.196
09.094.054 .221 .681 .707
10.094.208 .401
Banshidhar
02.083.029
Bantash, V. Ya.
06.046.035
Bantin, C. C.
04.033.075
Bappu, M. K. V.
01.008.061
075.026
122.002
02.008.059
075.006 .009
102.034
03.008.065
075.007 .008
04.008.057
064.103
074.095
075.005 .009
103.133
05.073.034
075.005 .006
06.008.053
075.026 .028 .029 .037
07.075.001
08.008.051
074.084
075.009 .010 .021
10.008.058
012.007
073.032
074.134
075.007
103.102
114.068
Baptista Dos Santos, A.
02.041.033
07.045.031
Bar, V.
09.073.052
10.073.126
Bar-Nun, A.
04.011.022
08.015.018
Barabanenkov, Yu. N.
06.061.045
063.039
09.066.028
10.063.009
162.040
Barabashov, M. P.
06.097.083
08.094.253 .254
Barabashov, N. P.
01.097.013
02.005.024

Barabashov, N. P.
02.094.246 .247 .249
097.057
03.003.003
091.010
094.200
097.056
04.091.026
094.099 .107 .108
097.031 .033 .047
05.097.002 .053 .061
06.091.021
094.205
097.096
07.031.040
08.097.012
09.094.858
Barach, J. P.
03.022.055
Barakat, R.
06.063.025
Baran, P. I.
06.046.035
Baran, W.
08.046.014 .015
Baranne, A.
02.034.070 .071
03.114.021
05.031.070
07.034.080 .081
10.103.102
133.017
Baranov, A. A.
09.066.090
Baranov, A. S.
02.151.011
04.151.031
05.117.014
10.151.049 .052
Baranov, A. V.
06.072.049
08.072.018 .020
Baranov, B. A.
06.044.017
Baranov, V. B.
01.106.045
02.106.030
04.074.053
06.074.010
Baranov, V. I.
01.107.011
02.107.007
04.105.092
Baranov, V. K.
06.094.193
Baranov, V. N.
02.082.076
04.045.008
06.045.002
Baranova, T. N.
04.084.288
Baranovskij, Eh. A.
04.072.013
05.072.008
08.072.013
09.072.044
Baranovsky, E. A.
See Baranovskij, Eh. A.
Baranowski, B.
10.158.022
Barat, J.
08.082.184
Barath, F. T.
04.033.062
Baratova, V. F.
09.094.956
Baratta, G. B.
06.034.008
07.123.014
10.103.102

Barbanis, B.
03.151.044
04.008.080
07.008.110
08.151.049
10.008.084
Barbaro, G.
01.153.001
02.117.015
125.009
153.016
06.065.091
07.065.066
08.065.107 .109
09.065.123 .124
10.065.040 .095
Barbarroja, R.
07.075.015
08.075.034 .035
09.075.012
10.075.025
Barbarroja, R. R.
08.033.049
10.033.095
Barbashina, V. E.
10.034.021
Barber, D. J.
05.106.006
06.073.005
094.056
09.094.518
Barber, P. C.
09.158.139
10.158.010
Barbetti, M.
08.084.231
Barbier, J.
01.105.001
Barbier, M.
04.114.027
05.002.043
06.122.040
07.119.019
10.155.021
Barbieri, C.
03.141.176
04.113.029
141.218
158.107
05.141.202
06.031.066
141.182
07.113.032
141.074 .114 .159
08.101.004
141.013
09.008.008 .088
032.035
10.032.026
122.029
Barbieri, R.
05.065.145
Barbieri, R. W.
04.052.034
Barblishvili, T. I.
02.122.139
03.125.100
04.123.028
Barblishvili, T. J.
02.123.038
Barbon, R.
01.153.010
158.060
02.124.103
158.075
03.008.005
158.036
05.008.008
125.109
158.117

Barbon, R.
06.125.006
07.008.107
082.052
125.107
08.142.092
158.003 .004
09.125.024
153.015
10.125.006 .032
153.004
158.146
Barcus, J. R.
01.078.010 .017
02.078.002
08.084.055 .206
09.084.006
Barcza, S.
04.022.014
06.064.038
08.114.039
Bardeen, J. M.
02.066.034 .052
03.066.085
04.094.091
066.002 .024
06.065.002
066.001
07.066.038
08.066.088
10.066.001 .122
Bardsley, J. N.
07.162.046
10.131.037
Bare, C. C.
03.141.121
Bareau, C.
10.074.002
Barenbojm, R. M.
01.014.010
Barengoltz, J.
10.106.078
Bargenda, U. W.
09.003.014
Barger, R. L.
08.022.129
Barghoorn, E.
03.094.159
Barghoorn, E. S.
03.094.165
04.094.247
08.105.122
Barish, F. D.
10.084.225
Barish, J.
09.082.111
Barkat, Z.
04.065.004 .111
141.143
05.065.010 .013 .063
06.065.005 .017
07.061.010
064.009
065.021 .052 .058
08.065.051
Barkat, Z. K.
10.065.046
Barker, B. M.
04.066.047 .110
08.066.121
Barker, D. N. H.
07.143.023
Barker, E.
01.093.056
02.093.031
Barker, E. S.
01.093.015 .063
097.029
03.093.014
04.093.011 .023 .026

Barker, E. S.
04.097.010 .044
05.093.018
097.028 .029 .064
06.093.009
08.097.047 .049 .121
09.093.023 .027 .028 .032
097.086
100.042
10.100.026
Barker, F. C.
06.065.135
07.022.053
Barker, J. M.
03.094.166
04.094.249
Barker, M. C.
05.143.043
06.143.106
Barker, P.
09.114.039
Barker, P. J.
08.114.029
Barker, P. K.
10.114.177
Barker, T.
05.122.039
Barker, W. A.
06.091.004
097.005
Barkhatova, K. A.
03.153.026
04.153.035 .036
05.153.043
09.155.061 .062
10.151.048
Barkstrom, B.
04.114.058
05.117.018
Barkstrom, B. R.
08.062.066
09.091.047
10.063.034
064.034 .067
Barlai, K.
07.122.101
08.115.024
Barletti, R.
01.076.013 .022
082.114
02.011.008
07.012.023
083.028
08.071.072
076.002
Barlier, F.
01.082.009
02.046.006
055.015
082.033
04.046.020
082.223
05.013.020
081.020
082.025 .101
06.082.077
08.044.034
081.034
Barlik, M.
05.081.025
Barlow, B. C.
07.081.007
Barlow, B. V.
06.034.132
Barlow, D. J.
10.121.082
Barlow, H. M.
04.033.085
Barlow, M. J.
06.131.070

Barlow, M. J.
10.113.032
114.084
Barnard, A. J.
01.022.001 .082
03.022.073
05.022.026
08.022.013
Barnard, U.
08.141.039
Barnden, L. R.
01.032.072
142.069
05.143.037
09.143.047
Barnes, A.
01.074.006
03.066.045
106.006
04.066.042
074.078
05.064.039 .057
074.059
094.103
06.062.060
106.026
08.074.008
09.074.001 .011 .012 .023
10.062.009
074.079 .084 .087
Barnes, B. M.
05.122.071
Barnes, C.
08.158.015
Barnes, C. A.
03.065.019
06.065.081
07.065.141
Barnes, C. W.
07.080.032
08.072.024
Barnes, I. L.
09.094.702
10.094.209
Barnes, J. A.
07.044.029
Barnes, J. V.
01.153.015
02.153.004 .014
154.005
03.113.046
04.113.050
152.004
153.010
05.153.012
06.113.017 .047
121.025
153.021 .025
07.113.001
08.113.053
121.007 .010
10.113.055
153.025
Barnes, K. R.
08.003.040
Barnes, M.
09.005.018
Barnes, M. A.
10.003.021
Barnes, R.
08.103.130
Barnes, R. C.
08.162.046
Barnes, T.
09.133.005
Barnes, T. G.
04.124.101
05.122.071
07.099.020
09.114.069

Barnes, T. G.
10.114.181
Barnes, V.
09.094.365
Barnes, V. E.
02.105.017
03.094.166
04.094.249
105.049
06.105.083
08.105.095
10.003.021
Barnes III, T. G.
05.122.066 .112
07.122.028
08.122.108
09.122.126
Barnett, M. A. P.
02.008.130
Barnhardt, E. A.
04.082.049
Barnhart, P. E.
10.073.108
Barnothy, J.
01.162.058 .064
02.141.165
03.141.027
04.162.021
10.141.124
158.135
Barnothy, J. M.
01.141.100 .163
162.038
03.141.029 .136
07.141.043 .048 .175
158.146
162.030 .038
08.061.017
141.045
162.067
09.162.060
Barnothy, M.
02.141.165
10.141.124
158.135
Barnothy, M. F.
01.141.163
162.038 .064
03.141.136
07.141.043 .048 .175
158.146
162.030 .038
08.141.045
Barnothy, M. (Forro)
04.162.021
Barocas, V.
01.005.003
02.008.096
05.036.005
06.003.107
005.002
080.050
07.082.084
09.010.012
072.012
085.003
Baron, M. J.
10.083.056
Barone, J.
09.105.083
Barone, M. A.
01.120.004
Barouch, E.
02.078.019
03.078.004
04.078.006 .023
05.078.046
06.078.005
Barr, E. S.
06.005.016

Barr, L. D.
04.032.031
05.031.078
032.047
Barrar, R. B.
03.042.078
04.042.044 .066
06.042.068
09.042.034
Barrett, A. H.
01.131.116
02.131.024 .100
03.114.009 .070 .073
131.053 .128 .129 .130
.133 .134
141.207
04.122.054
131.034 .062 .148
05.114.085
122.064 .129
131.142 .146
06.061.054
131.151
132.022 .024
07.114.048 .093
08.131.021
141.103
09.131.050
10.131.293
Barrett, E. W.
06.082.007
Barrett, H. H.
10.034.081
Barrett, J.
05.158.110
Barrett, J. W.
05.131.146
158.062
07.158.022
10.033.114
Barrett, K. E.
04.084.292
05.084.265
Barrett, T.
08.076.019 .020
Barrette, L.
05.022.022
06.022.143
Barrette, R.
10.123.003
Barretto, P. M.
05.094.143
Barretto, P. M. C.
10.094.191
Barricelli, N. A.
01.094.036
03.094.005
05.051.020
07.107.008
08.151.005
09.098.063
10.091.015
098.008
Barringer, J. P.
09.105.072
Barron, W. R.
02.077.019
Barros, M.
02.045.029
Barros, S.
03.103.102
Barroso Jr., J.
01.123.028
Barrow, C. H.
01.008.116
099.034
05.099.004
07.099.004
08.077.043
099.067

Barrowes, S. C.
 08.143.029 .058
Barry, D. C.
 02.113.009
 03.114.069
 04.114.054
 05.115.010
 08.153.014
 10.114.090
   153.018
Barry, J. R.
 04.034.016
 05.114.059
Barshay, S.
 09.065.171
Barsuhn, J.
 08.022.025 .068
 09.022.072
Barsukov, V. M.
 05.084.251
 06.084.217
 07.084.041
Barta, G.
 05.081.030
 09.081.013
 10.081.034
Bartaya, R. A.
 03.152.003 .004
 04.114.072
   133.005
 07.122.053
 10.114.134
Barteneva, O. N.
 01.103.114
 04.103.107
 06.103.131 .132
Bartenwerfer, D.
 09.080.030
Barth, C. A.
 01.093.046
 02.091.014
   097.013
   113.026
 03.097.045
   155.022
 04.082.012 .014 .020
   093.078 .079
   155.014
 05.034.066
   082.140
   093.020
   097.017 .037
   099.040
 06.097.009
 07.097.026 .030
   114.013
 08.097.024 .090 .091 .092
 09.097.009 .025 .073
 10.094.129 .278
   097.026 .038 .091
Barthalot, R.
 05.099.003
Bartholdi, P.
 06.099.019 .067
 07.034.101
   099.014
 08.115.012
Bartholomew, P.
 05.151.008
Bartkevicius, A.
 01.124.104
 03.113.009 .010
 04.113.058 .064 .065
   115.004
   126.015
 08.113.050
Bartkus, R.
 01.131.068
 02.065.082 .083
 04.113.063

Bartkus, R.
 05.131.131
 06.113.056
   131.132.
 08.113.050
   114.140
Bartl, E.
 01.124.104
 03.116.013
 04.034.068
 08.114.174
Bartlett, J. F.
 01.131.022 .076
Bartlett, J. H.
 03.042.063
 07.042.043
 09.042.041
Bartlett, J. T.
 07.093.028
 09.093.007
Bartlett Jr., J. C.
 10.092.007
Bartley, W. C.
 02.078.024
 05.034.015
 06.078.003
Bartmuss, H.-J.
 10.004.070
Bartoe, J. D. F.
 04.076.017
 10.076.036
Bartoe, J. F.
 03.076.020
Bartolini, C.
 01.124.104
 02.116.019 .022
   121.097
   124.100
   154.016
 03.116.019
 06.123.052
 07.123.023
 08.010.027
   122.065
 10.121.021
Bartolini, U.
 04.075.016
 05.075.017
 06.075.017
 07.075.018
 08.075.031
Bartolotta, C.
 04.031.028
Barton, D.
 06.066.014
Barton, D. K.
 06.033.036
Barton, R. J.
 09.065.002
   066.083
Barton Jr., G. G.
 05.099.067
Bartsch, R.
 09.072.075
Baruch, J. E. F.
 09.143.012
Barynin, V. A.
 03.066.069 .082
Baryshnikova, G. V.
 10.105.091
Barzova, I. S.
 10.031.031
Basano, L.
 08.066.150
 09.066.095
 10.066.149
Basart, J.
 03.141.017
 07.141.030

Basart, J. P.
 02.093.027
 03.093.028
 04.033.044 .061
   093.030 .049
 08.093.004
 09.100.013 .018
Baschek, B.
 01.114.015 .069
 02.071.023
 03.022.038
   064.016 .017
 04.115.003
 05.008.061
   065.100
   115.007
   119.001 .004
 06.114.069
   125.005
 07.008.067
   126.017
 08.114.110 .114
 09.114.131
 10.008.052
Basden, A.
 10.033.101
Baselyan, L. L.
 See Bazelyan, L. L.
Basford, J. R.
 10.094.210
Bash, F. N.
 04.141.110
 06.141.262
 07.141.141
 09.141.037
   142.031
 10.141.117
Basharina, T. S.
 10.122.034
Basharinov, A. E.
 02.082.137
 05.082.006 .125
 08.097.097
 09.093.071
 10.097.062
Bashkin, E. A.
 08.083.040
Bashkin, S.
 04.022.056 .118
 06.022.112 .137
 10.022.069
Bashkirtsev, V. S.
 05.073.015 .019 .059
 06.073.019
 10.073.018
Bashtova, L. I.
 07.099.045
Basilevskaya, G. A.
 See Bazilevskaya, G. A.
Basilevsky
 See Bazilevskij
Basilova, R. N.
 02.082.124
 05.082.008 .010
 06.143.015
 09.143.017 .065
 10.083.015 .026
   143.038
Basinska, E.
 07.064.041
Basistov, G. G.
 09.033.039
Baskakov, A. V.
 07.076.040
 08.076.011 .047
Baskakova, T. P.
 07.081.019
Baskaran, S.
 08.033.075 .076

Basko, M. M.
09.126.005
10.142.015
Bass, A. M.
01.022.025
06.022.048
Bass, J. N.
09.099.087
10.099.064
Bass, M. N.
04.105.053 .112
05.105.010
06.094.061 .132
07.094.009
09.094.054
Bassett, A. B.
06.003.104
Bassett, H. L.
09.094.824
Bassett, W. A.
08.022.149
Bastiaans, J. G.
01.075.029
02.075.017
04.075.020
05.075.011
Bastian, U.
07.031.041
08.031.025
Bastidas, A.
06.015.015
Bastin, J. A.
01.141.049
03.094.141 .211 .263 .301
04.094.269 .426
05.094.127
07.009.007
094.245
08.034.034
094.016 .085
09.094.475 .547 .816 .844
10.094.087
Bastos-Netto, D.
07.131.156
Basu, B.
01.122.056
131.079
02.122.174
05.151.018
06.141.144
07.155.029
09.064.084
131.198
155.048 .063
Basu, D.
01.099.006
03.077.028
05.077.044
06.077.001
07.077.001 .061
08.099.053
09.077.058
141.033 .126
10.141.054 .085
Basu, S.
02.083.005
06.083.020
08.077.021
Basurmanova-Gribko, L. P.
07.041.013
Batakis, N.
08.162.085
Batalli-Cosmovici, C.
06.051.012
Batalov, Yu. V.
10.097.123
Batchelor, A. S. J.
07.132.032
08.132.028

Batchelor, R.
06.141.151
Batchelor, R. A.
01.033.035
02.033.054
132.016
03.033.029
132.029
04.131.117
141.132 .200 .224
05.141.168
07.131.010
08.159.013 .015
09.131.007
155.058
10.131.067
Bate, R. R.
06.003.166
07.003.162
Bateman, F. De J.
03.103.102
Bates, B.
02.071.064
03.073.048
05.034.019
06.034.064
071.061
07.034.030
114.136
08.131.085
09.034.028
10.034.106
Bates, D. R.
08.005.027
022.059
10.083.035
Bates, H. F.
03.083.059
08.083.024
09.084.013
10.084.002
Bates, R. H. T.
01.031.006
03.033.057
07.033.063 .064
08.031.004
09.034.002
10.031.006
033.096 .105
Bateson, F. M.
01.010.024
122.103 .104 .105
02.122.014 .015 .016
124.008
03.120.007 .008
122.065 .066 .067 .068
.069
123.019 .020 .021
124.100 .102 .103 .104
.106
04.010.024
121.078
122.139 .140 .165 .166
.177 .178 .179 .180
124.107 .110
05.010.024
120.005
122.085 .086 .130
123.024 .039 .040 .041
.042 .043 .044 .045
.046
124.005 .009 .010 .108
06.010.024
120.017
123.044 .045 .046 .047
.048 .049 .050
124.010
07.010.024
122.107 .113 .127
124.007

Bateson, F. M.
08.120.011 .020
123.060 .061
124.006
09.122.133
123.033 .036 .037 .038
.039 .040 .041 .042
.043 .044 .045
10.010.024
124.107
Bath, G. T.
02.117.025
07.117.007 .027
10.124.007
Bath, K.-L.
09.031.032
Bathker, D. A.
03.033.055
10.033.039
Batishko, C.
07.155.036
10.034.115
Batishko, C. R.
06.084.016
Batishko, K.
07.155.036
Batra, M. P.
08.081.049
Batrakov, Yu. V.
02.054.025
055.023
04.052.038
06.044.003
054.014 .015
07.044.016
052.006
08.052.013
09.098.010
10.151.052
Batson, R.
03.097.042
Batson, R. M.
02.091.015
094.174
07.094.010
097.027
08.097.023
09.094.055
10.094.127
097.036
Batstone, R. M.
04.076.005
Batten, A. H.
01.008.129
009.015
119.003
02.008.125
119.010
121.046 .094
03.008.143
04.117.010 .030
121.084
05.114.093
118.016 .029
06.117.005 .025
119.005
121.033
07.119.018
08.119.014
121.022
09.003.029
10.012.005
117.013
119.007
121.008 .063
Batten, R. L.
06.003.062
Batterson, S. A.
02.094.176
04.094.053

Battey, M. H.
03.094.127
04.094.302
06.094.325
08.094.123
09.094.775
Battistini, P.
01.124.104
02.116.019 .022
    121.097
    124.100
    154.016
03.116.019
09.121.070
10.121.021 .070
Battistini, P. L.
06.121.075
Battiston, L.
06.065.137
Battre, H.
04.005.002
Batts, B. D.
10.094.034
Batueva, N. B.
02.052.005
    053.014
05.042.039
06.052.029
08.052.011
Baturina, G. D.
05.041.022
09.041.041
10.041.012
Batylova, O. P.
06.104.111
08.104.015
Baud, B.
07.122.116
Baudel, L.
04.132.006
Baudrand, J.
09.034.058
Baudry, A.
03.033.009
05.114.056
Bauduin, M.
02.010.031
03.010.031
08.010.031
Bauer, E.
06.082.042
Bauer, J.
09.094.394
    122.115
Bauer, J. F.
10.094.439
Bauer, M.
10.094.449
Bauer, P.
06.082.078
07.082.070
08.083.010
Bauer, S. J.
03.093.007
05.093.021 .038 .067
06.082.148
09.097.096
10.003.022
Bauerle, C.
10.106.078
Bauernfeind, H.
01.123.031
02.121.095
    122.177
    123.052
Baugh, R. A.
04.033.093
Baum, J. J.
07.051.030

Baum, R.
10.003.023
Baum, W. A.
02.097.045
04.091.005 .014
05.097.042 .057
06.097.064
    099.024
07.097.009
    158.101
08.091.030
    097.062
    158.045
09.031.031
    097.067 .078
10.091.007
    097.001
    161.003
Bauman, A. J.
03.094.155
04.094.262
09.094.442 .753 .904
    105.037 .058
10.094.421 .422
Bauman, C. A.
10.094.488
Bauman, Eh. I.
06.035.002
10.004.047
Baumann, G.
01.151.023
03.151.033
05.151.011
06.151.044
07.151.056 .066
Baumert, J. H.
05.113.043
07.118.001
08.122.092
09.122.077
10.113.105
    114.095
Baumgardner, J.
09.014.032
Baumgart, L. D.
05.122.039
Baumgarte, J.
08.042.014
10.042.024 .068
Baur, H.
06.105.084
09.094.737
10.094.290
Baussus-Von Luetzow, H.
06.081.004
Baustian, W. W.
05.032.050
Bautz, L. P.
04.160.006 .015
07.160.006 .010 .025 .030
10.160.017
Bavagnoli, F.
08.082.002
Bavassano, B.
04.084.264
    106.032
06.084.236
07.084.901
08.084.901
10.084.275
    106.011
Baxa, P. A.
10.042.027
    094.085
Baxter, A. J.
01.142.023
02.084.038
    142.040 .063
04.142.043

Baxter, D. C.
07.107.014
08.107.014
10.061.001
Baxter, M.
05.105.075
Baxter, W. M.
01.075.039
02.004.003
    010.012
03.075.006
04.092.008
05.075.004
06.010.012
07.010.012
09.003.030 .131
Bay, Z.
08.022.106 .127
Bayarevich, V. V.
01.078.009
07.078.018
Bayer, G.
08.094.114
09.094.596
Baylac, M.-O.
01.114.075
07.114.009
Bayle, A.
05.031.074
07.034.079
08.031.076
Baylis, D. J.
04.162.027
Baylor, L. A.
03.153.003
Baym, G.
02.065.105 .106
    141.085
03.141.047 .086 .101
06.065.098 .151
    141.231
07.065.143
10.065.109
Bayrock, L. A.
01.105.041
Bazell, R. J.
05.082.022
Bazelyan, L. L.
03.141.075
05.074.030
Bazer, J.
06.062.040 .041
Bazhenov, G. M.
08.042.002
Bazhinov, I. K.
05.052.015
08.052.006
Bazilevskaya, G. A.
01.143.031
02.082.127
05.078.036 .051
06.078.047
07.078.018
    143.036
09.078.055 .056
    143.077
10.078.013
    143.036 .037
Bazilevskij, A. T.
05.094.007 .140
06.094.196
08.094.171 .211
10.094.037
Bazilevsky
See Bazilevskij
Bazykin, V. V.
01.054.011
10.055.026
Beadnell, M.
01.013.012

Beaglehole, D.
10.122.102
Beale, J. S.
01.158.003
Beall, D. S.
03.084.401
Beall, E. F.
04.066.121
Beals, C. S.
01.009.011
02.105.198
114.100
03.105.003 .127
04.162.076
06.105.050
07.094.148
Beals, R.
05.065.091
07.065.145
Beaman, D.
09.094.241
Beaman, D. A.
10.094.286
Beams, J. W.
02.022.014
06.043.016
Bean, W. C.
05.052.020
053.008
Beard, D. B.
04.084.222
05.094.170
07.074.041 .042
08.074.021
084.249 .308
09.084.220
10.074.018
099.012 .013 .022
Beard, J. M. C.
02.160.013
Beard, M.
01.141.096
02.157.013
Beardsley, W. R.
03.034.073
06.112.012 .013
09.111.005
151.042
10.112.007
Beasley, W. H.
10.097.057
Beattie, D. H.
05.034.104
Beaty, E. C.
06.082.001
Beauchamp, R. H.
09.105.100
Beaudet, G.
01.065.007
05.065.123
07.061.029
065.073
08.065.030
09.065.032
Beaudet, P. R.
08.021.009
Beaudoin, A.
10.131.186
Beaulieu, P. L.
03.105.005
Beaver, D. De B.
03.005.005
Beaver, E. A.
07.034.043 .146
08.141.101 .510
09.034.078
Beavers, W. I.
06.096.041
07.008.004
09.008.002

Bec, A.
02.099.001 .073
06.043.015
10.094.103
Bechis, D. J.
09.073.057
Bechis, K. P.
06.131.056
07.114.093
09.131.050
10.131.125 .293
Beck, A. E.
01.081.039
04.012.025
Beck, F.
10.155.078
Beck, H. G.
08.034.147
Beck, J. D.
08.034.071
Beck, M. S.
09.033.055
Beck, R.
01.093.061
Beck, R. J.
04.022.013
Becker, D. G.
05.104.031 .032
10.104.059
Becker, F.
03.004.020
Becker, G.
01.035.004
02.044.018
04.044.038
05.044.008 .015
06.044.015 .016
07.044.033
08.044.017 .028 .029
09.035.002 .004
044.038
085.010
10.011.012
044.005 .009
Becker, H.-J.
01.104.005
Becker, J.
08.094.034
Becker, J. F.
02.022.036
Becker, K.
06.094.099 .137
09.094.457 .462
Becker, K. H.
04.034.112
06.022.007
082.125
Becker, R. A.
01.009.009
Becker, R. H.
08.125.003
09.125.009
10.141.011
Becker, T. W.
09.003.031
Becker, V. J.
08.105.057
Becker, W.
01.155.004 .005
03.012.013
153.016
155.041 .078
04.155.013 .032
06.153.015
07.155.081
08.155.039
09.034.038
113.002
Beckers, J. M.
01.034.006

Beckers, J. M.
01.061.026
072.013 .033
02.071.021 .022 .044 .060
.068
072.033 .065 .096
03.071.025
04.034.015 .040
071.025 .055
05.034.068
036.013
072.040
06.080.011
07.074.019
08.072.025 .054
073.015 .016 .030 .084
09.034.049
073.001 .102
074.063
10.034.063
072.029 .047
074.121
Becklake, E. J.
05.082.062
Becklin, E.
01.113.028
131.094
142.012
06.113.010
131.056
07.158.035
Becklin, E. E.
01.103.117
122.032
141.056 .196
02.113.038
114.052 .065
155.005
158.005
03.122.053
141.016
155.067
04.115.006
05.158.105
06.158.002 .099
07.114.014
115.010
141.146
158.135
08.114.086 .099
131.062
133.005
141.039 .105
09.113.029
114.030 .040
125.101
131.040 .207
132.028
158.052 .066
10.113.084 .110
114.217
122.160
133.070
141.559
142.048
158.113
Beckman, J.
10.079.101
Beckman, J. E.
01.141.049
02.077.039
05.073.060
080.011
07.066.076
08.034.014 .136
09.073.037
10.073.050 .100
079.101
Bediee, S.
09.062.011

Bedin, V. S.
05.034.045
Bedinger, J. F.
01.082.097
02.082.064
Bedini, S. A.
05.003.024
07.003.022
Bednarova-Novakova, B.
01.085.003
Bedo, D. E.
09.034.114
Beebe, H. A.
02.073.048
04.073.038
05.073.033
07.073.023
08.063.042
073.103
09.063.019
073.068
114.065
10.073.123
Beebe, R.
09.093.031
10.064.060
Beebe, R. F.
03.122.054
04.114.055
08.093.032
09.063.019
Beedenko, N. D.
04.054.023
Beedle, R. E.
05.143.086
Beekman, G. W. E.
02.120.004
03.095.002
122.064
05.015.012
06.121.052
07.004.027 .037
122.030
08.004.010 .023 .029 .043
096.005
09.004.014 .015 .019 .058
10.097.081
105.075
Beeler, M.
02.094.232
Beeler, M. A.
05.097.055
Beer, A.
02.003.018 .123
04.003.001
05.003.009
07.003.001
08.003.008
004.039
09.004.038
10.007.000
Beer, R.
01.034.032
06.034.135
093.008
097.073
07.099.020
114.025
08.099.047 .076
114.100
09.099.004 .100
114.081
Beer, T.
08.082.104
09.082.017
Beermann, D.
06.077.039
Beers, B. L.
08.094.216

Beery, J. G.
05.082.059 .060
06.066.045
099.002 .059
Beeson, D. E.
02.094.186
04.082.079
10.082.082
Beet, E. A.
01.010.012
02.010.012
035.019
03.010.012
04.010.012
05.010.012
07.003.023
007.000
09.010.012
014.001
10.010.012
Befring, O.
06.047.011
Begbie, G. H.
02.003.029
Begchanov, M.
05.104.012
Begemann, F.
02.105.083 .094 .108 .114
.115 .151
03.094.056 .066
04.094.184 .189 .210
105.056
06.105.148 .152
08.105.002
09.094.686 .720
10.105.045
Begkhanov, M.
08.104.012 .013
10.104.023
Begnamini, G.
10.010.049
Begot, J.
10.079.101
Behall, A. L.
05.111.009
07.126.022
09.133.027
10.117.032
118.008 .021
Behannon, K. W.
02.084.215 .243
03.084.206 .258
04.106.023
05.106.027
Behnke, R.
03.079.102
Behr, A.
01.008.048
02.034.069
041.041
03.008.057
05.008.059
034.031
113.054
10.031.023
Behr, C. G.
01.162.068
Behring, W.
04.022.102
05.022.085 .089
08.071.041
Behring, W. E.
02.034.037
04.034.026
08.071.002 .021
09.034.035
10.034.064
062.001
Behrmann, C.
09.094.255

Behrmann, C.
10.094.211
Behrmann, C. J.
09.094.005
Behrnetz, S.
09.143.042
Beig, R.
10.066.159
Beigman, I.
02.074.020
Beigman, I. L.
See Bejgman, I. L.
Bejgman, I. L.
02.073.011
04.074.050
05.076.002
Bejtrishvili, I. B.
01.103.100 .116
Bejtrishvili, I. R.
05.103.008 .106 .109 .111
06.103.001 .102
Bekbolotov, A.
01.104.034
02.104.036
05.104.036
Bekenstein, J. D.
06.066.092
07.066.066 .127
08.066.063 .127
09.066.111
10.066.005 .125
Bekhterev, Yu. I.
10.106.027
Bektemirov, T. B.
04.104.004
Bel, L.
01.162.005
02.065.097
09.141.012
Bel, N.
05.062.007 .057
Belcher, D.
06.097.088
Belcher, J. W.
01.106.032
05.062.014
106.026
06.074.025
10.074.090
106.008
Belenkaya, B. N.
06.083.034
Beletskii
See Beletskij
Beletskij, V. V.
02.082.161
04.052.048
082.153
05.052.022
07.042.019
08.003.041
094.137
09.042.037
052.007
054.018
Beletsky
See Beletskij
Belevitin, A. G.
08.033.014
Belian, R. D.
01.142.070
02.142.018 .068
03.142.006 .022
04.142.084 .093
07.142.009 .030
10.142.112 .113 .121
Belij, Yu.
See Belyj, Yu.
Belik, S. I.
03.122.016

Belikovich, V. V.
01.033.043
084.036
02.084.043
06.083.062
Belikovitch
See Belikovich
Belinskij, V. A.
02.066.036
03.066.070
04.162.039
05.162.054 .070
06.162.027
08.162.024 .096
09.162.080
Belitsky, B.
07.015.008
09.015.013
Belitzky
See Belitsky
Beljaev
See Belyaev
Beljakina
See Belyakina
Beljayev, Y. A.
See Belyaev, Yu. A.
Belkin, A. D.
02.082.107
Belkina, I. L.
07.073.066
Belkovich, O. I.
06.104.043 .094
Bel'kovich, O. I.
08.104.052
Bell, B.
06.094.002
09.074.058
Bell, C. C.
02.034.049
Bell, D. J.
06.052.028
Bell, E. E.
09.031.020
Bell, F. C.
02.046.008
Bell, G. A.
05.081.029
Bell, G. D.
01.022.071
03.022.026
08.022.060
Bell, J. A.
03.082.042
Bell, J. D.
07.105.038
Bell, M. B.
02.141.051
04.113.004
06.141.009
07.158.057
08.077.022 .051
09.033.001
10.141.015 .092
Bell, P.
10.011.007
Bell, P. M.
03.094.092
04.094.158
09.094.072 .074 .174 .638
10.094.212 .459
Bell, P. R.
02.094.100
03.094.080 .304
04.094.222
05.094.126
09.094.381 .432
Bell, R. A.
01.114.002
03.113.016
114.037

Bell, R. A.
03.154.017
04.114.005 .056
05.113.006 .008
114.018 .024
06.022.059
113.027 .031
114.001
07.114.018
153.018
08.113.016 .017
114.015
122.034
155.047
09.076.027
114.070 .099
122.037
155.030
10.064.015
126.001
155.001
Bell, R. D.
03.094.271
Bell, R. J.
09.003.032
Bell, R. L.
07.034.016
Bell, S. J.
01.141.228 .229
02.141.101
Bell, T. E.
03.079.102
Bell, V. E.
06.099.041
Bell Burnell, S. J.
07.141.023
Bellert, S.
01.162.004
03.066.059
Bellman, R.
02.091.046
07.063.034
10.063.051
Bellman, R. E.
01.063.035
03.063.021
091.012
Bello, F.
05.141.110
Bellomo, A.
06.034.046
Bellomo, G.
06.061.021
Bellomo, N.
10.082.120
Belly, P. Y.
05.032.037
Belokon, E. T.
08.126.007
09.126.004
Belon, A. E.
01.084.003
06.084.029
08.083.024
084.005
09.084.013
Belorossova, T. S.
08.041.080
09.031.055
Beloshitzky, V. V.
05.084.415
Belotserkovskij, B. E.
10.120.003 .004
Belotserkovskij, D. Yu.
02.044.033
03.044.017
04.044.011
Belotserkovskij, M. B.
03.082.073

Belotserkovsky
See Belotserkovskij
Belous, L. M.
04.103.109
08.103.108
09.103.131
10.103.112 .114
Belous, L. V.
10.103.112
Belousov, L. Yu.
06.052.031 .032
Belov, A. V.
02.143.019 .060
05.074.039
143.147
07.078.015
143.010 .011
09.143.044 .069 .076
10.078.016
Belov, I. F.
02.077.047 .054
03.077.009 .010
08.077.015
09.077.025
10.033.080
077.073
Belov, R.
09.094.876
Belova, N. A.
08.003.042
Belova, N. G.
08.005.007
Belozerova, M. A.
09.151.051
Belrose, J. S.
03.079.102
07.079.101
Belserene, E. P.
04.115.015
10.065.054
Bel'skij, S. A.
02.143.051
03.104.019
143.063
06.143.110 .149
07.104.005
Belsky, S. A.
See Bel'skij, S. A.
Belsky, T.
03.105.094
Belton, M.
10.103.102
Belton, M. J. S.
01.091.014
097.028
106.019
02.093.037
097.032
099.005
03.099.029
04.093.072
05.101.004
06.092.004
097.086
08.093.013
09.099.064
101.003
10.091.017
101.007
Beltrami, G.
02.121.081
03.121.051
Beltschew, S.
07.105.005
Belvedere, G.
03.072.037
08.080.028
082.003
09.080.032
10.080.063

Bely, F.
06.022.001
Bely, O.
01.022.002 .014
02.022.116
03.022.066 .068
04.022.042 .112
07.022.064
08.022.082
09.022.010
Bely-Dubau, F.
09.022.070
Belyaev, N. A.
01.103.118
02.103.123
03.098.016
103.123
04.103.131
05.103.120 .128
06.103.124
07.103.112 .113
08.098.009
102.017
103.106
104.008
09.011.032
103.136
10.102.044
103.122 .130 .131
Belyaev, V. A.
09.073.112
Belyaev, V. P.
04.114.041
10.142.039
Belyaev, Yu. A.
02.032.037
05.098.006
Belyaeva, E. E.
02.064.034
09.064.039 .040
Belyakina, T. S.
03.122.045
04.122.024
05.122.007
Belyantsev, A. M.
10.034.018
Belyavskaya, V. D.
10.082.103
Belyj, A. G.
08.132.036
10.114.237
Belyj, Yu.
09.005.012
Belyj, Yu. A.
07.003.024
004.002
08.004.067
10.005.007
Bem, E.
08.041.057 .077
Bem, J.
05.082.074
103.104
08.031.009
118.004
09.032.008
103.112
Bemalkhedkar, M. M.
08.143.036
Beme, V.
10.085.021
Ben-David, E.
05.105.048
Ben-Menahem, A.
03.045.005
04.081.045
06.081.048
09.081.009
Benada, J.
06.105.164

Benada, J.
09.094.394
105.003
Bence, A. E.
01.105.018
03.094.099
04.094.066 .177
05.094.039 .042
06.094.049
07.094.048 .075
09.094.076 .169 .204 .216
.344 .552 .632 .647
.914
10.094.213 .255
Bencini, P.
03.046.006
Bendel, W. L.
09.080.047
Bender, A. G.
04.082.230
Bender, C. F.
08.022.142
09.022.008
Bender, D. F.
07.052.034
10.051.029
Bender, P. L.
01.045.012
03.094.028 .237
04.094.265
06.094.188
07.131.100
09.094.927
131.045
10.094.074
Bendik, P.
06.032.036
Bendinelli, O.
02.082.121
05.082.153
Bendito, J.
10.083.003
Bendt, J.
02.064.026
Bendt, J. E.
04.064.036
06.065.079
Benedetti, E. J.
01.008.106
Benedict, G.
10.160.035
Benedict, G. F.
03.114.109
04.114.139
10.034.031
114.229
Benedict, P. C.
04.084.014
Benedict, W. S.
01.082.035
05.093.027
06.003.110
Benedictov
See Benediktov
Benediktov, E. A.
01.084.036
141.034
157.006
02.084.043
03.157.022
05.141.133
06.083.062
Benerjee, S.
08.105.091
Benes, K.
05.091.036
06.091.030
09.094.843 .945
097.102

Benesch, W.
10.022.078
Benesch, W. M.
03.084.037
04.022.010
Benest, D.
05.042.034
Benevides, P.
05.041.033 .041
Benevides-Soares, P.
04.081.053
Benfenati, F.
10.121.079
123.029
Bengtson, R.
03.062.024
Bengtson, R. D.
01.022.038
02.022.021
04.071.031
06.022.116
08.022.075 .105 .119 .130
Benhocine, M.
02.044.021
05.044.028
07.041.044
10.041.041
Benima, B.
01.042.017
Benjamin Jr., F. S.
07.003.025
Benkheiri, Y.
10.105.033
Benkova, N. P.
03.073.118
04.084.288
06.083.024
09.081.004
Ben'kova, N. P.
01.011.010
07.083.059
Benner, D. C.
02.071.012
10.071.033
Bennett, A.
02.052.029
Bennett, A. D.
06.094.061
Bennett, C. D.
08.061.019
Bennett, D.
04.094.237
Bennett, D. J.
07.084.231
09.084.237
Bennett, F. D. G.
08.083.003
Bennett, G.
05.084.037 .038
06.084.038
08.084.031
09.084.015
Bennett, G. A.
03.082.043
Bennett, J. C.
02.102.043
103.128
03.103.002 .102
04.010.007
05.103.117
06.010.007
08.010.007
033.094
103.112
10.103.102
Bennett, J. E.
07.082.026
Bennett, J. M.
10.005.033

Bennett, K.
07.142.110
Bennett, L.
07.094.009
09.094.054
10.094.126
Bennett, R. J. M.
03.022.001
Bennett, R. T.
01.082.023
Bennett, W. C.
06.010.007
Bennett Jr., C. L.
07.033.062
Bennewith, P. D.
09.114.023
Bennick, A.
01.065.080
Benschoter, C. A.
04.015.004
Benson, G. S.
04.101.002
05.101.003
Benson, R. C.
05.131.116
06.131.083
09.131.104
Benson, R. S.
04.117.021
08.022.152
Benson, S. W.
02.094.115
Benton, E. R.
02.080.014
Benton, J. L.
05.010.003
08.100.022
Benton Jr., J. L.
06.010.003
100.005
08.100.014
10.100.024
Bentze, P.
05.085.001
Benukh, V. V.
See Benyukh, V. V.
Benvenuti, F.
10.131.117
Benvenuti, P.
10.103.102
158.069
Benyuch
See Benyukh
Benyukh, A. S.
06.034.041
Benyukh, V. V.
03.104.023 .024
05.104.016
06.034.041
104.032
08.104.028 .046
09.104.019 .036
10.104.041 .043
Benz, A. O.
06.080.056
09.077.010
Benzi, V.
09.065.170
Bera, K.
01.162.003
Beran, D. W.
05.082.051
07.082.031
Beranek, I.
10.076.015
Berckhemer, H.
05.094.172
Bercovitch, M.
02.143.041
05.143.078

Bercovitch, M.
07.143.005 .024
Berdahl, B. J.
10.094.405
Berdahl, C. M.
04.034.029
Berdichevskij, M. N.
08.084.256
094.100
09.084.233
10.084.253
Berdichevsky
See Berdichevskij
Berdnikov, L. N.
10.122.027 .179
123.005
Berdot, J. L.
07.105.035
09.094.256 .269 .803 .808
10.094.011 .214
Beregovoi, G. T.
08.082.071
Berendzen, R.
02.014.003
04.014.002
05.004.034
158.081
06.158.069
07.014.005
131.065 .078
09.004.050
005.002
012.020
014.024 .032 .036 .044
10.003.024
009.002
Beresford, I. R.
09.141.510
Beresin, Yu. V.
08.022.034
Beresinsky
See Berezinskij
Beresovski, O. A.
See Berezovskij, O. A.
Beresovsky, M. I.
See Berezovskij, M. I.
Berezdivin, R.
04.066.067
Berezinskij, V. S.
01.143.066
05.143.084
07.011.013
09.143.049
Berezinsky
See Berezinskij
Berezovskij, M. I.
04.104.004
Berezovskij, O. A.
04.092.019
10.097.096
Berezowski, E.
05.046.009
10.004.062
Berg, H. F.
08.022.051
Berg, O. E.
02.051.023
04.105.078
106.038
06.105.013 .052 .059
08.034.081
Berg, R. A.
01.064.061
03.153.007
05.097.010
06.096.008 .037
115.014
Bergamini, D.
03.003.147

Bergamini, R.
09.141.023
Berge, G. L.
01.093.050 .079
02.099.029
141.013 .194
03.141.225
07.141.041
08.093.008 .037
141.113
09.093.066
10.093.008
100.007
Bergeat, J.
07.121.009
10.034.028
Berger, B. K.
08.066.068
Berger, I.
02.014.016
Berger, J.
06.112.004
126.010
Berger, M. J.
03.084.040
07.082.025
Berger, P. S.
07.074.001
09.131.034 .071
Berger, R.
03.084.230
094.239
Berger, R. A.
01.071.012
03.071.031 .042
08.071.003
Berger, X.
04.046.020
07.052.032
08.052.009 .010
10.052.054
Berger-Jaeck, C.
05.082.025
Bergeron, J.
02.161.003 .006 .012
03.161.006
04.161.005 .010
05.131.012
06.158.009 .072
07.131.159
09.022.052
158.024 .081
Bergey, J. A.
03.076.017
04.076.026
07.034.128
Bergfried, D. E.
07.033.059
Berghuis, J.
02.042.012
Bergland, G. D.
03.033.015
Bergmann, P.
02.003.132
03.003.090
Bergmann, P. G.
05.066.051
162.076
Bergqvist, I.
08.061.037
Bergqvist, O.
03.073.053
Bergstrahl, J.
01.097.031
Bergstralh, J. T.
04.034.021
05.099.065
06.022.016
08.099.048
09.093.006

Bergstralh, J. T.
09.099.058
100.020
10.099.001 .004
Berishvili, G. P.
03.084.245
05.085.006
Berk, B. F.
10.131.284
Berke, L.
04.033.033
Berkey, E.
01.105.084 .085
Berkey, G. B.
04.143.065
Berkhuijsen, E. M.
03.157.004
06.155.009
157.002
07.157.004
09.142.108
155.023
158.048
Berking, B.
09.094.175
Berko, F. W.
05.084.036
09.084.036
Berkofsky, L.
08.082.136
Berkovich, L. M.
09.042.048
Berkovskij, B. M.
09.062.015
Berlage, H. P.
01.003.028
Berlin, A. B.
10.033.079
Berlovich, E. E.
02.061.008
06.061.058
09.125.016
Berman, B. L.
02.022.008
08.094.009
Berman, L.
01.010.006
03.015.007
10.003.025
Bern, K.
07.113.026
10.113.120
Bern, K. A.
10.152.007
Bernacca, P. L.
01.158.059
02.153.036
03.011.008
103.102
04.116.013
05.114.112
116.014 .015
117.031
152.002
07.114.081 .108
08.113.046
114.016
116.014
142.092
10.064.026
114.075
Bernad, J.
01.114.060
Bernard, A.
08.113.055
141.105
10.155.021
Bernas, R.
01.061.038
143.042 .055

Bernas, R.
02.105.097
04.094.034 .405
09.094.410
Bernasconi, A.
03.103.102
06.103.101
Bernasconi, A. A.
01.102.004
Bernat, A.
10.133.061
Bernat, A. P.
10.133.013 .038
Berner, R. A.
01.097.001
Bernfeld, D.
07.031.045
Bernhard, H.
04.092.001
08.003.044
009.009
014.013
09.014.008
Bernot, M.
04.075.020
06.075.036
07.075.010
08.075.007
09.075.016
10.075.012
Bernstein, J.
09.003.033
Bernstein, M. R.
10.151.047
Bernstein, W.
01.084.051
03.084.004
04.082.108
Berruyer, N.
10.065.110
Berry, C.
05.119.003
Berry, C. L.
03.151.042
09.151.006
Berry, H.
06.094.133
09.094.411 .705
Berry, H. G.
03.022.004
04.022.118
05.022.042 .092 .096
06.012.032
022.142
08.022.135 .136
Berry, J.
03.073.098
Berry, R.
07.034.013
036.008
Berry, R. L.
08.084.006
Berry, R. S.
10.131.009
Bertaud, C.
02.104.008
122.097
03.114.065
124.108
04.103.101
06.124.102
125.103
07.123.042
125.102
141.128
08.123.055
141.039 .105
158.069
09.122.052 .116
10.124.100

Bertaux, J. L.
03.103.102
05.082.105
131.014
08.082.025
131.075
09.082.003
103.102
10.106.069
Bertel, L.
07.082.002
Bertelli, G.
10.065.095
Berthel, R. O.
02.022.023 .081
04.022.090
071.035
05.022.056 .098
07.022.081
09.022.007
Berthelier, A.
08.084.315
09.084.229
106.006
Berthelier, J. J.
08.084.049
09.084.205
Berthelsdorf, R.
05.076.004
07.134.003
08.034.120
10.141.503
Berthomieu, G.
04.084.206
08.077.065
Bertiau, F. C.
02.114.046
03.119.015
05.061.033
07.113.044
09.082.121
Bertin, B.
05.032.055
Bertin, F.
01.083.046
06.083.029
Bertola, F.
01.158.059 .066
02.125.024
158.009
03.158.035
04.125.101
158.002
05.125.104
158.004 .114
06.125.101
158.096 .130
07.012.021 .022 .023
034.100
141.114
158.157
08.158.085 .129
09.114.086
158.046 .095
Bertoletti, M.-J.
09.094.388
Bertolini, D.
05.009.003
Bertotti, B.
01.141.026
02.061.004
141.111
04.141.068 .210
05.066.071 .095
06.066.079
07.066.099
08.080.027
09.084.259
091.039
10.065.076

Bertram, S.
05.031.060
Bertsch, D.
05.125.038
Bertsch, D. L.
02.078.001 .008
07.071.034
078.001
08.078.010
09.078.012 .031 .032
Bertsch, D. S.
10.078.008
Berulis, I. I.
01.141.079
02.033.031
141.073
157.018
04.103.101
132.010
09.141.050
Berulis, J. J.
02.132.012
Bervalds, E.
08.031.054
10.033.061
Bervalds, E. Ya.
02.033.016
08.033.063
Besamusca, G. J. M.
06.097.056
Besedovsky, N. Ju.
04.104.002
Beshenov, G.
10.072.081
Bespalov, V. I.
05.063.035
Bespalova, N. S.
03.066.081
Besprozvannaya, A. S.
02.083.043
03.003.011
07.083.061
08.083.068
Bessell, M. S.
01.122.045 .046
04.122.064
133.030
05.036.012
07.122.058
142.126
08.114.076 .088
121.017
09.114.055
142.135 .139
10.122.162
Bessenrodt, R.
01.062.009
Bessey, R.
09.074.062
Bessey, R. J.
03.080.011
10.074.058
Bessonova, T. D.
04.063.045
05.063.037
Best, A.
03.073.114
05.085.002
06.084.293
07.084.253
Best, C.
05.097.068
Best, G. T.
04.034.090
05.082.033
09.022.002
Best, J. B.
09.094.176 .646 .663
Betancourt, O.
09.032.028

Bethe, H. A.
04.065.012
06.065.151
07.065.143
Bettenhausen, R.
06.034.138
Betti, A.
02.047.010
03.092.015
04.047.023
10.010.043
Bettis, D. G.
01.042.021
04.042.003 .023
05.021.010
042.043
06.042.049
151.038
07.021.007
151.040 .058 .073
08.021.010
10.021.003 .016
Bettle, J. F.
01.079.103
Betz, H. R.
01.052.023
Beuermann, K. P.
01.106.021
09.106.024
132.021
Beuglass, L. K.
03.045.007
09.045.029
Beus, A. A.
01.105.097
Bewersdorff, A.
05.084.028
Bewersdorff, A. B.
08.083.025
Bewick, A.
04.078.009
06.078.020
084.201
09.084.401
Beyer, L. M.
06.034.128
10.022.076
Beyer, M.
02.102.002 .003
06.123.059
07.102.012
121.002
122.006
Beyer, R. L.
03.094.044
04.094.202
09.094.376
Beyer, R. R.
09.034.085
Beynon, W. J. G.
01.083.041
07.083.042
Beysekova, G. K.
09.131.061
Beytrishvili, I. P.
02.103.101
06.103.133
Bezchastnov, I. M.
07.009.024
Bezgubova, B. N.
03.117.007
Bezirganyan, P. A.
10.006.000
Bezotosnyj, A. A.
08.033.055
077.057
Bezrukikh, V. V.
03.084.406
106.025
04.093.086

Bezrukikh, V. V.
09.097.005
10.074.029
Bezuglova, V. D.
08.099.071
Bhalla, C. P.
06.022.153
Bhandari, N.
05.105.021
06.105.069
09.094.257 .507 .508 .509
.800 .808
10.094.141 .215 .216
143.040
Bhandari, N. G.
02.105.107
Bhandari, S. M.
06.142.048
07.141.083
08.142.151
Bharadwaj, V. L.
06.062.039
Bhargava, B. N.
01.077.036
083.043
03.084.215 .224
04.084.217
07.084.216
09.084.213 .263
Bhat, S.
06.105.069
09.094.507 .508 .509
Bhat, S. G.
05.105.021
08.105.123
Bhatia, M. S.
02.065.016
08.065.080
Bhatia, P. K.
01.062.011 .012
02.061.043
04.061.034
062.043
05.064.037
06.064.027 .063
07.062.032
08.062.004 .028 .077
09.062.053
10.062.013 .043
Bhatia, V. B.
04.073.001
05.142.044
06.073.053
Bhatia, V. S.
05.143.038 .111
Bhatnagar, A.
01.080.011
02.071.035 .040 .066
04.074.095
05.071.055
072.014 .034 .052
06.071.004
072.012
07.073.058
08.072.026 .056
Bhatnagar, A. K.
08.122.113
09.122.097
Bhatnagar, K. B.
07.042.067
Bhatnagar, M. S.
06.064.025
Bhatnagar, P. L.
02.061.034
09.014.027
Bhatnagar, V. P.
02.083.011
04.082.006
06.082.127
083.004

Bhatnagar, V. P.
07.074.053
Bhatt, T. R.
05.122.095
07.123.007
Bhattacharji, J. C.
04.046.038
09.046.002
Bhattacharya, S. K.
10.094.084
105.107
Bhattacharyya, A. K.
08.066.115
Bhattacharyya, J. C.
05.073.057
07.099.058
08.071.006
074.084
099.061
10.074.134
099.039
Bhave, S. S.
05.033.006
Bhavilai, R.
03.073.022
Bhavsar, P. D.
02.142.021
08.082.108
Bhonsle, R. V.
02.077.013
07.033.039
Bhowmick, G.
01.151.016
Bhowmik, G.
03.061.024
07.061.041
Bialas, V.
02.004.021
04.004.031 .032 .033
08.004.046
081.027
Bialowieyski, M. J. W. B.
10.003.004
Bianchi, G.
09.009.017
079.101
Bianchini, A.
09.122.010
124.002
Bianchini, G.
09.045.015
10.045.029
Biaume, F.
04.022.054
Bibarsov, R. Sh.
02.104.037 .045
04.104.010 .023
05.104.021
06.104.049 .053 .054 .055
 .056 .057 .062 .063
08.104.061
Biberman, L. M.
05.062.032
Bibinova, V. P.
02.033.027 .030
Bibring, J. P.
07.094.023
10.094.217
107.022
Bibron, R.
09.094.723
Bicak, J.
09.065.165
10.066.117 .118
Bickel, A. L.
08.094.193
10.094.411
Bickel, W. S.
03.022.004
04.022.056 .105 .118

Bickel, W. S.
05.022.092
Bicknell, G. V.
05.066.024 .097
Bicknell, P. J.
03.004.033
Bidelman, W. P.
01.114.011
116.010
123.043
02.119.015
04.114.035
05.114.053
122.040
06.112.014
124.102
142.044 .047
07.008.041
041.052
121.043
08.114.002 .094 .127 .160
123.048
09.008.033
10.021.012
114.112 .130 .193 .223
Bieda, K.
10.003.004
005.012
Bieging, J. H.
09.142.012
Biel, H. A. Von
See Von Biel, H. A.
Biel, J.
09.031.065
Bielicka, K.
03.035.007
05.035.001
09.035.001
Bielicki, M.
03.055.013
103.102
05.092.012
103.106 .111 .112
08.102.019 .020 .045
10.007.000
103.102
117.022
Biemann, K.
03.094.156
04.094.259
097.018
07.091.029
097.015
09.094.443 .444 .955
Biemans, C.
03.105.128
Biemont, E.
10.022.006 .109
071.047 .084
Bieniewski, J.
03.055.011
04.032.047
05.045.008
10.045.033 .034
Bienkowska, B.
08.003.045
10.003.005
015.006
Bienstock, B. J.
03.079.102
Bieritz, J. H.
01.132.004
02.132.017
03.155.036
Biermann, K.-R.
04.005.012
06.004.004
07.005.009
Biermann, L.
01.008.085

Biermann, L.
01.141.173
02.142.054
03.008.089
102.018
141.070 .079
04.008.074
141.028
162.052
05.008.085
013.007
102.017
06.102.012
141.213
162.050
07.008.099
064.044
102.022
107.011
131.153
08.008.067
102.062
09.102.016
107.018
10.102.014 .034 .041
103.102
106.074
Biermann, P.
05.117.001
06.065.010
07.065.087 .108
066.059
117.002 .017 .028
131.152
08.065.112
09.061.025 .041
117.004 .031
151.009
10.121.013
155.064
Bietkowski, H.
08.003.031
09.003.034
Bigay, J.
02.122.097
09.122.052
Bigay, J.-H.
02.114.074
03.113.021
07.113.004
155.033
08.113.055
141.039 .105
10.155.021
Bigg, E. K.
01.099.012
104.011
06.082.144 .145
105.162
08.105.003 .041
Biggar, G. M.
03.094.089 .278
04.094.170
05.094.121
08.094.069 .157
09.094.194 .348 .619
Biggs, E. S.
07.003.170
Bignami, G.
06.061.021
Bignami, G. F.
06.032.012
08.034.135
09.031.045
Bignell, C.
09.133.037
Bignell, R. C.
10.125.054
141.051 .052 .131

Bignens, P.
  07.009.013
Bijaoui, A.
  03.113.030
  04.122.010
  05.122.081
Bijaoui, A. B.
  05.154.012 .013
Bijbosunov, I. B.
  06.003.015
     082.072
Bijl, L. A.
  02.071.010 .011 .012 .084
     .085 .086
Bikchantayeva, Z. M.
  08.074.092
Bikse, J.
  05.047.004
  06.047.035
Bild, R.
  09.094.139
     105.059
Bild, R. W.
  10.094.047
Bilinski, B.
  04.004.041
Billaud, G.
  03.044.005
  04.044.003 .004 .005 .006
  05.032.002
     099.003
  07.112.014
  09.044.002
Billing, H.
  08.131.113
Billings, D. E.
  01.074.038 .039
  02.073.057
  04.074.023 .099
  06.073.013
  07.074.016
Billings, D. P.
  06.061.027
  10.065.111
Billingsley, F. C.
  04.031.009
  09.094.483
Billinsley, F. C.
  02.094.077
Billiris, H.
  10.082.125
Bills, B. G.
  10.122.105
Bilson, E.
  09.094.827
  10.094.058 .300
Bindel, E.
  08.003.046
Binder, A. B.
  01.097.016 .030 .048
     099.008
  02.097.041
     099.036
  04.097.054 .056
  07.097.014 .065 .097 .105
     099.016
     101.001
  08.097.042 .057
     099.038
  09.099.061
  10.097.090
     099.065
Binder, M.
  02.066.046
Bingham, D. K.
  07.084.268 .269
Bingham, E.
  04.105.061
Bingham, J.
  07.122.104

Bingham, R. G.
  02.142.025
  03.158.041
  08.011.045
Binnendijk, L.
  01.121.014 .015
  02.121.012 .013
  05.121.031 .077
  06.121.055
  07.121.025 .026
  08.121.053 .054
  09.121.010 .011
Binns, R. A.
  01.105.007
  02.105.139
  03.105.110
  06.105.016
  08.105.096
Binns, W. R.
  04.143.031
  07.034.141
  09.143.055
Binsack, J. H.
  01.094.016
  02.084.248
  03.073.109
  04.084.227 .248 .305 .307
  05.094.017 .188
     106.007
  08.084.203
Binstock, J.
  10.063.022
Binz, C. M.
  09.105.095
Biondi, M. A.
  04.083.036
  07.083.037
  08.083.062
Biot, J. B.
  08.003.047
Biram, J.
  05.003.106
Birardi, G.
  02.046.009 .012
  04.054.020
  05.046.007
  06.046.002
  10.046.035
Biraud, F.
  01.141.024
  05.141.204
  06.015.014
  07.141.160
  08.122.087
  09.141.036
  10.103.102
Biraud, Y.
  01.031.001
  02.071.002
  08.034.041
Birch, F.
  01.081.034
Birch, K.
  01.009.005
Birch, P.
  03.103.101
  04.098.038
Birch, P. V.
  04.103.104 .121 .131
Birck, J.-L.
  08.094.194 .195
  10.094.014 .201
Bird, G. R.
  02.022.110
  10.036.010
Bird, H. H.
  02.084.205
  05.084.270
Bird, J.
  07.079.103

Bird, J. F.
  01.061.008
Bird, M.
  04.084.222
Bird, M. K.
  08.084.249 .308
Bird, M. L.
  03.094.106
  04.094.147
  06.094.040
  09.094.350
Birely, J. H.
  05.084.043
  06.084.041
  10.084.004
     091.037
Birgenheier, R. A.
  08.033.085
Birk, J.-L.
  09.094.924
Birkebak, R.
  10.094.218
Birkebak, R. C.
  03.094.139
  04.094.270 .274
  06.094.250
  07.094.040 .121 .256 .271
  08.094.224
  09.094.010 .474 .484 .838
Birkeland, J. W.
  06.062.043
Birkenmajer, A.
  10.004.018
Birkle, K.
  05.009.016
  09.082.098
Birks, A. R.
  08.094.064 .143
Birmingham, T. J.
  01.084.418
  02.084.251
  04.074.025
  09.062.041 .044
     143.005 .021
  10.099.069
Birn, J.
  09.091.017 .067
Birnbaum, A.
  03.022.031
Birnbaum, M.
  07.003.038
Birney, D. S.
  03.003.151
Birulin, A. I.
  07.082.068
Birulja
  See Birulya
Birulya, T. A.
  01.036.005
  04.036.006
  09.036.003
Biryukov, Yu. L.
  07.063.032
  08.093.009
  09.093.084
  10.063.007
Bischof, W.
  07.121.058 .090
  08.121.086
Bischoff, K.
  03.082.051
Bischoff, M.
  06.002.026
  07.002.901
     041.035
  09.002.007
Bischoff, W.
  02.005.023
Bishara, A. A.
  10.078.023

Bishoff, K.
07.083.056
09.083.055
Bishop, E. V.
01.099.028
04.099.011
Bishop, G. R.
09.061.053
Bishop, J.
06.159.005
Bishop, R. H.
08.082.020
083.002
09.083.076
Biskamp, D.
04.062.010
084.306
08.084.321
Biskup, M.
07.003.026
09.003.130
10.004.010
005.032
Bisnovaty-Kogan
See Bisnovatyj-Kogan
Bisnovatyj-Kogan, G. S.
01.065.034
141.174
02.022.095
065.076
074.019
125.010
141.207
151.010
03.065.027
126.007
162.047
04.062.047
125.002
151.037
162.024
05.062.006
065.104
074.050
141.218
151.047
158.036
06.065.155
151.016 .064
158.059
07.062.029
064.028
065.049 .082
125.011 .023
141.070
08.151.011 .037
09.065.009 .143 .158
122.069
151.024
10.064.004
065.013 .074 .137
142.058 .059
Bispham, K.
01.072.009
Bistagnino, C.
08.082.002
Bistritski
See Bistrits'kij
Bistrits'kij, V. I.
03.074.066
08.031.088
074.109
09.074.086
Biswas, B. N.
09.033.058
Biswas, S.
02.142.027
143.008 .043
04.142.018 .019 .040
05.142.046 .094

Biswas, S.
05.143.038 .110 .111
07.034.142
142.034 .074
08.078.043
143.026
09.078.001 .031 .032
10.078.008
Biswas, S. N.
10.061.067
Bitsenko, Yu. V.
02.104.033
03.104.027
06.104.034
Bittencourt, J.
09.082.042
Bivas, M.
05.055.019
07.046.028
Bivas, R.
01.046.015
Bixby, J. E.
02.101.007
04.079.003
Bizony, M. T.
02.003.030
Bjalko, A. V.
See Byalko, A. V.
Bjerhammar, A.
01.081.030
02.052.002
Bjoerklund, P. A.
08.010.032
079.106
10.009.006
Bjontegard, G.
03.083.065
Bjordal, J.
05.084.002 .028
09.084.011
Bjorkholm, P.
07.094.020
08.094.005
155.028
160.025
09.094.060 .301 .571 .587
.755 .756
10.094.193 .219 .303 .305
160.005
Bjorkman, J. K.
10.104.007
Blaauw, A.
02.112.011
03.008.057
155.034
04.008.049
05.009.015
155.035
07.008.064
012.018
111.006
08.008.043
09.155.071
10.008.050
012.016
115.016
Blaauw, A. A.
07.155.054
Black, D. C.
01.141.009
02.105.024
03.094.069
105.006 .091
04.094.225
05.105.013
06.105.167
107.012
155.045
07.105.012 .013
09.107.014

Black, D. C.
10.105.044
117.002 .019
158.045
Black, D. I.
04.084.313
Black, G.
06.082.137
Black, H. C.
05.077.031
Black, J. H.
07.131.082
08.022.087
09.131.190
10.131.082 .086 .087 .236
.278
Black, L. P.
03.094.038
04.094.215
09.094.416
Black, M. S.
09.094.692
Black, W.
08.042.097
10.042.059 .061 .069
Blackman, G. L.
09.131.027
10.131.046
Blackmon, J. W.
10.094.317
Blackshear, W. T.
02.094.101 .146 .205
04.094.109
07.094.091
10.094.901
097.112
Blackwell, A. T.
03.105.007
05.104.020
06.104.016
Blackwell, D. E.
02.008.088
072.058
03.072.013 .019
04.008.078
022.034
05.080.018
06.008.076
034.006
072.057
07.022.088
071.027
08.008.075
071.039 .049
10.008.082
072.035
Blackwell, K. C.
02.112.010
Blades, J. C.
09.114.023
Blaettner, W. G.
08.063.035
Blaghikh, A.
01.152.007
03.154.019
05.154.008
06.154.006
Blagonravov, A.
02.053.027
Blagov, V. D.
05.094.139
07.094.259
Blaha, M.
01.022.003
02.022.006
03.076.011
05.074.065
076.020
07.022.008 .029

Blair, A.
06.066.045
Blair, A. G.
05.034.069
06.082.044
07.034.061
09.082.015
Blair, B. E.
06.044.028
07.044.030
08.003.048
044.027
10.003.063
Blair, G. N.
10.100.022
Blair, I. M.
03.094.135
04.094.271
06.094.298
09.094.286 .287 .809 .810
Blair, P. M.
09.094.521
Blair, W. B.
08.052.021
Blaise, J.
06.022.108
Blake, A. J.
02.022.045
07.022.019
Blake, G. M.
04.141.022 .046
07.141.005 .115
Blake, H. A.
04.076.036
Blake, J. B.
01.084.417
02.078.023
03.078.001 .006
084.415
04.078.019
07.078.005
08.061.058
078.019
084.401
09.061.022 .035
065.018
084.405
10.061.016
084.412 .413
Blake, L. V.
08.033.112
Blake, R. L.
04.076.039
05.022.061
076.034
Blakely, R. J.
08.084.357
Blaker, J. W.
07.003.027
Blamont, J.
03.103.102
07.066.145
085.001
Blamont, J. E.
02.071.015
03.082.039
04.034.108
082.118
05.071.014
082.105
131.014
06.076.001
082.090
08.082.008 .184
131.075
09.076.011
082.003
103.102
10.082.006 .007 .036 .044
106.033 .069

Blanariu, D.
08.143.021
Blanc-Vaziaga, M.-J.
09.114.060
Blanchard, D. P.
09.094.086
10.094.028 .321 .322
Blanchard, M. B.
03.104.009
105.008
04.082.138
104.049
07.104.030
09.104.011
Blanchard, P. A.
06.114.049
Blanchard, R. C.
03.042.081
Blanco, B. M.
08.103.124 .127
09.046.020
103.117
10.103.126
Blanco, C.
02.082.120
116.007
03.082.077 .094 .095
116.004
119.009
04.114.129
121.016
06.082.022
100.002
116.004
121.038
08.116.012 .018
09.114.141
116.007 .008
10.116.012
Blanco, V.
03.103.101
07.142.083
08.142.100
Blanco, V. M.
01.113.036
159.001
02.159.002
03.103.101 .128
04.011.032
142.028
05.008.034 .069
103.109
07.008.038 .075
133.012
09.046.020
10.103.126
113.053
124.013
Bland, C. J.
04.078.032
05.078.048
143.094
06.032.012
078.018
08.034.135
Bland, R.
10.066.050
Blander, M.
01.105.098
03.094.123
105.009 .010
04.094.291
105.113 .135 .144
05.105.008
07.105.032
09.094.468
105.060
Blandford, R. D.
07.141.008 .044
08.061.007

Blandford, R. D.
09.141.504
10.061.002
Blaney, T. G.
08.033.117
Blanford Jr., G. E.
02.143.001
05.143.122
Blank, D.
04.003.134
09.003.121
Blank, J. L.
01.106.008
02.094.010
106.006
03.094.009
Blankenburgh, J.
03.081.007
Blankenship, L. C.
09.141.040 .088 .112
142.132
Blanquet, G.
01.071.044 .045
Blanton, J. N.
09.042.039
Blasberg, H.-J.
01.009.012
02.123.049
05.122.119
123.048
06.009.015
08.122.129
123.069 .070
Blasius, K. R.
10.097.034 .035
Blattner, W.
09.082.076
Blau, P. J.
06.105.103
09.094.084
105.041
Bleach, D. A.
08.125.035
Bleach, R. D.
05.142.055
06.142.089
07.125.014 .022
142.001 .028 .056
155.067
Blednov, V. A.
08.084.423
Bleeker, J. A. M.
01.142.036
143.033 .057
03.142.004
04.142.001 .041
05.141.071
143.096 .097
08.142.102
09.142.029 .120
10.142.002
Blesing, R. G.
03.134.016
07.106.014
134.006 .007
Bless, R. C.
02.014.004
113.033
131.111
03.064.007 .041
114.091
131.042 .086
04.014.003
113.017 .044
142.029
07.131.017
08.061.042
10.114.086
Blevin, W. R.
05.031.086

Blevins, B.
07.125.015
Blevins, B. A.
07.125.021
09.033.021
Blewitt, M.
06.003.051
Blickisdorf, H.
08.034.046
Blinnikov, S. I.
06.119.016
07.065.111
09.065.143 .158
Blinov, N. S.
01.003.041
02.044.039
03.046.010
05.031.069
044.004 .012
09.041.012 .018
Bliokh, P. V.
01.074.012
Blisnyuk
See Bliznyuk
Blitzer, L.
10.042.901
Blitzstein, W.
04.082.097
07.082.074
Blizard, J. B.
02.078.015
Bliznyuk, N. N.
03.084.041
05.103.008 .106 .111 .119
.130
08.084.024
Bloch, M.
01.114.051
122.070
124.101
03.112.010
114.122 .123
Bloch, M. R.
06.105.085 .156
07.105.058
09.094.512 .799
105.127
Bloch, R.
05.094.166
Block, A.
01.033.007
Block, L. P.
03.083.045
08.083.056
084.035
09.083.901
Block, W. F.
03.099.009
05.099.006
07.099.024
08.099.083
Blocker, N. K.
04.076.016
05.076.036 .037 .044
06.076.026
Blodget, H.
07.094.020
08.094.005
09.094.587 .755
10.094.193
Bloemendal, W.
10.054.016
Blokh, Y. L.
06.034.018
Blokh, Ya. L.
05.143.024
09.143.083
10.078.016
Blokland, A.
03.066.006

Blokland, A.
06.066.011
Blondeau, K. L.
08.120.021
121.008
Blondel, M.
05.072.002
08.034.160
Blondelot, A.
03.114.139
Blondelot, E.
03.041.034
04.114.138
05.114.057
06.114.126 .127
Blondelot-Lickes, J.
03.041.035
Bloomer, R.
06.123.022 .023
Bloomer, R. H.
07.123.051
08.123.049
Bloomer Jr., R. H.
09.121.077
10.121.055
Bloor, D.
06.002.042
Bludman, S. A.
04.066.129
10.065.011 .012
Bluehdorn, J.
09.003.014
Blum, B. I.
02.055.003
Blum, E. J.
06.033.043
07.003.028
08.033.048
10.033.031
Blum, F. A.
08.082.036
Blum, P. W.
01.083.033
02.074.018
03.131.067
04.076.008
106.001 .028
05.008.022
155.045
06.106.021
08.131.076
09.082.030
Blume, H. J. C.
03.033.046
Blumenthal, G.
06.142.029
158.056
Blumenthal, G. R.
03.022.080
04.143.074
158.004
05.162.008
06.022.129
162.025
07.062.004
073.017
142.040 .049
08.061.073
Blums, D.
10.011.036
Blumsack, S. L.
07.091.033
097.005
08.097.117
09.097.013
10.097.106
Blunck, J.
06.097.011
10.097.082

Blyudov, V. A.
10.143.044
Boardman, W. J.
01.074.038
08.122.096
Bober, L.
04.062.003
Bobone, J.
10.041.001
Bobrov, A. M.
08.034.153
Bobrov, M. S.
02.084.256
097.011
03.100.009
04.003.020
100.017
05.100.001
06.097.030
100.008
07.100.001 .005
08.078.045
084.238 .345
09.100.055
10.084.215 .240
Bobrovnikoff, N. T.
04.094.427
Boccaletti, D.
02.061.041
05.143.066
06.066.133
08.065.140
Bocchio, F.
06.052.004
066.033
09.094.588
Bocek, J.
09.104.003
Bocharova, N. M.
05.066.059
Bochev, A.
01.084.234
Bochkarev, N. G.
08.131.016
09.131.061
Bochko, R. A.
10.094.139
Bochonko, D. R.
02.141.004
Bochsler, P.
02.105.150
06.094.252
09.094.437
10.080.034
Bock, D.
02.034.076
04.082.129
Bockasten, K.
01.022.074
02.022.058
Boclet, D.
01.142.001
07.134.001
Bocsa, G.
02.098.023
103.102
04.098.018 .019 .020
103.005 .101 .103 .127
07.098.009
103.123
09.098.011 .012
103.001
10.103.102
Boctor, S. A.
06.033.074
Bodanskij, E. D.
04.021.011
Bode, H. J.
09.010.041

Bode, L. R.
 03.079.102
Bodenheimer, P.
 01.065.076
 04.065.064 .068
 05.065.078 .124
 08.065.148
 09.065.022 .023
 10.065.020
Bodifee, G.
 02.053.016
 08.053.025
 10.054.007
Bodine, T. K.
 07.105.042
Bodmer, A. R.
 06.022.125
Bodnarchuk, R. V.
 02.052.015
Bodri, B.
 04.123.015
Bodri, L. V.
 10.104.056
Boeckl, R.
 07.105.031
Boeckl, R. S.
 07.105.002
 08.094.113
Boehler, W.
 08.055.014
Boehm, E.
 06.143.076
Boehm, K. H.
 01.064.057
    133.001
 02.133.007
 04.065.070 .129
    126.003
    133.020
 05.126.010 .030
 07.064.022
    114.099
    126.004 .006
 09.114.016
 10.064.024
    114.219
    126.009
Boehm, S.
 05.075.019
 06.075.019
 07.075.020 .021
 08.075.024
 09.075.011
 10.075.020
Boehm, W.
 02.022.117
 06.022.106 .107
    031.026
Boehm-Vitense, E.
 01.064.042
    141.199
 02.114.032
 04.065.019
    113.015 .032
 06.064.004
 07.064.016
    065.008
 09.064.047 .063
    065.073
 10.122.149
    154.003
Boehme, A.
 01.077.011
 02.077.049 .050
 03.077.042
 04.077.037 .038
 05.075.019
 06.075.019
    077.031
 07.075.020 .021

Boehme, A.
 08.075.024
    077.006 .038
 09.075.011
 10.075.020
    077.031
Boehme, D.
 05.044.034
 07.095.011
 09.123.053
Boehme, S.
 01.042.037
 03.002.028
    080.010
 04.002.015
 05.002.038
 06.002.039
 07.002.017
 08.002.037
 09.002.034
 10.002.028
Boehmer, H.
 05.062.012
Boella, G.
 02.143.069
 03.141.068 .165
 05.143.095
 06.034.050
    061.021
    141.137 .165
 07.141.507
 09.134.009
Boelviken, E.
 05.051.020
 08.151.005
Boenes, J.
 05.092.009
 07.092.012
Boenigk, T.
 04.122.167
Boenkova, N. M.
 03.083.080
 07.083.011 .050
 09.083.067
Boerdijk, A. H.
 02.034.028
Boerner, G.
 03.162.052
 04.065.012
 05.141.205
 06.065.025
    162.060
 07.134.005
 08.065.115
 09.065.097
    142.117
 10.065.042 .089
Boerngen, F.
 02.158.089
 03.158.077
 04.098.017 .036
    141.148
    158.043
 08.158.095
 10.103.102
    114.194
Boese, R. W.
 02.022.101
 03.099.028
 04.093.010
 07.093.019
 08.093.014
 09.093.009 .026
 10.093.011
Boesgaard, A. M.
 01.114.083 .101 .106
 02.065.025
 03.114.023
    121.010
 04.065.069

Boesgaard, A. M.
 04.114.006 .051
 06.114.009
 10.114.059
Boeshaar, G. O.
 10.133.012 .059
Boeshaar, P. C.
 05.141.106
Boffey, P. M.
 01.015.002
Bogard, D. D.
 01.105.051 .088
 03.094.073
 04.094.089 .198 .362
 05.094.077
    105.079
 06.094.061
    105.064 .090
 07.094.009
 09.094.140 .258 .729
    105.011 .012 .056 .070
 10.094.156 .220
    105.036
Bogart, R. S.
 09.160.022
Bogayevsky, A. N.
 07.042.016
Bogdanov, A. V.
 07.053.007
    074.071
 09.097.006 .126
    106.012
 10.106.025 .026
Bogdanov, M. B.
 09.104.035
 10.122.177
    123.054
Bogdanov, V. F.
 06.034.116
Bogdanovic, A.
 03.036.003
Bogdanovicius, A.
 08.113.049
Bogdanski, C.-A.
 08.022.022
Bogen, P.
 04.062.002
 07.062.012
Boggess, A.
 10.013.013
Boggess, N. W.
 10.122.155
Boggess III, A.
 06.051.025
Boggio, M.
 08.032.037
    079.100
 10.098.012
Boggs, D.
 10.042.046
Bogod, V. M.
 09.141.006
 10.141.133
Bogomolov, E. A.
 05.143.105
 06.143.133
 07.143.022
 09.034.095
Bogomolov, Yu. V.
 05.062.035
Bogorodskij, A. F.
 03.066.044
 06.003.034
    066.035 .036
 08.008.050
 10.003.131
    004.060
    066.101
Bogorodsky
See Bogorodskij

Bogott, F.
08.084.247
Bogott, F. H.
05.084.222
06.084.409
07.099.042
10.084.418
Bogoyavlenskij, O. I.
10.162.017
Bogudlov, A. M.
04.114.145
Bohachevsky, I. O.
09.093.036
Bohannan, B.
07.159.014
09.115.012
10.159.003
Bohlander, R. A.
03.082.013
04.082.034
05.082.054
06.082.006
08.022.110
082.203
Bohlin, J. D.
02.073.042
074.017 .032 .033
03.074.038 .069
04.032.030
074.003
06.074.003
07.074.015
08.074.027
10.076.036
Bohlin, R. C.
03.114.092
04.114.057 .114
06.114.134
07.082.098
114.013 .098
09.131.165
160.017 .024
10.131.119
Bohn, J. L.
02.094.098 .099
06.094.191
08.105.051 .053
Bohr, V.
05.121.004
Bohrmann, A.
01.098.029
04.007.000
Bohuski, T. J.
04.133.008 .016
07.034.004
08.131.109
158.006
09.133.017
10.131.032 .042
Boigey, F.
05.042.028
09.042.052
Boiko, P. N.
See Bojko, P. N.
Boischot, A.
03.077.025
05.077.002 .006 .020
06.077.078
07.077.050
08.077.001 .002
09.091.071
10.077.056
Boitnott, C. A.
04.104.012
06.104.002 .003
07.104.024
Boivin, A.
04.033.055
06.031.058

Bojko, O. S.
03.123.037
Bojko, P. N.
02.034.079
054.020
06.032.030
034.116
07.034.117
09.034.021
Bojko, V. N.
04.041.028
05.041.029
06.041.044
07.041.049 .050
098.028
09.041.042
Bojkov, V. I.
10.085.013
Bok, B. J.
01.008.125
159.009
02.036.002
113.035
155.015
03.008.139
012.013
113.048
155.004 .043
05.082.157
155.009
06.113.067
131.136
132.007
155.035 .039
07.155.074
08.005.011
007.000
065.029
113.036
09.155.070
10.011.022
113.078 .113 .114 .901
131.286
155.074
Bok, I. I.
08.013.007
09.013.009
Bok, P. P.
02.113.035
03.113.048
06.113.067
08.113.036
10.113.901
Bokhan, N.
03.103.127
04.103.126
Bokhan, N. A.
01.021.011
103.111
02.102.009
05.103.105
08.042.024
102.022
09.103.109
10.103.119
Boksenberg, A.
02.114.019
07.034.086
08.114.029
131.085
09.034.076 .083
114.039
10.032.014
082.008
114.111
Bokun, J.
01.011.006
Boland, B. C.
03.076.024
05.034.018

Boland, B. C.
06.034.063
076.030
08.071.043
09.074.004
Bolbochanu, A. V.
09.112.003
10.009.013
Boldt, E.
01.142.034 .059
143.050
02.076.010
03.142.052
04.074.018
142.002 .066
07.142.028
Boldt, E. A.
01.132.032
141.214
02.142.022 .045
04.142.023 .044
05.142.022 .055 .062
06.132.036
142.089
07.125.014 .022
142.001
155.067
08.125.035
09.125.041
142.040
10.125.005
142.126
Boldt, G.
03.022.069
04.062.041
Boldyrev, N. I.
10.034.122
Bolelli, C.
03.103.128
09.103.117
Boleu, R.
08.061.069
Bolgartseva, M. P.
10.083.045
Bolkvadze, N. I.
06.002.009
Bolkvadze, O. R.
04.082.084
07.099.064
09.099.090
Boll, W.
08.004.047
Bolle, H.-J.
08.034.039
Bollea, D.
06.084.253
10.074.099
Boller, B. R.
04.084.267
10.084.276
Bollin, E. M.
09.105.037
Bollinger, L. D.
05.062.012
Bollman, W. E.
02.051.033
Bologna, J. M.
01.141.191
09.131.163
Bolotinskaya, M. Sh.
10.085.024
Bol'shakov, V. D.
03.094.194
08.053.019
Bolshakov, V. P.
02.036.014
Bolshakova, G. I.
05.031.056
Bolshakova, O. V.
01.084.216

Bolshakova, O. V.
 07.084.259 .266
 09.106.022
Bolt, B. A.
 02.091.040
 08.141.517
Boltenkov, B. S.
 05.105.001
 08.078.029
 09.078.047
Bolton, A. J. C.
 09.065.072
Bolton, C. T.
 04.022.045
 06.115.001
 07.114.036
    115.019
    119.002
    121.077
    142.052
 08.121.023
    142.088 .123
 10.121.104
Bolton, J. G.
 01.141.093 .156
 02.141.183
 04.141.081 .188
    158.036
 05.141.111
 06.141.242
 07.141.009 .064
 08.141.002 .075 .131
 09.141.041
 10.013.015
    141.105 .140
Boltovskij, V. G.
 09.045.019
Bolyunova, A. D.
 03.084.012 .015
Bomford, G.
 05.003.025
 06.003.052
Bomke, H. A.
 04.076.036
Bonanomi, J.
 02.008.085
 03.008.093
 05.008.088
 07.008.104
 09.008.082
Bonanos, S.
 06.162.082
 07.162.073
Bonatti, E.
 03.081.019
Bonatti, S.
 08.105.093
Bonatz, M.
 03.081.007
 06.081.008 .050 .051
Bonazzola, S.
 02.065.016
 04.066.081
 05.065.129
 06.141.061
 09.066.075
Bond, F. R.
 02.084.003
 05.084.026
 10.084.229
Bond, G. R.
 03.063.014
 04.063.009
 05.063.008
Bond, H. E.
 01.123.043
 02.113.037
    114.077
    121.047
    153.020

Bond, H. E.
 03.114.072 .119
    122.050
 04.112.008
    114.044
    121.034
 05.113.015
    114.053
    153.007
 06.112.014
    126.012
    141.023
    153.022
 07.158.164
 08.114.004 .077
    121.101
 09.113.056
    158.064
 10.114.049
    158.082
Bondal, K. R.
 09.114.111
Bondar, L. N.
 04.094.407
 06.141.218
Bondar', L. N.
 02.141.209
 09.094.876
 10.082.047
Bondar', N. G.
 08.099.071
Bondar', N. I.
 08.104.015 .022
Bondarenko, L. N.
 01.094.051 .084
 02.011.018
    094.189
 05.008.084
    011.016
    094.131
 08.008.065
 10.008.074
Bondarenko, N. P.
 03.162.026
 07.162.005
Bondarenko, O. V.
 10.041.009
    055.016
Bondarenko, V. I.
 10.062.050
Bondarev, A. P.
 10.003.034
Bondareva, T. B.
 10.084.409
Bondarevs'kij, M. P.
 08.103.100
Bondi, H.
 01.066.005
 04.066.004 .100
 05.013.004
 08.066.038 .040
 10.066.011 .187
Bondyopadhaya, R.
 08.062.075
Bonetti, A.
 02.074.078
 04.074.085
Bonev, A.
 07.091.015
    094.173
Bonev, N.
 02.047.030
 04.047.024
 06.047.029
 08.047.021
 09.093.060
    094.590
    097.116
    101.018

Bonifazi, A.
 09.121.070
 10.121.070
Bonilha, J. R. M.
 06.126.023
Bonneau, D.
 09.113.024
Bonnell, M. P.
 06.122.163
Bonnelle, C.
 09.076.029
Bonner, G. P.
 01.054.001
 04.034.111
    082.208
    102.016
 05.051.005
Bonner, J.
 03.094.155
 04.094.262
 09.094.442 .904
Bonner, T. I.
 05.061.024
Bonner, W. D.
 10.003.098
Bonnet, R. M.
 06.076.037
 07.076.011
 09.054.024
 10.013.013
    114.018
Bonnevier, B.
 03.084.204
 10.062.029
Bonnor, W.
 09.003.035
Bonnor, W. B.
 03.003.049
 08.162.010
Bono, P.
 02.003.031
Bonoff, A. D.
 01.015.013
Bonoli, F.
 09.125.040
 10.011.004
Bonometto, S.
 01.151.020
 04.022.007
 05.141.078
 09.061.007
Bonometto, S. A.
 06.022.066
 07.162.058
 08.061.075
 09.141.042
Bonomo, F. S.
 03.082.001
Bonov, A.
 07.097.057
 09.072.068 .069
    073.096
 10.013.010
    047.039
    072.058
Bonov, A. D.
 01.124.005
 02.072.018
 04.072.034
 10.072.054
Bonsack, W. K.
 02.114.054
 03.114.071
 04.034.049
 06.031.037
    114.079
 07.114.072
    116.011
 08.116.005
 10.116.018

Bonsignori-Facondi, S. R.
 10.141.505
Booker, D. D.
 03.033.050
Booker, J. R.
 03.094.293 .327
 04.094.325
 05.094.120 .192
 06.094.091
Booker, P. J.
 03.003.123
Bookmyer, B. B.
 02.121.027 .054
 04.113.020
 05.031.088
 121.042
 06.121.094
 08.121.052
Boone, J. C.
 03.114.050
Booth, D. J.
 10.066.181
Booth, G.
 04.002.013
 013.004
Booth, G. H.
 02.054.005
Booth, R. F.
 08.031.078
Booth, R. S.
 02.114.068
 05.131.064 .101
 07.131.073
Boots, J. N.
 09.041.027
 045.021
Boozer, A. H.
 09.065.087
Bopp, B.
 03.094.023
Bopp, B. W.
 03.112.009
 119.005
 06.119.006
 07.122.003
 142.043
 08.121.079
 122.105
 142.059 .123 .129
 10.122.045 .081 .141
 142.133
Borchert, H.
 03.094.014
 05.094.180
 08.094.101
Borchkhadze, T. M.
 03.158.008 .073
 08.008.001
Bordogna, J.
 04.031.052
Bordovitsyna, T. V.
 05.099.018 .019
 08.099.029
 09.099.102
 10.042.056
 099.062 .089
Boreman, J. A.
 03.094.105
 04.094.144 .340
 09.094.359
Boretz, V. V.
 08.084.251
Borg, H.
 05.083.025
 10.084.009
Borg, J.
 04.094.064
 08.094.080
 09.094.459
 10.094.221

Borgeson, W.
 03.097.042
Borgman, J.
 01.131.078
 03.153.011
 05.082.130
 10.113.099
Boriakoff, V.
 09.141.543
Boris, M. P.
 08.098.001 .022
Borisov, B. M.
 08.053.022
Borisov, E. A.
 07.042.025
 08.042.060 .071
Borisov, N. D.
 10.062.006
Borisov, O.
 08.093.043
 099.085
Borisov, S. I.
 08.083.040 .070
Borisov, Yu. V.
 09.122.121
Borisova, Z. I.
 04.084.240
Borken, R.
 08.142.081 .108
 10.125.028 .055
 132.047
 142.901
Born, G.
 08.097.040 .063
Born, G. H.
 03.042.031
 04.042.004
 07.097.032
 08.097.037 .087
 09.097.018 .082
 10.097.028
Born, M.
 08.003.049
Born, R.
 08.073.089
Born, W.
 03.094.056
 04.094.189
 09.094.720
Bornatici, M.
 09.062.044
Borner, G.
 08.065.115
 09.065.097
Bornhauser, M.
 08.010.025
Borodin, N. F.
 06.093.003 .030
 07.053.007
 074.071
 08.093.026
 09.093.037
 097.006
 10.093.023 .025
 106.026
Borodina, E. G.
 09.022.003
Borodina, G. V.
 05.031.056
Boroditskij, I. M.
 03.041.021 .022 .023
 09.041.025
Borodulin, V. P.
 07.084.407
Borodzich, E. V.
 02.033.017 .027
Borovenko, V. N.
 10.052.050
Borovik, V. N.
 03.077.037

Borovik, V. N.
 08.033.030
 09.077.017 .031
 10.077.001 .017 .030
Borovkov, L. P.
 07.078.018
 10.078.017
Borovkova, E. V.
 07.105.021
Borovoj, A. G.
 10.063.036
Borra, E. F.
 04.124.106
 05.103.111
 124.100
 06.124.104
 07.065.051
 116.007
 08.064.011 .028
 116.004
 10.103.104
 116.002 .014 .015 .016
 .022
 126.003
Borriello, L.
 04.047.035
Borsov, G. G.
 01.125.012
Borst, L. B.
 02.004.016
Borst, W. L.
 04.022.114
 084.030
 06.022.121
 07.097.039
 08.022.092
Bortle, J.
 06.124.102
 07.123.031
 08.103.107
 09.103.100 .114 .116 .119
 .124
 10.103.103 .105 .125
Bortle, J. E.
 01.102.015
 123.042
 02.103.109 .110
 03.103.101 .102
 04.103.104 .126
 06.103.126
 07.103.116
 125.107
 08.103.106
 09.103.106 .108
 123.030
 10.103.102 .103
 123.044
Bortner, M. H.
 06.082.042
Bortolot, V.
 05.114.020
Bortolot Jr., V. J.
 01.131.019 .035
Borucki, J. G.
 06.022.017
Borucki, W. J.
 10.099.023
Borukhov, M. Yu.
 09.094.860 .861
Borzelli, C.
 07.010.001
Borzeszkowski, H.-H. v.
 See Von Borzeszkowski, H.-H.
Borzov, G. G.
 04.122.108
 155.029
 06.122.146
 155.043
 10.155.029

Boscarino, V. R.
06.003.053
Bosch, H. B.
05.052.008
Bosch, H. E.
07.142.014
08.142.901
Boschi, E.
09.093.082
Boschke, F. L.
04.003.021
Bosma, P. B.
08.124.005
Bosque, B.
01.141.217
Bosqued, J.-M.
04.083.049
Boss, B.
01.004.020
Boss, L. J.
06.142.100
07.010.001
Boss, U.
10.121.105
Bossen, H.
03.120.001
04.113.003
    121.060
05.121.055
07.121.010
08.121.084
    123.029
09.121.046 .903
Bossolasco, M.
08.083.072
Bossy, L. G.
03.022.089
Bostick, W. H.
05.062.058
06.062.014
09.073.084
Bostroem, R.
03.084.204
04.084.044
06.084.295
10.062.007
Bostrom, C. O.
01.084.276
03.084.401
04.078.021
Bostrom, R. C.
04.081.046
06.081.053
Botelheiro, A. P.
02.041.033
03.041.013
Bothwell, G. W.
05.032.058
Botley, C. M.
01.004.008
    125.005
    158.040
02.125.013
03.004.013
    010.012
04.015.008
05.004.033
    015.016
06.004.006
08.004.032
Botsula, R. A.
02.121.026
03.122.089
04.113.066
06.122.018
Bott, M. H. P.
05.081.016
07.081.003
Bottcher, C.
04.131.035 .065

Bottema, M.
01.093.017
02.032.018
05.032.022 .065
08.031.067
    034.039 .128
09.032.027
Bottemiller, R. L.
01.114.057
08.113.059
Botter, R.
10.097.085
Botterud, I.
10.022.044
Bottinelli, L.
03.158.088
05.158.003 .055
07.158.038 .043
08.158.068
09.158.007 .026 .113 .114
    .125
10.158.086 .118
Bottinga, Y.
03.094.102
04.094.185
08.094.010
    099.062
09.094.334
10.094.201
Bottino, M. L.
04.094.078
05.105.076
07.094.063
09.094.412 .689
Bottino, U. L.
06.094.047
Botto, R. B.
10.094.393
Botton, C.
08.099.026
09.099.019
Botvinova, V. V.
09.094.920
Botzula
  See Botsula
Bouanich, J.-P.
10.022.022
Bouchareine, P.
07.034.089
Bouchet, M.
09.094.388
Bouchet, P.
01.083.013
Bouchiat, C.
02.066.071
04.061.046
Boudette, E. L.
09.094.055
Boudnikova, N. A.
03.085.001
Boudon, Y.
08.052.009
Bougaevsky, L. M.
06.094.004
Bougeret, J.-L.
03.077.035
09.077.011
Boughan, E.
04.142.076
Boughn, S. P.
05.066.039
07.033.031
Boughner, R. E.
09.063.026
Bouigue, A.
06.034.054
Bouigue, R.
04.142.047
05.008.131
    032.077

Bouigue, R.
05.041.026
07.142.008
08.155.005
10.112.005
Boulanger, J. D.
05.081.031
Boulesteix, J.
04.158.016 .067
Boulos, M. S.
06.082.094
Bourassa, R. R.
10.066.041
Bourasseau, D.
04.062.017
Bourdeau, R. E.
04.083.006
Bourdet, M.
05.031.075
Bourgeois, J.
09.096.006
Bourgois, G.
01.141.120 .130
07.074.077
08.106.010 .011
10.103.102
Bouricius, G. M. B.
06.082.110
Bourke, R. D.
07.052.034
10.051.029
Bourne, D.
05.061.022
Bourne, H. K.
06.013.015
Bourne, S. R.
08.094.055
Bourquin, L. B.
02.021.013
Bourret, R.
07.066.098
10.062.035
Boury, A.
01.065.053
    071.044
05.065.108
06.011.056
09.065.054
10.080.021
Bouska, J.
01.032.069
    041.012
    095.007
    103.010
02.011.037 .038
    051.040
    094.239
    102.048
    103.109 .112
03.015.017
    047.007
    051.029
    095.001
    103.101
04.047.021
    079.103
    092.030 .031
    103.012
05.051.027
    074.076
    092.016 .017
    094.159
    097.067
    102.029 .031
    103.111 .114
06.047.023
    103.009
07.051.037
    095.005
    103.017

Bouska, J.
08.102.075
103.123
09.103.007 .008
10.007.000
047.020
094.118
095.005 .006 .007
102.031
103.102
Bouska, V.
03.094.325 .326
04.094.031
05.105.094
07.094.267
08.105.017
09.105.003
Boustead, J.
08.105.094
Bouvier, J.-L.
09.094.019 .227
Bouvier, P.
01.151.045
03.065.050
151.031 .052
04.151.033
05.151.035
06.151.008
07.151.034
08.151.024
09.151.048 .049
10.065.151
153.016
Bouw, G. D.
05.115.006
08.115.019
Bova, B.
09.003.036
Bovkun, V. P.
10.033.078
Bowden, R. L.
01.063.031
Bowell, E.
01.097.020
05.094.001 .003
09.094.821 .862
10.094.222
Bowell, E. L. G.
02.010.022
04.010.022
07.094.243 .245
Bowen, E. G.
03.013.013
141.111
04.033.012
Bowen, I. S.
09.034.045
10.007.000
032.034
Bowen, P. J.
02.076.025
05.034.060
Bower, J. F.
05.094.141
09.094.351
Bowers, B.
04.131.138
Bowers, B. C.
02.076.014
Bowers, E. C.
09.084.265
10.084.243
Bowers, F. K.
06.033.031
10.033.028 .041
Bowers, R. L.
08.066.021
10.061.011
066.123 .124

Bowhill, S. A.
01.083.003
04.083.045
05.083.040
07.012.015
083.074
08.012.016
083.037
Bowie, S. H. U.
03.094.095
04.094.180
09.094.317 .322
Bowker, D. E.
07.003.029
Bowles, J.
09.076.035
Bowles, J. A.
05.034.060
Bowles, K. L.
02.106.005
Bowling, T. S.
04.083.088
07.083.039
Bowman, C.
05.104.042
Bowman, C. D.
02.022.008
Bowman, G. G.
01.083.029
05.083.020
Bowman, M. R.
01.082.006
02.082.061
04.082.028
07.083.080
08.082.089
09.082.023
083.010
Bowman, R. L.
02.105.173
Bown, M. G.
03.094.098
04.094.071 .156
05.094.069
06.094.251
09.094.332 .627
Bowyer, C. S.
01.099.033
161.007
02.142.002
03.034.043
142.010 .036 .054
04.076.023
142.003 .086
05.142.028
06.034.040
09.131.087
10.160.029
Bowyer, S.
05.142.024
06.142.007 .058 .060 .066
07.082.023
142.003 .018 .019 .079
.099 .113
161.004 .014
08.142.045
158.111 .121
160.024
09.082.002 .040
106.009
113.027
160.013
10.082.013 .030 .155
131.051
142.071
160.040
Boy, W. R.
04.122.117
05.121.050

Boyadjian, N. G.
07.143.055
Boyarchenko, I. F.
04.014.021
Boyarchuk, A. A.
01.011.030
02.022.083
122.076 .119
03.012.002
124.001
04.003.011
064.091
122.129 .134
05.122.006
10.064.023
114.115
Boyarchuk, M. E.
02.114.088
04.122.130
05.114.011
08.114.028
09.064.053 .054
Boyarevich, V. V.
03.073.097
Boyce, B. M.
06.032.009
Boyce, J. M.
06.105.133
10.094.236
Boyce, P.
06.021.004
09.097.014
Boyce, P. B.
02.097.053
03.097.017
04.097.003
05.097.022
06.097.041 .042
099.074
07.097.070
08.097.043
099.017 .040
09.034.015
097.080 .091
10.116.011
Boyce, W. M.
02.094.048
Boyd, F. R.
03.094.092
04.094.131 .133 .158
08.094.229
09.094.172
10.094.197
Boyd, J. F.
04.015.004
Boyd, J. S.
06.084.029
07.084.010
10.084.224
Boyd, L. G.
06.003.080
Boyd, R. L. F.
01.076.029
02.012.019
051.029
142.061
08.031.078
10.008.065
Boyd, R. W.
07.131.135
Boyd, T. J. M.
04.003.022
Boyer, C.
03.093.011
04.093.018
06.093.004
07.091.009
10.093.004 .009
Boyer, R.
02.071.001

Boyer, R.
04.071.010
05.022.058
06.071.016
10.072.019
Boyer, T. H.
02.022.033
Boyko, A.
03.034.008
Boyko, A. D.
04.079.104
Boyko, V. N.
See Bojko, V. N.
Boyle, R. J.
07.065.055
Boyle, R. P.
07.071.035
08.071.069
Boylen, C. W.
09.094.449
Boyling, J. B.
03.162.062
Boynton, P.
08.142.126
Boynton, P. E.
01.066.051
02.141.058 .231
03.141.087
05.141.127 .157
07.066.052
141.559
09.066.051
10.113.045
142.098
Boynton, W. V.
09.094.682
105.061
10.105.085
Bozhko, I. I.
06.041.040
09.041.044
Bozhkov, A. I.
06.083.058
Bozis, G.
01.042.019
04.042.062
05.042.004
08.042.016
Bozkurt, S.
06.158.106
Bozoki, G.
06.012.025
08.080.057
Bozula
See Botsula
Bozyan, F. A.
01.099.029
02.099.033
04.141.110
06.099.083
Brabban, D. H.
06.034.136
076.015
10.076.002 .037
Braccesi, A.
02.033.036
141.119 .204
03.113.028
141.140
07.008.025
141.108
08.158.061
09.113.901
141.023
Brace, L. H.
01.083.037
084.292
03.083.063
04.083.077
05.083.038

Brace, L. H.
07.079.101
08.083.020 .060
09.084.031
10.083.013
Bracewell, R. N.
01.077.004
03.008.122
05.008.121
141.113
06.033.002
07.033.051
09.033.027
077.008 .015
10.033.025
077.076
Brachet, G.
02.052.027
07.046.030
Bracker, S. B.
08.141.506 .508
09.115.008
Brackman, R. T.
08.022.103
Brackmann, R. T.
01.022.065
Bradbury, J. N.
01.084.048
06.012.021
Braddock, P. W.
09.033.059
Braddy, D.
09.073.100
094.276
Braddy, G. S.
04.005.007
010.012
05.010.012
Bradfield, W. A.
07.103.115
Bradford, A. P.
04.031.011
Bradford, C. M.
10.082.011
Bradley, C. C.
08.022.139
Bradley, D. J.
02.071.064
03.073.048
06.071.061
Bradley, D. T.
04.084.035
Bradley, J. G.
09.094.710
10.094.210
Bradley, P. A.
10.083.038
Bradley, P. T.
01.064.039
Bradt, D. J.
07.033.015
Bradt, H.
01.141.107
04.142.061 .062 .077 .078
05.141.070
142.005
07.034.045
142.022
08.010.002
142.113
09.012.002
142.142
Bradt, H. V.
01.142.005
143.022
02.142.008
143.054
03.142.007 .008 .026
04.142.076
06.158.097

Bradt, H. V.
07.158.028
08.141.542
142.098
09.142.009 .114
Bradu, E.-B.
08.143.021
10.106.071
Brady, J. L.
04.102.020
06.103.105
07.102.010
08.103.104
Braes, L. L. E.
05.142.043 .074
06.142.003
07.122.060
142.061 .069 .071 .103
.125
08.141.079 .120
09.141.115
142.038 .064
10.141.112
Braeuer, H.
10.062.023
Braeuninger, H.
02.034.100
05.076.045
06.076.019
Bragar', L. P.
09.098.010 .068
10.098.009
Bragin, M. L.
03.084.012
Bragin, Yu. A.
03.082.071
06.083.013
08.082.043
09.083.079
085.015
Braginskij, S. I.
03.081.020
06.084.247
07.084.258
Braginskij, V. B.
02.066.063
03.066.071
04.066.020 .117
06.066.042
07.011.044
066.044
08.061.026
066.079
09.066.059
10.066.114
Braginsky
See Braginskij
Brahde, R.
02.072.076
07.092.013
08.072.052
Brahic, A.
05.151.022
Brahmananda Rao, V.
09.141.125
Brailovskaia, I. Iu.
See Brailovskaya, I. Yu.
Brailovskaya, I. Yu.
05.073.058
08.073.055
Brailovskii, V. L.
05.073.058
Bramanti, D.
08.066.126
Bramer, B.
08.033.124
Bramley, E. N.
07.083.076
Brancazio, P. J.
01.012.015

Brancazio, P. J.
04.012.018
05.003.026
Brancewicz, H.
04.065.116
124.111
Branch, D.
02.072.056
03.072.002
114.037
04.114.107
05.114.024
125.107
06.114.001
125.020
07.121.015
125.100
08.125.001 .015
09.113.032
125.003
10.115.005
Brancher, C.
04.033.091
Brand, D.
06.064.023
07.064.020 .901
Brand, J. H.
06.022.068 .144
Brand, P. W. J. L.
03.036.009
05.113.039
06.031.035
113.059
Brand, V. D.
09.094.610
Brandenberger, H.
02.035.010
Brandi, E.
03.114.149
04.114.046
05.114.117
07.122.005
08.114.023
09.114.096
10.114.033 .190
Brandie, G. W.
03.141.046 .088
05.141.206
06.141.095
07.141.079
10.141.014 .096
Brandie, W.
05.034.032
Brandmueller, J.
07.022.027
Brandstatter, G.
01.046.026
Brandt, J.
09.003.037
Brandt, J. C.
01.008.045
074.041 .053
076.005
080.005
158.046
02.074.025 .062
158.045
03.003.044
074.030
102.013
106.012
04.003.018
05.032.003
074.032
076.003
102.027
132.004 .032
06.132.001 .027 .044
07.003.030
082.108

Brandt, J. C.
07.157.009
158.136
08.004.021
034.047
074.008 .067
102.063
158.050
09.074.094
125.015
10.074.039
080.049
106.013 .014
Brandt, L.
02.099.061
03.031.004
034.021
08.041.006
10.031.080
Brandt, P.
08.073.089
Brandt, P. N.
01.071.033
04.082.003
05.013.017
09.034.092
10.080.022
Brandt, R.
03.032.026
10.003.160
Brandt, S. B.
06.105.071
Brandt, V. E.
08.034.012
Brandt, V. Eh.
02.041.034
Brandt, W.
07.034.143
10.094.447
Branislav, G.
06.095.009
Branley, F. M.
01.003.029
02.009.007
04.014.007
06.004.049
09.003.038
014.042
Branner, G. R.
08.033.088
10.033.135
Brannon, J. A.
09.094.054
Brannon, P. J.
06.082.004
Branscomb, L. M.
01.008.022
Branson, N. J. B. A.
02.141.176
05.093.005
07.141.113
08.142.074
10.141.047
Brasch, K. R.
01.097.042
03.097.013
Braslau, D.
04.094.003
Brasseur, G.
09.082.082
Bratenahl, A.
05.061.039
07.051.035
Bratijchuk, I. V.
01.032.015
Bratijchuk, M. V.
03.032.035
06.055.001
10.055.027

Bratijtschuk, I. W.
See Bratijchuk, I. V.
Bratner, S.
08.123.073
Bratoljubova, L. S.
08.041.039
Bratolubova-Tzulukidze
See Bratolyubova-Tsulukidze
Bratolyubova-Tsulukidze,
L. I.
05.142.089
Bratolyubova-Tsulukidze,
L. S.
03.143.012
06.142.035 .055 .099
143.014 .029
10.142.039 .040
Brattlund, P.
01.113.018
Bratton, D. H.
07.032.003
Braudaway, G. W.
04.052.025
Braude, B. V.
08.033.003
Braude, S.
09.033.049
Braude, S. Ya.
01.141.124 .125 .178
03.015.014
141.040 .075
143.049
04.141.071 .078
06.141.132
09.141.065
10.033.051
Brauenfeld, S. G.
03.098.023
Brault, J.
06.071.012
07.034.091
Brault, J. W.
02.071.026 .027
05.021.008
06.071.003
07.071.020 .037
10.071.015
Braun, L. D.
04.113.004
06.141.009
Braun, W.
06.022.048
Braun, W. G.
06.062.043
Braun, W. Von
See Von Braun, W.
Braune, W.
01.123.040
03.121.057
123.010
124.103
04.120.007
121.081
123.035 .060
06.120.020 .021
07.121.076
123.011
08.011.039
120.006 .016
09.123.002
10.123.023
Braunfeld, S. G.
05.053.001
06.098.032
Braunsfurth, E.
08.131.080
10.131.164
Bravo, S.
04.143.049
08.084.037

Bravo, S.
  10.084.235
Bray, A. D.
  02.143.071
  04.143.075
Bray, J. R.
  03.085.006
  05.085.004
Bray, M.
  07.066.002 .003
Bray, R. J.
  02.073.046
  04.021.012
  09.073.085
  10.073.012
Brazhnikova, E. F.
  01.151.041
  03.042.021 .056
       119.003
  04.119.011
Braziunas, T. F.
  09.094.657
Brcich, J. A.
  01.122.088
Breakwell, J. V.
  03.052.031
  04.042.058
  05.052.019
  07.052.003
Brealey, G. A.
  07.034.065
  10.034.003
Brean, C.
  01.097.041
  06.097.076
Brebner, G.
  10.094.260
Brecher, A.
  05.131.051
  06.106.025
  07.098.059
  09.105.062
  10.094.223
       105.046
Brecher, K.
  02.143.011
       162.041
  03.142.012
  04.142.081
       158.004
  05.162.008
  06.141.053
       142.074
       143.023
  07.126.019
       142.090 .100
       143.063
       158.102
  08.142.047
  09.142.020 .042 .090
Breckenridge Jr., R. W.
  08.034.027
Breckinridge, J. B.
  02.071.027
  05.034.061
  08.034.117
  09.031.054
       071.002 .037
  10.034.051
       071.074
Bredekamp, J.
  06.162.039
Bredekamp, J. H.
  05.064.039 .057
Brederson, B.
  01.012.007
Bredohl, H.
  06.022.074
  07.034.111
       082.112

Bredohl, H.
  10.022.106
Bredohl, H. B.
  01.022.094
  03.036.006
Bredov, M. M.
  02.105.182
  04.082.154 .155
       142.010
  05.051.023
       143.025 .150
  06.104.116
       142.020
       143.135
Bredow, K.
  09.131.171
Breed III, J. B.
  07.003.031
Breene Jr., R. G.
  02.082.010
  05.022.019 .027
Breger, I.
  04.094.252
Breger, I. A.
  03.094.159
  07.105.001
Breger, M.
  01.122.025
       153.006
  02.122.102 .103 .107
  03.064.049
       122.020 .040
  04.122.048
       153.040
  07.122.027 .074
       131.043 .091
       132.035
       152.003
       153.007
  08.114.003
       122.042 .043
       152.901
  09.122.004 .016
  10.113.102
       114.231
       122.158
       123.028
       131.028 .099 .100
       153.011
Bregman, J.
  07.153.003
  10.121.096
       142.072
Bregman, J. N.
  06.153.029
  09.113.035
Breido
  See Brejdo
Breig, E. L.
  02.082.013
  04.082.011
  08.022.097
  09.082.043
  10.076.005
Breig, W. F.
  10.063.053
Breihan, E.
  08.034.115
Brein, R.
  04.082.212
Breinhorst, R.
  08.121.056
  09.121.056
Breinhorst, R. A.
  05.121.036
  09.121.002
Breizman
  See Brejzman
Brejdo, I. I.
  02.036.010 .015

Brejdo, I. I.
  04.036.008
  05.036.002
       103.001
  08.113.022
Brejzman, B. N.
  03.084.405
  04.162.083
Brekke, A.
  05.084.035
  06.084.007
  07.084.007 .008
  08.084.039
  09.084.021
Bremer, I.
  07.083.010
Bremmer, H.
  04.063.049
Brena, V. S.
  03.034.023
Brence, W. A.
  10.084.223
Brengauz, V. D.
  01.064.014
       073.016
  05.080.023
Brennan, M. E.
  09.082.043
Brennan, W. J.
  10.094.494
Brenner, G.
  10.099.060
Brenske, H.-B.
  03.103.102
  06.009.023
  09.004.020
Brenton, J. G.
  03.082.040
Brereton, R. G.
  03.094.173
  06.053.016
Bressanin, G.
  03.052.018
Bressler, M.
  07.008.042
  10.031.062
Bretagnon, P.
  04.052.041
  07.052.031
Brett, P. R.
  07.094.009
  10.094.126
Brett, R.
  02.105.080
  04.094.067
       105.114
  05.081.013
  06.081.041
       094.061 .273
       105.038
  07.081.007
       094.045
  08.094.007
  09.094.024 .054 .075 .328
              .333 .615
       105.091
  10.094.154 .304 .423 .453
Brett, R. A.
  03.122.076
  04.123.047
  05.141.079
Bretterbauer, K.
  04.081.034
  05.046.008
Breuch, R. A.
  10.031.044
Breuer, G.
  07.003.032
Breuer, H. D.
  06.131.127

Breuer, H. D.
10.131.049 .187
Breuer, R. A.
08.066.020 .128
09.066.112 .113
Breus, T. K.
01.083.008 .009
02.091.044
03.097.038
106.025
04.093.086
09.093.054
097.005
10.074.029
Breves Filho, J. A.
08.042.033
Brewer, H. R.
01.084.203
Brewer, L.
06.022.110
Breysacher, J.
03.113.007
Brezgunov, V. N.
05.141.015 .222
06.141.034 .121
07.141.526
09.033.028 .029
Brezhnev, V. S.
06.066.029
Brezina, M.
04.009.020
Briatore, L.
08.143.056
Bricard, J.
08.082.035
Brice, N.
02.084.246
05.084.408
06.084.401
099.036
09.099.008
Brice, N. M.
04.099.025
07.074.002
09.100.014
10.099.021
100.009
Brichet, E.
07.094.064
Briden, J. C.
05.081.007
084.257
Bridge, H. S.
01.094.016
04.084.248
093.084
05.106.007
Bridge, T. E.
03.105.011
Bridgeman, T.
01.061.027
Bridgen, E. E.
10.010.023
Bridges, J. M.
02.022.090
04.022.006 .086
Bridle, A. H.
01.131.009
141.014
02.131.047
141.128
03.134.010
141.048
04.131.041
141.055
06.141.039 .041 .180 .223
07.141.054 .081 .106
142.070 .118
158.104
08.141.012

Bridle, A. H.
08.142.062
10.141.014 .096 .130
Bridwell, L.
06.034.128
Bridwell, L. B.
10.022.076
Brierley, D. M.
03.082.016
04.055.005
Briggs, B. H.
02.033.008
Briggs, C. L.
09.094.101
10.094.464
Briggs, F.
04.094.321
06.094.118
09.094.111
Briggs, F. H.
07.097.045
08.097.098
09.092.005
101.020
10.098.016
Briggs, G.
03.097.042
09.010.008
Briggs, G. A.
07.097.009 .027
08.097.023 .086
09.097.068 .072
10.097.024
Briggs, R. M.
02.143.009
Brigman, G. H.
01.066.007
Brihaye, C.
01.065.004
02.022.122
Brill, D. R.
08.066.020 .062
10.066.046
Brillouin, L.
04.003.023
Brimacombe, J.
05.121.012
Brini, D.
04.142.046
05.034.114
06.141.142
142.096
07.061.060
141.902
08.008.013
141.554
09.076.013
Brinkman, A.
08.142.135
Brinkman, A. C.
03.034.060 .061
04.073.063
06.034.060
07.076.021
08.142.031 .064
Brinkmann, R. T.
02.082.048
03.082.037
05.099.016
06.082.012 .116
091.011
097.079
08.091.021
09.099.014 .029 .069
10.099.039
Brinkmann, U.
04.022.066
Brinton, H.
02.003.032

Brinton, H. C.
01.083.036
084.409
02.083.003
03.073.111
05.083.039
08.083.020
Briot, D.
05.114.012
Briqueu, L.
09.103.100
Brisken, A.
07.142.028
Brisken, A. F.
09.125.041
142.040
10.125.005
142.088
Brissaud, A.
01.062.043
06.022.077 .078
Bristeau, P.
06.105.053
09.094.726
10.094.360
Bristol, C. C.
10.094.194
Bristow, F. E.
08.097.007
Brito, U.
03.105.129
09.094.814
10.094.359
Brittain, A. W.
06.022.160
Britten, W. E.
08.003.050
Brittin, W. E.
06.022.008
Britton, D.
09.094.479
Britton, J. P.
04.004.020
Brkic, Z.
03.032.022
044.012 .031
Broadfoot, A. L.
01.082.065
093.057
02.022.069
03.093.015
06.022.034 .035
082.100
07.076.025
09.084.041
Broadfoot, L.
04.097.001
Broadt, J. M.
10.083.010
Brock, A.
06.084.270
Brockelman, R. A.
01.093.084
04.083.026
Brocklehurst, M.
03.132.006 .024
06.022.054
131.072
132.012
07.022.059
132.020 .032
08.132.022 .028 .038
09.022.078
Broderick, A. J.
06.142.078
07.159.015
Broderick, J.
05.141.194
06.141.151
154.020

Broderick, J. J.
03.141.216
04.033.063
141.041
05.141.226
06.141.202
07.125.101
141.027 .039 .513
08.141.016 .073 .507
09.114.062
141.109 .506
158.029
10.141.098
158.016 .096
Brodkorb, E.
08.011.022
036.007
09.031.065
Brodskaya, E. S.
03.116.011
09.113.044
Brodskij, B. I.
02.034.090
Brodsky, S. J.
09.022.067
Brodzinski, R. L.
08.094.126
Broenstad, K.
08.084.055
09.084.006 .008 .009
Broglia, P.
01.122.093
02.034.106
122.114
03.122.118
05.123.017
07.122.049
08.123.046
10.121.016 .073 .134
122.020
Broglio, L.
02.082.154
06.082.018
Broida, H. P.
04.097.060
05.022.010
06.022.080
Brolley, J. E.
06.022.073
080.045
10.061.046
Bromage, G. E.
05.114.045
06.131.047
07.131.084
09.063.022
114.047 .154
132.001
10.114.159
Bromander, J.
01.022.074
02.022.058
05.022.042 .096
06.012.032
022.142
08.022.071 .135 .136
10.022.069
Bromberg, K. L.
07.022.083
09.113.030
Bromley, A. G.
03.131.122
06.022.063
Bromwell, L. G.
06.094.061
08.094.122
09.094.831 .832
Bronkalla, W.
02.158.095
04.141.148

Bronkalla, W.
06.113.013
Bronnikov, K. A.
05.066.059
10.066.057 .075
Bronnikova, N. M.
01.103.100
02.103.102 .116
03.124.103
05.103.001
06.117.011
07.112.006
09.103.102 .113
10.093.012
Bronshtehn, V.
04.082.184 .191
Bronshtehn, V. A.
01.011.022
02.003.033
005.014
091.038
093.009
105.176
03.011.042
04.009.012
093.088
05.093.041
097.069
06.003.054
093.005
098.016
07.079.100
105.062
08.010.033
098.034
09.012.024
10.011.025 .055
Bronshten
See Bronshtehn
Bronzite, M.
03.033.053
Brooke, A. L.
04.113.033
07.152.003
153.003
08.152.901
09.113.035
10.114.181
Brooke, A. R.
05.131.121
Brooke, G.
09.143.012
Brookes, C. J.
03.052.005
04.101.010
08.101.002
Brookes, R. A.
05.158.059
Brookins, D. C.
04.105.081
Brookins, D. G.
03.105.012
06.105.109
Brooks, C. C.
01.141.164
04.141.163
Brooks, D. R.
07.052.036
Brooks, E. M.
01.079.101
05.079.103
08.079.101 .106
Brooks, J.
02.105.005
04.105.022
Brooks, J. N.
02.082.044
10.082.011
Brooks, J. W.
01.033.035 .036

Brooks, J. W.
02.132.016
04.131.117
05.114.071
07.033.001
131.003 .004
08.131.007
159.013 .015
10.033.124
131.067
Brooks, M. A.
04.015.004
Brooks, N. H.
01.114.040
10.022.039
Brooks, T.
10.082.125
Broqua
07.041.055
Brosche, P.
01.022.027
044.004
116.014
02.044.041
091.039
117.033
158.003
03.151.034
04.021.018
134.001
05.044.003
081.047
158.085 .098 .118
07.141.140
08.081.016
09.044.004
158.035 .122
10.141.025
Brossier, C.
07.046.030
Brosterhus, E.
07.082.040
Brosterhus, E. B.
05.082.146
Broten, N. W.
02.141.142 .144
03.141.004
04.044.021
06.141.038
08.159.014
09.158.139
10.158.010 .096
Broucke, R.
01.042.034
02.021.004
052.030
03.042.027
04.052.007
06.042.002 .005 .022 .032
.044 .067
07.042.070
08.042.052
09.042.022
10.042.011 .027 .046
Broucke, R. A.
03.042.043
07.042.040
Broulik, B.
05.162.061
Broussard, R.
05.077.038
Broussard, R. M.
10.077.020
Broussard Jr., P. H.
06.052.015
Brouw, W. N.
05.142.043
06.033.016
158.052
07.158.039

Brovar, V. V.
06.046.030
081.009
08.081.022
Brower, J. A.
06.094.168
Brown, A.
07.005.005
Brown, A. P.
07.094.244
Brown, A. R.
07.081.007
Brown, B.
01.003.034
Brown, B. C.
02.022.111
Brown, B. M.
09.162.086
Brown, B. M. K.
01.122.041
Brown, C. M.
10.022.094
Brown, C. W.
07.105.008
Brown, D. C.
06.031.081
Brown, D. R.
01.082.049
02.073.029
08.073.015 .016
09.073.053
Brown, D. S.
04.093.016
05.031.077
032.080
103.010 .106 .111
Brown, D. W.
02.102.036
Brown, E.
04.032.020
Brown, E. C.
10.033.106
Brown, F. E.
04.131.087
Brown, G. A.
06.084.313
10.084.285
Brown, G. E.
05.094.042
06.094.049
09.065.171
094.308
10.094.224 .499
Brown, G. M.
03.094.087 .272
04.094.140 .317
06.094.157 .202
07.094.036
08.011.006 .007
09.094.067 .124 .177 .306
.346 .614
10.094.225
Brown, G. S.
06.125.102
Brown, G. W.
08.099.083
Brown, J. C.
06.076.004
08.011.045
076.009 .038
09.073.090
076.003
10.073.024 .066
Brown, L.
04.022.107
06.022.141
Brown, L. H.
04.011.009
Brown, L. W.
02.141.057

Brown, L. W.
03.157.008 .021
04.074.039
157.009 .011
07.157.006 .007
08.157.007
09.084.408
155.080
157.005
Brown, N.
06.022.086
104.018
Brown, N. B.
05.082.162
06.082.049
084.062
07.084.010
Brown, R.
10.094.442
Brown, R. A.
01.083.014
Brown, R. C.
08.022.150
Brown, R. D.
06.131.076 .111
07.131.142
09.022.044
131.021 .117
10.131.067
Brown, R. Hanbury
See Hanbury Brown, R.
Brown, R. L.
03.022.096
131.043
132.036
142.016
04.022.113
082.016
142.105
05.022.016
131.010
142.010 .031 .075
07.061.040
125.101
131.081 .108 .134
08.157.004
09.114.062
131.001 .077 .205
157.902
160.012
10.131.058 .138
141.029
Brown, R. R.
01.084.033
02.093.016
03.084.010
04.083.067
08.084.055
09.084.006
Brown, R. T.
02.022.062
06.022.091
08.022.011
09.125.005
10.083.034
Brown, R. W.
06.094.132 .273
07.094.045
08.094.007 .108 .192
09.094.099 .212 .615 .628
.913
10.061.015
094.001 .424
Brown, S.
01.003.033
04.079.108
133.028
09.133.038
Brown, W.
09.094.569

Brown, W. E.
07.083.015
Brown, W. K.
06.107.013
07.151.018
Brown III, W. E.
01.131.116
02.082.011
Brown Jr., W. E.
07.094.120
10.094.410
Brown Jr., W. P.
08.063.020
Browne, I. W. A.
05.141.203
08.141.118
09.141.105 .120
10.141.009
Browne, J. C.
01.022.039
064.043
03.022.032
Browne, S. L.
10.074.058
Brownell Jr., D. H.
02.066.059
Browning, K. A.
03.082.080
Browning, R.
06.134.003
07.142.133
08.155.001
09.082.033 .902
Brownlee, D.
09.094.525
Brownlee, D. E.
01.105.013
02.105.186
03.105.013 .116
08.105.050
09.094.141 .275
10.094.226
105.078
106.068 .073
Brownlee, R. G.
06.143.073 .074
Bru, P.
08.041.018
Brubak, H.
08.096.009
09.096.014
Brucato, R.
06.142.022
09.142.024
Brucato, R. J.
06.114.032 .065
07.142.057 .122 .126
08.142.010 .075 .121
Bruce, R. W.
07.082.050
Bruce Weems, M. L.
05.064.015
Bruck, Yu. M.
09.141.512
Bruckner, H.-P.
08.105.107
Brucy, G.
07.134.001
Brueche, E.
04.007.000
094.038
Brueck, H. A.
02.008.037
03.008.042
05.008.044
012.005
06.008.033
08.008.032
09.008.041
10.012.032

Brueck, H. A.
  10.013.014
Brueck, M. T.
  01.113.027
     131.112
  03.034.052
     159.003
  05.113.040
  06.131.047
     132.034
  08.113.027 .033
Brueckel, F.
  09.158.013
Brueckner, G.
  03.073.059
  05.071.044 .045
Brueckner, G. E.
  02.080.019
  03.076.020
  04.073.043
     076.017
  06.034.032 .071 .075
  07.074.040
  08.071.022
     073.108
     074.028
     076.036
  09.076.028
  10.076.036
Brueckner, K. A.
  06.022.084
  10.061.064
Brueckner, W.
  09.072.013
Bruenn, S. W.
  02.131.112
  06.125.011
  07.065.032 .080
  08.065.067
  09.066.020
  10.061.009
     065.132
Bruhweiler, F.
  10.142.008
Bruijn, P. J.
  08.079.101
Bruin, F.
  01.075.033
  02.075.028
  03.075.029
  04.075.037
  05.075.020
  06.075.030
  07.003.034
     075.017
  08.075.033
  09.075.010
  10.075.017
Bruk, Yu. M.
  05.141.221
  06.141.033
  10.065.061
Brukalska, R.
  02.121.049
     161.011
Bruman, J. R.
  01.091.028
Brumberg, V. A.
  04.042.076 .091
     066.087
  05.052.006
  08.003.052
     042.003 .901
  10.042.058
Brun, A.
  02.123.047
  03.007.000
     123.008 .027
  06.120.016
  08.120.001

Brun, A.
  09.005.026
Brundage, R. K.
  01.114.070
  02.114.076
     155.019
  05.114.072
  06.141.157
Brundage, W. D.
  01.141.042 .080 .198
Bruner Jr., E. C.
  01.071.012
     082.022
  02.076.005
     082.074
  03.071.031 .042
     082.019
  04.071.037
  09.073.054 .094
Brunet, J. P.
  03.131.077
  04.112.001
  05.114.030
  06.113.030
  07.159.022
  08.115.020
     159.017 .901
  09.114.045
  10.114.146
Brunfelt, A. O.
  06.094.018
  07.003.035
  09.094.217 .393 .679
  10.094.227
Bruning, D. H.
  08.072.064
Brunk, W. E.
  02.053.024
  05.032.011
Brunner, W.
  01.102.017
  04.022.084
Bruns, A. V.
  03.076.022
Brunstein, K.
  01.155.017
  02.143.016
  03.143.007
Brusch, R. G.
  05.052.009
Brutsaert, W.
  07.082.030
Bruwer, J. A.
  02.098.008
     103.102
  03.103.102
  04.098.009
     103.101
  05.103.117
  06.098.014 .021
     103.101 .102 .122
  07.103.115
  08.103.112
  09.098.058
  10.098.065 .066
     103.116 .126 .132 .133
Bruzek, A.
  01.072.027
     073.043
  02.073.074
     074.083
  03.073.069
     074.054
  05.073.054
  07.011.034
     072.038
     073.061
  08.071.046
  10.012.003 .004
     072.027

Bryan, W. B.
  03.094.092
  04.094.158
     105.115
  05.105.036
  09.094.362
  10.094.228
Bryan, W. F.
  06.094.053
Bryant, D. A.
  01.084.022
  04.084.005
  05.084.037 .038
  06.084.038
  08.084.031
  09.084.015
Bryant, R. L.
  01.010.008
Bryden, D. J.
  08.004.005
Brylov, V. M.
  07.033.010
Bryunelli, B. E.
  06.084.318
Bryzgalova, T. V.
  07.104.013
Brzostkiewicz, S. R.
  01.053.022
     094.006 .007 .082
     097.002 .051
  02.053.028
     094.244
  04.004.053
     093.089
     094.413
     097.061
     102.026
  05.005.004
  06.005.011
     094.219
  07.005.018
  08.005.022
     097.105
  09.005.032
     097.098
  10.004.061
Brzozowski, J.
  08.022.070
  10.022.035
Buarque De Nazareth, J. A.
  01.099.007 .045
  02.099.071
Bubis, I. Ya.
  06.031.004
Bucaille, R.
  03.036.002
  07.031.021
Buccheri, L.
  03.141.165
  06.141.165
  07.141.507
Buccheri, R.
  03.141.068
  06.034.050
     141.137
  09.134.009
Bucha, V.
  02.084.273
  03.084.230
  10.084.201
Buchancowa, N.
  08.122.074
Buchar, E.
  02.007.000
  04.052.042
  08.032.045
  10.046.027
Buchau, J.
  01.084.050
  04.084.043

Buchau, J.
05.084.029
08.084.007 .015 .069
Buchdahl, H. A.
04.162.001
10.066.176
Buchele, D. R.
09.034.033
Bucher, W.
08.105.050
09.094.525
Bucher II, K. R.
07.052.026
Buchet, J. P.
08.022.073
10.022.034
Buchet-Poulizac, M. C.
10.022.034
Buchheit, R. D.
09.094.944
Buchholz, V.
05.034.025
10.121.052
Buchholz, V. L.
06.116.003
09.034.075
Buchler, J.-R.
04.065.004 .111
141.143
05.065.013 .063
06.065.005 .017
07.061.010
065.021 .052 .138
08.065.051
10.065.046
Bucholtz, D. W.
07.034.038
Buchroeder, R.
08.032.026
Buchroeder, R. A.
02.032.029
04.032.016
05.032.062
06.034.120
08.032.016 .039
Buchta, R.
05.022.042
06.022.142
08.022.070 .135 .136
10.022.035
Buchwald, V. F.
01.105.002 .011
03.105.014 .015
05.105.035
06.105.061 .086
07.105.039
08.105.024 .097
09.105.063 .064
10.105.006
Buck, R. M.
08.084.297
09.084.228 .278 .279
Buck, S.
10.094.454
Buckbesch, F.
08.044.031
Buckee, J. W.
04.141.119 .211
Buckingham, M. J.
08.033.100
Buckland, R. A.
10.011.006
Buckley, J. L.
04.034.016
05.082.047
06.082.135
Buckley, R.
05.106.012
Buckmaster, H. A.
08.033.038 .039

Budden, K. G.
04.141.171
05.141.236
08.141.125
Budding, E.
03.072.010
04.094.031
121.040
09.121.060
Buddington, A. F.
05.094.034
Budenkov, N. A.
08.046.029
Budilov, V. K.
03.143.054
09.143.066
Budine, P. W.
02.099.070
03.099.040 .057
05.099.036
09.099.049 .091
Bud'ko, I. A.
02.105.042
Bud'ko, N. I.
08.084.209
Budnikova, N. A.
08.042.004
Budyko, M. I.
04.085.005
Buecher, A.
06.118.002
Buechler, G.
02.094.144
05.094.023
06.094.161
Buechler, K.
06.010.025
Buechtemann, W.
05.022.102
09.082.052
Buedeler, W.
01.053.014
02.003.149
053.006 .019
Buehler, F.
02.074.065
04.074.057
05.051.013
08.084.071
09.084.050
Buell, J.
05.063.051
07.063.014
Buelow, K. Von
See Von Buelow, K.
Bueno, A.
10.123.038
Buergel, W. G.
09.094.933
10.094.230
Buerger, E. G.
04.133.027
07.133.006
09.133.012
Buerger, P.
02.117.030
Buerger, P. B.
10.064.038
Buerger, P. F.
03.117.010
121.063
04.117.020
08.064.040
Bues, I.
01.062.022
02.064.062
03.126.010
05.126.029
06.126.014
09.126.025

Bues, I.
10.064.028
Buettner, K. J. K.
03.105.076
Buettner, W.
06.005.012
07.065.096
Buevich, Yu. A.
02.105.176
Buff, J.
08.131.006
09.142.053
10.142.110
Buffalano, A. C.
07.051.029
Buffalano, C.
01.051.018
05.051.002 .003
Buffington, A.
07.034.125
143.015
09.143.020 .058
Buffoni, L.
03.054.014
04.047.028
07.042.023
09.103.110
10.102.040 .042
Bufton, J.
05.082.081
Bufton, J. L.
08.082.085 .222
10.082.139
Bugaenko, L. A.
02.101.008
04.099.013
05.099.048
101.007
07.091.026
103.100
09.099.074
103.102
Bugaenko, O. I.
02.101.008
04.100.009
05.100.004
101.007
06.097.059
07.103.100
08.100.003
09.103.102
Bugaevskij, A. V.
06.074.052
08.094.006
Bugge, T.
04.003.024
Buhagiar, M.
08.104.065
Buhl, D.
01.095.003
131.021 .028 .095 .101
02.093.027
094.102
131.036 .055 .100 .115
03.073.045
077.029
093.028
094.297
131.044 .055 .056 .065
.078 .108
04.093.030 .049
094.019
131.066 .075 .085 .111
.121 .122
05.094.086
131.007 .118 .126
06.033.001
131.062 .087 .088 .123
.145 .153
07.131.034 .066 .099 .103

Buhl, D.
 07.131.149
 08.093.004
  131.032 .060 .074 .089
   .090 .096
 09.061.013
  131.049 .081 .106 .132
   .167 .181
  155.010 .086
 10.131.075 .112
  132.023
  155.065
Buhler, F.
 09.084.050
Bui-Van, A.
 06.034.045 .054
Buialo, A. S.
 06.094.022
Buj, J.
 09.097.119
Bujvidajte, G. A.
 10.104.009
Bukata, R. P.
 02.073.052
  078.011
 03.073.102
 04.073.033
  078.013
 05.073.051 .082
  143.072
 06.078.002
 08.078.027
Bukin, G. V.
 06.083.024
 07.083.059
Bukow, G. J.
 10.031.022
Bukow, H. H.
 08.022.066
Bulanov, S.
 09.061.068
Bulanov, S. V.
 08.143.010
  157.003
 09.143.037 .081
Bulavina, V. I.
 03.032.010
 06.082.066
Bulekov, V. B.
 05.094.061
Bulekov, V. P.
 06.094.028
 09.094.603
Bulgakov, B. L.
 09.046.006
Bulgakov, P. G.
 10.003.026
Bulirsch, R.
 08.021.011
Bullard, E.
 02.084.271
 04.003.025
 06.084.208
 08.011.007
Bullard, E. C.
 02.007.000
 05.081.039
Bullen, J. M.
 01.083.016
Bullen, K. E.
 01.081.016 .043
 02.091.008
 03.091.038
 04.003.025
 08.091.055
 09.091.038 .060
 10.081.001 .026
  091.022
Buller, A. T.
 09.097.125

Bullough, K.
 07.084.030
Bullrich, K.
 01.082.085
 04.082.163
Bumba, V.
 01.071.009 .018
  072.012 .015
  073.006
  085.002
 02.003.076
  072.080
  085.007
 04.071.021
 06.072.026
  080.021
 07.073.033
  080.030
 09.072.006
 10.072.043 .060 .062
  080.031 .055
Bumgarner, J. O.
 05.101.012
Bun, F. O. Von
 See Von Bun, F. O.
Bunakova, A. M.
 09.091.022
  097.037
 10.003.071
Bunch, T.
 03.094.116
 04.094.171
 09.094.352
Bunch, T. E.
 02.105.160
 03.094.086
 04.094.131 .133 .162 .363
  105.044
 06.094.042 .272
  105.087
 07.105.041
 08.010.018
  094.105 .232 .252
  105.009
 09.094.058 .097 .142 .306
  .329
  105.065
Bundick, W. T.
 06.033.075
Bundy, S.
 04.076.015
Bunemann, O.
 02.012.028
Bunge, M.
 06.003.055
 10.003.061
Buniyatov, Z. M.
 10.005.028
Bunker, R.
 03.079.102
Bunn, F. E.
 04.082.110
Bunnenberg, E.
 03.094.160
 04.094.253
 09.094.441
Bunner, A. N.
 02.142.014 .036
 04.142.049 .083
 05.142.063
 06.142.017 .073
 07.142.094 .112
  155.010 .047
 08.022.126
  125.029
  142.054
  155.027
 09.034.116
  142.021
 10.125.035

Bunton, G. W.
 06.013.012
Buonanno, R.
 10.103.102
Buonocore, B.
 08.045.043 .045
Bur, T. R.
 05.094.036
Bura, P.
 01.033.007
Burak, M.
 07.033.038
Burakov, Yu. B.
 06.083.064
Buravtsev, A. K.
 10.083.051
Burba, G. A.
 10.011.027
Burbidge, E. M.
 01.141.051 .109
 02.141.047
  158.011 .026
  162.079
 03.008.014 .075 .113 .114
  065.080
  141.084 .125
  151.010
  158.033
 04.141.192
 05.008.112
  151.036
  158.005 .069
 06.114.100
  141.020 .077 .227
  158.049 .105 .118
  159.031
  160.008
 07.008.124
  013.008
  122.133
  141.007 .025 .028 .163
  158.018 .081
 08.141.101 .510
  158.006 .109
 09.141.090
 10.141.023 .075
  158.078
Burbidge, G.
 01.061.020
  132.005
  156.001
 02.142.058
 03.142.012
 04.158.061
 05.155.034
 06.061.033
  141.053
  142.074
  143.023
  158.043
  159.030
  162.014
 08.013.003
  142.043
 09.141.079
Burbidge, G. R.
 01.066.052
  141.099 .109
 02.141.047
  160.012
  162.079
 03.065.080
  114.051 .074
  141.084
  158.006 .102
 04.114.082
  142.068
  158.018 .045
  162.029
 05.141.125

Burbidge, G. R.
05.158.005
06.141.227
    158.105
07.126.019
    141.025
    142.100
    143.063
    158.018
    161.008
08.141.015 .108
    158.006
09.141.107
    142.072
10.141.022 .069 .137
    158.112
    160.013
Burch, D.
05.022.061
Burch, D. E.
02.082.043
05.022.088
Burch, J. L.
08.084.291
    106.030
09.084.227
Burchi, R.
02.098.017
06.124.102
07.098.006
    117.022
    121.053
Burckhardt, J. J.
03.004.037
Burde, P.
04.092.015 .028
Burdet, C. A.
02.021.010
04.042.050
Burdjuzha
See Burdyuzha
Burdo, R. A.
09.094.382
Burdyugov, A. D.
02.151.031
Burdyuzha, V. V.
08.022.006 .122
09.131.157
Bureau, R. A.
04.072.040
Burgat, W.
10.004.025
Burger, J. J.
01.142.036
    143.033 .057
04.142.041
    143.008 .038
05.143.042 .096 .097
08.106.007
09.143.002
Burger, M.
02.071.053
08.076.007
09.114.155
Burgess, A.
02.022.025
04.022.124
Burgess, B.
02.083.022
Burgess, D. D.
04.022.003
08.062.043
Burgess, D. E.
09.034.076
Burgess, E.
02.094.029
07.097.109
Burgess, J. S.
09.106.016

Burgess, R. D.
02.079.001
05.079.104
08.153.020
10.158.042
Burghes, D. N.
01.062.015
03.084.234
Burgin, M. S.
08.142.034
Burginyon, G.
05.125.009
07.125.020
    142.111
    155.006
09.142.041
    155.008
Burginyon, G. A.
04.142.073
05.142.011 .015 .018
06.142.026 .056 .069
07.034.133
08.125.019
    142.099
09.125.032
Burhop, E. H. S.
06.003.148
08.003.053
Burinskas, P. J.
03.053.010
Burinskij, A. Ya.
09.066.029
Burk, S. D.
07.099.067
10.091.050
Burkard, O. M.
04.083.085
08.044.022
Burke, B. F.
01.033.021 .024 .034
    157.009
02.033.043 .044
    155.011
03.033.044
    131.075
    141.211
    157.011
04.033.038 .096
    066.037
05.131.020 .081
06.132.028
07.131.038 .039 .124
    132.039
08.033.065 .106
    046.023
    142.090
    158.058
09.141.137
    158.036 .072
10.033.114
    125.027 .030
    131.014 .121 .224 .273
    141.143
    158.068
Burke, G. De P.
09.143.070
Burke, J. A.
02.091.020
06.131.079
07.155.039
08.065.082
Burke, J. D.
03.094.173
06.053.016
08.053.017
Burke, J. J.
02.082.097
04.082.203
08.031.031

Burke, J. R.
02.141.065
08.066.136
Burke, P. G.
02.022.114
09.022.038
Burke, T.
08.097.089
10.097.025
Burke, T. E.
08.097.028 .031
Burke, W. J.
07.084.217
08.094.203
09.094.789
10.084.222 .238 .278
    094.161 .420 .902
Burke, W. L.
04.066.070
05.066.093
06.022.076
08.066.041
10.141.078
Burke Jr., E. J.
10.121.903
Burke Jr., E. W.
02.116.025
04.121.035
    122.117
05.121.050
06.123.019
08.114.133
Burke-Gaffney, M. W.
09.007.000
Burkhard, D. G.
06.094.078
Burkhead, M.
05.031.081
Burkhead, M. S.
02.141.110
    153.031
03.124.103
04.099.009
    141.167
05.124.100
    153.020 .036
06.141.129 .268
07.158.137
08.141.123
    153.020
10.158.042 .061
Burki, G.
09.153.023
Burlaga, L. F.
01.074.016
    084.271
    106.026 .027
02.074.004 .046
    106.023
03.074.013 .018 .027
    078.007
04.074.017 .065
    106.002
05.074.022 .084
    078.049
    106.024
06.074.002 .065 .084
07.106.021
08.074.050
09.074.071 .075
    103.102
10.106.052
Burlatzkaya, S. P.
04.084.224 .238
08.084.232
Burley-Mead, J.
01.152.001
Burlingame, A.
07.094.158
10.011.007

Burlingame, A. L.
01.105.036
02.053.013
03.094.153
04.094.248
06.094.204
07.094.164
09.094.102 .245 .254 .444
       .752 .901
10.094.444 .491 .492
Burman, R.
04.162.042 .043
06.066.122
   162.011 .012
07.066.114
08.062.067
   131.115
   162.017 .018 .019 .020
       .070 .071
09.131.200
   141.559
Burman, R. R.
07.162.032 .060
08.156.003
   162.028
09.156.002
10.161.006
   162.071
Burn, B. J.
10.134.013
Burnage, R.
08.159.011
Burnaseva
See Burnasheva
Burnashev, V. I.
04.121.045
10.034.038
Burnasheva, B.
01.103.106
Burnasheva, B. A.
02.103.109 .112 .113
03.103.110 .113
10.098.021
Burnashov, V. I.
02.121.018
Burnasov, V.
03.113.009
Burnell, J.
02.141.113
Burnell, S. J.
04.083.041
   141.030
Burnett, B.
04.142.076
05.142.005
Burnett, C. R.
07.082.100
Burnett, D.
03.003.051
07.094.158
09.094.414
10.011.007
   105.082
Burnett, D. S.
01.105.018 .051 .061 .088
02.105.025 .123
03.094.030 .182 .183
   105.082 .125
04.094.072 .073 .238
   105.051
05.094.038
06.094.046 .292
   105.064
07.094.038 .207
09.094.426
10.094.002 .364 .430 .488
Burnett, G. B.
04.083.039
08.034.062

Burnett, J. C.
03.022.076
Burnham, C. W.
09.094.307
Burnham, J. M.
10.036.012
Burnham Jr., R.
01.112.009
04.003.019
   112.010 .011
   126.008
05.112.012
07.112.015
09.112.005
Burnichon, M.-L.
01.074.020 .056
   131.100
02.115.007
07.117.049
09.065.131
10.115.026
Burniston, E. E.
07.042.036
   063.016 .041
08.042.047
09.042.010
Burns, A. A.
02.094.103 .187 .218
03.094.186
05.083.062
Burns, A. L.
07.084.207
Burns, J.
04.034.037 .041
07.022.084
09.073.088
Burns, J. A.
04.141.169
07.097.088
   098.056
08.098.014
09.091.010
   097.085
   098.001
10.098.033
Burns, R. E.
08.081.018
Burns, R. G.
07.094.118
09.094.203 .637
10.094.190 .223
   105.109
Burns, W. R.
01.141.176
02.021.019
03.033.010
05.158.079
07.033.021
Burov, A. B.
10.033.082
Burov, A. P.
05.034.002
Burov, V. A.
06.084.418
Burrell, J. F.
10.122.104
Burridge, R.
10.081.025
Burriss, W. L.
04.094.113
Burroughs, W. J.
01.082.004
02.022.110
04.082.002 .227
05.082.160
06.082.129 .130 .139
Burrows, J. R.
01.084.408 .426
02.084.407
04.084.402

Burrows, J. R.
05.078.003
07.084.219 .279
08.083.060
   084.415
09.084.031
Burrows, K.
01.055.005
03.083.005
06.084.006
Burrus, C. A.
10.033.012
Bursa, M.
02.081.033 .034
04.081.010 .036
06.094.311
10.052.058
   081.035 .039
Burt, E. G. C.
09.066.016
Burt, J. A.
08.022.108
Burtis, W. J.
01.084.274
05.094.186
Burton, R. K.
04.084.253
Burton, W. B.
03.155.047
04.157.003 .004
05.155.001
07.131.012
   155.016 .061
09.155.031 .034
10.157.003
Burton, W. M.
01.076.023
02.071.064
03.073.048
04.034.031
   076.012
05.036.010
06.034.063
   051.024
   071.061
   073.094
08.071.077
09.022.055
10.036.007
   073.004
   114.111
Burtt, G. J.
01.083.034
Burunsuzian, E. S.
01.033.040
Busby, D. M.
09.031.031
Busch, H.
03.122.113
   123.024
07.122.100
   123.018
09.123.009 .010 .012
10.123.024
Busche, F. D.
07.094.143
Buschmann, E.
02.044.010 .023
08.081.064
Buscombe, W.
01.112.004
   114.072 .073
   155.012
03.114.045 .049 .109
04.114.058 .098 .117 .139
   116.010
   159.009
05.010.017
   111.008
   112.017

Buscombe, W.
05.117.018
131.089
06.114.054 .093
07.064.039
131.141
08.114.146
155.030
09.125.029
141.534
10.010.017
114.043 .208
122.087
Buseck, P. R.
01.105.108
03.105.016
04.105.045 .116
06.003.027
09.105.016 .018 .051 .066
10.105.060
Buselli, G.
01.142.052
02.142.044 .064
03.142.050
04.142.009
06.142.001
Buser, P.
09.115.004
Buser, R.
05.015.009
07.005.016
08.153.024
Bush, N.
09.046.027
Bushuev, E. I.
02.052.014 .015
Buslavskij, V. G.
02.080.040
03.073.018
Buslavsky
See Buslavskij
Busse, F. H.
01.081.012
03.065.014
04.045.024
061.038
08.084.259
10.065.041
072.091
Bussoletti, E.
08.143.060
09.082.016
131.025
143.048
10.082.014
Bustati, N. G.
03.075.029
04.075.037
05.075.020
06.075.030
07.075.017
08.075.033
09.075.010
10.075.017
Butcher, E. C.
02.083.024
07.083.041
10.083.057
Butcher, H. R.
06.034.043
08.114.074
Butcher, J. C.
08.021.012
Butcher, M. E.
03.033.039
Buti, B.
09.074.045
10.074.130
Butkevich, A. V.
03.003.015

Butkevich, A. V.
08.011.028
09.031.063
041.024
Butler, C. J.
01.113.022
02.021.002
159.010
07.122.075
08.122.084 .117
159.010
09.142.109 .121
10.031.010
Butler, D.
05.122.039
09.122.008 .038
10.121.096
142.072
Butler, D. M.
09.093.018
Butler, H. E.
03.012.014
013.010
08.114.029
09.114.039
Butler, J. C.
03.094.107
04.094.163
06.094.039 .253
07.094.006
09.094.178 .355 .648
10.094.229
Butler, P.
07.094.009
09.094.054
10.094.126
Butler, P. H.
07.082.022
Butler, R.
01.131.042
141.160
07.141.080
Butler, R. F.
05.105.054
08.105.060
Butler, S. D.
01.003.108
Butler, S. T.
03.003.091
06.003.094
Butler, T. G.
04.033.025
Butler Jr., P.
06.094.038 .061 .132 .221
07.094.202
09.094.328 .616
Butslov, M. M.
09.158.136
10.034.095 .096 .097
Butterfield, D.
04.094.216
Butterworth, E. M.
06.151.047
Buttlar, H. V.
08.022.066
Buttmann, G.
03.003.088
06.005.001
07.005.014
Buturlinov, N. V.
10.105.090
Butusov, K. P.
09.072.022
107.011
Butuzova, M. A.
04.082.025
Buurman, J.
06.072.028
10.072.077

Buvinger, E. A.
09.094.526
Buyanova, D. G.
08.141.562
Buznikov, A. A.
04.082.152
05.082.004 .026 .064
07.082.057
08.082.071
Buzuk, V. V.
09.081.011
094.119
Buzzi, S.
04.105.052
Byalko, A. V.
01.162.039
02.061.013
162.052
05.061.044
162.006
09.162.024
10.162.092
Byard, P. L.
02.074.030
07.074.010
Bychkov, K. V.
09.134.005
10.125.021
Bychkova, V. S.
08.117.021
09.065.056
Bydin, Yu. F.
06.104.024
Byerly Jr., R.
06.082.001
Bykov, B. P.
07.083.051
Bykov, M. F.
03.034.058
05.041.038
09.032.021 .022
Bykov, O. P.
10.054.012
Bykova, L. E.
08.099.013
09.099.089
10.099.088 .090
Bykova, S. N.
05.072.049
Byl, J.
05.152.012
10.155.024
Byram, E. T.
02.142.004
03.142.010
04.142.006 .064
05.142.009
158.012
06.142.045
Byrd, G. G.
05.124.100
Byrne, J. C.
08.156.003
09.156.002
10.161.006
162.071
Byrne, P. B.
09.142.109 .121
Bystritskij, V. I.
See Bistrits'kij, V. I.
Bystrov, N. F.
08.031.090
094.265
Bystrova, N. V.
03.131.098
157.019
08.033.028
09.155.059
Bytsenko, Yu. V.
See Bitsenko, Yu. V.

Bywaters, R.
08.034.115

Caan, M. N.
10.084.277
Cabannes, F.
04.062.017
Cabe, G. M.
10.005.033
Cabello, F. H.
06.072.083
Cabibbo, N.
07.061.043
Cabrera, M. A.
06.105.031
Caby, M.
03.022.082
05.022.068
Caccamo, S.
09.097.093
Cacciani, A.
02.034.072
03.034.004
04.075.016
05.075.017
06.034.007 .034
    075.017
07.075.018
08.075.031
Caccin, B.
04.071.003
    074.032
05.074.028
07.012.021 .023
10.071.071
Caceres, O.
09.012.019
Cachia, S. L.
08.033.096
Cachon, A.
09.143.004
Cackowski, S.
07.003.036
Cade, P. E.
01.022.087
Cadenhead, D. A.
09.094.240 .761 .918 .933
10.094.230
Cadez, A.
08.066.124
Cadez, V.
04.065.071
08.061.067
Cadle, R. D.
03.082.011
Cadogan, P. H.
05.094.084
07.094.138
09.094.065 .123 .440 .748
10.094.231
Caern, W. S.
07.094.254
Cage, A. L.
06.084.267
Cagnet, M.
07.003.037
10.031.081
Cahill, M.
07.066.053
Cahill, M. E.
04.066.052 .053
Cahill Jr., L. J.
01.084.249
02.084.022 .239
03.084.276
04.084.210
06.084.060
08.084.326

Cahn, J. H.
01.133.022
03.133.015
05.133.017
07.133.018
09.131.068
    155.083
10.133.057
    155.046
Cailleux, A.
08.094.235
Cain, D.
08.097.036
Cain, D. L.
01.093.026
02.093.044
03.097.047
04.093.061 .063 .064
07.097.012 .031
08.097.035 .094 .095
09.093.051
    097.077
10.097.031
Cain, J. C.
01.084.295
04.084.215
05.084.260
Cain, P. D.
05.122.085
10.010.024
Cain, S. D.
04.074.001
06.132.038
Cairns, C. D.
01.084.041
Cairns, F. V.
08.033.041
Cairns, I.
02.143.007
Cairns, R. B.
05.083.007
Cairns, T.
04.079.100
Calabria, F. M.
02.052.044
Calamai, G.
03.065.005
04.065.016
05.065.027
06.141.036 .236
08.071.039
Calamai, S.
06.125.031
Calame, O.
03.094.229 .247
08.034.089 .099
09.094.020 .166
Calawa, A. R.
08.082.036
Calbert, R.
07.074.041 .042
08.074.021 .100
Calder, D.
09.004.068
Calder, I. R.
04.078.027
    143.048
05.143.098
Calder, N.
01.003.092
Caldirola, P.
06.012.023
Caldwell, D. O.
04.143.019
Caldwell, J.
05.063.001
07.093.007
08.093.033
09.097.043
    100.040

Caldwell, J.
10.097.098
Caldwell, J. J.
07.091.005
09.125.101
10.100.025
Caldwell, P. A.
03.073.081
Caledonia, G.
01.022.060 .061
Calef, C.
08.105.090
Caligaris, R. E.
09.022.085
Callahan, P. S.
08.074.076
10.106.010
Callan, C. G.
04.141.057
Callan Jr., C. G.
05.022.003
Callaway, J.
02.066.059
03.022.039
Caloi, V.
05.162.012
08.065.033
Calpo, E. V.
03.047.008 .009 .013
05.047.007 .008 .009
Calvani, M.
08.066.117
Calvert, H. R.
03.004.014
Calvert, W.
02.083.035
Calvin, M.
01.105.036
03.094.153
04.094.248
09.094.445
Calvo, M.
08.052.019
10.042.001
Calvo Pinilla, M.
04.052.061
Camarena Badia, V.
08.052.042
Cambou, F.
02.084.047
Cameron, A. E.
02.105.009
Cameron, A. G. W.
01.012.015 .019 .024
    061.040
    065.013 .056 .077
    066.027 .039
    125.013
    142.056
    151.037
02.061.027
    065.009 .012 .049 .055
    .056 .093
    107.006
    113.046
03.065.004 .071
    105.087
    107.015
    155.006
04.011.036
    012.018
    064.100
    065.061 .100 .118
    102.017
    141.233
05.003.026
    061.030 .034
    065.026 .028 .042 .112
    .126 .132
    107.015

AUTHOR INDEX - VOL. 1-10

Cameron, A. G. W.
05.121.002 .081
    125.007
    155.016
06.065.095 .102 .121
    141.089
    155.037
07.061.047
    065.001 .005
    151.003
08.065.147
    080.041
    094.180
09.051.002
    061.028
    065.035 .110
    066.118
    080.022
    091.026 .062
    094.582
    107.003 .006 .007
    151.035
10.012.009 .035
    105.042 .049
    107.009 .032
    131.196
Cameron, D. J.
03.010.024
05.010.024
    122.085
07.010.024
Cameron, E. N.
03.094.097
04.094.131 .133 .141
09.094.306 .321
Cameron, I. R.
10.105.021
Cameron, J. M.
10.065.009
Cameron, K.
10.094.255
Cameron, K. L.
09.094.076 .169 .552 .647
10.094.232
Cameron, M. J.
01.158.071
05.158.088 .089 .090
Cameron, R. M.
04.032.018
06.032.027
Cameron, S.
04.022.059
Cameron, W. S.
02.094.075 .091
06.094.077
07.094.147 .227 .229
08.094.241 .266
09.094.929
    105.154
Camhy-Val, C.
03.022.065
04.022.009
Camichel, H.
03.092.016
07.092.007
Camidge, F. P.
04.084.270
06.084.265
Camisa, R.
01.033.007
Camm, D.
06.022.025
Camm, D. M.
09.022.029
10.022.052
Camnitz, H. G.
04.083.034
Campaner, P.
08.099.080
10.099.032

Campbell, B.
08.152.009
Campbell, B. T. E.
10.114.013
Campbell, C. K.
10.033.132
Campbell, D. B.
01.093.028
    106.015
03.141.052 .065
04.093.041 .062
    141.194 .215
05.066.049
07.043.001
    092.010
    093.002 .005
    141.512 .515
08.093.048
09.092.003
    093.033 .034
10.091.016
    141.543
Campbell, G. A.
09.155.095
Campbell, I. G.
01.082.002
10.082.041 .042
Campbell, J.
10.032.048
Campbell, J. A.
02.065.026
04.042.005 .043
08.021.006
10.066.123 .124
Campbell, J. K.
07.053.021
Campbell, J. W.
02.034.104
03.113.035
04.015.004
    113.040
05.034.072 .073
    097.074
    113.041
06.113.037
08.034.055
Campbell, M.
06.094.114 .115
09.094.472
    134.006
10.134.004
Campbell, M. F.
07.142.092
Campbell, M. J.
01.094.059 .063
02.094.015 .155 .169 .202
03.094.132
04.094.020 .282 .400
Campbell, P.
09.014.010
Campbell, P. M.
02.092.001
Campbell, W. A.
01.133.013
Campbell, W. B.
04.066.112
06.066.050
08.066.036
Campbell, W. H.
04.084.027
07.083.016
    084.263
09.084.253
Campisi Cristaldi, R.
02.075.021
03.075.032
Campolattaro, A.
03.066.027
Camponovo, A. J.
02.095.002

Camponovo, A. J.
03.034.023
Canale, R. P.
08.021.017
Candelaria, C.
04.073.045
Candellero, B.
10.103.114
Candidi, M.
04.074.085
Candiloro, I.
07.005.006
Candlestickmaker, S.
07.015.009
Candy, M. P.
02.098.033
    103.110
    112.019
    124.009
03.103.101 .102 .113 .114
    .115 .128
04.103.010 .102 .104 .121
    .131
06.034.004
    103.006
07.103.115
08.103.003
10.103.102
Caner, B.
08.084.353
Canfield, E. H.
08.094.156
Canfield, L. R.
10.034.060
Canfield, R. C.
01.071.036
02.071.008 .034 .083
03.061.008
04.064.033
    073.056
05.064.001
    071.001 .046
06.073.073
07.071.011 .024 .036
08.071.023
09.071.006 .033
10.064.061
    071.070
    073.028
Canizares, C. R.
09.142.011 .028
10.034.072
    121.012 .102
    132.050
    142.034
Canning, T. N.
08.053.008
Cannon, C. J.
01.073.063
04.063.002 .024
    071.020
05.071.026
    073.009
06.063.028 .031
    073.086
07.063.025
08.080.013 .034
09.063.031
    071.042 .060
    080.023
10.063.020 .033
    071.901
Cannon, P. J.
04.094.343
Cannon, R. D.
02.141.067
    153.005
    158.076
03.158.101
04.153.003 .014 .041

Cannon, R. D.
04.158.027 .078
05.141.046 .079
06.065.068
08.122.122
09.065.042
    154.015 .016
10.013.015
Cannon, R. S.
06.123.020
Cannon, W.
06.141.202
07.141.039
Cannon, W. A.
05.097.019
06.094.164
07.107.003
Cannon III, R. O.
10.121.031
Canosa, J.
09.063.002
Cantacuzene, J.
08.013.026
Cantarano, S.
02.074.078
Cantelaube, Y.
01.105.094
02.105.140
08.105.119
09.105.168
Canterna, R.
08.142.126
10.113.045
    142.098
Canton, G.
08.034.134
Cantu, A. M.
01.034.038
    073.054
02.008.005
03.034.020
04.072.049
08.073.067
    076.003
Canuto, V.
01.022.015
    141.022 .081
02.022.009
    061.032
    066.070
03.061.025
    065.010 .072
    066.026
    141.089 .133
04.061.032
    062.045
    063.018
    065.010 .148 .149
    066.123
05.061.008 .014
    141.011 .186
06.062.046
07.061.023
    065.033
08.061.032
    062.059
    141.513
09.061.027
    065.116 .173
10.065.116
Cap, F.
07.094.273
Cap, F. F.
08.094.003
Capaccioli, M.
03.141.176
    158.035
04.141.218
08.101.004
    141.013

Capaccioli, M.
08.158.129
09.008.008 .088
10.158.146 .147
Capdevielle, J.-N.
09.143.004
Capel, A.
09.033.050
Capelato, H. V.
06.126.023
Capen, C. F.
01.097.018 .056
02.036.019
03.097.048
04.097.026 .063 .065
05.010.003
    097.014 .048 .050 .057
06.097.022 .023 .041 .043
    .069 .070 .093
07.097.073 .075
08.097.061
09.097.051 .089 .105 .106
10.031.049
    097.053 .094 .100
Capen, R.
08.098.061
Capen, R. C.
09.103.121
Capen, V. W.
01.097.018
04.097.026
07.097.075
10.097.100
Capitaine, N.
10.046.026
Caplan, J.
08.034.061
Caplan, J. G.
07.132.021
10.113.038
Capolongo, V.
05.009.018
07.075.015
08.013.013
    075.034 .035
09.075.012
10.075.025
    079.106
Capone, L. A.
01.099.034
06.099.061
07.099.012
10.099.046
Cappellari Jr., J. O.
06.055.002
08.094.217
Capper, D.
09.072.007
Capps, R. W.
05.121.048
07.121.903
08.114.020
09.131.069
    132.024
10.131.034 .044
Caprioli, G.
01.113.027
02.034.002
    035.015
06.034.008
09.041.015
Capriotti, E.
05.133.030
Capriotti, E. R.
01.063.004
05.133.012
09.133.002
10.133.050
Caputo, F.
03.114.110

Caputo, F.
04.114.013
05.114.022 .119
    122.034
06.158.116
07.154.015
09.113.045
    122.125
    154.012 .013
Caputo, M.
03.094.223
04.046.010
07.046.019
08.012.024
    052.043
09.046.012
    093.082
Caramish, V. F.
04.122.073
Carapezza, M.
06.105.088
Carbon, D.
01.064.058
04.064.034
Carbon, D. F.
02.080.038
04.064.035 .070
05.064.032
    153.032
10.064.008 .058
    114.097 .214 .215
Carder, R. W.
10.051.021
Cardiasmenos, A. G.
10.131.274 .275
Cardinali, C.
05.098.015
Cardus, J. O.
05.085.007
Carestia, R. A.
10.041.036
Carevskis, G.
06.011.055
Caria Caldeira, J. F.
02.075.027
03.075.025
04.075.038
Carignan, G. R.
05.082.093
06.083.073
07.079.101
08.082.068
Carle, J. T.
03.034.009
Carleton, N.
10.131.283
Carleton, N. P.
01.097.008
02.022.070
    083.028
03.141.095
04.141.066 .220
05.084.023
    093.057 .058
    141.002 .127 .160 .174
06.141.130
07.066.069
    141.510
08.093.010
    097.046 .067
09.066.021
    093.022
    099.057
10.099.034
    131.045
Carli, B.
09.034.113
Carlitz, R.
10.162.001

Carlon, H. R.
04.082.062
Carlone, C.
02.022.074
Carlos, R.
04.112.004
Carlos, R. C.
06.119.011
Carlqvist, P.
01.073.039
04.084.044
08.062.053
Carlson, E. D.
03.114.140
Carlson, F. P.
09.031.049
10.031.036
Carlson, H. C.
03.079.102
08.082.187
Carlson, R. R.
01.022.066
Carlson, R. W.
05.099.020
08.022.117
082.157
09.022.079
082.056 .070
10.022.024
099.039
Carlson Jr., A. E.
01.094.026
Carlton, N. P.
08.032.001
Carm, O.
10.091.049
093.017
Carman, E. H.
01.034.026
02.082.008
09.084.019
Carman, M. F.
03.094.107
04.094.163
06.094.039 .253
07.094.006
09.094.178 .648
Carman Jr., M. F.
09.094.355
Carmeli, M.
04.012.014
07.066.102 .131
Carmichael, C. M.
06.084.316
Carmichael, H.
02.143.041
03.073.094 .108
143.036
06.143.037
Carnaru, I.
10.032.036
Carnes, J.
08.094.115
09.094.280
Carnes, J. G.
10.094.093 .306
Carnevale, E. H.
02.022.023
Carnevale, R. P.
02.105.188
05.082.090
105.050
08.032.014
09.073.079
10.073.023
Carney, B.
07.065.041
Carnuth, W.
01.097.004
06.085.002

Carnuth, W.
07.097.051
Caroff, L.
07.063.028
10.155.077
Caroff, L. J.
03.134.004
04.141.032 .128 .138
05.066.058
07.132.012
141.084
08.064.014
10.131.068
132.008 .035
141.123
Caroubalos, C.
03.077.035
04.077.032
06.077.028
07.074.030
09.077.007
10.077.007 .057
Carovillano, R. L.
02.012.011
074.002
084.240
05.084.031
07.074.057
09.074.044
084.251
Carozzi, N.
06.158.012
159.006
Carpenter, B. S.
09.094.702
Carpenter, D. G.
09.003.039
Carpenter, D. L.
01.084.409
04.084.212
08.084.334
09.083.004
084.275
Carpenter, E.
06.103.105
Carpenter, G.
10.061.030
Carpenter, G. C.
01.042.033
Carpenter, J. W.
02.094.106
Carpenter, L.
04.042.006 .063
09.045.026
Carpenter, L. A.
04.083.026
Carpenter, R. D.
08.141.038
09.141.017
Carpenter, R. L.
03.093.003
08.066.093
09.066.076
Carquillat, J.-M.
09.119.007
Carr, B.
10.066.156
Carr, D. L.
02.084.010
06.084.028
Carr, H. J.
04.042.008
06.100.003
08.103.109
Carr, M.
03.097.042
Carr, M. H.
03.105.133
06.094.075
07.097.009 .027

Carr, M. H.
08.097.023 .083
09.094.179 .670
10.097.008 .010
Carr, R. B.
01.121.037
04.121.020
06.121.076
07.121.014
Carr, R. E.
10.084.223
Carr, T. D.
01.099.021
02.099.007 .024
03.099.009 .033
160.011
04.099.019 .033
05.099.001 .006 .045
07.099.011 .024
08.099.083 .091 .092
Carranza, G.
01.158.020
02.008.032
158.096
03.034.080
158.120
05.155.057
159.002
06.155.033
07.158.168
09.158.152
Carranza, G. J.
03.155.076
158.116 .118 .119
159.023
06.159.025
Carrara, N.
02.104.043
04.083.048
Carrasco, G.
01.082.093
02.041.009 .043
082.162
03.041.011 .043
05.041.021
082.068
10.041.029
Carrasco, L.
02.132.040
07.114.038 .039 .060
152.003
08.114.901
122.091
142.012
152.901
09.131.084 .164
142.901
Carrasco, L. H.
09.094.830
Carrasco, R.
01.098.020
02.098.019
05.098.009
08.079.100
10.098.073
Carrick, D. W.
10.115.014
Carrier, D.
03.094.145
04.094.280
Carrier, G. B.
09.094.659
Carrier, W. D.
03.094.147
07.094.009
09.094.054
10.094.126
Carrier III, W. D.
06.094.061
08.094.122

Carrier III, W. D.
09.094.453 .830 .831 .832
10.094.051 .233 .387
Carrion, W.
02.094.067
03.094.028
04.094.265
Carroll, B.
05.106.034
09.106.025 .026
Carroll, B. P.
09.095.002
Carroll, G. A.
03.032.030
Carroll, J.
07.012.025
09.034.111
Carroll, J. E.
05.032.089
Carroll, J. M.
07.094.272
08.094.170
09.094.760
Carroll, P. K.
08.022.085
Carroll, W. F.
09.094.521
Carron, M. K.
03.094.054
04.094.229
08.105.031
09.094.218 .220 .385 .684
10.094.253 .426
Carruthers, G. R.
01.131.067
02.034.023
113.034
131.025
03.113.032
131.020 .048 .107
04.113.052
131.023 .092
05.114.016 .075
131.097
06.034.109
07.022.083
036.002
131.158
08.051.003
082.042
114.056
159.003
09.034.080 .081 .094
113.030
155.056
10.034.080
094.406
Carson, B.
01.003.101
Carson, P. P. D.
08.131.085
Carson, R.
08.097.050
Carson, R. K.
02.097.044
03.093.002
05.092.015
Carson, T. R.
01.064.013
04.063.031
07.003.153
065.140
09.012.005
065.111
Carstoiu, J.
01.066.003 .006
02.066.020
03.066.002 .020
Carswell, R.
07.122.133

Carswell, R.
07.162.019
Carswell, R. F.
02.162.001
09.141.038 .067
10.141.023 .080
Carta, F.
02.044.002
03.045.023
04.045.019
05.045.031
06.045.026
08.045.008 .016
Carter, B.
05.066.011
06.065.059
08.066.167
09.065.155 .172
122.123
10.066.122
Carter, B. C.
01.032.013
Carter, B. S.
03.094.240
06.113.021 .046
07.113.040
Carter, J. C.
01.131.116
Carter, J. L.
03.094.112
04.094.142
05.094.014
09.094.077 .180 .236 .363
.513 .666
10.094.062 .234 .458
Carter, L. J.
03.010.013
Carter, M.
10.053.001
Carter, N. L.
03.094.114
04.094.143
09.094.358 .662
Carter, R. W.
04.105.032
Carter, V. L.
02.082.013 .046
08.022.097
Carter, W. E.
07.031.008
046.027
08.032.017
034.096
Carton, W. H. C.
09.079.101
Cartwright, B. G.
06.143.036
08.073.066
09.143.053
10.078.034
143.002
Cartwright, D. C.
01.022.088
02.131.134
03.131.068
04.022.088
06.084.061
08.022.104
084.063 .064
09.084.041
Cartwright, D. E.
05.081.023
Carucci, G.
02.094.045
Carusi, A.
08.094.071
09.094.170
Caruso, A.
06.151.053
07.151.044

Carver, E. A.
03.105.017 .112
Carver, F. I.
03.084.022
Carver, J. H.
01.082.028
02.022.045
04.082.104
06.007.000
07.022.019
080.025
082.020
08.076.048
Casamassima, F.
09.075.022
10.075.018
Casani, E. K.
03.053.009
Casanovas, J.
01.082.073
06.008.103
Casari, J.-C.
04.003.086
Casaverde, M.
08.082.235
Case, D. R.
03.105.089
09.105.002
Case, L. A.
07.066.037
Caser, S.
07.162.068
09.066.009
10.162.025
Cash, W.
10.125.028 .055
132.047
Cashion, K. D.
04.034.111
Casini, C.
04.114.134
09.114.168 .169
Cass, J.
07.003.038
Cassanto, J. M.
10.091.052
Cassatella, A.
07.012.023
123.014
10.113.060
Casse, J. L.
10.033.026
Casse, M.
06.143.031
09.143.016
Cassen, P.
03.084.225
05.094.103
09.094.764 .845
Cassidy, W. A.
01.105.021
03.094.150
04.094.287
105.117 .118 .151
05.105.073
06.105.067
07.105.043
Cassignol, M.
05.032.077
Cassinelli, J.
04.133.020
05.126.010 .030
Cassinelli, J. P.
01.074.041 .053
124.107
04.065.070
133.011
05.064.038 .054
133.019
06.063.007

Cassinelli, J. P.
06.064.012
07.064.035
09.064.003 .031
10.064.036
Castagnoli, C.
02.143.025
Castagnoli, G. C.
05.078.020
06.143.044 .104
Castellani, V.
01.064.011
065.024 .029
154.005
02.065.091
03.065.084
04.154.012
05.061.020
064.020
065.030 .092 .113
126.003
154.008
06.065.036 .114
154.006 .018
158.116
07.008.055
065.083
115.006
154.015 .016
08.065.055
115.026
154.008
09.115.024
122.125
154.012 .013
155.085
10.122.069
Castelli, J. P.
01.073.060
02.033.003
077.019 .027 .045
03.077.031
04.077.047
05.008.012
076.030
06.077.051
07.008.014
08.077.023
09.008.012
077.048
10.077.021 .045
Casti, J.
03.091.033
04.063.011
09.063.010
Casti, J. L.
01.082.087
Castle, J. G.
03.094.131
Castley, J. C.
09.114.054
Castor, J. I.
01.114.064
03.114.044 .113
121.049
04.064.011
065.072
05.065.098
06.064.014
07.064.001 .035
122.017 .149
08.063.034
09.008.023
064.003
158.009
Castore De Sistero, M. E.
04.121.057
06.121.042
08.125.102
09.121.055

Castore De Sistero, M. E.
10.114.191
Castore De Sistero, M. F.
07.125.107
Castro, J.
03.031.026
Castro, J. A.
07.141.148
Caswell, J. L.
01.141.129
02.141.075 .178
03.125.004 .011
141.048
04.122.040
131.052
141.161
05.122.003
131.094
141.101
158.066
06.122.041
131.032 .069 .078
07.131.010
08.131.057
157.008
09.131.105
10.125.031
Catala Poch, A.
09.151.029
Catalano, C. P.
08.071.080
076.045
10.076.006
Catalano, F.
02.116.007
04.121.016
Catalano, F. A.
03.116.004
05.121.038
06.116.004
08.116.012 .018
09.116.007 .008
10.116.012
Catalano, S.
02.121.020 .069
124.102
03.119.009
121.025
04.114.129
05.121.038
06.100.002
121.002
07.012.021
09.114.141
Catchings, F. E.
08.091.016
09.063.024
Catchpole, C. E.
07.034.020
Catchpole, R. M.
01.113.005
124.100
133.002
158.005
02.114.012
03.154.008
04.132.012
05.122.106
123.034
124.007
06.114.044 .066
07.114.134
08.119.005
122.018
10.114.031
Catchpoole, J. R.
04.084.036
06.082.016
084.309
09.084.010

Cathey, L. R.
03.142.033
Cathy, L. R.
02.142.048
Catinoto, E.
08.075.011
09.075.009
Catlin, L. L.
09.082.015
Cato, B. T.
08.131.106
10.131.017
Cato, M.
03.141.174
Cato, T.
03.141.174
07.131.136
08.131.082
157.001
09.157.901
Cattaneo, M. B.
05.074.036
Cattani, D.
02.065.095
Cattani, M.
04.065.007
06.115.016
Catuna, G. W.
08.142.091
Catura, R. C.
02.142.029
03.076.030
04.076.018
134.006
142.079
06.034.056 .057
074.093
07.160.027
08.074.070 .072
076.012
142.078
09.076.024
142.050
10.142.064
Catz, P.
02.143.024
06.143.075
Cauderay, G.
02.035.010
Cauffman, D. P.
08.084.207
Caughlan, G. R.
07.061.046
08.065.114
Caulfield, P. B.
05.055.008
10.055.029
Caulk, H.
03.073.044
Caulton, M.
01.033.008
Cavaliere, A.
01.141.026
02.061.004
141.039 .111
03.125.001
04.141.068 .177
05.066.095
06.065.148
141.028 .183 .204
142.029 .030
158.045 .056
07.099.002
142.040
160.020
08.142.032
09.142.123
Cavaliere, A. G.
05.142.072

Cavallo, G.
04.142.012
05.141.147
142.081 .096
162.083
06.142.084
07.122.115
141.528
158.011
09.061.050
10.061.071
162.020
Cavani, C.
06.141.142
07.141.902
08.141.554
Cavarretta, G.
09.094.170 .219 .675
Cave, T. R.
04.097.065
06.097.023 .069
Caves, T. C.
08.022.029
Cavrak Jr., S. J.
01.034.024
Caye, R.
02.105.136
04.105.143
09.094.661 .677
Cayrel, G.
09.114.060
Cayrel, R.
04.064.102
114.096
05.032.037
06.064.052
07.032.044
034.097
09.065.136
114.060
Cayrel De Strobel, G.
01.064.045
03.114.132
04.064.092
114.014
06.114.140
09.012.015
114.134
Cazenave, A.
06.081.030
07.046.029
09.044.001
055.007
081.014 .036
Cazes, P.
08.082.035
Cazzola, P.
02.061.038 .042
04.022.007
06.061.042
065.137
08.065.138
Ceapa, A.
08.066.074
Ceballos, J. C.
07.077.007
Ceccarelli, M.
02.033.036
Cecchini, G.
02.045.030
06.003.144
Cefola, P.
09.042.022
Cefola, P. J.
02.052.037 .041
07.042.040
Celeani, G.
02.075.021
03.075.032
08.075.011

Celeani, G.
09.075.009
Celebonovic, V.
07.075.013
117.041
Celis Santelices, L.
07.115.016
Centolanzi, F. J.
02.105.165
05.105.074
Ceplecha, Z.
01.104.014 .019
02.104.018
03.104.041 .053
04.104.027 .040
06.104.039
07.104.901 .902
09.104.003 .034
105.123
10.104.006
Ceppatelli, G.
02.011.007
07.012.023
082.053 .072
08.082.004
10.031.013
Cermak, V.
05.003.070
09.094.842
Cernan, E. A.
10.094.127
Cernuschi, F.
03.162.069
04.008.071
022.121 .122
09.131.209
Cerny, D.
10.022.102
Cernyh
See Chernykh
Cerulli, P.
09.084.240
Cesarsky, C. J.
01.065.026
05.143.040
06.131.085
07.143.009
08.143.052
09.143.009
10.062.022
131.039 .041
Cesarsky, D.
04.131.006 .091
Cesarsky, D. A.
06.131.002 .085
07.131.082
09.155.014 .081
10.131.039 .041
132.015
Cesco, C.
07.142.067
Cesco, C. U.
01.103.108
05.098.015
09.103.117
10.113.006
Cesco, G.
01.103.107
Cesco, R. P.
05.042.055
Cess, R.
10.100.002
Cess, R. D.
02.062.015
05.063.016
06.091.012
094.224
07.073.011
097.063
08.093.029

Cess, R. D.
09.063.003
10.022.019
091.010
094.005
Cester, B.
01.121.031
122.004
02.121.059
122.085 .112 .113
123.023
05.121.044
07.121.054
122.059
08.121.012 .103
10.121.020
Ceva, T.
09.094.814
10.094.359
Cevolani, G.
06.082.005
Ceyzeriat, P.
05.022.076 .095
06.022.148
Cezac, Y.
06.034.054
Cha, M. Y.
02.071.028
09.071.010
10.071.022 .023
Chaban, N. P.
10.035.002
Chabas, J.
10.080.004
Chackerian Jr., C.
09.093.021
Chada, I. K.
04.080.012
Chadderton, L. T.
01.094.078
Chadha, M. S.
06.099.060
Chaffe, F.
05.141.164
Chaffee, F.
06.114.096
Chaffee, F. H.
01.114.028
08.116.003
Chaffee Jr., F. H.
02.114.036
03.065.044
04.064.035
05.153.032
06.114.104
08.131.039 .094
10.131.242
Chaffee Jr., H. T.
03.065.098
Chagnon, C. W.
02.076.006
Chai, C.-S.
04.125.005
Chaisson, E. J.
06.131.012 .098
132.037
158.083
07.131.040 .058 .082
132.002
133.005
08.114.065
131.041 .049 .118
141.042
142.068
09.122.079
131.074
132.031
10.131.272
132.007 .043 .044
133.026 .066

Chakrabarty, D. K.
06.083.047
Chakraborty, A. K.
10.077.006
Chakravarty, S. C.
02.083.021
03.083.031
04.142.025 .104
08.142.089
Chalaya, M. N.
09.083.042
Chaldu, R.
06.124.102
09.131.048
Chaldu, R. S.
03.131.103
05.036.014
07.114.090
Chalikov, D. V.
05.093.036
06.093.025
07.093.032
Challe, A.
02.042.006
Challilulin, Ch.
03.121.053
Challinor, R. A.
01.083.006
05.044.014
Chalonge, D.
01.122.049
06.114.081
09.115.003
10.034.111
114.076
Chaloupka, P.
03.078.012
06.143.098
Chamaraux, P.
03.158.088
04.158.020
05.158.055
161.002
07.160.023
09.158.113
10.158.086
Chambe, G.
01.076.031
02.076.002
05.074.031 .040
09.076.029
Chamberlain, J.
01.082.004
05.034.071
082.160
06.031.062 .063
082.129 .130 .139
Chamberlain, J. P.
01.082.049
Chamberlain, J. W.
01.091.006
02.084.009
03.091.003
093.016
05.093.025
06.091.003
07.093.015
09.012.008
10.012.037
082.138
Chamberlain, V. D.
02.104.019
03.105.018
06.105.032
09.125.015
Chambers, J. L.
08.082.135
Chambers, R. H.
01.162.014
04.055.004

Chambers, W. H.
03.106.018
04.076.016
05.076.036 .037 .044
106.032
06.076.026
08.082.200
Chambliss, C. R.
01.121.001
02.113.022
121.084 .087
03.121.019
122.120
04.121.006 .007
05.121.014 .067
122.043
06.009.001
07.113.022
121.067
08.121.060
Chambou, F.
06.084.014
08.084.075
Champ, W. H.
03.094.059
Champion, K. S. W.
02.012.020
082.146 .149
05.082.091 .098
08.082.143
Champness, P. E.
03.094.084
04.094.139
08.094.068
09.094.331
Chan, H. L.
06.091.019
Chan, J.
09.073.100
Chan, K. L.
02.083.033
Chan, K. W.
02.084.220
Chan, S. H.
10.063.024
Chan, S. I.
03.094.133
04.094.297
06.094.035
07.094.180
09.094.127 .502
10.094.467
Chan, S.-P.
10.033.135
Chan, T.
03.083.050
07.081.014
Chan, Y. W. T.
01.158.044
06.141.020
Chanda, R.
08.141.518
Chandaev, A. K.
01.077.045
02.077.053 .054
04.077.018
05.071.031
06.077.012 .046
08.079.104
Chandajev
See Chandaev
Chandeysson, P.
03.097.042
Chandler, C.
03.066.088
Chandler, D. H. M.
04.008.119
Chandler, H. M.
09.033.063

Chandler, J. C.
07.105.001
Chandler, K. C.
09.082.111
Chandler, M.
02.003.026
Chandra, N.
04.022.074
Chandra, S.
01.083.030 .031
04.082.005
083.006
05.084.006
07.084.021
08.082.059
10.082.007
Chandrasekhar, S.
02.003.011
061.012
066.024 .025
03.061.023
066.012 .046
04.061.001 .002
066.065
06.065.003 .004
066.007
07.066.089 .093
151.001
08.066.005 .024 .051 .082
09.003.040
065.090
10.065.048 .049
Chaney, L.
04.034.039
Chang, C.
02.105.118
Chang, C. S.
03.052.021
10.094.335
Chang, D. T.
02.082.040
Chang, E. S.
01.022.020
Chang, F. K.
04.033.028
Chang, G. K.
04.094.338
07.094.106
08.094.036
Chang, J. S.
08.021.013
Chang, K.
08.118.010
Chang, R. F.
03.094.023 .028
04.094.265
08.034.103
Chang, S.
03.094.159
04.094.252 .255
08.011.002
094.236
09.094.246 .253 .946
10.011.007
094.235
Chang, S. C.
10.106.021
Chang, T. S.
04.097.004
Chanin, G.
08.034.020 .028 .030
Chanin, M. L.
04.082.118
Chanmugam, G.
03.065.104
066.028
05.065.018 .128
06.065.007
07.065.023 .134
126.005 .015 .023

Chanmugam, G.
07.142.102
08.065.090 .097
09.126.031
141.552
10.065.136
Chantry, G. W.
07.003.039
Chantry-Price, R. E.
10.014.010
Chanturia, S. M.
04.032.021
Chao, E. C. T.
03.094.105
04.094.132 .144 .340 .387
06.094.279
09.094.324 .359 .646 .663
10.094.236 .237
Chao, J. K.
04.106.025
06.074.065
08.062.022
074.081
084.322
09.074.079
106.023
10.074.008 .027
106.038 .057
Chao, N.-C.
02.066.069
07.061.006
065.128
Chapelle, E. W.
10.131.185
Chapelle, J.
03.022.079
04.062.017
Chapin, S. L.
07.004.017
Chapkunov, S. K.
08.034.137
Chapline Jr., G.
09.065.013
10.063.026
Chapman, C. E.
06.142.038
Chapman, C. R.
01.099.001 .035 .041
02.094.104
097.015
03.010.003
094.185
099.032
100.008
04.100.002
05.098.017
07.098.037
08.098.017
09.098.004 .014
10.096.012
098.002 .055
105.003
Chapman, D. R.
02.105.007 .166
06.105.036
07.105.059
Chapman, E.
07.042.070
Chapman, G.
03.132.019
Chapman, G. A.
03.079.102
04.071.004
072.025 .027
05.072.053
07.077.005
08.071.007 .057
072.004 .027
077.030
124.011

Chapman, G. A.
09.072.053
077.068
10.072.048
080.010
Chapman, G. J.
06.143.073
Chapman, M. C.
02.084.402
Chapman, R.
08.034.115
Chapman, R. D.
01.022.037
064.012
03.022.033
04.022.030
05.076.005
06.022.006
064.013
07.022.026
076.036
09.073.051
10.022.092
Chapman, S.
01.084.208 .210 .263
02.082.069
03.003.050 .051
065.029
082.009
084.287
04.084.018 .311
05.081.017
06.084.310 .311
08.003.034
085.004
Chapman, W. B.
02.094.125
05.094.109
08.094.115
Chappell, B. W.
03.094.035
04.094.190
05.105.026
07.094.011
09.094.038 .411 .705
10.094.249
Chappell, C. R.
03.084.203 .257
04.084.213 .253
05.084.232
06.084.033 .257 .285
08.084.277 .314 .320
09.084.038 .275 .411
Chappell, J.
03.085.002
Chappell, W. R.
01.022.011
04.062.014
06.022.038 .039
Chappelle, E. W.
01.015.014
10.131.282
Chapront, J.
02.042.001
04.042.001
052.041
07.091.021
10.042.058 .114
Chapront-Touze, M.
07.081.005
Chapurskij, L. I.
05.082.004
Charakhch'yan, A. N.
01.078.009
143.031
02.082.127
03.073.097
106.024
143.024
04.143.053

Charakhch'yan, A. N.
05.078.030 .036 .051
143.052 .106
06.074.066
143.137 .138
07.074.063
143.036
08.078.040
09.078.055 .056
10.078.013
143.037
Charakhch'yan, T. N.
01.078.009
143.031
02.078.020
03.073.097
106.024
143.024
04.143.053
05.072.070
078.030 .036 .051
143.052 .055 .106
06.074.066
078.047
143.114 .137 .138
07.074.063
143.036
08.078.040
09.078.055 .056
143.077
10.078.013
143.036 .037
Charalambus, S.
01.105.008
Charatis, G.
03.062.024
Charette, M.
05.094.153
Charette, M. P.
07.094.086
08.094.019
Charikov, Yu. E.
07.076.040
08.076.011 .047
09.073.110
076.037
Charles, E. H.
10.035.006
Charles, P. A.
10.134.012
Charles, R.
10.010.038
Charles, R. W.
09.094.349
Charlson, R. J.
06.082.059
08.011.038
09.082.051 .066
10.082.114
Charman, W. N.
02.141.137
03.134.014
04.061.005
066.010
143.014
05.066.067
082.056
141.239 .240
08.134.007
Charnow, M.
01.099.009
Charnow, M. L.
02.099.060
Charnyj, V. I.
01.021.001
04.052.032
Charon, J.
03.003.036
04.003.029

Charru, A.
 04.033.048
 05.033.035
Chartrand III, M. R.
 03.122.041
 05.155.010
Charugin, V. M.
 03.022.083
 05.022.009
 06.141.047
 08.022.024
 09.063.025
Charushin, G. V.
 05.081.026
 10.097.058
Charvin, P.
 05.031.075
 06.074.036
 10.079.101
Charyulu, G. K.
 02.121.078
Chase, H.
 05.099.007
Chase, J. E.
 03.066.011
Chase, L. M.
 04.084.042
 08.074.048
Chase, L.M.
 01.084.014
Chase, R.
 09.034.121
Chase, R. C.
 05.032.026
 06.084.269
 07.032.005
 09.032.036
Chase, S. C.
 05.097.039
Chase Jr., S.
 03.097.043
Chase Jr., S. C.
 02.034.024
  097.031
 06.097.029
 07.097.011 .029
 10.097.027
Chashej, I. V.
 08.106.017
 09.074.036
  106.008
 10.074.107
Chashey
 See Chashej
Chashnikov, V. Ya.
 02.033.026
Chasovitin, Yu. K.
 04.083.020
 06.083.041 .043 .064
Chassaing, J.-P.
 04.046.012
Chasson, R. L.
 06.143.119
Chastain, J.
 06.021.004
Chatanier, M.
 08.034.023
Chatelain, A.
 02.094.105
 03.094.131 .204
 04.094.310 .386
  105.042
 09.094.501
Chatterjee, B.
 05.003.027
Chatterjee, B. K.
 03.141.059
 05.141.140
Chatterjee, S.
 08.003.054

Chatterjee, S. D.
 05.082.070
Chaturani, P.
 08.062.073
Chaturvedi, J. P.
 07.115.005
Chau, W. Y.
 02.066.027
 04.065.073 .145
  141.035
 05.141.104 .230
 06.065.032 .088
  141.060 .232
 07.142.037 .047 .086
 09.142.107
 10.117.008
  121.009
Chaudhuri, P. R.
 02.061.003 .044 .045
 03.065.105
  143.044
  162.009
 04.061.025 .026 .055
  065.041 .042 .107 .108
  .141
 05.066.088
  080.022
 06.065.064 .138
 07.080.040
Chaudhuri, R. N.
 10.061.067
Chaumont, J.
 10.094.217
Chauve-Godard, J.
 04.114.014
Chauveau, F.
 07.092.007
Chauville, J.
 04.114.026
Chavira, E.
 01.125.016 .104
 02.122.144 .145
 03.122.028
  153.021
 07.122.096
 08.122.071 .137
 09.122.099
Chavushian, H. S.
 See Chavushyan, O. S.
Chavushyan, O. S.
 02.122.123
 03.065.009
  153.010
 04.152.001
 05.122.124
  153.016
 06.122.094
 08.122.142
 09.122.129 .136
 10.122.030
Chayanova, Eh. A.
 03.082.030
Che Ze Hen
 04.062.025
Cheban, A. A.
 04.046.024
Chebotarev, G.
 08.005.016
Chebotarev, G. A.
 01.042.026
 02.042.034
 03.008.071
  098.014 .016 .017 .034
  103.109
 04.007.000
  008.062
 06.006.000
  008.056
  042.033
  098.002 .006

Chebotarev, G. A.
 08.012.003
  098.009 .023 .026
  101.001
  102.007
 09.098.019
 10.098.019 .023
Chebotarev, R. P.
 01.104.036
 03.104.046
 04.082.041
  104.011
 06.104.009 .057 .058 .059
Checha, V. A.
 05.078.016
Chechel'nitskij, A. M.
 10.052.007
Chechetkin, V. M.
 01.061.010 .011 .014
 04.065.097
 05.061.005
 10.065.074 .137
Chechev, V. P.
 07.022.076
Chedin, A.
 05.063.024
Chefranov, G. V.
 07.003.040
Chekalev, S. P.
 06.141.218
 09.033.018
Chekanikhina, O. A.
 09.123.006
  153.027
Chekirda, A. T.
 06.007.000
Chelidze, Z. A.
 07.084.261
Chelpanov, V. I.
 03.080.017
Chen, A. J.
 03.084.266
 07.084.232
Chen, C. J.
 06.022.058
 08.073.059
Chen, J. C.
 09.094.196 .197 .649
 10.094.348
Chen, K.-Y.
 02.117.006
 05.117.008
  121.013
 06.121.053
 07.121.904
 08.064.018
 10.119.008
Chen, M. C.
 07.143.071
Chen, N. C. J.
 09.080.010
Chen, P. Y.
 09.094.196 .197 .649
 10.094.348
Chen, R.
 09.094.809 .810
Ch'en, S. Y.
 03.022.047
 09.022.032
Chen, W. M.
 06.083.009
 07.074.033
Chen, Y.
 06.072.076
Chen, Y.-H.
 08.065.061
Chen Pang Wu
 See Wu, C. P.
Chenakal, V. L.
 02.004.008

Chenakal, V. L.
07.004.019
10.004.028
Cheney, B. J.
02.083.015
Cheng, C.-C.
06.074.044
07.073.007
076.032
09.073.087
Cheng, C-N
10.094.412
Chentsov, E. L.
04.064.098
114.144
05.114.080
08.114.147
09.114.107
10.064.021
114.062 .165
Cheprasov, V. A.
04.098.021
06.098.007
Chepura, V. F.
06.082.097
07.082.080
Chepurova, V. M.
01.042.042
098.028
03.042.004 .055
08.102.015
Cherdyntsev, V. V.
05.061.032
06.061.057
Cherednichenko, V. I.
02.102.007 .030
04.102.003
05.102.004
06.102.018
10.102.028
Cherednitchenko
See Cherednichenko
Cheremushkin, G. V.
09.005.014
Cherepaschuk
See Cherepashchuk
Cherepashchuk, A. M.
02.121.005 .007
03.113.057
121.053
04.113.037
05.034.017
114.038
06.117.006
121.074 .086
141.150
158.025
07.121.073
142.134
08.099.028
121.027 .108 .109
142.022 .042
158.030
09.121.054
142.007
158.047
10.034.029
121.006 .032 .036
Cherepkov, N. A.
07.022.116
Cherevko, T. N.
04.084.288
07.084.255
08.084.340
09.081.004
Cheriguene, M. F.
05.159.002
06.114.012
07.159.001

Cherkasov, I. I.
02.094.060 .198 .208
04.094.337
06.094.024 .184
07.003.041
08.094.166
09.094.854
Cherkasov, V. V.
08.094.125
Cherki, G.
10.078.025
Chernega, N. A.
02.005.004
03.007.000
032.013
04.009.007
092.019
10.041.039
Cherniack, J. R.
01.042.017
03.021.005
04.021.013
052.040
08.042.040
09.042.005
Cherniak, Iu. B.
07.094.098
Cherniev, L. F.
04.003.026
08.046.004
09.041.034
Chernikov, A. A.
07.102.008
08.084.337
102.001 .003 .006
09.102.007
Chernikov, Yu. A.
01.052.042
03.042.022
Chernin, A. D.
02.158.097
03.066.016 .017
162.055
04.162.016 .093
05.003.044
066.065
162.038
06.066.019
158.140
160.019
162.097
07.162.006 .018 .075
08.162.009 .022
09.066.022
Chernishev, O. V.
06.083.060
Chernitsov, A. M.
05.099.018 .019
10.042.056
Chernomaz, V. P.
10.073.120
Chernomordik, V. V.
10.126.007
Chernosky, E. J.
06.084.312
Chernous, S. A.
06.084.231
08.084.023
Chernov, G. M.
02.094.061
Chernov, G. P.
04.077.030
07.077.040
10.077.003 .026 .067
Chernov, P. V.
05.079.107
Chernov, S. B.
06.143.122
Chernov, V. M.
02.082.102 .108

Chernov, V. M.
05.095.001
09.094.592
095.003 .004
10.092.002
Chernov, V. S.
10.120.004
Chernova, G. P.
08.103.121
Chernyak, V. A.
05.014.005
Chernyh, N.
See Chernykh, N.
Chernykh, L. I.
01.098.024
02.103.112
03.098.018
06.041.001
098.003 .036 .039
07.098.005 .080
08.041.055
098.005 .028 .031
09.103.100 .116 .127
10.098.021 .078
Chernykh, N.
01.103.106
03.103.102
Chernykh, N. S.
02.053.023
099.013
103.101 .110 .112 .113
03.099.039
04.098.026
103.126 .128
05.053.001
098.001
103.105 .106 .112 .120
06.041.001
053.034
055.007
099.010
103.008
07.098.004
08.099.009
103.001
09.103.100 .116 .127
Chernyshev, V. I.
05.066.005
083.029
10.132.037
Chernysheva, L. V.
03.104.043
07.022.116
Cherrington Jr., E. H.
01.003.093
Cherry, N.-H.
06.066.132
10.141.142
Chertkov, A. D.
06.073.072
Chertok, I. M.
01.074.011
02.074.063
03.077.016 .020
06.077.048 .049
07.077.023 .040
08.077.037 .049 .059 .060
10.077.026 .065
Chertoprud, V. E.
02.082.160
141.071 .175
03.054.025
05.141.130
06.076.012
082.141
141.071
07.082.043
08.082.243
141.017
09.141.039 .108

Chervenak, J. G.
06.022.042
Chervochkin, N. A.
04.009.010
Cheskidova, L. V.
07.046.016
Chesley, D.
07.142.082
Chesnok, Yu. A.
03.033.005
09.077.029
Chesnokov, Yu. M.
05.094.139
07.094.259
10.063.007
Chesnokova, M. P.
04.014.008
10.014.004 .008
Chesselet, R.
09.094.723
Chessell, C. I.
06.083.015
Chester, G. R.
08.022.119
Chetrit, G. C.
09.094.256 .269 .803 .808
10.094.011 .214
Chetyrkin, N. V.
02.093.029
Cheung, A. C.
01.131.006 .011 .031
02.131.010 .023 .045 .056
.060
03.131.009
05.131.043
09.131.185
10.131.226 .258
Chevalier, C.
01.065.035
02.122.066
05.065.054
122.063
06.122.003
07.122.162
09.122.016 .085
10.121.095
142.037
Chevalier, R.
08.022.111
Chevalier, R. A.
02.074.034 .047
03.074.008
06.158.058
07.158.034 .163
08.154.001
09.158.008
10.125.046
151.004
Chevallier, J.-M.
08.094.235
Chevillot, A.
09.034.057
Chew, H.
09.066.015
Cheynet, C.
08.106.010
Cheyney, H.
01.091.033
093.037
04.093.075
Chi, A. R.
03.035.004
07.044.003
Chi, C.
04.031.051
Chi, R. D.
08.105.128
Chia, T. T.
07.116.006
08.064.041

Chia, T. T.
08.065.087
10.117.008
121.009
Chiam, T. C.
06.065.086
Chiang, C. C.
10.066.026
Chiao, R. Y.
06.033.034
08.158.054
09.158.006 .096 .124
10.131.152
Chiba, J.
10.066.166
Chibisov, G.
10.066.031
Chibisov, G. V.
01.161.005
04.151.011
05.162.002
07.151.020
162.007
Chichmar', V. V.
02.082.109
05.082.145
Chien, K.-Y.
07.063.010
Chigorin, A. N.
10.104.012
Chih Kang Chou
See Chou, C. K.
Chikanov, Yu. A.
02.094.084
03.094.332
04.094.084 .085
05.094.009 .053 .144
07.094.026 .089
08.094.256
09.094.921
Chikarenko, A. L.
09.099.076
Chikhachev, A. S.
01.062.037
02.062.027
03.062.017
04.063.041
06.062.007
Chikhachev, B. M.
07.083.057
09.066.066
Chikin, A. I.
04.033.006
07.033.018
Chikmachev, V. I.
01.094.066
04.094.355
06.094.187
07.031.018
094.185
10.031.016
094.020 .066
Childers, D. D.
05.106.008
10.106.054
Chilton, K.
04.092.010
09.010.041
10.010.023
Chilton, K. E.
02.094.180
03.100.012
04.097.016
Chimonas, G.
03.079.001
04.082.088
06.079.100
10.079.103
Chin, C.-W.
02.065.070

Chin, C.-W.
04.115.002
05.126.001
08.065.065
09.065.017 .047 .145
Chin, E. S.
04.032.050
034.109
Chin, G. M.
10.033.097
Chin, Y.-C.
05.077.008
07.062.018
08.062.007
Chin Khong Tien
06.083.024
Chin-Fatt, C.
04.062.023
Chincarini, G.
01.103.100
02.124.101 .104
03.031.014
103.106
05.158.073
160.010
06.034.077
158.005
160.002
07.158.036
08.158.010 .060
10.158.101
160.035
Ching, B. K.
01.082.042
02.082.032 .046
05.082.018 .161
07.082.004
08.082.097 .098 .146
10.082.027
083.006
Chinnery, M. A.
08.045.028
081.007
10.045.009
Chiosi, C.
04.065.043
07.065.066
08.065.107 .109
09.065.123
10.065.040 .095
Chipashvili, D. G.
10.113.021
Chiplonkar, M. W.
04.083.053
Chipman, E.
07.076.020
09.073.094
098.029
10.074.121
114.108
Chirco, J. H.
10.061.064
Chirkov, N. P.
02.143.059
05.143.005
06.143.111
07.072.014
074.069
143.035
09.078.045
10.078.015
Chirkova
05.103.119
Chiryaev, A. G.
03.083.084
Chis, D.
07.034.042
09.122.072
10.122.161

Chis, G.
 04.032.037
 122.106
 10.122.161
Chisholm, R. M.
 02.141.142
Chistjakov
 See Chistyakov
Chistyakov, V. D.
 04.003.030
Chistyakov, V. F.
 02.073.084
 03.072.033 .039
 04.072.016
 074.104
 082.217
 05.009.002
 06.009.011
 072.010 .048
 073.101
 08.072.015
 10.003.028
 072.051
 073.043 .047
 080.032
Chistyakov, Yu. N.
 10.034.036
Chitnis, E. V.
 02.142.009
 04.142.017 .102
 05.142.050
 06.142.048
 08.142.151
Chitre, D. M.
 06.162.081
 07.066.072
 08.066.068
 09.162.076
Chitre, S. M.
 04.065.033
 05.141.243
 08.065.026
 09.065.116 .173
 080.016
 10.080.015
Chiu, B. C.
 09.141.074
Chiu, H. H.
 04.022.092
Chiu, H.-Y.
 01.022.015
 126.024
 141.022 .081
 02.022.009
 061.032 .033
 141.045
 03.012.018
 065.010
 141.090 .133 .196
 04.003.031
 034.020
 062.045
 065.148 .149
 141.174
 05.061.014
 122.053
 141.011 .181
 07.012.019
 141.518
 08.003.055
 034.047
 065.129
 141.509 .548
 09.012.014
 061.027
 141.540
 10.034.073
 132.039
Chiu, Y. T.
 04.077.005

Chiu, Y. T.
 06.062.072
 082.034
 08.082.097 .098
 10.082.027
 083.006
Chiuderi, C.
 02.022.009
 066.070
 03.065.010 .072
 141.137
 04.061.032
 066.123
 05.073.036
 08.074.029 .082
 10.077.079
Chiuderi Drago, F.
 02.073.083
 04.077.003 .013
 05.073.036
 06.011.049
 077.071
 08.074.029 .082
 080.047
 10.077.009 .089
Chivers, H. J. A.
 05.141.069
 08.084.071
 09.084.050
Chizhov, A. F.
 10.082.090
Chizhov, F.
 08.082.139
Chkhetiya, A. M.
 09.085.011
Chkhikvadze, I. N.
 See Chkhikvadze, Ya. N.
Chkhikvadze, Ya. N.
 03.113.059
 114.060 .129 .130
 122.086
 04.114.043
 122.061 .172
Chklovski, I. S.
 See Shklovskij, I. S.
Chlistovski, F.
 04.044.015
Chlistovsky, F.
 02.035.001 .003 .007 .009
 .012 .014
 03.044.029 .030
 04.035.002
 044.016
 09.044.016
Chlistovsky, G.
 02.044.016
Chmeel, V. V.
 See Chmil', V. V.
Chmielewska, B.
 08.045.048
 10.045.032
Chmielewski, Y.
 01.051.001
Chmil', V. V.
 01.079.100
 02.085.005
 03.033.005
 04.079.103
 06.077.053
 08.033.047
 09.077.029
Chmirev, V. M.
 06.084.228
Cho, H. R.
 03.079.102
Choate, L. M.
 09.143.067
Choate, R.
 02.094.176
 08.094.146

Chobanova, E.
 05.031.079
Chochol, D.
 10.121.005
Chocol, C. J.
 08.034.121
Chodak, J.
 03.091.046
 07.092.014
Chodos, A. A.
 03.094.030
 04.094.073 .137
 06.094.046 .129 .136
 07.094.053
 08.094.155
 09.094.173
 10.094.198
Choe, J. Y.
 09.084.220
Chohan, V. S.
 05.143.111
Choi, J. S.
 09.042.003
Choisser, J. P.
 09.034.078
Chojnacki, D. A.
 10.022.073
Chojnacki, W.
 01.116.005
Chojnicki, T.
 04.081.051
 10.081.033
Cholakova, N.
 03.141.168
Chollet, F.
 05.099.003
 09.041.023
Chollet, P. C.
 04.044.008
 07.045.006
Chomenko, Yu. A.
 See Khomenko, Yu. A.
Chong-Hung Zee
 See Zee, C.-H.
Choodnovskij, M. E.
 See Chudnovskij, M. E.
Chopinet, M.
 05.133.014
 06.132.020
 158.012
 07.131.079
 133.010
 10.132.029
Choplin, H.
 09.041.023
Choquet-Bruhat, Y.
 05.151.042
Chou, B. R.
 08.079.101
Chou, C. K.
 03.065.072
 04.061.032
 065.149
 05.061.008
 065.029
Chou, C.-L.
 04.105.119
 08.094.199
 09.094.139 .695
 105.006 .059 .067
 10.094.047 .207 .238
 105.010
Chou, R.
 10.010.023
Chou, S.
 01.097.003
Chou, T. L.
 08.141.119
Choudhry, R. K.
 10.042.097

Choudhuri, A.
06.081.001
Choudhury, A. M.
04.084.315
Choudry, A.
09.034.082
Chouet, B.
08.094.052
Chovitz, B. H.
09.012.025
Chow, T. L.
01.126.004
03.131.045
06.131.148
07.161.016
08.062.069
10.155.077
Chow, Y. L.
04.033.046
08.033.056
Chowdhury, S. R.
02.083.005
Choy, L. W.
06.084.060
09.084.039
Chrest, S. A.
02.105.188
05.082.090
Chretien, M.
04.012.004
05.003.018
06.003.011
09.003.007 .015
Chriss, M.
10.004.023 .074
Christensen, A. B.
04.084.003
05.082.030
07.082.005
09.082.042 .080
10.083.010
Christensen, E.
08.097.063
Christensen, E. J.
04.042.004
07.097.032
08.097.037
09.097.018
Christensen, E. M.
02.094.176
04.094.053 .394
Christensen, R.
10.066.119
Christensen, S.
10.066.131
Christenson, J. H.
04.022.036
Christian, R. P.
03.094.054
04.094.229
09.094.218 .220 .385 .684
10.094.253 .426
Christiansen, P.
09.094.102
Christiansen, P. C.
10.094.444
Christiansen, W.
02.141.077
04.158.051
05.158.035
07.003.042
Christiansen, W. A.
07.158.125
08.009.017
09.141.057
10.141.115
158.038
Christiansen, W. N.
02.003.049
09.033.004

Christiansen, W. N.
10.033.027
Christich, V. G.
08.158.029
Christie
07.125.107
Christie, A. D.
02.082.141
Christie, J. C.
04.094.389
Christie, J. M.
03.094.103
04.094.172
08.094.219
09.094.193 .309 .630
10.094.239 .400
Christodoulides, C.
02.105.063
03.105.073
05.105.059
09.094.810
Christodoulou, D.
07.066.096
Christodoulou, D. L.
07.066.124
Christophe, B.
09.034.118
Christophe, J.
10.082.039
Christophe-Michel-Levy, M.
02.105.125
03.105.043
04.105.143
06.105.076 .089
09.094.078 .661 .677
105.017 .089
10.094.015 .240
105.048
Christophersen, P.
05.083.025
Christophorides, C.
04.063.037
Christy
01.098.036
Christy, J. W.
02.036.008
118.027
05.111.009
09.133.027
Christy, R. F.
01.122.113
02.122.131
03.120.005
06.122.124
159.029
09.065.109
Chromek, I.
07.005.019
Chromey, F. R.
02.114.062
07.158.012
10.158.064 .077
Chronic, H.
01.008.022
Chrushev, L.
05.104.012
Chrzanowski, P. L.
08.066.020 .062
Chu, B.
03.077.001
Chu, K. W.
09.142.012
Chu, S.-I.
03.125.008
Chu, T. Y.
03.157.005
Chu, W. T.
03.143.030
Chu-Kit, M.
05.131.030

Chu-Kit, M.
09.155.003
Chuadze, A. D.
03.122.097
125.100
04.122.035
05.161.004
09.131.210
10.113.023
Chubarian, E. V.
See Chubaryan, Eh. V.
Chubaryan, Eh. V.
01.061.018
066.036
02.066.021
126.003 .008
03.066.013
126.009
04.065.036
05.066.056
126.046
06.065.113
126.013
07.065.094
126.016
08.066.010
126.009 .022
09.061.014
065.067
066.002
126.013 .018 .029
Chubb, D. L.
05.084.268
Chubb, T.
05.142.003
07.142.016
Chubb, T. A.
01.142.048
02.076.039
134.006
03.084.006
134.029
142.040
04.076.002
084.029
142.006 .064
05.073.024
134.003 .004
142.009 .013 .048
158.012
160.015
06.073.081
141.111
07.076.035
134.009
142.050
09.073.083
Chubej, M. S.
08.041.047
Chubey, M. S.
05.055.013
Chuchkov, E. A.
04.078.024
05.003.102
06.078.019
08.078.030
143.011 .040 .055
Chudakov, A. E.
02.078.037
04.078.016
05.143.080
09.093.080
Chudina, L. A.
10.155.071
Chudnovskij, M. E.
09.117.023
Chudyakova, T. N.
See Khudyakova, T. N.
Chugainov
See Chugajnov

Chugajnov, P. F.
01.122.087 .095 .097 .099
02.122.050 .120 .153 .164
       .165
03.120.012
   122.106
04.122.021 .022 .023 .134
       .154 .155
05.122.073 .074 .082 .092
       .093
   123.018
06.120.005 .018
07.122.092 .093 .098 .101
08.115.027
   120.017
   122.027
   126.010
09.122.082
10.120.001
   122.090
Chuguev, G. P.
10.032.054 .055
Chugunov, Yu. V.
10.061.005
Chuguryan, Z. S.
05.084.203
Chui, M. F.
09.131.185
10.131.226 .258
Chujkin, E. I.
01.082.017
Chujkov, V. D.
09.033.034
Chujkova, N. A.
02.094.052
03.094.309
06.094.285
10.094.076
Chukanov, O. V.
08.033.011 .012
Chukhrai, G. I.
07.078.021
Chukin, V. S.
05.082.009
Chultem, Ts.
06.074.012
09.074.084
10.073.017
Chumak, O. V.
02.153.010
04.153.012
05.153.042
06.151.015
08.151.034
10.151.072 .077
Chumak, Yu. V.
03.033.006
Chumak, Z. N.
02.114.105
04.103.101
06.064.057
Chumbalova, R. A.
01.078.014
02.143.063
03.143.053
05.143.003
07.143.044
08.143.042
09.143.062 .075
Chunakova, N. M.
06.114.057
07.116.005
09.064.045
10.114.060
Chung, D.
03.094.140
Chung, D. H.
04.094.293 .320
07.094.216
08.022.004

Chung, D. H.
09.094.492 .825
10.094.241 .242
Chung, K. P.
09.066.115
Chupka, W. A.
09.094.514
Chupova, L. M.
10.076.010
Chupp, E. L.
01.078.003
02.034.092
03.082.008 .066
04.076.042
   143.002
05.141.207
06.022.145
   074.092
   076.024
   142.004
07.034.130
   142.085
09.076.008
10.076.027
Chuprakova, T. A.
08.034.109
Chuprina, R. I.
02.122.030
03.123.007
04.123.017
06.122.044
08.114.042 .902
Chuprunova, O. V.
02.007.000
Church, S. E.
07.094.062
08.094.196
09.094.221 .268 .681 .707
10.094.401
Churchlow, M. D.
10.033.118
Churchwell, E.
02.131.002
   132.011 .031
03.131.046 .084
   132.007 .011 .017
   152.010
   157.002
04.131.073
   132.017
05.131.134
06.131.011
   132.031
07.131.057 .901
   155.063
   157.013
09.131.113 .175
   132.004
   155.019 .045
Churchwell, E. B.
03.131.065
06.131.149
Churg, A.
04.131.129
Churilov, S. M.
10.066.039
Churiumov
See Churyumov
Churkin Jr., M.
08.081.018
Churms, J.
04.111.003
05.126.015
Churyumov, K. I.
01.103.116
02.103.110 .111
03.011.015
   103.113
04.103.132 .137
05.102.009

Churyumov, K. I.
05.103.103 .104 .107 .111
   .119
06.074.021
   079.103
   102.029
   103.119 .133 .134
07.103.106
08.103.101
09.103.104 .112
10.103.104
Chushkin, P. I.
08.105.025
10.104.057
Chute, F. S.
05.033.009
06.082.024
Chute, J. L.
10.094.361
Chute Jr., J.
03.094.201
09.094.544
Chute Jr., J. L.
07.094.219
10.094.004
Chuvachin, S. D.
02.141.175
Chuvaev, K.
03.158.081
07.158.071
Chuvaev, K. K.
01.132.047
03.158.018
04.158.022
07.158.046
08.158.022
09.158.033 .103
10.034.098 .099
Chuvahin
See Chuvakhin
Chuvakhin, S. D.
03.032.034
08.097.093
09.082.057 .058
   097.048
10.097.061
Chvojkova (Woyk), E.
10.062.052
Chvykov, A. R.
09.045.005
Chyi, L. L.
09.105.030
10.094.270
Chylek, P.
10.063.060
Ciatti, F.
02.124.102
   125.024
   153.036
03.124.103 .108
05.125.104 .109
   152.002
06.011.048
   114.061
   125.006 .101
07.114.078
   125.107
08.114.016
   124.103
09.114.086
   124.101
   125.024 .101
10.125.006 .032
Ciccone, M.
10.113.041
Cichowicz, L.
01.011.006
02.003.001
03.003.153

Cid, R.
08.042.088
10.042.001
Cid Palacios, R.
04.052.061
118.018
Cierniewski, S.
10.035.009
Cieslik, S.
09.082.081
Ciffone, D. L.
06.022.017
Cifka, J.
10.031.056
133.072
Cifka, S.
02.099.074
Cignolo, G.
08.082.002
Cillie, G. G.
10.013.016
Cimahovica, N.
06.006.000
007.000
010.014
08.011.032
10.005.023
Cimakhovich, N.
02.003.012
04.082.183
10.085.016
Cimbalkova, A.
08.094.249
Cimbalnikova, A.
08.094.249
10.094.510
Cimino, M.
01.075.003 .031
02.075.013 .014
03.034.004
075.018 .019
04.074.075
075.016 .017
05.075.017 .018
06.034.034
075.015 .017
083.057
07.075.018
08.075.031 .032
09.004.087
075.022 .023
10.075.018 .019
Ciner, E.
09.082.069
Cinotti, F.
09.094.170
Cioni, G.
09.031.045
Ciotti, J. E.
04.155.001
Cirkovic, L.
08.022.046
Cirlin, E. H.
09.094.288
10.094.334
Cirse, Z.
08.005.015
Cirsmaru, M.
05.032.016
07.054.017
Cisneros, A.
05.080.005
09.066.101
Cisneros-Parra, J. U.
02.117.044
04.117.003
Citterio, O.
06.032.012
08.034.135

Ciurla, T.
01.073.022
10.122.132
Civitelli, G.
09.094.170
Cladder, V.
09.098.003
Cladis, J. B.
05.084.231
Claerbout, J. F.
02.091.002
Claflin, E. S.
03.084.402
10.084.402
Claisse, J.
07.134.001
Clampitt, R.
02.131.038
Clancy, B. E.
02.063.005
Clancy, M. C.
01.142.052
02.142.044 .064
03.142.050
04.142.009
06.142.001
Clanton, U. S.
09.094.054 .181 .357 .652
.668 .915
10.094.126 .243 .320 .372
Clapie, M.
01.084.046
Clapp, R. E.
09.141.130
Clardy, D. E.
02.094.212
Clardy, K. D.
07.103.127
Claria, J. J.
06.153.008
07.153.026
08.113.054
09.122.054
153.007 .022
158.092
10.114.033
153.022
Clark, A. L.
09.094.936
Clark, B. A. J.
01.010.008
03.010.008
05.031.059
07.010.008
09.010.008
091.065
10.007.000
101.002
Clark, B. C.
10.034.002
053.007
Clark, B. D.
10.131.284
Clark, B. G.
01.141.176
02.141.100
158.057
03.141.091 .121 .213. .216
04.021.004
033.044 .061 .063
141.041 .122
05.141.226
06.141.151
07.131.039 .124
141.039
08.141.016
09.141.109
158.029
10.031.053
033.024 .089

Clark, B. G.
10.141.098
158.016 .096
Clark, C. D.
02.142.025
05.073.060
080.011
09.073.037
10.073.050
Clark, D. C.
02.084.021
04.022.085
Clark, D. D.
05.082.088
06.034.066
Clark, D. H.
09.083.077
10.125.031
Clark, E. E.
08.066.004
Clark, F. D.
04.034.039
Clark, F. O.
09.131.181
10.131.112
Clark, G.
06.061.020
07.034.045
142.096
09.142.142
10.034.072
Clark, G. A.
06.033.042
Clark, G. W.
01.142.008 .029 .030
02.142.066
158.027
04.142.014 .038 .060 .065
08.142.081 .098 .137
09.142.009 .011 .028 .060
.127 .133 .137
10.121.012
142.034 .901
Clark, I. D.
04.097.036
06.091.026
Clark, J. A.
09.098.035
Clark, J. F.
02.105.201
03.105.019 .142
04.105.120
09.105.068
Clark, J. R.
03.094.099 .101
04.094.177 .183
09.094.312
10.105.105 .110
Clark, J. W.
02.022.099
066.069
07.061.006
065.003 .128 .132
08.065.141
Clark, K. C.
03.084.022 .030
06.084.016 .027
Clark, M.
04.010.009
122.166
09.103.133
10.103.116
104.060
Clark, M. A.
02.084.033
04.082.089
05.084.011
113.001
Clark, M. L.
04.053.018

Clark, P. A.
01.080.008
02.080.015
04.073.039 .049
05.080.008
08.080.007
09.073.055
10.080.016
Clark, P. A. A.
03.151.064
Clark, P. S.
10.053.009
054.010
Clark, R.
05.125.109
Clark, R. B.
05.094.143
07.034.060
10.094.191
Clark, R. R.
01.141.028
Clark, R. S.
05.105.060 .079
06.094.061
07.094.009
09.094.054 .718
10.094.126 .244
Clark, R. W.
08.003.056
10.003.027
Clark, S. P.
06.097.094
09.107.005
Clark, T. A
02.157.006
Clark, T. A.
02.141.057
03.157.008 .021
04.066.037
157.011
05.031.092
103.111
141.103
06.071.062
103.101
141.027 .097 .103 .104
07.046.003
066.007
141.030 .036 .038 .513
08.046.023
055.007
141.040 .073 .507
142.091
09.082.100
100.013 .018
141.052 .055 .506
10.033.022
098.006
106.012
141.138
158.015
Clark, T. G.
07.066.112
Clark, W. L.
07.083.054
Clark Jr., A.
01.080.008
02.080.015
04.073.039 .049
05.080.008
08.080.007
09.073.055
080.024
10.080.016
Clark Jr., S. P.
01.091.005
02.081.002
03.094.201
07.094.219
09.094.544

Clark Jr., S. P.
09.105.013
Clarke, A. C.
03.003.092
07.003.043
Clarke, A. R.
05.143.023
Clarke, A. S.
01.035.006
Clarke, D.
03.014.003
04.034.065
06.032.017
103.101
07.032.021
09.034.016
Clarke, G. K. C.
04.045.025
Clarke, J. N.
04.099.037
06.125.017
08.125.027
09.125.010 .042
141.009
Clarke, L.
09.003.093
Clarke, R. W.
01.141.116
02.141.142 .144
07.141.132
Clarke, T.
07.091.023
09.101.005
Clarke, T. R.
09.141.036
10.141.013
Clarke, T. W.
02.141.053
03.033.012
Clarke, W. B.
03.105.071
Clarke Jr., R. S.
04.105.121
05.105.069 .086
06.105.106
07.105.001
08.003.057
105.014
09.105.105 .165 .166
Clarricoats, P. J. B.
03.033.049
04.033.084
06.033.049 .051 .069 .070
08.033.108 .111
09.033.065 .066
10.033.130
Classen, C.
07.113.030
Classen, J.
01.094.017 .034
098.009
105.006
02.094.017 .234
099.032
102.021 .025
105.058 .192
03.009.016
011.024
103.100
105.134
04.094.428
102.025
05.004.006 .008
008.106
009.004
104.008
105.003
06.004.002 .032
07.004.015
08.004.016 .024

Classen, J.
08.011.008
09.004.072 .090
10.094.124
097.073
105.076
Clausen, J. V.
10.114.139
Clauser, J. F.
01.131.035
Clauss, R. C.
10.033.039
Claver, J.
08.092.014
Claverie, A.
08.155.005
Clawson, J. E.
10.022.096
Clay, D. R.
07.094.104
08.074.064
Clay, R. W.
06.143.008
10.033.013
Claydon, B.
06.033.047
Clayton, D.
08.143.053
Clayton, D. D.
01.003.001
061.024 .037 .042
125.002
02.061.011 .019 .029 .048
04.065.001
05.065.041 .090 .115
143.116
06.061.044
065.018 .030 .124 .129
07.061.025 .045 .059
162.056
08.064.035
065.023
143.049
10.061.048
065.141
155.009
Clayton, F.
03.124.103
Clayton, M. L.
02.122.101
Clayton, R. N.
03.094.063
04.094.224
06.094.097
07.094.068
105.009
107.002
09.094.079 .406 .701
105.107
10.094.245
105.052
Cleaver, A. V.
04.015.002
06.011.008
Clegg, P. E.
01.141.049
03.094.141 .240
132.023
04.094.269 .426
08.034.022
077.020
09.033.022
094.816
10.034.069
Clegg, R. E. S.
09.155.030
10.155.001
Cleghorn, T. F.
05.143.070
06.143.059 .112

Clemence, G. M.
05.044.010 .018
Clemens, R. W.
10.066.163
Clement, M. J.
01.065.061
04.080.019
05.065.099
06.065.013
07.064.013 .024 .046
Clementi, E.
07.012.017
Clements, A.
01.098.035
103.109
Clements, A. E.
01.098.043
02.116.013
09.099.060
Clements, E. D.
01.141.059
06.122.059
141.026
Clements, G. L.
08.114.061
Clemesha, B. R.
07.082.111
Cleminshaw, C. H.
03.003.048
Cleveland, F. H.
02.033.038
Cliff, R. A.
07.094.108
09.094.314 .413
10.094.377
Clifford, D.
08.033.077
Clifford, S. F.
06.082.110 .111
Clifton, K. S.
10.104.031
Climenhaga, J. L.
05.114.017
122.060
Cline, T. L.
01.034.023
143.034
03.073.086 .099
04.106.011
05.078.037
143.088 .089 .090 .093
06.078.041
07.143.038
08.074.030
106.014 .015
10.142.043 .056 .066 .089
.090 .093 .124
Clonts, S. L.
10.122.139
Cloud, P.
03.094.166
04.094.249
09.094.365
Clouet, B.
04.010.028
05.010.028
06.010.028
07.009.015
010.028
08.010.028
09.010.028
10.010.028
Clough, P. N.
08.022.058
Clouser, P. L.
05.033.023
Cloutier, P. A.
02.097.048
03.084.032
04.074.098

Cloutier, P. A.
06.084.031
09.084.012
091.014
093.018
Cloutman, L. D.
09.065.059
10.061.014
Clua, A. L.
02.022.087
Clube, S. V. M.
01.122.058
04.112.024
122.027
05.111.001
06.041.053
122.059 .126
07.111.003
155.083
08.043.002
09.155.042
Clucas, J. I.
10.079.101
Clutton-Brock, M.
07.151.081
08.151.017 .050
09.151.038 .043 .044
10.151.003
Coakley Jr., J. A.
10.022.021
063.025
Coallier, M. L. E.
03.009.018
Coates, R. J.
01.051.016
Coats, R. P.
10.033.136
Cobb, R.
04.142.067
Cobern, M. E.
09.080.007
Cobleigh, T.
06.094.061
Cobos, F.
04.034.081
Cocconi, G.
04.141.214
143.024
10.143.026
Cochran, C.
09.125.015
Cochran, G. V.
04.117.022
06.117.034
Cochran, J. E.
03.042.008
04.052.008
08.052.012
10.052.046
Cochran, W. D.
10.131.212
Cocito, C.
03.034.076
Cocito, G.
07.032.012
Cocke, C. L.
06.022.068 .144
10.022.026
Cocke, W. J.
01.141.020 .044 .082
02.141.005
03.012.018
034.026
141.175
04.141.019
05.066.057
06.141.187
142.061
07.142.021
08.061.051

Cocke, W. J.
08.141.532
09.121.068
141.529
10.141.514 .516
142.013
Code, A. D.
01.008.074
02.113.027 .033
114.037 .110
131.111
03.008.078
063.018 .019
103.101
114.091 .101
131.042
141.019
04.103.103
113.017 .044
121.023
142.029
06.013.009
064.016
08.051.001
061.042
09.124.101
10.013.013
032.009
113.034
114.086
131.194
Codina, J.
03.103.102
Codina, J. M.
04.103.101
10.103.102
Codina, S.
03.131.140
06.131.041
Codina Vidal, J. M.
10.007.000
Codreanu, S.
08.062.084
Coe, J.
10.031.053
033.089
Coe, J. R.
10.033.040
Coelho Balca, M.
06.118.023
Coetzee, J. H. J.
09.094.235 .694
Coffa, J. A.
03.004.034
Coffaro, P.
06.034.046
Coffeen, D. L.
01.093.062 .077
04.093.019
05.091.019
093.031
09.093.030
099.063
10.099.010
Coffey, H. E.
02.072.054
09.085.018
10.075.026
Cogan, B. C.
04.065.094
122.049
Cogdell, J. R.
03.073.045
04.033.062 .077
07.077.008
09.091.059
10.033.042 .064
094.050
Cogger, L. L.
02.082.063

Cogger, L. L.
04.083.036
06.083.039
10.082.051
Cogger, L. R.
03.079.102
Cogley, A. C.
08.063.006
Cohen, A.
05.082.034
09.063.027
Cohen, A. J.
02.105.160
03.094.022 .150
04.094.287
105.119
07.094.123
08.094.078
09.094.578
105.006
10.094.246 .247
Cohen, C. J.
02.042.016
091.021
07.091.016
09.091.069
Cohen, D.
10.033.125
094.223
Cohen, E. A.
09.094.753 .904
10.094.421
Cohen, H.
02.063.008
03.121.066
06.053.017
063.005
Cohen, H. L.
01.121.025
02.121.045 .063
153.027
06.121.063
Cohen, I. B
10.003.049 .141
Cohen, J. G.
01.114.077
02.114.038
03.114.024
04.126.012
158.026
05.114.107
07.113.023
114.004
141.182
08.131.039 .094
09.114.115
132.006
141.082
10.131.208 .243
141.026
Cohen, J. M.
01.065.013
02.065.012 .056 .093
03.065.004
066.004
04.065.099
05.065.028 .127
066.057
141.054 .114 .205
07.066.132
134.005
141.551
08.065.115 .149
09.065.097
066.108
10.065.089 .148
141.539
142.091 .094
Cohen, L.
02.022.078

Cohen, L.
02.034.037
03.022.040
04.022.102
05.022.085 .089 .093
06.151.041
07.022.071 .096
151.015 .051
08.022.078 .902
071.002 .021 .041
151.041 .042
09.151.012
10.022.036 .074 .093 .095
062.001
151.084
Cohen, L. C.
02.063.006
Cohen, M.
01.022.051
03.022.037
04.022.059
132.042
06.022.079
073.095
113.028
114.098
07.022.050
076.026
114.061
09.036.006
114.002 .003 .004
10.113.032 .050 .052 .116
114.084 .096
Cohen, M. H.
01.106.009
02.141.043
158.057
03.141.121 .213 .216 .227
04.033.063
141.041 .122
05.141.042 .226 .229
06.122.105
141.151 .202
07.141.039 .100 .136
158.112
08.141.016 .052
09.141.092 .109
158.029
10.033.019
141.098
158.016 .096
Cohen, R.
04.065.032
09.012.013
Cohen, R. H.
03.157.009
08.142.013
09.014.035
065.166
142.010
Cohen, R. L.
09.162.008
Cohen, V. W.
01.012.007
Cohen-Sabban, J.
10.082.059
Cohron, G. T.
09.094.454
Colburn, D. S.
01.106.033 .044
02.084.245
094.086
106.012
03.084.223
094.265
106.003
107.013
04.071.045
084.227 .228 .305 .307
106.024

Colburn, D. S.
05.034.092
071.052 .062
084.253
091.010
094.051 .065 .187 .190
.191
106.039
06.094.064 .090 .244 .307
106.016 .023
07.092.005
106.004
08.084.288
092.010
094.084 .128
106.001 .002
09.084.274
094.494 .562 .563 .765
10.084.207 .222
094.018 .065 .446
Coldwell, R. L.
07.065.135
Cole, D. G.
01.077.043
08.033.126
Cole, D. J.
02.033.055
03.033.029
05.033.017
035.005
07.033.054
10.033.059
Cole, G. H. A.
06.094.008
07.094.105
08.084.316
107.019
Cole, K. D.
01.084.283
04.084.037
05.084.223 .249
06.066.117
10.061.008
Cole, T. J. S.
01.105.049
Cole, T. W.
01.141.006 .229
02.033.053
141.060
03.033.033
141.055 .159
04.141.006
05.141.074
08.141.515
09.031.006
072.076
10.033.037 .066
Colegov, G. A.
04.054.023
Coleman, C. I.
09.034.010 .059 .070
Coleman, C. J.
06.066.130
Coleman, P. C.
02.142.014
Coleman, P. J.
01.074.035
04.084.209 .296
Coleman, P. L.
04.142.049 .083
05.142.063
06.142.017 .073
07.142.094 .112
155.010 .047
08.125.029
142.054
155.027
09.142.021
10.125.035

Coleman Jr., P. J.
01.084.207
106.031 .046
02.074.003
106.010
04.074.080
084.214 .226 .282 .298
093.084
05.084.208 .22t .267 .275
106.008 .013
06.106.016
07.084.201
094.221
08.084.208
094.268
09.012.029
084.276
094.579 .763
106.002
10.012.026
074.080 .116
094.431
131.203
Coles, W. A.
03.131.006 .137
07.106.022
08.074.047 .062
10.074.093
134.018
Coletti, A.
09.084.240
Colgate, S. A.
01.125.002 .006
141.027
02.125.006
03.125.002
04.062.036
125.008 .020 .030
05.065.007
125.014 .039
06.132.036
07.032.001
125.015 .021 .026
08.065.061
082.056
09.033.021
061.028
062.024
125.021 .023
Colin, L.
01.083.023
02.083.033
Colinet, B.
07.044.010
Colla, G.
02.033.036
03.141.118
06.125.029
132.042
141.211
07.141.561
08.033.072
141.026
09.141.023 .132
10.141.004
Collar, A. R.
02.054.010
Collard, H. R.
01.084.225
Collet, J.
04.142.069
Collett, L. S.
09.094.491
10.094.351 .352
Collin-Souffrin, S.
09.022.052
158.023
Collinder, P.
04.005.005
05.007.000

Collings, P. R.
09.034.062
Collins, B. S.
04.022.034
06.034.006
07.022.088
071.027
Collins, C. B.
06.162.008 .090
08.162.059
09.162.015 .061
Collins, D. G.
08.063.035
Collins, J.
05.064.056
06.064.017
07.064.051
Collins, J. G.
04.104.042
08.114.058
10.064.037
104.032
Collins, P. A.
09.162.082
Collins, R. A.
01.141.025 .228
Collins, R. J.
02.094.173
04.094.058 .061
Collins, S. A.
05.097.011 .012
07.003.044
Collins, T. F.
06.121.041
Collins II, G. W.
01.064.003
02.064.048
03.064.009
117.010
04.064.026
117.020
132.023
07.064.047
10.022.040
064.038
114.089
115.003
116.011
Collins Jr., S. A.
08.082.223
Collinson, D. W.
03.094.127 .274
04.094.302
05.094.076
06.094.325
08.094.123
09.094.279 .767
10.094.248
Collinson, E. H.
04.097.043
09.097.088
Collister, J.
09.094.417
Colomb, F. R.
03.155.032
05.131.140
10.022.083
Colomb, R. F.
03.141.233
157.030
158.117
Colombo, G.
01.100.013
03.100.011
107.009
04.100.008
107.006
06.099.073
100.012
107.011

Colombo, G.
08.080.027
09.107.009
10.045.029
100.017
Coltharp, R. N.
06.082.040
Colton, D. J.
02.113.060
Colton, G. W.
06.105.133
Colton, R.
01.004.006
Colvin, R. S.
02.141.157
03.133.019
04.133.004
141.047 .134
06.033.002
131.155
141.192
10.033.025
Combe, V.
09.141.535
Combes, M.
06.034.076
099.042
07.034.097
074.032
099.021
09.034.057 .058 .064
091.043
099.002
10.099.061
100.011
Combes, M.-A.
06.098.020
09.098.008
103.103
Comella, J. M.
01.141.016 .111
04.141.194
05.141.012
07.141.514
10.141.561
Comella, P. A.
06.034.105
Comello, G.
02.099.012
123.001
03.122.063
05.015.012
06.124.102
07.123.010
Comerford, M. F.
02.105.145 .163
Comes, F. J.
01.022.040
04.022.108
Comfort, G. C.
10.081.020
Compaan, A.
10.131.126
Compston, W.
02.105.007 .008
03.094.035
04.094.190
06.094.133
07.094.011
09.094.026 .259 .411 .705
10.094.249
Compte Porta, R.
01.009.031
02.015.009
03.009.017
05.015.011
07.105.045
08.015.013
Compton, H. R.
02.094.205

Comstock, G.
10.094.217 .221
Comstock, G. M.
01.143.019 .020 .041
04.094.279
05.051.016
078.022
06.094.107
07.094.059
143.027
08.094.083 .095
09.094.045 .505 .506 .801
.808
10.053.001
Conchie, P. J.
03.054.004
Conconi, P.
10.121.016 .134
Condal, A. R.
10.080.048
Condit Jr., W. C.
08.062.029
Condoluci, N.
02.032.005
Condon, E. U.
01.003.024
Condon, J. J.
04.141.149
05.100.018
141.029 .031
07.100.002
141.033 .035
09.100.006
10.093.007
141.030
Condos, T.
04.004.026 .037
06.004.052
Conel, J. E.
02.107.001
03.094.138
04.094.272
06.094.066 .080
08.094.270
09.094.072 .478
097.054
10.094.088
097.051
Conforto, A. M.
10.143.067
Congeduti, F.
04.082.178
06.082.104 .120
Conger, D.
03.102.022
Conklin, E. K.
01.066.040
141.110
04.141.036
05.141.081
06.141.173
07.066.035
08.134.002
141.076
09.033.022
066.133
10.103.102
Conley, C. C.
01.042.046
Conneely, M. J.
08.022.102
Connell, G. L.
09.094.465
Connell, G. M.
08.052.041
Connell, J. R.
07.034.064
Conner, J. P.
01.142.070
02.142.018 .068

Conner, J. P.
03.142.006 .022
04.142.084 .093
07.142.009 .030
08.142.065
10.142.112 .113 .121
Connerade, J. P.
01.022.026
03.022.020 .021
04.022.020 .073
073.023
05.022.006 .017 .040
071.032
06.022.095
062.054
07.022.010
131.018
08.022.125 .151
Connes, J.
01.091.032
114.087
02.003.021
097.017
114.016
04.114.026
05.114.084
Connes, P.
01.091.032
114.087
02.003.021
097.017
114.016
04.034.046
114.026 .100
05.034.077
114.084 .122
07.032.054
08.032.030
10.031.001
114.038
Connolly, L. P.
07.158.055
08.153.004
09.158.140
10.159.001
Connor Jr., J.
04.033.034
Connors, D. T.
10.159.009
Connors, M. G.
04.053.014
06.123.039
Conrath, B.
08.097.089
10.097.025
Conrath, B. J.
03.097.044
04.082.033 .085
07.097.028
08.034.017
097.028 .029 .030 .031
.116
09.097.075 .076
10.097.088
Conroy, J. W.
05.094.088
Conseil, L.
05.099.035
07.099.073
09.099.072
Considere, S.
05.041.041
Consortini, A.
02.104.043
04.063.004
082.098
07.063.038
10.082.144
Constantine, S. M.
01.153.027

Contadakis, M. E.
07.122.109
Contensou, P.
10.012.031
Conti, P.
08.142.116
Conti, P. S.
01.114.013 .029 .037
116.007
02.061.009
119.009 .014
03.114.029
119.014
04.114.012 .029 .045
153.037
05.065.019 .083
114.111
06.065.009
114.115
07.114.095 .115
119.007
08.114.012
125.102
09.114.017 .018
142.023
10.114.069 .106 .177 .207
Contopoulos, G.
02.008.117
03.012.013
151.004 .005 .029 .035
.073
155.060 .068
04.008.103
151.036
05.151.001 .012 .034 .049
06.015.010
151.039
07.008.143
151.042 .080
09.151.033
10.008.111
012.010
151.023 .024 .029
Contorero, A. M.
08.033.012
Contreras, C.
05.154.002
08.112.008
Contro, W. S.
04.004.058
06.004.016
Conway, J. K.
09.034.028
10.034.106
Conway, R. G.
01.141.002 .123
02.141.046 .154
03.141.007 .135
04.141.039
05.134.023
141.080
06.141.045
07.141.072 .073 .095 .149
.167
08.099.065
122.099
141.034 .068
142.041
09.141.105
Cook, A. B.
03.084.270 .272 .286
08.084.350
10.084.284
Cook, A. F.
02.100.005 .006
03.100.003
104.021
04.100.016
104.034 .052
05.098.016

Cook, A. F.
  05.104.043
  06.100.012
     104.017 .114
  07.098.046
  09.100.008
Cook, A. H.
  01.043.007
     131.082
  02.003.022
  03.081.010
  04.003.127
     094.039
  05.081.049
  06.003.056
     081.015
  08.081.031
     101.012
  10.022.050
Cook, G. E.
  01.081.010
     082.003 .069
  02.082.084
  03.082.017
  04.082.093
  07.082.045
  09.052.010
  10.081.018
Cook, G. R.
  09.082.070
Cook, H. E.
  03.084.272 .286
Cook, J. L.
  07.066.049
  08.066.081
Cook, M. W.
  08.066.170
     160.011
Cook, R. L.
  07.022.114
Cook, W. R.
  02.081.008
Cook II, A. F.
  02.100.002
  04.104.035
Cooke, B. A.
  01.142.050
  02.142.016
  04.142.016 .039
  05.142.033 .035 .070
  07.142.077
Cooke, D. J.
  01.032.072
     141.015 .158 .206
  02.141.082
  03.141.013 .062 .170
     157.014
  05.033.017
  07.141.130
  08.157.008
  09.141.554 .555
  10.141.542
Cooke, H. L.
  07.003.045
Cooke Jr., F. N.
  03.074.045
Cooley, R. C.
  04.092.021
Coombs, A. E.
  01.010.008
  03.010.008
  05.031.061
  06.032.019
  07.010.008
  09.010.008
  10.031.007
Cooney, J.
  07.082.008
Cooper, A. J.
  05.131.101

Cooper, A. R.
  02.105.172
  09.094.823
Cooper, B. F. C.
  03.033.029 .030 .032
  04.033.068
  06.131.075 .095
     141.151
Cooper, D. M.
  10.099.023
Cooper, D. N.
  06.033.027 .028
Cooper, G.
  06.062.047
Cooper, J.
  01.022.001 .011 .024 .082
     062.028 .029
  02.062.042
  03.022.073
     062.019
  04.022.028
     062.014
  05.022.033
  06.022.015 .038 .039
  07.022.007 .022
     063.043
  09.022.011 .030
     063.038
  10.022.057
Cooper, J. A.
  02.105.082
  03.094.079
  04.094.226
Cooper, J. W.
  05.022.063
Cooper, M. L.
  02.121.028
  03.121.020
  06.121.091
  07.121.032
Cooper, M. S.
  09.062.021 .022
Cooper, R. D.
  08.051.026
Cooper, T. D.
  09.105.069
Cooper, W. A.
  08.078.036
Cooper, W. L.
  10.065.064
Cooper Jr., H. S. F.
  02.003.066
  04.003.027
  05.003.028
Copeland, H.
  03.065.057
Copley, G. H.
  09.022.029
  10.022.052
Coppi, B.
  03.142.023 .053
  04.141.025
  05.061.040
     141.188
     142.064
  06.073.062 .071
  09.065.166
     142.010 .106
Coradini, A.
  08.094.071
  09.094.170 .675
Coraluppi, G.
  04.033.076
Corben, P. M.
  03.122.084
  05.113.034 .049
  06.113.021
  07.113.040
Corbett, H. H.
  01.132.010

Corbett, H. H.
  01.141.104
  02.141.009
Corbett, J.
  05.131.123
Corbett, J. W.
  09.131.099
Corbin, J. D.
  02.094.148
  05.106.021
Corbin, T. E.
  09.046.018
Corcuff, Y.
  03.073.110
Cord, M. S.
  01.003.025 .026
Cordell, B. M.
  06.097.057
Cordes, E.
  03.094.154
  04.094.257
  06.094.105
  09.094.447
Cordes, J. M.
  09.141.526
Cordona G., M. A.
  07.115.016
Cordwell, C. S.
  06.131.136
Corelli, P.
  10.010.049
Corice Jr., R. J.
  07.099.037
Cork, G. M. W.
  05.114.090
Corlett, R. C.
  07.015.016
Corley, P. M. S.
  10.004.045
Corliss, W. R.
  01.003.116
  05.003.030
  09.003.042
Cornbleet, S.
  09.033.068
Corneil, P.
  05.093.029
Cornejo, A.
  01.031.012
  03.031.026
  04.031.019 .027
     034.081
Cornell, C. M.
  07.034.133
Cornell, J.
  09.003.043
Cornet, R.
  10.022.106 .107 .108
Cornwall, J. M.
  04.084.407
  05.084.211
  06.084.001
  07.084.235
Coron, N.
  08.032.007
     034.021
  10.034.084
Coroniti, F. V.
  03.084.020 .237
  04.062.040
     084.260 .407
  06.084.001
  08.084.204
  09.084.257 .271 .280
  10.084.266
Coroniti, S. C.
  04.012.012
Corr, D. G.
  05.033.046

Correas Dobato, J. M.
08.041.043
Corso, G.
01.155.012
04.159.009
Corso, G. J.
05.114.104
07.158.040
Corson, D. R.
06.003.090
Cortellessa, P.
04.078.010
082.095
06.078.026
Cortelli, P.
10.121.079
123.029
Cortesi, S.
01.099.017
03.097.031
099.014
06.099.007
07.099.044
09.097.031
Cortez, J.-L. M.
08.022.011
Corvan, P.
01.123.025
06.094.239
Corwin Jr., H. G.
01.158.072
05.160.012
07.160.021
08.158.902
09.158.075
10.158.137
Corydon-Petersen, O.
06.143.031
Coryell, R. B.
06.053.016
08.094.146
Coscia, L.
05.158.124
09.158.093
Coscio, M. R.
10.094.210
Coscio Jr., M. R.
04.094.221
06.094.145
07.094.013
09.094.706
10.094.395
Cosmovici, C. B.
01.102.017
Costa, J. M.
06.118.001
10.118.015
Costa, R.
04.122.142
Costabel, P.
08.005.006
Costain, C. H.
01.141.133
02.033.009 .057
03.033.013
06.033.004
07.142.118
10.033.028
141.012 .130
Coster, H. G. L.
01.066.001
Costero, R.
02.132.019 .039
03.132.033
08.132.034
10.125.007
Costes, N. C.
03.094.147
04.094.273
08.094.122

Costes, N. C.
09.094.454 .832
10.094.250 .387
Cotten, D.
05.053.002
Cotter, C. H.
01.003.027
02.003.025
03.046.004
05.046.004
07.046.006
09.046.004 .005
10.046.007 .008
Cottet, J.
08.031.055
Cotton, G. F.
08.082.196
Cotton, W. D.
10.141.117
Couch, R.
08.065.127
Couch, R. G.
06.065.080
07.065.029
08.065.103
09.065.049
Couch, W. E.
01.162.065
Coucke, M.
10.082.107
Couder, A.
05.007.000
Couderc, P.
02.003.152
03.079.002
06.003.096
Coulman, C. E.
01.082.054
05.032.081
Coulomb, J.
08.012.024
Coulon, R.
06.034.089
Coulson, K. L.
02.097.025
05.082.138
Counselman, C. C.
01.097.036
02.141.230 .232
03.074.031
04.097.008 .052
06.141.094
07.141.512
Counselman III, C. C.
02.141.146
03.092.009
134.007
141.122
04.141.194
05.141.124
06.141.108 .226
08.031.053
074.006
100.019
142.091
09.042.013
097.001
141.052 .537
10.033.021
074.035
094.061 .108
141.138
Couper, H. A.
03.103.101
07.141.012
Couperie, P.
03.003.138
Coupiac, P.
07.072.006

Coupinot, G.
07.118.005
09.100.050
Cour-Palais, B. G.
03.105.020
08.094.177
09.094.524
Courten, H. C.
02.102.036
07.102.002
08.098.008
Courtes, G.
02.132.004
151.020
155.008
03.034.018
155.035
05.158.020
06.051.023
07.151.082
155.068
08.155.044
158.083
Courtier, G. M.
01.084.022
04.084.005
05.084.037 .038
06.084.038
08.084.031
09.084.015
Courts, G. R.
06.071.062
08.131.085
Cousins, A. W. J.
01.008.027 .046
121.007
122.012 .083
02.082.116
121.064
122.126
03.113.056
123.013
159.011
04.113.005 .006
05.082.147
099.074
122.122
123.013
06.121.046
122.071 .072
07.000.000
113.042
122.141
08.113.007 .023 .037
125.102
09.113.039 .040 .051
122.111
10.113.089 .115
Cousins, F. W.
02.003.026
04.003.032
07.003.163
Couteau, P.
01.118.004 .016 .025 .026
03.032.018
117.031
118.006 .014 .025
04.118.019 .025
05.115.008
118.006 .033
06.011.042
099.009
117.002 .014
118.014 .016 .020
07.118.002 .003 .004 .015
.016 .018 .021
08.034.005
118.003 .009
09.031.047
118.007 .012 .016

Couteau, P.
09.119.023
10.118.004 .005 .025
Coutrez, R.
02.021.020
08.074.089
Coutts, C.
02.154.008 .009
05.122.110
06.123.017
125.022
09.133.005
Coutts, C. M.
02.154.017
06.122.092 .093
07.122.085 .118
09.122.043
10.122.063
Couture, C.
05.022.069
Couturier, G.
06.074.001
Couturier, P.
04.074.006
09.077.007
Cover, R.
09.141.550
Covey, R.
10.022.078
Covington, A. E.
01.077.046
02.008.062
06.077.009
07.008.155
073.040
08.073.011
077.014 .024
09.033.001
077.048
10.004.063
077.024 .086
Covoohuu, Ch.
01.008.042
Cowan, C. L.
02.141.084
08.061.033
Cowan, G. A.
05.125.022
10.131.281
Cowan, R.
08.076.029
Cowan, R. D.
06.076.023
07.073.016
08.073.063
076.013
09.073.007 .040
10.022.093
071.044
Cowan, T. M.
03.004.007
Cowles, P. R.
06.033.059
08.033.107
Cowley, A.
01.114.071
03.114.150
121.030
04.114.034
05.113.060
06.114.112
08.114.109
121.099
09.114.008 .174
10.114.129
117.007
Cowley, A. P.
01.114.033 .034
02.073.054
114.059

Cowley, A. P.
02.121.014
03.124.103 .106
04.121.021
05.114.067 .109
119.003
06.121.030
152.001
07.142.068 .125
08.114.003 .026
142.007 .145
09.114.172
124.110
10.114.006 .091
Cowley, B.
03.114.150
Cowley, C.
01.114.071
02.073.055
03.071.011
04.022.046 .049
05.113.060
06.114.112
Cowley, C. R.
01.114.034
02.071.075
073.054 .062
03.003.037
04.003.028
065.074
114.111
05.022.046
114.015
06.071.026
114.038 .091
07.114.112
08.071.024
114.011 .050 .129
116.008
09.071.007
114.172
10.065.043
114.006
Cowley, S. W. H.
05.062.027
09.062.003 .040
083.062
Cowling, T. G.
02.074.064
03.003.051
05.007.000
06.061.030
074.078
08.007.000
Cowperthwaite Graves, J.
06.003.057
Cowsik, R.
01.142.009
143.052
02.142.050
03.134.002
143.042
05.134.031
142.091
143.104 .125
06.073.005
143.052 .084
08.061.022
066.168
142.095
09.094.518
160.008
Cox, A.
01.084.205
02.084.203
04.084.220 .285
05.084.213
06.084.297
08.084.357

Cox, A. N.
02.065.062 .086
03.065.023 .024
079.102
07.065.039
079.103
08.076.043
09.079.100
122.040
10.065.019
079.101
122.151
Cox, A. P.
06.022.160
Cox, A. V.
05.105.054
Cox, B. G.
06.141.014
Cox, D.
07.141.063
Cox, D. P.
01.132.024
02.062.013
04.125.011
05.062.060
06.022.003 .085
132.052
133.024
07.022.065
08.022.113
125.023
131.097 .108
132.025
161.004
Cox, J. P.
01.003.005
02.065.045
04.065.079 .130
05.008.025
07.065.097 .102
122.002 .017 .148
126.020
09.122.138 .139
10.122.150
Cox, J. T.
07.031.030
10.022.077
Cox, L. P.
03.083.003
Cox, R. E.
04.034.067
05.032.007
07.034.035
09.031.003
10.031.011
Coxell, H.
05.061.022
Coxon, J. A.
06.022.020
07.022.043
Coykendall, C. E.
05.036.008
Coyle, G. J.
02.094.075 .091
06.094.077
Coyne, G.
01.152.001
07.122.054
Coyne, G. V.
01.095.005
114.065
131.088
02.114.044
131.089 .108
03.094.002
116.020
121.060 .061
04.121.017
05.061.033
06.131.065

Coyne, G. V.
  07.131.148
  08.064.043
      114.118
      115.013
      121.071
  09.122.047
      131.069
  10.082.060
      114.199
      122.174
      131.044
      153.028
Craft, H.
  02.100.003
Craft, J. W.
  06.065.153
Craft Jr., H. D.
  01.141.016
  04.141.194
  06.141.254
  08.141.558
Cragg, T.
  10.131.232
Cragg, T. A.
  06.120.017
  07.010.001
Craig, C. D.
  04.022.096
Craig, I. J. D.
  08.073.001
  09.073.004
  10.073.026
      076.026
Craig, J. R.
  05.105.036
Crain, I. K.
  01.084.288
  04.084.219
Crain, P. L.
  01.084.288
  04.084.219
Craine, E.
  09.133.034
Craine, E. R.
  08.141.041
  09.141.010
  10.114.085
Craine, L. B.
  04.072.040
Cram, L. E.
  07.073.009
  09.073.020
Cram, T.
  07.131.095
Cram, T. R.
  10.131.090 .091
Cramer, F. H.
  04.081.042
Cramer, N.
  01.121.038
Cramer, N. F.
  04.062.048
Crampin, D. J.
  02.131.068
  05.107.009
Crampin, S.
  03.081.028
  04.081.032
Crampton, D.
  01.151.010
  02.114.116 .117
  03.133.022
  05.114.048 .093
      132.029
      152.012
  06.114.015 .024
  07.115.003
      122.117
  08.112.002

Crampton, D.
  08.119.008
      142.104 .125
  09.022.084
      114.098
      142.124
  10.115.024
Crane, P.
  06.158.057
  10.133.061
      158.063
      161.007
Crane, P. C.
  08.142.090
  10.131.273
      141.143 .562
Crannell, C. J.
  09.022.087
  10.034.014
      143.015
Crannell, H.
  09.022.087
Crary, J. H.
  03.073.105
Craske, N.
  06.141.224
Craven, A. H.
  08.084.298
Craven, J. D.
  03.084.029
Crawford, A. M.
  01.015.014
Crawford, A. R.
  03.081.043
Crawford, B.
  09.121.008
Crawford, D. F.
  02.042.040
  04.141.182
  10.141.002
Crawford, D. L.
  01.012.001
      153.015
  02.153.004 .014
      154.005
  03.113.040 .046
  04.113.028 .050
      152.004
      153.009 .010 .025
  05.012.005
      031.024
      032.034 .069
      114.109
      132.004 .032
      155.013
  06.113.017 .039 .042 .047
      153.021 .025
  07.113.001
  08.113.053
  09.032.009
  10.113.055 .066 .078 .103
      115.021 .027
      153.025
Crawford, F. S.
  01.141.225
Crawford, F. W.
  05.062.031
Crawford, H. J.
  08.073.004
      078.016
Crawford, J. F.
  08.143.012
Crawford, M. L.
  07.113.001
  09.094.080
  10.094.251
Crawford, O. H.
  02.022.001
Crawford, W. E.
  10.034.113

Creac'h, M.
  08.033.109
Creed, D. R.
  04.061.013
Creedon, J. F.
  05.032.085
Creer, K. M.
  02.045.009
  03.084.281
  06.084.227
Creighton, H.
  04.009.004
  05.009.012
  06.009.013
Crelinsten, J. M.
  09.158.097
Cremers, C. J.
  03.094.139
  04.094.270 .274
  06.094.250
  07.094.117 .251 .255 .256
      .271
  09.094.027 .474 .484 .786
  10.094.252
Cremin, A. W.
  02.153.001
  05.065.076
Crespo Da Silva, M. R. M.
  03.052.028
Cress, H. A.
  04.033.021
Cresswell, G. R.
  01.084.001
  03.084.035
  07.084.014
Cressy, P. J.
  07.105.055
  09.105.070
Cressy Jr., P. J.
  04.105.010 .122
  05.105.078
  06.105.065 .090
  08.105.028
  09.105.011 .024
Cretien, J.
  05.082.148
Crevier, W. F.
  05.084.252
Crew, E. W.
  09.082.013
Crewe, A. V.
  03.094.082
  04.094.182
Creze, M.
  01.112.010
  04.155.024 .025
  08.155.018
  09.155.004
  10.151.005
      155.060
Cribbens, A. H.
  01.077.009 .032
  03.035.002
Crick, F. H. C.
  10.015.001
Crillon, R.
  01.158.019 .020 .029
Cripe, J.
  09.094.746
Crispin Jr., J. W.
  04.003.033
Cristaldi, S.
  01.122.090 .091
  02.034.027
      122.053 .152 .159 .160
      124.102
  03.121.034
      122.095 .105
  04.122.015 .142 .162
  05.122.031 .077 .078 .090

Cristaldi, S.
05.122.091 .094 .128
06.122.127 .128 .129
07.012.021 .022 .023
    122.114
    123.008
08.122.072
09.122.031 .087 .088 .091
    .104 .118
10.122.122 .123
Cristescu, C.
02.098.023
    103.102
04.098.019 .020
    103.005 .101 .103 .127
    .128 .139
06.011.028 .029
07.011.029
    098.009
08.098.041 .066
    103.116
09.011.011 .014
    098.011 .012
    101.010
    103.001
10.005.029
    092.009
    103.102
Criswell, D. R.
09.012.022
    094.052 .792
10.094.164 .168
Criswell, S. J.
09.094.570 .916
10.094.149
Critchfield, C. L.
08.061.035
Critchley, J.
08.141.088
10.141.132
Croce, V.
04.074.075
    075.016
05.075.017
06.075.017
07.075.018
08.075.031
09.075.022
10.075.018
    092.004
Crocker, E. A.
08.094.035
Crocket, J. H.
07.105.026
Croft, S. K.
06.113.065
08.080.023
Croft, T. A.
04.074.020
05.074.091
09.074.092
10.074.095
    106.058
Crombie, D. D.
03.073.105
Cromwell, R.
03.158.043
07.158.083
10.034.115
Cromwell, R. H.
05.133.012
    158.042
07.132.006
08.153.014
09.034.066
10.153.018
Cronin, D. J.
04.033.054
06.033.038

Cronin, J. R.
05.105.071
Cronin, J. W.
04.022.036
Cronyn, W. M.
03.141.092 .161
04.106.009
    134.011
    141.130 .166
05.106.035
06.141.104
07.106.001
    141.030 .125 .142
09.033.023
    100.013 .018
    141.055 .092
10.106.061
    131.244
Crook, G. M.
04.084.209
05.084.216
Crooker, A.
07.022.096
Crooker, A. M.
10.022.036
Crooker, N. U.
08.084.072
Croom, D. L.
01.077.007
04.008.096
    077.017 .025 .033 .039
    .042
05.077.011
06.077.004 .005 .033
    082.011
09.077.013
10.077.047
Crosa, L.
10.113.045
    142.050 .098
Crosbie, A. L.
01.063.023
03.063.027
05.063.013
08.063.009 .011
09.063.014
10.063.018 .019 .053
Crosbie, J. W.
03.046.003
Crosland, M. P.
04.003.024
Cross, C. A.
03.094.019
04.094.001 .125
06.094.074
    097.004 .040 .074
07.097.077
10.003.094
    097.046
Cross, D. A.
04.063.048
Cross, D. J.
09.004.004
Cross, M. A.
08.061.044
Cross Jr., E. W.
02.101.009
Crosswhite, H. M.
03.082.065
Crouch, M. F.
04.143.025
05.061.022
Crouchley, J.
07.083.019
Crovisier, J.
09.141.516
10.103.102
    141.037
Crowden, J. B.
05.143.098

Crowe, D.
07.005.004
Crowe Jr., A. E.
07.032.002
Crowther, J. H.
01.141.073
02.141.075
04.141.117 .228
08.141.033
09.141.026 .077
10.141.009
Crozaz, G.
03.094.074 .279
04.094.275
05.078.021
09.094.081 .255 .713 .806
10.094.211
    105.082
Cruddace, R.
06.142.058 .060
07.142.018 .079 .099
08.142.045
09.113.027
    131.087
10.160.029
Cruddace, R. G.
07.161.009
Cruikshank, D.
02.011.009
04.071.050
Cruikshank, D. P.
01.093.003
    099.008
02.071.010 .011 .084 .085
    .086
    094.068 .201
    099.036
03.013.002
    099.020
    100.005
04.099.015
    100.001
05.082.124
    093.059 .060
    097.031
    100.021
06.097.006 .028
    099.002 .059
07.093.001 .020
    094.094
    099.040
08.011.030
    091.018
    093.050
    099.051 .052
    100.002 .007 .010 .021
    101.019
    113.026
    114.123
    142.136
09.009.023
    093.062
    094.584 .867
    098.016
    099.011 .066
    101.001
10.098.070
    099.008
Cruise, A. M.
04.034.032
06.142.038
10.141.508
Crumbly, K. H.
04.034.008
Crump, P. C.
09.097.078
Crutcher, R. M.
02.066.028
06.131.066
07.153.012

Crutcher, R. M.
07.155.025
09.131.186
   155.064
10.131.004 .109 .139
Crutzen, P. J.
05.082.029
06.082.092
Cruvellier, P.
03.158.069
Cruz-Gonzalez, C.
06.117.021
   151.037
07.117.012
   151.039
Csada, I. K.
06.072.091
   080.027
Csere, E.
04.111.004
Cubley, H. D.
10.094.442
Cubois, J.-G.
08.162.065
Cuccia, A.
06.141.165
07.141.507
Cucheruk, V. A.
04.054.023
Cudaback, D.
04.141.125
05.141.127 .161
Cudaback, D. D.
01.131.020 .023
   141.225
02.131.050 .056
05.114.076
Cudworth, K. M.
03.098.030
05.122.039
   153.038
07.153.016
10.118.007
Cuffey, J.
01.082.094
07.132.026
08.008.055
   034.050
   082.230
09.082.035
   153.035
10.153.012
Cugnon, P.
05.131.085
06.131.035 .104
10.131.159
Cuijpers, K.
06.009.002
Cukierman, M.
09.094.182 .787
Culhane, J. L.
01.076.017
02.074.001
   076.025 .040
03.076.004 .018
04.034.032
   074.040 .055 .092
   076.018
   142.079
05.073.012
06.034.056
   074.093
   076.013
07.155.071
08.011.045
   074.070 .072
   076.012
09.125.007 .019
10.073.029
   076.026

Culhane, J. L.
10.134.012
Cullum, M. J.
09.031.030
   034.070 .077
Culp, R. D.
07.052.015
10.052.037
Culver, R. B.
08.014.024
   122.141
10.114.093
   122.156
Cummack, C. H.
02.083.012
07.082.022
Cumming, C.
10.082.010
Cumming, G. L.
01.105.041
Cummings, W. D.
01.074.005
   084.207
02.084.214
04.084.281
05.084.208
Cunningham, B. E.
09.094.523
Cunningham, C.
03.076.028
Cunningham, C. T.
07.066.038
10.066.001
Cunningham, F. G. H.
10.011.024
Cunningham, G. G.
09.104.011
Cunningham, L. E.
01.103.109
03.052.030
Cunningham, W.
01.051.009
Cunnold, D. M.
07.083.002
Cuny, Y.
04.071.039 .040
05.073.008
06.073.001
Cuperman, S.
01.061.006
   151.022
02.106.009
   151.018
04.062.015 .060
   074.016 .048
05.074.004
06.062.068 .069
   074.053
   151.042 .043
07.074.901
   151.004 .052 .053
08.074.055 .075
   151.027
09.074.050 .054 .093 .099
   151.013
10.074.083
Cupp, R. E.
09.063.027
Curcio, J. A.
04.082.056
Curea, I.
08.003.058
Cureton, K.
06.063.005
Curjumov
   See Churyumov
Curnutte, B.
06.022.068 .144
Curott, D.
03.117.005

Curott, D. R.
05.034.062
Curran, A. H.
08.022.058
Curran, R.
10.097.025
Curran, R. J.
09.097.075
10.097.088
Currie, D. G.
01.045.012
02.094.255
03.094.023 .028
04.094.095 .265
05.034.089 .091
06.094.188
07.094.167
08.034.101 .103
09.094.927
10.094.074
Currie, K. L.
06.105.049
Currie, R. G.
02.084.245
08.084.336
09.072.049
   084.260
Curtis, A. C.
04.031.044
06.010.012
08.010.012
   015.007
09.010.012
Curtis, G. H.
09.072.067
Curtis, J. W.
03.035.010
Curtis, L. J.
05.022.042
08.022.070 .136
10.022.035
Curtis, L. T.
05.022.096
Curtis, N. A.
09.034.061
Curzon, F. L.
06.022.025
Cushley, R. J.
03.094.167
04.094.256
Custer, C. P.
10.032.020
Cutkosky, R. E.
04.066.109
Cutler, L. S.
04.033.093
Cutolo, M.
06.083.057
Cuttita, F.
05.094.046
Cuttitta, F.
03.094.054
04.094.229
08.105.031
09.094.218 .220 .385 .634
   .684
10.094.253 .426
Cutts, J. A.
05.097.005 .006 .007 .008
   .009
07.097.027
09.097.004 .023 .083 .084
   097.008 .059 .069
10.097.016 .019 .020 .022
Cuypers, K.
06.009.002
10.005.035
Cuzzi, J. N.
03.099.031
08.097.107

Cwirko-Godycki, J.
  01.053.023
Cyr, D. L.
  10.004.051
Czaja, K.
  08.072.047
Czank, M.
  09.094.643
  10.094.254
Czarnecki, A.
  07.046.021
  08.046.018
Czechowsky, P.
  04.084.057
  06.084.049
  09.084.051
Czesznokov, Ju. M.
  See Chesnokov, Yu. M.
Czudnowski, I.
  10.033.140
Czuia, K.
  06.097.041 .042
  08.041.032
Czyzak, S. J.
  01.132.061
     133.015 .024
  02.133.008 .012 .031
  03.022.063
     132.034 .035
  04.132.033 .034
     133.022 .027
  06.061.014
     133.009 .023
  07.133.006
  08.062.013
  09.133.013 .028 .034
  10.022.047
     131.064 .104
     133.039
Czyzewski, O.
  06.143.064

Da Rocha Vieira, E.
  05.155.017
Da Rosa, A. V.
  01.073.049
  03.079.102
     083.025
  07.079.101
  10.083.003
Da Silva Machado, L. E.
  02.096.018
  03.075.025
     096.020
     099.055
  04.075.038
     096.020
     099.044
  05.075.021
     096.016
     099.085
Daams, H.
  02.035.025 .026 .033
Dabachov
  See Dabakhov
Dabakhov, A. K.
  06.097.024 .097
  08.031.011
  10.097.079
Dabberdt, W. F.
  08.082.221
Dabrowski, W.
  07.046.022
  08.046.019
Dachille, F.
  02.105.033
Dachs, J.
  01.008.018
     082.084

Dachs, J.
  02.032.056
     082.082 .164
     153.042
  03.082.044
     153.014
  04.159.004
  05.008.021
     121.029
  07.113.029
     121.902
     159.009 .019
  08.114.113
  09.132.008
Dachs, M. A.
  03.032.041
Dacic, M.
  05.102.028
Dadaev, A. N.
  08.003.032
D'Addario, L. R.
  08.142.061
  09.033.043
  10.033.025
     131.267
Dadhich, N.
  05.066.080
Dadic, Z.
  10.013.019
Dadykin, V. L.
  06.143.082
Daene, H.
  01.075.009
  02.008.014
     075.025
     077.024 .051
  03.008.015
     075.020
  04.075.018
     077.054 .055
  07.077.058
Dagaev, M. M.
  01.131.015
     151.041
  02.003.050
     007.000
  03.096.004
  04.014.018
  05.010.033
     011.018
     079.100
  06.095.006
  07.042.015
     131.125
Dagkesamanskaya, I. M.
  02.074.082
  04.061.007
  10.141.008 .065
Dagkesamanski
  See Dagkesamanskij
Dagkesamanskij, R. D.
  02.141.080
  03.141.138
  06.141.121
Dagkesamansky
  See Dagkesamanskij
Dagley, P.
  05.084.281
D'Agostino, M. D.
  07.034.143
  10.094.447
Dahlbacka, G. H.
  09.155.025
Dahlberg, E.
  04.074.059
  10.074.055
Dahlem, D. H.
  03.094.026
  04.094.304

Dahlen, F. A.
  02.081.023
  06.045.017
     081.013
  09.045.003
Dahms, R. G.
  09.094.523
  10.053.008
Dahn, C. C.
  07.126.022
  09.111.008
     113.006
     133.027
Daido
  03.103.103
Daigle, P.
  08.114.166
Daigne, G.
  06.074.031 .038
Daily, W. D.
  09.106.017
  10.094.267 .407
Daintree, E. J.
  01.141.123
Dainty, A.
  07.094.159 .226
  09.094.779
Dainty, A. M.
  10.094.466
Dainty, J. C.
  09.031.050
Daishido, T.
  10.141.090
Daju, S.
  04.134.004
Dakowski, M.
  01.105.067
Dalby, F. W.
  02.022.074
Dale, T. M.
  10.065.088
Daley, D. J.
  04.162.009
Dalgarno, A.
  01.022.067 .077 .078 .086
     063.015
  02.022.001 .005 .056 .102
     071.014
     083.045
     093.001
  03.022.032 .041
     082.091
     097.018
  04.022.050
     082.225
     083.056
     097.022
     131.035 .065
  05.003.070
     022.074
     097.044
  06.022.005 .046 .065 .087
     131.021
  07.022.039
     131.093 .101 .129
  08.022.029 .077 .128
     131.048 .072
  09.008.026
     061.065
     092.001
     131.055 .190
  10.013.013
     082.043
     131.009 .036 .082 .086
       .209 .236 .278
Dall, H. E.
  02.031.002
  07.031.020
Dallaporta, N.
  01.153.001

Dallaporta, N.
02.125.009
153.016
06.012.007
07.008.107
162.041
08.065.105 .113
158.084
09.065.124
107.016
10.065.028
125.043
162.002
Dall'Oglio, G.
09.071.052
10.031.072
Dall'Olio, L.
02.047.010
04.047.023
Dall'Olmo, U.
02.034.009
099.025 .072
03.099.041 .042
04.004.049
Dalrymple, G. B.
03.094.134
04.094.276
05.094.045
Daltabuit, E.
05.062.060
06.022.003 .085
133.024
07.022.065
141.063
08.022.113
131.025
Dalton, C. C.
04.104.026
Dalton, J. E.
06.009.014
Dalton, W. S.
05.031.085
Daly, C. J.
07.079.101
Daly, D. A.
01.033.008
Dalziel, R.
04.078.028
083.090
05.083.045
084.013
10.084.009
D'Amato, R.
04.033.031
09.033.002
Dambier, G.
08.034.021
Damboldt, T.
04.085.012
05.072.035
10.084.273
D'Amico, J.
02.105.032
04.094.191 .365
09.094.439 .724
10.094.284
D'Amico, J. C.
03.094.075
Damle, S. H.
01.033.029
05.033.006
Damle, S. V.
06.142.082
143.022 .084
07.142.053
143.012
08.076.018
143.045
09.143.008 .038
10.143.033

Damm, F. L.
05.022.035 .099
Damnitz, B.
09.003.108
Damon, M. P.
07.141.065
09.033.026
Dampierre, F.
10.158.024
Danby, J. M. A.
04.042.025 .069
07.042.041
10.042.029
Dance, J. B.
08.066.100
Dancey, R.
07.034.065
Danchick, R.
08.021.014
Danchin, R. V.
03.094.021
06.105.153
09.094.379
Dandekar, B. S.
02.082.006
05.082.118
06.082.015
07.084.011
08.082.099
084.010
09.034.044
Danes, Z. F.
01.091.010
06.094.309
Danforth, H. H.
08.142.068
D'Angelo, N.
01.074.026
084.017
02.084.216
03.012.006
083.046
084.028
05.074.060
07.074.047
08.074.081
09.074.078
102.017
10.084.003
D'Angelo, R. W.
10.121.098
Danic, P.
05.097.066
Danic, R.
04.047.040
134.014
06.015.023
047.033
07.141.189
08.047.035
10.065.033
Daniel, C. S. J. H.
08.004.059
Daniel, R. R.
01.012.016
078.015
142.040
157.020 .021
02.012.014
143.047 .056
03.143.010
05.078.025 .038
143.099 .100 .140
06.142.082
07.142.053
09.142.003
Daniell Jr., R. E.
09.091.014
093.018

Daniels, A.
07.033.044
Danielson, B. L.
08.022.129
Danielson, G. E.
06.092.004
Danielson, R. E.
01.099.042
03.099.022
04.032.019
05.099.059
101.014
07.158.030
08.101.022
09.032.026
100.040
101.013 .014
10.100.025
Danielson Jr., G. E.
05.031.006
097.009
Danielsson, A.
08.034.108
Danielsson, L.
02.098.004
04.062.050
07.091.030
098.011 .061
09.062.038
10.062.036
Danilevskij, N. P.
08.084.065
10.022.098
Danilevsky
See Danilevskij
Danilin, V. A.
02.083.044
093.039
09.093.072
Danilkin, N. P.
05.083.005
08.083.015
09.083.048
10.083.047
Danilov, A. A.
02.143.061
03.078.005
10.078.026
084.256
Danilov, A. D.
03.083.074
04.003.034
083.027
05.011.001
082.142
083.043 .044
07.083.073
08.082.151
083.051 .067
10.097.083
Danilov, A. M.
08.032.050
09.051.009
Danilov, V. I.
08.046.004
10.046.015
Danilov, V. M.
08.121.004
09.151.040
153.002
155.062
10.151.016 .048 .054
Danilov, Yu. A.
06.004.030
09.004.083
Danilova, L. V.
09.113.058
Danjo, A.
01.143.035 .036
06.142.051

Danjo, A.
07.142.076
Dankanits, A.
09.004.044
Danks, A. C.
04.132.016
05.132.021
06.133.030
07.103.110
08.103.132
Danks, T.
10.102.021
Danloux-Dumesnil, M.
01.044.026
04.044.010
Dantel, M.
03.113.030
04.122.009 .010
09.074.028 .029
D'Antona, F.
07.154.016
09.126.027
D'Antona, F. A.
06.065.116
154.018
07.115.006
08.154.008
09.115.024
Danylewych, L.
07.022.055
Danzer, K. H.
01.082.085
Danziger, I. J.
01.114.036
02.114.062
04.061.019
114.050
116.008
05.153.022
07.116.008
158.012
09.133.035
154.010
158.094
10.132.012
133.030
Darakciev, Z.
06.046.031
Darchia, Sh. P.
09.082.065
Darchieva, L. A.
01.084.407
10.078.022
Darchiya, Sh. P.
08.082.052
09.082.129
Darchy, B. F.
05.158.001
07.158.092
D'Arcy Jr., R. G.
09.084.279
Dardo, M.
08.143.056
Darge, A.
01.079.100
Dargnies, O.
09.055.007
Daricek, T.
05.034.056
Darker, W. R.
04.084.203
Darkowski, M.
06.105.166
Darnell, P.
01.032.063
02.010.025
04.032.038
092.017
05.032.031
06.008.103

Darnell, P.
07.034.122
08.032.022
096.008
099.063
09.005.027
034.013
Darnton, L.
10.022.023
Darpentigny, C.
08.032.007
D'Arrigo, C.
02.075.021
03.075.032
Dars, R.
06.008.072
Darsa, S.
10.153.017
Darsenius, G.
02.123.034
06.010.032
08.010.032
Dart III, H. P.
02.141.222
Das, G. C.
04.062.033
Das, K. P.
09.062.002
Das Gupta, D. R.
02.105.036
08.105.091
Das Gupta, M. K.
04.077.041
05.072.069
077.041 .050
084.258
06.076.041
077.007 .037 .056
08.077.045 .066
09.073.097
085.004
Das Gupta, S. R.
08.063.030
D'Ascanio, L.
02.047.010
04.047.023
Dasenbrock, R.
10.053.015
Dashen, R.
05.022.003
Dashevsky, V. M.
08.072.006
Date, T. H.
09.162.084
Datla, R. U.
06.022.071
07.022.072
Datlowe, D.
05.078.018 .057
08.076.014
106.019
09.073.056
Datlowe, D. W.
07.076.029
09.076.004 .017
10.073.082
076.019
142.066
Datta, A. K.
06.061.056
10.162.063
Datta, R. N.
07.083.005
09.083.002
Dau, W. D.
02.143.002
06.143.116
Daube, I.
04.007.000
05.047.002 .003 .004

Daube, I.
05.123.007
06.005.026 .027
007.000
008.113
015.025
047.035
114.128
08.005.017
008.071 .085
094.188
10.113.016 .017
Daube, I. A.
02.105.057
03.123.003
04.123.024
Dauber, P.
07.034.125
Daughney, C. C.
05.062.053
Daumas, M.
08.003.059
Dautcourt, G.
01.066.015
02.066.001 .007
162.092 .093
03.066.048 .050
04.066.035 .054 .099
141.148
06.065.022
066.116
07.003.016
162.047
08.065.124
10.162.068
Dauvillier, A.
01.097.025
02.099.011
100.001
03.091.009
05.081.021
06.097.012
09.085.006
Dauvillier, M.
10.097.117
Dave, J. V.
01.063.017
04.063.013 .014
082.172
Davey, W. R.
03.122.042
06.122.156
09.065.011
122.138 .139
David, E.
06.105.091
David, S. A.
06.143.073 .074
Davids, C. N.
01.061.032
05.061.024
141.234
Davidsen, A.
05.142.025
08.121.095
142.096 .114 .128
155.050
10.142.123
160.029 .040
Davidson, A. W.
01.099.030
Davidson, B. Kh.
01.052.039 .040
Davidson, G.
02.094.106
Davidson, K.
01.131.008
02.141.023
03.065.020
04.134.003

Davidson, K.
05.134.025
06.114.064
    142.006
07.114.064
    141.018
    155.042
09.134.008
    141.049
    142.014 .068
10.065.072
    134.011
    141.904
Davidson, K. D.
06.131.152
Davidson, L. A.
01.159.008
Davidson, R. C.
06.062.064
08.003.060
    106.022
10.003.037
Davidson, R. E.
08.131.127
Davidson, W.
01.003.048
03.141.180 .194
05.162.062
06.141.014 .112
09.141.073
10.162.048 .089
Davies, C. M.
01.084.226
Davies, D. E. N.
03.033.052
Davies, F. V.
02.031.003
08.093.005
Davies, I. M.
03.141.191
10.141.020 .032
Davies, J. B.
05.033.046
09.033.069
Davies, J. E.
05.094.030
06.094.086
Davies, J. E. D.
04.074.013
Davies, J. G.
01.141.005
04.133.015
    141.009 .212
05.031.029
07.097.012
08.141.524 .536
10.141.507
Davies, J. T.
08.003.061
Davies, K.
02.003.051
07.083.069
Davies, M.
03.097.042
06.141.014
Davies, M. E.
02.097.003 .007 .030
04.097.017
05.097.009 .010 .040
06.003.058
    092.004
07.097.027
08.003.062
    097.014 .023
09.097.052
10.097.032 .033
Davies, O. J.
09.033.069
Davies, P. C. W.
02.162.064

Davies, P. C. W.
04.066.034
05.022.038
    082.057
06.162.094
08.066.042
    162.089
09.162.002
Davies, P. G.
06.082.152
Davies, R.
06.033.079
07.033.065
Davies, R. D.
01.033.005
    141.193
    158.003
02.141.191
03.131.081
    132.015
    141.081
    158.098 .099
04.158.035
05.012.013
    131.009 .064 .090 .101
06.131.121 .144
    158.001
07.131.022 .073 .130
    155.038
    158.073
08.033.071
    131.002
    155.002 .048 .054
09.131.107
    158.010
10.131.167 .190
    157.008 .009
    158.083 .084
Davies, T. A.
08.081.018
Davies-Jones, R.
02.080.021
Davies-Jones, R. P.
03.080.003
Davila, H.
07.041.040 .041 .042 .043
Davila S., H.
01.041.013
Davis, A.
09.107.005
Davis, B. W.
02.097.058
Davis, C. C.
03.094.158
04.094.251
10.122.152
Davis, D.
01.010.023
08.033.101
Davis, D. D.
03.044.021
08.044.027
Davis, D. E.
07.094.003
Davis, D. N.
01.114.103
06.114.017
10.114.042 .166
Davis, D. R.
10.097.090
Davis, J.
01.008.115
02.032.031
03.022.028 .053
    114.028
    115.004
    117.009
04.022.061
    115.001 .010
05.022.024 .050 .053

Davis, J.
05.082.036
    119.002
06.115.012
10.062.011
    131.254
Davis, J. H.
09.091.059
10.033.042 .064
    131.124 .218 .253
Davis, J. M.
10.074.036
Davis, L.
01.074.031
02.093.030
03.062.020
    141.024
10.074.086
Davis, L. R.
01.084.249
Davis, M.
06.066.047
07.066.068 .141
08.066.071
10.158.059
Davis, M. J.
01.073.049
03.079.102
Davis, M. L.
08.035.003
Davis, M. M.
06.141.189 .225
07.141.032 .054 .106 .107
        .118
08.141.012
10.141.038
Davis, M. S.
10.021.017
Davis, P.
08.010.006
Davis, P. K.
03.094.067
04.094.211
07.094.012
09.094.428 .728
    105.120
10.094.199 .200
Davis, R. E.
10.093.029
Davis, R. J.
01.105.007
02.113.023
03.113.033
    114.052
08.142.041
09.003.044
    141.105
10.113.112
Davis, R. N.
09.014.035
Davis, R. T.
05.033.021
10.033.102
Davis, S. H.
04.063.037
Davis, S. P.
05.022.082
08.022.001
Davis, T. N.
01.084.003
04.084.052 .056
06.084.037 .237
07.084.010 .025
08.084.016
09.084.014
10.084.224
Davis, W. D.
02.022.021
07.121.075

Davis, W. R.
08.066.131
Davis Jr., C. G.
02.064.026
04.064.036
05.064.053
06.065.079
07.122.016 .022
Davis Jr., D. J.
08.084.010
09.034.044
084.002
Davis Jr., L.
01.074.035 .052
106.032 .046
03.062.020
074.029
084.210
04.093.084
05.106.026
07.106.019
10.106.047
Davis Jr., R.
01.061.017
03.094.070
04.080.014
094.234
05.066.012
105.082
06.080.059
08.061.063
09.094.438 .721
10.094.449
Davison, G. J.
09.054.005
Davison, P.
02.103.120
Davison, P. J. N.
01.142.052
02.142.044 .064
03.142.050
04.142.009
06.142.001
155.026
07.034.007
09.096.024
10.142.009 .011 .076 .101
Davudov, Yu. D.
03.099.052
06.099.049
08.097.099
099.088
10.101.012 .013
Davydov, V. D.
01.091.004
097.039 .043 .044
02.097.019 .067
03.097.021 .026
07.097.058 .095
08.097.070
09.097.020 .118
Davydov, V. M.
09.084.206
Davydova, G. V.
04.094.086
Dawe, J. A.
01.115.005
02.122.087
Dawoud, A. S.
05.105.025
Dawson, J.
10.094.218
Dawson, J. M.
06.062.026
07.062.016
Dawson, J. P.
03.094.139
04.094.270 .274
09.094.010 .474

Day, C.
07.103.127
Day, G. A.
02.157.010 .011 .012 .013
03.157.013 .014
08.157.008
Day, G. M.
10.097.112
Day, G. W.
08.022.129
Day, J. W. B.
04.033.062
Day, K. L.
09.131.133
10.131.173 .250
Day, R. W.
02.151.062
10.064.019
Dayhoff, M. O.
07.105.008
Dayton, B.
05.143.117
06.143.031
De, Bibhas R.
10.073.055
De, U. K.
02.162.015
03.066.029
10.066.141
De Amicis, R.
07.154.016
09.115.024
De Angelis, A.
01.034.015
De Angelis, U.
08.063.029
10.133.002
De Bary, E.
08.082.218
De Batz, B.
10.031.015
De Bergh, C.
03.093.017
07.099.021
09.093.004
10.100.011
De Biase, G. A.
04.034.089
074.075
05.034.026
06.021.008
034.038
09.034.109
De Boer, K. S.
07.074.031 .061
121.070
08.114.116
10.131.073 .093
De Bruijn, P.
01.096.002 .007
De Bruyn, A. G.
07.122.012
09.125.031 .102
10.125.901
De Callatay, V.
02.003.118
De Carlo, R.
07.121.022
De Cesare, L.
09.126.022
10.061.013
065.092
126.005
133.002
De Cesare, M.
01.158.051 .073
De Chavarry, N. A.
08.009.030
De Clercq, M.
01.010.034

De Concini, C.
02.035.001
041.002
044.009
046.013
De Cortie, H.
05.103.111
De Feiter, L. D.
01.084.008
03.073.093
06.073.017
08.012.002
073.074 .075 .087
09.076.005
10.034.047
073.031 .059
074.060
De Felice, F.
02.066.073
07.162.062
08.066.049 .117
De Fiore, G.
09.003.045
De Freitas Mourao, R. R.
01.118.019 .022 .023
02.103.102 .103
118.024
05.034.111
117.039
118.038 .039 .040 .041
.042
07.118.027
08.118.013
09.118.014
10.041.051
De Freitas Pacheco, J. A.
02.131.093
04.142.011
143.016
05.142.030
143.044
07.143.026
09.125.006
143.006
De Galiana, T.
01.003.031
De Giorgio, M. T.
04.083.048
De Graaf, T.
01.061.044
03.061.017
04.061.042
07.061.057 .058
De Graaff, W.
03.034.061
04.073.063
06.031.022
De Graauw, T.
03.071.035
04.031.046
10.080.002
094.121
De Graeve, E.
09.082.121
De Gregorio, G.
05.034.026
De Greve, J. P.
08.064.039
De Groene, P.
03.034.060
De Groot, G.
08.034.033
De Groot, M.
02.114.042
122.005 .060
09.124.105
10.114.070
125.101
De Groot, M. J. H.
07.125.107

De Groot, T.
01.047.009
04.010.019
077.014
06.047.019
09.007.000
De Heer, F. J.
01.022.117
08.022.056
De Hernandez, E. B.
05.113.058
De Hon, R. A.
06.094.173
De Jager, C.
01.051.019
02.012.015
073.071
03.003.028 .130
071.002
114.103
04.010.017
064.020
073.003
076.037
05.003.010
007.000
008.137
010.017
013.017
064.036
06.003.026
007.000
034.072
064.049
07.010.017
012.012
031.044
051.021
071.004
080.029
08.007.000
064.039
071.013 .037 .050
09.003.067
010.017
076.005
10.003.009
010.015
073.059
De Jager, G.
01.033.005
03.141.203
04.158.085 .087
06.158.001
07.131.145
De Jong, T.
01.131.113
02.131.034
07.132.015
08.131.018
09.131.076 .090 .114 .151
.152
10.022.004
131.015 .263
De Jonge, J. K.
06.112.013
De Jongh, D.
07.066.078
De Jongh, J. P.
08.022.053
De Kersgieter, A.
04.155.006
De Kock, R. P.
02.123.021
04.010.007
06.010.007
08.010.007
10.010.007
De Korte, P. A. J.
09.142.120

De La Barra, A. L.
02.113.062
06.158.024
07.115.012
De La Cotardiere, P.
01.141.019
03.158.087 .093
De La Cruz, V.
03.066.011
De La Macorra, S.
06.015.019
De La Noe, J.
03.077.025
05.074.047
077.006 .019
08.077.002
10.077.056
De La Place, M.
03.003.076
De Laeter, J. R.
03.105.071
07.105.053
08.105.034
09.094.026 .259
105.019
10.105.016 .113
De Loore, C.
03.074.001
04.064.020
073.003
05.064.036
074.041
08.064.039
09.142.102
10.142.051
De Luccia, M. R.
08.121.064
De Lucia, F. C.
07.022.114
De Marcus, W.
06.091.028
De Maria, G.
09.094.402
10.094.256
De Martinis, C.
10.142.047
De Mendonca, F.
04.142.003
De Meyer, F.
10.081.043
De Meyer, H.
01.010.034
034.007
10.003.085
De Miceli, M. R.
07.073.046
De Monteagudo, V. N.
03.114.153
04.114.118
05.114.118
06.114.085
09.114.094 .095
De Mottoni, G.
02.032.071
03.032.005
04.097.057 .058 .059
07.032.015
091.020
10.097.119
De Moura Rebelo, I. M.
05.118.035
De Novarini, L. R.
07.034.144
10.034.066
De O'Neill, M. B.
07.084.284
De Palo, A.
03.031.037
De Pascual, M.
05.098.009

De Pascual, M.
08.079.100
10.098.073
De Peralta, M. T. C.
02.073.057
De Prins, J.
07.044.010 .055
De Richemont, C.
07.003.155
De Rop, W.
01.008.127
03.044.002
07.091.018
08.042.044
043.003
De Ruiter, H.
08.114.018
09.122.036
De Sabbata, V.
02.011.034
061.041
03.066.031
05.066.075
094.175
143.066
08.080.029
155.031
De Saevsky, P.
09.122.052 .116
De Saint Simon, M.
10.094.178 .399
De Sanctis, G.
10.103.102
De Santillana, G.
08.003.131
De Sierra, A. C. E.
05.113.058
De Silva, H. A. B. M.
09.065.156
De Silva, L. N. K.
04.141.216
05.066.068
08.141.007
De Solla Price, D. J.
04.004.039
De Sousa, H.
01.096.012
De Sousa Nunes, R. S.
02.032.066
De Souza, H.
02.096.018
03.096.020
04.096.020
05.096.016
De Terwangne, R.
01.103.100
03.010.036
04.103.103
05.010.037
07.131.146 .147
De Valence, Y.
03.094.247
De Vaucouleurs, A.
01.158.051 .073
03.160.015
05.158.050
06.125.102
07.158.013
160.021
08.158.027 .037 .901
09.158.075 .117 .147
10.160.014
De Vaucouleurs, G.
01.097.031 .055
131.005
151.007
158.051 .065 .073
02.034.105
113.014
151.067

De Vaucouleurs, G.
02.158.046 .047
03.097.042
155.025
158.029 .030 .037 .084
.110
160.015
162.012
04.091.042
158.052
05.003.072
097.041 .049
158.050 .072
162.057
06.097.019 .065
125.102
07.003.096
097.027 .054
158.002 .003 .004 .013
.901
160.017 .021
08.097.023 .108
158.027 .037 .082 .096
.901
09.158.061 .074 .075 .108
.117 .147
10.097.033 .037 .042
158.128
160.014
De Vegt, C.
02.119.023
03.096.009
04.096.001
05.096.005
06.096.031
07.041.003
De Velasco, A. M.
06.097.021
De Veny, J.
01.141.046
De Veny, J. B.
02.158.048 .050
03.113.004
06.141.199
De Vermond, M.
08.005.027
De Villiers, C. W.
09.033.019
De Vries, J.
08.132.005
De Vries, T.
01.094.047 .048
04.014.027
05.003.103 .104
053.015
06.053.005 .006
09.053.017
097.029 .032 .097
10.053.012
097.080
De Vries, T. E.
02.097.018
De Vuyst, A.
01.081.024
02.081.025
03.081.008
04.081.005
De Witte, L.
02.081.009
De Wolf, D. A.
03.093.004
05.093.039
10.031.039
082.145
De Young, D. S.
04.158.033 .053
05.074.025
141.136
06.141.004 .116
151.049

De Young, D. S.
07.141.047 .137
151.069
161.007
08.141.099
09.141.046 .079
158.077
10.074.004
106.059
158.081
160.034
De Zafra, R.
10.022.003
De Zafra, R. L.
06.022.088
De Zotti, G.
06.061.042
07.061.020
Deacon Jr., H. J.
05.093.072
Dean, A.
10.142.047
Dean, A. J.
05.065.103
06.032.012
034.046
08.034.135
Dean, C. A.
04.114.047 .048
10.114.233
Dean, J. D.
07.003.045
DeAngelis, U.
06.160.006
Dearborn, D. S.
05.118.030
09.114.082
160.002
Dearnley, R.
01.081.041
Debabov, A. S.
08.084.020 .296
09.084.028
10.084.007
Debarbat, S.
01.045.001
101.002 .007
02.032.027
101.003
04.003.035
071.013 .014
081.049
05.041.033 .041
099.003
06.043.002
07.041.041 .043
044.008
045.006
08.081.013
09.041.023
099.001 .015
10.041.006
Debehogne, H.
01.041.008
042.030
079.001
098.010 .011 .025
103.007 .112
02.041.024 .025 .027
055.024
098.021 .028 .029 .031
103.127
03.041.041
055.015
103.101 .102 .108 .124
04.031.016
098.031 .032
103.101 .106 .115
05.031.095
079.104

Debehogne, H.
05.098.021 .022
07.031.001
098.014
103.010 .104
08.055.013
084.230
098.044 .045 .046
102.023
103.129
09.022.057
031.028
079.101
103.100
10.031.052
041.046
079.101
103.102
Debra, D. B.
03.082.036
07.094.119
DeBruyn, D. L.
04.009.001
DeCaprio, A.
09.034.121
DeCarli, P. S.
02.105.031
Decaux, B.
01.044.014
Dechend, H. Von
See Von Dechend, H.
Decker, W. J.
09.077.036
Decker Jr., J. A.
02.034.051
09.097.041
10.034.055
Decostanzi, R.
07.103.115
DeCou, A. B.
08.031.070
Dedelova, N. V.
09.077.038
Dedic, H.
09.061.042
Dedieu, H.
05.041.026
Deehr, C. S.
04.082.134 .135
06.084.035
08.084.052 .066
10.084.009
Deeming, T. J.
01.004.023
021.016
03.119.005
122.043
141.054
04.122.091
05.091.017
06.012.018
096.033
Deepak, A.
04.063.029
082.210
05.082.120
Deerenberg, A. J. M.
01.142.036
143.033 .057
03.142.004
04.142.001 .041
05.141.071
143.096 .097
08.142.102
09.142.029 .120
10.142.002
Deeter, J.
10.113.045
142.098

DeFelice, J.
04.094.191 .365
105.012
09.094.439 .724
10.094.284
DeFelice, J. C.
03.094.075
DeForest, S. E.
05.084.422
09.074.033
Defouw, R. J.
03.061.013
04.062.001
073.019
162.032
06.064.060
09.065.146 .175
10.065.037
Degaonkar, S. S.
02.083.029
Degen, H.
04.003.036
Degen, V.
02.082.047
06.022.086
08.082.156
084.005
Degewij, J.
10.116.001
Degges, T.
05.093.069
Degges, T. C.
03.097.018
05.097.044
06.082.041
Degioanni, J. J.
02.099.030
04.099.036
Degioanni, J. J. C.
10.099.102
Degli Antoni, G.
04.078.032
05.078.048
143.094
DeGregoria, A.
10.126.021
Degtjarev
See Degtyarev
Degtjarjov
See Degtyarev
Degtyarev, M. A.
08.082.209
Degtyarev, V. G.
06.042.061
052.016
Degtyarev, V. I.
10.077.043
Degtyarev, V. S.
07.034.109
Deharveng, J. M.
01.158.004
04.034.045
158.007
Deharveng, L.
10.132.045
Deharveng-Baudel, L.
10.132.026
Dehmer, J. L.
05.022.063
Dehnen, H.
01.066.012
02.066.008
162.019
05.066.027
06.066.052 .071
07.066.009
08.066.043
09.141.117
10.061.031
082.112

Dehousse, M. E.
09.004.016
Deich, A. N.
02.003.007
Deift, P. A.
10.099.018 .019
Deines, P.
09.105.052
Deinitchenko, O. N.
04.121.028
Deinzer, W.
02.065.017
126.010
03.008.051
065.056
04.065.005
05.008.052
080.014 .035
07.008.059
159.017
08.061.056
10.159.002
Deirmendjian, D.
01.003.094
02.072.025
Deitz, P. H.
10.031.036
Deitz, R. H.
09.031.049
Dejaiffe, R.
01.084.231 .422
02.041.003
04.012.028
041.005
05.051.021
07.041.019 .020
045.028
051.003
08.045.004
09.032.030
041.009
10.043.002
Dejaiffe, R. J.
04.032.003
06.045.001
09.041.002
Dejch, A. N.
07.103.122
Dejonc, P.
02.080.041
DeJonge, J.
03.034.073
Deker, H.
01.046.017
02.046.002
06.031.078
Dekhtyareva, K. I.
07.094.185
Dekker, E.
01.022.005
Dekker, J.
08.097.051
Dekkers, N. H.
09.099.017
10.099.094
Del Prado Segura, Kh. K.
04.066.085
Delache, P.
04.131.135
06.008.072
07.063.004
09.008.084
DeLaeter, J. R.
See De Laeter, J. R.
Delage, Y.
06.063.029
Delamater, N. D.
10.022.040
Delaney, T.
04.066.010

Delaney, T. J.
05.066.067
08.155.067
Delannoy, J.
09.008.021
10.033.031
Delano, J. W.
09.094.169 .183 .552
10.094.213 .255
Delano, K.
01.100.005
Delano, K. J.
01.094.013
03.010.003
094.170 .349
04.094.417 .421
05.100.016
06.094.071 .214
07.094.228 .229
08.094.266
Delano, M. D.
05.065.052
125.007
09.062.006
Delany, A. C.
03.094.078
04.094.231
09.094.434
Delbouille, L.
02.071.080
03.051.033
06.003.110
10.071.041
Delcourt, J.
08.104.006
Delcroix, A.
01.073.041
03.064.062
08.046.028
09.062.063
064.083
Delcroix, J. L.
02.003.016
Delfico, A. N.
07.034.044
Delhaye, J.
09.115.020
10.009.008
Della Ventura, A.
09.031.045
Delles, F. M.
06.094.048
09.094.400 .746
Delli Ponti, C.
01.124.104
02.124.100
Delli Santi, F. S.
01.077.027
02.077.052
141.220
04.077.057
07.077.054
Delli Santi, S.
01.075.005
02.075.019
03.075.011
04.075.031
05.075.028
06.075.043
07.075.026
08.075.013
09.075.013
Dellien, U.
04.143.010
DeLoach, A. C.
10.032.041
076.033 .034
Deloach, R.
06.033.064

Delobeau, F.
07.003.002
Delone, A.
02.079.103
Delone, A. B.
02.074.015
04.071.072
08.074.110
10.071.010
074.025
Delori, F. C.
07.034.088
09.034.077
Delov, I. A.
02.033.050
03.104.018
04.082.150
06.104.082 .109
Delplace, A. M.
02.064.018
114.074
03.114.115
04.064.006
05.064.003
09.012.015
10.114.117
Delsemme, A. H.
02.102.037
03.022.009
102.007 .008
04.102.007
05.102.025
103.100 .111
06.102.006 .007
07.102.024
08.051.012
102.058 .069 .070
10.102.001 .008 .011 .013
.022 .024 .035
103.100
Delvaille, J.
06.034.048
Delvaille, J. P.
01.142.031
03.134.015
07.034.138
142.092
08.142.016
Delys, C.
01.075.016 .017 .038
077.030 .031
02.077.060
06.075.003
077.018
Demakov, N. V.
08.033.062
DeMarcus, W. C.
01.099.028
04.099.011
05.063.012
099.047
06.091.015
Demarest Jr., H. H.
08.022.148
Demaret, J.
03.065.110
07.141.186
09.065.019 .179
Demarque, P.
01.153.008 .009
02.153.028
03.008.094
04.065.075 .076
153.026
05.065.005 .045 .046
121.021
153.005
06.008.070
065.073
07.008.105

Demarque, P.
07.065.020 .036 .120
154.013
08.065.034 .122
154.012
155.024
09.008.083
065.006 .105 .128
10.065.025 .055 .057 .121
080.009 .027 .029 .041
153.029
Demastus, H. L.
03.074.054
09.074.059
10.074.059
Demchenko, V. V.
08.062.081
Demenko, A. A.
01.103.116
02.103.106
03.104.023 .025
05.103.104
06.102.002
103.119
104.025 .032
07.103.100
08.102.009
10.103.100
104.043
Demenko, I. M.
05.041.003 .035
06.098.037
102.002 .019
103.133
124.103
08.102.009
Dement'ev, B. V.
07.094.178
08.094.168
10.094.049
Dement'eva, N. N.
05.142.060
08.097.093
Dementyev
See Dement'ev
Dementyeva
See Dement'eva
Demers, S.
01.113.036
122.060
158.048
02.122.175
154.001
05.154.011
06.154.014
08.158.023
09.122.022
10.122.003 .064
Demeshkina, V. V.
03.052.009 .025
04.053.016
Demianski, M.
02.066.055
07.162.065
08.066.075 .076
09.066.008
10.066.029
Demidov, V. V.
10.034.092
Demidova, A. N.
05.082.073
Demidovich, E.
04.082.197
Demidovich, E. G.
02.082.105
096.016
06.014.015
09.096.012
Demin, V. G.
02.003.105

Demin, V. G.
03.003.087
04.042.086
08.052.017
09.003.028 .046
052.013
10.042.041 .109
Demin, V. V.
05.082.006
Deming, D.
07.122.111
08.125.032
09.125.100
10.122.118
Deming, G. L.
10.122.118
Deminov, M. G.
09.083.039
Demkina, L. B.
03.073.092
08.072.007 .022
131.054
09.077.034
Demore, W. B.
04.097.021
08.022.109
09.082.095
Demoulin, M.-H.
01.158.025 .044
02.158.006 .007 .008 .011
.026 .093
03.141.116 .128
158.033
Demtchenko, V. V.
08.062.038
Den, O. E.
10.072.002 .006
Den Boggende, A. J. F.
03.034.061
06.034.060
Denardo, G.
10.066.148 .153
Denavit, J.
10.084.251
Denbigh, P. N.
03.046.008
Dence, M. R.
01.105.024
02.105.159 .160 .161 .162
03.094.085
04.094.132 .133 .145
105.123
06.094.329
105.041 .047
08.105.065 .066
09.094.327 .629
105.159
Dendis, S.
05.103.106
Deney, C. L.
01.143.008 .029 .054
Denham, C. R.
06.084.297
Denis, A.
02.022.088
05.022.095
06.022.146 .148
08.022.069
Denis, J.
04.032.008
06.065.024
08.065.022
Denis-Gausset, L.
07.003.046
Denisenko, N. M.
03.083.034
Denisenko, P. F.
10.083.047
Denisjuk
See Denisyuk

Denisov, V. I.
08.066.030
Denisyuk, E. K.
02.158.023
03.098.023
06.098.032
158.014 .019 .020 .120
09.158.104
Dennis, B. R.
01.143.029
05.076.025
142.012
06.142.054
07.142.091
08.076.017
10.142.086
Dennis, J. G.
06.105.070
Dennis, L. P.
05.084.042
Dennis, N. G.
07.054.014
Dennis, T. R.
06.034.021
065.012 .152
Dennison, B. K.
07.079.002
Dennison, E.
05.031.093
Dennison, E. W.
04.034.098
05.031.022
032.052
034.076 .078 .085
06.031.029
07.031.014
09.034.073
Dennison, P. A.
01.106.005
03.106.005 .028
134.016
07.106.013 .014
134.006 .007
Denoyelle, J.
01.103.008
02.098.022
03.155.046
04.155.006
07.032.039
08.041.036
10.003.085
Dent, B.
10.094.454
105.116
Dent, W. A.
04.141.086
05.158.061
07.141.029 .099
08.141.008 .043 .048 .072
.114
142.063 .067 .068 .069
155.026
09.141.048
10.141.100
Depireux, J.
10.094.174
Deplace, A. M.
02.064.018
Deprit, A.
01.042.009 .012 .013 .031
.044
02.042.007 .015 .017 .021
03.042.041 .068
052.029
094.257
151.024
04.042.052
094.018 .024 .049
05.042.023 .053 .059
094.002 .025 .055 .056

Deprit, A.
05.094.150
06.094.282
07.094.188
Dera, J.
04.082.221
Derbeneva, A. D.
04.104.007
Derblom, H.
10.083.037
Derby, J. V.
09.094.337
Derdeyn, S. M.
07.034.126
Derenzo, S.
07.114.039
Derevjanko, O. G.
02.077.048
Derevjanko, V. G.
06.158.027
Dergachev, V. A.
01.080.010 .015
02.065.092
03.065.087
09.078.053
Dergachov
See Dergachev
Derkach, K. M.
08.041.050
Derkach, K. N.
02.041.040
04.032.026
Dermendzhiev, V.
09.073.096
Dermott, S. F.
01.091.001
03.099.044
05.099.030
06.100.001
08.005.027
098.025
099.025
09.091.070
10.091.024
Derome, J.-R.
08.162.065
Derpgol'ts, V.
08.091.008
Derpgol'ts, V. F.
07.003.047
Derr, J.
03.094.027
04.094.296
Derr, J. S.
02.091.040
094.046 .107
04.094.406
07.093.031
Derr, V. E.
03.082.020
04.082.061
09.063.027
Dertyanosh, D.
10.072.044
Dervis, T. E.
05.131.036
06.122.043
Derviz, T. E.
02.036.013
05.122.027
06.114.043
09.122.144
Derycott, N. Z.
08.022.086
Desai, J. N.
03.082.055
Desai, U. D.
01.132.032
141.214
02.142.022

Desai, U. D.
04.142.044
05.078.010
142.062
07.034.132
08.143.019
09.106.014
10.142.043 .056 .066 .089
.090 .093 .124
Desai, U. S.
10.142.095
Desborough, G. A.
04.094.340
09.094.359
Deschamps, G. A.
05.033.010
Deser, S.
04.012.004
066.120
162.087
05.003.018
06.003.011
07.066.133
09.066.071
Desesquelles, J.
02.022.088
06.022.146 .148
Deshpande, M. R.
10.084.202
Deshpande, S. D.
04.076.006
07.076.046
083.020 .021 .022 .023
.024
08.083.050
Desikachary, K.
06.122.159
08.122.053
09.120.003
10.122.022
DeSilva, A. W.
05.062.054
DesMarais, D. J.
09.094.247
10.094.120 .257
Despain, A. M.
04.084.015
06.034.037
084.023
Despiau, R.
06.118.002
07.034.008
08.034.076
Desrosiers, L.
04.061.050
Dessler, A. J.
01.074.001
084.011 .289
02.074.056
03.084.248
04.006.000
084.266 .314
06.084.239
07.084.275
Dessureau, R. L.
09.155.078
Dessy, M.
05.079.100
Destler, W. W.
07.062.035
10.083.053
Dethier, T.
10.003.085
079.101
Detre, L.
01.122.093
02.012.007
065.033
141.212
03.120.011

Detre, L.
04.121.052
125.103
08.125.016
09.122.090
10.122.051
Detweiler, S. L.
10.065.078
066.036
Deubner, F.-L.
01.032.018
02.071.057 .091
072.093
04.071.056
072.002
05.071.025
06.072.025
07.071.006 .029
09.071.062
080.040
Deubner, J.
09.094.531 .732
Deupree, R.
01.142.025
04.122.050
Deupree, R. G.
10.122.148
Deurinck, R.
09.120.004
123.019 .020
Deuter, J. H.
07.033.051
Deutsch, A. J.
01.114.046 .077
02.064.030
122.082
03.114.095
116.007
04.116.011
05.119.010
Deutsch, A. N.
03.097.052
04.111.002
05.111.007
117.022
118.012
123.010
133.025
Deutsch, C.
01.022.080
06.022.122
Deutsch, J. L.
08.103.100
Deutschman, W. A.
02.113.024
04.034.105
05.031.043
07.034.017
08.094.109
09.003.044
034.084
10.113.112
Devaney, J. R.
09.105.037 .058
Devaux, C.
10.063.054
Deveny, J. B.
06.141.126
Devia Ektor Poblete
04.066.014
Devinney, E. J.
05.099.057
121.047
06.099.021 .067
07.065.093
121.901
09.117.035
Devinney Jr., E. J.
03.121.003
06.121.045

Devinney Jr., E. J.
08.099.023
09.121.076
10.117.033
Devoe Lethbridge, M.
04.094.101
Devorkin, D.
05.010.036
09.014.044
Devorkin, K.
08.115.009
DeVries, L. L.
07.082.050
08.082.149
Dewar, R. L.
07.062.033
Dewhirst, D. W.
04.032.011
132.042
DeWitt, B.
10.066.131
DeWitt, B. S.
10.003.143
DeWitt, C.
10.003.143
DeWitt, H. E.
01.065.069
08.062.079
09.062.021 .022
Dey, A.
05.094.177
Dey, K. K.
06.033.061 .062
08.033.097
Deynichenko, O. N.
08.123.001 .902
10.123.901
Dezafra, R. L.
07.131.008
Dezhe, D.
10.072.044
Dezsoe, L.
06.072.051
Dhanju, M. S.
03.143.032
04.143.054
06.143.108
Di Benedetto, F.
03.051.001
06.105.054
10.106.016
Di Benedetto, P.
04.078.010
082.095
06.078.026
Di Cocco, G.
07.061.060
Di Martino, D.
06.123.021
Di Tullio, G.
07.012.021
Di Tullio Vanzani, G.
04.122.125
07.082.052
Diaconu, I.
07.081.027
10.081.036
Diadiuk, V.
09.131.041
Dial, A. L.
06.105.133
Dialetis, D. G.
08.099.003
Diamant, E. M.
02.082.056
Diamante, J. M.
06.093.029
Diamond, H.
03.094.045
04.094.196

Diamond, H.
06.094.098
09.094.143 .262 .418 .714
10.094.281
Diaz, G.
07.114.104
Dibai, E. A.
See Dibaj, Eh. A.
Dibaj, Eh. A.
01.125.012
132.046
158.016
02.031.006
114.030
122.048
158.072
03.132.004
158.019 .039 .059
04.124.102
132.027
158.030 .031 .065 .083
.096
06.132.040
158.032 .033 .128 .129
07.158.053
08.082.237
158.001 .103 .133
09.158.032 .049 .051
10.158.053 .148
Dibay, E. A.
See Dibaj, Eh. A.
Dichtl, G.
10.046.024
Dichtl, G. O.
10.052.081
Dick, E.
04.094.038
Dick, J.
01.005.007
04.015.006
Dick, K. A.
02.034.075
03.082.065
084.008
04.084.020 .021
06.082.048
07.082.021
08.082.185
09.099.084
Dick, M. L.
09.097.025
Dicke, R. H.
01.022.043
045.012
155.001
02.044.013
03.003.052
072.001
080.001
094.028
04.066.023
080.015 .027
094.265
06.080.002
094.188
07.003.048
065.015
08.072.005
080.009
09.080.005
094.927
10.034.035
080.039 .050
094.074
Dickel, H. R.
01.132.004
02.131.136
132.017
03.155.036
05.131.094

Dickel, H. R.
06.122.041
07.132.010
09.131.024
132.016
10.131.170
Dickel, J. R.
01.093.058
125.001
02.099.030
125.002 .008
03.141.035
04.099.036
05.093.071
125.021 .033
141.112 .197
157.004
07.093.006
125.007
08.093.038
125.012 .013 .021
09.125.026 .901
10.125.003 .004 .037 .052
Dickens, R. J.
01.153.026
04.154.015
06.114.014
122.001
07.154.021 .022
158.077
08.114.045
122.017 .044
154.009
09.114.024 .070
10.114.064
122.054
Dickey, J.
10.133.054
141.099
Dickey Jr., J. S.
03.094.088 .190
105.080
04.094.065 .187
05.094.141
09.094.351
Dickinson, D. F.
01.131.037 .099
03.033.002
131.010 .021 .055 .083
04.131.040
05.131.032 .037
06.158.083
07.114.037 .093
131.076 .102 .139
08.114.064 .065
141.087
142.068
09.122.079
131.050
10.114.083
Dickinson, P. H. G.
03.079.102
07.079.101
08.083.003
Dickinson, R. E.
04.084.017
07.084.022
093.040
09.082.004
091.080
093.046
10.093.027
Dickinson, T.
07.003.049
009.010
097.098
Dickow, P.
03.113.052
Dicks, D. R.
06.003.059

Dicks, L. A.
09.031.038
Dickson, F. P.
02.003.052
Dickson, J.
09.034.079
10.046.008
Dicus, D. A.
08.065.135
Dieckvoss, M.
09.098.028 .030
Dieckvoss, W.
02.041.042
03.041.032
04.041.020 .024
06.041.047
08.041.017
09.112.012
Diedrich, G.
07.010.001
Diego Q., F.
03.079.102
04.079.100
103.101
06.010.026
095.002
096.019
097.077
08.079.101
095.001
096.001 .002 .020 .021
.022
09.079.003
096.020
Diehl, R. E.
10.101.009
Diemel, W. E.
01.071.029
Dieminger, W.
01.082.051
03.073.120
06.003.060
Dienes, W.
10.103.102
Diercksen, G.
10.102.041
Dierenfeldt, K. E.
09.093.025
Dieselman, H. D.
05.031.064
Diesendorf, M. O.
01.065.062
03.080.016
07.082.073
Dieter, K.
05.094.021
Dieter, N. H.
01.131.106
05.131.056
158.006
07.131.056
157.002
08.131.105
10.131.025
Diethelm, R.
01.098.003
121.008
123.013 .022
02.123.002
03.121.017 .018 .041
04.121.002 .066 .067
122.012
05.121.032
06.121.010 .011 .036 .064
07.121.041 .083 .084 .087
.088 .089
08.121.044 .111 .112 .113
09.121.081 .083 .084 .088
123.025
10.121.105

Dietrich, W. F.
09.078.013
10.073.093
078.030
Dietz, D.
08.003.063
09.003.047
Dietz, E. D.
03.094.206
Dietz, R. D.
02.071.076
074.026
Dietz, R. S.
01.081.008
03.081.015 .031
105.021
04.081.019
094.364
105.009 .124 .125
06.105.092 .093
08.105.036
09.105.071 .072
10.105.020
Dietze, G.
02.082.003
04.082.137
08.082.074 .164 .212
10.082.148
Dietzel, H.
06.094.134
07.022.028
09.105.136
Dijk, F. P.
02.004.037
Dijk, J.
07.033.057
08.033.121
Dijkstra, J. H.
06.031.022
034.055
08.076.007
Dikshit, S. B.
02.003.053
Diliberto, S. P.
05.042.060
Dilke, F. W. W.
08.080.039
Dillon, T.
06.022.038 .039
Dillon Jr., C. F.
01.094.068
Dilworth, C.
02.143.069
04.078.032
05.078.048
143.094
06.078.018
07.078.012
10.155.025
Dilworth-Occhialini, C.
04.142.069
Dimanshtejn, F. A.
07.066.026
Dimeff, J.
04.031.007
Dimitrijevic, M.
07.077.055
Dimitriu, A.
01.075.024 .025
03.073.060
075.013
04.075.024
06.075.031
08.073.102
075.030
10.075.009
Dimitrov, G.
05.105.040
07.105.005

Dimitrow
See Dimitrov
Dimov, D.
02.105.041
05.105.040
Dimov, D. I.
10.105.056
Dimov, N.
03.113.036
Dimov, N. A.
02.082.143
03.082.045
08.034.139
082.228 .229
D'Incan, J.
06.022.012
10.022.102
Dinerstein, H.
10.124.106
Dinescu, A.
01.046.009
03.046.015
055.026
04.046.020
05.054.007
055.020
08.054.013
09.011.015
10.046.010 .017
055.034
Dinescu, R.
02.121.089
03.121.048
05.121.035
08.121.093
Dinger, A. S.
03.114.013
08.065.010
Dingle, H.
01.066.042
03.004.015
10.003.029
066.007
Dingle, L. A.
09.072.054
10.072.022
Dinulescu, S.
10.075.009
Dinulescu, V.
01.075.024 .025
02.073.058
03.075.013
04.075.024
06.075.031
08.075.030
10.075.009
Dinwoodie, C.
03.047.003
05.047.005 .006
07.047.004 .016
08.047.008
10.047.006
Dionysiou, D.
10.066.002
Dirac, P. A. M.
06.005.025
08.066.045
10.066.043
Dirike, L.
10.010.033
Dirikis, M.
05.047.002 .003 .004
06.011.054
047.035
098.031
08.098.035
09.047.006
10.010.033
Dirikis, M. A.
08.098.010 .029

Disney, M. J.
01.141.020 .044 .082
02.131.068 .071
141.005 .217
03.034.026
141.175
04.141.019
05.158.042
06.141.114
08.031.041
09.158.107
10.141.080
Distasio, A. J.
09.034.003
Ditchburn, R. W.
02.013.005
Dittberner, G. J.
02.105.187
Dittmar, D. N.
05.032.054
Dittmar, W.
01.075.009
02.075.025
03.075.020
04.075.018
Ditto, P. H.
01.052.024
Dittrich, J.
08.044.033
Divakova, E. K.
10.077.073
Divan, L.
01.122.049
131.100
02.115.007
05.131.057
06.114.081
09.115.003
10.034.111
114.076
115.019 .035
Divari, N. B.
01.006.000
106.006
03.131.033
05.003.031
082.144
06.082.051
08.003.064
082.165
09.082.062
10.082.085
Divinskij, M. L.
05.092.004
08.082.207
10.092.016
Divinsky
See Divinskij
Dixon, D.
09.094.619
Dixon, J. W.
10.053.013
Dixon, M. E.
03.113.013
04.115.005
155.023
05.151.020
07.158.115
159.008
08.115.015
Dixon, R. S.
01.141.161
03.141.141 .197
06.141.157
09.041.014
10.033.052
141.067
Dixon, R. T.
05.003.032

Dixon, W. G.
04.066.051
08.066.037
Diyachenko, V. N.
06.084.408
Dizer, M.
02.073.061
06.092.001
Djachenko, V. F.
02.131.118
Djakonova, V. D.
05.072.027
Djokic, M.
03.032.024
045.014
046.020
06.041.033
045.008
Djorgovski, S.
10.079.101
Djorjio
See Dzhordzhio
Djurkovic, M.
10.004.009
Djurkovic, P.
07.009.001
Djurkovic, P. M.
02.118.003
03.008.013
012.021
082.096
118.027
06.008.009
118.010
07.004.036
10.047.023
Djurovic, D.
03.032.022 .023
034.051
041.045
044.012
05.044.019
06.044.010 .011 .012
045.009
07.031.038
044.031
10.044.044
Dloujnevskaia, O.
See Dluzhnevskaya, O.
Dluzhnevskaja
See Dluzhnevskaya
Dluzhnevskaya, O.
09.115.017
Dluzhnevskaya, O. B.
04.011.027
08.065.003 .078
115.010
Dmitrenko, D. A.
02.134.007
05.141.089 .224
09.077.025
Dmitrenko, L. V.
05.141.089
Dmitrenko, V. V.
05.083.053
06.078.027
Dmitriev, A.
01.053.005
Dmitriev, A. A.
03.074.052
07.085.011
10.085.023
Dmitriev, A. D.
06.094.148
08.094.165
Dmitriev, A. P.
06.094.020
Dmitriev, B. A.
10.034.045

Dmitrieva, I. D.
09.083.055
Dmitrieva, L. A.
04.074.069
Dmitryev, A. D.
See Dmitriev, A. D.
Doan, A. S.
03.105.059
09.094.330
Doan Jr., A. S.
02.105.144
03.105.022 .030
04.105.133
05.105.077
06.021.007
034.105
07.105.007
Doazan, V.
04.064.029
114.016
10.114.034
Dobaczewska, W.
01.007.000
011.006
02.010.037
046.022
03.007.000
046.007
04.011.034
046.022
05.051.019
09.010.014
Dobbings, M.
05.096.011
Dobretsova, K. V.
04.041.029
05.112.013
Dobrichev, V.
02.114.111
Dobronravin, P. P.
02.053.023
05.053.001
098.001
06.055.007
Dobronravov, V. V.
06.051.035
10.042.055
Dobrotin, N. A.
03.011.036
06.011.005
Dobrovol'skij, O.
05.102.024
07.102.023
Dobrovol'skij, O. V.
02.102.014 .015 .016 .031
03.102.017
103.134
141.167
04.015.013
102.004
05.102.007
06.102.003 .020
103.101
08.102.033 .041 .052 .055
.071 .073
103.100 .121
106.034
10.106.004
Dobrovolsky
See Dobrovol'skij
Dobrowolny, M.
09.102.017
Dobrowolski
See Dobrovol'skij
Dobrzelecki, A. J.
06.052.001
Dobrzycki, J.
07.003.050
09.003.130
004.053

Dobrzycki, J.
10.002.009
003.030
004.010
005.014
Dobson, G. M. B.
01.003.097
Dobysh, G. I.
02.033.049
Dodd, R. J.
07.031.019
08.061.049
09.101.004
10.113.026
Dodd, R. T.
01.105.004
04.105.126
06.105.094
08.105.038 .090 .098
10.105.047
Dodd, W. W.
02.125.001
04.125.022
Dodero, M. A.
05.078.020
06.143.044 .104
Dodge, J. C.
10.074.136
077.091
D'Odorico, S.
01.157.002
02.158.001 .009 .083
03.153.002
158.061 .100
08.158.003
09.133.004
158.046
10.131.117
158.069
Dodson, C. T. J.
07.162.011
08.022.026
Dodson, H. W.
01.078.002
02.078.009 .012
03.072.035
073.078 .091
04.072.035
073.008
05.073.065
07.072.039
073.046
08.073.029
078.009
09.072.047
Doe, B.
07.094.158
Doe, B. R.
09.094.271 .415 .708 .739
Doe, L. A.
02.034.036
Doebel, G.
06.003.061
Doell, R. R.
03.094.126 .134
04.094.276 .277 .278
05.084.213
094.045
09.094.500
Doepel, R.
05.102.013
Doerfler, G.
02.105.137
08.105.099
Doering, J. P.
02.022.002
04.082.064
05.082.078
084.009

Doerpholz, W. F.
06.091.024
Doerr, A.
07.096.013
Dogan, N.
02.072.083
07.075.019
Dogel', V. A.
06.143.139
08.143.010
157.003
09.143.081
Doggett, L. E.
05.099.050 .060
Dogliani, H. O.
03.022.054
Doherty, L. E.
01.032.072
Doherty, L. H.
01.141.145
02.141.010
07.132.025
158.060 .165
08.132.020
Doherty, L. R.
02.114.078
06.114.120
08.113.052
114.134
09.051.013
121.020
Doherty, P.
08.103.107
Doherty, R. H.
03.079.102
Dohnanyi, J. S.
01.098.019
03.104.039
06.094.016
07.098.057
08.106.009
Doke, T.
06.143.080
Dokuchaev, V. P.
04.116.021
06.061.005
Dokuchaeva, O.
04.124.110
Dokuchaeva, O. D.
01.036.005 .008
133.025
02.036.011
122.032
03.036.007 .010
04.036.006 .013
114.126
124.110
133.005 .025
06.031.008
036.004 .005
114.021
124.105
131.027
07.036.005
08.114.001
133.011
09.036.003
10.132.016
133.022
Dolan, D.
07.003.061
Dolan, J. F.
03.142.013 .019
05.158.015
162.028
06.142.040
07.031.004
08.034.049
142.051 .052
10.151.018

Dolan, J. L.
10.033.043
Dolan, P.
01.162.034
Dolan, T. D.
07.062.005
Dolan, W. W.
09.004.040
Dolder, K. T.
06.061.034
Dole, S. H.
04.003.080
05.107.004
Doles, J. H.
09.083.072
Doles III, J. H.
03.077.032
Dolezalek, H.
07.079.101
Dolgachev, V. P.
01.052.033
053.029
02.054.027
03.052.014
04.054.022
06.052.011
Dolginov, A. Z.
02.094.200
102.010 .028 .029
142.055
03.063.032
142.042
04.102.008
142.101 .109
143.068
05.102.016
158.010
06.102.027
143.013 .049 .136
07.063.033
064.032
08.061.055
063.017
072.063
102.027
103.100
131.013
141.080
09.062.062
131.002
142.016
143.096
10.062.027
063.004
117.041
Dolginov, Sh. Sh.
02.093.030
03.106.009
07.084.255
08.084.340
097.109
09.093.055
10.097.039 .068
Dolginova, Yu. N.
03.073.092
10.003.031
Dolgov, Yu. A.
10.105.097
Dolidze, M. V.
01.114.098
02.113.005
122.019
03.114.016 .131
122.004
04.114.116
123.058
05.114.037
06.114.030 .034 .035 .036
.037 .040

Dolin, S. A.
02.034.033
Doll, J. R.
02.052.026
Dollase, W. A.
09.094.314
Dollfus, A.
01.092.010
097.019 .020
100.002 .014
02.003.118
012.006
091.012
03.007.000
010.028
091.036
094.136 .329
097.001 .002
04.003.008
007.000
091.039
093.019
094.032 .281
097.030
05.094.001 .003 .062
06.094.002
099.062
07.074.083
098.033 .041
08.074.034
092.007
093.007
097.096
09.091.073
094.482 .821 .853 .862
097.015 .101
100.053
10.094.119 .222
Dolukhanov, M. P.
05.094.138
06.094.146
Domanskaya, N. S.
04.041.004
Domanus, H. M.
08.063.006
Domaradzki, S.
02.054.014
03.055.032
05.032.030
034.040
Dombrovskij, V. A.
01.122.078
02.004.026
036.012
03.131.022
158.014
04.122.037 .076 .126
05.122.027 .067
06.122.028 .045
158.094
08.113.001
09.122.068 .142 .144
Dombrovsky
See Dombrovskij
Domenico, B. A.
04.063.019
05.063.003 .040
Domina, G.
02.075.021
03.075.032
08.075.011
09.075.009
Domingo, V.
06.078.044
07.078.010
08.084.029
09.084.240
Dominski, I.
10.035.009
044.014

Domke, H.
02.063.018
03.063.012
04.063.044
05.063.021
064.059
06.063.003
122.051
07.063.019
09.063.005
10.062.039 .040
063.074
Dommanget, J.
01.079.002
096.010
098.010
117.011
118.018
02.041.026
055.024
117.023
118.039
03.021.015
118.009
04.082.200
096.015
098.031 .032
117.031
05.092.019
118.015 .020 .021
07.094.083
117.039
118.025
08.079.001
096.019
118.002 .014
09.118.004
10.010.047
041.020
118.014 .018
Domogatskij, G. V.
02.066.062
080.047
03.061.020
065.089
162.045
06.065.125
Domogatsky
See Domogatskij
Domoto, Y.
05.099.055
Domozhilova, L. M.
08.052.026 .027
Donahoe, F. J.
04.093.024
Donahue, T. M.
01.093.009 .029
03.082.041
084.016 .017 .039
04.063.008
084.030
093.083
05.012.007
082.016
091.020
06.084.025
07.084.042
097.115
08.082.009
097.066
10.082.056
094.129 .278
Donahue, W. H.
10.004.031
Donaldson, C.
10.094.424
Donaldson, T. P.
08.062.048
Donaldson, W.
02.141.104

Donaldson, W.
04.078.028
05.141.038 .099
Donangelo, R.
09.022.086
Donath, F. A.
10.003.012
Donati, F.
05.033.031
Donati Falchi, A.
03.071.012
Donati-Falchi, A.
10.071.071
Donij, V. N.
02.104.033
03.104.027
04.104.064
05.104.013
06.083.061
 104.034 .112
08.104.901
10.104.046
Donivan, F. F.
02.099.007
03.099.033
04.099.033
Donivan Jr., F. F.
03.160.011
05.160.003
10.160.033
Doniy
See Donij
Donley, J. L.
01.083.022
03.051.018
04.083.006
Donn, B.
01.102.005
 131.081
02.131.106 .107
03.003.099
 131.050 .058 .074
04.011.023
 131.067 .080
05.102.011
 103.111
 131.114
06.103.101
 131.102
07.103.102
 131.007
09.103.102
10.102.009
 103.102
Donn, B. D.
06.131.040
08.102.060
10.131.185 .282
Donn, W. L.
05.053.002
08.003.065
Donnelly, M. C.
10.003.032
Donnelly, R. F.
01.076.014
02.076.033
03.073.089
04.073.042
 076.020
05.076.016
06.076.020
07.073.048
08.076.023
09.073.039
 076.018
10.073.053
 076.024
Donnelly, R. J.
07.082.139
08.082.057

Donnelly, R. J.
10.082.110
Donnison, J. R.
10.107.024
Dony
See Donij
Dooher, J.
06.143.089
09.143.091
Dooling Jr., D.
04.051.036
06.053.008
Doong, H.
01.142.034
Doornink, D. G.
08.022.012
09.063.013
Doose, L. R.
02.116.013
Dopita, M. A.
07.132.014
09.034.001
 131.009
 132.002
10.132.006 .046
Doras, N.
03.141.116
D'Orazi, R.
09.065.170
Doremus, C.
04.119.006
Doremus, J. P.
01.151.023
03.151.033
05.151.011
06.151.044
07.151.056 .066
08.151.003
10.151.045
Dorety, N.
09.094.282 .498 .771
Dorfeld, W. G.
10.064.053
Dorien-Brown, B.
08.034.066
Dorman, I. V.
02.143.031
03.143.046
04.078.002
05.143.026 .053 .146 .151
06.143.017
09.143.076
Dorman, J.
03.094.027
04.094.116 .296
05.094.194
06.094.232 .243
07.094.159 .203 .208 .217
 .226
09.094.583 .778 .779
10.094.006 .362
Dorman, L. I.
01.106.022
 143.064 .076
02.003.111
 078.031 .034 .036
 083.041
 106.017
 143.019 .031 .058 .060
 .065
03.003.027
 083.085
 106.027
 143.033 .039 .046 .047
 .048 .058 .061 .062
04.003.012
 143.069
05.074.039
 078.029
 143.024 .048 .049 .051

Dorman, L. I.
05.143.053 .054 .079 .082
 .146 .147 .148 .151
06.034.018
 074.081
 078.028 .049
 143.017 .122 .148
07.003.014
 078.013 .015
 106.012
 143.010 .011 .034 .050
 .061
08.074.095
 078.007
 084.253
 106.024
 143.017 .050
09.003.013 .048
 077.040
 078.054 .066
 106.036
 143.025 .044 .060 .063
 .069 .074 .076 .078
 .079 .082 .083 .084
 .088
10.078.016 .020 .021 .023
 106.029
 143.043
Dormand, J. R.
05.107.003
10.151.032
Dorobantu, R.
03.044.011
Dorodnitsyna, O. A.
01.054.007
10.052.061
Dorofeev, A. S.
05.094.139
Dorofejev, A. Sz.
07.094.259
Doroshenko, V. T.
01.132.042
03.132.014
04.124.102
05.132.010
 133.031
06.122.121
07.132.005 .031
08.142.018
09.082.064
 133.031
10.133.058
Doroshkevich, A. G.
01.061.043
 161.001
 162.051
03.141.006
 162.010
04.162.025
05.151.016
 162.063
06.162.006 .054 .098
07.162.044
08.151.036
09.066.033 .061
 151.037
10.061.022
 162.016
Dorschner, J.
02.124.100
04.061.035
 122.136
 131.017 .018 .056
05.107.006
 131.119
 132.028
06.121.007
 131.042 .044 .105
 132.008
08.064.047

Dorschner, J.
08.141.082
09.141.124
10.113.033
131.219
Dorst, P.
04.079.100
082.157
05.093.035
06.092.002
07.079.001
092.002 .008
093.016
Doschek, G. A.
04.063.008
073.004
076.002 .003
05.073.024
076.006
06.073.081
076.028
07.073.016
08.073.063 .072
076.015
09.073.012 .040 .083
10.022.091 .093 .095
062.001
076.025
Doss, A. T.
04.122.105
Dossin, F.
02.103.120
03.103.101 .102
07.032.050
08.098.076
103.130
09.103.100
10.133.019
Dostal, V. A.
10.158.035
Dostovalov, S. B.
01.093.043
04.093.080
141.185
09.093.053
10.097.061
Dostovalow
See Dostovalov
Dotchin, L. W.
06.022.145
Dotson, W. P.
08.033.078
Dott, R. H.
06.003.062
Dottori, H.
03.155.076
06.155.033
Dottori, H. A.
03.036.011
125.012
05.155.057
160.014
07.158.170
09.132.010
158.089
160.020
10.158.114 .116
Doty, J. P.
10.114.218
Doubek, J.
04.003.037
Doucet, C. D.
07.118.011
Dougherty, L. M.
10.035.008
Doughty, N. A.
04.014.026
065.155
07.008.079
121.001 .003

Doughty, N. A.
10.013.002
Doughty, P. S.
01.105.064
Douglas, A. E.
04.022.060
Douglas, A. V.
01.011.016
05.004.005 .035
07.004.009
09.005.008 .029
10.005.001
Douglas, B. C.
02.052.001
081.018
03.052.011
04.052.046
06.052.018
08.046.031
09.054.002
055.008
10.046.003
Douglas, J. A. V.
03.094.085
04.094.017 .132 .133 .145
06.094.329
09.094.306 .327
10.105.108
Douglas, J. N.
01.141.164
02.099.033
04.141.163
07.141.141
09.141.037
10.141.050 .118
Douglas, K. N.
04.012.005
Douglass, D. H.
08.066.018 .097
09.045.014
Douglass, G. G.
01.113.036
03.118.004
Douglass, J. W.
05.031.064
Douglass Jr., D. H.
05.066.046
Doulade, C.
06.061.022
Dovbnya, B. V.
08.084.343
Dow, M. J.
04.153.048
Dowling, J. A.
10.082.141
Downes, D.
03.131.005
157.012
04.125.012
141.033
05.125.018
06.141.120 .166
08.065.015
10.131.230
Downey, J.
06.051.006
Downing, H. D.
09.022.019
Downing, O. J.
10.033.131
Downs, G.
06.141.271
Downs, G. S.
01.141.069 .147 .165 .218
03.097.034
141.020 .228
04.097.053
141.226
05.141.003
06.097.081

Downs, G. S.
06.141.167
07.141.066 .516
08.141.049 .543
09.097.002
141.539
10.141.526
Downs, W.
05.094.023
06.094.161
Downs, W. D.
02.094.144
Dowty, E.
08.094.252
09.094.058 .075 .097 .142
.184 .312 .634
10.094.157 .258 .415 .500
105.105 .110
Doxsey, R.
04.142.076
06.142.010 .018 .070
08.142.014 .108 .113
09.142.114
10.125.028 .055
132.047
Doyle, F. J.
09.094.929
Doyle, H.
08.022.128
Doyle, H. T.
01.022.079
Doyle, R. J.
02.064.050
06.064.061
07.064.026
09.080.046
094.712
Doyle, R. O.
02.003.004
071.014
Doyle, T.
06.034.121
Doylerush, E.
01.033.006
06.077.014
Dozmorov, I. M.
10.066.061 .186
162.057
Drabkin, I. E.
02.003.054
Draffan, C. H.
04.094.246
Draffan, G. H.
03.094.157
Dragesco, J.
01.010.028
02.031.009
091.037
099.016
03.010.028
031.029
097.050
05.010.028
097.045
06.053.020
099.003 .008
07.099.041
08.097.008
Drago, F.
01.075.020
Drago, F. C.
See Chiuderi Drago, F.
Drago, F. G.
01.073.054
079.102
Dragomiretskaia
See Dragomiretskaya
Dragomiretskaya, B. A.
05.122.088
08.122.005

Dragomiretskaya, B. A.
  08.123.019
  10.003.131
Dragon, J. C.
  07.094.013
  09.094.710
  10.094.210
Dragon, J. N.
  08.076.043
  10.022.087
Dragt, A. J.
  05.084.413
Dragunova, A. V.
  01.114.094
  08.113.066
  09.064.046
  10.114.235
Drahos, D.
  01.046.008
  05.055.014
Drake, E. M.
  03.094.201
  09.094.543
Drake, F.
  03.134.020
  07.053.001
Drake, F. D.
  05.141.148
  07.033.004
  097.045
  08.097.098
  09.008.006
  092.005
  141.547
  10.033.009
Drake, G. W. F.
  01.022.067 .078 .109
  02.022.005 .075
  03.022.018
  05.022.008
  06.022.119
  07.062.004
  132.001
  10.022.015
Drake, J. C.
  03.094.120
  105.118
  04.094.132 .154
  09.094.185 .326 .676
  10.094.259
Drake, J. F.
  05.076.011
  09.114.066 .121 .122 .123
    .124 .125
    131.063 .064 .065 .066
    .067 .166
  10.131.228
Drake, L. A.
  10.013.006
Drake, M. J.
  03.094.102
  04.094.070 .185
  06.094.293
  09.094.105 .162
  105.160
  10.094.144 .456 .483
Drake, S.
  02.003.054
  03.004.035
  05.003.033
  09.004.036
  10.004.030
Drake Sr., J. F.
  02.076.031
Dramba, C.
  02.007.000
  045.010
  05.010.017
  011.027
  06.006.000

Dramba, C.
  09.004.042
  005.025
  10.042.090 .108
Dran, J. C.
  04.094.064 .328
  06.105.095
  08.094.081
  09.094.804
  10.094.221
Drane Jr., C. J.
  07.033.061
Drapatz, S.
  03.131.068
  04.063.047
Drapatz, S. W.
  01.022.089
  02.131.134
  07.063.020
Draper, C. S.
  09.010.037
  10.012.038
Dravins, D.
  03.013.015
  08.073.028
  09.034.014
  10.072.034
Dravskikh, A. F.
  01.074.013
  07.033.008
  079.107
  08.033.021 .067
  09.077.018 .030
Dravskikh, Z. V.
  01.074.013
  07.033.014
  079.107
  08.033.067
  09.077.030
Drawin, H. W.
  01.062.005 .033
  03.062.015
  04.062.027
  06.022.122
  09.062.032
  10.062.010 .012
Drayson, S. R.
  02.082.147
Drazdys, R.
  03.113.009
  04.113.059
Dreibus, G.
  09.094.686
  105.031 .073
  10.094.476
Dreiling, L. A.
  02.072.067
  04.072.028
Dremin, A. N.
  10.105.111
Drenth, M.
  04.098.038
Drenth, S.
  07.033.036
Drescher, A.
  10.082.057
Dreschhoff, G.
  02.094.145
  105.129
  04.094.336
Dressler, A. M.
  09.133.011
Dressler, K.
  01.131.083
  09.114.066 .121
Drever, H. I.
  07.094.137
  08.094.106
  09.094.616
  10.094.260

Drever, J. I.
  03.094.111
  04.094.146
Drever, R. W. P.
  02.141.137
  04.061.005
  066.010
  05.066.067
  141.240
  06.033.010
  08.134.007
  10.066.050
Drew, C. M.
  03.094.001 .163
  04.094.258
  05.094.161
Drewnowska, T. J.
  07.005.012
Drewry, J. W.
  09.042.001
Driatskij, V. M.
  01.083.010
  084.037
  03.084.026
  04.083.021
  05.078.031
  06.078.011
  083.025
  07.078.019
  083.059
  084.032 .037
  08.078.021
  083.013
Driatzky
  See Driatskij
Drilling, J. S.
  04.114.127 .128
  06.113.048
  07.114.059
  08.121.100
  155.004
  09.113.018 .019
  114.021
Drinnan, C. H.
  08.021.015
Drobdzev, V. I.
  See Drobzhev, V. I.
Drobishevsky, E. M.
  See Drobyshevskij, Eh. M.
Drobova, L. V.
  09.094.857
Drobyshevskij, Eh. M.
  01.065.032
  04.064.097
  116.019
  06.080.008
  116.013
  09.116.010
Drobyshevsky, E. M.
  See Drobyshevskij, Eh. M.
Drobzhev, V. I.
  09.083.051
Drodofsky, M.
  02.034.068
Drofa, V. K.
  04.092.019
  10.041.039
Drooger, M.
  06.079.001
Droste, T.
  07.097.082
Drouin, R.
  05.022.022
  06.022.143
  08.022.069
Droz-Vincent, P.
  07.151.104
Drozd, R.
  08.094.011
  09.094.255 .713 .806

Drozd, R.
  10.094.211
Drozd, R. J.
  09.094.005
Drozdov, S. V.
  06.079.003
  08.041.070
      094.053
Drozdovskaya, I. B.
  08.097.097
  10.097.062
Drozdovskij, A. A.
  10.033.015
Drozdowskaya
  See Drozdovskaya
Drozhzhina, M. P.
  06.094.021
Drozyner, A.
  07.052.023
  08.042.019 .070
      054.014
  09.052.029
Drubin, M.
  07.033.058
Druckmueller, M.
  02.099.075
  04.103.101
  06.103.101
Druetta, M.
  05.022.076 .091
  06.022.148
  07.022.072
Drummen, M.
  07.031.035
Drummond, A. J.
  05.071.023
  06.080.039
      082.108
Druzhinin, I. P.
  03.003.013
Druzhininskaia, V. I.
  06.094.024
Dryakhlov, V. V.
  06.084.408
Dryer, M.
  03.074.017
  04.102.011 .015
      106.035 .036
  05.084.224
      102.020
  06.106.006
  08.073.056
      074.075
      084.243
      103.130
      106.004
  09.003.009
      062.048
      074.050
  10.074.115
      091.004
      106.059 .066
Dryuchenko, D. D.
  06.094.028
  09.094.603
Du Chaffaut, M.
  05.077.006
Du Pre, F. K.
  07.033.044
Du Puy, D. L.
  02.158.050
Duba, A.
  08.094.008
  09.094.031 .581
Dubach, J.
  06.091.004
      097.005
Dubas, O. V.
  05.124.100

Dube, A.
  09.105.077 .078 .141
Dube, R.
  10.155.016
Dubin, M.
  08.103.100
Dubin, P. A.
  06.094.196
Dubinin, Eh. M.
  05.074.003
  06.084.235
  07.084.224
  09.084.244 .255 .268
  10.062.032
Dubinin, I. E.
  08.105.087
Dubinskij, B. A.
  09.011.017
      033.008
  10.003.033
Dubinsky, B. A.
  See Dubinskij, B. A.
Dubinsky, J.
  06.143.098
  08.034.043
Dubisch, R.
  08.097.019 .085
  09.097.062 .063
  10.097.018
Duboin, M.-L.
  08.082.116
Dubois, I.
  01.022.095 .097
  03.022.098
  07.022.104 .105 .107
  10.022.106 .108
Dubois, J.
  02.095.005
  03.095.008
  05.095.002
Dubois, J.-G.
  10.162.070
Dubois, P.
  10.103.102
Duboshin, G. N.
  02.042.035
      151.046
  04.042.037 .042 .096
  05.152.010
  06.042.042
      151.067
  07.042.006 .901
  08.042.028
  10.042.064
Dubout-Crillon, R.
  04.158.016
  05.158.020
Dubov, E. E.
  02.073.068 .069
  05.071.009
      073.048
  08.073.110
      074.111
  10.071.038
      074.110
      076.011
Dubov, I. A.
  08.083.040
Dubrovin, V. M.
  10.093.001
Dubrovskij, V. G.
  06.084.294
  07.084.253
Dubrovsky
  See Dubrovskij
Dubyago, I. A.
  02.125.011
Ducarme, B.
  03.081.009 .050
  06.081.051

Ducarme, B.
  07.081.008
Ducati, H.
  09.094.530
  10.094.032
Duchesne, J.
  10.094.174
Duchesne, J.-C.
  10.094.174
Duchesne, M.
  01.043.006
  07.034.081
  08.158.048
  10.133.017
Ducrocq, A.
  09.097.122
Ducros, G.
  02.134.003
  03.134.013
      142.051
  04.134.002
Ducros, R.
  02.134.003
  03.134.013
      142.051
  04.134.002
Ducuroir, M.
  01.010.031
  03.010.031
  04.010.031
  06.010.031
  08.010.031
  10.010.031
Dudeney, J. R.
  10.083.038
Dudinov, V. N.
  02.031.012
      082.163
  09.091.077
Dudkin, V. E.
  09.082.110
Dudley, H. C.
  06.061.053
  08.061.072
Dudnik, B. S.
  02.104.042
  03.104.018
  05.104.001
  06.035.005
      104.082 .084
Dudorov, A. E.
  08.065.075
Duechs, D. F.
  05.062.054
Duennebier, F.
  03.094.027
  04.094.116 .296
  05.094.027
  06.094.232 .243
  07.094.159 .208 .217 .226
  09.094.583 .778 .779
  10.094.362
Duennebier, F. K.
  04.094.339
  05.094.168 .196
Dueppe, R.-D.
  07.081.009
Duerbeck, H.
  07.123.035 .043
  08.103.116
  09.125.100
  10.034.114
Duerbeck, H. W.
  10.114.210
Duering, T.
  03.098.006
Duerkefaelden, M.
  01.124.101
Duerr, H. P.
  09.022.074

Duerr, J. S.
04.105.127 .146
Duerre, D. E.
08.022.141
Duerst, H.
02.032.070
Duerst, J.
04.079.100
10.074.128
Duesberg, R.
05.015.003
Duetsch, H. U.
03.082.022
Dufaure De Citres, J.
01.143.042
Dufay, J.
02.003.055
Dufay, M.
02.022.088
05.022.091 .095
06.022.138 .146
Duff, R. E.
01.022.103
Duffield, A.
03.094.159
04.094.254
Duffner, G.
02.106.031
Duflot, M.
03.159.015
04.159.013
08.153.015
159.007 .011
09.159.007
Duflot, R.
06.158.012
Dufour, H.-M.
01.003.096
Dufour, L.
09.015.004
Dufour, R. J.
03.132.018
08.125.017
131.109
10.125.029
131.105
Dufour, S. W.
01.083.023
Dufresne, G.
06.031.058
Dufton, P. L.
07.064.005
114.068
08.064.053
126.001
10.064.030
Dugan, C. H.
10.022.058
Duggal, S. P.
02.143.017
03.143.004
05.143.028
06.078.004
143.092 .093 .121
07.078.004
08.078.012 .038
09.078.004 .006
10.078.028
Duggan, E. P.
02.010.012
04.010.012
Duhau, S.
04.062.065
Duhem, P.
04.003.038
Duin, R. M.
08.134.008
09.125.027
Dujnic, M.
04.103.102

Dujnic, M.
05.072.061
103.106
06.095.008
Dukas, H.
09.003.062
Duke, C. M.
09.094.055
Duke, D.
03.074.045
Duke, M. B.
02.105.197
03.094.106
04.094.147
105.155
06.094.040 .061
07.094.009
09.094.054 .350
10.094.126 .320
Dukes, R. J.
02.119.004
Dukhovskoj, E. A.
06.094.020 .023
07.094.102 .131
Dukwicz-Latka, M.
05.045.022
Dulemba, J.
03.094.241
Dulevicha, V. E.
03.003.023
Duley, W. W.
01.131.050 .085
02.131.105
04.131.008 .099 .133
05.125.035
131.045 .088
06.125.007 .013
131.038
08.131.024
10.131.018 .020 .176 .277
Dulk, G. A.
01.099.023
02.077.031
099.004
03.077.044
099.010 .011 .012 .013
04.077.028
141.160
05.077.024 .025 .029 .031
.039
099.081
141.101
06.077.024 .040
07.099.032
08.125.018
10.074.106
Dulkin, L. Z.
03.032.019
04.051.037
Dul'kin, L. Z.
09.051.009
Dul'kin, V. M.
08.032.009
Dulou
07.041.055
Dul'tsev, A. T.
02.096.004
123.011
03.081.042
123.040
10.032.003
Duma, A. S.
06.094.306
Duma, D. P.
02.041.010 .021
08.041.012 .053
094.263
09.094.131
10.041.032

Dumanskij, Z. O.
08.003.011
09.063.021
Dumas, A.
09.142.148
Dumas, N. B.
06.095.005
Dumitrescu, A.
02.121.051 .090
03.121.048
05.121.035
06.121.047
09.121.031
10.121.077
Dumitrica, P.
08.081.018
Dumont, A. M.
03.022.065
04.022.009
Dumont, M.
06.015.004
123.041
07.015.006 .015
08.015.012
09.015.002
120.001
Dumont, R.
03.098.009
04.155.019
08.106.025
09.098.020
106.004
10.106.035
Dumont, S.
01.063.024
073.025
04.071.013 .014
05.071.002
06.063.024
09.071.008
10.064.006 .047
Dumortier, B.
02.122.097
04.123.026
09.122.052 .116
Dunaev, B. S.
05.094.139
07.094.259
Dunajev, B. Sz.
See Dunaev, B. S.
Duncan, A. B. F.
07.131.028
Duncan, A. R.
09.094.376 .683
10.094.261 .291
Duncan, C. H.
02.080.012
04.034.010
Duncan, D.
10.103.102
Duncan, F. R.
03.105.056 .120
Duncan, G. A.
07.010.008
Duncan, R. A.
01.083.002
03.099.008
05.099.021
Duncans, L.
10.141.041
Dunckel, N.
03.084.232
08.077.007
Duncombe, J. S.
01.079.101 .106
02.079.106
05.079.108
06.079.103 .104
07.047.001
09.094.300

Duncombe, J. S.
10.079.003 .104
Duncombe, R. L.
01.101.004
02.101.002
03.047.020
098.033
04.100.003 .007
101.007
05.101.010 .013
06.043.010 .013
07.047.001
098.010
08.098.033
09.041.048
10.041.027
047.011
091.013 .031
Dundon, R. W.
04.105.128
Dunford, E.
01.083.032
03.083.020
Dungey, J. W.
01.084.267 .268 .405
02.084.238
03.084.214
07.084.276
08.084.273
Dunham, A. C.
03.094.084
04.094.139
09.094.331
Dunham, D.
06.101.004
Dunham, D. E.
04.079.003
Dunham, D. W.
01.096.014
02.096.001
101.004
06.096.024
07.096.004
09.096.002 .022 .025
115.009
10.079.001
096.001 .008 .009 .011
.012 .901
Dunham, J. B.
05.117.032
09.094.299
10.079.001
Dunham Jr., T.
02.032.023
Dunkelman, L.
01.082.112
04.031.023
036.011
10.034.088
Dunker, A. K.
07.141.547
Dunkin, D. B.
04.097.002
10.131.010
Dunlap, G. D.
03.003.089
Dunlap, J. L.
02.098.002
07.098.045
10.098.001
Dunlap, J. R.
02.125.023
05.125.024 .109
07.125.030
158.140
09.034.019 .072
094.118
Dunlop, D. J.
10.094.262

Dunn, A. R.
05.071.017
08.072.028 .046
Dunn, J.
10.094.263
Dunn, J. R.
05.084.259
07.094.115
09.094.284 .497 .768 .772
10.094.396
Dunn, P.
04.003.141
Dunn, P. J.
08.045.019 .033
09.045.030
10.045.007
055.032
081.009 .011
Dunn, R. B.
02.032.028
05.031.028
032.071
06.032.006
034.029
07.074.084
08.031.044
034.051
071.025
09.034.050
071.034
073.102
10.071.080
Dunne, J. A.
02.107.001
05.031.005
097.012
Dunphy, J. R.
10.082.143
Dunphy, P. P.
09.076.008
Duntley, S. Q.
10.082.113
Dunzans, L.
08.124.100
Duorah, H. L.
05.065.002
125.034
10.065.140
Duorah, K.
05.065.002
10.065.140
Duplay, A.
07.005.002
10.005.021
Dupouy
07.041.055
Dupraz, J.
08.033.109
Dupree, A. K.
01.062.007
02.131.099 .101 .113
03.034.028
073.037
076.012
04.131.058 .091
05.071.041 .047
076.024
06.073.022
131.059 .110
07.074.005
076.030
131.070 .082
08.022.067
071.059
073.099
076.016
080.014 .061
09.071.045
073.057
080.025

Dupree, A. K.
09.131.075
10.073.125
076.001
Dupree, R. G.
04.074.063
Dupuis, P. A. J.
10.033.132
DuPuy, D.
01.122.081
DuPuy, D. L.
04.158.074
07.122.015 .119
09.009.019
10.122.080
Dupuy, J.
09.143.004
Dupuy, M.
01.003.096
Durand, A.
07.124.102
08.141.039 .105
Durand, L.
09.131.178
Durasova, M. S.
01.077.045
02.077.053
05.073.026
06.077.046
079.102
07.077.028
08.079.104
Duraud, J. P.
06.105.095
07.094.023
08.094.081
09.094.804
10.094.221
Durdin, J. M.
02.141.133
07.158.031
08.158.072
Durgapal, M. C.
02.066.019
07.066.130
Durgaprasad, N.
01.143.044
02.143.068
04.143.059
05.143.128
06.143.005 .007 .043
07.034.142
10.142.006 .019
Durgin, H. E.
08.121.104
Durisen, R. H.
07.116.013
10.065.004 .005
Durkovic, P. M.
See Djurkovic, P. M.
Durney, A. C.
05.078.042
06.078.020
084.201
08.078.001 .023
Durney, B.
01.141.148
04.065.065
05.065.009
074.054
08.064.026
080.031
10.074.081
080.007
115.036
Durney, B. R.
01.080.001
03.117.018
04.065.051
080.028

Durney, B. R.
05.080.006 .030
06.064.043 .065
065.159
080.053
07.065.045
071.012
074.029
08.074.018
09.073.058
074.102
10.074.073
Durouchoux, P.
01.142.001
07.134.001
Durrani, S. A.
02.105.063
03.105.073 .102
04.105.079
05.105.045 .058 .091
06.105.001 .096 .121 .130
.168
08.094.134
09.094.260 .286 .287 .810
105.055
10.094.264 .265 .266 .354
.375
Durrant, C. J.
03.114.002 .003
05.073.049
06.071.030
Durrieu, L.
04.094.064 .328
07.094.023
09.094.459 .804
Durussel, R.
07.009.013
032.037
09.031.027
Duruy, M.
02.122.097
06.123.063
09.122.052 .116
Duthie, J. G.
01.061.022
141.087
04.142.067
05.141.001 .127
Duthie, J. G. M.
01.141.048
Dutt, R. C.
06.066.055
Duval, M.
02.114.074
Duval Jr., J. S.
05.094.143
07.034.060
Duvall, R. N.
01.133.015
Duveen, A.
08.003.106
Duxburg, T. C.
02.051.032
Duxbury, T.
08.097.040 .063
Duxbury, T. C.
07.097.027
08.097.087
09.097.082 .083
10.051.020
097.028
Duysinx, R.
03.084.034 .051
07.084.046
08.084.060
Dvoracek, Z.
01.022.093
Dvorak, R.
07.151.084
10.151.046

Dvornikov, V. M.
09.143.079
Dvornychenko, V. N.
07.052.002
Dvorovik, T. A.
07.097.064
10.097.054
Dvoryashin, A. S.
02.078.004 .005
Dwiggins, D.
08.003.066
Dwivedi, H.
08.115.028
Dworak, T. Z.
08.096.014
121.020 .082
124.101
09.004.073
122.033
10.121.083
158.022
Dworak, Z.
04.082.146
Dworetsky, M.
02.106.031
Dworetsky, M. M.
01.114.078
02.141.164 .233
04.092.021
097.037
114.059
05.118.030
132.027
06.141.011
07.114.089
119.013
08.119.012 .901
09.114.119
10.114.036
116.002 .016
Dwornik, E.
09.094.495
10.094.464
Dwornik, E. J.
01.105.107
03.094.054 .099
04.094.177 .229
09.094.218 .220 .385 .684
.774
10.094.253 .426
Dwornik, S. E.
02.094.063
04.094.053
Dwyer, M. J.
06.082.046
D'yachkov, A. V.
07.074.071
10.106.026
Dyadichev, V. N.
10.083.022
D'yakonov, A. S.
10.084.256
D'yakonov, V. F.
04.091.052
D'yakonova, M. I.
02.105.038 .039 .046
04.105.104
08.105.079 .080 .082
10.105.088
D'yakov, A. A.
06.104.087 .088
08.104.021
D'yakov, B. N.
08.041.049
Dyal, P.
04.094.012 .106
05.094.051 .065 .187 .190
.191
06.094.030 .064 .082 .090
.244

Dyal, P.
07.094.104 .116
09.094.493 .764
10.034.116
094.072 .267 .407
Dyatel, N. P.
07.073.066
Dybwad, J. P.
02.094.108
05.094.160
Dyce, R. B.
01.093.028
03.093.018
04.091.040
093.041 .062
05.066.049
07.043.001
092.010
093.002 .005
09.092.003
Dyck, H. M.
01.114.047
02.114.055
131.124
05.012.009
113.016
114.031
122.018
131.103 .104 .105 .107
06.113.045
131.086
07.113.901
131.043
132.035
08.064.029
113.038
114.020
09.114.120
131.069
132.024
10.131.033 .034 .044
Dycus, R. D.
01.104.015
02.097.016
Dydyk, M.
04.033.094
Dyer, C. C.
07.141.051
162.049
08.141.084
09.162.007
Dyer, C. S.
06.034.096
09.142.147
10.061.030
Dyer, E. R.
07.012.013 .014 .016
Dyer, G. C.
06.046.011
Dyer, J.
08.052.035
Dykla, J. J.
05.066.052
10.066.026 .140
Dyllong, U.
07.022.109
Dymanus, A.
07.131.027
09.022.025
10.131.280
Dymov, V. V.
06.094.021
Dyne, R. J.
01.022.115
06.022.064
07.022.063
Dynkin, S. D.
09.162.025
Dyring, E.
06.078.048

Dyring, E.
06.143.099 .109
09.084.266
Dyson, F.
10.003.034
065.047
Dyson, F. J.
01.066.025 .048
02.065.053
141.061
06.162.024
08.015.014
Dyson, J. E.
01.132.007
02.132.001 .023
05.132.017
08.132.005
09.132.009
10.131.052 .080
Dyson, K.
06.075.010
10.075.006
Dyson, P. L.
01.084.292
03.083.027 .063
06.083.008
08.083.012
Dyvary, N. B.
02.082.072
Dyvig, R. R.
09.034.066
Dzapiashvili
See Dzhapiashvili
Dzervitis, U.
08.158.106
10.113.018
115.006
Dzervitis, U. K.
02.115.010
Dzevanovskaya, A. Yu.
08.094.161
Dzhakusheva, K. G.
02.021.016
06.132.046 .050
08.132.029
10.132.019
Dzhapiashvili, V. P.
06.099.011
07.094.246
09.034.017
094.863
10.094.136
Dzhimshelejshvili, G. N.
02.114.095
122.018
03.114.016 .017
122.004 .110
04.114.116
06.122.096
Dzhordzhio, N. V.
03.084.012 .013
07.082.010
09.084.043
Dzhuchenko, Yu. M.
See Zhuchenko, Yu. M.
Dzhulin
See Zhulin
Dzhulina
See Zhulina
Dzhun, I. V.
05.031.012
045.005
Dzhurovich, D.
08.044.044
Dziadosz, J.
10.033.063
Dziembowski, C. V.
01.106.034
Dziembowski, W.
06.065.050

Dziembowski, W.
10.065.114
Dziewonski, A. M.
06.081.040
Dzigvashvili, R. M.
03.158.008 .073
06.151.006
08.151.052
Dzjuba, B. M.
03.151.012
Dzjubenko
See Dzyubenko
Dzludko
See Zhlud'ko
Dzubenko
See Dzyubenko
Dzyaman, D. D.
09.033.010 .011
Dzyubenko, N. I.
01.079.100
02.074.010 .011
04.074.027 .087
05.074.020 .044
084.004 .005
06.074.021 .087 .088
07.084.036
08.079.101 .102
084.019 .024
09.084.023
10.074.113
079.100 .101

Eades Jr., J. B.
09.042.001
Eames, R.
06.104.051
Eardley, D.
06.162.093
07.162.085
Eardley, D. M.
09.066.116
10.105.026
Earl, J. A.
02.143.003
05.143.058
06.143.045
07.143.013
08.143.051
09.143.034 .039
Earnshaw, R. D. S.
02.083.056
Eason, G.
03.063.019
Easson, I.
06.141.042
East, G.
09.079.002
Eastlund, B. J.
03.141.003
05.141.184
09.141.531
Eastman Jr., F. J.
02.031.017
Eastmond, S.
03.158.050
Easton, R.
04.042.071
Easton, R. L.
07.035.014
Eastwood, J. W.
08.084.294
Eather, R. H.
01.034.028
084.007 .048
02.084.012 .020
05.084.010 .017 .031
06.084.044
07.084.004
08.084.012 .034

Eather, R. H.
09.084.004
10.084.017
Eaton, A. L.
09.094.054
Eaton, J. A.
10.121.050 .058 .101
Ebbighausen, E. G.
03.121.032
05.003.034
121.065
Ebel, A.
04.083.014
Ebel, B.
08.084.414
Eberhagen, A.
04.062.029
Eberhard, P. H.
03.094.129
04.094.266
07.094.277
Eberhardt, P.
01.105.088
02.074.065
105.002 .150
03.094.072
04.074.057
094.192 .361
05.051.013
094.135
06.094.139 .199 .252 .254
.255
08.084.071
09.084.050
094.437 .730
10.011.007
094.010 .026 .268 .269
Eberlein, D.
09.064.027
Eberst, R. D.
07.081.015
Eberstein, I. J.
02.093.032
Ebert, R.
03.065.096
Ebner, C.
08.022.146
Ebner, H.
02.041.004
04.031.004
07.041.003
Eccles, D.
06.083.016
09.083.014
Echevarria, V.
10.033.090
Ecker, E.
02.046.014
Ecker, G. H.
08.003.067
Eckert, D.
03.041.005
Eckert, H.
06.014.005
Eckert, R.
03.031.003
Eckert, W. J.
02.047.019
03.042.071
10.094.511
Eckhardt, D. H.
03.094.025
05.094.021
08.034.096
09.094.014
10.094.074 .107
Eckhaus, W.
06.042.056
Ecklund, E. T.
05.033.029

Ecklund, W. L.
01.084.045
05.084.045
08.084.021
09.084.037
10.084.020 .026
Eckmann, J. P.
01.021.017
Eckstein, M. C.
01.042.023
05.053.007
Economou, T. E.
02.094.175
03.094.024 .181 .236
04.094.319
09.094.517
097.033
Edberg, S.
09.072.052
Edberg, S. J.
09.073.002
Eddy, J. A.
01.071.039
082.104
02.071.036
073.059
03.099.012 .013
04.034.012
05.004.018
074.066
08.004.002
074.031
09.071.032
073.059
079.106
10.074.012 .015
082.015 .118
Ede, W. W.
04.011.009
Edelbaum, T. N.
04.052.003
Edelen, D. G. B.
01.151.002
04.003.040
Edelman, C.
05.042.040
07.099.006
Edelman, H. J.
07.103.115
Edelson, S.
05.077.045
06.077.022
08.077.030
09.077.062 .068
Eden, D.
10.131.126
Eden, H. F.
09.097.090
Edeskuty, F.
05.034.069
06.066.045
Edeskuty, F. J.
07.034.128
Edgar, B. C.
10.082.012
084.011
Edge, R. C. A.
01.007.000
Edgerley, D.
10.022.043
Edgington, J. A.
03.094.135
04.094.271
06.094.298
09.094.286 .287 .809 .810
Edinger, J. G.
10.003.098
Edison, D. M.
02.032.021

Edlen, B.
01.012.012
022.074
02.022.058
074.044
114.010
06.022.136
08.074.009
09.022.073
10.022.050
Edmonds Jr., F. N.
01.034.013
114.087
02.064.021
114.016
03.112.009
04.071.029 .030
05.071.013
07.071.007 .022
114.033 .096
08.071.012
09.114.056
Edmondson, F. K.
01.008.017
03.008.018
05.008.020
07.008.023
09.008.018
014.034
10.098.027
Edmunds, M. G.
09.114.042
10.160.016
Edrich, J.
03.131.084
05.033.015 .016
06.033.025 .033 .055
07.033.024
131.034
08.131.090
09.155.086
Edward, J. A.
10.031.079
Edwards, A. C.
02.065.067
Edwards, A. R.
08.081.018
Edwards, D.
04.162.020
05.141.212
162.059
06.162.002
08.162.002 .047
10.162.031
Edwards, D. F.
02.022.042
03.022.070
Edwards, D. F. A.
04.051.004
Edwards, D. K.
10.063.014
Edwards, G. J.
08.022.139
Edwards, G. P.
01.033.038
Edwards, H. J.
07.034.140
Edwards, L. R.
08.103.011
Edwards, P.
10.010.023
Edwards, P. J.
01.082.028
083.034
142.052
02.008.036
033.013
142.064
06.155.038
08.033.118

Edwards, P. J.
09.008.039
Edwards, P. L.
10.141.121
Edwards, S.
07.142.081
08.142.084
Edwards, T. W.
01.065.057
03.065.008 .042
08.123.027
10.061.023
Eelsalu, H.
01.021.002
082.029
113.002
151.008
03.155.063
05.113.005
06.013.010 .011
031.016
112.006
07.155.079
09.155.012
10.155.067
Eerme, K.
04.082.186
05.117.007
06.082.031
10.031.061
051.017 .019
082.131
Eerme, K. A.
10.082.016
Eerme, K. V.
10.031.024
113.047
Efanov, V. A.
01.093.001
02.077.002
134.012
03.141.216
04.033.063
099.014
141.041 .058
05.141.014 .088 .226
06.097.032 .091
07.077.018 .019 .038
099.071
131.039 .124
141.039 .092
08.077.011
141.016 .129
09.093.065
10.033.076
072.038
077.038
131.284
141.098
Efendiev, Ch. A.
01.071.024
02.071.088
Efendieva
See Ehffendieva
Effantin, C.
06.022.012
Effendieva
See Ehffendieva
Efimenko, G. G.
09.052.028
Efimov, A. A.
05.066.041
Efimov, A. I.
04.093.044
05.093.049
06.093.015 .018
08.097.074
Efimov, Yu. S.
02.031.024
121.061

Efimov, Yu. S.
02.122.057 .116
141.027
05.122.008
06.120.009
07.125.101
08.122.089 .131
131.122
09.141.085
Efimova, T. V.
01.157.006
Efremov, A. I.
10.083.045
Efremov, Yu. N.
01.123.023
02.003.013
011.004
03.120.009
04.003.069
011.002 .003
120.001
122.081
158.057
05.003.013
06.065.034
122.079
158.081
07.003.154
065.085
142.122 .134
158.155
08.122.029 .059
142.022 .035 .042
09.003.003
115.026
122.055
159.004
10.003.038
Efremova, N. A.
10.155.071
Efron, L.
02.093.011
03.097.012
04.093.063 .067
Egan, W. G.
01.097.045
02.022.036
097.054
05.097.024
06.097.047
07.094.034
08.105.062
10.063.064
094.079 .102
105.002
Egeland, A.
01.084.002
03.083.065
05.084.002
06.084.035 .052
08.084.052 .066
10.003.039
084.001 .009
Eggen, O.
01.032.054
Eggen, O. J.
01.012.019
112.002
122.055
123.030
126.012 .013
153.003 .018
02.008.080
112.004 .020
113.019
126.001 .004 .005
142.034
152.007
153.022 .023 .029
155.013

Eggen, O. J.
03.122.048
126.006
152.002
158.005
04.008.024
113.002
122.042 .064
126.010
153.004
05.113.003 .011 .019
115.004 .017
126.013
153.028
155.055 .056
06.008.020
113.032
115.008 .017
122.158
123.020
07.113.007
122.058 .088
153.013
155.080
08.008.066
114.069 .088
115.004 .025
122.080
153.001
154.014
09.115.010 .016
122.029
126.030
155.099 .100
10.008.077
113.027
115.037
122.001 .042
141.093
Egger, F.
04.007.000
014.025
06.003.096
010.010
Egger, H.
04.035.001
07.004.023
Egger, M.
06.003.096
Eggleton, P.
07.065.123
Eggleton, P. P.
05.065.032
07.065.065
09.065.029 .072
122.049
10.065.044
115.042
Eggleton, R.
09.094.569
Eggleton, R. E.
03.094.246
09.094.055
10.094.329 .410
Eggmann, E.
05.032.049
Egibekov, P.
02.102.017
03.102.016
04.102.014
06.102.003
10.106.004
Egibekov, P. E.
01.102.014
10.102.006
Egidi, A.
01.074.032
02.074.078
04.074.079 .085
05.074.046

Egidi, A.
08.009.016
09.084.240
Egidi, C.
02.035.011 .013
044.006
07.044.054
08.044.026
Eglinton, G.
03.094.157 .174
04.094.246
05.094.084
07.094.138
08.094.119
09.094.065 .440 .748 .900
10.094.034 .231
Eglitis, I.
10.114.186
Egorov, A. D.
02.035.038
04.034.057
06.035.003
08.031.089
Egorov, D. Ya.
05.053.020
Egorov, I. E.
04.033.007
Egorov, I. V.
10.094.137
Egorov, O. K.
02.105.176
Egorov, S. T.
02.082.137
05.082.006
08.097.097
10.097.062
Egorov, V. A.
01.052.004
09.052.027
Egorov, V. B.
07.046.012
Egorov, Yu. A.
04.034.019
06.099.071
08.099.098
Egorova, A. V.
08.042.003 .901
Egorova, N. B.
04.074.028
Egorova, T. M.
03.131.098
157.019
08.033.021
Egred, J.
07.041.041 .043
Eguchi, H.
04.033.045
Egybekov, P.
02.102.032
Egyed, L.
01.081.038
02.003.057
Ehffendieva, S. A.
05.072.048
09.072.010 .078
Ehjdman, V. Ya.
02.033.014
141.189
04.141.219
05.141.090 .196
06.141.076
08.061.024
09.141.564
Ehlers, J.
01.151.003
02.066.074
162.091
06.066.077
162.035
08.006.000

Ehlers, J.
10.066.045
Ehlert, D.
05.021.009
Ehliass, M. K.
08.033.060 .061
Ehl'yasberg, P. E.
01.052.005
04.081.031
06.082.054
07.052.017
08.082.141
09.082.034
10.052.067
082.121
Ehman, J. R.
03.141.141
06.141.157
09.131.145
141.032
10.141.056 .067
Ehmann, W. D.
01.105.080 .081
02.105.076
03.094.058
105.001 .107 .131
04.094.074 .193 .201
105.062
06.003.027
105.140
07.094.008 .066
08.105.004 .121 .126
09.094.089 .144 .222 .387
.680
105.030
10.094.270
Ehrgma, Eh.
01.065.039
02.064.013
05.064.009 .027
07.064.027
08.064.001
09.064.037
Ehrgma, Eh. V.
07.065.061
08.065.003
Ehrhardt, H.
01.022.036
08.022.065
Ehrich, H.
10.022.059
Ehricke, K. A.
03.091.048
07.015.007
08.053.002
Ehrlich, E.
07.035.015
Ehrlich, E. N.
09.094.890
Ehrlich, S. J.
05.097.023
Ehrmann, C. H.
01.034.023
02.032.052
034.091
07.034.126
Ehrnsperger, W.
06.046.022
Ehshmatov, M. R.
03.096.019
07.096.010
09.096.011
Ehzers'ka, V. O.
08.094.253 .254
Ehzers'kij, V. J.
08.005.028
094.253 .254
Eiby, G.
02.091.007
04.004.048

Eiby, G.
10.004.004
Eiby, G. A.
01.010.024
02.035.019
03.010.024
04.007.000
06.013.001
07.005.015
10.004.038 .039
Eichhorn, A.
09.123.051
Eichhorn, G.
09.053.015
Eichhorn, H.
01.008.117
041.002 .003
02.041.014
03.112.006
153.006
04.031.002
041.038 .039
112.025
06.012.031
034.124
041.031 .054
07.111.008
112.011
10.021.009
041.024
117.021
Eichhorn, H. K.
03.041.003
06.041.034
10.041.017
Eichhorn-Von Wurmb, H. K.
03.008.127
05.008.124
07.008.139
Eidelman, E. D.
03.066.016
06.066.019
Eiden, R.
05.063.033
Eidman, V. Ya.
See Ehjdman, V. Ya.
Eigenson, A. M.
01.126.007
09.154.007 .017
10.154.024 .025
Eilek, J.
07.158.061 .141
Eilek, J. A.
08.031.015
09.158.142
Eilers, D. D.
09.122.138
Eimerl, D.
08.066.061
Einarsson, B.
02.022.011
Einasto, J.
01.151.011 .030 .031 .033
.034 .035
02.158.035
03.013.001
158.060 .074 .075
04.155.020 .021
158.063 .066
07.151.099
155.049
158.067 .169
08.065.014
155.043
158.078
10.032.045
155.050 .051
Einasto, L.
07.151.099
155.049

Einicke, O. H.
05.031.001
Einighammer, H. J.
02.034.100
04.034.072
05.076.045
06.076.019
10.031.012 .041
Eisele, J. A.
01.003.006
Eiseley, L.
05.003.035
Eisenhuth, A.
06.003.063
Eisenlohr, H.
06.105.005
07.105.004
08.105.016
Eisenstaedt, J.
03.162.005
Eisentraut, K. J.
09.094.409 .692
Eisler, T. J.
01.074.015 .018
Eisner, M.
04.063.042
Eissner, W.
02.022.059
06.021.006
10.022.048
Eitter, J. J.
06.096.041
Ejdman, V. Ya.
See Ehjdman, V. Ya.
Ekberg, J. O.
07.022.097
08.022.041 .042 .043
09.022.036 .037
10.022.033
Ekedahl, Y.
01.021.015
06.021.010
Ekers, J. A.
01.141.127
09.158.067
Ekers, R. D.
01.141.112 .138 .141
156.004
02.074.038
141.037 .064 .090 .152
162.030
03.141.150 .158
156.001
04.066.007 .131
141.131
05.033.026
074.002 .082
082.001
06.155.034
07.141.090
09.125.102
126.001
158.036 .067
10.033.004
Ekloef, O.
03.014.011
Ekman, D.
10.052.006
Ekonomov, A. P.
05.094.006 .032
09.093.083
10.093.023
Ekrutt, J. W.
01.098.015 .027
02.004.030
03.098.013
04.079.001
Eksinger, D.
02.005.019 .026

Eksteen, J. P.
01.122.021 .102
02.122.125 .127 .149 .154
　　　.162
03.122.085 .091 .103 .104
04.122.122 .153
05.122.096 .123
06.123.003
07.122.094 .140
08.073.062
　　122.035 .067
09.122.071
10.125.101
El Goresy, A.
02.105.067 .068 .135
03.094.093 .192
　　105.052
04.094.131
06.094.238 .257 .299
　　105.004 .097 .131
08.105.100 .114
09.094.113 .145 .146 .306
　　.323 .534 .624 .626
　　105.074 .125
10.094.274 .477
El-Badry, H. M.
02.105.074
El-Baz, F.
03.094.020
04.003.116
06.094.256
　　105.097
09.094.608 .609 .610 .934
10.094.271 .272 .277 .382
El-Gowhari, A.
08.142.150
El-Naggar, I. A.
08.062.081
El-Raey, M.
05.079.102
08.080.033
09.077.066
Elander, N.
10.022.016
　　131.057
Elatomtseva, N. A.
04.014.010
Elbert, D. D.
07.151.001
Elcan, M. J.
10.076.008
　　142.066
Elco, R. A.
02.074.059
Elder, J. W.
01.022.018
03.094.340
Eldridge, J. S.
01.105.014
03.094.080
04.094.222
07.094.021
09.094.230 .233 .261 .381
　　.432 .716 .717
10.094.126 .273 .403
Eldridge, O.
08.062.082
Elena, A.
08.083.072
Elenevskaya, N. V.
10.042.113
Elford, W. G.
02.033.008
06.104.018
Elgaroey, Oe.
01.077.008
03.077.030
05.141.144 .145
06.077.068 .069
07.077.002

Elgaroey, Oe.
10.077.042
Elias, D. P.
04.103.104 .128
　　124.107
05.103.109 .111 .117
06.103.102
　　124.102
07.103.104
Elias, J. H.
05.100.007 .019
06.097.037
Elias, M.
01.051.032
02.011.039
07.094.268
Eliass, M.
10.077.060
　　079.105
　　141.076
Eliasson, B.
01.131.022 .041 .061 .076
Elings, V. B.
04.143.019
Eliseev, G. F.
08.071.073
Elizariev, Yu. N.
05.083.029 .058
El'kina, N. T.
02.105.048
Elkins, T. J.
01.083.015
02.083.004
Ellder, J.
01.131.051
02.131.121 .122 .140
04.131.012
06.131.077 .131 .138 .139
07.131.130 .136
08.131.082
09.131.108
10.131.050 .071 .132 .215
　　.216 .275 .276
Elleman, D. D.
03.094.133
04.094.297
Eller, E.
07.094.020
08.094.005
09.094.587 .755
10.094.193
Eller, E. L.
10.034.062
Ellinger, D.
03.034.056
05.034.084
06.034.114
Elliot, H.
02.073.077
03.078.010
　　084.413
05.078.040 .041 .042
　　143.023 .133
06.084.308
07.074.089
　　143.004 .014
10.073.069
Elliot, J.
07.142.120
08.099.068
　　141.121
09.099.053
Elliot, J. L.
03.034.027
04.034.063
　　061.005
06.099.023
　　142.023
07.142.031 .122
08.082.014

Elliot, J. L.
08.142.003 .136
09.141.020
10.099.041
Elliott, D.
01.105.009
07.141.042
Elliott, D. D.
02.082.046
07.084.023
Elliott, I.
01.071.006
Elliott, K. H.
03.132.027 .037
09.131.120
10.132.002 .005 .014
Elliott, R.
03.103.122
Elliott, R. C.
03.098.032
04.103.117 .130 .131
Elliott, W. A.
06.066.017
Ellis, D.
08.065.145
09.084.047
Ellis, D. G.
04.022.120
10.022.073
Ellis, D. V.
01.142.020
02.142.019
Ellis, G. F. R.
02.162.066
04.162.072
06.162.057 .092
07.162.057
09.003.058
10.162.062
Ellis, G. R. A.
01.077.024
02.033.012
　　077.033
09.033.006 .025
　　099.018 .026
　　132.011
Ellis, H. T.
05.082.110
07.082.077
Ellis, P. J.
04.082.032
08.082.092
Ellis, W.
09.094.450
Ellis, W. L.
09.094.520
Ells, J. W.
01.097.027
Ellsaesser, H. W.
07.082.077
Ellyett, C. D.
01.084.028
02.104.014
Elmabsout, B.
03.042.039
09.042.012
Elmergreen, B. G.
08.022.118
Elsaesser, H.
01.008.051
　　015.017
　　106.030
02.009.018
　　015.001
　　155.018
03.008.059
04.008.050
　　065.014
　　082.174
05.008.061

Elsaesser, H.
05.009.016 .020
 032.039
 106.019
 113.055
 131.087
 158.074
06.065.104
07.008.067
 009.022
08.008.045
09.009.024
 082.098
 113.033
 152.010
10.008.052
 015.011
 065.153
 082.081
 113.085
Elsaesser, K.
04.141.069
06.062.045
09.062.043
Elsasser, W. M.
08.081.061
Elsmore, B.
02.141.143
07.141.113
10.041.004 .005
 044.001
Elst, E. W.
07.122.013
09.063.046
 122.017
Elste, G.
02.071.078
03.072.023
05.072.051
 114.073
06.064.018
08.064.061
09.071.021
Elste, G. H.
02.071.075
Elston, D. P.
04.105.129
06.105.051
09.094.055
Elston, W. E.
02.094.109
06.094.168 .169 .171
09.097.100
Eltayeb, I. A.
04.062.037
08.062.030
El'tekov, V. A.
06.084.321
Elterman, L.
02.082.040
09.082.054
Eltgroth, P. G.
04.162.062
Elton, R. C.
08.073.038 .070
Elvius, A.
01.158.061
 162.033
07.141.105
 158.158
10.010.032
 158.073 .092
Elvius, T.
02.155.023
03.155.060
06.010.032
Elvove, S.
03.021.014
Elwert, G.
01.008.124

Elwert, G.
02.022.029
 034.099
 076.045
03.008.138
04.022.078
 034.073
 076.029
05.008.132
06.076.027 .028 .038
07.008.148
08.073.057 .069
 076.033
10.008.116
Elwin, S. J.
09.099.041
Ely, J. T. A.
04.143.042
Elyasberg
See Ehl'yasberg
Elzie, J. L.
09.094.375
Emard, P.
10.062.010 .012
Embleton, B. J. J.
01.045.005
02.045.009
Emeleus, C. H.
03.094.087
04.094.140
09.094.177 .346 .614
10.094.225
Emeljanenko, S. N.
See Emel'yanenko, S. N.
Emeljanov, V. N.
See Emel'yanov, V. N.
Emel'yanenko, A. V.
10.036.002
Emel'yanenko, M. T.
05.014.003 .004
07.014.001
Emelyanenko, S. N.
01.084.038
Emel'yanenko, S. N.
08.084.412
Emelyanenko, V. V.
10.103.122
Emel'yanov, I. A.
09.033.036
Emel'yanov, N. V.
10.042.004
 052.051
Emel'yanov, V. N.
02.079.103
04.014.012
Emel'yanov, V. S.
05.003.036
Emerson, B.
01.119.001
06.012.006
Emerson, D.
06.034.006
Emerson, D. T.
10.158.074
Emerson, G.
02.072.034
09.098.035
Emerson, J. P.
03.099.012 .013
09.113.015
10.074.012
 131.055
Emerson, M. N.
01.003.081
Emery, F. E.
03.033.047
Emery, R.
05.155.049
 157.003

Emery, R. J.
05.141.061
06.155.021 .036
09.131.079
 155.039
Emets, A. I.
02.142.011
06.045.022
08.031.024
09.081.028
Emetz
See Emets
Emiliani, C.
02.081.026
Eminzade, T. A.
06.126.003 .009
10.126.017 .018
Emlen, S. T.
01.015.015
Emslie, A. G.
08.094.015
Enalskij, V. A.
09.021.003
10.041.010
Enalsky
See Enalskij
Encrenaz, P.
01.143.026
03.141.149
04.141.038
06.141.061 .075
07.131.061
08.141.526
09.141.518
Encrenaz, P. J.
03.141.173
 157.003
04.082.052
05.131.095
 155.018
10.131.053 .227
Encrenaz, T.
03.099.023
05.099.009
07.097.091
 099.007 .021 .901
09.091.043
 099.082
10.100.006
 103.102
Endean, V. G.
04.141.065
07.141.563
08.141.502
09.141.508
Endikov, G. I.
09.085.015
Endler, P.
05.074.081
Endrud, G. H.
08.106.004
Eneev, T. M.
07.158.151
09.151.002
Engberts, E.
05.003.037
Engel, A. E. J.
03.094.057
04.094.194
09.094.336
Engel, A. R.
04.078.026
05.078.040 .041 .042
09.142.147
Engel, C. G.
03.094.057
04.094.194
09.094.336
Engel, R.
02.094.025

Engelbrektson, S.
 02.003.067
Engelhard, L.
 08.034.067
Engelhardt, W.
 05.022.079
 08.062.036 .037
Engelhardt, W. Von
 See Von Engelhardt, W.
Engelke, R.
 03.066.088
Engelman, A.
 03.093.022
Engelmann, J.
 04.078.023
 05.078.045 .046
 06.078.020
  084.201
 08.078.022 .028
Engelsberger, M.
 02.032.008
Engelthaler, P.
 10.076.015
Engibaryan, N. B.
 02.064.024
 03.063.009 .035
 04.063.001
 07.063.018
 08.063.002 .003 .027 .031
 09.063.012 .045
 10.063.017
Englade, R. C.
 05.073.006
 06.078.010
  143.090
 08.078.032
England, A. W.
 09.094.055
 10.094.442
Englefield, C. G.
 05.033.009
 06.082.024
Engleman Jr., R.
 10.022.056
English, C. R.
 05.003.038
English, H. W.
 05.003.038
Engman, B.
 10.022.068
Engstrom, S. F. T.
 05.034.018
 06.076.030
 08.071.043
 09.074.004
Engstrom, S. T. F.
 03.076.024
Engvall, J.
 10.034.087
Engvold, O.
 02.071.047
  072.003 .090
 03.072.007
  073.023
 04.072.017 .020
 05.071.038
 06.071.070
  073.078
 07.073.044
 08.061.031
  071.076
 09.054.006
  071.003
  072.015
Enikeev, R. I.
 01.079.102
Enke, G.
 04.014.029
Enome, S.
 01.077.006

Enome, S.
 02.063.021
 03.073.066 .084
  077.008
 04.033.073
 05.077.015 .046
 06.074.033
 08.033.092
 10.073.073
Enslin, H.
 05.045.036
 09.045.020
Ensor, D. S.
 09.082.051
Ensslin, N.
 09.080.047
Entzian, G.
 02.076.044
 05.085.002
Enzmann, R. D.
 01.012.021
Eoff, J. D.
 04.032.006
Eoll, J. G.
 09.064.028
 10.065.069
Epchtein, N.
 08.034.036
 10.082.014
Ephanov, V. A.
 See Efanov, V. A.
Epherre, M.
 01.114.052
Epikhin, E. N.
 09.066.042
Epishev, V. P.
 02.121.074
Epps, E.
 05.122.108
Epps, E. A.
 04.041.011
 06.155.007
 08.113.060
 09.122.058
Epps, H.
 08.141.510
Epps, H. W.
 08.141.101
  158.079
 09.133.015 .016
 10.133.005 .064
Epremyan, R. A.
 07.034.050
Epstein, E.
 09.158.146
Epstein, E. E.
 02.141.164 .233
 04.033.062
  092.021
  097.037
  141.087
 05.132.027
 06.097.034
  141.011
 07.114.088
  141.093 .190
 08.122.078
  131.112
  141.037 .039 .105
  142.066
 09.131.072 .073
 10.114.024
  131.223
Epstein, E. S.
 02.082.147
Epstein, G.
 06.134.001
 07.034.015
 08.034.120
 10.022.089

Epstein, G. L.
 07.022.097
 08.034.051
  073.031
 09.072.055
  073.023 .060
 10.073.063
Epstein, I.
 01.122.061
 02.122.105
 09.122.025
Epstein, J. W.
 07.034.141
Epstein, L.
 06.031.012
 09.022.058
  031.051
Epstein, L. C.
 01.032.002
Epstein, R. I.
 07.061.005
  141.139
 10.022.010
  141.510
Epstein, S.
 02.105.171
 03.094.062
 04.094.081 .195 .236
 06.094.052
 09.094.106 .407 .700
 10.094.276
Eramzhen, R. A.
 02.080.047
Erastov, L. K.
 08.122.142
Erastova, L. K.
 02.122.011
 03.153.010
 04.123.033
 05.122.019 .022 .124
 06.122.094
 09.122.130 .131 .136
 10.122.030
  123.012
Erber, T.
 10.061.010
Erceg, V.
 06.118.011
Erck, A.
 08.004.070
Eremeev, V. F.
 01.081.002 .045
 04.081.044
 08.003.068
 10.081.006 .007
  094.041
Eremeeva, A. I.
 07.004.001
 10.005.020
Eremenko, R. P.
 03.098.016
 06.054.011
 08.098.009
Ergas, R.
 07.046.003
 08.055.007
Ergas, R. A.
 08.046.023
  142.091
Ergma, E. (V.)
 See Ehrgma, Eh. (V).
Erichsen, J. P.
 05.032.032
Ericksen, J. H.
 06.143.102 .103
Erickson, A. A.
 02.105.175
Erickson, A. L.
 08.022.144
  091.024

Erickson, E.
09.093.021
Erickson, E. F.
10.132.008 .035
Erickson, G. J.
08.051.013
Erickson, J. E.
01.104.007
105.030
Erickson, R. R.
05.153.001
Erickson, W. C.
04.077.022
05.033.014
06.141.104
07.141.030 .513
08.141.073 .507
09.033.024
141.506
10.033.022 .029
Ericson, A.
08.035.002
Ericson, D. B.
06.131.073
Eriksen, G.
05.083.061
10.072.055
Eriksson, K. B. S.
10.022.079
Eritsian, M. A.
04.103.101
122.036 .161
05.034.011
122.021
06.122.053
09.034.096
122.132
Eritzian
See Eritsian
Erizhokov, V. A.
03.113.057
04.113.037
Erjushev
See Eryushev
Erkes, J. W.
02.125.002
03.125.005
05.033.029
06.125.032
08.154.005
10.125.026 .038 .047 .048
152.013
159.009 .010
Erko, V. F.
06.022.027
10.022.099
Erlank, A. J.
01.105.046 .053
02.105.100
07.105.046
09.094.239 .379 .687
105.044
10.094.261
105.013
Erleksova, G. E.
02.122.067
123.031
03.121.007
04.122.028
06.122.017 .090
08.122.010
Ermilov, Yu. A.
08.052.033
Ermolaev, A. M.
08.076.010
Ermolaev, G. G.
09.041.031
Ermolayev, G. G.
See Ermolaev, G. G.

Ermoshina, K. P.
02.036.010
05.103.001
Ernest, O.
09.036.001
Ernsberger, F. M.
09.094.743
Ernsberger, K.
09.054.004
Ernst, R. L.
03.033.042
Ernvein-Pecquenard, J.
01.035.001
Erosevic
See Eroshevich
Eroshenko, E. A.
07.143.034
09.143.083
Eroshenko, E. G.
02.093.030
03.084.278
106.009
06.084.249
08.097.109
09.093.055
10.097.039
Eroshenko, E. V.
10.078.016
Eroshevich, E.
02.103.101
Eroshevich, E. S.
03.098.023
06.098.032
132.047 .049
08.132.008 .030
Eroshkin, G. I.
10.094.152
Eross, B.
09.097.062 .063 .064
10.097.018 .041
Eroukhimov
See Erukhimov
Erpylev, N. P.
01.054.007
06.055.009
09.011.019
10.055.017
081.015
Ershkovich, A. I.
02.084.253 .266
05.084.273
07.084.225
102.008
08.084.250 .254 .337 .346
102.001 .003 .006
09.084.223 .224 .241 .243
.261
102.007
Ershova, V. A.
06.083.042
Erskine, E.
09.111.005
Erskine, E. M.
06.112.012
Ertel, H.
05.066.073
Eruchev, N. N.
See Eryushev, N. N.
Erukhimov, L. M.
02.083.042
131.128
141.030
03.083.071
05.077.023
141.123
06.141.163
08.141.529
10.063.067
Erushev, N. (N.)
See Eryushev, N. N.

Eryushev, N. N.
02.077.041
079.103
03.077.012
04.073.017
05.077.004
06.077.023
07.077.016
08.077.010
10.077.027 .037
Escalante, F. J.
01.101.006
04.079.100
Escandon, F. J.
08.094.204
Eschelbach, G.
05.063.045
Eschenauer, H.
07.033.030
Escher, P.
01.052.003
Escobal, P.
04.003.039
Escobal, P. R.
01.003.018
06.003.064
Eselevich, V. G.
10.151.071
Esepkina, N. A.
06.033.007 .013
07.033.006
08.033.001 .003 .004 .005
09.033.014
10.003.035
033.046 .075
Eshleman, R.
04.097.048
Eshleman, V. R.
01.077.004
097.011
02.093.012
03.008.122
04.091.051
05.008.080 .121
093.008
07.008.093 .135
10.091.008
Esipov, V. F.
01.114.010
125.012
02.122.048
03.158.059
04.124.102
158.030 .031 .083 .096
05.034.017
132.024
06.158.016 .033
07.123.040
132.004
08.099.028
122.090
132.017
158.001 .103 .133 .138
09.158.032 .049
10.132.004
158.053 .148
Esojan
See Esoyan
Esoyan, L. Kh.
03.155.062
08.155.014
Espeland, R. H.
03.079.102
Espiard, J.
05.031.073
07.034.079
08.031.076
Espin, L.
07.041.043

Esposito, F. P.
03.066.046
05.066.029
06.066.018
07.062.015
Esposito, P. B.
05.066.007
06.094.189
08.066.057
097.037
09.097.018
Esposito, R.
04.091.048
Essen, L.
01.022.106
044.016
02.003.068
035.039
044.017
06.044.026
Essene, E.
03.094.090
04.094.175
Essene, E. J.
04.094.149
Essex, E. A.
09.083.022 .023
Essex, J. D.
09.082.054
Esson, J.
03.094.084
04.094.139
Estabrook, F.
10.066.131
Estabrook, F. B.
01.162.068
02.066.026
06.162.084
Estep, P. A.
09.094.290 .469 .817
Ester, P. A.
06.094.101
Esterkin, V.
09.077.037
Estes, J. K.
04.122.090
07.151.079
Estes, R.
08.052.004
Estes, R. H.
03.042.009
Esteva, J. M.
02.022.020
08.022.018
062.045
Estrajher, K.
10.004.011
Estremadoyro R., V.
04.079.104
Estulin, I. V.
10.034.008 .009
143.039
Etherington, R. J.
01.084.405
Etherton, R. C.
06.034.128
Etkin, V. S.
10.033.077
Ettinger, K. V.
03.105.073
05.105.059
Eugster, O.
02.105.002 .003
03.094.183
105.082 .125
04.094.238
06.094.201 .259 .260
09.094.410
10.094.010 .269

Eugster, O. J.
03.094.030
Evangelisti, F.
05.034.114
09.076.013
Evans
01.125.105
Evans, A.
05.134.026
141.211
07.141.103 .119
08.141.104
09.141.027
Evans, A. B.
05.162.062
10.162.048 .066 .089
Evans, A. E.
03.084.218 .220 .222
Evans, B. G.
06.033.046
08.033.105
Evans, B. H.
01.004.023
Evans, C.
08.034.029
Evans, C. D.
04.079.100
05.073.047
Evans, D. C.
01.082.112
Evans, D. E.
07.094.272
08.094.170
09.094.758 .760
10.094.331 .332
Evans, D. S.
01.004.023
119.002
122.058
126.001
133.002
158.005
02.082.029
096.008
03.096.012 .014
112.020
115.006
119.005
05.118.009
06.084.045
096.025 .039 .040
099.025 .057
119.007
07.012.005
083.018
099.013
08.007.000
099.075
115.012
09.115.009
10.084.025
096.001 .005 .901
122.081 .144
Evans, E. R.
10.003.040
Evans, G.
10.033.092 .093
Evans, G. R.
03.131.027
Evans, J. C.
02.064.049
071.037
072.067
04.072.028
114.064
05.064.015
114.073
08.071.020
114.006 .063
09.094.434

Evans, J. C.
09.114.147
10.022.026
064.066
065.063
080.046
Evans, J. E.
02.084.011 .222
06.012.021
Evans, J. V.
01.093.027 .045 .084
02.091.009 .049
03.011.006
083.003
04.083.005 .026 .031 .032
091.051
093.066
07.009.017
083.052
094.195
09.083.013 .063
093.056
Evans, J. W.
06.032.005
07.074.078
08.071.080
09.072.046
Evans, K.
01.142.050
04.076.005
142.016
08.076.032
Evans, L. C.
02.078.006
08.084.290
Evans, L. G.
06.077.045
08.078.035
09.077.052
10.077.036
078.004
Evans, N. R.
03.113.047
04.124.101
Evans, R.
04.125.104
08.022.147
Evans, R. E.
10.094.277
Evans, R. G.
10.032.014
114.111
Evans, R. W.
05.034.057
Evans, T. L.
02.153.019
04.065.114
113.022
114.002
122.099
155.027
05.122.107
154.016
06.122.036 .037
159.022 .024
07.115.018
119.016
08.119.009
122.018 .021 .044 .083
159.006
09.114.098
121.001
10.114.032
115.001
122.065
154.008
Evans, W. D.
01.076.027
142.070
02.142.018 .068

Evans, W. D.
03.076.017
142.006 .022
04.076.026
142.084 .093
07.117.027
142.009 .030
08.142.065
10.142.112 .113 .121
Evans, W. E.
08.082.202
Evans, W. F. J.
01.082.063
03.082.039
04.082.007 .111 .112 .120
06.082.099
084.023
07.022.037
082.049
08.082.069 .081
09.082.007
Evans II, N. J.
03.131.009
04.131.019
07.022.082
08.034.107
131.033 .119
10.131.256 .266
132.051
Evans Jr., H. T.
03.094.096
04.094.150
Evans Jr., J. C.
03.094.078
04.094.231
05.094.156
Evans Jr., J. M.
07.022.022
Evdokimov, I. Yu.
09.103.126
Evdokimov, Yu. V.
06.103.128
104.041
08.103.107
09.103.105 .126
104.010
Evdokimova, L. S.
05.052.006
06.053.001
Even-Zohar, M.
05.022.090
Evensen, N. M.
04.094.221
06.094.145
07.094.013
09.094.706
10.094.395
Evenson, K. M.
04.131.011
08.022.129
Evenson, N. M.
06.094.313
Evenson, P.
08.143.015
Everett, C. H. M.
07.022.014
Everhart, E.
01.102.010
02.042.030
03.102.005
07.102.001
08.042.080
102.043
09.042.032
102.012
10.042.088 .103
102.012
Everitt, C. W. F.
04.066.069
07.066.147

Everson, J.
03.094.111
Everson, J. E.
04.094.173
09.094.319
Eviatar, A.
01.084.009 .203 .419
03.074.012
04.102.011 .015
106.036
05.094.103
102.020
07.074.048
099.054
09.074.007
10.074.010
Evlashin, L. S.
05.084.016
07.084.028
Evlashina, L. M.
05.084.016
Evrard, G.
01.075.038
05.075.016
06.075.002
07.075.007
08.075.004
Evrard-Kesteloot, G.
01.075.017
03.075.005
04.075.021
Evseenko, T.
06.114.131
Evseev, O. A.
10.122.184
Evseev, V. I.
06.054.019
Evsjukov
See Evsyukov
Evsyukov, N. N.
08.094.102
09.094.021 .593
10.094.151
Evtushenko, Yu. G.
10.052.061
Evwaraye, A. O.
06.094.107
09.094.505 .506
Ewen, K.
08.065.052
Ewing, C. E.
04.003.041
Ewing, M.
01.094.093
03.094.027
04.094.116 .296
05.094.194
06.094.232 .243
07.094.159 .208 .217 .226
09.094.583 .778 .779
10.094.006 .362
Ewing, M. S.
02.033.043
141.234
03.141.123 .211 .212
04.141.132 .200 .224
05.141.168
Exton, R. J.
06.022.022
Eyfrig, R.
01.083.045
Eyles, C. J.
08.078.003
082.107
Eylon, S.
10.033.125
Eynern, P. Von
See Von Eynern, P.
Eyni, M.
06.074.056

Eyton, J. R.
04.009.003
Ezawa, Z. F.
04.066.091
Ezer, D.
05.065.026 .132
06.065.121
08.065.083
080.041
09.080.001 .016
Ezerskaya, V. A.
04.094.108
Ezerskij, V. I.
04.094.108
06.007.000
10.094.132 .181
Ezrow, D. H.
03.066.034

Fabel, G. W.
09.094.476 .665
Faber, S. M.
02.114.062
04.116.008
07.116.008
158.138
08.158.024 .128
09.113.046
151.007
158.027
Fabian, A.
07.142.117
10.032.051
Fabian, A. C.
05.142.052
06.142.041
07.155.071
160.015
08.011.045
09.125.007 .019
142.082
10.142.007 .101 .109
Fabian, P.
01.093.047
08.093.022
Fabiano, E. B.
10.084.279
Fabris, G.
01.153.001
02.153.016
Fackerell, E. D.
01.066.059
03.151.065
04.151.043
05.066.045
151.029
08.066.062 .067
Facondi, S. R.
05.141.100
Facy, L.
05.043.004
Fadeev, V. D.
10.034.121
Fadeev, V. M.
06.064.064
Fadeev, Yu. A.
08.123.041
10.122.026
123.060
Fadejev
See Fadeev
Faelthammar, C.-G.
02.084.207 .251
03.083.045
084.416
04.084.261
106.020
05.084.243
07.062.039

Paelthammar, C.-G.
07.084.408
08.084.265
Paer, Yu. N.
05.083.005
Pagg, L. W.
09.080.047
Pagot, J.
10.074.113
Pahey, J. J.
01.105.107
Pahey, R. P.
10.114.003
Pahim, P.
06.155.027
Pahleson, U.
08.051.024
Pahleson, U. V.
04.084.022
08.084.274
Pahlman, G. G.
01.116.011
141.114
03.065.049
04.080.020
05.116.013
06.065.026 .027 .065
10.121.052
Pahr, H.
01.162.022
Pahr, H. J.
01.083.033
02.074.018
082.086
03.082.064
106.020
131.067
04.076.008
106.001 .028
05.106.030
155.045
06.074.013
106.005 .021
07.074.053
08.131.076 .077
09.074.076 .100
106.032
10.072.053
097.059 .076
Fahrbach, U.
05.034.099 .100
09.034.009
106.027
Faile, S. P.
09.094.463
Fainberg, E. P.
08.084.256
Fainberg, F.
05.077.013
Fainberg, J.
02.077.017
03.077.021
04.077.022 .035 .044
05.077.010
06.077.030 .045
07.077.014 .032 .059
08.077.025
078.035
09.077.052 .053 .064
10.077.036 .050
078.004
106.002
Faintich, M. B.
06.102.009
08.042.027 .089
10.042.031
Fairall, A.
07.099.055
Fairall, A. P.
01.125.106

Fairall, A. P.
02.158.051
03.158.011 .058
04.158.106
05.099.069 .072 .073
125.103
06.125.019 .106
158.003 .134
07.008.034
117.013
125.033
08.008.023
09.158.022
10.047.032
099.091
Fairbairn, A. R.
04.022.057
06.022.031
Fairbank, W. M.
04.066.069
07.066.147
Fairbridge, R. W.
01.003.015
Fairchild, E. T.
06.031.027
Faire, A. C.
02.082.146
03.079.102
Fairfield, D. H.
01.106.026 .043
02.084.215
04.084.265 .278
106.019
05.074.022
06.084.254
106.017
07.084.210 .270
08.084.225
09.084.239
Fairly, P.
03.003.125
Faisal, F. H. M.
08.022.095
Fajemirokun, F. A.
10.041.018
Fajn, G. I.
03.003.005
Fajnshtejn, V. G.
10.151.071
Falchi, A. D.
04.074.032
080.021
Falciani, R.
01.079.103
04.071.003
05.074.028
08.073.078 .079
09.073.014
10.071.071
073.060 .118
Falcone Jr., V. J.
05.082.163
Fales, H. G.
08.010.018
Falgarone, E.
05.131.095
06.141.075
08.141.526
09.131.141
141.518
Falin, J.
06.082.078
Falin, J. L.
04.082.223
05.082.025 .148
06.082.055
07.082.070
Falipou, M.-A.
04.114.015
09.064.007

Falk, A. E.
08.114.031
Falk, G.
09.003.049
Falk, H.
09.053.016
Falk, S. W.
09.125.008
Fallà, D. P.
02.065.029
04.141.014
05.134.026
141.211
07.141.103 .119
08.141.077
Falle, S. A. E. G.
07.151.025
Faller, A. J.
03.061.002
Faller, J.
02.094.067 .181
Faller, J. E.
01.045.012
02.071.016
03.094.012 .028
04.094.265
06.094.188
08.034.102 .103
09.094.927
10.094.074
Fallon, F. W.
05.099.057 .063 .068
06.099.021 .067
07.099.005
08.099.023
Fallows, D. H.
05.034.064
Falorni, M.
05.099.038
Falworth, G.
01.054.009
02.053.008
054.011
03.053.005 .006
054.021
04.054.031
05.054.017
06.053.012
054.020
07.053.006
054.023
08.054.019
09.053.019
054.026
10.053.005
054.020
Fam Van Chu
01.084.285
Fan, C. Y.
01.143.019 .027 .040
02.143.012
05.078.050
07.143.006
09.143.095
10.143.063
Fanale, F.
02.107.001
Fanale, F. P.
05.094.012 .146
097.019
06.094.080 .164
097.090
07.107.003
10.105.106
Panaroff, B. L.
07.141.115
08.141.006
09.141.058
Panchenko, S. D.
10.034.096

Fancott, T.
 10.034.074 .075
Fang, C.
 03.153.009
 04.102.016
 09.113.002
Fang Toh Sun
 See Sun, F. T.
Fanning, W. R.
 04.033.023
Fano, U.
 05.022.063
Fanselau, G.
 01.084.262
 03.073.114
 08.007.000
 10.005.039
Fanselow, J. L.
 02.143.029
 06.143.058
 08.143.007
Fanti, C.
 02.141.001
 03.141.118 .140
 06.125.029
  132.042
 08.141.026
 09.141.023 .132
 10.141.004
Fanti, R.
 02.033.036
  141.001
 03.141.118 .140
 06.125.029
  132.042
 08.141.026
 09.141.021 .023 .132
  158.040
 10.141.004
Fanto, P.
 01.082.001
Fanucci, L.
 06.104.015
Paraggiana, R.
 01.114.066
  122.005 .065
 02.116.024
  122.086
 03.119.001
 05.114.054 .078
 06.122.058
 07.117.021
 09.114.009
Faraponova, G. P.
 01.051.035
 08.082.121
Paris, N.
 03.004.009
Farley, D. T.
 10.033.091
Farley, T. A.
 02.084.402
 04.084.406
 06.084.412
 08.084.245 .402 .417 .422
 09.084.277
Parlow, N. H.
 03.104.009
 04.082.138
 06.105.013
 08.082.130 .131
Farmer, A. D.
 10.051.008
Farmer, A. J. D.
 07.022.041 .042 .056
Farmer, B. J.
 08.105.051 .053
Farmer, C. B.
 03.097.027
  099.018

Farmer, C. B.
 04.097.005
 06.097.084
 07.097.010
  099.020
 09.082.102
Farmer, G.
 04.003.043
Farnik, F.
 10.076.015
Farquhar, R. M.
 07.003.143
Farquhar, R. W.
 03.042.060
 09.042.043
Farr, C. T.
 05.082.114
Farrant, M.
 01.032.010
Farrell, J. C.
 05.032.038 .049
 07.034.102
Fassbender, B.
 04.034.112
Passio-Canuto, L.
 01.022.015
  141.022
 02.061.032 .033
 04.022.083
  065.149
Fast, H.
 10.114.100
Fast, N.
 04.082.194
  105.168
Fast, N. P.
 05.105.031
 08.105.133
 09.082.094
  104.032
 10.085.010
Fastie, W. G.
 01.093.017
 02.032.018
  034.075
  097.013
 03.084.005
 04.082.012 .064
  093.078
 05.034.066
  082.079
  097.037
 07.079.101
 08.034.059
  082.021 .086
 09.034.007
  094.296 .559
 10.076.009
  094.129 .278
Fatchihin
 See Fatchikhin
Fatchikhin, N. V.
 01.103.100 .116
 02.103.116
 03.097.053
  112.014 .016
 08.111.002
  112.015
 09.111.007
Fatcihin
 See Fatchikhin
Fateev, B. P.
 07.033.018
Fatkullin, M. N.
 01.083.001
 02.083.049
 03.083.056 .077 .078
 04.083.030
 05.083.001 .002 .024
 07.062.028

Fatkullin, M. N.
 07.083.036 .048
  084.243
 09.083.039 .045 .066
Fatta, M.
 06.034.046
Faubel, J.
 07.104.006
Faubert, C.
 08.141.054
Paucher, G. A.
 05.082.149
Faucher, P.
 01.022.002
 03.022.066
 07.022.064
 08.022.082
Paul, H.
 01.003.099
 07.105.034
Faulde, M.
 05.031.014
 09.031.037
Faulkes, M. C.
 02.066.045 .054
 05.162.068 .087
Faulkner, D.
 02.105.185
Faulkner, D. J.
 03.065.061
 04.065.009 .077
  133.023 .030
 06.065.069
 07.065.013 .104
  133.020
 08.065.095
 09.065.042 .051
Faulkner, E. A.
 08.033.100
Faulkner, J.
 04.065.009 .077
 05.008.113
 06.065.110
  114.020
  117.023
 07.065.072 .121
  066.051
  117.004
  154.019
 08.117.012
  126.002
 09.008.105
  065.029
 10.115.042 .043
Faulkner, J. E.
 05.062.055
Faure, B. Q.
 04.097.003
 05.097.057
Faust, G. T.
 01.105.107
Faust, H.
 01.082.053
Faust, N. L.
 10.051.030
Favale, A. J.
 04.034.079
 07.034.143
Favero, G.
 10.010.039
Favero, M. S.
 09.094.519
Fawcett, B. C.
 07.071.051
 08.022.084
  073.071
 10.022.067
  071.044
Fawell, D. R.
 04.010.022

Fawley, W. M.
09.065.043
Fay, T.
02.022.079
03.121.066
04.034.050
06.022.011
064.017
07.034.063
114.044
08.072.047
09.114.109
10.114.094
Fay, T. D.
03.071.010
04.072.032
05.064.056
06.034.028
07.064.037 .051
072.019
114.073
08.113.012 .013
09.064.050
10.064.037
Fay Jr., T. D.
03.114.127
06.114.018 .050
Fazio, G.
05.141.164
06.034.048
Fazio, G. G.
01.032.043
034.024 .025
03.061.001
142.037
04.061.005
134.009
141.067
143.014
05.134.020
141.241
142.088
07.034.138
142.066 .092
08.134.001
09.142.078
10.131.087
141.515
Fazzini, M. C.
06.143.113
Fea, K.
04.055.011
Fea, K. H.
04.052.033
Feagin, T.
04.151.007
05.021.002
052.025
07.052.021 .039
10.042.012 .047
Fearey, J. P.
03.055.014
Feasey
07.125.107
Feast, M. W.
02.122.041 .062 .101
03.114.079 .094 .132
122.024 .025 .096
142.045
154.008
159.019
04.131.118
132.012
05.114.101
122.106
06.011.037
114.044
07.122.050 .151
159.901
08.122.016 .018 .019 .044

Feast, M. W.
08.142.094
153.005
09.113.005
114.029
10.012.006
113.030
114.031 .032
120.001
122.062
142.020
152.005
Feautrier, P.
04.064.059
Febrer, J.
04.008.006
Pechtig, H.
03.094.184
04.082.139
05.094.166
105.051
06.094.261
105.055
07.082.032
094.100
08.082.132
09.053.015
094.277 .512 .535 .799
105.135 .136
106.020
10.094.435
Fedchenko, K. K.
06.143.142
Fedder, J. A.
05.083.019
Federova, M. P.
04.094.112
Fedorchenko, G. L.
02.003.157
03.131.115
09.071.023
Fedorenko, L. U.
01.034.004
Fedorenko, N. V.
06.022.132
Fedorenko, V. N.
08.141.080
09.143.096
Fedorets, V. A.
06.007.000
Fedorov, A. N.
09.085.015
Fedorov, E. P.
02.044.015
06.003.039
011.052
07.041.027
08.003.012 .069
013.016
041.064
045.003 .014
09.003.006 .016
044.018
10.003.010
Fedorov, L. A.
04.105.100
Fedorov, N. K.
05.082.006
Fedorov, V. T.
01.157.018
Fedorov, Yu. M.
02.082.107
Fedorova, A. S.
10.073.015 .047
Fedorova, L. I.
09.052.023
054.012
Fedorova, N. I.
03.084.012 .013
05.085.001

Fedorova, N. I.
08.084.065
09.084.043
10.084.007
Fedorova, R. T.
04.098.008 .022
05.044.007
06.098.038
10.031.019
Fedorovich, V. P.
02.003.013
04.003.069
05.003.013
07.003.154
09.003.003
Fedorovskaya, T. M.
10.034.095
Fedoseenko, V. V.
03.143.053
Fedoseev, E. N.
03.046.010
04.034.054
043.001
05.031.069
044.004 .012
09.041.012 .018
Fedoseev, G. A.
08.094.206
10.093.014
094.138
Fedoseev, L. I.
04.094.043
09.077.027
094.873
10.077.038
Fedoseev, P. N.
10.005.018
Fedoseev, V. I.
03.084.027
Fedoseeva, T. N.
02.097.021
09.093.076
097.111
Fedosejev
See Fedoseev
Fedosenko, V. G.
05.031.080
06.041.015
Fedossejev
See Fedoseev
Fedulin, I. A.
07.034.116
082.113 .114 .115 .116
10.082.069
Fedyanin, M. R.
09.031.044
Fedynskij, V. V.
01.102.013
02.104.031
03.003.148
06.104.019
10.106.030
Fedynsky
See Fedynskij
Fedyushin, B. K.
04.015.016
Fegan, D. J.
01.142.032
05.141.239
Fehlau, P. E.
03.106.018
04.076.016
05.076.036 .037 .044
106.032
06.076.021 .026
08.082.200
Fehrenbach, C.
01.124.104
02.159.009
03.103.102

Fehrenbach, C.
03.114.133
131.077
159.009 .015
04.112.001
114.087
159.013
05.008.060
032.041
06.114.011
124.102
07.034.066
124.103
08.112.004 .013
115.018
153.015
159.007 .011
09.159.007
10.010.017
012.015
103.100 .102
114.154
115.034
Fehrenbach, M.
05.082.027
08.082.034 .189
084.070
10.104.011
105.035
Fehsenfeld, F. C.
04.083.007
097.002
06.082.138
09.022.005
10.131.010
Feibelman, P. J.
06.141.229
Feibelman, W. A.
02.104.022
03.133.025
04.133.019
05.133.010
06.133.025
07.074.065
083.037
09.034.083
132.012
10.034.083
132.009
Feierman, B. H.
01.118.013
05.118.003
Feigelson
See Fejgel'son
Feigin
See Fejgin
Feijth, H.
02.122.013
03.123.011
04.123.055
05.015.012
124.100
06.123.001 .013 .031
07.119.006
123.048
08.121.045
122.075 .082
123.024 .033
09.122.103
123.057
10.123.019 .045 .047
Peijth, H.
See also Feyth, H.
Feinberg, E. L.
03.022.023
Feinberg, G.
02.141.105
04.022.038
05.022.012

Feinstein, A.
01.113.008
153.014
02.003.069
031.004
122.096
03.095.009
113.003
122.124
155.069
05.153.030
06.153.030
09.131.123
153.006
10.113.068
153.013
Feissel, M.
01.008.092
043.006
044.013
03.008.098
05.008.094
099.003
07.008.108
08.045.018
09.041.023
Feit, J.
02.078.013
05.106.011
09.078.027
Feitzinger, J.
02.034.099
Feitzinger, J. V.
01.034.016
04.004.058
034.073
05.076.045
06.004.016
076.019
Feix, G.
02.033.010
077.006 .028 .029
03.077.002
122.006
04.033.062
077.001 .024
06.077.073 .074 .075
07.077.009 .042
158.107
Feix, M. R.
01.151.023
03.151.033
05.151.011
06.151.044
07.151.056 .066
08.151.003
10.151.045
Fejer, J. A.
05.062.046
Fejes, I.
05.155.006
06.157.005
09.131.149
155.020 .021 .054
Fejgel'son, E. M.
01.093.076
05.093.006
07.093.026
09.093.078
10.093.006
Fejgin, V. M.
08.083.052
09.082.090
10.082.017
083.025
Feklistova, T.
02.074.055
06.114.078
07.114.131

Feklistova, T. C.
See Feklistova, T. Kh.
Feklistova, T. H.
See Feklistova, T. Kh.
Feklistova, T. Kh.
01.022.030
08.114.177
09.114.176
10.022.049
Felden, M. A.
07.022.073
Felden, M. M.
07.022.073
Felder, W.
04.091.035
Feldman, F.
10.121.044
Feldman, M. J.
10.131.152
Feldman, P. A.
01.141.231
02.114.033
141.086
03.142.035 .041
04.142.036
05.141.175
06.065.032 .088
126.018
07.142.037 .047 .070 .086
.118
09.141.113 .114
10.114.011 .020 .021 .022
.023
141.108 .110 .111
Feldman, P. D.
01.113.029
02.032.040 .041
082.018
03.082.014
04.082.064
05.082.078 .079
084.009
06.082.149
07.082.021 .047
08.082.193
083.066
09.082.005 .077
10.076.009
094.129 .278
Feldman, R. L.
02.003.070
Feldman, S. I.
07.151.074
09.151.056
Feldman, U.
02.022.078
034.037
073.042
03.022.040 .057
04.022.102
141.048
05.022.085 .089 .093
07.022.071 .096
08.022.078 .902
071.002 .021 .041
09.034.035
141.123
10.022.093 .095
034.064
062.001
Feldman, W. C.
04.084.309
08.106.021
09.074.070 .095
10.074.006 .041
131.202
Pel'dman, Yu. I.
04.094.122
Feldshtein
See Fel'dshtejn

Fel'dshtejn, Ya. I.
01.084.030 .287
02.084.007
03.084.024 .036 .043
04.084.024 .218 .235 .415
05.084.014 .044 .420
06.084.242 .249 .278
07.084.028 .043 .236 .244
08.084.329 .340 .344
106.018
09.083.040
084.022 .026 .254 .256
.262
106.007 .028 .033
10.084.005 .012
106.042 .050
Feldstein, J. I.
See Fel'dshtejn, Ya. I.
Feldstein, Y. I.
See Fel'dshtejn, Ya. I.
Felenbok, P.
07.034.097
074.032
09.034.057 .058 .064
Felgate, D. G.
02.033.008
07.143.058
08.143.072
09.083.075
Felix, W. D.
09.094.433 .719
10.094.126 .417 .418 .419
Fellgett, P.
08.122.032
09.082.009
Fellgett, P. B.
04.034.078 .116
05.032.078
06.066.136
07.032.033
10.066.167
Felli, M.
02.131.002
03.077.040
131.031
132.017
152.010
153.002
157.002
04.077.013 .052
080.003
141.164
07.077.048
131.057 .901
10.131.267
157.007
Pelsche, J.
08.094.114
Felsenthal, P.
08.034.083
Felsentreger, T.
09.052.003
Felsentreger, T. L.
04.052.054
06.052.013
Felske, D.
04.076.043
05.076.033
08.082.137
Fel'ske, D.
04.083.028
05.085.001
Felten, J. E.
01.142.007
02.161.006
03.143.029
158.028
04.142.034
160.003
07.062.008

Felten, J. E.
08.142.026 .115
09.112.004 .007
155.043
Peltz Jr., K. A.
08.080.023
131.052
Femiano, R. P.
07.141.530
Fenchak, V. A.
08.097.102
Feneuille, S.
04.022.076
06.022.151
Fenimore, E. E.
06.112.020
Fenkart, R.
03.153.016
155.041
06.153.015
Fenkart, R. P.
01.141.172
02.155.007
04.155.007
07.155.060
08.153.024
Fennell, J. F.
04.084.279
06.084.202
08.078.019
09.078.019
10.084.412
Fennelly, A. J.
10.031.046
Fennema, F.
01.031.017
Fenner, M. A.
06.084.252
07.094.146
09.094.466
10.094.019 .160 .279
Fenner, W. R.
08.022.117
Fenton, A. G.
01.032.072
02.141.132
04.078.008
08.085.006
09.143.018
Fenton, K. B.
01.032.072
02.143.034
04.078.008
06.142.078
07.159.015
08.085.006
09.143.018
Peofanov, Yu. F.
05.079.107
Peoktistov, K. P.
03.051.032
07.054.012
Percher, A. F.
09.031.017
Perencz, C.
04.074.007
05.055.014
071.033
06.066.031
08.031.042
071.068
Perencz, I.
05.055.014
Ferguson, A.
08.103.114
Ferguson, A. H.
06.103.107
08.098.048
Ferguson, D.
03.103.115 .118

Ferguson, D. C.
06.066.131
103.107
141.212
07.141.903
10.141.513 .514 .545
Ferguson, E. E.
04.083.007 .055
097.002
05.003.070
082.013
06.082.138
08.082.190
09.022.005
10.131.010
Ferguson, I. F.
03.094.296
05.094.124
Ferland, G.
10.133.061
Fernald, D. L.
03.105.023
04.034.087
094.023
105.150
06.053.031
07.094.275
08.094.215
Fernandes, M.
09.121.063
10.121.142
Fernandes, N. C.
04.065.007
06.115.016
Fernandez, J. B.
10.044.041 .042
Fernandez, J. I.
04.143.031
07.034.141
09.143.055
Fernandez, L. A.
04.094.143
09.094.358
Fernandez, M. R.
03.114.128 .137
Fernandez-Figueroa, M. J.
06.114.094
Fernandez-Moran, H.
03.094.122
04.094.151
05.094.142 .148
09.094.311
10.094.280
Fernbach, S.
02.003.096
Fernie, J. D.
01.113.037
122.029
151.010
02.115.018
122.115
124.100
03.122.021
04.004.036
122.019
05.080.015
06.122.015 .046
07.113.011
122.015 .073
123.041
08.082.090
113.020
10.012.006
121.011
Ferraioli, F.
10.065.027 .901
Ferrari, A.
02.141.123
03.142.023 .053
04.065.147

Ferrari, A.
04.141.025
153.032
05.141.188 .242
155.002
06.062.018
09.061.032
141.546
162.078
10.065.080
Ferrari, A. J.
06.094.088
08.094.148
09.094.006
10.052.005
Ferrari, M.
09.077.037
Ferrari D'Occhieppo, K.
01.003.082
008.133
02.151.066
03.008.148
044.015
04.065.125
112.018
132.032
05.008.144
07.008.158
08.112.005
09.004.088
122.092
131.172
10.007.000
008.124
Ferraro, A. J.
03.079.102
04.083.010
Ferraro, V. C. A.
01.085.001
06.007.000
084.273 .306
08.007.000
10.074.032
Ferraz Mello, S.
10.122.012
Ferraz-Mello, S.
01.042.002 .014
04.099.027
06.054.005
120.013
07.042.007
054.002
122.069
Ferrer, L.
03.114.155
05.113.051 .061
06.114.129
Ferrer, O.
03.095.009
113.029
117.033
05.113.059
07.119.015
09.153.028
10.119.014
Ferreri, W.
03.095.007
05.095.007
08.031.050
09.103.100 .114
10.103.102
Ferrin, I.
09.100.032
Ferrin, I. R.
01.103.102
Ferris, G. A. J.
02.034.008
072.009
06.012.012

Ferris, J. P.
10.099.003
Ferris, L. D.
10.031.035
Ferry, G. V.
03.104.009
04.082.138 .141
104.050
08.082.130 .131
Fertel, J. H.
03.114.007
04.114.080
Fertman, D. E.
10.093.014
Ferziger, J. H.
07.063.022
Feschotte, P.
02.094.158
04.094.030
Fesenko, B. I.
01.118.015
05.158.030
07.158.017
09.151.039
Fesenkov, V. G.
01.082.099
02.005.025
051.022
102.046
106.004
03.013.012
015.005
082.034
04.105.087 .098
05.082.012
06.051.017
082.050
07.082.033
08.082.159
105.067
106.037
107.006
10.082.062
105.086
Fesenkow, V.
See Fesenkov, V. G.
Fesq, H. W.
02.105.019
Fessenko
See Fesenko
Fessenkov
See Fesenkov
Fessenkow, W. G.
See Fesenkov, V. G.
Festa, G. G.
01.061.046
Festou, M.
09.103.102
Fetisov, V. N.
08.061.070
Fetisova, T. S.
02.122.032
Fetter, A. L.
04.141.120
Fetterley, I. W.
04.084.320
06.084.314
Feuerbacher, B.
06.034.068
09.094.294 .790 .791
131.056
10.094.162
131.172 .233
Feuerstein, M.
04.082.139
05.105.051
06.105.055
Fey, L.
07.035.019
044.019

Feyth, H.
01.103.100
123.017
02.123.001 .016
05.123.047
09.122.102
10.031.009
Feyth, H.
See also Feijth, H.
Fiala, A. D.
02.099.040
03.099.061
06.099.028 .047
10.092.003 .010
099.011
Fialko, E. I.
02.104.033 .034
03.104.027
04.104.010 .030
06.104.010 .012 .029 .034
.037 .112
08.104.036 .037 .901
10.104.046 .047
Ficarra, A.
02.033.036
03.141.118 .140
06.125.029
132.042
08.141.026
09.141.023 .132
10.141.004
Ficarrotta, F.
03.095.006
05.079.100
Pichera, E.
03.041.017
04.041.036
045.009 .033 .034 .045
046.030 .031
052.066
055.018
06.045.013 .014
07.045.005 .017
08.031.001
045.043
046.033 .034 .037
Fichtel, C. E.
01.034.023
143.039 .044
02.032.052
034.091
078.001 .008 .025
125.021
142.024
143.068
03.054.002
04.142.045 .075
143.059
05.142.086
143.093 .128
06.034.044
078.032
142.021
07.034.126
071.034
078.001
142.138
155.001
08.078.002 .010
155.901
09.078.012 .031 .032
10.061.024 .059
078.008
155.076
Fichtengolz
See Fikhtengol'ts
Fickler, S. I.
04.012.014
Ficklin, B.
03.084.232

Ficklin, B. P.
08.082.202
Fidanzati, G.
07.063.038
Fidler, M.
03.010.023
05.010.023
07.010.023
10.010.023
(Fidler) Litchinsky, M.
07.010.023
10.010.023
Fiedler, H.
07.042.026
Field, C.
06.158.078
09.033.062
Field, G.
05.008.016
Field, G. B.
01.131.039 .048 .052 .079
  161.007
02.066.030
  131.022 .052 .057
  142.002
  151.054
03.142.010
04.131.043 .104
  141.096 .168
05.065.068
  131.058 .079
06.160.013
07.155.089
  161.002
08.131.069
  142.012
  161.006
09.142.901
  158.065
10.131.213
Field, J. V.
02.121.003
Fielder, G.
01.094.044
03.094.141 .294
04.094.269 .312
06.003.167
  094.242 .316 .317 .326
07.003.013
  094.133 .235 .236 .239
08.012.008
09.094.839
Pielder, J.
06.094.317
07.094.236
Fielding, P. J.
10.033.133
Fielding, S. J.
04.062.032
Fields, D. P.
08.053.031
Fields, P. R.
03.094.045
04.094.196
06.094.098
09.094.143 .262 .418 .714
10.094.281
Figer, A.
07.123.003
09.120.001
Figger, H.
08.022.047
Fike, R. M.
02.051.035
Fikhtengol'ts, I. G.
03.162.037
04.066.040
06.066.012
Filatov, G. S.
04.102.013

Filatov, G. S.
04.103.113
Filenko, L. L.
07.052.006
08.052.023
Filianskaya, E. P.
08.042.011
Filin, A. Ja.
03.155.058 .059
Filippelli, A. R.
04.022.111
Filippov, A. E.
09.046.022
09.085.015
Filippov, A. Kh.
Filippov, A. T.
10.078.015
Filippov, G. F.
09.097.020
Filippov, L. I.
05.079.107
Filippov, V. A.
05.106.023 .037
10.078.015
Filippov, Yu. K.
01.097.052
02.082.056
08.082.206
10.092.016
Filippova, A. A.
10.122.034
Filler, A. S.
08.034.093
Fillias, A. J.
01.094.023
04.081.006
06.081.046
Filliozat, J.
01.004.031
03.004.026
Fillit, R.
05.114.028
06.131.006 .028
08.131.058
09.122.050
10.103.102
  114.002
  141.037
Fillol, M.-J.
03.094.247
Filloy, E. M.
10.022.083
Filonova, L. D.
03.083.041
Filz, R. C.
04.084.404
Findlay, F. D.
01.082.083
Findlay, J. A.
01.083.037
  084.292
02.084.025
06.084.026
Findlay, J. W.
03.157.027
06.033.003
07.141.037 .176
09.033.007 .046
10.033.065
Finger, L. W.
03.094.092
04.094.131 .158
Fink, H. H.
02.034.100
04.034.071
05.076.045
06.076.019
Fink, U.
02.093.020
03.099.029

Fink, U.
03.100.005
04.022.056
  097.006
  100.001
05.097.035
07.097.037
08.093.034
09.092.002
  093.025
  097.071 .084
  099.017
10.091.050
  099.094
Finkel, A.
10.034.041
Finkel, R. C.
03.094.078
04.094.231
05.094.156
09.094.434 .722
10.094.003 .094 .282
Finkelman, R. B.
03.094.106
  105.083 .099
04.094.147
10.094.283
Finkelshtein, A. M.
See Finkel'shtejn, A. M.
Finkel'shtejn, A. M.
02.162.036
03.042.064
  066.062
06.066.147
  162.001
08.066.001
  162.086
09.162.025
10.162.008
Finkelstein, A. M.
See Finkel'shtejn, A. M.
Finkelstein, D.
06.066.123
Finkleman, D.
05.063.014
Finlay, E. A.
07.033.023
10.141.018
Finlay Freundlich, E.
02.004.020
Finley, L. T.
02.074.045
03.074.019
07.074.036
Finn, G. D.
01.063.021 .037
05.022.052
  063.015
07.063.008 .009
08.063.007
09.063.032
  071.035
10.063.016
  074.014
Finnigan, D. J.
06.022.160
Finsen, W. S.
02.118.013 .015 .019 .020
04.118.006 .009
05.008.067
  118.007
06.118.015 .021
09.118.005
Finzi, A.
01.141.055
03.133.001
05.133.008
10.124.001
  133.045

AUTHOR INDEX - VOL. 1-10

Finzi, U.
10.151.008
Fiocco, G.
04.082.178
05.082.069
06.012.024
082.104 .120 .126
09.082.021 .024
Fiok, A.
05.055.007
Firago, B.
01.008.042
Firago, B. A.
01.046.002
04.055.014
05.044.007
055.013
Fireman, E. L.
01.105.037
02.105.032
03.094.075
105.078 .098
04.094.191 .365
105.012 .032
05.105.085
06.105.141
08.105.101
09.094.263 .439 .724
105.028 .153
10.073.057
094.284 .356
Firmani, C.
05.162.012
06.066.049
Firneis, F.
04.065.125
Firneis, M.
09.079.005
Firneis, M. G.
02.021.008
09.041.022
079.102
Firnett, P. J.
08.021.016
Firsoff, V. A.
01.094.022
097.026
162.032
02.003.071 .106
03.093.021
04.091.011
05.092.014
07.162.061
09.097.047
Firsov, L.
10.105.068
Firstova, N. M.
10.072.005 .018
Firth, J. N. M.
09.094.748
Fischbacher, G. E.
02.097.045
Fischel, D.
02.114.079
05.062.018
064.007
07.122.076
09.064.049
132.012
Fischer, B.
01.035.004
07.044.033
09.044.038
10.044.005
Fischer, C.
04.003.071
Fischer, H. J. E.
05.073.081
06.071.046

Fischer, K.
04.066.050
Fischer, L.
01.009.029
04.009.019
Fischer, P. L.
02.122.069 .100
04.122.182
Fischer, R. E.
08.034.146
Fischer, S.
06.143.098
08.034.043
Fischer, W.
09.141.565
Fisenko, A. V.
06.105.110
07.105.028
08.105.063
Fiset, E. O.
09.061.015
Fishback, J. F.
02.051.010
Fishbone, L. G.
08.066.009
10.066.023
Fishchuk, D. I.
09.083.036
Fisher, A. J.
06.143.073 .074
Fisher, D.
04.052.057
06.052.014
08.052.049
Fisher, D. E.
01.105.017 .040 .058 .085
02.105.158
03.105.024
05.094.146
06.105.098
07.105.006
08.105.046
09.105.075
10.105.043
Fisher, E. R.
10.082.054
Fisher, G. B.
09.034.042
Fisher, J. R.
05.033.014
08.033.114
09.141.528
10.158.124
Fisher, P. C.
02.142.029 .047
03.076.030
04.134.006
142.079 .089
06.034.057
07.160.027
08.142.078
09.142.050
10.142.064
Fisher, R.
05.034.095
073.066
06.074.059
08.073.032
09.074.060
10.094.263
Fisher, R. M.
03.094.103 .130
04.094.172 .298
05.094.088 .113
07.094.125 .126
09.094.193 .283 .284 .309
.497 .630 .772 .826
10.094.239 .396 .400 .438
Fisher, R. R.
02.132.018

Fisher, R. R.
03.073.079
04.032.014
073.025
074.001
05.073.073
074.015
06.073.027
074.014 .015
132.038
08.074.012
Fisher, R. V.
02.094.041
03.094.180
09.094.364 .365
Fisher, S.
03.143.061
Fisher, W. A.
09.124.101
Fisher, W. J. H.
04.008.119
124.107
05.008.143
06.008.117
125.106
07.103.115
08.008.119
Fishkova, L. M.
01.082.077
02.082.021 .023 .024
03.082.087
04.082.080
06.082.025
08.082.172 .175 .178 .179
.194
09.082.039
10.082.100
Fishlock, D.
07.003.051
Fishman, G. J.
01.125.002
132.052
141.221
142.020
02.061.020
134.005
141.127
142.019
03.082.008
141.131
04.134.007
158.029
06.142.093
07.034.046
142.002
08.143.049 .053
Fisk, L. A.
01.078.013
02.143.040
03.143.027
04.143.017 .020
05.143.010 .020 .027 .068
06.143.101
07.078.011
106.010
08.106.015
143.062
09.143.026
10.078.036
106.031
143.056
Fisk, R. S.
02.119.013
Fitch, J. P.
06.066.014
Fitch, L. T.
01.141.161
Fitch, V. L.
04.022.036

AUTHOR INDEX - VOL.1-10

Fitch, W. S.
01.122.062
02.119.007
122.063
04.065.028
05.120.004
06.012.020
09.126.012 .017
10.122.009
Fitchard, E. E.
07.022.067
Fite, W. L.
01.022.065
08.022.103
Fitelson, M. M.
10.031.079
Fitremann, M.
01.156.002
Fitton, B.
06.034.068
09.094.294 .790 .791
131.056
10.094.162
131.172 .233
Fitton, L. E.
08.094.096
Fitzenreiter, R.
09.077.053
Fitzenreiter, R. J.
07.077.032
08.077.025
Fitzgerald, B. L.
01.032.008
Fitzgerald, K.
05.003.039
FitzGerald, M. P.
01.113.036
115.007
02.113.059
114.099
115.009
03.113.018
114.034
07.114.079
08.155.009 .036 .047 .059
09.113.014
10.114.029
155.066
Fitzgerald, R. W.
03.094.111
04.094.146
09.094.319
Fitzmaurice, M. W.
08.082.085
Fitzpatrick, P. M.
03.003.002
04.052.008
FitzWilliam, J.
09.073.019
Fivenskij, Yu. I.
05.094.139
Fivenszkij, Ju. I.
07.094.259
Fix, J. D.
02.064.036 .037
04.064.016
101.005 .008 .009
122.044
05.064.044
124.100
07.098.044
101.004
08.101.003 .008 .009
10.101.005 .010
Fjarlie, E. J.
06.034.121
Fjeldbo, G.
02.093.012 .044
097.050
03.097.047

Fjeldbo, G.
04.093.061
097.049 .050
05.093.008
06.097.049
07.097.012 .031
08.097.001 .036 .094
09.093.051
097.077
10.091.009
097.030
Fjerstad, R. L.
04.033.071
Flach, B.
06.103.102
Flagg, R. S.
03.099.034
05.099.005
09.099.028
Flaherty, B. J.
03.079.102
Flaherty, R. E.
03.105.025
04.105.005
08.094.177
09.094.524
Flaks, I. P.
06.022.133 .134
Flamand, J.
07.034.077
Flamini, R.
04.075.016
05.075.017
06.075.017
07.075.018
08.075.031
09.075.022
10.075.018
Flanagan, R. C.
09.052.005
Flancman, A.
04.092.010
Flannery, B. P.
08.117.012
126.002
09.065.029
10.133.004
Flannery, M. R.
04.022.004 .051
062.057
131.053
Flasar, F. M.
10.099.093
Flat, F. A.
06.083.062
Flavill, R. P.
09.094.797
Fleckenstein, J. O.
02.032.001
06.003.065
09.004.060
Fleckenstein-Gallo, J. O.
03.004.029
Fleer, A. G.
06.044.006 .007 .018
07.003.078
08.044.020
09.044.015
Fleig, F.
02.094.039
Fleischer, R.
02.014.005
Fleischer, R. L.
01.105.028
143.069
02.105.011 .072
143.001
03.094.076
04.094.279
105.032 .035

Fleischer, R. L.
05.051.016
078.022
143.121 .122
06.094.107
143.069 .085 .088
07.094.059
08.061.068
094.095
09.073.098
094.040 .045 .114 .264
.265 .505 .506 .801
.808
143.011
10.053.001
094.043 .285 .316
Fleming, R. A.
09.084.210
Fletcher, J. M.
05.114.093
118.016 .029
07.034.012
08.118.016
09.022.084
10.118.001 .010
Fletcher, M.
08.142.127
Flett, A. M.
01.082.005
06.079.101
Flick, J.
01.081.025
Fliegel, H. F.
04.082.097
Fligel', D. S.
04.003.016
Fligel, M. D.
02.083.053
Flin, P.
01.121.027 .039
05.011.023
158.060
06.121.044
07.120.005
121.069
08.120.018
121.089
09.011.029
10.158.022
Flindt, H. R.
03.084.202
Flinn, R.
06.155.007
08.122.017
10.122.054
Flinner, D.
04.118.002
Flinsch, F. M.
09.014.037
Flocas, A. A.
08.082.215
10.085.027
Flood, W. A.
04.083.034
Floquet, M.
03.114.064
07.141.015
Floran, R. J.
09.094.647
Florenskij, K. P.
01.093.023
105.106
04.093.059
105.097 .102
05.094.007 .140
106.025
06.094.004
07.053.008
094.098
08.094.169 .171 .172 .211

Florenskij, K. P.
09.093.048
094.854 .884 .908
10.094.139 .145 .508
Florenskij, P. V.
01.094.052
02.072.019
03.094.316 .317 .321 .335
.338
05.091.025
09.094.592 .598 .893
Florensky, C. P.
See Florenskij, K. P.
Florensky
See Florenskij
Flores, J.
04.094.252
105.068
Flores, J. J.
06.099.060
Flores Tritschler, E.
04.079.100
Florides, P. S.
07.066.073 .088
Florsch, A.
07.159.024
08.159.009
Florsch, G.
04.034.018
07.034.041
Flory, D.
05.094.167
Flory, D. A.
02.053.013
03.094.161
04.094.260
05.105.019
09.094.241 .444 .446 .749
.954
10.094.286
Flotte, L. E.
04.003.045
Flower, D. R.
01.132.040
02.133.024 .028
03.133.011
06.022.098
076.008
07.074.045
076.018
08.076.031
09.074.026
10.022.060
133.032
Flower, J. W.
02.054.010
Flower, P. J.
10.154.015
Flowers, B.
10.012.032
Flowers, E.
09.065.048
Flowers, E. C.
08.082.196
Floyd, P. W.
01.142.047
02.141.117
Floyd, G. R.
08.131.024
10.131.176 .277
Floyd, J. E.
05.032.054
Floyd, R. M.
05.066.022
Floyd Jr., P. W.
03.142.014
Pluckiger, M.
03.094.250
Flueckiger, K.
04.008.114

Fluegge, S.
06.003.013
08.003.009
Flury, W.
02.021.009
09.052.012
Flygare, W. H.
05.131.116
06.131.083
09.131.104
Pobome, C. E.
05.093.064
Focas, J.
01.097.019 .020
100.002
09.100.053
Focas, J. H.
01.100.014
06.099.062
Fodor, R. R.
07.105.901
Fodor, R. V.
03.105.027
05.105.063
08.105.102
09.105.021 .076
Fody, S. A.
03.143.013 .017
Foelsche, T.
02.082.075
Foeppl, H.
04.022.084
Fofi, M.
03.034.004
06.034.007 .034
Fogarty, W. G.
02.141.164
04.092.021
097.037
05.132.027
06.141.011
08.141.039 .105
09.158.080
Fogel, Ya. M.
01.084.013
02.022.064 .065
06.022.027
08.084.065
10.022.099
Fogel', Ya. M.
02.022.032
03.080.002
Fogh Olsen, H. J.
01.041.011
03.041.042
112.007 .017
09.041.001
Fogia, P.
09.105.124
Fogle, B.
04.082.140
07.082.003
Foitzik, L.
04.082.164
08.082.076 .077 .079
Fokker, A. D.
01.075.029
02.075.017
077.003
03.073.093
077.003
04.075.020
05.008.137
075.011
06.077.013 .065 .066
10.010.041
077.039 .040
Foley, F. M.
08.046.005

Foley, H. M.
09.022.041
Folino, F. A.
04.033.023
Folinsbee, R. E.
01.105.041
10.105.065
Folkestad, K.
03.083.019
04.083.009
07.083.043
084.239
09.003.050
Folloni, G.
04.046.010 .035
06.046.015
07.046.019
09.046.003 .012
Polomeshkin, V.
08.080.011
Polomeshkin, V. N.
07.066.045
Folques, J.
03.073.098
Folsom, G. H.
02.141.219
04.141.108
05.141.030 .076
06.141.100 .188
08.122.078
141.036 .037
09.141.131
10.122.139 .140
141.121
Folsome, C. E.
05.105.087
07.105.051
09.105.009
Fomalont, E.
07.158.032
Fomalont, E. B.
02.141.062 .195
03.141.127 .226
04.066.007 .131
114.052
05.141.040 .195 .227
06.141.008 .265
07.141.032 .054 .118
08.141.012 .085
09.131.102 .138
141.053
158.066
10.033.020
131.031
141.038
Fomalont, F. B.
04.116.025
Fomichev, A. G.
02.094.058
Fomichev, V. V.
01.074.011
02.074.063
03.077.016 .020
06.077.048
07.074.052
077.023 .040 .058
08.077.003 .037 .059
10.077.003 .026 .065
Fomin, B. V.
05.084.202
Fomin, S. K.
10.141.091
Fomin, V. A.
04.041.040
06.041.010
07.041.001
09.041.010
Fomin, V. P.
02.141.028
07.141.521

Fomin, V. P.
07.142.005 .059
08.142.120
09.142.110
Fomin, Yu. A.
02.143.066
04.143.067
Fomina, I. A.
03.094.320 .333
Fominov, A. M.
04.054.009
06.072.081
10.052.080
Fominykh, S. I.
07.093.023
Fondelli, M.
01.046.011
04.004.054
Fong, T. S.
08.033.085
Font De Affolter, G.
06.081.054
Fontaine, G.
10.126.010
Fontenrose, R.
10.004.027
Fontheim, E. G.
08.083.020
Forbes, E.
02.005.008
Forbes, E. G.
01.004.005
02.005.013
04.002.003
   004.004 .030
   066.011
05.002.024 .027
   004.002 .021 .024
06.004.001 .013 .028
07.003.052 .053
08.004.028 .063
09.004.047
10.008.037
Forbes, F. F.
02.031.013
   034.025
   093.020
   094.079
   113.001
   155.006
03.114.011
05.031.068
   093.016
   114.061
06.131.086
08.114.163 .164
09.114.084 .114
   131.092
10.034.020
   114.099 .169
Forbes, J. E.
03.065.016
Forbes, J. M.
04.082.145
07.082.101
10.082.005
Forbes, S.
10.121.105
Forbes, T. G.
06.084.281
Forbes, W. C.
09.105.106
10.105.008
Forbush, S. E.
01.078.018
03.143.004
06.143.093
10.143.061
Ford, C. B.
02.011.024

Ford, C. B.
03.124.103
07.010.001
Ford, C. E.
03.094.278
04.094.170
05.094.121
09.094.619
Ford, H. C.
05.158.047
   159.004
06.122.110
   159.036
08.158.079
09.133.015 .016
10.133.005
Ford, K. C.
03.052.008
Ford, R. J.
08.105.040
Ford, V. L.
03.159.013
04.131.144
   159.002
07.158.115
   159.008
Ford, W. K.
06.125.027
Ford Jr., W. K.
01.158.052
02.114.053
   158.009
03.158.026 .051 .076 .100
04.022.107
05.133.020
   158.024
06.022.141
   158.100
07.158.069 .130
08.158.086
09.133.004
   158.063
10.158.020 .060
Foreman, K. M.
02.092.004
   097.054
05.097.024
Forester, D. W.
10.094.287
Forestier, F.
06.081.030
09.081.036
Forga, R.
01.053.016
Forga, R. F.
10.053.010
Forichon, M.
03.141.068 .165
06.034.050
   141.137 .165
07.141.507
09.134.009
Forlani, A.
09.126.022
10.126.005
   133.002
Forman, M.
01.093.033
02.032.039
04.093.070
Forman, M. A.
03.078.008
   143.008
05.078.008
   105.082
09.143.026
Forman, M. L.
07.094.260
Forman, W.
05.134.007

Forman, W.
06.142.030
07.142.022 .027
08.142.028 .097 .124
   160.019
09.142.045 .048 .052 .134
   .150 .151
10.142.024 .111 .119
Forman, W. R.
03.162.017
Formiggini, L.
02.141.119 .204
03.113.028
   141.118 .140
06.125.029
   132.042
08.141.026
   158.061
09.113.901
   141.021 .023 .132
10.141.004
Formisano, V.
01.106.011
04.074.079 .085 .094
05.074.036 .046
06.084.253
07.074.094 .095
09.074.034 .079
10.074.007 .008 .009 .099
   084.233 .237
   106.057
Forney, P. B.
07.034.003
Forno, A.
07.122.104
Forrest, B.
10.103.102
Forrest, D. J.
01.078.003
03.082.008 .066
05.141.207
06.142.004
07.034.130
   142.085
09.076.008
10.076.027
Forrest, W. J.
05.113.016
   131.104
06.122.101
08.122.115
09.114.027
   132.024
10.100.005
   114.228
   131.034
   133.001
Forrester, A. T.
08.033.068
Forrester, D. A.
05.066.008 .009
Forrester, J.
05.033.018
Forrester, W. T.
07.158.161
09.158.111
Forslund, D. W.
02.074.060
03.074.002
05.061.040
08.084.241
10.074.087
Forstreuter, K.
09.003.014
Forsyth, P. A.
01.084.004
03.084.011
05.083.052
07.084.029

Fort, B.
04.034.086
07.034.097
074.032 .045
09.034.057 .058 .064
074.028 .029
10.074.063
Fort, D. N.
09.158.139
10.141.015 .092
158.010
Forte, J. C.
01.120.004
03.031.015
04.031.050
Fortier, L.
08.064.011 .028
Fortini, P.
02.061.041
05.143.066
08.155.031
Fortini, T.
02.078.029
03.073.016 .061
Fortna, J. D. E.
03.022.078
Fortunato, G.
09.034.012
Fortunato, R. A. A.
10.077.075
Forward, R. L.
02.034.049
06.033.019
07.066.148
098.071
Fosbury, R. A. E.
06.114.090
07.034.033
10.064.002
Foskett, C. T.
02.034.059
Fosque, H. S.
07.044.003
Foss, A. P. O.
08.101.007
Foss, T. H.
03.094.052
04.094.174
Fossat, E.
03.118.013
05.071.056
09.071.009
Fossi, B.
01.075.021 .022
076.015 .022
Fossi, B. B. C.
02.072.084
Fossi, B. C.
01.073.042
02.073.081
076.029
03.011.038
076.025
04.076.004 .040 .041
141.164
05.074.035
076.027 .028
06.074.057
07.076.034
08.022.062 .081
074.005
076.004 .034 .041
09.022.902
064.041
073.038
10.073.061
Foster, G. V.
08.015.010
Foster, J. C.
06.106.017

Foster, L. G.
01.010.008
03.010.008
Foster, P. R.
01.082.005
02.141.148
06.079.101
Foster, S. A.
09.094.816
Fotin, Yu. N.
10.083.042
Fouche, K. F.
01.105.083
Fouchet, J.
01.158.047
04.065.128
Foukal, P.
01.132.033
02.132.030
04.073.007
05.073.067
06.073.012 .076
07.073.036
132.016 .024
08.073.082
077.004
Foukal, P. K.
10.076.032
Foukal, P. V.
10.073.103 .104 .105
074.119
Fountain, J.
02.093.024
Fountain, J. A.
04.094.004
09.094.543 .545
Fountain, J. W.
02.093.022
10.099.051 .052 .097
Fouquart, Y.
05.082.137
09.063.018
10.063.054
Fourcade, C. R.
01.154.006
02.121.086
03.154.007
05.154.019
09.132.010
158.090
10.158.116
Fourikis, N.
06.033.071
131.076 .111
09.131.117
10.033.087
Fourmarier, P.
01.081.035
Fournet, M.
08.034.090 .104
046.021 .022
Fournier, H. G.
07.084.284
Fowler, C. M.
09.022.068
Fowler, J. W.
07.064.010
10.064.065
Fowler, P. H.
05.143.013 .120 .122
06.143.088
10.061.037
Fowler, R. E.
05.009.001
Fowler, R. G.
05.074.027
07.022.020
08.022.901
10.032.014

Fowler, W. A.
01.061.042
065.052
02.061.028
065.019 .020
080.037
03.064.019
065.019
04.065.006
141.098
143.037
162.026
05.061.021
065.042
141.177
06.065.081
141.083
07.022.089
061.025 .046
065.057 .092
080.026
08.061.059
065.114
080.048
162.036
09.061.008 .012
080.901
Fowler, W. B.
04.034.108
06.082.090
10.034.108
082.036
Fowler, W. T.
02.052.039
04.052.010
Fox, J.
06.003.161
Fox, K.
01.099.038
02.099.015 .038
03.099.019
04.022.058
05.091.021 .033
06.091.007
07.099.037
08.099.015 .045
09.022.028
091.050 .061
Fox, P.
08.097.019 .085
09.097.062 .063
10.097.018
Fox, R.
06.066.027
07.066.134
Fox, S. W.
03.094.162
04.094.250
131.120
06.094.015
131.112
09.094.248 .750 .906
10.094.288 .315
Fox, W. E.
01.099.020
06.099.006 .066
Foy, F.
03.141.149
Foy, R.
05.064.010
07.071.016
119.001
09.126.020
10.114.002
Poyster, J. M.
07.162.023
Fracassini, M.
02.121.068
04.066.119
121.015

Fracassini, M.
  05.121.043
  06.121.075
  09.115.025
Fracastoro, M. G.
  01.091.007
  02.011.026
  072.082
  091.048
  115.008
  03.013.014
  082.025
  121.052
  04.098.029
  05.113.052
  115.019
  07.008.145
  044.034
  082.136 .137
  08.032.037
  079.100
  10.005.038
  079.101
  091.041
  121.136
Fradkin, M. I.
  04.143.045
  05.082.009
  143.060
  07.078.014
  082.138
  09.078.010 .028 .064
  084.409
  10.078.014
  083.042
Fraenkel, B. S.
  03.022.057
  04.022.002
  05.022.090
  08.022.076 .083
  034.093
Fragoso, N.
  08.080.006
  094.031
Fram, D. M.
  05.066.039
Frana, J.
  06.105.164
  09.094.394
Franca, L. N. F.
  04.042.059
Francese, G.
  08.032.037
  079.100
Francey, R. C.
  05.142.037
Francey, R. J.
  01.032.072
  142.069
  02.157.020
  04.083.033
  05.142.038
  07.142.042
Francheteau, J.
  01.081.028
  03.045.001
Franchi, P. R.
  02.033.038
Franchuk, N. G.
  10.077.080
Francia, P.
  01.053.001
Francis, D.
  08.097.056
Francis, R. J.
  01.084.019
Francis, W. E.
  02.084.034
Franck, P.
  09.008.084

Francmane, S.
  10.010.033
Francmanis, J.
  05.047.002 .003 .004
  06.051.038 .039
  122.161
  08.009.021
  011.033 .034
  10.008.120
  010.033
Francon, M.
  05.003.066
  07.003.037
Frandsen, S.
  06.142.059
Frangakis, C. N.
  10.042.008 .009
Frank, E. R.
  04.082.140
Frank, P. C.
  06.081.018
Frank, J.
  09.141.096
  10.061.044
Frank, L. A.
  02.084.406 .410
  03.084.403 .404 .411
  106.004
  04.074.080
  084.251
  093.085
  05.084.233 .405 .410 .423
  06.074.019 .048
  084.226
  07.084.015
  08.034.078
  078.046
  084.002 .013
  09.084.001
Frank, P.
  08.120.007 .009
Frank, R.
  09.034.111
Frank-Kamenetski
  See Frank-Kamenetskij
Frank-Kamenetskij, A. I.
  07.084.037
Frank-Kamenetskij, D. A.
  03.003.124
  044.004
  07.003.019
Frank-Kamenetzky
  See Frank-Kamenetskij
Frankenthal, S.
  01.084.403 .424
Franklin, P.
  01.100.013
  02.094.106
Franklin, P. A.
  02.100.002 .005 .006
  03.100.003 .011
  04.100.008 .016
  107.006
  06.098.008
  099.073
  100.012
  09.100.008
  10.098.026 .069
  100.017
Franquelin, O.
  06.141.075
Frantsesson, A. V.
  10.093.001
Frantsman, S.
  04.082.188
Frantsman, Yu. L.
  01.065.036
  05.065.136
  152.006
  10.065.134

Frantz, B.
  10.114.231
Frantz, D. J.
  08.141.055
Franz, O. G.
  02.099.041
  118.029
  05.034.082
  099.024
  118.008 .025
  07.118.012
  08.122.052
  09.100.037
  118.008
  122.048
Franzgrote, E.
  07.003.136
Franzgrote, E. J.
  02.094.175
  03.094.024 .181 .236
  04.094.319 .395
Franzini, M.
  08.105.093
Franzke, P.
  04.054.021
Franzman, Yu. L.
  See Frantsman, Yu. L.
Fraser, C. W.
  04.113.022
  07.158.105
Fraser, D. R. E.
  08.011.007
Fraser-Smith, A. C.
  01.084.273
  04.084.244
  08.084.220
  10.084.226
Frasinski, L.
  09.121.065
Frater, R. H.
  01.033.009
  02.141.053
  03.033.014 .048
Frautschi, S.
  06.065.035
  162.047
  08.162.003
  10.162.001
Frazer, J. Z.
  03.094.111
  04.094.173
Frazer, M.
  07.081.014
Frazho, D. B.
  08.021.017
Frazier, E. N.
  02.034.038
  071.056 .070
  03.073.035
  04.073.021
  06.071.022 .029
  072.064
  07.073.059
  08.071.047
  073.047 .080
  080.062
  09.034.051
Freden, S. C.
  01.084.402
  02.078.023
  04.084.420
Frederick, C. L.
  01.131.018
  155.013
  02.113.047
  05.141.061
  155.049
  157.003
  06.155.021 .036
  09.155.039

Fredga, K.
01.032.048
02.071.059
06.034.069 .079 .098
073.085
Fredregill, E. J.
04.003.044
Fredrick, L.
08.117.011
Fredrick, L. W.
01.008.029
02.111.005
03.008.033
05.008.035
031.034
06.003.163
041.051
07.008.039
031.005
09.032.010 .024
111.004
Fredricks, R. W.
01.074.034
03.084.237 .253
04.074.009 .080
084.209 .296
05.084.267
06.074.019 .048
07.084.221 .247
08.074.004
084.280
09.084.280 .411
10.074.088 .091
106.009
Fredrikson, K.
06.094.092
Fredriksson, B. J.
01.105.092
Fredriksson, K.
01.105.069 .092
02.105.099
03.094.110 .113
105.026
04.094.138 .152 .167
105.053 .148
06.094.262
105.113
09.094.354 .651
105.077 .078 .137 .141
.167
10.094.289
Fredriksson, K. A.
09.105.163
Freedman, R. S.
02.122.092
07.116.012
Freeman, F. F.
04.034.074
06.071.063
Freeman, G. N.
04.091.016
Freeman, J. W.
01.084.011
Freeman, K. C.
01.041.015 .016
141.126
03.101.003
151.062 .063
158.083 .084 .106 .110
04.158.011
05.159.005
08.099.020
158.096
09.154.003
155.100
Freeman, N. C.
08.064.064
Freeman, R.
04.084.302
10.094.249

Freeman, V. L.
07.094.010
09.094.055 .940
10.094.127
Freeman Jr., J. W.
01.084.223
02.084.247
07.094.028 .146
09.094.466 .759
10.094.019 .027 .160 .279
.366
Freer, C.
09.099.054
Freer, C. S.
10.099.030
Freeth
07.125.107
Frehel, F.
01.143.042
Freier, P. S.
01.143.045
05.142.084
143.017 .070 .087 .114
06.143.059 .112
09.155.025
Freiesleben, H. C.
02.054.017
06.003.143
Freire, R.
03.045.022
Freizon, I. A.
07.083.012
Frejzon, A. A.
10.083.048
Fremlin, J. H.
06.105.130
09.094.068 .810
105.055
10.094.354 .375
French, A. G.
02.083.025
French, B. M.
03.094.083
04.094.134 .153
105.009 .138
06.093.007
105.039
07.094.050
105.055
08.105.010
09.094.330
10.105.020
French, C. E.
08.053.028
French, J. D.
05.143.069
French, R.
09.097.062 .063
10.097.018
French, V. A.
04.114.011
06.122.001
08.114.093
Frenkel', A. L.
09.066.088
Freon, A.
03.073.098
Frerking, M. E.
07.035.018
Fresa, A.
04.015.025 .026
Fresneau, A.
02.044.021
Freund, J. T.
04.082.072
Freund, P. G. O.
02.162.020
Freundlich, M. M.
04.003.046

Frew, N. M.
08.094.238
09.094.409
Frewer, G. C.
03.003.123
Frey, A.
09.082.099
Frey, F. A.
04.105.084
Frey, G.
09.094.532
Frey, H.
07.114.081
09.112.006
Frey, N.
08.022.040
Frick, M.
01.034.002
Frick, U.
06.074.100
105.084 .099
09.094.737
10.094.290
Fricke, K.
01.080.014
116.004
04.065.031
05.065.107
06.065.037
07.065.053 .110
122.010
08.065.057
09.158.121
10.158.075
Fricke, K. H.
06.077.043
Fricke, K. J.
04.065.058
06.065.071
07.065.019
08.065.069 .116
10.065.017 .107
Fricke, W.
01.008.051
02.002.034 .036
03.002.028
007.000
008.059
047.020
158.009
04.002.015
006.000
007.000
041.019
155.033
05.002.038
008.061
041.027
043.005
06.002.039
043.003
07.002.017
008.067
013.007
08.002.037
041.022
043.001
09.002.034
014.015
041.016
10.002.028
008.052
041.022
047.011
Fricker, P. E.
03.105.106
08.094.087
09.094.548
Fridel', Yu. V.
02.071.017

Pridel', Yu. V.
03.071.049
06.122.075
10.071.013
Fridgant, L. G.
09.078.065
Fridman, A. M.
01.162.050
02.065.076
05.100.003
    151.021 .024 .041
06.100.004
    151.019 .063
    154.017
07.091.002
    151.002 .021
09.151.003 .047
10.151.015 .071 .074
Fridman, M.
09.074.097
10.062.055
Fridman, P. A.
02.093.041
04.033.056 .057
07.033.007
09.093.064
    141.006
10.141.064 .133
Fridman, V. M.
03.077.009
08.077.015
    079.102
09.077.024 .025
10.033.080
Fridovich, B.
07.082.104
Frieboes-Conde, H.
03.121.024
10.121.019
Fried, S. S.
06.022.010
Fried, W. I.
03.074.045
Friedemann, C.
01.064.046
02.124.100
    131.018
03.003.122
04.122.136
06.003.066
    121.007
    131.037
07.061.026
    122.007
    131.089 .090
08.141.082
09.141.124
10.113.033
Prieden, B. R.
08.031.031
Prieden, H. J.
05.031.005
Friedjung, M.
02.124.006
05.124.101
06.004.007
    124.004 .100
07.124.101
09.124.108
10.124.101
Friedland, A.
06.073.062
09.142.123
Friedland, A. B.
06.073.071
Friedlander, A. L.
07.051.028
08.051.011
Friedlander, M. W.
02.143.001

Friedlander, M. W.
03.143.013
04.113.051
05.114.021
    143.122 .124
Friedman, A. M.
01.141.174
Friedman, H.
01.008.132
    141.219
    142.002 .027 .048 .060
02.076.035 .039
    134.006
    142.004 .056
03.073.068 .077 .088
    076.027
    134.029
    142.010 .040
04.061.040
    076.002
    142.006 .063 .064
05.008.141
    073.024
    134.003 .004
    142.003 .009 .013 .025
        .048
    158.012
    160.015
06.007.000
    051.030
    073.081
    142.019 .024
07.051.014
    134.009
    142.016 .050 .140
08.155.050
09.051.020
    073.083
    142.074
10.061.032 .070
    142.005 .061 .062
Friedman, I.
03.094.064
04.094.197
09.094.249 .405
Friedman, J. L.
06.066.007
08.066.005 .024 .082
09.065.090
10.065.048 .145
Friedman, L.
05.003.070
Friedman, M.
01.073.045
02.062.010
    073.002
08.061.036
Friedman, M. P.
03.082.074
Friedman, V. E.
08.073.101
Friedrich, D.
05.123.026
06.123.065
Friedrich, G.
03.158.077
04.158.043
Friedrich, H.
01.022.016 .017
02.022.120
03.022.042
Friefeld, R.
05.141.168
Friefeld, R. D.
04.141.132 .200
Frieman, E. A.
05.062.036
Friend, A. L.
04.082.076

Friends, J.
02.072.010
Friesen, L. J.
07.094.097
Priichtenicht, J. P.
05.104.031 .032
Friis-Christensen, E.
06.106.023
07.106.009
08.106.002
Frik, M. A.
04.054.024
Primout, D.
05.082.027
06.076.017
08.082.034 .189
10.082.154
Pringant, A.-M.
06.112.004
    126.010
Prisch, C. Von
See Von Prisch, C.
Frisch, D. H.
05.031.009
Frisch, H.
03.073.019
04.073.034
06.063.001
07.073.084
08.073.003
10.063.012 .047
Frisch, H. L.
05.131.123
09.131.099
Frisch, P.
07.131.071
Frisch, P. C.
10.131.241
Frisch, T.
07.105.038
Frisch, U.
01.062.043
    156.002
06.022.077 .078
10.063.047
Frishberg, L. D.
08.114.041 .161
Frisillo, A. L.
09.094.292
10.094.404
Friton, E. E.
07.123.032
Fritsch, L.
06.053.025
Fritz, G.
01.142.002 .027 .048 .060
02.134.006
    142.004
03.134.029
    142.010 .040
05.134.003 .004
    142.003 .013 .025 .048
    160.015
06.142.019
07.134.009
08.155.050
09.142.074
Fritz, G. G.
10.142.061 .062
Fritz, T. A.
02.084.405
04.084.403 .410
10.084.403
Pritze, K.
04.065.034
05.065.049
06.065.022
07.065.018
    141.069
08.065.124

AUTHOR INDEX - VOL. 1-10

Fritze, K.
09.065.081
10.066.012
Fritze, R.
06.143.076
Fritzova-Svestkova, L.
05.073.030
09.073.089
Froechtenigt, J. F.
10.032.037
Froehlich, G.
04.022.029
Froehlich, H.-E.
01.121.036
06.131.084
09.158.100
10.151.007
Froehlich, R.
01.063.001
Froehlich, W.
06.003.142
Froelich, P.
01.084.266
Froeschle, C.
03.042.036 .040
04.151.017
06.151.057
07.151.006 .050
09.151.010
10.042.030
151.040 .043
Froeschle, Ch.
02.151.068
07.063.004
10.063.003 .047
Froese Fischer, C.
09.022.013
Frogel, J. A.
02.113.038
04.122.063
06.158.099
07.114.014
115.010
133.016
08.113.021
131.103
133.901
09.114.079
131.207
133.032 .033
158.094
10.114.035 .178
131.134 .249 .264
132.012
133.031 .901
141.066
142.084
Frohlich, A.
07.034.147
08.142.130
09.123.032
142.079
10.122.138
142.082
Frolov, A. I.
09.094.591
Frolov, M. S.
02.003.013
122.017 .132 .141
03.122.012 .099
04.003.069
122.082 .085 .086 .097
05.003.013
06.122.029 .033
07.003.154
08.122.030
09.003.003
122.065 .070
10.122.075

Frolov, P. M.
02.094.184
Frolov, V. N.
10.153.005 .006
Frolov, V. P.
10.162.030
Frolov, V. V.
06.104.020
08.104.015 .022
Frolova, N. B.
10.041.031
Frondel, C.
03.094.120
04.094.132 .154
09.094.326 .353
Fronka, O.
10.076.015
Fronsdal, C.
05.066.084
06.022.126
066.108
Frontera, F.
06.141.142
07.141.902
08.141.554
10.142.063
Froome, K. D.
02.003.068
06.046.039
Frost, A. D.
04.141.084
Frost, K. J.
02.076.032
03.076.013
05.076.007 .025
142.012
06.142.054
07.142.091
08.076.017
10.142.031 .086 .092
Frost, M. J.
02.105.177
06.105.018
Frost, S.
10.114.207
Fruchter, J. S.
03.094.078
04.094.231
09.094.434 .683 .722 .909
10.094.291
Pruin, J. H.
04.061.005
066.010
05.066.067
141.239
06.033.010
Fruland, R.
10.094.126
Frutkin, A. W.
04.051.006
Fry, D. J. I.
09.098.035
Pryar, J.
09.082.033 .902
Fryatt, A. J.
06.033.046
Fryder, V.
07.009.013
09.031.015
Frye, R.
07.122.135
Frye, R. L.
04.114.035
153.046
05.114.053
06.115.004
07.114.118
08.114.002 .013
10.114.130

Frye Jr., G. M.
01.073.057
142.035
143.014
02.142.015 .041
05.142.067 .083
06.142.088
08.141.523
10.061.042 .043
Fryer, G. E.
03.094.071
10.094.191
Fryer, R.
02.094.006
03.097.001
04.094.068
Fryer, R. J.
01.094.033
02.053.011
094.026 .028
03.094.018
04.094.010
06.094.326
097.082
07.094.085 .133 .241
Fryxell, R.
03.094.145
04.094.280
10.094.126 .320
Fubara, D. M. J.
07.046.002
09.046.014
Fuchs, E.
08.011.053
Fuchs, J.
04.044.034
10.009.016
Fuchs, L.
04.094.132
09.094.740
Fuchs, L. H.
01.105.050
02.105.138
03.094.046
04.094.016 .155
105.044 .046 .130
06.094.019 .142
105.022
08.105.120
09.105.042 .079 .106
10.105.008
Fuchs, R. W.
08.051.013
Fuchs, W. R.
09.003.051
10.003.041
Fudali, R. F.
03.105.028
07.105.043
09.105.080
10.105.069
Fuenfschilling, H.
06.113.003
Fuenmayor Suarez, F. J.
09.065.181
Fuerst, E.
02.077.056
05.077.021
07.077.043
08.074.014
09.077.002 .009
10.077.061
Fuerstenberg, F.
01.075.009
02.075.025
077.008
03.075.020
04.075.018
077.056
05.075.019

Fuerstenberg, F.
06.075.019
077.043
07.075.020 .021
08.075.024
09.075.011
077.065
10.075.020
Fuertig, W.
05.122.118
123.022
07.122.144
Fugono, N.
06.082.128
Fuhrmann, K.
01.032.049
02.113.048
Fujii, A.
03.124.106
Fujii, M.
05.076.014
06.034.059
142.008
07.142.075
09.142.004
Fujii, N.
07.094.224
09.094.029 .781
Fujii, S.
05.031.015
041.005
06.041.029
Fujii, Y.
06.066.034
Fujii, Z.
06.143.097
07.143.069
08.143.063 .064
Fujikawa
03.103.103
Fujikawa, S.
02.103.113
Fujimoto, K.
06.143.097
08.143.063 .064
Fujimoto, M.
01.142.046
161.006
02.131.013
141.180
151.024
03.151.049
04.065.157
074.105
05.155.014 .015
06.061.028
07.065.084
151.023
08.066.155
080.053
162.060
09.065.003
10.131.175
155.040
Fujimoto, M.-K.
09.065.095
Fujita, H.
03.094.111
04.094.173
105.053
09.094.319
Fujita, Y.
02.114.113 .114
03.114.124
04.003.042
10.114.150
Fujiwara, K.
01.035.002
044.011
03.035.005 .006

Fujiwara, K.
05.044.005
07.035.009
08.034.112
Fukao, S.
09.062.049
Fukaya, R.
01.032.040
03.032.007
034.039
046.005
05.031.016
06.041.003
07.032.048
09.082.048 .049
Fuks, I. M.
01.074.012
Fukuda, I.
04.116.005
Fukui, M.
02.141.180
142.049
05.009.019
09.141.081
Fukui, T.
10.162.019
Fukushima, N.
06.084.272
08.084.224
Fukushima, Y.
01.143.062
Fukuta, N.
07.091.034
Fulchignoni, M.
02.105.183
03.132.025
08.094.071
09.094.170 .367 .675
Fulchignoni, M. M.
05.132.035
Fuligni, F.
04.142.046
05.034.114
06.141.142
142.096
07.141.902
08.141.554
10.142.063
Fuligni Di Grande, M. T.
09.076.013
Fullagar, P. D.
06.094.047
09.094.412 .689
Fuller, B. D.
02.106.006
Fuller, F. B.
03.064.029
Fuller, J. C.
03.106.018
04.076.016
05.076.036 .037 .044
106.032
06.076.026
08.082.200
Fuller, M.
05.084.259
07.094.115
08.094.121
09.094.768
10.094.263
Fuller, M. D.
05.094.088
09.094.284 .497 .772
10.094.396
Fuller Jr., E. L.
09.094.457 .554
10.094.333
Fullerton, L. W.
08.102.053

Fullerton, W.
03.072.023
04.022.046 .049
131.068
05.022.046
031.007
072.051
07.160.004 .009
09.131.083
10.125.025
Fullmer, J. W.
03.133.024
Fulmer, C. V.
02.094.110
Funakoshi, Y.
07.073.042
Fung, A. K.
02.097.051
06.091.019
Fung, J. C.
06.052.017
Fung, P. C. W.
01.062.026
077.025
02.062.029
04.062.030
05.062.043 .064
073.050
077.008
06.073.110
07.073.020 .037
083.071
Funiciello, R.
02.105.183
09.094.170 .219 .367 .675
Funk, H.
02.105.154
143.002
05.105.009
06.105.084
07.105.017
08.105.116
09.094.737
105.142
10.094.290
Funkhouser, J.
05.105.075
06.094.200 .263
09.094.403 .709
Funkhouser, J. G.
03.094.073
04.094.089 .198 .362
05.094.077
Furenlid, I.
04.113.048
114.094
05.031.082
113.002
08.034.048
09.114.064
158.156
10.031.076
080.048
114.052
158.065 .111
Furia, S.
03.103.101
Furman, V. D.
04.021.011
Furniss, I.
07.132.019
08.113.018
Fursenko, M. A.
10.094.146
Fursov, Yu. S.
10.142.039 .040
Furth, H. P.
05.061.035
Furuhata, M.
06.032.041

Furukawa, M.
01.105.027
Furuta, T.
08.103.107 .120 .124
Fusco-Femiano, R.
10.142.077
Fuse, K.
01.105.056
Fussmann, G.
09.022.033
Futaully, R.
02.054.006
03.054.006
Futrelle, R. P.
08.022.110
Fyfe, W. S.
03.094.084
04.094.139
Fymat, A.
07.063.014
Fymat, A. L.
01.063.027
091.020
02.063.015 .016 .025
03.063.016 .017 .023 .026
.028
091.029
04.034.028
063.020
05.063.031
091.004
06.031.041
08.034.074
063.023

Gabdullin, B. M.
10.034.023
Gabriel, A. H.
01.022.028
02.076.013
04.071.061
06.012.009
062.053
071.063
076.025 .036
07.074.013
08.011.045
012.012
022.061
062.071
076.028
09.022.042
10.022.064
Gabriel, M.
01.061.005
065.047 .074
03.065.065
05.065.018 .108 .128
06.065.007
07.065.023 .068 .101
126.005
08.065.035
09.065.053 .118
126.031
10.065.136
Gadjiev
See Gadzhiev
Gadsden, M.
01.082.059
02.082.091 .092
04.082.115 .117
07.082.056
104.043
08.011.006
082.017
10.082.002
Gadzhiev, M. S.
03.103.101
124.103

Gadzhiev, M. S.
04.123.023
124.101
08.034.159
097.011
10.082.111
114.176
Gaebert, H.-W.
08.003.161
Gaffey, M.
08.097.055
Gaffey, M. J.
09.098.013
Gaffney, E. S.
06.105.045
Gaffney, J. E.
02.046.018
Gagarin, Yu. P.
03.143.060
05.143.118
09.034.086
Gage, M. J. W.
04.052.001
Gagne, G.
04.063.012
Gagnepain, J. J.
07.035.001
Gagnepain, M.
02.035.028
Gahm, G.
05.010.017
10.010.032
Gahm, G. F.
02.131.131
03.114.061
122.078
04.114.020
05.153.003
06.131.005
07.114.022
08.114.142 .153
Gaibar-Puertas, C.
06.084.301
Gaide, A.
03.113.042
06.031.024
Gaiduks, J.
06.007.000
Gaignebet, J.
08.034.088
046.021 .022
Gail, H.-P.
01.062.035
09.061.070
Gaines, E. E.
06.084.203
10.084.401
Gainova
See Gajnova
Gainsford, M. J.
02.123.055
Gainullina, R. H.
See Gajnullina, R. Kh.
Gaizauskas, V.
01.082.067
02.010.023
071.038
03.011.029
04.009.013
05.010.017
079.103
06.077.008
07.009.005
10.072.069
082.046
Gajderowicz, I.
03.032.012 .040
10.041.021
Gajduk, A. R.
05.097.052

Gajduk, A. R.
06.097.092 .098
08.097.011 .099
09.097.087 .120
Gajewski, R.
10.076.035
Gajic, D. M.
04.082.228
Gajlans, A. G.
08.033.061
Gajnova, L. E.
05.078.047
06.078.043
07.078.020
08.143.042
09.078.040
Gajnullina, R. Kh.
02.160.006
08.160.020 .021
Gal-Or, B.
05.162.029
06.162.049
07.066.030 .135
Galach'ev, N. G.
05.106.002
143.001
07.106.011
143.018
Galaktionov, V. N.
08.097.097
10.097.062
Galaktionova, Yu. F.
08.078.024
Galanova, T.
07.076.019
Galas, R.
10.045.012
Galatola, A.
03.122.119
06.121.028
08.121.016
10.113.104
Galbraith, W.
04.022.037
Galdon, E.
06.083.018 .019 .067
Gale, N. H.
06.105.100
08.094.208
105.044
Gale, W.
01.093.054
Gale, W. A.
02.093.008 .027
03.093.028
04.093.028 .030 .049
08.093.003 .004
Galehouse, J. S.
08.081.018
Galeotti, P.
01.121.012
02.121.080 .081
03.121.022 .051
124.100
04.065.147
124.101
153.032
08.153.006
09.114.142
Galibina, I. V.
04.042.018
104.053
06.104.104
08.098.011
Galin, V. J.
05.093.006
Galindo, V.
08.003.037
09.003.020

Galkin, I. N.
10.094.077
Galkin, L. S.
02.099.044
    101.008
04.099.013
    100.009
05.099.048
    100.004
    101.007
07.103.100
08.099.012
    100.003
09.099.074
    103.102
Galkin, V. D.
05.082.071
09.022.082
Galkina, T.
09.117.018
Galkina, T. S.
02.112.002
    119.019
05.053.001
    114.010
    117.017
    119.007
08.119.011
10.119.010
Gall, R.
01.143.070
02.084.213
04.143.049
06.143.025 .028
08.084.037
10.084.235
Gallagher, A.
06.022.120
Gallagher, J.
10.122.136
Gallagher III, J. S.
07.160.022
08.158.064
09.124.101
10.124.010
Gallaher, L. J.
08.021.018
Gallegos, H. G.
See Grossi Gallegos, H.
Galley, S. J.
05.107.002
Gallino, R.
05.155.002
06.065.029 .154
    141.133
09.061.032
    162.078
Gallivan
02.125.023
Gallivan, J.
05.125.024
Gallivan, J. R.
02.125.015
08.031.081
Gallouet, L.
05.158.076
10.158.024
Gal'per, A.
09.061.020
Galper, A. M.
05.083.053
    142.090
06.078.027
    142.080
Gal'per, A. M.
05.141.225
06.141.035
    142.083
    143.021 .134
07.134.002

Gal'per, A. M.
09.142.057 .119
10.061.006
    142.016 .069 .129 .139
Galperin, B. O.
09.095.006
Galperin, I. A.
07.082.041
Galperin, Yu. I.
05.085.001 .002
08.082.177
10.084.007
Gal'perin, Yu. I.
03.084.012 .013 .014 .015
    .048
08.003.006
09.051.008
    083.032 .056 .057
Galt, J. A.
01.141.117
02.141.142
03.141.004
06.141.038
07.141.545
08.141.503
Galtsev, A. P.
03.082.046 .053 .054
06.082.088
Gal'tsev, A. P.
08.082.162
Galushkin, Yu. I.
03.022.030
Gamache, R. G.
08.053.031
Gamba, Z.
09.131.116
Gamble, R. C.
05.003.020 .021
Gamburg, S. S.
02.091.030
09.099.078
Gamero, A.
10.105.117
Gamjanina, A. I.
02.041.010
Gammage, R. B.
06.094.099 .137
09.094.457 .462 .554
10.094.333
Gammelgaard, P.
01.113.001
08.013.022
10.131.029
Gammelin, P.
09.105.136
Gammon, R. H.
07.114.094
08.114.019
09.131.077
Gamow, G.
01.162.044
03.003.085
06.003.067
Ganapathy, R.
01.105.070 .076
03.094.041
    105.113
04.094.082 .104 .199
05.094.106
    105.041
07.094.005 .067 .902
    105.011
08.107.009
09.094.023 .094 .154 .228
    .374 .380 .594 .696
    .697
    105.007 .008 .045 .053
    .093
10.094.021 .358 .391 .903

Ganas, P. S.
10.022.030
Ganbarov, A. A.
10.123.007
Gancarz, A. J.
06.094.129
07.094.053
08.094.155
09.094.004 .088 .173
10.094.198
Gandet, T. L.
07.112.007
Gandet Jr., T. L.
06.112.012
Gandhi, J. M.
02.022.073
Gandolfi, E.
03.113.028
    141.118 .140
06.125.029
    132.042
08.141.026
09.071.052
    113.901
    141.023 .132
10.141.004
Gandz, S.
04.003.088
Ganea, I.-M.
08.066.092
09.066.052
10.066.097
Ganea, M.
06.121.049
Ganeko, Y.
09.096.028
Gangadharam, E. V.
03.094.048
04.094.220
09.094.382
Gangbator, D.
08.082.241
Gangi, A. F.
07.094.114
Ganguly, S.
03.083.090
04.083.042
05.083.011
07.083.024
Ganopol'skij, V. A.
01.051.035
Gans, D.
02.098.033
    103.110
03.103.101 .102 .118
04.103.104 .120 .121 .131
Ganz, R.
08.101.004
    141.013
09.008.008 .088
Gapcynski, J. P.
02.094.065 .146 .205
04.094.109
Gaposchkin, E. M.
01.066.009
03.081.045
04.052.040
    054.010
    081.029
06.081.003 .028
07.081.028
08.045.005 .021
Gaposchkin
See Gaposhkin
Gaposhkin, S.
01.121.029
02.115.013
    159.006
03.121.044
    159.006 .020

Gaposhkin, S.
04.159.007 .012
05.159.011
07.158.121
09.159.006
Gaposhkin, S. I.
06.158.055
07.159.003 .023
08.159.004
Garavito, C.
08.009.028
Garay, C. L.
10.121.098
Garazdo-Lesnykh, G. A.
02.103.106
05.082.073
102.008
Garazha, V. I.
02.091.050
03.097.023
06.097.096
Garcia, C.
05.074.067 .068
08.074.032 .040
Garcia, C. J.
01.074.036
02.074.035
04.074.091
05.074.079
06.074.046
08.074.073
Garcia, H. A.
04.100.011
08.100.015
Garcia, J. D.
10.033.090
Garcia, J. R.
10.122.185
Garcia, L.
03.095.009
Garcia Agudo, E.
02.105.184
Garcia De Polavieja, M.
07.099.006
Garcia-Munoz, M.
05.143.108 .109
09.143.053 .057
10.143.021
Garczynska, I.
01.072.025
077.012
06.077.017
Garde, V. K.
04.065.033
07.061.054
Gardier, S.
07.034.111
08.114.029
09.114.039
Gardiner, G. W.
02.083.020
Gardiner, J. G.
05.033.024
09.033.051
10.033.123
Gardner, F. F.
01.099.013
141.094 .095
02.131.033 .103
141.153 .184 .185
03.131.004 .029 .095 .100
.121
132.031
141.014 .037 .081
155.015
159.002
04.131.049
132.004
141.007 .015
05.131.074

Gardner, F. F.
05.141.139
158.058
06.131.075 .094 .095
141.185 .243 .244
07.131.077 .131
155.030
08.131.031
141.053
09.131.024
157.004
10.158.121
Gardner, I. S. K.
10.032.014
Gardner, J. A.
08.051.010
Gardner, J. L.
07.022.019
08.022.037 .049
10.022.009
Gardner, M.
03.004.006
Gardner, M. E.
02.082.037
Garfinkel, B.
01.052.021
03.042.059
052.001
04.042.031 .078
052.009
05.042.013 .044
06.042.003
07.042.012 .031
08.042.012 .034
09.042.009
10.042.021
052.001 .029
Gari, M.
07.080.033
08.080.043
Garibyan, G. M.
10.006.000
061.060
Garin, I. S.
08.053.022
Garland, G. D.
07.003.054
Garlick, G. D.
05.105.061
Garlick, G. F. J.
03.094.136
04.094.281
07.094.136 .183
08.094.082
09.094.480 .481 .793 .811
10.094.292 .294
Garmany, C. D.
07.112.003
119.004
155.054
08.152.004 .013
09.152.004
Garmire, G.
01.142.008 .012 .030
04.132.009
142.060 .061 .062
05.158.006 .080
08.142.025
Garmire, G. P.
04.142.038
05.063.030
06.063.032
07.061.036
08.142.004 .081 .142
09.132.007
10.097.043
132.001
142.901
Garner, E. L.
09.094.702

Garner, E. L.
10.094.209
Garnham, G. L.
04.082.017
Garnier, R.
02.114.074
122.097
03.113.021
06.131.031
07.113.004 .035
155.033
10.155.021
Garpman, S.
08.022.063
Garrard, T. L.
10.078.031
Garrett, H. B.
06.084.252
10.084.205
Garrido, V.
04.131.136
Garriott, O. K.
01.073.049
03.083.025
10.083.003
Garriott, O. W.
03.003.154
Garrison, L. M.
08.074.027
Garrison, R. E.
09.094.364
Garrison, R. F.
02.114.004
122.082
03.113.017
04.152.006
05.153.006
08.114.052
153.009 .026
09.126.002
10.114.012 .013 .120
115.025
122.167
142.104
Garrison, R. L.
01.022.068
02.022.046
Garrison Jr., L. M.
02.121.057 .093
08.121.051
10.121.905
Garstang, R. H.
01.022.075 .081
02.022.060
04.022.047
06.022.101
071.073
122.143
08.022.124
071.067
114.155
09.074.098
126.011
10.007.000
022.050
133.015
Garthwaite, K.
02.021.004
04.094.123
Gartmanov, V. N.
05.105.001
08.078.029
09.078.047
Garton, W. R. S.
01.022.026 .092
02.022.063 .077
03.079.102
05.022.040
06.022.043
076.025

Garton, W. R. S.
08.062.046
Gartrell, G.
07.104.034
Garver, R. V.
07.033.059
08.033.095
Gary, B.
02.099.039 .042
05.099.010
08.141.039
142.071
09.099.006
Gary, B. L.
08.141.105
Garz, T.
01.022.102
02.071.003 .023
03.022.038
04.022.039
071.009
05.071.004
06.022.156
10.022.005
Garzke, K.
01.143.065
Garzoli, S.
09.131.122
10.131.229
Garzoli, S. L.
03.155.031
157.015 .029
04.155.003
05.131.139
09.157.008
10.131.130
155.039
Gasanalizade, A. G.
06.071.052
07.071.017
Gasanalizade-Salmanova,
L. Kh.
10.114.173
Gascoigne, S. C. B.
01.159.006
02.159.008
05.031.072
159.005
06.122.069
159.016
07.032.042
159.026
10.032.033
Gash, P. J. S.
06.094.264
Gasior, J.
04.143.030
Gaska, S.
04.098.035
104.063
08.098.012 .043
104.049
Gaskell, P. F.
02.003.022
Gaskell, T. F.
04.003.050
Gass, I. G.
07.003.055
10.003.042
Gasset, J.
06.084.014
08.084.075
Gassmann, G. J.
01.083.028
08.084.069
Gast, P. R.
04.080.034
06.080.040
Gast, P. W.
03.094.039

Gast, P. W.
04.094.077 .200
05.094.043
06.094.061 .294
07.094.009
08.094.018 .022 .118 .196
09.094.054 .121 .268 .373
.681 .707
10.003.043
094.007 .126 .208 .293
.401
Gatelyuk, E. D.
01.033.032
02.134.007
04.033.006
07.033.018
Gates, W. J.
01.076.007
Gatewood, G.
01.041.002
02.041.014
06.034.124
07.112.011
09.111.005
10.112.007
117.021 .032
118.011 .012
126.022
Gatewood, G. D.
04.112.025
06.041.051
10.041.017
Gatha, K. M.
06.066.055
Gatland, K.
02.003.031
Gatland, K. W.
05.053.010
06.054.008
09.015.006
10.054.002
Gatterer, L. E.
07.044.030
10.003.063
Gattinger, R. L.
01.082.082
03.082.026
04.082.132
06.082.102
084.039
08.084.057 .058
10.084.022 .027
Gauffre, G.
08.034.023
Gaujard, P.
02.071.013
Gault, D.
07.094.158
10.011.007
Gault, D. E.
02.094.111 .170 .173
105.167
03.094.269 .299
04.094.028 .053 .058 .061
.366 .369 .401
05.094.013 .047
06.094.059 .116 .177 .265
.266
105.101
07.094.100
09.094.008 .030 .147 .275
.795 .796
105.081 .116
10.094.226
Gault, W. A.
01.082.081
04.104.041
Gaur, V. P.
01.071.022
072.035

Gaur, V. P.
06.072.002 .003
122.008
08.114.046
09.072.037
10.071.008
Gause, K. A.
05.034.066
Gauss, F. S.
01.032.059
05.041.032
09.141.013
Gaustad, J. E.
01.114.038 .039
131.002 .017
02.114.064
131.042 .044 .050
03.131.024
05.113.012
114.076 .111
123.031 .032
07.114.094
08.114.019
09.114.075
142.013
10.113.116
Gauthier, J.-C.
10.062.041
Gautier, D.
05.099.009
07.099.021 .901
08.091.041
09.099.082
Gavin, M. V.
08.082.027
Gavrilenko, V. G.
09.061.067
Gavrilov, I. V.
02.003.072
04.094.357
05.003.011
094.024
06.094.306
08.094.060 .257 .258
09.094.018 .134 .882
10.094.109
Gavrilov, V. P.
02.022.027
Gavrilov, V. V.
02.054.012
Gavrilyuk, T. T.
06.014.001
Gavryuk, M. I.
04.046.023
09.046.008
10.003.044
Gavryushin, N. K.
10.004.044 .048
Gawin, J.
02.143.024
06.143.075
Gay, J.
01.065.035
02.071.002
03.071.039 .044
07.097.091
08.034.036
09.034.011 .118
10.031.015
Gay, P.
03.094.098
04.094.071 .156
05.094.069
06.094.251
09.094.186 .332 .627
Gayer, G. F.
01.033.033
Gayet, R.
01.131.033
04.022.040

Gayner, K. F.
10.096.002
Gazdag, J.
04.063.013
Gazenko, O. G.
04.015.014
Gdalevich, G. L.
07.083.049
09.083.053 .054 .055
Gdalevitch
See Gdalevich
Geake, J. E.
03.094.136
04.094.281
08.094.079
09.094.480 .481 .482 .793
.811 .821
10.094.222 .292 .294
Gearhart, M. R.
08.141.055
09.131.145
10.141.056
Geary, J. C.
04.153.008
Geballe, T. R.
04.133.010
05.133.015
08.114.091 .121
09.114.071
133.036
10.114.015 .037 .227
Gebbie, H. A.
01.082.004
02.022.110
03.082.013
04.082.034 .227
05.034.071
082.054
06.031.063
082.006 .130
07.022.038
08.022.110
082.203
09.082.073
Gebbie, K. B.
01.012.020
02.073.017
04.064.003 .037
06.012.001
064.006
073.034
09.073.075
080.018
Gebel, W.
02.131.079
05.131.122
07.131.080
Gebel, W. L.
01.102.011
04.103.105
07.125.005
09.142.008
Gebhardt, W.
07.014.009
09.014.016
Gebhart, R.
01.082.090
Gedeon, G. S.
02.052.008
07.052.002
Gedzelman, S. D.
08.080.052
Gehlich, U. K.
02.064.006
03.124.103
07.121.028
08.121.015
Gehlot, G. L.
02.066.019
07.066.130

Gehrels, A. M. J.
01.098.035
Gehrels, T.
01.093.062
099.014
131.030
02.098.002
099.022
114.044
141.005
03.098.002 .020
04.098.011 .015
141.019
05.091.019
098.002 .013 .014
06.098.005
131.065
141.187
07.012.027
051.041
098.017 .076 .077
103.114
131.064
08.031.005 .047
098.061 .072 .076 .078
.083
102.068
103.122 .126
09.099.063
103.118 .121
10.031.071
098.001 .060
103.118 .129
Gehren, T.
10.063.013
Gehrke, C.
03.094.159
Gehrke, C. W.
04.094.254
08.094.230
09.094.751 .949 .952
10.094.412
Gehrz, R. D.
04.122.046 .047
131.004
05.064.031
113.016
07.122.021
132.028
08.122.114 .125
09.114.030 .058
10.113.046
Geiger, G. A.
10.094.489
Geisel, S. L.
03.113.027
04.114.023
124.001
Geisler, J. E.
04.082.028
Geiss, J.
01.105.045 .066
02.074.065
105.002 .150
03.074.055
094.072
04.074.057
094.192 .361
05.051.013
094.135
06.094.139 .199 .252 .254
.255
07.107.004
08.084.071
09.084.050
094.437 .730
10.074.097
080.034
094.010 .026 .268 .269
107.019

Geist, J.
07.080.031
Gelato, G.
02.033.036
Gelato-Volders, L.
07.033.036
Geldon, F. M.
06.131.051
Gelfedinov, M.
02.123.029
Gel'fgat, B. E.
09.042.048
10.042.112
Gelfreich
See Gel'frejkh
Gelfreikh
See Gel'frejkh
Gel'frejkh, G. B.
01.033.004
02.077.025 .035 .048
03.033.021
076.010
077.011 .037
04.031.057
033.010
077.010
08.033.016 .018 .025
080.012
09.033.016
077.016 .018 .020 .033
Gelinas, A.
09.065.032
Gelinas, R. J.
04.063.046
Geller, M. A.
07.082.101
Geller, M. J.
07.162.033
10.160.010
Geller, R. Z.
03.032.041
Geller, S.
01.105.015
Gelles, R.
09.031.052
10.032.031
Gelmi, R.
04.155.046 .047
Gelpi, E.
02.105.128
03.105.048 .140
04.105.027 .028 .029
Geltman, S.
09.022.069
Genaeva, L. I.
05.143.045 .126
08.105.084 .088
Genaizir, G.
10.034.067
Genatt, S. H.
05.082.081
Genberg, R. W.
02.102.036
Gendrikov, V. B.
10.005.040
Gendrin, R.
04.084.231
06.084.277
07.084.277
08.084.279
Genesio-Elgarten, V.
04.074.026
Geneslay, E.-H.
01.004.001 .011
02.004.022
03.031.013
04.079.002
05.004.009
Genin, Y.
08.052.020

Genkin, I. L.
01.151.014
02.151.004 .007 .048
    158.019 .020 .033
03.158.049
04.151.030
05.151.028
    155.043
06.061.039 .040
    151.070 .071 .072 .073
    158.111
08.151.032 .033
    158.113
10.151.014 .069 .070 .079
    158.048
Genkina, L. M.
02.158.015 .019 .020 .021
    .022 .033
03.158.049
04.158.015
06.158.111 .121
    161.006
08.151.032
    158.113
10.151.070
    158.048
Genner, R.
09.033.059
Genoux, L.
02.035.029
Gent, H.
01.141.073
04.141.084 .117 .228
08.141.033
09.141.026
Gentieu, E. P.
03.131.058
04.131.020 .080
07.022.115
    131.007
Gentile, A. M.
03.065.075
Gentner, W.
01.105.032 .033
02.105.012 .196
03.105.115
04.105.156
05.094.166
06.105.102 .151
07.105.018
09.094.113 .512 .535 .807
    105.082 .131
    143.059
10.094.435
    105.053
Gentry, R. A.
01.074.033
02.084.233
Gentry, R. V.
09.094.318
George, D.
10.133.048
George, M. J.
03.083.061 .062
George, Y. H.
01.063.016
Georgelin, Y.
02.151.020
03.159.004
Georgelin, Y. M.
02.155.008
03.131.094
    155.035 .055
04.131.137
    155.005
05.155.027
07.155.033
09.131.150
10.132.029

Georgelin, Y. P.
02.155.008
03.131.094
    132.013
    155.035 .055
04.031.038 .039
    131.014 .137
    155.005
05.131.028
    155.027
07.155.033
09.131.150
Georgevic, R. M.
04.042.007
09.052.020
Georgiev, N.
04.043.005
06.046.031
08.081.035
09.041.005
Georgieva, G.
04.083.060
Georgievskij, Yu. S.
02.082.077
Georgii, H. W.
01.082.019
Georgobiani, G. G.
06.004.005
08.004.066
Georis, B.
01.044.006
    081.014
Gera, J.
03.052.034
Geranios, A.
08.143.060
Gerard, A.
10.094.174
Gerard, E.
01.100.008
04.099.006 .035
05.158.055
09.100.012
10.103.102
    158.040
Gerard, F.
05.003.040
Gerard, J.
07.094.020
08.094.005
09.094.301 .587 .755
10.094.193
Gerard, J. T.
03.094.048
04.094.220
09.094.382
Gerard, J.-C.
02.084.008
03.083.091
07.084.013 .045
08.084.043
10.082.008
Gerardi, G.
06.034.046
10.142.047
Gerardo, J. B.
01.062.006
06.022.075 .118
Gerashchenko, A. N.
03.031.024
    115.009
05.115.009
10.105.059
    131.061 .096
Gerasim, A.
02.162.002
Gerasimenko, S. I.
02.103.109 .110 .111 .112
03.103.110 .113
04.103.101

Gerasimenko, S. I.
05.103.119 .130
06.103.120 .122 .129
07.103.120
08.103.101
09.103.127
10.099.079
    103.106
Gerasimenko, T. P.
09.155.061
Gerasimov, A. P.
10.046.016
Gerasimov, G. I.
05.083.058
Gerasimov, V. P.
10.077.028
Geraskin, V. T.
10.093.001
Gerassimenko, M.
02.142.066
04.142.085
05.142.014
07.142.017
09.142.051
10.142.026 .132
Gerbal, D.
02.066.075
05.162.016
Gerbaldi, M.
07.114.012
08.114.034
Gerber, F. G.
04.103.007
Gerber, F. W.
02.103.120
03.103.102 .128
04.103.102
Gerbil'skij, M. G.
04.071.052
08.063.016
10.071.064
Gerbilsky
    See Gerbil'skij
Gerdine, M. A.
03.033.016
Gerding, R. B.
05.052.031
Geren, P.
02.066.074
Gerend, D.
08.142.126
10.142.098
Gerend, D. J.
10.113.045
Gergely, T.
10.072.050
Gerhardt, A.
03.113.061
Gerharz, R.
02.095.003
10.092.014
Geri, G.
05.046.011
Gering, G.
10.072.040
Gerkens, M.
10.022.108
Gerlach, J. C.
10.084.223
Gerlach, U. H.
03.065.107
04.066.048
06.151.014
Gerlach, W.
05.003.041
06.005.008 .014
08.004.044
    005.020
Gerlei, O.
10.072.044

Gerling, E. K.
09.094.120
Gerloff, U.
04.105.078
106.038
05.105.051
06.105.052 .059
German, K. R.
02.022.096
04.022.080
Germann, R.
01.098.003
122.074
03.123.012
05.122.052
07.104.028
121.083
122.090
08.121.111
09.121.081
10.121.105
Germogenova, T. A.
10.082.061
Geroch, R.
01.162.069
04.066.072
06.066.140
162.056
07.066.109
Gerola, H.
03.114.110
04.064.082
132.007
158.060
05.114.119
132.018 .035 .036 .037
158.124
09.131.116
132.022
158.093
10.131.237 .245
Geronimus, Ya. L.
05.052.027
Gerry, M. C. L.
07.022.093
Gershberg, R. E.
01.122.026 .087
02.022.083
122.049 .120
04.003.011 .052
122.021 .045 .075 .131 .134
06.003.151
122.056
07.022.018
122.039 .081
08.082.237
122.028 .076 .132
09.122.027 .083 .124
10.032.024
034.099
Gershengorn, G. I.
02.083.048
09.083.037
Gershinberg, M.
03.003.083
Gershinsky, M.
10.114.216
Gershman, B. N.
02.062.026
06.083.003
Gershtein, L. I.
05.141.132
Gershtejn, S.
08.080.011
Gershun, L. N.
10.083.045
Gershwin, S. B.
04.052.026

Gerstbach, G.
06.045.018
07.046.024
Gerstenberger, M.
02.047.035
04.003.047
05.047.020
07.047.012
08.009.008
047.014
Gerstenkorn, H.
02.107.013
03.094.302
Gerstenkorn, S.
07.022.030
Gerth, E.
02.021.022 .023
Gertken, R. H.
04.121.035
10.121.903
Gertsenshtein
See Gertsenshtejn
Gertsenshtejn, M. E.
02.162.049
09.066.031
10.066.079
Gervais, R. L.
05.003.062 .063
Gervat, A.
02.062.005
Gerylo, S.
05.033.041
Geslin, D.
07.082.002
Gessler, J.
08.046.042
Gessner, H.
01.123.004 .006 .007
02.123.056
03.123.030 .031
04.123.004 .040
06.123.036
07.123.047
08.122.127
123.064
142.107 .148
09.123.054
10.123.033 .034
Getchell, B. C.
07.046.023
Getling, A. V.
02.062.040
05.061.001
062.025 .061
Getman, T. I.
03.104.045
04.104.022
Getman, V. S.
03.104.044
08.104.062
10.104.010
Getmantsev, G. G.
01.141.034
02.022.067
03.083.071
157.022
05.062.020
157.008
06.062.016
08.061.048
062.008
09.083.059
Getselev, I. V.
01.084.425
08.084.342
143.011
09.078.023
Getsinger, W. J.
02.033.040

Getzelev
See Getselev
Geuverink, H. G.
02.114.048
03.114.076
Gevorkian, G. T.
See Gevorkyan, G. T.
Gevorkyan, A. M.
08.014.009
Gevorkyan, G. T.
09.158.136
Geyer, E. H.
02.122.045
03.154.011 .016
07.121.035
154.023
158.118 .166
08.034.094
10.114.132
122.056
Geyer, U.
02.115.019
03.122.056
Geyling, F. T.
06.003.068
Gezari, D.
05.151.045
06.118.017
10.113.106
Gezari, D. Y.
05.031.087
07.113.002
115.009
09.071.036
155.009 .038
10.071.006
131.290
132.057
Gezeman, B.
05.103.012
Ghaffari, A.
01.052.014
06.042.018
Ghatak, A. K.
08.003.071
Ghazi, A.
07.097.067
Gheorghiev, G.
04.062.038
Gherega, O.
06.117.029
Ghertzman, L.
10.042.114
Ghetu, I.
02.098.023
04.098.020
07.098.009
09.098.011 .012
103.001
Gheudin, M.
05.114.028
06.131.006
08.131.058
09.122.050
10.114.002
Ghezloun, A.
02.044.021
05.044.028
098.024
07.041.044
098.026
10.041.041
079.101
102.027
Ghielmetti, H. S.
07.009.009
143.030
Ghigo, F. D.
07.141.141
09.141.037

Ghigo, F. D.
09.142.031
10.141.083 .119
Ghobrial, S.
06.033.052
Ghobrial, S. I.
08.033.125
Ghose, S.
07.094.087
09.094.082 .636
10.094.295
Ghosh, S. N.
01.076.028
06.076.040
10.097.113
Ghosh Roy, D. N.
08.062.057
Ghozeil, I.
06.031.059
Giacaglia, G. E. O.
02.042.029 .036
098.020
03.021.003
042.035
04.008.093
012.017
042.059 .060 .080
052.054
081.001
05.042.045
06.042.043
052.020
07.042.032 .033 .047
081.016
08.003.023
021.029
044.007
102.016
09.042.028
081.034
10.052.078
Giacconi, R.
01.032.001
02.142.007
03.142.043
04.142.020 .060 .061 .062
05.073.055
125.016
142.041 .042 .047 .068
.069 .098
158.051 .102 .103
160.009
06.034.058
051.020
142.002 .005 .012 .025
.028 .030 .046 .071
.072
159.005 .012
07.142.022 .026 .027 .038
.045 .065 .093 .095
.108 .116 .127 .901
.902
155.053
158.029
160.020
08.142.028 .029 .030 .031
.033 .064 .079 .101
.105 .133 .135
155.029
158.044
160.019
09.012.002
142.045 .052 .097 .138
.150
158.057
10.032.022 .023
061.063
074.036
142.022 .025 .108 .118
.126

Giacconi, R.
10.158.901
160.019
Giachetti, R.
10.077.079
Giachino, G.
02.035.013 .018
Giannaras, A.
10.003.011
Giannone, P.
01.065.024 .029 .078
118.003
154.005
02.065.077 .090 .091
117.015
118.036
03.065.077
117.013 .019
04.154.012
05.065.030 .058 .092 .113
06.065.036 .114 .115 .117
07.065.112
117.005 .032
08.065.055
09.117.027
10.122.069
Giannuzzi, M. A.
01.118.003
02.065.077
118.036
03.065.077
117.019
07.008.122
117.005 .032
09.117.027
Gianotti, H. F.
05.131.141
08.131.055
Gianuzzi, M. A.
02.117.015
Giard, W. R.
05.051.016
Gibb, F. G. F.
04.094.088
05.094.089
07.094.137
09.094.331 .616
10.094.514
Gibb, T. C.
09.094.775
Gibbings, D. L. H.
05.081.029
Gibbins, C. J.
08.033.086
09.082.073
Gibbons, A. H.
09.131.009
132.002
Gibbons, G. W.
05.066.025
06.066.093
117.012
08.066.023 .072 .109
Gibbons, J. H.
01.061.036
07.065.142
Gibbons, R. V.
06.105.044
10.094.196
Gibbs, R. E.
06.143.072
Gibert, J.
03.094.161
04.094.260
05.094.167
105.019
Gibert, J. M.
06.105.125
09.094.446 .749

Gibson, A. J.
01.082.006
04.082.024
08.082.129
Gibson, E. G.
07.080.023
10.003.045
Gibson, E. K.
01.105.016
03.094.043
105.066
04.094.219
05.105.056
07.094.009
08.094.200
09.094.054
10.094.126 .235
Gibson, G. A.
10.046.008
Gibson, J.
02.076.031
04.076.013 .019
05.076.046 .047
07.113.001
08.098.053 .062 .065 .070
103.124
09.098.023 .027 .039 .041
.053 .056 .058 .061
103.114 .117
10.098.041 .043 .049 .053
103.005 .102 .116 .126
113.006
Gibson, J. B.
06.098.028
07.103.102 .115
154.011 .017
Gibson, U.
08.098.062 .065 .070
103.124
09.098.023 .027 .041 .053
.056 .058 .061
103.114 .117
10.098.041 .043 .049
103.102 .116 .126
Gibson, U. T.
07.103.102 .115
08.098.053
Gibson Jr., E. K.
02.105.066
03.105.029 .121
04.097.025
105.131 .148
05.105.065
06.094.061
105.009
08.105.103
09.094.056 .148 .250 .252
.400 .401 .741 .744
.746 .903
105.012
10.094.142 .296 .297
Giclas, H.
07.098.019
Giclas, H. L.
01.103.109
112.009 .012
03.103.103 .115
04.112.010 .011 .021
126.008
05.103.111 .117
112.012
126.016
07.103.114 .115 .127
112.015
08.098.060 .065
101.023
103.116 .124
09.098.025
103.100 .114 .118 .124
.127 .132

Giclas, H. L.
09.112.005
10.103.102 .103 .106 .116
.118
Gidalevich, E. Ya.
01.106.035
07.143.031
09.131.199
Giebler, H.
10.094.515
Gielingh, W. F.
06.097.056
10.098.013
Gieraltowski, G. F.
08.062.060
Gierasch, P.
04.091.049
093.038
06.097.039 .089
09.097.057 .062 .063
10.097.018
Gierasch, P. J.
02.099.050
03.099.030
04.093.025
06.011.016
097.027 .102
07.097.108
08.097.117
09.097.013
10.091.001
097.055 .106 .109
099.002
Giese, R. H.
01.003.053
008.018
106.034
03.008.019
04.051.025
05.008.021
011.029
06.106.012 .020
07.008.024
061.026
106.016
08.003.159
106.026
09.106.005 .030 .031 .034
131.035
10.008.017
014.001 .002 .011
106.034
Gieseking, F.
09.123.059
10.103.102
Gieseking, F. H.
05.034.102
Giesinger Jr., N.
05.035.004
Gieske, H. A.
02.022.022
Gietzen, J. W.
07.034.067
Giffen, R.
09.098.002 .018
Giffen, R. B.
08.098.019
Giger, M.
08.121.111
Gigl, P. D.
02.105.033
Giguere, P. T.
09.131.167 .181
10.114.183
131.113
Gil-Av, E.
03.094.161
04.094.260
05.105.020

Gilardoni, G.
09.115.025
Gilbert, C.
01.162.060
Gilbert, F.
06.081.040
Gilbert, G.
10.034.072
Gilbert, I. H.
03.151.002
06.151.050
07.151.026
Gilbert, J.
03.105.140
Gilbert, J. A.
02.141.046
03.141.135
04.141.039
05.141.080
07.141.072 .073 .149 .167
Gilbert, J. C.
07.002.035
09.099.081
10.002.049
Gilbody, H. B.
06.003.148
Gilchrist, J.
01.105.025
Gilchrist, L.
03.009.011
Giles, H.
09.094.219
Giles, H. N.
09.094.331
Giles, J.
09.099.054
Giles, M.
02.083.014
Giles, M. J.
10.062.025
Gill, E. D.
03.105.074
04.105.077
Gill, J. R.
07.012.027
Gillard, R.
07.044.055
Gille, G.
04.031.047
Gille, J. C.
03.099.027
06.097.027
Gillespie, A. R.
08.097.003
Gillespie, B.
06.071.057
10.072.074
Gillespie, C. M.
01.071.040
099.032
Gillespie Jr., C. M.
02.099.008
Gillett, F. C.
01.093.034
114.038 .039
131.017
132.020
133.008
02.099.014
114.064
158.037
03.122.079
132.008
04.093.071
099.007
114.077
05.113.010 .016
114.039
122.099
132.003

Gillett, F. C.
06.114.059
122.101
158.079
07.133.007
08.122.115
09.099.016
114.027 .040
132.024
10.100.005
131.034
133.001
Gillett, H. R.
06.034.024
Gillette, R.
07.051.002
08.094.228
Gilliam, L. B.
05.031.084
Gillingham, P. R.
09.032.004
Gillispie, C. C.
04.003.049
08.003.027 .072
10.003.046
Gillmor, D. S.
01.003.024
Gilluly, J.
02.081.019
Gillum, D. E.
02.105.076
04.105.062
06.105.140
07.094.008 .066
08.105.126
09.094.089 .144 .222 .680
105.030
Gillum, G. E.
08.105.121
Gilman, D.
10.106.067
Gilman, P.
02.080.021
Gilman, P. A.
02.062.001
072.054
080.008 .014
03.080.003
04.065.071 .078 .135
06.080.006
08.080.045
Gilman, R. C.
01.064.024
04.066.080
162.088
08.064.049
09.064.001
Gilmartin, D. E.
06.094.308
Gilmore, A. C.
04.103.011
06.031.014
125.106
07.103.014 .115
08.124.010 .011 .012
09.103.103 .133
10.047.038
098.038 .039 .040 .042
.043
103.116
124.107
Gilra, D. P.
04.131.069
05.131.086
06.064.016
10.064.050
Gilruth, R. R.
03.051.014
Gilvarg, A. B.
09.097.022

Gilvarry, J. J.
01.022.113
094.003 .004 .077
02.094.076 .092 .160
03.094.339
04.094.404
05.094.098
07.066.070
Gimmestad, G. G.
07.022.038
08.082.203
Ginat, M.
04.033.016
Gindilis, L. M.
01.106.006
141.181
02.003.073
03.141.181
04.015.015
06.051.019
07.011.022 .035
08.011.005
033.004 .024
Ginestet, N.
06.119.008
Gingerich, O.
01.064.021
02.091.029
03.012.023
080.014
114.085
04.003.051
004.002
012.009
014.006
064.070
114.021
06.004.011 .024
073.001
08.004.003 .012
10.004.041 .050
010.017
Gingerich, O. J.
01.064.058
02.080.020
Gingold, R. A.
09.065.046
122.002
Giniger, K. S.
01.003.102
Ginsburg, I. F.
See Ginzburg, I. F.
Ginsburg, V.
03.162.070
Ginsburg, W.
05.022.073
Ginter, M. L.
10.022.094
Gintsburg, M. A.
02.062.017
04.062.021
05.094.129
06.062.035 .075 .076
Ginzburg, A. S.
01.093.076
09.093.078
097.019
Ginzburg, E. I.
08.062.012
Ginzburg, I. F.
05.100.003
06.100.004
Ginzburg, V.
06.013.002
Ginzburg, V. L.
01.003.110 .114
061.013 .019
141.070
143.012
02.022.034

Ginzburg, V. L.
02.141.016 .097 .136
162.050 .089
03.003.082 .139
013.008
061.027
143.015 .016 .050
04.141.151 .152 .203
05.003.042 .043
013.016
066.017 .070
141.098 .123
143.081
06.141.064 .163 .217 .222
07.061.050
066.029
08.013.025
062.054
064.073
143.028 .071
159.018
09.003.052
022.076
061.002 .026
066.056
142.055 .056
143.041
10.066.112
143.047
161.004
Gioia, I.
08.158.061
09.141.023 .132
158.040
10.141.004
Giordano, A.
06.085.003
Giorgi, M.
08.009.015
Giorgietti, A.
06.104.015
Giovanelli, R.
07.131.095
08.131.044
09.131.205
10.131.090 .091
Giovanelli, R. G.
01.073.062
04.071.036
06.034.024
072.033
07.073.005
08.072.055
Girard, A.
03.034.001
04.082.047
08.034.038
Giraud, A.
06.083.070
Giraud, R.
02.105.136
Girgis, K.
09.094.643
10.094.254
Girichev, V. P.
06.042.024
Girnius, A.
01.055.010
Girnstein, H. G.
07.033.028
Girnyak, M. B.
02.123.009
03.123.038
06.082.132
123.026
Girotti, H. O.
06.066.129
Girshovich, B. V.
10.052.024

Gisler, G.
08.155.024
Gitelson, S.
05.082.163
Gittins, J. F.
01.033.010
Giuffrida, T. S.
10.131.273
141.143
Giuli, R. T.
01.003.005
06.143.003
07.107.013
114.030
08.094.118
114.025
Givens, J. J.
05.104.007
Giver, L. P.
02.022.101
03.099.028
04.093.010
07.093.019
08.093.014
09.093.009 .026
10.093.011
132.008 .035
Gjoeen, E.
05.084.263
Glackin, D. L.
09.072.041
Gladushina, N. A.
10.114.164
Gladyshev, V. A.
03.084.012 .014 .048
Glagolev, Yu. A.
03.003.030
Glagolevskij, Yu. V.
04.116.022
06.114.057
07.116.004 .005
10.114.060
Glagolevsky, J. V.
See Glagolevskij, Yu. V.
Glanz, F. H.
05.104.041
Glasby, J. S.
01.003.014
123.014 .015
03.003.038
010.012
04.003.048
123.005 .006
06.003.069
Glaser, G.
02.035.020
Glaser, P. E.
09.094.545
Glasko, V. B.
01.141.175
Glaspey, J.
05.159.001
09.142.124
Glaspey, J. W.
04.153.009
06.152.006 .008
08.152.001
09.114.067
122.075
10.003.047
121.052
Glass, B.
01.105.021
Glass, B. P.
01.105.043
02.105.018 .065
03.094.083
105.115
04.094.134
105.019 .040 .132

Glass, B. P.
06.094.166
07.094.149
08.105.020 .132
09.094.083 .187 .664
105.083 .148
Glass, E. N.
06.066.143
09.066.091
Glass, I.
04.142.085
07.114.130
Glass, I. S.
02.141.117
142.005
03.034.027
134.006
04.034.063
142.092
07.132.036
08.034.064
082.014
09.113.005
114.029
158.150
10.113.030 .058
142.020
152.005
158.023
Glass, N. W.
01.084.003
03.084.031
04.082.121
07.084.025
Glasser, M. L.
07.065.116
Glassgold, A. E.
03.065.011
09.131.030
10.131.288
Glasstone, S.
01.003.013
Glauser, A.
09.094.215 .641
Glaze, D. J.
04.035.005
Glazhevska, A.
07.084.404
Glazov, V. N.
09.093.002
Gleadow, A. J. W.
09.094.595 .623
10.094.298 .369
Gleason, J. D.
03.094.064
04.094.197
09.094.249 .405
Glebocki, R.
01.064.034
03.124.002 .003 .100
04.036.001
114.120
05.080.027
08.064.032
09.064.072
Glebova, N. I.
04.097.069
06.097.015
Gledhill, J. A.
07.099.056
Gleeson, L. J.
01.143.002
02.013.007
099.034
03.099.051
05.078.014
143.022 .029 .030
06.078.022 .045
143.006 .101
07.143.053

Gleeson, L. J.
08.106.007
143.025
09.022.026
143.031
10.143.032 .053
Gleim, J. K.
02.121.053
10.121.041
Gleissberg, W.
01.008.039
072.045
02.004.036
03.008.047
04.072.010 .022
05.008.048
072.022 .035 .066
06.072.068
07.008.054
10.008.040
072.014 .083 .085
Glejbman, E. Ya.
10.009.013
Glencross, W. M.
04.034.062
076.033
05.034.060 .113
06.034.136
073.097
076.015
07.141.562
08.073.001
09.076.030
10.076.002 .037
Glendinning, A.
02.013.006
Glenn, S. W.
01.076.020
142.020
02.061.020
142.019
03.082.008
Glenn, W. H.
07.079.005 .007
09.079.102
Gleske, I. U.
07.034.130
Gliba, G.
10.121.105
Glicker, S.
03.131.058
07.131.007
Gliese, W.
01.111.008
02.041.018
03.011.004
04.041.022
05.115.015 .020
126.018
07.111.002 .005
08.155.045
10.114.126
115.008
Glikson, A. Y.
07.081.007
Gliner, E. B.
03.162.042
Gliozzi, J.
10.093.026
Glitscher, G.
09.093.040
Gloeckler, G.
01.143.027 .040 .058
05.078.050
143.141
07.143.066
09.143.095
10.143.063
Glovatsky, D. N.
02.094.058

Glumov, A. P.
08.033.015
Glushko, V. N.
07.082.116 .122 .126
10.082.070
Glushko, V. P.
06.051.003
Glushkov, Ju. I.
See Glushkov, Yu. I.
Glushkov, Y.
01.098.034
Glushkov, Yu. I.
01.132.058
153.025
03.132.005
06.132.013 .014 .047
08.132.008 .009 .012 .013
.023 .024 .030 .031
.901
10.131.198
Glushkova, E. A.
08.114.161
Glushneva, I. G.
09.082.064
Glushneva, I. N.
01.093.002
06.122.121
08.118.006
142.018
Gnedin, Yu. N.
02.094.200
102.028 .029
142.055
03.063.032
142.042
04.102.028
142.101 .109
143.068
05.102.016
158.010
06.142.086
143.013 .049 .136
07.142.054
08.061.055
063.017
102.071
103.100
131.013
141.080
09.065.117
142.016 .086
143.096
Gnedykh, V. I.
10.082.090
Gnevyshev, M. N.
01.079.100
02.005.006
03.073.064
06.085.006
08.074.024
Gnevysheva, K. G.
05.032.018
Gnevysheva, R. S.
02.075.001 .008
06.075.001
08.072.041
075.001
10.072.031
075.001
Gnezdilov, A. A.
03.077.015
06.077.035
07.077.046
09.077.023
Goad, L.
03.157.012
10.132.039
Goad, L. E.
06.132.029
07.131.040

Goad, L. E.
 07.132.034
 133.005
 08.142.068
 09.133.035
 10.133.026 .030 .060
Gobetz, F. W.
 02.052.026
Gobros, R. A.
 03.114.047
Godal, T.
 06.042.059
 08.042.094
Godard, R.
 08.084.049
Godart, O.
 01.084.231
 162.013
 03.005.011
 081.006
 04.042.056
 05.013.010
 06.008.058
 09.052.034
 082.126
 10.021.015
 151.033
Goddard, E. N.
 04.094.304
Goddard, R.
 07.142.141
Godel, A. M.
 10.033.140
Godfrey, B. B.
 04.066.124
Godfrey, P. D.
 06.131.076 .111
 07.131.142
 09.022.044
 131.021 .117
 10.131.067
Godillon, D.
 01.080.004 .012
 091.016
 06.003.070
Godisov, N. P.
 05.045.016
 06.045.025
 07.021.006
 08.041.061
 10.021.007
Godoli, G.
 01.073.042
 075.018
 02.007.000
 008.027
 073.081 .082
 080.034
 082.119
 116.007
 122.053
 03.008.031
 072.037
 073.073
 075.032
 082.095
 085.010
 04.011.030
 072.049
 073.027
 05.008.033
 072.015
 075.026
 122.128
 06.008.024
 073.105
 075.008
 07.008.037
 072.035
 08.075.011

Godoli, G.
 08.080.028
 116.018
 09.073.082
 075.009
 080.032
 114.141
 116.007 .008
 122.104
 10.008.029
Godovnikov, N. V.
 02.022.083
Goebel, C. J.
 07.066.010
Goebel, E.
 02.151.066
 04.132.032
 07.151.084
 10.151.046
Goebel, K.
 01.105.008
Goebel, L. H.
 10.022.084
Goebel, R.
 03.105.098
Goedbloed, J. P.
 08.062.025 .026 .027
Goedeke, A. D.
 02.078.027
 03.073.104
Goehring, R.
 02.072.001 .093
 080.055
 04.072.002
 06.072.025
 080.016
Goekkaya, N.
 03.116.005
Goel, P. S.
 02.022.038
 105.004
 04.105.015
 09.094.243 .745
 10.094.299
 105.028
Goerge, D.
 10.133.065
Goerlich, P.
 10.004.087
Goertz, C.
 04.099.041
 07.099.034
Goertz, C. K.
 05.099.017
 09.099.013
 10.099.017 .018 .019 .020
Goerz, H.
 09.094.458 .476 .828
Goettel, K. A.
 08.081.059
Goettig, C.
 01.104.042
 03.123.001
 05.093.010
 07.123.030
Goetz, A. F. H.
 02.094.011 .013 .077 .128
 07.094.088
 08.094.048
 09.094.483
Goetz, J.
 09.094.369
Goetz, W.
 01.122.109
 123.011 .032 .035
 02.113.057
 03.123.029
 04.122.135
 05.122.121
 06.153.023

Goetz, W.
 07.122.145 .146
 08.122.126
 153.022 .023
 09.122.093 .135
 10.096.006
Goetze, G. W.
 09.034.082
Goff, J.
 05.074.066
 08.071.017
Goff, R. W.
 04.053.002
Goganov, D. A.
 04.034.076
Gogatishvili, Ya. M.
 01.084.218
Gogoshev, M.
 10.034.044
Gogoshev, M. M.
 07.014.002
 09.082.036
 10.082.152 .153
Gogosheva, Tz.
 08.083.027
Goguen, J.
 04.123.045
 09.097.081
 10.097.099
Goguen, J. D.
 08.097.004
Gojsa, N. I.
 07.085.005
Gokhale, G. S.
 02.142.027
 04.142.018 .019 .040
 05.078.025 .038
 142.046 .073 .094
 06.142.032 .051
 07.142.034 .074 .130
 09.142.002
 10.142.006 .019
Gokhale, M. H.
 08.072.044
 10.080.015
Gokhale, N. R.
 02.082.049
Gokhberg, M. B.
 03.084.027
 05.084.272
 07.084.254
 08.094.100
 09.084.246
Gokkaya, N. G.
 02.114.092
Golay, M.
 02.114.097
 03.153.029
 04.113.042
 05.113.038
 08.113.002
 10.113.036 .061
 153.009
Golay, M. J. E.
 10.034.086
Gold, D. P.
 09.105.080
 10.094.053
Gold, R.
 03.143.066
 04.143.007
Gold, R. E.
 06.143.119
 09.143.013
Gold, T.
 01.141.004 .232
 02.003.008
 094.040
 131.088
 03.012.018

Gold, T.
03.093.012
094.132 .206
141.198
04.094.020 .046 .059 .060
.062 .282
05.073.056
093.017
094.193
06.080.056
094.111 .114 .115 .181
141.221 .228
07.051.001
08.094.063
141.547
09.094.472 .515 .577 .827
.859
162.012
10.061.045
094.058 .166 .169 .300
.301
Goldan, P. D.
09.083.080
Goldbach, C.
07.062.014 .026 .044
08.062.018
Goldberg, B.
05.034.025
Goldberg, B. A.
06.116.003
07.122.121
09.034.075
114.067
Goldberg, I. L.
02.031.014
Goldberg, J. L.
08.034.066
Goldberg, J. N.
07.066.136
Goldberg, L.
01.008.026
076.019
02.003.015
022.106
131.101 .113
132.022
03.008.027
034.028
073.037
076.012
079.102
133.005
04.003.002
131.006 .058 .091
05.008.029
06.003.001
076.025 .035
132.023 .029
07.008.033
012.011
074.005
132.034
08.003.005
09.008.030 .116
132.018
10.003.003
076.001
Goldberg, P.
09.084.259
Goldberg, R. A.
02.083.037
06.083.075
08.083.007
09.083.024 .044
104.015
Gol'dberg, V. N.
09.094.857
Goldberg-Rogozinskaya, N. M.
01.073.017

Golden, K. E.
10.034.059
Golden, L. B.
03.022.035
04.022.021
05.022.004
06.022.089 .090
10.022.071
Golden, L. M.
06.141.158
Golden, S. A.
02.022.050
Goldenbaum, G. D.
05.062.054
Goldfarb, S.
01.004.023
Goldhaber, A. S.
06.022.061
Goldich, S. S.
05.094.083
Goldman, A.
02.071.089
03.082.001
04.071.062
082.026 .099
09.071.048 .053
10.082.011 .140
Goldman, H. L.
05.093.070
Goldman, I.
07.066.129
Gol'dovskij, D. Yu.
04.013.006
07.094.140
08.053.014
09.094.126
10.094.075
Goldreich, P.
01.045.006
065.066
099.018
02.141.038 .093
03.064.048
065.047
093.009
06.141.196 .208 .214
07.063.040
094.134
125.006
141.566
08.101.021
131.027
141.549
09.131.013 .162
10.094.173
107.001
141.556
Goldsmith, D.
04.131.070
07.131.014 .107
160.012
10.131.102
Goldsmith, D. W.
01.131.039
02.131.052 .057
04.131.010
05.131.096 .122
06.073.014 .038
07.131.031 .080
161.005
08.061.047
131.010
142.012
09.142.901
Goldsmith, J. R.
03.094.082
Goldsmith, P. F.
08.131.050
Goldsmith, S.
03.022.057

Goldsmith, S. N. M.
04.022.002
05.022.089 .090 .093
06.141.194
07.022.071 .096
141.131
08.022.078 .902
09.121.067
141.045
10.022.036 .074
122.028 .138
Goldstein, B.
01.074.019
08.062.022
10.074.094
094.100
Goldstein, B. E.
06.074.026
08.074.064
09.074.022
10.084.222
Goldstein, B. R.
03.004.038
06.003.071
09.003.053
10.004.090
Goldstein, D.
08.106.021
Goldstein, J.
04.012.004
05.003.018
06.003.011
Goldstein, J. I.
02.105.141 .144
03.094.083
105.030 .106
04.094.134 .157 .367
105.045 .133
06.105.103
07.105.007
08.094.159
09.094.037 .084 .149 .188
.320 .672
105.041 .101
10.094.302
105.018
Goldstein, M.
03.141.024
Goldstein, M. L.
04.143.017 .020
05.062.004
143.068
07.099.054
09.074.007
10.143.056
Goldstein, M. P.
08.131.121
Goldstein, R. M.
02.077.016
093.050
098.009
03.092.005
097.034
04.093.003 .053 .063
097.053
05.141.103
06.092.003
097.081
141.027 .097 .103
07.066.007
098.047
141.036 .038
08.093.030 .040
141.040
09.097.002
10.098.004
100.014
158.015

Goldstein, Ra.
 09.022.028
 091.050
Goldstein, Ri.
 09.100.035
Goldstein, S.
 01.151.022
 02.151.018
 06.151.040
 07.151.045
Goldstein, S. J.
 06.141.038
Goldstein Jr., S. J.
 01.141.058
 02.131.040
 141.115 .163
 03.151.003
 07.155.035
 09.046.018
 099.023
 141.013
Goldstine, H. H.
 09.003.054
Goldsworthy, F. A.
 06.012.012
Goldwire Jr., H. C.
 01.141.195
 02.141.106
 03.141.010 .097
 04.132.025
 06.131.054 .154
Goleb, J. A.
 05.094.066
Golebiewska-Lasota, A.
 05.066.036
Golenetskij, S. V.
 02.105.182
 04.082.154 .155
 142.010
 06.104.116
 142.020
Golenishchev-Kutuzov, V. A.
 04.066.017
Golenkov, A. E.
 05.078.036
Goles, G. G.
 03.094.044 .273
 04.094.201 .202
 097.009 .039
 06.003.027
 07.097.076
 08.105.013 .104
 09.094.376 .683
 10.094.144 .291
Golikov, V. I.
 09.066.023
 10.082.066
Golinko, V. I.
 03.064.014 .053
 08.122.013
Golino, C. L.
 07.003.056
Golitsyn, G. S.
 01.091.023
 093.022
 02.091.041 .045
 03.091.034
 04.091.019
 05.091.013 .014
 06.091.018 .037
 07.080.014
 091.001
 09.091.075
 097.011 .109
 10.097.066
Gollandskij, O. P.
 04.114.031
 08.122.054
 09.064.055

Gollandskij, O. P.
 10.122.125
Gollandsky
 See Gollandskij
Golley, M. G.
 02.033.008
 03.106.005
Gollnow, H.
 05.116.011
 06.009.009
Golnev, V. J.
 See Gol'nev, V. Ya.
Gol'nev, V. Ya.
 01.099.022 .039
 02.093.041
 03.033.021
 077.037
 09.033.017
 077.017
 093.064
Golomazov, G. T.
 04.041.010
Golomb, D.
 05.082.033
Golovachev, V. P.
 08.082.198
 10.082.074
Golovaty
 See Golovatyj
Golovatyj, V. V.
 02.123.010
 03.123.039
 06.082.132
 131.082
 132.045
 134.005 .008
 08.134.003 .013
 09.134.001
 10.132.010
 134.006 .015
Golovin, N. R.
 05.103.109
Golovina, L. A.
 04.006.000
 08.014.005
Golovkin, A. R.
 06.094.023
 07.094.131
Golovkov, V. K.
 08.033.027
 09.093.058
 10.093.001
Golovkov, V. P.
 04.084.236
 06.084.232
Golson, J. C.
 01.122.008
 02.142.031
 03.113.046
 04.121.069
 06.113.017 .042 .047
 07.113.001
 10.113.055
Golton, E.
 05.083.008
Gol'tseva, N. A.
 05.104.004
Golub, L.
 09.094.571
 10.094.219 .303 .305
Golub, P. A.
 10.034.053
 064.051
 071.051 .052
Golubchin, G. S.
 08.033.010
Golubchina, O. A.
 09.033.016
 141.006
 10.033.048

Golubchina, O. A.
 10.141.133
Golubev, E. N.
 03.082.072
Golubev, V. A.
 06.072.010 .048
 08.072.015
 095.003
 103.119
 104.047
 09.095.006
 103.135
Golubitskij, B. M.
 06.063.006
 10.063.037
Golubjev, V. A.
 See Golubev, V. A.
Golubkov, V. V.
 02.052.017
 04.053.009
Golubnichi, V. V.
 06.033.023
Golubtsov, V. P.
 10.035.002
Golynskaya, R. M.
 06.143.009
Gombosi, E.
 06.012.025
Gomes, J. J.
 08.031.032
Gomez, A.
 03.103.101 .102
 119.017
 159.018
 05.103.109
 155.058
 09.155.073
Gomez, A. E.
 04.119.008
 09.152.005
Gomez, J.
 06.143.054
Gomez, M.
 08.003.057
Gomez, T.
 03.113.015
 06.159.004
 08.082.233
 10.113.029 .096
Gomez Gonzalez, J.
 08.141.526
 09.141.518
Gomez Palacio, C.
 04.079.100
Gomide, F. M.
 03.162.049
 08.162.090
 10.162.085
Gompertz, G.
 01.071.002
Gonchar, G. A.
 07.143.044
 08.143.042
Goncharov, L. P.
 02.082.114
 04.083.080
Goncharov, V.
 04.082.193
Goncharova, E. E.
 03.074.021
 083.081
 05.083.055
Goncharsky, A. V.
 01.141.175
 07.121.073
 10.121.036
Gonczi, G.
 02.071.007
 05.071.012

Gondhalekar, P. M.
07.083.080
08.011.006
09.083.010 .064
Gondolatsch, P.
01.094.043
04.091.003
131.026
05.155.037
07.155.021
08.043.004
09.007.000
10.043.001
Goniadzki, D.
03.155.071 .077
157.017
07.131.053
09.131.121
Gonsior, B.
06.162.042
08.065.052
Gontarev, O. G.
04.077.009
08.033.055
077.057
09.077.028
Gonzales, D. E.
02.102.019
Gonzales, M.
05.103.113
08.103.103
Gonzales, M. R.
08.103.118
Gonzales, R.
03.103.128
Gonzalez, G.
03.153.022
08.122.070 .136
Gonzalez, L.
02.103.120
03.103.102 .128
04.103.102
Gonzalez, R. R.
06.105.031
Gonzalez, W.
06.106.023 .027
08.106.002
Gonzalez, W. D.
10.084.236
Gonzalez C., G.
03.079.102
Gonzalez Ferro, H. O.
05.034.106
Gonzalez Solis, A.
05.008.107
06.004.038
Gonze, C.
05.075.016
077.049
06.075.002
07.075.007
077.022 .052
08.075.004
077.012
Gonze, R.
01.077.030 .031
02.077.060
04.077.058
05.077.049
06.075.003
077.018 .041
07.077.022 .052
099.059
08.077.012
Gonze-Delys, C.
03.075.005
04.075.021
077.058
06.077.041

Good, C. M.
07.010.001
Good, M. L.
01.141.013
02.141.192
Good, R. H.
03.042.076
Good Jr., R. H.
06.066.099
Goodall, C. V.
05.083.030
06.083.005
Goodall, P.
06.033.052
Goodell, H. G.
06.143.069
Goodenough, D. G.
04.153.020 .027
Gooding, R. H.
05.081.041
06.052.008
Goodinson, P. A.
08.066.132 .158
Goodman, G.
01.099.036
Goodman, G. C.
02.099.030
04.099.036
05.099.082
Goodman, J. W.
04.031.058
10.031.038
Goodman, N. J.
02.010.012
04.010.012
09.010.012
Goodwin, E. M.
10.046.006
Goodwin, G. L.
07.083.033
Goodwin, K.
04.082.144
Goodwin, P.
06.011.010
Goody, R.
01.097.049
02.091.010
093.014
03.091.023
093.008
097.007
04.091.049
093.038
10.091.053
Goody, R. M.
01.097.008
099.002
02.093.007 .037
03.099.030
04.010.002
07.097.108
08.003.073
10.097.109
Goodyear, W. H.
08.021.019
Googe, W. D.
01.041.003
03.041.003
153.006
04.031.002
041.038
06.031.079
041.034
Goold Jr., J.
02.082.049
Gooley, R.
05.105.066
10.094.126 .304 .424 .443
.478

Gooley, R. C.
06.094.048
09.094.075 .400
105.084
Goon, G.
04.114.030
Goorevich, L.
06.143.073 .074
Goorvitch, D.
02.022.087
07.022.006
08.022.116
Goossens, M.
08.065.036
09.123.019
Gopal Rao, M. S. V.
02.083.013
Gopala Rao, U. V.
04.077.021
Gopalan, K.
02.105.026
03.094.033
105.031 .032 .135
04.094.203
06.003.027
078.033
094.126
10.105.038
Gopasjuk
See Gopasyuk
Gopasyuk, S. I.
02.073.065
077.041
04.073.016 .017
080.032
05.062.005
071.007 .008
06.071.031
07.071.018
08.071.014 .015 .038
080.010 .019 .055 .056
09.073.042 .043
10.071.035 .042
072.041
Goral, W.
03.082.031
08.046.016
Goranskij
07.123.040
Goranskij, V. P.
06.123.069
08.122.145
123.017
125.100
10.122.058 .070 .176
123.008 .052 .053
Gorbachev, B. I.
01.160.009
02.160.021
03.160.008
04.158.059 .088
Gorbatchev, I. I.
03.083.040
Gorbatchev, L. P.
06.062.012
Gorbatko, V. V.
04.082.152
Gorbatskij, V. G.
01.011.031
117.003 .014
02.003.007
117.022
121.017
03.122.009
04.003.053
122.128
125.016
05.117.036
06.122.010
07.124.001

Gorbatskij, V. G.
08.121.038
09.124.001 .004
10.122.186
124.005
Gorbatsky
See Gorbatskij
Gorbatzky
See Gorbatskij
Gorbunov, V. T.
04.044.007
Gorbunova, I. E.
08.105.077
10.105.092
Gorbushina, G. N.
04.084.009
Gorchakov, E. V.
01.084.412 .425
02.078.032 .037
03.083.076
04.003.137
078.016
05.106.002
143.001 .080
06.078.040 .061
084.402
143.027
07.063.006
078.016
106.011
143.018
08.084.342
143.011
09.093.080
10.078.019
Gordeev, D. I.
01.011.023
Gordeev, E. P.
05.131.062
Gordeeva, Yu. F.
05.052.002
Gordeladze, Sh. G.
05.124.001 .102
06.124.100
08.124.105
132.036
10.114.237
Gorden Jr., R.
10.097.063
Gordiets, B. F.
03.082.069
Gordon, C.
10.125.033 .050
Gordon, C. P.
01.131.055
141.063
03.141.060 .093
04.157.006
06.114.110
10.141.506
Gordon, D. I.
10.034.116
Gordon, I. M.
01.074.040
02.074.019
03.074.057
077.036
04.074.015
077.027
05.074.006 .050
06.074.049 .103
10.074.071
Gordon, I. R.
04.082.222
06.014.002
131.141
Gordon, J. I.
01.082.034
10.082.113

Gordon, J. L.
10.003.112
Gordon, K. C.
09.121.061
10.121.030
Gordon, K. J.
01.131.055
141.063
02.158.064
161.001
03.141.060 .093
06.158.086
10.141.506
Gordon, M. A.
01.131.027 .093
132.029 .035
02.132.025
03.132.030
04.091.051
131.036 .114
132.017 .021
05.099.083
131.018 .111
132.007 .015
06.131.010 .050 .099 .106
07.125.025
141.147
08.131.088
155.048
157.001 .004
09.131.077 .097 .159 .160
.161
157.901 .902
10.003.048
131.040 .183
Gordon, M. F.
05.122.041
Gordon, P. J.
06.123.045
08.120.020
Gordon, R. A.
09.052.004
Gordon, R. B.
01.105.057
03.105.070
08.105.131
Gordon-Smith, A. C.
08.033.086
09.082.073
Gordon(Pecker-Wimel), C.
08.125.004 .005
Gordy, W.
07.022.114
Gore, R.
01.033.022
02.081.004
Gorel, G. K.
02.032.063
04.098.008 .022
06.098.038
08.041.002
Gorel, L. F.
04.043.009
08.041.001
09.041.038 .040
Gorelik, G. E.
06.066.082
09.066.089
Gorelov, Ya. P.
01.032.078
Gorenflo, R.
08.062.064
Gorenstein, P.
01.142.026
02.142.007
03.091.013
125.007
142.043
04.094.409
125.007

Gorenstein, P.
04.142.061 .062
05.125.016
142.041 .047 .065 .068
.098
06.034.058
125.008
07.094.020
142.013
08.094.005
155.015 .028
160.025
09.034.121
094.060 .301 .571 .587
.755 .756
141.507
10.094.193 .219 .303 .305
125.023
160.005
Gorgolewski, S.
04.099.017
06.074.089 .090
09.009.021
Gori, F.
05.033.012
Goriatchev, G.
01.093.053
Gorin, V. D.
09.105.145
Gorin, Yu. P.
02.082.106
Goritsky, Yu. A.
10.105.027
Gorman Jr., F.
03.079.102
Gorman Jr., F. J.
10.083.023
Gorn, L. S.
03.084.015
08.003.006
Gornicza, D.
01.094.006
Gornitz, V.
10.094.054 .055
Gornostaev, V. A.
10.034.097
Gorodetskij, A. K.
01.051.035
Gorodetskij, D. E.
09.103.016
Gorodetskij, D. I.
10.034.023
103.116
Goronina, K. A.
09.094.876
Goroshankin, B. N.
09.083.053
Gorshkov, A. G.
01.141.181
03.141.181
158.104
04.141.207 .208
06.141.051 .248 .249
07.141.060
08.141.018 .130 .134
Gorshkov, Eh. S.
07.105.068
08.094.124 .167
105.023
10.105.094
Gorshkov, V. L.
08.041.008
Gorshkov, Yu. N.
03.083.034
Gorski, K.
07.003.057
Gorskij, Ya.
09.066.032
Gorstein, M.
04.034.011

Gorton, M.
09.094.237
Gorton, M. P.
08.094.210
10.094.153 .461
Goryachev, I. M.
02.033.028
Goryajnova, N. Yu.
10.103.122
Gorynya, A. A.
02.003.074
094.034
Gorynya, N. A.
06.125.102
Goryshin, V. I.
03.034.055
Gorza, W.
02.121.083
Gorza, W. L.
06.119.012
121.056
Gosachinskij, I. V.
03.131.098
157.019
07.131.127
08.033.021 .025 .028
09.155.060
Gosachinsky
See Gosachinskij
Gose, W. A.
06.094.291
08.094.021
09.094.051 .280 .769 .773
10.094.093 .150 .306 .408
.451
Gosling, J. T.
05.074.012 .037 .075
07.034.040
074.034 .092
08.074.033 .061
09.074.051 .069
10.074.042 .077 .118
Goss, W. C.
04.034.027
Goss, W. M.
01.131.025 .103 .104
132.059
02.131.016
132.020
157.009 .011 .014
03.131.052 .123
141.189
157.013
04.131.047 .049 .052 .116
141.102 .103 .104 .161
05.122.003
141.101
06.131.032 .069 .078
141.168
07.033.001
131.003 .004 .005 .120
141.117
09.125.102
131.027 .037 .105
141.087
142.038
10.125.019
131.031 .071 .145 .231
158.119
Gossachinsky, J. V.
See Gosachinskij, I. V.
Goswami, J.
10.094.141 .215 .216
Goswami, J. N.
09.094.257 .800 .808
10.094.084
105.107
143.040
Gotlib, V. M.
02.093.029

Gotlib, V. M.
04.093.032
07.093.025
Goto, S.
02.032.059
045.026
Goto, T.
02.045.023 .026
05.045.009
07.032.013
044.013
09.045.011 .012
Goto, Y.
02.045.025
05.045.012 .013
09.032.016
10.032.050
Gotselyuk, Yu. V.
10.084.211
Gotska, T. G.
04.122.104
10.155.028 .071
Gotska (Malysheva), T. G.
01.112.011
Gott, J. R.
05.141.028
Gott III, J. R.
03.141.130
04.094.329
05.141.082
06.117.026
160.009
07.117.008
141.162
08.160.007
10.151.042
158.127
160.038
Gott III, R.
05.155.018
Gottesman, S. T.
03.158.098 .099
04.131.114
158.085 .086
05.131.018
06.131.050
07.125.101
08.155.048
157.004
158.051
09.131.097
157.902
158.039
10.141.028
Gottlieb, B.
09.082.084
Gottlieb, C. A.
03.131.055
04.131.040 .064 .142
141.202
05.131.003 .005 .006 .026
.037
06.131.074
07.131.046
08.131.065
09.131.202
10.131.060
Gottlieb, D. M.
02.113.006
04.114.056
05.113.008
114.018
08.064.066
114.015
09.113.031
10.113.042
Gottlieb, M. B.
05.061.046
Gottlieb, P.
02.094.112 .144 .164

Gottlieb, P.
03.094.203
04.094.403
05.094.023
06.094.161
07.094.007
Gottlieb, R. G.
04.052.010
05.021.002 .010
Gotwols, B. L.
07.077.012
08.033.050
077.009
10.077.023 .088
Goudas, C. L.
01.094.028
04.042.033
06.094.236
07.094.191
10.042.072
Goudcova, G. A.
02.121.062
Goudis, C.
09.034.023
132.029
Goudy, A. J.
09.105.020
Gougenheim, A.
05.081.034
Gough, D. O.
03.094.211
08.080.039
Gough, M. P.
08.011.006
Gough, P. L.
01.082.028
Gough, P. T.
09.034.002
Gough, R. P.
06.008.117
08.008.119
Gouguenheim, L.
02.158.053
03.158.088
05.158.055
07.158.038 .043
08.158.068
09.158.007 .026 .113 .114
.125
10.158.086 .118
Gould, E.
07.155.069
Gould, H.
03.003.086
Gould, J. A.
04.004.008
Gould, J. B.
03.009.019
Gould, R. J.
01.133.031
157.014
03.022.080
131.043
04.022.095
062.056
142.068 .105
160.003
05.062.008 .030
141.037
142.096
10.061.015
Gouveia, H.
09.082.042
Govorov, V. M.
10.094.117
Gowar, A. P.
10.094.034
Gowdy, R. H.
04.162.089
06.162.004 .038

Gowell, R. W.
01.082.014
08.084.015
Gower, A. C.
06.114.116
116.003
09.034.075
Gower, J. F. R.
02.141.044 .083
06.141.044
07.141.501 .544
08.141.527
Gowland, L.
02.131.038
05.131.130
Goy, G.
02.113.054 .055
03.113.044
06.113.057
08.113.009
10.114.113
Goyal, A. N.
01.118.024
02.112.016
113.050 .066
04.112.013 .014
118.003
06.112.018
Goza, E. R.
06.022.130
143.086
08.034.082
Gozhij, A. V.
02.034.095
05.045.001
06.046.028
07.034.036
09.032.029
Graboske, H.
08.099.095
10.099.043
Graboske, H. C.
08.065.044
09.062.021 .022
065.024 .061
Graboske Jr., H. C.
01.065.070
05.065.047
06.065.100
07.061.008
10.065.003
Grabovskij, M. A.
04.105.167
08.105.023
Grabowski, B.
01.122.010
Grace, V.
06.125.024
07.125.010
Grachev, N. I.
04.132.026
06.031.065
132.035
133.021
07.132.005
Grachev, S. I.
09.062.046
Grachev, Yu. A.
09.077.025
Grader, R.
07.142.111
Grader, R. J.
01.142.014
02.134.009
03.142.003
04.061.030
142.004 .073
05.125.009
142.011 .015 .018
06.142.026 .056 .069

Grader, R. J.
07.155.006
08.142.099
Gradie, J.
10.099.075
Gradsztajn, E.
01.061.038
143.042
02.105.097
04.061.049
064.015
094.035
Graedel, T. E.
03.073.043
077.027 .032
04.073.060
078.001
102.018
06.078.014
07.034.044
078.009
10.077.025
Graeff, P.
04.141.069
06.062.045
Graf, H.
03.094.072
04.094.192 .361
06.094.139 .199 .254 .255
09.094.713 .730
10.094.307
Graf, L. Eh.
09.094.603
Graf, O.
08.052.036
Graf, O. F.
05.042.043
Graf, W.
07.033.051
09.077.008 .015
10.077.076
Grafarend, E.
05.045.034
06.045.019
046.023
081.021
08.081.048
10.046.009
Grafe, A.
01.084.282
03.073.114
05.085.002
Grafov, V. E.
06.094.028
Grafov, V. I.
08.053.021 .022
Graham, A.
09.094.377
Graham, A. L.
06.094.297
08.105.006
10.105.017
Graham, D.
09.141.514
Graham, D. A.
03.141.218
05.141.169 .232
06.141.018
08.082.114 .117
141.531
10.125.018
Graham, E.
05.065.074
Graham, I.
04.158.050
05.158.128
Graham, J. A.
01.126.016
02.113.039
03.155.044

Graham, J. A.
04.113.057
121.013
124.113
155.008
05.124.006 .007
159.003
06.113.049
124.006 .007
07.126.011
159.025
08.114.051
124.008 .009 .013
09.114.127
10.113.072
122.004 .061
124.012 .013
158.002
Graham, R.
09.131.017
Graham, W. R. M.
02.131.105
04.131.099
05.125.035
131.088
06.125.007 .013
131.038
Grahl, B.-H.
02.141.040
07.033.016 .026
10.033.033
Grainger, J. F.
06.032.040
Gramlich, J. W.
09.094.702
10.094.209
Grams, G.
05.082.069
06.082.126
Grandfield, M.
04.053.015
Grandi, S.
09.133.026
Grandi, S. A.
10.121.103
Grandjean, F.
10.094.174
Grandjean, Y.
02.032.010
034.055
03.034.036
04.124.101
Granes, P.
07.114.110
08.114.148
10.031.015
Grangel, J. C.
09.022.085
Granger Morgan, M.
05.031.017
Granovskij, M. P.
10.031.003
Grant, G. R.
04.034.005
Grant, I. P.
03.091.020
04.064.084
05.012.012
08.064.038 .058
Grant, R. W.
03.094.123
04.094.291
09.094.468 .673
10.094.308 .334
Grant, W. A.
07.094.138
Granveaud, M.
05.008.094
07.008.108

Grape, K.
09.155.027
Grard, R. J. L.
05.051.014
09.094.790
10.012.033
084.269
Grasberg, E. K.
02.125.017
03.064.054
Grasdalen, G.
05.142.024
07.114.038 .039 .060
152.003
08.114.901
122.091
152.901
09.132.006
Grasdalen, G. L.
01.022.092 .108
05.113.012
09.114.116
122.137
10.114.220
131.059
154.020
Grassberg, E. K.
05.125.006
Grasserbauer, M.
09.105.156
Grassi Conti, G.
04.002.001
Grassl, H.
06.082.089
Gratreau, P.
07.062.003
Gratton, F.
04.062.065
Gratton, J.
04.062.065
Gratton, L.
01.014.007
021.018
02.142.057
03.013.010
051.001
04.012.002
066.031
142.027
05.034.033
142.051
06.065.114
162.040
07.061.049
142.136
09.142.105
Gravel, M.
04.033.055
Gravier, J. P.
06.052.030
07.052.015
10.052.037
Gray, C. A. M.
05.009.006
06.009.007
Gray, C. M.
09.094.705
10.107.005
Gray, D. F.
04.064.062
122.026
05.122.038
06.034.020
07.064.025
08.034.111
071.020
122.053
09.114.147
120.003
10.064.012 .035

Gray, D. F.
10.065.063
Gray, K. G.
07.021.003
Gray, L.
01.097.029
Gray, L. D.
01.022.053
093.014 .015 .056 .063
02.093.031
Gray, N.
07.094.165 .901
Gray, T. B.
07.072.046
08.072.065
Gray Young, L. D.
See Young, L. D. G.
Grayer, G. H.
04.032.010
Grayson, H. W.
09.066.013
Grayson, M. A.
03.105.140
09.105.010
Grayzeck, E. J.
05.142.065
10.122.135
131.114
Greatrex, R.
09.094.775
Greatrix, G. R.
03.072.027
09.072.067
Grebenev, L. P.
02.014.011
Grebenikov, E. A.
03.042.023
06.003.012 .045
09.003.055
10.098.034
Grebenkemper, C. J.
09.072.018
10.033.025
Grebennik, N. N.
05.094.140
Grebennikov, E. A.
04.098.021
Grebinskij, A. S.
01.079.102
06.077.050
08.077.062
10.033.138
077.081 .082
Grebowsky, J. M.
04.083.001 .002
06.084.260
08.084.300
Grechischeva
See Grechishcheva
Grechishcheva, I. M.
04.093.035
05.093.019
06.093.016
09.093.012 .016
Greco, M. A.
04.008.090
Gredley, P. R.
07.065.051
08.114.131
Greeley, R.
03.094.006 .341
105.033
04.094.028 .368
05.094.013 .104
06.094.059 .112 .113 .246
09.094.030
Green, A. E. S.
02.022.066
04.063.029
082.207 .210

Green, A. E. S.
05.022.011
082.120
084.022
08.022.032 .033
082.067
09.099.087
10.022.030
082.012
084.011
099.064
Green, A. J.
05.141.101
06.125.026
10.125.031
Green, C. A.
06.084.308
Green, D.
01.142.038
Green, D. H.
03.012.004
06.094.295
07.094.011 .071
08.081.005
094.067 .251
09.094.038 .189 .347 .551
.618
Green, D. W.
01.142.023
02.084.038
142.040 .063
05.142.028
Green, E. R.
04.009.005
Green, G.
05.078.054
Green, I. M.
03.073.021
084.273
04.074.009
084.209 .227 .305 .307
05.084.216
106.007
07.084.221 .247
09.106.016
10.074.088 .091
Green, J.
02.094.078 .093 .113
03.094.206
04.094.021
06.094.174
07.003.164
094.269
Green, J. A.
07.094.044
Green, J. L.
02.094.185
Green, L. C.
01.011.009
141.113
04.141.189 .190
05.065.035
141.050
06.117.010
08.116.010
09.117.028
Green, N.
01.010.023
03.009.013
Green, P.
05.084.228
Green, R.
08.098.047 .051
09.103.132
Green, R. H.
09.094.519
Green, R. R.
01.094.037
02.094.114 .132
04.093.013

Green, R. R.
04.094.332 .335
06.097.081
09.097.002
Green, S.
09.022.008
10.022.014
Green, T. C.
01.099.037
02.099.028
Green, T. S.
06.022.051
Green, W. B.
08.031.026
034.125
09.097.008
Green II, H. W.
05.105.053
Green Jr., H. L.
04.054.033
Greenberg, D. W.
01.143.010
Greenberg, J. M.
01.131.084 .110
02.131.034 .130
132.032
03.131.047 .087
04.131.108
132.019 .020
05.106.017
131.019 .048 .052 .066
.067 .123
155.051
06.131.064
07.131.033
09.063.044
131.008 .010 .091 .099
155.049
10.012.022
131.101 .128 .146 .154
.169 .182 .239
Greenberg, L. T.
10.114.037
131.189
Greenberg, M.
04.003.054
Greenberg, P. J.
05.066.019 .020
Greenberg, R.
09.091.042
10.100.018
101.018
Greenberg, R. J.
08.100.019
09.100.028
10.101.011
Greene, A.
06.064.015
Greene, A. E.
05.114.006
08.064.042
114.169
09.064.081
Greene, B. E.
04.033.036
Greene, C. H.
09.094.461
Greene, G. M.
10.094.229
Greene, J. M.
01.062.020
Greene, R. A.
07.084.006
Greene, R. W.
04.094.025
Greene, T. F.
01.114.084
02.114.014 .080
03.064.063
04.114.010

Greene, T. F.
07.099.047
08.099.039
09.099.067
114.011
10.099.076
Greener, J. G.
06.099.054
Greenhill, J. G.
04.078.008
05.143.023
08.085.006
09.141.510
Greenland, L. P.
09.094.385 .684
Greenleaf, P.
02.003.067
Greenler, R. G.
07.082.063
Greenman, N. N.
03.094.137
04.094.283
06.094.119
09.094.477 .812
Greenslade Jr., T. B.
07.094.258
Greenspan, D.
08.042.057
092.009
09.151.055
10.042.098
Greenstadt, E. W.
02.073.018
03.073.021
04.084.227 .305 .307
106.037
06.098.010
07.051.034
084.220 .233
098.069
08.084.286
106.001
10.099.031
Greenstein, G.
02.066.051
162.046
04.065.002
06.065.011 .094
08.065.066
142.044
Greenstein, G. S.
01.066.039
03.162.066
Greenstein, J. L.
01.012.019
065.041
114.016 .077
122.035
123.044
126.018
153.029
02.114.015
126.006
03.011.026
114.025
115.005
04.115.006
121.071
126.004 .012
141.112
153.044
05.125.107
126.020
06.065.072
126.011 .016
131.128
132.029
07.126.014 .024
132.034
133.013

Greenstein, J. L.
08.003.074
125.102
126.014
09.119.004
125.030
126.015
10.007.000
113.012
131.232
Greenwald, R. A.
09.084.037
10.084.020 .026
Greenwood, D. T.
01.051.011
Greenwood, N. N.
03.094.127 .283
04.094.284
09.094.775
Greenwood, W.
03.094.145
04.094.280
Greenwood, W. R.
03.094.052 .109 .206
04.094.169 .174
05.094.014
09.094.936
Greer, C. L.
02.052.040
Greer, R. T.
02.094.162
03.094.138
04.094.299
Greeve, R. A. F.
10.105.025
Gregg, N. J.
02.123.040
Gregory, A. G.
01.032.072
082.028
02.141.133
Gregory, C.
08.141.069
Gregory, C. T.
05.084.212
07.074.072
078.008
Gregory, D.
10.003.049
Gregory, J. B.
03.083.029
Gregory, P. C.
01.084.005
04.083.095
06.033.014
084.211
08.142.040 .055 .056 .131
09.141.036 .060
10.114.040
141.013 .107 .109
142.014 .114
Gregory, S. A.
06.160.018
09.141.059
158.058 .140
10.158.905
Gregul, A. Ya.
04.092.019
06.041.019
10.041.039
Greig, J. R.
02.022.021
03.022.010
04.022.115
062.061
Greig, W. E.
05.133.002
155.011
06.155.023
07.155.026

AUTHOR INDEX - VOL. 1-10

Greig, W. E.
10.132.027
Greisen, E. W.
01.093.050 .079
10.131.054
155.022
Greisen, K.
06.034.048
143.032
07.003.015
09.134.006
10.134.004
Greisen, K. I.
01.142.031
07.034.138
142.092
Greisiger, K. M.
08.083.006
Grenfell, T. C.
02.122.173
04.126.003
05.124.103
07.126.004
08.126.004
10.126.009
Grenier, P.
10.034.084
Grenon, M.
09.065.135
115.019
Gretskij, A. M.
04.100.012
05.100.010
06.100.014
Gretsky
See Gretskij
Greve, A.
04.071.012
074.089
05.071.019
06.032.016
07.082.093
08.032.011
09.031.024
032.002
076.007 .026
10.076.031
Grevesse, N.
01.071.003 .013 .028 .043
.044 .045
04.071.001 .023 .026
05.071.022 .027
072.010 .043
06.071.018 .025
07.071.001
09.012.003
10.022.006 .109
071.007
Grew, S.
08.005.027
Grewing, M.
01.113.004
141.060 .065
02.131.092 .138 .139
141.040 .216
158.101
03.131.092
05.008.022
131.133
141.019 .121
158.093
06.065.150
131.096
07.065.003 .016 .107
124.105
131.122
141.539
143.059 .064
08.131.128
09.061.038

Grewing, M.
09.114.149
141.533 .560
143.027 .073
10.119.001
131.069
143.028
Grey, D. C.
02.085.002
Grey, M. W.
01.008.090
02.008.086
03.008.096
Greyber, H.
04.011.013
Greyber, H. D.
01.093.020
03.151.022
05.011.008
06.097.026
08.003.104
09.012.018
Grib, A. A.
09.066.030
10.162.042
Grib, S. A.
10.074.061
Gribbin, J.
05.142.054
06.085.001
142.036
08.142.001
09.044.008
091.068
10.044.045
085.018
Gribbin, J. R.
02.065.014
126.002
141.086
03.142.035 .041
Gribkov, V. M.
08.084.418
10.084.415
Griboval, D.
06.034.022
09.036.007
Griboval, P.
05.031.008
06.034.022
09.036.007
Gribunin, V. M.
06.065.084
Gricius, A. J.
09.094.235 .694
Griem, H. R.
01.022.058
02.022.022 .097
03.022.010
04.022.017 .112 .115
062.023
05.062.054
07.003.058
Griess, T.
03.103.115 .118
Griess, T. D.
07.118.024
Griest, D. J.
09.094.409
Grieve, R. A.
09.094.334
Grieve, R. A. P.
07.094.043
09.094.198
10.094.309
Griffel, D. H.
01.074.031
094.030
02.094.213

Griffin, H. E.
02.094.175
Griffin, R.
01.064.032 .037
114.081
06.114.087
Griffin, R. and R.
01.114.003 .049 .063
03.114.041
09.112.014
114.164
Griffin, R. F.
01.071.031 .037
114.062 .112
02.112.006
03.112.005
114.043
06.112.011
07.031.031
112.012
09.031.004
Griffin, R. N.
01.082.010
Griffin, W. G.
10.114.111
Griffin, W. L.
07.094.154
Griffin Jr., R. N.
02.082.094
Griffith, J. S.
03.015.009 .011
094.230
04.011.015 .037
015.001 .010
021.001
042.021
05.015.004
06.015.007 .009 .020
091.001
094.076
07.002.033 .034
051.005
094.129
08.002.013 .042
042.020
094.012 .043
09.002.018
011.023
042.017 .038
10.002.052
042.099
Griffith, O. K.
06.105.057 .058
Griffiths, A.
08.103.016 .116
Griffiths, D.
08.103.107
09.103.010 .127
Griffiths, D. W.
08.121.009
Griffiths, J. B.
08.066.154
Griffiths, P. R.
07.105.008
Griffiths, R. E.
02.142.016
04.142.039
05.142.035 .045
07.142.077
08.142.024
Griffiths, R. J.
02.065.063
Griffiths, W. K.
06.143.094
07.143.023
Griggs, D. T.
03.094.103
04.094.172 .389
09.094.193 .309 .630
10.094.239 .400

Griggs, M.
01.082.038
Grigor'ev, A. A.
05.010.014
082.004
Grigor'ev, D. M.
08.105.105
Grigor'ev, D. P.
08.061.045
Grigor'ev, G. I.
02.062.026
Grigor'ev, M. G.
03.034.054
Grigor'ev, S. M.
01.094.057
Grigor'ev, V. M.
01.072.001 .022
02.080.025
04.071.051
05.080.025
06.071.028 .068
072.022
07.072.002
08.034.044
Grigor'eva, M. I.
03.033.026 .027
10.033.076
Grigor'eva, N. B.
01.114.099
02.155.010
04.155.038
05.131.110
Grigor'eva, V. M.
08.105.077
Grigor'eva, V. P.
03.077.017
Grigor'eva, Z. N.
02.099.064
03.098.023
06.003.007
098.032
09.099.093
Grigorevskij, V. M.
01.054.006
121.021
02.051.034
054.021 .022
055.021
06.051.036
054.024
08.123.075
09.122.067
10.052.055
054.004
120.003 .004
Grigorevsky
See Grigorevskij
Grigorevsky, W. M.
See Grigorevskij, V. M.
Grigorian
See Grigoryan
Grigorieff, A.
03.031.037
034.079
Grigoriev
See Grigor'ev
Grigorieva
See Grigor'eva
Grigorjev
See Grigor'ev
Grigorjeva
See Grigor'eva
Grigorov, N. L.
01.094.039
02.082.124
03.084.423
143.012
05.083.056
142.089 .090 .095
143.004 .062 .119 .137

Grigorov, N. L.
06.142.099
143.014 .029 .030 .070
07.143.001 .019 .020 .021
.045 .046 .047
08.143.011 .018 .035 .044
09.078.048
143.017 .054 .064 .065
10.034.007 .008
076.010
083.015 .026 .029
142.039 .040
143.030 .038 .039 .044
.048
Grigoryan, K. A.
03.122.034
04.103.101
122.001 .036 .161
153.001 .002
05.114.035
122.020 .021
153.017 .018
06.122.053
09.034.096
122.132
Grigoryev
See Grigor'ev
Grigoryeva
See Grigor'eva
Grijo De Oliveira, A. K.
05.075.021
Grilli, F.
06.123.052
07.123.023
08.122.065
Grimbleby, J. B.
07.033.045
Grimwood, W. G.
02.053.018
04.096.012
Grindlay, J.
08.155.029
10.142.022
Grindlay, J. E.
04.022.003
122.062
05.134.029
06.141.239
142.075
07.141.541
10.122.134
Grine, D. R.
03.094.180
Grineva, Yu. I.
02.073.011
08.073.085 .091
076.035
09.076.031
10.071.039
Grinevitskaya, L. K.
10.052.017 .040
Gringauz, K. I.
01.084.414
02.011.025
091.044
03.097.038
106.025
04.074.054 .082 .084
084.223
093.086
05.074.011
07.076.027
083.056 .077
09.076.034
083.033 .054
093.054
097.005
10.074.029
Grinin, V. P.
02.062.036

Grinin, V. P.
02.132.014
05.064.058
06.063.018
122.051
07.064.018
08.063.001
10.122.092
Grinkevich, V. G.
04.062.006
Grischin
See Grishin
Griscom, D. L.
09.094.281 .770
10.094.287 .310
Grisendi, T.
07.034.031
Grishchuk, L.
07.066.105
Grishchuk, L. P.
01.162.051
06.066.072
07.066.033
162.065
09.011.004
066.033
Grishin, I.
04.082.195
Grishin, I. N.
02.082.112
Grishin, N. I.
01.082.052
06.003.054
09.097.114
Grishin, Yu. A.
03.013.011
06.032.002
10.105.096 .097
Grishkan, Yu. S.
10.066.107
Grishkevich, L. V.
05.083.058
06.083.062
Grishko, V. I.
07.085.005
Grisvard, P.
07.065.050
Griswold, T. B.
02.105.169
Gritsyna, V. V.
01.084.013
02.022.032
Gritzina
See Gritsyna
Grivet, P.
06.033.039
07.033.070
Grizunova
03.125.102
Grizunova, T.
04.124.104
125.100
Grizunova, T. I.
04.124.104
Grjebine, T.
05.105.024
06.105.053
07.094.144
09.094.726
10.094.360
105.084
Grobben, J.
03.119.015 .016
Grobman, W. D.
01.051.018
02.094.010
Groce, V.
06.021.008
Grodzka, P. G.
07.053.013

Groedel, E.
05.032.029
Groegler, N.
01.105.045
02.105.150
03.094.072
04.094.192 .361
05.094.135
06.094.139 .254 .255
08.105.100
09.094.730
10.094.010 .026 .268 .269
Groen, O.
09.162.056
Groendijk, H.
09.033.054
Groeneveld, D. G. S.
01.032.073
Grognard, R.
05.074.068
Grognard, R. J.-M.
06.074.046
09.077.046
Groh, G.
07.031.029
Gromme, C. S.
03.094.126
04.094.277 .278
06.094.121
09.094.500
Gromov, E. V.
08.011.028
Gromov, S. V.
09.031.060
Gromov, V. V.
05.053.025
06.094.148
07.094.139
08.094.165 .166
Gromova, L.
04.099.015
Gromova, L. V.
06.097.006
09.094.864
Gromova, O. M.
10.041.049
Gromovik, V. I.
08.064.016
Gronstal, P. T.
02.073.052
078.011
04.073.033
078.013
05.073.082
Gros, M.
04.078.023
05.078.046
06.078.005
07.078.012
10.114.018
Grosboel, P.
03.124.103 .106
Groschev, V. T.
03.055.030
08.055.015
10.055.033
Gross, H. G.
03.094.137
04.094.283
06.094.119
09.094.477 .812
Gross, J.
02.082.067
Gross, M. J.
03.094.300
Gross, P. G.
08.065.062
154.012
10.065.024 .066 .121

Gross, R. A.
03.062.021
06.062.038
Gross, S. H.
02.093.028
04.091.037
07.091.028
093.033
09.100.043
Grosse, H.
01.046.019
05.045.025
Grossenbacher, R.
01.111.006
02.118.010
03.111.003
05.111.002
08.114.013
Grosser, M.
04.003.056
Grosset-Grange, H.
02.004.033
Grossi, M. D.
03.033.002
04.053.002
07.097.012
08.046.026
Grossi Gallegos, H.
04.008.090
05.073.007 .078
07.073.043
08.073.060
09.073.029 .031
10.073.054 .097 .099
Grossie, H. H. R.
01.152.002
Grossiord, J.-L.
08.066.014
Grossman, A.
10.099.043
Grossman, A. S.
01.065.072
03.065.031
04.065.024 .113
05.065.047
06.065.008 .100
08.065.044
099.095
09.062.022
065.024
Grossman, J. J.
02.094.115
03.094.149
04.094.285
06.094.065 .093
09.094.470 .762
Grossman, K.
08.091.041 .045
Grossman, L.
07.107.006
09.061.028
094.150 .158 .160 .207
.208
105.013 .050
107.004 .005
10.105.052
Grossman, N.
04.004.012
Grossmann, K. U.
10.082.156
Grossmann, W.
02.003.075
Grossmann-Doerth, U.
02.082.035
04.071.008
06.073.058
09.073.008 .095 .103
Grosu, I.
10.041.035

Grotch, S. L.
02.094.175
Groten, E.
01.046.004
02.081.005
03.081.003 .030
04.081.050
07.043.006
066.027
08.066.011
09.066.080
Groth, E. J.
05.141.127 .157
07.141.559
08.121.091
09.141.521
142.136
10.142.122
155.016
Groth, H. G.
04.012.013
064.087
08.064.056
114.112
Groth, W.
02.082.020
06.022.007
082.125
Groth III, E. J.
02.141.058 .231
03.141.087
Groube, W.
04.075.001
09.072.064
Grounds, S.
09.062.017
Grove, J. J.
10.141.098
Grove, T. L.
09.094.200
10.094.140 .311
Grover, S. D.
09.065.007
Groves, D.
03.076.028
05.142.017 .018
Groves, D. J.
06.159.001
Groves, G. V.
02.082.148
Groves, G. W.
07.094.190
Groves, R. O.
04.015.004
Groves, T.
09.094.450
Grozaz, G.
09.094.504
Gruber, D.
03.141.067
142.044
04.142.048
Gruber, D. E.
10.076.020
Gruber, G. M.
01.157.019
03.008.052
04.008.045
05.008.053
07.099.052
Grubissich, C.
01.152.003
10.113.004
153.001
Gruddace, R.
07.142.113
Grudewicz, E.
09.094.139
Grudewicz, E. B.
09.094.063

Grudewicz, E. B.
10.094.207
Grudler, P.
05.041.041
09.099.001
Grudzinska, S.
04.122.168
124.103
07.103.119
Grueff, G.
01.141.046
02.033.036
141.069 .205
03.141.118 .126
06.141.010 .266
07.141.116
09.141.110 .133
Gruen, E.
09.053.015
105.136
Gruen, M.
01.013.009
032.071
02.053.026
094.243
03.051.030 .031
094.323
04.010.015
033.066
051.044
054.036
094.434
06.061.043
09.051.010
Gruenberg, H. Von
See Von Gruenberg, H.
Gruener, W.
02.099.010
Gruich, D. D.
09.094.860
Grujic, R.
03.045.013 .014 .024
06.041.033
Grunberger, L.
05.062.058
06.062.014
Grupen, C.
10.143.023
Grupsmith, G.
08.121.079
142.059 .123 .129
09.142.093
10.131.238
142.133
Gruschinske, J.
04.063.016
05.063.043
Gruschwitz, E. H.
04.083.008
Grushinski
See Grushinskij
Grushinskij, N. P.
07.081.012 .018 .019 .020
Grushinsky
See Grushinskij
Grutzner, R. W.
05.051.028
Gruzdeva, M. A.
08.093.023
Gryazev, N. I.
09.082.034
Gryaznova, S. N.
10.105.096
Grygar, J.
01.013.008
032.070
124.104
141.201
02.114.116 .117
124.100 .102

Grygar, J.
02.141.221
03.013.009
104.003 .034 .035 .036
121.013
124.103
133.022
04.013.001
051.042
124.107
05.013.014
124.100
06.011.050
032.026
065.134
07.013.011
064.030
121.032
124.104
08.011.055
09.013.007
10.003.051
010.017
061.051
141.554
158.139
Gryvnak, D. A.
02.082.043
05.022.088
Gryzunova, T. I.
02.154.002
08.122.007 .008
Grzedzielski, S.
01.074.004
02.054.026
064.005
074.043 .072
141.197
03.074.023
05.064.046
074.048
06.074.076
07.013.006
09.051.021
Grzeslo, T.
04.010.021
06.010.021
Grzybowski, S.
08.003.142
Gualdi, C.
02.061.041
05.143.066
08.155.031
Guarnieri, A.
01.124.104
02.124.100
09.121.070
10.121.070
Guattari, G.
05.033.012
Gubanov, V. S.
01.044.015
08.041.014 .047
10.041.015
Gubanova, M. G.
06.085.007 .010
Gubanova, V. I.
09.079.103
Gubar, Yu. I.
09.084.407
10.084.410
Gubar', Yu. I.
05.084.419
06.084.417
Gubbay, J.
01.141.108
02.141.152
07.141.094
Gubbay, J. S.
06.141.224

Gubbay, J. S.
07.033.022
141.076
08.141.062
Gubbins, D.
06.084.208
08.084.216
10.062.045
084.212
Gubenko, V. S.
03.083.036
Gubin, Yu. V.
07.143.019 .046
Gubser, R. A.
10.094.254
Gubskij, V. F.
09.083.055
Guchan-Beck, F.
02.143.057
Gudehus, D.
02.106.031
Gudehus, D. H.
04.034.083
08.162.073
09.162.901
10.160.015
Gudkova, G. A.
02.121.066
Gudkova, V. A.
09.062.030
084.232
Gudnov, V. M.
02.033.028
09.033.030
Gudoias, B.
06.081.054
Gudsenko, L.
10.072.093
Gudzenko, L. I.
05.141.130
09.141.039 .108
Guebelin, H. U.
01.009.027
Gueduer, N.
03.103.101
Guelin, M.
01.141.012 .120
158.001 .002
03.141.149
158.097
04.141.038
158.003 .034 .068
06.141.061 .075
07.158.074
08.141.526
09.141.518
10.131.076
Guelmen, Oe.
04.121.064
Guenther, A.
03.041.007
04.041.025
05.041.006
07.041.054
Guenther, B.
10.082.056
Guenther, H.
10.022.103
Guenther, O.
01.107.002
02.013.008
03.051.024
05.013.011
08.003.044
004.072
014.014
09.004.028
10.004.059
Guentzel-Lingner, U.
01.002.001

Guentzel-Lingner, U.
01.051.017
02.002.033 .034
051.001
03.002.028
051.012
04.002.015
003.135
051.005 .026
05.002.038
06.002.039
07.002.017
08.002.037
09.002.034
10.002.028
Guerault, G.
03.094.247
Guerin, J.
07.034.148
Guerin, P.
03.091.037
093.011
100.001
04.100.005
06.093.004
09.100.049
Guerra, P.
08.041.032
Guerrero, G.
02.010.027
034.106
122.114
05.123.017
07.122.049
08.123.046
10.116.023
122.020
Guerrier, D.
09.003.155
Guertler, J.
03.011.010
04.011.014
132.037
07.133.019
08.141.082
09.141.124
10.113.033
Guertler, R. J. F.
07.033.046
Guess, A. W.
07.066.054
Guessow, K.
04.031.005
Guest, J. E.
01.094.001 .044
04.094.333
06.094.248
07.094.238 .240
Guetter
01.098.036
Guetter, H. H.
05.111.009
07.126.022
09.113.006 .054
10.155.052
Gufrrero, G.
01.122.093
Gugula, E.
09.114.008
Guha, J. K.
07.084.209
Guibert, J.
01.141.012
10.158.051 .117
Guichard, F.
09.094.274 .723
10.094.493
Guidi, I.
06.078.004

Guidice, D. A.
02.033.003
03.074.032
04.141.225
08.077.023
10.077.021 .045
Guido, M.
09.094.402
Guier, W. H.
08.081.003
Guigay, G.
07.082.035
Guillaume, P.
02.042.005
10.042.020 .077
Guillen, A.
02.094.185
Guinan, E. F.
03.101.002
05.121.005
07.121.007
122.056
08.121.097
10.113.041
121.098
Guindon, B.
07.158.104
Guinot, B.
01.008.092
043.006
044.013 .014
02.044.022
03.008.098
094.229
04.003.035
044.002 .017
05.008.094
032.002
06.044.027
07.008.108
044.011
045.030
08.044.041 .042
045.009 .018
10.044.010 .040
Guionnet, M.
09.076.029
Gulak, Yu. K.
09.091.037
Gulbrandsen, A.
09.074.021
10.074.011
106.028
Gul'elmi, A. V.
03.084.242 .246 .283
04.084.312
05.084.245
07.084.237 .259 .266
09.084.236 .404
106.022
Gulielmi
See Gul'elmi
Gulkis, S.
02.096.007
099.024 .039 .042
100.003
141.011 .063
158.057
03.099.053
141.119 .213
04.099.034
141.122
05.099.010 .061
100.018
07.099.009
100.004
08.066.093
099.016 .035 .044 .093
09.051.002
066.076

Gulkis, S.
09.091.005 .033
099.006 .051
Gull, G.
10.094.058
Gull, S. F.
09.125.002 .020
141.111
Gull, T. R.
05.131.124
06.131.013
08.133.016
10.034.073
114.221
132.021 .039
Gulliver, A. F.
07.114.063
09.114.160
10.114.012 .017
Gullon, E.
01.075.015
02.061.031
075.007
Gulmedov, Ch. (H. D.)
See Gul'medov, Kh. (D.)
Gul'medov, Kh.
04.104.061
05.104.012
07.082.055
08.104.012 .013
10.104.023
Gul'medov, Kh. D.
04.104.033 .036 .039
05.104.034
07.104.017
08.104.014
10.104.009
Gulo, D. D.
01.011.023
Gulyaev, A. P.
01.044.023
04.041.032
05.041.036
06.041.014
08.041.024 .026 .028 .067
Gulyaev, R. A.
06.071.006 .058
074.022
07.071.041
074.009
10.071.009
Gulyan, A. G.
10.033.007 .008
Gun-Bayer, F.
02.085.008
04.085.010 .011
Gundel, W.
01.003.072
Gundermann, E. J.
01.106.009
Gundermann Hardebeck, E.
02.141.179
Gundermann Hardebeck,
E. J.
02.141.011
Gunderson, L. C.
06.033.065
Gunn, J.
05.141.190
Gunn, J. E.
01.141.017
143.017
160.006
02.141.008 .025 .066 .172
03.012.018
141.130 .171
04.103.134
05.061.015
103.113
141.066 .067

Gunn, J. E.
 05.158.006 .041
 06.126.011
    141.193
    160.009
 07.125.028
    143.041
 08.160.007 .010
 09.134.007
    158.052
 10.162.027
Gunten, H. R. Von
 See Von Gunten, H. R.
Gunter, S. Z.
 03.097.041
Gunter Jr., W. D.
 04.034.005
Gunther, P.
 04.094.338
Gunton, R. C.
 01.082.043
Guo, D. D.
 08.076.018
Guo, D. S.
 04.142.080
Guppy, D. J.
 04.105.114
 06.105.038
Gupta, ... Das
 See Das Gupta
Gupta, ... Sen
 See Sen Gupta
Gupta, A. K.
 10.061.017
Gupta, J. C.
 01.084.210 .263
 03.084.287
 04.084.311
 05.084.236
 06.084.310 .311
 08.084.295 .304
    085.004
 10.084.280 .281
Gupta, M. M.
 07.131.085
Gupta, M. S.
 04.033.092
Gupta, O. P.
 10.062.043
Gupta, P. C.
 02.113.050
Gupta, P. N.
 09.062.053
Gupta, R. M.
 08.062.020
Gupta, R. S.
 04.065.140
Gupta, S.
 09.094.749
Gupta, S. K.
 04.082.092
 06.082.073
 08.022.055
    122.113
 09.094.800
    122.097
 10.094.084
    097.118
    123.015
Gupta, S. P.
 05.083.023
Gupta, Y. P.
 09.094.465
Gura, B. M.
 06.064.056
Gurbutt, P. A.
 10.072.090
Gurdice, D. A.
 05.141.235

Gurevich, A. V.
 01.084.257
 02.083.017
    084.262 .267
 03.084.048
 04.084.234
 05.074.063
 07.084.250
 09.083.036
Gurevich, E. I.
 06.033.023
Gurevich, L. Eh.
 01.151.013
 02.125.018
    158.097
 03.065.021
 04.062.009
    125.001
 05.003.044
 06.151.003
    158.140
 09.066.022
    143.056
    162.025
 10.162.008
Gurevich, V. B.
 07.003.082
 08.031.006
Gurevich, Yu. G.
 05.062.003
Gurevitch
 See Gurevich
Gurklyte, A.
 04.113.059
 08.113.050
Gurman, J. B.
 10.073.003
Gurnett, D. A.
 02.084.204
 07.084.016
 08.078.046
    084.002 .207 .275
    099.002
 09.084.001
 10.084.013 .419
    099.073 .083
Gurney, C.
 09.003.056
Gurney, G.
 04.003.055
 09.003.056
Gurney, J. J.
 09.094.239 .379 .687
 10.094.261
Gurovich, V. Ts.
 01.162.050
 04.066.077
    162.083
 07.065.125
Gurr, H. S.
 04.143.025
Gurshtein
 See Gurshtejn
Gurshtejn, A. A.
 04.094.100
 05.094.004 .007
 06.094.004 .012 .124 .196
    .245
 08.094.171 .211
 09.005.013
 10.003.018
    094.070 .146
Gursky, H.
 01.142.026
 02.142.007
 03.091.013
    125.007
    142.043
 04.061.004
    094.409

Gursky, H.
 04.125.007
    142.060 .061 .062
 05.125.016
    142.041 .042 .047 .065
    .068 .069 .072 .098
    158.051 .102 .103
    160.009
 06.034.058
    142.002 .005 .012 .025
    .028 .030 .046 .071
    .072
    159.005 .012
 07.051.007
    142.013 .022 .026 .027
    .038 .041 .065 .087
    .093 .095 .108 .116
    .127 .901 .902
    155.053
    158.029
    160.020
 08.094.005
    142.011 .028 .029 .030
    .031 .033 .064 .079
    .101 .105 .123 .133
    .135
    155.028 .029
    158.044
    160.019
 09.061.045
    094.587 .755
    142.045 .052 .097 .123
    .138 .150
    158.057
 10.032.022 .023
    094.193
    142.022 .025 .108 .115
    .117
    158.901
    160.019 .027
Gursky, J.
 07.034.061
Gursteins, A.
 08.051.022
Gurtovenko, E.
 06.071.050
Gurtovenko, E. A.
 01.034.004
 02.034.042
    103.101
 03.032.028
    071.045
    073.071
 04.071.038 .065 .066
    073.051
 05.071.020
 07.074.008
 08.074.046
 09.071.023 .024
 10.071.062
Gurtu, S. K.
 01.122.047
 04.151.046 .047
Gurvich, A. S.
 02.082.137
 05.082.006 .125
Gur'yan, Yu. A.
 02.105.182
 04.082.154 .155
    142.010
 06.104.116
    142.020
Gurzadian
 See Gurzadyan
Gurzadyan, G. A.
 02.122.122
 04.122.113 .114
 05.003.006
 06.034.106
    122.002 .012

Gurzadyan, G. A.
07.034.050
　051.018 .019
　114.075 .103
　122.106
08.034.091
　076.030
　114.035 .092 .178
　122.025
09.126.008
10.003.050
　051.007 .015
　114.079
　122.032
Gusak, A. I.
02.160.020
10.066.087
Gusakov, V. S.
10.162.041
Gusarov, Yu. M.
10.073.043
Guschina, R. T.
05.143.151
Guseinov, O. H.
See Gusejnov, O. Kh.
Guseinov, R. E.
See Gusejnov, R. Eh.
Guseinzade
See Gusejnzade
Gusejn-Zade, A. A.
06.065.046 .127
　114.123
10.065.103
　114.172
Gusejnov, K. I.
10.071.017
Gusejnov, M. D.
02.072.072
05.072.006
08.072.012
10.072.036
Gusejnov, O. H.
See Gusejnov, O. Kh.
Gusejnov, O. Kh.
01.066.045
02.066.061
　131.028
03.064.058
　065.093
　155.061 .062
04.064.072
　065.046 .123
　142.087
05.117.003
　119.009
　142.040
06.065.045 .047 .074
　066.010
　117.007
　125.012
07.065.124 .125
　066.032
08.065.155
　115.006
　117.003 .041 .042
　125.026
　142.027 .152
09.065.038 .082
　125.004 .017
　141.563
10.065.102 .142
　066.030 .093 .094
　114.175
　115.038
　119.012
　125.017 .042
　133.073
　141.537 .538
　142.083 .138
　155.053

Gusejnov, R. Eh.
04.074.096
05.008.118
　074.034
06.073.098
09.074.016
10.073.052 .086 .087
Gusejnzade, A. A.
01.121.018 .019
02.113.044
Gusev, A. V.
10.033.057
Gusev, E. B.
02.122.023 .026 .031
03.103.101
　124.103
04.114.084
　122.073
　123.023
06.122.153
09.114.014
Gusev, G. A.
08.083.029 .071
Gusev, G. V.
07.076.040
08.076.011 .047
Gusev, P. P.
08.122.041
09.122.004
10.122.166 .178
Gusev, V. D.
07.083.058
08.083.069
Guseva, T. A.
04.098.025
06.098.034
07.034.123
10.055.021 .022 .023
Guseva, Z. M.
10.083.042
Guseynov, M. J. (M. D.)
See Gusejnov, M. D.
Guseynov, O. H.
See Gusejnov, O. Kh.
Gush, H. P.
04.082.110
Gushchina, R. T.
05.143.053 .054
Gusinow, M. A.
01.062.006
Gus'kova, E.
03.105.108
Gus'kova, E. G.
02.105.049 .050 .134
04.105.093
07.105.068
08.094.124 .167
　105.023 .064
Gus'kova, O. I.
10.034.025 .026
Guss, D. E.
01.143.044
02.143.068
04.143.059
05.143.128
Gussakovskaya, L. B.
06.104.043
Gusseinzade
See Gusejnzade
Gussenhoven, M. S.
06.074.098
09.074.044
Gussmann, E. A.
01.064.006
02.064.031
04.064.094
05.064.025
Gussow, S.
03.021.011

Gustafsson, B.
05.064.002
07.064.043
09.064.062
10.064.042
Gustafsson, G.
02.084.007 .030
04.084.039 .040
08.084.052
10.084.009
Gutcheck, R. A.
10.022.028
Guth, E.
04.022.075
Guth, J. H.
04.051.027
Guth, V.
04.047.021
05.105.092
06.047.023
07.005.020
08.005.026
10.047.020
Guthier, O.
08.103.107
Guthrie, B. N. G.
01.061.016
02.114.087
04.114.037
　153.042
05.114.023
06.114.084
07.114.041
08.142.058
09.131.003
10.142.044
Guthrie, P.
09.155.017
Guthrie, P. D.
06.141.186
07.142.029
Gutierrez, J. A.
07.075.015
08.075.012 .034 .035
09.075.012
10.075.025
Gutierrez-Moreno, A.
02.152.005
03.113.053 .063
　114.143
　121.014
04.114.081
07.113.003
08.082.152
　114.107
10.113.097
　114.142
Gutkevich, S. M.
04.034.099
05.034.079
06.158.094
Gutkin, A. M.
03.094.007 .320 .333
06.094.079
09.094.892
Gutman, I. I.
09.066.024
Gutsche, G. D.
02.114.081
Gutschewski, G.
03.094.345
Gutschewski, G. L.
07.003.060
Gutshabash, S. D.
10.063.038
Guttmann, M. J.
06.003.111
Gutzwiller, M. C.
09.008.128
　042.046

Guye, S.
07.003.061
Guyot, E.
01.003.071
Guyot, M.
04.042.072
061.018
Guzman, J. S.
01.075.014
03.075.028
Gvozdeva, L. G.
09.105.138
Gwinn, W. D.
09.131.027
Gyertyanos, G.
06.072.051
Gylden, N.
02.022.011
Gyldenkerne, K.
01.014.009
03.113.024 .052
121.028 .029
124.109
04.012.029
05.121.076
Gyoeri, S.
08.082.136

Haack, U.
03.094.074 .279
04.094.275
Haag, T.
01.062.022
Haaks, D.
04.034.112
Haas, R. H.
01.003.025
Haas, R. W.
06.079.100
07.077.004
Haas, W.
10.103.102
Haas, W. H.
01.007.000
06.031.075
Haase, K. H.
08.033.079
Haase, R.
08.042.072
Haase, W. C.
06.034.139
Haave, C. R.
02.085.003
Haber, H.
02.003.110
03.003.127
07.003.062
Haberstroh, R. A.
08.022.047
Habibullin, Sh. T.
See Khabibullin, Sh. T.
Habing, H.
04.131.070
Habing, H. J.
01.131.039 .063
02.131.052 .057
04.012.015
05.131.096
07.124.105
131.119
132.015
08.141.079 .120
09.012.010
141.087 .115
10.131.015 .145
141.112
Hacar, B.
02.117.042
04.121.082

Hach, J. P.
01.033.023
Hachenberg, O.
01.008.020
02.033.051
03.008.020
033.001
04.008.017
033.014 .040
05.008.022
06.008.012
157.009
158.107
07.008.026
08.008.014
09.077.009
131.170
10.008.019
033.033
077.061
Hack, M.
01.003.109
012.023
061.041
114.050
122.005 .023 .065
02.008.121
012.008
114.072 .091
115.015
122.086
03.007.000
04.003.013
065.156
116.003 .020
06.122.058
07.008.147
012.010
08.012.020
061.005 .015
116.013
09.064.060
121.017
Hackney, K. R.
05.141.030 .076
06.141.100 .188
08.122.078
141.036 .037 .039 .105
10.141.121
Hackney, R.
09.014.010
Hackney, R. L.
04.141.109
05.141.030 .076
06.141.100 .188
08.122.078
141.036 .037 .039 .105
10.141.121
Hackradt, B.
07.083.017
Hackwell, J. A.
04.131.004
05.103.111
08.114.079
10.113.046
Haddock, F.
08.077.046
Haddock, F. T.
03.077.022 .027
04.074.038
077.026
05.077.005
08.077.027
09.074.043
077.047 .069
10.077.035 .051
Haddon, R. A. W.
01.081.016
10.081.001 .026

Haddow, D.
10.012.032
Hadgigeorge, G.
02.055.005
Hadjidemetriou, J. D.
01.117.001 .004
02.042.004
07.042.051
10.042.095
Hadlock, R.
03.091.022
Hadrava, P.
05.112.002
Haeggkvist, L.
01.113.019
02.113.018
03.113.025
05.113.014
10.113.019 .057 .109
Haekli, T. A.
09.105.023
Haemeen-Anttila, J.
07.031.013
Haemeen-Anttila, K. A.
03.092.016
05.063.036
07.100.011
09.100.015
Haenel, G.
04.082.163
Haenig, W.
03.036.001
07.095.002
Haenke, J.
10.013.006
Haenni, L.
10.114.238
Haenni, U.
10.082.132 .133
Haerendel, G.
01.084.020
02.083.019
03.084.260
04.082.105
083.094
084.299
06.083.037 .049
084.056
07.083.075
08.083.035 .042
084.248
09.083.075
10.083.052
Haerm, R.
03.154.012
07.065.030
10.065.067
080.012
Haertel, J. C.
02.008.093
03.008.101
Haeusler, B.
04.034.117
084.417
06.078.060
07.084.215 .411
08.073.014
084.414
Haeussler, K.
03.122.113
07.122.100
123.018
09.123.011
10.123.025
Hafele, J. C.
03.066.074
05.066.023
08.066.007 .008
Haffner, H.
01.008.136

Haffner, H.
01.041.020
094.019
03.008.150
05.008.146
06.003.063
07.008.160
08.113.029
Haffner, J. W.
02.099.048
07.051.025
099.066
Hafner, H.
08.066.119
162.091
Hafner, S. S.
03.094.122
04.094.151 .286
05.094.142 .148
06.094.138
07.094.142 .165 .901
09.094.310 .635 .644
10.094.067 .312
Hagan, L.
09.008.122
Hagedorn, P.
04.021.010
Hagedorn, R.
03.022.060
04.061.047
Hagen, G. L.
04.153.050
05.080.015
Hagen, J. B.
10.033.091
Hagen, J. P.
04.073.015
05.077.035 .042
06.013.016
077.080
07.077.004
09.077.036
Hagen, W. F.
07.094.099
Hagen Jr., J. P.
05.080.015
Hagen-Thorn, V. A.
01.158.064
02.158.018 .081
03.158.014 .103
06.158.094
08.141.035 .096
09.141.135
158.130
Hagenbuch, K. M.
02.091.017
Hagfors, T.
02.094.185
04.033.008
094.397
06.084.015
07.094.194 .195
08.062.060
09.008.006
093.033 .056
094.877
10.091.016
Hagge, D. E.
01.143.028 .038
Haggerty, M. J.
04.162.006
05.162.048 .069
07.162.003
08.151.015 .016
Haggerty, S. E.
03.094.092
04.094.131 .133 .158 .327
06.094.203 .208
07.094.052
08.094.107

Haggerty, S. E.
09.094.085 .135 .190 .191
 .192 .625
10.094.313
Haggett, A. J.
06.066.028
Hagihara, Y.
04.003.167
06.003.043
07.003.063
042.021
Hagiwada, H.
02.091.046
Hagiwara, Y.
08.081.044
Hagyard, M.
02.080.019
Hagyard, M. J.
04.073.043
05.072.054
080.012
08.072.029
Hahn, H.-M.
05.004.025
Hahn, Y. B.
08.022.090
Haig, G. Y.
08.014.001
Haig, N. D.
10.033.134
Haines, E. L.
03.094.076
04.094.073 .279
06.094.066 .136
07.094.053
Haines, G. V.
03.084.271
Hair, H. A.
01.033.018
Hair, M.
03.094.074 .279
04.094.275
Hairetdinova, N. G.
07.004.041
Haisch, B. M.
08.153.020
10.064.036
Hait, M. H.
03.094.026
04.094.304
06.094.068
07.094.010
09.094.055 .607
Haitt, M. H.
10.094.127
Hajduk, A.
03.104.005
04.104.028
07.104.004
117.047
09.104.002
Hajdukova, M.
08.104.038
10.104.005
Hajian, G. S.
See Adzhyan, G. S.
Hajicek, P.
07.011.048
10.066.169 .178
162.007
Hajkowicz, L. A.
02.084.024
03.084.047
04.084.001
Hake Jr., R. D.
04.083.036
07.083.037
08.082.202
Hakim, R.
04.162.078

Hakim, R.
09.162.048
Hakura, Y.
03.073.103
04.077.046
157.013
Halacy Jr., D. S.
03.003.150
Halajian, J. D.
01.094.069
04.034.106
Halberg, K.
10.103.102
Hale, D. P.
05.097.072
Hale, G. E.
10.032.032
Hale, G. M.
08.022.131
Hale, L. C.
05.083.042
Halenka, J.
01.085.003
07.073.034
Hales, A. L.
01.081.019
Halford, D.
07.044.038
Halford, W. D.
04.162.077
Halkjaer, E.
05.014.012
Hall, A. J.
03.079.102
Hall, D.
06.073.041
10.079.101
Hall, D. E.
02.062.022
05.061.036
Hall, D. L.
01.113.030 .038
09.158.037
Hall, D. N.
10.082.109
Hall, D. N. B.
02.071.039
072.027
07.072.008
073.005
08.071.018 .030
072.002 .030
09.071.002 .051 .055
080.006
10.071.067
Hall, D. S.
01.121.040
02.121.035 .056 .057 .092
 .093
123.041
153.030
03.121.003 .031
04.121.010 .035
122.041
153.011
05.119.011
121.006 .007 .008 .024
 .049 .060 .062 .070
06.121.054
07.121.019 .034
122.071
123.020
08.121.050 .051 .075
142.015
09.121.015 .016 .050
10.121.013 .031 .064 .081
 .084 .901 .902 .903
 .904 .905
153.901

Hall, F. G.
 09.094.574
Hall, H.
 07.051.033
Hall, H. T.
 05.081.027
 06.094.313
 08.081.058
Hall, J. A.
 05.034.067
Hall, J. E.
 03.079.102
 04.083.071 .075
 08.011.006
     076.006
     082.018
     083.003
 09.083.026
Hall, J. L.
 08.022.129
Hall, J. S.
 01.008.037
     032.011
 03.005.002
     008.046
     091.044
     099.026
 05.008.047
     099.008 .023
 06.007.000
     099.074
 07.008.053
 08.031.045
     094.049 .097
     099.017 .040
 09.008.044
     100.026
Hall, L. A.
 01.076.006
 02.076.006 .034
     082.152
 04.076.035
 06.073.088
 09.076.018
 10.073.053
Hall, L. B.
 08.003.075
Hall, L. M.
 09.131.128
Hall, N. M.
 03.021.005
Hall, R. C.
 09.010.037
 10.051.036
Hall, R. G.
 09.041.026
Hall, R. T.
 07.082.038
Hall, R. W.
 05.093.005
Hall, T. A.
 09.094.055
Hall, W. N.
 05.082.119
 07.079.103
Hall Jr., F. F.
 04.082.206
Hall-Beyer, M.
 10.105.065
Hallam, A.
 05.081.040
Hallam, K.
 04.032.050
Hallam, K. L.
 03.113.037
 10.034.089
Hallam, M.
 09.094.151
Hallberg, F. C.
 03.034.062

Halley, P.
 04.072.056
Hallgren, D. S.
 02.104.046
 04.105.134
 05.105.049
 06.105.056 .057 .058
 08.082.001
Hallgren, E. L.
 04.065.130
Halliday, I.
 01.011.017
     101.008
     102.016
     104.020 .021
     107.016
     158.030
 02.005.010
     105.199
     134.008
 03.065.054
     097.055
     105.007
 04.105.060
 05.104.020
     105.101
     106.016
     158.112
 06.104.114
     105.066
 08.091.035
 09.104.012
Hallin, R.
 01.022.074
 02.022.058
Hallinan, T. J.
 04.084.052
 06.084.037
 07.084.010
Hallock, H. B.
 04.034.106
Hallock, J. N.
 04.034.011
Halmos, F.
 03.046.002
Halpern, B.
 02.097.028
 03.094.159 .160
 04.094.253
 09.094.441
Halpern, L.
 06.066.032
 07.066.137
 10.066.110 .111
Halvorsen, H. D.
 09.071.003
Ham, R. A.
 05.033.008
Hamada, T.
 05.065.097 .147
 10.022.063
Hamaguchi, H.
 01.105.027
Hamajima, K.
 10.155.040
Hamaker, J. P.
 10.033.026
Hamal, K.
 05.034.056
Hamana, S.
 08.032.036
Hamano, Y.
 09.094.486 .781
Hamberger, S. M.
 01.073.045
 02.073.002
Hambleton, J.
 05.031.036
Hamblin, D. J.
 04.003.043

Hamid, S. E.
 01.042.011 .035
 02.042.013 .031
 08.103.103
Hamidulina
 See Khamidulina
Hamilton, M.
 05.003.045
Hamilton, N.
 03.122.044
 10.133.033
Hamilton, P. A.
 01.141.206
 02.157.019 .020
 03.141.170
 04.141.020
 05.141.172
 06.141.119
 07.141.524
 08.141.537 .560
 09.141.510 .554 .555
 10.141.502 .542
Hamilton, P. B.
 03.094.001 .163
 04.094.258
 05.094.161
 09.094.069 .251 .907
 10.094.389
Hamilton, R. A.
 08.011.006
Hamilton, S.
 08.031.037
Hamilton, W. L.
 07.082.001
     094.203
Hamilton, W. O.
 04.066.069
 07.033.031
Hamity, V. H.
 04.162.050
Hamm, F. M.
 05.082.113
Hammack, J.
 10.094.365
Hammal, K.
 08.032.007
Hammer, E.
 05.003.007
Hammer, F.
 04.003.060
 05.003.007
 06.005.024
Hammerschlag, A.
 04.034.024
 06.034.072
 07.114.128
Hammerschlag, R. H.
 08.022.138
 10.032.011
Hammerton, M.
 08.101.018
 09.101.016
Hammond, A. L.
 04.061.031
     094.352
 05.034.063
     065.053 .086 .095
 07.080.001
     094.035
     097.025
 09.094.129
     097.024
 10.013.021
Hammond, D. A.
 09.094.742
Hammond, G. L.
 04.064.038
Hammond III, C. L.
 10.083.010

Hamon, A.
01.010.028
02.010.028
03.010.028
05.010.028
07.004.007
    007.000
    036.006
08.004.018
    010.028
    096.004
Hamoui, A.
01.162.054
Hampel, V. E.
08.094.156
Hampshire II, W. F.
07.052.036
Han, J.
01.105.036
03.094.153
04.094.248
    105.027
Han, R. Y.
08.082.020
10.082.053
Han, S. M.
08.073.054
09.073.104
Hanasz, J.
01.077.013
03.021.007
    033.004
Hanbury Brown, R.
02.032.031
03.032.039
    117.009
04.115.001
    141.099
05.119.002
06.115.015
07.008.102
09.115.023
Hancock, D. A.
03.105.102
Hand, J. A.
02.046.020
Hanel, R.
01.093.033
02.032.039
04.093.070
08.034.115
    097.089
10.097.025
Hanel, R. A.
03.097.044
04.011.012
    034.039
    082.033 .085
05.091.011
07.097.028
08.034.017
    097.028 .029 .030 .031
    .116
09.097.075
10.097.088
Haneman, D.
09.094.503
Hanes, D. A.
06.154.008
Hanina, F. B.
01.103.118
Hankin, B. C.
05.063.048
Hankins, T. H.
06.141.181
08.141.520
09.141.523 .525 .526
Hanks, T. C.
01.081.015
07.081.022

Hanks, T. C.
08.094.098 .227
Hanley, C. M.
02.158.056
Hanlon, D.
04.053.015
Hanna, M. M.
07.158.160
Hanna, P. B.
05.084.025
Hannaford, W.
03.084.271
Hanneman, R. E.
03.094.076
04.094.204
Hanner, M. S.
02.132.032
04.106.013
    132.019 .020
05.132.013
07.106.028
08.051.004
    106.027
09.106.003
10.106.034
Hanor, J. S.
03.094.111
Hansell, M. C.
09.141.534
Hansen, B.
03.141.216
Hansen, C.
04.034.036
Hansen, C. F.
05.022.037
Hansen, C. J.
01.012.024
    125.003
02.065.017
04.065.079
    141.143
05.065.016
    126.039
06.022.030
    065.015 .089 .119
07.064.040
    065.014 .027 .102
    126.020
08.061.038
09.065.030
    122.139
10.065.037
    122.150
    126.011
Hansen, H. K.
02.122.093
05.121.041
    131.136
10.121.061
Hansen, J. E.
01.063.009
    091.033
    093.037
02.091.018
04.093.075
05.063.046
    093.003
07.091.037
08.022.041 .042 .043
10.093.016
Hansen, J. R.
03.034.073
06.112.013
Hansen, L.
03.113.052
06.064.021
10.115.007
Hansen, O.
10.113.110

Hansen, O. L.
08.099.050
09.099.012
10.113.053
Hansen, R.
05.074.067 .068
08.071.017
    074.040
Hansen, R. O.
06.066.058
08.066.059
Hansen, R. T.
01.074.036
02.074.027 .033 .035 .036
    .048
03.073.065
04.074.091
05.074.012 .075 .079
06.074.046
08.074.032 .033 .034 .073
Hansen, S.
03.073.065
Hansen, S. F.
01.074.036
02.074.027 .035 .036 .048
04.074.091
05.074.079
08.074.032 .033 .038 .073
    .085
Hansen, T.
07.079.108
    097.100
08.092.012
10.082.106
    092.006
Hanser, F. A.
10.078.048
    084.008
Hanson, J. N.
09.042.050
Hanson, W. B.
03.084.208
04.082.022
    083.040
07.097.013
08.053.006
    083.010
    084.004
09.083.008
10.083.054
Hansson, B.
04.033.063
    141.041
05.141.226
Hansson, N.
02.032.017
07.044.035
08.132.003
09.007.000
Hantel, E. G.
05.125.022
Hantzsche, E.
09.003.057
10.052.036
Hanzal, J.
09.005.019
Hapke, B.
04.094.402
    105.020
07.093.003
    094.192
    098.038
08.094.032
09.094.580 .856
Hapke, B. W.
03.094.150
04.094.287
07.094.096
Happach, V.
03.055.001

Happer, W.
07.022.078
Hara, H.
03.032.007
06.041.003
09.031.018
Hara, K.
09.162.052
Hara, T.
01.035.002
044.011
02.035.034
03.035.005 .006
05.035.002
044.023
06.143.087
07.035.009
044.045
09.035.003
044.035
061.061
10.035.012
044.025
Harada, K.
03.094.162
04.094.250
06.094.015
09.094.248 .750 .906
10.094.288 .315
Harada, M.
08.005.021
Harada, Y.
08.047.005
09.096.028
10.047.007
Haramundanis, H.
04.003.102
Haramundanis, K.
04.041.030
05.041.028
06.158.125
08.113.014
09.002.007
113.047
10.113.075
Haramundanis, K. L.
09.003.044
10.113.051 .112
Haramura, H.
03.094.091
04.094.159
05.094.082
Harang, L.
01.084.034
02.084.005
03.084.038
05.083.061
Harang, O. E.
02.084.008
Harber, H. E.
01.004.007
Harbison, S. A.
02.065.063
Harbour, R. S.
08.113.025
Hardcastle, K.
03.094.064
09.094.405
Hardcastle, K. G.
04.094.197
09.094.249
Hardcastle, R. A.
05.062.053
Hardebeck, E. G.
06.114.099
131.107
07.131.055
10.131.031
Harden, B. N.
05.084.013

Harder, A.
09.162.051 .073
Hardie, R. H.
01.008.087
02.121.092
03.008.092
05.008.087
035.003
09.118.006
10.121.904
Harding, C. F.
05.042.014
Harding, D. W.
07.033.045
Harding, G. A.
03.122.084
04.008.025 .047
009.014
122.123
06.008.021 .041
034.004
155.027
08.113.025
09.008.027
Harding, P. J. R.
05.033.009
06.082.024
Hardorp, J.
03.064.015
102.013
04.065.080
116.009
06.065.006
074.006
114.105
07.114.046
09.114.007
10.131.028 .100
Hardwick, B.
01.077.038
Hardy, A.
10.053.001
Hardy, B.
01.123.025
Hardy, D. A.
03.015.002
06.015.008
08.003.102 .103
10.003.095
Hardy, E.
03.122.121
07.162.012
10.160.007
Hardy, J.
09.033.056
Hardy, J. P.
08.097.069
Hardy, W. N.
10.033.099
Hare, P. E.
03.094.162
04.094.250
06.094.015
09.094.248 .750 .906 .950
10.094.288 .315
Harger, R. O.
05.003.046
Hargraves, R. B.
01.105.063
03.094.100
04.094.160
05.094.034
105.016
07.094.018
097.024
08.105.059
09.094.282 .343 .498 .771
Hargreave, D.
06.004.014

Hargreaves, J. K.
02.084.001 .002 .013 .026
03.084.009
04.084.051
07.084.030
08.011.006
Haring, D. J.
06.112.013
Harkness Jr., R. L.
02.062.023
Harlan, E.
08.158.111 .121
Harlan, E. A.
02.114.011
03.098.030
114.012 .105
134.005
05.122.087
08.098.059 .065
101.020
09.114.116
10.103.102
Harlow, F. E.
10.034.054
Harman, R. W.
07.051.030
Harman, T. C.
08.082.036
Harmanec, P.
03.117.003 .030
04.117.011
05.112.002
07.114.083 .137
117.034
08.119.001
09.119.003
10.117.037
121.024
Harmer, C. F. W.
07.034.033
10.034.010
Harmer, D. L.
03.114.001
04.114.073
10.114.114
Harmer, D. S.
04.080.014
Harmon, R. S.
04.094.067
07.094.045
08.094.007
09.094.025 .628
Harnden Jr., F. R.
01.132.052
141.221
02.061.020
134.005
141.127
03.082.008
141.131
142.015
04.134.007
158.029
07.141.520
142.014
155.009 .052
08.142.901
155.028 .029
160.025
09.141.507
10.125.023
142.022
160.025
Harnik, A. B.
09.094.643
10.094.254
Haro, G.
02.122.144 .146 .147
03.122.028 .029
153.021 .022

Haro, G.
05.122.102
07.122.096
08.122.069 .070 .071 .136
      .137
09.122.099
Haroules, G. G.
02.082.011
Harp, E. L.
10.097.125
Harper, C. T.
10.003.052
Harper, D. A.
05.131.060
10.122.155
    131.027
    132.055
Harper, R.
03.065.032
    079.102
Harper, R. I.
06.004.045
Harper, R. Van R.
04.065.133
Harper Jr., D. A.
08.091.033 .034
09.158.145
Harpold, D. N.
05.082.031
Harri, J.
02.034.067
08.034.079
Harries, J. A.
02.078.024
Harries, J. E.
01.082.004
04.082.002
06.082.129 .130
07.066.076
Harries, J. R.
03.134.016
04.076.007
05.034.015
    078.017
06.142.078
07.159.015
Harrington, J. P.
01.122.036
    133.016 .034
04.064.021 .099
06.133.015
08.133.006
09.063.023
10.133.049
Harrington, J. V.
04.053.002
Harrington, R. S.
02.117.013 .031 .036
04.117.004 .029
05.072.009
06.072.053
    117.019
07.041.002
    117.024
    126.022
08.004.021
    074.067
    098.018
    117.025
09.046.020
    125.015
10.074.039
    103.102
    106.014
    117.018
    118.021
Harrington, S.
04.142.086
Harrington, T. M.
07.034.129

Harris, A.
08.141.003
10.141.034
Harris, A. J.
02.121.071
Harris, A. K.
04.076.036
Harris, A. W.
10.094.068
Harris, B.
02.098.033
05.125.016
    142.098
06.034.058
07.142.013
08.094.005
    155.028
    160.025
09.034.121
    094.587 .755
10.094.193
    160.005
Harris, B. J.
01.008.093
    103.100 .107
    141.230
    153.027
02.008.091
03.103.101 .102 .115 .118
    .128
04.103.104 .120 .131
    141.005 .133
05.141.075
06.091.040
07.141.096
Harris, C. S.
09.114.046
Harris, D. E.
02.141.011 .179
03.033.054
    106.011
    141.094
04.141.029
09.141.051 .078 .099
Harris, D. H.
02.116.013
04.094.420
10.131.149
Harris, E. G.
05.062.038
Harris, F. R.
04.084.032 .035
Harris, F. S.
04.093.041
Harris, G. D.
07.034.015
Harris, I.
09.082.030
Harris, I. A.
05.033.032
Harris, J.
05.114.090
Harris, J. W.
02.131.054
Harris, K. K.
03.083.064
    084.203 .257
04.084.213 .263
05.084.232
06.084.033 .285
08.084.314
Harris, L. D. J.
02.079.103
10.077.044
Harris, L. J.
04.008.096
Harris, O.
10.034.020
Harris, P.
02.066.044

Harris, R. D.
06.083.009
Harris, R. L.
05.105.036
Harris, S.
09.131.191
Harris, W. E.
06.065.013
09.154.009
Harris Jr., F. S.
08.082.217
Harris Sr., J. L.
10.082.113
Harrison, A. W.
01.082.011
    084.041 .044
02.082.080
03.084.007
04.034.036
    082.113 .114
08.082.081
10.082.009 .029
Harrison, C. G. A.
07.044.004
Harrison, E. F.
05.097.074
08.097.039
09.053.020
Harrison, E. R.
01.156.005
02.162.008 .055 .059
03.141.001
    162.013 .021 .022
04.151.027
    162.010 .012 .065
06.066.022
    131.057
    151.011
    155.005
07.151.010
08.162.049 .093
09.162.067
10.066.177
    162.014 .026 .033
Harrison, G. R.
07.034.064
Harrison, J. C.
07.094.119
Harrison, J. K.
02.094.230
03.094.350
Harrison, M. D.
03.083.010
Harrison, P. L.
08.009.002
Harrison, R. D.
05.033.041
Harrison, T. G.
10.061.023
Harstad, K. G.
07.063.039
09.063.008
Hart, A. B.
02.094.004
Hart, A. M.
06.084.040
Hart, H. B.
08.066.060
Hart, J.
05.117.035
Hart, J. D.
02.052.039
Hart, J. E.
08.093.044
Hart, M. H.
05.151.019 .040
10.065.038
Hart, M. R.
06.094.107

Hart, R.
05.158.081
06.158.069
09.004.050
    005.002
Hart, W. R.
06.094.061
07.094.009
Hart Jr., H. R.
03.094.076
04.094.279
05.051.016
    078.022
06.143.069 .085
07.094.059
08.094.095
09.073.098
    094.040 .045 .114 .264
       .265 .505 .506 .801
       .808
    143.011
10.053.001
    094.043 .285 .316
Harteck, P.
10.131.186
Harten, A.
04.074.016 .048
05.074.004
06.074.053
    151.042 .043
07.074.901
    151.004 .052 .053
08.074.075
    151.027
10.074.083
Harten, R. H.
05.155.052
07.155.091
10.033.018
    157.006
Hartle, J. B.
02.065.064
04.066.003
    162.096
08.065.026
    066.147
10.065.086 .091
    066.047 .128 .151 .165
Hartle, R. E.
01.091.011
02.091.017
03.093.007
04.074.078
05.064.039 .057
    093.021 .038 .067
06.091.039
08.074.008
09.074.006
    097.096
10.074.028 .079 .084
    091.025 .026
Hartley, K. F.
09.031.029
Hartman, R. C.
02.143.029
06.143.058
07.142.138
    155.001
08.155.901
10.061.059
    155.076
Hartmann, G.
05.076.026
Hartmann, G. K.
03.083.048
08.083.046
Hartmann, L.
07.103.013
Hartmann, R.
04.004.058

Hartmann, R.
06.004.016
    072.069 .085
Hartmann, W.
03.097.042
08.097.007
Hartmann, W. K.
01.094.011 .070
02.093.023
    094.009
    098.003 .013
03.094.244
04.082.171
    094.311 .331
05.065.081
    153.023
06.011.045
    094.003
07.003.064
    097.003 .004 .027
08.094.103 .184
    097.023 .083 .087
09.094.550 .584
    097.082
10.097.002 .013 .028
Hartner, W.
02.004.025
04.003.001
    004.018
05.004.028
07.004.021
08.004.058
Hartnett, J. P.
06.003.081
Hartoog, M.
09.071.021
Hartoog, M. R.
08.114.050 .129
09.114.172
10.114.006
Hartsuijker, A. P.
07.033.036
    141.056
10.133.065
Hartsuiker, J. W.
08.158.125
Hartung, H.
10.003.053
Hartung, J. B.
04.094.369
    105.009
05.094.047
06.094.116 .177 .266
    105.041
07.094.261
08.094.151
09.094.147 .275 .511 .535
    .795 .796
10.094.226 .317 .435
Hartwick, F. D. A.
04.153.020
    154.009
    155.026
05.153.021
    158.007
06.141.209
    154.001
07.034.012
    122.132
    125.024
    153.020 .027
    154.020 .026
    155.039
08.065.048
    119.008
    154.002 .013
09.065.058
    154.018
10.153.003
    154.016 .023

Hartz, T. R.
01.077.010
    157.011
06.084.042 .316
08.083.060
Harutjunian
    See Arutyunyan
Harvel, C. A.
05.099.057
Harvey, A. F.
05.003.047
Harvey, C. C.
08.033.044
09.077.005
Harvey, G. A.
01.077.023
03.077.007 .052
05.104.026
06.141.174
07.104.042
    123.004
    141.129 .134 .135 .170
08.141.070
10.104.008 .028
    105.041
Harvey, G. M.
06.113.021
07.113.040
08.113.008
09.113.040
Harvey, J.
02.071.069
    080.031
03.071.036
    080.004
04.034.035
05.034.022
06.034.027 .123
    073.041
    080.046
07.071.028
08.072.031
09.072.004
10.072.074
Harvey, J. W.
02.034.061
03.071.006 .013
06.072.036
07.072.021 .025
    073.005
08.071.026
    072.009 .026 .056
09.031.054
    071.001 .037
    072.002
    080.020
10.072.011
Harvey, K.
08.072.031
09.072.004
10.072.074
Harvey, K. L.
05.073.011
06.072.036
07.073.070
08.073.002
10.072.066
Harvey, P.
06.131.056
Harvey, P. M.
08.113.006
    114.099
Harwit, M.
01.032.049 .064
    082.098
02.034.051
    082.004
    102.038
    113.048
03.082.014 .078

Harwit, M.
03.106.019
131.025
04.022.099
131.025 .055
05.082.132
162.022
06.061.049
106.009
155.032
07.131.098
155.086
08.155.053
09.034.031
097.085
10.003.163
102.020
Harwit, M. O.
04.158.042
05.131.124
06.131.013
07.155.020
10.131.160 .161
Harwood, D.
02.103.120
03.103.101 .102 .115
04.103.104
Harwood, D. N.
10.103.102
Harwood, J.
08.122.120
Harwood, J. M.
09.124.104
Harwood, J. V.
01.097.034
Harwood, K.
07.034.053
Harwood, M.
04.103.104
121.062
124.107
05.103.106
121.054
06.122.064
Haschick, A.
07.099.034
Haschik, A.
04.099.041
Hasegawa, A.
01.084.237
02.084.229 .272
03.084.262
04.084.007
06.084.055 .251
07.074.037
08.084.333
Hasegawa, H.
03.143.013
Hasegawa, I.
02.103.113
03.103.101
Hasegawa, O.
09.123.063 .065 .066
Haser, L.
06.034.073
08.082.072
083.042
Hashemi, J.
05.074.027
Hashemi, J. F.
02.074.061
Hashemi-Tafreshi, J.
06.074.097
Hashim, A.
01.143.063
02.143.013 .026
06.143.095
07.143.005 .024
Hashimoto, J.-I.
04.122.039

Hashimoto, T.
07.033.056
Hashimoto, Y.
01.062.016
07.062.013
Hashmi, M.
03.022.048
Hasjanov, A. F.
See Khasyanov, A. F.
Haskell, G. P.
01.084.236
04.078.009
05.078.044
08.078.036
084.074 .269
09.084.401
Haskin, L.
07.094.158
10.011.007
Haskin, L. A.
03.094.040
04.094.205
105.110
07.094.065
09.094.086 .223 .396 .688
10.094.028 .321 .322
Haslam, C. G. T.
03.157.004 .006
05.141.047
157.006
06.155.009
10.125.018
Haslam, C. M.
02.112.009
06.155.027
Hasler, H. G.
08.051.005
Hasler-Gloor, N.
01.047.013
053.010
103.100
02.009.003
010.025
047.021
053.010
04.041.002
047.037
Haslett, J. C.
04.082.109
084.004
Hass, G.
02.034.060
04.031.011
07.031.030
10.022.077
Hassan, F.
03.094.022
Hassan, S. M.
07.153.017
08.153.003
09.153.008 .015
10.153.004
Hasselmann, D.
05.143.073
Hasselmann, K.
04.022.091
05.143.073
Hasson, V.
07.022.041 .042 .056
Hastie, R. J.
06.084.403
Hastie, W.
07.003.140
Hastings, R. N.
01.084.284
Hata, S.
04.074.103
05.079.104
08.074.044

Hatanaka, H.
08.103.124
09.103.114
Hatanaka, Y.
01.021.007
05.101.009
06.094.323
07.142.075 .131
10.101.017
Hatchett, S.
10.131.237
Hatfield, B.
07.103.127
Hatheway, A. W.
04.094.313 .314
Hatter, A. T.
05.036.010
10.036.007
Hattinga Verschure, P.-P.
04.082.213
Hatton, C. J.
05.143.043
06.143.094 .106
07.143.023
Hattori, T.
02.065.065
Hatzenbeler, H.
02.097.031
07.097.029
Hatzopoulos, G. J.
02.082.008
Haubrich, R. A.
04.045.027
Hauck, B.
01.113.013
02.115.017
03.002.016
113.045
04.113.007 .031
05.002.043
113.062
114.120
122.010
06.002.026
113.014
07.113.027 .043
08.113.057
09.002.007
065.133
113.055
114.140
122.016
10.012.008
113.003 .074 .118 .119
114.151
115.023
Hauck, J.
09.094.341 .617
Hauck Jr., W. W.
07.021.001
Hauer, F.
09.007.000
Hauer, K. H.
08.065.104
Haug, A.
03.083.018 .058
04.083.013 .074 .075
Haug, E.
02.022.029
04.076.029
06.076.027 .028 .038
08.022.002
076.026 .033
Haug, H.
01.097.024
03.100.006
06.079.101
Haug, U.
02.115.020
03.113.022 .023

Haug, U.
03.115.005
04.115.012
05.152.001
07.113.015
08.012.014
09.131.171
Hauge, Oe.
02.071.072
03.071.004
05.071.038
072.001
094.149
107.011
06.071.070
08.071.053 .054 .074 .078
09.071.054
10.071.016
Haugen, E.
02.072.024
073.019
Haughey, J. W.
07.012.027
Hauke, R.
10.031.041
Haupt, H.
01.007.000
03.007.000
008.148
047.017
092.006
04.098.027
05.003.048
008.054
010.017
07.008.060
098.013
09.074.088
079.004 .102
10.008.045
Haupt, R. P.
07.047.001
Haupt, W.
04.142.005
07.152.009
09.097.026
142.015 .027 .118
Haurwitz, B.
07.082.109
Haurwitz, M.
04.072.029
Haurwitz, M. W.
01.084.031
02.084.225
07.072.024
08.073.033
Haury, E. W.
03.084.230
Haus, H. A.
06.033.078
Hausel, W. D.
10.094.092
Hauser, J. S.
09.094.444
Hauser, M. G.
07.158.148
08.160.026
10.160.024
Hauska, H.
06.078.048
09.084.266 .267
Hautdidier, A.
05.078.045
Haux, E. H.
10.011.021
Havas, P.
07.022.117
09.042.018
Havelka, J.
10.121.024

Haven Jr., A. C.
01.032.006
Haviland, R. P.
07.015.011
Havkin, L. P.
09.097.005
10.074.029
Havlen, R.
07.011.026
Havlen, R. J.
01.122.099
05.122.014
124.011
06.122.155
155.024
07.124.100
132.003
155.024
09.155.079
Havlicek, K.
03.034.067
Havnes, O.
02.042.023
04.072.005
102.010
05.051.020
116.009
143.035
06.065.009
07.114.112
08.041.040
102.044
112.014
151.005
09.143.028
Hawarden, T.
07.031.034
122.066
Hawarden, T. G.
04.153.048
05.113.035
153.044
09.122.111
Hawecker, X. C.
08.066.015
Hawke, R. S.
08.022.141
Hawkes, R.
10.034.050
Hawking, S.
01.162.001
05.066.028
Hawking, S. W.
01.066.004
162.070
04.162.034
05.066.050
06.066.093
117.012
07.066.106 .107 .122
08.066.147
09.003.058
162.015 .061
10.066.122 .162
Hawkins, F.
09.142.138
Hawkins, F. H.
08.142.076
Hawkins, F. J.
09.142.033
10.142.048 .100
Hawkins, G. S.
01.003.070
10.003.055
Hawkins, J. W.
09.094.372
Hawkins, R. W.
08.141.039 .105
Hawley, D. L.
07.158.147

Hayakawa, H.
05.033.022
Hayakawa, M.
08.104.054
09.084.212
Hayakawa, S.
01.107.004
142.036 .037 .045 .046
143.035 .036
02.094.152
142.003 .043 .049
155.017
03.003.053
131.125
143.041
04.061.011
142.021 .051
161.004
05.094.101
106.020 .043
142.061
06.065.132
142.013 .049 .051
07.061.052
142.075
143.060
08.142.039 .102 .139 .149
09.084.412
131.196
142.004 .075 .120 .145
10.142.002 .003 .079 .080
.135
Hayasaka, T.
08.121.090
09.121.037
Hayashi, C.
01.065.075
066.033
02.065.065
03.065.041 .069 .083
04.065.105
107.009
05.065.073
07.065.062
08.162.061
09.065.163
10.065.128
Hayashi, K.
09.066.119
Hayashi, N.
09.071.062
Hayat, G. S.
03.031.035
07.031.029
Hayatsu, R.
06.107.004 .005
07.105.010 .027
10.105.055
Haycock, O. C.
04.083.045
Hayes, C. F.
04.022.096
Hayes, D. S.
03.114.005 .086
04.031.034
06.131.064
07.115.004
10.114.107
131.101 .154
Hayes, E. F.
08.022.099
Hayes, J. M.
03.094.157 .174
04.094.246
09.094.247 .897
10.094.120 .257
Hayes, R. W.
07.071.051
10.022.067

Hayes, S. H.
07.115.004
10.114.107
Hayli, A.
03.151.060
04.151.005
06.151.034
155.004
07.151.035
08.004.017
151.043
Haymes, R. C.
01.132.052
141.221
142.020
02.061.020
134.005
141.127
142.019
03.082.008
141.131
142.015
04.134.007
158.029
05.003.121
06.003.072
07.141.520
142.014 .139
155.009 .052
08.142.901
155.062
10.155.017
Haymes, W. E.
09.117.034
Haynes, N. R.
09.097.007
Haynes, R. F.
02.157.019
05.066.067
08.134.007
Hays, J. F.
07.094.072
09.094.200 .613 .656
10.094.140 .311 .473
Hays, P. B.
02.082.015
03.084.019
04.082.019
084.050
05.031.062
06.084.018 .022
07.082.076
08.082.096
09.082.027 .029 .041 .115
084.017
10.083.016
Haysham, H.
06.003.073
Hayward, R. R.
03.153.003
Hazard, C.
02.141.011 .063
162.014
03.141.119 .162
04.141.106 .165
05.125.004
06.096.026
141.052 .068
07.141.126 .169
08.141.064 .094
09.141.026
10.141.023 .075 .078 .079
Hazelrigg, G. A.
05.052.029
Hazelton Jr., L.
07.074.020
Hazlehurst, J.
03.116.002
117.023
04.153.015

Hazlehurst, J.
05.116.004
07.117.018
09.117.019
10.008.050
Heacock, J. G.
07.003.065
Heacock, R. R.
10.084.252
Heacox, W. D.
10.114.059
Head, J.
07.094.009
09.094.054
Head, J. W.
07.094.010
09.094.055 .130 .483 .605
.822 .940
10.094.125 .127 .318
Head III, J. W.
07.094.088
08.094.048
Healy, L. G.
09.034.062
Heaney, J. B.
04.031.011
Heap, S.
02.133.008
06.114.053
Heap, S. R.
03.133.012
06.114.058
133.026
07.114.006
08.121.037
09.142.091
10.114.198
121.132
Heaps, M. G.
10.099.064
Heard, H. C.
08.094.008
Heard, J. F.
01.007.000
124.101
02.007.000
121.083
04.112.005
153.043
06.112.003
121.056
08.112.013
10.119.003 .015
Heard, W. B.
10.080.059
Hearn, A. G.
01.071.008
076.001
02.071.006
04.064.008
05.064.052
06.022.104
114.089
08.064.004
114.047
09.064.009 .019
10.071.011
Hearn, D.
02.061.039
05.141.164
06.034.048
Hearn, D. R.
01.034.024
02.142.052
04.061.005
141.067
05.141.241
07.034.138
142.092
09.142.133

Hearnshaw, J. B.
01.159.006
06.114.019
07.113.018
08.114.048 .082
09.115.021
155.077
10.064.046
114.078
Heasley, J. N.
06.065.073
09.064.082
073.068
10.073.123
Heasley Jr., J. N.
04.153.026
05.065.008
153.005
08.064.022
Heath, A. W.
02.100.008
03.100.007
04.100.018
Heath, D. F.
01.114.085
09.034.122
076.033
Heath, N. E.
02.094.245
Hebb, K.
04.053.015
081.002
Hebeda, E. H.
06.105.099
Hecht, F.
02.105.092
08.105.106
Hecht, H. F.
06.162.048
Hecht. H. F.
09.162.058
Heck, A.
04.065.154
07.117.042 .043 .044
08.032.012
122.061
09.008.055
103.100
122.035
10.035.010
052.084
122.072
Heckathorn, H.
10.160.035
Heckathorn, H. M.
07.158.109
10.158.101
Heckathorn, J.
05.133.027
Heckathorn III, H. M.
02.158.070
05.158.016
Heckman, H. H.
01.084.427
07.084.401
Heckmann, O.
01.003.083
02.008.048
04.007.000
010.017
08.032.028
09.005.021
Heckmann, P. H.
08.022.066
10.080.038
Hedelund, J.
07.022.077
Hedeman, E. R.
01.078.002
02.078.009 .012

Hedeman, E. R.
03.072.035
073.091
04.072.035
073.008
05.073.065
07.072.039
073.046
08.073.029
078.009
09.072.047
Hedervari, P.
01.094.096
10.097.115 .116
Hedge, C. E.
09.094.271 .708
Hedgecock, P. C.
04.078.022
05.078.041
06.078.021
084.253
07.084.220
08.143.046
09.084.240
10.074.007 .008 .009 .099
084.233
106.057
Hedgepeth, J. M.
03.033.045
Hedin, A. E.
05.082.031
09.082.071
Heer, A.
10.121.105
Heeran, M. P.
01.034.026
02.082.008
09.084.019
Heerema, C. E.
01.031.010
Heeringa, R.
04.153.022
Heeschen, D. S.
01.008.044
03.008.054
158.052 .095 .096
05.008.035 .055 .133
158.053
07.008.039 .061 .149
09.008.031 .050 .116
158.019
10.141.003
Heezen, B. C.
01.105.021
Hefele, H.
07.034.056
10.103.102
Heffron, W. G.
06.094.088
10.052.005
Hegarty, J. C.
06.162.079
Heger, F.
07.035.007
Heggestad, H. M.
06.082.112
Heggie, D. C.
03.093.020
06.042.046
07.042.024 .903
10.042.067
Hegvad, V.
04.014.024
Hegyi, D.
02.141.124 .166
03.117.005
05.141.159 .163
Hegyi, D. J.
05.034.062
07.066.069

Hegyi, D. J.
09.066.021
Heicklen, J.
06.091.022
08.082.038
Heidbreder, E.
04.078.012
05.034.109 .110
078.004 .024
Heide, K.
08.105.107
Heidemann, M.
08.034.031
Heidmann, J.
01.158.010 .053
160.008
04.158.020 .094
160.001
05.158.055 .056 .101
07.158.002 .003 .004 .038
.043 .090 .153
08.158.068
09.158.007 .026 .043 .113
.114 .154
162.049
10.003.054
158.086
Heidmann, N.
01.158.028 .054
02.158.094
03.158.072
05.158.076
07.158.002 .003 .004
10.064.006 .047
158.024
Heidner III, R. F.
09.022.017
Heidt, M. F.
04.082.209
Heidt, R. C.
07.033.040
08.033.089
Heier, K. S.
06.094.018
07.094.154
09.094.217 .393 .679
10.094.227
Heiken, G.
03.094.145 .206
04.094.280
06.094.132
08.094.191
Heiken, G. H.
06.094.061
07.094.009
09.094.054 .181 .668 .798
10.094.126 .319 .320
Heikkila, W. J.
03.084.001
05.084.221
08.034.085
083.060
084.001 .012 .048 .074
09.084.031
10.084.010 .219 .260
Heil, T. G.
05.022.007
Heildebrandt, G.
09.114.143
Heiles, C.
01.131.020 .026 .065
132.018
02.131.003 .006
03.131.069 .070 .111
141.052 .065 .129
04.141.114 .215
05.141.012 .118 .153
06.131.016 .108
07.033.019
131.032

Heiles, C.
08.158.111 .121
09.131.015 .146 .206
10.131.024 .183
157.005
Heiles, C. E.
03.131.035
05.131.075 .137
08.141.110
10.131.269
Heillegger, G. A. T.
08.093.020
Heilo, E. S.
04.122.070
Heimann, M.
06.105.104
09.105.108
Heimerl, J.
04.097.027
Heimerl, J. M.
07.091.036
Heimpel, A. M.
04.015.004
Heinisch, R. P.
07.051.027
Heinlo, A.
10.063.065
Heinrich, K. J. F.
03.094.083
04.094.134 .153
09.094.330
Heintz, W. D.
01.118.002 .017 .027
02.003.155 .156
117.041
118.002
153.032
03.118.011
04.117.007
05.012.004
118.005 .019
06.003.074
07.111.009
118.008
08.011.026
09.012.004
118.001 .003 .010
10.111.005
117.011
Heintze, J. R. W.
01.071.025
114.042
03.121.013
04.080.033
114.099
10.115.029
Heintzenberg, J.
09.082.051
Heintzmann, H.
02.065.018
03.065.062
066.086
04.065.013
066.049
05.141.121
06.065.123 .150
07.065.003 .016 .107
141.539
143.059 .064
08.065.058
09.061.038
141.533 .560
143.027 .073
10.065.053 .149
141.504 .558
Heinz, C.
08.142.137
09.142.142
Heinzinger, K.
02.105.094

Heinzinger, K.
06.105.025
Heirtzler, J. R.
04.081.011
Heise, H.
04.022.039
06.022.156
Heise, J.
03.065.070
106.012
05.065.087
08.142.036
09.142.029
Heisenberg, W.
08.006.000
Heiser, A.
02.152.008
03.103.101
Heiser, A. M.
03.082.083 .092
07.008.103
121.019
08.122.096
09.008.081
Heiser, E.
03.122.022
04.122.183
123.061
06.123.002 .067 .068
07.122.032 .163
08.122.056
Heiskanen, W. A.
04.003.025
Heisler, R.
04.083.070
Heitz, S.
01.046.022 .023
02.046.001
03.081.040
04.054.027
05.045.026
081.033
06.031.033
10.046.023 .025 .030
Hejlesen, P. M.
01.115.010
09.065.125 .126
Hekela, J.
08.133.001 .002 .010
10.031.055
133.037 .072
Helbig, H.
02.046.019
Helbig, V.
08.022.008
Held, D.
09.034.112
Held, S.
03.022.025
05.022.078 .080
Helfand, D. J.
09.141.538 .544
Helfer, H. L.
01.065.082
02.115.012
04.113.049
05.113.036
114.105
06.065.055
131.060
07.080.017
155.066
08.113.034 .035
10.080.044
153.027
Helin, E.
09.098.036 .038
10.098.036 .038 .040 .044
.046
103.118

Helin, E. F.
03.098.029
Heller, M.
05.162.041
08.162.006
09.162.040
Hellings, R. W.
10.066.146
Helliwell, R. A.
01.084.243 .274
02.083.027
03.084.232
07.083.078
08.077.007
Hellman, C. D.
09.003.059
Hellwarth, G. A.
10.033.104
Hellwig, H.
07.044.038
Hellwig, J.
08.104.041
Hellyer, B.
02.105.077
03.098.012
105.111
05.004.015
105.070
06.098.009
08.004.007
10.005.016 .026
Hellyer, H.
05.004.015
08.004.007
Helm, A. L.
04.003.109
Helm, T. M.
03.122.049
Helmberger, J.
02.022.016
Helmerhorst, T. J.
09.155.046
Helmering, R. J.
10.094.105
Helminger, P.
07.022.114
Helmis, G.
02.143.039
03.084.268
06.062.009
Helmke, P. A.
03.094.040
04.094.205
07.094.065
09.094.086 .223 .396 .688
10.094.028 .321 .322
Helmken, H.
05.141.164
06.034.001 .048 .049
Helmken, H. F.
01.032.043
034.024 .025
04.061.005
134.009
141.067
05.134.020
141.241
142.088
07.034.138
142.066 .092
08.134.001
09.155.052
10.141.515
Helmsen, H.
01.094.026
Helsley, C. E.
01.084.255
03.094.125
04.094.288
08.094.024

Helsley, C. E.
09.094.499
Helz, A.
03.094.055
Helz, A. W.
04.094.188
09.094.385
Helz, R. T.
09.094.660
10.094.323
Hemenway, C. L.
02.104.046
03.008.002
034.075
04.104.052
105.134
05.104.042 .043
105.049
06.104.017
105.056 .057 .058
08.082.001
Hemenway, N. K. M.
08.122.130
Hemingway, B. S.
03.094.152
04.094.301
09.094.490
10.094.324
Hemmer, M.
10.034.014
Hemmer, P.
08.031.025
Hemmleb, G.
05.044.033
06.032.028
07.044.023
08.044.031
Hempe, K.
01.009.016
05.079.100
Hemphil, J.
08.151.005
Hemsch, M. J.
07.063.022
Henbest, S. N.
09.141.121
Henderson, A. P.
09.155.087
Henderson, B. D.
05.034.088
Henderson, C.
08.131.120
Henderson, E. P.
03.094.110 .113
04.094.157 .167
09.094.943 .944
Henderson, G.
04.074.100
05.074.064
10.074.124
Henderson, G. C.
02.094.116
Henderson, J. T.
07.044.028
Henderson, N. K.
08.034.078
Henderson, S. T.
04.003.057
Henderson, T. M.
02.094.115
Henderson, W.
03.094.153
04.094.248
09.094.445
Hendl, R. G.
05.073.081
08.032.014
10.073.023
Hendrickson, R. A.
05.084.234

Hendrickx, R. V.
01.084.008
Hendrie, M.
07.103.110
Hendrie, M. J.
02.096.015
03.103.102
04.103.101
06.102.004
103.116
09.103.115
10.103.105
Henisch, H. K.
09.094.476
Henize, K.
07.142.124
Henize, K. G.
01.122.086
02.114.039
142.067
03.114.048 .093
09.051.018
054.007
114.072
152.003
10.034.030
114.229
Henkel, R.
06.072.055
08.072.038
117.013
Henn, F.
01.002.001
02.002.033 .034
03.002.028
04.002.015
05.002.038
06.002.039
07.002.017
08.002.037
09.002.034
10.002.028
Hennecke, E. W.
06.105.155
08.105.055
09.094.736
105.098
10.094.325
Hennessey, J. J.
02.008.073
Henni, A.
09.094.814
Hennig, G.
04.014.015
Henning, H.
01.062.005
Henon, M.
01.042.003
151.029
02.091.026
03.151.015
04.042.034 .072
151.044
06.008.072
151.032 .058
07.151.031 .059
08.151.002
09.151.023
10.012.010
042.028 .057
151.026
Henoux, J. C.
01.072.043
06.071.016
09.076.029
Henrard, J.
01.042.012
02.042.007 .015 .021
03.042.014 .038
094.257

Henrard, J.
03.151.024
04.042.049 .052
094.018 .024 .049
05.042.053
094.002 .055 .056
06.094.282
07.042.008
09.042.042
094.070
10.042.081
Henriksen, K.
07.084.007
09.084.033 .042
Henriksen, R. N.
01.064.022
03.064.020
04.065.073
141.035 .157
05.064.035
141.104
06.065.032 .088
141.060
07.116.006
141.548 .556
142.037 .047 .086
08.064.041
065.087
10.117.008
121.009
142.046
Henriksen, S. W.
09.012.025
Henrikson, P.
02.081.003
Henrion, J.
07.034.111
Henrist, M.
09.084.040
Henry, G. R.
02.141.151
Henry, J. P.
08.121.095
142.096 .114 .128
Henry, K. W.
01.084.280
Henry, P.
09.113.027
Henry, P. K.
03.022.047
09.022.032
Henry, P. S.
05.066.066
Henry, R. C.
01.114.025
142.002 .027 .048 .060
02.134.006
142.004
03.131.048
134.029
142.010 .040
04.113.052
131.092
05.114.059
131.097
134.003 .004
142.003 .013 .048
153.029 .045
160.015
06.113.052 .053
07.113.008
134.009
155.018
160.013 .026
08.155.050
09.094.296 .559
142.074
155.056 .057
160.017 .024
162.005

Henry, R. C.
10.094.129 .278
114.230 .240
142.061 .062
Henry, R. J. W.
01.022.032 .048
02.022.114
091.043
03.022.094
091.018
099.025
04.022.043
06.022.006
07.022.026
09.022.006
Henry, R. M.
03.079.102
07.097.021
Hensberge, G.
10.119.011
Hentschel, W. R.
10.022.084
Henyey, L.
01.065.042
Henyey, L. G.
07.065.056
Henze, W.
09.080.025
Henze Jr., W.
02.073.008 .009
03.076.014
08.080.014 .061
10.073.125
Heppenheimer, T. A.
06.042.037
09.042.008
Heppner, J. P.
01.084.290
03.084.259 .261
06.084.006 .057 .282
08.084.226
Herbette, G.
01.062.019
Herbig, G. H.
01.122.069
02.114.107
122.179
131.132
132.010
03.114.102
04.003.058
011.031
114.076
122.095
05.008.113
065.067
082.131
122.005 .087
131.035
06.012.016
114.097
07.113.034
114.113
125.107
132.009
08.114.158
09.065.144
10.103.102
114.224
120.001
122.120
133.004
Herbison-Evans, D.
01.121.038
02.119.006
03.117.009
05.117.040
119.002
06.119.017
07.119.023

Herbison-Evans, D.
07.122.008
10.120.006
Herbosch, A.
03.094.094
04.094.161
Herbst, E.
09.123.024
10.131.036 .120
Herbst, S.
10.004.017
Herbst, W.
09.119.019
Herbst Jr., W.
02.158.049
Hercher, M.
08.034.127
Herczeg, T.
01.107.012
02.121.023 .040
03.121.024
08.121.019 .058
10.121.019
Herczeg, T. J.
09.121.080
10.121.072
Herget, P.
02.099.057
103.126
03.098.011
04.031.048
041.018
042.008
098.011 .039
103.142
05.098.025
06.041.048
098.040
07.098.029 .031
102.009
08.091.006
098.087
102.021
103.109
09.098.064
103.125
10.041.033
042.084
098.081
Herglotz, H. K.
02.098.014
04.098.004
09.098.005
Hering, R. G.
08.022.012
09.063.013
Heristchi, Dj.
02.078.019
03.073.096
05.078.005 .034
Herman, B. M.
01.099.014
Herman, D.
09.053.007
Herman, D. H.
07.051.031
Herman, G. F.
04.094.207
09.105.119 .144
Herman, J. R.
01.083.030 .031
03.093.007
05.093.021 .038 .067
08.093.046
10.093.003
Herman, L.
01.062.005 .033
06.022.122
Herman, M.
10.063.054

Herman, R.
02.064.018
114.074
03.114.132
08.005.010
114.148
162.031
09.115.022
10.114.121
Hermann, B. R.
07.125.007
133.018
09.125.026
10.125.037
Hermann, F.
09.105.155
Hermann, M.
07.142.104
Hermanowski, G.
10.003.056
Hermans, A.
02.105.030
Hermansdorfer, H.
08.022.044
Hernandez, C.
03.121.064
122.126
04.121.071
10.121.093
Hernandez, C. A.
03.121.066 .067
07.121.013
Hernandez, E.
03.113.061
Hernandez, G.
01.082.044
04.034.030
114.014
05.082.076
07.084.044
08.084.008
09.034.027
Hernandez, J. G.
06.096.020
08.079.102
09.004.067
Hernandez, R.
10.094.217
Herndon, J. M.
08.105.033
09.105.146
10.107.029
Herness, E. D.
04.033.036
Heroux, L.
06.034.127
073.095
07.076.026
09.073.015
076.015
Herpers, U.
02.105.117
03.094.151
105.034 .143
04.094.206
06.105.104
09.094.399 .436 .725 .735
10.094.326 .349
Herr, K. C.
02.097.034
03.097.011
04.097.014
07.034.003
08.097.006
Herr, R. B.
01.115.002
119.006
122.088
02.092.005
122.148

Herr, R. B.
04.122.163
06.122.111
08.113.010
10.014.019
Herr, W.
02.105.096 .117
03.094.151
105.034
04.094.206
06.094.094
105.104
08.094.034
09.094.399 .436 .725 .735
105.108
10.094.326 .349
Herrero, V.
05.032.004
124.105
06.034.137
07.124.003
Herrick, S.
01.098.006 .039 .040
099.003
02.098.027 .030 .035
03.099.049
05.003.005
099.053
06.066.016
07.003.009
Herriman, A. G.
02.097.003 .007
Herriman, A. H.
02.097.030
05.097.040
Herring, A.
01.103.109
Herring, A. K.
01.098.043
04.094.314
06.094.326
07.094.133
Herring, J. R. H.
05.034.113
06.076.015
09.073.004
Herrmann, D. B.
01.005.008
03.004.019 .021 .022
04.004.011 .045
005.002 .010 .011
05.004.023
06.004.037
07.002.019
004.034 .047
011.016
013.009
113.012 .038
08.005.025
009.027
09.005.031
009.001 .002 .027
10.005.036 .037
Herrmann, J.
01.141.146
03.003.128
009.007
103.102
04.091.009
05.014.002
09.003.004 .060
10.003.057
Hers, J.
01.008.057
02.008.056
04.008.053
05.096.008
099.070
06.008.050
044.004

Hers, J.
06.096.002
07.096.016 .017 .018 .019
08.008.048
044.025
096.013 .016
09.044.025 .042
096.017 .018
10.096.003
Herse, M.
05.071.014
08.034.040
Hershenov, B.
03.033.042
Hershey, J. L.
01.064.061
06.064.062
07.118.010
08.118.007
09.041.020
117.013
10.117.026
Hersperger, T.
09.113.003
Hertel, G.
09.131.174
Hertel, P.
06.066.061
Herwick, R.
05.143.012
Herz, M.
04.065.081
Herz, M. A.
04.065.079
07.065.102
Herz, N.
01.081.021
Herzberg, G.
01.022.085
02.022.054
04.022.050
06.131.124
08.022.003
Herzberg, J.
01.009.030
Herzberg, L.
03.073.115
Herzenberg, C. L.
03.094.121 .282
04.094.289
05.094.125
06.094.100
09.094.467
Herzog, A. D.
09.153.019
Herzog, E.
01.003.038
Herzog, G. F.
03.094.041
04.094.207
05.105.014 .057
08.105.058
09.105.120
10.105.009
Herzog, H.
08.046.039
Herzog, L. F.
04.034.058
091.050
107.005
Hess, B.
03.094.151
04.094.206
06.094.094
Hess, S.
01.122.059
03.091.022
Hess, S. L.
02.099.047
03.097.017

Hess, S. L.
07.097.021
10.097.045
Hess, W. N.
01.084.054
08.084.421
09.099.086
10.099.069
Hessberg, H.
06.034.074
051.028
Hesse, H.
08.141.531
Hesse, K. H.
02.121.091
03.141.055 .058 .159
05.141.138
07.141.567
10.141.517 .519
Hesse, W. P.
04.143.019
Hesselbacher, K.-H.
01.076.026
08.022.065
Hesser, J.
07.142.083
08.142.100
Hesser, J. E.
01.126.006
02.122.106
141.004
03.022.022 .027
114.053
122.093
142.024
04.126.016
05.126.002 .019 .045
133.016
153.021 .029 .045
06.113.052 .053
07.114.125
122.132 .135 .138
125.107
126.018
153.027
154.020 .026
08.114.027
122.062
154.013
09.065.058
10.114.240
123.037
153.003
154.023
Hesstvedt, E.
02.082.140
03.082.059
06.082.114
Hetherington, B.
02.004.029
08.004.034
10.005.017 .025
Hetherington, N. S.
03.015.006
05.097.046
07.004.008
158.106
08.111.006
10.162.047
Hetzel, P.
04.044.038
09.035.004
044.038
10.044.005
Heudier, J.-L.
08.054.018
Heudier-Helmer
03.103.102
Heuer, A. H.
03.094.103

Heuer, A. H.
04.094.172 .389
05.105.053
08.094.219
09.094.193 .309 .630
10.094.239 .400
Heuer, K.
09.003.061
Heuring, F. T.
04.084.013
08.081.003
09.078.005
Heuschkel, J.
09.022.054
Heuseler, H.
01.014.006
053.024
075.006
097.006 .021 .022 .023
.047
02.097.037 .038 .066 .068
03.097.019
099.003 .038
04.094.349 .350
06.091.010
097.055
07.097.056
10.003.068
Heusmann, W.-A.
10.052.053
Heusser, G.
02.105.116
Hevelius, J.
04.003.061
Hevey, R. H.
04.141.176
Hewish, A.
01.106.020
141.066 .190 .227 .228
.229
02.141.101
04.011.017
141.030 .121
05.003.049
074.005
141.097 .102
06.141.216
07.141.553
155.032
08.074.065
10.074.093
Hewitt, A. V.
02.034.045
113.020
154.010
05.036.009
07.141.120
09.034.069
10.141.903
Hewitt, D. A.
09.094.349
Hewitt, H. V.
03.118.001
Hewitt, J.
06.031.077
Hewitt, L. W.
01.083.035
Hewitt, T. G.
10.064.063
Hewson-Browne, R. C.
03.084.234
06.084.213
Hey, J. S.
04.003.142
06.003.075
10.003.058
Heydegger, H. R.
02.105.035
03.094.205
09.094.417

Heye, D.
  04.084.230
Heymann, D.
  01.105.044
  02.105.078 .122
  03.094.071
       105.035 .057 .090 .132
  04.094.208 .209 .380
       105.011
  05.094.048
       105.004 .012
  06.003.027
       094.312
  07.094.058 .097 .158 .205
  08.105.108
  09.012.022
       094.048 .087 .161 .242
            .244 .427 .429 .529
            .731 .738
  10.022.043
       094.095 .327 .339 .346
            .474
Heyvaerts, J.
  01.141.170
  02.062.006
  05.062.056 .057
Heywood, H.
  09.094.455
Hibberson, W. O.
  06.094.295
  08.094.251
  09.094.347 .618
Hibino, A.
  05.094.142
  09.094.311
Hickling, N.
  10.094.340 .428 .433
Hicks, G. T.
  03.084.006
  04.084.029
Hicks, P. D.
  09.123.058
Hicks, R. B.
  02.143.009
Hicks, T. R.
  08.082.195
Hickson, P. J.
  09.094.542
Hidajat, B.
  02.123.036
  03.008.070
  05.123.027
  06.153.011
  07.122.095
       153.021
  08.008.056
       153.027
  09.113.048
       114.151
  10.153.017
       155.049
Hidalgo, A.
  05.004.014
Hidayat, B.
  10.099.039
Hide, R.
  01.081.022 .044
  03.081.001
       091.001 .017
  04.084.304
  05.065.050
       081.042 .045
  06.062.033
       081.024
       091.036
  07.084.248
       094.113
  08.009.025
       081.062
       099.096

Hide, R.
  10.009.003
Hiebert, R. D.
  05.034.069
  06.066.045
  09.082.015
Hiei, E.
  04.079.101
  05.034.014
  06.071.002
  07.073.067
Hiesboeck, H. G.
  02.105.137
Higa, W. H.
  07.035.013
Higashi, K.
  03.073.049
  076.026
  09.022.051
Higbie, J.
  04.066.120
  05.081.012
  07.066.133
Higbie, J. H.
  06.066.104
  08.066.143
Higbie, J. W.
  06.081.033
Higbie, P.
  08.142.081
  10.142.901
Higbie, P. R.
  07.034.130
       142.085
  09.076.008
Higdon, J. C.
  05.097.023
  10.143.046
Higginbotham, N.
  04.133.028
Higginbotham, N. A.
  09.114.117
Higgins, C. S.
  02.122.124
  05.122.068
  06.141.063
       142.068
  09.141.064
Higgins, G.
  05.081.005
Higgins, G. H.
  09.081.005
Higgins, G. T.
  02.105.080
Higgins, J. E.
  02.076.006
Higgins, P.
  09.126.026
Higgins, T. P.
  01.094.028
Higgins, W. T.
  01.033.011
Higgs, A. J.
  05.033.027
Higgs, L. A.
  01.066.026 .029
  02.133.027
  03.133.006 .013 .023
  06.133.003 .032
       157.007
  07.033.015 .017
       132.025
  08.132.020
  09.133.001
       141.102
  10.133.023 .024
       141.012
High, R. W.
  09.094.524

Higman, J.
  04.077.004
Higuchi, Y.
  07.084.238
  10.084.270
Hiida, K.
  06.066.075
  07.066.013
  08.066.107
Hilaire, G.
  07.094.082
Hilaire-Henry, G.
  03.096.008
       098.010
Hilbert, R. S.
  04.031.021
Hilborn, R. C.
  10.022.003
Hildebrand, R. H.
  02.143.029
Hildebrandt, G.
  10.116.008
Hilditch, R. W.
  02.121.060
  06.123.015
  07.121.020 .027
  08.121.061
  10.119.004
Hildner, E.
  08.073.034
Hildner, E. G.
  10.074.118
Hildner III, E. G.
  08.073.109
Hileman, F. D.
  09.094.692
Hilf, E.
  03.065.096
  10.155.078
Hilgeman, T.
  01.131.094
  08.105.062
       133.014
  10.063.064
       094.079 .102
       105.002
       114.216
Hilgeman, T. W.
  07.094.034
Hilgermann Jr., L.
  05.131.089
Hilke, J.
  10.022.068
Hill, E. R.
  01.125.008
  05.062.022
  06.141.015
Hill, G.
  02.119.021
       153.006 .011
  04.117.026
       121.025
  05.034.023 .081
       113.013
       117.029
       121.046
       153.012
  06.119.010
       121.025 .059
       153.021 .025
  07.122.132
  08.121.007 .010
  09.121.003 .007 .026
  10.113.062
Hill, H.
  01.072.009
  08.007.000
       010.012
       075.005

Hill, I. E.
07.125.027
10.125.010
Hill, J. G.
01.022.104
05.063.048
07.131.021
Hill, J. K.
09.161.002
Hill, J. L. E.
07.091.032
08.022.144
Hill, J. M.
06.066.003
158.028
Hill, P. W.
01.112.008
114.100
122.107
03.114.039
04.113.001
122.152
05.112.010
113.007
06.112.001
07.034.103
Hill, R.
07.125.020
142.111
09.142.041
155.008
Hill, R. A.
01.062.006
06.022.118
Hill, R. W.
01.142.014
02.134.009
03.142.003
04.061.030
142.004 .073
05.125.009
142.011 .015 .018
06.142.026 .056 .069
07.034.133
155.006
08.125.019
142.099
09.125.032
Hill, S. J.
06.064.020
08.064.020 .046 .050
Hill, T. W.
04.084.314
06.084.239 .252
10.084.213
Hill II, R. C.
05.073.073
Hillas, A. M.
01.143.048
08.003.024
Hillebrandt, W.
04.065.013
06.065.145
07.065.003
10.065.149
141.558
Hillel, A. J.
10.158.107
Hillenbrand, R.
02.053.001
03.053.001
094.016
07.053.004
08.094.153
Hillendahl, R. W.
02.064.019
04.064.088 .101
Hiller, H.
01.051.020
02.052.023

Hiller, H.
02.062.009
07.054.019
081.029
082.090
08.081.006
09.081.901
Hillier, R. R.
01.132.027
142.015
04.134.004
142.099
10.142.030
Hills, H. K.
07.094.146
09.094.466 .759
10.094.019 .027 .160 .279
Hills, J. G.
03.091.024
107.005
141.139
04.107.003
05.126.011
158.046
07.098.054
107.001
131.052
141.503
08.151.014
158.081
161.002
09.064.042
107.008
154.002
10.065.088
126.023
131.012
158.039
Hills, R.
04.141.125
05.141.127 .161
07.033.050
08.131.005
Hills, R. E.
03.065.017
07.022.082
08.034.107
131.119
09.093.008
141.019
10.033.030
Hilt, D. E.
02.043.008
Hiltner, W.
02.142.035
Hiltner, W. A.
01.114.033 .034
142.054
152.004
02.114.004 .059
153.026
03.114.154
142.003
04.142.007 .071 .073 .077
.084 .093
05.119.003
122.041
142.002
153.006
07.008.007
119.021
141.164
142.022 .081 .082 .123
.124
08.114.052
142.084
09.081.004
126.002
142.044 .063 .130
10.121.044

Hilton, H. H.
06.083.027
09.084.203
Hilton, W. F.
10.012.031
Himmel, G.
09.022.033 .063
Hinata, S.
10.065.131
Hinch, J.
05.091.005
Hinder, R.
06.033.006
07.082.085
Hinder, R. A.
02.141.176
03.082.002
Hindle, B.
06.003.160
Hindley, K.
02.155.002
06.106.035
Hindley, K. B.
01.010.012
104.003 .027
02.010.012
104.007
03.010.012
104.012 .013 .015 .032
04.104.018 .019 .020 .067
.068 .069
06.104.013 .080 .081 .091
.115
07.104.009 .031
08.104.023
10.103.102
Hindman, J. V.
04.155.034 .036
Hindmarsh, W. R.
01.071.002
06.003.076
08.003.076
Hinds, D. G.
05.031.047
Hine, A. A.
03.155.043
Hines, C. O.
03.079.001
06.079.100
08.082.029
Hinkulova, N. A.
03.104.023
06.104.032
Hinners, N. W.
06.011.035
094.154
Hinnov, E.
09.062.010
Hinotani, K.
04.061.013
08.061.028 .029
Hinsch, G.
03.094.162
Hinsch, G. W.
04.094.044
Hintenberger, H.
01.105.034
02.105.153
03.094.066
04.009.008
094.210
06.094.267
105.139 .148 .152
07.094.080
08.061.004
09.094.422
105.149
10.094.328
105.061 .901

Hinteregger, H.
　08.141.040
Hinteregger, H. E.
　01.076.006
　02.076.006 .034
　　082.152
　03.082.061
　04.076.030 .035
　09.034.114
Hinteregger, H. F.
　01.033.024
　02.033.044
　04.066.037
　06.141.097
　07.046.003
　08.031.053
　　046.023
　　055.007
　　142.091
　09.141.052
　10.094.061 .108
　　141.138
　　158.015
Hinthorne, J. R.
　04.094.138
　06.094.092
　07.094.077
　09.094.073 .354
　10.094.203 .415
Hintsches, E.
　10.066.086
Hintze, G.
　06.094.123
Hintze, K.-H.
　09.004.030
Hintzen, P.
　09.121.068
　10.121.103
　　142.013
　　153.026
Hipkin, R. G.
　01.094.061
　03.045.002
　　094.303
Hippelein, H.-H.
　07.034.058
　09.131.124 .173
　10.031.029
Hipsher, H.
　07.097.026
Hirabayashi, H.
　01.157.016
　05.009.019
　07.125.017
　　155.088
　09.021.005
Hirai, M.
　02.114.001
Hirao, K.
　02.083.054
　04.083.045
　09.099.034
　10.083.004
Hirao, Y.
　01.105.027
Hirasawa, T.
　01.162.028
　02.162.043
　04.141.159
Hirasima, Y.
　01.142.041
　05.076.051
　06.076.039
Hirayama, M.
　06.033.050
Hirayama, T.
　01.021.008
　02.073.020
　04.079.101
　05.073.028

Hirayama, T.
　06.073.024
　08.008.106
　　032.036
　　073.009
　09.021.004
　　073.001
　　103.127
　10.103.102
Hirner, A.
　08.032.040
　09.032.034
Hirono, M.
　06.022.037
Hirose, H.
　01.004.025 .026
　　098.033
　03.004.017
Hirose, T.
　04.074.105
Hirsch, O.
　04.032.043
　　055.016
Hirsch, R. M.
　06.141.177
　　142.027
　07.142.011
Hirsch, W. C.
　06.094.061
　07.094.009
　10.094.156 .220
Hirschberg, J. G.
　03.074.045
　07.074.020
Hirshberg, J.
　01.106.044
　02.073.021
　　106.011
　03.106.003
　05.106.031
　07.073.050
　08.074.003 .049
　09.071.016
　　072.048
　　074.061
　10.074.098
　　084.207
Hirst, R. A.
　07.113.017
　10.113.028
Hirst, W. P.
　02.141.199
　05.055.025
　　099.034
Hirt, P.
　03.074.055
Hirth, W.
　01.141.155
　02.077.058
　04.141.162
　09.077.009
　　141.101
　10.077.061
Hiruma, T.
　09.034.063
Hiscott, J.
　07.093.021
Hislop, J. S.
　04.022.079
　09.094.389
Hislop, R.
　06.083.076
Hiss, E.
　05.033.037
　06.033.037
　08.033.036
Hitchen, A.
　03.105.127
Hitotuyanagi, Z.
　10.158.090

Hitzl, D. L.
　02.052.035
　05.052.019
　08.052.001
Hively, R.
　09.066.004
Hjalmarson, A.
　09.062.067
Hjarvard, L.
　05.009.010
Hjellming, R. M.
　01.131.038 .055 .089
　　132.051
　02.065.060
　　131.031 .043 .081
　　132.011
　　143.005 .048
　03.131.081
　　132.015 .016
　04.124.101
　　132.021
　05.066.074
　　124.100 .105
　　131.070
　　132.007
　　141.013 .060
　　142.016
　06.131.011
　　141.074 .102 .109 .240
　　142.011 .077 .090
　　158.098
　07.121.065 .077 .091
　　124.003
　　141.075 .184 .185
　　142.088 .104
　08.121.040 .107
　　141.111 .545
　　142.040 .057 .077 .131
　09.141.035 .040 .088 .100
　　　.112
　　142.011 .065 .132
　　155.037
　10.141.025
　　142.081
Hjelmstad, K. E.
　05.094.036
Hlad, O.
　03.006.000
　04.004.056
　06.009.024
　07.007.000
　10.007.000
Hlava, P. F.
　09.094.028
Hlavac, T.
　05.143.138
Hlond, M.
　07.076.042
　10.076.012
Ho, H. S.
　05.062.051
Ho, S.-Y.
　07.034.115
Ho Ping-Yue
　06.003.155
Hoag, A.
　04.142.077
Hoag, A. A.
　01.012.003
　　034.033
　02.036.016
　　114.110
　04.114.108
　05.034.024 .083
　06.141.126
　07.032.040
　08.015.008
　　036.004
　10.082.107

Hoang, S.
06.157.004
Hoang-Binh, D.
01.131.033
03.131.142
04.132.001
05.133.001
09.131.094
133.019
Hobbs, B. A.
03.084.280
08.011.007
09.094.003
Hobbs, L. M.
01.131.090
02.131.007 .008 .097
05.131.092
06.114.117
07.131.006 .062 .138
08.131.034
153.007
09.114.038
131.046 .054 .139 .182
10.131.103
Hobbs, R. W.
01.132.010
141.104
02.134.004
141.009 .094
03.073.044
131.049
04.141.051
05.114.094
131.004
133.028
141.107
06.091.013
07.034.015
141.172 .904
08.034.047 .051
073.031
077.019
09.072.055 .059
073.023 .060
077.043
132.023
141.048
10.034.073
073.063
103.102
132.039
Hobby, G. L.
07.097.017
Hobson, G. S.
10.033.103
Hoch, R. J.
03.084.022 .030
06.084.016 .027
07.084.044
08.084.004
09.084.025
10.084.019
Hochenbleicher, J. G.
07.022.027
Hock, E.
03.118.021
04.118.002
Hockey, M. S.
01.116.001
05.116.003
Hocking, W. H.
07.022.093
Hockney, R. W.
01.151.012
02.151.029
Hodder, R. V.
02.151.014
03.151.032
Hodge, P.
09.094.525

Hodge, P. E.
07.076.005
10.142.021
Hodge, P. M.
05.158.069
Hodge, P. W.
01.105.013 .099
106.039
158.009 .014 .050 .068
159.004 .007
02.003.058
105.186
158.092
03.003.106
034.012
105.013 .065 .085 .116
.117
122.008
159.001 .016
04.003.165
158.072
159.003 .005 .008
05.082.015
105.072
06.082.059
122.133
158.006
159.007
07.008.131
034.002
158.068 .152
159.005 .013
08.003.018 .132
011.038
105.050
159.001
09.082.067
094.141 .586
158.157 .159
10.106.073
154.015
159.007 .011
Hodges, C. A.
09.094.055
10.094.236 .329
Hodges, D.
04.022.116
Hodges, F. N.
10.094.330
Hodges, J. A.
08.082.087
Hodges, J. C.
10.084.002
Hodges Jr., R. R.
01.063.006
082.055
07.082.015
08.094.036 .135
09.094.758
10.094.331 .332 .495
097.057
Hodgson, E. R.
04.066.010
05.066.067
Hodgson, G.
03.094.159
Hodgson, G. W.
02.105.001
131.059
03.094.160
04.094.253
07.061.048
09.094.441 .905
Hodgson, R.
07.123.031
Hodgson, R. G.
01.092.002
02.092.007
098.025
101.010

Hodgson, R. G.
03.010.003
092.014
04.100.020
05.092.010
100.013
07.092.011
098.015
100.008
09.098.079
10.010.003
092.013
123.044
Hodson, R.
03.124.103
Hoebel, P.
09.031.065
10.031.008 .080
Hoeg, E.
02.034.098
03.034.033
121.024
04.141.037
05.010.017
031.035
034.036
041.043
06.096.028
07.032.031
09.031.033
10.031.083
Hoegbom, I.
07.003.042
Hoegbom, J. A.
02.003.049
141.167
06.034.069 .079 .098
Hoeglund, B.
06.010.032
141.203
07.131.136
08.131.082
09.131.037 .108 .160 .161
10.010.032
131.071
Hoegner, W.
01.003.065
02.036.021
05.031.020
06.036.001
158.093
08.154.007
09.102.011
Hoegy, W. R.
06.083.074
Hoehn, D. H.
01.082.075
02.082.157
05.022.102
06.076.019
09.082.052
Hoekstra, R.
06.022.108
07.114.128
08.114.116
09.114.031 .049
Hoelder, E.
04.052.031
Hoenl, H.
01.066.012
05.066.042 .054
094.026
06.066.052
Hoepfner, J.
06.046.032
08.032.047
046.024
Hoeppner, W.
09.065.079 .150

Hoerber, E.
 07.141.155
 10.141.144
Hoerner, S. Von
 See Von Hoerner, S.
Hoerz, F.
 03.105.037
 04.094.369
 05.094.047
 06.094.057 .061 .109 .116
      .177
 08.094.151
 09.094.141 .147 .275 .511
      .795 .796
 105.001
 10.094.226 .317
Hoeschen, D.
 04.034.113
Hoff, D.
 07.042.014
 08.003.084
 09.014.045
Hoffberg, M.
 03.065.011
Hoffer, J. M.
 05.105.033
Hoffleit, D.
 01.010.036
      122.059
 02.123.043 .046
 03.010.038
      041.005
      124.108
 04.112.023
      122.145
      123.053
 05.010.036
      123.038
 06.041.030 .049
      122.131 .162
      123.051
 07.010.039
      012.026
      103.127
      121.061
      123.013 .022
 08.005.027
      122.104
      123.030 .031 .032
 09.034.101
      123.026
 10.010.045
      124.106
Hoffman, A.
 10.161.007
Hoffman, D. C.
 06.061.019
Hoffman, E. J.
 04.042.009
Hoffman, H. S.
 05.104.002
 09.022.002
Hoffman, J.
 03.141.011
 06.034.049
 09.084.031
Hoffman, J. A.
 05.134.029
 06.034.001
 09.096.024
      155.052
 10.142.009 .109
Hoffman, J. H.
 08.094.036
 09.034.119
      094.758
 10.094.331 .332
Hoffman, J. M.
 06.082.004

Hoffman, K. A.
 09.094.278
Hoffman, M.
 04.032.020
 09.074.063
Hoffman, M. M.
 09.079.101
Hoffman, R. A.
 05.084.036
 10.084.404
Hoffman, R. B.
 02.066.014
Hoffman, T. E.
 04.046.019
Hoffman, W.
 03.065.017
 07.033.050
Hoffman, W. P.
 09.094.620
Hoffmann, A.
 02.031.005
 03.031.019
 05.031.083
 08.031.057
Hoffmann, B.
 09.003.062
Hoffmann, H.
 07.051.015
Hoffmann, H.-J.
 08.054.003
 09.105.135
      106.020
Hoffmann, J.
 07.158.045
Hoffmann, J. H.
 07.034.135
Hoffmann, W. F.
 01.131.018
      155.013
 02.113.047
 05.141.061
      155.049
      157.003
 06.155.021 .036
 08.032.008
      114.044
 09.051.014
      114.088
      131.079
      155.039
Hoffmeister, C.
 04.003.059
 05.003.117
Hofmann, D. J.
 07.084.006
 08.051.013
Hofmann, S.
 08.094.059
Hofmann, W.
 01.022.098
 02.066.065
 05.034.099 .100 .101
      113.055
 06.034.108
 09.034.009
      082.099
      106.027
      113.033
Hofmeyr, P. K.
 09.094.379
Hofstadter, R.
 04.034.079
Hofstee, J.
 07.084.029
Hogan, D.
 04.082.144
Hogan, J. S.
 02.097.002 .071 .072
 03.097.058
      099.023

Hogan, J. S.
 07.097.107
Hogan, P. A.
 08.066.156
 09.066.124
Hoge, E.
 01.010.031
 02.010.031
 04.007.000
 05.010.031
Hogg, A. R.
 03.121.039
Hogg, D. C.
 05.077.001
 06.033.024
Hogg, D. E.
 01.141.089
 02.141.154
 03.141.017
 07.141.137
 09.141.046
Hogg, H. Sawyer
 See Sawyer Hogg, H.
Hohenberg, C.
 10.094.211 .307
Hohenberg, C. M.
 02.061.017
      105.164
 03.094.067
      105.036 .093
 04.094.211
      105.008 .036
 08.094.011
 09.094.005 .152 .255 .713
      .806
Hohl, F.
 02.151.029 .055
 03.151.046
 05.151.007 .013 .038 .051
 06.151.013 .056 .059
 07.151.048 .062 .102
 08.151.028
 10.151.009 .019
Hohlfelder, J. J.
 04.105.106
Hohmann, W.
 09.003.153
Hohn, J. L.
 02.094.148
Hojman, S. A.
 10.066.021
Hokkyo, N.
 04.162.030
 06.066.096
 08.162.072
 10.162.078
Hokugo, S.
 08.032.005
Holah, G. D.
 08.034.029
Holberg, J.
 08.084.022
      160.024
 09.160.013
 10.160.029
Holcomb, R.
 06.094.172
Holcomb, R. W.
 02.033.011
      141.181
 03.158.023
 04.011.004
Holden, D. J.
 01.141.129
 02.157.004
Holden, F.
 01.118.006
 03.008.017
Holden, F. A.
 10.010.023

Holden, J. C.
04.081.019
Holdridge, D. B.
02.042.032
04.094.123
06.043.011
07.094.169
10.098.004
Holdsworth, E.
09.105.051 .085
Holdsworth, E. P.
03.105.016
09.105.016 .066
Holeman, E.
04.084.404
Holl, P.
05.081.035
Hollabaugh, M.
10.042.088
Holland, A. C.
04.063.012
Holland, H.
03.094.159
Holland, H. D.
06.082.046
Holland, J. G.
03.094.087
04.094.140
09.094.124 .177 .346 .614
10.094.225
Holland, P. T.
07.094.164
09.094.752 .901
10.094.444 .492
Holland, R.
06.033.056
Holland, R. L.
01.042.025
Hollandsky, O. P.
See Gollandskij, O. P.
Hollars, D. R.
08.034.141
063.042
09.114.065
Hollenbach, D.
02.131.058
05.131.001
Hollenbach, D. J.
05.131.002
Hollinger, J. P.
01.142.002 .060
04.141.176
Hollis, J. M.
05.114.074
Hollister, L. S.
03.094.100
04.094.160
07.094.018 .049
09.094.343 .553 .633
Hollister, W. M.
01.053.015
03.053.007
05.052.028
Holloway, N. J.
10.141.528
Hollway, D. L.
02.033.045
03.033.041
08.033.119
Hollweg, J. V.
01.077.004
084.272
02.094.252
03.074.014 .028
094.011
106.017
04.074.008 .049
141.124
06.061.009
062.024 .029

Hollweg, J. V.
06.074.062
07.073.024
08.080.030
084.202
09.074.040
10.074.005 .079
106.060
Holm, A. V.
08.133.017
09.121.020
125.101
10.121.050
122.136
124.010
Holm, C.
07.034.011
Holm, D. A.
08.061.051
Holmberg, E.
02.158.091
03.010.032
06.010.032
08.010.032
10.010.032
Holmberg, E. B.
06.158.108
Holmes, C.
01.011.025
Holmes, D. G.
03.084.216
Holmes, G. T.
06.033.065
Holmes, H. P.
09.094.457 .554
10.094.333
Holmes, J. C.
05.082.139
084.214
Holmes, L. S.
05.062.053
Holmes-Siedle, A. G.
05.054.006
Holmgren, L. A.
10.084.009
Holsbrink, J.
04.009.002
Holstrom, G. B.
02.107.001
Holt, H. E.
02.094.174
04.094.393
07.094.010
09.094.055
10.094.127
Holt, J. N.
04.063.022
09.064.019
071.018
10.071.011
Holt, S. S.
01.073.047
132.032
141.214
02.141.188
142.022 .045
03.073.086
077.051
141.036
04.141.231
142.023 .044
05.074.016
078.037
142.022 .055 .062
06.142.089
07.034.132
125.014 .022
142.001 .028
155.067
08.125.035

Holt, S. S.
09.125.041
142.040
10.125.005
142.095 .126
Holter, Oe.
10.003.039
Holtet, J.
06.084.052
Holtet, J. A.
10.084.001
Holton, G.
10.003.059
Holts, J.
05.114.017
Holtz, J. Z.
04.133.010
05.133.015
10.114.037
Holub, S.
10.046.027
Holweger, H.
02.071.003 .023
03.022.038
071.027
04.071.009
05.071.003 .005 .029
06.022.156
08.071.010
09.071.061
10.071.005
Holzer, E.
09.074.094
Holzer, R. E.
01.084.206
02.084.210
03.084.207
07.084.246
Holzer, T. E.
04.064.030
074.061
05.083.019
06.131.081
07.102.007
08.074.017 .059
10.074.054
084.014 .015
Holzwarth, W.
07.094.048
Home, R. W.
07.004.010
Homenko, Y. A.
See Khomenko, Yu. A.
Hommik, L. M.
See Khommik, L. M.
Honda, H.
06.123.074
08.123.078
Honda, M.
01.105.068
02.105.113
03.094.078
103.103
124.103 .106
04.094.231
05.094.169
08.105.127
09.094.722
Hones, E. W.
04.084.283
08.084.248
Hones Jr., E. W.
01.143.034
02.084.242
03.073.086
084.249
04.084.041 .284 .300
05.084.209 .255
143.090
06.084.058 .206 .238 .258

Hones Jr., E. W.
06.084.266 .283 .284
08.084.222 .283 .289 .332
09.084.202
10.084.221 .258
Honey, K. R.
04.113.045
Honeycutt, K.
10.114.094
Honeycutt, R. K.
03.124.103
   131.103 .141
05.034.070
   036.014
   124.100
06.034.086
   114.050
   117.015
   124.102
07.114.044
   131.051 .105
   158.137
08.113.012 .061
09.114.109
   131.048
Hong, S. S.
10.131.239
Hong Sik Yun
See Yun, H. S.
Honkasalo, T.
01.081.017
Hood, P.
01.003.074
Hood, P. J.
06.034.083
Hooghoudt, B. G.
04.032.041
Hooke, A. A. J.
06.053.018
Hooke, W. H.
07.082.031
Hooker, W. J.
01.022.120
Hooper, W.
06.094.321
Hooper Jr., E. B.
06.084.009
Hoory, S.
03.022.057
05.022.089
Hoover, G. M.
01.082.036
Hoover, P.
07.160.004 .009
Hoover, P. S.
02.142.069
05.159.010
07.159.027
08.132.018
Hoover, R. B.
03.031.035
06.032.013
Hoover, W. G.
08.022.142
Hope, E. R.
03.094.007 .008
05.094.063
Hopkins, H. D.
09.083.015
Hopkins, J.
09.081.030
Hopkins, N. B.
05.099.026
   100.020
Hopmann, J.
02.094.227 .228
   118.038
04.094.346
   118.013 .014
06.118.029

Hopmann, J.
07.117.029
08.155.042
Hoppe, G.
08.105.109
Hoppe, J.
02.094.085
06.005.017
08.004.071
09.004.011
10.097.107
Hoppe, M.
02.105.090
Hopper, P. B.
04.122.064
Hopper, R. W.
09.094.788
Hopper, V. D.
02.142.015
05.142.067 .083
06.142.088
08.141.523
10.061.043
Hora, H.
10.003.118
Horai, K.-I.
03.094.142
04.094.290
07.094.224
09.094.546
Horak, H.
09.082.076
Horak, H. G.
07.082.019
08.063.035
09.063.019
   074.024
10.008.066
Horak, T. B.
04.117.028
06.121.066
07.121.033
10.121.113
Horak, Z.
01.022.093
   162.048
02.162.075
03.162.034 .056
04.162.013
05.066.086
09.066.050
10.004.076
Horak, Z. J.
10.022.081
Horan, D. M.
02.076.039
06.074.075 .096
   076.028 .043
07.076.043
Hord, C. W.
02.097.013
03.097.045
05.097.017 .037
06.097.009 .045
07.097.006 .030 .068
08.097.090 .091 .092 .901
09.097.009 .025 .042 .055
10.097.026 .038
Hordij, L.
06.032.015
Horedt, G.
04.061.024
05.054.008
   162.023
06.042.009
08.042.025 .039
09.061.009
10.042.007
   131.081
   162.009

Horedt, G. P.
07.065.004
Hori, G.
07.042.053
08.052.034
10.042.080
Hori, G.-I.
03.042.059
04.042.015 .079
06.042.029
07.042.027
Horiai, K.
02.035.034
05.035.002
09.035.003
Horie, K.
01.105.068
Horiuchi, G.
02.083.055
Horn, D.
04.097.014
06.034.039
   097.014
08.097.006
Horn, J.
01.117.015
02.065.002
   117.017
03.117.001 .002
05.117.016
10.076.015
   117.037
   121.024
Horn, P.
06.105.023 .145
09.094.161 .527 .732
   105.124
10.094.095 .355
Horn, W.
01.008.048
03.008.057
05.008.059
07.008.064
Hornbarger, D. H.
06.031.073
Hornbogen, E.
05.105.100
Hornbostel, R. S.
06.066.091
Hornbuckle, T. A.
07.051.030
Hornby, J. M.
04.141.085
Horne, D. F.
09.003.063
Horne, W. G.
10.033.065
Hornemann, U.
02.105.157
06.105.143
08.105.039
Horng, J.-T.
04.084.242
06.084.302
Hornstein, S.
09.022.008
Horowitz, N.
03.097.042
Horowitz, N. H.
02.097.003 .007 .030
05.097.040
07.097.017
08.097.069
Horowitz, P.
03.141.095
04.141.066 .220
05.141.002 .127 .160 .174
06.142.023
07.141.510
10.141.530

Horowitz, R.
05.082.031
Horrigan, F. A.
10.034.081
Horsky, J.
01.022.045
08.162.012
10.066.116
Horsky, Z.
03.003.054
04.005.016
06.005.021 .022
10.004.077
Horstman, H.
05.142.034
07.122.115
09.076.014
142.148
Horstman, H. M.
03.076.002
Horstman-Moretti, E.
04.142.046
05.142.034
06.142.096
09.076.014
142.148
Horton, B. H.
07.080.025
082.020
08.076.048
Horton, L.
06.143.073 .074
Horton, P. W.
01.141.123
Horvath, A.
04.082.101
10.055.024
Horvath, C. G.
03.094.167
04.094.256
Horvath, F.
01.046.008
05.055.014
Horvath, J. J.
07.079.101
Horwitz, J.
10.083.032
Horz, F.
06.094.266
07.094.009 .261
09.094.054
10.094.126
106.068
Hoshi, R.
03.065.041
04.065.105
07.065.062
09.065.163
10.142.128
Hoskin, M.
03.004.010
05.004.034
07.003.067
09.162.057
Hoskin, M. A.
01.003.100
06.003.147
Hosking, K. H.
07.033.041
Hosking, R. J.
02.151.008
04.062.012
Hoskins, D. G.
03.141.192
04.141.105
08.141.094
09.141.026
10.141.080
Hosokawa
10.123.044

Hosokawa, Y.
09.121.048
10.121.067
Hospers, J.
01.081.042
Hossfield, C. H.
01.073.014
07.010.001
Hotine, M.
01.052.007
03.003.132
04.003.062
Hotter, F. D.
10.041.018
Hotz, G. M.
02.034.029
Houck, J.
08.097.051
Houck, J. R.
01.032.049
082.098
132.009
02.082.004
03.082.014
04.158.042
05.082.132
06.106.009
155.032
07.131.098
155.020
08.131.067
155.053
09.097.041
10.155.055
Houck, T. E.
02.113.033
131.111
03.103.101
131.042
04.103.103
113.017 .044
121.023
142.029
07.121.038
08.121.068
Hough, J.
10.066.050
Hough, J. H.
06.143.008
Houghton, C. D.
08.034.143
Houghton, J. T.
04.082.032
05.012.012
07.082.037
08.082.030 .091 .092 .093
Houk, N.
02.114.099
03.114.034
06.114.055
155.040
10.114.129
Houlden, M. A.
03.104.012
Houminer, Z.
05.106.033
08.074.065
10.074.017
106.018
Hourani, H.
01.075.033
02.075.028
03.075.029
04.075.037
05.075.020
06.075.030
07.075.017
08.075.033
09.075.010
10.075.017

House, F.
02.151.014
House, F. C.
03.151.025
04.151.012
05.151.010 .046
06.151.004
08.151.025
09.151.018
House, L. L.
01.022.023
063.022
074.007
02.063.006 .027
073.049
04.022.052
063.010
05.063.017
074.055 .073
076.034
06.080.014
07.074.055
Housley, R. M.
03.094.123
04.094.291
105.135
07.094.022 .033 .112
09.094.288 .468 .488 .673
.782
10.094.308 .334
Houston, J.
05.036.017
Houston, W. N.
09.094.452 .832 .833
10.094.335 .387
Houtgast, J.
01.079.100
02.071.053
03.071.035
04.007.000
071.053
05.008.137
07.012.001
071.003
10.071.083
084.245
Houtkevich, S. M.
See Gutkevich, S. M.
Houziaux, G.
07.041.046
08.041.034
Houziaux, L.
01.114.090
132.041
02.041.039
124.102
03.012.014
041.035
114.126 .138
124.100
04.064.063
124.101
06.008.066
124.103
07.014.014
041.046
114.042 .043
08.041.033
114.029
09.114.001 .039
10.008.073
032.014
114.148
Hovaere, M.
03.075.005
Hovanesian, R. S.
See Oganesyan, R. S.
Hovenier, J. W.
03.091.041
05.063.046

Hovenier, J. W.
05.091.023
Hovestadt, D.
04.084.417 .418 .420
06.078.060
084.406
143.041 .124
07.084.215 .411
08.073.014
084.414
09.143.095
10.143.063
Hovhanesyan, R. H.
See Oganesyan, R. Kh.
Hovis, W.
08.097.089
Hovis, W. A.
03.097.044
07.097.028
08.097.028 .116
Hovland, H. J.
09.094.016 .833
Hovorka, F.
01.055.009
Hovorka, J.
02.072.059
Hovsepian, A. V.
See Ovsepyan, A. V.
Howard, A. J.
10.061.062
Howard, B. E.
08.021.020
Howard, C. J.
09.022.005
Howard, D. A.
08.053.028
Howard, E. G.
02.077.020
10.077.052
Howard, H. T.
01.141.110
08.094.047
10.094.044
Howard, J. C.
07.071.039
Howard, J. T.
08.114.133
Howard, K. A.
03.094.308
04.094.063
07.094.010
09.094.605 .931 .939
10.094.127 .336 .337
Howard, N. E.
03.003.133
Howard, R.
01.008.084
071.009
072.002 .015
085.002
02.003.076
071.040 .056 .066
072.080
080.016 .042
085.007
03.080.004
04.071.006 .024
075.020
05.071.049 .061
075.011
080.007
06.012.003
071.036 .040
075.036
080.021 .047
07.071.009 .028 .042
075.010
080.006
08.071.055
074.010

Howard, R.
08.075.007
080.003 .022
09.073.002
075.016
080.026
10.071.049
072.060
075.012
Howard, R. A.
03.083.024
Howard, R. F.
09.080.029
Howard, R. S.
10.022.058
Howard, W. E.
03.131.108
Howard, W. M.
05.065.090
06.065.129
07.061.045
08.125.028
Howard III, W. E.
02.141.056
04.141.199
Howarth, C. D.
10.033.087
Howarth, I. D.
09.122.080
10.123.038
Howe, A. T.
03.094.283
04.094.284
Howe, D. A.
05.105.036
07.035.023
Howe, H. C.
08.084.323
Howe, M. S.
01.073.035
Howe Jr., H. C.
03.084.263
08.084.203
Howell, B. J.
02.032.016
Howell, F. J.
04.096.006
07.009.027
09.098.035
Howell, J.
01.096.013
Howell, J. A.
09.098.026
Howell, T. F.
03.157.025
Hower, G. L.
04.083.070
Howes, M. L.
10.098.001
Howie, I. H.
01.082.005
Howland, W. A.
08.031.071
Howse, D.
03.009.022
05.003.050
004.032
06.003.077
004.017
Howse, H. D.
03.004.004
Hoxie, D. T.
04.065.063 .082
08.122.066
10.065.008
115.041
Hoy, R. D.
01.079.100
Hoyer, U.
06.004.027

Hoyer, U.
10.004.014
Hoyle, F.
01.132.005
141.050
162.031
02.107.003
131.004
162.009 .028 .031 .094
03.022.015
064.019
125.006
158.102
04.131.003
162.067 .094
05.003.051
06.066.097
107.014
141.086
158.047
162.015
07.022.101
162.001 .002 .031
08.006.000
008.082
010.022
080.048
107.008
162.032
09.003.064
061.012
141.034
10.003.060
006.000
065.079
162.012
Hoyng, P.
10.076.016
Hoyt, H.
03.094.074 .280
Hoyt Jr., H. P.
04.094.292
06.094.322
09.094.479 .806 .813
10.094.338
Hozov, G. V.
02.121.067
Hrebik, F.
03.073.125
04.073.013
06.073.056
10.073.048
Hrgian, A. H.
08.082.139
Hristich, V. G.
04.082.180
Hristov, W.
06.046.031
Hristov, W. K.
03.081.021
04.043.010
05.081.051
08.046.032
Hrushow, W. K.
03.052.012
Hruska, A.
01.084.239
02.084.202 .224
03.084.265
04.084.271
05.084.230 .242
07.084.226 .279
08.084.205
10.084.262
Hruskova, J.
02.084.202
03.084.265
04.084.271
Hsia, H. S.
10.094.252

Hsieh, K. C.
02.143.030
03.143.002
04.073.073
106.040
05.143.031
07.143.027
Hsieh, T.
08.094.004
09.094.794
Hsui, A. T.
08.094.269
Hu, B. L.
08.162.058
10.162.073
Hu, E.
06.114.060
123.077
Hua, C. T.
04.133.021
07.022.119
08.132.016
133.009
10.034.006
114.076
Huang, C. K.
09.094.196 .197 .649
10.094.348
Huang, K.
04.162.011
Huang, S.-S.
01.107.013
02.064.011 .012
117.034
04.121.018
05.064.023
07.114.019
158.044
09.117.021
121.018 .051
10.064.022
114.016
Huang, T. S.
10.012.042
Huang, W. H.
09.094.370
Huang, Y. H.
04.084.222
09.084.222
Huang, Y.-N.
09.083.006
Huant, E.
10.162.061
Hubatsch, W.
09.003.014
Hubbard, E. C.
09.091.069
Hubbard, G. S.
05.121.007
06.121.054
Hubbard, J. S.
07.097.017
08.097.069
Hubbard, N. J.
03.094.039
04.094.077 .200 .371
05.094.043
06.094.294
07.094.009 .062
08.094.196
09.094.054 .121 .333 .373
.681 .707 .741
10.094.007 .126 .208 .297
.401
Hubbard, R. F.
10.099.073 .083
Hubbard, W. B.
01.061.034
065.065
099.004

Hubbard, W. B.
01.126.017
03.065.033
126.003
04.099.024
05.099.056
06.022.004
099.026 .057 .067
07.099.013 .015
08.022.143
099.014 .075
121.033
09.051.002
062.008
091.029 .041 .066
099.079
10.091.040
099.070 .085
Hubbell, E.
09.111.005
Hubbell, E. N.
06.112.012
Hube, D. P.
02.119.011
03.112.001
119.010
04.151.018
06.066.041
117.015
121.093
07.066.021
121.057
09.119.017
10.113.055
119.002
155.010
Hube, J. O.
06.122.046
Hubeny, I.
08.133.010
10.063.068
Huber, M.
01.022.108
02.071.041
Huber, M. C. E.
03.034.028
073.037
076.012
04.034.014
06.051.027
07.022.011
074.005
076.030
08.022.112
071.027
073.099
09.071.045
10.022.065
071.079
073.103 .104 .105
074.119
076.001 .032
Huber, R.
06.094.094
Huberman, F. P.
03.064.012
04.082.179
06.061.024
Hubert, H.
05.114.013
09.114.013
10.114.117
Huchra, J.
04.122.065
06.115.002
07.116.014
08.098.051
09.113.022
10.158.110

Huchra, J. P.
08.098.047
125.030 .106
142.075
09.103.132
10.103.106
158.097
Huchtmeier, W.
01.141.012
158.049
02.158.100
07.158.037
08.158.101
09.158.003 .004 .025
Huchtmeier, W. K.
09.155.058
Huck, F.
02.097.060
Huck, F. O.
07.097.014
Hudec, R.
10.008.107
Hudson, H.
02.076.017 .026
06.125.024
08.073.096
10.122.023
Hudson, H. S.
01.076.009
02.076.004 .016 .038
03.142.005 .025
04.076.010
142.094
05.073.038
142.027
07.076.022
125.010
142.114
08.073.012 .035
09.073.061 .109
10.076.022
Hudson, J. B.
10.064.053
Hudson, K. I.
05.121.001
122.053
Hudson, P. D.
01.078.019
04.062.016
06.062.025
Hudson, R. D.
02.082.013
05.022.065
07.082.099
08.022.097
Huebel, J. G.
08.022.141
Huebner, J.
08.005.018
Huebner, J. S.
03.094.101
04.094.183
09.094.312
10.094.340 .428 .500
105.108
Huebner, W.
09.094.529
10.094.339
Huebner, W. F.
02.102.049
03.102.012
04.022.026
102.006
103.101
07.065.040
102.005
08.102.053
09.131.083
10.080.011

Huebscher, J.
02.124.102
03.124.104
04.123.035
    124.107
06.124.011
08.120.005
09.123.002
Hueckel, P.
09.100.025
Huehn, R.
10.022.038
Huey, J. M.
03.094.038
04.094.215
08.105.047
09.094.416
    105.151
10.061.055
    105.083
Huffer, C. M.
10.003.061
Huffman, A. H.
07.080.033
08.080.043
Huffman, D. R.
03.125.003
04.131.061
05.131.044
09.131.133
10.093.022
    131.171 .251
Huffman, G. P.
07.094.126
09.094.283 .826
10.094.438
Huffman, R. E.
01.121.013
05.083.007
Hug, K.
03.094.227
09.094.929
Huggett, R. W.
02.143.055 .070
05.143.103
06.143.086
Huggins, F. E.
07.094.118
09.094.637
10.105.109
Huggins, P. J.
10.064.029
Hughes, A. R. W.
06.084.051
09.083.005
Hughes, D. W.
06.104.045
07.104.001 .002 .003 .019
    .036
08.104.027
09.104.005
10.104.002
Hughes, E. B.
04.034.079
Hughes, G. F.
01.084.003
Hughes, J.
04.012.012
Hughes, J. A.
03.008.043
Hughes, J. J.
05.033.019
Hughes, J. K.
07.003.029
Hughes, J. L.
02.054.016
Hughes, M. P.
02.141.157
04.141.047 .134
06.131.155

Hughes, M. P.
06.141.192
Hughes, N. D. P.
01.082.049
Hughes, P. C.
06.052.017
Hughes, R. H.
04.022.111
Hughes, T. C.
09.094.398
10.094.341
Hughes, V. A.
01.131.042 .049
    141.118 .160
    157.017
02.065.044
04.131.071 .113
06.126.018
    142.090
07.066.020
    121.063
    131.074
    141.080
    155.046
08.121.024
    142.040 .056 .129 .131
09.119.020
    141.063
    155.018
10.122.110
    141.016 .113 .901
Hughes, V. W.
04.061.051
Hughes III, H. G.
08.066.020
10.066.157
Hughes Jr., E. E.
09.115.006
Hughs, E. E.
01.155.014
Hughston, L. P.
02.162.057
03.162.029 .030
10.066.152
Hugon, M.
07.092.007
Huguenin, D.
09.114.032
Huguenin, G. R.
01.141.029 .045 .048 .083
02.141.007 .018
04.141.195
05.141.023 .027
06.141.022 .091 .092 .152
    .177 .240
    142.027
07.141.542
    142.011
08.141.525 .535 .540
09.141.501 .538 .544 .545
    162.017
10.141.534
Huguenin, R.
09.097.061
Huguenin, R. L.
08.097.044
Huizinga, J. S.
07.066.076
08.034.022
Hujer, K.
05.010.022
08.004.038
Hukuda, K.
02.021.015
Hulett, H. R.
06.131.112
Hulin, M.
08.014.015
Hulinsky, V.
10.094.510

Hull, A. B.
02.033.002
Hull, D. G.
04.052.010
Hull, H.
05.074.067
Hull, T. E.
08.021.021
Hulme, G.
08.094.129
Hulsbosch, A. N. M.
01.131.072
06.131.033 .090
09.155.006
Hultquist, L.
08.114.153
Hultqvist, B.
01.084.029
02.085.006
05.083.025 .046
07.084.278
Hultqvist, L.
07.114.022
Hults, M. E.
02.079.001
05.079.104
Hummer, D. G.
02.063.002 .014 .026
03.008.022
    064.001 .023
04.022.124
    063.027
05.003.006
    063.018
06.022.021
    063.004 .007
    064.012
07.064.055
08.114.012
09.064.012 .032
10.063.073
    133.034
Humphreys, C. J.
04.022.106 .117
Humphreys, R. A.
04.153.046
Humphreys, R. M.
01.114.011
02.112.012
    121.015
03.152.016
    155.011 .054
04.114.109
    122.094
05.115.011
    155.003 .041
07.113.006
    122.018
    151.071
    155.012
08.155.006
09.112.004 .007
    114.012 .022
10.117.030
Humphreys, R. W.
03.114.120
Humphreys Jr., W. C.
09.003.065
Humphries, C.
09.114.039
Humphries, C. M.
02.034.102
08.114.029
10.032.014
    113.001
Humphries, D. J.
08.094.069
09.094.194 .348 .619
Hundhausen, A. J.
01.074.033

Hundhausen, A. J.
01.084.270
02.073.021
074.053
084.233
03.074.004 .026
106.003
04.074.021 .022 .062 .070
.072 .083
084.294
106.033
05.074.024 .025
06.074.018
106.015
07.012.013
074.090
08.003.077
074.060 .061
09.074.046 .072
10.074.004 .042 .086 .123
106.013 .055 .077
Hundt, E.
06.114.086
08.114.115
09.114.146
10.064.043
Huneke, J. C.
01.105.061
02.061.005
105.025 .151 .152 .154
03.094.030
04.094.073
05.094.038
06.094.046 .130
105.020 .064
07.094.015 .024 .038 .055
105.017
08.094.164
09.094.088 .426 .711
105.014 .109
10.074.112
094.060 .342
Hung, R. J.
03.083.012
09.074.001 .011 .012 .023
10.083.040
Hunger, K.
01.008.015
02.064.007
03.008.015
064.007
04.064.055 .064
05.008.017
07.008.019
114.100 .105
09.064.068
114.130
Hunneman, R.
08.034.029
Hunstead, R. W.
01.141.209
03.141.157
05.141.109
06.141.055 .135 .171
07.141.166 .173
08.141.086
Hunsucker, R. D.
06.084.008
08.083.024
09.084.013
10.083.056
Hunt, A. J.
10.093.022
Hunt, B. G.
06.082.068
Hunt, D. C.
04.083.084
Hunt, G. C.
01.141.005
02.141.214

Hunt, G. C.
06.141.001
09.141.514
Hunt, G. E.
02.063.029
03.091.020
04.064.084
05.012.012
063.044
082.086
093.056
06.091.016
093.014
07.063.037
091.006 .013
092.004
093.013 .028
08.022.028
093.015
099.036 .037 .046
09.091.019
093.007 .010
099.005 .044 .045 .058
Hunt, G. R.
01.097.010
02.094.003 .161 .214
03.094.235
04.034.091
094.015 .322
07.061.011
097.084
08.097.045
09.094.291 .818
097.039 .040
10.094.432
Hunt, H. L.
07.004.025
Hunt, J. L.
08.022.035
Hunt, M. S.
02.094.079 .094
07.034.009
Hunt, R.
06.161.001
07.161.011
08.161.001
Hunt, R. H.
09.022.019
Hunten, D. M.
01.093.082
097.028
02.093.007 .037
097.032 .047 .063
03.082.032
093.025
097.006
099.016
04.082.021
097.034
05.091.007
093.063
06.082.098
091.029
097.086
07.091.027
097.033
08.097.054 .060
100.017
09.051.002
091.048
097.004 .103
099.030 .099
10.091.042
100.027
Hunter, A.
04.010.022
08.010.022
10.010.022
Hunter, C.
01.151.018

Hunter, C.
02.151.002 .064
03.131.050 .074
151.039
04.151.024 .028 .034
05.151.050
07.151.072
08.151.051
09.151.034
155.036
Hunter, C. E.
05.131.114
Hunter, J. H.
01.141.043
02.099.027
06.133.020
153.010
07.065.047 .115
133.901
Hunter, W. R.
02.034.060
07.031.030
10.022.077
034.054 .078
Hunter Jr., J. H.
01.131.013
141.035
02.065.024
141.227
03.141.202
04.131.032
05.065.069
099.067
131.093
09.133.006
Huntley, J. M.
10.064.031
Huntress Jr., W. T.
03.094.133
04.094.297
07.094.155
Hunziker, R. R.
03.052.007
04.052.002
Huppi, E. R.
06.084.040
Huppi, R. J.
06.084.040
Hurd, J. M.
09.094.701
10.094.245
Hurkens, R.
10.119.003 .015
Hurless, C.
03.124.103
04.124.108
09.122.122
Hurley, G. W.
06.033.058
Hurley, K. C.
06.099.082
07.099.008
Hurley, P. M.
03.094.034
04.094.212
06.094.300
Hurnik, H.
02.007.000
03.008.103
Hurst, R.
08.033.118
Huruhata, M.
01.106.016 .017
03.044.027
082.082
04.103.128
124.107
08.044.040
Hurukawa, K.
02.045.019 .027

Hurukawa, K.
04.103.128
05.103.108 .117
08.094.209
103.124
09.103.127
10.103.102
Hurwitz, L.
10.084.279
Hurwitz, M. G.
01.031.014
Hus, J. J.
01.084.277
Husain, D.
09.022.017
Husain, L.
05.094.155
06.094.156
07.094.017 .024
09.094.266 .709 .935
10.094.176 .343
Huseynov
See Gusejnov
Huss, A.
02.091.042
Huss, G.
06.105.087
Huss, G. I
09.105.018 .086
10.105.073
Huss, G. I.
02.105.105
03.105.027
04.105.136
05.105.034 .063 .066
07.105.041 .901
08.105.102
Hussein, A. M.
08.062.038
Husson, J. C.
08.046.021 .022
055.006
Hutcheon, I.
05.106.006
06.073.005
Hutcheon, I. D.
07.094.182
09.094.276 .518 .802 .805
 .808
10.094.374 .414
Hutcheon, R. J.
08.062.048
Hutchings, A. R.
08.004.020
Hutchings, J. B.
01.064.051
02.003.123
 114.024 .045
 124.102
 131.102
03.064.024
 114.004 .096 .099
 124.103
 131.090
04.008.115
 064.002
 116.017
 117.026
 121.025
 124.101 .103
05.008.138
 031.033 .040
 064.030
 096.006
 114.103
 117.029
 121.046
 124.100
06.008.112
 096.038

Hutchings, J. B.
06.114.116
 121.012 .025 .057 .059
07.008.153
 064.002
 114.082
 122.070 .117
 124.104
08.008.114
 064.072
 114.120
 124.002
 142.104
09.008.118
 117.009
 119.022
 121.003 .007 .026
 124.101
 142.124
10.114.001 .077
 117.001
 121.002
Hutchinson, A. K.
03.074.047
Hutchinson, B.
05.003.050
06.003.077
Hutchinson, D. P.
07.141.559
Hutchinson, G. W.
04.142.042
05.142.085
06.061.021
Hutchinson, J. L.
09.122.030
10.122.079
Hutchinson, R.
05.105.038
06.105.019
Hutchison, D. E.
05.035.006
Hutchison, P. B.
02.094.186
04.082.079
08.051.004
Hutchison, R.
06.105.100 .105
07.105.040
08.105.044 .045
09.105.087 .088
Hutchison, R. B.
05.022.023
06.031.017
 064.044
07.114.025
09.114.081
Huth, H.
01.123.001
03.123.032 .036
07.123.049 .050
09.123.046
Hutson, V. C. L.
08.011.007
Hutto, E.
04.036.012
Hutton, L. K.
08.142.091
09.141.055
Hutton, R.
01.084.232
07.084.264
10.012.002
Hutton, R. E.
02.094.176
07.097.023
Hvatum, H.
02.141.056
04.033.062
 141.199

Hwang, A. E.
10.066.026 .140
Hwang, F. S. W.
10.094.036
Hybl, V.
03.006.000
Hyde, G.
02.033.001
Hyde, J. R.
08.003.057
Hyder, C. L.
01.080.003
02.073.022 .090
04.073.022
 074.024
08.073.031
10.073.063 .070
Hyland, A. R.
02.113.038
 114.065
03.122.053
 124.103
04.114.077 .101
 115.014
06.113.010 .038
 114.062
07.113.017
 114.014
09.065.046
 114.025 .079
10.113.028 .080
 142.131
Hyman, H. A.
08.022.016
Hyman, J.
06.003.078
Hynds, R.
06.078.020
Hynds, R. J.
03.084.413
04.078.009 .025
05.078.040 .041 .044
06.078.021
 084.201
08.084.269
09.084.401
Hynek, J. A.
01.008.036
02.125.023
03.008.045
04.032.027
05.008.046 .073
07.003.068
 008.052 .081
 158.140
08.003.078
09.008.043 .065
 034.019 .072
 094.118
Hysom, E. J.
06.007.000
07.032.022 .034
Hytoenen, E.
10.081.038

Iacob, C.
09.004.045
Iakovlev
See Yakovlev
Ianna, P. A.
02.112.011
04.153.019
06.153.031
07.012.026
 112.003
 155.054
09.111.004
10.122.156

Iannini, G. M.
01.079.106
08.079.107
10.041.001
Ianovitskii, E. G.
See Yanovitskij, Eh. G.
Iantuono, A.
06.034.138
Ibadinov, Kh.
02.102.015
103.101
03.102.017
103.134
04.102.005
06.103.101
08.102.052 .055
Ibanez, A. L.
09.077.058
Ibanez, J.
03.094.161
04.094.260
06.131.112
Ibanez, M.
09.123.016 .022
Ibanez S., M. H.
08.072.058
Ibanoglu, C.
02.121.072
04.121.064
05.121.061
Ibbetson, P. A.
06.034.006
Iben, I.
02.065.079
Iben Jr., I.
01.061.012 .015
02.065.069
154.018 .019
03.065.012
154.010
04.065.018 .023 .086
080.035
122.065
154.004 .008 .011
05.122.057
06.080.049
115.002
122.039
154.021
07.065.119
122.025 .043
08.065.097 .098
122.100
09.065.104 .119 .121
122.039
10.065.050
117.038
122.112
Ibraev, T. A.
02.105.106
03.143.064
06.105.118
08.104.024
105.087
Ibragimov, I.
04.082.044
Ibragimov, N. B.
02.093.038
097.065
04.100.010
05.097.069
06.097.058 .092
08.097.099
09.099.073
Ibrahim, J.
02.008.065
Ibraimov, N. M.
02.082.132
07.082.131

Ibrus, Ue.
06.114.047
10.082.132
Ice, M. W.
04.033.036
Ichikawa, T.
01.084.021
02.084.032
08.082.114 .117
Ichimaru, S.
03.141.080
06.141.257 .260
09.062.056
Ichimura, E.
03.124.103
Ichimura, K.
01.122.073 .089 .092
02.122.001 .002 .003 .157
  .161
126.011
03.122.062 .098 .102
124.106
04.122.149
05.122.076 .080 .104
06.124.102
142.065
07.122.091 .099 .106 .108
08.122.110 .123
09.122.100 .134
10.122.130
Ichinose, M.
07.143.070
Icke, V.
09.131.177
10.098.025
131.079
142.012
162.004
Idel'son, N. I.
09.004.061
Idlis, G. M.
02.151.006
04.015.012
08.003.013
008.002
155.056
10.003.006
012.012
Idso, S. B.
03.082.033
Ierley, W. H.
03.077.032
Ifedili, S. O.
04.143.002
06.143.046
09.078.059
10.143.055
Iftikharuddin Khan, M.
07.141.156
Iglesias, E.
09.131.116
Ignat, M.
04.062.038
Ignat'ev, P. P.
01.084.425
02.078.037
05.106.002
143.001
06.143.027
07.106.011
143.018
08.143.011
09.093.080
Ignat'ev, V. M.
08.082.171
084.056
Ignat'ev, Yu. A.
06.083.035
Ignat'ev, Yu. G.
10.066.082

Ignatiev
See Ignat'ev
Ignatovich, S. I.
10.055.027
Ignatuk, N.
10.114.102
Ignatuk Jr., N.
07:009.002
Ignatyev, P. P.
See Ignat'ev, P. P.
Ignesti, E.
05.099.038
Iguchi, T.
08.155.066
10.131.175
Iha, S. K.
04.143.060
Ihloff, F. W.
04.004.058
06.004.016
Ihochi, H.
03.094.038
04.094.215
09.094.416
Iijima, S.
03.041.010
05.031.015
041.005
044.005
06.041.007 .029
07.041.021
044.001
045.020
08.031.062
034.113
044.003 .023
Iijima, T.
04.084.274
08.084.212
Ikaunieks, J.
05.047.002 .003
06.003.004 .005
Ikaunieks, Ya. Ya.
02.003.012
04.012.026
122.088 .089
08.033.057
Ike, K.
09.103.124
Ikeda, M.
06.142.051
Ikeda, Y.
09.094.612
Ikeuchi, S.
06.065.130
07.065.062
09.065.163
158.129
10.125.053
Ikezi, H.
08.062.010
Ikhsanov, R. N.
03.032.020
072.036
04.071.015
072.044
08.080.020
09.072.024 .025 .026
10.072.087
073.085
Ikhsanova, V. N.
02.077.007
06.077.010
09.077.017
Ikuta, K.
09.062.036
Ilencik, J.
03.078.012
07.073.034
08.078.044

Ilencik, J.
09.078.022
Ilgach, S. F.
03.143.058
05.143.054
Il'ichev, Yu. D.
06.104.099
Il'ichishina, N. I.
05.102.019
Ilie, I. D.
07.013.004
Ilieva, B.
07.158.048
Iliff, R. L.
02.055.005
Il'in, V. A.
03.052.009 .025
04.053.016
Il'in, V. D.
01.084.421
04.084.405
05.084.415
10.084.406
Il'ina, A. N.
10.084.406
Il'inskij, V. N.
02.105.182
04.082.154 .155
142.010
06.104.116
142.020
Iljasov, U. I.
See Il'yasov, Yu. I.
Iljin, I. K.
See Al'en, I. K.
Iljin, V. D.
See Il'in, V. D.
Ilk, K. H.
08.003.158
09.052.043
10.046.024
Ilkiv, M. I.
10.044.006
Il'kiv, M. I.
02.034.089
044.038
Il'kiv, R. R.
08.081.023
Ill, M.
01.052.011
082.009
03.054.027
055.007
082.090
05.082.101
06.082.055 .140
Illarionov, A. P.
04.074.052
07.142.006
08.162.021
09.064.079
10.162.093
Illarionova, N. V.
05.142.095
Illes, E.
04.082.101
Illes-Almar, E.
06.082.057
Illing, R.
08.082.102
131.004
10.134.008
Illing, R. M. E.
08.126.003
142.038
Ilmas, M.
05.117.006
06.064.033 .034 .035 .036
Ilovaisky, S. A.
05.141.208

Ilovaisky, S. A.
05.142.007
06.125.018
142.066
07.125.009 .012
08.125.008
09.125.025
10.121.095
142.037
Il'yasov, Yu. I.
03.071.016
06.082.070 .084
09.071.027
073.036
Ilyasov, Yu. P.
02.033.022 .032
06.033.011
09.033.031
074.103
Ilyin, N. P.
08.094.175
Ilyin, V. D.
See Il'in, V. D.
Il'yushina, V. A.
10.143.048
Imagawa, F.
06.114.138
Imai, H.
03.074.053
04.033.045
Imai, I.
10.003.077
Imai, K.
03.095.005
Imamura, M.
01.105.068
02.105.113
09.094.434 .722
10.094.003 .094 .282
Imazhanova, K.
03.143.057
07.078.020
Imbert, M.
02.119.016
05.121.023
07.119.011
Imhof, W. L.
02.084.404
05.084.416
06.084.203
07.034.131
08.084.406
10.084.401
Imhoff, C. L.
08.113.041
10.115.032
Imnadze, M. P.
03.042.015 .016
Imoto, M.
06.141.019
Imoto, S.
08.004.054
Imshennik, V. S.
02.066.053
131.118
03.125.014
04.065.097
126.009
05.125.006
06.073.098
08.065.002
09.065.102
126.005
10.003.130
061.061
Ina, T.
03.032.007
06.041.003
Inciong, S. V.
07.047.006 .007 .014

Inciong, S. V.
09.047.016 .017 .018
Indzhgia, R. G.
03.074.052
Infeld, E.
02.062.021
06.151.001
Infeld, L.
04.066.105 .106
10.004.020
Ingalls, D. H. H.
06.094.009
Ingalls, R. P.
01.093.027 .028 .045 .084
02.093.004
098.010
04.093.054 .055 .062 .066
05.066.010 .049
07.043.001
092.003 .010
093.002 .005 .008
09.092.003
093.003 .056
Ingber, L.
07.065.138
08.065.051
Inge, J. L.
05.097.057
08.099.079
10.097.001
099.007
Ingel, L. Kh.
10.066.096
Ingemann-Hilberg, C.
03.022.006
Ingersoll, A.
10.080.039
Ingersoll, A. P.
02.099.076
03.097.040
099.031
04.091.020
05.080.002
097.001 .026 .036
06.097.008
08.072.004 .027
10.072.048
080.010
091.001
099.082
Ingerson, E.
01.012.014
Ingerson, F. E.
10.097.108
Ingerson, P. G.
09.033.070
Ingham, M. F.
02.082.059 .065
03.155.008
07.082.009
08.082.005
Ingham, W.
02.076.017 .026
Inglis, R. G.
10.003.099
Inglis, S. J.
07.003.069
Ingraham, R. L.
10.141.540
Ingram, D. S.
03.042.008
04.052.017
Ingrao, H. C.
07.003.018
Ingvarson, P.
09.131.134
Inman, C. S.
10.105.066
Inn, E. C. Y.
07.022.032

Inn, E. C. Y.
07.091.036
Innanen, K. A.
01.009.014
02.132.029
151.014 .016
03.151.025 .032
04.112.003
151.012
05.151.010 .046
06.151.004
07.036.008
151.078
155.014 .037
08.034.008
151.007 .018 .025
09.151.018
10.155.010 .012 .027 .063
Innanen, W. G.
09.078.018
Innerebner, G.
06.015.017
Innes, M. J. S.
02.105.161
Innes, W. P.
05.084.042
08.084.040
Inokuti, M.
01.022.110
06.022.062
Inokuti, Y.
03.099.060
Inomata, A.
02.066.072
Inosemtseva
See Inozemtseva
Inoue, K.
04.047.032
08.047.005
10.047.007
Inoue, T.
07.042.054 .059
Inouye, G. T.
01.084.051
03.073.021
04.084.227 .305 .307
Inozemtseva, O. I.
03.143.048 .058
05.143.049 .148
07.143.034
09.143.083
10.078.016
Intihar, M. R.
10.033.115
Intriligator, D. S.
01.084.225
03.084.213 .273
04.084.248
106.039
05.074.069
08.084.244 .287
10.074.076
106.060
Inzani, P.
06.032.012
08.034.135
Ioannidis, G.
06.099.036
Ioannidis, G. A.
04.099.025
05.099.080
Ioannisiani, B. K.
07.032.006
Ioffe, I. G.
01.052.031
04.054.001
Ioffe, S. B.
08.074.024
Ioffe, Z. M.
02.102.042

Ioffe, Z. M.
06.102.030
10.102.029
Ioganson, V. G.
10.033.081
Ionescu, T.
07.032.027
08.041.007
Ionescu, V.
04.103.101 .103
08.098.066
Ionescu-Gulian, C.
09.004.043
Ionescu-Pallas, N.
07.042.030
10.162.067
Ionescu-Pallas, N. J.
03.162.059
Ionescu-Vlasceanu, V.
02.098.023
103.102
03.098.022
04.098.019 .020
103.005
07.098.009
103.127
09.098.012
103.001
Ionson, J.
06.064.018
Ionson, J. A.
07.141.164
Ioshpa, B.
10.074.125
Ioshpa, B. A.
03.073.092
09.071.030
080.036
Ip, W.-H.
07.091.030
098.011
09.098.006
10.098.058
103.102
Ipat'ev, V. I.
09.078.045
Ipatjev, V. I.
06.143.111
Ipatov, A. V.
10.033.079
Ipavich, F. M.
03.155.012
04.142.108
143.032
07.162.010
Ipser, J. R.
01.066.059
151.036
02.151.012
03.066.061
151.021
05.066.044
06.066.009
151.068
08.066.062 .067
09.065.052
10.065.078
066.036
Ireland, J. G.
01.131.102
02.155.016
03.131.014
Irgens-Jensen, S.
09.122.106
Iriarte Erro, B.
03.113.014 .050 .051
153.005 .023
04.113.056
06.122.138

Irie, M.
03.080.015
Irigoyen, M.
07.042.013
Irish, R. T.
08.033.087
Irkaeva, Sh. N.
10.104.019
Irons, F. E.
08.022.079
Iroshnikov, R. S.
01.080.017
04.072.012 .051
05.072.037
09.099.037 .038
Irvine, C. E.
10.114.048
Irvine, N. J.
08.114.126
10.114.048
Irvine, W. M.
01.008.004
093.035
02.091.034
03.008.003
091.002 .021 .031
04.091.002
093.073
05.008.004
091.028
097.023
099.026
100.020
06.100.011
101.001
07.008.005
08.091.015
09.008.003
091.052
094.297 .565
097.107
100.005
10.063.002
131.132 .215
Irvine Jr., T. F.
06.003.081
Irving, E.
01.045.003
03.045.001
Irwin, D. J. G.
08.022.132
10.022.007
Irwin, G.
09.082.100
Irwin, J. B.
06.094.125
07.094.010
121.068
08.094.239
121.076
09.119.001
10.010.017
158.054
Irzhichek, F.
07.083.038
Isaac, R. J.
02.061.034
05.061.006
Isaacson, L.
03.022.072
Isaacson, M. S.
04.094.182
Isaacson, R. A.
08.066.046
10.066.008
Isaak, G. R.
01.022.099
Isaev, G. S.
10.082.075

Isaev, S. I.
03.084.043
06.084.319
08.003.140
084.302
Isaev, V. K.
01.052.039 .040
Isaev, Yu. N.
08.052.014 .030
10.052.012 .013 .014 .033
.039
Isaeva, R. N.
03.084.015
Isaka, H.
09.082.010
Isakov, I. S.
08.082.039
Isakson, M.
02.097.014
Isaksson, B.
10.022.017
061.049
Isamutdinov, Sh. O.
03.104.046
06.104.057 .059
07.104.020
Isard, J. O.
09.094.456
Isavnina, I. V.
05.094.139
07.094.259
09.094.956 .959
10.094.133 .182
Ischi, E.
10.034.005
Isenhour, T. L.
08.094.238
09.094.409
Isham, C. J.
10.066.004
Ishchenko, I. M.
03.122.013
08.122.009
10.122.099
Ishchenko, T. M.
02.122.143
Isherwood, B.
05.034.025
Isherwood, B. C.
06.116.003
08.142.046 .127
09.034.075
122.013
Ishida, G.
02.126.011
Ishida, K.
01.153.016 .021
03.131.126
04.103.103
153.018
05.103.111
125.109
06.124.102
Ishida, Y.
06.074.099
Ishiguro, M.
04.033.073
124.107
06.033.040
08.033.092
Ishiguro, T.
05.033.022
Ishihara, T.
09.124.106
Ishii, H.
02.045.020
06.041.003
07.032.049
045.015
09.031.018

Ishii, H.
09.045.013
082.049
10.045.019 .025
Ishikawa, G.
01.082.108
Ishikawa, M.
09.122.001
Ishikawa, Y.
03.094.130
04.094.298
Ishimaru, A.
08.093.018
09.091.081
Ishizawa, T.
05.064.022
073.013
10.061.012
073.014
Ishizawa, Y.
02.131.123
141.193
Ishizuka, T.
01.061.030
03.065.026
07.065.126
Ishmukhamedov, Kh. Z.
02.153.040
Isikara, A. M.
10.084.228
Iskandarova, V. M.
04.082.082 .083
08.082.231
Iskhakov, I. A.
08.033.040
09.077.061
Iskudaryan, S. G.
01.125.101
Islam, J. N.
02.066.022
03.065.025
04.065.045
066.092
08.066.034
Islamov, O. I.
04.091.017
Isler, R. C.
03.022.014
Isles, J.
06.121.036 .064
07.121.041
122.104
Isles, J. E.
02.123.055
04.123.056
07.121.039
08.122.057 .107
123.010 .056 .058
124.101
09.010.012
122.020 .081 .094 .107
123.001
10.010.012
121.047
122.013
123.020 .038 .039 .040
.041
Islik Engin, S.
03.114.031
Isliker, W.
09.009.005
Isloor, J. D.
01.033.028
Ismailov, Z. A.
03.122.010 .030
08.114.180
10.122.024
Isobe, S.
01.132.014
03.082.052

Isobe, S.
04.132.035 .039
06.114.029
131.048 .049
152.002
07.031.033
041.038
131.015
132.037
155.004
09.131.004 .135
10.131.147
152.008
Ispir, Y.
03.084.281
Israel, F.
01.031.018
053.019
02.093.003
111.003
Israel, F. P.
01.132.030
02.094.049
04.097.067
05.079.104
06.004.019
105.012
158.010
07.003.070
032.038
094.160
097.047 .048
132.015
141.552
08.158.093
10.131.015
Israel, G. M.
07.051.045
Israel, H.
01.003.066
Israel, M.
03.045.005
06.081.048
09.081.009
Israel, M. H.
02.084.212
143.037
04.143.031
05.143.124
07.034.141
09.143.055
Israel, W.
03.066.011
04.066.108
06.066.145
07.066.090
09.066.099
10.012.019
Israetskaja
See Izraetskaya
Isserstedt, J.
02.152.004
03.153.018
04.114.017
152.002
155.009
07.152.008
09.132.008
153.033
Istomin, L. F.
05.034.001
06.121.018
08.121.031
Istomin, N. A.
03.052.009 .025
Istomin, V. G.
03.083.074
05.083.044
Iszavnyina, J. V.
See Isavnina, I. V.

Itikawa, Y.
01.131.057
04.083.038
06.083.007
Itkina, M. A.
01.084.036
Ito, H.
05.084.259
Ito, J.
03.094.120
04.094.154
09.094.353
Ito, K.
05.076.049
06.078.058
Ito, N.
08.061.028 .029
Ito, S.
03.047.005
08.021.008
Itoh, N.
01.065.059
02.065.094
04.065.039
09.065.176
Itoh, T.
03.102.004
05.062.066
06.074.095
Iturbe, G.
06.141.067
Iucci, N.
06.143.113
07.143.073 .074 .075
08.143.059
09.143.048 .089
10.143.060
Ivakin, V. A.
06.021.002
08.021.004
Ivakin, V. M.
02.034.013
10.044.007
Ivan, P.
04.072.060
Ivan, V.
04.072.060
Ivanchuk, V. I.
02.011.006
074.010 .011 .073
04.074.087
05.074.009 .044
06.074.021 .087
08.074.086 .087
10.079.100
Ivanenko, D.
02.061.036
066.068
Ivanenko, D. D.
05.022.039
09.066.025
Ivanikov, V. I.
04.104.008 .025
Ivanitskaya, O. S.
05.066.026 .060
08.066.078
09.066.065
Ivannikova, A. N.
10.125.036
Ivanov, A.
10.031.063 .066
032.049
Ivanov, A. G.
08.053.022
Ivanov, A. I.
02.003.005
07.034.116
082.114 .115 .116 .120
.124 .125
10.082.068 .071

Ivanov, A. N.
09.033.031 .033
Ivanov, A. P.
10.052.020
Ivanov, A. V.
01.105.106
04.094.347
105.097 .102
05.106.025
06.094.196
08.094.172 .174
10.094.063 .139 .145
Ivanov, E. V.
10.073.043
077.030
Ivanov, G. P.
04.122.066
Ivanov, I. D.
03.084.013 .014 .015
10.091.048
Ivanov, I. N.
08.094.163 .207
Ivanov, K. G.
01.074.030
084.217 .233 .235
106.037
02.084.264
03.074.064
084.221 .244
106.010
04.074.071 .081
084.286
06.074.024 .030
084.245 .290 .291 .317
106.013
07.074.060
08.074.025 .091
084.339
106.023
09.062.016
073.025
106.001 .021
10.084.249
106.041
Ivanov, L. I.
07.094.098
Ivanov, L. N.
02.121.065
05.061.042
07.061.021
08.061.077
10.122.186
Ivanov, N. A.
04.084.240
Ivanov, N. M.
07.053.016
09.053.005
Ivanov, N. S.
03.143.060
Ivanov, O. G.
08.053.021
Ivanov, O. K.
02.105.040
Ivanov, O. S.
05.141.089
Ivanov, S. N.
09.033.031 .033
074.103
Ivanov, V. A.
06.083.062
Ivanov, V. B.
10.097.083
Ivanov, V. D.
04.034.076
073.024
05.076.001 .002
06.076.014
08.073.013
076.049

Ivanov, V. E.
08.084.067
Ivanov, V. I.
05.078.047
06.078.043
07.078.020
08.082.052
094.175
09.082.065 .129
143.066
Ivanov, V. N.
01.141.181
02.158.032
07.141.060
10.120.003
Ivanov, V. P.
03.083.039
05.141.214
06.141.218
07.031.024
09.083.059
125.028
10.125.036
Ivanov, V. V.
02.003.077
011.020
03.012.002
063.004 .030 .031 .033
05.063.004
07.063.003
08.063.018
10.063.048 .070
Ivanov, Yu. G.
08.083.041
09.083.042
Ivanov, Yu. I.
08.042.073
151.035
Ivanov, Yu. M.
03.103.132
Ivanov-Kholodny
See Ivanov-Kholodnyj
Ivanov-Kholodnyj, G. S.
02.003.078
03.003.010
04.082.149
083.018
06.082.037
07.051.011
083.057
08.003.079
09.076.036
083.038 .047
10.084.247
097.049
Ivanova, G. M.
10.105.023 .089 .096
Ivanova, L. N.
03.125.014
07.065.059
Ivanova, N. L.
02.122.022 .061
05.114.036
124.101
09.114.166 .167
10.113.020
114.165
Ivanova, N. N.
01.132.056
Ivanova, N. S.
05.143.118
09.034.086
143.015 .080
Ivanova, T. A.
09.078.016
10.078.022
Ivanova, V.
01.032.017
Ivanovic, Z.
07.009.030

Ivanovic, Z.
07.096.020
Ivanovs, A. V.
08.032.023
Ivanovskaya, K. P.
06.081.044
Ivashchenko, O. I.
02.052.018
Ivashkin, V. V.
03.052.015
05.052.014
Ivchenko, M. P.
07.084.255
Ivchenko, V. N.
08.121.002
Ivelskaya, M. K.
03.083.037
04.082.149
09.083.047
Ivliev, D. Ya.
01.084.012
Iwadate, K.
05.035.002
07.041.017
09.034.040
035.003
Iwaniszewska, C.
04.122.169
07.003.072
08.003.026
09.003.066
Iwanowska, W.
02.009.011
03.008.136
04.114.089
155.042
08.155.061
09.004.064
005.009
Iwanski, J. R.
03.074.047
Iwasaki, K.
06.093.001
Iwasaki, Y.
06.066.074
07.066.092
Iyengar, R. S.
02.084.027
Iyengar, V. S.
02.142.027
04.142.018 .019 .040
05.142.046 .073 .094
06.142.032
07.034.139
142.034 .074 .130
09.142.002
10.142.006 .019
Iyer, H. M.
04.003.127
Iyeveer, M. M.
08.158.078
Izakov, M. N.
04.082.035
06.082.009
08.082.204
10.082.024
097.060
Izatt, J. R.
01.082.035
Izawa, Y.
02.073.079
Izotov, A. A.
01.005.010
02.046.024
05.031.089
07.041.029
Izquierdo, M.
01.079.103
Izraetskaya, N. N.
01.082.018

Izraetskaya, N. N.
02.104.038
Izraetzkaya
See Izraetskaya
Izvekov, V. A.
04.052.023
08.041.031
093.025 .049
10.098.082
Izvekova, A. A.
05.041.010
08.041.065
Izvekova, V. A.
08.141.561
09.033.030

Jaakkola, T.
02.092.006
04.158.097
06.158.060 .070 .131
10.158.026
Jabs, A.
08.143.022
Jacchia, L.
03.124.103 .106
Jacchia, L. G.
01.082.002
02.082.150
03.082.024 .048 .062
04.082.023 .161
05.082.092 .111
06.082.002
07.082.092
09.082.120
10.082.041 .042 .129
Jacka, F.
01.084.019 .246
04.082.072
05.082.035
084.015
09.084.044
Jackel, L.
05.097.015
Jackisch, G.
01.123.010
02.123.039
06.141.029
07.158.020
08.114.106
09.004.031
Jacklyn, R. M.
02.143.017 .035
06.143.092
Jackson, A.
10.079.104
Jackson, A. R. G.
07.141.194
10.141.071 .141
Jackson, B.
05.031.066
Jackson, B. V.
03.114.063
04.114.060
Jackson, D. W.
08.082.202
Jackson, E. D.
03.094.105
04.094.094 .144
06.094.061 .221
07.094.009
08.094.158 .237
09.094.055 .556
10.094.126 .127 .485
Jackson, E. K.
09.094.054
Jackson, E. S.
04.041.026
05.101.010 .013

Jackson, J. C.
03.160.013
07.142.033
162.004
08.011.045
061.030
066.111
09.066.010
141.119
160.005
Jackson, J. H.
10.003.062
Jackson, J. J.
09.034.119
Jackson, J. S.
06.084.262 .263
Jackson, M.
07.022.050
Jackson, P.
04.041.016
09.094.569
10.041.025
082.083
094.410
Jackson, P. D.
04.077.022
05.131.021
06.131.014
10.131.111
Jackson, P. F. S.
09.094.235 .694
Jackson, R. F.
09.094.102
10.094.444 .491
Jackson, R. J.
09.094.254
Jackson, S.
03.117.016
04.065.022 .068
05.116.004
Jackson, T. J.
04.094.257
09.094.447
Jackson, W. M.
04.131.067
05.103.111
06.103.101
131.040
08.102.061
Jackson, W. R.
01.132.027
04.142.099
Jackson IV, A. A.
09.066.011
10.105.026
Jacobowitz, H.
05.082.135
Jacobs, A.
01.074.008
05.022.025
07.022.054
Jacobs, I. S.
06.143.069
Jacobs, J. A.
03.081.026
084.291
04.003.063
081.022
084.271
05.084.235
07.081.014
084.238
08.081.010
09.081.017
Jacobs, J. W.
09.094.086
10.094.028 .321 .322
Jacobs, K. C.
01.162.007
03.162.029

Jacobs, K. C.
07.003.171
066.008
162.014
10.003.126
162.055
Jacobs, K. G.
02.084.046
Jacobsen, P.-U.
03.113.019 .052
Jacobsen, T.
07.083.018
Jacobsen, T. S.
03.122.018
Jacobson, A. S.
01.142.033
02.134.011
142.030
03.134.021
Jacobson, D. H.
04.052.026
Jacobson, H. C.
07.022.023
Jacobson, I. D.
09.042.039
Jacobson, M.
06.112.012
Jacobson, T.
03.022.052
Jacobsson, S.
03.158.066
Jacoby, J.
09.094.657
Jacomo, A. A.
05.021.001
Jacquinot, P.
02.034.018
Jady, R. J.
04.044.019
Jaeck, C.
04.082.223
05.082.100
06.082.077 .078
07.082.070
Jaeger, F. W.
01.075.009
02.008.014
075.025
080.051
03.008.015
075.020
04.075.018
05.075.019
06.012.029
075.019
07.075.020
085.009
08.011.035
031.091
Jaeger, R. C.
10.033.104
Jaervi, P.
04.055.001
05.055.022
07.055.011
09.055.004
Jaeschke, R.
06.083.072
10.084.009
Jaffe, J.
04.066.001 .104
06.022.055
08.061.046
Jaffe, L. D.
01.094.041 .055 .090
02.053.015
094.031 .062 .149 .176
04.094.052 .053 .342 .396
05.094.016 .099
06.053.016

Jaffe, L. D.
06.094.180 .234 .249
08.012.016
094.146
09.094.064 .855
10.094.024
Jaffe, W. J.
08.158.025
10.141.006
Jaggi, R. K.
05.072.042
06.074.101
09.084.272
10.084.231
Jagoda, N.
07.142.141
09.034.111
Jagodzinski, H.
08.094.054
09.094.175 .639
10.094.344
Jagoutz, E.
04.094.184
06.094.280
09.094.383 .674
Jahelka, E. D.
09.097.008
Jahn, B. M.
10.094.401
Jahn, Bor-Ming
06.094.145
07.094.013
09.094.706
Jahn, H.
04.062.013
06.062.005
Jahn, R. A.
06.094.298
07.094.157
09.094.286 .809
Jahn, W.
02.003.118
03.009.001
Jahnke, P.
01.076.026
Jaidee, S.
02.113.058
Jaim, A. K.
10.033.137
Jain, A.
08.022.147
Jain, A. K.
08.142.089
09.142.101
10.142.087
Jain, A. V.
02.105.148
04.105.013
08.105.110 .131
09.105.039
Jain, S. C.
06.052.027
Jain, S. K.
08.022.055
10.097.113
Jain, V. C.
04.083.015
07.083.024
Jakeman, E.
04.022.023
Jakes, P.
06.094.132
07.094.009 .045
08.094.007
09.094.025 .628
Jakeways, R.
04.078.027
143.048
05.143.098

Jaki, S. L.
03.003.114
004.011
04.004.042 .043 .044
015.024
06.004.010
010.041
07.004.020 .022
08.003.156
004.004
091.047
09.003.068
Jaki, S. T.
08.091.040
Jakimcowa, M.
01.072.024 .025
Jakimiec, J.
02.072.081
03.072.021 .032
05.072.028
06.072.009 .040 .089
Jakimiec, M.
01.072.008
Jakimova
See Yakimova
Jakober, P.
04.022.015
131.143
06.066.038
Jakomo, A. A.
See Yakomo, A. A.
Jakovkin
See Yakovkin
Jakovlev
See Yakovlev
Jakovleva
See Yakovleva
Jaks, W.
01.041.007
03.034.074
045.020 .021
Jakubcova, I.
08.081.045
Jalink Jr., A.
10.093.029
Jalufka, N. W.
07.022.007
Jamar, C.
03.114.138
08.114.029
09.114.039
10.032.014
114.155
Jambor, B. J.
08.103.115
10.103.109
James, A. N.
08.082.103
James, C. R.
05.033.009
06.082.024
James, D. B.
04.094.338
James, G. L.
09.033.071
James, J. C.
02.074.028
03.080.005
James, J. F.
01.003.012
106.001
04.003.108
106.008
James, J. T.
02.141.163
James, O.
10.011.007
James, O. B.
02.105.062
03.094.105

James, O. B.
04.094.094 .131 .133 .144
.340
07.094.019
09.094.925
James, R. A.
03.065.059
05.065.106
James, R. W.
02.084.217
03.081.005
James, T. H.
05.036.004 .007
James III, G. O.
10.033.111
Jameson, R. F.
04.106.007
08.034.025
09.121.008
10.113.100
Jamieson, A. R.
10.033.096 .105
Jamieson, B. G.
03.094.278
04.094.170
05.094.121
Jamieson, H. D.
03.010.003
094.349
04.094.417
05.094.092 .110
06.094.072 .073 .217
07.094.229
08.010.003
094.104
09.094.852
Jamieson, J. C.
03.091.006
Jamieson, T. H.
08.003.080
Jamieson, W. D.
09.094.369 .671
Jammer, M.
06.003.141
Jamshidi, E.
10.082.054
Jancovici, B.
04.061.044
Janes, A. F.
01.142.015
04.134.004
05.158.045
07.034.006
142.051
08.034.003
051.026
10.142.010
Janes, K.
01.141.052
05.010.036
06.141.199
Janes, K. A.
01.114.082
05.036.009
113.025
07.155.051
09.098.031
153.017
155.075
Janevich
See Yanevich
Janghorbani, M.
09.094.089 .144 .222
105.030
10.094.270
Janiczek, P. M.
04.099.004
06.041.028
099.012 .028 .047
07.098.010

Janiczek, P. M.
08.098.007 .033
10.042.050
092.003 .010 .015
Janin, G.
03.151.031 .053 .054 .055
04.151.033
05.151.005
07.151.034 .054 .061 .073
08.151.044
Janin, L.
02.004.023
03.035.001
04.004.057
05.004.030
08.004.040 .042
Janis, A. I.
01.162.065
04.066.079
Jankovic, N.
06.007.000
Jankovich, I.
See Yankovich, I.
Jankovics, I.
10.122.124
123.030
Jankovits
01.125.018
Jankovits, I.
02.113.042
04.113.023
Janos, I.
03.103.101
05.051.017
Janossy, L.
08.117.039
Jansen, A. G.
03.055.006
118.017
04.094.423
105.021
06.154.007
Jansen, C.
05.002.044
10.002.037
Jansen, J. K. M.
08.033.102
Jansen Van Beek, G.
01.084.254
03.084.217 .219
04.084.319
05.084.236
06.084.315
07.084.285 .286 .287 .288
.289
08.084.349 .351
Janssen, M. A.
07.033.050
08.131.005
09.093.008 .035
097.045
10.033.030
Janssens, T.
01.009.009
05.080.029
Janssens, T. J.
02.073.023 .024 .040 .056
077.023
03.073.008 .011 .012
04.073.040
05.077.038
06.034.026
073.035
08.073.036 .105
080.004
09.034.052
10.076.033
077.020
Jansz, M.
04.092.005

Janushkevich
See Yanushkevich
Jappel, A.
05.003.010
Jarecke, P. J.
07.152.006
Jarmain, W. R.
05.022.048
07.022.040
Jarosewich, E.
01.105.019
02.105.099
03.094.110
105.027 .064 .114
04.094.167
05.105.032 .037 .063 .086
06.105.079 .106 .109 .150
07.105.063 .901
08.003.057
105.011 .102 .113
09.094.655 .943
105.021 .105 .165 .166
10.105.115
Jarrett, A. H.
01.122.021 .102
02.008.016
122.125 .127 .149 .154
.162
03.008.017
122.085 .091 .103 .104
04.008.013
122.122 .150 .153
05.008.019
122.096 .123
06.123.003
07.008.022
099.031
122.094 .140
08.008.011
010.007
082.045
122.035 .067
09.009.009
122.071
10.073.020
125.101
Jarzebowski, L.
07.003.071
Jarzebowski, T.
02.116.005
Jaschek, C.
01.008.063
013.003
065.017
113.007
114.034 .071
02.114.056 .060
03.008.067
113.029 .061
114.042 .142 .144 .145
.147 .150 .151 .154
.155
119.017
122.123
141.071
04.114.034
116.012
119.008
05.002.043
032.042
113.051 .058 .059 .060
.061
114.115
115.021
155.058
06.114.129
115.021
07.119.015
09.114.057
115.013

Jaschek, C.
09.131.122
153.028
10.114.125 .144
119.014
Jaschek, C. O.
04.114.133
Jaschek, M.
01.008.063
065.017
113.007
114.034 .044 .071
02.114.056 .060
03.008.067
113.029
114.042 .125 .142 .144
.145 .146 .147 .148
.149 .150 .151 .154
.155
122.123
04.114.034 .046
05.113.059 .060
114.115 .116 .117
06.114.129
07.122.005
08.114.023
09.114.057
10.114.125 .189 .190
Jaschek, W.
03.096.018
06.096.014 .015
07.009.021
09.034.110
Jasevicius, V.
03.113.009
04.113.008
08.113.050
Jastrebov, A. A.
08.083.028
Jastrow, R.
02.003.079
04.012.027
015.028
06.003.079
07.003.073 .155
Jastrzebski, T.
09.103.112
Jatskiv, Ja. S.
See Yatskiv, Ya. S.
Jauho, P.
09.141.566
Jauncey, D. L.
02.141.011
158.057
03.141.121 .157 .162 .213
.216
04.033.063
141.041 .106 .122 .149
.165 .182
05.100.018
141.029 .031 .033 .073
.226
142.039
06.141.151 .202
07.100.002
141.027 .033 .034 .035
.039 .136 .173
158.112
08.141.016 .064 .094
09.100.006
141.026 .109
158.029
10.093.007
141.002 .030 .079 .098
158.016 .096
Jauncey, J. L.
03.141.216
04.141.041
Javlinski, A. Ja.
See Yavlinskij, A. Ya.

Javnel', A. A.
See Yavnel', A. A.
Javoy, M.
10.094.012
Jaworski, J.
05.085.001
10.094.393
Jayanthan, R.
03.071.015
072.014
Jayanthi, U. B.
01.142.043
02.142.009 .010
04.142.017 .102
05.142.020 .050
06.142.048
08.142.151
09.142.101
10.142.087
Jeansaume, G.
06.036.007
07.036.009
08.044.015
Jech, A.
03.155.071
157.017
Jech, A. E.
03.155.077
Jedwab, J.
01.105.093
03.094.094
105.104
04.094.161
06.105.159
07.094.263
09.094.195 .366
105.025
10.094.345
Jefferies, J. T.
01.063.021 .036
074.042 .043
02.074.029
03.008.060
04.064.041
05.063.028 .039
073.068
074.014 .070
07.008.069
022.003
074.024 .025
08.009.019
09.008.058
071.039
076.020
10.072.047
080.020
Jeffers, S.
03.034.048
06.036.002 .006
09.114.161 .163
119.018
10.114.234
Jeffers, W. Q.
02.114.075
Jefferts, K.
05.131.117
Jefferts, K. B.
02.022.100
03.131.010 .106
04.132.002 .008
05.114.007
131.063 .065
132.012
06.114.075
131.004 .030 .052 .053
132.015
07.131.092 .133
08.131.029 .098
132.015
155.052

Jefferts, K. B.
09.131.029
132.003
10.034.110
131.011 .123 .211 .217
.227
Jeffery, M. H.
04.033.026
Jeffery, P. M.
03.094.041
04.105.050
06.081.019
Jefferys, W. H.
01.042.036
03.042.034
04.021.006
042.005 .043 .075
05.042.025 .046
06.042.010
052.020
07.021.008
042.050
111.008
08.021.005
09.042.049
10.052.030
Jeffreys, B.
08.012.004
Jeffreys, H.
01.100.009
03.003.055
081.002 .028
094.287
04.003.025
081.032
05.094.117
06.094.001
08.045.007
081.009 .054
094.057
10.044.012
081.024
Jeffries, A. J.
01.092.004
06.106.004
Jegibekov, P.
08.106.034
Jehlicka, K.
06.079.101
Jekabson, C.
10.103.102
Jelley, J. V.
02.141.150
143.071
04.061.005
066.010
143.014
05.066.067
134.017
141.239 .240
06.033.010
142.067
08.134.007
09.034.005
155.097
Jelly, D. H.
02.083.034
04.084.031
Jen, N. C.
10.125.014
Jenken, M. E. J.
09.033.048
Jenkins, B. Z.
07.042.043
Jenkins, E.
09.131.146
10.157.005
Jenkins, E. B.
01.114.040
152.005

Jenkins, E. B.
02.093.006
099.019
131.098
03.114.092 .100
06.051.026
114.074
07.103.106
114.087
131.030
08.114.089 .090
09.114.066 .121 .122 .123
.124 .125
131.063 .064 .065 .066
.067 .137 .166
10.131.166 .234
Jenkins, E. F.
09.008.119
Jenkins, R. E.
02.066.011
03.052.022
05.066.014
08.004.022
Jenkins, R. W.
04.143.002
06.143.046
09.078.059
Jenkins, S.
01.082.049
Jenkins, T. L.
04.143.025
Jenkins, V.
09.033.052
Jenkins Jr., A. W.
04.084.211
Jenkner, H.
09.118.013
131.172
Jennens, P. A.
10.153.027
Jenner, D. C.
05.158.047
06.158.135
09.133.015 .016
10.133.005
158.098
Jennings, D. M.
01.141.047
05.141.239
Jennings, J. E.
04.141.080
Jennings, M.
04.119.003
Jennings, M. C.
02.114.055
131.030
05.114.031
131.103 .105 .107
08.064.029 .067
10.064.018
Jennings, R. E.
06.071.062
082.087
07.132.019
08.008.104
113.018
09.113.015
10.114.196
131.055
Jennison, R. C.
02.105.189
05.082.055
141.116
09.094.797
Jensch, A.
02.032.068
Jensen, C.
10.004.056
Jensen, E.
02.072.076

Jensen, E.
03.072.047
Jensen, E. B.
10.121.103
Jensen, J. O.
03.065.057 .068
Jensen, K. J.
04.105.130
Jensen, L. L.
10.082.087
Jensen, O. G.
07.116.003
10.117.035
Jensen, P.
09.041.001
Jensen, R. P.
04.032.033
Jensen, V. O.
07.074.047
09.074.078
Jentsch, E.
04.053.015
Jentsch, V.
07.084.012
Jepsen, K.
01.014.009
Jepsen, P. L.
08.034.124
Jerome, D. Y.
03.094.044
04.094.202
06.105.107 .108
07.094.064
09.094.090
105.017 .089
10.094.409
Jerzykiewicz, M.
02.122.155
03.122.038 .039 .071
04.080.006
05.122.051 .103
06.122.119
08.122.058 .097
Jespersen, J. L.
03.044.021
07.044.019 .030
10.003.063
Jespersen, M.
02.084.014
03.083.058
04.083.073 .075 .087
07.083.039
Jessberger, E.
06.094.263
07.105.018
09.094.403
Jeter, S. A.
03.034.042
Jetschke, G.
01.123.002
03.031.006
Jetschke, R.
03.031.006
Jettner, F. C.
01.082.092
04.010.002
09.014.041
Jetzer, P.
09.100.010
10.100.004
Jeuken, M.
08.033.102
Jeuken, M. E. J.
08.033.070
09.033.060
Jevsejenko
See Evseenko
Jewsbury, C. P.
01.153.024
03.153.003

Jewsbury, C. P.
10.160.018
Jex, D. W.
06.094.123
Jezkova, M.
01.104.018
09.104.003
Jigeu, I. K.
01.121.021
Jimenez, J.
01.143.070
Jimsheleishvili
See Dzhimshelejshvili
Jiracek, G. R.
06.094.162
Job, F.
01.118.008 .020
02.118.032
04.098.012
Jochum, K. P.
10.105.061
Jockers, K.
03.074.051
07.102.016
103.106
08.103.121
09.103.102
10.103.102
Jodinskiene, E.
08.113.050
Joensson, G.
03.143.034
Joergensen, B. G.
03.103.101
124.103 .106
07.119.017
121.048
09.098.021
103.005
10.105.022
Joergensen, H. E.
03.065.057 .068
04.121.001
05.010.017
121.004
122.044
07.122.034
08.014.010
09.065.125
Joergensen, T. S.
06.084.050
07.106.009
Joeveer, M.
01.151.008 .009 .026
02.005.015 .018
07.155.050
10.155.068
Joglekar, P. J.
09.085.005
Johan, Z.
09.094.078
10.094.240
Johannesson, G.-A.
08.022.140
Johansen, K. T.
02.121.006
03.113.024 .052
121.023 .028 .029
05.121.004 .028
122.044
06.122.070
07.141.191 .192
Johansen, R.
09.061.062
Johansen, R. A.
09.097.008
Johansen, T. V.
06.042.059
Johanson, A. E.
08.082.125

Johansson, L. E. B.
09.131.037
10.131.071
Johansson, S. A. E.
06.142.042
Johansson, U. R.
04.004.007
06.004.050
08.004.051
John, D. E. S.
03.079.102
07.076.003
079.101
John, R. M. S.
01.022.047
John, R. W.
10.066.132 .133 .135
John, T. L.
09.064.088
John, W.
09.094.420
Johns, G.
05.003.052
Johns, I. A.
05.077.031
Johns, J. W. C.
02.022.054
Johns, O.
10.061.038
Johnson, A. R.
02.003.080
Johnson, A. W.
01.082.015
06.022.075
Johnson, C. B.
07.034.020
Johnson, C. D.
07.034.085
Johnson, C. E.
08.022.100
Johnson, C. L.
05.094.093 .108
Johnson, C. R.
06.066.089 .090
07.066.118
10.065.064
Johnson, C. Y.
03.083.070
05.082.139
084.214
Johnson, D.
04.094.182
Johnson, D. B.
01.117.013
Johnson, D. E.
06.043.011
Johnson, D. R.
03.022.012
04.022.011
06.022.083
07.022.113
08.131.087
09.131.181
10.131.294
Johnson, E.
07.003.165
Johnson, F. M.
02.131.059
04.131.072
09.065.068
131.085 .096
10.131.174 .259
Johnson, F. S.
01.091.013
093.039
02.093.047
04.091.029
093.093
06.094.155
07.082.096

Johnson, F. S.
07.094.272
08.094.170
09.082.084
094.760
10.094.331
Johnson, F. T.
02.052.028
Johnson, G. R.
10.097.111
Johnson, H. E.
01.082.058
03.141.064
04.092.016
05.151.025
07.131.118
08.061.071
131.061
Johnson, H. L.
01.113.025
02.114.007 .066 .067
03.032.014
099.001
113.027
114.011 .058
04.114.033
141.091
05.031.068
08.114.163 .164
09.114.114
10.034.020
114.099 .169
115.027
Johnson, H. M.
01.122.008
142.039
02.010.006
142.031
03.142.032
04.142.026
05.082.023 .046
132.002
142.059
152.004
06.132.002
159.026
07.132.033
158.160
160.027
08.117.014
133.003
142.078
09.115.011
131.184
132.005 .019
142.050
10.113.090
114.066
133.027 .043
158.093
159.006
Johnson, H. R.
01.114.047
02.022.080
064.004
073.048
03.022.049
04.064.039
05.064.045 .056
06.064.017
07.064.019 .051
114.073
08.064.017 .023
073.103
114.053
09.064.015 .050
10.064.032
Johnson, J. H.
08.105.051 .053

Johnson, K. M.
01.033.012 .013
Johnson, L. B.
09.011.026
Johnson, L. C.
07.022.074
09.062.010
Johnson, L. R.
08.081.063
Johnson, M.
03.143.023
08.066.103
Johnson, M. A.
08.034.122
Johnson, M. H.
05.062.065
06.066.107
Johnson, M. W.
08.155.025
09.131.129
Johnson, N. J.
06.071.027
Johnson, N. P.
08.083.022
Johnson, P. H.
04.094.237
05.105.083
06.094.061
09.094.450
Johnson, R.
03.094.159
Johnson, R. D.
03.094.158
04.094.251
06.034.131
Johnson, R. E.
07.084.009
Johnson, R. G.
02.084.010
04.084.026
06.084.015 .028 .043
08.034.075
084.054 .223
Johnson, R. H.
05.082.033
Johnson, R. S.
08.064.064
Johnson, R. W.
04.051.018
Johnson, S. G.
01.082.028
Johnson, S. L.
02.154.006
Johnson, S. M.
09.094.401
Johnson, S. W.
04.094.013
09.094.453 .830
Johnson, T. S.
02.094.067
08.045.033
Johnson, T. V.
02.094.012 .014 .124 .172
099.031
03.098.019
04.094.014 .022
099.003 .018
100.015
05.094.153
098.017
099.025 .062
100.007 .019
103.111
06.099.055 .077
07.094.086
098.037
08.091.019 .022
094.019
09.091.045
094.840

Johnson, T. V.
09.098.004 .015
10.098.003
099.039
105.106
Johnson, W. A.
01.033.025
Johnson, W. G.
04.032.004
Johnson III, W. N.
02.141.127
03.141.131
07.141.520
142.014
155.009 .052
08.142.901
155.062
10.155.017
Johnson Jr., C. F.
03.003.131
07.003.158
Johnson Jr., G. G.
09.094.458 .828
Johnston, A. R.
04.031.008
Johnston, D. A.
09.094.628
Johnston, D. H.
07.094.127
08.094.901
Johnston, I. D.
02.119.006
03.065.092
116.001
Johnston, K.
04.121.036
08.121.064
Johnston, K. D.
10.131.284
Johnston, K. J.
02.134.004
141.094
03.119.007
131.049
05.117.009
121.064
131.004 .020 .081
06.131.003
132.028
07.131.010 .038 .039 .124
08.131.008 .038
09.131.052 .163 .183
132.023
10.131.121
132.028
Johnston, P.
01.123.025
Johnston, R.
07.094.137
08.094.106
09.094.616
10.094.260 .514
Johnston, R. G.
10.034.060
Johnston, W.
01.123.025
Johnston III, W. D.
02.022.037
Johnstone, A. D.
01.084.022
06.084.012
Johri, V. B.
01.162.012
Joines, W. T.
06.033.060
Joki, E. G.
02.084.011
Jokipii, J. R.
01.062.018
074.052

Jokipii, J. R.
01.143.058 .074
156.003
02.131.026
156.003
03.106.017
143.031
04.106.012
05.074.090
078.007
143.015 .061 .141
07.022.012
074.046
08.022.903
084.202
143.047
09.078.030 .043 .046
106.029
143.036
10.062.008
106.022 .060
156.002
Jolly, G.
05.125.024 .102 .109
Joly, F.
01.131.033
09.131.093
Joly, M.
09.158.126
Jonas, D.
05.155.005
Jones, A.
03.103.128
04.124.107
09.124.107
10.124.107
Jones, A. D.
10.061.065
Jones, A. F.
03.122.066 .067 .068
04.121.078
122.177 .178 .179 .180
05.123.040 .042 .043 .044
.045 .046
124.108
06.122.062
123.046 .047 .048 .049
08.103.124
123.060
09.123.039 .041 .042 .043
.044
10.103.102 .103
Jones, A. V.
01.082.063
03.082.039
084.044
04.082.112
05.084.032
06.012.021
084.004 .039
08.082.069 .080
084.057 .058
10.082.044 .089
084.022 .027
Jones, B.
03.141.009
08.099.066
125.100
10.114.027
133.056
Jones, B. B.
03.076.024
04.034.074
05.034.018
06.034.063
071.063
076.030
07.033.023
08.071.043
09.074.004

Jones, B. B.
10.132.017
141.018
Jones, B. D.
04.022.037
Jones, B. F.
03.153.001 .020
04.153.005 .013 .047
05.153.037
07.153.004
08.112.003
153.010
09.112.002
153.018
Jones, B. J.
04.162.031
Jones, B. J. T.
09.151.031
Jones, B. R.
09.094.240 .761 .918
10.094.230
Jones, B. T. J.
08.162.029
Jones, B. W.
05.082.132
08.094.186
09.094.780
10.094.042
Jones, B. Z.
01.005.006
06.003.080
Jones, C.
02.077.045
08.142.028 .079 .124
09.094.439
142.045 .052 .131 .150
10.121.043
142.033 .115 .118 .119
Jones, C. A.
08.142.097
09.142.048 .151
10.142.111
Jones, D. E.
01.071.035
073.056
074.035
085.013
106.031 .046
03.099.004
04.093.084
06.143.091
08.093.001
099.001
10.106.049
Jones, D. H. P.
01.121.005 .006
122.058
133.002
158.005
02.112.009
119.018
153.033
03.122.108
04.113.041
122.079
05.111.001
152.008
06.122.011 .038 .088
08.115.015
122.095
155.055
09.155.007
10.115.014
122.017 .055
Jones, D. M.
05.034.069
Jones, D. R. L.
02.103.116
04.103.128
05.103.112

Jones, D. R. L.
08.103.100 .116 .124
Jones, E. M.
03.126.004
04.065.083
06.065.141
112.008
07.112.009
08.112.006
09.125.013 .033
10.008.066
Jones, F. C.
04.143.044 .066
05.061.017
125.019 .037
06.022.082
156.005
07.156.003 .901
09.143.005 .021
Jones, F. S.
08.112.001
Jones, G.
06.112.012
Jones, G. B.
05.033.036
Jones, H. E.
04.081.048
Jones, H. P.
02.064.029
04.063.021 .030
05.022.015
07.063.026
09.073.060
080.027
10.063.027 .028
073.109
Jones, I. T. N.
05.082.029
Jones, J.
02.104.003 .044
04.104.042
07.082.024
10.034.050
104.032
Jones, J. C.
04.097.056
07.097.097
08.097.042
Jones, J. E.
04.162.031
Jones, J. M.
04.094.302
Jones, K. G.
01.003.016
004.012
132.003 .013
02.004.001 .002
04.158.079
05.004.020
Jones, K. L.
01.083.024
05.083.013 .014
09.083.020
097.066
Jones, L. A.
03.022.010
032.031
04.062.061
07.034.137
Jones, L. W.
10.022.105
Jones, M.
06.022.100
08.076.010
Jones, M. N.
05.091.022
06.091.009
08.082.094
Jones, M. T.
01.094.027

Jones, M. T.
02.084.232
094.087
Jones, M. V.
03.103.102 .128
07.103.115
Jones, P. B.
03.066.001
06.061.050
09.031.009
Jones, R. A.
03.082.019
04.071.037
073.069
082.142
05.084.024
09.084.016 .017 .046
Jones, R. G.
01.082.004
Jones, R. H.
02.094.176
06.094.209
Jones, R. L.
03.094.146
Jones, R. V.
07.009.006
09.009.012
Jones, S.
01.033.015
Jones, S. E.
04.091.005 .014
Jones, S. G.
07.033.015
Jones, T. B.
02.083.022
05.083.034
07.083.069
Jones, T. J. L.
03.079.102
06.076.025
09.034.083
Jones, T. L. J.
07.076.002
Jones, T. W.
07.158.027
09.121.006
141.069
10.141.125 .137
160.013
Jones, W. L.
01.073.027
08.080.050
Jones, W. V.
06.143.083 .086
Jones Jr., E. C.
09.080.047
Jonsson, G.
05.143.113
Jordahl, P. R.
04.064.028
07.115.013
Jordan, C.
01.022.021 .028
071.027
02.076.013
03.022.029
04.010.022
06.010.022
012.017
071.063 .064
073.094
076.008 .025
07.073.074
074.012
08.062.071
071.040
10.022.064
073.004
Jordan, J.
08.097.063

Jordan, J. A.
09.094.055
Jordan, J. F.
07.097.032
08.097.037
09.097.018
Jordan, J. L.
09.094.242
10.094.346
Jordan, J. R.
09.033.055
Jordan, P.
01.081.037
02.003.081
03.155.066
06.006.000
015.026
07.066.011
08.155.035
09.003.014
Jordan, R.
10.094.410
097.034
Jordan, S.
04.073.035
Jordan, S. D.
02.064.002
073.025
03.073.036
04.051.045
05.073.069
07.073.019
076.036
08.077.019
09.003.069
072.059
077.043
10.073.011
Jordan, S. K.
08.081.002
Jordan, T.
05.081.015
Jordan, W. C.
04.142.089
Jordan Jr., J. A.
06.031.082
Jorgio, N. V.
See Dzhordzhio, N. V.
Jorna, S.
10.061.064
Jornod, G.
03.008.093
Joselyn, J. A.
01.074.039
Josenhans, J. G.
01.033.026
Joseph, G.
04.142.107
05.078.025 .038
06.142.082
07.142.053
09.142.003
Joseph, J.
04.082.075
Joseph, J. H.
04.102.011 .015
05.102.020
Joseph, J. M.
08.003.081
Joseph, R. D.
04.113.051
05.114.021
Joshi, B. K.
03.083.055
Joshi, G. C.
06.072.002
08.114.046
09.114.111 .112
Joshi, J. S.
10.033.098

Joshi, M. C.
01.122.047
Joshi, M. N.
05.033.006
06.141.062
07.141.171
08.141.132
09.141.068
10.141.070 .129
Joshi, S. C.
01.122.047
10.122.086
Joshi, S. K.
04.022.074
05.062.023
Joss, P. C.
02.102.038
04.102.022
08.065.045
158.075
09.065.087 .088 .089
066.126
102.013 .015
141.011
10.121.069
141.026
142.067
Jost, D.
01.082.019
Josties, F. J.
03.118.023
09.098.026
Joughin, W. L.
01.055.010
Joukoff, A.
08.074.089
Joukoff, A. A.
02.061.006
04.074.026
Jouret, C.
04.094.064 .328
07.094.023
09.094.459 .804
Journet, A.
09.034.011 .118
10.031.015
Jousten, N.
03.114.122 .123
Jovanovic, M.
03.044.012
06.044.012
Jovanovic, S.
01.105.082
02.105.021
03.094.046
04.094.228
05.094.066
06.094.019
08.094.111
09.094.098 .156 .231 .298
.391 .715 .740
105.090
10.094.030 .202 .347
Joy, A. H.
05.114.069
Joyce, G.
10.099.073 .083
Joyce, R. R.
07.113.002
08.158.076
09.071.036
155.009 .038
10.071.006
100.001
113.106
131.290
132.057
Jozkovich, B.
09.033.008

Juan, V. C.
09.094.196 .197 .649
10.094.348
Juang, T. S.
10.012.042
Juchniewicz, B.
06.158.109
Juchniewicz, J.
06.013.003
022.096
Jucker, A.
10.121.105
Jucker, B.
10.121.105
Juday, R. D.
01.078.011
Judd, R. H.
01.084.052
Judge, D. L.
05.099.020
07.084.209
09.022.079
082.056
10.022.024
Judge, R.
10.084.008
Judge, R. J. R.
08.084.047
Judin, I. A.
04.105.105
Judin, O. I.
06.077.035
Judrups, O.
06.031.050
Juerss, F.
09.004.024
Jugaku, J.
02.114.050
04.142.062
Jugin, M.
10.053.006
Julian, R. F.
04.083.026
Julian, W. H.
01.151.005
02.141.038 .093
03.064.048
10.141.511 .548
Julienne, P. S.
06.131.102
07.091.035
10.131.038
Juliusson, E.
08.143.014
10.143.001
Jull, A. J. T.
10.094.034 .231
Jull, E. V.
09.033.072
June, J. V.
02.045.005
Jung, J.
01.115.004
03.115.002
122.057
05.002.043
115.003
06.002.026
07.002.020
008.136
041.033 .034
09.002.007
009.013
10.002.035
041.042 .043
Jung, K.
08.022.065
Jungblut, H.
02.093.002

Junge, C.
06.105.025
09.082.091
Jungels, P.
03.081.044
Junker, B. R.
07.162.046
10.131.037
Junkes, J.
01.008.028
034.030
03.008.030
05.008.032
06.031.030
07.008.036
09.008.028
Junkins, J. L.
09.042.039
Junod, B.
10.004.026
Junqueira, J. L.
04.094.025
Junusov
See Yunusov
Jupp, A.
04.052.011
05.042.013
06.042.003
Jupp, A. H.
01.042.006
03.042.033
05.042.047
07.042.002
09.042.004 .019 .901
10.042.022
Jura, M.
02.141.007 .018
04.131.035
06.131.021
07.131.041 .129
09.141.083
Jura, M. A.
04.114.050
Jurek, K.
10.094.510
Jurgens, R.
01.093.028
04.093.062
Jurgens, R. B.
07.079.101
Jurgens, R. F.
03.093.018 .029
04.093.041 .056
05.066.049
Jurisic, N. K.
10.012.030
Jurkevich, I.
02.121.029
03.121.001
05.121.074
158.065
06.031.034
07.121.032
141.026
Jurkiewicz
10.103.102
Jurowsky, J. F.
See Yurovskij, Yu. F.
Jurtchenko, B. N.
See Yurchenko, B. N.
Juska, V.
02.036.018
Juza, K.
10.008.107

Kaan, J.
01.062.033
Kaarsberg, E. A.
02.094.117

Kaasik, A.
10.155.050
Kabaeva, N. N.
08.041.026 .029 .075
Kabelac, J.
02.046.007
055.011
04.031.018
046.036 .037
06.006.000
08.041.048
046.044
10.031.058
046.027 .028 .036
Kaburaki, O.
06.062.002
Kacperek, A.
09.094.286
Kacser, C.
03.003.042
Kadakin, E. P.
05.092.004
Kadavy, F.
02.094.240
04.007.000
05.007.000
Kadla, Z.
06.158.093
Kadla, Z. I.
06.003.009
154.004
07.154.024 .025
08.154.007
Kadomtsev, B. B.
04.062.020
131.105
06.084.416
07.022.075
Kadyev, R. K.
10.066.083 .084
Kaeaeriaeinen, E.
04.045.005
08.045.044
Kaehler, H.
06.022.036
08.065.021
09.022.034
061.039
065.148
Kaestle, H. J.
10.094.052
Kaevitser, V. I.
10.093.001
Kafatos, M.
09.131.179
10.125.044
131.237 .245
Kafatos, M. C.
06.125.010
07.131.111
08.062.001
09.131.070
155.089
Kafka, P.
02.066.081
03.066.053
05.066.085
07.066.063
141.104
Kaftan-Kassim, M.
10.133.065
Kaftan-Kassim, M. A.
01.133.007
05.133.005 .006
09.158.119
10.133.028
Kagan, V. K.
08.003.082
Kagan, V. L.
07.046.033

Kaganovskij, G. M.
01.046.014
07.045.023 .024 .025
08.045.039
09.032.020
045.018
Kaganovskij, M. G.
07.045.001
Kagiwada, H.
01.073.037
03.091.033
05.063.050
07.064.056
09.063.010
Kagiwada, H. H.
01.063.035
03.063.021
091.012
Kahalas, S. L.
01.062.023
Kahan, E.
09.012.017
036.006
Kahan, W.
08.021.022
Kahle, A. B.
01.084.295
Kahle, H.-G.
10.094.454
Kahler, S.
04.076.025
05.076.017
06.073.031
07.122.126
Kahler, S. W.
01.078.002 .016
02.073.026
03.073.100
078.002
04.073.032
076.023
06.076.009 .028
07.077.013
08.076.025
077.036
10.073.083
076.018
078.041
Kahn, F. D.
01.122.053
131.032 .114
03.065.059
141.235
05.065.106
134.022
157.006
06.131.113
09.003.011
131.155
10.131.137
133.047
Kai, K.
01.077.039 .041
02.074.058
03.073.074 .085
077.004 .006 .046
09.021.005
077.060
Kaidanovskii
See Kajdanovskij
Kaifu, N.
02.131.014
05.033.044
08.131.099
155.066
09.131.005 .103 .189
10.155.041
Kaimakov
See Kajmakov

Kainth, P. S.
05.143.111
Kairbekov, T.
10.042.043 .063
Kaiser, C. B.
02.106.024
03.106.001
Kaiser, H. K.
01.003.068
Kaiser, M. L.
08.099.069
09.084.408
099.033 .050
Kaiser, T. B.
07.143.066
09.143.005 .021
156.001
Kaiser, T. R.
01.012.002
02.007.000
06.084.051
07.104.003 .016
08.083.036
Kaiser, W.
02.105.121
Kaiser, W. A.
03.094.067
04.094.211
07.094.057
105.058
08.094.009
09.094.423
10.094.349
105.054
Kajarekar, P. J.
07.034.142
Kajdanovskij, N. L.
01.007.000
033.004
08.033.001 .003
Kajdash, A. S.
10.032.043
034.090
036.008
Kajmakov, E. A.
02.022.030 .031
04.102.005
06.102.028
08.102.035 .036
Kajnarova, Ya.
09.083.054
Kajsin, V. K.
02.052.019
03.042.051
08.042.073
151.035
Kak, A. C.
03.091.004
07.033.060
Kakaras, G.
01.117.016 .017
02.113.004
117.035
03.113.009
04.113.058
06.113.054
08.113.050
Kakhidze, G. P.
06.143.070
09.143.065
Kakinuma, T.
01.077.006
03.073.066
05.077.046
106.041
06.074.099
08.074.063
09.106.011
10.074.131

Kakkuri, J.
02.046.021
08.046.027 .035
09.034.108
10.046.029
Kakuta, C.
04.045.002
081.004
06.043.005
07.081.013
08.044.010
081.012
09.045.010
10.044.027 .029
Kalaba, R.
01.073.037
082.087
02.091.046
03.091.033
04.063.011
05.063.023 .049 .050 .051
07.063.014
064.056
09.063.010
Kalaba, R. E.
01.063.035
03.063.021
091.012
Kalachev, P. D.
02.033.023 .024 .025 .026
03.033.027
04.033.020 .062
09.033.035 .036 .037 .038
Kalachev, V. L.
03.052.027
09.054.017
Kalachnikov, A. A.
02.003.108
04.099.022
09.091.079
Kalaghan, P. M.
01.093.011
06.097.072
10.073.111
Kalaja, P.
04.045.004
Kalandadze, N. B.
02.003.157
03.131.114
155.005
06.155.016
08.114.066
131.123 .124
Kalata, K.
02.034.011
Kalbitzer, S.
09.094.530
10.094.032
Kalchaev, K.
06.117.028
123.057
Kalchaev, K. K.
06.122.139
Kalchayev
See Kalchaev
Kal'chenko, B. V.
06.104.103
Kalenichenko, V. V.
08.104.029 .030
Kalenov, N. E.
04.054.008
Kaler, J. B.
01.133.022
02.131.082
132.009
03.133.014 .015 .026
05.133.003 .017
06.133.009 .023
07.132.023
09.133.013 .034

Kaler, J. B.
10.133.016 .040
Kalganov, M. I.
08.105.022
Kalgaonkar, M. A.
07.034.139
Kaliberda, V. S.
02.151.052
03.151.026
04.151.029
06.151.020
07.151.064
08.153.019
09.151.015
Kalichevich
See Kalikhevich
Kalihevich
See Kalikhevich
Kalikhevich, F. F.
04.098.008
06.098.038
07.098.003
08.098.030
10.098.020
Kalikhevich, N. S.
02.032.063
044.038
04.082.216
06.008.073
10.044.006
Kalinichenko, A. I.
10.074.024
Kalinin, A. P.
09.022.064
Kalinin, M. I.
09.162.023
Kalinin, O. A.
06.162.001
Kalinin, Y. K.
08.083.014
Kalinin, Yu. D.
05.084.205
Kalinina, E. P.
04.112.006 .029
05.152.010
06.151.067
Kalinina, G. I.
06.034.009
Kalinina, I. M.
06.112.007
08.041.027 .071
Kalinina, N. N.
06.104.074 .075
Kalinjak
See Kalinyak
Kalinkin, L. F.
03.084.423
143.012
05.083.056
142.089 .090 .095
06.142.035 .055 .099
143.014 .029
09.143.017 .065
10.034.007
083.015 .026 .029
143.038
Kalinkina, O. M.
04.093.035
05.093.019
06.093.016
09.093.012 .016
10.093.021
Kalinkov, M.
01.082.041
160.005
03.141.168
04.160.002
09.158.127 .128
160.026
10.160.023

Kalinnikov, I. I.
06.066.015
10.066.059
Kalinovskaya, G. K.
08.083.016
Kalinowski, J. K.
07.158.136
08.158.050
10.158.061
Kalinyak, A. A.
04.071.016 .017
05.071.015 .035
09.071.029
10.071.001
Kalish, L.
06.121.097
Kalisher, A. L.
08.084.343
Kalitzin, N.
03.072.015
Kalitzin, N. S.
01.066.067 .068
Kalkofen, W.
02.071.042
04.064.057 .080
073.057
05.064.049
06.073.001
09.080.003
Kallarakal, V. V.
03.118.023
09.098.026
Kalliomaeki, K.
09.034.108
Kallman, C. G.
10.065.144
Kalloghlian
See Kalloghlyan
Kalloghlyan, A. T.
02.158.013 .074
160.002
03.158.017
05.158.031
06.158.034
07.158.064
08.160.001
09.158.154
Kalloghlyan, N. L.
02.122.010
Kalloglian
See Kalloghlyan
Kalloglyan
See Kalloghlyan
Kalman, B.
06.072.051
08.071.015
10.072.044
Kalman, G.
01.126.010
08.077.026
09.141.550
Kalme, C. L.
06.003.112
Kalmykov, A. M.
05.045.027
07.045.027
Kalnajs, A. J.
03.151.037
05.151.037
06.151.031
07.151.027 .065 .067 .089
09.151.008 .022
10.124.107
151.901
Kalnay De Rivas, E.
10.093.030
Kalnin, R. K.
01.041.010
Kalnina, R.
03.031.010

Kalnina, R.
06.031.047 .049 .050 .051
Kalra, G. L.
01.062.027
02.062.024
04.062.012 .019
07.131.085
08.062.016
09.062.064
10.062.031
084.232
Kalv, P.
08.121.029
10.121.060 .135
Kalv, P. V.
04.121.027
Kalytis, R.
08.113.050
Kalzhanov, B.
10.082.149 .150
Kamas, G.
03.044.021
Kamat, A. P.
07.034.139
Kamata, K.
06.143.071
Kambou, F.
07.084.032
Kameko, V. F.
05.082.128
07.082.087
Kamel, A.
10.052.002 .006
Kamel, A. A.
02.042.018
03.042.025
04.042.046 .058
052.012
06.042.040
09.042.043
Kamela, C.
01.011.006
Kamenskaya, S. A.
02.141.209
Kamenskij, M. G.
08.033.063
079.104
Kamenskis, M.
06.077.058
Kamienski, M.
05.004.013
Kamijo, F.
01.064.047
09.131.090 .151 .152
10.131.175
Kamijo, I.
06.041.026
07.041.023
09.031.018
Kaminer, N. S.
01.078.005
106.022
02.078.031 .034
143.058
05.143.024 .048 .054
06.034.018
078.049
07.106.012
143.050
08.078.007
084.253
106.024
143.017 .050
09.078.066
143.078
10.078.016 .021
Kaminker, A. D.
08.072.063
Kaminski, H.
03.008.019

Kaminski, H.
05.082.159
Kaminsky, B. J.
04.052.024
Kamionko, L. A.
03.034.047
05.031.055
034.055
10.034.036
Kammer, H.
09.105.126
Kammerer, J.
10.032.052
Kamp, L. W.
09.064.023
Kamper, C. W.
10.112.007
Kamper Jr., K. W.
06.041.017
07.041.053
119.005
Kamperman, T.
07.114.128
Kamperman, T. M.
08.114.116
09.114.031 .049
Kamra, A. K.
05.082.126
Kan, J. R.
05.062.046
10.084.203
Kanaev, I. I.
03.097.054
05.034.050 .051
08.111.003
Kanagy, S.
03.103.115 .118
Kanai
03.103.103
Kanai, M.
06.141.019
Kanal, M.
06.063.019
Kanamori, H.
03.094.140 .142
04.094.290 .293
05.003.093
09.094.486
Kanasewich, E. R.
01.162.062
Kanda, S.
08.098.042
09.004.071
123.063 .064 .066 .067
Kanda, T.
07.032.047
098.024
09.032.031
034.024
Kandaswamy, J.
09.141.068
Kandaurova, K. A.
01.072.020
03.072.041
05.072.023
06.072.016 .077
07.072.015
10.072.024
Kandel, R. S.
01.064.063
06.071.023
073.036 .089
09.115.001
10.080.053
Kandilarov, G. G.
02.091.047
097.039
Kandpal, C. D.
04.121.031 .032

Kane, J.
02.094.045
09.097.093
Kane, J. A.
01.083.025
03.083.058
04.083.075
06.083.071
Kane, M. F.
02.094.118 .188
07.045.007
Kane, R. P.
04.143.003
05.084.282
06.084.220 .303
08.084.293
143.023
Kane, S. R.
01.076.003 .030
02.076.009
143.036
04.076.010 .020 .038
05.076.016 .035
06.073.082 .111
078.051
07.073.049
076.015
08.073.037 .073
076.025 .042
077.027
09.076.019
10.073.072
Kane, T. R.
01.117.013
02.003.104
06.042.020
Kane, W. T.
09.094.659
Kaneko, N.
07.158.015
08.158.100
09.158.110
Kaneoka, I.
09.094.732
Kaner, E. A.
09.141.065
Kanevskij, B. Z.
02.033.031
Kangas, J.
01.084.023
03.073.096
05.084.028
09.072.060
080.043
084.008 .009
Kangedal, B.
06.078.048
Kangieser, P. C.
03.082.033
Kanishcheva, R. K.
02.122.028
03.122.111
06.122.022 .116
08.121.001
122.001
Kanisheva
See Kanishcheva
Kanitschneider, B.
06.003.082
Kaniuth, K.
02.046.003
Kanno
03.124.103
Kanno, M.
04.079.100
07.074.006 .007
10.079.101
Kanonidi, Kh. D.
06.084.014
08.084.075

Kantowski, R.
01.162.006 .015
08.115.028
10.066.041
Kantz, M. L.
08.103.124
09.098.025
103.100 .114 .118 .124
 .127 .132
10.103.102 .103 .106 .116
 .118
Kanyo, S.
04.122.158
08.122.106
Kao, S. K.
08.082.236
Kap-Herr, A. V.
08.131.019
Kapahi, V. K.
01.033.028 .029
04.077.023
05.033.006
06.141.062 .179
07.141.171
09.141.068
10.141.070 .129
Kapanin, I. I.
10.083.014
Kaper, H. G.
02.091.001
Kapitsa, S. P.
06.005.009
 022.060
Kapitzky, J. E.
06.066.022
08.142.068
 155.026
Kapko, Ya. T.
01.014.008
Kaplan, B.
08.141.553
Kaplan, G.
09.094.299 .388
Kaplan, G. H.
08.041.045 .046
10.042.050
Kaplan, I.
03.094.159
04.094.255
Kaplan, I. R.
03.094.065
 105.084 .094
04.094.213
 105.068
06.003.027
09.094.246 .253 .404 .902
10.094.350
Kaplan, J.
02.007.000
Kaplan, J. I.
07.065.116
Kaplan, L. D.
02.097.017
05.097.027
 114.084
Kaplan, M. H.
09.094.911
Kaplan, S. A.
01.062.017
 063.019
 141.038
02.003.073
 062.016
 141.189
03.003.039 .056
 062.020
 063.008
 151.013
04.003.064
 063.041

Kaplan, S. A.
04.141.219
05.003.053
 141.090
06.061.025
 062.007
 141.076
07.003.074 .160
 061.012
 074.070
 132.004
 151.086
 158.156
08.003.030 .083
 062.002
 073.101
 122.028
09.022.089
 061.034 .069
 141.509 .515
10.062.053
 107.023
Kaplon, M. F.
01.143.008 .009 .029 .054
05.142.087
 143.102
06.143.002
Kapoor, N. K.
03.033.036
Kapoor, R. C.
08.122.112
09.122.086
10.122.113 .128
 162.084
Kapp, M.
02.003.091
Kappler, H. M.
04.082.008
Kapranidis, S.
08.121.088
Kaptein, E. J.
06.104.004
07.010.019
Kapustin, I. N.
06.034.018
Kapustin, P. A.
06.079.102
Kapustkin, A. A.
06.033.022 .023
10.033.055
Kar, K. C.
08.066.115
Kara Jr., C.
06.094.101
Karaali, S.
05.072.058
07.075.008
 153.029
Karachentsev, I.
04.158.082
07.160.029
Karachentsev, I. D.
01.160.001
03.151.058
04.151.001
 158.097
05.151.004
 158.097
 160.005
06.158.060 .067
08.151.012
09.158.087
10.158.037
 160.020
Karachentseva, V. E.
03.158.055 .108
04.158.097
05.158.025
06.158.060 .066
08.158.132 .134

Karachentseva, V. E.
10.158.043 .050
Karachevskij, V. N.
08.053.024
Karachun, A. M.
10.077.026
Karadjov, D.
09.158.127
Karaev, A. A.
03.073.127
04.073.055
05.073.021
10.073.009 .089 .091
Karakadko, V. K.
05.143.105
09.034.095
Karakad'ko, V. K.
06.143.133
Karakula, S. K.
07.143.072
Karal, F.
06.062.040
Karamish
 See Karamysh
Karamysh, V. F.
03.121.008
04.122.109
05.122.050
08.122.004
Karandikar, R. V.
01.008.054
Karanjai, S.
04.063.005
06.063.034
08.063.030
Karapetyan, B. O.
10.034.097
Karas, R.
04.084.003
Karas, R. H.
06.084.258
08.084.055
09.084.006
Karaselnikova, S. A.
03.104.045
Karasev, Yu. A.
10.034.095
Karastoyanov, A.
06.066.119 .120
Kardashev, N. S.
01.162.046
02.003.073
03.141.154
05.141.096
08.033.004 .024
10.162.023
Kardopolov, V. I.
03.082.079
 122.031
04.082.131
06.082.062
 122.016 .145
 131.029
08.082.039 .124
 122.901
09.152.006 .012
 153.001
Kardos, J.
03.094.074
Kardos, J. L.
04.094.292
09.094.479
Karetnikov, V. G.
04.121.043 .044
08.114.175
 121.085
 122.004
09.064.002
 121.029
 122.098

Karetnikov, V. G.
 10.121.111
 153.020
Karev, V. I.
 08.073.085 .091
 076.035
 09.076.031
 10.071.039
Kariagina, S. V.
 See Karyagina, Z. V.
Karimie, M. T.
 09.121.002 .056
Karimov, K. A.
 04.104.004
 06.082.072
 104.066 .068 .069 .070
Karimov, M. G.
 04.079.103
Karimova, D. K.
 02.097.064
 04.041.013
 06.041.016
 122.113
 07.112.008 .010
 08.141.133
 10.122.033 .038
 155.006 .070
Karimova, N. T.
 04.100.013
Karitskaya, E. A.
 03.141.073
Karitskaya, E. M.
 04.141.043
Karizkaja
 See Karitskaya
Karjagina, S. V.
 See Karyagina, Z. V.
Karklin, V. P.
 10.085.007
Karlov, L.
 03.066.075
Karlov, N. V.
 03.131.098
Karlow, N.
 02.055.002
Karlson, E. T.
 01.062.020
 03.084.264
 05.084.215
Karlsson, B.
 01.114.009
 02.114.026 .109
 04.155.039
 08.155.013
Karlsson, K. G.
 06.141.006
 10.141.033
Karnitskaya, V.
 10.014.005
Karnitskij, P.
 10.014.005
Karnitskij, P. N.
 04.014.011
Karoji, H.
 07.158.113
Karolus, A.
 02.022.016
Karp, A. H.
 07.064.029
 09.122.032
 10.064.059
Karp, D.
 09.093.056
Karpenko, A. K.
 05.083.058
Karpenko, A. V.
 08.099.056
Karpenko, Yu. A.
 10.004.049

Karpinskij, I. P.
 03.084.013 .014 .015
 10.106.025 .026
Karpinsky, V. N.
 03.032.019
 04.051.037
 05.071.040
 06.071.042
 08.071.052 .070 .071
 072.051
Karpman, V. I.
 06.084.298
 08.084.209
 09.083.001
 10.062.006
Karpov, I. I.
 08.042.076
Karpova, L. M.
 09.004.079
Karpowicz, M.
 02.125.007
 04.160.012 .013 .016
 05.160.006 .007
 06.160.003 .015
 08.160.016 .023
 09.003.070
Karpushin, Yu. G.
 08.091.058
Karr Jr., C.
 09.094.290 .469 .817
Karsky, G.
 01.032.016
 04.021.005
 08.032.049
 055.017
 10.055.001
Karsten, L.
 07.034.075
Karstensen, F.
 05.022.067
Kartaschoff, P.
 07.044.029
Kartasheva, T. A.
 10.121.137
Kartashoff
 See Kartashov
Kartashov, V. F.
 01.036.006
 02.099.066
 03.098.023
 06.003.007
 098.032
 08.099.010 .011 .032 .089
 .090 .099 .100
 09.094.895
 10.010.037
 099.035
Kartashova, L. G.
 05.071.008
 10.076.011
Kartashova, T. A.
 04.123.052
 05.123.029
Kartasov
 See Kartashov
Karyagina, S. V.
 See Karyagina, Z. V.
Karyagina, Z. V.
 01.082.101
 132.058
 02.082.022 .024 .123 .129
 103.101
 132.003
 04.103.101
 06.132.013 .014
 08.132.008 .009 .023 .024
 .030 .031 .901
Karyakin, A. V.
 08.094.168
 10.094.049

Kasahara, I.
 07.142.075
 09.142.004
Kasatkin, A. M.
 01.051.035
 08.097.104
 09.097.020 .023
Kasha, H.
 02.022.098
Kasha, M. A.
 03.003.040
Kashcheev, B. L.
 02.104.042
 03.104.018
 05.104.001 .006 .017
 06.035.005
 104.082 .089 .098 .103
 .109
 08.104.021
 10.104.022 .025 .037 .040
 106.030
Kashcheyev
 See Kashcheev
Kashevarov, V. P.
 07.143.050
Kashin, A. A.
 07.083.058
Kashkarov, L. L.
 02.105.053
 05.143.045 .126
 08.105.084 .088
 10.105.099
Kashkarova, V. G.
 02.105.053
 10.105.099
Kashuba, A. T.
 03.094.048
 04.094.220
Kashy, E.
 05.065.011
Kasimenko, T. V.
 01.054.006
 02.054.021
 07.054.008
 10.054.004
Kasimenko, T. W.
 See Kasimenko, T. V.
Kasimov, U.
 07.084.260
 09.084.413
Kasinskij, V. V.
 02.071.050
 072.021
 080.006
 04.072.042
 073.067
 06.073.021 .045
 09.072.077
 073.108 .111
 10.072.045
 073.001 .038
 080.023
Kasinsky
 See Kasinskij
Kasold, J.
 09.097.093
Kasper, J. S.
 03.094.076
Kasper, U.
 01.066.011
 04.066.008 .056
 06.066.062 .063
 10.066.091 .136 .137 .138
Kasper Jr., J. F.
 06.081.034
Kassimenko
 See Kasimenko
Kassinsky
 See Kasinskij

Kastel', G.
 01.103.106
 06.103.119
Kastel', G. R.
 01.103.100 .109
 02.103.102 .112 .113
 04.103.128
 05.103.105 .109 .111
 06.103.100 .103 .119 .120
 08.103.120
 09.103.100
 10.103.102
Kastelein, W.
 09.004.018
 10.004.037
Kasten, F.
 08.003.165
Kasten, V.
 05.103.106
 07.103.001 .002
 08.103.107
Kastner, S. O.
 02.099.045
 05.022.087
 076.003
 07.082.108
 10.022.082
 073.025
Kasturirangan, K.
 05.142.066
 07.142.004
 08.082.108
 142.089
 09.142.101
 10.142.087
Kasumov, F. K.
 02.066.061
 03.064.058
 065.093
 04.064.072
 06.065.074
 066.010
 125.012
 07.066.032
 08.065.155
 125.026
 09.065.038
 125.004 .017
 141.563
 10.125.017 .042
 141.537 .538
Kasymov, K. Kh.
 03.041.022 .023
Katahira, J.-I.
 10.122.039
Katasev, L. A.
 02.082.159
 03.003.020
 06.082.097
 104.101
 07.082.080
 08.104.011
 09.104.016
Katem, B.
 10.103.115
Katgert, P.
 01.157.001
 08.141.010
 09.141.021 .022
Katgert-Merkelijn, J. K.
 09.141.021 .022
Kath, J.
 09.094.937
Kathuria, S. N.
 10.062.031
Kato, H.
 03.124.106
Kato, S.
 02.064.010
 065.054

Kato, S.
 02.080.022 .033
 03.022.067
 04.080.013
 151.021
 05.080.026
 06.065.149
 082.074
 151.012
 07.151.007
 09.151.032
Kato, T.
 01.035.002
 044.011
 142.037 .045 .046
 03.035.005 .006
 04.142.021
 05.142.061
 06.142.013 .049
 08.142.039
 155.012 .066
 09.084.412
 142.005
 10.155.042
Kato, Y.
 06.062.067
Katoh, M.
 06.033.053
Katow, M. S.
 04.033.024
Kats, M. E.
 02.106.025 .029
 03.062.005
 06.106.040
 08.074.095
 09.077.040
 106.036
 143.082
 10.078.020
Katsevman, M. M.
 10.085.013
Katsiaris, G.
 04.042.033
 05.042.006
 10.042.072 .073
Katsis, D. N.
 08.042.055
Katsonis, K.
 10.062.012
Katsova, M. M.
 10.064.003
Katsube, T. J.
 09.094.491
 10.094.351 .352
Katsura, T.
 04.094.136
Kattawar, G. W.
 01.063.025
 02.082.128
 04.063.042
 082.048
 091.007
 093.005
 05.063.032
 082.084 .085 .087
 091.030
 06.082.086
 093.022
 08.063.037
 082.219 .225
 091.016 .017
 09.063.007 .024
 10.063.021 .022
Katterbach, K.
 02.022.120
 03.022.042
Katterfel'd, G.
 08.091.008
Katterfeld, G. N.
 05.091.036

Katterfeld, G. N.
 05.099.089
 06.091.024
 09.094.945
Katterfel'd, G. N.
 02.094.184
 05.081.026
 092.001
 06.099.044
 10.097.058
Katyushina, V. V.
 04.082.149
 06.082.037
 10.082.023
Katz, I. M.
 10.063.008
Katz, J.
 07.066.101
Katz, J. I.
 09.065.088
 10.142.075
Katz, J. M.
 06.063.035
 072.022
 07.071.038
 072.002
Katz, L.
 03.084.256
 05.022.085
 084.417
 06.084.269
 10.078.048
 084.411
Katz, M. E.
 See Kats, M. E.
Katz, R.
 01.094.060 .078
Kauffeldt, A.
 09.004.029
Kaufman, A. S.
 06.074.056
Kaufman, B.
 04.053.001
 10.053.015
Kaufman, J. J.
 10.134.018
Kaufman, M.
 01.152.001
 03.032.006
 162.032
 06.032.004
 07.155.007
 10.155.032
Kaufman, P.
 10.077.017
Kaufman, S. E.
 06.162.010 .037
 07.162.901
 08.162.078
 09.162.066
Kaufman, V.
 06.022.113
 07.022.094
 08.022.038
Kaufmann, J. P.
 01.112.001
 03.112.011
 07.114.105
 09.064.068
 114.130
 10.119.006
Kaufmann, P.
 01.077.019
 082.001
 02.076.027
 077.010
 03.077.001 .033
 079.102
 083.021
 04.074.067

Kaufmann, P.
 04.077.015
 083.058
 05.008.116
 077.044
 07.074.096
 077.025
 08.077.053
 09.033.002
 077.058
 142.122
 10.077.075
Kaufmann, R. L.
 01.084.291
 04.084.242
 06.084.302
 10.084.234
Kaufmann, W. J.
 02.066.028
 03.066.078
Kaufmann III, W. J.
 01.066.024 .050
 10.003.064
Kaula, W. M.
 01.003.011
 045.007
 02.081.020
 094.165 .204
 03.094.028 .267 .291
 04.081.003 .030
 094.265
 05.081.004
 094.112 .122
 06.094.188
 09.091.082
 094.757 .927
 10.094.068 .074 .080 .085
 .107 .353
Kaulbach, F.
 09.003.014
Kaupusa, E.
 10.031.067
Kaurov, Eh. N.
 07.054.016
Kaushal, S.
 03.094.033
 04.094.203
Kaushal, S. K.
 01.105.060
 03.105.072
Kautzleben, H.
 02.008.094
 03.008.102
 05.081.050
 06.046.004
 08.084.347
 10.011.047
Kavadas, A.
 04.084.032
 05.084.012
Kavaliauskaite, G.
 03.113.009
 04.113.058
 06.113.055
 08.113.048 .050
Kavanagh, R. W.
 08.061.034
Kavanagh Jr., L. D.
 04.074.012
 08.084.264
Kaverin, A. A.
 05.099.031
 06.014.014
Kawabata, K.
 01.161.006
 02.141.180
 04.074.105
 07.071.046
 074.076
 08.162.060

Kawabata, K.
 09.134.012
 10.077.033
Kawabata, K.-A.
 08.077.039
Kawaguchi, I.
 02.079.100
 04.073.026
 07.073.006
 10.073.077 .115
Kawaguchi, S.
 06.143.087
Kawai, N.
 03.099.060
Kawai, S.
 02.031.020
Kawajiri, N.
 04.157.002
 05.009.019
 07.074.076
 132.037
 141.158
 09.134.012
 10.141.090 .136
Kawano, N.
 07.074.076
 132.037
 09.134.012
 10.141.090 .136
Kawasaki, K.
 06.084.240 .259 .284
 10.084.242 .244
 106.019
Kawashima, N.
 01.106.010
 03.102.004
 05.062.011 .066
 08.106.031
Kawata, Y.
 03.091.031
 05.091.028
 09.100.029
Kay, H. F.
 09.094.461
Kaye, J. H.
 02.105.082
 03.094.079
 04.094.226
Kaye, M.
 02.105.013
 06.094.037
 09.094.377 .685 .705
Kaye, M. J.
 09.094.411
Kaylor, R.
 03.061.002
Kaysin
 See Kajsin
Kazachevskaya, T. V.
 07.051.011
Kazak, B. N.
 03.084.027
 08.084.023
Kazakov, G. I.
 08.055.011
Kazakov, K.
 08.083.027
Kazanasmas, M. S.
 07.003.131
 08.131.125
 09.003.150
 10.113.024
 155.013
Kazantsev, A. N.
 02.083.044
 093.039
 06.097.050
 09.093.072 .073 .074
Kazantzev
 See Kazantsev

Kazantzis, P. G.
 10.042.074
Kazarian
 See Kazaryan
Kazaryan, Eh. S.
 03.065.009
 04.152.001
 08.122.142
 09.122.136
 10.122.030
Kazaryan, K. A.
 10.004.043
Kazaryan, M.
 07.123.002
Kazaryan, M. A.
 04.114.001
 132.036
 05.133.011 .013
 07.114.065
 08.132.001
 09.133.024
Kazes, I.
 03.141.115
 04.158.017
 05.158.055
 06.131.089
 09.100.012
 155.011
 10.103.102
 141.037
Kazhdan, Ya. M.
 03.061.011
Kazimierowski, J.
 04.010.021
 08.011.041
Kazimirchak-Polonskaya,
 E. I.
 06.102.011
 08.012.003
 099.008
 102.046
 103.102
 104.008
 09.104.026
 10.102.043
Kazimirovskij, E. S.
 02.083.050
 06.082.008
 08.085.001
Kazimirovsky
 See Kazimirovskij
Kazinskij, V. A.
 03.081.036
Kaziutinski
 See Kazyutinskij
Kazlauskas, A.
 08.113.050
Kazukonis, H.
 07.034.064
Kazutinski
 See Kazyutinskij
Kazyutinskij, V.
 06.004.033
 08.003.036
Kazyutinskij, V. V.
 01.015.012
 02.003.024 .141
 03.013.005
 015.019
 04.015.017
 06.013.005
 10.011.039
 061.019
Kchatchatrian, N. G.
 See Khachatryan, N. G.
Kearney, P. D.
 07.078.022
 09.078.008
Keath, E. P.
 05.073.051

Keath, E. P.
06.078.002
08.078.027
Keating, G. M.
02.082.153
05.082.097
09.082.072
Keating, P. N.
08.031.029
Keating, R. E.
08.066.007 .008
Keay, C. S. L.
02.104.014
08.099.060
09.099.062
10.099.016
Keays, R. R.
03.094.041
04.094.082 .104 .199
05.105.041
07.105.011
09.094.374
10.094.341
Kebabian, P. L.
06.034.133
07.034.136
08.034.131
Kebuladze, T. V.
01.106.022
02.078.031 .034
143.058
05.143.048
06.078.049
Kedrov, B. M.
10.003.067
Keeler, R. N.
08.022.141
Keeley, D. A.
04.065.026 .027
06.141.208
07.063.040
09.131.013 .162
10.141.556
Keen, N. J.
05.033.042
07.033.034
09.033.047
157.006
10.125.018
Keenan, D.
08.151.025
10.155.027
Keenan, D. W.
09.151.018
10.155.010 .063
Keenan, P. C.
01.114.046 .057 .070 .103
02.114.076
122.082
04.114.074
05.114.081
06.114.003 .076
07.122.051
10.114.044 .119
115.018
122.078
Keeney, J.
05.082.134
09.094.600
10.162.074
Keenliside, W.
06.103.101
Kegel, W. H.
04.062.026
05.141.142
143.033
06.062.021
063.030
09.143.003
10.143.005

Keguleekhes, V. V.
02.082.133
Keihm, S.
09.094.544
10.094.361
Keihm, S. J.
07.094.219
10.094.004
Keil, K.
02.105.066 .105 .156
03.094.086 .159
105.010 .027
107.013
04.006.000
094.131 .133 .162 .252
.363
105.144
05.105.063
06.094.042 .269 .272
105.022 .087
07.094.044 .070 .143
105.032 .041 .901
08.094.105 .232 .252
105.102
09.094.028 .058 .075 .097
.142 .184 .306 .329
.650
105.021 .060 .076 .091
10.053.007
094.157 .258 .415
Keil, S. L.
06.071.023
10.080.053
Keilhacker, M.
06.062.008
09.062.045
Keirle, P.
06.061.021
Keiser, J.
04.077.019
Keith, J. E.
05.105.079
06.094.061
07.094.009
09.094.054 .718
10.094.126 .244
Kelch, W. L.
08.114.053
Keldysh, M. V.
04.051.022
10.005.005
Kelker, D. H.
10.111.007
Kellaway, G. A.
06.004.008
Kelleher, D. E.
02.022.090
05.126.038
Kellen, P. F.
10.031.034 .047
Kellenbenz, H.
09.003.014
Keller, C. F.
02.065.072
080.023
03.114.063
04.074.041
080.024
122.003
05.122.101
07.074.017
080.003
09.074.030
Keller, H.-U.
02.009.001
03.031.002
04.152.009
05.011.004
102.033
06.044.009

Keller, H.-U.
06.162.076
07.097.082
102.015 .020
09.102.003
103.102
162.037
10.103.100
Keller, N.
07.103.115
Keller, W. D.
09.094.370
Keller Jr., C. F.
02.064.027
Kellerer, L.
08.062.023
Kellerman, K. I.
05.033.013
10.141.063
Kellermann, E. W.
09.143.012
Kellermann, K. I.
01.141.054
02.141.012
158.057
03.099.054
141.121 .205 .213 .216
04.033.063
101.001
141.041 .122
05.114.065
141.120 .135 .226
06.033.009
141.079 .151 .189 .202
158.098
07.141.027 .039 .107 .118
.136
158.088 .112
08.033.035
141.016 .056 .112
158.063
09.141.093 .109
158.029
10.141.038 .053 .082 .098
158.016 .096
Kelley, M. C.
06.084.013
Kelley, P. L.
08.082.036
Kellman, S. A.
02.131.042
03.065.017
04.131.132
07.155.090
08.061.003
155.003 .073
09.151.005
10.158.045
Kellner, H. A.
04.052.030
07.105.029
Kellogg, E.
05.142.041 .042 .047
160.009
06.142.002 .005 .012 .025
.028 .030 .046 .071
.072
159.005 .012
07.142.022 .026 .027 .038
.093 .095 .108 .127
.901 .902
155.053
158.029
08.142.028 .029 .033 .079
.101 .105 .133 .135
155.029
158.044
160.019
09.142.045 .052 .097 .138
.150

Kellogg, E.
09.158.057
10.032.022 .023
125.035
142.022 .025 .052 .108
.116
158.901
160.019
Kellogg, E. M.
01.142.026
03.125.007
142.043
04.125.007
05.122.073
134.018
142.068 .069
158.051 .102 .103
07.142.060 .065 .116
160.020
08.142.030 .031 .064
09.142.070
10.141.010
142.126
Kellogg, P. J.
07.158.027
Kelly, A.
06.131.092
09.131.100
Kelly, A. N.
08.077.017 .050
09.077.044
10.075.015
Kelly, B. D.
10.034.004
Kelly, D. C.
08.061.032
09.062.005
Kelly, E.
06.033.068
Kelly, G. N.
07.034.140
Kelly, H.
05.022.062
Kelly, H. P.
06.022.045
Kelly, K. K.
02.097.013
04.082.012
093.078
05.034.066
097.017 .037
099.040
Kelly, P. T.
07.073.015
08.073.098
Kelly, W. R.
09.094.746
105.092
Kel'ner, S. R.
09.142.119
Kelsall, D.
10.082.147
Kelsall, T.
01.122.063
05.120.006
09.122.044
Kelsey, E. J.
06.091.035
Kelsey, H. W.
02.094.236 .237
03.010.003
034.041
094.349
04.094.421
05.094.110
Kelsey, L.
08.003.084
Kelsey, L. A.
04.101.005
08.101.009

Kelsey, L. A.
10.101.005
Kelsey, L. J.
08.101.008
Kemic, S.
09.126.011
Kemic, S. B.
08.114.155
Kemp, D. A.
03.003.035
Kemp, J. C.
04.062.011
126.001 .006 .007
05.099.051 .052 .075
126.009
07.131.137
158.111
08.063.004
082.199
097.052
100.008 .020
116.015
125.102
131.051
142.086
09.063.041
100.033
116.003
119.021
142.115
10.100.020
116.005
131.158
Kemp, J. F.
10.046.006
Kempe, W.
02.105.120
Kemper, E.
05.122.039
10.121.096
142.072
Kemurjian, A. L.
02.094.060
Kendall, D. J. W.
10.082.009 .029
Kendall, J. M.
07.080.031
Kendall, P.
08.010.022
Kendall, P. C.
01.012.002
062.015
084.208
04.007.000
06.010.022
084.213
07.010.022
08.011.006 .007
10.011.042
083.002
Kendall Sr., J. M.
04.034.029
Kenderdine, S.
02.033.034
141.141
Keneshea, T. J.
03.083.004
Kenknight, C. E.
07.098.074
08.031.007
09.099.063
10.122.137
Kenmotu, X.
05.099.055
Kennedy, D. J.
06.099.078
07.022.031
Kennedy, E. S.
03.004.009
04.004.019 .023

Kennedy, E. S.
06.003.083
Kennedy, G. C.
05.081.005
09.081.005
Kennedy, J. E.
07.004.026
007.000
08.044.021
079.002
Kennedy, J. R.
03.079.102
09.099.028
Kennedy, M.
09.125.015
Kennedy, M. M.
08.004.021
Kennedy, P. M.
01.112.004
Kennedy, W. A. G.
09.033.001
Kennedy, W. J.
09.125.015
Kennel, C. F.
01.084.415
02.062.028
03.084.020 .237 .253
04.084.209 .296
05.083.060
084.266
06.062.070
084.207 .223
07.084.034
08.084.204 .403
09.051.002
084.257 .271 .280
091.034
Kennett, J. P.
08.081.018
Kenning, R.
10.133.008
Kent, D. W.
05.143.019
Kent, G. S.
06.082.017
103.101
Kent, J. T.
01.052.023
Kenworthy, C. M.
01.122.048
02.153.025
04.141.022 .170
06.141.068
08.111.001
141.078
142.134
09.141.030 .118
10.041.005
Kenyon, W. J.
09.094.712
Keosian, J.
07.015.003
Kepner, M.
03.155.019
Kepple, P. C.
06.022.118
Keppler, E.
04.054.004
08.054.004
10.078.010
Kerdemelidis, V.
04.091.013
09.033.071
Kerdraon, A.
10.077.010
Kerimbekov, M. B.
01.071.024
073.050
02.071.088
03.071.018 .021

Kerimbekov, M. B.
  04.071.059
  06.071.010
  09.071.047
  10.071.021 .058 .061
Kerker, M.
  04.003.065
Kerley, G. I.
  08.022.145
Kerley, M. J.
  01.082.100
Kerlick, G. D.
  10.065.077
Kern, J. W.
  08.082.155
Kernahan, J. A.
  01.084.043
  04.022.103 .104
  114.009
  08.022.069
  10.022.007
Kerns, B.
  07.131.028
Kernweis, N. P.
  02.033.038
Kerr, A. R.
  02.033.041
  04.033.082
  07.125.007
  09.033.045
  131.007
  10.125.004
Kerr, D. E.
  07.079.101
Kerr, D. M.
  07.082.019
Kerr, F.
  03.155.070 .072 .075
Kerr, F. J.
  01.141.096
  155.006
  02.131.049
  155.009
  157.002 .008
  03.155.001 .026
  04.155.002 .016 .034 .035
  .036
  05.131.021 .024
  142.065
  155.031 .032
  06.131.014 .130
  155.020
  157.008
  159.020
  07.131.132
  08.131.059
  154.006
  09.014.028
  033.024
  154.006
  10.131.005 .062 .111 .114
  154.001 .022
  155.026
Kerr, H. S.
  10.034.074 .075
Kerr, J. R.
  08.063.021
  082.084
  10.082.143
Kerr, M.
  04.155.002
Kerridge, J.
  08.105.042
Kerridge, J. F.
  02.105.126
  03.105.038
  04.105.038 .053 .055 .064
  107.008
  05.105.029
  08.105.005

Kerridge, J. F.
  08.107.002
  10.107.021
Kerridge, S. J.
  03.111.003
  05.111.002
  06.111.002
  153.013
  07.153.009
  09.153.011
  10.111.003
  153.010
Kerrigan, T. C.
  09.105.040
Kerzhanovich, V. V.
  02.093.029
  04.093.032
  06.091.037
  093.003 .030
  07.093.022 .025
  08.093.026 .036
  097.074
  09.093.037
  10.093.023
Kessler, A. H.
  02.033.040
Kessler, D. J.
  03.098.001
  106.002
  04.105.005
  07.098.072
  09.094.524
Kessler, G.
  04.032.032
Kessler, K. G.
  10.022.050
Kesteloot, G.
  01.075.016
Kesten, H.
  09.003.071
Kestenbaum, H.
  05.142.026
  06.034.051
  142.061 .062
  07.142.021
Kesteven, M. J. L.
  04.131.041
  06.141.039 .223
  07.141.081
  158.104
  08.142.062
Kestlane, Ue. V.
  04.122.068
Keswani, G. H.
  02.066.017
Ketcheson, R. D.
  04.097.060
Kevan, L.
  04.094.336
Kevanishvili, G. F.
  08.152.006
Kevanishvili, G. T.
  03.155.003
Kevorkian, J.
  02.052.027
  04.042.070
Key, M. H.
  08.062.048
Keyes, C.
  10.124.103
Keyes, M. J.
  04.123.048
  124.107
  05.121.051
  06.124.102
Keys, J. G.
  04.084.046
Kezhutin, N. G.
  04.022.032

Khabibullin, Sh. T.
  02.094.083
  03.094.332
  04.094.084 .085
  06.094.013 .081
  07.094.026 .089
  08.094.256
  09.094.921
Khablo-Grossvald, E. G.
  05.031.053
Khachatryan, N. G.
  09.153.041
Khachatryan, N. R.
  10.033.016
Khachatryan, Zh. Kh.
  04.034.043
Khachatur'yants, L. S.
  09.051.003
Khachikian, E. E.
  See Khachikyan, Eh. E.
Khachikian, E. Ye.
  See Khachikyan, Eh. E.
Khachikyan, Eh. E.
  01.158.041
  02.158.016 .034
  03.158.013 .082
  04.132.036
  158.062 .103
  05.008.027
  158.043 .104
  06.158.092
  07.158.084
  08.132.001
  158.038
  09.158.131 .136 .155
  10.158.052
Khadakhanova, T. S.
  09.143.025
Khadzhi, B. A.
  03.085.005
Khaikin, S. E.
  01.033.004
  08.033.001
Khaimov, I. M.
  04.104.003 .021
  09.034.099
Khalatnikov, I. M.
  02.066.036
  03.066.009 .070
  04.162.015 .039 .082 .091
  05.162.054 .055 .070
  06.162.027
  08.162.024 .096
  09.162.080
Khaleemonenko
  See Khalimonenko
Khalemsky, A. N.
  06.097.051
Khalezov, P. A.
  03.032.019
Khalil, H. K.
  08.063.009 .011
  09.063.014
  10.063.019
Khalim-Zade, A. B.
  10.004.081
Khalimonenko, V. A.
  04.079.103
  06.077.053
Khalina, N. T.
  10.104.033
Khaliullin, Kh.
  08.121.027
Khaliullin, Kh. F.
  08.121.018 .109
  09.121.054
  10.034.029
  121.032 .140
Khalkhunov, V. Z.
  07.003.075

Khalliulin, Kh. F.
01.132.048
Khallyulin
See Khalliulin
Khaltar, D.
08.082.241
09.082.127
Khamidulina, V. G.
06.123.057
Kham'yanova, N. V.
03.003.013
Khamzin, A.
04.104.061
Khamzin, A. A.
08.104.014
Khan, H. A.
04.105.079
05.105.045 .091
06.105.001 .096
09.094.260
10.094.266 .354
Khan, I.
09.162.065
Khan, K. A.
05.066.047
Khan, M. A.
01.081.032
02.081.021
03.081.017
05.081.022 .043
06.091.008
08.081.050
09.081.026 .031
10.081.013 .027 .028
Khan, T. P.
08.062.083
Khanberdiev
See Khanberdyev
Khanberdyev, A. Kh.
04.104.033
07.104.017
08.104.058
Khandelwal, G. S.
07.022.067
Khandelwal, R. S.
01.118.024
02.112.016
113.050
04.112.013 .014
118.003
06.112.018
Khandpur, G. K.
08.062.039
Khanina, F. B.
02.103.109
04.098.006 .007
08.098.003
103.106
Khantadze, A. G.
07.083.064
09.062.047
Khapaev, M. M.
04.042.041
Khaplanov, G. M.
06.061.025
Kharadse
See Kharadze
Kharadze, E. K.
03.152.003 .004
04.114.072
133.005
05.125.020
06.002.009
07.122.053
08.012.018 .019
10.114.134
Kharalampiev, V. G.
06.003.084
Kharchenko, A. A.
07.076.040

Kharchenko, A. A.
08.076.011 .047
Kharchilava, D. F.
04.082.082
Khare, B.
08.097.038
Khare, B. N.
02.093.032
03.097.032
04.097.038
131.076
05.099.066
06.015.002
099.014
131.063
09.063.022
10.091.029
106.001
Khare, H. C.
08.061.074
Khare, M.
08.097.038
Khare, S. P.
01.084.042
10.082.019
Kharin, A. S.
02.032.045
05.032.005
034.008
041.004
06.032.023
041.040
093.026
08.032.057 .058
041.068
Kharin, B. T.
05.104.004
Kharitonov, A. V.
03.080.019
04.071.019
082.053
06.034.116
114.125 .130
07.114.132
08.003.121
114.041 .136 .161 .181
131.135
09.003.079
114.108
10.071.034
103.100
Kharitonova, G. A.
02.034.079
082.132
101.005
03.100.013
05.100.005 .008
06.003.007
099.071
08.100.004 .023
09.099.093
100.004 .016
101.017
Kharitonova, V. Ya.
02.105.044
08.105.081
Kharkar, C. P.
06.094.102
Kharkar, D. P.
03.094.049
04.094.239
09.094.395
Khar'kov, A. A.
03.066.057
04.066.103
Kharyukova, V. P.
06.097.051
Khastgir, P.
06.033.061 .062
08.033.097

Khasyanov, A. F.
10.093.001
Khatchatrian, J. V.
07.122.155
Khatipov, A. E.-A.
09.004.081
Khatisov, A. Sh.
03.124.106
04.032.021
034.053
124.002
06.032.003
074.016 .043
098.033
124.003
08.098.082
10.124.104
Khatskevich, I. G.
02.052.017
07.054.011
Khavenson, N. G.
07.052.017
Khavin, E. E.
07.082.010
Khazan, V. B.
05.066.060
Khazan, Ya. M.
08.143.028
09.134.010
142.112
Khazanov, B. I.
03.084.013 .014 .015
08.003.006
10.106.025 .026
Khazin, L. G.
01.061.025
Khejfets, S. A.
09.091.064
Khentov, A. A.
08.054.009
09.054.018
Khera, R.
03.033.017
Khersonsky, V. K.
09.022.071
Khesin, A. Ya.
07.031.003
Khetan, S.
10.091.010
Khetselius, V. G.
04.082.068 .070
06.082.061 .062
08.082.124
09.082.104 .105
10.082.102 .104 .105
Khetsuriani, Ts. S.
02.073.013
03.073.004
04.034.052
06.073.030
074.016 .043
07.074.028
08.034.045
073.112
074.051 .107 .108
Kheylo, E. S.
01.122.106
02.082.057
04.122.118 .119
Khilov, E. D.
03.073.001
04.071.070
05.071.021
06.073.080
08.071.019 .062
10.071.030
Khizhnyakova, I. P.
02.131.104
Khlistov
See Khlystov

Khlistun
  See Khlystun
Khlopov, B. V.
  02.094.058
Khlystov, A. I.
  01.072.044
  03.071.020
  04.072.050
  06.034.111
  07.082.034
  08.071.051
    082.048 .123
Khlystun, F. E.
  06.066.037
  08.066.050
Kho, T. H.
  06.063.037
  07.063.031
  09.063.001 .034 .036
  10.063.055
Khocholava, G. M.
  07.083.064
Khodak, G. G.
  03.041.019
  07.041.025
Khodak, Yu. A.
  03.097.020
  04.094.359
  05.003.054
Khodyachikh, M. F.
  02.099.077
  04.099.020 .021
  06.099.052 .053
  08.099.087
Khodzhamukhammedov, N.
  07.033.005
  08.033.017
  10.033.048
Khokhlov, A. A.
  05.044.001
Khokhlov, M. Z.
  01.074.057
  03.084.241
  04.074.082
  05.084.229
Khokhlova, V. L.
  03.011.047
    114.036
  04.114.032 .085
    122.133
  05.116.010
  06.114.056
    116.009
  07.114.054
  08.114.138
    116.017
  09.114.143
  10.116.003
Kholchevnikov, C.
  04.066.119
  05.021.003
  08.042.037
Kholin, N. A.
  02.094.195 .196
Kholopov, P. N.
  01.123.023
  02.003.013
    097.064
    112.002
    114.093
    120.006
  03.122.032
  04.003.069
    021.015
    120.001 .003 .005
    122.132
    123.030
    154.016
  05.003.013
    123.002 .008

Kholopov, P. N.
  05.152.010
    153.034
    154.006
  06.120.004 .008
    121.069
    122.021 .080 .120 .122
      .144
    151.067
    153.006 .014 .016
  07.003.154
  08.120.008
    122.048 .144
    123.005 .013
  09.003.003
  10.123.027 .068
Kholshevnikov, K. V.
  06.042.013
  08.021.002
  09.042.056
    052.039
  10.052.066
Khomenko, L. P.
  10.034.123
Khomenko, Yu. A.
  02.074.012
    077.036
  03.077.013
  04.074.086
  05.074.020 .080
  06.074.088
  08.079.102
Khommik, L. M.
  01.041.018
  04.041.033 .035
  06.041.012
  07.041.009
  08.041.023 .026 .066
Khomyakova, M. P.
  04.041.032
Khorev, A. A.
  08.066.079
Khor'kov, V. D.
  09.078.055
  10.078.017
Khorosheva, O. V.
  01.084.038 .407
  04.084.047
  06.084.268
  07.084.251
  08.084.411 .419 .424
Khoskovich, B.
  09.033.008
Khovanov, G. M.
  02.003.073
Khoze, V. A.
  02.022.027
Khozov, G. V.
  03.158.107
  05.158.039
  06.031.015
  08.113.001
    131.046
  09.113.058
Khramov, A. N.
  01.081.036
  04.081.023
  09.081.004
Khrapko, R. I.
  09.066.047 .086
Khrenov, L.
  10.004.097
Khrenov, L. S.
  05.010.033
  08.011.028
  10.094.078
Khristianov, V. K.
  08.022.123
Khristiansen, G. B.
  02.143.066

Khristiansen, G. B.
  04.143.067
  06.143.140
Khristich, V. G.
  02.036.012
  05.082.133
  09.031.059
Khristov, V. K.
  See Hristov, W. K.
Khriukin
  See Khryukin
Khromov, G. S.
  01.133.026
  02.133.032
  03.008.087
  06.133.029
  08.097.020
    142.017
Khromov, S. P.
  10.085.029
Khronopulo, Yu. G.
  06.061.025
Khrulev, V. V.
  01.143.056 .067
    157.018
  06.079.102
  09.033.018
Khrunov, E. V.
  03.082.046 .053 .054
  06.051.001
    082.088
  07.082.057
  08.082.162
  09.051.003
  10.054.011
Khrushchev, L. I.
  03.032.038
Khrushcheva (Kolesova),
    L. A.
  06.122.150
Khrustselevskaya, G. V.
  02.078.036
Khrutskaya, E. V.
  08.041.038
  10.041.014 .030
Khryukin, V. G.
  06.083.043 .064
Khudyakova, T. N.
  10.113.020
Khukhunaishvili
  See Khukhunajshvili
Khukhunajshvili, V. T.
  07.042.063
  08.042.093
Khuon, E. Von
  See Von Khuon, E.
Khvostikov, I.
  04.082.181
Khvostikov, I. A.
  02.011.031
  04.082.159
  05.082.089
Kiang, C. S.
  10.082.004
Kiang, T.
  01.160.002
  02.141.059
    158.012
    160.010
  07.098.051
    103.118
  08.004.030
  09.103.103
Kiasat, A.
  06.009.001
Kibblewhite, E. J.
  05.034.030
  06.113.026
Kiceniuk, T.
  10.098.038 .040

Kichigin, G. N.
10.151.071
Kida, K.
04.033.045
Kidd, J. M.
05.143.013 .120 .122
06.143.088
Kiefer, L.
06.052.021
Kieffaber, L.
10.082.045
Kieffaber, L. M.
05.082.121
08.034.047
082.019
09.082.018 .074 .108
10.074.122
082.050
Kieffer, H.
01.097.032
03.097.004 .005
06.097.029
08.097.032
10.113.110
Kieffer, H. H.
02.094.011 .012 .128
03.100.008
04.100.002
07.097.011 .029
09.091.055
100.030
10.097.027
100.019
Kieffer, S. W.
06.105.042
10.105.068
Kielkopf, J. F.
09.031.021
10.022.088
Kienle, H.
01.003.035
03.015.010
05.155.028
10.114.074
Kiepenheuer, K. O.
01.008.041
032.067
02.013.009
03.008.048
05.008.049
013.017
06.073.096
07.082.094
08.032.031
10.075.004
Kiesl, W.
02.105.092
08.105.099 .106
09.105.155
Kiewiet De Jonge, J.
07.008.112
09.008.093
Kifune, T.
01.143.062
Kihara, T.
02.162.045
03.162.023
04.162.017
Kiknadze, I. N.
03.084.012
Kiko, J.
09.094.530 .732
104.003
105.123
10.094.032 .355
Kikuchi, H.
03.083.044 .060
07.084.208
09.084.258

Kikuchi, M.
05.033.022
Kikuchi, N.
02.082.158
05.045.014
082.066
07.081.013
082.059
09.044.011
045.011
10.044.032
045.017
082.135
Kikuchi, S.
03.042.058
05.125.109
06.125.103
08.042.059
09.124.106
10.101.017
141.090
Kikugawa, M.
06.066.075
Kiladze, R. I.
01.011.027
03.100.004
04.034.053
091.021 .022
06.074.016 .043
091.034
07.122.110
08.074.107
09.100.054
Kilambi, G. C.
07.123.016
Kilar, B.
08.046.011
Kilb, R. W.
05.084.252
Kilfoyle, B. P.
09.084.044
Kiliachkov
See Kilyachkov
Kilkenny, D.
10.034.004
Killian, D. J.
08.123.027
Kilmartin, P. M.
08.124.012
09.103.133
10.002.053
098.038 .040 .042 .043
103.116
Kilmister, C.
06.003.164
Kilner, J. R.
07.034.131
Kilston, S.
02.106.031
Kilston, S. D.
03.157.007
Kilyachkov, N. N.
06.082.061
10.082.105
Kim, C. K.
09.094.356
Kim, C. Y.
04.078.014
Kim, I. S.
08.074.112
09.073.009
Kim, J. H.
09.094.356
Kim, J. S.
01.084.021
02.084.032
05.084.039
07.084.412
08.082.114 .117
10.082.123

Kim, V. F.
08.062.012
Kim, Y. H.
10.126.013
Kim, Y. S.
03.143.030
08.022.137
Kim, Y.-K.
01.022.110
09.094.356
Kim Gun-Der
05.041.017
Kimball, D. S.
01.111.005
08.084.015
09.084.020
10.084.002
111.001
Kimberger, F.
03.097.049
07.097.072
Kimberlin, J.
02.105.178
09.094.375
Kimeridze, G. N.
06.125.102 .103
Kimpara, A.
05.083.049
Kimura, K.
10.094.358
Kimura, S.
08.096.015
09.096.021
Kimura, Y.
01.143.062
Kinard, J. R.
07.082.104
Kinard, W. H.
07.053.022
Kind, D. E.
10.034.059
Kindel, J. M.
08.084.241
King, A. R.
10.162.062
King, C.-Y.
05.105.074
King, D.
08.004.003
King, D. A.
09.004.051
King, D. S.
02.065.045
04.122.051
07.122.002 .017 .148
09.122.040 .138
10.065.019
122.150
King, E. A.
10.094.229
105.029
King, G. A. M.
03.083.022
King, H. C.
03.005.003
10.004.088
King, I.
03.008.014 .075 .113 .114
07.158.035
King, I. R.
01.008.014
04.153.044
05.031.058
151.014
158.006
06.158.088
07.154.027 .028
155.062
158.076
160.031

King, I. R.
08.160.005
09.158.060
10.154.019
King, J. H.
05.051.025
King, J. W.
03.083.068
05.083.012
06.083.016
09.082.088
083.014
10.085.004
King, L. W.
10.131.160
King, R. B.
02.022.053
King, R. W.
08.142.091
10.094.061 .108
King, R. W. P.
08.033.098
King Jr., E. A.
01.105.014
03.094.107
04.094.091 .163
105.137
06.007.000
094.039 .253
105.109
07.094.006
097.035
09.012.022
094.178 .355 .648
King-Hele, D. G.
01.051.020
052.001
055.001 .002
081.010
082.013 .025 .066
02.082.001 .071
03.082.023
04.003.066
082.073 .094 .100 .102
05.082.061 .102
06.082.043 .075
07.054.001 .019
081.026 .029
082.078
08.004.013 .901
008.060
054.017
081.006
082.126 .147
09.054.014
081.901
10.009.004
081.018
Kingslake, R.
05.003.055
Kingsland Jr., L.
02.051.033
Kinman, T. D.
02.141.138
04.113.026
06.113.045
141.173
07.113.901
122.153
141.085
09.158.020
10.034.052
Kinoshita, H.
01.021.007
03.022.081
042.019 .048 .049
094.130
04.042.035 .036
094.298
05.042.017 .018

Kinoshita, H.
07.012.020
042.049 .052 .058
08.042.043 .079
052.034
09.042.007 .026
052.011
10.042.006
Kinoshita, Y.
04.033.078
Kinsey, J. H.
02.143.023
03.143.011
04.143.028 .029
06.143.130
Kinsler, D. C.
07.003.060
Kintner, E. C.
05.158.096
08.160.005
Kintner, P.
06.084.060
Kinzer, R. L.
05.134.008
09.134.003
155.040
Kiperman, M. E.
01.117.007
03.121.006
06.121.072
Kippenhahn, R.
01.008.043
065.002
116.009
126.025
02.010.010
065.101 .102
117.004
03.008.051
065.058
04.065.050 .053 .143
116.002
05.008.052
065.017 .036
06.065.010 .105 .111
07.007.000
008.059
065.087 .108
066.059
122.031
131.152
08.065.069 .112
09.061.025 .041
142.089
10.003.068
Kipper, A.
06.141.069
10.062.051
071.076
141.128 .135
162.059 .060
Kipper, A. Ya.
03.116.006
Kipper, M.
05.114.014
10.064.075
114.238
Kipper, T.
01.034.008
114.022 .023
02.064.054
05.114.014
06.064.011
10.064.069 .075
114.239
Kipper, T. A.
02.114.027
Kiral, A.
01.153.012 .013
02.153.021

Kiraly, P.
10.143.062
Kirby, G. J.
03.031.008
092.011
Kirby, J. H.
08.071.049
Kirby, T. B.
06.097.066
07.097.027
08.034.141
Kirchgraber, U.
05.042.029
06.042.038
07.052.013
09.042.044
10.042.026 .082 .092 .094
Kirchhoff, W.
04.082.144
Kirchhoff, W. H.
07.022.113
10.131.294
Kirchvogel, P. A.
04.003.083
Kirian
See Kir'yan
Kirichenko, A. G.
01.032.015
03.032.035
035.009
07.103.100
Kirichuk, V. V.
07.082.054 .075
08.044.013 .014
046.030
082.073
09.082.119
Kirienko, G. A.
07.034.118
082.132
Kirienko, O. V.
07.084.038
Kirillov, I. V.
09.081.020
Kirillov-Ugryumov, V. G.
05.083.053
141.225
142.090
06.078.027
141.035
142.080 .083
07.134.002
09.142.057
10.142.016 .069 .129 .139
Kirita, M.
10.045.017
Kiritschenko
See Kirichenko
Kirjan
See Kir'yan
Kirk, D. B.
08.082.055
09.053.011
Kirk, J. G.
02.071.029
10.080.047
Kirkaldy, J. S.
07.003.076
Kirkham, B.
08.131.085
Kirkpatrick, P.
06.034.057
Kirkpatrick, R.
10.022.097
Kirkpatrick, R. C.
01.022.007
133.023
02.022.017
03.022.002
04.133.017

Kirkpatrick, R. C.
05.132.031
133.007
08.133.007
09.132.017
10.133.036
Kirnozov, F. F.
02.094.061
08.094.163 .207
09.093.002
10.093.014 .018
Kirov, I.
10.143.007
Kirova, O. A.
02.105.039
04.105.104
08.105.079
Kirpatovskij, V. M.
04.032.026
Kirpichnikov, S. N.
05.061.031
10.052.074
Kirsch, E.
07.078.007
08.084.025
09.078.002
Kirschnitz, D.
07.065.137
Kirsh, P. I.
10.063.067
Kirshner, R. P.
03.076.007
06.073.079
09.125.101
10.125.016
Kirsten, G.
01.084.266
Kirsten, T.
03.094.077 .219
04.094.214
06.094.268
105.129
08.094.242
09.094.161 .425 .527 .528
.529 .530 .732
104.003
105.082 .123 .131
10.094.032 .095 .327 .339
.355
105.053
Kirszenberg, J. D.
08.022.057
Kirukhina
See Kiryukhina
Kir'yan, G. V.
03.034.047
08.094.161
Kiryukhina, A. I.
01.034.045
073.011
04.073.053
Kiryushenkov, V. N.
01.042.043
02.099.035 .059
05.042.041
Kirzhnits, D.
08.065.131
Kirzhnits, D. A.
05.065.138
066.070
08.162.041
Kisabeth, J. L.
07.084.238
Kisdi, D.
03.065.103
08.065.136 .143
Kiselev, A. A.
02.054.023
03.111.004
05.031.054

Kiselev, A. A.
10.054.012
093.012
118.009
Kiselev, B. V.
05.084.238
06.084.231
07.084.211
Kiselev, F. I.
08.042.041
Kiselev, N. N.
01.124.104
03.103.114
04.103.100 .127
06.122.085
124.104
08.097.012
123.077
10.103.106
Kiselev, V. A.
04.066.021
Kiselev, V. G.
08.042.066
Kiselev, V. V.
05.094.139
06.094.195
07.094.259
Kiseleva, T. K.
06.122.085
Kiseleva, T. P.
03.041.014
05.041.015 .024
09.093.014
097.049
099.039
10.093.013
Kiseljev
See Kiselev
Kiser, J.
09.158.060
Kish, J.
07.143.012
10.143.011 .033
Kish, J. C.
08.076.018
09.143.008
Kish, J. M.
06.143.022
Kisjun
See Kizyun
Kisliuk
See Kislyuk
Kisljakov
See Kislyakov
Kisljuk
See Kislyuk
Kislyakov, A. G.
01.034.049
077.026
093.001
02.077.002
134.012
04.033.053
099.014
05.066.005
141.088
06.033.012
097.032 .091
07.077.038
099.071
08.077.011
09.093.065
094.872
10.033.016 .082
132.037
Kislyuk, V. S.
02.094.036 .206
03.094.253
05.003.011
094.024

Kislyuk, V. S.
06.094.303 .304
07.094.089
09.094.018 .132 .133
Kiss, E.
09.094.347
Kissel, J.
09.105.136
Kisselbach, V. J.
09.143.046
Kisselev
See Kiselev
Kissell, K. E.
02.074.030
04.034.084
05.055.001
07.074.010
08.052.029
09.034.065
Kissick, W. A.
03.079.102
Kissin, K. I.
07.051.013
Kist, R.
02.084.046
Kistler, S.
04.065.138
06.065.145
Kiszeljov, V. V.
See Kiselev, V. V.
Kitago, H.
02.032.059
045.027
05.045.010 .012
10.045.026
Kitai, R.
10.073.115
Kitaj, M. S.
10.082.047
Kitajgorodskij, S. A.
10.011.026
Kitamura, M.
01.121.003
02.121.034
03.042.046
06.121.015 .037 .043 .092
143.100
07.121.031
08.121.067 .090 .094
09.121.037
10.121.066
Kitamura, T.
02.142.038
05.142.049
06.142.048 .050
Kitayama, K.
09.094.340
Kitchin, C. R.
04.064.046
114.018 .040
09.064.033 .034
Kitov, A.
07.091.010 .011
Kitov, A. G.
07.107.005
Kitrosser, D. F.
05.082.033
Kivel, B.
08.063.028
Kivelson, M.
09.084.411
Kivelson, M. G.
04.084.277
05.084.225
08.084.288 .422
09.084.277
10.106.009
Kivila, A.
01.082.029
04.155.022

Kivioja, L. A.
02.032.012
05.046.003
Kiyokawa, M.
05.125.109
08.031.060
121.094
09.124.106
10.121.066
Kizilirmak, A.
01.105.011
121.010
03.103.101
04.121.058
05.121.057
06.121.067
07.121.049
Kizjun
See Kizyun
Kizyun, L. N.
02.094.035
06.094.305
08.094.263
09.094.131 .919
Kjaergaard, P.
03.113.052
115.003
06.064.021
07.117.040
09.064.062
114.162
Kjartansson, V. T.
08.033.099
Kkhong Din' Khong
02.034.048
Klado, T. N.
02.005.007
Klapisch, M.
04.022.076
06.022.151
Klapka, J.
02.006.000
Klapper, H.
08.022.141
Klare, G.
01.113.015
02.113.063
03.009.014
131.093
04.010.017
05.131.013
158.027
06.082.035
07.131.011
141.057
159.018
Klarmann, J.
02.143.001
03.143.013
04.143.031
05.143.122
07.034.141
09.143.055
Klat, A.
07.042.022
Klauder, J. R.
04.066.062
09.003.123
Klaus, G.
01.079.100
03.073.056
07.031.026
072.028
Klawitter, P.
05.122.089
123.016
08.121.084
09.121.903
10.115.017
124.100

Klebesadel, R. W.
09.142.126
10.125.024 .025
142.043 .056 .060 .066
.120 .124
Klechek, I.
See Kleczek, J.
Kleckner, E. W.
09.084.025
Kleczek, J.
01.071.018
073.003 .029
077.014
04.015.029
05.080.034
06.072.061
08.073.088
09.003.151
078.041
10.003.065 .066
064.073
Kleczkova, H.
06.072.061
Kleeman, J. D.
04.094.165
Kleen, R. H.
04.082.211
Kleiman, E. B.
See Klejman, E. B.
Kleiman, L. A.
01.003.036
Kleimenova, I. G.
06.084.418
Kleimenova, N.
01.084.224
Kleimenova, N. G.
01.084.018
08.084.075 .227
Klein, H. P.
07.097.016
Klein, M.
02.099.042
07.099.009
09.099.006
Klein, M. J.
02.092.003
03.092.010
04.092.020
05.099.061
06.097.033
08.099.016 .035
09.099.051 .052
141.094
154.002
Klein, O.
02.162.083
05.066.006
Klein, P.
07.014.008
Klein Jr., C.
03.094.120
04.094.132 .154
09.094.185 .326 .353 .676
.923
10.094.259
Kleine, T.
06.103.102
08.103.107
09.103.119
10.103.103
Kleinmann, B.
01.105.039
02.105.016
06.094.288
105.023 .145
09.105.124
Kleinmann, D. E.
01.132.036
02.155.006
158.038

Kleinmann, D. E.
03.113.027
158.045
04.124.001
132.022
158.048
05.103.109
06.158.099
07.133.016
08.113.021
133.901
09.114.006
10.113.079
132.040
Kleinmann, S.
08.114.162
Klejman, E. B.
07.061.012
08.062.003
09.022.089
10.062.003 .028 .053
Klejn, A. K.
06.032.031
Klemas, V.
02.097.060
Klement, G.
10.079.101
Klementjeva, A. Yu.
05.034.017
Klemm, R.
08.094.030
Klemola, A. R.
01.124.105
02.160.001
04.112.009 .026
05.112.009
123.012
06.043.001 .004
112.005
122.151
155.013
08.098.039 .056 .059 .062
.070
101.020
09.098.023 .027
099.027
10.103.102 .118
Klemperer, W.
04.131.054 .078
06.131.125
07.082.017
08.131.100
10.131.036 .120
Klemperer, W. K.
06.141.104
07.033.033
141.030
Klemt, M.
10.022.085
Klenitsky, B. M.
02.054.024
Klepczynski, W. J.
01.101.004
02.099.003
101.002
04.099.026
100.003 .007
101.007
05.101.010 .013
06.043.010 .013
099.028 .047
08.091.005
09.041.048
10.091.013
Klepesta, J.
01.003.067
02.131.133
03.079.102
05.005.007
08.003.085

Klepesta, J.
08.004.075
Kleppner, D.
03.066.003
09.022.066
Klerk, M.
06.098.021
103.101 .122
10.098.065
103.133
118.017
Kletniece, M.
10.010.033
Kletnieks, J.
06.046.031
10.010.033
079.100
Kleven, L.
08.034.083
Klevetskij, V. N.
08.103.113
Kley, D.
04.034.112
Klier, K.
08.063.019
Klimas, A.
04.074.018
06.143.019
10.143.020
Klimas, A. J.
05.143.059
06.143.018 .035
09.143.019
10.143.056
Klimek, Z.
05.162.035
06.121.039
07.121.047
08.117.009
121.082
09.066.077
121.040
162.040
10.120.002
121.090
Klimes, J.
05.073.075
09.072.071
Klimin, A. V.
09.052.006
Klimishin, I. A.
02.064.014
132.006
03.064.005
066.080
122.081
04.062.055
06.064.055 .056
122.074
08.064.016 .021
065.037 .152
09.065.085 .153
10.064.007 .068 .082
065.062
Klimov, N. N.
02.083.048
03.083.037
04.082.149
09.083.037 .047
10.083.018
Kline, D.
03.094.131
04.094.310 .386
105.042
09.094.501 .776
Klingberg, R. A.
04.022.085
Klingelhoefer, G.
09.093.040

Klingler, R. J.
10.033.041
Klinglesmith, D.
02.064.007
Klinglesmith, D. A.
02.114.079
03.064.002 .007
04.064.055 .064
126.011
05.031.042
114.106
07.114.081
08.031.048
09.064.049
112.006
114.138
10.034.073
Klinglesmith III, D. A.
07.114.005
Klinkert, J.
02.003.092
Klinkspoor, J.
03.034.044
06.094.083
Klinting, O.
02.123.035
04.123.027
05.123.051
06.123.032 .033
07.123.028
08.123.034 .035 .036
10.123.018
Kliore, A.
01.093.026
02.093.044
097.050
03.097.033 .047
04.093.061 .064
097.049 .050
07.097.026
08.097.001 .034 .036
09.093.051 .052
Kliore, A. J.
02.011.010
05.093.008
06.097.049
07.097.031 .046
08.097.094 .095
09.051.002
097.077
10.091.045
097.030 .031
Klippel, E.
10.119.006
Klishin, E. V.
10.034.018
Kljakotko
See Klyakotko
Klobuchar, J. A.
02.084.223
03.079.102
05.083.032
07.083.066
Klochkov, S. N.
04.122.112
06.121.070
Klochkova, V. G.
09.114.108
Klock, B. L.
02.094.080 .095
03.032.041
041.036 .037
04.041.003
06.041.002
07.041.048
10.041.048
Klomp, M.
01.119.004
07.141.529

Klos, Z.
09.051.021
083.078
Klose, J. Z.
05.022.045
Klosko, S. M.
08.046.031
09.055.008
10.046.003
052.043
Klosterman, M. J.
10.105.060
Klostermeyer, J.
10.066.010
Klotchkov
See Klochkov
Klotz, A. H.
04.022.016
05.066.024 .097
08.066.106
Klozenberg, J. P.
05.084.241
Klueber, H. Von
See Von Klueber, H.
Kluger, P.
09.105.155
Klugh, A. P.
03.118.023
Klyachko, A. V.
10.083.026
143.038
Klyajn, G.
07.083.056
Klyakotko, M. A.
01.072.047 .048
02.082.098
08.003.086
014.021
09.099.077
Klyatskin, V. I.
06.082.133
Klyueva, N. M.
04.083.020
06.083.041
Kmito, A. A.
08.034.068
Knab, O. R.
03.031.030
Knacke, R. F.
01.114.038 .039
131.017
02.114.064
131.050
05.114.076
122.099
132.003
08.113.004
131.042
153.013
158.076
09.063.048
114.028
133.011
152.002
10.100.001
Knaflich, H.
01.082.097
Knapp, D. G.
10.084.279
Knapp, G. R.
04.155.035
05.131.106
06.131.130
07.131.109 .132
08.131.059 .081
154.006
155.019
09.154.006
10.131.005 .062 .165
132.022

Knapp, G. R.
10.154.001 .022
155.030
Knapp, H.
03.042.073
Knapp, R. S.
02.009.006
08.009.017
Knapp, S. L.
06.091.013
10.132.022
Knappenberger, P. H.
02.036.007
09.008.009
Kneer, F.
07.072.012 .013 .032
09.072.009
Kneissl, M.
04.006.000
06.046.027
08.046.008
09.007.000
Knestrick, G. L.
04.082.056
Kneubuehl, F.
02.034.019
08.012.005
034.042
Kneubuehl, F. K.
08.071.004
Knezevic, D.
06.053.035
054.033
07.053.018 .019
Kniffen, D. A.
01.034.023
02.032.052
034.091
142.024
04.142.045 .075
05.142.086
143.093
06.142.021
07.034.126
142.138
155.001
08.155.901
10.061.059
155.076
Knigge, R.
02.121.096
123.020
06.123.064
08.120.012
09.123.014
10.123.046
Knight, C. A.
02.033.044
04.033.051
066.037
05.131.020 .081
141.103
06.132.028
141.027 .097 .103
07.046.003
066.007
141.036 .038
08.046.023
055.007
141.040
142.091
09.141.052
10.141.138
158.015
Knight, D. C.
01.003.037
05.003.056
07.003.077
10.003.069

Knight, D. E.
07.082.018
09.076.035
082.026
Knight, D. J. E.
08.022.139
10.033.106
Knight, P.
07.083.027
Knight, P. R.
07.124.106
Knight, R.
09.034.075
Knight, R. J.
09.094.271 .415
105.161
10.094.455
Knight, S. P.
01.033.008
Knight, V. H.
04.033.089
Knipe, G. F. G.
01.121.030
02.118.011 .021 .022 .023
121.052
123.012 .013
04.118.008
05.121.069
06.121.001 .060 .061 .062
.077 .078
123.042
07.121.079 .080
09.121.030
10.121.121 .122
Knittel, M. D.
09.094.519
Knoben, M. H. M.
08.033.070
09.033.048
Knoepfel, H.
06.012.023
Knoernschild, E. M.
04.051.015
Knoot, R.
05.085.001 .002
Knop, C. M.
08.033.120
Knop, K.
01.021.017
Knopoff, L.
04.081.026
094.124
07.081.030
Knorin, I. A.
02.082.144
07.083.056
Knorke, S.
08.046.043
Knorozov, Yu. V.
09.004.095
Knorre, K. G.
02.107.007
Knoska, S.
05.073.014
Knothe, H.
01.021.012
Knott, K.
09.094.604
10.084.269
Knowles, C. R.
08.105.125
Knowles, S. H.
01.043.002
131.031
155.015
02.094.056
131.010 .045 .060
03.043.005
131.075
155.053

Knowles, S. H.
04.141.176
05.131.020 .043 .081
06.131.003
132.028
07.131.038 .039 .124
141.513
08.131.008 .038
141.073
09.131.052
141.506
10.131.121 .284
Knowlton, D. J.
08.033.122
Knox, F.
01.083.034
Knox, F. B.
07.084.027
08.084.027
Knox, K. T.
09.031.053
10.082.146
Knox, R. A.
07.035.003
Knox, R. S.
10.008.094
Knox Jr., R.
04.105.002
08.105.012
Knudsen, T.
09.041.001
Knudsen, W. C.
02.093.018
03.083.064
04.082.013
07.083.030
10.097.110
Knust, J.
09.003.129
Knust, T.
09.003.129
Knuth, R.
03.073.116
Knyazeva, L. N.
08.114.161
Knyazeva, T. A.
04.083.078
Knyazhitsky, B. Ya.
10.107.023
Knystautas, E. J.
05.022.022
06.022.143
Ko, H. C.
02.077.045
10.061.036
Ko, H. Y.
02.094.176
Kobanov, N. I.
10.031.004
035.001
Kobayashi, E.
06.064.051
10.122.039
Kobayashi, H.
02.104.035
06.041.029
08.104.048
Kobayashi, M.
10.065.099
Kobayashi, N.
02.103.120
07.098.025
08.021.008
09.032.031
Kobayashi, S.
04.033.073
Kobelt, V.
10.121.105
Kober, C. L.
09.054.020

Kober, G.
07.083.056
Koberger, H.
06.031.038
Kobetich, E. J.
05.143.013
06.143.088
08.142.095
Kobilinski, Z.
05.143.051 .079
09.078.054
143.025 .063 .074
Koble, H. M.
04.052.063
Koblents, Ya. P.
06.044.005
Kobler, H.
03.034.040
Kobrin, M. M.
02.077.047 .053 .054
03.077.010
04.077.018
05.073.026
08.077.035 .056
079.102
09.077.024
10.077.016 .059 .073 .084
Kobus, K.
06.112.012
Kobushkin, P. K.
07.162.005
10.066.071
Kobylinsky
See Kobilinski
Kobzev, V. A.
05.078.047
06.078.043
Koch, D.
06.034.048
07.142.092
09.134.006
10.122.134
125.035
134.004
142.116
Koch, D. G.
07.034.138
Koch, E.
03.099.002
04.091.010
05.099.012
Koch, E. R.
05.099.078
10.015.009
Koch, G. F.
10.033.107
Koch, K. R.
02.081.001
03.081.016
04.081.008 .017
06.046.034
081.049
08.081.046
09.081.032
Koch, L.
03.143.067
04.078.023
05.078.045 .046
06.078.020
084.201
143.031
Koch, P.
03.062.021
Koch, R. H.
01.121.028
02.116.016
03.008.099
04.117.034
05.008.096
121.030 .072

Koch, R. H.
07.008.111
117.020
121.018
08.121.028 .035
09.008.092
117.011 .030
119.014
10.066.003
119.009
Kochariants, E. B.
05.084.272
Kocharov, G. E.
01.080.010
02.065.092
03.065.087
04.080.008 .042
05.143.139
06.012.033 .034
080.058 .063
07.076.040
08.076.011 .047
078.029
094.161
09.076.037
078.047 .053
10.011.018
078.011
Kochenova, N. A.
02.083.053
Kocher, D. G.
08.031.021
Kocher, G. E.
05.093.065
Kocher, K.
05.052.021
Kochev, S. K.
10.051.024
Kochhar, R. K.
06.065.040
09.065.093
Kochina, N. G.
05.052.006
Kock, M.
01.022.102
02.071.003 .023
Kock, W. E.
04.031.053
033.052
Kockarts, G.
01.082.076
03.082.015
04.022.054
06.082.122
08.082.060
10.082.032
Kockel, K.
01.079.100
02.009.005
03.123.035
Koda, J.
07.123.054
Kodaira, K.
01.114.016
02.114.006
122.036
03.114.025 .033 .080
04.114.052
116.025
124.106
131.021
05.112.008
124.012
158.129
06.158.074
07.064.042
158.113
08.114.110
158.074
09.064.061

Kodaira, K.
09.114.010 .100
10.122.007
Kodama, A.
08.004.056
Kodama, M.
06.078.057
07.076.044
08.084.055
09.084.006
Kodama, T.
07.065.063
09.061.052
Koebke, K.
03.065.096
Koechlin, Y.
02.143.069
04.078.032
05.078.048
143.094 .095
Koeckelenbergh, A.
01.075.016 .017 .038
03.075.005
04.075.021
05.008.135
075.016
06.075.002
07.075.007
08.075.004
09.010.036
10.073.101
Koehler, H.
02.080.052
04.080.001
09.080.031 .039
Koehler, H. W.
01.053.009 .025
05.053.009
06.051.013
09.094.108
10.053.016
Koehler, U.
01.121.002
02.121.096
Koehn, D.
09.084.240
Koehnlein, W.
10.094.057
157.004
Koelbloed, D.
07.009.016
064.004
08.007.000
10.071.083
Koenig, E.
04.022.076
Koenig, P. J.
03.143.005
Koenig, W.
03.014.006
09.014.017
Koennen, G. P.
02.082.165
04.098.003
06.082.023
07.094.233
08.092.003
096.006
Koenov, D. Z.
02.042.039
Koeppel, V.
02.105.154
Koeppen, H.
09.003.014
Koeppendoerfer, W.
08.062.037
Koester, D.
07.126.007
09.153.032

Koester, H.
 05.022.067
Koester, U.
 07.094.037
Kofsky, I. L.
 06.034.023
Koga, M.
 08.121.090
Kogan, A. L.
 08.081.038
Kogan, E. Ya.
 09.062.058
Kogan, L.
 07.141.039
Kogan, L. R.
 03.141.216
 04.033.063
    141.041
 05.141.226
 07.131.039 .124
 08.141.016
 10.033.076
    131.284
    141.098
Kogan, V. I.
 07.022.049
Kogan-Laskina, E. I.
 03.084.423
 05.083.056
 10.083.026
    143.038
Kogoshvili, N. G.
 04.032.021
 08.158.046
Kogure, T.
 01.064.064
    114.008
 02.031.020
 04.158.021
 05.158.129
 06.141.124
Kogut, J.
 08.065.144
 10.077.072
Kohl, C. P.
 09.094.722
 10.094.003 .282
Kohl, G.
 04.082.165
 08.082.161
Kohl, H.
 06.083.016
Kohl, J. L.
 09.071.038
 10.022.025
Kohler, D.
 04.082.219
Kohler, F.
 05.082.101
Kohler, P.
 08.003.087
 09.003.072
 10.094.064 .147
Kohlhase, C. E.
 02.053.022
    097.073
Kohman, T. P.
 02.105.074
 03.094.038
 04.022.048
    094.215
 08.105.047
 09.094.416
    105.151
 10.061.055
    105.083
Kohn, P. C.
 06.143.073 .074
Kohno, S.
 03.035.003

Kohno, T.
 05.142.061
 08.142.039
 09.084.412
Kohoutek, L.
 01.103.122
    124.104
    133.027
 02.103.112
    123.042
    124.100
    133.029 .030
 03.103.110
    104.003 .034 .035 .036
    124.108
    133.022
 04.113.003
 05.103.125
    152.001
    158.115
 06.098.015 .025 .026 .027
      .042
    133.002
 07.113.015
    123.027
    125.106
    133.004
 09.098.028 .030
    103.119 .124 .127
    125.106
 10.003.068
    103.102 .105
    113.077
    124.100
Koike, C.
 08.107.015
Koishikawa, M.
 09.103.100
Kojima, M.
 06.074.099
 09.106.011
 10.074.131
Kojima, N.
 01.124.102
 02.103.114
 05.103.108
 07.103.103 .107 .110 .117
 08.098.051
    103.107 .116 .120 .124
 09.103.100 .105 .114 .116
      .123 .124 .127 .132
 10.103.102 .113 .116 .118
      .123
Kojima, T.
 09.022.061
Kojoian, G.
 08.141.114
    142.068
 10.133.066
Kok, B.
 06.097.052
Kokarev, B. D.
 08.082.040
 10.082.102 .105
Kokhan, E. K.
 05.007.000
 06.071.042
 07.071.048
 10.034.021
    071.026
Kokin, G. A.
 06.085.008
Kokot, M. L.
 09.094.235 .694
Kokot, W.
 05.032.023
Kokott, W.
 01.011.001
 03.051.025
    054.005

Kokott, W.
 04.051.011
 06.098.017
Kokubun, S.
 05.084.261
 06.084.210
 08.106.005
Kokurin, Yu. L.
 01.083.018
 04.083.081
 06.053.034
    094.144 .222
 09.094.166
 10.094.146
Kolaczek, B.
 01.094.054
 02.094.222
 05.010.014
    033.007
 06.094.025
 08.031.083
    045.032 .048
 09.010.014
    051.001
 10.004.095
    045.032
    094.501
Kolar, J.
 04.003.037
Kolbasov, V. A.
 02.033.028
Kolbeck, P. R.
 09.065.182
Kolchin, A. A.
 05.051.023
    143.025 .150
 06.143.135
 07.143.051
 09.031.042
Kolchin, E. K.
 06.117.010
 09.117.028
Kolchinskij, I. G.
 02.003.082
    082.051 .056
 05.031.013
 08.041.076
    082.207
 10.092.016
Kolchinsky
 See Kolchinskij
Kolegov, G. A.
 10.052.016
Kolenkiewicz, R.
 08.045.019 .033
 09.045.030
 10.045.007
    055.032
    081.009 .011
Kolesnichenko, A. V.
 05.091.001
Kolesnik, I. G.
 01.122.108
 04.122.016 .069 .070 .146
      .147
 06.122.027
 07.122.103
 09.065.177
    122.140
Kolesnik, L. N.
 02.003.157
 03.124.100 .104
    131.114
 04.155.031
 06.124.101
    155.016
 07.152.001
 10.152.001
Kolesnikov, B. P.
 10.142.040

Kolesnikov, E. M.
 05.011.015
 06.105.110
 07.011.004
    105.028
 08.105.063
Kolesnikov, S. M.
 03.066.076
 06.066.015
 09.066.043
 10.066.058 .088
    080.019
Kolesnikov, V. M.
 10.034.033
Kolesnikov, V. N.
 02.022.043
Kolesnikova, E. M.
 10.066.058
    080.019
Kolesnikova, T. V.
 03.083.041
Kolesov, A. K.
 02.063.013 .028
 03.011.047
    091.011
 06.063.012 .021
 09.063.047 .049
Kolesov, G. M.
 08.094.207
Kolesov, G. Ya.
 10.034.008 .009
    143.039
Kolesov, Yu. I.
 09.077.061
Kolka, I.
 06.114.047
Kollar, R.
 07.009.023
Kollasch, J. J.
 08.142.068
 10.103.102
Kollberg, E.
 02.131.122 .140
 04.131.012
 06.131.139
    141.203
 07.022.082
 08.034.107
    131.119
 09.131.108
Kollberg, E. L.
 06.033.026
 10.033.038
Kollnig-Schattschneider,
 E.
 02.005.001
 03.007.000
Kollodge, J. C.
 08.034.072
Kolmakov, V. M.
 03.104.047
 04.034.022
 05.082.065
 06.104.006 .057 .060
Kolokolov, L. E.
 05.083.058
Kolomeets, E. V.
 01.078.014
    106.040
 02.143.063
 03.084.236
    143.053 .054 .057
 04.143.069
 05.078.047
    143.003 .136
 06.072.020
    078.029 .043
    143.115 .144
 07.078.020
    143.033 .044

Kolomeets, E. V.
 08.078.041
    143.041 .042
 09.072.030
    078.014 .040
    143.062 .075
Kolomeetz
 See Kolomeets
Kolomenskij, V. D.
 02.105.042
Kolomiets, A. R.
 02.072.013
 03.104.026
 05.072.046
 06.104.007
 10.104.046
Kolomiets, G. I.
 01.104.037
 03.033.006
    104.027
 04.104.054
 06.104.010 .011 .030 .031
        .035 .036
 08.104.036
 10.104.047 .048
Kolomiets, G. N.
 04.104.058
Kolomietz
 See Kolomiets
Kolomiitzev
 See Kolomijtsev
Kolomiitzeva
 See Kolomijtseva
Kolomijtsev, O. P.
 08.083.032
Kolomijtseva, G. I.
 04.084.236
 06.084.232
Kolopus, J. L.
 02.094.105
 03.094.131 .204
 04.094.310 .386
    105.042
 07.094.209
 09.094.501
Kolosnitsyn, N. I.
 07.066.085
 09.066.040
 10.066.088
    141.536
Kolosov, M. A.
 04.083.029
    093.044
 05.093.049
 06.093.018
 08.097.074 .097
 10.074.033
    097.062
Kolosov, V. S.
 10.032.008
Kolotilov, E. A.
 04.114.043
 06.114.031
 08.122.046
    133.008
    142.018 .019
 10.122.074 .076 .097
    133.011 .058
Kolpakov, P. E.
 02.072.028
Kolpakov, V. P.
 09.162.026
Kolpanen, D.
 09.123.029
Koltchin
 See Kolchin
Koltsov, V. V.
 03.082.046
Komar, A.
 04.066.063

Komarek, B.
 10.076.015
Komarnitskaya, N. I.
 07.105.060
 08.131.131 .132
Komarov, N. A.
 04.158.099
 07.141.017
Komarov, N. S.
 01.114.094
 02.122.143
 03.064.053
    114.111
 06.115.013
 08.064.074
    114.033 .179
    122.004
 09.113.037
    114.014
 10.114.164 .180 .235
Komarov, V.
 01.105.075
 08.158.126
Komarov, V. I.
 08.053.022
Komarov, V. N.
 08.003.017
Komberg, B. M.
 01.141.174
Komberg, B. V.
 02.141.182
 03.141.073
    158.056
 04.141.043
    158.077 .098
 05.141.084
 06.141.105
 08.158.137
 09.122.069
 10.142.029 .058
Komesaroff, M. M.
 01.141.015 .206
 03.141.005 .013 .170
 04.099.016
    141.020
 05.141.172
 06.141.063 .119 .175
 07.141.524
 08.141.537 .560
 09.099.071
    141.554 .555
 10.141.502 .542
Komhyr, W. D.
 06.082.007
Komissarov, G. D.
 02.104.027
Komkova, T. G.
 09.082.037
Kompaneets, A. S.
 09.061.066
Kompanovskij, V. I.
 10.063.042
Komrakov, G. P.
 03.083.039
 06.083.043 .062 .064
 09.083.059
Komura, K.
 08.094.037
Komyak, N. I.
 04.034.076
Konarski, M. M.
 04.003.144
Konashenok, V. N.
 03.003.018
Kondakov, S. P.
 10.106.026
Kondo, I.
 02.076.041
 05.143.135
 06.143.097 .132

Kondo, I.
08.143.063 .064
Kondo, M.
02.126.011
162.003
06.162.091
08.162.064
Kondo, M.-A.
03.162.024
Kondo, T.
01.143.062
Kondo, Y.
01.119.007
02.114.039
03.099.035
114.048 .093
117.011
04.082.097
05.117.021
06.099.031
07.114.021 .030
120.003
121.038
08.114.025
117.017
121.068
09.114.072
142.146
10.082.018
114.179 .229
Kondrashikin, V. T.
04.003.026
Kondrashova, N. N.
04.071.066
08.080.049
10.071.064 .065
Kondratenko, S. G.
05.083.005
Kondrat'ev, K. Ya.
02.003.083
03.003.018
082.046 .053 .054
04.003.067
082.152
094.112
097.045
05.051.026
082.004 .026 .064
06.003.127
012.004
051.001
080.040
082.060 .088
07.082.057
08.003.082
082.071 .119 .162 .197
091.029
09.091.004
097.037
10.003.070 .071
074.034
080.037
097.054
Kondrat'ev, N. Ya.
03.046.011
09.052.009
Kondrat'eva, E. D.
04.103.116
08.103.110
09.102.023
104.010
Kondrat'eva, L. N.
03.098.023
06.098.032
133.008
155.041
08.132.011
Kondrat'eva, M. A.
07.143.001

Kondrat'eva, S. P.
01.098.032
Kondratiev, K. J.
See Kondrat'ev, K. Ya.
Kondratieva
See Kondrat'eva
Kondratjeva
See Kondrat'eva
Kondratyev
See Kondrat'ev
Kondratyeva
See Kondrat'eva
Kondurar, V. T.
07.042.020
Konenko, A. F.
09.085.015
Kong, J. A.
09.094.848
10.094.442
Koning, P. A.
05.104.023 .028
06.104.005
07.104.027
Konjevic, N.
06.062.020
08.022.046
062.040
Konjukov, M. V.
See Konyukov, M. V.
Kon'kov, A. A.
07.093.036
Kon'kov, V. I.
08.082.139
10.082.090
Konnikova, V. K.
01.141.181
03.141.181
07.141.060
Konno, M.
07.141.158
10.101.017
141.090
Kono, K.
01.096.015
Kono, M.
03.094.130
04.094.298
05.084.246
06.094.185
07.084.230
Kononov, B. N.
10.093.014
Kononov, E. Ya.
01.074.010
Kononov, V. N.
06.065.084
Kononovich, Eh. V.
01.074.045
04.074.030
079.100
05.003.023
005.006
082.145
06.073.066
08.072.017
10.071.050
Konopikhin, A. A.
04.094.100
06.094.124 .196
10.094.130 .185
Konopleva, V. P.
02.003.084
103.106
04.103.120
05.003.004
102.008
07.103.100
08.102.031
09.103.102
10.103.102

Konradi, A.
01.084.220 .291
10.084.234
Konshin, V. M.
04.034.099
05.034.079
Konstantinov, A. I.
07.003.078
Konstantinov, B. P.
02.105.182
04.082.154 .155
142.010
05.051.023
143.139 .150
06.104.116
10.003.072
Konstantinov, M. Yu.
10.066.073
Konstantinov, V. A.
05.034.080
Konstantinovich, K. M.
08.031.074
Konta, J.
02.105.015
06.105.111
08.105.117
Kontor, N. N.
02.078.037
04.078.016 .024
05.003.102
143.080
06.078.019
07.078.017
08.078.030
143.011 .040 .055
09.078.052
093.080
10.078.009
Konyakhina, S. S.
05.143.060
07.078.014
082.138
09.078.010 .028 .064
084.409
10.078.014
083.042
Konyshev, V. I.
02.122.143
Konyukov, M. V.
01.074.029 .046
02.061.047
074.052 .082
03.074.020
06.074.102
09.064.080
074.104
Koo, D. C.
08.142.132
Koomen, M.
08.074.042
Koomen, M. J.
01.079.100
02.074.037
094.066
03.074.043
04.074.042
07.074.014 .015 .040
08.073.108
Koons, H. C.
07.083.003
08.084.404
Koontz, G. D.
07.065.040
Koopman, D. W.
03.062.024
06.022.116
Koops, H.
05.076.045
06.076.019

Koornneef, J.
03.153.011
Kooy, J. M. J.
02.042.012
Koozekanani, S. H.
02.022.091
Kopal, Z.
01.003.064
005.004
094.020
02.003.014
042.003 .008 .024
094.088 .231
03.003.041
011.031
094.264
098.003
04.002.025
003.007 .068
007.000
094.416
117.012
121.040
05.002.042
003.057 .058
007.000
042.033
094.171
117.011
121.011
06.002.047
003.085 .086
007.000
094.110
117.022
121.008
07.002.028
003.005 .006 .007 .079
042.039
051.043
094.111
117.031 .048
08.002.016
005.027
042.022
091.050
094.027 .040
117.018
09.002.036
003.073
006.000
007.000
094.841
117.001
10.002.040
003.005
042.037
065.081
Kopatskaya, E. N.
08.142.153
09.141.135
142.149
Kopczynski, W.
07.162.070
09.162.074
Kopecky, L.
04.094.032
08.094.076
Kopecky, M.
01.071.009 .010
072.003 .004 .014
02.072.005 .008 .091 .092
03.072.020 .038
04.064.009 .019
071.022
072.009 .041 .059
06.071.038 .039
072.001 .060 .092 .093
07.015.017
021.002

Kopecky, M.
07.061.009
072.011
09.064.005
072.034
10.021.001
064.072
Kopecky, V.
06.071.039
Kopeika, N. S.
04.031.052
Kopelevich, Yu.
02.005.008
Kopelevich, Yu. Kh.
09.005.023
Kopp, R. A.
02.074.040
03.079.102
04.074.004
05.074.071 .078
06.074.034
08.073.115
10.074.085
Koppe, E.
02.101.003
05.041.033
Koppe, V. T.
01.084.013
02.022.032 .065
08.084.065
10.022.098
Koppel, A. A.
09.066.026
Koppel, L. N.
05.142.018
Koppel, R.
04.082.190
05.031.032
10.034.104
Koppenaal, K.
10.131.073
Koppi, B.
08.142.087
Koprova, L. I.
10.082.061
Koptjaev
See Koptyaev
Koptyaev, V. I.
03.141.181
10.106.064
Kopvillem, U. Kh.
04.066.017
09.066.044 .045 .060
10.066.017
Kopylets, K. N.
09.079.103
Kopylov, A. I.
03.033.022
07.033.012
08.033.009 .011
Kopylov, I. M.
04.065.153
114.031
05.032.040
09.114.105
115.026
158.103
10.116.004 .007
Kopylov, Yu. M.
06.084.014
Kopysov, Yu. S.
01.061.023
02.080.046
03.080.018
08.061.070
Kopytenko, Yu. A.
01.084.285
Korablev, V. I.
06.094.004

Korb, C. L.
10.034.087
Korbut, I. F.
05.034.047 .049
Korchagin, V. I.
10.151.055
Korchak, A.
09.066.053
10.033.050
Korchak, A. A.
05.076.043
07.083.057
Korda, E. J.
09.094.659
10.094.489
Korduba, B. M.
10.064.082
Kordylewska, J.
06.120.019
Kordylewski, K.
02.120.007
04.120.008
06.091.033
120.019
10.120.002
Kordylewski, Z.
01.072.025
02.032.055
03.032.011
07.076.042
Korekawa, M.
08.094.054
09.094.175 .639
10.094.344
Koren, M.
06.074.017 .067
Korepanov, V. S.
05.031.055
10.034.036
Korets, M. A.
04.141.063
06.094.212
Korff, D.
08.082.083
10.082.142
Korff, S.
04.143.006
Korff, S. A.
06.078.059
143.105 .127
07.079.101
09.082.112 .113 .114
Korintus, J. S.
04.092.003
Korjakin, E. D.
07.081.012
Korkina, M. P.
09.066.027
162.021
Korkotjan
See Korkotyan
Korkotyan, G. A.
08.034.119
10.034.053
071.051 .052
Kormendy, J.
06.125.016
154.005
08.158.119
09.113.038
10.125.105
158.099
Kormiltzev, V. V.
04.084.240
Kornblith, R. L.
02.022.090
Kornblum, J. J.
01.105.104 .105
04.105.006
10.094.356

Korneev, V. V.
05.076.002
08.073.085 .086 .091 .092
076.035
09.076.031
10.071.039
073.044
Kornhauser, A. L.
07.052.024 .025
Kornherr, M.
08.062.019
09.062.045
Kornienko, Yu. V.
06.094.194
10.094.148
Kornilov, A. I.
08.066.101
Korobchuk, O. V.
08.077.062
Korobeinikov
See Korobejnikov
Korobejnikov, V. P.
01.073.040
106.047
02.074.074
07.106.008
08.105.025
10.104.057
Korobeynikova, M. P.
08.082.174 .192
Korobova, V. A.
04.041.032
06.041.014
Korobova, Z. B.
01.072.039
02.072.020
05.071.031
06.034.100
10.073.043 .044
Korobovkin, V. V.
07.083.038
Korogod, V. V.
10.033.077
Korogvich, V. N.
05.045.006
Korol, A. K.
02.082.028
06.041.042
Korol', A. K.
02.003.002 .085
Korol', A. N.
09.094.863
Korolev, F. A.
05.034.017
09.097.022
Korolev, O. S.
06.072.079
07.072.016 .017
08.072.062
09.077.034
10.077.005 .065
Korolev, V. S.
08.042.085
Koroleva, L. S.
05.112.006
06.153.024
08.153.008
Korolko, E. V.
06.034.017
Korolkov, D. V.
04.033.056
08.033.020 .031
Korol'kov, D. V.
10.003.035
034.025 .026
Korosteleva, A. A.
03.003.023
Koroteev, V. I.
10.151.071

Korotev, R. L.
04.094.205
09.094.396 .688
Korotkikh, T. N.
09.064.002
Korotkov, S. V.
10.032.054 .055
Korottsev, O.
09.005.030
Korovin, A. V.
10.085.013
Korovjakovskaja
See Korovyakovskaya
Korovjakovskij
See Korovyakovskij
Korovkina, T. L.
06.104.020
09.014.047
Korovyakovskaya, A. A.
07.022.018
122.046
09.122.015
Korovyakovskij, Yu. P.
02.117.009
05.117.037
06.117.031
07.022.018
122.046
09.117.022
Korovyakovsky, J. P.
See Korovyakovskij, Yu. P
Korpusov, V. N.
06.104.097 .100 .102
08.104.010 .060
09.104.018
Korsch, D.
02.121.009
Korshavin, A. N.
04.079.100
Korshunov, A. I.
02.077.047 .054
03.077.009 .010
04.077.018
08.077.035
10.077.016 .059 .073 .084
Korsun, A. A.
05.044.002
08.032.058
045.014 .040
09.044.018
Korsun', A. A.
02.045.003
04.045.011
08.003.069
Korsunova, L. P.
04.083.018
05.083.003
10.083.020
Korten, M.
08.022.051
Koryakina, E. A.
06.014.012
Korzeniewska, I.
10.009.015
010.020
Korzhavin, A. N.
02.077.048
03.077.011 .037
09.077.020 .033
10.033.073
Korzhinskaya, O. A.
10.071.032
Kosai, H.
01.098.033
02.103.120
03.103.103
124.103 .106
04.103.103 .104 .128
124.107
05.099.055

Kosai, H.
05.103.108 .111 .117
06.124.008 .102
141.129
07.103.100 .110
08.103.124
09.103.124 .127
Kosaka
02.103.120
Koshelev, V. V.
04.083.017
05.083.055 .057
Koshelevsky, V. K.
07.084.245 .252
08.084.018 .252
Kosheurov, I. V.
06.003.087
Koshevaya, S. V.
04.106.029
Koshevnikov
See Kozhevnikov
Koshiba, M.
01.143.062
Koshova, S. V.
03.106.026
Kosik, J. C.
06.084.407
08.084.405
10.084.408
Kosin, G. S.
03.011.012
08.032.059
09.041.039 .045 .046
10.032.016
Koskela, P. E.
03.052.008
Koski, A.
10.121.096
142.072
Koski, A. T.
10.103.102
Koslov
See Kozlov
Koslovsky, B.-Z.
See Kozlovsky, B.-Z.
Kosmodem'yanskij, A. A.
04.005.003
Kosofsky, L. J.
04.003.116
Kosolapov, A. I.
07.094.098
Kossacki, K.
03.065.028
Kossin, G. S.
05.041.009 .012
Kosta, S. P.
07.033.047
Kostelecky, J.
08.032.049
Kostenko, V.
07.141.039
Kostenko, V. I.
02.134.012
03.141.216
04.033.063
141.041
05.091.009
134.010
141.226
07.131.039 .124
08.141.016
10.033.076 .084
131.284
141.098
Koster, J. R.
08.083.044
Kosters, J. J.
01.082.105
04.080.034
06.080.040

Kostik
 See Kostyk
Kostin, S. I.
 06.085.014
Kostina, L. D.
 02.045.013
 03.045.010
 05.041.011
 045.017
 08.007.000
Kostjakova
 See Kostyakova
Kostjukevich
 See Kostyukevich
Kostko, O. K.
 03.082.030
Kostov, I.
 06.105.112
 08.105.026
Kostromin, V. D.
 04.104.004
 06.104.069 .072
Kostyakova, E. B.
 01.133.025
 03.114.020
 155.039
 04.082.160
 133.005 .018 .025
 06.133.007
 08.133.011
 10.133.021 .022 .053
Kostyk, R. I.
 01.063.014
 04.063.043
 071.068
 05.073.061
 06.073.008
 08.071.045 .060
 09.071.056
 10.071.063
Kostylev, K. V.
 04.104.044
 05.003.059
 09.104.022
Kostylyov, K. V.
 06.104.043
Kostyuk, I. P.
 05.103.008 .111
 06.160.017
Kostyukevich, V. I.
 05.071.040
Kotadia, K. M.
 01.083.020
 02.083.008
 03.083.055
Kotelnikov, V. A.
 10.093.001
Kothari, B. K.
 09.094.243 .745
 10.094.299
Kotila, C. L.
 02.114.039
 03.114.048 .093
Kotlaric, S. M.
 06.003.010
 08.003.025
Kotljar, L. M.
 06.034.009
 08.071.071
Kotlov, Yu. P.
 08.053.022
Kotov, V. A.
 02.073.067
 04.080.036
 05.072.005
 06.034.030
 072.027
 073.009
 08.034.007
 09.072.045

Kotov, V. A.
 10.034.046
 071.042
 072.037
Kotov, V. E.
 05.041.030
Kotov, Yu. D.
 09.142.119
Kotrc, P.
 09.064.005
 10.064.072
Kotsakis, D.
 02.008.008
 042.041
 04.008.003
 07.008.010
 10.008.006
Kotsarenko, M. Ya.
 03.106.026
Kotsarenko, N. Ya.
 04.062.008
 106.029
Kotzarenko
 See Kotsarenko
Koubsky, P.
 01.013.009
 032.071
 03.051.030
 04.033.066
 054.036
 094.434
 06.032.026
 061.043
 07.114.137
 117.034
 08.119.001
 09.051.010
 119.003
 10.034.100
 121.024
Kouns, C. W.
 09.094.689
 10.094.411
Kourganoff, V.
 03.003.057
 09.003.074
Kouri, D. J.
 08.022.099
Koutchmy, S.
 01.074.020 .056
 02.033.037
 074.050
 03.071.034
 074.044
 079.102
 04.079.100
 05.074.029 .056
 06.073.075
 07.072.006
 074.003
 08.074.011 .058
 09.034.026
 10.074.111 .113
 079.101
 106.007
Koutchmy, S. L.
 10.079.100
 106.072
Kovach, A.
 10.072.044
Kovach, J. J.
 06.094.101
 09.094.290 .469 .817
Kovach, R.
 04.094.116
 06.094.243
Kovach, R. L.
 03.094.293
 04.094.325 .385
 05.094.120

Kovach, R. L.
 06.094.091
 07.094.078
 097.022
 08.094.267
 09.094.044 .932
 10.094.115 .357
Kovach, W. S.
 06.133.011 .031
 07.131.069
Kovachev, B.
 02.114.069 .070 .111
 09.114.126
 10.114.210
Kovachev, B. Zh.
 07.003.080
Kovachev, K.
 02.114.070
Kovachev, K. Zh.
 07.003.080
Kovacic, S.
 10.099.029
Kovacs, A.
 06.072.051
Kovacs, I.
 04.003.146
Kovadlo, P. B.
 08.082.052
Kovadlo, P. G.
 09.082.065 .129
Koval, A. G.
 01.084.013
 02.022.065
 08.084.065
 10.022.098
Koval', A. G.
 02.022.032
Koval, A. N.
 03.073.009
 05.032.001
 07.072.026
 08.073.021 .055
Koval', A. N.
 10.072.042
Koval, C. T.
 06.098.044
Koval, I. K.
 01.097.040
 02.097.010
 06.097.058 .059 .092
 099.049
 07.097.080 .104
 08.099.012
Koval', I. K.
 05.097.070
 06.003.014
 097.044 .095
 08.097.099
 09.097.110
Koval, R. N.
 02.082.028
Koval, V. I.
 09.105.139
Kovalchuk, G. U.
 02.142.011
 08.123.022
 10.122.111
Kovalchuk, L. V.
 10.082.085
Koval'chuk, M. M.
 06.074.051
 10.073.010
Kovalenko, A. N.
 06.042.012
Kovalenko, N. D.
 03.097.035
 06.041.020
 10.032.030
 097.096

Kovalenko, N. N.
02.055.014
07.055.009
10.055.025
Kovalenko, O.
09.103.105
Kovalenko, O. N.
06.082.066 .067
08.103.124
09.103.100 .114
122.062
10.103.102
123.009
124.102
Kovalenko, V.
08.103.107 .116
09.103.105
Kovalenko, V. A.
03.046.012
05.099.049
06.099.016
143.122
09.046.017
10.074.047
106.003
Kovalenko, V. G.
07.053.007
10.106.025
Kovalenko, V. M.
03.122.015
06.082.066 .067
08.103.124
09.103.100 .114
122.062
10.103.102
123.009
124.102
Kovalesky, J.
07.066.079
Kovalev, V. A.
10.077.026
Kovalevskij
See Kovalevsky
Kovalevsky, I. V.
01.084.286
04.084.239 .289
106.010
05.084.239
106.004
06.106.032
09.106.013
Kovalevsky, J.
01.046.007
02.004.015
015.002
032.013
046.006
055.015
101.001
03.047.020
094.229
097.014
04.010.028
041.014
091.038
05.003.064
053.018
054.011
081.020
098.004
06.013.007
043.009
081.032
07.009.020
042.044
094.184
08.013.009
091.052
09.007.000
10.009.014

Kovalevsky, J.
10.010.028
011.046
013.007
042.114
047.011
094.103
Kovalevsky, J. V.
06.106.003
08.106.039
10.003.073
Koval'skaya, I. Ya.
08.084.419
09.094.883
Kovar, N. S.
01.054.001
02.051.012
102.022
03.074.033
106.015
04.074.043
082.208
102.016 .027
103.101
05.051.005
122.012 .115
06.133.018 .027
07.122.055
132.027
10.133.067
Kovar, R. P.
01.054.001
02.051.012
102.022
03.074.033
106.015
04.082.208
102.016 .027
103.101
05.122.012 .115
06.133.018 .027
07.122.055
132.027
10.133.067
Kovbasjuk
See Kovbasyuk
Kovbasyuk, L. D.
02.045.001
05.043.002
Kovetz, A.
02.065.003 .013
066.004
084.218
03.065.006 .073
066.005
04.065.029 .038
162.002
06.065.118
162.028
07.061.030
065.007
10.065.060
133.007
Kovner, M. S.
06.061.046
08.084.255 .344
09.084.225 .230 .231 .262
Kovrazhkin, R. A.
03.084.012 .015
05.084.041
Kovridznich
See Kovrizhnykh
Kovrishnykh
See Kovrizhnykh
Kovrizhnykh, O. M.
04.078.005
05.078.001
07.078.021
08.078.024
10.076.010

Kovshov, V. I.
04.080.038 .045
Kovshun, I. N.
04.105.037
06.104.106 .108
10.104.024 .027
Kovtunenko, V. M.
05.082.128
07.082.087
Kovtyukh, A. S.
10.084.416
Kovura, Yu. A.
01.083.018
Kovyazin, E. I.
06.014.013
08.014.005
Kowal, C.
01.125.015
02.124.011
03.098.025 .031
125.012
09.125.035
Kowal, C. T.
01.003.039
02.160.015
04.103.119 .123
125.006
05.125.023 .032
06.098.029
103.116
125.023 .108
07.098.020
103.012 .127
114.124
125.031 .107
08.103.114
125.034
09.098.036 .038 .055
103.100
125.014 .104
10.098.051
123.035
125.011
Kowalec, C.
01.099.043
103.100
124.101 .104
02.099.068 .069
03.103.101 .102
04.099.029
06.103.103
07.099.017
10.091.035
Kowalski, H. Z.
07.031.025
08.031.083
Kowalski, M.
06.105.030
07.105.030
10.105.063
Kowalski, T.
06.143.098
Kox, H.
03.041.007
04.041.025
05.041.006
07.041.054
Koyano, H.
05.122.076
07.122.099 .108
09.122.100
10.122.130
Koyre, A.
05.003.029
10.003.074
Kozai, Y.
01.052.019
081.023
02.042.002 .025
052.020

Kozai, Y.
03.081.004
04.042.077
081.028
06.081.027
07.012.020
042.060
08.034.097 .100
104.050
09.032.031
042.007
052.011 .032
055.001
10.042.006
Kozak, L. V.
09.143.066
Kozak, P. P.
05.071.039
08.071.065
10.071.032
Kozar, T.
06.073.103
Kozenko, A. V.
04.141.074
Kozesnik, J.
02.051.039
Kozhanov, T. S.
08.066.090
073.006
Kozhevnikov, A. A.
09.083.034
Kozhevnikov, N. I.
01.034.046
071.017
072.046
02.082.098
03.032.010
04.071.072 .073
072.058
07.082.034 .036
08.082.123
09.072.063
080.017
10.021.008
072.026
082.149
Kozhukhov, V. N.
02.033.021
05.141.219
Koziel, K.
02.120.007
03.094.215 .216
04.120.008
06.120.019
07.008.076
08.120.010
09.094.880
10.011.051
120.002
Kozik, S. M.
06.095.001
Kozin, I. D.
04.078.003
Kozina, O. A.
04.032.001
08.041.026
Kozina, P. E.
04.083.022
Kozlov, A. N.
04.105.102
Kozlov, B. L.
03.015.015
Kozlov, I. S.
05.042.027
06.042.057
10.042.054
052.075
Kozlov, M. S.
10.033.082

Kozlov, N. N.
05.052.001
07.158.151
09.151.002
Kozlov, S. I.
01.082.016
07.083.051
10.083.022 .027 .028
Kozlov, V. D.
07.143.001
Kozlov, V. I.
10.078.015
Kozlov, V. V.
07.094.247 .248
08.094.099
Kozlova, K. I.
04.116.023
06.114.057
07.114.056
09.114.106
10.114.060
Kozlovskaya, S. V.
01.092.007
07.011.001
09.092.007
10.097.067
Kozlovsky, B.
10.061.035
143.052
Kozlovsky, B.-Z.
01.141.088
02.061.026
072.037
141.122
04.065.017
141.197
05.061.029
065.119
06.065.060
07.132.007
09.131.086
141.123
Kozlowski, M.
06.065.043
08.065.101
09.065.152
10.065.113
Kozyrev, N. A.
03.094.197
05.094.080
08.094.074
Kraatz, P.
09.094.465
Kraehenbuehl, U.
03.094.072
04.094.192 .361
05.094.135
06.094.255
09.094.094 .154 .228 .594
.696 .697 .730
105.053 .093
10.094.021 .358 .391
Kraemer, G.
05.076.045
06.076.019
Kraetschmer, W.
09.094.807
143.059
10.094.450
Kraft, R. P.
01.142.024 .061
153.029
02.122.099
158.065
03.008.014 .075 .113 .114
05.122.039 .100
158.048
07.008.128
119.008
122.147

Kraft, R. P.
07.142.078
158.131
08.158.007
09.008.105
122.008 .038
142.061
10.074.086
080.039
114.081
115.036
121.096
122.169
142.072
Kraft, T. T.
07.154.018
Krahenbuhl, U.
09.094.594
Krahn, D.
01.002.001
02.002.033 .034
03.002.028
04.002.015
05.002.038
06.002.039
07.002.017
08.002.037
09.002.034
10.002.028
Krajcheva, Z.
10.047.039
Krajcovic, S.
04.084.064 .318
Krajenbrink, F. G.
01.094.078
Krajnyuk, G. G.
02.033.006
Krakow, B.
02.034.033
Kral, W.
01.053.007
Krall, N. A.
02.106.014
06.003.124
08.062.049
09.003.075
10.062.049
Kramarenko, S. A.
06.084.294
07.084.253
Kramarovsky, Ya. M.
07.022.076
Kramer, C.
07.033.057
10.054.016
Kramer, D.
05.061.022
09.066.035 .103
Kramer, E.
08.033.113
Kramer, E. N.
01.082.018
104.038
02.104.010 .032 .039
04.104.055
05.104.019
06.097.017
104.008 .048
07.104.039
08.104.009 .063
10.102.030
104.036
Kramer, G.
01.035.004
Kramer, K.
02.162.047
Kramer, W.
08.104.042
10.094.505

Kranjc, A.
02.098.018
07.042.066
09.052.033
Kranys, M.
10.062.048
Kranzer, W.
01.066.066
141.159
03.141.042
09.014.003
Krarup, T.
02.046.004
Krasavin, I. A.
04.006.000
Krasavtsev, B. I.
01.003.009
Krasheninnikova, G. V.
09.094.861
Krasikov, V. A.
05.094.139
07.094.259
09.094.959
Krasil'nikov, A. A.
10.033.082
Krasil'shchikov, L. B.
08.034.069
Krasinsky, G. A.
01.042.016
03.042.007
04.021.016
042.088
08.042.006 .031
10.052.027
Krasitsky, O. S.
10.082.024
Krasnobaev, K. V.
04.074.053
06.074.010
Krasnobaeva, A. G.
04.084.240
Krasnopevtsev, Ju. V.
04.105.092
Krasnopol'skij, V. A.
01.082.039
094.065
02.094.057 .151
04.082.036
094.098
05.082.109
094.102
06.094.183
08.082.050 .051
09.094.869
10.082.025 .086
083.044
Krasnopolsky
See Krasnopol'skij
Krasnorylov, I. I.
04.031.041
046.009 .015
07.046.011
Krasnov, V. I.
10.052.041
Krasnova, G. S.
03.064.053
Krasnushkin, P. E.
04.083.078
Krasotkin, A. F.
02.082.127
Krasovskii, G. N.
09.097.020
Krasovskij, A. A.
02.052.014 .015
Krasovskij, V. I.
01.084.214
04.084.011
05.082.005 .127
06.082.026
08.012.019

Krasovskij, V. I.
08.082.046
09.022.021
10.082.101
Krasovsky
See Krasovskij
Krass, M. S.
06.094.314
Krassa, R. F.
05.131.015
Krassa, R. S.
07.079.103
Krassovsky
See Krasovskij
Kraszikov
See Krasikov
Krat, T. V.
05.073.035
Krat, V. A.
01.073.017
02.003.007
071.061
03.032.019
141.041
04.051.037
072.021
080.041
05.073.035 .040 .041
06.072.045
080.029
07.051.010
071.032 .048
08.071.052
072.051
073.104
10.071.054
080.023
Kratage, M. L.
03.051.019
07.051.029
Kraus, G.
07.141.155
Kraus, J. D.
01.008.031
141.161
02.141.168
03.008.036
131.102
141.021 .022 .141
04.141.005 .133
05.008.041
141.044 .075 .081 .106
06.141.107 .157 .184
07.008.044
141.077
08.141.055 .076
09.008.035
131.145
10.003.075
141.056 .067
Kraus, K.
09.022.031
Kraus, T.
01.032.020
Krausche, D. L.
05.099.005
Krausche, D. S.
09.099.028
Krause, A.
04.003.071
Krause, F.
01.062.014
116.003
02.062.008 .009 .030
06.062.050
080.026
07.065.017
080.027
08.062.051
09.061.043

Krause, F.
09.062.025
10.062.023
Kraushaar, W.
03.013.010
Kraushaar, W. L.
01.142.008 .030
02.142.014
04.142.038 .049 .083
05.142.063
06.061.011
142.017 .073
07.142.094 .112
155.010 .047
08.022.126
125.029
142.054 .081
155.027
09.034.116
142.021
10.125.035
142.901
Krauskopf, K.
03.094.159
Krauss, M.
05.022.083
06.131.102
07.022.115
091.035
10.131.038
Krauss, R. J.
08.031.047
10.031.071
Kraut, F.
04.105.138
06.105.039 .113
Kravchenko, A. V.
03.080.002
Kravchenko, O. M.
10.011.031
Kravchenko, V.
08.103.116
Kravcov, F.
See Kravtsov, F.
Kravtsov, F.
05.103.008 .119 .130
Kravtsov, F. I.
07.103.106
09.103.112
10.103.104
Krawczyk, S.
07.113.025
114.084
Krawiecka, J.
06.072.090
Kray, W. C.
09.094.445
Krayushkina, V. I.
06.083.023
Krebs, M. E.
05.035.003
Kreem, E. I.
02.082.101
Kreidler, T. J.
10.097.014
Kreifeldt, J. G.
06.015.012
Kreimer, E.
01.041.017
02.041.022
03.041.033
04.041.015
Kreiner, J. M.
01.124.103
03.121.015
04.114.083
121.041
06.011.006
120.019
121.027

Kreiner, J. M.
07.121.078
123.015
10.120.002
121.090
Kreisel, E.
02.066.042
06.066.064
Krejnin, E. I.
08.041.069
09.041.019
Krekov, G. M.
10.093.006
Krekova, M. M.
10.093.006
Krelowski, J.
03.074.022
07.122.136
10.114.116
Kremenetskij, S. D.
10.077.015
Kremneva, N. K.
08.104.015
Kremneva, N. M.
08.104.022
Krempec, J.
03.114.014
04.124.101
07.113.025
114.084
162.042 .052
09.066.018
Kremser, G.
03.073.096
05.084.028
06.084.271
07.084.012
08.012.002
09.084.008 .009
Kren, C.
04.004.005 .006
Kreplin, R. W.
02.076.039
03.073.068 .077 .088
04.073.032
076.002 .023 .032
083.010
084.412
05.073.024
076.006 .030
06.073.081
076.009 .043
07.073.003
076.043
09.073.083
Krepski, C.
09.003.046
Kresak, L.
02.104.001 .013
03.104.001 .050
06.104.040 .093
07.042.010
098.052
08.102.050
104.020
10.102.003
103.103
Kresakova, M.
01.104.001 .016
Kresimir, P.
06.079.101
095.010
099.084
Kreuz, G.
01.093.061
099.044
06.082.036
Krey, R. U.
01.022.068
04.062.064

Kreye, H.
05.105.100
Krezenski, D. C.
06.091.022
Kreznar, J. E.
08.034.123
Kridelbaugh, S.
10.094.373
Kridelbaugh, S. J.
09.094.057 .091 .198
10.093.002
Krieg, E.
08.034.016
Krieger, A.
07.076.004
08.076.019 .020
Krieger, A. S.
02.076.018
143.054
04.076.001
06.074.032
07.076.012
09.074.083
10.074.036 .062
Krieger, C. J.
10.162.013
Krieger, R.
05.078.054
Kriener, H.
05.022.057
Krienke Jr., O. K.
04.158.072
10.158.129
Kriese, J. T.
05.063.009
Kriester, B.
08.082.011
Krimigis, S.
02.078.030
Krimigis, S. M.
02.084.405
106.019
03.073.101 .112 .119
084.414
04.084.403 .413
093.085
106.023
05.078.009 .014
143.076
06.078.001 .009
084.410
07.084.207
08.078.002 .005
09.078.036
10.078.005 .038
084.259
Krimsky
See Krymskij
Krinberg, I. A.
02.022.039
08.080.025
10.082.023
083.018
Krinov, E. L.
01.105.020
04.105.088
06.105.028 .114
08.105.071
Krinsley, D.
03.094.166
04.094.249
Krishan, S.
09.074.090
Krishna, G.
06.141.062
07.141.171
08.141.132
10.141.070 .129
Krishna Swamy, K. S.
See Swamy, K. S. K.

Krishnamohan, S.
08.141.514
Krishnan, T.
04.033.072
074.039
06.096.032
Krishnaswami, S.
06.143.033
Krishnaswamy, M. R.
08.061.028 .029
Kristensen, L. K.
10.098.079
Kristenson, H.
01.032.041
Kristian, J.
01.141.056 .107 .196
142.064
02.113.038
03.134.024
04.141.175 .180 .181 .183
.201
162.018
05.103.113
141.150
06.126.011
142.022
07.142.057 .122
08.114.086
142.010 .075 .121
09.141.014
142.024
158.052
10.141.559
Kristiansson, K.
03.143.034
04.143.010
05.143.113
06.143.060
08.143.008
09.143.042
Kristoferson, L.
01.094.012
06.062.036
Kriuk, V. I.
09.094.128
Krivenko, O. P.
10.066.080
Krivodubsky, V. N.
10.071.075
Krivorutsky, E. N.
02.062.014
Krivoshapkin, P. A.
01.106.024
04.143.052
05.143.077
07.143.035
Krivoshchekov, V. V.
06.008.001
Krivosheina
See Krivoshejna
Krivoshejina
See Krivoshejna
Krivoshejna, A. A.
04.094.098
08.114.138
Krivsky, L.
01.072.007 .032
073.032 .033
02.073.004 .005
077.012
080.050
156.004
03.073.029 .075 .076 .125
04.032.053
073.013
085.013
05.078.027 .056
06.073.046 .056
07.073.033 .034
076.019

Krivsky, L.
07.094.270
08.094.075
099.064
09.072.071
073.026 .047
078.022 .057
10.073.046 .048 .049 .121
077.011 .032
Kriz, S.
01.117.010 .015
02.065.002
117.001 .019
03.117.001
124.103
04.117.006
05.117.024
08.117.030
10.031.057
121.014
Krmoyan, M. N.
07.051.020
Kroell, W.
02.022.044
Kroeplin, P.
07.031.017
Krogdahl, W. S.
09.015.001
Krogh, F. T.
08.021.023
Kroitzsch, V.
02.035.031
Kron, G. E.
02.034.052
113.020
154.010
07.141.120
08.005.027
09.034.069
113.054
158.059
10.121.030
141.903
155.052
158.903
Kron, K. G.
05.005.008
Kronberg, P. P.
01.141.002
02.141.046 .107
03.033.008
141.007
04.014.014
06.141.040 .045
07.141.072 .073 .149 .167
158.058
08.141.020 .054
142.040 .056 .131
09.158.097
10.156.003
Kropachev, E. P.
06.084.233 .244
Kropotkin, A. P.
02.106.028
04.084.232
05.143.006
06.084.307 .320
106.028 .041
08.084.215 .338
Kropotkin, P. N.
05.162.058
08.097.075
09.162.027
Kropp, K.
09.094.450
Kropp, W. R.
04.080.025
143.025
05.061.022

Krori, K. D.
05.066.092 .098
Kroschel, N. K.
08.053.013
097.078
Kroshkin, M. G.
01.003.113
03.054.020
08.003.088
051.006
Krotikov, V. D.
01.033.032
094.088
02.033.018 .019
04.033.006
06.141.218
07.033.018
097.036
08.097.076 .097
10.097.062
Krotikov, V. L.
09.094.875
Krotova, Z. N.
06.083.035
Krotscheck, E.
07.065.129
10.065.149
141.558
Kroupenio
See Krupenio
Krouse, H. R.
03.105.105
04.105.107
Krpata, J.
05.112.002
07.117.034
08.119.001
09.119.003
Krsteva, L.
04.043.005
Kruchinenko, V. G.
02.104.011
03.104.023
04.104.031
06.104.026 .032
08.104.031 .032
10.104.042
Krueger, A.
01.077.016
02.076.044
077.008 .049
03.073.067
077.042
06.003.113
077.031 .043 .054
07.003.166
077.023 .041
08.003.020
077.037 .055
09.077.048 .065
10.072.057
077.002 .011
Krueger, A. J.
02.082.070
Krueger, H.
04.044.012
07.044.023
096.001
Krueger, T. K.
03.022.063
132.034
04.132.033 .034
06.061.014
08.062.013
Krug, E.
01.005.001
08.097.065
09.005.015
10.005.030
011.009

Krug, W.
10.014.014
Kruger, R.
02.080.012
Kruger, R. A.
08.034.070
09.034.036
Krugler, J. I.
01.032.074
Kruglov, Yu. M.
08.097.074
10.106.027
Krugov, V. D.
06.097.059 .092
099.048
100.009
08.097.099
099.055 .072 .088
100.024
09.100.056
Kruithof, A. A.
06.022.013
Kruiver, P. J. G.
06.022.108
Krumenaker, L. E.
08.114.127
Krumm, W. J.
01.094.014
Krummheuer, F.
04.065.005
Krupenio, N. N.
02.094.153
03.093.026
05.093.023
094.100
06.094.147 .182 .302
07.094.162
08.093.039
094.046 .125
097.097
09.093.068
10.097.062
Krupina, A. E.
10.076.013
Krupitskaya, T. M.
03.083.085
143.062
05.078.031
06.083.025
07.078.013 .019
Krupitzkaya
See Krupitskaya
Krupp, B. M.
10.114.101
Krupp, E.
02.133.031
Krupp, J. A.
02.094.119
05.094.019
Kruse, H.
09.094.383 .686
Kruszewski, A.
01.114.065
122.007
02.114.044
06.131.008
141.215
158.031
07.131.088
08.121.083
09.131.143
Kruszewski, A. K.
01.065.048
Krut', I. V.
10.081.017
Krutov, V. V.
04.074.014
05.076.002
08.073.085 .091
076.035

Krutov, V. V.
09.076.031
10.071.039
073.044
Kruusmaa, A.
04.064.073 .074
05.063.002
064.011
06.064.007 .009
Krygier, B.
03.074.061
06.074.090 .091
07.162.042 .052
09.066.018
Krylov, A. G.
03.055.028
103.114
04.103.127
05.103.106
10.055.019 .020
Krylov, A. L.
07.084.241 .250
Krylov, A. N.
10.032.010
Krylov, V. M.
06.094.021
Krylova, S. N.
08.106.040
10.106.020
Krymskij, G. F.
01.106.024
03.003.022
143.045
05.143.046 .047 .077
06.078.050
143.081
07.143.035
09.078.045 .051
10.078.015
106.017 .039 .044
Krymsky
See Krymskij
Krynetskij, B. B.
03.131.098
Krynski, S.
01.011.006
04.011.035
Kryukov, A. E.
07.033.018
Kryworuchko, A.
10.082.046
Krzeminski, W.
01.009.022
126.014
02.121.011
122.099
124.105
05.124.107
07.122.083
08.117.033
10.142.104 .125
Krzywdzinski, S.
08.034.082
Krzywoblocki, S.
04.099.040
Krzywoblocki V., M. Z.
04.061.023
Krzywosad-Niedobrzeski, D.
01.015.001
Ksanfomaliti, L. V.
07.097.092
08.097.088 .104 .124
09.034.017
094.863
097.020 .023 .036
10.097.064
Kubarev, A. M.
05.063.035
Kubiak, M.
06.114.122

Kubiak, M.
07.122.161
08.131.023
09.114.061
10.009.015
010.020
Kubicela, A.
03.034.050
122.075
04.008.057
034.075
047.040
071.058
06.047.033
071.054
122.108
07.122.097
10.071.018
073.062
Kubierschky, K.
09.034.111
Kubineo, W. R.
08.155.070
Kubo, H.
03.102.004
05.062.066
06.074.095
Kubo, M.
06.162.051
08.162.039 .040
Kubo, Y.
04.047.032
08.045.024
047.005
10.047.007
Kubota, J.
01.073.036
02.079.100
03.073.046
07.073.042 .068
10.073.076 .077
Kucewicz, B.
03.114.144 .147
Kuchar, K.
01.066.069
10.066.021 .048
Kuchina, T. M.
09.066.036
Kuchowicz, B.
01.011.003 .018
105.010
02.003.086
061.024 .046
105.195
03.003.060
061.007
065.101
066.041
080.006
114.135
141.222
04.080.005
131.139
05.011.035
013.005
015.005
066.079
080.017
114.121
06.064.022
065.044
066.054 .139 .148
131.129
07.002.012
003.081
061.037 .051
065.127
066.055 .060 .061 .113
.126
08.003.015

Kuchowicz, B.
09.066.092
10.066.099 .100 .129 .158
.161
080.052
114.009
162.053 .079 .090
Kuck, G. A.
08.084.042
Kuckes, A. F.
02.077.059
05.077.012 .032
094.162
Kudajkulov, M. A.
04.013.009
Kudimov, A. V.
01.082.016
Kudo, A.
08.131.071
Kudria, A. V.
08.081.001
Kudrin, V. B.
09.051.005
Kudritzki, R.-P.
10.064.016
Kudrya, Yu. N.
08.066.050
Kudryavtsev, M. I.
09.076.025
10.034.008 .009
076.010
142.040
143.039
Kudryavtseva, L. A.
08.124.105
Kuebar, T.
01.034.010
Kuechemann, D.
02.003.089
Kuehn, L.
03.125.009
04.094.348
155.011
10.131.092
Kuehne, C.
05.032.060
034.097
07.034.098
Kuehner, E. C.
09.094.702
Kuendig, H.
09.091.012
Kueng, A.
10.079.101
Kuenzel, H.
01.075.009
02.072.023
075.025
077.049
03.075.020
077.042
04.075.018
05.072.039
075.019
06.072.050 .058
075.019
07.075.020
09.072.072
10.072.092
Kuenzi, K.
01.033.027
Kuettner, J.
07.097.021
Kueveler, G.
07.094.230
08.094.030
Kugaenko, B. V.
06.082.054
08.082.141
09.082.034

Kugaenko, B. V.
10.052.067
082.121
Kugel, C. P.
07.035.012
Kuhi, L.
07.158.141
Kuhi, L. V.
01.122.110
02.114.102
122.046 .091
03.064.049
065.016
121.050
04.114.112
05.122.046
155.020
08.114.162
09.064.026 .059
114.116
158.142
10.064.047
117.015
141.001
Kuhlthau, A. R.
02.022.014
Kuhn, P. M.
03.082.013
Kuimov, K. V.
09.072.019
Kuiper, G.
05.032.011
Kuiper, G. P.
02.071.010 .011 .012 .084
.085 .086
093.020 .021 .022 .026
094.173
03.100.005
04.082.042
092.009
093.006 .007
094.058 .061 .311
097.006
100.001
05.082.122 .123
093.032
097.035
06.092.004
097.041
07.099.018
08.012.010
091.031
093.034
10.008.115
011.028
071.033
082.137
091.051
099.050 .095
Kuiper, T. B. H.
07.141.513
08.141.073
09.077.003
10.074.102
077.087
Kuji, S.
09.034.039
10.045.024
Kukarkin, B.
03.154.020
Kukarkin, B. V.
01.004.018
121.022
02.003.013
123.003
03.125.102
04.003.069
011.002
120.001 .005
125.100

Kukarkin, B. V.
04.154.001 .007 .013 .018
.019
05.003.013
123.033
154.004
06.003.005
122.023 .032 .057 .077
.115
123.030
07.003.154
154.004
158.119
08.120.002 .003 .008
123.021
154.004
09.003.003
10.122.025 .036 .037 .046
.047 .050 .058 .068
123.027 .063
154.006
Kukarkina, B. V.
04.003.004
Kukarkina, N. F.
10.123.027
Kukarkina, N. P.
02.003.013
04.003.069
120.001
154.001 .007
05.003.013
06.122.023
07.003.154
08.120.008
09.003.003
Kukharskaya, N. F.
01.093.075
09.093.077
Kukin, L. M.
09.094.873
Kukina, E. P.
01.077.026
Kukk, M.
01.114.020
Kukkamaeki, T. J.
01.009.017
10.046.020
Kuklin, G. V.
01.071.009 .010
072.003
04.071.051
072.015
05.072.044
06.071.028 .038 .068
072.015 .017 .074 .080
.092
080.023
09.072.079
073.112
10.072.001 .018
Kuklina, N. Ya.
10.106.064
Kukushkina, R. S.
01.084.026
Kulagin, D. I.
01.085.012
Kulagin, E. S.
02.032.038
03.118.019
Kulagin, S. G.
01.010.033
02.045.001
05.043.002
07.093.036
Kulak, A.
10.033.063
Kulander, J. L.
03.022.056
05.064.034
08.022.152

Kulanin, N. V.
06.084.247
Kulapova, A. N.
02.123.027
06.122.065
07.122.093
08.123.002
10.122.091
Kul'chitskij, A. D.
08.071.065
Kul'chitskij, A. P.
09.034.047
10.034.037
Kulchitsky, A. D.
See Kul'chitskij, A. D.
Kulcickij, A. P.
See Kul'chitskij, A. P.
Kuleshov, A. F.
08.053.022
Kuleshova, K. F.
02.072.074
Kuleshova, V. P.
07.073.051
Kulhanek, J.
02.162.068
07.162.077
Kuli-zade, D. M.
03.071.022
04.071.043
06.071.020
07.071.050
10.071.017
Kulick, C. G.
07.094.049
09.094.343 .642
Kulidgeanishvili, G.
04.133.005
Kulieva, R. N.
08.084.236
Kulikov, G. V.
02.143.066
04.143.067
Kulikov, K. A.
02.043.007
04.003.070
05.005.001
07.003.082 .083
10.005.008
014.003
Kulikov, V. N.
05.143.118
09.034.086
143.015 .080
Kulikov, Yu. Yu.
04.094.043
10.077.038
Kulikova, N. V.
06.104.101 .107
08.104.011
09.104.016
Kulikova, T. N.
03.123.005
Kulikovskii, A. G.
04.074.053
Kulikovskij, P. G.
01.002.035
013.005
02.002.006
003.087
005.009
03.010.017
04.124.104
05.003.086
005.006
125.104
06.003.021 .033
125.102
Kulin, G.
10.014.015

Kulisic, S.
07.095.013
Kulkarni, P. P.
02.083.030
Kulkarni, P. V.
08.082.128 .191
09.082.022
Kulkarni, R. N.
04.082.017
Kullerud, G.
02.105.135
04.105.115
06.094.053
09.094.362
Kullurud, G.
05.105.036
Kulshrestha, K. P.
06.064.025
Kulsrud, R.
01.143.077
05.141.190
143.057
Kulsrud, R. M.
03.151.030
05.065.015
143.040
06.062.018 .027
151.053
07.062.017
125.028
141.543
143.041
151.044
09.142.088
10.062.022
Kulus, H.
09.094.735
10.094.326 .349
Kulygin, V. M.
10.078.007
Kumaigorodskaya
See Kumajgorodskaya
Kumajgorodskaya, R. N.
04.116.024
09.114.105
10.116.004 .007
Kumantsev, A. M.
03.034.070
04.072.036
Kumar, A.
10.082.019
Kumar, C.
04.131.068
Kumar, C. K.
02.072.068
06.071.071
08.158.086
09.158.063
Kumar, M.
10.046.041
Kumar, M. M.
04.066.013
Kumar, N.
01.162.009 .021
03.065.100
10.066.139 .142
Kumar, R. C.
02.033.035
Kumar, S.
06.034.040
07.061.023
082.023
09.082.002 .040
106.009
10.082.013 .155
Kumar, S. S.
01.012.019
064.061
065.073
02.042.033

Kumar, S. S.
02.064.050
03.042.044
117.034
05.064.060
06.107.007
07.099.051
08.117.019 .028
Kumar, V.
02.022.045
07.022.019
Kumazawa, M.
09.094.489
Kumer, J. B.
05.082.016
10.082.155
Kummel, B.
06.003.088
Kummler, R.
06.082.042
Kummler, R. H.
10.082.054
Kumsiashvili, M.
09.117.017
Kumsiashvili, M. I.
01.121.033 .034 .035
03.121.012
10.121.059 .071
Kumsishvili, I. I. (J. I.)
See Kumsishvili, Ya. I.
Kumsishvili, Ya. I.
03.121.002
04.121.068
122.055
06.121.022
08.122.134
Kun, M.
09.122.120
Kunashev, B. S.
09.097.023
Kunasz, C. V.
09.071.039
10.063.073
080.020
Kunasz, P.
09.064.032
Kunasz, P. B.
10.063.073
Kunchev, P.
01.122.003
08.122.074
10.122.126
Kunchev, P. Z.
02.122.079
Kuncir, J.
06.105.164
09.094.394
105.003
Kunciw, B. G.
09.094.911
Kunde, V.
03.097.044
08.097.089
10.097.025
Kunde, V. G.
02.064.046
04.082.085
05.091.011
114.084
06.114.068
07.097.028
08.097.028 .029 .030 .031
.116
09.097.074 .075
10.097.088
Kundt, W.
01.162.071
03.066.007 .040 .063
06.066.080
162.102 .103

Kundt, W.
09.052.021
10.065.149
141.504 .558
162.024
Kundu, M. R.
01.125.004 .011
02.132.027
03.077.023
04.077.002 .022
125.014
05.125.003 .012
141.024
06.073.048
077.044
141.145
07.073.063
077.011 .049
125.008
08.073.018 .106
077.016
125.003 .006
09.077.059
125.009
131.036
10.072.050
077.046
141.011
Kunert, A.
02.011.035
04.125.103
05.014.011
06.124.102
07.014.004
08.011.023
014.002 .011
09.014.011
Kung, H.-C.
02.063.011
Kunilov, M. V.
05.077.023
Kunin, A. F.
08.035.005
Kunin, J.
08.091.012
Kunin, J. S.
05.098.017
Kunina, N. V.
05.084.203
Kuningas, S.
01.124.103
Kunitskij, R. V.
01.014.011
04.014.017
066.082
09.066.064
Kunitsyn, A. L.
05.042.008
08.052.014 .030
09.003.028
10.042.109
052.013 .033
Kunitzsch, P.
04.004.050 .051 .052
06.004.047
08.015.016
Kunkel, W.
03.122.122
04.142.077
07.142.083
08.103.127
113.021
131.042
142.100
09.152.002
Kunkel, W. E.
01.122.052 .064 .111
159.001
02.142.048
159.002

Kunkel, W. E.
03.142.033
04.122.018 .115 .137 .143
142.028 .084 .093
05.122.015
06.158.097
07.125.107
142.022
158.028
08.122.062 .111
09.115.008
122.005
Kunte, P. K.
02.142.027
04.142.018 .019 .040
05.142.046 .073 .094
06.142.032
143.043
07.034.139
142.034 .074 .130
09.142.002
10.142.006 .019
Kuntz, E.
10.046.031
Kunz, L. W.
10.132.008 .035
Kunz, R.
07.052.010
Kunz, W. E.
03.106.018
04.076.016
05.076.036 .037 .044
106.032
06.076.026
08.082.200
Kunze, H.-J.
02.022.037 .097
05.062.054
06.022.071
062.044
07.022.072
08.022.089
062.047
Kuo, F.
10.061.042
Kuo, K.
09.094.751 .952
Kuo-Petravic, G.
09.141.548
Kupca, S.
04.010.039
Kuper, C. G.
05.003.120
07.012.029
Kuperus, M.
01.073.003
02.074.054
03.080.011
04.077.016
05.064.028
06.077.060
07.011.034
074.088
080.004
09.054.013
074.002
Kupetskij, V. N.
10.085.005 .025
Kupferman, P. N.
07.141.164
Kupo, I. D.
02.122.032 .061 .166
06.031.055
114.124
Kuprevich, N. F.
03.034.046
05.031.049
Kuprevitch
See Kuprevich

Kuprianova, E. B.
02.022.043
Kuraev, V. P.
07.052.018
08.052.015
Kurasawa, H.
09.094.690
10.094.380
Kurasawa, K.
09.034.063
Kurash, V. V.
08.094.173
105.078
Kurat, G.
01.105.069
02.105.102
03.105.039 .040 .079
04.105.039
06.094.269 .272
07.094.044 .070 .143
08.105.112
09.094.650
105.094
Kurbanov, A.
10.033.015
Kurbanov, R. A.
09.082.093
Kurbasov, V. V.
06.053.034
Kurbonov, H.
01.085.014
Kurchakov, A. V.
01.132.054 .055
133.035
02.132.044
04.082.158
103.101
10.131.291
Kurchakova, A.
01.098.034
Kurcheeva, I. V.
09.042.033
10.042.039
Kurdgelaidze, D. F.
02.061.036
066.068
05.022.039
09.061.021
162.047
Kureizumi, T.
07.073.042
10.073.076
Kurfess, J.
07.142.072
Kurfess, J. D.
01.076.020
142.020
02.142.019
06.141.059
07.061.034
08.076.025
09.141.553
10.142.050
Kurganov, R. A.
10.085.013
Kurihara, H.
04.132.039
07.132.037
Kuril'chik, V. N.
01.141.181
02.141.208
158.017 .032 .086
03.141.072 .184 .187
158.104
04.141.042 .074 .144 .145
.193 .222
158.095 .099
05.141.056 .057
06.141.025 .046 .047 .050
.146 .148 .235

Kuril'chik, V. N.
06.142.085
158.015
07.141.011 .017 .060 .121
08.141.135
162.016
09.141.005
10.142.042
Kurillo, I. A.
10.143.031
Kurilov, V. A.
02.083.052
Kurimoto, R. K.
09.105.004 .095
Kurjanova
See Kur'yanova
Kurlanov, A. D.
10.120.004
Kurmaeva, A. Kh.
05.031.050
082.072
Kurmakaev, Z. Kh.
06.066.025 .083
08.066.089
10.066.108
Kurmis, I.
10.008.059
Kurnosova, L. V.
04.143.045
05.082.009
143.060
07.078.014
082.138
09.078.010 .028 .064
084.409
10.078.014
083.042
Kurochka, E.
06.073.020
Kurochka, E. V.
09.073.034
10.073.102
Kurochka, L.
06.073.020
Kurochka, L. N.
01.022.052
073.012
03.073.005 .028
04.073.068
06.062.017
09.073.034
079.100
10.062.002
073.096 .102
Kurochkin, A. V.
06.143.021
10.142.139
Kurochkin, N.
09.121.036
Kurochkin, N. E.
01.141.106 .186
02.003.013
118.034
122.021
141.032
03.123.026
141.186
04.003.069
123.001 .016
05.003.013
158.037
06.120.002
122.019 .152
123.055
141.128 .149 .233
07.003.154
158.119
08.121.030 .074
122.036 .047 .049
123.042

Kurochkin, N. E.
08.141.081
142.042 .130
158.116
09.003.003
10.098.017
123.069
141.126
142.137
Kurochkin, S. S.
10.093.014
Kuroczkin, D.
07.091.022
10.158.120
Kuroda, P. K.
01.105.059 .076
107.001
04.105.001 .043
05.105.028
107.007
08.105.021
Kurokawa, H.
02.079.100
07.074.006 .007
Kurosaki, T.
03.103.103
Kurpinska, M.
02.096.003
114.098
03.121.026
04.096.005
10.096.007
Kurt, V.
08.097.114
Kurt, V. G.
01.093.043 .078
094.039
03.161.008
04.093.080
114.041
05.061.010
06.051.022
078.040
155.030
07.051.012
08.097.093
09.051.023
078.048
093.053
097.048
143.054 .064
10.051.016 .027
Kurtenbach, D.
04.082.144
Kurth, R.
03.003.014
08.003.089
042.053
Kurtossy, S.
09.094.463
Kurtz, C. V.
06.022.159
Kurtz, D. W.
08.132.033
10.122.158
Kurtz, R. F.
10.113.101
Kurucz, R.
04.064.069
Kurucz, R. L.
01.064.029
06.064.042
09.022.080
Kurutac, M.
02.121.072
Kurvits, I.
03.002.005
Kur'yanova, A. N.
02.035.023
082.051

Kur'yanova, A. N.
08.041.064
09.041.007
Kuryshev, V. I.
03.055.031
Kurz, R. J.
10.143.015
Kurzrock, R.
06.003.024
Kurzweg, L.
01.022.065
08.022.103
Kus, A.
01.075.027
Kusaev, E. A.
09.082.107
Kusaka, T.
04.107.009
Kusch, H. J.
03.022.036
06.022.115
08.022.008
09.022.054
10.022.038 .059
Kushiro, I.
03.094.091
04.094.136 .159 .164
05.094.082
09.094.199 .340 .612
10.094.330
Kushko, V. L.
10.052.069
Kushnerevskij, Yu. V.
08.083.071
10.083.045
Kushnerevsky
See Kushnerevskij
Kushnir, M. V.
03.034.065
09.034.037
Kushpil, V. I.
06.082.019
Kushtin, I. F.
08.091.027
09.082.118
Kushwaha, R. S.
04.065.126
Kusler, K. L.
09.121.013
Kusminov, B. U.
10.122.184
Kusoffsky, U.
03.073.020
09.073.105
Kustaanheimo, P.
08.042.030
066.169
Kustaanheimo, P. E.
10.066.006
Kusukawa, K.
09.162.064
Kusunose, M.
07.076.044
Kuteva, Z. N.
05.034.002
08.034.140
Kutiev, I. S.
03.083.082
09.083.053
Kutimskaya, M. A.
01.084.261
09.083.037
Kutner, M.
05.131.063
132.012
06.131.004
132.015 .016
07.131.008
Kutner, M. L.
08.131.029

Kutner, M. L.
08.132.015
10.131.011
132.041
Kutorkina, K. Ya.
08.031.028
09.034.105
Kutserib, N. A.
04.032.029
05.032.028
Kutter, G. S.
01.065.060
133.004
02.133.019
03.064.033
065.034
05.065.043 .133
07.064.012
122.024
126.010
08.064.006
065.011
124.003
09.124.005
10.064.059
122.016
133.051
Kutuza, B. G.
02.131.125
05.082.006
07.131.016
09.093.071
Kutuzov, A. S.
07.079.107
08.033.067
Kutuzov, S. A.
01.151.030 .032
Kutuzov, S. M.
02.033.032
09.033.034
Kuusik, I.
01.064.020 .054
05.064.013
06.064.008
10.064.070 .074
Kuusk, T.
05.064.014
06.122.047 .048
Kuvshinov, V. M.
06.141.125
142.076
10.114.163
Kuwabara, T.
09.021.005
Kuwano, Y.
06.124.102
Kuyatt, C. E.
05.022.083
Kuzakova, L. P.
07.084.039
Kuzhevskij, B. M.
04.143.070
05.143.002 .107
Kuzhevsky
See Kuzhevskij
Kuzin, Yu. N.
10.143.044
Kuz'menko, K. N.
02.005.024
04.032.026
08.005.028
103.100
Kuzmicheva, A. E.
07.106.012
143.050
08.078.007
084.253
143.017 .050
Kuz'micheva, A. E.
09.078.066

Kuz'micheva, A. E.
09.143.078
10.078.021
Kuz'min, A. D.
01.093.025
02.033.030
093.043
03.033.026 .027
04.033.020
093.048 .065
05.093.002 .046
097.020
101.002 .015
06.093.010 .017
097.031
100.006
101.007 .008
07.099.030
100.015
08.097.097
099.073
09.093.047 .067
099.010
100.901
10.097.062
099.024 .028
Kuz'min, A. F.
02.094.195 .196
Kuz'min, A. I.
01.106.024
05.106.023 .037
143.005 .046 .047 .077
06.078.050
143.081
07.143.035
09.078.051
10.078.015
Kuz'min, A. K.
03.084.048
Kuzmin, G.
03.061.003
151.008
04.155.021
Kuzmin, G. G.
01.151.043 .044
02.151.059
03.003.004
05.151.006
09.154.008
10.151.056 .057 .058 .072
.082 .083
154.021
Kuz'min, M. I.
04.044.007
Kuz'min, R. O.
09.094.930
Kuz'min, V. A.
01.061.023
084.261
143.046
02.080.043 .044 .045 .046
03.080.017 .018
143.059
04.162.058
05.162.003
Kuz'min, V. I.
02.009.010
Kuzmin, V. V.
05.061.001
08.084.254
Kuz'mina, M. G.
04.063.003
06.063.038
10.063.039
Kuz'mina, V. A.
03.153.026
Kuzminskaya, G. G.
05.084.227
Kuzminski, H.
05.055.011

Kuz'minykh, V. A.
06.052.005
Kuznechik, O. P.
10.082.076 .077
Kuznecov, B. G.
See Kuznetsov, B. G.
Kuznetsov, A. I.
10.066.087
Kuznetsov, A. N.
09.044.020
Kuznetsov, A. V.
07.094.098
Kuznetsov, B. G.
05.003.060 .061 .094
Kuznetsov, B. I.
07.031.002
10.093.001
Kuznetsov, D. A.
01.072.022
073.018
04.073.065
06.072.071
073.047
07.072.041
08.072.050
Kuznetsov, G. I.
08.082.139
Kuznetsov, I. V.
07.003.084
Kuznetsov, L. I.
10.052.021
Kuznetsov, M. V.
08.044.011
Kuznetsov, S. N.
01.084.412
02.078.037
03.084.407
143.043
05.084.401 .402
06.083.031
084.268 .405
07.084.251
08.084.408 .412 .424
143.011
09.078.016
10.084.211 .406
Kuznetsov, V. I.
03.114.121
06.114.027 .028
155.016
08.114.066 .067
131.123 .124
10.052.023
114.046
Kuznetsov, Yu. P.
07.015.001
Kuznetsov, Yu. Ya.
07.094.247 .248
08.094.099
Kuznetsova, G. M.
02.083.048
09.083.037
Kuznetsova, G. N.
10.083.018
Kuznetsova, G. V.
10.033.047
Kuznetsova, I. P.
06.079.102
Kuznetsova, L. V.
08.044.011
Kuznetsova, R. I.
02.105.106
10.125.034
Kuznetsova, T. N.
01.114.074
05.112.005
113.028
10.116.006
Kuznetzov
See Kuznetsov

Kuznetzova
See Kuznetsova
Kvachadze, G. P.
04.104.039
05.104.034
Kvasha, L. G.
02.105.042
04.105.067
08.105.080 .083
10.105.088
Kvashnin, A. N.
01.143.031
02.082.127
05.078.036 .051
07.143.036
Kvenvolden, K.
03.094.159
04.105.068
09.094.905
Kvenvolden, K. A.
03.094.160
04.094.252 .253 .254 .255
06.094.103
105.003
07.094.234
105.051 .063
08.094.230 .236
09.094.246 .441 .751 .948
.952
105.096
10.094.235
105.051 .081
Kvicala, J.
03.073.125
04.073.013
06.072.061
073.056
Kvifte, G. I.
03.082.038
Kvifte, G. J.
02.084.006
05.084.002
09.084.011
Kviz, Z.
01.082.040
02.104.047
03.104.033 .034
106.021
06.105.162
08.105.003 .041
Kvizova, J.
03.104.003
Kvochka, V. I.
06.094.022
Kwak, N.
08.022.137
Kwan, J. Y.
08.131.027
09.131.013 .162
Kwast, T.
01.158.036
02.158.080
03.010.020
158.022
04.160.014
05.061.016
065.109
06.061.029
161.007
07.065.103
08.107.013
10.095.004
Kwee, K. K.
10.122.119
Kwiatkowski, W.
04.033.089
Kwitter, K. B.
06.123.076
Kwok-Kee Tam
See Tam, K.-K.

Kyhl, R. L.
10.033.108
Kyle, H. L.
04.022.087
Kyle, T. G.
01.082.105 .106
02.071.081 .089
    082.042 .044 .050 .096
04.071.062
    080.034
    082.026
Kyner, W. T.
01.042.047
04.052.013
    092.013
10.042.078

La Bonte, A. E.
04.112.019
07.112.017
08.041.016
    112.011 .012
10.155.014
La Camera, M.
01.162.036
02.065.057
    162.070
03.162.063
La Pointe, M.
06.143.071
La Torraca, G. A.
10.094.442
Laager, E.
10.079.101
Laaspere, T.
08.084.014
Laba, I. S.
06.074.051
10.073.056
Labat, J.
06.062.020
08.022.046
Labeyrie, A.
03.031.022
05.031.087
06.118.017
07.034.077 .093
    115.009
09.113.024
Labeyrie, J.
01.105.091
06.061.021
Labhart, H.
03.031.018
Labitzke, P.
06.041.032
Labonte, B.
09.072.052 .056
Laborde, J.
03.079.102
Laborde, J. R.
01.154.006
02.121.086
06.159.019
Laborde Torrecilla, E.
05.071.060
Labrecque, J. J.
01.031.009
Labrum, N. R.
01.077.042
03.077.048
05.077.026
08.008.029
    033.045
    077.052
09.077.051
10.033.035 .088
Labs, D.
04.071.046

Labs, D.
06.022.106 .107
    031.026
    080.004
07.071.005
10.071.028
    114.074
Labuhn, F.
06.012.005
Labutin, V. A.
09.143.065
Lacey, J. D.
01.033.041
    141.133
02.003.057
    033.009
03.033.013
06.033.004
10.033.028
Lacey, L.
03.079.102
05.074.067
08.071.017
Lachkova, E.
08.014.012
Lacis, A. A.
04.101.009
06.126.020
07.098.044
    101.004
Lackman, G.
06.131.111
Lackner, D. R.
01.073.005
Lackner, K.
03.084.274
Laclare, F.
03.008.098
05.099.003
08.041.020
Laclaverie, J. J.
02.042.006
Lacqarret, M.
04.121.070
Lacombe, C.
01.077.003
05.074.061
06.074.055
Lacoume, J.-L.
05.084.217
08.084.307
Lacroix, J.
10.033.031
Lacroute, P.
03.041.016 .038 .039
04.031.049
    041.023
    112.028
05.118.014
06.031.080
07.010.028
    041.004
08.041.018
Lacy, C. H.
04.121.008
09.122.026
Lada, C. J.
08.131.041
    142.068
09.014.021
    125.012
10.131.271
    132.007 .052
Ladd, A. C.
02.051.030
Ladell, L.
10.083.037
Ladle, G. H.
09.094.357 .652 .668 .915
10.094.243 .372

Laffineur, M.
01.074.020 .056
02.033.037
    074.014
03.074.044
04.079.100
Lafleur, H. T. J. A.
06.034.060
Lafountain, L.
03.081.034
Laframboise, J. G.
02.051.024
Lagarde, M.
09.105.034
Lagar'kov, A. N.
09.022.014 .015
Lagarrigue, A.
08.014.015
Lagerwey, H. C.
01.121.007
    122.012 .083
02.121.064
03.123.013
05.122.122
    123.013
06.122.071 .072
Laget, M.
07.131.104
09.113.012
Lago, B.
04.046.011
Lagrula, J.
04.031.006 .040 .042
05.031.010
07.081.025
08.081.041
Lagutin, A. P.
08.031.010
Lagutin, M. F.
04.104.002 .005 .033 .036
    .039
05.104.018 .034
07.104.017
08.104.052
10.104.020
Lahiri, N. C.
03.047.020
Lahulla, J. F.
08.042.088
Lahulla Fornies, J. F.
04.052.061
Lai, C. S.
07.074.033
Laidet, L. M.
07.035.020
Laigo, R.
10.032.045
Laing, J. D.
03.119.005
04.008.025
07.044.032
Laing, P.
09.097.053
Laing, P. A.
02.094.112
03.094.218
04.052.014
06.094.084
07.097.032
08.094.176
    097.037
09.097.018
Laios, S. C.
07.035.021
Laird, M. J.
01.084.202
Lakatos, S.
07.094.058
09.094.048 .087 .242 .244
    .731

Lakatos, S.
 10.094.346 .474
Lake, R. G.
 07.141.050 .122
  151.010
Lakeev, V. A.
 10.052.042
Lakes, R.
 04.034.042
Lakes, R. S.
 05.034.065
Lakshman, S. V. J.
 04.022.031
 07.022.061
Lakshmanan, M.
 08.066.157
Lal, D.
 01.105.048 .100
  143.003
 02.074.069
  105.075 .109 .111
  143.044
 03.094.078 .111
  105.063
 04.094.231 .294
 05.105.015 .021
 06.105.069
  143.033
 07.102.027
  105.069
 08.105.123
  143.069
 09.094.257 .507 .508 .509
  .800 .808
 10.094.084 .141 .216
  105.107
  143.003 .040
Lal, S.
 01.155.017
 02.143.016
 03.143.007
 05.143.101
 06.143.119
Lala, P.
 01.051.031
  052.010
 02.052.011
 04.052.051 .065
 05.052.012
 08.052.031
Lallemand, A.
 02.113.041
 03.034.014
 07.031.043
Lally, J. S.
 08.094.219
 09.094.193 .309 .630
 10.094.239 .400
Lally, S.
 10.094.263
Lalonde, L. M.
 03.033.054
 05.033.002
Lalou, C.
 03.105.129
 07.105.036
 09.094.814
  105.035 .036
 10.094.359
Lam, L.
 05.065.144
Lam, S. K.
 05.099.003
 09.041.023
Lam, T. T.
 10.063.018
Lamar, D. L.
 02.094.120
Lamb, D. Q.
 07.061.030

Lamb, D. Q.
 08.142.122
 10.142.023 .078
Lamb, F. K.
 03.071.040
 06.080.015
 10.142.027 .067 .078
Lamb, W.
 03.094.136
 04.094.281
Lamb, W. E.
 07.094.136 .183
 09.094.481 .793
 10.094.292
Lamb Jr., W. H.
 05.143.069
Lambeck, K.
 01.055.012
 03.081.045
 04.046.014
 05.046.002
  081.032
 06.045.005
  054.029
  081.003 .028
 08.044.034
  045.020
  081.021 .034
 09.044.001
  052.002
  081.014
Lambert, D. L.
 01.071.001 .003 .021 .043
 02.071.071
  074.034 .047
  122.181
  124.107
 03.071.037
  074.008
 05.072.012
  073.010
 06.071.012 .043 .059
 07.022.077
  072.018
  114.025
 08.072.049
  114.100
 09.114.069 .081 .082
 10.064.019
  072.020
  114.181
Lambert, G.
 07.094.144
 09.094.726
 10.094.360
Lambiotte, J. J.
 02.082.075
Lambrecht, H.
 02.008.055
  131.069
 03.008.061
 06.005.013
  131.020
 08.006.000
  011.035
  097.064
 09.131.118
 10.004.064
  007.000
Lamensdorf, D.
 07.033.062
Lamer, V.
 04.103.101
 05.103.106
Lamers, H.
 07.051.021
  114.128
Lamers, H. J.
 03.101.005
 07.114.023

Lamers, H. J.
 08.114.040 .116 .150
 09.114.031 .049 .101 .137
  .155
  119.011
 10.119.001
Lamla, E.
 04.114.093
Lammer, W. E.
 07.082.100
Lammerer, M.
 07.034.051
 09.008.052
Lammlein, D.
 06.094.232
 07.094.159 .203 .208 .217
  .226
 09.094.583 .778 .779
 10.094.006 .362
Lamothe, R.
 07.094.020
 08.094.005
 09.094.587 .755
Lampe, G.
 04.122.014
  123.003
Lampe, M.
 01.061.034
  065.065
Lampkin, R. H.
 08.003.090
Lampton, M.
 01.099.033
 03.034.043
  142.036
 04.142.003 .086
 05.142.024 .028
 06.142.007 .058 .060
 07.142.003 .018 .019 .079
  .099 .113
  161.004 .014
 08.084.022
  142.045
  158.111 .121
  160.024
 09.082.040
  113.027
  131.087
  160.013
 10.160.029
Lamzin, S. A.
 10.123.064
Lan, N. B.
 07.083.058
Lancaster, E. R.
 03.042.009 .029
 04.052.062
Lancaster, J. E.
 02.052.032
 04.052.015 .053
Lancaster Brown, P.
 07.003.033
 08.003.051
Lancet, K.
 05.105.064
Lancet, M. S.
 04.105.086
 05.105.064
 06.105.115
 09.105.054
Lanczos, C.
 07.066.087
Land, B.
 04.003.074
Landau, R.
 03.131.061
 05.158.006
Landau, R. W.
 02.106.009
 04.062.015 .060

Landau, R. W.
06.062.068
Landau, S. V.
08.094.130
09.094.138 .864
Lande, K.
08.080.057
Landecker, P.
05.061.022
Landecker, P. B.
08.034.129
Landecker, T. L.
01.157.022
03.033.051
04.157.012
06.033.004
09.077.048
10.033.028 .041
Landel, R. F.
10.003.076
Landensperger, W.
06.084.024
Landgren, P.
03.141.174
Landgren, P. G.
06.021.009
Landi Degl'Innocenti, E.
08.062.085
09.062.901
071.043
10.063.049
Landi Degl'Innocenti, M.
08.062.085
09.062.901
10.063.049
Landi Dessy, J.
01.031.011
03.031.007
032.009 .042 .043
04.114.092
06.159.019
10.034.067
Landini, M.
01.034.038
075.021 .022
076.015
02.072.084
03.076.025
04.076.004 .040 .041
05.074.035 .052
076.028
06.074.057
07.076.034
08.022.062 .081
074.005
076.004 .034 .041
09.022.902
064.041
073.038
10.073.061
Landis, H. E.
10.121.078
Landis, H. J.
09.121.016
Landman, D. A.
10.071.024
074.013 .014
Landman, P.
07.009.011
Landmark, B.
02.084.014
03.083.018
04.083.075 .087
07.083.043
Landmark, B. J.
04.003.129 .130
Landolt, A. U.
01.008.010
118.007
122.015 .027

Landolt, A. U.
02.113.011
121.047 .048
122.040
03.008.009
113.002 .039
122.050
124.101
04.121.055 .056
122.116
124.106
05.008.011
118.034
122.032
06.113.042 .045
118.005
126.012
07.008.013
113.901
121.068
122.102
125.107
08.120.021
121.008 .011 .076 .100
09.008.011
121.014
122.076
10.113.087 .091
121.076
122.101 .103
124.105
Landon, J. K.
08.094.064 .143
Landon, K. W.
01.032.009
Landry, A. M.
09.094.054
Landsberg, H. E.
02.003.090
06.003.108
08.003.091
Landsberg, P. T.
06.066.028
09.162.036 .086
10.162.005
Landscheidt, T.
02.015.007
03.015.013
Landstreet, J. D.
02.116.026
03.116.008
126.012
04.126.001 .005
05.126.008 .024 .034 .035
.044
134.005
141.163
07.116.007
126.002
141.178
142.012
08.116.004
126.003 .018 .024
10.116.014 .015
Landt, J. A.
04.074.020
10.074.100
Lane, A.
10.103.102
Lane, A. L.
05.099.040
07.097.030
114.013
08.097.027 .090 .091 .092
09.097.009 .025
10.097.026 .038
Lane, A. P.
05.100.020
06.100.011
09.094.297 .565

Lane, A. P.
09.100.005
Lane, H.
02.014.005
Lane, N. F.
01.022.048
03.022.094
08.022.093
Lanford, W. A.
08.080.018
Lang, B.
06.105.030 .116
07.105.019 .030 .050
10.105.063 .072
Lang, H.-J.
08.085.008
Lang, K.
10.153.030
Lang, K. R.
01.141.061 .217
158.011
02.096.011
141.091 .147 .162
03.141.053 .096 .119
04.141.034
05.141.008 .063 .151
06.096.029
07.122.023
141.560
09.077.054
10.141.533
Lang, R.
07.131.100
09.131.045
Lange, B. O.
07.052.003
Lange, D. E.
09.105.097
10.105.058 .071
Lange, G. A.
01.122.076
02.123.026
03.122.033 .112
06.121.051
122.044 .117
08.121.001
122.001 .041 .143
09.123.004
10.122.178
Lange, H.
03.073.117
Lange, H. A.
04.124.101
Lange, J.
04.074.060
Lange, J. J.
10.131.202
Lange-Hesse, G.
04.084.057
06.084.049
Langel, R.
09.084.238
Langer, G. E.
04.122.052
06.122.099
10.114.081
Langer, W. D.
02.065.055 .056
03.065.003 .004
09.062.006
131.017 .030
10.131.126 .288
Langford, W. R.
01.122.028
04.118.012
Langhoff, W.
05.143.142
Langlet, A.
10.034.084

Langlois, M.
 01.021.006
Langseth, M. G.
 10.094.004 .361
Langseth Jr., M. G.
 03.094.201
 07.094.219
 09.094.543 .544
Langton, N. H.
 03.003.120
 105.067
Langton, R.
 01.075.010
Langton, R. J. J.
 02.075.024
 03.075.027
 04.075.030
 05.075.033
 06.075.046
 07.075.031
 08.075.019
 09.075.028
 10.075.028
Langway Jr., C. C.
 01.106.039
Langworthy, B. M.
 04.053.002
Lankes, L. R.
 03.031.036
 09.034.103
Lankis, I. K.
 02.142.011
Lanning, H.
 06.142.022
Lanning, H. H.
 07.103.127
 142.126
 09.113.021
Lantos, P.
 01.072.011
 05.074.031
 06.074.027
 07.073.083
 074.026
 077.007
 08.077.016
Lantos-Jarry, M. F.
 04.074.064
 06.074.038
Lantwaard, L. J.
 03.055.029
 06.031.022
 034.134
Lanzano, P.
 02.117.024
 05.117.025
 09.042.024
 10.042.037
Lanzerotti, L. J.
 01.106.038 .048
 02.073.053
 084.229
 03.078.002
 04.078.001 .020
 084.208 .408
 05.079.104
 084.210 .255
 06.078.006 .007 .014
 084.258 .404
 07.078.005 .009
 084.229
 08.084.046 .333 .355
 09.066.123
 078.007 .021
 10.077.025
 078.001 .002 .037 .044
 084.206
Lapaz, L.
 04.003.072

Lapchinskiy, V.
 06.066.142
Lapedes, A. S.
 07.066.008
Lapidus, A.
 02.065.012
Lapointe, S. M.
 04.077.040
Laponsky, A. B.
 09.034.062
Laporte, D. D.
 07.097.010
Laporte, R.
 07.099.021
Lapshin, V. I.
 03.066.077
 10.074.024
Lapshina, V. I.
 07.052.007
Lapson, L. B.
 09.034.034
Lapteva, M. V.
 06.008.056
Lapushka, K. K.
 06.055.008 .010
Lapuska, K.
 06.046.031
 10.009.009
Laques, P.
 05.118.001 .013 .028
 06.118.002
 07.034.008
Laquey, R. E.
 05.062.045
Lara, A. D.
 08.097.103
 09.079.101
 097.095
Lara, F. D.
 08.097.120
Larach, D. R.
 09.100.040
 10.100.025
Larcome, D.
 02.103.112
Large, M. I.
 01.141.008 .084 .119 .204
 02.141.053 .088
 03.033.012 .014 .058
 141.002 .008
 04.141.009 .212
 05.141.039 .165
 07.141.527 .535 .536
 09.141.535
Lari, C.
 03.141.118 .140
 06.125.029
 132.042
 08.141.026
 09.141.021 .023 .132
 158.040
 10.141.004
Larimer, J.
 03.105.041
Larimer, J. W.
 03.105.096
 04.094.219
 06.081.007
 094.048
 07.105.003
 09.094.400
 105.122
 10.105.058 .080
 107.003
Larionov, M. G.
 01.141.181
 04.141.208
 06.033.022 .023
 141.248 .249
 07.141.060

Larionov, M. G.
 10.033.055 .056
Larmore, L.
 04.079.004
 05.003.062 .063
Larochelle, A.
 03.094.128
 04.094.295
Laros, J. G.
 02.142.030
 07.142.084
 09.158.011
 10.134.014
Larouche, R.
 06.022.158
Larrabee, J. C.
 05.083.007
Larragoiti, L.
 09.033.008
Larsen, A.
 05.074.064
Larsen, A. D.
 07.003.136
Larsen, T.
 08.033.103
Larsen, T. R.
 01.084.002
 07.083.039
 10.083.007
Larson, D. B.
 05.003.019
Larson, E. E.
 03.081.034
 094.124
 04.094.307
 06.084.296
 08.094.021
 105.033
 09.094.496 .769
 10.107.029
Larson, H. K.
 10.094.039
Larson, H. P.
 07.097.037
 08.093.034
 09.092.002
 093.025
 097.071 .084
 099.017
 10.099.094
Larson, K. B.
 07.094.010
 09.094.055
 10.094.127
Larson, M. D.
 06.093.002
Larson, R. B.
 02.065.036 .037 .087
 151.015
 03.151.016
 04.151.002
 05.065.075 .122
 06.131.055
 07.065.076 .077
 151.032 .060
 158.062
 161.001
 09.131.019
 10.107.014
 131.065
 151.017
Larson, R. R.
 03.094.054
 04.094.229
Larson, S.
 02.093.024
 04.097.015
 06.097.041
 099.003
 10.103.102

Larson, S. J.
01.121.023
02.121.037
Larson, S. M.
02.093.022
06.008.055
097.063
08.099.078
103.100
10.097.093
099.051 .054 .056 .097
Larsson-Leander, G.
01.033.039
101.005
02.121.021 .024
141.211
03.007.000
04.103.101
117.035
05.121.075
07.003.085
117.015
152.012
09.115.015
10.010.032
153.015
Lartigau, R.
09.032.019
Lasaga, A. C.
06.082.046
Lasarev, G. E.
07.081.012
Lasarevski
See Lazarevskij
Lashtovichka, Ya.
05.085.002
Laska, L.
08.034.043
Laskarides, P. G.
02.121.046
05.122.060
07.064.002
09.122.110
10.065.026
114.077
Lasker, B.
07.142.083
08.142.100
Lasker, B. M.
02.122.106
131.075
141.004
03.114.053
122.093
142.024
158.007
04.126.016
05.031.023
126.002 .019 .045
133.016
06.141.055
07.031.015
114.125
122.135 .138
125.107
126.018
08.114.027
122.062
141.506 .508
09.115.008
10.123.037
Laslo, T.
05.085.001
Lasota, J. P.
05.066.036
131.108
09.066.008 .017
10.066.038
Lass, H.
02.052.034

Lass, H.
06.042.002
10.042.011
Lassen, K.
06.106.023
08.106.002
Lasswitz, K.
07.003.086
Last, J.
05.066.076
Laster, S. J.
01.094.081 .094
Lastovicka, J.
04.083.091
05.085.002
07.073.034
08.076.046
09.083.019
Lastra, E.
06.105.075
08.005.002
Laszlo, T. I.
05.085.001
07.083.032
Lategan, A. H.
08.011.045
Latham, A. S.
03.113.027
Latham, D.
03.114.085
06.035.004
10.103.102 .103
Latham, D. W.
01.036.003
064.058
02.034.007
114.082
05.031.039
06.114.092
07.115.004
10.036.014
114.107
Latham, G.
01.094.093
04.094.116
06.094.232 .243
07.094.159 .203 .217 .226
097.022
09.094.583 .778 .779
10.094.006 .362
Latham, G. V.
02.094.001 .170
03.094.027 .202 .268 .343
04.094.296
05.094.194
07.094.090 .208
Latham, R.
05.066.076
Lathrop, J.
05.061.022
Lathrop, J. D.
10.066.103
Latimer, P.
04.063.048
Latinina, I. I.
08.094.253
Latipov, D.
04.083.023 .024
Latka, J.
02.011.033
054.013
06.055.004
Latour, J.
04.065.060
Latski, V. B.
06.084.292
Latta, J.
10.103.004 .117
Latta, J. Q.
05.098.014

Latta, J. Q.
06.103.107
07.103.111
09.103.119 .120
Lattin, H. P.
03.003.065
Latypov, A. A.
01.034.048
09.112.009 .010 .011
Latypov, Z. Z.
06.022.134
Latyshev, I. N.
01.153.023
02.104.030
122.080
153.037
03.123.004
04.122.127
155.037
05.122.097
155.046
06.117.003
152.007
08.102.038
117.007
153.011
10.065.143
Lauber, P.
02.003.093
Laubscher, R. E.
05.097.071
06.097.002
07.043.004
08.042.021
Lauche, H.
06.084.034
Laudate, A. T.
06.105.058
Laude, L. D.
09.094.790 .791
Lauer, S.
06.046.034
Laughlin, A. W.
06.094.168
Laughlin, C.
10.022.081
Laughon, R. B.
09.094.054
10.094.126 .243
Laul, J. C.
03.094.041
105.042 .089
04.094.082 .199
105.014
05.094.106
07.094.005 .067 .902
105.011
08.107.009
09.094.023 .092 .224 .225
.226 .374 .380 .682
.697
105.002 .004 .007
10.094.031 .363 .903
Laulainen, N.
08.011.038
09.082.067
Laumbach, D. D.
01.061.001
Laumer, H.
01.061.032
Launay, J. M.
10.022.060
Lauque, R.
03.158.088
04.158.020
05.158.001 .055
07.158.092
08.122.087
142.060
09.142.032

Lauque, R.
09.158.034
Laurat, R.
09.052.035
Laurell, H.
06.004.020
Laurence, J. S.
06.094.117
Laurent, B.
09.066.071
Laurent, B. E.
02.162.018 .056 .076
Laurent, J.
03.022.051
09.114.089
Lauret
04.054.011
Laurie, D. P.
07.083.001
Laurie, P. S.
02.075.009 .011
03.010.022
04.075.004 .005
06.075.007 .010
08.075.020
10.075.006 .008
Laurila, S. H.
01.082.096
Lauritzen, S. L.
08.081.047
09.081.023
Laursen, V.
06.084.275
Lausberg, A.
02.162.017
07.066.080
10.066.182
Laustsen, S.
05.031.001 .026
032.053
07.012.018
Lauter, E. A.
01.075.009
02.075.025
03.073.116
075.020
04.075.018
083.079
05.075.019
06.075.019
083.046
07.075.020
10.075.020
Lauterbach, R.
07.094.262
Lauterbach, W.
08.009.010
Lauterborn, D.
02.117.020
03.117.026
05.065.001 .118 .142
07.064.034
065.024 .088
117.010
08.065.018 .110
09.065.071
10.065.006 .029 .118 .126
Lautsenieks, L.
05.054.004
06.042.055
054.022
Lautzenieks, L. K.
06.055.010
Lavagnino, C. J.
02.051.038
03.107.018
117.032
05.004.037 .038
153.049
10.004.058

Lavagnino, C. J.
10.151.044
153.021
162.050
Lavakare, P. J.
01.012.016
02.012.014
034.092
03.082.066
04.142.107
05.078.025 .038
06.142.082
07.142.053
09.142.003
Laval, A.
03.152.001
06.152.004
07.152.007 .014
08.152.007
Laval, G.
08.084.407
Lavalle, S. R.
07.084.023
Lavdovskij, V. V.
01.103.116
05.041.025
Lavdovsky
See Lavdovskij
Lavelli, M.
03.103.101
Lavergnat, J.
06.083.021
Lavery, J. E.
03.035.004
Laves, F.
09.094.643
10.094.254
Laviana, E.
08.022.087
Lavin, E. P.
08.003.092
Lavnikevich, A. S.
08.046.030
Lavrench, W.
09.033.061
Lavrenchik, V. N.
06.094.022
Lavrent'ev, G. Ya.
03.066.083
Lavrent'ev, Yu. G.
10.105.097
Lavrinov, G. A.
01.077.045
06.077.046
079.102
09.077.025
Lavrov, M. I.
02.121.042 .043
03.121.059
04.121.050 .051 .075
05.121.025
06.117.032
121.020 .032 .088
07.121.071
08.117.008
121.006
09.121.028 .078
122.053
10.121.033 .035
Lavrova, E. V.
03.074.021
083.081
Lavrova, N.
08.002.039
Lavrova, N. B.
02.002.006
04.122.032
09.002.006
Lavrova, N. P.
03.094.194

Lavrova, N. P.
08.053.019
09.081.015
Lavrova, N. V.
02.121.043
06.117.032
09.121.028
122.053
158.101
Lavrovskij, Eh. K.
03.054.009 .010
09.052.015
Lavrukhina, A. K.
01.143.075
02.091.005
105.106
03.143.051 .064
04.105.071
05.011.015
143.007 .045 .126 .127
06.078.015
094.315
105.110 .117 .118 .119
143.055
07.105.028 .049
143.032
08.104.024
105.018 .063 .078 .084
.087 .088
106.036
143.009
09.003.076
105.145 .169
10.105.091 .099
107.030
125.034
Law, S. K.
07.115.010
Lawden, D. F.
03.066.008
Lawden, M. D.
01.083.032
Lawless, B. G.
04.066.010
05.066.067
08.155.067
Lawless, J.
04.094.255
105.068
05.105.087
Lawless, J. G.
06.099.060
105.003
07.105.051 .063
09.105.009
10.105.011 .081
Lawrence, F. O.
06.061.019
Lawrence, G. M.
01.126.006
05.022.041
06.022.154
10.022.018 .104
Lawrence, J. K.
06.066.115 .146
07.066.005
10.066.121
Lawrence, L. C.
03.159.003
Lawrence, R. J.
07.010.008
09.010.008
Lawrence, R. S.
02.083.007
07.082.106
Lawrie, D. G.
10.113.088
Lawrie, J. A.
08.084.298

Lawson, I. C.
01.033.017
Lawton, A. T.
03.117.004
04.117.002
06.051.004 .009
08.101.016
09.015.007
051.007
Lay, G.
08.084.310
09.106.032
Lay Jr., B.
07.003.087
Layton, R. G.
07.099.003
Layzer, D.
01.022.091
082.097
02.003.015
082.064
083.001
141.065
04.003.002
06.003.001
022.044
162.034
07.162.020
08.003.005
066.136
09.066.004
10.003.003
Lazar, G.
07.083.032
Lazarenko, E. K.
06.105.006
09.094.957
105.150
Lazarenko, V. M.
09.083.042
10.083.050
Lazarev, A. I.
07.082.057
08.082.071
10.074.034
Lazarev, I. A.
10.082.096
Lazarev, R. G.
01.104.035
05.104.004 .015
09.104.028
158.160
10.104.033 .052 .053
158.095
Lazarev, V. I.
01.083.009
06.034.017
09.125.004
10.034.048
Lazareva, L. P.
04.072.016
Lazareva, N. L.
07.031.023
Lazarevskij, V.
04.103.101
06.095.007
Lazarus, A. J.
01.074.019
106.014
03.073.109
04.093.084
106.002
06.074.026
10.074.086
106.008
Lazcano-Araujo, A.
10.131.246
Lazor, P. J.
04.097.064
07.122.003

Lazor, P. J.
09.099.070
Lazovic, J.
05.098.018 .019
07.098.027
Lazurik-Eltsufin, V. T.
10.074.024
Lazutin, L. L.
06.084.063
07.078.018
09.078.058
10.078.017
Le Bellac, M.
04.143.063
Le Contel, J. M.
02.122.064
04.122.009 .010
09.122.016
Le Floch, A. C.
03.066.054
07.141.052
Le Guet, F.
07.063.005
09.143.006
Le Maitre, R. W.
05.105.026
Le Marne, A. E.
01.133.036
02.133.009
Le Poole, R. S.
09.141.022
Le Roulley, J. C.
07.094.144
09.094.726
10.094.360
Le Squeren, A. M.
01.074.003
04.158.017
08.122.087
Lea, G.
04.103.141
Lea, S.
09.151.019
Lea, S. M.
09.131.204
142.006
10.142.052
161.005
Leach, R.
10.142.115
Leach, R. W.
09.142.025
Leacock, R. J.
06.141.188
08.099.019 .091
122.078
141.036 .037 .039 .105
10.036.013
141.121
Leacock, R. L.
10.099.006
Leadabrand, R. L.
03.008.122
05.008.080 .121
07.008.093 .135
Leake, B. E.
03.105.068
Leani, A.
03.012.022
08.010.027 .039 .040 .041
09.010.041
10.010.046 .048 .049
011.057
Learner, R. C. M.
07.034.069
Leary, J. J.
08.094.238
Leatherbarrow, W. J.
04.094.351
05.093.040

Leaton, B. R.
01.081.006
02.075.011
04.075.004
Leaute, B.
02.065.097
066.075
Leavens, P. A.
07.079.004
Leavitt, J. A.
10.022.069
Leavitt, P. R.
04.036.003
Lebedev, E. I.
08.077.015
079.102
09.077.025
10.077.073
Lebedev, L.
02.093.042
04.093.087
06.094.031
Lebedev, M. A.
07.022.057
Lebedev, N. N.
10.031.004
034.017
035.001
Lebedev, O. N.
05.094.139
07.094.259
Lebedev, S. V.
08.091.058
Lebedev, V. G.
05.034.043
Lebedev, V. P.
08.162.025
Lebedev, V. V.
03.033.003
05.051.023
143.025 .150
06.143.135
07.143.051
09.031.042
Lebedeva, I. I.
04.063.045
05.063.037
Lebedeva, O. M.
01.141.124 .125
03.141.040
143.049
04.141.078
Lebedeva, R. V.
08.104.018
Lebedeva, V. I.
07.083.038
Lebedeva, Yu. A.
10.084.012
Lebedew, L.
See Lebedev, L.
Lebedinets, V. N.
01.102.013
02.104.041
105.181
04.104.006 .037 .048
105.054
06.102.021
104.044 .097 .100 .102
08.104.010 .060
105.049
106.008
09.104.018 .021
10.011.015
106.015
Lebedinetz
See Lebedinets
Lebedinsky, A. I.
02.094.057 .058 .059
03.084.043

Lebegyev, O. Ny.
See Lebedev, O. N.
Leblanc, J.
08.034.021
Leblanc, J. M.
04.065.020
Leblanc, Y.
01.074.003 .014
03.074.009 .010 .037 .040
04.074.006
05.077.002 .020
  099.035
07.074.030
09.077.039
  099.072
10.074.057
Lebo, G. R.
03.099.009 .034
05.091.034
  099.005
08.099.091
09.099.028
Lebofsky, L.
08.097.055
Lebofsky, L. A.
03.100.008
04.100.002 .015
05.094.153
  103.111
07.094.029 .086
08.091.011
  094.019
09.091.056
Lebovitz, N. R.
03.061.014
04.042.081
07.065.002
  117.035
10.065.049
Lebreton, J.
07.141.052
Lebskij, G. V.
08.077.011
Lebskij, Yu. V.
01.034.049
10.033.016
Lebsky, Yu. I.
05.066.005
Lecacheux, A.
07.099.023
Lecacheux, J.
03.124.100
04.099.031
06.099.042
07.099.021 .023
09.091.043
  099.002
10.099.061
  100.011
Lecar, M.
01.151.022
02.063.010
  151.018
06.098.008
  151.037 .041 .042 .043
07.012.004
  151.039 .051 .052 .053
09.091.009
10.042.048
  098.026 .069
  151.039
Leckrone, D.
02.106.031
  133.012
Leckrone, D. S.
03.114.054
04.121.001
05.114.026
07.114.003
08.113.011

Leckrone, D. S.
10.064.065
  113.049
Leclercq, H.
07.022.104 .105
L'Ecuyer, J.
01.065.042
Lederberg, J.
02.097.023
03.097.042
07.097.016 .027
08.097.019 .023 .085
09.097.062 .063
10.097.018
Lederle, T.
05.002.043
  047.021
08.047.011
10.047.008 .030
Ledersteger, K.
01.003.010
02.081.007
Ledley, B. G.
03.084.259
06.084.256 .282
Ledoux, P.
01.065.053
02.003.094
  065.080
03.065.051
05.012.001
  013.009
  065.111
07.065.079
09.065.019
10.010.047
Lee, A. C. L.
08.082.030
Lee, A. R.
06.062.056
08.066.048
Lee, D. L.
09.066.116
Lee, E. P.
01.066.013
04.062.036
Lee, H.
05.162.049
10.010.023
Lee, H. J.
02.022.009
03.065.010
07.061.023
09.094.573
Lee, H. S.
03.079.102
04.083.010
Lee, J. A.
01.046.016
Lee, J. C.
04.097.004
Lee, K. O.
05.034.086
Lee, K. P.
06.022.158
Lee, L. C.
07.074.046
09.106.029
10.022.024
Lee, L. P.
01.010.024
02.047.033
04.010.024
  047.039
05.010.024
06.047.032
10.010.024
Lee, M. A.
04.062.034
07.062.045

Lee, M. A.
08.062.063
10.074.046
Lee, P.
01.133.015
02.132.002
03.132.018
04.133.028
05.133.003
06.113.016
  122.104
07.133.006
08.114.166
09.114.117
  133.038
10.133.008
Lee, P. D.
02.132.036
04.119.003 .005
05.153.035
Lee, R.
05.074.067
Lee, R. H.
02.034.061
04.032.040
  034.012
05.074.072
09.073.059
10.074.012
  082.015 .118
Lee, R. L.
01.063.005
Lee, S. G.
10.114.187
Lee, S. M.
09.094.356
Lee, T.
04.113.034
05.103.109
07.122.054
  125.107
08.103.121
09.061.022
10.099.049
Lee, T. A.
02.119.001
  122.041
  132.045
04.113.021 .038
07.113.036
08.122.066
  125.102
09.125.101
10.103.102
  114.105 .199
  122.106
Lee, T. J.
05.131.130
06.022.081
07.131.114
08.022.115
Lee, T. S.
10.074.092
Lee, T.-H.
03.099.027
Lee, V.
08.158.040
10.158.062
Lee, V. J.
03.124.103
04.141.167
05.153.036
Lee, W. C.
02.033.042
Lee III, R. B.
09.055.011
Lee-Hu, C.
03.094.033
04.094.203
07.094.108

Lee-Hu, C.
09.094.413
10.094.377
105.040
Leeds, A.
07.081.030
Leeman, S.
06.022.054
Leer, E.
02.062.037
07.074.059
08.074.017
09.074.094
143.093
10.074.054
Lees, R. M.
10.131.084
Leesmaee, H.
01.122.013
Lefebvre, M.
04.046.013
05.013.020
055.019
09.055.007
Lefevre, F.
10.151.080
Lefevre, J.
03.131.080
09.113.016
Lefranc, M.
02.061.037
Leftin, M.
07.072.046
08.072.065
Legenka, A. D.
02.083.049
05.083.002
Legen'ka, A. D.
03.083.077
Leger, C.
09.094.723
Legg, A. J.
01.141.108
02.141.152
06.141.224
07.141.076 .094
08.141.062
Legg, M. P. C.
02.099.034
03.099.051
Legg, T. H.
02.141.142 .144
03.141.004 .134
06.141.038
09.158.139
10.158.010
Legrand, J.-P.
02.073.080
03.073.096
05.078.034
09.084.008 .009
Legressus, C.
09.094.804
10.094.221
Lehman, W. J.
08.003.093
Lehmann, E.
03.032.029
07.046.007
Lehmann, H.-R.
03.073.114
06.084.293
07.084.253
08.062.042
084.303
Lehmann, M.
05.131.109
06.114.139
09.114.032

Lehmann, T.
04.122.181
Lehnert, B.
04.061.003
062.044
05.131.144
Lehr, C. G.
05.055.015
07.094.099
08.034.098
09.094.570 .916
10.094.149
Leibacher, J.
01.071.016
05.071.006
Leibert, J.
10.103.102
Leibovitz, C.
02.066.056
03.066.022
162.064
04.066.096
162.061
06.066.041
07.066.021
10.155.011
Leibowitz, E. M.
01.133.019
07.022.024
133.014 .015
09.131.130
10.132.060
Leiby Jr., C. C.
02.107.010
08.066.044
09.066.901
Leich, D. A.
10.094.002 .364
Leide, A.
05.009.021
Leighton, H. I.
09.085.014
Leighton, R.
03.097.042
05.097.021
Leighton, R. B.
01.072.028
141.196
155.014
02.072.035
097.003 .007 .030
03.097.037
05.097.003 .004 .008 .040
06.034.031
07.097.027
08.071.055
097.023 .084
Leikin
See Lejkin
Leimanis, E.
08.042.061
Lein, Eh. L.
03.084.013
Leinbach, H.
04.083.067
05.008.025
09.008.023
Leinert, C.
01.051.027
106.036
03.051.007
05.054.009
06.034.107
106.019 .029
07.034.119
08.106.027
09.106.030
10.106.034
Leis, L.
08.121.029

Leis, L.
10.121.060 .135
Leis, L. P.
04.122.068
Leiss, F.
09.054.004
Leistner, G.
06.014.006
Leisure, R. G.
08.014.024
Leiter, D. J.
02.162.031
Leitmeier, E.
04.103.101
Leitner, H. O.
09.032.018
Lejeune, G.
04.083.054
06.022.087
10.082.043
Lejkin, A. M.
05.042.002
10.042.062
Lejkin, G. A.
02.032.058
094.058 .059 .151
04.094.098
05.094.102 .131
06.054.025 .026 .027
094.183
09.094.295 .868 .869 .883
10.055.026
Lekht, E. E.
10.141.042
Lelgemann, D.
10.046.024
055.038
Lelievre, G.
05.141.020
06.141.159
07.141.013 .097
09.034.068 .096
10.153.024
Lem, H. Y.
09.094.829
Lema, L. F.
04.032.031
Lemaire, A.
01.073.041
Lemaire, J.
03.083.008
06.074.061
09.074.055
083.027
Lemaire, P.
01.071.015
03.073.047
06.034.065
09.071.004
073.062
Lemaitre, G.
05.031.094
08.031.020
09.031.005
Lemaitre, M. P.
04.082.047
Lemaitre, R. W.
10.094.298
Leman, G.-R.
See Lehmann, H.-R.
Lemke, D.
01.091.002
02.054.001
03.032.003
04.051.010
05.034.099 .100 .101
114.108
06.022.107
034.108
08.034.013

Lemke, D.
08.131.068
09.009.004
034.009
082.099
106.027
Lemmon, D. C.
03.034.006
Lemmon, J. J.
09.073.049
Lemone, M.
03.105.076
Lemonnier, J. P.
06.141.159
Lena, P.
01.072.031
03.071.007 .028
04.082.045
08.032.007
034.019
071.003
09.031.014
071.057
10.079.101
Lena, P. J.
01.071.039
02.071.036
073.059
04.034.012
072.018
08.031.046
Lenchek, A. M.
02.074.051
143.003
03.074.035
155.012
04.142.108
143.032
05.062.004
143.058
07.003.088
08.003.022
Lencho, R. J.
05.142.012
06.142.054
Lenderman, E. I.
04.124.101
10.121.141
Lengauer, G. G.
05.112.004
10.031.017 .018
Lenham, A. P.
08.098.025
Lenhart, K. G.
04.073.062
Lenin, A. S.
01.082.017
Lenk, G.
03.158.077
04.158.043
Lennon, G. W.
10.081.003
Lenoble, J.
02.091.003
03.091.032
05.091.003
08.063.023
09.063.018
10.063.054
Lents, J. M.
09.022.018
Lentsman, V. L.
09.072.027
Leonard, A. S.
08.032.016
Leonard, B. P.
02.062.019
Leonard, S. L.
10.034.059

Leonardi, P.
08.094.139 .221
Leonas, V. B.
09.022.064
091.020
Leondes, C. T.
08.052.044 .045
Leone, S.
02.044.008
04.092.026
09.080.033
Leong, C.
05.158.051 .102 .103
160.009
06.142.002
159.005 .012
08.142.081
10.142.901
Leong, T. K.
02.063.007
03.063.020
05.063.006 .026
08.063.024
09.063.035 .042
10.063.001
Leonov, A. A.
10.074.034
082.096
Leonov, V. V.
02.124.005
03.063.024
Leonovich, A. K.
05.053.025
06.094.148
07.094.139
08.094.165 .166
Leont'ev, L. V.
06.051.018
08.105.052
Leontyev, L. V.
See Leont'ev, L. V.
Leontyev, S. V.
08.084.330
Leovy, C.
03.097.042
Leovy, C. B.
02.097.003 .007 .024 .030
03.097.017
05.097.004 .040
06.097.008
07.097.021 .027
08.097.023 .086
09.097.012
100.048
10.097.024 .121
Leparskas, H.
10.072.012
Lepekhin, B. G.
09.162.070
Lepine, D.
08.076.006
Lepine, J. R. D.
09.077.058
Lepler, E. C.
07.064.038
Leppaluoto, D. A.
08.081.060
Lepping, R. P.
05.106.027
06.106.002
10.106.058
Lequeux, J.
01.156.004
03.155.007 .064
156.001
157.027
04.131.127
06.131.150
158.063 .064
07.125.012

Lequeux, J.
07.131.059
141.054
08.002.014
014.015
091.043
125.008
141.012
142.060
09.013.008
131.141
142.032
158.040
10.131.070 .127
Leray, J. P.
03.141.068 .165
06.034.050
141.137 .165
07.141.507
09.134.009
Lerbs, L.
01.002.013
05.008.100
Lerche, I.
02.131.026 .067
141.158
156.003
03.131.017 .019
141.015 .172
04.061.029
062.024 .035 .062
084.221
131.088 .130
141.070 .147
143.009 .021
05.061.027 .028
062.042
071.030
141.185
151.033
157.007
06.061.001 .002 .013 .026
141.162
156.002
07.061.007
062.034
08.061.008 .009 .040
062.058 .062
080.001
126.012
142.002
09.061.043 .049
062.009 .026
10.062.016 .021
Lerfald, G. M.
07.079.101
Lerman, Z.
04.003.053
05.003.006
Leroux, F.
10.079.104
Leroux, F. L.
03.004.023
06.031.086
Leroy, J.-L.
01.073.028
03.073.046 .063 .070
074.040
04.074.090
07.071.045
082.013
08.074.052
09.003.151
074.028 .029
10.074.057 .063
Lesage, A.
08.022.019
Leschiutta, S.
02.035.004 .006 .008 .013
.016 .017

Leschiutta, S.
07.044.054
Lesh, J. R.
02.152.002
04.158.037
07.065.025
112.001
122.120
09.003.074
122.003 .084 .109
155.072
10.122.147
Leshchenko, L. N.
05.083.058
10.083.045
Lesino, G.
04.022.122
Leslie, B.
10.103.102
Leslie, B. G.
06.141.088
07.141.901
08.142.067 .068
Lesniok, H.
09.004.096
Lespes, J.-P.
01.082.009
04.082.223
05.082.025 .148
06.082.055
Lessing, E.
03.003.064
Lessnoff, G. W.
10.066.050
Lester, D.
04.034.010
Lester, D. F.
09.142.035
Lester, J. B.
08.114.145
10.114.058
Lestringuez, J.
09.022.077
Letfus, V.
01.076.016
077.015
02.062.002
03.062.003
06.076.014
08.074.078
076.001 .040
09.083.012
10.074.003 .051
076.015
077.032
083.001
Letochow, W. S.
08.034.065
Letokhov, V. S.
08.131.015
Letsch, H.
02.009.020
06.009.020
08.004.068
Letshenko
See Leshchenko
Letshinskaya, T. Yu.
08.083.030
Leue, H.-J.
09.031.065
Leung, C. M.
09.022.023
Leung, I. S.
03.094.114
04.094.143
09.094.358
Leung, K. C.
02.121.029
122.083
03.122.073

Leung, K. C.
04.122.030
05.115.001 .002
07.122.026
10.122.145
Leung, Y. C.
05.162.049
06.065.062 .101
07.061.035
065.043
08.065.086 .117
134.004
09.065.098
Leushin, V. V.
02.119.020
05.021.001
06.114.057
07.114.051 .055
10.114.061
Leushin, W. W.
See Leushin, V. V.
Leutwyler, H.
03.074.055
Levallois, J. J.
05.003.064
06.011.041
07.046.005
Levantovskij, V. I.
06.053.029
07.052.029
08.053.015
Levasseur, A. C.
10.082.006
106.033
Levato, H.
03.095.009
04.116.006
05.116.017
Levato, O. H.
08.116.011
10.116.017
Levchenko, M. T.
02.033.030
Levenson, L.
09.094.929
Leventhal, J.
02.074.069
Leventhal, M.
10.061.033
143.012
Levi, F. A.
10.105.067
Levi-Donati, G. R.
03.105.004 .119
04.105.063
05.105.032
06.105.077 .120
08.105.011
10.105.014
Levich, E. V.
04.061.054
062.059
141.111
161.001
05.141.129 .217
07.063.029
Levichenko, M. T.
01.079.102
Levie, S. L.
06.094.089
Levie Jr., S. L.
06.081.005
094.247
07.094.249
10.021.011
Levin, B.
06.091.027
094.002
Levin, B. J.
See Levin, B. Yu.

Levin, B. Yu.
01.101.003
105.073
107.008
02.105.089 .131
04.091.043
094.358
06.081.047
094.211
07.094.276
105.025
08.094.093 .233
098.081
102.028
104.007
105.069
09.091.021
106.010
107.019
10.098.072
105.902
Levin, G.
08.097.028 .089 .116
Levin, G. M.
08.053.009 .010
Levin, G. V.
03.097.044
07.097.018 .028
Levin, M. L.
05.042.032
Levin, M. V.
04.083.082
05.083.058
Levina, A. S.
10.104.013
Levine, A.
09.142.114
Levine, J.
03.103.115 .118
08.141.557
Levine, J. I.
01.093.084
Levine, J. S.
01.093.044
09.082.072
10.097.043
Levine, M.
10.094.356
Levine, R. H.
10.073.106
Levinson, A. A.
02.012.003
04.012.016
06.003.030
08.003.094
09.012.012
Levinson, R.
07.142.038 .116 .901
09.142.138
10.142.025 .108
Levinson, S.
04.031.028
Levinthal, E.
03.097.042
07.097.027
08.097.019 .023 .085
09.097.062 .063
10.097.018
Levinthal, E. C.
07.097.014
09.097.008
Levitan, E. P.
02.014.010 .015
04.006.000
014.020
05.010.033
09.014.005 .008 .046
Levite, U.
06.081.048

Levitskij, B. A.
 09.066.030
 10.066.018 .052
Levitskij, L. S.
 04.078.004
 05.073.003
 106.005
 06.078.042
Levitsky
 See Levitskij
Levkovskij, A. A.
 09.082.110
Levskii
 See Levskij
Levskij, L. K.
 01.061.009
 02.105.086
 04.105.047 .048
 06.105.072 .110
 07.105.028 .048
 08.105.063 .086
 09.003.112
Levsky
 See Levskij
Levy, A.
 01.042.018
Levy, C.
 09.094.661 .677
Levy, D. H.
 04.131.129
 06.015.005
Levy, D. J.
 07.131.031
 08.061.047
Levy, E. H.
 05.062.017
 07.084.203 .204
 08.084.201
 094.120
 10.065.122
Levy, G. S.
 02.077.015
 093.044
 04.074.033
 093.061
 07.097.012
 09.093.051
Levy, J.
 06.009.018
 08.004.025
Levy, M.
 06.071.001
Levy, M. C.-M.
 See Christophe-Michel-Levy, M.
Levy, R. L.
 03.094.161
 105.140
 04.094.260
 09.105.010
Levy, S.
 06.112.012
Levy, S. G.
 01.119.009
 02.119.002
 03.122.051
 153.003
 06.119.013
 07.112.007
 119.002 .003
 10.117.005
 118.020
Levy II, H.
 04.022.082 .094
 07.082.091
 09.082.031
Levy-Leblond, J.-M.
 04.066.101 .122
Lewallen, J. M.
 02.052.031 .039

Lewin, L.
 01.033.014
Lewin, W.
 07.034.045
 142.096
 09.142.142
Lewin, W. H. G.
 01.142.029
 02.142.066
 158.027
 03.142.017
 04.141.092
 142.024 .085
 05.142.014 .056 .057
 06.142.057
 07.142.017 .044
 08.142.098 .137
 09.142.009 .011 .028 .051
 .127 .133
 10.114.218
 121.012
 142.026 .034 .132
Lewis, B. L.
 10.033.109
Lewis, B. M.
 02.158.061
 04.158.080
 05.158.116
 07.158.014 .091
 08.158.035
 09.160.010
 10.098.038
 158.083 .084
Lewis, C.
 10.114.111
Lewis, C. F.
 02.105.142
 03.094.043
 105.004
 04.094.219
 105.063 .131
 05.105.056 .065 .066
 06.094.048 .061
 105.033
 07.094.009
 08.105.009
 09.094.054 .252 .400 .746
 10.094.126 .390
Lewis, D.
 04.004.040
Lewis, E. L.
 06.022.123
 07.022.068
Lewis, H. A. G.
 03.003.063
 06.094.067
Lewis, H. R.
 09.074.095
Lewis, J.
 10.062.011
Lewis, J. S.
 02.099.018 .021
 03.093.013
 04.093.039 .046 .051
 099.002
 05.081.019
 091.026
 093.014
 06.091.031
 07.093.004 .037
 099.061
 107.007
 08.053.003
 091.020
 101.011
 107.003
 09.051.002
 091.027
 100.002
 101.002

Lewis, J. S.
 10.099.086
 107.017
Lewis, M. B.
 08.062.066
Lewis, M. N.
 10.022.081
Lewis, M. R.
 02.034.052
 04.034.104
Lewis, R. R.
 09.074.068
 10.074.040 .045
Lewis, R. S.
 03.094.067
 04.003.110
 094.211
 05.061.025
 07.094.012
 105.056
 09.094.428
 105.120
Lewis, S. D.
 04.033.035
Lewis, V. A.
 09.094.337
Lewis, W. C.
 05.036.004 .007
Lewitan, J. P.
 07.014.010
Lewski, W.
 07.097.110
Lexa, J.
 02.022.068
 05.074.018
Ley, H.
 09.004.027
Ley, W.
 01.003.008
Leyko, G. A.
 06.022.132
Lezniak, J.
 01.143.059
 04.143.047
 08.076.018
Lezniak, J. A.
 02.143.038
 05.143.016 .021 .075 .086
 .115 .149
 08.078.011 .034
 143.016
 09.143.008 .038 .043
 10.143.011 .033
Lezniak, T. W.
 02.084.211
 04.084.280
L'Heureux, J.
 02.143.012
 05.078.057
 07.143.006
Li, D.
 03.103.102
Li, Ta-Chun
 10.032.042
Liang, E.
 06.162.093
 07.162.085
Liang, E. P. T.
 07.162.066
 08.162.044
 09.066.106
 10.066.147
Liang, S.
 09.094.507
Liang, S. S.
 03.094.111
 04.094.146 .268
 08.105.123
Lianzuridy, K. P.
 08.031.013

Libby, L. M.
01.051.009
061.031
03.065.102
143.014
Libby, W. F.
01.093.047 .055
02.074.069
094.182
05.082.013
093.029 .030
09.094.043
Liberale, G.
01.022.118
Liberman, A. A.
08.097.020
Liberman, S.
04.022.076
Licari, G. R.
03.094.166
04.094.249
Lichnerowicz, A.
09.062.029
Lichtenegger, H.
06.046.018
Lichtenfeld, K.
03.097.059
Lichtenstein, B. R.
09.094.579 .763
10.074.116
094.431
Lichtenstein, H.
05.105.019 .020
06.105.125
Lichtenstein, H. A.
09.094.446
Lichtman, P. R.
03.091.045
Lidoe, G.
08.022.063
Lidov, M. L.
02.052.013
08.054.016
09.052.024 .026
Lie, T. N.
08.073.038 .070
Liebenberg, D.
10.079.101
Liebenberg, D. H.
04.032.020
09.074.062 .063
079.101
10.079.101
Lieberman, B. B.
06.042.004
Lieberman, K. W.
01.105.081
Liebermann, R.
01.022.010
Liebert, J.
05.045.037
155.020
Liebert, J. W.
06.065.097
Liebovitch, L.
07.155.011
Liebovitch, L. S.
07.155.059
Liebowitz, H.
02.003.017
04.012.006
Liebscher, D.-E.
09.066.054
10.066.135 .136 .137
Liedler, R.
01.032.018
Liemohn, H. B.
01.055.004
05.062.051
09.099.046

Liems, F.
08.079.106
Lierke, E.-G.
09.034.124
Liesche, O. F.
07.075.015
08.075.035
09.075.012
10.075.025
Liese, R.
06.072.084
Liesegang, J.
08.066.048
Lieske, J.
01.043.001
Lieske, J. H.
01.043.003 .004
098.026
02.043.004
03.043.002
04.043.002
06.043.011
07.097.044
10.098.004
099.005 .044
Liewer, P. C.
08.062.049
10.062.049
Lifshin, E.
03.094.076
04.105.032
Lifshits, E. M.
03.066.009
04.162.015 .039 .082 .091
05.162.054 .070
06.162.027
08.162.024
09.162.080
Lifshits, I. M.
04.162.082
Lifshitz, E. M.
See Lifshits, E. M.
Light, D. L.
10.094.365
Light, E. S.
06.078.059
143.127
07.158.030
08.079.003
09.082.112 .113 .114
101.013
Lighthill, M. J.
10.003.077
Lightman, A. P.
09.066.116
Lightner, B. D.
07.094.014
10.094.033 .378
Ligon, D. T.
03.094.054
04.094.229
Ligon Jr., D. T.
09.094.218 .220 .385 .684
10.094.253 .426
Liguori, M.
04.041.008
047.035
Liipola, E. L.
06.042.059
Lijgant, M. K.
10.032.054 .055
Likhachev, M. A.
03.083.033
05.083.029
Likhoded, V. A.
03.143.054
Likhosherstnykh, G. U.
09.004.077
Likhter, Ya. I.
07.083.038

Likin, O. B.
09.076.025
10.034.008 .009
143.030 .039 .044
Likins, P. W.
02.052.036
06.022.002
Liller, W.
01.133.029
141.090
02.098.012
131.061
03.122.044
133.016
04.034.056
06.034.021
099.023
122.063
133.013
142.023
07.122.019
142.120 .122 .124 .127
.129
08.099.068
142.003 .028 .097 .124
.138
09.097.081
099.053
142.048 .131 .134 .151
10.099.041
103.102
121.043
133.033
142.024 .028 .033 .111
Liller, W. L.
01.097.008
Lilley, A. E.
01.132.050
03.131.010 .083
04.131.091
141.202
06.131.074
Lilley, E. M.
03.094.143
04.094.306
09.094.471
Lilley, F. E. M.
04.084.204
07.084.231
09.084.237
Lillie, C.
10.094.278
Lillie, C. F.
01.131.059 .091 .092
02.113.033
131.111
03.103.101
131.042 .135
04.106.014
113.017
142.029
07.114.013 .091
09.098.029
155.082
10.132.031
Lilliequist, C.
04.079.100
Lilliequist, C. G.
04.074.044
06.062.028
07.071.014
Lilly, R. A.
08.022.039
Lim, S. H.
03.033.049
08.033.108
Lim, T. L.
08.084.014
Limansky, I.
07.076.037

Limber, D. N.
02.064.008
04.116.016
05.117.002
Liming Jr., F. G.
08.014.023
Limorenko, K. Ya.
10.032.024
Lin, C.
10.082.114
Lin, C. C.
01.151.017
  158.045
02.151.056
03.151.047
04.022.103 .104
  114.009
06.151.023 .060
07.151.043 .074 .091 .105
09.151.056
Lin, C.-A.
10.084.217
Lin, D. N. C.
10.142.068
Lin, H. E.
07.074.033
Lin, R. P.
01.078.002
02.073.026 .027
  076.016
  106.001
03.073.042 .100
  106.013
04.073.071
05.073.038
  078.053
06.073.112
07.073.049
  077.036
08.073.037 .090
  074.048
  077.027 .046
  106.014
09.073.056
  078.034
10.073.075 .082
  077.025 .055
  078.004
Lin, W. C.
07.074.033
Lincke, R.
08.022.048 .064
Lincoln, J. V.
01.003.019
  075.008
03.003.062
05.075.035
06.075.040
07.075.011
08.075.017
09.075.029
  085.014 .018
10.075.023
Lincoln, R.
04.105.171
06.032.043
08.122.153
Lind, D. L.
10.074.043
Lind, M. D.
07.094.022
Lind, R. W.
07.066.067
Lindalen, H. R.
04.078.031
  084.005
06.084.221
07.084.003
10.083.007
  084.009

Lindberg, L.
06.062.036
Lindblad, B. A.
02.105.190
03.010.032
04.105.169
05.105.051 .052
06.010.032
  104.042 .076 .077
07.098.060 .079
  104.045
08.010.032
10.010.032
Lindblad, P. O.
04.158.019
06.010.032
09.155.027
Lindblom, P.
08.034.108
Linde, P.
07.011.043
08.011.040
Lindeman, R. A.
07.094.146
10.094.027 .366
Lindemann, E.
05.113.063
07.113.043
09.113.055
10.113.003
Lindenblad, I. W.
03.118.023
04.118.004
09.117.010
Lindgren, S.
05.143.074
06.143.109 .120
Lindley, W. B.
03.079.102
Lindman, E. L.
08.084.241
Lindner, H.
10.003.154
Lindner, K.
01.014.002
02.014.014
03.014.004
05.014.013 .014
06.014.010
07.014.011
08.003.044
09.014.013
Lindoff, U.
02.153.012 .017
06.123.060
  153.019
07.153.002
08.153.017 .025
09.153.005
Lindquist, R. W.
04.066.027
Lindsay, E. M.
02.004.032
  141.206
04.159.001
05.159.007
06.122.140
07.159.012
08.005.027
  122.088
10.008.005
Lindsay, J.
09.003.077
Lindsay, J. F.
06.094.061 .135
07.094.009
08.094.231
09.094.357 .941
10.094.367

Lindsay, J. R.
03.094.054
04.094.229
Lindsay, L.
09.079.100
Lindsley, D. H.
09.094.344
Lindsley, J. N.
02.094.077
Lindstam, S.
09.143.042
Lindstrom, D. J.
03.094.044 .273
04.094.202
09.094.376 .683
Lindstrom, M. M.
09.094.683
10.094.291
Lindstrom, P. J.
04.084.060
07.084.401
Lindstrom, R. M.
02.105.107
03.094.078
04.094.231
05.094.156
09.094.721
Lindzen, R. S.
02.082.069
03.003.050
06.082.118
Liner Jr., R. T.
01.063.028
Lines, R. D.
09.034.106 .107
Linfoot, E. H.
08.031.003
Lingenfelter, R. E.
01.077.035
  094.092
  143.015 .049
02.073.001
  094.135
  141.099
03.094.231
  143.021
05.143.027
06.094.292
  097.057
  143.039 .062
07.143.008
08.094.156
09.091.008
  094.757
  097.028
10.076.028
  094.353
  143.008 .034 .046
Lingerfelt, J.
03.052.002
Linhart, J. G.
06.022.114
Link, F.
01.003.115
  082.031
  084.053
02.003.099 .100
  082.088
  095.005
  101.001
  105.191
03.054.017
  094.221
  095.008
04.082.074
05.003.065
  054.012
  082.027
  095.002
06.082.045

Link, F.
06.093.013
07.095.012
103.100
08.082.034 .134 .189
094.142
09.094.013
10.082.122
104.011
105.035
Link, H.
02.032.022
07.106.025
09.106.030
Linke, R.
06.134.002
07.134.003
08.034.120
Linke, R. A.
10.141.503
Linke, V.
02.022.015
05.061.009
Linlor, W. I.
04.106.022
05.094.186
06.003.089
Linnaluoto, S.
09.121.047
Linnell, A. P.
03.121.021
04.121.019 .037
05.117.038
121.020
07.008.049
08.121.073
09.008.040
121.059 .901
Linney, A. D.
08.078.003
082.107
Linnik, V. P.
09.004.084
Linsker, R.
01.065.080
Linsky, J. L.
01.064.048
02.073.028 .029 .063
080.018
03.071.008 .009 .032
073.014
080.008
07.063.015
08.063.010
064.019
073.045 .058
09.064.025 .029
071.040
077.035
094.136
10.064.033 .063 .064
071.045 .066
114.108 .230
Lintern Ball, A. W.
08.014.020
Linton, C.
03.022.050
Lion, P. M.
05.052.029
07.052.024 .025
Lionnet, R.
05.041.041
Liou, K.-N.
10.082.097
Lipaeva, N. A.
09.082.001
Lipatov, A. S.
07.062.022
Lipatov, S. V.
10.034.095

Lipeles, M.
03.022.019
08.022.091
Liperovsky, V. A.
05.074.006
09.062.019 .030
084.232
Lipinski, E.
10.005.015
Lipman, N. H.
04.022.037
Lipofsky, B. J.
04.082.207
05.082.120
Lipovetskij
02.103.110
Lipovetskij, V. A.
03.082.028
06.161.002
07.158.063
09.082.090
158.030 .103
10.082.017
083.025
Lipovetsky
See Lipovetskij
Lipovka, N. M.
01.141.036
05.141.086
08.033.032
141.058
10.033.044
141.058
Lippens, C.
05.082.027
08.082.034 .189
10.082.154
Lippert, V.
05.085.002
Lippincott, E. R.
07.105.008
Lippincott, S. L.
01.117.018
118.009
03.011.002
111.002
05.118.023
07.041.051
118.009
122.078
08.003.081
118.007
09.111.010
117.012 .024
10.115.013
Lipschutz, M. E.
01.105.066
02.105.148
03.105.042 .089
04.105.013 .014 .031
06.003.027
08.105.110 .131
09.094.408 .727
105.002 .004 .095
10.094.368
Lipshutz, M. E.
09.105.039
Lipskij, Yu. N.
01.094.066 .084
02.094.042 .197 .199
03.082.035
094.208 .251
04.094.096 .355 .414
05.094.049 .058 .132
06.053.030
074.052
094.033 .149 .187
07.031.018
094.025 .132 .185
08.031.019

Lipskij, Yu. N.
08.094.185
09.094.864 .870 .879
10.003.078
094.020 .066
Lipskis, J.
06.051.038
Lipsky, S. R.
03.094.167
04.094.256
Lipsky, Yu. N.
See Lipskij, Yu. N.
Lipson, H.
01.003.007
09.003.019
Lipson, S. G.
01.003.007
Lipworth, E.
09.003.007 .015
Lisenkov, Eh. I.
10.105.089
Lisicki, A.
05.085.003
Lisina, L. R.
02.082.057
09.094.920
Lisitsa, V. S.
07.022.049 .052
Lisitza, S. G.
03.072.039
04.072.016
Lissi, E.
08.082.038
List, H.
01.105.074
List, M.
05.003.041
06.005.007
08.002.033
005.019
Listvin, V. N.
07.077.019
08.033.040
09.077.061
10.132.037
Liszewska, K.
10.105.072
Liszka, L.
03.073.015
083.047
04.073.031
07.083.026
Liszt, H. S.
03.022.027
05.022.020 .075
06.022.040
07.022.034 .051
08.022.904
131.098
10.131.006
Litehiser, J. J.
08.081.063
Lites, B. W.
04.073.022
07.071.037
080.022
08.071.035
10.071.015 .053
Litsis, N. A.
09.162.059
Litsis, Yu. Ya.
08.033.059
Little, A. G.
03.033.043
04.141.045
09.033.005
10.141.032
Little, C. A.
05.033.029

Little, C. G.
04.082.061
05.082.051
Little, L. T.
02.074.038
05.033.026
074.002 .082
082.001
106.001
06.106.024 .033
09.033.052
131.020 .192
Little, R.
03.079.102
Little, S. J.
01.114.086
03.022.034
097.027
04.097.044
114.049
05.097.034
Littlebury, K. H.
05.033.033
Littleton, C. D.
08.116.010
Littleton, J. E.
06.065.055
07.080.017
08.155.046
09.153.012
Litvak, M. M.
01.131.027 .064 .093 .099
02.065.015
131.037 .087
03.131.021 .051 .113
04.131.126
06.131.103
07.114.037
131.036
08.114.064
131.107
09.131.112 .203
Litvinova, E. P.
09.104.032
Liu, A.
03.094.218
Liu, A. S.
06.094.084
08.094.176
Liu, B.
10.131.118
Liu, C. H.
02.062.018
Liu, C. S.
04.084.259
Liu, C. Y. C.
10.031.073
Liu, F. C.
07.042.071
Liu, H.-S.
02.092.002
03.092.007 .008
05.092.003
08.042.096
092.005
09.045.026
Liu, K. L.
04.032.005
Liu, M.-K.
06.094.324
09.094.372
Liu, S.-Y.
06.071.051
07.071.026
08.071.008
073.039
09.077.059
10.072.021
Liu, V. C.
01.083.038

Liu, V. C.
03.083.012
104.056
07.131.156
Liubimov
See Lyubimov
Livadas, G. C.
05.082.158
06.082.150
07.082.135
08.082.215 .238 .239
10.082.157
Livanov, L. B.
05.052.016
07.052.020
10.052.026
Live, D. H.
10.094.467
Livesey, R. J.
04.015.007
05.082.112
120.002
06.094.213
07.122.164
Livingston, A. E.
08.022.132
10.022.007
Livingston, J.
10.004.089
Livingston, J. W.
10.004.092
Livingston, P. M.
06.082.134
10.082.141
Livingston, W.
02.071.069
072.090
080.031
03.071.036
04.034.035
05.034.022
06.034.027 .123
073.023 .078
08.080.024
09.073.063 .064
10.071.043
072.074
Livingston, W. C.
01.080.006
02.034.036
071.087
072.032
080.011 .017 .027
04.080.017
06.072.036
07.071.031
073.054
08.072.026 .056
080.015
10.034.015
080.039
Livshits, G. Sh.
02.003.005
07.003.010
082.113 .114 .115 .116
.119 .124 .126
10.082.063 .070
Livshits, M. A.
02.071.024
03.003.084
076.010
04.074.014
079.100
05.071.011
07.071.008
076.009
08.074.078
076.049
09.072.019
10.073.043 .044

Livshits, M. A.
10.077.030
Livshitz, M. A.
See Livshits, M. A.
Liwshitz, M.
01.093.054
02.093.027
03.093.028
04.093.049
Lizogub, V. V.
02.034.094
Ljubimova, J. A.
01.081.013
Ljulj, A.
08.105.027
Ljunggren, B.
03.122.055
Ljutij
See Lyutyj
Ljutyi
See Lyutyj
Llano, M. T.
01.014.014
Llewellyn, E. J.
01.082.063
04.082.007 .111 .112 .113
.120
06.082.099
084.023
07.022.037
082.049
08.082.069 .080 .081
09.082.007
Lliboutry, L.
02.081.024
Lloyd, C.
02.153.005
04.153.014
158.027 .078
Lloyd, D. D.
09.094.822
Lloyd, J. W. F.
04.082.096
05.082.115 .117
Lloyd, K. H.
02.082.009
09.083.075
10.083.052
Lloyd, S.
10.131.161
Lloyd Bohn, J.
05.106.021
Lloyd Evans, T.
See Evans, T. L.
Lo, H. H.
01.022.065
08.022.103
Lo, K. U.
10.131.284
Lo, K. Y.
05.131.020 .081
06.132.028
07.131.038 .039 .124
132.002 .039
08.131.118
142.090
10.131.014 .121 .125 .224
Lo, Y. T.
05.033.010
Lobachevsky, L. A.
07.083.057
Lobanov, V. F.
06.053.034
10.094.146
Lobashev, B. P.
06.094.022
Locher, K.
01.098.003
121.008
123.012 .013 .022

Locher, K.
02.014.008
103.113
121.010
123.002 .019
03.096.005
103.103
121.017 .018 .041
124.103 .104 .106 .107
125.102
04.103.126
121.002 .066 .067
123.050
124.107
125.103 .105
05.015.008
121.032
125.109
153.025
06.117.016
121.009 .010 .011 .036
.064
124.102
125.100 .103
07.121.041 .083 .085 .086
123.029
124.104
125.107
141.180
08.121.111 .114 .115
125.102
09.121.081 .082 .085 .086
.087 .089
123.031
10.121.105 .107 .108 .109
.110
Lochner, O.
08.033.116
Lochno, P.
10.103.102
Lochte-Holtgreven, W.
02.003.028
06.062.034
Locke, J. L.
01.141.144
02.122.042
141.026 .142 .144
03.141.004 .206
05.033.045
06.141.038
07.141.129 .134
08.141.070
Lockey, G. W. A.
07.080.025
08.076.048
Lockhart, G. B.
10.033.110
Lockhart, I. A.
03.141.193
05.141.238
08.141.093
10.131.031
Lockhart, P.
06.131.156
07.131.002
Lockman, F. J.
04.141.123
09.131.159
Lockwood, G. W.
02.122.006
03.113.026
114.136
04.082.171
05.012.009
113.045
06.113.040 .045
122.083
07.113.901
122.018
08.114.021

Lockwood, G. W.
08.122.015 .050
09.114.059
10.122.005 .043
Lockwood, J. A.
02.143.033
04.143.002 .047
05.078.013
06.143.046 .061 .117
08.143.016
09.078.059
082.096
Loden, K.
05.010.017
Loden, L. O.
01.113.020 .021
131.080
02.113.015
114.089
03.142.030
06.114.070
08.064.054
155.007
09.153.016
10.114.149
131.162
Lodenquai, J.
04.065.032
06.062.046
08.141.513
Lodge Jr., J. P.
04.082.140
Lodygin, V. A.
08.097.097
10.097.062
Lodygin, V. M.
10.105.098
Loebering, W.
03.003.119
Loechel, H.
09.102.011
Loefall, T.
09.094.617
Loehde, F.
10.010.023
Loer, S. J.
09.132.024
10.131.033
Loerinczi, I.
05.055.020
Loerinczi, J.
01.046.006
Loeschner, F.
04.005.009
Loeser, R.
02.064.020
05.064.050
10.073.016
Loewe, F.
09.072.042
Loewen, E. G.
07.034.076
08.034.126
Loewenstein, M.
08.022.031
Lofgren, G.
04.094.130
06.094.165
09.094.368
Lofgren, G. E.
07.094.009
09.094.054 .205
10.094.126 .478
Lofgren, L.
08.034.083
Lofthus, A.
10.022.044
Loftus, B.
02.083.047

Logachev, V. I.
04.143.045
05.082.009
143.060
07.078.014
082.138
09.078.010 .028 .064
084.409
10.078.014
083.042
Logachev, Yu. I.
01.084.412
02.078.037
03.143.043
04.003.137
078.016
05.084.402
143.080
06.078.040
08.084.408
143.011
09.078.016
093.080
10.084.211
143.030
Logan, J. D.
10.042.096
Logan, J. L.
10.066.120
Logan, L. M.
03.094.235
04.034.091
094.015 .322
07.061.011
097.084
08.097.045
09.094.291 .818
097.039 .040
10.094.432
Logan, W.
05.125.110
Logcher, R. D.
04.021.003
Loginov, G. A.
07.084.211
Loginov, P. P.
03.042.052
Loginov, V. F.
03.003.012
04.085.001
05.085.005
06.082.008
085.011
08.085.001
09.085.016
10.082.080 .091
085.003 .012
106.003 .043
Logsdon, J. M.
04.003.073
Logsdon, T.
07.003.167
Logsdown, T. S.
02.003.101
Logunov, V. M.
09.142.119
Logvinenko, A. A.
02.033.006
03.032.036
10.032.003
Loh, E. D.
05.063.030
06.063.032
Lohmann, A. W.
10.031.073
Lohmann, J.
10.004.055
Lohmann, W.
01.002.001
02.002.033

Lohmann, W.
05.154.005
    155.036
06.153.003
07.153.023
09.153.024
10.153.014
    160.021
Lohsen, E.
04.141.037
06.141.130
07.141.533
10.008.050
Loibl, G.
03.007.000
Loidl, H.
08.083.042
Loidl, J.
02.034.097
Loiseau, J.
07.141.067
Lojko, M. S.
01.003.025 .026
Lokalov, A.
03.103.101 .102
Lokanadham, B.
04.104.056
07.142.131
Lokhin, B. I.
04.052.021
08.052.024
Lokhov, V. K.
09.094.863
Lolli, M. F.
01.151.038
Lomaga, G.
10.003.079
Lomas, R. S.
01.122.014
Lomask, M.
05.003.071
Lomb, N. R.
02.119.006
06.119.017
07.119.023
    122.008 .009
Lombard, F.
06.004.003
Lombardi, C.
01.009.001
Lombardini, P. P.
05.083.035
Lommen, P. W.
01.143.054
Lomnev, S. P.
01.065.033
Lomonosov, V. N.
05.061.041
06.061.004
10.061.034
Lomonossov
See Lomonosov
Loncarevic, M.
06.044.012
Londrillo, P.
02.141.001
Long, C. E.
01.143.045
05.143.114
Long, J. E.
09.051.002
Long, J. L.
01.032.060
Long, J. V. P.
03.094.081
04.094.135
06.094.251
10.094.195
Long, R. A.
08.082.202

Long Jr., R. L.
08.083.061
Longair, M. S.
02.066.006 .082
    141.076
    142.032 .037
    162.039
03.141.006 .169
04.141.031 .153
    158.040
05.141.212
    142.021
06.158.028
    162.062
07.141.111 .154
    158.089
08.141.006
09.141.058
10.141.046
Longauer, F.
04.005.014
Longhi, J.
09.094.200 .613 .656
10.094.140 .311 .473
Longley, S. R.
04.033.087
Longman, R. W.
05.052.005
Longmire, C. L.
08.062.034
Longmire, M. S.
03.022.019
Longmore, A. J.
09.121.008
Loomer, E. I.
01.084.254
04.084.202
06.084.315
08.084.349
Loomis, A. A.
02.107.001
04.094.111
Loomis, H. G.
01.074.036
02.074.027 .035 .036 .048
Loonen, J. P.
04.114.029
06.077.063
Loosli, H.
06.094.252
09.094.437
Loosli, H.-H.
03.094.078
04.094.231
09.094.434
Loparev, R. N.
10.034.123
Lopatina, G. B.
01.084.407
03.084.407
    143.043
05.084.402
08.084.408
09.078.016
Loper, D.
02.080.014
Loper, D. E.
05.081.011
09.062.007
Lopez, J. A.
10.041.036
Lopez, L.
03.122.125
10.113.098
    121.091
    122.133
Lopez Arroyo, M.
01.072.036
05.071.060
10.008.068

Lopez Garcia, F.
05.042.056
10.042.101
Lopez Garcia, Z.
09.012.007
10.114.188
Lopez Palacios, M.
02.158.025
06.158.124
Lopez-Cepero, A. B.
09.061.057
LoPresto, J. C.
06.114.111
Lorch, W.
04.046.002
Lord, C. J. R.
07.032.020
Lord, E. A.
08.162.084
Lord, J. J.
06.143.072
Lorell, J.
02.094.121
03.094.004
    097.046
07.097.026 .032
08.097.037
09.097.018 .053
10.097.029
Loren, R. B.
05.124.100
10.131.124 .253 .254
Lorenzi, L.
10.103.102
Loretsian, G. M.
04.031.001
Lorimer, G. W.
08.094.068
Lorin, J. C.
01.105.048 .101 .109
02.105.109 .111
04.143.062
08.105.019
09.094.256 .269 .803 .808
10.094.029 .214
Loron, M. M.
08.079.100
    092.014
Lorrain, P.
06.003.090
Lorre, J.
05.122.039
Lorre, J. J.
09.031.010
Lortet, M. C.
02.022.061
    122.074
Lortet-Zuckermann, M. C.
06.131.031
    132.020
07.131.079
    133.010
10.131.135 .192
    132.029
Lortz, D.
06.061.038
08.062.031
Losacco, U.
06.004.022
Losco, L.
01.021.005
    042.004
08.042.086
10.042.010
Losee, J. M.
06.113.051
Losinskij, A.
06.032.011
Losinskij, A. M.
02.055.022

Losinskij, A. M.
04.055.009
07.055.006
Losinsky
See Losinskij
Loske, L. M.
08.003.095
Loskutov, V. M.
03.063.034
05.091.002
06.063.013
    099.029 .076
09.063.051
10.063.072
Loskutov, Yu.
07.061.062
Losovskij, B. Ya.
05.097.020
    101.015
06.093.010
    097.031
    100.006
    101.007
08.099.073
09.099.010
    100.901
10.099.028
Losovskij, Ya. B.
02.077.053
Losovsky
See Losovskij
Lot, P.
01.032.057
04.105.073
Lotova, N. A.
01.106.025
    141.184
02.074.021
    141.174
03.141.155
08.106.017 .029
09.074.036
    078.062
    106.008
    141.561
10.074.107
Lou, G. Y.
08.082.135
Lou, Y. S.
01.097.057
Loubet, M.
08.094.194
09.094.924
10.094.201
Loudon, R.
10.003.080
Loughhead, R. E.
02.073.047
06.073.010
09.073.086
Louise, R.
01.132.001
02.131.091
    132.004
    133.002
03.131.096
    132.021
04.131.038
    133.021
07.132.022
    133.003
08.133.009
09.132.030
10.132.036
    133.052
Loulergue, M.
06.022.067
09.074.027
Loumos, G. L.
09.062.008

Lourens, J. V. B.
02.126.009
Louterman, G.
04.042.048
Loutfy El Sayed, A.
07.035.017
Lovas, F.
06.022.083
Lovas, F. J.
09.131.181
10.131.294
Lovas, M.
04.125.036 .103
07.125.018 .032 .104
Lovberg, R. H.
07.003.058
Love, R.
07.158.122
Lovelace, R.
03.141.094
Lovelace, R. V.
04.141.029
10.141.547
Lovelace, R. V. E.
01.141.016 .048 .071
03.106.011
05.106.036
06.106.037
07.074.067
    141.049 .168 .506
Loveland, W.
01.105.017
Loveless, A. J.
07.105.047
Lovell, B.
01.003.017
    008.076
    122.051
03.006.000
    008.080
    010.022
    013.003
04.003.003 .075 .076 .085
05.008.079
    010.022
    013.019
06.006.000
    010.022
    122.024
07.008.092
09.008.072
10.003.081
Lovell, D. J.
02.082.095
03.082.093
Lovell, L.
10.123.036
Lovell, L. P.
03.121.031
05.119.011
    121.070
09.121.015 .016
10.121.901
Lovera, E.
06.065.029
09.114.142
Loveridge, W. D.
03.094.037
04.094.243
Lovering, J. F.
01.105.081
02.105.010
03.094.053
04.094.165 .166 .216
05.105.026
09.094.306 .316 .398 .623
    105.074 .125 .143 .157
10.094.298 .341 .369 .477
Lovetskij, E. E.
05.062.034

Lovett, A.
10.094.286
Lovett, R. R.
10.142.018
Lovi, G.
02.011.011
Low, B.-C.
06.061.013
07.062.019
08.062.901
09.062.013
10.062.019 .901
Low, C. H.
09.083.075
Low, F.
07.158.134
Low, F. J.
01.071.040
    093.034
    094.058
    099.030 .032
    113.034
    114.055
    141.179
02.099.008 .014
    113.047
    122.009
    155.006
    158.038
03.094.261
    113.006 .027
    155.009
    158.045 .046
04.093.071
    113.069
    114.110
    124.001
    141.088
    158.048
05.032.068
    103.109
    113.021
    131.060
    158.080
06.155.031
    158.040 .073
07.094.110
08.091.033 .034
    099.060
    131.068
    158.057 .107
09.091.054
    094.560 .568
    099.062
    114.022
    158.145
10.034.079
    094.170 .370
    099.016 .077
    103.102
    113.011 .101
    114.218
    122.155
    131.027
    132.040 .054 .055
    155.023 .036
Low, F. L.
04.141.091
Low, G. M.
06.094.178
Low, W.
05.082.034
Lowder, J. E.
06.022.049
07.022.048
Lowder, W.
04.124.108
05.125.109
08.123.057

Lowder, W. M.
03.124.103
05.123.037
06.010.001
123.075
Lowe, B. D.
08.084.352
Lowe, R. P.
04.082.226
09.082.055
10.082.010
Lowen, L.
05.119.010
Lowes, F. J.
04.081.025
084.276
05.081.044
08.084.358
Lowinger, T.
07.155.041
10.034.082
Lowke, J. J.
01.063.004
Lowman, P.
07.094.020
08.094.005
097.089
09.094.587 .755
10.094.193
Lowman, P. D.
03.094.083
097.044
04.094.134
07.097.028
08.097.028 .116
Lowman Jr., P. D.
01.003.020 .021
094.087
08.094.234
09.094.330
Lowndes, R. P.
07.094.213
09.094.293 .819
Lowne, C. M.
08.031.022
Lowrance, J. L.
05.141.191
07.034.024
141.019
09.034.074
Lowrey, B.
04.105.139
Lowrey, B. E.
05.105.080
07.054.003
08.054.010
09.102.021
Lowrey, P.
06.112.012
Lowry, R. A.
02.022.014
Loyalka, S. K.
09.063.006
Loyd, E. G.
09.082.015
Loyola, P.
02.041.043
03.041.011 .043
10.041.029
Lozhkin, V. A.
06.094.148
08.094.165
Lozinskaja
See Lozinskaya
Lozinskaya, T. A.
01.132.016 .045 .048
02.125.005
132.033
03.132.010
04.132.040

Lozinskaya, T. A.
05.132.024
141.058
06.132.041
07.132.004
141.071
08.132.007 .010 .017 .032
09.132.025
10.125.008 .022
132.004
Lozinskij, A. M.
01.054.007
02.032.058
03.032.027 .037
10.035.007
055.014
Lozinsky
See Lozinskij
Lozitskij, V. G.
02.093.036
Lozitsky
See Lozitskij
Lu, L.
04.094.325
Lu, T.-D.
05.053.017
Lu Gwei-Djen
06.003.155
Lubertowicz, S.
03.015.003
04.009.015
084.062
Lubowe, A. G.
01.052.020
02.052.007
03.052.006 .019 .022
Lubyako, L. V.
09.094.873 .876
Lubyanaya, N. D.
05.143.105
06.143.133
07.143.022
09.034.095
Luc, P.
07.022.030
Lucaroni, L.
06.065.137
08.065.138
Lucas, C.
05.084.408
Lucas, D.
03.124.106
Lucas, J. W.
04.094.053
05.094.182
07.003.089
09.003.008
094.541
Lucas, R.
09.158.040
Lucas, R. D.
10.074.108
Lucchetti, S. C.
06.141.122
07.123.053
Lucchin, F.
01.151.020
06.158.130
07.162.041 .058
10.162.002
Lucchitta, B. K.
08.094.179
10.094.127 .371
Lucero, D. P.
06.034.131
Luchkov, B.
09.061.020
Luchkov, B. I.
05.083.053
141.225

Luchkov, B. I.
05.142.090
06.078.027
141.035
142.080 .083
143.021 .134
07.134.002
09.142.057
10.142.016 .069 .129 .139
Lucignani, L.
03.124.108
Luck, J. M.
06.117.018
Luck, J. McK.
07.118.023
Lucke, P. B.
03.159.001
04.159.003
06.159.011
07.152.005
Lucke, R. L.
09.094.296 .559
Lucy, L. B.
03.064.010
05.064.005
06.119.001
07.064.036
121.023
09.119.002
10.121.010
Ludden, R. C.
01.032.005
Ludescher, E.
01.075.030
Ludewig, H.
08.082.224
Ludwig, A.
09.033.056
Ludwig, A. C.
07.033.066
09.033.073
Ludwig, G. H.
04.106.011
09.031.039
Ludwig, H.
03.046.018
08.046.038
10.046.024 .032
Ludwig, U.
08.032.042
Lue, P.
03.041.005
Lue, P. K.
01.141.035 .043 .103 .132
02.141.169 .227
03.141.202
04.141.172 .173
05.141.032 .233
06.041.030
141.099
158.090
07.158.903
08.117.010
141.115
09.117.006
Luebbers, G. L.
07.003.090
Luebeck, K.
05.113.020
09.114.007
Luebke, W. R.
06.064.001
Luebke Jr., W. R.
03.064.050
08.114.128
Luenow, W.
03.062.004
Luest, R.
01.008.085
022.013

Luest, R.
01.051.025
084.020 .281 .294
106.049
03.008.089
062.020
084.260
04.008.074
051.047
074.068
082.105
083.047
05.008.085
062.033
06.012.005
051.033
07.008.099
08.008.067
083.042
10.062.038
Luest, Rh.
02.051.017
07.103.106
08.103.121
09.103.102
Luginin, V. D.
09.046.006
Lugmair, G. W.
03.094.068
04.094.217
06.094.290
09.094.421 .733
10.094.033 .378
Lugovenko, V. N.
03.084.282
06.084.243
07.084.242
Luhmann, J. G.
09.143.039
Lui, A. T. Y.
09.084.030 .032 .034 .048
10.084.258
Luk-Kozika, G. J.
10.003.004
Lukac, C. F.
03.041.003
153.006
04.031.002
041.038
06.031.079
041.034
Lukac, J.
04.082.164
08.082.166
Lukacevic, I.
06.062.042
Lukas, R.
01.009.007
121.024
123.039
124.101 .102
03.104.010
123.017 .018
124.103
04.124.107
05.123.011
124.100 .104
06.032.020
122.013 .106
123.004 .025
124.102
07.103.005
119.022
123.001 .032 .037
Lukash, V. N.
06.162.006
10.162.016
Lukashenko, V. A.
08.095.003

Lukashevich, E. L.
03.091.040
Lukashevich, N. L.
05.093.006
Lukashov, L. G.
08.104.018
Lukatskaja
See Lukatskaya
Lukatskaya, F. I.
01.124.007
02.122.025
123.030
142.011
03.003.066
141.195
142.049
04.114.143
121.059
122.059 .069 .119 .120
123.031
05.141.016
06.122.026 .082
07.113.005
09.122.028
10.122.111 .127
Lukatzkaja
See Lukatskaya
Luke, S. K.
01.022.056
08.162.007
Lukin, D. S.
02.093.040
07.093.023
09.093.073 .074
Lukin, I. V.
10.085.013
Lukin, M. G.
04.003.026
Lukin. A. N.
09.082.093
Lukina, L. V.
04.084.008
Lukina, N. Yu.
07.005.001
Lukjanow
See Luk'yanov
Luk'yanov, L. G.
01.042.027 .038
03.042.074
04.043.004
Lum, R. K. L.
08.094.193
10.094.411
Lumme, K.
04.100.004 .019
06.091.020
07.100.006
08.094.152
Luna, J.
08.082.233
Lunan, D. A.
09.015.006
Lund, D. S.
06.084.008
Lund, J. M.
08.141.055
09.041.014
Lund, N.
05.143.117
06.143.031
Lundahl, L.
04.152.005
Lundbak, A.
03.003.047
Lundberg, B.
08.061.037
Lundblad, M.
06.011.020
Lundell, O. R.
04.097.060

Lundin, L.
10.022.068
Lundquist, C. A.
02.055.009
04.055.003
081.001
06.081.026
07.081.016
08.021.029
09.081.034
Lundsager, S.
07.155.058
08.155.037
Lundstroem, T.
08.022.140
Lunel, M.
07.121.009
10.034.028
Lungu, N.
04.122.106
08.122.116
Lunin, B. V.
10.004.083
Lunn, A. D.
06.062.061
Lupanov, G. A.
06.061.046
Lupenko, G. V.
10.083.026
143.038
Lupishko, D. F.
02.094.246
097.012
04.097.032
05.097.053
06.097.083
07.097.101
08.097.012
Lupishko, T. A.
02.097.012 .074
04.097.032
05.097.053
Lupoj, K. A.
09.014.009
Lupton, J. E.
09.078.017
10.078.045
Lusignan, B.
01.082.071
Lusignan, B. B.
02.031.029
05.077.008
Lutenko, V. F.
07.084.038
Luther, G. G.
08.022.127
Luthey, J. L.
06.099.081
10.099.012 .013 .022
100.008
Luton, J. M.
08.082.008
Lutsenko, V. N.
01.094.039
02.078.016
09.078.039 .042 .048
143.054 .064
10.034.008 .009
143.039
Lutskij, V. K.
08.009.012
Lutsky, V.
03.032.001
Lutz, B.
08.131.094
Lutz, B. L.
03.022.022
04.022.060 .062
05.022.002 .014
08.101.006

Lutz, B. L.
08.131.039
09.101.009 .019
10.022.086
101.014
131.006
Lutz, J. H.
07.113.037
133.017
09.114.064
131.058
10.114.052
131.148
Lutz, T. E.
01.112.003
115.001
03.114.055
118.002
04.115.013
05.115.014
06.112.010
118.003
07.113.037
08.155.064
09.114.064
10.111.007
114.052
Lutze Jr., F. H.
01.052.022
Luud, L.
01.114.019 .020 .021
122.013
124.103
02.122.059
04.122.102
05.031.032
064.014
117.006
06.064.033 .036
114.046 .047
122.047 .048
124.103
08.008.101
10.034.104
122.170
Luyendyk, A. P. J.
06.142.078
07.159.015
Luyken, B. F. J.
01.022.117
06.022.152
08.022.054
Luyten, J. R.
10.033.004
Luyten, W. J.
01.112.005
113.011
02.112.017 .018
03.111.005
112.002
126.008
04.012.023
112.015 .016 .017 .020
126.002
05.012.003
112.011
118.011
126.012
153.024
06.031.068
034.129
112.017
07.112.016 .017 .018
113.046
117.036
08.041.016
112.009 .010 .011 .012
09.112.015
126.026
10.112.001 .002

Luyten, W. J.
10.115.012
155.014
Luzov, A. A.
02.078.036
143.065
03.106.027
09.143.079
L'vov, B. V.
07.022.044
L'vov, V. G.
06.034.115
046.009
07.046.014
Lvov, V. N.
06.041.011
L'vov, Yu. A.
10.105.023 .096 .097
Lyakh, R. A.
04.097.062
05.097.058
06.042.014
Lyakhovitskij, F. M.
02.094.194
Lyamova, G. V.
06.072.011
Lyatskaya, A. M.
09.084.029
Lyatskij, V. B.
06.084.241
09.084.029
Lyatsky
See Lyatskij
Lyatzkaya
See Lyatskaya
Lyatzky
See Lyatskij
Lykoudis, P. S.
07.072.009
08.073.059
Lyle, G. C.
01.022.090
Lyman, W.
09.094.438 .721
Lyman, W. J.
03.094.070
04.094.234
Lynam, C.
01.084.229
Lynch, D. K.
08.073.046
09.073.102
Lynch, J.
04.022.016
Lynch, M. A.
05.099.006
07.099.011 .024
08.099.083
Lynden-Bell, D.
01.099.018
151.021 .046
02.141.006
03.151.040
04.151.016
05.155.040
06.141.140
155.034
158.046 .080
07.012.025
111.001
151.065
10.012.010
151.025
Lynds, B. T.
02.132.026
152.006
03.158.071
06.003.091
07.132.006
158.070

Lynds, B. T.
09.158.156
10.158.065 .111
Lynds, C. R.
02.031.019
141.200
158.048
03.158.028
04.141.192
05.098.011
07.141.082
158.099
Lynds, R.
01.141.046 .052 .057
02.141.015
03.034.068
141.066
158.044
04.034.020
141.135 .174
05.141.064
142.002
06.158.030
07.141.058
08.032.026
141.011 .014
158.020
09.066.126
Lyne, A. G.
03.141.218
05.141.166
06.141.018 .054
07.141.538 .545
08.141.005 .503 .524 .536
09.141.527
10.141.507
Lynga, G.
01.041.015 .016
115.008
141.126
02.113.058
122.124
03.101.003 .006
141.143
153.017
04.155.004
05.010.017
07.034.107
08.114.095
132.003
09.122.034
10.113.056
Lyngstad, E.
06.077.068
07.077.002
Lynn, J. J.
04.055.010
Lyon, E. F.
01.094.016
04.084.227 .305 .307
08.084.219
Lyon, G. F.
04.083.069
Lyon, J. G.
05.131.022
Lyon, R. B.
05.033.028
Lyons, L. R.
06.062.070
08.084.403
09.084.410
10.084.414
Lyons, P. B.
03.065.019
06.065.081
Lysenko, I. A.
08.083.006
Lysov, V. P.
07.093.025
10.093.023

Lysova, L. E.
10.122.094
Lytle, E. A.
09.082.055
Lytle, J. D.
04.031.036
Lyttleton, R. A.
02.092.008
094.216
04.091.033
102.023
07.102.006
08.081.043
102.057
107.001
151.026
09.107.015
10.091.022
102.002
103.102
Lyu Van Lyong
09.073.091
Lyubarskii
See Lyubarskij
Lyubarskij, K. A.
04.003.077
05.097.013
Lyubarsky, A. N.
10.085.017
Lyubimov, G. P.
02.078.037
04.078.016 .024
05.003.102
143.080
06.078.019 .040
106.038
07.078.017
143.062
08.078.030
143.011 .040 .055
09.078.025 .052
093.080
10.071.019
072.025
078.009
Lyubimov, V. M.
04.081.015
05.081.036
Lyubimova, E. A.
01.003.079
Lyutiy
See Lyutyj
Lyutyj, V.
07.158.016
Lyutyj, V. M.
01.121.022
158.015 .016
02.034.012
158.084
03.158.103
04.122.034
124.104
158.104
06.034.110
122.031
123.073
141.048 .150
158.017 .018 .025 .032
.127
07.142.121
08.099.028
122.059 .063
123.901
141.046
142.017
158.030 .065 .137
09.122.062
142.007
158.047 .051 .068 .130
10.034.029

Lyutyj, V. M.
10.082.034
122.035 .115
142.136
158.034
Lyzenga, D. R.
09.063.043

Maag, R. C.
02.079.105
03.079.102
Maagoe, S.
08.074.062
Maanders, E. J.
03.104.057
07.033.057
08.033.121
Maas, A. G. W.
05.103.111
Maas, R.
01.092.005
Maas, R. W.
03.103.102
Maase, E.
05.034.112
Maasik, E.-M.
06.034.011
Maasik, M.
05.031.032
10.034.104
Mabuchi, H.
01.105.091
03.107.010
07.105.047
09.094.723
105.133
Macak, P.
05.114.033
09.114.026
MacAlpine, G. M.
07.141.179
Macar, P. J.
04.034.014
Macau, D.
10.032.014
Macau, J. P.
07.034.110
08.114.029
Macau-Hercot, D.
07.022.106
09.114.039
Maccabruni, A.
04.035.006
Maccagni, D.
04.078.032
05.078.048
143.094
06.078.018
07.078.012
10.078.025
MacCallum, M. A. H.
02.162.066
04.162.059 .063 .072
05.162.030 .066
06.162.086
07.162.063
08.162.075 .076
09.066.104
Macchetto, F.
07.131.097
08.064.060
10.114.111
131.095
MacClintock, C.
01.044.008
MacConnell, D. J.
01.114.011
152.006
02.142.069

MacConnell, D. J.
03.114.019
159.018 .021
04.113.035
114.035
153.046
05.113.015
114.053 .099
153.007
159.010
06.115.004
123.016
07.114.118
142.068 .125
159.027
08.113.010
114.002 .013 .026 .141
124.100
142.007 .145
09.123.023
124.110
10.114.104 .112 .130
MacCormac, B. M.
05.008.093
MacDonald, D. D.
02.131.040
MacDonald, G.
02.141.095
MacDonald, G. H.
02.141.076 .154 .171
05.141.062
07.141.089
MacDonald, G. J. F.
02.094.021 .217
03.094.028
04.094.265
06.094.188
07.094.193
09.094.927
MacDonald, J.
04.092.010
08.003.096
MacDonald, N. J.
01.091.017
099.035
MacDonald, T. L.
01.094.018
06.097.087
MacDonald, W. M.
02.084.034
MacDonell, D. G.
04.141.055
06.141.180
MacDoran, P. F.
08.074.076
MacDougall, D.
03.094.111
04.094.294 .377
09.094.507
105.110
10.094.374 .414
MacDougall, D. J.
08.105.123
Mace, O. B.
08.141.523
10.061.043
MacFall, R. P.
10.105.112
MacFarlane, M.
01.141.021 .072 .107
03.093.014
MacFarlane, M. J.
01.113.016
MacGregor, A.
04.142.072
MacGregor, A. D.
10.154.007
MacGregor, G. A.
03.142.028
04.076.014 .022

AUTHOR INDEX - VOL. 1-10

MacGregor, G. A.
06.034.138
MacGregor, I. D.
03.094.112
04.094.142
06.094.041
Mach, J.
09.104.033
Machado, L. E. Da S.
01.099.007
Machado, M.
09.073.030 .031
Machado, M. E.
05.073.037 .042
06.008.091
07.073.043 .045
08.073.060
09.072.040
10.072.076
073.054 .097 .098 .099
077.069
Machalski, J.
06.033.020
08.033.051
10.033.062
141.060
Macheleidt, G.
06.162.080
Machin, C.
03.081.049
Machlan, H. E.
08.044.027
Machlan, L. A.
09.094.702
10.094.209
Machta, L.
08.082.196
Mack, D. A.
07.031.012
Mack, J.
03.034.043
142.036
04.142.003
07.142.018 .113
Mack, J. F.
04.142.090
05.142.029
06.142.007
07.142.032 .106
08.125.007
09.142.085
10.142.054
Mack, R.
09.079.002
Mackal, P. K.
01.099.040
02.099.037
03.099.005 .006 .056
04.099.042
05.099.041 .042
08.099.058
09.099.048 .092
Mackay, A. J. R.
05.034.020
Mackay, C. D.
02.141.074 .143
03.141.061
05.141.048
06.141.073
162.036
07.141.007
08.034.006
09.141.066
MacKay, J. S.
03.053.003
MacKenzie, W. S.
03.094.084
04.094.139
09.094.331

MacKeown, P. K.
06.143.071
Mackey, E. F.
05.034.066
Mackie, J. B.
05.003.119
010.024
07.010.024
Mackin, J. H.
02.094.258
Mackin, R. J.
01.003.077
Macklin, R. L.
01.061.036
04.065.096
07.065.142
MacKrell, G. E.
09.034.083
MacLennan, C. G.
02.084.229
04.084.408
05.079.104
084.210
06.084.404
07.078.009
09.066.123
10.078.001
MacLeod, H. A.
02.003.095
03.003.070
MacLeod, J. M.
01.141.145
02.122.042
141.010
03.141.206
05.141.193
06.141.115
07.132.025
141.135 .170
158.060 .165
08.132.020
10.141.012
MacLeod, M. A.
05.082.033
MacLeod, N. H.
01.015.014
MacPherson, G. J.
08.158.002
MacPhie, R. H.
08.033.073
MacQueen, J. G.
05.004.012
MacQueen, R. M.
01.071.039
082.104
02.071.036
073.059
074.068
04.032.040
034.012
05.074.072
08.074.033 .034
09.073.059
10.073.021
074.050 .118 .120
082.015
MacRae, D. A.
01.008.102
02.008.100
03.008.108
04.008.086
05.007.000
008.108
07.008.119
032.010
114.063
08.008.084
09.008.099
10.008.091

Macris, C.
02.077.030
06.073.075
Macris, C. J.
03.073.006 .024
06.073.059
07.012.011
073.001 .071 .080
08.073.078
10.008.006
073.118
097.086
Macvey, J. W.
03.003.140
07.051.004
Macy, W. W.
04.084.404
08.114.090
Madden, R. P.
10.034.060
Madden, T. R.
07.094.122
08.094.127
Madden Jr., S. J.
03.042.062
Maddison, R. C.
02.010.012
03.010.012
04.096.003
Maddison, R. E. W.
10.003.074 .086
Maddox, W. E.
06.034.128
10.022.076
Madeev, M. O.
04.078.005
05.078.001
08.078.024
Madeeva, M. O.
05.078.015
Mader, G. L.
06.155.018
07.155.057
10.155.019
Mader, O.
02.014.017
Madill, R. G.
03.084.286
Madkour, I.
09.003.111
Madonia, F.
06.034.046
Madore, B.
09.114.163
133.005
Madore, J.
05.066.099
06.066.039 .138
08.066.129
Madore, K.
07.115.015
122.084
09.119.025
Maduev, V. L.
01.094.039
06.083.031
09.078.048
143.054 .064
Maeckle, R.
02.073.060
076.045
Maeda, H.
06.084.215
Maeda, K.
01.082.108
03.084.040
08.083.047
10.084.028
Maeda, M.
04.033.078

Maeda, M.
07.033.052
Maeda, T.
06.143.071
Maeder, A.
02.113.054 .055
114.097
03.116.012
05.153.002
06.065.041
113.002 .006 .058
08.065.056
122.031
09.116.006
152.008
153.023
10.064.071
113.035 .037
115.015
117.003
Maedler, H.
09.002.009
10.002.029
Maedlow, E.
02.097.068
03.103.102 .103
Maegreth, M.
03.003.118
Maehara, H.
03.114.124
122.036
06.122.007 .061
Maehlum, B. N.
07.034.011
083.018
Maertl, H.-G.
04.004.058
06.004.016
Maetzler, C.
10.077.008
080.036
Maev, S. A.
05.063.038
Maeva, S. V.
01.092.008
05.081.009
094.145
08.098.081
09.091.074
Maeyama, Y.
07.003.091
Maezawa, K.
05.074.026
09.065.139
Maffei, P.
01.002.016
053.026
122.072
152.007
02.002.027
03.002.026
04.002.030
05.002.041
06.002.044
07.002.026
08.002.029
09.002.016
003.078
10.002.007 .036
113.060
Maffioli, F.
04.033.091
Magalashvili, N. L.
03.121.002
04.121.068
122.055
06.121.022
08.122.134
Magalinskij, V. B.
08.066.033

Magalinskij, V. B.
09.162.028
Magalinsky
See Magalinskij
Magee, N. H.
07.065.038 .039
08.076.043
Magee Jr., N. H.
08.065.064
10.064.060
065.068
080.011
Magerramov, V. A.
10.071.021 .058
Maggs, J. E.
01.084.003
Magnan, C.
01.064.001
03.063.025
04.064.079
08.064.037
Magnant, F.
03.071.033
07.074.045
10.074.111
Magnant-Crifo, F.
10.074.030
Magnaradze, N. G.
10.052.065
Magnaradze, Ya. G.
09.042.015
Magni, G.
08.094.071
09.126.027
Maguire, J. J.
02.084.240 .247
Maguire, W.
08.097.089
10.097.025
Maguire, W. C.
08.097.031
Magun, A.
04.008.114
10.077.008
Magus'kin, B. F.
05.032.028
Mahadevan, P.
07.079.101
Mahajan, K. K.
04.083.077
Mahan, H.
06.022.131
Mahan, M.
09.094.572
Mahanta, M. N.
06.066.121
07.066.121
Maheshwari, A.
02.162.020
Maheshwari, R. C.
01.022.064
Maheswaran, M.
02.116.008
09.065.156
Mahle, S. H.
07.082.099
Mahmood, A.
10.094.233
Mahn, A.
10.072.084
Mahon, L. F.
10.034.011
Mahoney, M. J.
06.131.025
08.131.026
Mahoney, W.
07.142.003 .019
Mahoney, W. A.
07.142.024
09.142.049

Mahra, H. S.
03.122.026
04.044.013
Maiella, G.
09.061.057
Maienthal, E. J.
09.094.702
Maier, E. J.
04.083.092
05.084.006
07.079.101
084.021
09.084.031
Maier, E. J. R.
03.083.006
Maier, K.
10.155.078
Maihara, T.
04.114.036
122.039
05.094.101
06.034.102
155.047
09.131.098
10.082.088
124.100
155.045
Mailer, N.
07.003.092
Mailian, N. Sh.
09.158.153
Maillard, J.-P.
02.003.021
05.114.084
09.091.043
10.100.011
114.014
Main, R. P.
01.022.062 .120
Mainstone, J. S.
09.084.221
Mair, S. G.
04.081.002
Maischberger, K.
08.066.126
Maisuradze, P. A.
05.084.402
Maiti, S. R.
04.081.043
Maitre, J.-P.
05.032.072
Maitre, V.
04.041.041
05.041.042
06.079.002
08.007.000
041.035
Maitzen, H. M.
02.080.035
03.103.128
116.018
122.074
04.066.090
07.116.002 .016
08.114.003
09.113.049
10.113.005
Maitzen, M.
01.075.030
Maizlina
See Majzlina
Majden, E. P.
07.031.009
Majernik, V.
06.066.070
07.066.039
Majeva
See Maeva
Major, A.
06.094.295

Major, A.
06.105.073
09.094.347
Major, F. G.
03.035.004
Major, S. P.
05.032.005
034.007
08.003.069
045.003
Majorov, E. P.
04.051.037
Majorov, V. A.
10.052.025
Majumdar, S. K.
07.064.053
Majzlina, T.
06.103.134
Majzlina, T. E.
05.103.103
Mak, A.
02.041.005
03.120.003
Mak, M. K.
08.091.028
Makalkin, A. B.
07.099.025 .035
08.101.017
09.091.002 .018
Makarenko, E. N.
01.122.077
158.024
02.122.024
03.122.014
04.122.103
06.120.015
10.123.006
Makarenko, N. G.
04.073.052
08.158.114
10.072.082
073.119
091.047
Makarenko, N. L.
02.094.209 .219
08.094.213 .262
Makarenya, A. A.
09.004.101
Makarov, A. N.
07.099.030
Makarov, E. S.
08.094.175
Makarov, V. A.
10.105.092
Makarov, V. I.
02.072.042 .045
05.074.033
07.073.031
08.073.024 .107
074.024
09.073.035
10.072.002 .006
Makarov, V. V.
10.162.045 .058
Makarova, E.
02.079.103
Makarova, E. A.
02.074.015
03.032.010
080.019
04.071.019
074.029
08.034.011 .118
074.110
09.003.079
10.071.034
074.025
Makarova, R. K.
05.034.002

Makarova, V. V.
05.074.033
08.073.107
Makedonski, D. G.
07.014.002
Makemson, M. W.
05.094.020
Makhankov, V. G.
04.062.025
Makhmudov, B. M.
06.083.031
Makino, F.
01.142.036
143.035 .036
04.142.021 .056
06.142.013 .049 .051
07.142.075
09.142.004
Makinson, G. J.
01.061.027
Makita, M.
04.032.045 .046
05.079.104
07.073.056
09.072.001
Makjanic, B.
01.079.105
Makover, S. G.
01.098.021
02.098.015
04.098.010 .024
10.098.083
Makroyannis, T. J.
08.082.240
Makshanchikova, M. G.
04.031.057
Maksi Machev, B. A.
02.009.009
Maksimov, I. V.
06.072.094
085.009
09.044.014
Maksumov, M. N.
03.151.059
04.151.019
10.151.059 .073
Maksutov, D. D.
09.031.055
Maksyukov, N. I.
06.066.029
Maksyutov, I. B.
10.034.034
Malacara, D.
01.031.012
02.034.032
03.031.026
04.031.019 .027
034.081
07.031.007
Malafeev, L. I.
05.082.006
08.097.097
10.097.062
Malagnini, M. L.
10.065.028
Malaise, D.
01.032.062
08.114.029
09.114.039
10.032.014
114.156
133.037
Malaise, D. J.
03.102.011
Malakhova, G. I.
04.014.022
07.014.007
053.012
Malakhova, O. P.
08.052.032

Malakhova, O. P.
08.081.036
Malakpur, I.
05.124.101
07.124.101
09.124.100
10.124.101
Malanin, V. V.
06.054.009
Malarev, V. A.
02.034.012
09.034.097
Malaroda, S.
02.114.060
03.114.151
04.116.006
05.114.116
09.114.175
10.114.189
Malaroda, S. M.
05.116.017
Malasidze, G. A.
02.151.059
04.155.030
05.151.006
06.151.007
08.151.010
10.151.060
Malaviya, V.
08.022.059
Malbrouck, R.
03.084.051
Maldybaeva, E. Ya.
04.162.085
10.162.029
Malecek, B.
01.013.011
02.009.019
07.009.014
Maley, P.
10.103.102
Maley, P. D.
08.104.051
Malhotra, P. L.
05.083.024
Mali, S.
02.118.008
Malik, C.
03.079.102
Malik, G. M.
01.131.005
Malik, S. R.
10.094.375
Malik-Alaverdyan
See Melik-Alaverdyan
Malin, M. C.
09.097.034 .060
10.097.019 .089
Malin, S. R. C.
01.081.006
084.230 .253
02.084.255
03.081.001
082.009
084.287
04.084.310 .311
05.081.042 .045
084.228
06.084.311
08.011.007
084.262 .304
085.004
09.084.217
10.084.210 .265
Malin, S. R. S.
01.084.215
Malina, F. J.
01.011.014
02.012.027
03.011.019 .030

Malina, F. J.
04.012.011
Malinovsky, M.
07.076.026
09.073.015
076.015
Malique, C.
02.071.015
Malishev
See Malyshev
Malissa, H.
09.105.156
Malissa Jr., H.
09.105.155
Malitson, H. H.
02.077.004 .017
09.077.055 .064
10.106.002
Malkevich, M. S.
01.051.035
10.082.061
Malkis, V. Ya.
10.098.078
Malkov, A. A.
10.052.070
Malkov, E. I.
02.082.104
Malkova, A. G.
10.041.049
Malkus, W. V. R.
08.081.065
084.359
Mall, A. P.
08.105.009
Malla, Y. B.
08.033.080
Mallama, A.
10.121.105
Mallama, A. D.
02.123.041
04.122.041
Mallama, T.
09.121.081
Mallas, J. H.
01.041.017
02.041.022
03.041.033
04.041.015
Mallen Fullerton, G. M.
06.004.039
Mallet, J. P.
04.033.048
05.033.035
Mallett, F. McL.
09.052.017
Mallett, R. H.
04.033.033
Mallia, E. A.
01.071.001 .021
02.071.071
072.058
03.071.037
072.006 .013 .019
04.072.004 .019
05.072.012
06.034.006
071.012 .043
072.057
07.072.018 .022
08.072.049
10.072.020 .035
Mallik, S.
07.003.037
Mallik, S. R.
06.105.121
Mallmann, A. J.
07.082.063
Mallow, J. V.
07.022.084
09.022.056

Malm, B.
05.031.026
032.053
Malm, B. E.
02.162.056 .076
Malmqvist, L.
03.143.034
05.143.113
Malmstrom, V. H.
10.004.008
Malnar, L.
01.035.001
Malofeev, V. M.
06.141.219
07.141.568
08.141.501 .561
Malomyzhev, L. M.
08.032.055
Malone, R. C.
05.131.112
09.065.088
Malos, J.
04.022.037
Malov, I. F.
06.065.033
09.064.016 .080 .089
Malov, N. N.
08.091.025
Maloy, J. O.
07.034.129
Malroda, S.
03.114.125
Malsch, W.
01.009.036
03.009.021
092.013
05.009.017
07.009.031
09.009.026
Maltby, P.
01.072.041
02.072.002 .036
04.072.003 .017 .020
05.013.017
072.033 .045
06.072.006 .021
08.072.045 .066
10.072.055
Mal'tsev, V. A.
05.066.005
Mal'tsev, V. V.
06.094.022
Mal'tsev, Yu. P.
06.084.241 .246 .292
Mal'tseva, K. A.
05.084.203
Mal'tseva, O. A.
08.083.015
09.083.048
Maltzev
See Mal'tsev
Maltzeva
See Mal'tseva
Malumian, V. H.
01.141.135
04.141.002
158.040
09.158.148
Malvick, A. J.
01.031.015
04.031.035
Malville, J. M.
01.073.010 .031
02.072.034
073.010 .030
09.073.065
Malyevac, C. A.
04.054.033
Malyevac, C. W.
04.054.032

Malyshev, A. B.
06.084.418
Malyshev, M. I.
06.031.009
034.080
07.034.057
08.034.012
Malyshev, V. S.
10.123.065
Malyshev, V. V.
05.143.045 .126
09.105.169
Malysheva, T. V.
08.094.173
105.078 .087
09.094.611
Malyshkin, V. N.
06.099.016
10.074.047
106.003
Malyuto, V.
05.113.004
06.064.010
10.114.243
121.112
Malyuto, V. D.
06.114.045
Malzeva, N. F.
06.083.034
Mama, H. P.
05.033.005
Mamadazimov, M.
06.073.070
07.072.003
Mamadazimov, M. M.
01.072.038
02.072.049
04.072.057
Mamadov, O.
03.102.021
04.102.012
103.104
08.103.100 .121
Mamaev, S. G.
10.066.055
Mamajev, Yu. A.
06.022.132
Mamakov, A. S.
04.034.034
07.032.032
08.034.157
Mamatkazina, A. Ch.
See Mamatkazina, A. Kh.
Mamatkazina, A. Kh.
02.122.061
10.114.115
Mameda, K.
10.103.103
Mamedbejli, G. D.
07.004.048
Mamedov, M. A.
01.103.112
03.099.048
102.020
04.102.021
05.102.018
06.102.016 .017
08.102.051
Mamedov, S. G.
01.073.002
02.073.070
03.073.033
04.071.069
073.055 .066
05.073.017 .022
10.071.060
073.088 .089 .091 .092
Mamedov, Ya. A.
04.031.014

Mamidjanian, E. A.
07.143.055
Mammano, A.
01.122.071
02.114.025
121.036
122.077 .129
124.100 .101 .102 .103
03.103.102
124.103 .108
04.124.103
07.012.021 .023
114.077 .078
08.124.103
09.102.001 .002
124.101
10.117.006
121.021
Mamon, G.
07.094.252
Mamonova, L. F.
07.083.048
09.083.045
Mamontova, N. A.
07.143.020 .045
10.143.048
Mamotko, Z. N.
10.106.026
Mamrukov, A. P.
07.083.013
09.083.068
10.083.019
Mamrukova, V. P.
02.143.065
03.106.027
06.143.123
07.143.035
Mamyrin, B. A.
08.078.029
Manabe, R.
09.055.001
Managadze, G. G.
05.074.003
06.084.235
09.084.244
Manara, A.
03.054.014
055.010
07.042.023
09.055.002 .003
082.125
103.110
10.102.040 .042
Manassah, J. T.
08.065.144
Manatt, S. L.
03.094.133
04.094.297
06.094.035
07.094.180
09.094.127 .502
10.094.467
Manchanda, R. K.
02.142.027
04.142.018 .019 .040
05.142.046 .073 .094
06.142.032
07.034.139
142.034 .074 .076 .130
08.085.002
09.142.002 .034
10.142.006 .019
Manchenko, A. E.
09.077.023
Manchester, B. A.
02.141.196
157.014
Manchester, R. N.
01.131.025 .103 .104
132.059

Manchester, R. N.
01.141.068 .230
02.131.016
141.102
03.131.052 .123
141.012
04.131.036 .047 .116
141.044 .191
05.141.007 .156 .170 .209
06.131.099
141.005 .091 .093 .152
.177 .191 .241
07.141.504 .508 .522 .542
08.141.525 .535
09.141.501 .530 .543 .545
10.141.522 .534
Mancini, A.
09.012.025
Mancuso, N.
09.094.444
Mancuso, S.
02.041.002
044.011
100.007
04.044.014 .041
046.025
08.041.005
Mandel, L.
04.082.219
Mandel, O. E.
02.122.027 .142
03.122.087 .088
04.122.067 .074
06.121.051
122.078 .114
09.123.005 .013
10.121.027
Mandelbrot, B. B.
04.045.010
Mandell, D. A.
02.062.015
Mandel'shtam, S.
06.076.033
08.061.078
Mandel'shtam, S. L.
02.073.011
03.114.032
04.073.024
05.076.001 .002
06.076.014
08.034.065
073.013 .085 .086 .091
.092
076.035
09.076.010 .031
10.071.039
076.029
Mandelstam
See Mandel'shtam
Manders, P. W.
09.033.059
Mandeville, J. C.
05.094.158
07.105.057
09.094.829
Mandic, D.
06.044.012
Mandler, J. W.
01.094.098
Mandrou, P.
06.034.045
Mandrykin, S. S.
06.080.064
Mandrykina, T. L.
02.072.015
10.072.009
Mandujano O., F. J.
08.075.002
106.033

Mandzhos, A. V.
03.162.011
05.066.069
06.162.029
08.160.009 .015
09.162.029
10.160.011
Maneuvrier, J.
01.084.006
Manfroid, J.
06.061.051
Manganiello, E. J.
08.051.027
Mange, P.
03.082.063
106.008
04.082.018
07.082.097
09.082.028
10.051.028
Mangeney, A.
01.077.003
05.074.061
09.061.033
Mangeney, L.
02.042.001
Mango, S. A.
08.121.064
Mangus, J. D.
01.032.014
04.032.013
05.032.066
06.031.061
Manie, H. J.
06.085.004
Manjos
See Mandzhos
Manka, R. H.
02.094.122
04.094.011
06.094.055
09.094.430
10.094.159 .163 .376
Mankin, W. G.
01.071.041
04.032.040
05.074.072
09.073.059
10.082.015 .118
Manley, O. P.
02.142.006 .062
03.142.001
04.142.055
05.062.048
Manmohan Singh
04.065.136
Mann, F. I.
02.052.032
Mann, G. R.
03.073.079
08.073.015
09.071.034
Mann, H. M.
04.082.079
08.051.004
10.082.082
Mann Paterson, A.
06.003.102
Mannery, E. J.
03.113.001
04.124.101
142.073
05.125.109
06.082.059
153.017
Manning, F. D.
05.079.103
Manning, G.
04.022.037

Manning, P. G.
03.131.104
04.125.037
    131.031
05.101.005
    131.046 .053
08.131.086 .110
10.131.048
Mannino, G.
02.051.025
    082.121
07.008.025
Manno, V.
04.003.078
    012.019
08.012.005
Manochina, A. V.
08.105.049
10.106.015
Manring, E.
01.082.097
Manring, E. R.
10.034.077
Manrique, W. T.
10.041.037 .038
Mansbach, P.
03.117.015
Mansfield, C. R.
04.082.209
Mansfield, J. M.
03.003.096
Mansfield, M. W. D.
05.022.040
07.131.018
08.022.151
09.022.027
10.022.011
Mansfield, V.
01.131.010
Mansfield, V. N.
09.131.028
Mansilla, L. A.
07.075.015
08.075.035
09.075.012
10.075.025
Mansinha, L.
04.012.025
    045.025 .026
06.044.014
    045.028
    081.012 .014
Manson, A. H.
03.083.029
05.083.015
Manson, A. J.
04.094.302
06.094.325
08.094.123
09.094.767
Manson, J. E.
08.071.064
09.034.114
10.034.058
Manson, S. T.
07.022.031
Mansouri, R.
08.066.118
Mansurov, S. M.
02.074.075
    106.026
04.084.273
05.106.003
06.084.230
10.106.040 .045
Mansurova, K. S.
05.034.053
Mansurova, L. G.
02.074.075
04.084.273

Mansurova, L. G.
05.106.003
06.084.230
10.106.040 .045
Mantarakis, P. Z.
07.158.055
Mantegazza, L.
10.116.023
Mantler, W.
10.160.037
Mantz, A. W.
08.099.015 .045
Manuel, O. K.
01.105.005 .062
02.105.023
03.082.043
04.105.001 .043 .140
06.061.006
    082.094
    105.063 .155
08.105.001 .021 .055 .057
09.094.736
    105.098
10.094.325
Manukin, A. B.
08.061.026
    066.079
Manwaring, E. A.
07.081.007
Manzoni, G.
05.032.020
Mao, C. Y.
06.143.042
08.143.068
Mao, H. K.
04.105.085
09.094.072 .074 .174 .638
10.094.212 .459
Mao, S.
01.033.015
Mapper, D.
01.105.083
03.094.050
04.094.233
    105.066
09.094.389
Mar, J. W.
02.003.017
04.012.006
Marabini, R. J.
10.077.068
Maral, G.
01.084.006
02.084.047
03.084.033
09.084.009
Maran, S. P.
01.080.005
    141.046 .057
02.022.069
    141.052
03.034.062
    051.018
    134.027
    157.027
04.011.036
    034.020
    051.045
    141.174 .233
05.011.030
    032.003
    122.053
    132.004 .032
    141.107 .237
06.132.001 .027 .043 .044
    141.126
07.003.030
    051.013
    141.904
    157.009

Maran, S. P.
08.004.021
    034.047 .051
    141.539 .551
09.011.002
    072.059
    073.060
    125.015
    142.137
10.034.073
    103.102
    132.039
Marandino, G. E.
05.141.103
06.141.027 .097 .103
07.066.007
    141.036 .038
08.141.040
    142.091
10.158.015
Marano, B.
06.125.029
    132.042
08.141.026
09.141.023 .132
10.141.004
Marantz, H.
04.022.116
Marar, T. M. K.
05.143.017 .087
Maraschi, L.
03.141.068 .165
    142.011
04.142.008
05.141.198
06.034.050
    141.137 .165
07.141.507
08.142.006
09.134.009
    155.055
10.155.025
Marburger, J. H.
07.084.209
March, N. H.
08.022.150
Marchal, C.
05.042.001
06.042.041
07.052.015
10.052.037
Marchal, J.
06.008.072
07.141.015
Marchenko, N. P.
09.103.127
10.103.106
Marchesini, F.
01.011.028
08.010.027
10.010.049
Marcinkowski, C. J.
06.066.091
Marcinkowski, T.
10.005.031
Marcolungo, P.
08.061.075
Marconero, R.
02.074.078
09.084.240
Marconi, F.
04.035.004
Marconi, M.
04.015.027
Marcos, F. A.
05.082.098
10.082.005
Marcotte, L. P.
02.082.010

Marcucci, R.
06.162.031
Marcus, A. H.
02.065.084
　　091.016 .022 .024
　　094.032
　　151.039
03.091.025
　　094.298
04.094.093
05.094.176
09.094.549
Marcus, E.
02.041.020
08.041.007 .079
10.011.048 .049
　　041.035
Marcus, H. L.
05.105.005
Marder, L.
06.003.092
07.066.031
Mardus, F.
04.079.006
08.015.003
Marechal, A.
05.003.066
09.034.012
Maree, J. P.
03.143.005
Marek, J.
07.022.009
09.022.075
Marek, K. H.
01.055.008
06.046.031
08.055.019 .023
09.055.005
10.046.014
Marenco, J. C.
10.075.024
Marenin, I.
02.022.079
04.064.039
　　114.061
06.022.011
　　064.015
08.064.042
Marenin, I. R.
02.022.080
03.022.049
05.064.045
06.114.076
07.064.019
Marette, G.
03.022.101
07.034.112 .113 .114
10.034.119 .120
　　084.029
Marette, J.
10.094.012
Margolis, J. S.
01.099.038
02.099.015 .038
03.022.045
　　099.019
05.022.021
　　099.064
06.022.016
　　091.016
　　097.085
　　099.001
07.022.045
　　063.037
08.022.028
　　099.036
09.091.019 .049
　　099.044
10.022.023 .029

Margolis, S. V.
03.094.166
04.094.249
09.094.365 .742
Margon, B.
06.142.007 .058 .060
07.142.003 .018 .019 .079
　　.099 .113 .115
　　161.004 .014
08.142.045 .116
　　158.111 .121
09.142.006 .013 .023
10.142.071 .085
　　160.009 .030
Margon, B. H.
07.142.124
Margoni, R.
01.154.009
02.119.005 .017
　　124.100
　　154.009
03.008.005
10.121.021
Margoshes, M.
02.113.013
Margrave, J. L.
06.105.011
Margrave Jr., T. E.
01.071.004
　　121.017
02.061.035
　　071.055 .079
03.071.005
04.064.089
　　071.042
08.071.079
Margulis, L.
08.003.097
10.012.018
Mariani, A.
07.063.038
Mariani, F.
02.084.230
04.084.264
　　106.032
06.084.236
07.084.901
08.034.084
　　084.322 .901
10.084.275
　　106.011
Marianneau, G.
07.035.001 .002
Mariano, J.
02.097.062
Marichal, H.
03.092.002
Mariin, B. V.
06.034.017
Marik, M.
01.072.026
10.080.064
Mar'in, B. V.
10.034.048
Marin, E.
02.043.002
Marin, M.
06.034.022
09.036.007
Marin, S. F.
10.055.014 .015
Marincic, P.
05.107.013
Marinescu, A.
01.052.012
05.052.010
08.052.022
Marinescu, G. A.
04.042.032

Marino, B. F.
02.121.004
04.122.139 .140
　　124.110
05.113.057
　　121.083
　　122.085
06.113.022
　　123.043
07.121.062
　　122.112
　　123.025
08.122.085 .121
　　123.037 .059
　　124.104
Marinov, S.
08.066.152
Marionni, P.
05.114.094
Maris, D.
06.072.070
Maris, G.
01.075.024 .025
02.073.058
03.075.013
04.075.024
　　085.006
05.077.017
06.073.064
　　075.031
07.072.030
　　077.031
08.075.030
09.077.045
10.075.009
Mariska, J. T.
07.065.014
08.071.048
　　084.239
Mark, H.
01.142.022 .054
02.003.096
　　142.035
Mark, J. W-K.
03.065.106
　　151.030
06.151.030 .045 .053
　　155.022 .048
07.151.044
08.155.033
Mark, R.
10.105.040
Mark, R. K.
10.094.377
Markachev, V. V.
06.094.021 .024
Markarian, B. E.
01.158.023
02.158.079
03.158.020
04.158.030 .031 .083 .096
06.158.033
07.158.063
08.158.028
09.158.030 .031 .134
Markeev, A. K.
04.077.030
06.077.049
07.077.040
08.077.060
10.077.026 .065
Markeev, A. P.
04.042.016
06.042.007
09.042.002
10.042.033
Markelov, L. A.
08.103.125
10.103.121

Markelova, L. P.
05.010.016
Markert, T.
08.142.137
Markert, T. H.
08.142.098
09.142.009 .127 .133
10.142.034
Markey, P.
10.065.001
Markina, A. K.
02.104.032
Markina, O. T.
05.041.013
09.041.011 .037 .043
Markov, A. A.
10.034.097
Markov, A. V.
09.094.865
Markov, M. A.
04.162.086
10.066.016 .183
162.030
Markov, M. N.
02.082.039
03.082.069
07.094.178
08.094.168
10.094.049
Markov, M. S.
03.094.007 .196 .315 .318
.336
06.094.079
09.094.892
Markova, L.
08.103.107 .116
09.103.105
Markova, L. T.
10.141.091
Markovic, M. S.
See Markovich, M. Z.
Markovich, M. Z.
02.102.008 .013 .045
103.105
04.102.002
05.102.007
103.105
06.102.020
08.102.033
Markowitz, A. H.
01.114.105
Markowitz, W.
04.044.018
08.011.004
044.006
09.045.022
055.010
Markowski, M.
10.004.068
Marks, A.
01.051.028
05.003.067
053.016
094.072 .090
07.094.174
10.094.158
097.097
Marks, D. W.
05.065.020 .099
Marks, G. H.
09.080.007
Markson, R.
05.082.126
Markus, L.
03.042.072
Markushevich, A.
09.004.097
Marlborough, J. M.
01.064.035
02.073.054 .055 .062

Marlborough, J. M.
03.064.008 .031
05.064.006
06.064.031 .032
08.114.030 .131
09.114.113
Marlenskij, A. D.
07.097.094
Marlow, A.
08.031.052
Marlow, P.
08.031.052
Marmo, F. F.
03.093.022
05.093.047
Marochnik, L. S.
01.151.015 .039
02.151.001 .042 .053
03.151.014 .036 .051 .067
.068
05.158.049
06.151.021 .025 .026 .027
.028
09.155.093
10.151.055
Maron, N.
07.114.101
Maronde, R. G.
07.051.030
Marouf, A.
02.044.021
05.044.028
07.041.044
10.041.041
Marov, M.
05.093.062
09.093.005
Marov, M. J.
See Marov, M. Ya.
Marov, M. Ya.
01.093.024 .074
02.082.151 .161
093.025 .046
03.011.043
04.082.153
093.043 .047 .060 .090
05.011.017
051.012
082.095
091.001
093.001 .012 .051
094.006
06.082.053
093.003 .030
08.082.140 .142 .145
093.002 .019 .026 .036
09.093.011 .037 .050 .075
.083 .901
097.099
10.093.023
Marovich, E.
01.082.059
04.084.016
06.084.026
07.084.044
10.082.002
Marpegan, J.
09.008.024
Marpegan, J. E.
03.044.003
Marquardt, C. L.
09.094.281 .770
10.094.287 .310
Marques Dos Santos, P.
01.077.019
082.001
03.077.001 .033
04.074.067
077.015
05.077.014

Marques Dos Santos, P.
06.077.001
10.077.075
Marraco, H.
09.131.123
Marraco, H. G.
01.120.004
02.036.020
094.030
04.123.034
05.153.030
09.153.006
10.153.013
Marriott, R. T.
03.079.102
07.076.003
079.101
Marrone, P. V.
05.022.036
Marrus, R.
04.022.063 .064 .065
Marsakov, V. A.
10.114.010
Marsalkova
03.098.026
Marschall, L. A.
07.131.062
Marscher, A. P.
10.125.013
Marsden, B.
01.103.014
10.103.102
Marsden, B. G.
01.042.017
098.005 .042
102.009
103.100 .101 .107 .109
.120 .125
02.102.039
103.003 .110 .112 .113
.114 .115 .120 .124
.126 .129 .130
03.015.018
102.002 .003 .009 .010
103.101 .102 .103 .110
.120 .121 .125 .127
.129
124.106
04.008.023
098.002
102.024
103.002 .104 .122 .128
.143
05.098.014
103.105 .106 .108 .112
.113 .117 .129 .131
.135
06.098.005 .011 .025
102.014
103.002 .113 .119
07.053.023
098.021 .065
102.014
103.112 .114 .125 .127
08.012.003
098.050 .056 .058 .061
.063 .067 .069 .070
.075 .077 .079
100.005
101.023
102.010 .024 .067
103.004 .114 .116 .124
.126 .127 .128 .134
.135 .136
123.074
09.098.025 .033 .034 .041
.042 .045 .047 .054
.056 .057 .060
102.008
103.100 .109 .114 .117

Marsden, B. G.
09.103.118 .121 .122 .124
     .126 .127 .130 .133
     .134
10.013.011
    098.010 .035 .037 .041
        .047 .048 .052 .060
        .063
    099.103
    102.010 .038
    103.002 .102 .106 .107
        .110 .115 .116 .124
        .125 .127 .130
Marsden, P. L.
03.143.035
04.078.027
    143.048
05.143.098
06.143.094
Marsh, D.
02.054.008
Marsh, E. L.
06.042.020
Marsh, J. C. D.
08.034.025
10.113.100
Marsh, J. G.
03.052.011
06.052.018
08.046.031
09.054.002
    055.008
10.046.002 .003
    081.029 .030
Marsh, K. A.
09.141.113 .114
10.114.011 .020 .021 .022
    .023
    141.108 .110 .111
Marsh, L. McL.
07.066.108
Marsh, M. C.
03.074.015
    131.003
07.131.021
Marshak, R. E.
03.003.071
Marshall, G. F.
08.032.041
Marshall, M. P.
09.065.174
Marshall, P. M.
05.074.064
10.074.124
Marsicano, F. R.
03.162.069
09.131.209
Marston, A. C.
09.094.475
Martel, M. T.
06.131.046
Martelli, G.
02.083.014
Marti, K.
02.105.081 .107
03.094.068
04.094.217
    105.141
06.094.290
07.094.014 .135
    105.024
09.094.372 .421 .733
    105.099
10.094.033 .378
Martin, A. E.
09.153.030
Martin, A. H. M.
06.141.166
07.131.075
08.065.015

Martin, A. H. M.
08.142.074
10.131.002 .078
Martin, A. R.
08.051.008
    099.005
Martin, B.
08.009.031
Martin, C. P.
02.081.018
03.043.001
04.052.045
09.081.035 .037
Martin, C. N.
06.003.106
Martin, D. C.
03.079.102
Martin, D. H.
06.033.076
08.034.035
Martin, I.
06.142.031
Martin, I. M.
06.061.022
08.082.115
Martin, J. R.
05.105.083
06.094.061
Martin, L.
06.097.064
Martin, L. J.
02.097.045 .046
04.091.005 .014
05.097.042 .057
06.097.068 .093
07.097.073
08.097.061
09.097.051 .067 .078
Martin, M. R.
03.094.044
04.094.202
09.094.376
Martin, N.
02.155.012
05.114.029
07.155.023
08.159.012
Martin, P. G.
02.117.032
03.117.012
    131.034 .109
05.131.008
06.131.009
    155.001
07.131.001
08.082.102
    131.001 .003 .004
    142.038
09.131.033
10.131.157 .247
    134.008
Martin, R.
04.094.091 .237
Martin, R. J.
05.094.116
Martin, R. L.
01.004.006
Martin, R. N.
08.141.103
10.106.008
Martin, R. T.
09.094.831
Martin, S. F.
09.034.053
    073.046
10.072.066
    073.022
Martin, T. V.
09.081.035

Martin, T. Z.
02.082.081
05.082.060
06.099.002 .059
08.091.013
09.009.023
Martin, W.
06.094.189
08.066.057
Martin, W. C.
06.022.111
10.022.027
Martin, W. L.
03.158.041
05.066.007
07.097.032
08.097.037
    142.094
09.159.001
Martina, E. F.
04.084.409
Martinet, L.
01.151.001
    155.011
02.114.096
03.152.011
04.112.012
06.155.004
08.155.010
10.155.015
Martinez, A.
10.075.024
Martinez, J.
06.034.022
09.036.007
Martinez-Garcia, M.
02.022.053
05.022.041
06.022.154
Martini, A.
01.114.004
    122.050 .072
02.115.016
    121.036
    122.077 .098 .129
05.034.033
06.153.028
08.115.026
10.031.014
Martini, L.
04.076.043
07.076.027
08.082.137
09.076.034
10.082.040
Martinic, N. J.
07.143.048
Martino, E.
05.034.033
Martinov
See Martynov
Martinova
See Martynova
Martins, D. H.
08.123.026
Martins, P. De A. P.
02.022.059
03.022.063
Martins, R. V.
07.042.007
Martinsen, P.
09.061.037
Martinson, I.
03.022.004
04.022.105 .118
05.022.092
06.012.032
    022.112
08.022.070 .135
10.022.035 .068 .069

Martirosyan, R. M.
  10.033.006
Martjanov
  See Mart'yanov
Martjanova
  See Mart'yanova
Marton, R. T.
  08.063.008
Martonchik, J. V.
  06.093.008
     097.073
  07.099.020
  09.114.081
Martres, M.
  04.106.026
Martres, M.-J.
  01.075.002
  02.073.080
     075.012
  03.072.008
     073.093
     075.026
  04.075.023 .029
  05.075.002 .027
  06.071.037
     073.087
     074.007
     075.014
  07.075.030
     077.030
  08.075.016 .022
  09.073.041
     075.030
  10.010.028
     072.064
     074.070
     075.029
     077.058
Martsvaladze, N. M.
  03.082.087
  06.082.025
  08.082.173 .178
  09.082.039
Marty, L. W.
  07.034.038
Mart'yanov, S. A.
  09.062.019
     084.223 .224 .242 .261
Mart'yanova, G. N.
  06.085.011
  10.082.091
Martynenko, B. K.
  08.021.001
Martynenko, V. V.
  06.104.020
  07.104.013 .018
  08.104.015 .022
  09.104.017 .020 .025
  10.104.013
Martynjuk, A. I.
  09.095.006
Martynkevich, G. M.
  05.082.003
  08.083.053
Martynov, A. I.
  09.053.005
Martynov, D. Ja.
  See Martynov, D. Ya.
Martynov, D. Ya.
  01.004.014 .017
     013.007
  02.093.035
     103.110
     141.029
  03.125.102
  04.003.079
     012.020
  05.010.017 .033
     013.012
     034.017

Martynov, D. Ya.
  05.065.064
  06.003.093
     005.006
     013.004
     118.026
     121.084 .087
     123.073
  07.091.007
     117.042
  08.121.006
     123.901
  09.012.024
     117.033
  10.003.007
     097.084
     142.107
Martynov, V. T.
  08.033.012
Martynova, A. I.
  09.042.055
Martynova, N. F.
  03.052.033
  04.052.022
  09.052.018
Marussi, A.
  06.011.041
  09.043.002
  10.081.040
Maruyama, K.
  06.074.099
Marvin, U. B.
  03.094.088 .190
     105.080
  04.094.187 .370
     105.110
  05.094.068 .141
  06.094.158 .159 .277 .281
  07.094.047
  09.094.105 .351 .669
     105.033
  10.094.126 .391 .456
Marx, G.
  06.061.037
Marx, H.
  01.093.061
Marx, S.
  06.031.045
     131.018 .019
  07.051.022
  08.097.064
  09.036.005
     041.050
     131.188
Mary, M.
  03.105.129
Marych, M. I.
  02.081.035
  03.081.041 .048
  10.081.037
Masaitis
  See Masajtis
Masajtis, V. L.
  06.105.026
  07.105.042
  08.105.056 .073
  09.105.049 .158
Masaki, I.
  06.063.002
Masani, A.
  02.115.016
  05.155.002
  06.009.004
     065.090 .154
  09.012.023
     061.032
     162.078
  10.141.560
Mascart, P.
  09.082.010

Maschio, G.
  05.065.129
Mascy, A. C.
  07.052.035
Maseide, K.
  02.084.014
  04.084.005
  10.084.001
Masets, E. P.
  04.142.010
Masevich, A. G.
  02.012.021 .022
     055.014
  03.032.027 .037
     065.088
  04.055.009
  05.065.136
  06.013.014
  07.055.006
     065.061
  08.065.001 .003
  09.003.005
Masheder, M. R. W.
  07.131.073
Mashhoon, B.
  09.141.076
  10.066.025 .130
Mashimov, M. M.
  10.046.040
Masini, R.
  09.003.080
Maslennikov, K. L.
  02.122.158
  04.122.154 .156
Maslennikov, M. V.
  04.063.039
Maslennikova, L. B.
  03.073.005
  06.062.017
Masley, A. J.
  02.078.010 .017 .026 .027
  03.073.104
  05.078.032 .052
Maslov, E. M.
  10.066.058
     080.019
Maslov, I. A.
  08.099.033
Maslowski, J.
  06.141.030
  07.141.016
  08.033.051
     141.106
  10.141.005 .060
Masnou, F.
  01.131.073
Masnou-Seeuws, F.
  07.022.016
Mason, B.
  01.105.019 .107
  02.105.179
  03.094.110
     105.126
  04.003.080
     094.167 .168
     105.016
  05.003.068
     105.062
  06.003.027
     094.104 .153
     105.079
  08.003.057
     094.223
     105.006 .037 .113
  09.003.081
     094.201 .202 .338 .655
          .943
     105.057 .121 .157 .164
  10.094.379
     105.115

Mason, C. C.
02.094.256
09.094.851 .942
097.125
10.097.124
Mason, G. M.
05.143.031
07.143.002
09.143.057
10.143.021
Mason, H. P.
02.097.008
03.099.021 .037
05.093.026
09.097.108
Mason, K.
09.142.138
Mason, K. O.
09.142.033
10.142.048 .100
Mason, W. P.
06.094.235
Massangioli, A. P.
02.035.016
Massaro, E.
10.142.077
Masse, P.
02.078.019
03.073.096
04.078.023
05.078.046
06.078.005
Massevitch
See Masevich
Massey, H.
02.012.019
06.012.009
09.061.018
Massey, H. S. H.
04.003.142
Massey, H. S. W.
06.003.148
07.082.140
131.157
Massey, N. G.
01.031.010
Masson, C. R.
09.094.369 .671
Mast, J. W.
03.151.003
Mast, T. S.
08.141.517
Mastalka, A.
08.094.249
Masters, P. L.
07.102.028
Mastin, W. C.
06.052.015
Masuda, A.
01.105.047
02.105.064
03.107.010
09.094.690 .926
105.005
10.094.380
105.004 .015 .034
Masursky, H.
02.094.173
03.097.042
04.094.058
06.094.067 .075
07.097.009 .026 .027
08.097.023 .083
10.094.381
097.007 .008 .014
Matas, V.
02.042.028
03.042.069 .070
05.042.015 .031
07.042.017

Matas, V.
08.042.026
10.042.036
Matchett, V.
10.103.103
Matchett, V. L.
03.103.102 .128
04.124.107
05.123.035 .036
07.103.107 .115
125.107
08.123.056
10.103.102
122.163
124.107 .108
Mateo, A.
06.081.054
Mateo, J.
08.081.011
09.044.028
Materni, A.
09.100.010
Matese, J. J.
01.061.033
162.057
02.162.042
03.162.031
Mateshvili, Yu. D.
08.082.175 .194
09.082.062
Mather, J. C.
06.066.056
09.082.044
Mather, K. B.
01.084.003
Mather, R. S.
02.081.022
05.046.001
081.008 .024
07.046.017
09.046.015 .024
081.025
Mathers, S. W.
02.034.008
Matheson, D. N.
06.106.024 .033
09.131.192
Mathews, P. M.
08.066.157
Mathews, T.
01.143.016
05.143.034
06.078.054
143.004
09.078.007
10.078.029
Mathews, W. G.
01.132.024
133.006
02.131.032 .074
132.007
03.132.036
05.062.021
06.151.046
07.133.009
158.116 .143
Mathewson, D. S.
01.156.008
03.159.013
04.131.144
159.002
06.158.052
159.027
07.158.039
08.125.027
158.067
09.125.010 .042
141.009
158.901

Mathez, G.
02.141.036
Mathiesen, O.
01.143.045
Mathis, J. S.
03.132.001
04.158.054 .092
06.012.015
132.006
08.063.014
119.013
09.119.005
132.014
10.155.031 .075
158.004
Mathisen, O.
02.045.006
Mathur, K. C.
05.062.023
Mathur, N. C.
01.033.001 .045
Mathur, N. N.
04.033.070
Matiagin
See Matyagin
Matilsky, P. A.
10.142.126
Matilsky, T.
06.142.046
07.155.053
08.142.064 .133
09.142.097
10.032.022
142.108
Matilsky, T. A.
01.152.005
02.131.098
06.114.052
07.142.065
08.114.089
142.030
10.142.117
Matinian, S. G.
09.162.071
Matiyasevitch, N. A.
08.022.034
Matjagin
See Matyagin
Matlak, R. F.
10.005.010
Matley, J. B.
08.082.093
Matloff, G. L.
01.113.017
06.091.032
10.031.046
Matora, I. M.
03.091.035
Matrosov, V. M.
09.051.009
Matsakis, D.
10.131.226 .258 .266
Matschinski, M.
05.162.017
09.022.022
Matson, D. L.
07.098.036
08.098.015 .016
09.098.015
10.098.003
Matsoukas, D.
02.079.102
10.083.017
Matsoukas, D. A.
06.083.022
07.083.066
Matsuda, H.
01.105.068
02.105.113
08.105.127

Matsuda, J.
09.105.133
Matsuda, M.
08.065.154
Matsuda, T.
01.066.044
    162.029
02.162.026
03.162.048 .050 .051
05.162.020 .079
06.162.068
07.066.016
    074.050
08.066.125
    162.062
09.061.061
10.066.127
    162.072
Matsui, T.
07.094.225
Matsukov, K. P.
02.103.108
03.103.131
Matsukura, H.
08.044.010
10.044.027
Matsumaru, K.
09.072.008
Matsumoto, J.
08.031.060
Matsumoto, M.
02.063.003 .030
07.063.044
Matsumoto, T.
02.094.152
05.094.101
    106.020 .043
10.106.062
Matsunami, N.
03.035.005
Matsuoka, M.
01.142.037 .045
02.142.038
04.142.021 .022
05.076.014
    142.049 .079
06.034.059
    142.008 .013 .048 .050
07.142.010 .075 .098
09.142.004
Matsuoka, S.
07.105.027
Matsushima, S.
01.064.027 .028 .052
    113.030 .038
    126.021
02.113.036
04.064.065
    071.041
07.071.046
09.064.048 .066
    080.008
10.073.035
Matsushita, S.
03.084.227
04.084.252
07.084.263
08.083.034
09.012.013
    083.017 .060
    084.253
Matsuura, O. T.
01.077.019
    082.001
02.077.011
03.077.001 .033
04.077.015 .020
05.077.009 .014
Mattauch, R. J.
07.034.054

Mattauch, R. J.
09.033.009
Mattei, J.
10.123.038
Mattei, M.
02.034.002
03.103.103
    122.044
    124.106 .108
04.123.045
06.121.096
    122.063
    124.102
08.098.050
    141.121
09.094.916
10.094.149
    103.102
Mattes, H.
08.033.116
Matteson, J. L.
02.142.031
03.141.067
    142.044
04.142.048
07.142.020 .084
08.132.002
    142.008 .147
09.142.095
    158.011
10.134.014
Matteu
06.124.102
Matthew, M.
06.112.012
Matthews, H. E.
07.131.022
08.155.002 .048
10.131.145
    132.042
    157.008 .009
Matthews, J. D.
07.034.131
Matthews, K.
10.122.160
    141.559
    142.048
    158.113
Matthews, M. S.
06.011.002
Matthews, P. A.
01.077.009 .032
Matthews, T. A.
06.132.026
Matthias, B. T.
01.082.026
Mattig, W.
01.072.006
02.071.067
    072.004
    080.054
05.072.062
06.072.005
07.071.043
08.073.089
10.080.025 .026
    162.049
Mattila, K.
02.113.064
04.131.029 .044
06.155.028
10.131.047
Mattingly, T.
10.074.050
Mattingly, T. K.
10.094.382
Matulajtite, S. P.
02.004.019
03.008.144

Matuura, N.
02.082.145
07.083.070 .079
Matveenko, L.
06.141.151
07.141.039
Matveenko, L. I.
01.132.017 .043
    141.184
02.033.029
    134.012
03.033.026 .027
    141.155 .216
04.033.005 .063
    141.041
05.134.009 .010
    141.096 .226
06.134.007
07.131.039 .124
08.033.066
    134.002 .005
    141.016
09.141.109
10.033.076
    131.284
    134.009
    141.098
Matveev, D. T.
05.082.006
Matveev, I. N.
05.103.106
Matveev, V. Ya.
08.034.068
Matveev, Yu. G.
04.094.042
Matveeva, E. T.
01.084.216
03.073.113
07.084.237 .266
08.084.221 .343
Matveyenko
See Matveenko
Matveyeva, E. T.
See Matveeva, E. T.
Matvievskaya, G. P.
10.004.035 .096
Matyagin, V. S.
01.103.109
    133.035
02.021.016
    054.020
03.098.023
06.031.054 .056
    098.032
    155.010
08.053.032
    155.057 .058
10.055.028
    132.019
Matyas, M.
06.005.023
Matyugov, S. S.
03.003.006
Matzner, R. A.
02.162.006 .032
04.162.071 .095
05.066.061
    162.067
06.162.071 .072 .081 .085
07.162.008 .009 .074
08.162.079
09.066.011
    155.095
    162.085
10.162.069
Maucherat, A.
09.131.026
Maude, A. D.
07.083.042

Mauder, H.
01.121.002 .004
02.122.078
03.121.027
07.117.019
121.004
10.121.015
142.065
Maugin, G.
09.066.107
Maula, E.
09.004.049
Maurer, A.
03.004.012
05.004.024
Maurer, R. H.
08.078.012
09.078.004
Maurette, M.
02.105.090 .110
03.094.074 .279
04.094.064 .275 .328
05.094.181
06.094.260
07.094.023
08.094.081 .140
09.094.459 .804
10.094.217 .221 .491
107.022
Maurice, E.
02.034.070 .071
159.009
03.131.077
04.112.001
05.114.030
07.159.022
08.159.017 .901
09.114.045
10.113.059
114.146
Maury, J. L.
01.099.009
Mausser, E. J.
07.064.026
Mauter, H. A.
08.073.015
Mavko, G. E.
06.131.064
10.131.154
Mavor, W. J.
05.012.008
Mavrides, S.
09.003.082
Mavridis, L. N.
02.008.117
04.008.103
05.012.006
122.127
155.030
07.008.143
122.105 .109 .131
08.122.068
09.122.145
10.008.111
122.117
Mavrina, T. V.
08.015.006
Mavrodineanu, T.
10.003.082
Mawhin, J.
02.061.037
03.021.012 .013
07.021.010 .011 .012
Max, C.
06.062.023
07.062.025
Max, C. E.
09.062.039
Maxia, C.
10.004.072

Maxia, V.
04.105.052
Maxim-Gazi, R.
08.062.024
Maximov, I. V.
See Maksimov, I. V.
Maxwell, A.
03.157.012
04.141.033
05.008.029
09.073.019 .093
Maxwell, J.
07.003.093
Maxwell, J. A.
03.094.059
04.094.218
05.094.041
09.094.019 .227
Maxwell, J. R.
03.094.157 .174
04.094.246
05.094.084
07.094.138
08.094.119
09.094.065 .440 .748 .900
10.094.034 .231
Maxworthy, T.
09.099.025
May, A. N.
08.082.104
May, B. H.
08.082.195
May, B. R.
05.082.041 .042
06.082.010
08.082.016
May, J.
01.099.021
02.099.046
04.099.019
05.099.006
07.099.011 .024
08.099.083
May, M. M.
04.066.029
May, R. M.
01.065.012
04.022.077
062.048
May, T. C.
01.125.010
03.125.017
May, T. L.
03.162.035
05.162.009
06.162.009 .095
07.162.037
Mayall, M.
05.123.032
08.123.056
Mayall, M. W.
01.010.001
120.006
123.019 .045
02.122.073
123.015 .017 .028
03.120.006 .010
04.123.007 .013 .032 .042
05.010.001
122.069
123.025 .050
06.123.005 .014 .040
07.010.001
123.005 .009 .044
08.123.045 .054
09.123.062
10.003.083
123.043
Mayall, N. U.
02.008.028 .058

Mayall, N. U.
04.158.019
05.008.034 .069
07.008.038 .075
09.005.007
Mayall, R. N.
06.010.001
07.010.001
035.006
10.003.083
Mayaud, P. N.
04.084.272
08.084.335
Mayeda, T. K.
03.094.063
04.094.224
06.094.097
07.105.009
107.002
09.094.406 .701
105.107
10.094.245
105.052
Mayer, C. H.
01.131.031
02.131.045 .060
04.091.041
06.101.006
09.131.185
Mayer, E.
02.096.002
03.124.103
04.031.054
09.122.122
10.103.102
123.038
Mayer, E. H.
03.124.106
05.125.109
06.124.102
125.103
07.123.032 .034
125.107
Mayer, F.
10.155.015
Mayer, J. P.
03.052.010
Mayer, J. W.
08.031.016
Mayer, P.
05.114.033
06.121.004 .066
07.095.005
08.032.051
09.114.026
10.095.005
113.111
Mayer, U.
02.034.021 .100
04.155.015
06.076.019
113.025
Mayer, W.
01.141.107
02.142.008
03.142.007 .008
04.142.076
05.141.070
142.005
06.142.070
Mayer-Hasselwander, H. A.
06.034.047
061.021
07.142.132
155.073
Mayfield, E. B.
01.008.035
009.009
03.008.044
04.073.041 .050

Mayfield, E. B.
04.077.004
05.008.045
    073.064
    077.045
06.073.043
    077.022
07.077.005
08.073.040
    077.030
09.073.067
    077.062 .068
10.076.034
Maynard, N. C.
06.084.052
10.084.001
Mayo, M. J.
03.097.003 .010
10.103.102
Mayor, M.
01.151.001
03.155.021 .049
07.155.028
09.155.074
Mayr, H. G.
01.083.036 .037
04.083.002 .077
05.082.141
    083.039
06.082.131
07.079.101
    082.069
08.082.061 .062 .063 .201
    083.020
09.082.071 .078
Mayrhofer, K.
01.103.012
02.047.025
03.103.005
04.047.013
06.047.020
08.047.023
10.047.014
Mays, B. J.
07.094.138
09.094.748
10.094.231
Maystrov, L. E.
05.003.069
Mazanec, V.
05.103.111
Mazarakis, M.
07.065.022
Mazariuk, E. A.
03.143.058
Maze, R.
02.143.024
06.143.075
Mazets, E. P.
02.105.182
04.082.154 .155
06.104.047 .116
    142.020
Mazhuga, A. V.
08.104.047
Mazhuga, V. S.
08.104.047
Mazierski, S.
08.003.004
Mazor, E.
02.105.122
03.105.090
04.105.011
Mazur, A.
02.007.000
Mazur Jr., W. E.
07.035.022
Mazurek, T. J.
10.125.009

Mazzitelli, I.
03.065.084
08.115.008
    153.028
09.126.027
Mazzoleni, F.
03.045.023
04.045.019
05.045.031
06.045.026
08.032.044
    045.008 .016
09.044.016
Mazzon, C.
04.035.004
Mazzucconi, F.
01.073.042
    075.005
02.073.082 .083
    075.019
03.073.073 .122
    075.011
04.075.031
05.073.029
    075.028
06.075.043
    082.021
07.012.023
    034.031
    075.026
08.075.013
Mbipom, E. W.
05.083.037
06.083.010
McAdam, W. B.
01.008.115
    100.015
    141.208
03.141.190
09.141.511
McAdoo, D. C.
08.098.014
09.098.001
McAfee, J. M.
04.097.014
08.097.006
McAllister, D. T.
10.005.033
McAllister, H. C.
05.071.048
06.071.055
08.071.042
09.076.020 .021
McBain Sadler, F.
01.096.006
McBeath, K. B.
10.114.203
McBirney, A. R.
03.094.179
04.094.090
McBreen, B.
01.142.032
02.141.226
03.134.015
06.034.048
07.034.138
    142.092
09.134.006
10.134.004
McBride, D. A.
05.034.019
06.071.061
McCabe, M.
03.073.025
05.073.070
McCabe, M. K.
03.073.081
04.073.025
06.073.028
09.073.066

McCabe, M. K.
10.073.013
McCall, A.
10.114.109
McCall, G. J. H.
01.094.079
02.094.183
03.094.175 .188 .243
04.094.040
08.094.218
09.003.083
    105.019
10.003.084
    105.113
McCall, J. L.
09.094.944
McCallister, R.
03.098.032
04.103.130 .131
08.098.073
McCallister, R. A.
04.103.112 .141
07.103.109 .116
08.098.048
McCallister, R. H.
08.094.116 .202
09.094.002 .163 .210
10.094.386 .460
McCallum, I. S.
03.094.102
04.094.070 .185
09.094.082 .334
10.094.295
McCamis, R. H.
10.065.009
McCammon, D.
02.142.014
04.142.049 .083
05.142.063
06.142.017 .073
07.142.094 .112
    155.010 .047
08.022.126
    125.029
    142.050 .054
    155.027
09.034.116
    142.021
10.125.035
McCamy, K.
04.045.010
McCanless, F.
02.003.040
McCants, M. M.
03.115.006
04.096.004
06.096.034
McCarroll, R.
01.131.033 .073
07.022.016
09.131.093
McCarter, J. W.
02.098.014
04.098.004
09.098.005
McCarthy, C. C.
09.113.017
10.113.086
    131.286
    155.074
McCarthy, D. D.
08.045.015
10.041.014
McCarthy, D. J.
02.032.050
McCarthy, D. W.
08.097.057
10.094.170
McCarthy, M.
07.008.036

McCarthy, M. F.
01.153.017 .030
02.114.046
03.034.053
114.056
05.113.053
125.031
07.113.033
125.107
09.125.101
10.114.122
McCarthy, P. J.
08.066.022
McCarthy, T. S.
05.105.044
07.105.016 .046
09.094.379
105.044
McCarthy Jr., D. W.
07.097.065
101.001
09.099.061
10.099.065
McCash, D. K.
10.094.497
McCaulay, J. F.
02.094.142
McCauley, J.
03.097.042
McCauley, J. F.
04.003.081 .090
06.094.279
07.094.002 .042 .107
097.027
08.097.023 .083
10.097.015
McClain, E. F.
01.141.191
McClain, W. D.
10.092.015
McClay, J. F.
02.012.011
McCleese, D. J.
06.091.016
07.063.037
McClelland, J.
08.061.022
09.160.008
McClintock, J. E.
02.158.027
03.142.017
04.142.024 .085 .092
05.142.014 .056 .057
06.142.057
07.142.017 .044
09.142.028 .051
10.034.072
121.102
132.050
142.026 .132
McClintock, W.
10.114.240
McClintock, W. E.
10.114.230
McClure, J.
08.032.021
McClure, J. P.
01.083.017
10.083.054
McClure, L.
05.080.015
McClure, P.
10.045.008
McClure, R.
01.122.081
McClure, R. D.
01.158.013
02.131.124
154.004
03.114.010

McClure, R. D.
05.113.025
155.013
158.041
07.153.011 .020 .027
155.051
08.153.029
154.002
09.155.075
10.065.025
113.063
115.028
McCluskey, G. E.
05.121.078
McCluskey Jr., G. E.
01.119.007
03.117.011
05.117.021
07.121.038
08.117.017
121.068
09.142.146
McColl, D. H.
03.105.081
09.105.157
McColl, M.
06.066.006
McConkey, J. W.
01.084.043
02.084.029
McConnell, J. C.
04.097.035
06.097.046
07.097.113
08.082.023
McConnell, J. D. C.
03.094.081
04.094.135
06.094.251
McConnell, R. K.
10.094.150
McConnell Jr., R. K.
08.094.018
McCook, G. P.
05.121.063
08.121.097
10.121.098
McCord, T.
03.097.042
McCord, T. B.
01.094.031 .071
097.012 .017 .033
02.094.011 .012 .014 .124
.128
097.009
099.031
03.098.019
04.094.014 .022 .264
097.007
099.018
100.015
05.094.015 .153 .154
098.017
099.022 .062 .092
100.007 .019
103.111
06.097.003 .037
099.055
07.098.033
032.009
034.019 .127
094.086
097.043
098.037
08.091.012
092.004 .006 .008
094.019 .050 .051
097.044 .055
098.017
099.042 .081

McCord, T. B.
09.008.026
094.072 .171 .473 .483
.567 .585 .815 .840
097.061
098.004 .013
099.065
10.094.097 .192
098.002
099.092
McCorkell, R. H.
02.105.032
McCorkle, G.
08.103.103
McCormac, B.
09.008.089
McCormac, B. M.
02.012.031
084.222
03.012.008
06.012.021
08.012.009
McCormack, P.
08.022.085
McCormick, C. W.
04.033.037
McCormick, N. J.
04.063.038
McCormick, P. T.
06.097.005
07.091.012
09.097.046
McCormmach, R.
03.004.032
McCoy, J. E.
08.074.048
McCracken, C. W.
10.131.106
McCracken, K. G.
01.032.072
142.052 .068
02.073.052
078.014 .022 .024
142.064
03.073.102
04.078.011
05.034.015
073.051 .082
078.017
06.078.002 .003 .034
08.078.027
10.078.047
McCray, R.
01.141.097
142.016
02.161.010
03.161.001 .009
06.161.005
07.131.101
08.065.092
131.006 .012 .070
09.142.053 .100
10.125.044
131.237 .245
142.110
McCray, R. A.
04.131.035 .065
07.131.042
08.131.072
09.131.055
McCrea, J.
09.066.105
McCrea, W. H.
01.003.057
094.076
02.091.011
141.159
162.058 .080
03.003.072
091.007

McCrea, W. H.
03.107.004
162.053
04.162.005
05.066.021 .078
162.071
06.066.051
141.078
162.007
07.005.010
066.065
141.102
08.013.023
10.107.006
McCrickerd, J. T.
06.031.040
McCrosky, R.
08.104.025
McCrosky, R. E.
01.104.014
02.104.018
03.104.041
105.077
04.104.013 .027 .040
05.105.081
07.098.063
103.116
104.902
08.098.049 .050 .057 .060
.068 .075 .078
103.103 .107 .116 .126
.131
09.098.044 .045 .059
103.100 .118 .121 .132
10.098.050 .060 .061
103.103 .115 .117 .118
104.035
McCue, G. A.
06.054.002
McCue, J. J. G.
04.033.062
08.094.035
McCue, P. A.
05.036.004
McCulloch, A. W.
02.031.014
McCulloch, P. M.
01.141.206
06.099.015
07.141.524
08.141.537
09.099.071
141.554 .555
10.141.502 .542
McCullough, E. C.
04.085.007
McCullough, J. D.
08.131.024
10.131.176
McCullough, T. P.
02.141.155
06.101.006
07.073.063
077.011
093.017
08.073.106
McCusker, C. B. A.
02.143.007
06.143.073 .074
McCuskey, S. W.
01.008.030
02.155.003
03.008.081
155.033
05.008.039
06.155.040
09.115.005
155.084
10.155.038

McCutchen, C. W.
04.082.205
McCutcheon, W. H.
04.131.100
141.115
157.005
158.035
06.141.043 .176
08.077.013
09.071.014
158.045
McDaniel, E. W.
05.003.070
McDiarmid, D. R.
02.084.004
04.084.034
08.084.068
10.084.023
McDiarmid, I. B.
01.084.408 .426
02.084.407
03.084.002
04.084.402
05.078.003
084.007 .021
06.084.046
07.084.001 .017 .219 .279
08.084.205 .415
09.084.035
McDonald, B. E.
09.065.160
McDonald, D. M.
10.033.013
McDonald, F. B.
01.143.028 .038
02.143.018
03.073.099
143.038
04.078.015
106.011
142.066
143.004 .028
05.078.010 .037
143.089 .112
07.078.006
143.038
08.078.013 .015 .017
143.048
09.078.011 .033 .035
10.078.035
143.013 .042
McDonald, K. L.
04.080.029
084.255
05.080.028
07.080.021
08.116.009
09.061.019
McDonald, S. L.
10.031.044
McDonald, W. G.
03.094.202
McDonnell, J. A. M.
02.105.189
05.033.018
06.105.060
08.094.178
09.094.797
McDonough, T. R.
02.100.003
07.074.002
09.099.008
100.014
10.100.009
McDougal, D. S.
07.074.018
09.055.011
McDougall, D. J.
04.105.003

McDougall, I.
02.105.010
McDowell, M.
07.076.038
McDowell, M. R. C.
01.022.020
06.064.040
McDowell, M. W.
05.034.019
07.034.030
McEachran, R. P.
01.022.051
03.022.037
04.022.059
06.022.079
07.022.050
McElhinny, M.
08.084.231
McElhinny, M. W.
01.045.011
05.081.007
084.244
07.045.013
09.081.007
McElroy, J. H.
08.034.054
McElroy, M. B.
01.085.011
093.007 .008 .030 .082
02.083.045
091.043
097.047 .048
03.082.091
091.014
097.006
099.025
04.082.021
083.004
093.034 .081
097.022 .034 .035
05.091.029
101.004
06.097.046
07.097.013 .034 .113
08.082.023
097.066
09.051.002
091.031
McEntee, J.
02.094.045
McEntire, R. W.
05.084.234
McEwan, M. J.
10.022.104
McEwan, N. J.
08.141.118
09.141.120
McEwan, W. S.
03.094.001
09.094.069 .251
10.094.389
McEwen, D. J.
08.084.038 .050
McEwen, M. C.
08.094.191
McFadden, W. H.
07.094.164
McFarland, J.
04.159.001
07.159.012
McFee, R. W.
06.061.007 .036
McGann-Lamar, J. V.
02.094.120
McGarr, A.
02.094.170
McGauley, J. F.
02.094.123
McGee, J. D.
04.003.091

McGee, J. D.
07.034.088
09.012.017
    034.010 .059 .077
McGee, M.
02.034.067
08.034.079
McGee, R. X.
02.132.016
03.131.121 .124
    141.014
    157.027
04.131.046 .117 .124
05.131.074
07.159.007
08.159.013 .015 .016
09.131.007
McGetchin, T. R.
04.094.013
08.091.022
    094.052
    097.056
09.091.045
    094.130
10.081.004
    094.125
McGill, G. E.
05.094.060
07.097.087
McGimsey, B. Q.
10.141.121
McGovern, W. E.
01.082.070
05.100.009
07.099.067
09.091.003
McGrath, D. N.
06.112.020
McGraw, J. T.
10.034.105
    096.001 .901
    131.247
    142.035
McGruder, C. H.
06.113.005
McGucken, W.
03.003.095
McGuire, R. E.
08.062.005
    074.048
McHone, J. F.
08.105.036
09.105.071
McIlvenna, J. F.
07.033.061
McIlwain, C. E.
03.084.421
05.084.422
07.034.146
08.084.276
    141.101 .510
09.034.078
McInnes, B.
07.012.023
McInnes, P. A.
03.033.050
06.033.073
07.033.043
08.033.093 .094
McIntosh, B. A.
01.104.024
02.104.026
03.104.007 .029
04.104.038
    105.142
05.104.040
07.104.035
McIntosh, C. B. G.
03.066.023
    162.061

McIntosh, C. B. G.
06.066.124
07.162.022 .023
09.066.093
McIntosh, P. S.
02.072.064
    073.031
03.073.062 .080
04.073.042
07.036.003
    073.048
08.072.032
    080.005
    085.003
09.003.009
    075.002
    080.021
10.072.061
McIntosh, R.
04.034.010
McIntosh, R. A.
03.013.006
McIntyre, C.
04.031.051
McIntyre, H. A. J.
02.131.039
03.131.038
05.131.102
McIsaac, J. P.
05.082.098
08.082.143
McKay, D. S.
03.094.052 .109
04.094.169 .174
05.094.014
06.094.167
07.094.009
08.094.151 .201
09.094.054 .181 .333 .357
    .513 .524 .652 .666
    .668 .798 .915
10.094.126 .243 .319 .320
    .372 .392
McKay, G.
10.094.373
McKay, G. A.
03.094.102
04.094.070 .185
07.094.043
09.094.057
McKay, S. M.
03.094.044
04.094.202
09.094.376 .683
McKee, C.
02.125.006
09.125.023
McKee, C. F.
04.125.010
05.062.065
    143.041
06.065.076
    066.107
07.062.043
    141.068
08.141.116
09.141.002 .134
10.141.102
McKee, C. R.
07.125.015 .021
09.062.024
McKeith, C. D.
02.071.064
03.073.048
05.034.019
06.071.061
07.114.136
09.034.028
    076.007
10.034.106

McKeith, N. E.
02.071.064
03.073.048
05.034.019
06.071.061
09.076.007
McKellar, A. R. W.
07.091.031
10.022.037
McKenna-Lawlor, S. M. P.
03.072.003
McKennan, J. R.
03.082.056
McKenzie, D.
02.076.017 .026
08.076.014
McKenzie, D. L.
07.034.129
    076.029
08.076.005
09.076.004
10.032.041
    076.007 .019 .033
McKenzie, D. P.
03.081.027
05.081.039
McKenzie, J. F.
01.084.252
03.062.023
    084.211
04.084.249
05.084.254
06.062.059
    080.042
McKenzie, P. F.
06.034.139
McKenzie, R. L.
05.022.037
McKeown, D. L.
04.084.203
McKernan, P. C.
09.034.042
McKibben, B.
01.143.027
McKibben, R. B.
05.078.050
08.078.004 .014
09.078.020
    143.022
10.078.027
McKibbin, D. D.
01.084.225
02.084.244
03.084.273
08.084.244
McKie, J. N.
02.004.028
McKinley, R. R.
01.125.001
McKinney, W.
07.079.101
09.099.054
McKown, D. M.
02.105.076
03.105.107
McLachlan, J. L.
09.094.369 .671
McLaughlin, D. B.
05.003.016
08.142.145
McLaughlin, W. I.
06.055.002
McLaughlin Green, C.
05.003.071
McLean, A. C.
08.008.037
McLean, A. I. O.
10.141.535
McLean, D. J.
01.077.040

McLean, D. J.
03.077.047
05.077.027
06.033.018
077.036
08.074.071
09.077.046
10.033.036
072.047
077.062
McLeish, C. W.
10.033.094
McLellan IV, A.
05.062.047
McMahon, B. E.
06.084.296
McMahon, D. J.
10.034.077
McManus, J.
09.097.125
McMillan, R. S.
05.113.045
08.022.057
09.115.005
10.142.133
153.011
McMillan, S. C.
03.103.102 .128
McMullan, D.
04.003.091
07.034.096
09.012.017
034.061 .079
McMurray, W. J.
03.094.167
04.094.256
McNall, J.
04.034.044
McNall, J. F.
02.113.033
04.113.017
142.029
07.034.022 .026 .027
09.121.020
McNally, D.
02.131.068 .071
05.131.069 .072
06.012.016
131.114
08.065.133
09.011.003
014.029
10.065.096
091.002
McNally, J.
10.034.074 .075
McNamara, A. G.
02.084.004 .037
03.079.102
06.084.048
07.079.101
08.084.068
McNamara, B.
08.098.062
McNamara, B. J.
06.141.156
10.043.003
McNamara, D.
06.073.013
McNamara, D. H.
01.122.028 .038
02.113.060
122.094
154.006
03.122.049
04.118.012
05.121.041
06.113.065
08.080.023
10.122.105

McNamara, L. F.
06.022.123
063.027
071.044
07.022.068
McNamee, L. P.
10.052.035
McNarry, L. R.
01.077.023
03.077.007 .052
McNaughton, M. R.
05.065.131
McNeal, R. J.
02.084.021
04.022.085
05.022.011
084.043
06.084.041
09.082.043
10.084.004
091.037
McNeely, D. R.
06.094.309
McNeill, M. C.
09.033.062
McNesby, J. R.
02.099.051
McNice, G. T.
09.063.027
McNutt, D. P.
01.032.064
113.029
02.032.040 .041
082.018
03.082.014
06.082.149
McPherron, R. L.
04.084.214 .254
05.084.226
06.084.205
07.084.201
08.084.072 .208 .228 .288
09.084.201 .273 .274 .276
.281
10.084.254 .277
McPherson, D. A.
08.084.404
McRae Routley, P.
01.003.002
McReynolds, J.
03.094.161
04.094.260
09.094.446
McVey, E.
10.033.111
McVittie, G. C.
01.008.128
141.001
162.061
03.008.141
066.055
094.237
158.105
162.035
04.066.052 .053
141.010
05.141.049
162.009
06.162.009
07.160.001
162.037
McWhirter, R. W. P.
06.031.023
08.071.043
McWilliam, S. F.
07.045.018
Meaburn, J.
01.132.022
03.132.027
04.034.059

Meaburn, J.
04.131.112
132.015
05.132.017 .021
157.006
06.131.091
133.001
07.034.001
08.155.038
09.034.023 .030
131.009 .120
132.002 .029
10.034.085
131.077
132.005 .014
Mead, G. D.
01.012.004
04.084.216
09.084.248
099.086
10.099.069
Mead, J.
06.002.026
Mead, J. M.
04.097.024
05.097.025
06.097.099
Meade, R. T.
06.082.145
Meadows, A. J.
01.002.038 .039 .040
003.063
073.004
093.048
02.003.097
103.116
03.003.068 .069
005.001
082.075
04.003.087
114.040
05.093.007
07.003.169
105.037
09.003.084 .116
082.123
10.091.006
Meason, J. L.
01.105.059
Mebagishvili, I. I.
07.083.064
Mebold, U.
01.131.016
141.065
02.131.092 .137 .138 .139
03.131.092
07.131.115 .123
08.131.080 .128
09.131.170
Mechler, G. E.
10.118.016 .026
Mechtly, E. A.
07.079.101
08.083.037
Medd, W. J.
01.093.058
141.144
02.122.042
141.026
03.141.206
05.141.193
06.141.115 .174
07.123.004
141.006 .129 .134 .135
.170
08.141.070
Medek, J.
06.079.101
Medenbach, O.
09.094.113

Medenbach, O.
09.105.128
10.094.274
Medford, L. V.
05.079.104
Mednik, A. I.
10.031.002
Mednikov, V. I.
08.105.087
Mednikova, N. G.
08.105.087
Mednikova, N. V.
07.083.050
Medrano, R.
07.094.146
Medvedev, A. A.
06.014.015
Medvedev, F. A.
04.032.029
Medvedev, Ju. A.
  See Medvedev, Yu. A.
Medvedev, M. Yu.
10.078.018
Medvedev, V. G.
06.044.001
Medvedev, V. I.
08.055.011
Medvedev, Yu. A.
06.099.069
08.064.074
  082.210
  122.146 .147
09.064.002
  114.014
10.114.180
  122.180
Medvedeva, E. V.
10.155.007
Medvedeva, G. I.
01.123.024
02.003.013
04.003.069
05.003.013
07.003.154
09.003.003
Medvedeva, L. I.
05.055.013
07.112.005
Medvedeva, N. A.
09.022.014 .015
Medvedeva, T. E.
05.084.203
Meed, W. J.
07.141.134
Meek, L. T.
09.094.376
Meekins, J. F.
01.142.002 .027 .048 .060
02.134.006
  142.004
03.134.029
  142.010 .040
04.073.004
  076.002 .003 .023
05.073.024
  076.006
  134.003 .004
  142.003 .013 .025 .048
  160.015
06.073.081
  076.028
  142.019
07.073.016
  134.009
08.073.063
  076.015
  155.050
09.073.012 .040 .083
10.076.025

Meeks, M. L.
01.131.027 .093 .116
02.033.002
03.131.075
  157.009
05.131.003
06.141.088
07.033.049
  141.901
08.134.005
  142.068
09.014.035
10.131.275
Meerts, W. L.
09.022.025
Meeus, J.
01.021.009
  047.009 .010
  054.013
  093.052
  095.001 .002
  096.004 .005 .008 .009
  098.016 .018
  103.001
02.041.006
  051.009
  053.016
  054.028
  095.004
  096.005 .013
03.041.009
  044.001
  054.022
  092.001 .012
  094.172
  095.004
  096.002 .010 .011
  098.005
  118.018
04.021.020
  051.024
  054.030
  072.008
  079.105
  093.014
  094.424
  095.002
  096.009 .017
  098.003
05.047.015
  054.016
  072.036 .038
  079.001
  093.037
  095.009
  096.009 .010 .012
  097.056
  098.005 .008
  118.004
06.047.019
  051.015
  053.007
  054.034
  055.005
  079.004
  096.004 .007 .011
  098.004 .019
  099.005
  104.065
07.047.019
  054.022
  055.001
  091.014
  094.233
  096.006 .009 .011
  097.049
  098.901
  099.022 .049
  101.003
  103.102

Meeus, J.
07.104.025
08.041.036
  047.001
  054.005 .008
  079.106
  091.032
  092.003
  095.002
  096.006 .007 .010
  098.024 .038
  102.004
09.003.142
  004.057 .059
  054.025
  079.101
  092.006
  096.003 .004 .010 .016
  099.020
  100.009
10.003.085 .108
  047.001
  054.007
  079.102
  081.002
  092.005
  095.002 .003
  096.004 .014
  098.029
  100.010
  101.008
  103.102
Meffroy, J.
02.042.009 .022
03.042.003 .018
06.042.025
07.042.045
08.052.039
10.042.049 .089
Megessier, C.
05.114.001
07.113.035
Megill, L. R.
04.082.109
  084.004 .015
06.084.023
10.082.053
Megn, A. V.
01.141.124 .125
03.141.040
04.141.071
Megrelishvili, T.
04.082.181
Megrelishvili, T. G.
04.082.081
08.082.163 .176
Megrue, G. H.
02.105.155
06.094.010
  105.122
09.094.267 .734 .846
10.094.045 .383
Mehl, A.
03.094.184
06.094.261
09.094.535 .799
10.094.435
Mehlhorn, R.
02.022.092
Mehlman-Balloffet, G.
02.022.020
08.022.018
  062.045
Mehltretter, J. P.
02.071.067
  072.051
  080.054
05.071.016 .059
06.071.007 .008
09.071.059

Mehltretter, J. P.
  10.071.070
Mehra, A.
  06.066.094
Mehra, A. L.
  04.065.126
Mehra, R.
  09.098.006
Meidav, M.
  06.142.019
  07.142.016 .050 .072
  08.141.516
Meier, P. J.
  08.033.091
Meier, R.
  09.121.081
Meier, R. R.
  01.082.107
  02.076.030
  03.082.063
    106.008
  04.082.018 .107 .143
  05.082.020 .028 .047 .103
  06.082.003 .033 .076
  07.082.028
  09.082.028 .117
Meighan, I. G.
  01.105.064
Meikle, W. P. S.
  04.066.010
  05.066.067
  08.134.007
Meiller, V.
  07.099.063
Meilleur, T.
  01.093.033
  02.032.039
  04.093.070
  05.091.011
Mein, P.
  05.062.007
  06.080.041
  08.034.160
Meinel, A.
  02.003.098
Meinel, A. B.
  01.012.001
  04.032.024
  05.032.021
Meinig, M.
  01.081.020
  05.044.033 .035
  07.044.023
  08.032.046
Meinschein, W. G.
  03.094.154
  04.094.257
  06.094.105
  09.094.247 .447
  10.094.120 .257
Meinunger, I.
  02.123.048
  04.123.039
  06.123.035
  08.113.032
    123.067
  09.123.055
  10.123.034
Meinunger, L.
  01.123.009 .036
  03.123.033 .034
  04.123.002 .036 .041
  05.122.120
    123.049
  06.123.006
  07.122.143
    123.046
    158.120
  08.123.047 .062
  09.122.096

Meinunger, L.
  09.123.018
  10.121.123
    122.173
    123.048 .049
    142.106
Meira Jr., L. G.
  05.082.019
Meisel, D.
  03.076.006
  10.103.102
Meisel, D. D.
  01.102.007
    141.058
  02.076.003 .019 .028
    141.115
  03.091.047
    103.104 .105
  05.079.104
    114.051
  06.103.101
  08.103.100
Meissinger, H. F.
  07.051.034
Meissner, R.
  02.003.130
    094.251
  04.094.116 .121
  05.094.027 .196
  06.094.198 .243
  10.094.052
Meistas, E.
  08.113.050
Meister, J.
  02.074.065
  04.074.057
  07.094.146
Mejdahl, V.
  03.124.109
Mejia, G. R.
  06.143.071
Mejklyar, P. V.
  03.036.010
Melamid, A. E.
  04.034.043
Mel'bard, V. N.
  10.052.064
Melbourne, W. G.
  02.047.014
  03.097.034
  04.091.028
    093.063
    097.013 .053
  06.043.011
Melcher, R. W.
  04.034.109
Melchior, P.
  01.044.006
    081.014 .025 .031
  02.094.005
  03.044.018
    081.007
  04.041.005
    081.054
  05.045.020
    081.048
  06.043.008
    081.050 .051 .052
  07.003.094
    041.019 .020
  08.002.038
    012.004
    044.002
    045.004 .038
    081.057
  09.003.085
    007.000
  10.044.044
    081.032

Melchior, P. J.
  06.045.001
Melchiorri, B.
  08.034.032
  09.071.052
  10.031.072
Melchiorri, F.
  07.032.055
  09.034.113
    071.052
  10.031.072
Meldner, H. W.
  10.061.064
Melekestsev, I. V.
  09.094.890
Meleshkov, L. A.
  06.042.053 .064
Melgaard, K.
  06.143.031
Melik-Alaverdian
  See Melik-Alaverdyan
Melik-Alaverdyan, Yu. K.
  01.141.149 .150
    158.043 .063
  02.158.087 .098 .099
  04.158.064
  05.158.029
  09.141.127 .557
  10.158.149
Melikov, G. O.
  10.071.059
Melioranskij, A. S.
  03.143.012
  04.114.041
  05.142.089 .090 .095
  06.142.035 .055 .099
    143.014 .029
  09.076.025
    143.065
  10.034.008 .009
    076.010
    142.039 .040
    143.039
Melioransky
  See Melioranskij
Mellema, J. P.
  09.094.278
Mellick, P. J.
  02.105.132
Mellin, J. R.
  08.053.029
Melnik, B. E.
  02.012.021
Melnik, V. I.
  03.104.027
  06.104.030
Mel'nikov, A. A.
  01.157.018
Mel'nikov, A. G.
  10.031.003
Mel'nikov, O. A.
  02.003.007
  03.031.024
  04.071.070 .071
    122.087
  05.071.021 .036
    113.029 .030
  06.003.009
  07.005.001
    154.025
  08.071.019 .062
  10.031.018
Mel'nikov, O. N.
  10.034.093
Mel'nikov, V. N.
  05.066.059
  09.162.023
  10.066.075
Mel'nikova, N. S.
  08.064.062

Melo Santos, J.
04.036.005
Meloni, S.
04.105.052
Melosh, H. J.
02.141.129
Melrose, D. B.
01.062.031
066.027
132.034
141.166
143.051
02.061.016
143.049
03.022.007
04.077.049 .050
134.013
143.015
05.061.018
062.009 .010
134.012 .024
141.095 .200
06.022.009
063.033
077.025
08.062.017 .033
09.062.001 .051
141.047
10.077.074
Melson, W.
07.094.158
Melson, W. C.
06.094.061
Melson, W. G.
03.094.110 .113
105.028
04.003.080
094.152 .167 .168
05.003.068
09.003.081
094.338 .655 .943
10.094.379
Melton, L. A.
07.082.017
Melvin, M. A.
04.066.127 .128
Men', A. V.
01.141.178
03.141.075
143.049
04.141.078
10.033.051 .078
Mena, L.
07.041.041
Menager, L.
01.124.104
Menasian, D.
05.036.016
Menath, A.
08.004.048
Mench, K. L.
02.103.101
Men'chukov, A. E.
10.003.087
Mende, S. B.
01.032.039
05.084.010 .017
06.084.044
07.084.004
08.084.034 .248
10.084.017
Mendell, R. B.
06.078.059
143.127
07.079.101
09.082.112 .113 .114
Mendell, W. W.
01.094.058
03.094.261
07.094.110

Mendell, W. W.
09.094.560 .568
10.094.170 .370
Mendes, A.
03.083.021
Mendes, A. M.
03.079.102
Mendez, M. E.
01.132.025
02.132.040
03.103.102
04.114.033
Mendez, R. H.
03.152.006
04.036.007
09.133.009 .010 .020 .021
Mendia, M. D.
06.094.255
09.094.730
10.094.010 .368
Mendillo, M.
02.084.223
05.083.032
06.083.040
084.264
09.084.219
Mendis, A.
10.102.023
Mendis, D. A.
01.131.003 .012
03.084.277
141.064
161.005
04.151.009
07.102.007
09.102.009
10.091.039
103.102
Mendlowitz, H.
02.022.052
Mendoza, E.
03.122.123
Mendoza, E. E.
10.113.096
Mendoza V., E.
02.082.034
Mendoza V., E. E.
01.122.017 .018
02.113.007 .056
03.113.015 .049
114.042
122.121
159.005
04.114.088
159.011
05.122.048
06.082.020
113.011 .060
122.100 .137
152.003
159.004 .021
07.122.901
08.082.203 .233
113.063
152.011
09.009.003
152.003
10.113.029 .069
Meneguzzi, M.
06.143.040
09.143.010
10.143.064
Meng, C.-I.
01.084.204
02.084.206
03.084.231 .275
04.084.283 .284
05.084.219 .220
06.084.259 .284
07.084.234

Meng, C.-I.
07.106.023
08.084.246
10.083.011
084.016
Meng, S. Y.
03.131.102
Mengel, J. G.
04.065.075 .076
05.065.005 .045 .046
07.065.020 .120
154.013
08.064.022
065.122
09.065.006
10.065.056 .085 .121
080.009 .027 .029 .041
Menis, O.
10.003.082
Menj, A.
09.033.049
Mennella, R. A.
01.077.020
Mennessier, M. O.
01.112.010
04.112.002
05.112.001
07.043.002
10.151.005
155.060
Menning, M. D.
05.052.028
Menninga, C.
09.105.100
Menon, M. G. K.
04.061.013
08.061.028 .029
Menon, T. K.
01.132.012
02.153.015
03.132.022
04.131.050
155.001
07.155.077
Men'shikova, S. B.
09.072.019
Men'shutina, I. N.
06.084.020
08.084.017
Mentalecheta, Y.
02.008.002
Mentall, J. E.
03.131.058
04.131.020
07.022.115
131.007
08.022.049
Mentek, J. S.
08.051.013
Menthalecheta, Y.
05.008.002
Menyavtseva, T. A.
10.105.096
Menzel, D. H.
01.022.069 .084
091.021
122.068
02.003.102
073.078
074.031
094.215 .257
03.074.006 .046
04.003.164
022.123
034.085 .087
064.081
05.003.072
079.104
06.003.095 .096
094.002

Menzel, D. H.
06.133.014
07.003.095 .096
051.023
074.097
09.071.049
114.158
10.012.017
141.532
Menzel, H.
08.101.024
Menzel, K.
04.097.070
098.037
06.120.023
08.004.076
10.085.030
Menzies, B.
03.120.008
122.066 .067 .068
04.121.078
05.123.040 .042 .043 .044
.045
124.108
06.123.045
08.120.020
Menzies, J.
07.154.008
10.113.031
122.067
Menzies, J. W.
03.154.008
05.154.016
08.122.018
10.122.065
Mercer, J. B.
07.143.023
Mercer, R. D.
01.012.011
079.101
Mercier, C.
03.077.035
10.077.077
Mercier, J. P.
06.078.018
07.078.012
Meredith, B.
02.099.042
Meredith, B. L.
03.099.004
08.093.001
Meredith, R. E.
07.022.033
Merek, E. L.
03.094.164
04.094.261
09.094.449
10.094.405
Merezhin, V. P.
08.121.032
09.064.087
117.020
121.025
Mergentaler, J.
01.011.024
012.005
072.025
075.027
02.008.132
009.012
075.022
03.075.004
04.011.028
06.011.032
07.076.042
08.015.015
142.111
09.075.006
10.076.014

Meriwether Jr., J. W.
03.084.037
Merkelijn, J. K.
01.141.128
04.158.039
06.141.017
158.062
08.141.061
Merker, M.
06.078.059
143.127
08.143.054
09.082.112 .113 .114
Merkulenko, V. E.
01.072.018
02.072.048
074.066
Merleau-Ponty, J.
06.003.097
Merlin, P.
07.114.119
08.141.105
09.117.007
Merlin, U.
08.141.039
Merlivat, L.
09.094.703
Merman, G. A.
01.042.015
05.042.019 .020 .021
Merman, N. V.
08.041.080
09.031.055
Mermilliod, J. C.
07.041.037
113.039
09.002.007
10.041.044
Merri Manarini, A. M.
05.042.054
Merrill, J. E.
05.121.073
Merrill, K. M.
04.099.007
05.113.010
07.122.133
133.007
09.114.040
10.100.005
114.118 .228
131.261
133.001
Merrill, R. G.
02.083.007
Merry, C. L.
10.081.014
Merry, M. W. J.
05.083.015
Mersljakova, M. A.
02.103.123
Mersman, W. A.
04.042.010 .045 .067
05.042.024 .048
Merson, R. H.
09.054.005
Merts, A. L.
07.065.038 .039
08.065.064
076.043
10.022.087
064.060
065.068
080.011
Mertz, F.
05.085.001
Mertz, L.
04.034.110
05.010.002
031.065 .096
032.079

Mertz, L.
05.034.005
06.032.008
07.141.546
09.034.104
114.077
10.141.527
Merzlyakova, M. A.
02.103.123
04.103.131
Meservey, R.
02.081.014
Meshcheryakov, G. A.
09.094.022
10.097.071
Meshcheryakova, T. F.
05.034.017
Meshkova, R. P.
02.041.012
Meshkova, T. S.
07.041.010 .012
Mesrobian, W. S.
01.111.006
02.118.010
03.111.003
05.117.012
06.111.005
153.013
07.118.024
153.009
08.111.005
09.111.009
153.011
10.153.010
Message, P. J.
04.042.053
151.015
08.091.051
10.091.032
100.003
Messel, H.
01.003.108
03.003.091
06.003.094
Messell, K.
04.097.046
05.092.013
097.060
07.099.062
08.097.073
10.092.012
Messenger, A. R. W.
10.008.007
Messerschmidt, W.
03.143.026
06.143.010
09.143.050
Messina, A.
07.158.011
Messina, R. J.
10.142.121
Messmer, J.
07.066.067
Mestel, L.
03.062.020
064.047
04.065.057
05.065.077 .121
06.116.010
141.118
07.065.075
09.065.115 .141
10.080.039
107.007
141.529
Mestiashvili, Z. D.
08.034.144 .145
09.034.020
Mestreau, P.
06.143.031

Meszaros, P.
07.162.015
08.131.066
09.131.042 .043 .147
10.131.026 .088
Metcalf, P.
09.097.093
Metcalfe, R.
01.094.036
03.094.005
Metev, V.
09.005.012
Metik, L. P.
01.124.104
03.113.010
Metlov, V. G.
10.158.036
Metlyaeva, E. A.
05.143.077
Metreveli, M. D.
03.113.005
Metta, D. H.
06.094.098
Metta, D. N.
03.094.045
04.094.196
09.094.143 .262 .418 .714
10.094.281
Metz, W. D.
06.142.079
07.034.014
061.004
08.013.002
066.012
162.048
09.013.002
066.132
099.042
142.026 .037 .047
10.011.010
013.022
099.081
103.102
131.142 .143
141.039 .040
142.127
Metzger, A.
09.094.587
Metzger, A. E.
04.097.019
08.142.052
09.094.061 .754
142.095
10.098.384
106.067
Metzger, P. H.
02.084.033
04.082.089
05.084.011
113.001
Metzler, N.
06.062.069
09.074.093 .099
Metzler, R.
03.003.117
Meunier, R.
07.094.023
10.094.217
Meurers, J.
01.008.133
02.008.131
021.007 .018 .021
032.002
112.008
152.001
03.008.148
04.012.022
031.047
05.008.144
06.041.046

Meurers, J.
07.008.158
152.010
08.003.098
10.008.124
152.006
Meurs, E. J. A.
06.104.050
09.009.022
Mewaldt, R. A.
04.143.031
05.143.124
07.034.141
09.143.055
Mewe, R.
07.074.023
076.007
08.022.007
071.044
Mewherter, J. L.
06.061.019
Meyer, A.
07.121.056
Meyer, A. W.
10.103.102
Meyer, B.
04.143.025
08.083.042
Meyer, C.
02.118.025
05.082.100
06.094.294
09.096.005
10.094.103 .126
Meyer, C. E.
09.094.179 .670
Meyer, E. R.
08.033.088
Meyer, F.
02.072.089
07.066.063
074.080
09.072.065
142.117
10.044.042
Meyer, H. O. A.
04.094.327
09.094.093
10.094.385 .386
Meyer, J.
03.022.052 .076
04.022.013
10.084.214
Meyer, J. A.
02.022.026
Meyer, J. P.
01.143.028
04.143.026
06.143.031
08.143.039
Meyer, K.
08.003.076
Meyer, K. R.
06.042.021 .031
Meyer, P.
02.143.012 .015 .029
04.143.005 .023
05.078.057
06.143.041 .058 .124
07.143.006
08.143.014
10.143.001 .059
Meyer, R. E.
07.003.097
Meyer, R. X.
08.073.040
09.073.067
Meyer, S.
08.131.025

Meyer, W.
06.031.057
Meyer Jr., C.
03.022.005
04.094.067 .371
05.094.043
105.055
09.094.153 .328 .333 .698
10.094.437
Meyer-Arendt, J. R.
07.003.098
Meyer-Hofmeister, E.
01.065.030
154.002
02.065.102
03.065.058 .063
04.065.053
05.065.141
07.065.009
117.018
08.065.111
09.065.127
117.019
Meyerott, A. J.
04.142.089
06.034.056 .057
074.093
07.160.027
08.074.070 .072
142.078
Mezger, P. G.
01.131.062
132.050
02.131.002 .033 .072 .083
132.031
03.008.020
131.046 .065 .082 .095
.100 .127
132.007 .011 .016 .031
141.037
155.015 .027
157.011
159.002
04.008.017
065.106
131.073
132.004
141.015
05.008.022
065.084
06.131.117
07.008.026
155.063
157.013
08.008.014
09.003.011
131.153 .158
155.019 .045
10.008.019
010.042
Miachin, V. F.
01.042.040
Mianes, P.
06.113.030
08.113.056
Miasnikov, V. P.
06.081.002
Michael, G. A.
02.077.045
Michael Jr., W. H.
02.094.146
03.094.266
04.094.109
07.094.091
097.012
10.094.901
Michaelis, H. Von
See Von Michaelis, H.
Michaelis, R. P.
03.119.016

Michailova
See Mikhajlova
Michalec, A.
03.099.015
06.077.047
Michalitsanos, A. G.
05.073.049
09.071.063
Michalska-Trautman, R.
04.066.105 .106
Michalski, D. E.
07.034.022 .026
Michalsky, J.
10.131.115
Michalsky Jr., J. J.
09.099.059
100.027
122.019
131.053
10.131.248
142.057
Michard, R.
01.075.029
02.075.017
03.072.024
04.072.035
075.020
05.013.017
075.011
06.073.042
075.036
07.075.010
08.074.066
075.007
09.008.090
075.016
076.029
Michaud, G.
03.064.037
07.061.019
065.057
114.117
08.064.010
065.024
Michaux, C. M.
04.003.082
05.003.073
Micheile, I. M.
03.151.009
Michel, F. C.
01.141.195 .224
02.064.043
073.032
097.048
134.001
141.017 .106 .108 .109
.170
03.074.003
141.010 .018 .097
04.084.266
093.008
094.011
125.031
141.205
05.062.041
066.064
074.021 .053
125.030
141.213
06.065.054
066.067
091.017
07.065.006
141.531
08.062.065
084.355
134.006
09.065.025
066.098
093.018

Michel, F. C.
09.094.430
141.520
158.028
10.072.061
094.163 .376
141.546
Michel, G.
08.031.066
09.097.071
10.031.070
Michel, H.
04.003.083
004.029
06.007.000
07.003.061
Michel, J.
07.093.024
Michel, K. W.
01.102.017
04.022.084
05.062.013
06.051.012
Michel, M. C.
05.061.025
Michel, P.-H.
10.003.086
Michel, R.
09.094.399 .735
10.094.326 .349
Michel-Levy, M. C.
See Christophe-Michel-Levy, M.
Michelini, R. D.
08.046.026
Michelkin, E. G.
See Mychelkin, Eh. G.
Michels, D. J.
05.022.094
07.076.013
08.073.108
Michels, H. H.
06.022.123
07.022.068
Michelson, I.
05.107.001
06.081.020
Michet, D.
06.141.159
07.034.095
Michie, R. W.
01.158.050
03.162.054
Michlovic, J.
07.125.107
08.034.057
Michlovitz, C. K.
03.094.227
Michlovitz, K.
02.094.232
09.094.929
Mickey, D. L.
05.022.041
06.022.140 .154
09.071.046
074.025
Mickiewicz, S.
07.142.141
Mid, J.
09.003.125
Middleditch, J.
05.141.127
08.142.096 .114 .128
09.142.136
10.142.001
Middlehurst, B. M.
02.094.125
05.094.109
06.012.014
08.094.094
10.094.171

Middleton, W. E. K.
06.004.040
Midgley, J. E.
02.093.047
Mie, K.
09.022.065
Miedaner, T. L.
07.034.022 .026
Mielbrecht, R.
07.117.023
121.040
Mielczarek, S. R.
05.022.083
Mielke, H.
01.054.010
04.051.012
09.003.086
004.026 .032
Mietelski, J.
03.094.207
09.094.597
Migach, Yu. E.
02.122.143
04.122.058 .109
06.103.101 .119
122.117
Migal', N. K.
03.081.041
05.081.001
08.081.023
Migdal, A. B.
10.065.152
Migeotte, M.
04.006.000
Migeotte, M. V.
03.022.092
Migliavacca, R.
01.004.004
015.006
051.004
02.051.005
05.015.007
09.004.055
Migon, M.
02.096.009
099.056
05.096.003
Migunov, V. M.
03.083.040
07.083.063
08.083.041
09.083.042
Mihaila, I.
02.151.061
04.042.083
07.151.009
10.082.115
Mihailesu, D.
06.117.029
Mihailovszkij
See Mikhajlovskij
Mihalas, D.
01.003.002
064.025 .038 .049 .050
02.064.017 .042
03.064.023 .032 .046 .051
04.003.089
064.004 .032 .058
113.012
05.003.074
06.012.008
064.001 .046
114.065 .118
07.064.006 .055
08.064.008 .027 .075
114.012 .021 .057
09.064.004 .012
10.064.001 .010 .014
073.036 .081
114.019 .055 .168

Mihalov, J. D.
02.084.245
03.084.223
04.084.228 .293 .309
05.084.241 .253
    094.017 .065 .103 .188
    .190
06.074.083
    094.244
07.084.234
    094.032
08.084.246
    099.006
    106.032
09.099.047
Mihel'son
See Mikhel'son
Mihnevsky, N.
09.158.127
Mihoc, I.
10.122.161
Mijatov, M.
01.032.022 .023 .026 .027
    .033 .034
03.032.045
    034.081
Mijatov
See also Miyatov
Mijic, M.
05.103.012
08.011.047
10.011.013
Mikaelian, K. O.
10.061.015
Mikaelyan, L. A.
09.080.045
Mikami, Y.
09.082.050
10.141.090
Mike, K.
06.015.024
Mikerina, N. V.
01.084.233 .235 .259
02.084.260
    106.027
03.074.064
    084.221
    106.010
04.074.071 .081
06.074.024
    084.245 .291
08.074.025
09.106.021
10.106.041
Mikesell, A. H.
01.032.075
Miketinac, M. J.
09.065.002
    066.083
10.065.010
Mikhail, J. S.
04.094.126
Mikhailov
See Mikhajlov
Mikhailova
See Mikhajlova
Mikhailovskij
See Mikhajlovskij
Mikhajlik, V. I.
05.052.003
Mikhajlov, A. A.
01.094.005
    111.003
02.003.007
    041.030
03.045.008
04.045.013 .014
    094.356
05.045.003
06.003.009

Mikhajlov, A. A.
06.045.015
07.032.025
    045.012 .016
09.004.094
    005.016
10.041.034
Mikhajlov, A. V.
09.083.038
10.097.049
Mikhajlov, L. N.
02.094.060
Mikhajlov, M. V.
06.105.010
07.105.042
08.105.073
09.105.158
Mikhajlov, V. I.
10.052.069
Mikhajlov, V. V.
02.051.021
Mikhajlov, Yu. M.
03.011.011
06.083.036
Mikhajlov, Yu. V.
09.104.035
Mikhajlova, G. V.
07.083.014
Mikhajlova, O. M.
02.036.015
04.036.008
08.113.022
Mikhajlovskij, A. B.
05.094.139
07.094.259
09.151.003 .024
Mikheev, G. A.
10.105.090
Mikheev, V. V.
02.094.060
04.094.337
Mikhel'son, N. N.
01.032.068
02.032.048
    034.065 .066
03.032.021
05.011.034
    032.012
10.032.007 .025
Mikheyev
See Mikheev
Mikhnevich, V. V.
01.093.073
02.093.045
03.082.012 .072
09.093.049
Mikhnevitch
See Mikhnevich
Mikhnyak, N. K.
07.105.022
Mikirov, A. E.
03.074.052
Mikisha, A. M.
06.005.019
Mikolas, J.
09.103.121
Mikoshiba, N.
05.033.022
Mikulasek, Z.
02.155.001
10.034.101
    121.118
Mikusek, J.
03.104.033 .034
Milan, D. S.
08.141.552
Milan, M.
06.095.009
Milano, I.
01.034.018

Milano, L.
02.100.007
04.046.025
    085.014
07.012.021 .023
    045.017
08.041.005
Milbert, S.
04.046.021
Milbourn, S. W.
02.103.112 .120
03.103.101 .102
04.103.101 .104 .128 .141
    124.107
05.103.011
06.103.101 .103
    104.092
    118.022
09.103.100 .127
10.103.102
Milcheva, S.
07.121.051
Miles, H.
01.051.002
    053.020
    055.003
02.053.005
03.010.012
    097.016
05.010.012
    104.033
07.104.022 .023
09.053.010
Miles, H. G.
03.104.015 .032
05.055.008
06.008.102
10.055.029
Miles, W. T.
10.084.011
Milet, B.
01.103.106 .109
02.098.029 .031
    103.109 .110 .111 .112
    .113 .114 .120
03.103.101 .102 .103 .110
    .113 .115 .117 .118
04.103.101 .104 .126 .128
    .130
05.103.117
07.103.127
08.098.048 .052 .054 .055
    .078
    103.002 .107 .116 .120
    .124
09.098.011 .012 .022 .028
    101.010
    103.001 .100 .114 .116
    .124
10.103.102
Miley, G. K.
02.141.100 .104 .171
03.131.111
    132.016
    133.024
    141.017 .091 .129
04.033.044 .061
    141.136
05.141.043 .062 .068 .093
    .099 .128
    142.074
06.141.098
    142.003
07.122.060
    141.089
    142.061 .069 .071 .103
    .125
    158.114
08.011.045
09.142.038 .064

Miley, G. K.
09.158.036
10.158.005 .017 .067 .068
Milgrom, M.
09.131.127
Milione, V.
05.131.122
07.131.080
10.151.006
Militskij, Yu. A.
10.033.077
Milivoj, P.
05.053.028
Milkey, R.
08.080.024
Milkey, R. W.
02.073.033
04.061.010
073.020
076.016
05.076.015 .036 .037 .044
06.073.108
076.026
07.073.023
076.017
08.073.002
113.038
09.064.082
073.068
114.120
10.073.036 .081 .123
Millard, J. P.
01.082.010
Millard Jr., H. T.
03.105.099
Millburn, J.
05.011.006
Millburn, J. R.
06.042.028
097.018
Millea, M. F.
06.066.006
Miller, B.
01.052.026
03.055.008 .009
04.055.002
09.141.531
Miller, B. D.
09.065.091
Miller, C. D.
04.104.062
Miller, C. S.
06.034.023
Miller, D.
05.103.100
Miller, D. C.
02.102.037
03.102.008
06.102.006 .007
Miller, D. E.
03.082.006
05.082.042
09.082.083
Miller, D. J.
09.094.503
Miller, D. K.
04.105.043
05.105.028
08.105.021
Miller, E. W.
03.155.043
06.113.024 .066 .067
155.035
07.113.016
08.113.036
114.051
09.113.017
10.113.043 .113 .114 .901
155.074

Miller, F.
08.102.059
09.094.785
Miller, F. D.
01.103.103 .112
02.034.046
103.105
04.103.104
05.103.109 .111
08.103.100
09.103.102
10.103.134
Miller, G. B.
03.094.048
04.094.220
Miller, H. R.
07.099.010
08.099.019 .030
09.099.024
10.099.042 .072
122.139 .140
Miller, H. S.
01.004.009
Miller, J. H.
02.022.101
03.099.028
04.093.010
07.093.019
08.093.014
09.093.009 .026
10.093.011
Miller, J. R.
02.084.019
05.084.007 .021 .040
06.084.046
Miller, J. S.
01.141.039 .110
142.024 .061
02.131.077
133.011 .016
141.014
04.114.022
05.133.023
07.133.009
134.004
08.158.122
09.122.008 .038
134.004
158.017
10.133.018 .029
Miller, L. R.
06.033.019
Miller, L. W.
03.084.031
Miller, M.
01.055.005
03.062.024
07.065.132
Miller, M. D.
09.105.030
10.094.270
Miller, M. G.
10.031.034 .047
Miller, M. H.
01.022.038
02.022.021
04.071.031
06.022.116
08.022.075 .105 .130
10.022.096
Miller, M. J.
01.041.014 .015
03.044.020
Miller, N. J.
04.083.093
Miller, R. A.
03.072.030
05.072.018
Miller, R. E.
04.022.101

Miller, R. E.
06.084.005
08.082.021
Miller, R. H.
01.044.005
153.009
02.151.040
153.028
03.151.045
155.013
04.034.051
151.023
05.151.026 .043
06.151.047 .055
07.034.062
151.019 .038 .047 .075
.100 .101
08.125.104
151.045
09.034.093
151.021
10.151.020
Miller, R. J.
10.063.052
Miller, S. L.
04.097.029
06.131.112
Miller, W. C.
02.036.003 .005 .016
05.036.011 .015
08.036.002
Miller, W. J.
01.123.020 .021
02.122.104
03.122.115
05.123.014 .015
06.123.029
08.123.039
09.123.035
Millier, F.
08.082.037
Milligan, J. E.
10.032.041
076.033 .034
Millikan, A.
10.034.115
Millikan, A. G.
01.031.008
05.036.008
08.034.048
158.020
10.036.011
Millington, R. E.
06.125.106
07.103.115
08.124.011
09.103.133
10.103.116
Millis, R. L.
01.118.021
02.099.041
118.029
03.064.007
122.052
04.091.005 .014
05.099.024
07.118.012
121.050
08.100.006
09.099.014 .029
100.007 .037
122.045
10.122.031
Millman, P. M.
01.054.012
104.039
02.012.012
105.130
03.104.007 .029 .031 .038
105.046 .123 .124

Millman, P. M.
04.094.412
104.051 .052 .057
105.034
05.094.105
104.011 .030 .043
105.088
06.104.017 .095 .114
105.007
07.010.036
104.044
105.071
08.005.027
010.036
104.003 .004
09.097.056 .092
104.009 .012
10.010.036
011.033
097.005
102.036
104.034
105.019
Mills, A. A.
01.105.095
02.094.074
03.094.238 .295
08.094.079 .090
09.094.480 .811
105.038
10.094.294
Mills, B. Y.
01.132.060
141.203
02.141.130
03.141.144
04.141.045
06.159.002
09.033.005
10.141.020 .032
Mills, D. M.
03.141.038 .098
06.141.263
07.141.010 .133
08.141.126
Mills, H. E.
04.015.004
Mills, O. A.
09.034.027
Mills, R. J.
04.033.047
Milman, A. S.
07.076.014
10.132.022
Milman, I. I.
09.094.128
Milne, D. K.
01.125.008
02.125.012
131.033
141.081
03.125.015 .016
131.095 .100
132.031
141.037
155.015
159.002
04.132.004
141.015
05.125.001 .021 .027
06.125.002 .025
07.125.007
133.011
08.125.002 .011 .021
09.125.901
133.025
10.125.004
Milne, R. G.
07.106.015

Milner, M. W.
06.081.001
Milnes, H. W.
09.042.016
10.042.045
Milogradov, J.
05.157.010
Milogradov-Turin, J.
05.053.027
07.155.040
157.014
09.157.001
10.041.003
091.034
152.002
Milon, D.
01.103.104 .116
02.032.026
103.101
04.103.115
06.011.015
097.041
103.126
07.123.031
08.011.018
09.009.018
10.103.102
Milone, E. F.
02.121.022 .073
04.122.151
05.122.114
06.076.010
07.121.042
122.020
08.122.098
09.098.035
121.044
10.098.006
121.097
Milone, L.
04.121.071
Milone, L. A.
03.012.019 .020
034.078
152.017
07.152.013
09.114.053 .097
10.114.124
Miloserdin, V. Yu.
10.061.006
Milovanov, V. N.
06.072.072
10.032.043
034.090
072.079
Milovanovic, V.
06.041.033
045.010
07.045.014
08.034.155
044.032
Milovanovic, V. S.
07.032.017
045.022
082.107
Milovidova, N. P.
06.078.024
143.122
10.073.008
Milsom, A. S.
08.034.006
09.034.071
Milton, D.
03.097.042
09.105.077 .078
Milton, D. J.
03.051.011
04.105.114
06.094.270
105.038

Milton, D. J.
07.081.007
097.027
08.097.023 .083 .084 .087
09.094.055
105.141
10.097.009
Milton, E. R.
02.084.023
Milward, R. C.
02.034.062
Mimura, K.
06.065.108
09.065.138
Mimus, M.
06.046.033
Minajev, N. A.
02.121.067
Minasiants
See Minasyants
Minassjants
See Minasyants
Minasyan, G. S.
08.014.009
Minasyants, G. S.
02.072.044
04.073.052
06.072.073
07.034.108
10.032.001 .044
072.080 .082
Minasyants, T. M.
06.072.073
10.074.127
Minchin, S. N.
09.003.087
Minear, J. W.
07.094.127
08.094.901
Miner, E.
02.097.031
098.011
03.097.043
04.098.001
06.097.029
07.097.011 .029
10.097.027
099.009
Miner, E. D.
08.097.033
Miner, G. F.
07.082.006
Ming, L.-C.
08.022.149
Minin, I. N.
01.063.020
03.063.007
04.063.006 .045
05.063.020 .037
06.063.036
08.091.038
Mink, J. W.
10.033.112
Minkevich, A. V.
04.066.016
07.066.023
Minkin, J. A.
03.094.105
04.094.132 .144 .340
09.094.176 .324 .646 .663
Minkowski, R.
03.134.025
04.125.024
05.125.026
07.158.076
08.013.010
132.004
09.125.030
Minn, Y. K.
05.155.051

Minn, Y. K.
07.131.033
08.155.071
09.131.008 .010
155.049
10.131.169
Minnaert, M.
01.003.069
004.003
02.003.103
071.063
085.004
03.082.003
094.259
06.003.042
094.002
10.003.088
Minnaert, M. G. J.
01.003.051
03.004.024
094.213
Minnett, H. C.
01.033.016
02.033.056
04.033.022
06.032.010
07.033.053
09.032.007
10.033.086
Minnhagen, L.
06.022.056
07.022.094
08.022.140
10.022.090
Minnis, C. M.
01.003.088
03.003.067
04.013.003
Minott, P. O.
08.082.082 .085
Minovitch, M. A.
09.052.031
Minowska, L.
07.046.020
08.046.017
055.004 .005
Minowski, K.
03.046.016
07.046.020
08.055.004 .005
Minti, H.
02.121.089 .090
03.121.047
05.113.027
121.034
06.121.049
07.121.064
10.121.088
Minton, R. B.
03.036.008
04.091.008
06.097.041 .063
08.034.158
103.100
09.099.080
10.099.016 .053 .055 .058
.059 .077 .096 .097
Mints, R. I.
09.094.034 .123
Mintz, B.
01.098.036 .037
02.098.031 .032
03.103.101 .102 .128
06.141.055
Mintz, B. F.
03.098.021
118.023
08.098.018
Minulin, R. G.
10.085.013

Mioc, V.
09.054.010
Mirabel, I.
05.153.048
09.153.006
Mirabel, I. F.
08.155.063
09.159.003
10.155.039
157.011
Miranian, M.
03.103.101
118.023
06.072.053
Mirkin, L. A.
03.084.236
09.143.066
Mirkotan, S. F.
07.083.047
Mirnov, V. V.
03.084.405
Mironov, A. V.
04.154.013
05.123.003
06.120.001
122.076
154.019
07.154.005
09.154.001
10.122.071
154.005 .017
Mironov, N. T.
02.044.015
06.041.039
08.032.058
045.014
10.045.003 .004
Mironov, S. V.
10.098.034
Miroshnichenko, L.
05.073.080
Miroshnichenko, L. I.
01.073.007
078.005 .006
143.061
02.078.018 .035
143.031
03.011.037
073.124
04.003.093
078.007
105.072
05.011.021
078.043
06.011.012
073.006
078.008 .035 .062
07.011.008
08.078.031 .039
09.078.015
10.078.012
Miroshnikov, M. M.
07.082.057
08.003.122
10.097.123
Mirovsky, V. G.
09.141.006
10.141.064
Mirsoyan
See Mirzoyan
Mirtich, M. J.
02.105.173
Mirtov, B. A.
01.094.008
05.083.054
08.082.168
Mirzojan, L. W.
09.162.062
Mirzoyan, L.
08.003.036

Mirzoyan, L.
08.065.150
Mirzoyan, L. V.
01.122.049
02.003.024
061.007
122.010 .056
03.012.002
065.009
112.013
122.009
153.010
04.152.001 .008
153.033
05.122.079 .124
153.016
06.114.081
122.094 .130
07.122.077
08.013.017
122.142
09.122.136
10.013.008
122.030
Misconi, N. Y.
10.082.082
Misejnikov
See Misezhnikov
Misezhnikov, G. S.
02.033.028 .029
03.033.027
05.141.014
10.033.139
Mishchenko, M. P.
02.035.027
044.035
04.046.026
05.046.010
09.044.031
Mishenina, T. V.
08.064.074
10.114.180
Mishin, V. M.
03.084.209
Mishkin, V. K.
08.053.022
Mishra, S. P.
08.062.009
Mishurov, Yu. N.
09.155.093
10.158.140
Mishustin, I. N.
06.162.023 .063
Miskin, N. A.
04.123.018
10.113.025
Miskovic, V.
10.004.093
Miskovic, V. V.
09.003.088
Misner, C. W.
01.162.024
04.066.018 .025 .026 .027
162.038 .047 .048
07.162.008
08.066.019 .020
10.003.089
Misra, D.
03.143.003
05.143.091
Misra, K. D.
05.084.250
08.062.009
Misra, M.
09.066.122
10.066.160
Misra, R. K.
09.083.074
Misra, R. M.
04.065.137

Misra, R. M.
04.066.113
162.068
08.066.165
10.066.173
Missana, M.
01.151.038
02.022.109
044.005
04.094.045
Missana, N.
02.044.006
03.112.018
04.112.007
07.032.012
Misyura, V. A.
03.083.040
10.083.014
Mitalas, R.
07.066.006
08.065.089
080.008
114.030
09.080.028
114.113
10.022.008
Mitani, T.
01.096.015
08.045.042
099.082
09.081.022
Mitchell, B.
10.032.027
Mitchell, D.
06.034.052
08.034.120
Mitchell, D. A.
05.079.104
Mitchell, E. D.
06.094.061
Mitchell, F. J.
09.094.520
Mitchell, G. F.
06.141.087
Mitchell, I. V.
08.031.016
Mitchell, J. G.
06.084.227
Mitchell, J. K.
03.094.147
04.094.273
08.094.122
09.094.016 .452 .832 .833
10.094.233 .387
Mitchell, J. M.
04.094.257
09.094.447
Mitchell, M. M.
04.003.041
Mitchell, M. P.
05.082.143
Mitchell, R. I.
01.113.025
02.034.025
093.020
097.052
113.001
114.066 .067
04.094.027
08.115.012
Mitchell, R. L.
03.114.058
Mitchell, S. W.
07.003.061
Mitchell, T. P.
03.052.002
Mitchell Jr., W. E.
01.071.011
073.013
02.071.030

Mitchell Jr., W. E.
02.076.007
Mithal, S. S.
02.113.066
Mitic, Lj.
01.032.036
03.032.044
041.044
Mitler, H. E.
05.061.026
06.071.048
08.143.020
10.011.002
Mitnik, L. M.
05.082.006
Mitra, A. P.
04.083.010 .015
06.083.047 .048
07.083.020 .021 .022 .023
.024 .040 .072
08.083.050 .054
Mitra, R. K.
09.073.097
085.004
Mitra, S. K.
10.033.119
Mitra, S. N.
04.085.003
Mitra, V.
03.091.030
107.006 .012
05.107.010
06.107.008
Mitrofanov, A. V.
08.062.015
Mitrofanova, L. A.
03.022.085
05.082.071
09.022.082
10.071.029
Mitropolskaya, O. N.
04.072.011
05.071.037
09.071.019
Mitrovskij, V. G.
10.141.133
Mitschke, F.
06.103.102
Mitskevich, N. V.
03.042.065
09.066.042
080.013
Mitskivic
See Mitskevich
Mittelstaedt, P.
04.065.138
Mitter, J.
09.007.000
Mitton, J.
08.141.004
Mitton, S.
02.141.140
03.141.164
158.040 .092
04.141.021
06.131.097
141.002
07.141.002
08.066.113
141.004 .022
158.092
09.011.001
141.003
155.098
10.141.072
Mityaev, Yu. I.
10.052.076
Mityakov, N. A.
01.141.034
07.077.020

Mityakov, N. A.
08.077.005
Miyaji, T.
10.077.085
Miyajima, M.
03.094.074
04.094.292
06.094.322
09.094.479
Miyake, G.
09.105.101
Miyake, S.
04.061.013
08.061.028 .029
Miyamoto
09.103.114
Miyamoto, F.
01.034.021
Miyamoto, M.
02.131.013
151.050
03.151.049
05.151.017
158.129
07.151.096
Miyamoto, S.
01.097.056
02.142.038
04.142.021 .022
05.076.014
142.049
06.034.059
142.008 .013 .048 .050
07.097.099
142.010 .075 .098
08.097.081 .082
09.094.889
097.113
142.004
Miyashiro, A.
02.107.015
Miyashita, A.
09.082.050
Miyashita, M.
03.072.042
Miyatov, M.
08.032.059
041.074
10.032.016
Miyatov
See also Mijatov
Miyauchi, N.
05.094.079
07.041.038
09.031.018
Miyazaki, H.
03.073.049
08.032.036
Miyazawa, K.
01.033.003
02.131.123
141.193
Miyazawa, M.
03.073.049
04.073.077
Miyoshi, K.
04.162.017
Mizera, P. F.
06.083.027
08.078.019
09.084.405
Mizohara, M.
08.021.008
Mizugaki, K.
03.073.002
04.073.077
Mizuno, S.
02.080.004
07.073.006

Mizuno, T.
  04.065.157
Mizushima, M.
  05.022.051
Mizutani, H.
  07.094.225
  08.081.028
  09.094.486 .781
  10.094.388
Mizutani, T.
  06.065.130
Mizzi, A.
  01.032.079
Mjolsness, R. C.
  01.162.008
  03.162.071
  04.162.051
Mkrtchian, K. A.
  02.004.005
Mnatsakanian
  See Mnatsakanyan
Mnatsakanyan, M. A.
  01.066.037 .038
  02.065.008
    066.023
  03.066.014 .015 .066
    112.013
    154.018
  04.152.008
    153.033
  05.122.079
  06.122.130
Mnatsakanyan, R. G.
  02.122.133
    160.003
  04.125.101
  07.125.019
  08.125.103
  09.113.053
    125.103
    158.138
  10.125.103
Moberly Jr., R.
  01.081.032
Mobley, R. E.
  04.032.018
  06.032.027
Mochalov, S. V.
  01.094.052
  03.094.321 .338
Mochizuki, E.
  09.123.028 .064 .067
Mochnacki, S. W.
  07.121.001 .003
  08.121.036 .041
  09.121.035
  10.121.003
Moczko, J.
  03.046.017
  04.011.033
Modali, S. B.
  05.076.003
    102.027
    141.107 .237
  07.082.108
    141.904
  08.063.032
    141.551
  09.073.023
  10.082.126
Model, F.
  09.002.009
Modi, V. J.
  07.042.011
  08.052.040
  10.052.083
Modisette, J. L.
  02.080.028
  07.074.066
    114.030

Modisette, J. L.
  08.114.025
  10.114.179
Modrell, G.
  01.082.071
Modzeleski, J. E.
  05.094.161
  09.094.069 .251
  10.094.389
Modzeleski, V.
  03.094.001
Modzeleski, V. E.
  03.094.163
    105.105
  04.094.258
    105.107
  05.094.161
  09.094.069 .251 .947
  10.094.389
Modzelewski, A.
  05.033.007
Moe, K.
  01.082.062
    084.222
  09.082.068
Moe, M. M.
  01.082.062
Moe, O.
  05.071.045
Moe, O. K.
  02.072.002 .036
  04.072.017
    073.043
  08.076.036
  10.072.089
Moelhave, L.
  08.022.121
Moellenhoff, C.
  04.162.004
  08.065.017
Moellenstedt, G.
  01.008.124
  03.008.138
  05.008.132
  06.076.019
Moeller, C.
  07.003.099
Moeller, C. P.
  01.062.008
Moeller, F.
  01.082.008
Moeller, G. F.
  08.082.072
Moeller, K. D.
  02.034.058
Moeller, O.
  10.098.079
Moeller Pedersen, B.
  05.077.019
  06.074.055
Moergeli, M.
  05.094.135
  06.094.254 .255
  09.094.730
  10.094.269
Moertberg, L.
  05.061.043
Moesgaard, K. P.
  05.004.029
Moesta, H.
  06.131.127
Moffat, A.
  03.103.128
  09.114.162
Moffat, A. F. J.
  02.036.009
  05.153.033 .047
  07.116.002
    155.065
  08.153.016 .021

Moffat, A. F. J.
  09.142.015 .027 .118
    153.010 .025 .026 .031
    .039
    155.015
  10.115.022
Moffat, P.
  04.079.100
Moffat, P. H.
  06.132.011
  08.094.138
Moffet, A. T.
  01.141.108 .138
    156.004
  02.141.090 .152
    158.057
  03.141.150 .213
    156.001
  04.141.072 .122
  05.141.040 .167 .227
  07.141.076 .094
  09.155.014 .081
  10.158.096
Moffett, R. J.
  02.082.068
    091.006
  07.083.035
  09.083.008 .025
  10.082.021
Moffett, T. J.
  06.119.006
  07.122.003
  08.122.079 .105 .108
  09.142.093
  10.122.019 .045 .121 .143
Mogilevskij, E.
  10.074.125
Mogilevskij, E. I.
  02.008.054
    011.016
  03.073.092
  06.072.039
    077.031
    080.060 .061
  09.073.048
    077.034
  10.073.019
Mogilevskij, Eh. A.
  01.046.014
  05.041.001
    046.005
Mogilevsky
  See Mogilevskij
Mogil'nikova, K. I.
  08.033.057
Mogro-Campero, A.
  04.084.414
  07.078.002
    084.410
  08.073.041 .065 .066
  10.078.034
Mohammad, M. A. J.
  05.094.161
Mohammed, M. A. J.
  09.094.069 .947
Mohan, C.
  01.065.001 .063
  04.065.003
  07.065.011
Mohan, K.
  10.003.090
Mohan, S.
  08.097.063
Mohan, S. K.
  06.141.238
Mohan, S. N.
  07.052.003
Mohanty, D. K.
  06.141.127 .250
    142.033

Mohler, O.
03.008.004
Mohler, O. C.
01.008.005
02.076.007
05.008.005
032.008
Mohnen, V. A.
06.083.069
10.082.004
Mohr, J. M.
01.002.037
06.004.051
09.005.035
Moia, R.
05.004.011
Moiseev, I.
06.141.151
07.141.039
Moiseev, I. G.
01.093.001
141.181
02.077.002 .042
134.012
03.141.181 .216
158.104
04.033.062 .063
099.014
141.041 .058
05.141.014 .088 .226
06.097.032 .091
141.070 .248
07.077.018 .019 .038
099.071
131.039 .124
141.060 .092
08.077.011
141.016 .057 .129 .130
09.093.065
141.109
10.033.055 .076
072.038
077.038
131.284
141.098
Moiseev, N. D.
02.042.042
Moiseev, Yu. N.
02.082.093
03.082.029
06.085.008
Moiseyev
See Moiseev
Moisya
See Mojsya
Mojsya, R. I.
01.104.032
02.104.033
03.104.027
06.104.010 .012 .030 .036
08.104.035 .036
10.104.048
Mojzerin
See Mozhzherin
Mokryj, V. M.
10.083.014
Molchanov, A. M.
02.091.027 .028
Molchanov, A. P.
05.079.104
10.077.080 .082 .083
Molchanov, V. A.
07.082.126
Moldovanu, A.
08.143.021
10.106.071
Molenkamp, C. R.
08.063.041
Moler, R. B.
06.094.100

Moler, R. B.
09.094.467
Moles, M.
09.022.047
Molina, F.
02.075.020
03.075.012
Moliterni, C.
03.003.138
Mol'kova, L. A.
09.094.875
Moll, K.
03.032.016
Mollakov, V.
10.005.022
Moller Pedersen, B.
04.083.073 .075
Moller-Pedersen, B.
03.077.025
Mollerus, B.
02.124.102
Mollwo, L.
03.077.034
06.077.002
10.080.018
Molnar, H.
05.072.065
073.007 .078
08.072.003
Molnar, I.
04.092.029
096.019
08.009.029
Molnar, M. R.
05.065.006
07.114.013 .086
116.010
08.113.046
114.009 .170
09.114.073 .173
116.004
10.114.088
Molochnov, G. V.
02.004.026
Molodenskij, M. M.
01.022.034
02.062.033
06.073.104
08.074.023
09.074.017 .041
10.072.006
Molodensky
See Molodenskij
Molski, J.
03.084.408
Molton, P.
08.015.001
09.015.005
099.081
10.099.101
Molton, P. M.
04.015.003
06.051.008
07.099.043
09.015.008 .012
094.109
Momchev
07.099.050
Momchev, G.
09.122.114
Monaghan, J. J.
03.062.001
063.029
117.021
05.021.007
126.004
06.065.001 .038 .086 .087
07.022.079
10.022.061
065.021 .112

Monaghan, J. J.
10.141.541
Monahan, K.
08.022.107
Monastero, G. F.
10.142.047
Moncrief, V. E.
08.066.068
Mondinalli, C.
03.079.101
Monfils, A.
03.084.034
114.138
08.084.051 .060
114.029
09.114.039
10.032.014
Monger, D. R.
08.041.010
Mongillo, M.
05.151.045
Monin, A.
09.093.041
Monin, A. S.
05.093.036
07.003.100
093.032
10.044.004
Monin, I. F.
06.081.042 .043
10.081.008
Monin, Yu. G.
05.033.001
10.033.076
Monjes, J. A.
07.094.099
08.034.098
Monnet, G.
01.132.001
158.019 .020 .029
02.131.091
132.004
151.020
155.008
03.132.013
155.035
158.079
159.004
04.031.037
131.038
158.016 .067
05.158.077
159.002
07.034.092
159.001
Monnin, M.
04.094.072
09.094.414 .713
Monro, P. E.
01.083.003
03.083.017
Monsignori Fossi, B. C.
See Fossi, B. C.
Montag, H.
01.046.021
06.046.031
Montbriand, L. E.
06.084.053
Montgomery, A. J.
02.082.078
Montgomery, D. R.
03.034.072
04.034.006
05.031.006
07.097.009
Montgomery, E. F.
01.114.087
02.071.062
114.016

Montgomery, J.
02.106.031
Montgomery, J. W.
02.114.106
141.164 .233
04.092.021
097.037
05.132.027
06.141.011
Montgomery, M. D.
01.078.020
03.084.252 .269
04.074.021 .062
084.208
106.033
05.074.022 .024
06.074.018
078.013
084.238 .257 .283
08.074.060
084.289
09.051.002
074.031 .070 .074
084.274
10.074.006 .041 .078
Montle, R. E.
07.123.020
09.121.050
Montmerle, T.
07.065.146
160.023
Moo-Young, G. A.
04.022.115
Moody, J. R.
09.094.702
10.094.209
Mook, D.
05.142.002
Mook, D. E.
02.141.004
04.142.007 .071 .074
07.142.081 .082 .083
08.142.065 .084 .100
10.142.121
Mook II, D. E.
06.142.092
Moolenaar, W. H.
08.034.033
Moorcroft, D. R.
04.084.033
07.083.006
084.005
Moorcroft, N.
04.053.007
Moore, C.
04.105.068
06.105.003
Moore, C. B.
01.105.011 .016
02.010.018
105.066 .142
03.094.043
105.005 .029 .047 .066
04.094.219
105.004 .041 .131
05.105.043 .056 .065 .066
.071
06.003.027
094.048 .061
105.009 .033 .123
07.094.009
08.105.103
09.094.054 .252 .400 .746
.903
105.018 .084 .085 .092
.097
10.094.126 .142 .390
105.071
Moore, C. E.
01.008.132

Moore, C. E.
03.008.146
04.022.097 .098
05.008.141
071.057
06.022.093
Moore, C. H.
10.021.005
031.053
033.089
Moore, D. R.
09.094.054
105.012
10.094.156 .220
Moore, E.
04.131.074
07.155.043
10.125.039
Moore, E. G.
06.034.093
08.101.005
Moore, E. L.
09.162.017
Moore, E. P.
07.032.001
08.082.056
Moore, F. K.
01.063.016
Moore, G.
07.142.022
10.125.028 .055
132.047
Moore, G. W.
09.094.056 .148 .250 .744
10.094.126 .296
Moore, H. J.
03.094.202
05.094.078 .184
06.094.063 .176
07.097.023
09.094.798
10.094.392
Moore, J.
09.053.007
Moore, J. G.
05.084.018
06.084.011
07.079.104
Moore, J. H.
05.084.009
10.155.066
Moore, L. J.
09.094.702
10.094.209
Moore, P.
01.003.043 .086
015.009
100.004
02.003.059 .060 .061 .129
123.044
03.003.097
010.012
120.002
04.003.029 .084 .085 .086
.092
094.415
05.003.075
094.075
100.017
06.003.154 .165 .168
005.003
094.027 .241
07.003.101
096.012
123.034 .039
08.003.099 .100 .101 .102
.103
010.012
094.014
097.080 .111

Moore, P.
09.003.089 .090 .091 .092
.093
010.012
094.302
10.003.091 .093 .094 .095
.099
010.012
097.040
Moore, P. A.
08.123.058
10.003.092
123.040
Moore, P. B.
03.094.082
04.094.132
Moore, R.
01.097.029
Moore, R. C.
01.093.015
05.093.065
Moore, R. E.
08.092.009
Moore, R. L.
01.141.167
07.073.020 .037
09.072.016
10.072.010
Moore, S.
03.118.020
Moore, S. E.
04.034.003
Moore, W. H.
07.021.007
08.052.037
Moore Jr., J. H.
08.022.050
Moore Jr., J. T.
07.097.027
Moore-Sitterly, C.
01.022.073
07.114.057
09.022.035 .083
10.022.050
Moorman, M.
03.094.166
04.094.249
Moorwood, A. F. M.
06.082.087
07.132.019
08.082.044
113.018
09.113.015
10.131.055
Moos, H. W.
01.082.057
093.017
02.032.018
03.084.005
04.034.016
05.082.047
114.059
06.082.135
093.020
07.114.032 .114
08.093.016
099.041
09.082.005
099.054
10.093.028
094.129
099.030
114.230
Moos, V. W.
10.094.278
Morais, C.
04.034.084
08.032.037
Moraitis, G.
03.079.102

Moraitis, G.
04.084.201
10.083.017
Morales, A.
02.034.032
Morales, C.
10.118.015
Morales Cabrera, C. G.
09.031.064
Moran, D. M.
10.131.284
Moran, J. M.
03.114.073
　　131.053 .075
04.033.008
05.131.020 .081
06.131.140
　　132.028
07.131.038 .039 .124
08.046.023
　　131.038
09.131.052
10.033.023
　　131.121 .224
Moran, P. E.
08.042.097
09.042.006 .011
10.042.061
Moran Jr., J. M.
02.131.085 .120
Morando, B.
04.007.000
　　012.010
　　052.036 .041
05.008.057
　　092.005
06.003.097
　　041.043
07.005.011
　　097.090
08.007.000
　　047.020
09.004.008
　　079.101
10.047.011 .022
Moranzino, C.
07.032.012
08.031.002
　　044.038
09.044.024
10.044.003 .043
Morash, K. R.
10.094.223
Morav, K.
03.005.010
Morawski, A.
09.094.203
10.094.190
Morbey, C.
08.142.127
Morbey, C. L.
05.096.006
　　114.093
06.096.038
08.096.011
　　142.125
Mord, A. J.
10.132.008 .035
Morduch, G. E.
10.021.010
Mordvinov, A.
04.123.022
Moreau, J. L.
05.103.111
10.103.100
Moreels, G.
03.082.039
10.082.044
Morefield, F.
06.009.014

Moreirinhas Pinheiro, M.
06.079.101
Morel, J. A.
09.094.938
Morel, P. J.
01.118.005 .011 .014
03.117.020
　　118.007 .015 .016 .025
04.118.020
05.118.001 .036
07.118.003
10.065.110
Moreland, P. E.
03.094.045
04.094.196
Morell, M.
09.099.009
Moreno, G.
02.074.078
04.074.079 .085 .094
05.074.036 .046
06.084.253
07.074.094
09.074.101
10.074.007 .008 .099
Moreno, H.
02.082.034
　　152.005
03.113.053 .062 .063
　　114.143
　　121.040
04.114.081
05.113.037
07.113.003
08.082.152
　　114.107
10.114.142 .143
　　152.012
Moretti, E. H.
03.076.002
Morfill, G.
06.078.020
　　084.201
08.078.006
　　084.211 .218 .309
09.084.214 .401
10.034.061
　　078.006
　　084.255
Morfill, G. E.
05.078.002
06.034.096
　　078.012
　　084.214
08.078.001 .023
Morford, J. M.
06.054.002
Morgan, A. H.
08.003.048
Morgan, B. L.
04.003.091
07.034.088
09.034.059 .070 .077
Morgan, C. G.
04.082.032
Morgan, F. J.
06.076.006 .025
Morgan, H.
02.103.112 .114
03.103.102
Morgan, H. H.
01.103.109
Morgan, J. P.
03.079.102
Morgan, J. W.
02.105.073 .076
03.074.048
　　094.058
　　105.001 .101
04.094.074 .193 .201

Morgan, J. W.
04.105.062
05.094.106
06.003.027
07.094.005 .067 .902
　　105.011
08.107.009
09.051.006
　　094.023 .094 .137 .154
　　　　.228 .374 .380 .387
　　　　.594 .680 .696 .697
　　105.007 .053 .093 .143
10.094.021 .358 .391 .903
Morgan, L.
02.066.018
04.066.116
Morgan, L. A.
06.132.010
Morgan, R. G.
09.094.523
Morgan, T.
02.066.018
04.066.116
08.066.036 .038
Morgan, T. A.
06.066.050 .106
10.066.179
Morgan, T. E.
03.064.025
07.114.033 .096
08.064.069
Morgan, T. H.
08.064.018
Morgan, W. W.
01.158.037
02.153.002 .026
　　158.043
03.114.147
　　158.070
04.158.037
　　160.006 .015
05.153.006
　　158.053
06.158.036 .114
07.114.045
　　153.028
　　158.079
09.114.128 .144
10.114.044
Morgan Jr., D. L.
04.061.051
06.162.039
07.142.007
　　161.010
　　162.039
Morganstern, R. E.
04.066.094
05.162.060
06.066.105 .114
　　162.064 .065 .066
07.162.053
09.162.083
Morgante, O.
02.075.021
03.075.032
04.073.027
05.072.015
06.073.105
Morgenthaler, G. W.
06.011.025
08.003.104 .105
09.012.018
Morger, P.
09.121.081
10.121.105
Morguleff, N.
03.112.010
　　113.020
Mori, K.
05.034.035

Mori, S.
07.143.070
Mori, T.
08.047.005
104.054
09.096.028
10.047.007
Morikawa, G. K.
04.062.063
Morimoto, M.
01.157.016
02.131.014
05.033.038 .044
07.155.088
09.131.005 .103 .189
Morin, P. J.
07.094.112
Morin, S.
03.022.028 .053
04.022.061
05.022.024 .050 .053
Morishita, H.
03.082.018
Morisi, P.
07.123.023
Morison, I.
08.094.064 .143
10.033.070
Morita, I.
01.032.040
09.082.049
Moritz, H.
01.081.004
04.081.052
094.120
06.081.038
09.046.016
10.081.016
Moritz, J.
08.084.413
10.084.417
Moriwaki, Y.
10.094.335
Moriyama, P.
08.032.036
10.077.085
Moriyama, S.
09.097.121
Morkowska, B.
01.103.004
09.098.007
Morla, R.
01.079.103
Moroder, E.
08.082.227
09.082.012
10.082.144
Moros, B. S.
07.162.075
Moros, W.
03.051.034
Morosov, S. P.
01.063.019
Moroz, A. M.
02.035.037
Moroz, G. V.
02.082.054 .055
Moroz, V.
08.097.114
Moroz, V. I.
01.003.059
091.004
03.051.034
099.020
04.099.015
05.003.023
093.045 .048
06.093.019
097.006 .028
133.029

Moroz, V. I.
07.097.092
08.097.016 .020 .088 .104
.124
142.017
09.091.076
097.020 .022 .023 .036
10.097.064
Morozhenko, A. V.
01.097.050
02.094.033
097.020
101.008
03.097.057
04.097.028
099.013
100.009
05.094.010
099.048
100.004
101.007
06.097.007 .059
07.103.100
08.097.010
09.092.004
097.112
099.003 .043 .074
103.102
10.097.056 .070
Morozhenko, N. N.
02.073.066
03.073.071
04.073.075
05.073.018
06.073.033 .090 .099
08.073.026
Morozjenko
See Morozhenko
Morozov, A. G.
10.151.015 .074 .075 .076
Morozov, D. Kh.
06.084.415
09.143.085
10.084.264
Morozov, N. N.
02.072.087
10.072.081
Morozov, S. K.
04.082.035
10.082.024
Morozov, V. N.
10.064.079
Morozov, Yu. I.
02.066.053
08.062.014
Morozova, E. I.
10.034.008 .009
143.039
Morozova, E. V.
03.031.025
Morozova, G. V.
07.042.025
Morozova, I. M.
01.061.009
09.094.120
Morozova, I. V.
08.034.068 .069
Morozova, N. N.
08.114.161
Morozova, S. O.
02.143.061
10.084.256
Morozova, T. I.
10.078.019
Morozovskij, N. T.
03.011.044
Morra, R.
08.003.105
Morrell, F. R.
05.032.084

Morris, A. L.
08.013.001
Morris, C.
05.103.111
Morris, C. P.
10.103.102
Morris, C. S.
07.123.034
09.103.106 .107
10.102.007 .025
103.102
Morris, D.
01.099.013
141.015 .094
02.035.025 .026
141.184 .185
03.141.013 .062 .063 .170
04.099.016
05.141.009
07.141.158
10.033.059
141.017
Morris, E. C.
02.094.174
04.094.054 .055 .056 .057
.392
07.097.014
Morris, G.
06.141.271
08.131.033
10.131.256
132.051
Morris, G. A.
03.097.034
141.020
04.097.053
06.097.081
09.097.002
141.539
10.100.014
141.526
Morris, G. J.
06.141.230
08.082.220
Morris, J. C.
01.022.068
02.022.046
04.062.064
Morris, J. R.
02.034.049
Morris, M.
06.114.119
131.100
07.131.035 .045
153.019
08.131.036 .037 .087
09.131.080
10.131.107 .184 .207 .222
Morris, S.
05.122.013
Morris, S. C.
01.122.030
159.003
03.065.035
05.034.023 .081
113.013
121.021
10.113.062
Morris, S. V.
06.122.154
Morris Jr., G. A.
01.141.147 .165
04.141.226
Morrisby, A. G. P.
06.010.007
08.010.007
10.010.007
103.102
Morrison, A.
01.082.071

Morrison, B. L.
05.094.137
07.099.063
Morrison, D.
01.092.003 .009
093.004 .059
097.014
02.036.004
092.003
097.042
03.092.010 .018
04.092.004 .011
093.022
05.092.006 .015
093.022 .060
06.011.036
099.002 .059
07.099.040
08.002.032
009.019
099.051 .052
100.002 .007 .010 .021
101.019
113.026 .042
114.123
122.024
09.002.020
009.023
091.040 .053 .057
098.016
099.011
100.036
101.001
158.076
10.002.039
098.070
099.074
113.092
Morrison, D. A.
03.094.109
04.094.169
06.094.061 .167
07.094.009 .261
09.094.054 .333 .357 .652
.668 .798 .936
10.094.126 .392
Morrison, F.
01.052.007
03.081.016 .018
04.052.037
06.081.023
09.052.041
Morrison, G. H.
01.105.084
03.094.048
04.094.220
09.094.382
10.094.393
Morrison, J. A.
04.094.324
06.094.160
07.094.033
09.094.489
Morrison, L. V.
01.096.006
03.094.254 .289
05.094.116
06.096.023
141.068
07.096.007
142.051 .128
08.011.045
094.088 .141
09.044.003
096.015 .023 .024
10.142.009 .010
Morrison, N. D.
06.113.033 .041
124.001
08.002.032

Morrison, N. D.
08.113.040 .042
114.010
122.024
09.002.020
122.074
10.002.039
Morrison, P.
02.125.016
141.024
143.011
03.012.018
134.022
04.125.028 .029
141.177
06.066.021
125.010
141.028 .204
158.045
07.011.007
09.141.074
142.042
155.089
10.141.036
Morrison, R. A.
03.071.025
04.071.025
Morrison, R. H.
10.094.402
Morrison, R. J.
04.143.019
Morrison, S. L.
09.032.033
Morrissey, J. F.
05.082.149
Morro, A.
08.066.150
09.066.095
10.066.149
Morrow, M.
10.141.111
Morrow, W.
04.091.035
Morrow, W. E.
09.093.056
Morse, D. L.
07.062.035
10.083.053
Morse, F. A.
04.076.011
06.083.027
Morton, A. E.
06.034.091
Morton, D. C.
01.064.039
114.007 .040
152.005
02.064.041
093.006
114.043
131.098
03.114.066 .084 .092
04.064.012
114.097
115.001
121.001
05.141.191
06.114.121
158.058
07.034.087
141.019 .143 .144 .161
158.034 .163
08.114.089 .090
141.109
158.039
09.114.066 .121 .122 .123
.124 .125
131.063 .064 .065 .066
.067 .166
158.008 .056

Morton, D. C.
10.114.067 .197
141.027
Morton, J. B.
08.094.270
Morton, J. M.
09.034.102
Morton, R. D.
08.105.089
Morton, W. A.
07.141.143 .144 .161
08.141.109
Morton Jr., E.
03.065.017
Morzenti, S. P.
06.105.136
09.094.678
Mosalov, I. V.
06.033.012
Mosby, H.
04.003.025
Moschi, G.
04.071.003
074.032
05.074.028
Moseley, G. F.
01.141.164
04.141.163
07.141.141
09.141.037
Moseley, J.
05.082.049
Moseley, J. T.
07.083.004
Moseley, T.
06.094.240
Moseley, T. J. C. A.
01.101.001
06.100.007 .013 .015
Moser, A. R.
10.162.069
Moser, E.
01.073.009
03.073.056
06.073.018
Moser, F.
10.155.060
Moser, J.
04.042.011 .051
062.004
10.003.096
Moser, J. K.
06.003.112
Moser, P. J.
05.076.030
Moses, H. E.
05.082.032
Moses, R. N.
10.072.028
073.033
Moses, R. T.
05.143.120
Moshajeva
See Mozhaeva
Mosher, J. A.
02.094.104
03.094.185
Moshkin, B. E.
09.093.083
10.093.023
Moshnyakov, N. V.
10.083.050
Mosidze, L. N.
03.122.003 .097
04.122.035 .057
123.028
Mosier, S. R.
01.008.055
02.084.204
07.084.016

Mosier, S. R.
09.084.408
Moskalenko, A. M.
08.094.205
09.062.018
Moskaleva, G. V.
07.103.100
Moskaleva, L. P.
06.097.051
08.094.163
Moskovkina, L. A.
09.042.054
10.042.104
Moskowitz, S.
02.004.034
Moskvich, E. G.
08.032.050
Moslen, M. T.
09.014.024
Moss, D. C.
09.094.454
Moss, D. L.
02.061.014
03.062.008 .013
065.001
117.024
05.065.080
06.117.001
07.065.064
117.033
09.065.015
117.003
10.065.023
Moss, F. J.
07.081.007
Moss, G. A.
10.065.009
Moss, G. E.
06.033.019
Moss, M. K.
08.066.131
Moss, S. J.
05.055.017
Moss, T. A.
06.143.003
Moss, T. S.
01.012.006
04.082.038
Mossman, D. J.
07.105.044
Mostepanenko, A. M.
10.162.044
Mostepanenko, V. M.
09.066.030
10.066.054
Motenko, B. N.
03.032.019
04.051.037
Motovilov, Eh. A.
06.094.022 .028
09.094.603
Motrich, V. D.
09.122.067
Motrunich, I. I.
10.055.027
Motrunich, Ya. M.
10.055.027
Motta, S.
08.080.028
09.073.082
080.032
10.080.063
Motteran, M.
08.122.119
Mottinger, N. A.
02.094.081 .096
Mottmann, J.
09.133.029
Motz, H.
09.062.066

Motz, L.
01.065.080
07.141.195
08.003.106
065.053
09.066.079
Moucka, L.
10.076.015
Mould, J. R.
10.122.104
142.131
Mount, G. H.
08.063.010
09.071.040
10.071.045 .066
Mourad, S. A.
01.063.008
Mouradian, Z.
08.071.009
074.034
Mourao, F.
04.118.017
Mourilhe, I.
02.103.102 .103
Mourot, S.
09.004.004
Mouthaan, K.
06.033.080
Moutsoulas, M.
03.011.032
094.003 .222 .288
04.002.025
034.101
05.002.042
094.118
06.002.047
094.110 .301
07.002.028
08.002.016
094.058 .144
09.002.036
10.002.040
012.013
Moutsoulas, M. D.
05.094.017 .188
07.094.189
10.094.090 .106
Mowbray, A. G.
01.098.005
Moyd, K. I.
09.114.170
Moyer, H. G.
02.052.038
Moyer, T. D.
05.021.011
Moyle, L. D. T.
02.054.016
Moysja, R. I.
04.104.058
Mozer, F. S.
04.084.022 .025
05.084.222
06.084.013 .409
07.084.406
099.042
09.084.204
10.084.236 .418
Mozer, M.
02.034.021
06.076.019
Mozhaeva, V. E.
01.082.101
02.082.022 .024 .123 .129
132.003
Mozherin
See Mozhzherin
Mozhzherin, V. M.
02.053.023
05.053.001
098.001

Mozhzherin, V. M.
06.055.007
Mozjaeva
See Mozhaeva
Mraz, L.
02.105.015
Mrkos, A.
02.103.109 .110 .111 .112
.113 .114 .120 .122
03.098.026
103.101 .102 .110 .113
.115 .118
124.103
04.103.101 .104 .114 .120
.121 .123 .124 .126
.127 .128
05.103.013 .105 .106 .108
.112 .115 .117
06.103.109
07.095.005
103.103 .107 .116 .129
08.098.054
103.007 .107 .116 .117
.120 .123
09.098.050
103.009 .013 .100 .114
.115 .116 .123 .124
.127
10.095.005
103.007 .102 .106 .110
.111 .113 .118
Mrozowski, S.
09.010.021
Mrus, G. J.
05.032.023
Muan, A.
09.094.341 .617
Muchin, L. M.
10.015.010
Mucke, H.
01.047.015
02.047.025
04.047.013
079.005
06.047.020
053.024
07.011.023
08.047.023
102.072
09.004.089
10.047.014
102.039
Mucke, R.
07.011.023
Mudgett, P. S.
06.063.017
Mudrov, V. I.
10.052.069
Muecklich, P.
04.022.078
Muehlberger, W. R.
07.094.010
09.094.054 .055 .940
10.094.126 .127 .329
Muehldorf, E. I.
08.033.113
Muehlfeld, R.
02.094.053
Muehlner, D.
03.066.024
09.066.102
Mueksch, W.
01.124.102
Mueller, D.
08.022.080
143.014
10.022.054
143.059
Mueller, D. D.
06.003.166

Mueller, D. D.
  07.003.162
Mueller, E. A.
  03.014.009
  04.014.013
  08.071.004
  09.012.020
  014.025
  10.014.006
Mueller, E. K.
  01.035.004
Mueller, G.
  01.105.042
  02.105.127
  03.094.162
  105.086
  04.094.044
  06.094.271
  09.094.155 .460
Mueller, G. E.
  02.003.010
  053.003
  03.011.019
Mueller, H.
  03.097.030
  04.051.031
  092.006
  05.003.114
  066.038
  094.073
  06.046.001
  08.046.036
  097.015
  09.044.013
Mueller, H. J.
  06.143.128
Mueller, H. W.
  02.105.149
  09.094.530 .532
  10.094.032
Mueller, I. I.
  01.003.105
  03.054.015
  05.045.004
  06.031.073
  08.045.013
  10.041.018
  046.041
Mueller, O.
  02.105.120
  04.094.214
  06.094.263
  105.024 .085 .156
  07.105.058
  09.094.107 .113 .229 .403
     .533 .589 .747
  105.127 .132
  10.094.394
Mueller, P.
  07.004.028
Mueller, R.
  02.075.004
  03.075.001
  085.003
  04.003.094
  075.007
  05.075.001
  06.075.012
  08.003.107
Mueller, R. F.
  01.093.016
  02.093.010
  03.093.027
  094.220
  10.093.002
Mueller, R. K.
  08.031.029
Mueller, R. O.
  05.022.060
  06.141.237

Mueller, W.
  03.094.277
  10.053.011
Mueller, W. F.
  02.105.157
  03.094.115 .214
  04.094.148
  06.094.258
  09.094.361 .640
  10.094.484
Muench, G.
  01.131.096
  02.097.031
  132.024
  03.091.015
  097.043
  05.097.039
  099.091
  132.005 .016
  06.097.029
  099.070
  07.097.026 .029
  114.123
  131.143
  09.051.002
  099.030
  100.041
  10.097.027
Muench, J. W.
  06.084.271
  07.078.007
  084.214
  10.084.214
Muenow, D. W.
  06.105.011
  09.094.742
  10.105.037
Mueuersepp, P.
  02.005.013
  008.114
Muff, E.
  06.044.025
Mufson, S. L.
  08.131.045
Mugglestone, D.
  03.064.056
  06.063.022 .023
Muggleton, L. M.
  02.083.023
  06.083.011 .012
  08.083.004 .005
Mugridge, E. G. V.
  03.034.040
Muhamed Sinada
  03.123.007
Muhleman, D. O.
  01.043.008
  093.010
  106.015
  02.102.038
  04.066.007 .131
  093.050
  094.053
  05.066.007
  06.094.189
  08.066.057
  093.008 .037
  097.107
  09.094.539
  10.093.008
  100.007
Muir, I. D.
  03.094.081
  04.094.135
  09.094.186 .332 .627
Muir, P.
  06.094.037
  08.094.210
  09.094.237 .377 .685
  10.094.153 .461

Muir Jr., A. H.
  03.094.123
  04.094.291
  09.094.468
Muirden, J.
  02.123.055
  04.123.056
  09.074.087
Mukai, S.
  10.063.050
  091.003
  106.063
Mukai, T.
  07.072.044
  10.106.063
Mukerjee, S.
  07.094.257
Mukhamednazarov, S.
  10.104.023
Mukhamedzhanov, A. K.
  01.094.064 .089
  03.094.195
  04.094.086
  05.094.063
Mukhametkalieva, R. K.
  10.123.056
Mukhammed-Nasarov
  See Mukhammed-Nazarov
Mukhammed-Nazarov, S.
  08.104.012
Mukherjee, N. R.
  03.094.149
  04.094.285
  06.094.093
  08.094.183
  09.094.470 .762
  10.092.001
  094.016
Mukherjee, P. K.
  09.091.015
Mukhina, M. M.
  02.033.029
  08.141.016
Mukin, E. E.
  08.052.028
Mularchik
  See Mulyarchik
Mulder, F. G.
  06.084.248
Muldoon, R. A.
  04.033.023
Mulhall, P. S.
  03.141.188
  05.141.092
  06.141.117
Mulholland, C.
  10.097.037
Mulholland, J. D.
  01.011.020
  094.073
  02.042.032
  094.081 .096
  03.042.010
  094.028
  04.094.123 .265
  05.094.151
  141.025 .083
  06.094.188
  07.094.124
  08.044.001
  094.056
  09.011.008
  022.088
  042.021
  094.166 .570 .927
  10.041.040
  042.902
  045.006
  094.074 .081 .101 .111
     .113

Muljukova
 See Mulyukova
Mullaly, R. P.
 01.077.043 .044
Mullan, D. J.
 05.131.041
 141.059
 06.003.151
 062.001 .055
 064.028 .058
 071.072
 120.011
 126.024
 131.157
 07.071.015
 08.064.012
 123.038
 09.072.011 .017 .073 .074
 10.065.031
 072.056 .071 .088
 073.030
 084.209
Mullaney, H.
 07.082.014
 08.082.109
Mullen, E. G.
 09.084.002
Mullen, G.
 07.099.039
 08.082.015
 100.013
Mullen, J. P.
 08.083.001
Mullendore, J.
 03.094.023
Muller, A.
 02.008.048
Muller, A. B.
 02.082.118
 06.012.010
Muller, C.
 10.082.154
Muller, C. A.
 01.009.008
Muller, E. H.
 08.105.010
Muller, G. J.
 06.096.005
Muller, P.
 01.055.011
 02.055.006 .007 .008 .016
 094.144
 118.025 .041 .042
 03.103.102
 118.012 .024 .025
 04.103.101
 118.022 .025
 05.055.018
 118.024 .031 .033
 06.094.161
 118.013 .014 .016 .018
 .020
 07.118.017 .018 .019 .021
 08.031.034
 104.002
 118.008 .009
 09.118.011 .015 .017 .018
 10.055.036
 082.128
 118.019 .024 .025
Muller, P. M.
 01.094.062
 02.094.076 .092 .126 .127
 .156 .164
 03.094.173 .203 .353
 04.094.411
 05.094.023 .097
 07.066.070
 094.007 .119 .220
 08.094.061

Muller, R.
 03.094.247
 07.082.013
 09.072.039
 10.072.068
Muller, R. A.
 08.141.517
 09.143.058
Muller Zum Hagen, H.
 09.066.121
 10.066.170
Mullins, J. A.
 05.082.097
Mullins, L. D.
 09.042.041
Mullins, N. E.
 09.054.002
Mulyarchik, T. M.
 03.084.012 .013 .014
 05.085.002
 08.082.177
Mulyukova, N. B.
 04.082.169
 08.082.243
Mumford, G. S.
 01.002.004 .006 .008 .011
 .015 .028
 122.031
 123.027
 02.011.001
 121.011 .038
 122.099 .108 .176
 03.002.001 .010 .019
 04.121.026
 142.030
 05.009.014
 121.027
 07.124.005
 08.014.008
 079.101
Mumford III, G. S.
 01.123.016
Muminov, I.
 10.004.079
Muminovic, M.
 04.032.052
 10.003.097
Mumma, M. J.
 08.022.134
Muncaster, G. W.
 04.141.019
 152.007
 06.141.187
 08.141.532
 10.141.514
Munch, G.
 07.097.011
Munday, V. A.
 01.131.004
Mundet
 05.103.117
Mundry, E.
 02.120.008
 04.123.035
 09.123.002
 10.123.023
Mungall, A. G.
 02.035.025 .026 .033
 06.044.031
Munitz, M. K.
 07.003.159
Muniz Barreto, L.
 02.008.101
 09.044.027
Munk, M. E.
 04.105.116
Munn, M. W.
 09.065.100
Munoz, E. F.
 05.094.050

Munoz, F.
 03.079.101
Munro, E. W.
 06.033.073
 08.033.093
Munro, R. E. B.
 02.141.053
 03.033.058
 141.192
 05.141.134
 06.141.016 .056 .201
 07.141.187
 08.141.034 .901
Munro, R. H.
 05.071.047
 06.073.022
 08.074.022 .035
 10.074.118
Munsuk, C.
 09.154.003
Muradov, A.
 05.083.001
 09.083.066
Muragin, A. F.
 10.080.001 .008
 085.017
Murai, T.
 03.065.041
 04.065.105
 07.065.062 .084
 09.065.003 .163
Murakami, G.
 02.044.028 .029
 045.021
 07.044.045
 09.044.035
 10.044.025
Murakami, H.
 06.143.080
Murakami, K.
 06.143.071
Murakami, T.
 09.084.412
Muralli, A. V.
 01.105.048
Muranaka, N.
 07.142.010 .098
Muraoka, T.
 04.083.045
Murasawa, K.
 08.034.097
Murase, T.
 03.094.179
 04.094.090
Murashova, M. S.
 01.082.110
Muratorio, G.
 09.114.045
Muratov, M. V.
 06.081.031
Muratov, R. Z.
 05.042.032
Murawski, H.
 02.003.062
Murayama, T.
 05.143.135
Murcray, D. G.
 01.082.105 .106
 02.071.081 .089
 082.044 .050 .096
 03.082.001
 094.234
 04.071.062
 080.034
 082.026
 06.080.040
 082.006
 09.071.048
 10.082.011 .140

Murcray, F. H.
01.082.106
02.071.081 .089
     082.096
03.082.001
     094.234
04.071.062
     082.026
09.071.048
10.082.011 .140
Murcray, W. B.
01.084.016 .049
Murdin, J.
04.083.088
07.083.039
Murdin, P.
02.131.009 .076
05.141.001 .127
06.096.010
     142.037
07.114.116
     142.048
08.011.045
     142.128
09.142.018
Murdin, P. G.
10.142.100
Murdoch, H. S.
01.141.210
02.141.053
03.033.012 .058
04.141.105 .182
08.141.094
09.141.026
10.141.002 .075 .080
Murdock, T. L.
04.092.012
05.100.006
09.114.022
10.113.002
Murenbeeld, M.
04.066.095
Murgatroyd, R. J.
06.082.117
Muriel, A.
03.141.090
07.012.019
08.003.055
09.012.014
Murin, A. N.
02.105.086
04.105.047 .048
07.105.048
Murnikova, V. P.
10.121.029
Murphy, C. H.
10.082.123
Murphy, F. V.
04.143.019
Murphy, G.
10.103.102
Murphy, J. A.
09.083.025
Murphy, J. K.
03.041.003
     153.006
06.041.034
Murphy, J. O.
03.065.091
04.064.043
05.065.062
06.061.008
     080.035 .036
07.061.038 .039
08.062.078
09.061.016
10.061.007
     062.042
Murphy, J. P.
04.052.054

Murphy, J. P.
04.094.002
06.052.013
Murphy, R.
09.094.444
Murphy, R. C.
03.094.156
04.094.259
09.094.443
Murphy, R. E.
02.097.055
     118.026 .028
05.099.051 .063
06.084.040
     099.002 .059
07.099.005 .040
08.099.051 .052
     100.007 .010 .021
     142.136
09.009.023
     099.066
     100.017 .033 .034
10.082.087
     099.008
     100.020
Murphy, S. M. E.
04.094.258
Murphy, T. J.
09.094.702
10.094.209
Murphys, M. E.
03.094.163
Murray, A.
01.132.027
     142.015
04.142.099
Murray, B.
03.097.042
09.092.008
     097.117
Murray, B. C.
02.094.011 .128
     097.003 .007 .030
04.097.017
05.097.003 .005 .006 .007
     .008 .040
06.003.058
     092.004
07.097.027
08.003.062
     097.023 .084
09.051.002
     091.032
     097.021 .034 .050 .070
10.097.019 .089
Murray, C. A.
01.141.059
     153.026
04.112.024
06.041.022
     141.026 .068
07.041.032 .036
     112.013
Murray, C. T.
01.033.009
03.033.048
Murray, J.
03.094.176
Murray, J. B.
01.094.001
04.094.333
06.094.248
07.094.237
08.092.007
     097.118
Murray, J. D.
01.131.105
02.094.020
     141.102
03.141.189

Murray, J. D.
05.114.071
06.131.156
07.033.001
     131.002 .003 .004
     141.130
Murray, S.
05.142.042 .069
06.142.002 .025 .046 .071
07.142.026 .027 .127
     155.053
     160.020
08.142.064 .101
     155.029
     158.044
09.142.097
10.032.022 .023
     142.052 .115 .116
     160.019
Murray, S. S.
05.078.006
08.142.030
10.142.126
Murri, A.
07.085.010
Murri, S. A.
05.041.017
09.041.019
Murry, S. A.
08.041.069
Murthy, C. S.
06.122.008
Murthy, G.
08.142.113
Murthy, G. T.
03.141.059
05.141.140
07.141.075
08.142.014
09.142.114
10.142.140
Murthy, H. G. S.
03.051.016
Murthy, P. V. Ramana
03.141.059
04.061.013
05.141.140
Murthy, R. C.
09.094.953
Murthy, V. R.
03.094.036
04.094.221
05.081.027
06.094.145 .313
07.094.013
08.081.058
09.094.049 .706
10.094.210 .395
Murty, S. S. R.
02.062.020
06.062.015
Murzin, V. S.
04.003.095
Musaev, M. M.
01.072.016
     073.019
04.034.064
07.073.030
10.072.073
     073.090
Musalevsky, Y. S.
See Muzalevskij, Yu. S.
Musatov, A. A.
02.094.060
Musatov, I. S.
09.097.005
10.074.029
Musatov, L. S.
03.106.025
04.093.086

Muschler, W.
03.062.002
Musen, P.
01.099.009
02.042.027
03.042.028 .047
05.042.042
094.057 .147
06.042.039
08.052.004
09.052.003
10.052.009
Musgrove, R.
03.094.345
Musgrove, R. G.
06.003.138
Mushotzky, R. F.
07.141.123
Musij, V. I.
04.104.055
05.104.019
10.104.036
Musman, S.
01.071.030
04.071.007 .032
05.080.033
06.071.005 .032 .049
08.071.028 .056
09.071.020 .033
10.073.028 .078
Musman, S. A.
02.073.034
Musorin, M. I.
02.034.081
06.032.030
Musorina, L. M.
07.082.119
Mussaev
See Musaev
Mussayev
See Musaev
Mussino, F.
02.044.006
Mussio, P.
09.031.045
Mustaeva, F. G.
03.075.021
05.075.008
07.072.029
075.003
09.075.005
Mustel, E. R.
02.078.028
082.122
122.138
03.074.059
124.001 .006
134.017
04.082.169
124.004
125.003 .013
05.125.005
06.125.004 .009 .028
07.125.002
08.078.048
124.001
125.101
10.012.025
082.092
116.003
125.041
Muster, A.
09.014.013
Musylev
See Muzylev
Mutch, T. A.
03.003.098
04.003.096
07.097.014
09.003.094

Mutch, T. A.
09.097.066
Muthsam, H.
07.121.044
08.120.015
Mutschlecner, J. P.
02.065.072
080.023
03.065.036
04.065.113
080.024
122.003
05.071.042
122.101
07.080.003
08.071.029
076.043
114.058
Mutti, E.
08.032.002
Muzalevskij, Yu. S.
01.072.019 .042
085.008
02.072.073
03.072.022 .034
04.051.037
05.034.044
09.032.017
10.073.122
Muzalevsky
See Muzalevskij
Muzdrakov, G.
08.055.003
Muzdrakov, G. G.
08.055.002
Muzylev, V.
05.065.056
Muzylev, V. V.
05.065.054
08.065.007 .076
115.010
10.064.080
Muzzio, J. C.
02.122.096
03.095.009
112.004
122.124
04.065.146
05.115.021
06.065.082
09.113.057
10.113.086
115.031 .039 .040
153.013
155.074
Myachin, V. F.
04.042.089
08.042.023
10.042.115
Myasnikov, V. L.
05.077.033
10.077.092
Myasnikova, L. N.
10.093.014
Mychelkin, Eh. G.
02.021.016
022.113
031.028
10.072.080
Myer, J. A.
03.102.001
07.103.100
Myers, A. T.
09.094.336
Myers, B. F.
10.083.009
Myers, H.
08.091.014
09.053.012

Myers, P. C.
05.131.146
06.131.151
08.131.021
141.103
10.131.144
Myerscough, V. P.
04.064.054
08.064.068
10.010.022
Myerson, R. J.
04.045.012 .028
Mykland, N.
01.072.041
09.072.003
Myrup, L. O.
02.082.002
Myrzabekov, T.
10.052.015
Mysiy, V. I.
02.104.038
Myurk, V. V.
09.066.037

Naan, G. I.
02.003.141
Nabiullin, M. K.
09.052.025
Nabokov, I. N.
02.034.063
05.034.010 .054
08.034.153
Nabokova, I. B.
05.034.052
Nachman, P.
09.131.182
Nachman, P. M.
06.112.020
Nachtmann, O.
02.162.082
Nacozy, P.
02.102.023
04.151.007
Nacozy, P. E.
01.042.022
03.042.079
04.042.060
05.052.025
06.042.047
07.052.022 .039
151.041
08.042.081
102.011
10.101.009
Nadaska, E.
04.009.021
Nadeev, L. N.
02.032.064
044.037
07.046.001
Nadezhin, D. K.
01.061.014
065.034
02.125.017
03.064.054
125.014
05.125.006
07.062.029
065.059 .082
09.065.102
10.003.130
Nadkarni, R. A.
02.105.076
04.105.062
10.094.393
Nadolschi, V.
09.003.095
Nadubovich, Yu. A.
02.084.041 .042

Nadubovich, Yu. A.
04.084.010 .048
07.084.038
Nadubovitch
See Nadubovich
Nadyozhin
See Nadezhin
Nadzharov, Yu. A.
10.106.027
Nadzhip, A. Eh.
08.097.104
09.097.022
Naebauer, M.
02.055.013
06.046.022 .024
Naef, R. A.
01.075.023
098.002
103.101
104.010
02.010.036
047.017
098.005
104.012
03.098.007
04.047.018
075.003
092.027
05.104.027
06.047.021
075.004
100.010
104.038
07.075.005
104.028
08.011.036
047.027
079.106
098.013
09.075.004
103.002
10.009.010
010.010
047.019
Naeser, C. W.
05.105.061
Naessens, G.
03.094.094
Nafissi-V., M. M.
03.094.156
04.094.259
Naftilan, S.
03.098.027
Naftilan, S. A.
09.122.078
10.121.100
Nagai, R.
03.042.019
07.021.009
08.042.078
Nagamori, K.
08.047.005
10.047.007
Nagamoto, C. T.
06.105.008
09.105.040
Nagane, K.
01.033.003
Nagarajan, S.
06.062.013
Nagasawa, K.
05.104.014
06.104.078
Nagasawa, S.
02.073.082
03.072.042
09.032.013
Nagase, F.
02.076.041
09.084.412

Nagashima, K.
05.143.135
06.143.097
07.143.067 .068
08.143.063 .064
Nagata, K.
06.143.080
Nagata, S.
06.065.130
Nagata, T.
03.094.130
04.003.025
084.257 .274
094.298
05.094.088 .113
06.084.272
094.185
07.094.125 .126
08.084.212
09.094.284 .497 .772 .826
10.094.396 .438
Nagayama, N.
09.106.015
10.084.204
Nagayama, Y.
05.032.090
Nagel, C.
07.121.070
Nagel, D. J.
10.062.001
Nagel, E.
09.052.042
10.046.024
Nagel, K.
09.094.535
Nagel, R. H.
06.093.002
Nagelberg, E. R.
03.077.032
Nagibarov, V. R.
04.066.017
09.066.044
10.066.017
Nagirner, D. I.
02.022.047
03.063.005 .011
09.063.015 .050
10.063.071
Nagle, J. S.
09.094.054
10.094.320
Nagle, S.
10.094.126
Nagler, R. G.
08.053.008
Nagnibeda, V. G.
01.079.102
02.077.055
03.077.037
09.072.020
077.017
Nagorcka, B. N.
05.022.070
Nagornykh, V. V.
10.106.027
Nagornykh, Yu. I.
10.083.026
143.038
Nagorskaya, I. A.
02.022.027
Nagy, A. F.
02.082.015
03.084.019
04.082.019
084.050
06.083.017
08.083.011
084.004
10.083.016

Nagy, B.
03.094.001 .163
04.094.258
05.094.161
07.011.006
09.094.069 .251 .907 .947
10.094.389
Nagy, D.
10.081.042
Nagy, L. A.
03.094.001
05.094.161
09.094.069 .251
10.094.389
Nahm, W.
01.066.022
10.162.001
Nahon, F.
01.021.004
02.151.009 .021
03.151.061
04.151.006
06.151.061
07.042.013
151.055
10.021.014
042.016
Naidenov, V. O.
06.061.059
08.078.029
Naidu, P. S.
05.084.248
Nair, K. N.
02.084.219
03.084.240
05.084.240
09.084.250
Naishul, A. S.
07.032.007
Naito, I.
10.044.030 .032
045.019 .021 .023
Naito, Y.
09.077.001
10.077.054
Najbauehr, I. F.
10.055.027
Najdenov, V. O.
05.105.001
09.078.047
Najita, K.
02.073.015
04.071.049
09.083.006
10.082.003
Najser, P.
10.096.015 .016
Najshul, A. S.
09.032.014
10.032.017
Nakada, M. P.
01.074.025
04.074.034
07.106.006
10.064.013
Nakada, Y.
07.065.012
10.131.175
Nakadan, Y.
05.076.029 .031
Nakagawa, M.
02.142.038
05.142.049
06.142.048 .050
Nakagawa, S.
06.143.080
Nakagawa, Y.
01.080.007
02.062.007 .032
065.054

AUTHOR INDEX - VOL.1-10

Nakagawa, Y.
  02.073.010 .022 .030
    080.022 .033
  03.022.067
    061.015
    062.009
    073.054
  04.062.007
    080.013 .030
  05.072.054 .055
  06.062.028
    072.041 .046
    073.013
  07.071.014
  08.071.058
    072.011 .029
    073.054
    080.016
  09.073.069 .104
    080.004
  10.062.020
    072.011
    073.106 .113 .116
    074.065
    080.003
Nakai, H.
  09.042.026
Nakajima, H.
  08.033.052
  10.077.085
Nakajima, K.
  09.031.019
Nakajima, S.
  02.066.003
Nakajima, T.
  02.131.123
    141.193
Nakamoto, A.
  06.143.080
Nakamura, N.
  09.094.690
    105.005
  10.094.380
    105.015 .034
Nakamura, Y.
  02.094.001
  03.094.027 .091 .343
  04.094.116 .136 .159 .164
    .296
  05.094.194
  06.094.232 .243
  07.082.111
    094.159 .208 .217 .226
  09.094.340 .583 .612 .778
  10.022.063
    094.006 .362
Nakano, G. H.
  01.084.427
Nakano, T.
  01.065.075
    066.033
  02.065.065
  03.065.069 .083
  04.107.001 .009
  06.131.133
  07.131.063
  09.065.004
Nakaparksin, S.
  05.105.020
Nakata, G. M.
  10.097.034
Nakayama, K.
  07.073.041
Nakayama, S.
  01.003.062
  03.003.073
Nakazawa, K.
  03.065.041
  04.065.105
  06.065.130

Nakazawa, K.
  07.065.062
  09.061.061
    065.163
  10.064.077
    065.128 .139
    125.053
Nakonechny, Yu. S.
  03.035.009
Nalimov, V. N.
  10.160.026
Namba, O.
  01.071.029
  03.071.035
  07.071.003
Nambu, M.
  09.084.406
Namgaladze, A. A.
  01.084.260
  03.084.284
Namikawa, T.
  03.084.227
Namioka, T.
  04.031.012
Namiq, L. I.
  09.094.833
Namisnak, D.
  06.112.012
Nance, R.
  03.094.191
Nance, R. L.
  02.094.070
  03.094.285
  05.094.123
  06.094.233
Nance, W.
  04.094.237
  08.094.210
  09.094.237 .685
  10.094.461
Nance, W. B.
  04.094.091
  05.105.083
  06.094.061
  10.094.153
Nanda, J. N.
  04.162.075
Nandini, R.
  10.066.142
Nandy, K.
  01.113.027
    131.102 .112
  02.155.016
  03.113.058
    114.117
    131.015 .026 .116 .117
    158.109
  04.114.003
  05.113.056
    131.045 .047 .049 .050
    .120
  06.114.073
    131.001 .022 .023 .039
    .047
    132.021
  08.114.029
  09.063.022
    114.039 .047 .154 .165
    131.100 .126 .193 .211
  10.032.014
    113.001 .026
    114.135 .159
    122.088
    131.021 .153
Nandy, K. N.
  03.159.003
Nanos Jr., G. P.
  07.141.559
Napartovich, A. P.
  02.064.023

Napier, P. J.
  07.033.064
  08.031.004
  09.031.046
    034.002
Napier, T. M.
  05.143.098
Napier, W. M.
  06.131.022
Napier, W. McD.
  03.064.021
    119.008
  05.117.020 .030
  06.093.006
  08.061.049
  09.101.004
Napoli, L. S.
  05.033.019
Napolitano, L. G.
  10.012.031
Narain, U.
  04.065.137
    162.068
Naranan, S.
  01.142.005
  03.141.056
    142.038
  09.143.071
  10.142.061
Naranjo, O.
  10.123.031
Narasimham, V. S.
  04.061.013
  08.061.028 .029
Narasimhan, M. S.
  04.033.090
  08.033.080 .123
  09.033.074
  10.033.113
Narasinga Rao, B. C.
  See Rao, B. C. N.
Narayanan, K.
  07.033.039
Narayanan, M. S.
  03.082.055
Narbone, M.
  01.122.090 .091
  02.122.053 .152
Narcisi, R. S.
  03.083.004
    084.018
  07.079.101
Nardi, M.
  01.034.015
Nardi, V.
  05.084.269
  06.062.014
  09.073.084
Narheim, B. T.
  07.034.011
Nariai, H.
  01.162.027 .052
  02.066.029
    162.044
  03.066.043
    162.051
  04.162.014
  05.158.129
    162.021 .079 .080 .081
  06.162.069 .070
  07.151.023 .024
  08.162.063 .066 .087
  09.162.077 .089
  10.066.127
    162.035 .036 .077 .087
Nariai, K.
  01.064.007 .008
  02.064.032 .033 .051
    119.001
    122.003

Nariai, K.
03.119.006
124.103
04.065.152
119.007
121.083
126.011
06.114.137
117.013
08.119.006
10.124.009
Narita, S.
01.065.075
066.033
03.065.083
10.065.138
Narits, A. D.
08.151.053
Narkhodzhaev, K. N.
10.005.019
Narlikar, J. V.
01.003.048
162.031
02.162.009 .031
03.022.015
04.022.093
162.067
06.066.097
162.015
07.022.101
162.001 .002
08.162.032
09.162.038
Narumi, H.
04.062.067
Naruse, Y.
01.143.062
Nasaka, M.
01.044.010
03.045.003 .004
05.045.015
08.045.011
Nasarova
See Nazarova
Naselli, C.
06.015.016
Nash, C.
06.034.092
Nash, D. B.
03.094.138
04.094.272 .299
05.094.012 .146
06.094.080 .164
09.094.072 .478 .849
10.094.088
Nash, W. P.
10.094.092
Nasi, E.
02.047.010
077.052
119.005
154.016
04.047.023
077.057
06.158.130
07.077.054
10.065.095
Nasirov, G. A.
02.082.125
04.082.151
08.082.174 .192
Nasirova, L. I.
04.104.024
Naskrecki, W.
05.032.017
055.010
Nasonova, L. P.
05.042.003
10.042.003

Natale, V.
09.071.052
10.031.072
Natali, G.
05.034.033
Natarajan, V.
08.119.010
Nathanson, D.
09.094.543
Nather, R. E.
01.022.029
124.106
141.021 .072 .074 .107
02.096.008
124.106
03.096.012 .013
115.006
122.017
126.001
04.096.004
05.031.021 .045
118.009
121.026
06.096.034
126.008 .017
07.034.023
099.013
121.016 .017
122.038 .047 .048
126.001
08.031.077
115.007
121.033 .043
122.120
10.122.041
Natta, A.
04.064.095
06.064.059
114.083
08.114.083
154.008
09.113.045
154.012 .013
Nauenberg, M.
08.065.012
09.065.013
Naughton, J. J.
09.094.337 .742
Naugle, J. E.
03.094.245
09.051.019
10.051.005
Naugolnaya, M. N.
04.094.425
06.097.097
07.094.103
08.097.101
Naumenko, E. K.
10.063.044
Naumkin, Yu. K.
10.093.001
Naumov, A. I.
01.034.049
093.001
02.077.002
134.012
04.099.014
05.141.088
06.097.032 .091
07.099.071
08.077.011
09.093.065
094.872
10.033.082
Naumov, A. J.
See Naumov, A. I.
Naumov, A. P.
02.093.019
05.093.002
06.093.017

Naumov, A. P.
07.100.015
09.093.068
Naumov, Ya. V.
07.033.035
08.031.014
Naumova, A. A.
05.034.046
09.041.003
10.041.029
Naumova, E. V.
10.151.050
154.002
Naustvik, E.
01.084.002
Nava, D.
02.105.142
Nava, D. F.
05.105.077
06.094.017
07.094.016
09.094.095 .689
105.102
10.094.397 .411
Navach, C.
03.113.043
05.131.109
09.114.032 .033
Navara, P.
05.034.056
Navarra, G.
02.143.025
Nave, M. F. F.
04.077.020
05.077.009
Nayak, V. K.
07.105.015
Nayfeh, A. H.
03.042.025
04.042.095
07.042.068
Naylor, M. D. T.
04.080.020
117.017
07.117.026
08.117.031 .032
10.121.099
Nazarchuk, G. K.
02.103.105
Nazarenko, A. I.
10.052.062
Nazarenko, M. K.
05.104.004
09.104.029 .030 .031
10.104.051
Nazarenko, V. S.
09.066.059
Nazarkina, G. B.
02.094.061
Nazarov, V. P.
02.033.026
09.033.038
Nazarova, L. P.
06.054.004
Nazarova, L. S.
06.158.110
09.158.098
10.158.079
Nazarova, N. I.
10.034.008 .009
143.039
Nazarova, N. V.
05.032.005
Nazarova, T. N.
02.104.027
03.104.011
06.104.046
08.104.018 .019 .043
Nduka, A.
06.042.034

Neary, M. J.
07.034.134
Nease, D.
09.094.420
Neatrour, J.
07.064.039
Nebelitskij, V. B.
08.158.136
09.141.135
10.158.029
Nebergall, D.
01.084.222
Nechaev, O. Yu.
05.143.004
08.078.024
10.143.044
Nechitailenko
See Nechitajlenko
Nechitajlenko, V. A.
02.034.094
03.034.024
04.034.001
06.104.085 .086
Neckel, H.
04.071.046
06.080.004
07.071.005
10.071.028
115.017
Neckel, T.
01.113.015
02.113.063
03.131.093
05.009.016
131.013
07.131.011
159.018
09.082.098
Nedeshev, Yu. S.
10.077.073
Nedyalkov, I.
03.141.166
06.065.136
10.141.134
Nedyalkova, G. M.
09.093.039 .042
10.093.019
Needham, J.
06.003.155
Neel, C. B.
01.082.010
Neely, D. E.
07.143.013
Neely, F. H.
04.080.014
Neely, H. M.
04.003.097
Ne'eman, Y.
04.162.070
05.162.078
07.162.078
Nefed'ev, A. A.
03.014.010
07.094.175
08.094.255 .261
Nefed'ev, V. P.
02.077.026
05.077.034
06.078.024
085.013
09.077.032
10.073.043
077.017 .018
Nefed'eva, A. I.
02.082.045
04.041.006
08.041.060
Nefedjev
See Nefed'ev

Nefedov, V. I.
09.094.699
Neff, J.
08.003.084
Neff, J. S.
02.091.033
113.037
03.158.094
04.101.005 .008
113.045
114.062
115.011
122.044
05.008.064
124.100
07.008.071
08.101.008
114.061
09.008.060
Neff, S. H.
07.104.015
Negele, J. W.
10.061.057
Negus, C. R.
04.034.062
08.073.068
Neher, H. V.
05.072.067
143.018
06.078.052
Nehru, C. E.
06.094.269
09.094.650
Neiburger, M.
10.003.098
Neidig, D. F.
05.077.035
Neidig Jr., D. F.
04.073.015
05.077.042
10.073.112
Neighbours, J. E.
10.121.012
Neilson, J. E.
07.042.011
Neiman, Y. Y.
07.042.005
Neirinck, P. E. L.
01.055.002
Nejman, V. B.
01.094.056
Nejman, Yu. M.
08.091.058
Nejshtadt, A. I.
09.052.024
Neklyudova, N. F.
05.081.010
Nekrasov, V. I.
04.105.089
Nelen, J.
01.105.069 .092
02.105.099
03.094.113
105.026
04.094.152
105.143
05.105.086
06.094.092 .262
08.003.057
105.113
09.094.354 .651 .943
105.137 .163 .164 .166
10.094.289
Nelen, J. A.
09.105.167
10.094.379
Neljubin
See Nelyubin
Nelms, G. L.
02.083.039

Nelms, G. L.
03.073.115
Nelson, A. H.
08.162.001
09.062.036
162.009
10.141.089
Nelson, B.
01.009.021
04.121.009 .022
07.117.023
121.029 .040 .075
Nelson, C. J.
03.079.102
Nelson, D. A.
10.063.014
Nelson, G. J.
01.077.044
04.083.036
06.083.039
Nelson, H. F.
08.062.056
09.063.017
Nelson, J.
04.141.125
05.141.127 .161
10.142.001
Nelson, J. E.
08.141.517
Nelson, L. S.
03.105.010
04.105.144
07.105.032
09.105.060
Nelson, M. R.
08.121.091
09.141.521
Nelson, R. H.
05.022.026
Nelson, R. M.
01.111.006
02.153.039
03.111.003
09.153.011
Nelson, R. W.
08.063.039
Nelubin
See Nelyubin
Nelyubin, N. F.
04.082.055 .218
07.082.044
09.082.059
Nemec, G.
01.031.005
100.006
04.092.002
05.032.025
06.034.005 .016 .078 .090
097.062
Nemeth, J.
08.065.125 .132
Nemeth, M.
04.051.039
054.035
084.317
Nemiro, A. A.
03.041.031
05.041.019
06.003.009
041.009
07.112.005
08.041.052
10.041.029
Nemo, A. A.
09.042.023
Nemolochnov, A. N.
05.143.136
Nenakhova, E. M.
02.041.011
09.031.016

Nenjukov, S. S.
06.031.013
Neo, Y. P.
01.082.045
05.034.086
08.082.026
Neplokhov, E. M.
07.032.007
09.032.014
034.097
10.032.017
Nepoklonov, B. V.
04.091.046
05.094.139
07.094.259
09.094.959
10.094.117
Nerf Jr., R. B.
07.022.092
Nerheim, N. M.
03.022.074
Nerney, S. F.
10.064.009
Nero, A. V.
10.061.062
Nerurkar, N. W.
02.142.021
Nerushev, A. F.
09.091.023
Nesci, R.
10.103.102
Neshpor, Y. I.
02.077.041
122.120
04.073.017
Nesis, A.
02.071.067
07.071.043
10.080.022
Nesmjanovich
See Nesmyanovich
Nesmyanovich, A. T.
01.079.100
02.074.012 .013
077.036
085.005
03.033.005
077.013 .024
04.074.086
079.103
05.074.020 .044 .080
06.074.077 .088
077.053
079.103
07.073.081
08.033.047
073.113
079.101 .102
106.041
09.077.029
079.100
10.073.120
074.113
078.003
079.100
084.268
Nesmyanovich, E. I.
08.073.113
106.041
10.078.003
084.268
Ness, N.
09.094.887
Ness, N. F.
01.084.242
091.022
106.029
02.053.025
074.046
084.230 .243

Ness, N. F.
02.094.129 .130 .131 .157
106.002 .013
03.073..106 .107
074.003
094.306
106.023
04.034.060
084.264 .265 .278
094.115
106.032
05.074.057
091.016
092.007
094.096
099.032
106.027 .038
06.084.202 .236
094.069
106.015 .031
07.074.091
084.205 .210 .901
106.007
08.084.271 .322 .901
106.032
09.106.002
10.074.095
084.275
106.011
Neste, S. L.
07.098.073
Nesterenko, O. P.
01.052.038
Nesterko, N. A.
02.074.070
07.092.001
09.099.076
Nesterov, G.
03.083.088
Nesterov, G.
See Nestorov, G.
Nesterov, V. E.
05.143.062 .137
06.143.030
07.143.019 .020 .021 .045
.046 .047
08.143.035
10.143.048
Nesterov, V. V.
01.004.015
03.045.006
05.045.023
06.045.003
08.045.034 .036 .037
Nesterova, I. I.
09.085.015
Nesterova, N. M.
05.143.138
Nesterovich, E. I.
06.099.044
Nesterovitch, E. I.
05.099.089
Nestorov, G.
01.076.016
02.083.041
03.073.076
083.087 .088
143.033
04.083.059 .062 .065 .066
162.008
05.083.009 .051
085.002
06.083.033
07.083.008 .009 .060
09.083.012
10.083.001 .041
085.008
Nestorov, G. T.
04.083.079
08.083.039 .074

Nestorov, G. T.
10.083.060 .062
Netchaeva, T. B.
04.084.238
Nethery, C. M.
05.064.007
Nettleship, R.
09.076.035
Netzler, G. P. R.
07.035.008
Neubauer, F. M.
04.106.006
08.062.021
10.106.024
Neubauer, I. F.
See Najbauehr, I. F.
Neubauer, M.
03.071.046
05.072.060
Neubert, R.
08.055.022
Neuder, S. M.
04.071.018
Neugebauer, G.
01.113.014 .028
114.095
122.032
131.094
141.056 .196
142.012
155.014
02.097.031
113.038
114.052 .065
155.005
158.005
162.038
03.097.043
122.053
124.103
141.016
158.011
04.115.006
132.009
05.097.039
099.091
113.050
152.005
158.006 .080 .105
06.097.029
099.070
113.010
131.056
158.002 .099
07.097.011 .029
114.014
141.146
158.035 .085 .135
08.114.086 .099
131.062
141.039 .105
09.113.029
114.030 .040
125.101
131.040 .207
132.028
158.052 .066
10.097.027
113.084 .110
114.217
122.160
133.070
141.559
142.048
158.113
Neugebauer, M.
03.013.010
084.205
04.074.009 .080
06.074.019

Neugebauer, M.
06.084.204 .257
07.074.064 .092
08.074.004 .064
09.074.022
084.411
103.102
10.074.074
106.009
Neugebauer, M. M.
01.003.077
Neugebauer, O.
01.003.107
06.004.043 .044
08.003.108
Neujmina, M. N.
02.005.005
Neukum, G.
03.094.184
05.094.166
06.094.134 .261
07.022.028
094.100
09.094.512 .536 .799
10.094.398
Neumann, D.
05.022.083
07.022.115
091.035
Neumann, H.-L.
06.104.079
Neumann, J.
05.082.034
Neumann, R.
03.022.088
Neumann, R. M.
04.022.019
Neupert, W. M.
01.076.007
02.076.012 .020 .036
03.076.015 .029
05.076.005 .008 .040
06.032.013
076.003 .034
07.076.033 .036
08.034.052
074.036
09.073.024 .051
076.016 .022
10.073.025 .110
076.017
Neuss, H.
08.083.042
10.084.223
Neuvonen, K. J.
09.105.023
Neuzil, L.
02.003.099
082.090
Neven, L.
03.071.002
07.071.004
08.071.037
Neveu, B.
05.022.022
06.022.143
Neville, A. C.
02.033.034
Nevskaya, N. I.
02.004.010
07.004.032
New, B. M.
05.031.067
Newbigging, D. F.
10.094.388
Newburg, J. L.
02.118.012 .014 .016 .017
.018
04.118.007
06.118.004

Newburn, R. L.
08.053.012
Newburn Jr., R. L.
09.091.005
Newcomb, J.
04.034.096
Newcomb, J. S.
05.112.016
06.031.069
Newell, E. B.
01.154.007
02.154.011
03.154.006
04.154.003
06.114.051
07.065.037
154.011 .017 .032
08.036.003
10.115.020 .030
121.099
Newell, H. E.
01.003.113
07.012.027
051.031 .042
052.033
08.094.065
09.003.096
094.041
Newell, J. K.
01.032.012
Newell, R. E.
01.084.010
07.091.009
Newelski, L.
01.032.066
02.032.069
03.031.020
06.031.039
Newkirk, G.
02.074.039
Newkirk, G. A.
08.074.033
Newkirk, L. L.
06.084.404
Newkirk Jr., G.
01.008.022
02.074.016 .033
03.073.065
079.102
04.074.002 .063
05.074.042
06.071.040
074.058
080.019
07.074.081
08.074.010 .039
09.032.025
074.019 .064
10.074.067 .101
Newlin, R. P.
09.094.447
Newman, C. E.
05.061.007 .017
Newman, E. T.
01.162.065
07.066.067
Newman, H. M.
03.141.198
Newman, M. J.
10.061.048
Newman, R. C.
01.078.008
Newman, W. A.
09.094.445
Newman, W. I.
10.033.011
Newnam II, G. E.
01.099.003
03.099.049
05.099.053

Newsom, G. H.
05.022.055
10.022.040 .041
Newson, R. L.
09.082.014
Newstead, R. A.
01.071.007
04.094.426
Newton, A. C.
06.142.038
10.141.508
Newton, G. P.
02.082.016 .073
03.083.063
04.082.086
05.082.093
09.082.025
Newton, J.
04.079.100
Newton, J. B.
03.034.007 .049
08.009.003 .006
09.036.008
Newton, J. C.
03.094.082
Newton, L. M.
08.159.016
09.131.007
Newton, R.
04.044.024
Newton, R. C.
04.094.182
06.094.096
09.094.345
Newton, R. G.
06.022.128
Newton, R. R.
02.044.012
04.003.098
07.003.102
044.025
094.199
08.003.109
004.022
044.005
10.004.046
Ney, E. P.
01.092.005
094.045
113.010
132.019
03.103.102
04.083.039
092.012
114.063
122.047
05.115.011
06.158.099
07.106.024
113.006
114.067
132.028
155.072
08.034.062
113.021 .039
122.125
09.114.030 .058
10.103.102
106.005
113.002
117.030
Neyachenko, I. I.
10.098.022
Nezhinskij, E. M.
01.151.042
02.158.082
06.102.013
08.102.037
158.062
09.151.052

Nezhinsky
  See Nezhinskij
Ng, C. K.
  06.078.022 .045
Ng, G.
  09.094.636
Nguen Bik Lan
  08.083.069
Nguen-Ngan
  01.071.048
  03.071.024
  073.027
  04.073.014
  08.072.014
Nguyen, L.-D.
  10.094.178 .399
Nguyen Dinh Noan
  04.044.033
  10.046.039
Nguyen Xuan Vinh
  08.042.069
Nguyen-H-Doan
  04.122.017
Nguyen-Hoe
  01.062.005 .033
  03.022.082
  05.022.068
  09.062.032
Nguyen-Huu-Doan
  08.084.044
Nguyen-Long-Den
  04.094.372
Nguyen-Quang-Rieu
  01.031.002
  141.120
  03.141.115
  04.158.017
  05.114.028
  06.131.006
  08.131.058 .114
  142.060
  09.122.050
  142.032
  10.131.071 .231
Nha, I.-S.
  09.121.012
Ni, W.-T.
  08.066.025
  09.065.099
Niccolai, M.
  06.104.015
Nicell, D.
  08.104.026
Nichiporuk, W.
  03.094.043
  105.047
  04.094.219
  105.041 .061
  05.105.043
  06.003.027
  105.123
  09.094.400
  105.085 .103
Nichitiu, F.
  03.022.087
Nichol, D. G.
  04.082.029
  05.082.058
Nicholas, R. E.
  10.114.179
Nicholls, D. C.
  04.082.113
  07.022.037
Nicholls, G. D.
  09.094.219
Nicholls, I. R.
  04.022.077
Nicholls, R. W.
  01.009.014
  03.011.018

Nicholls, R. W.
  03.022.050
  079.102
  102.001
  06.022.023
  076.006 .025
  07.022.041 .042 .055 .056
  08.022.021 .027
  079.101
  082.211
  09.003.024
  022.009
Nichols, C. S.
  04.114.064
Nichols, G. E.
  02.143.001
  05.051.016
  143.122
  06.143.085 .088
Nichols, K. G.
  10.033.101
Nichols, N.
  03.074.030
Nicholson, P. S.
  09.077.006
Nicholson, T. F.
  06.104.051
Nickel, G. H.
  02.080.032
Nickerson, B. G.
  06.161.003
Nickle, N. L.
  09.094.516
Nicks, O. W.
  05.003.076
Nicodem, D. E.
  10.099.003
Nicoghossian, A. G.
  See Nikogosyan, A. G.
Nicolaides, C.
  06.022.150
  08.022.101
Nicolaides, C. A.
  09.071.031
Nicolas, K.
  08.071.022
Nicolas, K. R.
  03.076.020
  04.076.017
  09.076.028
Nicolescu, S.
  01.075.024 .025
  03.075.013
  04.073.072
  075.024
  06.073.064 .065
  075.031
  08.075.030
Nicolet, M.
  04.003.025
  082.009 .126
  05.082.082
  06.082.113
  08.082.095
  09.082.081 .082
Nicolet, M.-A.
  08.031.016
Nicolini, T.
  04.007.000
  008.026
  015.030
  045.033
  094.436
  103.133
  06.045.012
Nicollier, C.
  07.113.027
  115.014
  08.113.057

Nicolson, A. M.
  07.033.062
Nicolson, G. C.
  06.008.021
Nicolson, G. D.
  04.033.069
  06.141.138 .224
  07.141.076 .091
  08.008.023
  141.063
  09.141.028
Nicolson, I.
  06.003.098
Nidey, R. A.
  01.032.051
Niebuhr, H. H.
  10.094.067 .312
Niedermeyer, H.
  09.062.045
Nief, G.
  09.094.703
Niehaus, R. J.
  04.117.027
  10.121.082
Niehoff, J.
  07.052.035
Niehoff, J. C.
  07.051.028
  08.051.011
Niekerke, J.
  06.051.028
Niel, M.
  04.142.047
  05.032.077
  07.142.008
  08.155.005
Niell, A.
  03.031.007
  08.079.107
Niell, A. E.
  02.141.011
  04.141.149
  05.141.029 .031 .033 .073
  07.141.033 .034 .035
  08.141.124
  142.062
  10.158.016 .096
Nielsen, A. V.
  01.004.037
  104.028
  02.118.037
Nielsen, H.
  09.117.029
Nielsen, R. F.
  05.031.031
  032.056
  06.031.019
Niemann, H. B.
  08.053.005
  09.053.011
  082.079
Niemeier, W.
  06.081.021
Niemelae, V. S.
  08.114.005 .903
  09.119.012
Niemirowicz, Z.
  06.010.014
Nier, A. O.
  07.097.013
  08.082.150
Nieto, M. M.
  04.091.004
  06.022.061
  08.003.110
Nieuwenhuijzen, H.
  02.022.003
  04.022.035
  034.077
  08.034.133

Nieuwenhuis, H.
06.097.061
07.094.161
097.079
Niewenhuijzen, N.
08.034.133
Nightingale, J. D.
10.162.022
Niimi, H.
02.151.003
03.151.007 .070
05.151.031
09.151.045
Niimi, Y.
03.041.010
06.041.007
07.041.021
08.044.023
Niini, A.
01.081.033
094.080
02.081.029
Nikander, J.
03.093.005
04.093.018
05.093.052
Nikanorov, A. S.
06.033.023
10.033.056
Nikiforov, A. F.
03.061.018
06.065.157
Nikiforova, I. A.
09.072.079
10.073.018
Nikitin, A.
07.114.131
Nikitin, A. A.
02.022.107
04.114.136
05.114.091
06.061.012
114.080
08.114.177
09.114.176
10.022.049
Nikitin, N. F.
04.082.071
Nikitin, O. P.
05.082.002
Nikitin, S.
02.093.042
04.093.087
06.094.031
Nikitin, S. A.
04.051.021
07.094.163
Nikitin, V. A.
03.033.027
Nikitin, V. F.
C6.084.321
Nikitin, V. V.
01.141.181
03.141.181
07.141.060
Nikitin, Yu. F.
02.082.026
03.082.088
Nikitin, Yu. V.
09.094.120
Nikitine, S.
09.131.109
Nikitinskaya, N. I.
03.082.047
Nikogosyan, A. G.
03.063.009
08.063.002 .027
09.063.012 .045
10.063.017 .029

Nikolaenko, A. P.
07.083.062
Nikolaenko, E. M.
07.082.010
Nikolaev, A. G.
02.078.037
05.003.102
082.026
06.078.019
07.082.057
08.143.011
09.093.080
Nikolaev, G. B.
08.053.021 .022
Nikolaev, G. N.
06.053.027
Nikolaev, N. Ya.
09.077.049
10.033.055
Nikolaev, P. V.
05.034.002
10.034.121 .122
Nikolaev, R. P.
04.051.037
Nikolaev, S. I.
08.042.063
Nikolaev, V. D.
08.083.040 .070
Nikolaev, Yu. A.
05.083.053
Nikolaev, Yu. M.
02.074.074
106.016
03.143.055
05.011.014 .033
07.106.008
10.078.024
Nikolaeva, N. S.
10.034.009
Nikolayev
See Nikolaev
Nikolic, Lj.
01.032.029 .030 .035
Nikoloff, I.
01.153.027
02.103.120
03.103.101 .102 .114 .118
05.053.029
06.103.006
Nikolov
06.003.022
Nikolov, A.
02.122.180
Nikolov, N.
01.122.003
02.122.180
05.105.040
07.009.004
105.005
08.013.015
122.033
09.122.114
Nikolov, N. S.
02.122.079
04.122.066
06.003.084
08.014.003
09.009.025
Nikolow, A. S.
10.116.008
Nikolow, N.
See Nikolov, N.
Nikolskaya, K. I.
07.074.009
Nikolskaya, T. K.
05.045.002
08.021.003
042.064
Nikol'skaya, T. K.
02.044.034

Nikol'skaya, T. K.
03.044.023
Nikol'skij, G. A.
06.080.040
10.080.001 .008 .037
Nikol'skij, G. M.
02.003.078
073.013
03.003.010
073.050
04.074.051
05.074.033
080.004
06.073.003
07.071.014
074.009
08.003.079
034.045
09.073.009
074.037
Nikolsky, G. A.
See Nikol'skij, G. A.
Nikolsky, G. M.
See Nikol'skij, G. M.
Nikclsky, S. I.
05.143.138
Nikonenko, A. V.
07.031.003
Nikonov, O. V.
02.034.014 .041
05.031.051
034.041 .042
06.034.084 .099
10.034.022
Nikonov, V. A.
03.094.208
04.094.096 .097
05.094.058
06.094.032 .033 .034 .149
07.094.101 .132 .187
10.003.078
Nikonov, V. B.
06.003.008
07.113.014
08.113.050
10.032.025
Nikonov, V. N.
01.033.032
02.033.018
04.033.006
Nikonova, E. S.
02.034.014 .041
06.034.084 .099
10.034.022
Nikonova, L. E.
02.102.024
103.100
08.102.022
Niksch, M. A.
06.094.228
08.094.241
09.094.929
Nikulin, I. F.
05.073.023
06.073.067
08.072.016
09.072.033
Nikulin, N. S.
02.094.210
06.141.125
142.076
Nikulina, T. G.
06.122.081 .091
124.105
Nill, K. W.
08.082.036
Nilsen, B.
07.141.145
Nilson, P.
01.004.027

Nilson, P.
  10.004.071
      158.072
Nilssen, B.
  09.094.217 .679
  10.094.227
Nilsson, C. S.
  02.105.070
  05.105.047
Nilsson, S. G.
  08.061.069
Ninham, B. W.
  01.065.062
Nininger, H. H.
  04.105.145
  09.003.097
      105.104
Ninomiya, H.
  01.034.022
Nisbet, J. S.
  08.082.064
      083.063
  09.082.006
  10.076.004
      083.036
Nisenson, P.
  02.031.011
Nishi, K.
  03.076.026
  04.032.045
  06.031.028
  09.022.051
      072.001
  10.071.069
Nishi, T.
  03.061.010
Nishida, A.
  02.074.022
  04.106.021
  05.074.026
      084.261
  06.084.299 .300
  08.084.219 .285
  09.106.015
  10.084.204 .244
      106.021
Nishida, J.
  01.081.018
Nishida, M.
  02.080.004
  09.065.096
Nishida, S.
  10.064.077
Nishikawa, M.
  04.094.136
Nishikawa, T.
  01.143.062
Nishimura, H.
  07.105.072
  08.105.118
Nishimura, J.
  04.142.022
  05.076.014
  06.034.059
      142.008
  07.142.075
  09.142.004
Nishimura, K.
  05.142.061
  08.142.039
  09.084.412
Nishimura, M.
  08.158.100
  09.158.110
Nishimura, S.
  01.114.005
      131.108
  02.122.001 .003 .004
      126.011
  03.124.106

Nishimura, S.
  05.034.014
      099.055
      124.008
  08.031.059 .061
  09.124.106
Nishimura, T.
  02.094.152
  05.094.101
      106.020
  09.131.196
  10.106.006
Nishino, Y.
  08.008.106
Nishiwaki, A.
  05.083.049
Nishizaki, R.
  04.077.046
      157.013
Nissen, H.-U.
  09.094.312
Nissen, P. E.
  02.051.031
  03.114.082
  04.114.125
      153.007
  05.010.017
  06.034.042
      082.069
  07.064.043
Nita, I.
  08.075.030
  09.078.026
  10.075.009
Nita, M. M.
  10.052.079
Nitsch, J.
  07.065.130
  08.065.058
Nitschmann, H. J.
  01.054.010
  06.014.009
Niziolek, P.
  10.103.102
Nobes, M. J.
  07.094.138
Nobili, L.
  02.065.051
      116.023
  05.065.079 .139
  07.065.066
  08.065.107 .109
Nobis, H. M.
  08.004.050
Noble, J. L.
  04.033.083
Noci, G.
  01.034.038
      073.054 .055
  05.073.036
      074.052
  06.076.030
  07.073.076
      074.079
  08.074.029 .082
  09.071.043
      074.014 .058
Noci, G. G.
  01.079.102
  02.008.005
      064.059
Nocilla, S.
  07.052.027
Nodia, M. Z.
  07.084.261
Nodwell, R. A.
  03.022.052
Noel, F.
  02.041.008
  08.041.032

Noel, P.
  08.044.004
  09.044.026
Noels, A.
  07.065.078 .079 .101
  08.065.035 .128
  09.012.003
      065.053 .054 .118
  10.065.136
Noerdlinger, P. D.
  01.141.192
  02.062.012
      141.103
      161.005
      162.007
  03.158.065
      160.010 .012
  04.141.032 .128 .138
      162.049 .081
  05.062.040
      125.014
      158.095
      160.001 .008
  06.064.039
      160.007
      162.003
  07.063.028
      066.075
      132.012
      141.084
  08.064.014 .015
      066.096
  09.066.110
  10.064.057
      066.011
Noggle, R. C.
  05.134.008
Noguchi, T.
  01.122.073 .089 .092
  02.122.157 .161
  03.122.062 .098 .102
  05.034.012
      122.104
  07.034.105
Nogueira, J. J. D.
  02.096.009
      099.056
  05.096.003
Nohonoi
  See Noonoj
Nojkina, A. I.
  05.093.012
  09.093.075
Noland, M.
  07.097.027
  08.097.087
  09.097.082
      098.062
  10.097.028 .103
      105.002
Noll, R. J.
  10.031.048
Nollez, G.
  07.062.014 .026 .044
  08.062.018
Nolt, I. G.
  02.082.081
  05.082.060
  07.082.139
  08.082.057
  09.142.035
  10.082.110
Nolte, J. T.
  10.074.126
      106.076
Nomoto, K.
  08.064.063
Noonan, A.
  06.094.262
  09.094.354 .651

Noonan, A.
09.105.137
10.094.289
Noonan, A. F.
09.105.105 .163
10.094.379
Noonan, T. W.
01.160.007
02.160.011 .018
04.158.073
160.004 .005
162.041
05.158.017
160.004
161.001
162.034 .036 .037 .042
06.131.080
158.023 .089
160.010
07.160.003 .008 .011 .014
08.161.007
162.015
09.160.011 .021
10.160.031
Nooner, D.
09.094.241
Nooner, D. W.
04.105.027
Noonkester, V. R.
08.083.059
Noonoj, D.
02.072.050
06.080.009
10.080.033
Nord, G. L.
09.094.313
10.094.239 .400
Nord, R.
09.105.046
Nord Jr., G. L.
09.094.193 .630
Nordemann, D.
02.105.140
03.105.129 .137
05.105.024
09.105.036
Nordsieck, K. H.
05.132.023
133.004
07.158.133
08.158.052
10.151.011
158.044
Nordstroem, B.
02.113.015
10.114.133
Nordtvedt, K.
05.066.096
06.066.109
Nordtvedt Jr., K.
01.066.062
03.066.058
04.066.036 .078 .093
08.066.083 .084 .142
10.066.146
094.186
Nordtvedt Jr., K. L.
08.066.159
Norimoto, Y.
05.034.013
07.031.033
034.106
Norlind, W.
06.003.099
Norman, C. A.
09.158.042
Norman, K.
04.084.302
Norman, R.
09.033.056

Norris, H. W.
02.097.073
Norris, J.
03.064.016 .017 .018
05.153.011
06.114.006 .007 .008 .067
07.114.047
08.114.114
Norris, M. V.
02.159.010
10.122.060
North, J. D.
05.003.077
Northcott, R. J.
01.006.000
Northcutt, K. J.
07.094.021
09.094.230 .233 .261 .716
.717
10.094.126 .273 .403
Northover, K. J. E.
09.141.111
10.158.104
Northrop, T. G.
02.084.251
04.074.025
084.262
07.084.246
Norton, E.
04.105.012
Norton, M.
06.022.120
Norton, O. R.
09.036.004
Norton, P. R.
04.094.324
06.094.160
07.094.033
09.094.489
Norton, R. B.
02.083.038
084.025
04.082.014
06.084.026
08.082.007
083.064
Norton, R. H.
01.034.032
04.094.053
06.034.135
093.008
097.073
07.099.020
114.025
09.114.081
Norton, R. O.
01.003.087
Norton, T. D.
10.066.041
Norville, W.
10.003.100
Norwood Jr., J.
07.003.019
Nosek, R. D.
10.155.046
Noskov, B. N.
03.042.005 .006
05.052.023
06.052.003
08.042.074
09.052.022
Noskova, R. I.
01.133.025 .030
05.158.091
06.133.022
08.133.008
158.031 .066
10.133.011 .020
Nosova, G. N.
10.085.013

Nosova, L. F.
06.115.013
Nosovets, A. V.
10.066.066
Noteva, V.
04.141.209
Notni, P.
02.158.095
03.141.160
04.125.033
05.011.010
07.125.016
141.020
09.141.070
158.136
Notsu, K.
09.105.133
Nottarp, K.
02.032.007
05.044.013
Nouel, F.
09.081.036
Nourse, A. E.
02.003.063
04.003.166
07.003.103
Novaco, J. C.
08.155.022
Novak, A. F.
03.066.080
04.062.055
06.064.055
122.074
10.064.007 .082
Novak, B. L.
08.054.012
Novak, M.
08.034.043
Novak, V.
05.105.095
Novak, W. T.
07.082.100
Novak, Z. L.
08.099.071
Novello, M.
08.066.130
Novick, R.
01.141.220
142.019 .058
02.022.035
141.124 .166
03.134.008
05.076.004
125.016
134.019
141.159
142.019 .026 .082
06.034.051 .052 .053
134.001 .002
142.061 .062
07.134.003
142.021
08.022.005
034.120
142.082 .083 .117
09.061.064
142.066
10.141.503
142.017
Novick, S.
10.131.036
Novicov
See Novikov
Novik, G. Ya.
06.094.020 .023
Novikov, A. M.
01.085.005
02.084.040
07.084.038

Novikov, E. A.
03.162.044
Novikov, G. G.
02.102.028 .029
04.102.008
05.102.016
08.102.071
103.100
10.103.101
Novikov, G. V.
03.082.088
Novikov, I. D.
01.061.043
162.051
02.022.093
066.080
162.035
03.162.010
04.065.127
066.102
162.025 .046 .053
05.003.022
162.063
06.162.006 .054
07.003.145
066.047
162.044
08.066.077 .149
09.022.050
066.061
142.111
10.162.015 .016
Novikov, I. G.
10.066.013
Novikov, L. S.
10.083.025
Novikov, S. B.
01.082.102
02.082.026
03.032.033
082.084
04.082.071
07.082.095
08.031.012
082.032
09.031.022
082.063
10.031.020
082.084
Novikov, S. P.
08.162.023
10.162.017
Novikov, V. V.
02.094.051 .197
03.082.035
08.081.017
094.181
097.017
09.094.864
Novikov, Yu. N.
02.061.008
Novikov, Yu. P.
06.083.063
Novikova, G. V.
01.082.103
02.082.026
04.082.069 .071
06.082.064
131.142
08.082.033
09.036.002
10.036.002 .004
Novikova, K. F.
06.085.006
Novikova, V. I.
10.078.026
084.256
Novogrebelsky, A. B.
09.052.007

Novokreshchenova, S. I.
10.160.003
Novokshanova
(Sokolovskaya), Z. K.
02.005.002
Novopashennyj, B. V.
08.034.150
09.041.031 .032 .033
Novopashennyj, V. B.
10.034.036
Novoselov, V. S.
02.052.022
03.042.075
052.032
04.052.064
05.052.026
08.003.111
09.052.023
054.012
10.052.070 .077
Novoselova, N. V.
02.104.042
03.104.018 .051
05.104.001 .017
06.104.023 .083 .098
10.104.022 .037 .040
Novotny, A.
05.034.056
Novotny, E.
05.003.100
07.065.114
10.003.101
Novotny, E. C.
09.003.098
Novotny, J.
01.022.045
08.162.012
Novotny, J. E.
02.080.028
04.036.010
Novotny, V.
06.124.103
08.095.004
Novozhilov, N.
04.082.192
Novozhilov, N. I.
02.082.099
Novrusova, H. J.
See Novruzova, Kh. I.
Novruzova, Kh. I.
03.155.061 .062
05.117.003
119.009
06.117.007
08.115.006
10.115.038
119.012
155.053
Novy, L.
03.003.025
Nowak, T.
01.041.020
08.103.121
Nowatzki, E.
02.092.004
Nowatzki, E. A.
08.094.017
Nowotny, E.
10.082.112
Noxon, J. F.
03.082.067
084.021
04.097.036
06.082.103
091.026
07.082.014
08.082.109 .125
Noyes, R. W.
01.071.049
02.071.006 .042 .082

Noyes, R. W.
02.072.027
03.034.028
073.037
076.007 .012
04.073.057
05.071.047 .053
073.071
076.039
080.031
06.051.027
073.001 .079
074.040
076.005
07.072.008
073.008 .073
074.005
076.006 .030 .031
08.071.018 .030
072.002 .030
073.042 .093 .099
074.068
076.021
080.032 .060
09.071.045
073.039 .044
080.006
10.073.103 .104 .105
074.119
076.001 .023 .032
Noykina, A. I.
04.093.090
Nozawa, Y.
04.032.012
Nuccio, M.
06.105.088
Nuckolls, J.
08.022.023
Nudelman, S.
09.034.082
Nudjenko
See Nudzhenko
Nudzhenko, A. G.
02.122.134
04.122.078
10.122.182
Nugis, T.
01.114.019
06.114.046 .131
10.114.244 .245 .246
Nukariya, M.
03.104.014
07.098.024 .025
Null, G. W.
01.043.003
098.026
02.043.004
097.056
04.043.003
Nulman, A. A.
04.084.240
Numbers, R. L.
07.004.014
09.005.001
Nunes, P. D.
10.094.135 .455
Nuotio, V. J.
07.042.033
Nur, A.
03.094.140
04.094.293
10.094.115 .357
Nuraliev, T.
02.031.030
Nuritdinov, S. N.
10.151.051
Nurmukhamedov, M. G.
09.122.117
Nurzynski, J.
10.004.016

Nusinov, A. A.
05.084.273
06.084.216
07.084.225
08.084.250 .337
   102.001 .003 .006
09.084.243
Nusinov, M. D.
07.094.098
Nussbaumer, H.
02.022.048 .059
   133.022
04.022.008 .047
   072.030
   114.103 .115
   158.046
05.022.064
   072.010
   122.113
06.064.014
   114.103
07.022.002
   064.001
   122.014
09.074.027
   114.087
10.022.012
Nutku, Y.
01.066.020
02.066.025 .049
05.066.061
08.066.068
Nyberg, E. W.
03.034.062
Nyepoklonov
See Nepoklonov
Nygaard, K. J.
08.022.090
Nylen, P. S.
10.034.019
Nyquist, L.
05.105.009
09.105.142
Nyquist, L. E.
02.105.151 .152 .154
03.094.069
04.094.225
   105.056
06.094.294
07.094.062
   105.017
09.094.140 .258 .268 .707
       .710 .729
10.094.156 .208 .220 .401
Nys, O.
04.082.200
05.092.019
   118.037
07.118.025
Nystroem, G.
08.061.037

Obashev, S.
02.009.017
05.008.003
Obashev, S. O.
01.079.100
02.072.044 .087
   073.085 .086 .087 .088
   074.076 .077
04.073.052
06.072.073
   074.004
07.034.108
10.032.001 .043 .044
   036.008
   072.081 .082
Obasheva, S. O.
02.082.134

Obasheva, S. O.
07.082.128
Obata, T.
10.066.166
Obayashi, H.
01.143.036
Obayashi, T.
04.091.030
07.083.034 .079
08.074.104 .105
Obenson, G.
08.081.033
Oberbeck, V.
09.094.352
Oberbeck, V. R.
03.094.341
04.094.334
05.094.018
06.094.175
07.097.086
08.097.113 .118
09.094.009 .572
10.094.402
Oberman, C.
09.083.071
Oberndorfer, H.
01.097.005
03.009.006
05.009.007
   079.100
08.003.112
   009.007
09.007.000
10.003.068
Oberstatter, A.
02.005.020
   096.006
06.005.005
Oberts, P.
10.084.246
Oborneva, A. G.
04.041.001 .034
07.041.011 .012
Oboukhov
See Obukhov
Obradovic, M.
06.014.017
Obregon, O.
05.066.027
06.066.071
07.066.009
08.066.043
09.141.117
Obreschkow, E.
07.009.018
   073.052
   141.564
Obrezkova, E. I.
02.007.000
   032.011
06.045.024
Obridko, V.
01.072.007
10.074.125
Obridko, V. N.
01.073.006 .008
02.011.021
03.073.092
08.072.006 .007 .022
   131.054
09.080.036
O'Brien, B. J.
03.084.045
04.084.053
05.084.030
06.084.059
07.094.039
O'Brien, J. E.
06.071.014

O'Brien, J. T.
06.022.092
O'Brien, K.
09.143.070
10.143.006
O'Brien, K. C.
03.077.032
07.033.040
08.033.089
O'Brien, R. S.
07.082.020
Obukhov, A. M.
01.093.022
05.082.006
06.091.018
Obukhov, G. G.
08.094.100
Obukhov, L. V.
07.094.098
Oburka, O.
02.117.043
   121.098
03.007.000
   123.014 .015
04.104.047
   123.062
05.009.011
   010.017
   013.015
06.013.008
   121.095
07.009.032
08.009.024
O'Callaghan, F. G.
02.032.020
10.114.229
Occhionero, F.
01.065.081
02.066.016 .055
   141.045
03.141.099 .137
04.065.150
   066.043
06.066.126 .133
08.065.063
   066.003
Ochelkov, Yu. P.
07.062.027
   063.011
09.063.025
Ochs, G. R.
04.082.211
06.082.110
Ochsenbein, F.
07.041.034
09.002.007
10.113.108
O'Connell, D. J. K.
01.008.028
03.008.030
04.032.035
05.005.009
   121.059 .079
06.012.002
   032.018
07.121.082
08.005.027
   121.072
O'Connell, R. F.
01.061.033
   066.030
   142.053
   162.057
02.066.067
   142.039
   162.042
03.162.031
04.066.047 .110
05.066.063
   126.042

O'Connell, R. F.
  05.142.092
  06.065.139
    066.026 .088
  07.061.015
    065.134
    126.023
  08.065.090 .091
    066.121 .137
  09.022.006 .048
    066.082
    126.023
O'Connell, R. J.
  06.081.011
O'Connell, R. W.
  05.158.018
  06.158.136
  07.158.131
  08.158.007 .059
  10.114.241
    158.131
O'Connor, J. G.
  01.002.039 .040
O'Connor, J. T.
  02.097.027
Oda, M.
  01.142.037 .045
  02.142.038
  04.142.021 .022 .037 .060
    .061 .062
  05.076.014
    142.047 .049
  06.034.059
    142.008 .013 .048 .050
    .052
  07.142.010 .075 .098
  09.142.004
Oda, N.
  07.073.006
Oda, T.
  03.022.010
Odabasi, H.
  08.003.050
Odell, A. P.
  04.122.044
  08.119.013
  09.119.005
  10.122.157
O'Dell, C. R.
  01.008.134
    153.011
  02.034.086
    132.007
  03.008.149
    133.027
  05.008.036 .145
    102.023
    103.109
    126.023
  06.112.020
  07.008.159
  08.051.017
    103.121
  09.102.014
Odell, E. L. G.
  02.097.060
O'Dell, F. W.
  01.143.044
  02.143.068
  04.143.059
  05.143.128
O'Dell, S. L.
  04.022.005
    141.150
  05.141.187
  08.141.015 .108
  09.141.107
  10.141.022
    158.112

Odgers, G. J.
  01.032.065
  05.032.036
    122.060
  07.032.011 .023
    122.121
  09.114.067
Odintsova, I. N.
  03.085.004
  10.083.045
Odintzova
  See Odintsova
Odlanicki-Poczobutt, M.
  01.011.006
  04.046.021
O'Donnell, E. J.
  08.121.097
O'Donnell, P. J.
  04.061.050
Oechslin, K.
  06.032.022
Oegelman, H.
  01.141.213
    142.018
  02.003.056
    141.052
  04.125.021
  05.125.038
  09.082.116
Oegelman, H. B.
  01.142.031
  02.034.091
    142.024
  05.142.086
  06.142.021
Oehman, Y.
  01.012.022
  02.073.044 .051
  03.073.020
  06.034.067
  07.073.038
    080.039
  09.074.013
  10.103.102
Oelander, V. R.
  01.046.018
    081.017
  04.045.004
  09.045.025
Oelbermann Jr., E. J.
  07.078.005
Oelme, A.
  04.022.105
Oemler Jr., A.
  08.160.010
  09.160.009
Oepik, E.
  01.002.014
  03.002.003
    007.000
  04.015.009
    103.103
  05.002.009
    103.111 .121
  06.155.158
  08.005.027
  10.002.034
    007.000
    008.037
    091.015
Oepik, E. J.
  01.152.002
  02.002.004
    015.005
    065.010
    094.043 .224
    100.009
  03.097.009
    107.002 .014
  04.091.012

Oepik, E. J.
  04.158.013
  05.098.020
  06.102.025
  07.094.196
  08.002.017
  09.094.167
    107.017
Oertel, G. K.
  01.062.029
  08.034.105
Oertel, K. B.
  05.071.005
Oeschger, H.
  06.094.252
  09.094.437
Oestberg, K.
  08.062.068
Oesterwinter, C.
  02.042.016
    091.021
  03.052.003
  05.047.019
  07.091.016
  09.091.069
Oestman, B.
  06.143.078 .109
Oetken, L.
  03.116.013
  04.031.043
Oettinger, P. E.
  01.062.028
Oezisik, M. N.
  02.063.017
  06.063.011
Offermann, D.
  05.082.050
  08.082.158
  10.082.057 .156
Offield, T. W.
  04.094.373
  06.105.124
  09.094.939
Ofstad, P.
  02.072.076
O'Gallagher, J. J.
  01.143.013
  03.073.003
  07.143.007
  08.143.005
  09.143.022
Oganesian
  See Oganesyan
Oganesyan, Dzh.
  07.034.050
    036.007
    114.103
Oganesyan, Dzh. B.
  06.034.106
  08.034.091
    114.035 .092 .178
  10.114.079 .080
Oganesyan, E. Ya.
  09.133.024
Oganesyan, R. Kh.
  04.114.105
  05.126.007
Oganesyan, R. S.
  07.091.019
  08.061.039
  09.062.061
    151.027
  10.062.026
    065.015 .016
    151.085
Oganyan, G. B.
  08.122.142
  09.122.136
  10.122.030

Ogata, H.
 07.121.060
 08.121.090 .094
 09.119.015
 121.037
Ogawa, H.
 01.142.036
 04.142.021
 06.142.013 .049
 10.077.033
Ogawa, M.
 04.082.057
 09.022.079
 082.070
 10.022.024
Ogawa, T.
 02.062.003
 083.054
 06.082.032
 084.021
 07.084.026
Ogawa, Y.
 09.065.096
Ogawara, Y.
 01.142.037 .045
 02.142.038
 04.142.021 .022
 05.076.014
 142.049
 06.034.059
 142.008 .013 .048 .050
 07.142.010 .075 .098
 09.142.004
Ogburn III, T. J.
 09.099.023
Ogelman, H. B.
 02.032.052
 125.021
 04.142.045
Ogilvie, K.
 10.106.070
Ogilvie, K. W.
 01.084.271
 106.026
 02.074.004 .005
 094.131
 106.002
 03.074.003 .013 .018 .027
 04.074.065
 106.002
 05.074.022 .084 .086
 078.002
 084.274
 106.024
 06.074.085
 106.017
 07.074.074
 08.074.019 .101
 09.074.006 .071
 10.074.043
 091.026
 106.056
Ogilvie, R. E.
 04.105.127 .146
Ogir, M. B.
 05.073.001
 07.073.028 .029
 08.073.055
Ogita, N.
 05.143.009
 06.143.047
 10.143.032
Ognjan, B.
 10.051.001
Ogorodnik, I. P.
 02.045.015
Ogorodnikov, K. F.
 01.004.029
 02.014.001
 153.037

Ogorodnikov, K. F.
 04.006.000
 155.037
 05.003.001
 155.046
 08.151.023
 10.151.050
 154.002
Ogrins, M.
 06.031.046
 10.031.063 .065
Ogrins, M. P.
 08.031.038 .039
Oguma, I.
 01.035.002
 044.011
 08.034.113
Ogura, K.
 06.078.057
 07.076.044
Ogurtsov, G. N.
 06.022.133
Ogurtsov, V. I.
 06.104.024
Ogurtsov, V. Ya.
 06.104.068 .069 .070
Oguti, T.
 02.084.221
 06.083.014
 10.084.018
O'Handley, D. A.
 02.047.014
 03.097.034
 04.093.063
 097.013 .053
 099.039
 06.043.011
 07.097.044
 08.031.026
Ohanesian, J. B.
 See Oganesyan, Dzh. B.
Ohanian, G. B.
 See Oganyan, G. B.
Ohanian, H. C.
 06.066.103
O'Hanlon, J.
 01.066.035
 02.043.001
 062.039
 03.066.060
 07.066.100 .120
 09.066.117
O'Hara, M. J.
 03.094.089 .278
 04.094.170
 05.094.087 .121
 08.094.069 .133 .157
 09.094.194 .348 .619
Ohashi, M.
 03.131.126
Ohki, K.
 05.076.014
 07.076.022
 08.073.035
 10.077.054 .085
Ohki, K.-I.
 01.076.018
Ohki, Y.
 05.034.014
Ohl, G. I.
 04.084.229
Ohlson, B.
 09.105.023
Ohlson, J. E.
 02.077.015
 04.074.033
 05.033.034 .043
Ohman, T.
 07.080.039

Ohnishi, T.
 02.155.022
 03.061.010
 065.085
 07.061.027 .056
 09.065.075
 10.065.146
 158.085
O'Hora, N. P. J.
 04.045.006 .029
 06.046.007
 07.045.018
 09.044.009
 10.041.047
 044.002
Ohring, G.
 02.093.033
 097.062
 05.093.069
 09.091.058
 10.093.029
 099.033
Ohta, S.
 06.034.059
 142.008
 07.142.075
Ohtani, H.
 03.124.106
Ohtsu, J.
 09.084.212
Ohtsuka, F.
 06.041.029
Ohtsuki, M.
 03.094.122
 04.094.151
 05.094.142 .148
 09.094.311
 10.094.280
Ohyama, N.
 01.065.075
 03.065.069
Oinas, V.
 07.064.033
 10.114.211
Oines, R. K.
 08.114.063
Oja, H.
 07.066.084
 08.042.062
 052.005
 09.053.018
 10.066.006
Oja, T.
 01.113.019
 02.113.018
 03.113.025
 122.055
 10.010.032
 113.057
Ojanpera, P.
 03.094.060
Ojaste, J.
 10.034.091
Ojha, S. N.
 08.065.134
Ojima, T.
 01.157.016
 02.131.123
 141.193
 07.132.037
 10.141.090 .136
Ojringel, I. M.
 10.062.003 .028 .053
Oka, S.
 09.158.109
 10.158.013
Oka, T.
 03.131.076
 05.131.061
 09.131.089

Okac, Z.
02.099.075
06.103.101
Okada, A.
08.105.048
Okada, T.
01.034.022
02.122.157 .161
03.122.098 .102
05.099.055
07.122.099 .108
09.122.100 .134
10.122.130
Okamoto, H.
07.061.027
Okamoto, I.
02.044.028
065.078
107.002
04.065.055
117.014
05.044.023
07.044.045
09.044.035
10.044.025
Okamoto, T.
03.034.013
Okamura, H.
07.066.013
Okano, J.
07.105.072
08.105.118
Okawa, H.
02.032.059
045.027
05.045.012
09.032.016
10.032.050
Okazaki, S.
01.044.010
03.045.003 .004
05.045.015
07.044.001
08.044.003
045.011
Okazoe, H.
05.076.049
06.078.058
Oke, J. B.
01.034.027
114.016
122.032
141.056 .105
142.012
02.160.009
03.113.031
114.025 .057 .132
141.016
158.011
04.031.034
032.023
115.009
126.013
141.024 .090 .112
158.001
05.032.051
114.063
126.022
141.006 .191
158.006
06.126.016
158.084
160.012
07.126.002
141.019
158.082 .124
160.007
08.114.159
158.017
160.010

Oke, J. B.
09.125.101
158.002
10.125.016
Okean, H. C.
08.033.090 .091
O'Keefe, J. A.
01.094.015 .050
02.094.173
105.168
03.094.255
04.094.058 .061 .091 .326
105.007 .018 .147
05.105.002
107.016
06.105.037
07.094.079 .200
08.094.004
09.094.794
10.094.048
O'Keefe, J. D.
07.094.128
10.094.196
O'Keefe III, J. A.
09.105.154
O'Kelley, G. D.
03.094.080
04.094.222
07.094.021
09.094.054 .230 .233 .261
.381 .432 .716 .717
10.094.126 .273 .403
Okhlopkov, V. P.
06.078.047
143.145
09.143.077
10.143.036
Oki, H. T.
05.158.129
Oki, K.
08.033.052
073.111
Okida, K.
02.122.157 .161
03.122.098 .102
05.034.013
122.076
07.122.099 .108
09.122.100
10.122.130
Okonov, E. O.
04.015.011
06.162.030
Okonov, Eh.
10.003.136
Okoye, S. E.
08.158.098
10.141.095
158.105
Oksman, J.
05.083.036 .047
Okuda, H.
01.156.006
03.155.020
04.122.039
05.094.101
06.155.047
09.131.098
10.082.088
124.100
155.045
Okuda, M.
05.084.039
Okuda, T.
02.008.076
045.022
04.045.035
05.008.083
07.008.096
012.008

Okuda, T.
08.045.010
09.008.076
10.008.072
045.023
Okudaira, K.
01.142.041
05.076.051
06.076.039
Ol', A. I.
03.003.011
06.084.229
09.080.015
10.082.048
Ol, G. I.
08.084.348
Olbers, D. J.
09.074.053
Olbert, S.
02.084.250
142.006
04.003.114
106.025
142.055
05.062.048
Old, T.
02.084.032
05.084.039
Oldekop, L. G.
07.082.010
09.084.043
Oldenberg, O.
05.084.023
Oleak, H.
02.158.095
03.141.153 .160
04.125.033
06.160.001
07.066.125
125.016
141.020
08.141.082
09.141.124
162.041
10.162.052
O'Leary, B.
04.003.099
093.009 .029 .037
094.321
05.003.078
097.015
06.094.118
099.017 .030 .067
07.091.003
093.018
08.091.010
099.022 .049
09.094.111
099.068
10.099.009 .039
O'Leary, B. T.
01.094.059 .063
097.046
02.094.015 .155
03.094.132
04.094.020 .282 .400
06.092.004
094.114 .115
09.094.472
Oledzki, J.
05.032.013
Olehy, D. A.
01.105.078
Olevic, D.
03.118.026
04.118.024
06.098.022
118.008
Olevic, D. M.
06.118.010

Olfe, D. B.
01.063.005
Olhoeft, G. R.
08.094.115
09.094.292 .825
10.094.404
Olijnyk, P. A.
01.079.100
02.072.016
03.072.043
06.074.051
Oliva, W. M.
03.021.004
04.021.008
Olivares, A. E.
09.004.037
Oliveau, M.
06.003.158
Oliver, B. M.
07.015.014
09.015.009
10.013.001
051.034
Oliver, C. C.
04.091.016
Oliver, C. J.
04.022.023
Oliver, J.
02.106.031
06.099.067
Oliver, J. P.
02.132.005
04.141.087
05.099.057
121.009
132.027
Oliver, M.
09.034.060
Olivero, J. J.
08.082.067
09.099.087
Olivier, C. P.
02.004.035
03.104.058 .059
Olivier, J. R.
04.051.013
Olivier, M.
07.035.001 .002
Olivieri, G.
04.075.020
06.075.036
07.075.010
08.075.007
09.075.016
10.075.012
Olmedo, J. J. C.
05.152.013
Olmr, J.
01.033.037
071.018
077.014 .037
03.073.125
141.177
157.026
04.073.013
076.028
155.044
06.073.056
07.077.060
08.077.044
09.072.071
10.033.067
077.002
Olness, R.
10.099.043
Olness, R. J.
08.022.142
Olnon, F. M.
09.141.115
10.141.112

Olowin, R. P.
06.117.025
09.008.108
10.113.095
121.001
Olsen, E.
02.094.071
03.105.114
04.105.130
06.105.150
09.105.042 .065 .079 .106
10.105.008 .070 .108
Olsen, E. H.
03.065.112
113.052
05.121.058
122.044
06.113.029
07.117.040
119.017
08.114.017
Olsen, E. J.
03.094.082
04.094.182
Olsen, E. T.
02.141.187
03.141.100
04.141.060 .223
05.141.034 .193
06.141.096 .106 .115
08.142.071
Olsen, H. N.
03.022.074
Olsen, J.
06.084.275
Olsen, K. H.
04.034.047
079.100
141.049 .127
07.074.011
141.087
Olsen, S. O.
07.066.057
Olson, B. I.
07.158.006
10.114.100
Olson, D. W.
10.162.021
Olson, E. C.
01.114.043
04.121.030
05.071.017
09.125.100
Olson, J. R.
04.004.017
10.004.052
Olson, J. V.
02.084.210
06.084.204
07.084.246
Olson, R. A.
09.142.126
10.125.024
142.060 .120
Olson, R. E.
05.082.049
Olson, R. H.
01.008.022
09.080.014
10.085.002
Olson, W. P.
02.084.231
04.084.245 .281
08.084.311
Olsson, C. N.
01.099.031
02.099.046
08.099.091
Olszewski, J.
06.042.015

Olthof, H.
07.074.031
09.074.035
155.046
10.113.081
131.030
Olund, B. R.
08.042.061
Olver, A. D.
06.033.049
10.033.130
Olyanyuk, P. V.
05.052.003
O'Malley, T. F.
10.082.058
O'Mara, B. J.
06.064.029 .041
114.071
07.022.063
114.109
08.114.047
Omarov, M. S.
09.066.062
Omarov, S. M.
08.097.011
Omarov, S. Z.
04.123.023
124.101 .103
08.034.159
10.082.111
114.176
Omarov, T. B.
07.066.012
151.008
08.042.017
151.048
09.151.016
10.003.015
012.034
042.040
066.027
151.012 .013 .021 .061
.062
O'Mathuna, D.
03.052.004
Omelchenko, E. I.
08.097.097
Omel'chenko, E. I.
10.097.062
Omelina, N. A.
03.044.016
05.044.016
07.044.020
09.044.017
Omel'yanovskij, M. E.
02.003.141
Omer Jr., G. C.
03.160.011
10.004.032
Omholt, A.
02.012.031
04.084.038
05.084.002
06.003.100
10.003.039
Omidvar, K.
04.022.087
07.022.066
Omnes, R.
01.162.041
02.162.095
04.162.056 .060 .066 .079
05.162.001 .013 .046
06.162.033
07.162.069 .071
09.066.009
10.162.025
Omodaka, T.
10.077.033

AUTHOR INDEX - VOL. 1-10

Omoe, K.
06.143.031
O'Mongain, E.
07.142.066
08.066.085
134.001
09.061.011
155.051
10.141.515
O'Mongain, E. P.
01.141.047
142.032
05.141.239
Omont, A.
07.063.043
09.063.038
071.008
Omuraliev, M.
09.003.099
Onderlicka, B.
02.122.171
03.047.007
04.047.021
06.047.023
10.012.036
047.020
155.073
O'Neal, R. L.
07.053.022
Onegina, A. B.
02.082.053
04.098.023
06.032.033
097.001
10.092.016
O'Neil, J. R.
03.094.064
04.094.223
05.105.061
09.094.405
O'Neil, R. R.
06.084.040
O'Neill, T. G.
07.033.015
Ong, R. S. B.
07.084.212
Onicescu, O.
04.042.083
08.162.037
09.162.019
O'Nions, R. K.
07.094.172
Onishchenko, L. V.
10.106.027
Onishchenko, S. A.
07.092.009
Onishi, M.
02.073.079
Ono, Y.
01.061.030
062.016
Onodera, E.
02.082.158
05.045.014
07.082.060 .062
09.044.012
10.044.031
045.023
Onuchic, N.
04.021.009
Onufriev, V. P.
04.104.002
05.104.018
Onuma, N.
01.105.027
03.094.063
04.094.224
06.094.097
07.105.009
107.002

Onuma, N.
09.094.406
105.107
Ooe, M.
02.032.060
07.045.010 .011 .021
09.034.039
10.045.024
Ooe, T.
04.073.077
Oona, H.
05.022.092
Oort, J. H.
01.011.004
131.087
02.161.008
03.155.023 .029
04.158.010
162.003 .080
05.158.044
06.155.017
159.035
07.155.075
08.158.067
09.007.000
155.006 .091
158.120 .901
10.151.089
Oosterhoff, P. T.
01.007.000
Opal, C. B.
01.082.057
03.084.005
09.082.117
Opalski, W.
01.011.006
02.009.013
03.003.153
04.046.029
10.046.037 .038
Oparin, A.
05.015.013
Opdyke, N. D.
01.084.280
Opiela, L.
08.011.012
09.011.024
Opitz, A.
07.034.071
Opoien, J. W.
06.065.008
Opolski, A.
01.007.000
10.011.029
122.073
Opp, A. G.
02.084.409
06.051.021
Oppen, G. Von
See Von Oppen, G.
Oppenheim, A.
06.062.003
Oppenheimer, M.
08.022.128
10.131.009 .082
Oprescu, G.
02.044.014
04.045.018
09.031.023
10.044.013
Oproiu, T.
06.054.016
Oraevskii, V. N.
09.062.058
O'Raifeartaigh, L.
07.003.017
Oran, W. A.
01.143.014
Orazberdyev, Kh.
09.061.069

Orazberdyev, Kh.
10.063.010
Orbeli, R. R.
07.004.033
Ordway, F. I.
01.003.031
Ordway III, F. I.
04.003.100
07.003.104
08.003.113
Oreg, J.
03.022.033
O'Reilly, W.
03.094.127 .274
04.094.302
06.094.325
08.094.123
Orelskaya, V. I.
08.041.054
Oren, L.
08.022.078
Oren (Katz), L.
07.022.071
08.022.902
10.022.036 .074
Orford, K. J.
10.142.018
Orgel, L. E.
07.097.015
10.015.001
Oringel, I. M.
07.061.012
Orito, S.
01.143.062
Orkisz, L.
02.120.007
04.120.008
06.120.019
10.120.002
Orlando, A.
02.035.015 .016
Orlov, A. A.
02.042.043
03.042.053
04.042.017 .019 .087
08.042.067
Orlcv, A. B.
09.083.065
Orlcv, G. A.
08.103.100
Orlov, I. N.
02.104.027
Orlov, M. Ya.
02.114.013
04.064.010
114.132
08.061.023
114.139
122.109
10.122.076
Orlov, V. A.
01.015.016
06.015.022
Orlov, V. M.
04.082.152
Orlov, V. P.
02.094.221
07.084.255
104.040
Orlova, N. S.
10.094.071
Orlova, O. N.
01.103.100 .116
02.103.116
05.133.025
08.133.013
Orlova, T. V.
04.071.068
08.071.045

Orlyanskij, A. D.
08.104.059
Ormerod, J.
09.034.079
Ormes, J. F.
01.143.004 .005
02.143.038 .072
06.143.079
08.143.013
09.022.087
143.007 .052
10.143.049 .051
Ormonde, S.
08.022.102
Ornstein, M. H.
01.022.111
Oro, J.
02.105.128
03.094.161
105.048 .140
04.094.260
105.027 .028 .029
05.094.167
105.019 .020
06.094.308
105.125
131.112
07.097.015
09.061.059
094.241 .446 .749
10.094.286
Orowan, E.
01.094.038
Orozco, A.
01.143.070
08.084.037
Orr, D.
09.084.209
10.011.042
Orrall, F.
02.073.015
Orrall, F. Q.
01.074.043
02.071.028 .076
074.026 .029
04.071.049
05.073.068
074.014 .070
06.034.025
07.022.003
071.021
074.024 .025
08.074.083
09.003.151
071.010 .046
073.070
074.042
080.044
Orren, M. J.
09.094.379
Orsini, P.
04.155.045 .046 .047
Orsten, G. S. F.
08.033.043
Orszag, A.
01.094.035
03.094.229 .247
08.034.089 .099
09.094.166
10.094.104
Orszag, A. G.
09.094.062
Orszag, S.
01.131.079
Orte, A.
07.041.047
10.044.041 .042
Ortiz, E.
03.103.128

Ortiz, R.
08.046.040
Ortlepp, B.
02.046.017
Ortner, J.
05.054.001
Orton, G. S.
08.093.008 .037
10.093.008
Orton, R. B.
01.010.024
04.010.024
05.010.024
Orudzhev, Eh. Sh.
01.073.002
02.073.070
05.073.017 .022
10.073.088 .089 .091
Orwert, R.
03.116.013
Orwig, L. E.
05.141.207
06.142.004
Orzechowski, J.
10.081.033
Osada, J.
04.065.007
06.115.016
126.023
Osadchij, E. G.
10.105.090 .100
Osadtsa, N. E.
10.052.073
Osaki, Y.
02.122.109
03.064.039
04.122.096
05.124.013
06.065.061
114.136
07.142.107
08.065.059 .060
09.065.030
10.065.099
126.011
Osako, M.
09.094.029 .781
Osantowski, J. F.
09.034.122
10.034.056
Osawa, K.
01.122.073 .089
02.122.001 .002 .003 .157
.161
126.011
03.122.098 .102
124.103
04.122.149
142.062
05.099.055
122.076 .080 .104
06.142.065
07.122.091 .099 .106 .108
08.122.110
09.122.100
124.106
10.103.102
122.130
Osawa, M.
03.094.044
04.094.201 .202
09.094.376
Osawa, T.
04.097.066
Osborn, E. F.
09.094.341
Osborn, T. W.
03.105.049
04.105.080
06.105.126 .146

Osborn, T. W.
08.105.173 .130
09.105.901
10.094.378
105.005
Osborn, W.
01.122.059
141.222 .223
154.003 .014
04.118.011
05.010.036
154.015
06.123.053
154.016
07.154.030
08.112.007
142.053
09.113.009
122.057
123.016 .022
10.112.004
113.064
123.031
154.018
Osborn, W. H.
06.141.199
Osborne, J. L.
04.061.013
07.143.072
08.061.028 .029
09.156.003
Osborne, W. Z.
04.143.018
Osburn, R. K.
03.052.010
08.094.023
Oshchepkov, V. A.
09.131.144
Osherov, R. S.
02.102.016 .031 .045
103.105
03.103.108
04.102.013
103.100 .113
05.102.007
06.031.032
102.020
103.101 .134
08.102.054
10.103.100
Oshurkova, A. N.
07.036.007
Osins'ka, B. F.
09.085.017
Osipchuk, A. V.
09.125.004
Osipenko, V. P.
08.055.012
Osipkov, L. P.
01.151.042
02.158.082
06.151.005
08.151.001
09.151.014 .050
10.151.051 .063 .064
Osipov, A. K.
06.096.003
Osipov, G. F.
01.042.005
03.042.057
094.209
09.094.116
10.052.063
Osipov, K. K.
05.084.001
Osipov, N. K.
01.083.019
03.082.070
083.083 .084
04.084.006 .023 .287 .291

Osipov, N. K.
05.084.001 .278 .279
06.083.058
084.019
10.083.021
Osipova, I. L.
08.084.020
09.084.028
Osipova, L. N.
10.078.019
Oskanian
See Oskanyan
Oskanyan, V.
01.122.100
03.034.050
122.075
Oskanyan, V. S.
01.122.087
02.122.051
04.122.157
05.122.073 .075 .083 .116
06.122.052
07.122.155 .156
Os'makov, N. F.
08.046.029
Os'makov, V. I.
10.093.025
Osmer, P.
04.142.062 .077
07.119.021
142.123
Osmer, P. S.
01.141.101
02.114.047
07.114.017 .052 .053 .125
125.107
159.004
08.114.027
09.159.005
10.114.056
159.008
Osnach, A. I.
02.003.108
Osorio, J.
02.045.029
05.011.036
096.013
07.007.000
09.005.037
041.049
046.023
096.029 .030
Osovitskij, E. M.
10.052.069
Ossakow, S. L.
04.084.263
09.084.215
Ossipkov
See Osipkov
Osswald, G.
08.094.005
09.094.587
10.094.193
Ostach, O. M.
03.081.022
Ostapenko, V. A.
04.073.068
Osten-Sacken, P. Von Der
See Von Der Osten-Sacken, P.
Oster, L.
02.162.033
04.022.041
141.129
05.141.108
06.064.030
07.008.028
08.071.048
073.043
084.239
09.073.073

Oster, L.
09.074.065
10.003.102
073.039 .040
Osterbrock, D.
02.012.009
Osterbrock, D. E.
01.158.037 .058
02.132.038
158.002 .067
03.131.119
133.007
141.120 .223
04.132.013
158.046
05.008.077
132.026
141.035
06.012.015
158.039
07.008.091
08.125.017
132.034
09.008.071
125.011
10.125.007 .029
133.044 .063
Ostertag, W.
02.105.175
Ostgaard, E.
05.065.146
10.065.147 .150
Ostic, R. G.
02.105.074
09.094.416
Ostler, D.
08.010.023
Ostriker, J.
05.141.190
10.065.047
Ostriker, J. P.
01.126.006 .008 .023
141.017
143.017
02.141.008 .066 .172
03.065.045
141.130 .171
04.065.064
117.016
141.023
05.061.015
134.027
141.045 .066
143.085
06.065.020
07.114.064
125.028
143.041
160.022
08.065.045
141.550
154.001
155.021
09.051.016
065.022 .023 .089
126.019
141.504
142.014 .068
160.018
162.018
10.065.020
107.015
142.049 .085 .123
151.041
160.025
161.002
Ostroumov, S.
06.009.017
Ostroumov, V. I.
09.082.110

Ostrovskij, L. A.
08.073.101
09.062.028
Ostrow, S. M.
04.072.055
O'Sullivan, D.
04.094.300
05.143.013
06.094.056
09.143.029
O'Sullivan, R. J.
01.084.207
O'Sullivan, S.
01.153.017
Osyka, V. S.
03.080.002
Oszczak, S.
01.032.004
03.032.012 .040
04.032.051
05.032.013 .030
034.040
Ota, S.
05.076.014
Otalora, G.
03.094.100
Otaola, J. A.
07.143.014
Oterma, L.
01.046.012
04.103.141
05.103.134
08.007.000
031.086
10.007.000
Otoshi, T. Y.
03.033.038
05.033.028
09.033.057
Otsu, Y.
06.033.063
Otsubo, K.
04.103.104
Ott, R. L.
04.063.046
Ottemann, J.
08.105.100
Otten, E. W.
02.022.082
Otterman, J.
03.054.007
Otto, D. V.
09.033.053
10.033.116
Otto, E.
02.009.014
Ottonello, H.
03.010.039
Ottway, M. T.
06.082.017
Oudenot, G.
06.015.006
07.015.005 .013
08.015.005
09.015.003
Ouellette, G. A.
10.031.022
Ouellette, J. P.
09.094.570 .916
10.094.149
Ounnas, C.
10.123.017
Outhred, A.
06.143.073 .074
Outi, A.
05.143.009
Outi, T.
07.121.060
Ovakimova, N. K.
07.061.013

Ovchinnikov, A. A.
03.082.084 .089
Ovchinnikov, G. I.
09.063.030
Ovchinnikov, V. A.
02.034.095
Ovchinnikova, G. V.
09.094.120
Ovchinnikova, M. I.
10.071.021 .058
Ovenden, M. W.
03.119.008
05.119.012
07.042.028
08.091.048
10.091.033
155.024
Overbeck, J. W.
03.076.008
Overbeek, M. D.
03.096.006
05.096.008
06.015.021
096.002
09.096.009 .019
Oversby, V. M.
03.105.088
06.003.027
081.039
07.105.033
10.105.062
Ovezgeldiev
See Ovezgel'dyev
Ovezgel'dyev, O.
05.083.058
07.083.014
08.083.031
09.083.049
10.004.040
Cviedo, B.
02.103.120
03.103.101 .102 .114 .115
.126
04.103.102
07.103.115
Oviedo De Zarate, B.
10.098.045
103.114
Ovsepian
See Ovsepyan
Ovsepyan, A. V.
01.126.009
05.126.005 .047
07.065.074
09.065.008 .063
10.126.012
Ovsyankin, M. A.
01.083.018
04.083.081
09.083.043
Owaki, N.
06.152.010
07.151.098
10.151.087
Cwen, E. K.
04.032.007
08.094.154
Owen, F.
06.099.019 .067
07.099.014
Owen, F. N.
07.122.003
09.099.070
10.100.022
141.083
Owen, P. R.
06.065.039
Owen, R. W.
07.084.044
113.030

Owen, R. W.
10.084.019
Owen, T.
01.091.026
093.032
099.014
02.097.008
099.017
03.099.007 .021
04.093.069
099.045
05.093.026
099.015
07.097.015
099.038
08.091.001
099.015 .045
09.097.108
10.091.023 .043
100.001 .002 .006
101.014
103.102 .104
Owen, T. C.
04.103.130
05.012.002
08.102.066
Owens, A. J.
05.143.061
08.143.047
09.143.036
Owens, G. J.
03.077.032
07.033.040
08.033.089
Owens, H. D.
03.084.404
Owst, P. W.
06.122.001
Oxburgh, E. R.
01.081.011
094.074
02.091.036
094.139
04.094.323
08.094.269
Oya, H.
02.083.054
03.083.072
Oyama, V. I.
03.094.164
04.094.261
05.094.050
07.097.019
09.094.449 .951
10.094.405
Oyen, F.
08.155.034
Ozadovs'ka, L. V.
05.015.015
Ozawa, I.
07.081.017
Ozernoi
See Ozernoj
Ozernoj, L. M.
01.141.122
161.005
02.141.071 .175
160.022
161.004
162.065
03.158.056
161.002 .003
04.141.151
151.011
158.058
162.090
05.062.029
116.005
141.130 .201
162.002

Ozernoj, L. M.
06.062.049
065.063 .085
141.071
151.062
07.158.094
08.125.022
141.017 .059
158.104 .105 .115
09.003.100
065.066
141.039 .043 .108 .136
.513 .524
10.065.093
Ozernoy
See Ozernoj
Ozerov, Yu. V.
05.141.225
142.090
06.141.035
142.080
07.134.002
10.142.016 .069 .129
Ozerova, N. A.
04.105.067
08.105.083
Ozier, I.
05.091.021 .033
06.091.007
Ozima, M.
07.105.047
09.105.133
Ozolins, G.
06.015.025
10.011.036
033.060
Ozolin'sh, G. A.
08.033.057 .058 .059
Ozolinya, V.
08.114.182
Ozrin, V. D.
10.162.040
Ozsvath, I.
02.162.021
04.162.074
06.162.083
07.162.084

Paal, G.
05.162.084
06.160.011
Paar, F. W.
07.125.013
Paavola, S.
07.032.009
Pabbi, S. D.
05.143.111
Pacault, R.
04.142.069
Pachelski, W.
05.055.021
Pachner, J.
02.162.071
03.162.057
04.066.044 .045
07.162.027 .079
09.066.096
Pachner, N.
04.004.055
Pacholczyk, A. G.
03.003.155
062.010
04.003.103
141.050
158.049
05.158.009
06.141.003 .207
07.158.086
09.003.101

Pacholczyk, A. G.
  09.141.008 .059
      158.080
  10.066.044
      141.035
Pacini, F.
  01.141.026
  02.141.039 .050 .111 .203
  03.125.001
      141.077
  04.126.014
      141.068 .177 .213
  05.141.004 .026 .180
  06.141.012 .154 .214
      142.006
  07.061.031
      141.555 .566
  08.011.045
      065.130
      141.519
  09.134.002
      141.504 .505
      142.069
  10.061.039
      066.126
      125.040
      141.114
Packard, R. D.
  02.034.073
Packard, R. E.
  07.141.557
Packer, J. E.
  07.013.001
Packham, G. H.
  08.081.018
Paczynski, B.
  01.064.019
  02.065.046
      117.016
  03.065.079
  04.065.035 .115
      117.035
  05.013.002
      065.025 .039
      126.028
  06.065.049
      117.004
      133.019 .028
  07.065.089
  08.065.100 .101
      117.026
  09.011.028
      065.005 .036 .050 .077
          .106 .152
      117.025
  10.011.029
      065.007 .058 .059 .113
Padalia, T. D.
  04.121.033
Padawer, G. M.
  10.094.447
Paddack, S. J.
  02.081.013
      105.027
Padelt, E.
  07.003.105
Padevet, V.
  01.104.017 .018 .019
  10.104.017
Padovani, E.
  10.094.234
Padrick, B. D.
  09.051.002
Padrielli, L.
  02.141.001
  03.141.118 .140
  06.125.029
      132.042
  08.141.026
  09.141.021 .023 .132

Padrielli, L.
  10.141.004
Paes De Barros, M. H.
  02.076.027
  04.083.058
  05.077.044
  08.077.053
  10.119.011
Paetz Gen. Schieck, H.
  10.080.014
Paetzold, H. K.
  08.082.154
Pafomov, V. E.
  10.063.062
Pagaczewski, J.
  09.004.075
Page, A. A.
  03.122.107
  10.103.102
      122.163
Page, B.
  03.122.107
Page, C.
  02.066.012
Page, C. G.
  03.141.055
  08.126.011
  10.141.501
Page, D. E.
  04.003.078
      012.019
      054.018
  05.084.013
  06.078.017 .044
      143.074
  07.078.010
  08.084.029 .416
  09.084.240
Page, L. W.
  01.003.045
  02.003.064 .065
Page, T.
  01.003.045
      011.032
      107.014
      158.075
  02.003.064 .065
      158.039
  03.158.032
  04.009.016
      158.038
  07.034.047
  08.082.042
  09.012.027
      014.039
  10.094.406
Page, T. L.
  07.011.011 .012
  08.114.056
      159.003
      160.005
  09.011.016 .026
  10.011.005
Page, W. A.
  05.104.007
  10.063.052
      082.022
Pagel, B.
  06.012.008
      064.047
Pagel, B. E. J.
  01.065.054
      071.042
      122.001
  02.114.012
      115.011
      122.090
  03.114.001 .038
  04.064.018
      114.073

Pagel, B. E. J.
  05.064.061
      065.134
  06.012.009
  07.114.133
  08.011.045
  09.065.132
      131.115
  10.061.025
      071.077
      114.114
Pagel, E. J.
  02.122.181
Pages, J. P.
  10.082.049
Pahomov, V. P.
  04.071.071
Pai, S. I.
  08.094.004
  09.094.794
Paik, H.-J.
  02.141.151
Paizis, C.
  04.078.010
      082.095
  06.078.026
Pajdusakova, L.
  01.005.011
  02.072.006
  03.073.030 .126
      103.115
  04.051.041
      072.014
  09.005.036
Pakhomov, V. P.
  05.071.036
Pakhomov, V. V.
  09.077.041
  10.077.016
Pakvasa, S.
  07.061.044
  09.080.048
Pakvor, I.
  01.032.028 .037
  03.032.044
      041.044
Pal, A.
  09.052.016
Pal, J.
  10.134.001
Pal, S. R.
  04.082.156
  06.082.027
  08.082.111 .180
Pal, Y.
  01.142.009
      143.052
  02.142.050
      143.045
  03.134.002
  05.134.031
      142.091
      143.104 .125
  06.143.066 .084
  08.143.045
  09.142.077
Palamarchuk, L. E.
  10.072.003 .033 .086
Paleichik
  See Palejchik
Palej, A. B.
  01.041.019
  03.046.013
  05.014.006
Palejchik, V. V.
  02.131.118
  06.073.098
Palenius, H.
  01.022.074

Palenius, H. P.
02.022.058
10.071.068
Paley, A. B.
01.034.040
133.032
03.031.017
Pal'gueva, G. V.
08.105.076
Palivcova, M.
10.094.510
Pallaschke, S.
02.052.004
Pallavicini, R.
07.076.024
08.011.048
076.034 .041
09.073.038
10.073.061
077.090
Palluconi, F. D.
09.100.008
Palm, A.
01.093.021
Palma, A.
02.044.007
Palmberg, P. W.
05.105.005
Palme, H.
09.094.164 .238 .686 .720
105.031 .073
10.094.476
Palmeira, R. A. R.
01.143.050
02.073.052
078.011 .024
04.073.033
078.013
05.034.015
073.082
078.017
143.072
06.078.003 .030 .034
09.078.061
Palmer, D. R.
07.034.067
09.034.071
Palmer, F. H.
04.084.033
Palmer, H. P.
02.141.104
04.141.083 .084
05.141.099
07.141.088
08.033.071
141.083 .088
10.033.069
141.132
Palmer, I.
05.078.017
06.078.003
Palmer, I. D.
02.078.014
06.143.006
07.077.036 .037
08.078.033 .047
09.078.060
10.077.055
Palmer, J. M.
05.003.118
06.003.101
Palmer, P.
01.131.028 .046 .071 .101
132.050
02.131.036 .055 .066 .114
.115
132.021
03.131.037 .044 .054 .055
.056 .066 .078 .112
04.131.063 .075 .085

Palmer, P.
05.131.026
133.022
06.114.119
131.100 .120
07.125.101
131.035 .045 .046 .099
153.019
08.131.035 .036 .037 .065
.087
09.131.080 .202
10.131.107 .108 .110 .184
.207 .222
Palmer, R. G.
05.065.135
10.065.045
Palmer, W.
08.044.016
Palmieri, T.
07.142.111
09.155.008
Palmieri, T. M.
02.142.014 .036
04.142.049
05.125.009
142.011 .015 .018
06.142.026 .056 .069
07.125.020
155.006
08.125.019
142.099
09.125.032
10.134.003
Palmiotto, F.
04.074.079 .094
05.074.036 .046
09.074.101
10.074.007 .008 .099
Palmore, J.
02.042.017
052.029
Palmore, J. I.
06.042.031
Palomares, J.
09.094.392
Palous, M.
03.073.096
Palsgard, G.
03.034.002
09.073.105
Palter, R.
07.004.039
Pal'us, P.
07.073.021
Palutan, F.
02.074.078
05.074.036
Paluzie Borrell, A.
01.094.042
04.004.038
010.040
05.015.010
08.004.069
09.065.083
Pamjatnih, A. A.
08.064.001
Pampaloni, P.
04.033.050
077.052
08.033.069
071.072
Pan, C.
08.045.026
Pan, W. Y.
01.033.007
Panagakos, N.
04.015.028
Panagia, N.
03.114.110
132.025

Panagia, N.
04.064.082
132.007
05.114.119
126.003
132.035 .036 .037
06.065.114
07.065.083
131.097
08.064.060
09.131.127
132.013 .022
10.114.160
131.095
132.025
Panaiotov, L.
08.098.032
Panaiotov, L. A.
02.032.024 .049
05.032.019
08.032.060
041.011
Panajian, V. G.
02.141.078 .079
03.141.113
04.141.001 .003
05.106.009
134.002
141.052
Panajotov
See Panaiotov
Pananides, N. A.
09.003.102
Panasyuk, M. I.
07.084.407
08.084.411 .419
09.084.270 .414
10.084.416
Panchenko, N. I.
02.032.044
045.004 .015
08.003.069
Panchenko, N. T.
08.045.003
Panchuk, V. E.
03.064.057
06.122.142
08.065.156
Panchukov, A. A.
07.052.018
08.052.015
Pande, L. K.
08.065.080
Pande, M. C.
01.071.022
072.035
06.072.002 .003
122.008
08.114.046
09.072.037
114.111 .112
10.071.008 .040
072.016
Pandharipande, V. R.
07.061.054
Pandit, B. I.
03.094.248
Pandya, S. J.
08.094.085
09.094.475 .816
Panek, R. J.
10.114.087
Paneth, T.
03.032.017
05.034.107 .108
09.032.012
Panfilov, A. S.
09.093.084
Pang, K.
07.097.006

Pang, K.
08.097.005
09.097.042
Pang, K. D.
08.097.026
Panicali, A. R.
05.033.010
Panich, I. M.
01.054.006
02.054.021
055.021
Pankhurst, R. J.
07.094.172
Pankonin, V.
07.132.011 .017
158.159
08.131.040
141.110
09.131.051
10.132.059
Pan'kov, V. L.
02.003.108
09.094.894
Pankov, V. M.
10.034.008 .009
142.039
143.039
Pankow, M.
01.102.008
02.066.010
03.010.020
Pankratov, A. K.
01.143.031
02.082.127
143.062 .064
05.143.008 .050
07.143.036 .052
Pannella, G.
01.044.008
07.094.201
Pannwitz, H.
07.082.107
Panosyan, G. A.
08.158.038
Panov, M. N.
06.022.132
Panov, V. I.
06.066.042
07.066.044
Panov, V. N.
02.105.182
04.082.154 .155
142.010
06.104.116
142.020
Panova, N. D.
10.077.063
Panovkin, B. N.
02.003.073
015.004
06.015.001
08.141.562
Pansch, E.
03.096.009
04.096.001
05.096.005
06.096.031
Pansecchi, L.
04.103.101
05.099.038
06.103.101
10.097.050
Panteleev, V. L.
08.081.039
09.081.012
Panteleeva, L. P.
08.041.030
Panther, R. W.
08.103.107

Panza, G. F.
03.094.223
05.094.175
Paolini, F.
07.076.004
Paolini, F. R.
01.084.403 .424
05.084.417
Papa, D. C.
03.131.075
04.033.096
05.131.020 .081 .146
06.132.028
07.131.039 .124
132.039
10.033.114
Papa, D. K.
10.131.284
Papacosmas, C.
10.010.023
Papadopoulos, C.
06.099.003
Papadopoulos, G.
04.033.096
10.033.114
Papadopoulos, G. C.
08.033.065
Papadopoulos, G. D.
03.033.044
131.075
04.033.038
05.131.020 .081
06.033.017 .044
132.028
07.131.038 .039 .124
132.002 .039
08.033.106
131.118
10.131.121 .224 .284
141.562
Papadopoulos, K.
02.062.038
141.158
05.084.276
09.074.009 .010
Papagiannis, M. D.
01.141.171
02.011.014
077.009
083.004
084.223
05.076.018
077.043
083.032
06.073.036 .089
083.022
084.264
07.074.087
082.014
083.066
08.003.021
077.054
082.109
10.073.058
077.072
082.125
084.274
Papaliolios, C.
04.141.066 .220
05.141.002 .127 .160 .174
06.141.130
142.023
07.141.510
09.142.136
10.141.530
Papaliolios, C. D.
03.141.095
Papaloizou, J. C. B.
05.065.120
09.065.084 .086

Papaloizou, J. C. B.
10.065.022
Papanastassiou, D. A.
01.107.007
02.105.071
03.094.030 .182 .232
04.094.073
05.094.070
06.094.045 .046 .131 .296
07.094.053 .054
08.094.117 .164 .198
09.094.001
10.094.462
107.005
Papapetrou, A.
01.162.054
05.066.099
06.066.138
10.066.095
Papas, C. H.
06.066.111
Papathanasoglou, D.
06.072.067
Papathanassiou, M. C.
09.075.024
Papazian, H. A.
10.093.026
Paperlein, D.
02.082.156
04.082.039
Papet-Lepine, J.
01.083.046
06.083.029
Papike, J.
07.094.158
10.011.007
Papike, J. J.
03.094.099
04.094.066 .177
05.094.039 .042
06.094.049
07.094.048 .075
09.094.076 .169 .204 .308
.344 .552 .632 .647
10.094.213 .255
Papini, B.
05.103.103
Papkova, T. G.
10.066.058
080.019
Paplin, V. S.
08.084.260
Papo, H. B.
10.094.112
Papoian
See Papoyan
Papousek, J.
07.123.021
09.121.024
10.096.017
103.008
121.115 .117
122.168
Papoyan, V. V.
01.061.018
02.066.021
126.003 .008
03.066.013
126.009
04.065.036
05.126.046
06.065.113
07.065.094
126.016
08.066.010
09.061.014
065.067
Paprotny, Z.
08.004.057
097.106

Paprotny, Z.
  10.103.102
     105.074
Papunen, H.
  09.105.023
Papush, P. N.
  04.054.007
Paquet, P.
  03.041.008
  06.010.031
  10.010.031
     035.011
     055.030
Parady, B.
  08.084.326
Paraev, Yu. I.
  05.054.015
  06.054.003
Parajnakova, V.
  05.073.014
Paranya, K.
  03.041.005
  04.112.023
  08.115.009
Paraschiv, P.
  08.041.007
Pardi, J. A.
  02.043.002
  04.104.059
Pardo, W. B.
  02.012.028
Pardoe, G. K. C.
  03.003.123
Pardoe, G. W. F.
  04.082.034
  05.082.054
  07.022.038
Pardy, D.
  01.082.050
Pareek, P. N.
  07.082.066
Parekh, P. P.
  09.105.108
Paresce, F.
  03.034.043
     065.017
  06.034.040
  07.082.023
  08.084.022
  09.082.002
     106.009
     113.027
     131.087
  10.082.013 .030 .155
     106.075
     131.051
Paresco, F.
  01.099.033
Parfent'ev, N. A.
  06.097.006
  09.097.020
Parfentjev
  See Parfent'ev
Parfinenko, L. D.
  06.034.010
  08.071.034 .066
  09.034.041
     071.012 .025
     072.027
Paribok-Aleksandrovich,
  I. A.
  02.094.178
Pariiskii
  See Parijskij
Pariisky, N. N.
  08.044.011
     081.015
Parijskij, Yu. N.
  01.033.004
     099.022 .039

Parijskij, Yu. N.
  02.093.041
  03.033.020 .021
  04.162.055
  05.099.002
  08.033.001 .002 .003 .005
     .019 .025 .026
     131.129
     160.022
  09.093.064
     099.098
     162.016 .055
  10.003.035
     033.045
     131.198
     141.007
     157.002
     160.036
     162.023
Parijsky, Y. N.
  See Parijskij, Yu. N.
Parish, R. C.
  07.094.229
  09.094.850
Parisi, M.
  10.143.060
Park, C.
  05.022.018
  07.062.009
Park, C. G.
  01.084.409
  04.084.212
  06.083.001
  09.083.004
  10.083.011
Park, D.
  06.156.001
  10.062.054
Park, J. T.
  06.022.117
Park, R. J.
  03.084.032
  06.084.031
Park, W. M.
  03.132.023
Parker, A. E.
  07.082.086
Parker, B. N.
  08.072.059
Parker, D.
  06.033.068
Parker, D. A.
  10.131.001
Parker, E. A.
  06.033.059
  08.033.107
  09.033.052
     077.006
Parker, E. N.
  01.062.018
     074.021 .027
     156.003
  02.012.015
     022.049
     062.011
     084.228 .236
     131.067 .110
     143.028
     156.002
  03.061.012
     078.009
     143.031
  04.061.028
     080.026
     084.221 .256
     156.003
  05.061.012
     062.001 .019
     143.056
     156.001 .002

Parker, E. N.
  06.061.048
     074.047
     078.037
     084.273
     156.002 .003
  07.062.036
     162.064
  08.080.001
  09.051.002
     073.006
     131.156
     143.023
  10.062.056
     074.075
     080.005 .042 .043
     143.035
Parker, G. D.
  02.099.004
  10.143.019
Parker, H. M.
  02.022.014
Parker, K. A.
  07.094.009
Parker, L.
  02.066.076 .077
     162.053
  05.162.075
  06.162.075
  07.162.045
  08.062.061
     066.070
     141.504
Parker, L. W.
  02.051.014
Parker, M. N.
  09.094.912
Parker, P. D.
  07.080.034
  09.080.007
Parker, P. J.
  01.051.034
     053.003 .006 .013 .031
  02.051.016
     053.002 .004 .007
     054.003
  03.053.004
     054.001 .003 .018
  04.053.003
     094.008
  10.054.009
Parker, R.
  04.076.015
  05.076.038
Parker, R. A.
  08.003.108
Parker, R. A. R.
  01.132.008
  10.132.048
Parker, R. H.
  10.106.067
Parker, R. L.
  09.081.002
Parker, R. W.
  01.082.022
  09.073.094
Parkes, A. G.
  09.141.072
Parkes, D. A.
  09.097.027
Parkes, W.
  09.034.102
Parkin, A. C.
  03.104.030
Parkin, C. W.
  04.094.012
  05.094.051 .065 .187 .190
     .191
  06.094.030 .064 .082 .090
     .244

Parkin, C. W.
  07.094.104 .116
  09.094.493 .764
  10.094.072 .267 .407
Parkin, D. W.
  01.105.023
Parkinson, A. F.
  06.143.073 .074
Parkinson, D.
  07.094.105
  09.084.259
Parkinson, J. H.
  04.076.005
  05.034.113
     076.021
  06.076.011
  07.076.028
  08.076.032
  09.074.018
     076.002 .009
     125.019
     142.138
  10.142.101
Parkinson, T. D.
  03.084.008 .016 .017 .046
  05.084.019 .020
  07.097.033
  08.097.048 .054 .060
  09.097.004 .103
Parkinson, W. D.
  08.084.263
Parkinson, W. H.
  01.022.092 .108
  02.071.043 .074
  03.034.028
     073.037
     076.012
     079.102
  04.031.025
     076.009
  07.022.011
     073.060
     074.005
     076.002 .030
  08.073.099
  09.071.038 .045
  10.022.025
     076.001
Parkinson, W. J.
  06.076.025
Parks, A. D.
  08.022.120
Parks, G. K.
  01.076.011
  02.084.401
  04.084.401 .416
     106.026
  05.076.012
     084.418
  07.106.003
  08.084.407
  09.084.274
Parks, R.
  05.034.032
Parks, R. J.
  10.097.095
Parlier, B.
  02.143.069
  03.141.068 .165
  05.143.095
  06.034.050
     141.137 .165
  07.141.507
  09.134.009
Parm, T.
  10.022.101
Parmeggiani, G.
  06.158.051
  08.122.065

Parmentier, R.
  08.032.010
Parnell, R.
  02.071.044
Parnell, R. L.
  02.071.021 .022
Parnell, T. A.
  07.034.046
Parra, F.
  10.044.041 .042
Parra, J. U. C.
  09.065.180
Parrent, G. B.
  05.031.037
Parrish, A.
  03.132.028
  05.131.027
  07.141.124
     142.025
  08.141.110
  09.131.051
  10.132.059
     141.084
Parrish, A. Des.
  08.141.009
Parrish, P. T.
  10.131.152
Parsamian, E. (S.)
  See Parsamyan, Eh. (S.)
Parsamyan, Eh.
  02.122.145 .146 .147
Parsamyan, Eh. S.
  02.004.005
     122.010 .056 .123
     123.007
  03.153.010
  05.122.124
     133.013
     152.003
     153.019
  06.122.094 .097
  07.114.065
     122.062
  08.122.142
  09.122.127 .128 .129 .136
  10.122.030
Parshchikov, A. A.
  02.033.026
  10.033.074 .083
Parsignault, D.
  08.142.135
  10.142.115
Parsignault, D. R.
  05.084.411 .417
  06.084.269
  08.142.031 .064
Parsons, A. J.
  08.061.028 .029
Parsons, N. R.
  01.034.001
     084.040
  03.084.035
  05.084.033 .042
  06.084.003
  08.084.028 .040
Parsons, P. W.
  07.125.013
Parsons, S. B.
  01.064.031
  02.122.110
  03.064.013
  04.122.053
  05.064.024
     115.005 .006
  06.122.005 .055
  07.122.089
  08.064.059
     115.005 .019 .021
     122.034 .118
  09.064.014

Parsons, S. B.
  09.122.037
  10.114.229
Partel, G. A.
  03.012.007
Parthasarathy, M.
  06.122.159
  08.121.059 .070
  09.121.004
  10.103.102
Parthasarathy, R.
  04.099.028
  07.084.223
Partridge, R. B.
  01.143.026
  02.141.058 .231
  03.141.087
     162.018
  05.066.039
     141.127 .157
  06.066.005
     161.003
  07.066.019 .052
     141.559
  09.066.051
  10.155.018
     162.006
Parusimov, V. G.
  10.094.148
Parvey, M. I.
  04.071.032
  06.071.005
Pasachoff, J. M.
  01.079.101
  02.071.045
     074.031
     077.027
  03.073.041
     074.046
     131.055
  04.034.085
  05.073.025 .046
     079.104
  06.071.015
     079.104
  07.064.038
     123.038
  09.008.126
     077.003
     155.014 .081
  10.074.038
Pasachoff, N. W.
  06.022.065
Pascal, M.
  05.042.011 .012
  07.042.022 .029
  08.042.058
  09.042.031
Paschenko, M.
  05.114.028
  08.131.058
Paschenko, M. I.
  06.131.028
Paschmann, G.
  04.084.026 .418
  06.084.406
  08.084.033 .054 .414
Pascoal, A. J.
  09.031.061
Pascu, D.
  10.041.019
     092.003 .010
     097.077
Pascual, G. M.
  10.033.090
Paseka, A. M.
  01.157.018
  06.079.102
Pashaev, Z. A.
  08.004.008

Pashaev, Z. A.
09.004.080
Pashchenko, M. I.
08.131.130 .133 .134
10.131.016
141.057
Pashkovskij, V. G.
10.105.098
Pashova, Ts.
05.083.051
Pasinetti, L. E.
01.121.012
02.121.068
03.124.100
04.114.134
121.015
124.101
05.121.043
06.121.075
09.114.135 .168 .169
115.025
Pasmanik, G. A.
05.063.035
Pasqualetti, F.
02.104.043
Passechnik, I. P.
08.094.073
Pastchenko, M. I.
10.131.013
Paster, T. P.
04.094.205
Pastiels, R.
06.076.017
Pastor, J. F.
02.032.042
Pastoriza, M.
04.158.060
05.158.120 .123 .125
07.158.168
09.158.152
Pastoriza, M. G.
03.158.114
09.158.088 .092
Pataki, L.
03.074.034
08.141.047
10.122.159
Patapoff, M.
08.022.109
Patashinskij, A. Z.
03.066.057
04.066.103
Patashnick, H.
03.034.075
06.105.058
Patch, R. W.
01.022.009
06.022.018 .019
07.061.017
Patchett, B.
06.125.020
08.125.001 .015
09.125.003
Patchett, B. E.
10.114.109
Patchett, J. D.
09.010.008
Patel, B. M.
01.083.020
Patel, L. K.
04.162.069
06.162.089
10.066.144 .172
Patel, R. B.
08.066.145
Patel, R. M.
02.083.029
Patel, V. L.
01.084.284
04.084.282

Patel, V. L.
08.084.214
09.106.014
Patenaude, M.
10.065.151
Paterno, L.
02.034.027
075.021
082.119
03.082.095
04.008.027
05.034.059
08.080.028
082.003
09.080.032
10.080.063
Paterson, C. H.
05.034.104
Pathak, P. N.
03.143.009
06.074.060
143.048
07.143.017
08.074.080
Pathria, R. K.
08.162.045
09.066.007
Patkos, L.
07.122.157
Patmios, E. N.
09.082.124
Paton, J.
02.084.039
04.082.106
084.024 .063
07.084.020
09.010.041
084.003
Paton, N. E.
10.094.308
Patriarchi, P.
10.077.089 .090
Patrick, R. M.
01.022.033
Patsaev, V. I.
07.114.103
Patterson, B.
06.062.071
Patterson, I.
01.123.026
Patterson, J. B.
05.081.029
Patterson, J. H.
02.094.175
03.094.024 .181 .236
04.094.006 .319 .395
09.097.033
Patterson, J. R.
02.065.005
05.022.070
Patterson, T. N. L.
02.141.002
05.082.030
Patteson, A.
03.094.345
Patti, G.
02.075.021
03.075.032
Pattison, J. B. M.
04.061.013
Patty, R. R.
10.034.077
Paturel, G.
07.113.004
08.113.055
09.122.052
10.113.013
Paul, D. L.
07.094.122
08.094.127

Paul, F. W.
04.031.023
Paul, H. E.
03.003.104
Paul, I.
02.081.003
Paul, J.
02.143.069
03.141.068 .165
05.143.095
06.034.050
061.021
141.137 .165
07.141.507
Paul, J. M. W.
05.062.053
Paul, J. W. M.
09.062.042
Paul, M. K.
09.046.013
10.081.042
Paul, M. P.
03.099.009
08.099.083
Paul, N. A.
06.052.023
Paul Jr., E.
04.022.106 .117
Paulikas, G. A.
01.084.417
02.078.023
03.078.001 .006
084.415
04.078.019
06.084.250
07.008.051
084.402
08.084.401
09.008.042
084.247
10.084.412
Pauliny-Toth, I. I. K.
01.141.054
02.141.012
04.101.001
05.114.065
141.120
06.141.189
07.141.107 .118
08.141.056 .112
10.141.038 .053 .082
Pauls, T. A.
03.065.036
04.065.113
09.064.013
Paulsen, D. E.
05.083.007
Paulsen, P. J.
09.094.702
Paulson, J.
09.094.572
Paulton, E. M.
03.079.102
Paupere, M.
10.079.105
Pauscher, H.
06.007.000
08.055.018 .021
Pavicevic, M.
09.094.113 .624
Pavlenko, A. S.
08.094.174
Pavlenko, N. G.
06.104.008
Pavlenko, P. P.
06.034.088
08.034.149
055.024
Pavlenko, V. N.
10.062.050

Pavlenko, V. P.
09.062.057 .058
Pavljuchenkov, Y. I.
08.033.012
Pavlov, A. V.
05.091.009
06.141.070
08.052.008
141.057
09.082.109
Pavlov, E. E.
05.084.278
Pavlov, G. A.
09.033.033
Pavlov, G. G.
07.063.033
064.032
09.063.016
10.063.004
Pavlov, I. K.
09.034.097
Pavlov, I. V.
02.141.028
07.141.521
142.005 .039 .059
Pavlov, Ju. A.
09.081.012
Pavlov, N. N.
02.044.032
04.081.012
07.041.005 .006
08.032.053
Pavlov, N. V.
10.066.065 .070 .075
Pavlov, P. S.
06.094.148
08.094.165 .166
Pavlov, T.
10.015.007
Pavlov, V. E.
02.003.005
07.034.117
08.082.198
10.082.074
Pavlova, A.
01.098.034
Pavlova, N. N.
06.158.122
10.158.049 .141
Pavlovskaya, E. D.
02.112.014
03.155.038
04.041.013
155.018
06.041.016
122.113
07.112.008 .010
08.011.010
10.122.033 .034 .038
155.006 .070
Pavlovski, K.
07.095.013
097.102
10.091.012
099.029
104.018
Pawlick, J. R.
03.032.002
Pawlowa, L. A.
02.132.042
Paxton, H. J. B.
02.071.064
03.073.048
079.102
05.032.015
06.071.061
076.025
10.114.111
Payne, A. D.
01.066.021

Payne, A. D.
02.162.025
03.162.039
Payne, J.
01.132.012
03.141.216
04.033.063
141.041
05.141.226
09.033.046
Payne, R. R.
09.141.506
Payne, R. W.
02.123.055
05.100.011 .014
Payne, W. A.
10.131.282
Payne Jr., W. A.
04.131.080
10.131.185
Payne-Gaposchkin, C.
01.124.002
02.119.008
04.003.102
06.159.018
07.122.137
08.113.014
09.065.120
113.047
Payne-Gaposchkin, C. H.
06.159.010
Payten, W. J.
08.033.045
10.033.035
Pazich, P. M.
09.084.012
Pazzi, L.
06.096.042
Peach, G.
03.022.016
07.022.001
08.064.068
132.037
Peach, J. V.
01.022.112
141.091
02.160.008 .013
03.162.020
07.158.077 .098
Peacock, D. S.
02.143.013
05.143.133
06.143.107 .119
09.143.013
10.143.014
Peacock, N. J.
04.073.023
05.071.032
06.062.054
08.022.079
Peak, D.
02.066.072
Peak, L. S.
06.143.073 .074
Peale, S. J.
01.042.024
094.092
02.094.135
03.091.027
093.009
094.231
08.092.002
09.051.002
091.028
097.044
10.091.020
094.110
097.101
Pearce, A. J.
04.142.042

Pearce, A. J.
05.142.085
06.061.021
Pearce, G. W.
03.094.124
04.094.307
06.094.291
08.094.021 .201
09.094.051 .280 .496 .769
.773
10.094.150 .306 .408 .451
Pearce, J. A.
01.009.010
06.119.010
121.025
Pearce, J. B.
01.082.020
02.022.105
097.013
03.097.045
04.082.012
093.078
05.034.066
097.017 .037
099.040
06.082.101
Pearce, W.
05.143.057
Pearce, W. P.
01.143.077
Pearl, A. S.
03.022.013
Pearl, J.
07.097.026
08.097.089
10.097.025
Pearl, J. C.
07.097.028
08.097.028 .029 .030 .031
.116
10.097.088
Pearlman, M. R.
03.033.002
04.082.144
05.055.015
07.094.099
08.034.098
Pearson, E. F.
09.022.012
10.022.110
Pearson, E. T.
04.032.031
05.031.071
Pearson, J.
10.003.103
Pearson, M. W.
09.094.828
Pearson, P. K.
10.131.046 .118
Pearson, R. E.
06.033.079
07.033.065
Pearson Jr., B. D.
02.082.094
Pease, G. E.
04.093.063 .067
Peat, D. W.
04.021.002
114.091
07.114.049
08.114.103
Peat, P. D.
08.066.095
Pecantet, P.
10.074.057
Pechernikova, G. V.
10.107.025
Pechinskaya, N. I.
06.071.042
07.071.048

Pechinskaya, N. I.
 10.034.021
     071.026
Peck, L. C.
 03.094.061
 04.094.218
Pecker, J.-C.
 01.073.026
 02.003.034 .035
 03.003.134
 04.003.101 .104
     012.013
     064.093
     071.013 .014 .033 .047
 05.010.017
     071.002
     131.029
 06.007.000
     008.072
 07.061.061
     065.069
     066.004 .036 .077
     131.067
 08.006.000
     114.176
 09.010.038
     071.008
     114.085
     141.029
     158.079
 10.003.104 .105
     004.054
     064.027 .048
     065.110
     131.204
Peckett, A.
 03.094.081
 04.094.133 .135
 06.094.202
 07.094.036 .092
 08.094.069
 09.094.067 .124 .177 .306
     .346 .348 .614
 10.094.225
Peckham, G.
 04.082.032
 08.082.092
Peckham, R. J.
 07.141.021
 08.141.083
     142.041
 10.033.054
     141.081
Peckover, R. S.
 06.010.022
 08.010.022
 09.065.169
Pecorari, R.
 03.116.019
Peddie, N. W.
 10.084.279
Pedersen, A.
 06.083.071 .072
 10.084.269
Pedersen, G. P. H.
 08.045.006
Pedersen, H.
 06.104.052
Pedersen, R. J.
 06.066.006
Pedlar, A.
 03.131.132
 05.131.064 .090
 08.131.002
     155.002 .048
 10.132.042
     157.001 .008 .009
Pedorenko, V. F.
 10.083.027 .028

Pedoussaut, A.
 05.119.006
 06.119.008
 09.119.007
Peebles, P. J. E.
 01.141.102
     151.004
     162.043 .047
 02.154.007
     160.007 .019
     161.002
     162.072
 03.160.002
 04.162.057 .097
 05.151.009
     162.011 .024 .051
 06.162.053
 07.003.106
     158.147
     162.024 .033
 08.066.148
     151.030
     155.021
     160.026
     162.029 .057
 09.162.006
 10.151.041
     158.012 .071
     160.010 .024
Peek, H. M.
 04.084.028
Peek, J. M.
 09.022.011
 10.061.046
Peeples, W.
 09.094.569
Peeples, W. J.
 10.094.410
Peery, B. F.
 04.014.004
 10.114.225
Peery Jr., B. F.
 02.014.006
 03.114.063
     122.054
 04.114.065 .107
 05.114.005 .066 .082
     122.016
 06.114.076
 07.010.002
 09.014.022
 10.111.004
Peetermans, W.
 03.082.015
Pefia, H.
 10.155.018
Pegg, D. J.
 06.022.145
Pegg, D. T.
 01.162.023
 06.162.026
 07.162.035
 09.162.054
Peimbert, M.
 01.131.043
 02.132.019 .039
 03.132.033
     158.034 .064
 04.132.011
     158.008 .100
 06.131.134
     133.005 .006 .010
     141.021 .205
     158.119
 07.131.107
 08.131.010
 09.133.007
 10.131.117 .246
     158.069

Peimbert-Sierra, M.
 02.132.035
Peimpert, M.
 10.133.041
Pejchev, S.
 04.046.004
Pekelis, V. D.
 10.003.072
Pekeris, C. L.
 08.022.094 .098
Pekez, D.
 08.014.021
Pekki, G. R.
 08.031.028
 09.034.105
Pelayo, J.
 07.159.018
Peljushenko
 See Pelyushenko
Pellas, P.
 01.105.048 .094 .101 .109
 02.105.109 .111 .140
 04.094.033 .036 .037
 06.105.021 .127
 07.105.070
 08.105.019 .119
 09.094.256 .269 .803 .808
 10.094.011 .029 .214
Pellat, R.
 07.106.003
 08.084.407
Pellegrini, P. F.
 04.083.048
Pellerin, C. J.
 07.071.034
 08.078.010
 09.078.012 .031 .032
 10.078.008
Pellet, A.
 01.158.004
 04.034.045
     158.007
Pellicori, S. F.
 01.094.002
     095.005
 02.034.004
     094.008 .168
 03.094.002
 04.094.027
 05.094.095
 10.034.057
Pellieux, G.
 07.061.018
     151.011
Pellinen, L. P.
 02.046.023
     081.031
 05.046.012
     051.001
 06.081.029
 07.081.006 .018
Pelling, M. R.
 03.141.067
Pelling, R. M.
 01.142.033
 02.142.031
 03.142.025
 07.142.023 .084
 08.142.008
 09.158.011
 10.134.014
     142.055
Pelly, I.
 03.105.042
 04.105.014
Pelly, I. Z.
 04.105.031
 06.003.027
 09.094.408
     105.002 .004 .095

Peltier, L. C.
03.124.103
04.124.108
09.124.106
10.003.106
Peltier, W. R.
10.091.054
Pelyushenko, S. A.
01.157.005
04.033.042
06.141.218
10.125.036
Pelz, D. T.
02.082.016
09.082.025
Pemberton, A. C.
04.021.002
Pena, H.
10.155.018
Penafiel, H. R.
09.063.002
Pence, W.
10.158.128
Penchev, P.
06.066.118
Pendl, E. S.
09.153.037
Pendleton, W. R.
06.084.040
Pendred, B. W.
02.107.008
07.065.046
Penengo, P.
02.143.025
07.142.110
Penfield, H.
01.131.037 .046
132.050
02.131.066
03.131.073 .083
Penfield Jr., P. L.
10.033.108
Penfold, J. E.
01.122.011
06.122.089
10.121.001
Peng-Yoke, H.
07.125.013
Penhallow, W. S.
03.124.103
05.124.100
08.114.013
Penkett, S. A.
08.082.153
Pennas, P. J.
10.085.027
Pennell, W.
07.122.104
Pennell, W. E.
04.113.014
08.123.056 .058
09.122.122
10.123.040
Penner, S. S.
01.097.003
03.022.077
05.022.049
09.082.019
Penny, A. J.
01.141.215
04.010.022
06.114.014
122.001
07.065.144
09.122.111
158.022
10.121.001
Penny, C. J. A.
10.044.002

Pennypacker, C. R.
09.142.136
10.131.225
Penrose, R.
04.162.034
05.066.022 .047
07.066.017 .046
10.066.171
Pensa, A.
02.044.003
Pensado, J.
06.075.018
08.075.037
079.100
092.014
10.075.016
Penselin, S.
08.022.047
Penston, M.
08.125.100
141.039
Penston, M. J.
01.131.004
02.112.019
04.041.011
05.158.105
06.113.064
158.002
07.122.001
09.158.105
10.113.014 .015
Penston, M. V.
01.131.004
132.053
02.064.056
141.067
151.017 .025
158.076
03.131.027
158.101
04.131.087 .128
158.027 .078
05.141.046 .079
151.027
158.105
06.065.142
113.038 .064
141.206
158.002
08.031.022
141.105
09.113.043
131.048
141.072 .121
158.105 .149
10.113.009 .010
114.153
125.016
142.100
Penzar, B.
01.079.105
Penzar, I.
01.079.105
06.082.085
Penzias, A.
06.155.019
Penzias, A. A.
01.066.043
161.008
02.066.005
03.131.010 .106
141.173
157.003
04.082.052
132.002 .008
05.114.007
131.063 .065 .117
132.012
141.082
155.018

Penzias, A. A.
06.113.009
114.075
131.004 .030 .052 .053
132.015
07.008.068
131.092 .133
141.162
155.003
08.131.029 .098
132.015
155.052
162.033
09.008.057
131.029
132.003
10.033.012
131.011 .123 .227
Penzias, N. J.
03.131.106
Pepin, R. O.
01.105.086
02.105.024
03.094.069
04.094.225
07.094.013
09.094.710
10.094.210
Pepin, T. J.
03.074.024
09.114.040
Pequignot, D.
07.158.025
09.022.053
062.054
Peraiah, A.
02.117.005
04.117.001
08.064.038 .058
09.064.064 .078
080.050
10.064.005
Peraldi, A. L.
08.034.018
Peralta, M.
09.073.031
Peralta, R.
01.032.058
02.032.037
03.098.037
Percival, I. C.
02.131.070
07.022.060
09.022.039
10.022.002
Percy, J. R.
01.010.023
02.065.073
066.031
119.012
03.122.001 .007
153.008
04.120.004
121.011
122.025 .138
05.122.125
06.122.054 .135
07.047.005
114.063
115.015
122.084
08.047.024
113.005
153.002
09.119.025
122.009 .049 .059 .112
10.047.045
122.146
Perdang, J.
01.022.070

Perdang, J.
05.065.066
06.065.070
07.065.025 .048
08.065.031 .032
09.065.027 .078 .130
10.065.075
Perdrix, J. L.
01.010.008
096.011
03.005.006
04.004.009 .010
05.005.005
007.000
123.052
06.097.013
07.005.008
007.000
010.008
011.039
032.046
096.014
08.010.008
101.013
09.004.063
010.008
10.032.047
035.004
053.014
102.026
Pereira, C. M.
08.066.020 .062
Perek, L.
01.010.017
02.133.030
05.133.026
08.155.016
10.006.000
155.072
Perekresny, S. M.
10.121.111
Pereligin, V. P.
05.083.028
Perelman, A. J.
See Perel'man, A. Ya.
Perel'man, A. Ya.
03.082.047
08.082.076
10.063.042
Perel'man, R. G.
06.003.105
Perelygin, V. P.
10.143.003
Perepelitsina, L. R.
04.032.015
Pererva, V. M.
06.003.009
Peres, A.
05.003.120
07.012.029
066.062 .138
Pereskok, V. F.
09.034.042
Pereslegina, N. V.
02.078.037
04.078.016 .024
05.003.102
143.080
06.078.019
106.038
143.009
07.078.017
08.078.030
143.011 .040 .055
09.078.025 .052
093.080
10.071.019
072.025
Pereyaslov, V. P.
04.105.164

Pereyaslov, V. P.
06.105.160
10.105.077
Pereyra, Z. M.
01.103.107 .125
02.103.119 .120 .121
03.103.101 .102 .114 .115
.126 .128
04.103.102 .118
05.103.007
07.098.018
103.115
08.103.130
10.098.077
103.004 .114
Perez, J. K.
04.084.262
Perez-De-Tejada, H.
09.074.048
Pericoli, A.
08.046.001
Pering, K.
04.094.252
105.068
Pering, K. L.
06.105.002
Perinotto, M.
01.103.100
02.119.005 .017
03.008.005
011.007
04.132.031
05.116.014 .015
132.001
06.132.004 .018
07.132.018
10.031.014
131.136
Perissinotto, M.
02.123.014
05.123.019
08.123.009
Perkins, F.
05.065.004
06.062.023
07.062.025
09.074.008
083.071
Perkins, F. W.
04.083.076
05.084.003
06.084.017
09.062.039
083.072
10.074.078
Perkins, G.
08.006.000
10.006.000
Perkins, R. W.
02.105.082
03.094.079
04.094.226
09.094.054 .433 .719
10.094.126 .417 .418 .419
Perkins, W. A.
08.080.054
Perkins, W. E.
01.105.063
Perko, L. M.
07.042.065
Perko, T. E.
06.162.085
08.162.079
Perko, T. K.
08.162.083
Perley, R. A.
08.142.091
Perlin, I. E.
08.021.018

Perls, T. A.
06.097.038
10.097.104
Permyakov, V. D.
08.052.008
09.082.109
Pernick, B. J.
04.031.028
Perola, G. C.
02.141.121
158.090
06.141.031
07.142.036
158.114
09.142.104
158.095
10.141.006
Perona, G.
03.083.015
Perona, G. E.
04.074.097
07.084.206
08.084.281
Perotti, F.
07.078.012
10.078.025
Perov, N. V.
08.053.021
Perova, N. B.
02.003.013
123.006 .024
04.003.069
120.001 .005
122.170
05.003.013
123.004
07.003.154
08.120.008
09.003.003
123.003
10.123.011 .027 .066
Perreault, P.
04.084.041
09.084.032
Perreault, P. D.
02.084.201
05.084.034
10.084.016
Perret, D.
06.082.077
Perri, F.
09.065.035
Perrin, J. C.
04.033.048
05.033.035
Perrin, M. N.
02.122.065
06.113.030
09.126.016
10.113.073
Perrone, F. A.
05.065.115
Perrott, J.
01.122.094
123.025
Perry, C. H.
07.094.213
09.094.293 .819
Perry, C. L.
01.113.026
151.028
152.006
02.153.006 .011 .020
04.119.004
153.009
05.153.007 .035
06.112.014
113.016
153.021 .022 .025
07.113.001

Perry, C. L.
10.113.067
Perry, G. E.
03.054.011
Perry, J.
06.131.060
07.114.099
09.114.011
Perry, J. P.
09.114.016
Perry, J. F. W.
07.155.066
Perry, M. E.
09.142.135 .139
Perry, R. M.
07.074.062
08.074.026
09.074.015
Pershin, S. V.
10.105.111
Persianinova
See Persiyaninova
Persides, S.
06.066.057
07.066.091
08.155.072
Persijaninova
See Persiyaninova
Persiyaninova, N. R.
01.045.002 .009
03.045.011
05.045.018
Persson, G.
06.075.009
Persson, S. E.
04.132.003
05.132.005 .016
06.133.017
07.133.016
08.131.103
133.901
09.131.207
133.032 .033
158.094
10.114.035 .178
131.134 .249 .264
132.012
133.031 .901
141.066
142.084
Pertsev, B. P.
08.081.015
Peruanskij, S. S.
09.094.922
Peryra, Z. M.
01.103.107
Pesapane, J.
08.052.038
Pesch, P.
07.064.045
08.113.047
114.098
09.113.019
Peschel, H.
06.046.003
10.007.000
Pesek, I.
10.094.059
Pesek, L.
01.003.104
Pesek, R.
03.003.026
10.012.038
051.032
Peshekhonov, V. P.
09.094.860
Peskett, G. D.
07.082.037
Petefish, H. M.
04.022.111

Petelski, E. F.
07.083.065
Peter, H.
07.121.083
08.121.111
09.121.081 .087
10.121.105 .108
Petermann, S.
09.098.028
Peterova, N. G.
03.077.037
04.077.010 .031
08.033.030
09.077.016 .017 .019
10.077.064
Peters, B.
04.143.061
08.143.004
Peters, C. F.
03.151.072
04.052.058
07.042.034
10.099.045 .066 .067
Peters, E.
10.082.125
Peters, G.
02.116.012
03.155.016
Peters, G. I.
07.131.049
08.131.022
Peters, G. J.
03.114.026
04.064.040
05.114.009
07.114.074
08.118.011
10.114.201 .202 .213
122.100
Peters, J. G.
02.061.029
04.065.084
05.143.116
07.061.025
Peters, J-P.
09.082.126
Peters, K.
02.046.010
10.094.004
Peters, P. C.
02.162.074
07.066.050
08.066.069
Peters, P. J.
04.031.031
10.031.043
Peters, W. L.
02.151.067
07.141.522
155.055
08.117.022
121.033
10.155.061
Peters, W. N.
04.031.051
06.032.009
10.034.065
Petersen, F. R.
08.022.129
Petersen, J. D.
01.003.026
Petersen, J. O.
01.115.010
07.065.095 .113
122.034
141.191 .192
09.065.125
10.122.008
Petersen, K.
06.046.014

Petersen, N.
07.097.024
Petersen, V. M.
04.004.021
Peterson, A. M.
03.008.122
05.008.080 .121
083.062
07.008.093 .135
Peterson, A. V.
06.126.021
07.122.130
Peterson, A. W.
01.074.017
05.082.121
07.106.005
08.034.047
082.019
09.082.018 .074 .108
133.014
10.074.122
082.045 .050
Peterson, B. A.
01.158.021
02.160.014
03.160.001 .014
04.158.024
05.141.111
07.141.009 .064
142.073 .101 .105
09.124.107
141.041
142.125 .131 .135 .139
Peterson, C.
03.065.017
Peterson, C. E.
01.033.042
Peterson, C. G.
10.094.498
Peterson, C. J.
10.154.019
Peterson, D. D.
05.143.121
Peterson, D. M.
01.114.053
02.064.016
04.064.051 .061
113.018
05.114.003 .063
07.064.014
09.126.015
153.014
Peterson, E.
03.094.160
04.094.253
105.068
06.105.003
07.105.063
09.094.441 .905
10.105.081
Peterson, F. W.
08.141.043
09.142.036
10.141.100
Peterson, J. R.
05.082.049
07.083.004
Peterson, J. T.
08.082.196
Peterson, L. E.
01.076.009
142.033
02.076.004 .038
142.031
03.134.021
141.067
142.005 .025 .044
04.142.015 .048 .094
05.142.027
07.034.129

Peterson, L. E.
07.076.029
142.080 .114
155.048
08.142.008 .103 .109 .112
.118
09.054.021
076.004 .017
094.061 .754
142.043 .062 .081 .095
.129 .137
10.076.007 .019 .020
094.384
106.067
142.038 .053 .066
160.001
Peterson, R.
10.114.205
Peterson, R. N.
04.084.035
Peterson, R. W.
04.082.121
09.084.014
Peterson, S. D.
10.158.094
Peterson, V. L.
02.082.031
08.065.047
10.065.034
Petersons, H. F.
04.085.008
06.084.224
07.084.280
Petford, A. D.
02.034.057
072.058
03.072.019
04.022.034
06.034.006
071.043
072.057
07.071.027
072.022
Pethick, C.
02.065.105 .106
141.085
03.141.047 .086 .101
06.065.098
Pethick, C. J.
06.065.151
07.065.143
08.061.019
10.142.027 .067
Petit, J.
03.103.101 .102
07.098.016 .021 .022
103.104 .117
Petit, J.-P.
05.155.044
07.061.002 .003
062.047
151.005
08.151.020
Petit, M.
01.124.104
02.122.075
159.009
03.122.060 .100 .101
159.015
04.120.002
122.141
159.013
05.122.084
07.123.026 .052
Petitdidier, M.
04.082.118
08.082.184
Petkov, A. P.
05.105.040

Peton, A.
01.114.018 .058
02.064.018
114.074
03.117.008
04.064.029
06.117.020
07.113.004
114.050
Petrakiev, A.
02.022.086
Petrakiew, A.
07.105.005
Petravic, M.
09.141.548
Petri, W.
02.002.005
03.003.043
004.030
05.003.103 .104
015.017
06.004.015
07.004.044
08.004.045
09.015.011
Petrie, J. K.
03.114.114
Petrie, L. E.
02.083.034
Petrie, R. M.
02.119.010
04.117.030
153.043
Petrik, L.
05.103.106
09.103.100
Petrini, D.
01.074.002
03.022.068
04.074.056
06.074.079
07.022.015
09.022.010
Petro, L.
09.142.044
10.121.044
Petrochenkov, R. G.
06.094.020 .023
07.094.131
Petropoulos, B. C.
10.097.085 .086
Petroshkyavichyus, P. A.
07.046.010
Petrosian, V.
01.066.014
162.016
02.162.030
03.132.009
162.040
04.141.013
05.066.058
162.074
06.162.003
07.141.110 .139
142.046
162.036
08.077.018 .047
131.069
141.014
09.076.023
10.076.030
131.068 .191
141.021 .099 .510
158.130
Petroskevicius, P.
10.044.016
Petrosyan, S. B.
04.004.016
Petrou, D.
05.078.034

Petroutshek
See Petruchek
Petrov, A. Z.
03.003.074
066.056
Petrov, B. I.
08.104.059
Petrov, B. N.
01.053.012
08.051.006
Petrov, G. I.
01.051.029
07.107.020
08.094.160
09.097.099
Petrov, G. M.
04.082.216
05.041.013 .023
07.031.002
08.031.009
09.032.008
041.037 .043
10.031.019
093.001
Petrov, M. P.
10.120.003
Petrov, P. G.
02.103.101
Petrov, P. P.
01.034.039
08.141.095
09.113.042
10.034.038
Petrov, R. L.
09.031.001
Petrov, V. M.
09.082.110
10.078.012
Petrov, V. N.
08.094.166
Petrov, V. S.
08.094.168
10.083.045
Petrov, V. V.
08.094.161
Petrova, G. A.
01.084.036
Petrova, G. L.
09.078.055
Petrova, G. N.
01.081.036
04.084.238
Petrova, I. V.
05.084.414
Petrova, L. F.
06.082.019
Petrova, N. D.
09.002.006
Petrova, N. N.
02.094.225
06.041.004
097.016
07.041.007
09.099.075
10.074.001
Petrova, N. S.
05.071.035
08.072.050
Petrovic, S.
10.005.003
Petrovich, G. V.
04.003.105
Petrovicova
02.103.109 .112 .120 .122
03.103.115 .118
124.103
Petrovicova, R.
03.103.118
04.103.101 .104
05.103.106 .115

Petrovicova, R.
07.103.107
08.098.054
103.120
09.103.100 .114 .115 .124
10.103.102 .103 .106 .110
.111
Petrovs, P.
06.051.038
Petrovskaya, I. V.
02.151.045 .047
03.151.026
05.151.023
155.042
07.151.064
09.151.015
Petrovskaya, M. S.
01.042.029
04.042.047 .090
081.020
08.042.007 .010 .049
081.037
Petrovskij, A. A.
06.079.102
Petrow, N.
09.014.018
Petrowski, C.
09.094.246 .253 .404
10.094.350
Petruchek, T. P.
04.104.002
05.104.018
Petrukhin, N. S.
03.064.006
080.020
08.073.101
Petrukhin, V. P.
04.094.337
Petrunkin, V. Y.
See Petrun'kin, V. Yu.
Petrun'kin, V. Yu.
06.033.007
07.033.006
Petrusevich, S. I.
04.062.005
09.065.178
Petschek, H. E.
02.062.028
Pettauer, T.
01.075.030
Pettauer, T. V.
02.099.041
09.031.031
034.088
Pettengill, G. H.
01.093.028 .084
097.036
02.098.010
141.230 .232
03.141.122
04.093.041 .062
097.008 .052
05.008.006
066.010 .049
06.097.080
07.043.001
092.010
093.002 .005
097.042
08.012.017
09.092.003
093.003 .056
097.003
10.091.027
Pettersen, B. R.
07.032.019
08.121.063
122.073
09.101.006
122.101

Pettersen, B. R.
10.009.007
100.012
103.102
105.050
Pettersen, H.
02.084.006
05.084.035
08.084.039
09.084.011
Pettus, D. H.
01.009.004
Petty, A. F.
07.098.073
09.117.026
Petukhov, S. V.
04.052.004
Petukhova, T. M.
09.094.034
Petviashvili, V. I.
09.084.254
Petzold, J.
05.031.091
07.008.067
Peyraud, J.
04.062.052
Peyraud, N.
04.062.052 .053
141.053
Peyrin, Y.
06.159.006
Peytremann, E.
02.114.097
03.116.012
07.064.008 .011
08.065.056
09.064.014
Peyturaux, R.
03.071.034
07.022.119
062.026 .044
08.062.018
Peyve, A. V.
09.003.103
Pfaff, W.
08.031.087
Pfannenmueller, H. W.
08.003.169
Pfannenschmidt, E.
01.032.046
07.082.040
Pfarr, J.
07.065.131
Pfau, W.
01.013.006
02.115.006
124.100
06.031.045
07.131.019 .116
09.041.050
141.091
Pfeffermann, E.
06.061.021
07.142.132
155.073
Pfeifer, C. D.
10.031.035
Pfeiffer, G.
08.120.014
Pfeiffer, R. J.
09.119.014
10.119.009
Pfennig, H.
05.022.072
07.022.046
Pfirsch, D.
02.022.018
143.052
03.083.043
05.062.049

Pfister, W.
04.083.045
08.083.048
Pfitzer, K. A.
02.084.211 .403
Pfleiderer, J.
03.141.049
04.155.015
05.081.046
06.113.025
141.007
07.113.030
155.036
158.154
09.121.002 .056
158.123
10.141.523
157.004
Pfleumer, H.
01.032.045
Pflieger, R. H.
08.033.090
Pflug, K.
04.072.038
Pfotzer, G.
02.084.018
03.073.096
06.007.000
08.004.011
Phakey, P. P.
07.094.060
09.094.096 .276 .802 .805
105.110
Pham-Van, J.
05.044.028
101.001 .016
07.041.044
098.026
10.041.041
079.101
Pham-Van, J.-C.
05.098.024
Pharo III, M. W.
01.083.036
03.073.111
07.079.101
Phelizon, G.
04.051.016
Phelps, A. D. R.
10.074.019
Philbrick, C. R.
07.079.101
Philip, A. G. D.
01.114.104
115.003
154.008
155.007 .016
02.112.007 .013
113.025 .040
115.003
03.112.003 .008
155.014
160.003 .004
04.113.019 .036
114.127 .128
154.010
05.113.031
114.097
154.003
155.054
06.113.007
114.023
153.012
07.012.024
154.007 .010 .029
08.113.045
114.173
154.003 .005
155.040
09.113.011 .025 .056

Philip, A. G. D.
09.115.007 .014
153.013
154.014
160.014
10.113.071 .083 .107
131.133
152.013
Philip, K. D.
09.113.011
Philip, K. W.
02.077.040
06.077.019 .020 .081
07.077.003 .015
Philippot, J.-C.
07.094.064
09.094.090
10.094.409
Philips, J. G.
02.003.015
Philipson, F.
04.082.199
Phillips, C. J. E.
07.033.053
Phillips, E.
01.082.032
Phillips, E. G.
09.034.010
Phillips, J.
06.083.006
Phillips, J. G.
02.022.004
122.092
03.003.048
04.003.002
05.022.082
06.003.001
022.070
08.003.005
010.006
022.001
09.022.023 .024
10.003.003
022.050
Phillips, J. P.
10.154.007
Phillips, K. J. H.
01.076.017
100.003 .011
02.076.025
079.102
03.076.004 .018
04.074.040 .092
05.073.012
06.009.005
076.013
07.073.075
08.076.010
09.073.005 .024 .087
10.073.029 .110
076.017 .026
Phillips, M.
09.094.286
Phillips, M. W.
10.094.439
Phillips, R.
03.094.087
04.094.140
07.094.036
09.094.177 .306 .346 .569
.614
10.094.225
Phillips, R. J.
08.094.044 .270
09.097.054
10.094.410
097.051
Phillips, T. G.
10.034.110
131.211 .217

Phillis, G. L.
09.073.071
Phillpott, D.
03.094.165
Philpott, D.
03.094.159
Philpott, I. F.
02.010.012
Philpotts, J. A.
02.105.006 .104
03.094.042 .083
04.094.078 .134 .227
06.003.027
094.047 .050 .275
07.094.016 .063
08.094.193
09.094.095 .157 .378 .412
.689
10.094.411
Phinney, D.
03.094.069
04.094.225
10.094.013 .290
Phinney, R. A.
02.094.173
04.094.058 .061
10.081.025
Phinney, W. C.
06.094.061
07.094.009
08.094.237
09.094.054 .205
10.094.126 .304 .443 .478
Phipps, J.
08.033.050
Phissamay, B.
09.076.011
Piacente, V.
09.094.402
10.094.256
Pialli, G.
02.105.147
Piasecki, J. A.
07.003.107
Piaskovsky
See Pyaskovskij
Piattelli, M.
01.079.103
082.114
Piatunina
See Pyatunina
Piazza, L. R.
09.083.028
142.122
Piazza, P.
02.101.003
Picard, M. D.
10.097.125
Picat, J. P.
05.034.004 .058
07.034.097
074.032
09.034.057 .058 .064
074.028 .029
Piccardi, G.
01.015.004
03.015.012
085.008
07.085.006 .007 .008 .013
Piccioni, A.
07.034.032
Piccirillo, J.
09.031.056
Picha, J.
10.003.107
Pichanick, F. M. J.
01.012.007
Piche, W.
07.084.287

Picherit, F.
04.033.048
05.033.035
Pichler, G.
10.022.054
Pichler, H. J.
01.003.085
Pick, D. R.
08.082.080
Pick, M.
03.073.093
077.035
04.106.026
06.074.007 .038
077.072
07.077.030
078.023
08.081.045
09.073.041
10.003.107
072.023
074.070
077.007 .057 .058
Pickart, S. J.
06.094.122
09.094.464
10.094.439
Pickering, W. M.
04.104.014
07.082.016
09.082.086
10.104.014
Pickett, R. A.
02.083.003
Pickett, R. M.
09.075.003
Pickwick, A. C.
04.141.212
Picot, P.
09.094.677
Piddington, J. H.
01.099.027
141.136
02.003.006
03.003.075
141.078
158.057
04.007.000
156.004
06.072.043
080.052
07.072.001
156.001
08.080.063
099.004
156.001
09.151.011 .028
10.073.027
080.028 .062
Pieczynski, L.
01.045.015 .016
04.008.117
011.001 .033
045.043 .044
046.028
05.045.022 .033
06.045.021
08.045.050
10.045.031
Pieper, G. F.
10.034.061
Pieplu, J. L.
05.082.100
09.081.036
Pieplu, M. J. L.
07.046.029
Pieraerts, T.
02.009.021
03.009.002

Pierce, A. K.
01.008.060
02.071.027
03.071.047
06.071.003
10.071.041 .074
Pierce, D. A.
05.041.002
06.098.018
Pierce, R. H.
02.066.046
Pierce, S.
02.066.028
Pieri, L.
04.021.021
046.010 .035
07.046.019
09.046.012
Pieroni, L.
04.063.049
Pierrot, R.
09.094.661
Pierson, B. L.
07.052.026
Pierson, J. D.
05.084.255
08.084.046
Pierucci, M.
05.162.072
Pietenpol, J. L.
08.066.133
Pieters, C.
05.094.153
07.094.086
08.094.019 .051
09.094.567 .840
10.094.097
098.002
Pietersma, H.
02.099.012
Pietrowskaja, I. W.
10.151.027
Pieuchard, G.
07.034.077
Pigatto
06.125.107
Pigatto, L.
02.122.111
03.008.005
04.122.124
05.122.072
07.122.080
08.122.128
125.031 .033 .105
09.122.095
10.122.175
Pigg, J. C.
06.122.105
08.066.093
Piini, E. W.
10.032.002
Piirola, V.
10.034.013
Pijr, I. R.
09.066.037
Pike, C. P.
04.083.035
06.083.056
08.084.069
09.083.029
10.083.012
Pike, E. R.
04.022.023
Pike, R. J.
07.097.002
10.094.116
Pikel'ner, S. B.
01.073.015
131.098
143.006

Pikel'ner, S. B.
03.003.039
011.013 .045
065.074
132.003
152.007
04.003.054 .064
065.109
151.022
158.014 .089
05.073.027 .032 .052 .076
06.073.057 .074 .100
116.009
07.074.070
08.116.017
117.021
122.076
151.022
10.132.003
133.071
Pikel'ner, V. S.
04.123.019
Pikkarainen, T.
02.094.235
03.092.016
Piksaev, V. A.
06.098.030
07.098.080
Pilachowski, C. A.
10.116.018
Pilat, A. A.
10.106.027
Pilbeam, C. C.
10.094.046
Pilcher, C. B.
03.100.008
05.099.022 .092
08.099.042 .081
09.099.065
10.099.092
Pilcher, C. P.
04.100.002
Pilcher, F.
03.124.103
09.003.142
10.003.108
Pilipenko, V. A.
10.162.041
Pilipp, W.
04.084.316
06.062.062
Pilipp, W. G.
06.084.222
10.074.044
Pilkington, G. R.
03.084.035
06.084.010
08.084.036
Pilkington, J. A.
01.051.020
07.054.019
Pilkington, J. D. H.
01.141.228 .229
09.031.029
Pilkuhn, H.
06.143.020
10.012.003 .004
Pilling, M. J.
06.022.048
Pillinger, C. T.
03.094.157 .174
04.094.246
05.094.084
07.094.138
08.094.119
09.094.065 .440 .748 .900
10.094.034 .231
Pilnik, G. P.
03.044.008
04.081.041

Pilnik, G. P.
06.044.002
08.041.037
09.044.007 .019
Pil'nik, G. P.
07.044.018
Pilowski, K.
01.008.049
07.008.065
08.032.035
046.042
10.032.039
Pilski
05.103.112
10.103.102
Pilski, A.
10.103.102
Pimenov, I. A.
05.143.024 .053 .054 .151
Pimenov, Yu. G.
01.094.052
03.094.321 .338
Pimentel, G. C.
02.097.034
03.097.011
04.097.014
06.034.039
07.034.003
08.097.006
Pincus, P.
04.099.038
Pine, M. R.
09.107.006
Pineau, F.
10.094.012
Pineau Des Forets, G.
09.074.026
10.160.002
Pineault, S.
10.062.030
Pines, D.
02.065.105 .106
141.085
03.141.047 .086 .101
06.141.231
07.065.034
141.519 .540
08.091.054
09.081.018
10.045.002
142.027 .067 .078
Pines, S.
04.042.064
052.003
10.052.082
Pingree, D.
01.004.038
04.004.001
05.004.022
06.003.083
07.004.012
09.004.001
Pinheiro, M. M.
03.118.008
Pinigin, G. I.
03.034.045
06.041.045
08.032.054
10.032.015
Pinilla, M. C.
06.042.054
Pinkau, K.
02.142.020
143.055 .070
04.078.012
141.056
143.055
05.034.109
078.004 .024
143.103

Pinkau, K.
06.034.047
061.021
142.014
143.051
07.142.132
155.073
08.031.075
061.065
10.008.078
Pinnekamp, F.
09.022.063
Pinnington, E. H.
01.122.041
04.022.103 .104
114.009
06.022.024 .147
08.022.132
10.022.007
155.011
Pinson Jr., W. H.
02.105.006 .169
03.094.034
04.094.212
06.094.300
Pintal, G. A.
07.079.101
Pinter, P. T.
04.077.061
Pinter, S.
01.073.033 .048
076.012 .025
077.022
03.073.090
04.051.043
073.012
076.028 .044
079.100
07.073.022 .034
076.019
09.074.056
10.073.007 .046
074.053
106.023
Pinto, G
09.008.088
Pinto, G.
03.141.176
04.141.218
07.123.006
08.101.004
141.013
09.008.008
10.122.021
123.001 .002
154.011
Pinto Filho, D. P.
03.099.055
04.099.044
05.099.085
Pinus, V. K.
09.066.088
10.066.015
Pioli, M. G.
01.077.027
Piosczyk, B.
04.022.068
Piotrovskaya, A. I.
06.045.007
07.046.013
Piotrowski, S.
02.009.011
03.009.008
117.006
04.051.029
09.011.028
Piotrowski, S. L.
04.117.005
08.117.027
10.117.022

Piper, D. E.
01.141.030
Pipes, J. G.
03.093.015
07.099.072
Pipes, P. B.
07.033.031
Pipher, J. L.
01.132.009
133.009
05.082.132
06.155.032
07.131.098
155.020
08.131.067
155.053
10.155.047
Pipko, L.
06.094.070
Piragas, K. A.
10.066.080 .081
Pires, J. L.
08.099.053
Piriou, M.
07.010.028
Pirog, G. A.
09.158.099
Pirraglia, J.
04.091.037
08.097.089
10.097.025
Pirraglia, J. A.
09.097.079
Pirre, M.
09.084.205
Pisano, D. J.
09.080.007
Pisarenko, N. F.
01.094.039
02.078.016
05.084.403
08.143.011
09.078.039 .042 .048
143.054 .064
10.034.008
143.030 .039
Pisareva, T. K.
02.103.101
Pisareva, V. V.
02.131.128
05.083.027
Piscalar, F.
08.082.154
Piscounova, L. V.
01.063.019
Piskunov, A. E.
08.065.078
09.153.020
Pismis, P.
01.151.019
03.153.024
155.051
04.153.045
06.122.136
08.122.139
10.132.058
Pistol'kors, A. A.
10.033.014
Pitaevskii, L. P.
02.083.017
Piticu, M.-E.
04.042.084
10.042.091
Pitkin, E. T.
01.042.033
Pitman, D.
03.097.032
04.097.038
Pitrun, B.
02.005.022

Pitt, G. M.
03.105.122
Pittich, E.
05.102.030
10.079.101
Pittich, E. M.
01.102.006
02.102.020
06.102.001
08.102.032
Pittini, A.
10.075.014
Pitz, E.
01.022.046
05.022.066
071.045
06.022.107
034.107
09.106.030
Piunov, I. D.
07.022.069
Pius, L. J.
03.042.007
08.042.006
Pivneva, V. T.
03.143.057
Pivovarov, V. G.
01.083.019
03.082.070
04.084.023 .287 .291
05.084.279
06.084.019
Pivovarova, N. B.
03.082.070
083.083 .084
04.084.006 .287
05.084.279
Pizzella, G.
01.074.032
02.074.078
03.143.018
04.074.085
05.084.405 .412
07.084.414
Pizzichini, G.
09.076.013
Pizzo, V.
07.034.040
074.092
08.074.061
09.074.069
10.074.042
Pizzolato, P. J.
10.093.026
Pjaskovsky
See Pyaskovskij
Pjatunina
See Pyatunina
Plagemann, S.
02.122.043
05.122.049
09.044.008
Plagemann, S. H.
02.141.086
03.142.035 .041
10.141.048
Plakhov, Yu. V.
02.021.011
04.100.013
07.042.038
09.042.014 .036
Planner, H. N.
09.105.060
Plant, A. G.
03.094.085
04.094.017 .132 .133 .145
06.094.329
09.094.306 .327 .629
10.094.309
105.108

Plaskett, H. H.
01.007.000
03.071.026
10.071.003
Plass, G. N.
02.082.128
04.082.048
091.007
093.005
05.063.032
082.084 .085 .087
06.082.086
093.022
08.063.037
082.219 .225
091.016 .017
09.063.024
10.063.021 .022
Platania, G.
09.126.022
10.126.005
133.002
Platisa, M.
06.062.020
08.062.040
Platonov, A. K.
08.042.076
Platonov, G. F.
10.083.042
Platonov, I. N.
09.103.126
Platonov, Yu. P.
03.032.020
034.047
04.051.037
05.034.043
Platov, J. V.
See Platov, Yu. V.
Platov, Yu. V.
03.073.026
05.062.002
06.073.011
07.073.031
09.073.011 .107
Platova, A. G.
06.073.003
Platt, C. M. R.
01.034.041
Platt, T. C.
03.034.038
Platt Jr., R. J.
06.033.077
Platzeck, R.
07.034.144
10.034.066
Plaut, L.
01.123.017
02.123.016
03.122.061
123.011
04.122.020
123.055
05.123.047
06.120.010
122.067
123.031
07.123.048
155.045
08.123.024
09.123.057
10.122.006 .083
123.047
Plaut, M. G.
01.084.288
Plavcova, Z.
03.104.003
Plavec, M.
01.117.015
02.065.002
117.017

Plavec, M.
03.117.001
04.117.015 .025
05.117.010
121.030 .040
06.119.005
121.033
07.114.083
10.114.201 .202 .213
117.014
121.056
Plch, J.
10.076.015
Plechkov, V. M.
09.094.871
Pliasova-Bakunina
See Plyasova-Bakunina
Plieninger, T.
09.094.807
143.059
10.094.450
Pljugin, G. A.
05.034.052
098.006
Pljugina, A. I.
02.032.037
Plocieniak, S.
09.071.044
Plotkin, H. H.
03.094.023 .028
04.094.265
05.055.017
06.094.188
08.045.033
09.094.927
10.094.074
Plotnikov, I. Ya.
03.078.005
Plummer, K. L.
06.051.007
Plummer, W. T.
01.093.012 .069
02.097.044
03.093.002
04.093.021
Pluzhnikov, V. Kh.
02.005.024
04.032.026
08.005.028
092.013
Plyasova-Bakunina, T. A.
05.084.245
08.084.237
09.084.236
Plyusnin, L. N.
09.162.047
Plyusnina, L. A.
09.072.077
Pneuman, G. W.
01.074.054
02.074.040
03.073.017
04.074.004
080.031
05.074.071 .078 .088
06.074.034
080.005
07.072.010
074.058
080.009
08.074.037 .053 .088
09.074.003 .066
10.074.069
Pobedin, L. F.
04.073.067
Poch, W. J.
05.054.006
Pochinok, B. D.
08.122.039

Pochtarev, V. I.
02.105.134
03.084.235
04.084.290
07.105.068
08.094.124 .167
105.023
Pochukaev, V. N.
05.052.015
08.052.006
Pocock, S. B.
04.041.011
06.155.007
Pod''yapol'skij, A. N.
06.032.032
Podgorny
See Podgornyj
Podgornyj, I. M.
02.106.020
03.051.013
04.074.073
05.074.003
06.062.074
084.235
07.084.224
09.062.031
084.244 .255 .268
10.062.032
Podgorski, W.
08.042.095
Podmoshensky, A. L.
10.083.045
Podmoskov, V. V.
06.083.062
Podnos, V. A.
10.083.014
Podobed, V. V.
01.032.077
07.041.028
Podolski, A. D.
06.053.019
Podorol'skij, A. N.
10.143.044
Podosek, F. A.
03.094.030
105.095 .103
04.094.073
105.036
05.094.038
105.011
06.094.046 .130
105.020
07.094.015 .024 .038 .055
105.054 .056
08.094.164
09.094.088 .426 .711
105.014 .109 .147
10.094.060 .342
Podstrigach, T. S.
07.132.004
08.079.104
10.073.120
076.013
Podurets, M. A.
01.066.008
02.151.043
Poduretz
See Podurets
Poeppel, W. G. L.
03.161.007
05.061.045
161.005
08.131.111
09.157.003 .007
10.153.023
157.010
Poeverlein, H.
08.084.317
Pognon, E.
09.009.006

Pogorelov, A. A.
05.052.027
Pogosyan, Kh. P.
04.003.107
Pogrebnoi, V. N.
02.083.051
Pogrebnyak, V. A.
05.062.003
Pogutse, O. P.
04.062.020
Pohl, E.
01.009.025
121.010
02.120.002
121.077 .079
03.121.058
04.121.058
05.121.057
07.121.049
Pohl, H.
08.126.013
Pohl, J.
06.105.128
Pohn, H. A.
02.094.047 .167
06.105.124
Pcinton, L.
01.033.005
Poirier, J. L.
08.082.083
Pojgin, V. N.
10.034.121
Pokhotelov, O. A.
05.084.272
08.084.209 .234
Pokhunkov, A. A.
06.083.041
08.082.138
Pokorny, Z.
04.099.012
06.091.041
08.099.064
09.084.027
099.031
121.038
10.036.009
099.084
121.119
Pokrovski, G. B.
04.082.215
Pokrovskij, O. M.
07.097.064
08.093.023
10.097.054
Pokrovskij, V. L.
05.162.055
Pokrovsky, A. G.
01.071.023
Pokrovsky, G. I.
09.051.004
Poland, A.
04.073.044
05.064.043
073.072
06.073.002 .025
Poland, A. I.
02.064.004
03.064.036
114.063
05.063.003
07.064.049
08.074.033
10.074.118
Poland, H. M.
06.022.080
Polanouere, M. D.
04.094.384
Pclchaninov, V. S.
10.104.020

Polden, P. G.
06.134.004 .006
08.008.104
Poldmets, A.
01.122.013
Polenov, B. V.
03.084.013 .014
07.053.007
074.071
09.097.006
10.106.025 .026
Polenov, L. N.
08.053.022
Poleshaev, V. I.
05.093.012
Poletto, G.
01.075.022
076.015 .022
02.011.008
076.029
080.034
03.011.038
04.072.049
076.004 .040
05.076.027
06.073.106
08.073.067
076.003 .004
10.077.009
Polezhaev, V. I.
04.093.090
09.093.075
Poliak, B. G.
03.081.035
Poliakov
See Polyakov
Policky, G. J.
03.033.047
Polidan, R.
07.122.123
Polidan, R. S.
09.124.102
10.114.201 .202 .213
Polievktov-Nikoladze,
N. M.
03.066.068
09.066.046
Polikarov, A.
09.162.045
10.004.086
Polishchuk, E. P.
02.003.157
113.032
03.153.028
155.056
04.131.134
Polishchuk, R. F.
07.066.042 .064
08.066.102
09.066.134
10.066.064
162.046
Poljachenko
See Polyachenko
Poljahov
See Polyakhov
Poljakhova
See Polyakhova
Poljakova
See Polyakova
Polkanov, Yu. A.
08.081.020
Polkowski, G.
09.094.352
105.116
Poll, J. D.
03.022.031
05.101.006
Pollack, H. N.
09.081.016

Pollack, H. N.
10.042.005
Pollack, J.
03.097.042
08.097.019
099.095
09.097.062 .063
10.099.043
Pollack, J. B.
01.091.031
093.064 .065 .068
097.009 .046
02.093.032
097.001 .015 .042
143.050 .053
03.097.032
04.093.022
094.400
097.009 .038 .039 .051
05.011.007
093.022
06.093.012
141.186
07.097.027
142.029
08.094.038
097.023 .051 .085 .086
.087
09.091.058
093.021
097.041 .082
100.038 .044 .048
10.097.028 .103 .121
100.015
106.001
Pollack, S. S.
02.105.031
08.105.128
Pollard, H.
02.042.044
03.042.012
04.042.055
Pollard, M.
02.107.016
Pollas, C.
06.125.103
07.125.102
141.128
08.158.069
10.124.100
Pollock, G.
03.094.159
Pollock, J.
09.123.029
Pollvogt, U.
02.143.055 .070
05.143.103
Polnarev, A.
07.066.043
Polnarev, A. G.
08.066.056
09.066.019 .061
Polnitzky, G.
09.041.021
Polojentsev
See Polozhentsev
Polonskij, V. V.
01.071.017
02.015.003
072.012
03.071.043
07.072.034
Polonsky
See Polonskij
Poloskov, S. M.
03.003.020
074.052
Polosukhin, V. P.
06.094.196

Polosukhina, N. S.
02.031.024
116.020
03.116.016
10.022.046
116.013
Polozhentsev, D. D.
02.041.009
03.041.011
05.041.021
08.041.047
09.041.003 .047
10.041.029
Polozhentseva, T. A.
06.041.004
07.041.007
Polozova, N. G.
01.098.022
Polster, H. D.
04.031.020
Polucci, G.
03.142.007
Polupan, P. N.
03.073.039
05.073.004
06.073.007 .052 .055
08.073.025
09.073.028
Polushkin, G. A.
04.034.022
06.104.057
Polyachenko, V. L.
05.100.003
151.021 .041
06.100.004
151.063
07.091.002
151.021
09.061.036
151.004
10.151.001 .071 .074 .075
.076
Polyak, V. S.
10.033.072
Polyakhov, N. N.
01.004.029
02.014.001
Polyakhova, E. N.
04.054.013
06.054.011 .023
07.054.005 .010 .018 .021
08.052.025
09.052.038
10.052.017 .040
Polyakov, M.
05.104.012
08.104.012
Polyakov, V. M.
02.083.048
09.083.037
Polyakova, G. D.
02.071.018 .052
03.071.048
05.036.003
Polyakova, G. N.
02.022.064
06.022.027
10.022.099
Polyakova, T. A.
02.103.101
04.122.126
05.122.067
06.122.045
09.122.142
Polyanskaya, E. L.
09.141.135
Polyanskij, V. A.
01.053.028
Poma, A.
08.041.044

Poma, A.
09.041.017
10.011.011
Pomagaev, S. G.
02.151.044
04.151.041
06.151.024
Pomalaza, J.
01.082.071
Pomerantz, M. A.
02.143.017
03.143.004
04.143.039
05.143.019 .028
06.078.004
143.092 .093 .121 .126
07.078.004
142.109
08.078.012 .038
09.078.004 .006
10.078.028
Pomilla, F. R.
02.092.004
Pommereau, J.-P.
07.085.001
Pomphrey, R. B.
08.141.039 .105
142.066
Pompi, R. L.
01.011.021
Pomraning, G. C.
01.063.001 .002 .003
02.063.001 .009
03.063.001
05.063.042
07.063.023
Poncet, J.-L.
07.034.101
Ponizovskij, L. Z.
05.022.069
Ponizovskij, Z. L.
04.141.063
06.094.212
07.013.002
Ponizovsky
See Ponizovskij
Ponnamperuma, C.
02.099.020
03.094.159 .160
04.094.252 .253 .254 .255
105.068
05.105.087
06.094.103
099.060
105.002 .003
07.015.002
105.063
131.066 .149
08.015.001
094.230
09.094.441 .751 .899 .905
.952
105.009
10.094.412
099.101
Ponnamperuma, S.
04.094.051
Ponomarenko, Yu. B.
01.022.022
065.016
02.072.046
03.071.019
06.074.042
07.072.007 .033
Ponomarev, D. N.
01.032.078
05.041.037
06.041.013
07.032.026
041.014

Ponomarev, D. N.
10.041.031
Ponomarev, V. N.
04.083.011 .012
06.083.077
07.083.067
09.083.032 .056 .057
10.162.043
Ponomarev, Yu. N.
03.084.012 .048
Ponomareva, G. A.
02.032.043
122.137
Ponomariev, V. N.
06.066.134
Ponsonby, J. E. B.
01.033.005
08.094.064 .143
10.033.010 .070
Pont, W.
04.121.073
Pontecorvo
See Pontekorvo
Pontekorvo, B.
04.061.037
05.061.004
Pontekorvo, B. M.
03.061.021
Pontikis, C.
05.043.004
Poole, L. M. G.
07.096.015
104.003 .016
10.104.001
Poole, R. J.
06.099.003
Pooley, G. G.
01.158.039 .069
02.141.041
162.039
03.158.078
07.141.098 .113
08.142.074
09.158.021
10.121.007
Poon, P. T. Y.
10.063.051
Poon, R. K. L.
07.093.035
Pop, V.
04.032.037
05.122.055
07.034.042
08.121.080
09.122.073
Popa, M.
08.041.007
Pope, J. D.
05.032.046
Pope, T.
01.074.048
04.031.056
074.001
06.074.059
08.072.037
Popelar, J.
08.105.065
Popenoe, C. H.
02.022.089
Popkie, H. E.
01.022.087
Popkov, I. V.
03.083.039
06.083.064
09.083.059
Popov, A. A.
10.104.053
Popov, A. P.
08.094.181

Popov, E. I.
07.077.019
08.066.079
Popov, G. M.
02.031.025
04.031.017
05.031.004
08.031.080
09.031.026
10.031.027
Popov, G. V.
01.072.018
10.084.257
Popov, M. V.
04.117.023 .024
141.207 .208
06.033.023
141.248 .249
08.141.018 .134
10.033.056
Popov, N. A.
02.007.000
032.044
04.045.015
Popov, O. S.
02.074.012
03.077.024
04.074.086
079.103
05.074.080
06.074.088
077.053
Popov, V.
10.047.039
Popov, V. I.
07.054.007
10.052.025
Popov, V. S.
04.122.007 .087
05.082.073
122.056
07.005.001
Popov, W. A.
06.034.125
Popova, E. I.
08.065.003
Popova, G. I.
10.052.061
Popova, K.
10.065.113
Popova, L. I.
08.084.065
10.022.098
Popova, M.
09.153.038
Popova, M. B.
05.031.004
10.031.028
Popova, M. D.
01.153.019
Popova, M. P.
09.094.295
Popova, Z. V.
06.094.196
08.094.171
Popovic, B.
03.042.066
04.042.098
05.042.030
162.043
06.042.062
08.042.098 .099
052.050
Popovic, G.
03.082.096
118.026
04.118.024
05.118.032
Popovic, G. M.
02.118.003 .004 .005 .009

Popovic, G. M.
06.115.009
118.007 .010 .012 .019
07.118.020
Popovich, V. D.
06.094.196
Popovici, C.
01.075.024 .025
02.008.022
055.017
03.073.060
075.013
121.055
04.075.024
05.008.026
013.006
121.052 .053
122.070
06.071.069
075.031
121.047
08.010.014
075.030
162.055
09.005.024
011.013
013.005
10.010.014
075.009
Popp, H.-P.
02.022.041
Poppen, R. F.
08.093.034
09.092.002
Popper, D. M.
02.121.030
04.112.004
121.001 .029 .047 .084
05.118.030
121.045
06.119.011
121.058
10.121.046
Poppoff, I. G.
02.083.040
05.003.107
097.016
06.097.005
Porcello, L. J.
01.031.010
10.094.410
Porch, W. M.
06.082.059
09.082.051
Porfir'ev, L. P.
04.054.006
06.054.032
07.052.019
10.052.023
Porfir'ev, V. A.
02.141.209
06.141.218
Porfir'ev, V. V.
01.065.040
116.008
02.022.094
116.018
03.124.004 .005
04.065.142
05.065.055
Porfir'eva, G. A.
02.082.098
04.071.074 .075
05.071.010
06.071.065
09.071.005
Porfir'eva, N. N.
10.097.123
Porfiriev
See Porfir'ev

Porfirjev
See Porfir'ev
Porfirjeva
See Porfir'eva
Porfiryev
See Porfir'ev
Poroli, P.
05.079.100
Poros, D. J.
10.084.218
Poroshin, A.
04.082.197
Poroshin, A. P.
02.082.105
096.016
09.096.012
Poroshin, F. M.
01.034.031
08.014.004 .005
Porra, V.
04.033.049
Porreca, G.
05.143.088
Porreca Massangioli, A.
02.035.015
Porsche, H.
06.053.004
Portat, M.
09.114.089
Portenier, W.
07.094.009
Portenier, W. R.
09.094.054
10.094.126
Porteous, H. L.
09.004.002
Porteous, R. L.
05.034.032
Porter, F. C.
05.113.050
07.115.010
09.113.001
Porter, J. G.
01.007.000
042.017
03.092.003
10.091.019
Porter, N. A.
01.141.047
142.032
05.141.239
10.125.012
Porter, R. A.
02.143.071
04.066.010
10.143.058
Portman, V. I.
01.141.181
07.141.060
Portnjagin
See Portnyagin
Portnyagin, Yu. I.
02.105.176
06.104.014 .099
07.082.079
08.083.006
104.056 .057
Portsevskij, K. A.
04.009.009 .011
Porubcan, V.
03.104.050
07.105.064
09.104.001
Posen, A.
05.105.081
07.103.116
Pospergelis, M. M.
01.034.047
03.082.035
09.094.864

Pospieszczyk, A.
04.131.030
Poss, H. L.
03.141.224
04.079.100
06.115.011
09.079.100
Post, R. F.
01.062.040
Postgate, J.
03.015.008
Postma, R.
05.022.001
Postoev, Ya. K.
10.063.036
Postoiev, A.
02.101.003
05.041.033
Postpischl, D.
09.046.012
Potapov, A. S.
09.084.234
Potapov, I. N.
08.103.124
Potapov, V. T.
07.077.019
Potashnik, E. L.
08.063.017
Poteet, W. M.
10.114.218
Potemra, T. A.
02.085.003
04.083.068
06.078.007
08.078.037
083.057
Pottasch, S. R.
01.073.026
074.050
131.074
03.076.021
04.064.090
05.155.039
07.074.031 .061
131.026
08.114.116
131.017
09.131.059
155.044
10.131.073 .093
Potter, A.
10.103.102
Potter, A. E.
04.102.027
103.101
05.099.007
122.012 .115
06.082.040
133.018 .027
07.122.055
132.027
09.114.069
10.133.067
Potter, D.
02.122.094
Potter, H.
03.103.101 .102 .128
Potter, J.
01.093.036
04.093.074
Potter, J. F.
01.063.026
093.060
02.093.013 .049
08.093.006
Potter, N. M.
03.094.048
04.094.220
09.094.382

Potter, P. D.
04.003.117
Potter, W.
06.084.060
Potter, W. E.
02.084.022
04.084.019
Potter, W. H.
10.077.035
Potter Jr., A. E.
04.094.329
Potthoff, H.
03.041.027 .029
08.031.085
Potts, C. E.
07.035.011
Potts, N.
07.154.014
08.123.051
10.122.057
Poukey, J. W.
03.062.022
Poulain, P.
03.074.040
07.082.013
10.074.063
Poulakos, C.
06.155.044
10.072.052
Poulizac, M. C.
05.022.076 .091
06.022.148
08.022.073
Poultney, S. K.
02.094.255
03.094.023 .028
04.034.042
094.095 .265
05.034.065
08.094.214
105.054
10.094.074
Poulton, G.
06.033.072
Poumeyrol, F.
10.007.000
Pounds, K.
04.142.069
07.142.093 .108
Pounds, K. A.
01.142.050
02.076.025 .040
142.016 .060
04.034.062
076.005 .031
142.016 .039 .103
05.034.113
076.021
142.006 .033 .035 .070
158.045
06.142.053
07.142.051
08.011.045
076.032
142.080
09.125.018 .019
142.138
10.142.010
Poupeau, G.
01.105.101 .109
06.105.021 .129
07.105.035
09.094.161 .256 .269 .803
.808
10.094.011 .029 .214 .450
Pouquet, A.
10.063.047
Pouquet, J.
07.003.108
10.003.109

Pourcelot, A.
02.151.020
Pourny, J.-C.
03.094.247
Pourteau, L.
01.041.001
02.098.034
Poveda, A.
01.094.060 .078
04.125.025
06.117.021
151.036
07.117.012
151.037
Povenmire, H.
02.119.022
03.096.015
04.096.014
07.118.028
09.096.026
Povenmire, H. R.
05.096.002 .011
Powell, A. L. T.
02.064.047
114.012
03.114.078
04.114.011 .073
06.122.001
07.064.015
065.144
114.040
115.002
08.114.087 .093
09.114.024
10.114.064
Powell, B. A.
09.022.055
Powell, B. N.
01.105.071
03.094.088 .190
105.050
04.094.187
05.094.141
105.007
09.094.351 .658
10.094.413
Powell, C.
08.051.015
Powell, C. F.
06.143.063
Powell, F. X.
03.022.012
04.022.011
07.022.113
Powell, J. R.
02.031.019
03.034.068
09.034.061
Powell, R. J.
01.077.007
04.008.096
077.017
06.077.033
Powell, R. V.
04.031.008
Power, R. A.
06.084.015
Powers, W. F.
01.052.016
03.042.068
08.021.017
052.038
Powers, W. T.
04.032.027
034.037 .041
09.034.072
Powers Rickerd, J.
10.034.117
Poynter, R.
07.100.004

Poynter, R.
  08.099.044 .093
Poynter, R. L.
  09.099.051
Pozigun, V. A.
  01.114.094
     121.020
  03.114.111
  08.114.033 .179
  10.114.235
Poznanin, P. L.
  10.066.053
Pozo, E.
  09.033.008
Prabhakara, C.
  03.097.044
  04.082.085
  08.097.028 .089 .116
Prabhakara, V. C.
  07.097.028
Prabhu, N.
  06.143.033
Prachyabrued, W.
  06.105.130
  09.094.287 .810
  10.094.264 .265
Praderie, F.
  02.122.065
  04.064.085
     114.095
     122.010
  05.064.055
  06.064.024
  07.073.012
  09.064.008 .029
  10.064.048
     114.018
Praetorius, H. M.
  09.084.218
Prag, A. B.
  04.076.011
  05.082.161
Prakasa Rao, A. S.
  04.142.102
Prakasa-Rao, A. S.
  06.142.048
Prakasarao, A. S.
  02.142.009 .010
  04.142.017
  05.142.020 .050
  08.142.151
Prakash, A.
  08.084.292
Prakash, S.
  05.083.023
  07.082.066
Prasad, B.
  01.126.010
  08.077.028
  09.077.056
Prasad, C.
  01.065.001 .063
Prasad, C. R.
  05.022.030
Prasad, R. Y.
  03.083.032
     085.009
  07.076.045
  10.084.220
Prasad, S. S.
  02.082.017
  05.084.022
  06.099.061
  07.099.012
  10.099.046
Prasanna, A. R.
  10.066.139
Prata, S. W.
  05.080.032
  06.072.008

Prata, S. W.
  06.073.077
     151.065 .066
  08.073.019
  10.073.114
Pratap, R.
  09.084.250
Prather, M. J.
  10.153.029
Pratt, N.
  09.114.165
Pratt, N. M.
  05.034.028
Pratt, R. J.
  06.083.016
  08.084.306
Pratt, T.
  06.033.047
Pravdjuk, L. M.
  08.071.070
     072.051
Predeanu, I.
  06.046.017
  10.032.036
Predmore, C. R.
  04.132.025
  06.131.054
Preece, A. A.
  08.061.049
Preite-Martinez, A.
  04.064.095
  06.064.059
     114.083
Prem, V.
  10.094.510
Premoli, A.
  04.033.091
Prendergast, K. H.
  02.151.040
  03.151.045
     155.013
  04.151.023
     158.023
  07.151.016
  09.063.028
Prentice, A. J. R.
  01.131.058
  02.141.145
  03.107.017
     141.050
  04.141.119
  05.065.031
  09.065.044
  10.065.014
     080.024
Preonas, D. D.
  04.094.013
Prepelitsa, B. V.
  02.162.037
  09.162.069
Prepelitza
  See Prepelitsa
Prescott, J. R.
  06.143.008
  07.143.057
  10.033.013
Press, F.
  01.094.081 .093 .094
  02.081.016
  03.081.024
     094.027
  04.081.037
     094.116 .296
  06.003.031
     081.025
     094.232 .243
  07.094.159 .208 .217 .226
     097.022
  09.094.583 .778 .779
  10.094.006 .466

Press, W. H.
  06.066.047 .059
  07.066.074
  08.066.002 .053 .088
  09.065.092
  10.066.035 .085
     162.027
Preston, D. A.
  08.062.048
Preston, G. W.
  01.116.006 .012
     122.080
  02.114.034
     116.002 .009 .014
  03.116.015
     119.013
     126.011
  04.007.000
     116.014
     122.043
  05.114.041 .050
     116.002
     122.033
  06.114.106
     116.007
  07.122.035
     152.002
  08.116.001
  09.051.012
  10.116.018
Preston, R. A.
  08.055.007
Preszler, A. M.
  08.084.410
Preti, G.
  03.094.156
  04.094.259
  09.094.443
Preuss, E.
  02.105.069
  08.003.010
  09.125.038
  10.141.038
Prevot, L.
  02.034.071
     159.009
  03.131.077
  04.112.001
  05.114.030
  06.113.030
  07.159.022
  08.115.020
     159.017 .901
  09.114.045
  10.114.146
     159.004
Prevot, M.
  01.084.279
Prewitt, C. T.
  04.094.066
  05.094.042
  06.094.049
  09.094.308
  10.094.499
Priboeva, N. V.
  02.099.064
  06.003.007
  09.099.095
  10.094.123
Price, A. T.
  01.084.209
  03.081.013
     084.280
  08.011.007
  10.084.227
Price, D. G.
  10.063.031
Price, G. G.
  09.094.186

Price, J. F.
01.042.009
02.042.021
Price, K. M.
06.033.002
10.033.025
141.116
158.028
Price, M. J.
01.064.040
04.064.052
05.099.008 .023
101.004
06.099.074
08.099.017 .040
09.100.011
101.003 .012
10.101.007 .016
Price, M. L.
05.022.049
Price, P. B.
01.105.028
143.069
02.105.011 .072
143.001
03.094.076
04.094.300
105.032 .035
05.051.016
106.006
143.013 .121 .122
06.073.005
094.056
143.052 .069 .085 .088
07.094.060 .182
08.061.068
073.004
078.016
09.073.100
094.096 .276 .510 .518
.802 .805 .808
143.029
10.078.033
094.374 .414
105.012
143.003 .029 .057
Price, R.
01.066.010
142.022
02.142.035
03.076.028
05.142.018
06.142.009
Price, R. C.
07.031.006
Price, R. E.
01.142.054
04.142.073
05.142.017
06.159.001
07.142.015
155.019
08.142.037
Price, R. H.
06.066.047
07.066.072
08.066.065 .066
Price, R. M.
01.033.021
141.139
02.033.043
141.234
157.005
03.141.026 .034 .107 .123
.211
157.010 .024
04.141.200 .224 .234
05.141.152 .168
08.155.065 .069
157.005 .006

Price, R. M.
09.157.012
10.033.114
155.079
Price, S. D.
04.114.079
132.024
05.051.006
064.045
07.064.019
10.022.042
Price Jr., C. W.
08.066.123
Prichard, H. M.
07.142.014
08.142.901
Priem, A.
07.094.204
Priem, H. N. A.
01.081.001
Priese, J.
02.077.014
Priest, E. R.
08.062.011
071.058
073.023 .044 .048
074.020
09.062.014
073.901
074.057
080.004
10.062.020
074.064
Priester, W.
01.003.113
008.020
02.141.216
03.008.020
05.008.022
07.008.026
082.065
10.008.019
157.004
Prihoda, P.
01.093.080
02.003.037
094.241
04.097.071
05.092.018
07.004.050
Prikhod'ko, G. K.
09.046.029
Prikhodko, V. A.
10.098.034
Prilepin, M. T.
09.046.001
082.087
Prilutskii
See Prilutskij
Prilutskij, O.
01.143.068
Prilutskij, O. F.
03.162.043
04.066.088
161.002 .009
05.142.058
162.005 .053
06.142.035 .055 .083
07.062.027
09.003.100
143.040 .049 .086
160.023
161.001
10.061.040
Prilutsky, O. F.
See Prilutskij, O. F.
Prilutsky, O. P.
05.143.083 .143
Prilutsky, O. Ph.
See Prilutskij, O. F.

Primdahl, F.
07.034.124
Primkulov, Sh.
02.112.021
03.112.019
115.007
05.112.014
Prince, R. H.
08.131.024
10.131.176 .277
Pringle, J. E.
08.011.045
142.023
09.142.054 .099
10.066.044
142.007 .101
Pringle Jr., R.
07.034.044
09.042.045
Pringle Jr., W. C.
06.022.157
Prinn, R. G.
04.099.002
05.099.014 .093
07.093.038
099.061
08.093.047
099.042
101.011
09.093.024
100.002
101.002
10.093.020
099.092
101.003
Prinz, D. K.
04.082.143
06.082.003 .033
09.076.001
10.073.107
Prinz, M.
03.094.086
04.094.131 .133 .162 .363
06.094.042 .269 .272
07.094.044 .143
08.094.105 .232 .252
09.094.028 .058 .075 .097
.142 .184 .306 .329
.650
10.094.157 .258 .415
Prinz, R.
06.099.064 .065
Prinzev, A. G.
04.032.017
Prior, E. J.
04.055.012
05.082.097
09.055.009
Prior, W.
05.062.058
06.062.014
09.073.084
Priser, J.
01.098.038
02.111.004
04.125.032
Priser, J. B.
05.111.012
07.126.022
09.111.008
Prishivalko, A. P.
10.063.044
Prishlin, V. I.
03.033.025
Prislin, R.
05.094.023
Prislin, R. H.
02.094.144
Pritchard, E. B.
09.053.020

Pritchard, H. O.
03.022.097
Pritchard, J.
02.032.039
Pritchet, C.
09.123.024
Pritchet, C. J.
07.158.058
Pritschow, H. P.
03.022.036
Privalov, P. I.
01.105.065
Privalova, L. A.
05.084.203
Probstein, R. F.
01.061.001
08.102.064
Prochazka, F.
02.112.008
Prochazka, F. V.
05.152.009
07.152.011
Prochazkova, M.
09.098.065
Proctor, D. D.
03.121.021
04.121.019 .037
05.121.020
08.121.073
09.121.901
Proctor, P. M.
07.003.109
Procunier, R. W.
07.084.019
Proelss, J.
07.121.028
08.121.015
Proisy, P.
08.133.004
Prokakis, T.
09.077.007
Prokesh, C. H.
04.034.039
Prokhin, V. L.
07.143.021 .047
Prokhorenko, V. I.
07.054.016
Prokhorov, A. M.
08.094.168
Prokhorova, I. P.
07.052.030
Prokhovnik, S. J.
03.162.014
04.162.064
07.066.104
162.081
08.162.027 .068
10.162.086
Prokof'ev, V.
10.013.013
Prokof'ev, V. K.
02.022.084 .085
053.023
03.076.022
05.053.001
082.071
098.001
06.055.007
097.054
09.022.082
Prokof'eva, N. A.
08.077.015
Prokof'eva, V. V.
01.034.039
02.093.005
121.061 .074
122.081
03.034.064
04.122.112
141.206

Prokof'eva, V. V.
05.034.001
125.100
06.097.024 .054 .078 .097
120.006 .022
121.070
07.093.011
08.034.109
097.102 .123
122.054
10.097.079
122.125
Prokofiev
See Prokof'ev
Prokofieva
See Prokof'eva
Prokofjev
See Prokof'ev
Prokofjeva
See Prokof'eva
Prokofyev
See Prokof'ev
Prokoshkin, Yu. D.
08.162.004
09.162.013
Prolss, G. W.
10.082.003
Prondzinski, R.
08.162.046
Pronik, I.
03.158.081
07.158.071
Pronik, I. I.
01.132.047
02.158.031 .073
03.158.016
04.158.022
05.113.048
131.110
06.158.132
07.158.046
08.158.014 .022 .130
10.158.008
Pronik, V. I.
01.125.012
132.047
02.022.083
141.027
03.158.015 .018
05.158.028
06.134.005
08.082.237
134.003 .013
09.134.001
158.033 .050 .103
10.032.024
134.006 .015
Pronin, A. A.
06.094.196
08.094.171
105.074
Proske, R.
03.003.079
Prosmushkin, M. I.
08.033.009
Protitch, M. B.
06.096.016 .018
098.023
Protopopov, L. A.
03.085.005
Proverbio, E.
01.044.007
02.011.027
012.002
035.002 .003 .005 .007
.009 .014
041.002 .028
044.002 .003 .004 .011
.016 .045
045.032

Proverbio, E.
02.046.013
03.044.029 .030
045.023
04.035.002 .006
044.014 .015 .016
045.019
05.008.031
044.027
045.031
082.083
06.008.022
045.026 .027 .029
07.008.035
045.032 .033 .034
08.041.005 .044
045.008 .016
09.041.017
045.016
10.045.005
Provost, A.
08.094.010
Provost, J.
01.114.068
10.080.054
Prozorov, V. A.
08.033.021 .023
10.034.027
Pruckmayr, G.
09.098.005
Prud'homme, B.
08.031.055
Prudkovsky, A. G.
09.072.062
Pruett, H. D.
08.031.065
Pruss, G.
06.073.029
Pruzhanskaya, A. A.
08.033.057
Pryakhin, E. A.
03.143.012
05.142.089
06.142.035 .055 .099
143.014 .029
09.143.017 .065
10.083.015
143.038
Pryce, M. H. L.
06.141.042
Pryor, M. J.
07.014.003
Prytkov, N. M.
06.077.011 .012
09.033.018
077.026
10.033.053
Przybylski, A.
02.114.051
05.114.055
122.017
06.114.002
08.114.008
125.102
10.004.015
005.013
Pshenichner, B. G.
06.011.021
Pskovskij, Yu. P.
01.005.009
04.125.015
05.003.013
122.026
06.074.052
094.187
07.003.154
125.003
08.158.033
09.094.879
102.018

Pskovskij, Yu. P.
09.124.007
10.094.020 .066
124.004
Pskovsky
See Pskovskij
Psujek, C. J.
08.074.113
Ptacek, V.
01.044.009 .017
02.044.040
03.035.008
04.044.036 .037
05.044.020
06.044.019 .023 .024
07.044.040 .047
08.044.035 .039
09.044.021 .033
10.044.015 .017
Ptak, R.
04.158.075
09.084.047
141.086
10.141.068
158.046
Ptak, R. L.
09.158.018
Ptitsina
See Ptitsyna
Ptitsyn, D. A.
06.119.016
Ptitsyna, N. G.
02.151.042
03.151.051 .056 .057
04.151.045
Ptuskin, V. S.
07.143.054
09.143.041 .081
10.143.047
Pucel, R. A.
06.033.078
Puch, A.
01.031.011
03.031.007
Pucher, R.
05.094.052
Puchkov, V. P.
08.053.021
Pucillo, M.
07.121.054
08.121.012 .103
10.121.020
Pucinskas, A.
04.122.011
08.117.036
Pudov, O. Ya.
10.077.080
Pudovkin, I. M.
07.084.256
Pudovkin, M. I.
01.084.012 .026 .278
04.074.069
05.084.251
06.073.072
084.020 .319 .408
07.083.076
084.041
08.003.140
084.302 .330
09.074.038
083.050
10.084.230
Pudovkina, E. V.
09.074.038
Puel, F.
05.032.072
041.041
08.098.037
Pueschel, R. F.
05.082.110

Pueschel, R. F.
07.082.077
08.082.196
Pugach, A. F.
03.122.082 .094
123.023
124.104
04.034.092
121.059
124.101
06.122.025
124.101
08.122.040
09.122.098
Pugachev, Ya. I.
09.066.038
10.066.078
Pugacheva, G. I.
09.143.017
10.034.007
083.015 .029
143.038
Puget, J. L.
05.162.033
07.162.040
08.162.052
10.162.025
Puget, J. L. L.
05.162.031
Pugh, E. R.
01.022.033
Pugh, H. L.
01.034.003
Pugh, L.
09.091.007
Pugh, L. A.
10.022.032
Pugh, M. J.
07.094.231
08.094.016
Pugliano, A.
03.041.017
04.032.054
046.031
07.045.005 .017
08.045.043 .045
Puglisi, M.
06.083.057
Puigcerver, M.
08.082.226
Puil, G.
10.094.178 .399
Pujol, G.
09.022.001
Pukownik, K.
05.055.012
Pulido, I.
09.066.042
Pulido Garcia, I.
03.042.065
Punina, V. A.
08.082.076
10.063.040 .041
Punko, G.
04.103.130 .131
07.103.115
Punsky, J. J.
10.158.015
Puplett, E.
06.033.076
09.094.475
Puppi, L.
05.064.020
Pupysev, U. A.
See Pupyshev, Yu. A.
Pupyshev, Yu. A.
03.104.028
05.104.037
06.042.035
104.043

Pupysheva, L. V.
01.157.018
Purcell, A. G.
01.160.003
·04.153.041
Purcell, E. M.
01.131.111
02.131.094
05.131.113
10.131.066 .225
Purcell, G. H.
06.141.202
07.141.039
Purcell, I. M.
07.103.107 .127
08.103.016 .107 .116 .117
09.103.010 .100 .124
10.103.102 .118
Purcell, J. D.
01.079.100
02.076.021 .023
03.074.043
076.009
04.074.042
07.073.013 .014
08.073.007
10.034.078
076.036
Purcell Jr., G. H.
08.141.117
Purdy, C. M.
04.082.115
Purdy, J. G.
10.052.035
Purgathofer, A. T.
01.113.033
Puri, P. S.
08.021.007
Puri, R. K.
02.143.006
04.143.060
Puric, J.
06.062.020
08.022.046
062.040
Purohit, S. C.
09.065.020
Purton, C. R.
01.141.145
142.042
02.122.042
141.010
03.141.206
04.142.078
06.141.101
07.036.008
08.158.034
09.141.113 .114
158.082
10.114.011 .020 .021 .022
.023
141.108 .110 .111
Puschkov, N. W.
09.085.012
Pushkarev, O. A.
10.066.028 .106 .109
Pushkarev, V. I.
02.033.030
Pushkov, A. N.
01.011.010
04.084.237
07.084.255 .257
Pushkov, N. V.
05.011.020
10.085.001
Pushkova, G. N.
08.083.032
09.084.254
Puskin, J. S.
04.082.091

Pustilnik, I. B.
  See Pustyl'nik, I. B.
Pustil'nik, L. A.
  10.073.094
    077.012 .013
Pustyl'nik, I.
  05.064.033
    117.007
  07.064.048
    117.037 .038
  09.121.053
  10.121.112
Pustyl'nik, I. B.
  01.117.009
  02.064.060
    066.013
    117.008
    121.070
  05.117.005
Pustylnik
  See Pustyl'nik
Putman, W. C.
  06.003.104
Putner, T. I.
  10.031.005
Puttkamer, J. Von
  See Von Puttkamer, J.
Puttock, M. J.
  04.033.022
Puzanov, V. A.
  01.132.011
  03.033.027
Pyarnpuu, A. A.
  06.082.053
  08.082.140
Pyaskovskij, D. V.
  01.079.100
  04.009.007
  09.079.100
Pyaskovskij, P. V.
  02.004.011
Pyaskovsky
  See Pyaskovskij
Pyatigorskij, G. A.
  09.034.086
Pyatkin, A. S.
  09.031.042
Pyatova, E. D.
  05.157.008
Pyatsi, A. Kh.
  10.084.024
Pyatunina, T. B.
  04.162.055
  07.155.031
    158.054
  09.077.024
    132.026
    141.006
  10.132.020
    141.133
Pye, D.
  08.031.051
Pye, L. D.
  09.094.461
Pyle, K. R.
  01.143.027
  09.078.003
Pyl'skaya, O. P.
  05.123.029
Pynzar, A. V.
  01.132.043
  05.134.002
Pyper, D. M.
  02.114.017
  03.116.017
  04.117.018
  05.116.001 .008
  10.114.232
Pyshnenko, A. N.
  05.041.018

Pyshnenko, V. N.
  02.044.036
  03.044.007
  04.041.027
  05.041.034
  10.031.019
Pytte, T.
  07.084.218
Pyykkoe, S.
  07.100.011
Pyykkoe, S. A.
  05.158.083
  10.100.016

Quaglia, D.
  04.015.005
Quaglione, G.
  06.046.020
Quaide, W.
  03.094.116
  04.094.171
  08.094.252
  09.094.352 .654
Quaide, W. L.
  03.094.341
    105.037
  04.094.245
  09.094.572
    105.001
  10.094.416
Quale, A.
  05.066.091
Quam, L.
  08.097.019 .085
  09.097.062 .063 .064
  10.097.018 .041
Quann, J. J.
  07.079.101
Quasius, G.
  02.003.040
Quast, G. R.
  03.121.037 .062
  05.113.033
  07.122.069
Quast, R. G.
  01.123.029
Quemada, D.
  04.062.018
  05.099.035
  09.083.035
    099.072
Quenby, J.
  05.143.034
Quenby, J. J.
  01.143.063
  02.143.013
  05.078.040 .041 .042
    106.010
  06.078.012 .055
  08.078.001
    084.301
    143.046
  09.078.009 .038
    142.147
  10.078.901
Quenzel, H.
  03.082.010 .049
Querci, F.
  04.064.025
    114.026
  06.114.068
  09.064.035
Querci, M.
  04.064.025
  06.114.068
  09.064.035
Quercy, P.
  09.022.001

Querfeld, C. W.
  10.082.015 .118
Querry, M. R.
  08.022.131
Quesada, V.
  07.045.034
  09.045.016
  10.045.005
Quessette, J. A.
  02.082.087
  03.082.007
  08.082.037
Quester, W.
  04.121.080
    124.106
  07.010.017
    011.009
Quigley, M. J. S.
  03.157.006
  09.158.139
  10.158.010
Quijano Sanchez, L.
  05.096.007
Quijano-Rico, M.
  02.105.098
  03.094.056
  04.094.242
  09.094.383 .686
    105.031
  10.094.476
Quinn, J. W.
  05.022.094
Quintana, H.
  06.065.059
  09.065.155
Quirk, W.
  02.151.040
Quirk, W. J.
  03.151.045
    155.013
  04.151.023
  05.151.044
  06.065.076
    131.058
    151.074
  07.151.049
    158.149
  08.158.021
  09.065.010
    131.031
    151.025
    155.064
Quiroga, R.
  03.141.232
  05.131.141
Quiroga, R. A.
  03.155.074
Quiroga, R. I.
  10.155.057
Quiroga, R. J.
  03.131.072
    155.030
  08.131.055
Quiroz, R. S.
  03.079.102

Raadu, M. A.
  06.072.046
    073.013
    116.012
  07.072.010
    073.010
    074.027
    080.009
  08.062.052
    072.011
  09.074.002
  10.072.011

Raask, E.
 02.094.004
Rabagay, T. V.
 04.105.062
Rabanaque, A.
 02.101.003
Rabbitt, P. M.
 02.003.123
Rabe, E.
 01.042.013
 04.042.012 .030 .054
 05.042.049
 07.098.032 .064
 08.102.013
 09.103.122
 10.042.017 .076
Rabenschlag, G.
 09.031.065
Rabinovich, Iu. I.
 05.082.004
Rabinovics, I.
 05.047.002 .004
 06.005.028
    007.000
    047.035
 08.014.018
 10.005.024
Rabinowicz, E.
 04.094.128
Rabinowitch, E.
 04.003.110
Rachkovskaya, T. M.
 02.122.117
 07.121.012
 09.121.034
 10.121.057
Rachkovsky, D. N.
 04.080.010
 07.063.007
 08.071.016
 10.063.045
Racine, R.
 01.122.042 .081
    160.010
 02.113.028 .031
    153.003
    154.004
 03.122.002
    155.037
 04.154.006
 05.132.019
    153.008
    154.007
 06.153.009
    154.008
 09.133.005
    154.004 .009
 10.132.032
Rackham, T.
 10.003.110
Rackham, T. W.
 01.105.035
 06.105.157
Rackovskaja, T. M.
 See Rachkovskaya, T. M.
Radchenko, Yu. P.
 10.071.002
Radcliffe, S. V.
 03.094.103
    105.051
 04.094.172 .389
 05.105.053
 08.094.219
 09.094.193 .309 .630
 10.094.239 .400
Radecki, J.
 02.047.026
 04.047.033
 06.047.031
 08.047.022

Radecki, J.
 10.047.015
Radford, H. E.
 04.131.011 .040 .064 .142
    141.202
 05.131.003 .005
 06.022.159
    131.074
 07.022.070
Radford, W. E.
 01.084.292
Radhakrishnan, B.
 05.143.110
 09.078.001
Radhakrishnan, V.
 01.131.105
    141.015 .068 .158
 02.132.020
    141.102 .131
 03.141.189
 05.114.071
    141.101 .183
 06.131.156
 07.033.001
    131.002 .003 .004 .005
    .120
Radick, R. R.
 10.131.101 .154
Radiman, I.
 10.155.049
Radin, H. W.
 02.094.047
Radinov, A. G.
 03.066.076
Radivich, M. M.
 06.141.107
Radkov, R.
 01.116.013
 06.116.011
 10.047.039
Radmer, R.
 06.097.052
Radnaa, D.
 01.008.042
Radnaa, R.
 03.055.030
 08.055.015
 10.055.033
Rad'o, T. V.
 02.031.008
 03.032.036
Radogostic, V.
 03.045.025
 07.031.038
    044.031
Radogostic, V. J.
 07.045.022
Radogostich, V.
 08.044.044
Radoski, H. R.
 02.012.011
Radostitz, J. V.
 07.082.139
 08.082.057
 09.142.035
 10.082.110
Radulet, R.
 09.012.009
Radynov, A. G.
 09.066.043
Radzhabov, Sh. S.
 09.094.860
Radzievskaya, E. V.
 09.155.029
Radzievskij, V. V.
 01.131.015
    151.041
 03.042.021 .056
 04.014.019
    102.019

Radzievskij, V. V.
 05.105.090
    155.004
 06.042.011
    121.013
 07.022.004
    042.015
    131.125
 09.102.019
    155.029
 10.117.027
    118.023
    155.007
Radzievsky
 See Radzievskij
Rae, J.
 10.042.083
Raedler, K.-H.
 02.062.031 .035
 06.062.051
    080.026
 10.062.047
Raethjen, H.
 08.084.026 .053
Raevskaya, E. S.
 03.123.006
Rafal'son, A. Eh.
 02.094.195
Raff, H.
 01.009.020
Raff, M. I.
 02.158.010 .071
Raff, S. J.
 07.033.059
Raffelberg, J. M.
 07.008.067
Ragan, D.
 08.094.011
 09.094.713 .806
Raghavachar, M. R.
 01.022.042
    062.024
 06.062.065
Raghavan, N.
 01.122.002
 03.071.050
    102.005
Ragot, J. P.
 06.105.076
Raguideau, J.
 04.078.006
Rahan, E.
 04.003.091
Rahe, J.
 01.102.005
 03.003.099
    066.030
    102.006
    103.107
 05.102.002 .011 .012
    106.028
 09.102.024
    103.102 .127
 10.103.102
Rahim, M.
 04.153.023
Rahman, N. K.
 04.083.001
Rai, D. K.
 05.022.034
 06.022.050
Raimond, E.
 01.131.041 .061
 05.141.080
 08.158.011
Raimov, N. N.
 08.031.028
 09.034.105
Rainal, A. J.
 02.033.033

Rainer, F.
  08.031.033
Rainville, L. P.
  01.093.084
     097.036
  02.098.010
  07.092.003
     093.008
Raisbeck, G. M.
  04.143.040
  06.061.015
     143.038
  08.022.030
  09.022.077
Raitburd, C. M.
  See Rajtburd, Ts. M.
Raitt, J.
  10.084.009
Raitt, W. J.
  04.083.089
  09.083.077
Raizer, Yu. P.
  01.003.054
Rajagopal, A. K.
  07.065.134
     126.023
  08.065.090 .091
Rajagópalan, G.
  05.105.021
  06.105.069
  09.094.507 .508 .509
Rajamohan, R.
  08.115.022
     119.010
Rajan, R. S.
  01.105.048 .100
     143.003
  02.105.109 .111
  09.094.510 .518 .805
     105.110
  10.094.374 .414
     105.012 .054 .078
     106.068
Rajappa, N.
  01.084.035
Rajaram, R.
  08.062.016
  09.062.064
  10.084.232
Rajchev, T.
  10.034.044
Rajchl, J.
  01.104.002 .018
  02.104.002 .025
  04.104.017
  08.104.039 .040
Rajchl, R.
  02.055.010
  07.055.010
Rajkova, D.
  09.113.041
  10.047.039
Rajtburd, Ts. M.
  03.094.007 .320 .333
  06.094.079
  09.094.892
Raju, P. K.
  07.073.065
  08.073.057 .069
Rakavy, G.
  07.064.009
Rakhimov, A.
  01.098.023
Rakhimov, A. G.
  05.096.014
  07.099.045
Rakhimov, R. R.
  09.094.860
Rakhlin, V. L.
  02.141.209

Rakhlin, V. L.
  05.141.132
  06.141.218
  10.033.016
Rakhmatov, Eh.
  09.096.011
Rakhmatulin, R. Sh.
  03.084.235
Rakhmatulina, A. Kh.
  08.162.013
Rakhmatulina, E. Kh.
  08.034.011 .118
Rakhmatullin, K. Kh.
  10.003.111
Rakhubovsky, A. S.
  03.073.071
  04.073.074
  08.073.100
Rakipova, L. R.
  10.012.025
Rakitina, V. I.
  01.132.056
Rakos, K. D.
  02.080.035
  05.118.026
  06.096.035
  07.116.009
Rakosch, K. D.
  02.080.053
  03.122.074
  04.034.094
  05.080.013
     116.016
  07.080.008
     118.022
  08.034.053
  09.114.150
     116.009
  10.116.020
Rakotoarijimy, D.
  01.022.119
  08.022.052
Raleigh, C. B.
  03.094.105
  04.094.144
Ralite
  07.041.055
Ralston, C.
  09.094.255 .713
  10.094.211
Rama Murthy, V.
  See Murthy, V. R.
Rama Rao, P. V. S.
  02.104.028
  03.104.055
  04.104.056
Ramadurai, S.
  01.012.016
     143.030
  02.012.014
  05.143.038 .110
  08.143.026
  09.061.047
Ramakrishna, S.
  10.082.020
Ramakrishna Rao, T. V.
  04.022.031
  07.022.061
Ramanamurty, Y. V.
  04.083.015
Ramanathan, K. R.
  01.082.091
  02.083.016
  04.003.025
     142.025 .104
  08.142.089
Ramanathan, V.
  07.097.063
  09.063.003

Ramarao, P. V. S.
  03.104.055
Ramaty, R.
  01.073.047
     077.035
     141.189
     143.015 .049
  02.062.025
     077.001 .021
     141.188
  03.077.051
     141.036
     143.003 .021
  04.141.231
     143.017 .020
  05.142.009
     143.027 .068 .091
  06.132.036
     143.039
  07.131.094
     142.046 .056
     143.008
     162.036
  08.061.060
     065.115
     077.018 .047
     106.015
  09.065.097
     125.041
     143.035 .051 .052
  10.012.027
     061.035
     076.028
     077.049
     125.005
     142.091 .094 .095
     143.052
Rambousek, J.
  08.032.049
     045.047
  09.045.001
Ramdohr, P.
  02.105.068
  03.094.093 .192
     105.052
  04.094.131
  06.094.257 .288 .299
     105.068 .131
  07.094.206
  08.105.114
  09.003.104
     094.113 .146 .306 .323
        .534 .624 .626
     105.023 .029
  10.094.274
Ramesh, P.
  02.104.028
Ramnath, R.
  10.052.003
Ramnath, R. V.
  06.061.052
Ramsay, D. A.
  08.101.006
Ramsay, J. V.
  02.034.020
  03.034.040
  06.034.024
     072.033
Ramsayer, K.
  01.046.025
  03.003.045
  04.046.032
  06.046.025
  09.032.037
Ramsden, D.
  04.142.042
  05.142.085
  06.061.021
     134.003
  07.142.133

Ramsden, D.
08.155.001
10.142.018
Ramsey, H. E.
02.034.039
06.080.054
09.073.046 .071
Ramsey, J. B.
02.034.060
07.031.030
10.022.077
Ramsey, L.
09.073.064
10.071.043
Ramsey, L. W.
08.071.020
10.082.109
Ramsey, N. F.
03.066.003
Ranchin, G.
01.105.001
Rancitelli, L. A.
02.105.082
03.094.079
04.094.226
09.094.054 .433 .719
105.100
10.094.126 .417 .418 .419
Rand, R.
08.042.095
Rand, R. H.
02.052.033
Randa, Z.
06.105.164
09.094.394
105.003
Randall, B. A.
04.084.403 .413
05.084.409 .412
Randall, L. K.
05.032.048
Randall Jr., C. A.
02.012.029
04.012.001
Randhawa, J. S.
01.079.103
03.082.021
10.085.014
Randic, L.
05.082.123
10.071.033
082.137
Randle, K.
03.094.044 .273
04.094.201 .202
09.094.376
Randva, O.
02.054.016
Ranga Rao, M. P.
09.065.020
Rangan, K. K.
02.142.021
Rangarajan, R.
09.052.005
Rangaswamy, S.
01.083.041
Ranieri, M.
08.114.083
09.132.013
10.132.025
Rank, D. M.
01.131.006 .011 .031
02.131.010 .056 .060
04.133.010
05.133.015
06.131.122 .137
08.114.091 .121
09.114.071
131.095 .197
133.036

Rank, D. M.
10.114.015 .037 .227
Rankin, D.
09.074.090
Rankin, J.
02.141.230 .232
Rankin, J. M.
02.141.146
03.074.031
134.007
141.052 .065 .122
04.141.114 .194 .215
05.141.012 .118 .124 .153
.155
06.141.094 .108 .226
07.141.512 .515
08.074.006
141.110 .537
09.141.537
10.074.035
141.502 .543
Ransford, G.
08.094.001
Ransford, G. A.
05.094.152
08.094.023
Ransome, T.
04.042.097
093.017
05.053.011
Rantaseppae-Helenius, H.
01.098.008
Ranz, E.
10.031.075
Ranzinger, P.
03.046.019
08.083.058
09.072.006
Rao, A. P.
06.141.062
07.141.083
08.141.514
Rao, A. S. M.
06.083.028
07.085.012
Rao, A. S. P.
01.142.043
Rao, B. C. N.
01.083.022
03.083.006
04.083.092
05.084.006
07.079.101
Rao, B. R.
06.083.028
07.085.012
Rao, B. V.
04.033.090
08.033.123
Rao, C. R.
02.083.009
Rao, C. R. N.
01.082.079
05.093.015
07.079.104
Rao, C. S. R.
01.084.401
02.084.408
Rao, D. R. K.
03.084.224
06.072.097
084.218
09.084.263
Rao, E. B.
02.083.009
Rao, J. K.
07.066.116
08.066.145
Rao, K.
08.098.062

Rao, K. J.
09.094.823
Rao, K. N.
08.099.015 .045
09.084.211
Rao, K. R.
09.072.038
Rao, K. S. R.
01.084.251
09.084.211
Rao, M.
03.083.090
Rao, M. N.
01.105.059
03.082.005
105.141
06.078.033
094.126
10.105.038
Rao, M. S.
See Srirama Rao, M.
Rao, N. Kameswara
02.122.039
05.122.039
06.122.159
07.114.113
08.119.007
Rao, N. N.
03.083.038
Rao, N. R.
04.036.010
Rao, P. B.
09.083.018
Rao, P. V. S. R.
See Rama Rao, P. V. S.
Rao, R. S.
02.083.013
Rao, S. S.
07.142.075 .131
Rao, U. R.
01.142.043
02.073.052
078.024
083.029
142.009 .010
03.073.102
143.025
04.078.011
142.017 .102
05.034.015
073.051 .082
078.017
142.020 .050
06.078.002 .003 .030
142.048
143.096
07.142.004
143.003
08.078.025 .027
082.108
142.089 .151
09.142.101
10.078.047
142.087
Rao, V. R.
08.082.128 .191
09.082.022
Rapaport, M.
04.054.011
155.019
09.100.003
Raper, O. F.
02.097.013
05.097.037
09.082.102
Rapier, P. M.
07.141.062 .193
Rapley, C. G.
09.125.019
10.143.058

Rapoport, I. D.
05.143.062 .137
06.143.030 .070
07.143.001 .019 .020 .021
    .045 .046 .047
08.143.035
09.143.065
10.143.048
Rapoport, V. O.
01.141.034
04.141.077
05.077.023
07.077.020
08.077.005
Rapoport, Z. Tz.
01.084.036
02.084.043
03.083.035
Rapp, R. H.
01.081.003
06.081.006 .022
07.052.037
08.081.021
10.081.023 .031
Rappaport, S.
01.141.107
    142.005
02.142.008
03.142.007 .008 .026
04.142.076 .077 .078
05.141.070 .149
    142.005
06.142.010 .018 .070
07.141.075
08.142.014 .108 .113
09.142.114
10.125.028 .055
    132.047
Rappaport, S. A.
01.143.022
Rasband, S. N.
06.066.026
    162.043
07.033.031
09.066.085
Raschke, E.
01.082.008
02.082.155
Rase, D. E.
09.094.461
Rash, J. J.
09.094.952
Rasiwala, M.
01.131.034
Rasmusen, H. Q.
01.103.009
03.103.006
05.103.015
07.042.062
    103.015
09.103.003
Rasool, S. I.
01.093.040
02.093.044
    097.050
03.093.017
    099.023
04.012.027
    093.052 .061 .092
07.097.031 .107 .112
08.003.130
    097.094
09.093.051
10.003.013
    091.046
Rasorenov, L. A.
09.078.028
Raspopov, O. M.
01.084.285
03.084.027

Raspopov, O. M.
04.074.069
05.084.238
06.084.231
07.084.040 .211 .245 .252
08.084.018 .075 .252 .330
Rastall, P.
01.066.034
02.066.047
04.066.012
08.066.031
09.066.094
10.066.098
Rastogi, A.
07.094.213
Rastogi, R. G.
01.083.021 .039
02.083.021 .030
03.083.026 .031
    084.226 .240
05.083.021
06.083.030 .044
07.083.045
09.083.052
Rastorguev, A. S.
08.154.004
10.122.036 .068
    123.055
Ratcliff, G.
07.083.042
Ratcliffe, J. A.
05.003.079
06.003.106
08.003.114
Rathcke, P. E.
06.034.042
Rather, E. D.
10.021.005
Rather, J. D. G.
04.141.137
06.141.253
08.077.020
    141.050
09.033.022
Rather, J. G.
01.131.079
Rathgeber, M. H.
06.143.073 .074
Rathie, R. S.
08.033.038 .039
Ratier, G.
07.071.030
    092.006 .007
Ratnikov, V. V.
10.034.008 .009
    143.039
Ratnikova, V. A.
04.071.038
Ratobylskaya, T. A.
02.022.085
Rau, A. R. P.
05.022.060
06.141.237
Rau, N.
09.054.004
Raubenheimer, B. C.
08.143.003
Raudsaar, H.
05.103.106 .111
Raudsaar, H. K.
01.103.100 .106
02.103.113
05.103.106 .111
06.098.035
    103.007
07.103.105
Raudsaar, Kh. K.
See Raudsaar, H. K.
Rausal, K.
06.079.101

Rausal, K.
10.121.119
Rauscher, E. A.
07.066.128
Rauser, P.
05.105.051
06.105.055 .132
07.022.028
08.082.132
Rautela, B. S.
10.122.086
Ravenhall, D. G.
08.061.019
Ravetz, J. R.
09.005.011
Raviart, A.
04.078.032
05.078.048
    143.094
06.078.018
07.078.012
10.078.025
Rawcliffe, R. D.
07.082.038
Rawer, K.
02.003.042
    084.046
03.083.067
04.083.044 .051
06.003.013
    083.051
08.003.009
Rawlings, R. C.
08.031.078
Rawlins, D.
03.042.002
04.101.004
08.101.018
09.101.016
Rawlinson, W. R.
02.142.015
05.142.067 .083
06.142.088
Rawls, J. M.
07.141.570
Rawson-Harris, D.
01.162.011
Rawstron, G. O.
03.121.036
Ray, A. K.
08.155.060
Ray, D.
07.162.082
Ray, G. D.
03.065.099
Ray, L.
07.094.053
Ray, L. A.
09.094.272
Ray, P.
03.091.022
Ray, S. K.
09.033.058
Ray, S. M.
04.015.004
Rayburn, D. R.
03.064.020
05.064.035
06.141.060
07.141.548 .556
Rayces, J. L.
05.032.064
Raychaudhuri, A. K.
03.066.029
Raychaudhuri, P.
06.080.043
    142.063
09.065.159
    072.060
    080.043

Raychaudhuri, P.
09.116.001
142.084
155.092
Raymond, W. H.
04.082.162
Rayner, J. D.
03.094.023
Rayrole, J.
03.072.024 .029
06.071.037
072.024
10.072.064
Razavy, M.
02.066.046
Razbitnaja, E. P.
05.042.037
Razdan, H.
06.143.046
08.143.036
Razin, V. A.
01.157.018
02.131.104
03.143.020
05.157.001
Razmadze, T. S.
05.085.006
09.072.043
085.011
Raznik, R. M.
02.153.034
04.014.010
06.114.022
07.113.013
10.115.009
Razorenov, L. A.
04.143.045
05.082.009
143.060
07.078.014
082.138
09.078.010 .064
084.409
10.078.014
083.042
Razumov, O. S.
07.046.009
08.046.003
Razumov, Yu. A.
10.143.031
Razzhivin, Yu. A.
04.046.026
05.046.010
Rea, D. G.
02.011.015
097.022
05.091.018
07.093.012
09.051.002
Read, J.
06.033.046
Read, M.
03.074.045
10.094.174
Read, P. A.
01.010.024
097.053
04.010.024
05.010.024
07.010.024
10.010.024
Read, R. B.
09.099.051
Read, W. F.
02.105.034 .180
05.105.068
09.105.015 .022
Reade, V.
08.009.005

Reader, J.
07.022.097
08.022.041 .042 .043
10.022.089
Readhead, A. C. S.
06.141.172
07.155.032
08.142.074
Readman, P. W.
04.094.302
06.094.325
08.094.123
Reagan, G. H.
05.119.008
122.039
Reagan, J. B.
02.084.404
05.084.416
06.084.203
07.034.131
08.084.406
10.084.401
Reames, D. V.
01.143.039 .044
02.078.001 .008 .025
143.068
03.143.021
04.143.057 .059
05.143.128
07.071.034
078.001
08.078.002 .010
09.078.012 .031 .032
10.078.008
Rearwin, S.
06.084.002
Reasenberg, R. D.
07.097.032
09.097.018 .053
Reasonberg, R. D.
08.097.037
Reasoner, D. L.
01.034.028
06.084.059
07.084.217
094.039
08.094.203
09.084.005 .038
094.789
10.084.222 .238 .278
094.161 .420 .902
Reaves, G.
01.015.007
05.047.016
06.004.052
10.004.053
Reay, N. K.
01.082.033
02.106.007
04.034.031
05.082.024
06.034.063
051.024
08.082.195
Rebagay, T. V.
02.105.076
03.105.131
06.003.027
Rebane, K. K.
10.051.018
Rebeirot, E.
03.153.012
05.114.029
06.112.004
126.010
08.159.012
Reber, C. A.
05.082.031
06.083.073
09.082.115

Reber, E. E.
01.095.004 .006
04.077.012
05.080.010
08.082.010
Reber, G.
03.143.030
Rebhan, E.
04.062.063
Reble, M.
06.072.044
Rebristyj, V. T.
08.114.161
10.103.100
Rechavi, J.
04.034.014
Rechenberg, H.
02.022.057
Recillas-Cruz, E.
04.158.100
06.131.017
Redcoborody, Yu. N.
02.022.094
Reddish, V. C.
01.065.027 .028 .058
02.065.038
131.073
03.131.028
04.034.080
05.032.010
034.105
065.070
115.013
131.073 .129 .130
08.032.027
Reddy, D. R. K.
06.066.121
07.066.121
Reddy, S. J.
09.084.211
Reder, F.
07.083.019
Reder, F. H.
01.083.040
Redfern, R. M.
01.132.027
142.015
04.134.004
142.099
Redkoborodyj, Yu. N.
03.124.004 .005
08.126.021
09.126.003 .006
10.022.072
Redman, J. D.
10.094.442
Redman, R. O.
01.008.025
03.008.026
04.008.022
05.008.028
010.022
06.008.018
07.122.070
08.008.020
10.008.026
114.001
117.001
Redyuk, T. I.
06.073.068 .069
Reece, J. S.
10.046.002
Reed, E. I.
04.034.108
06.082.090
10.082.007 .036
Reed, G.
10.011.007
Reed, G. W.
01.105.082

Reed, G. W.
  02.105.021
  05.094.066
  06.094.019
  09.094.391
Reed, J. H.
  01.094.098
Reed, R.
  02.047.014
Reed, S. J. B.
  01.105.007
  02.105.143
  04.105.165
  08.105.032 .124
  09.105.019
  10.105.113
Reed, V. S.
  07.094.010
  09.094.055
  10.094.127
Reed, W.
  03.094.153
  04.094.248
Reed, W. E.
  09.094.445
Reed Jr., G. W.
  03.094.046
  04.094.228
  06.003.027
  08.094.111
  09.094.098 .156 .231 .298
    .417 .715 .740
    105.090
  10.094.030 .202 .347
Reedy, R.
  09.094.587
Reedy, R. C.
  03.094.078
  04.094.231
  07.094.031
  09.078.021
    094.061 .434 .722 .754
    142.095
  10.094.096 .384
Rees, A.
  05.003.080
Rees, C. E.
  06.094.231
  09.094.273 .704
Rees, D.
  05.082.044
  06.082.039
  09.083.075
Rees, D. E.
  02.063.019
  04.063.023
  05.080.009
  06.063.031
  08.073.016
Rees, M.
  03.134.001
  05.141.176
  08.003.115
Rees, M. F.
  05.134.028
Rees, M. H.
  02.083.045
    084.031 .036
  03.084.010
  04.082.065
    084.014
  05.084.024
  07.012.002
    082.003
    084.024 .034
  09.084.016 .017 .046
  10.084.028
Rees, M. J.
  01.131.029
    142.007

Rees, M. J.
  01.162.045
  02.066.030
    114.033
    141.003
    143.027
    151.054
    158.004
    162.010 .022 .062
  03.125.010
    141.077 .102 .124
    162.033
  04.131.060
    141.018 .023 .196
    142.050 .054
    161.003 .007
  05.134.006
    141.017 .036 .078 .114
      .126
    155.040
    158.045
  06.012.019
    066.023 .069
    141.057 .085 .214
    162.017 .059
  07.062.008
    066.071
    141.008 .044 .154 .566
    155.089
    158.172
    161.013
    162.028 .086
  08.142.023 .026
    158.049
    162.011 .092
  09.131.086
    134.007
    141.504 .505
    142.054 .076
    158.083
  10.066.044
    142.007 .101
Reese, D. E.
  08.053.004
  09.053.011
Reese, E.
  09.093.031
Reese, E. J.
  02.100.010
  04.099.010
  05.099.037
  06.099.034 .038 .040 .066
  07.100.003
  08.093.031
    099.018 .074 .086
  09.099.092
Reeve, C. D.
  03.079.102
  07.079.101
Reeves, C.
  01.082.030
Reeves, E. M.
  01.022.092
  02.071.043 .074
  03.034.028
    073.037
    076.012
    079.102
  04.031.025
    034.014
    076.009
  05.073.071
    076.024
  06.051.027
    076.025
  07.073.060
    074.005
    076.030
  08.073.099
    080.060

Reeves, E. M.
  09.071.038 .045
    073.044
  10.073.103 .104 .105
    074.119
    076.001 .032
Reeves, H.
  01.061.038 .039 .048
    105.101 .109
    114.052
  02.022.055
    105.112
  03.064.019
    065.053
  04.061.048
    064.015
    143.037
  05.065.082
  06.143.040
  07.003.110
    061.033 .042
    065.067
    107.004
    161.009
  08.091.043
    099.062
  09.061.008 .029
    094.808
    162.075
  10.011.001
    012.011
    061.038
    107.008 .028
    131.070
Reeves, R.
  10.131.186
Reffo, G.
  09.065.170
Refsdal, S.
  01.065.003
    117.002
    141.053
  02.065.047 .100
    117.018
  03.065.067
    117.013
    162.003
  05.065.001 .058 .118
  06.126.001
  07.065.024 .088
  08.065.020 .110
  10.008.050
Regas, J.
  03.091.039
  04.091.024 .025
  05.091.032
Regas, J. L.
  04.093.010
  07.093.019
  08.093.014
  09.093.009 .026
  10.093.011
Regener, V. H.
  06.143.102
  08.121.096
  09.031.012
Regge, T.
  08.162.058
Reggiani Viani, E.
  08.082.024
Regimbart, R.
  02.143.021
Register, H. I.
  01.099.026 .031
  02.099.046
  03.099.033
  04.099.033
Regnier, S.
  09.105.034

Rego, M. E.
06.114.039
08.114.103
Rego, N.
09.096.030
Regula, W.
06.051.031
Rehfuss, D. E.
08.094.182
10.094.039
Rehse, H.
09.046.025
Reichert, E.
09.113.050
Reichert, R. J.
01.098.006 .039 .040
02.098.027
Reichley, P.
06.141.271
Reichley, P. E.
01.141.069 .147 .165
03.141.020
04.141.226
05.141.003
06.141.167
07.141.516
09.097.002
141.539
10.141.526
Reichly, P.
01.141.218
Reichman, J.
01.094.069
02.092.004
10.063.063 .064
Reid, A. F.
09.094.306
10.094.477
Reid, A. M.
03.094.111
105.063
04.094.067 .173
105.053 .148
05.105.015
06.094.061 .132
07.094.009 .045
08.094.007 .108 .192
09.094.025 .054 .099 .212
.328 .628 .913
105.111
10.094.001 .126 .424 .453
Reid, G. C.
03.083.051
04.083.086
06.083.068
08.083.064
09.083.061
Reid, J. B.
06.094.281
Reid, J. H.
01.073.034
077.020
02.008.052
034.040
051.027
073.089
080.005
03.072.011
05.034.034
036.001
073.074
07.044.026
Reid, J. S.
06.083.006
Reid, M. J.
09.094.004
10.091.021
107.002
Reid, M. S.
10.033.039

Reid, R. H. G.
01.022.077 .086
04.082.010
06.022.005
082.014
Reid, R. J. O.
06.143.074
Reid, W. A.
04.083.026
Reid Jr., J. B.
04.094.374
05.094.044 .141
06.094.159
07.094.047
09.094.206 .351 .669
Reidemeister, G.
02.022.122
Reidy, W. P.
01.032.001
02.076.022
04.061.041
Reif, R. J.
05.080.033
06.071.049
Reifenstein III, E.
03.132.007
Reifenstein III, E. C.
01.141.042 .080 .197 .198
03.157.011
Reigber, C.
01.052.029
081.029
02.081.006
03.046.018
081.051
04.052.047
081.021
09.052.042
10.046.024
Reijns, G. L.
02.054.009
Reiling, H.
05.071.058
06.071.013
Reiljan, I. D.
03.034.066
Reilly, A. E.
03.072.046
Reilly, J. P.
03.054.015
10.046.041
Reilly, T. H.
05.091.035
Reimann, G.
03.123.035
Reimers, D.
01.114.069 .092
02.122.008
05.074.001
06.074.005
09.064.067
114.048
Reina, C.
08.142.085
10.065.117
142.004 .096
155.025
Reinbold, S. J.
09.043.001
Reiner, A. V.
06.033.007
Reinert, C. P.
04.142.080 .098
Reines, F.
04.061.012
080.025
143.025
05.061.022
08.003.003
061.033

Reines, P.
09.080.002
Reinhard, P.
08.008.005
Reinhardt, G. W.
08.082.223
Reinhardt, M.
04.141.158
05.066.032
158.064 .092
162.050 .065
06.162.102
07.065.054
141.153
142.036
158.021
161.013
08.121.056
141.022 .071
160.017
09.066.048
121.002 .056
158.006 .124
10.010.010
066.009
142.046 .074
Reinhardt, M. Von
See Von Reinhardt, M.
Reipurth, B.
03.103.101
09.098.021
103.005
Reis Abreu, J.
10.035.011
Reiss, P.
08.082.035
Reisz, A. C.
07.094.122
131.038
08.094.127
10.131.121 .224
Reiter, R.
09.085.001
10.082.055
Reith Jr., R. J.
06.063.011
Reitmeyer, W.
07.008.081
Reitmeyer, W. L.
08.034.142
09.008.065
013.001
Reitsema, H.
09.093.031
098.031
Reitsema, H. J.
09.132.015
Reiz, A.
01.115.010
04.117.036
07.012.018
032.043
10.013.012
Rejner, A. V.
07.033.006
Rejzman, S. Ya.
10.084.416
Rekalo, M. P.
04.143.056
Relyea, L. J.
03.155.014
06.114.023
10.113.107
Remane, K.-H.
02.093.048
Rembaum, A.
10.003.076
Reme, H.
01.084.046
04.083.049

Remo, J.
08.072.047
Remo, J. L.
04.003.031
05.071.018
Remond, A.
02.035.030
04.008.012
035.007
07.008.021
Remy, F.
01.034.035
03.022.099 .100
07.022.102 .103 .108
082.112
10.022.106
Remy-Battiau, L.
09.012.003
10.012.017
Renard, L.
03.034.014
Renard, M.
08.034.024
Renard, M. E.
04.105.118
Renard, M. L.
05.052.030
06.105.067
Rengarajan, T. N.
03.134.002
04.141.052
05.134.031
06.142.095
143.084
158.117
08.141.505
143.045
09.141.532
143.068
Renner, Ya.
04.043.006
Rennie, I. D.
05.015.014
Rennilson, J. J.
02.094.174
04.031.024
07.094.010
08.094.212
09.094.055
10.094.127
Rense, W.
04.076.015
Rense, W. A.
02.076.005
03.082.019
04.071.037
073.069
05.076.038
07.073.015
08.073.098
09.076.012
Renshaw, A.
10.053.001
Renson, P.
03.116.021
05.155.038
07.021.013
122.037
155.005
08.082.047
116.002
122.060
Reny, H. R.
07.084.285 .286 .288 .289
08.084.351
Renzema, T. S.
06.105.057 .058
Renzetti, N. A.
03.055.014

Renzini, A.
01.064.011
065.024 .029
141.062
154.005
02.065.091
03.065.084
04.154.012
05.064.020
065.030 .092 .113 .140
06.065.036 .092
08.065.055
10.122.069
Repapis, C. C.
08.077.054
Reparis, C. C.
10.073.058
Reppin, C.
04.078.012
05.034.109
078.004 .024
Requieme, Y.
09.034.008
Resch, G.
08.142.091
Resch, G. M.
08.141.040 .507
09.141.506
Reshetnyak, L. N.
08.072.069
Resikian, A. M.
07.022.058
Reskin, G.
06.103.106
09.103.122
10.098.035
103.119
Restle, F.
03.031.009
Restuccia, A.
08.162.081
Retallack, D.
07.066.020
08.142.040 .056 .131
Retallack, D. S.
07.155.046
09.155.018
10.141.016
Rettig, T. W.
08.141.123
152.012
Retzler, J.
01.084.248
Rex, F.
04.004.058
06.004.016
Rex, K. H.
06.131.064
10.131.154
Rey, P.
03.094.036 .051
04.094.241
06.094.054
09.094.397 .727
10.094.368
Reyment, R. A.
02.081.012
Reyna, F. J.
06.004.038
Reynolds, G. O.
04.033.054
06.033.038
Reynolds, J. H.
01.107.010
02.105.164
03.094.067
04.094.211
05.061.025
09.094.428 .728
10.081.019

Reynolds, J. H.
10.094.199 .200
Reynolds, M. A.
01.105.059
05.105.028 .079
06.094.061
09.094.444
105.056
10.094.126
105.036
Reynolds, R.
08.099.095
Reynolds, R. J.
05.131.023
09.082.008
131.078 .131
10.131.140 .262
Reynolds, R. M.
10.082.022
Reynolds, R. T.
01.091.019
08.094.087
09.094.548 .845
Reyss, J. L.
09.094.274 .723
10.094.493
Reyt, A.
01.157.015
Rezacova, V.
08.034.043
Reznichenko, Yu. T.
05.082.128
07.082.087
Reznikov, B. A.
06.052.033
Reznikov, E. A.
07.103.112 .113
Reznova, L. V.
01.106.006
03.131.033
Rhee, J. W.
01.106.041
06.094.190
Rhein, W. J.
02.117.006
05.117.008
06.121.053
07.121.904
10.119.008
Rho, J. H.
03.094.155
04.094.262
09.094.442 .753 .904
10.094.421 .422
Rhoades Jr., C. E.
05.065.012
07.065.133
Rhodes, E.
07.122.123
Rhodes, E. J.
02.032.021
Rhodes, J. M.
07.094.009 .062
08.094.196
09.094.054 .232 .681
10.094.007 .126 .208 .423
Rhodes, M.
08.034.115
Rhodes, M. D.
06.033.077
Rhodes, R. C.
06.094.169
Rhodes, W. T.
10.031.038
Rhodes Jr., E. J.
04.073.050
09.124.102
Rhombs, C. G.
10.121.031

Rhoton, K.
10.105.071
Rhynsburger, R. W.
10.008.121
Riabchikov, E.
08.003.116
Riabchikova
See Ryabchikova
Riabenkiy, V. S.
See Ryaben'kij, V. S.
Riaduzzin
03.003.071
Ribbe, P. H.
01.105.031
10.094.439
Ribes, E.
01.073.053
03.072.025
06.080.037
Ribes, J. C.
02.133.006
04.131.049
06.015.014
    131.075 .076 .094 .095
    141.185
07.141.130
09.022.044
    131.117
Ribner, H. S.
01.061.003
Ricardi, L. J.
06.033.057
Ricciardi, O.
08.114.154
Rice, C. J.
01.106.021
Rice, C. M.
09.094.317
Rice, J. B.
02.116.025
04.116.018
06.077.008
10.072.069
Rice, J. R.
08.081.007
Rice, L.
04.074.041
Rice, M. J.
02.066.060
Rice, P. L.
04.033.083
Rice, S. O.
06.033.024
Rice, W.
10.036.014
Rice, W. M.
10.021.010
Rich, A.
07.097.016
    141.164
09.126.009
Rich, F. J.
10.084.222 .278
    094.420
Richard, J.-P.
04.066.115
08.066.122
Richard, P.
05.022.061
Richards, D.
01.141.042
02.131.070
10.022.002
Richards, D. W.
01.141.064 .111
02.141.146 .230 .232
03.074.031
    134.007 .023
    141.122
04.141.194

Richards, D. W.
05.141.115 .158 .171
06.077.015 .021 .051
    141.108 .226
07.076.041
08.077.031 .068
09.141.568
Richards, G.
03.003.101
Richards, J. T.
02.013.001
Richards, L. W.
06.063.017
Richards, M. L.
08.011.007
Richards, M. R.
02.011.032
Richards, P. J.
08.142.041
Richards, P. L.
06.066.056
09.082.044
Richards, T. J.
01.099.010
04.011.009
05.097.073
Richards, W. L.
03.032.014
Richards-Jones, P.
05.014.010
06.011.014
08.014.025
10.004.013
Richardson, D. L.
09.042.040
Richardson, E. H.
01.034.012 .019
02.032.019
05.032.044
07.032.011 .023 .045
    034.065 .084
10.034.003
Richardson, F. F.
02.051.023
08.034.081
Richardson, H.
03.094.023
Richardson, J. M.
02.034.049
Richardson, K. A.
01.105.014
03.094.052
04.094.174
06.094.061
09.094.718
Richardson, M. B.
04.065.085
07.065.027
Richardson, M. F.
09.094.409
Richardson, N. R.
01.063.031
Richardson, R. J.
05.093.066
Richardson, R. W.
03.065.011
07.065.139
08.065.079
Richardson, S. W.
03.094.089 .278
04.094.170
05.094.121
07.094.084
Richardson, W. W.
04.036.009
05.099.045
06.036.003
08.036.005
Richer, H. B.
01.141.048 .087

Richer, H. B.
06.114.010 .025
07.114.028
    158.006
08.142.046 .127
    152.009
09.122.013
10.114.100
Richlova, L. V.
See Rykhlova, L. V.
Richmond, A. D.
01.084.275
Richou, J.
08.022.019
Richstone, D.
08.158.018
Richstone, D. O.
07.155.042
10.065.065
    141.027
Richter, A. K.
09.074.053
Richter, D.
06.126.002
10.094.465 .475
    121.125
    122.171
Richter, E.
04.063.036
Richter, G.
01.123.005
03.011.009
Richter, G. A.
01.123.033 .034
02.123.050
03.120.004
    123.028
04.123.036 .037
05.003.117
06.158.007 .103
08.113.032
10.113.093
Richter, G. M.
03.141.043
04.141.026
05.125.036
06.141.197
07.125.016
    141.020 .174 .183
09.141.016 .070
10.141.106
Richter, J.
01.062.022
02.071.003 .023
03.022.038
04.022.033 .039
    071.009
06.022.156
09.022.065 .075
Richter, J. L.
03.031.001
Richter, K. R.
07.093.034
09.093.081
Richter, L.
01.155.010
03.158.077
04.158.044
06.113.044
07.158.080
Richter, N.
01.003.065
    032.056
    155.010
02.008.115
    158.088
03.008.130
    158.077
04.003.059
    008.101

Richter, N.
05.031.020
06.031.045
158.093
08.004.064
013.011
113.064
114.080
154.007
09.102.011
158.115
10.158.151
Richter, N. B.
04.158.043 .044 .105
06.113.044
07.158.080
Richter, P. H.
08.031.017
Richter, R.
04.158.043
Rickard, J.
07.151.090
10.113.059
Rickard, J. J.
02.131.062
03.155.065
04.114.066
05.131.017
155.050
07.131.054
08.114.055
Rickard, L. J.
07.131.046 .099
08.131.035
09.131.202
10.131.110
Ricker, C. L.
02.003.041
094.236 .237
03.010.003
094.349
04.094.417 .421
05.094.092
06.094.073 .218
Ricker, G. R.
05.142.057
06.142.057
07.142.017 .044
09.142.051
10.114.218
142.026 .132
Ricker Jr., G. R.
08.031.032
Rickett, B. J.
01.141.010
03.141.053
04.141.012
07.106.022
09.074.047
141.525
10.134.018
141.533
Ricketts, M. J.
05.158.045
07.142.051
10.142.010 .070
Rickman, H.
05.097.047
08.098.079
Rickson, K. O.
04.094.071
Ricort, G.
09.071.009
Riddle, A. C.
01.077.001 .029
141.061
03.077.045
04.074.047
077.007
06.077.027

Riddle, A. C.
07.077.034 .037
09.077.014
Riddle, R. K.
01.032.076
02.111.002 .004
03.118.023
05.111.009 .011 .013
07.126.022
Ridgeley, A.
04.076.012
05.036.010
06.073.094
08.071.077
10.036.007
073.004
Ridgway, S. T.
08.099.081
09.099.065
10.010.002
064.058
114.097 .098 .215
Ridley, E. C.
09.091.080
Ridley, H. B.
05.103.011
06.103.101 .103
104.090
07.104.021 .041
Ridley, W. I.
06.094.061 .132 .273
07.094.009 .045
08.094.007 .108 .192
09.094.025 .054 .099 .212
.615 .628 .631 .913
10.094.001 .126 .423 .424
.453
Ridpath, I.
03.094.176
09.033.042
10.036.003
Rieder, R.
02.105.093 .108
03.094.056
04.094.189 .242
09.094.383
Riedler, W.
03.073.096
04.084.058
05.083.025 .046
08.084.030
09.084.008 .009
10.084.009
Riegel, K. W.
02.065.058
131.030
03.157.007
05.131.042
06.131.066
07.141.042
153.012
155.025
09.082.045
114.034
Rieger, E.
01.084.020
02.022.108
08.083.042
Riegler, G.
01.142.034
04.142.066
Riegler, G. R.
01.141.189
03.142.052
07.061.036
08.142.004 .025 .142
10.097.043
132.001
Rieke, G.
05.141.164

Rieke, G.
07.122.054
158.134
Rieke, G. H.
01.032.043
142.011
03.142.020
04.061.005
134.009
141.067
05.134.020
141.241
142.088
158.080
06.155.031
158.073
07.142.066
08.091.033
099.060
141.032
158.057 .107
09.099.062
10.099.016 .077
113.011 .101
131.027 .035
132.040 .054 .055
155.023 .036
Rienstra, W.
01.151.003
Riepe, B. Y.
09.113.054
Riepe, P.
07.097.082
Rietschel-Kluge, R.
09.003.154
Rifici, S.
02.075.021
03.075.032
Rigaud, P.
09.082.011
10.034.112
Rigby, A.
08.079.106
Rigby, B. J.
09.084.221
Rigby, R. R.
06.031.060
Righi, A.
08.033.072
Righini, A.
01.079.103
02.011.007
034.054
082.036
03.073.122
082.095
04.034.084
05.073.029
082.150
06.082.021
07.012.021 .022 .023
034.031
082.053 .072
08.082.004 .028 .227
09.082.012
10.031.013
Righini, G.
01.079.103
04.007.000
034.084
05.032.038
06.009.019
080.044
125.031
07.009.029
010.027
047.017
08.012.013
10.113.106
131.290

Righini, G.
10.132.057
Righini, G. M.
07.114.077
08.034.032
10.117.006
Rigterink, P. V.
07.121.024 .030
08.121.105
10.121.053
Rigutti, M.
01.079.103
03.071.047
04.071.003
05.074.028
07.008.101
080.028
08.073.078 .079
09.073.014
10.071.041
073.060 .118
079.101
Riherd, P. S.
09.133.030
Rihm, K.
01.031.007
06.032.021
07.015.004
08.011.022
Riihimaa, J. J.
03.099.011 .036
Riives, V.
05.102.001
06.102.005
10.031.051
103.134
Riives, V. G.
04.102.001
05.103.136
Rijf, R.
02.034.003
Rijpert, H. P. M.
06.033.080
Rijves, V.
03.098.004
04.103.135 .136
Rijves, V. G.
01.103.015
02.103.004
113.030
04.103.003
Rikhert, V.
10.005.009
Rikitake, T.
06.094.185
09.084.207
10.084.267
Riley, C. L.
06.094.100
Riley, D. L.
03.094.121 .282
04.094.289
05.094.125
09.094.467
Riley, J. M.
07.141.165
09.066.003
141.015
10.141.047
Riley, L. A.
03.099.026
08.094.049 .097
09.100.026
Rimer, N.
10.125.014
Rimmer, M. P.
04.031.021
08.032.038
Rindfleisch, T. C.
05.031.005

Rindler, W.
02.162.027
03.003.100
Rinehart, R.
03.157.012
04.141.033
Ring, J.
01.082.033
07.034.090
08.012.005
114.007
09.034.070
10.032.040
Ring, M.
03.120.002
Ringenberg, R.
01.141.001
04.141.010
05.141.049
Ringenberg, R. R.
06.141.264
Ringermacher, H. I.
06.099.033
Ringnes, T.
08.094.245 .246 .247
Ringnes, T. S.
05.053.021 .022 .023 .024
Ringsdore, P. A.
05.010.012
06.010.012
07.010.012
Ringuelet, A.
04.121.079
08.041.033
Ringuelet, A. E.
02.114.073
09.133.009 .010 .020 .021
Ringuelet-Kaswalder, A.
03.064.064
121.065
Ringuelet-Kaswalder, A. E.
03.114.152
Ringwood, A. E.
03.012.004
094.090 .347
04.094.149 .175 .316
05.081.014
06.081.039
094.210 .297
097.094
105.073
07.094.071
105.033
09.094.031 .036 .189 .347
.551 .581 .618
Riordan, R. H. S.
08.033.115
Ripley Jr., J. A.
03.003.102
04.003.111
Ripperton, L. A.
06.082.093
Risbo, T.
05.143.117
06.143.031
Rishbeth, H.
03.003.154
079.102
05.082.014
083.014
06.010.022
07.010.022
012.002
08.010.022
011.006 .007
082.031
083.010
09.083.003
10.011.042
083.002

Risley, A. S.
06.044.029
Risover, L. M.
10.077.015
Risse, H.
09.014.014
Risser, V. V.
05.033.023
Risson, F.
04.072.056
Ristow, D.
01.113.004
141.075
03.141.178
Ritter, H.
08.153.024
Ritzk, A. E.
04.084.240
Rius, A.
06.054.021
Rix, H.
04.072.026
Rizo, I.
02.034.032
Rizov, E. F.
08.077.057
Rizvanov, N. G.
04.097.020
08.094.264 .265
Rizzi, A. W.
04.074.010
07.097.052
08.074.102
10.091.004
Rjabova, N. A.
10.062.006
Rjutov, D. D.
06.084.298
Roach, D.
08.094.230
Roach, F. E.
01.082.095
02.106.008
03.082.056
04.082.103
05.106.034
06.155.025
07.113.030
155.036
08.106.035
09.106.025 .026
10.003.112
Roach, J. R.
09.106.025 .026
Roark, B. B.
04.132.023
Roark, T. P.
01.122.016
04.132.023
06.122.035
07.118.001
Robba, N. R.
09.134.009
Robbins, D. E.
02.008.052
03.074.004
05.106.031
07.073.050
142.106
08.074.003
125.007
09.142.085
Robbins, M.
07.094.009
Robbins, M. F.
02.073.053
05.084.210
10.084.206
Robbins, M. K.
09.094.054

Robbins, M. K.
10.094.126
Robbins, R. R.
01.132.037
03.132.020
04.132.030
06.132.005
133.024
07.132.001 .013
10.133.038 .061 .062
Robe, H.
03.065.111
07.065.079
Roberson, F. I.
02.094.177
Roberson, R. E.
06.022.002
Robert, M.
09.034.118
Roberts, A. P.
07.066.004 .036 .077
Roberts, C. S.
01.084.413
02.084.411
Roberts, D. E.
03.022.064
08.022.013
Roberts, D. H.
07.141.509 .517 .523
08.141.533 .534
09.141.522 .567
Roberts, D. L.
05.093.070
Roberts, E.
07.143.072
09.156.003
Roberts, G. O.
04.062.066
Roberts, J.
05.012.008
Roberts, J. A.
01.141.114
02.141.232
04.099.016
05.141.115 .155 .158 .171
157.011
07.141.130
Roberts, J. R.
09.022.059 .060
Roberts, K. V.
09.141.548
Roberts, L. W.
04.031.010
Roberts, M. J.
07.003.153
09.012.005
Roberts, M. S.
02.158.029 .044
03.158.068
04.116.004
141.123
158.005
05.158.024 .079
06.131.106
07.158.066
08.158.008
160.017
10.141.029
158.006 .081
160.034
Roberts, P. H.
02.061.040
04.062.037
05.012.008
06.064.005 .043
07.061.024
064.052
08.064.025
09.061.043
062.025

Roberts, P. H.
10.062.044
Roberts, R.
09.034.123
Roberts, R. H.
07.141.565
Roberts, W. O.
03.051.008
09.080.014
10.085.002
Roberts, W. W.
02.151.013
07.131.080
151.092
Roberts Jr., C. E.
06.082.080
Roberts Jr., P. H.
06.073.109
Roberts Jr., W. W.
03.151.048
04.156.001
05.155.053
06.151.018
07.155.034 .055 .056
08.151.006
10.151.006
Robertson, A. D.
06.033.058
Robertson, D. S.
01.141.108
02.141.152
04.066.037
05.141.103
06.141.027 .097 .224
07.046.003
066.007
141.036 .038 .076 .094
08.046.023
055.007
141.040 .062
142.091
09.141.052
10.141.138
158.015
Robertson, H. J.
08.031.068
Robertson, J. G.
10.141.019 .020
Robertson, J. W.
02.131.095
03.065.061
04.065.009 .077
05.065.048
06.065.066 .067 .099
123.052
07.065.013 .081
158.115
08.065.068
09.065.041
10.159.005
Robertson, M. M.
03.084.031
Robertson, P. B.
02.105.029 .159 .161
Robertson, R. V.
10.105.025
Robertson, W. A.
01.045.003
03.045.001
Robertson, W. H.
01.098.012 .013
04.098.028
06.004.048
08.098.027
Robie, R. A.
03.094.152
04.094.301
09.094.490
10.094.324

Robin, A.
06.159.006
Robins, A. R.
01.011.011
Robinson, B. J.
01.131.025 .103 .104
132.059
02.131.016
03.008.126
131.052 .123 .124
04.008.098
122.040
131.047 .052 .116
05.122.003
131.094
06.122.041
131.032 .069 .078
07.131.010 .142
09.131.021 .105 .117
160.010
Robinson, D. C.
01.066.019
04.066.079
09.066.121
Robinson, E. L.
06.126.008 .017
132.005
07.117.011
142.055
08.122.023
126.005
09.122.014
124.103
10.122.108
124.002
Robinson, G.
07.113.017
09.114.025
10.113.028 .080
Robinson, I.
04.012.005
08.094.082
Robinson, J. B.
10.099.099
Robinson, J. C.
01.097.015 .054
06.097.066
07.097.027
Robinson, J. H.
01.092.001
02.093.034
03.004.002
04.092.007
093.015
094.381
05.093.050
06.093.021
08.092.001
093.028
09.003.105
10.010.012
093.004 .015
Robinson, L.
01.122.033
02.094.067
04.034.044
122.107
08.158.122
10.141.023
Robinson, L. B.
05.031.044
07.012.003
034.025
158.024
09.122.008 .038
141.090
158.016 .017
160.007
10.141.075 .078

Robinson, L. J.
01.104.008
03.079.102
123.022
158.010
04.008.065
121.062
123.051
124.107
05.079.101
121.054
06.122.064 .112
08.079.101
Robinson, R. D.
09.074.059
10.074.059
Robinson, T. R.
10.004.063
Robinson, V. M.
03.099.009
05.099.006
07.099.024
08.099.083
Robinson, W. G.
08.034.096
Robinson, W. J.
10.042.034 .085
Roble, R. G.
02.082.015
03.084.019
04.082.019
084.017 .050
05.031.062
06.084.026
07.082.076
084.022
08.082.007 .096
09.082.004 .027 .029
Robley, R.
04.082.122
06.082.045
08.082.134
Robouch, B. V.
07.062.003
Robson, E.
04.015.021
Robson, E. I.
07.066.076
08.034.014
Robson, K. W.
06.065.087
08.116.019
Robson, P. N.
08.033.075 .076
Rocchia, R.
01.142.001
02.134.003
03.134.013
142.051
04.134.002
142.069
07.134.001
Rocha, S.
09.115.013
Roche, R. S.
07.131.096
Rochester, G. K.
07.142.110
08.078.003
082.107
Rochester, M. G.
04.044.020
045.020
081.024
05.099.046
08.045.006
Rocketto, S.
04.082.144
Rockstroh, J.
02.143.022

Rockstroh, J.
05.143.086 .149
Rockstroh, J. M.
09.143.001
Rocznik, K.
08.004.049
Roddier, C.
10.082.119
Roddier, F.
02.071.007
04.072.026
05.071.012 .056
06.072.032
10.082.116 .119
Roddier, P.
01.066.057
Roddy, D. J.
06.094.274
105.133
Rode
See Rodeh
Rodeh, O. D.
04.094.117
06.094.196
10.094.139
Roderick, N.
07.084.212
Rodger, D.
01.009.032
Rodger, D. A.
02.009.004
03.009.012
Rodgers, A. W.
01.114.002
141.126
154.007
02.114.028
142.034
154.011
04.114.024
122.064 .077 .098
158.011
05.114.058 .060
06.122.098
07.114.016 .066
142.135
09.034.123
122.002
124.107
155.100
10.064.063
Rodgers, C. D.
04.082.032
07.082.037
08.082.092
Rodgers, D.
08.034.115
Rodgers, J. W.
05.094.074
Rodgers, K. V.
07.094.009
09.094.054
Rodina, V. M.
02.141.209
Rodionov, A. B.
05.143.024
Rodionov, A. V.
10.078.016
Rodionov, B. N.
04.091.046
05.034.090
094.139
07.094.250 .259
09.094.885 .959
Rodionov, V. I.
06.155.006
Rodionov, V. V.
03.082.085 .086
09.082.063

Rodionov, Ya. S.
03.083.036
Rodionova, G.
09.004.065
117.018
Rodionova, G. G.
03.117.029
04.113.054
08.065.003
115.010
Rodionova, J. F.
See Rodionova, Zh. F.
Rodionova, Zh. F.
02.094.226
03.094.328
05.094.049
06.094.187
07.094.186
08.094.185 .902
09.094.295 .881
10.094.020 .066
Rodkina, T. E.
01.106.035
Rodney, P.
01.141.048 .087
Rodolfo, K. S.
05.081.018
Rodono, M.
01.122.090 .091
02.010.027
121.020 .069
122.053 .152 .159 .160
124.102
03.082.095
121.025
122.095 .105
04.122.015 .142 .162
05.121.038
122.031 .077 .078 .090
.091 .094 .128
06.121.002
122.127 .128 .129
07.122.114
08.122.072
09.122.031 .087 .088 .091
.104 .118 .119
10.122.122 .123
Rodrigues, R.
01.142.022 .054
02.142.035
03.076.028
04.142.073
Rodrigues, R. M.
05.142.017
06.159.001
Rodriguez, J. J.
01.103.107
02.103.119 .120
03.103.101 .102 .114 .115
04.103.102
Rodriguez, M.
03.047.020
Rodriguez, M. H.
02.114.013 .031
04.064.010
114.121 .132
06.113.015
08.114.139
122.109
10.122.076
Rodriguez Rodriguez, G.
04.082.176
Rodriguez-Torres, C.
05.031.063
Roe, P. E.
01.162.059
03.141.199
Roeckner, E.
07.093.029
08.093.022

Roedde, A.
01.046.003
05.045.025
08.046.009 .010
Roedder, E.
03.094.104
04.094.176
06.094.043
07.094.046
08.094.033
09.094.100 .342 .622
10.094.009 .425
Roeder, R. C.
01.141.115
162.014 .017
02.141.055
04.014.014
06.141.123
07.141.022 .051 .122
162.029 .049
08.141.039 .084 .105
09.014.026
162.007
Roederer, J.
04.074.074
Roederer, J. G.
01.084.241
04.003.132
084.297
07.012.013 .014
084.249
08.084.313
09.084.203
10.084.225
Roehrig, O.
04.093.002
08.099.057
Roehrs, H.
03.051.006
Roel, E.
08.015.002
Roelof, E. C.
02.073.026
04.074.012
143.027
05.143.072
06.078.009
09.074.083
10.072.061
074.126
078.005 .039
106.076
143.013 .042
Roelofs, T. H.
04.083.003
Roels, J.
01.042.001 .008 .020 .045
04.042.048
Roemer, E.
01.098.005 .035 .038 .043
.046
103.005 .006 .011 .109
.118 .126
02.103.001 .002 .110 .112
.117 .121
03.098.002 .032
103.001 .004 .101 .103
.113 .116 .119 .122
04.098.016
103.001 .004 .006 .112
.117 .118 .119 .126
.130 .131 .141
05.098.013 .014 .015
103.002 .004 .014 .105
.108 .113 .116 .117
06.098.005 .013 .029 .044
103.004 .106 .107 .111
.112 .115
07.098.018 .020 .030 .075
103.009 .107 .108 .109

Roemer, E.
07.103.111 .116
08.012.010
098.048 .057 .067 .073
103.009 .103 .114 .118
.130 .133
09.098.048 .049
103.018 .119 .120 .121
.122
10.098.035 .060
103.004 .010 .102 .117
.119
Roemer, H.
02.022.118
Roemer, M.
02.097.005
04.082.128
05.082.151
06.082.052 .056
07.082.064
08.082.234
084.310
Roemke, L.
09.065.125
Roennaeng, B.
01.131.051
02.131.121
06.141.151
07.131.136
08.033.053
131.082
Roennaeng, B. O.
06.021.009
033.021
131.140
08.131.079
Roesch, J.
01.013.001
094.035
02.013.004
03.032.032
094.247
04.007.000
010.028
074.090
05.007.000
012.005
013.017
092.008
06.006.000
031.001 .031
065.031
118.006
07.031.022
092.007
094.095
118.005
08.031.043
034.099
09.079.101
093.059
10.082.049
Roeser, H.
09.131.174
Roesler, F. L.
01.097.008
05.072.003
06.099.072
08.034.060 .070
09.034.036
082.008
099.057
131.078 .131
10.099.034
131.140 .262
Roesler, H. J.
10.094.505
Roesner, P.
10.094.349

Roessiger, S.
06.131.084
07.131.020
08.122.086
09.113.036
Roessler, F.
02.034.076
04.082.078 .129
08.082.120 .133
Roethig, D. T.
04.134.006
06.034.057
Roettger, J.
10.066.010
Rofe, B.
01.082.028
07.082.020
08.076.048
Roffi, G.
03.141.118
Rogati, C.
07.103.115
Rogati, C. E. E.
07.103.115
Rogava, O. G.
06.143.147
Roger, R. S.
01.132.028
141.133
02.003.057
033.009
141.068
03.033.013
06.033.004
10.033.028
141.012 .130
Rogerio, R.
04.118.017
Rogers, A. E. E.
01.093.084
02.093.004
131.086
04.066.037
093.055
097.008 .052
05.141.103
06.031.083
097.080
141.027 .097 .103
07.011.007
046.003
066.007
093.008
097.042
131.039 .124
141.036 .038
08.046.023
055.007
094.189
141.040
142.091
09.093.003 .056
097.003
141.052
10.141.138
158.015
Rogers, A. I.
10.131.284
Rogers, E.
01.009.009
Rogers, E. H.
04.073.002
Rogers, F. J.
08.022.142
062.079
Rogers, F. M.
07.003.111
Rogers, J. W.
10.082.087

Rogers, K. V.
  10.094.126
Rogers, S.
  06.141.088
  07.141.901
Rogers, V. J.
  01.033.017
Rogerson, J. B.
  09.114.066 .121 .122 .123
       .124 .125
  131.063 .064 .065 .066
       .067 .166
Rogerson Jr., J. B.
  02.071.065
  10.131.289
Rogister, A.
  09.083.073
Rognlien, T. D.
  06.062.004
Rogov, N. G.
  06.141.051
Rogovaya, S. I.
  03.084.285
Rogowski, J.
  08.045.048
  10.045.032
       094.501
Rogowski, J. B.
  04.032.047 .048
  08.031.083
Rogstad, D. H.
  01.141.141
  02.141.037
  05.158.086 .087 .119
  07.151.076
       158.145
  08.158.032
  09.158.005 .085
Rogyionov, Ny. B.
  See Rodionov, B. N.
Rohan, P.
  03.055.025
Rohlfs, K.
  01.141.060 .065
  02.131.092 .138 .139
  03.033.011
       131.092 .131
  05.131.055 .098 .099 .135
  07.131.013 .150
       155.022 .064
  08.131.080 .128
  10.131.164
Rohr, H.
  02.003.043
       010.025 .036
  06.011.031
       132.009
       142.043
  07.003.112
       010.025
  09.003.106
       009.014
       010.025
  10.011.041
       079.101
       132.013
Rohr, R. R. J.
  04.035.003
  07.003.113
Rohrbaugh, J. L.
  08.082.064
  09.082.006
Rohrbaugh, R. P.
  10.083.036
Roig, R. A.
  08.022.075 .105 .130
Rokop, D. J.
  03.094.045
  04.094.196
  06.094.098

Rokop, D. J.
  09.094.143 .262 .418 .714
  10.094.281
Roland, G.
  01.098.010 .025
  02.055.024
       071.080
       098.021
       103.127
  03.103.101 .102 .108 .124
  04.098.031 .032
       103.101
  05.098.021
  06.003.110
  09.103.100
  10.103.102
Roldugin, V. K.
  01.084.018
  03.084.023 .027
  06.083.034
  07.084.040
  08.084.018 .023 .070
Rolewicz, J.
  06.010.021
Rolfe, J.
  04.034.003
Roll, H. U.
  03.008.057
  04.008.049
  08.008.043
Rolland, A.
  08.154.009
Rolland, W. W.
  04.122.117
Rollenhagen, H.
  07.104.006
Rom, A.
  02.042.021
  03.021.001
       042.041
       052.029
       094.257
  04.094.018 .024 .049
  05.021.006
       042.059
       094.002 .025 .055 .056
  06.094.282
Romakhin, V. A.
  05.143.138
Roman, N. G.
  01.008.132
  03.008.146
  05.008.141
  06.051.021
  07.008.155
  09.008.122
  10.008.121
       114.123
Romana, A.
  08.015.017
  09.141.071
  10.051.010
Romand, J.
  08.022.018
Romanenko, A. I.
  10.104.020
Romaniuk, M.
  10.116.009
Romanjuk, V. F.
  See Romanyuk, V. F.
Romano, G.
  02.123.014 .018
  04.007.000
       122.125
       123.011
  05.122.062
       123.019
  06.123.072
  07.123.006 .017 .019
       125.034

Romano, G.
  08.123.009
       141.001
  09.162.014 .053
  10.123.001 .002 .013 .032
       161.001
       162.010 .018
Romanov, A. M.
  01.082.017
  04.082.198
  06.142.098
Romanov, L. M.
  05.052.003
  06.052.034
Romanov, S.
  09.097.006
Romanov, S. A.
  07.053.007
       074.071
  09.097.126
  10.106.026
Romanov, V. A.
  05.143.105
  06.143.133
  07.143.022
  09.034.095
Romanov, Yu. S.
  01.122.034
  05.113.023
  07.122.103
  09.122.064 .140 .141
  10.122.094 .095
Romanova, A. L.
  05.041.008
Romanova, G. V.
  10.055.016
Romanteev, N. F.
  06.051.001
Romanychev, A. A.
  02.134.007
Romanycheva, L. K.
  04.033.042
Romanyuk, I. I.
  06.052.025
Romanyuk, V. F.
  03.104.027
  06.104.034 .037
  08.104.037
Romanyutina, Zh. D.
  10.085.026
Romashchenko, Yu. A.
  01.083.019
  04.084.233
Romashin, G. S.
  05.103.109
       114.092
Romatshenko
  See Romashchenko
Romazchenko
  See Romashchenko
Romejko, V. A.
  09.082.093
Romer, A.
  01.034.020
  08.004.036
Romero, A. C.
  05.004.031
Romero, H. V.
  07.034.061
  09.082.015
Romey, W. D.
  05.094.067
Romick, D. C.
  09.055.011
Romick, G. J.
  06.022.086
       084.029 .062
  08.084.005
Romiez, M.
  05.105.087

Romiez, M.
09.105.009
Romney, J. D.
10.158.096
Romov, V. G.
08.053.021
Rompolt, B.
01.032.020
034.020
072.025
073.022 .023
05.092.011
06.073.103
09.071.044
Ron, A.
05.022.062
Ronan, C. A.
01.003.061
02.003.027 .036
04.003.112
05.003.081
06.005.010
08.003.120
005.005
09.003.107
10.003.113 .114
004.003
Ronca, L. B.
01.091.027
094.037
02.094.114 .132
04.093.013
094.127 .335
06.094.057 .109 .328
08.094.062
09.094.053
Roncalli, G.
02.035.013
Ronchi, L.
02.104.043
04.063.004
082.098
07.063.038
10.082.144
Ronchi, V.
06.003.107
08.003.117
09.031.048
Rondot, J.
03.105.053
04.105.149
06.105.040 .134
Rood, H. J.
01.066.016 .018
02.160.017
03.160.006
04.160.008 .011
05.155.021
158.059
160.010 .011
06.158.005
160.002 .004 .014
07.158.036
160.002
08.158.010 .060
160.003 .005
09.160.004
Rood, R. T.
02.065.074
154.018 .019
03.065.012 .037
154.010
04.065.008 .018 .023 .086
.131
154.011
06.065.077
08.065.088
080.040 .048
09.065.031
115.018

Rood, R. T.
10.080.045
115.010
Rookes, D.
04.091.001
Roome, G. T.
01.033.018
Roos, B.
10.131.046
Roosa, S. A.
09.094.609
Roosen, J.
01.077.028 .047
02.077.005
Roosen, R. G.
01.158.046
02.091.032
158.045
03.106.016
04.091.006
106.030 .042
05.002.008
032.003
102.027
106.015 .022 .042
06.105.013
106.034
07.106.027
158.136
08.074.067
158.050
09.113.026
10.074.039
079.104
082.126 .127
106.014
Rorden, L.
03.084.232
Rorsun, A. A.
08.045.003
Rose, F.
10.094.263
Rose, G.
07.082.088 .089
09.082.092 .901
Rose, L. J.
01.106.018
Rose, R. D.
02.022.014
Rose, W.
06.142.029
07.065.041
Rose, W. K.
01.065.011
02.065.048 .050
03.065.018 .032 .039 .048
04.065.133
05.065.022
114.008
06.064.019
07.065.070 .122
124.004
142.040
08.064.013
065.042
09.065.114
124.008
131.057
142.087
154.006
10.062.049
065.122
131.062
133.046
154.022
Rose Jr., H. J.
03.094.054
04.094.229
05.094.046
09.094.218 .220 .385 .684

Rose Jr., H. J.
10.053.007
094.253 .426
Rosebrugh, D.
03.124.103
07.123.032 .034
10.123.044
Rosebrugh, D. W.
06.010.001
Rosen, A.
01.052.013
05.084.406
Rosen, E.
01.004.033
06.003.156
09.004.005
005.005
Rosen, G.
06.066.087
Rosen, J. M.
01.082.007
04.082.078
Rosen, L. C.
02.064.035
065.011 .056
03.065.003 .004
06.141.089
07.065.005
141.549
Rosen, N.
02.162.069
04.066.071
162.035
06.066.100 .112
07.066.129
Rosen, R. D.
09.061.056
10.064.052
Rosen, S.
02.143.067
04.003.113
Rosen, W.
04.079.100
09.079.100
Rosenberg, B.-M.
09.003.014
Rosenberg, F.
08.117.011
Rosenberg, F. D.
07.031.005
Rosenberg, H.
02.066.009
141.020
04.074.019
06.074.039
077.077
07.077.039
141.152
08.074.015 .099
09.074.081
10.077.007 .057 .079
Rosenberg, I.
03.141.083
04.141.154
09.125.001
Rosenberg, J.
01.012.017
Rosenberg, N. W.
05.082.033
06.084.261
Rosenberg, R. L.
02.106.010
04.106.018 .027
05.106.013 .040
06.106.016 .022
09.106.002
Rosenberg, R. M.
03.122.058
Rosenberg, T. J.
05.084.002 .255

Rosenberg, T. J.
 06.106.017
 08.084.046 .055
 09.084.006
Rosenblatt, F.
 05.117.019
Rosenblum, A.
 07.141.551
 10.141.539
Rosenbluth, M. N.
 04.062.036
      141.057
 09.142.088
 10.065.047
      080.013
Rosendhal, J. D.
 01.114.028
 02.064.003 .028
 03.065.002 .055
 04.065.056
      114.113
 06.159.009
 07.034.038
 08.114.049 .144
 09.114.068 .156
 10.114.007 .047 .206 .247
Rosenfeld, L.
 01.004.034
Rosenkranz, P.
 03.131.128
 07.132.002
 08.131.118
Rosenkranz, P. W.
 08.142.071
Rosental, I. L.
 See Rozental', I. L.
Rosenthal, D.
 10.131.259
Rosenthal, E.
 05.005.003
Rosenvinge, T. T. Von
 See Von Rosenvinge, T. T.
Rosenwald, R. D.
 10.065.123
Rosenzweig, P.
 10.123.031
Roshchina, E. M.
 01.114.099
 10.072.026
Roshkovan, G. R.
 02.094.166
 10.105.025
Rosholt, J. N.
 03.094.029
 04.094.230
 09.094.419
 10.094.427
Rosierse, R. A.
 10.101.015
Rosin, S.
 05.031.066
 06.032.034
 08.032.015
Rosino, L.
 01.100.012
      122.071
      125.018
      153.031
      154.013
 02.114.025
      122.058 .111
      124.100 .101 .102 .103
       .104
      125.022 .024
 03.008.005
      124.108
 04.120.006
      122.124
      124.103
      125.102

Rosino, L.
 04.158.107
 05.013.013
      120.001 .003
      122.072 .126
      125.106 .108
      154.018
 06.120.012
      123.021
      125.101 .105 .107
 07.113.032
      114.078
      122.041 .080 .129
      124.006
 08.004.037
      122.128
      125.033 .107
      155.051
 09.007.000
      122.010 .023
      124.002 .003 .009
      125.024
 10.122.014 .021 .053 .175
      125.006 .032 .104
      154.011
Rosinski, J.
 03.105.100
 06.105.008
 07.105.014
 09.105.040
Roslund, C.
 02.112.005
      113.016
      122.124 .172
Rosolen, C.
 05.077.006
Ross, B. E.
 06.031.071
Ross, C. L.
 08.074.034
 10.074.050 .118
Ross, D. B.
 03.079.102
 07.079.101
Ross, D. K.
 05.066.090
 06.066.053 .141
 08.066.058
 09.141.061
Ross, H.
 03.098.027
Ross, H. E.
 03.114.104
Ross, H. N.
 03.158.090
Ross, H. P.
 02.094.161
Ross, J.
 04.071.063
 10.073.050
Ross, J. A.
 10.065.127
Ross, J. E.
 03.071.001
 04.114.007 .008 .038 .039
       .059 .067
 07.071.013 .019
 08.071.011
 09.071.017
 10.071.057
Ross, M.
 03.002.005
      094.099
 04.094.177
 08.022.142
 09.094.634
 10.094.340 .428 .500
Ross, R. R.
 03.094.129
 04.094.266

Ross, R. R.
 07.094.277
Ross, R. W.
 01.034.023
 02.032.052
      034.091
 07.034.126
Ross, S. S.
 02.009.006
      011.023
      104.016
Ross, T. D.
 07.031.006
Ross, W. D.
 09.094.409 .692
Rossati, F.
 04.121.053
Rossbach, A.
 04.082.040 .130
Rossbach, M.
 02.072.095
 03.072.012
 09.072.066
Rossberg, L.
 08.084.032
Rossel, G.
 09.022.086
Rosser, W. G. V.
 08.011.007
Rosset, F.
 07.034.052
Rosset, R.
 09.082.010
Rossi, B.
 02.142.042
 04.003.114
      142.032
      143.022
 09.061.054
Rossi, B. B.
 04.142.013 .060
 09.142.058
Rossi, L.
 05.131.120
Rossi Tesi, F.
 04.021.021
Rossignol-Guzzi, D.
 02.062.005
Rossignol-Strick, M.
 08.105.122
Rossiter, D. E.
 02.033.008
 05.083.026
Rossiter, J. R.
 10.094.442
Rossner, L. F.
 07.151.063
Rost, R.
 01.105.103
 02.105.170 .194
 04.094.429
      105.172
 08.003.029
      105.017
Rostoker, G.
 03.084.204
 04.084.270
 06.084.265
 07.084.228
 08.084.284 .319
 09.084.024
Rostovskaya, A. A.
 04.054.007
Rostron, I. R.
 06.065.147
Rostshina
 See Roshchina
Roszman, L. J.
 10.022.057

Rotelli, P.
08.066.130
Roth, E.
09.094.703
Roth, E. A.
04.052.029
10.052.010
Roth, E. R.
04.142.069
Roth, G. D.
04.003.109
031.013
05.132.008
06.004.023
032.014
07.003.114
011.010
09.003.108
004.021
031.065
Roth, J.
10.097.037
Roth, J. R.
03.062.016
10.094.393
Roth, M. L.
05.065.118
07.065.088
08.065.019 .110
09.065.149
Rothe, D. E.
01.062.003
Rothenberg, A. M.
03.094.048
04.094.220
09.094.382
Rothenberg, E.
04.047.036
07.047.023
10.047.037
Rothenflug, R.
01.142.001
Rothermel, H.
06.061.021
07.142.132
155.073
Rothman, H.
04.033.028
Rothman, V. C. A.
04.160.011
Rothwell, J.
05.032.059
Rothwell, P.
01.084.229
Rothwell, P. L.
03.084.256
05.084.417
10.078.048
084.411
Rots, A. H.
07.131.024
09.158.005
10.158.006
Rottenberg, J. A.
01.151.025
Rottman, G. J.
05.114.059
06.093.020
07.114.032 .114
08.093.016
099.041
09.082.005
10.093.028
099.030
Rouanet, E.
04.035.003
Roud, M.
07.095.010
08.007.000

Roueff, E.
01.022.004
02.022.061
03.022.086
05.071.028
Roulston, D. J.
06.033.074
Rountree-Lesh, J.
07.122.040
Rourke, F. M.
06.061.019
Rouse, C. A.
02.071.009
080.036
06.065.158
07.071.052
09.080.011
Rouse, P. E.
10.022.056
Rousseau, J.
06.113.030 .034
08.113.056
Rousseau, M.
04.054.011
10.082.028
Rousseau, P.
02.003.044
Roussel, D.
06.143.031
Roussel, K. M.
05.126.042
06.065.139
07.061.015
09.126.023
Roussin, A.
03.158.069
Routledge, D.
01.157.017
04.131.071 .113
05.033.009
06.082.024
07.131.074
Routly, P. M.
10.111.002
Rouvillois, G.
02.124.001
04.063.032
Roux, F.
06.022.012
10.022.102
Roux, S.
07.133.003
08.113.055
09.131.150
Rouy, A.
05.106.034
Rovira, M.
09.073.030
Rovithis, P.
10.093.024
Rowan-Robinson, M.
02.141.139
04.141.011 .146
05.158.011
07.141.078 .109
08.160.013
162.054
09.141.024
Rowe, C.
02.034.015
04.122.166
Rowe, J. N.
03.079.102
04.083.010
07.083.040
Rowe, M. W.
03.105.002 .036
04.105.008 .030
05.105.060
08.105.033

Rowe, M. W.
09.105.146
10.022.043
107.029
Rowley, W. R. C.
08.022.139
Rowson, B.
04.141.084
08.141.088
10.033.071
141.132
Roxburgh, I. W.
01.080.001 .016
02.080.048
03.065.109
117.018
04.065.049
080.016
05.080.006 .030
08.065.106
074.114
Roy, A. E.
02.052.003
053.012
04.052.043
08.042.097
09.042.011
094.042
10.042.061
Roy, A. K.
07.155.029
09.155.048
Roy, D. M.
09.094.463
Roy, D. W.
03.105.054
04.105.149
Roy, J.-R.
03.064.031
06.064.031
074.035
08.073.097
074.016
09.072.005
10.072.012
073.064
Roy, M.
01.011.019
05.010.014
08.010.014
10.010.014 .016
Roy, N. A.
09.081.037
Roy, N. S.
02.033.047
04.022.109
Roy, R.
09.094.458 .463 .476 .665
10.094.452
Royce, D.
07.103.013
Roychoudhuri, C.
08.034.127
Royle, G.
10.032.021
Rozanov, B. A.
10.033.074 .083
Rozanov, V. M.
03.157.019
Roze, E. N.
10.084.216
Roze, L.
06.031.052
08.005.014
011.031
10.004.042
011.034
Roze, L. A.
08.032.025
041.058

Roze, L. F.
02.041.036
Rozelot, J.-P.
01.022.006
074.028 .049
03.074.050
07.071.030
074.022
08.034.076
09.073.092
074.020
Rozenberg, G. V.
01.051.035
03.094.210
06.082.096
08.082.160
Rozenbergs, P.
06.031.050
10.011.035
031.064
Rozenbergs, P. P.
08.044.019
Rozenbush, V. K.
10.103.102
Rozenfel'd, B. A.
02.004.007
10.002.003
003.067 .115
004.005 .006 .033 .034
Rozenfelds, G.
10.079.100
Rozental', I.
01.143.047 .068
161.003
02.162.061
Rozental', I. L.
01.142.062
03.162.043
04.066.088
161.002 .009
05.142.058 .090
143.083 .143
162.005 .053
07.062.027
063.011
09.003.100
160.023
161.001
Rozental', Yu. A.
03.143.043
Rozhanskaya, M. M.
02.004.004 .007
10.003.115
004.005 .006
Rozhavskij, F. G.
03.034.070
074.065
08.072.042 .067 .068 .069
10.072.008
Rozhavsky
See Rozhavskij
Rozhdestvenskij, M. K.
01.093.024 .074
02.093.046
04.093.043 .047 .060
06.053.027
093.003 .030
07.093.025
08.093.026 .036
09.093.037 .050
10.093.023
Rozhdestvensky
See Rozhdestvenskij
Rozhkovskij, D. A.
01.132.054 .056
02.022.112
034.081
132.041 .043
03.131.023
06.131.135

Rozhkovskij, D. A.
06.132.048
155.010 .042
08.132.029
155.057 .058
09.034.021
103.016
10.034.023 .024
082.038
131.089
Rozhkovsky
See Rozhkovskij
Rozkovsky
See Rozhkovskij
Rozsnyai, B. F.
10.022.053
Rozyczka, M.
08.158.094
09.141.128
10.141.059
Rspaev, F. K.
09.103.016
10.103.116
Rubaens, A.
03.034.017
Rubakha, N. R.
09.062.028
Ruban, V. A.
06.162.097
07.162.018
08.162.086
09.162.030
10.162.008
Rubashev, B. M.
01.085.006
06.041.004
07.041.007
080.012 .020
10.072.024
080.001 .008
085.017
Rubashevskij, A. A.
01.097.050
02.003.045
03.003.007
04.097.028
05.121.015 .037
Rubashevsky
See Rubashevskij
Ruben, G.
01.065.033
02.065.022
08.065.004
Rubi, J.
06.099.068
07.120.001
08.005.003
Rubi Garza, J.
06.095.003
08.104.044
Rubin, J.
09.158.156
10.158.060
Rubin, J. S.
10.158.020
Rubin, R.
03.132.007
04.133.012
Rubin, R. H.
01.132.023
02.131.011 .041
132.008
133.017
03.131.054 .082
04.133.003 .008
05.131.077 .116
132.002
133.022
06.131.083 .109
07.131.037

Rubin, R. H.
07.133.018
09.131.104
Rubin, R. J.
10.134.016
Rubin, V. C.
01.158.052
02.158.001 .009
03.158.026 .051 .076 .100
05.133.020
158.024
06.113.051
125.027
158.100
07.158.069 .130
08.158.086
09.133.004
158.063 .133
10.134.016
158.002 .020 .060
Rubinshtejn, I. A.
07.084.407
Rubinstein, A. I.
08.084.419
Rublev, S. V.
02.133.005
04.115.007
122.033
133.031
09.064.044
114.103 .104 .159
Rubo, G. A.
01.079.100
02.074.010 .011
03.011.015
062.012
04.074.087
05.074.010 .044
06.074.021 .087
08.062.076
10.074.113
079.100
Rubtsov, L. N.
09.083.041
Rubtsov, V. I.
01.143.032
05.143.063
09.143.061
Rubtsova, V. A.
04.104.023
Rubtzev, L. N.
See Rubtsov, L. N.
Rubzov
See Rubtsov
Rucinski, S.
01.064.017
122.039
02.064.040
08.121.069
10.121.054
Rucinski, S. M.
01.121.026
02.117.007 .027
121.049
03.064.022
04.117.009
121.038 .039
05.064.019
117.033
06.117.027
08.117.027
09.117.032
10.064.056
121.089
Rud, D. A.
10.102.008
Rudakov, M. G.
08.034.069
Rudakov, V. A.
07.083.056

Rudakov, V. M.
01.046.027
02.052.016
Rudakova, L. I.
05.066.035
Rudd, T. J.
03.122.058
Rudduck, R. C.
10.033.115
Rudenko, V. M.
04.114.032
Rudenko, V. N.
02.066.063
03.066.071
04.066.020 .117
06.066.127
08.066.079
10.033.057
066.014 .114
Ruderfer, M.
08.162.082
Ruderman, M.
02.065.104
141.085
03.065.011 .094
141.086 .101 .217
04.065.032 .144
06.062.046
065.083
07.141.540
08.141.513 .521
10.065.047
Ruderman, M. A.
01.003.048
061.046
04.061.039 .045
066.129
05.065.034
161.003
10.065.090
Rudge, A. W.
03.033.052
04.033.095
06.033.054
Rudge, P. T.
01.141.126
09.034.123
Rudina, M. P.
04.083.022 .025
Rudkjoebing, J.
03.121.029
Rudkjoebing, M.
01.131.007
02.131.021
03.022.006
131.016
10.022.055
131.029
Rudnev, J. I.
See Rudnev, Yu. I.
Rudnev, Yu. I.
02.034.077 .078 .080
036.017
082.136
07.082.130
Rudneva, L. B.
08.034.069
Rudneva, N. M.
01.084.213
03.084.243 .285
04.084.235
06.084.234
08.084.329 .344
09.083.040
Rudnick, H.
07.003.086
Rudnick, I.
09.121.043
Rudnick, L.
10.155.016

Rudnicki, K.
01.014.001
125.007
160.004
02.014.012
125.007
151.051 .058
03.010.020
151.017
158.085
05.009.009
06.010.021
08.005.013
10.158.022
Rudnikova, E. G.
10.073.095
Rudnitskij, G. M.
06.131.028
08.131.102
10.160.003
Rudolph, D.
02.034.082 .101
04.034.069 .070
05.034.098
06.031.021
07.034.078
Rudolph, R.
07.114.104
Rudolph, V.
01.022.031
Rudowski, R.
06.094.133
08.094.210
09.094.237 .377 .685 .705
10.094.153 .461
Rudraiah, N.
03.062.006
Rudyn, O.
05.042.038
Ruediger, G.
10.062.024
Rueegsegger, P.
08.094.114
Ruekl, A.
01.003.067
013.010
02.003.046
094.242
04.094.430
08.003.085
094.040
Ruemmel, U.
03.158.074 .075
04.158.063
07.158.169
Ruester, R.
01.083.027
09.082.088
Rufenach, C. L.
06.083.053
141.104
07.141.030
08.083.026
10.083.024
Rufener, F.
06.113.006 .058
08.122.031
10.113.035 .037
Rufener, F. G.
05.113.009
Ruffini, R.
02.141.123
04.066.081
05.065.012
066.062 .072
06.066.047 .060
07.066.033 .068 .096 .111
.141
162.087
08.003.115

Ruffini, R.
08.066.071
09.061.006
066.109 .112
142.025
10.066.148
Ruffner, J. A.
06.004.012
Rugge, H. R.
02.076.037
03.076.019
04.074.088
05.074.023 .074
076.042 .048
08.076.022
09.074.067
Ruhadze, A. A.
08.062.054
Ruhm, H.
02.064.039
072.055
03.061.004
Ruhnow, D.
09.098.028
Ruhnow, R.
01.123.037 .038
03.123.002 .016
Ruiz, J. J.
06.010.001
Ruiz, R. M.
05.031.005
097.012
08.034.125
Rule, B.
01.033.033
Rule, B. H.
05.032.045
Rumi, G. C.
09.073.016
Rumjantsev, A. A.
02.125.018
04.125.001
08.065.025
Rumpel, W. F.
05.093.072
Rumsey, H. C.
08.093.040
Rumsey, N.
05.041.040
Rumsey, N. J.
02.159.003
06.031.020
041.006
08.152.010
09.032.005
Rumsey, V. H.
03.131.006
Rumsey Jr., H.
04.093.003
Rumyantsev, A. A.
04.062.009
09.143.056
10.124.006 .008
143.010
Rumyantsev, V. V.
10.052.071
Rumynskaya, Z. I.
10.052.050
Runciman, W. A.
04.131.146
Runcorn, K.
09.081.006
Runcorn, S. K.
01.012.018
044.003
162.063
02.094.133
03.011.032
091.028
094.127 .274 .292

Runcorn, S. K.
04.003.025
045.031
094.302 .410
05.012.008
06.003.031
081.017
094.026 .150 .325
07.084.290
08.003.118
011.007
012.008 .023
091.053
094.059 .086 .123
09.094.279 .558 .767
097.010
10.012.041
094.086 .248 .429
Rundle, H. N.
01.082.045 .081
06.082.105
Rundo, J.
01.105.102
Runnels, D. D.
04.081.014
Rupke, N. A.
03.081.046
Ruppe, F.
01.143.065
Ruppe, G. M.
07.003.115
Ruppe, H.
04.003.115
Ruppel, W.
09.003.049
Ruprecht, J.
03.047.007
04.047.021
153.051
05.006.000
06.047.023
08.047.025
10.047.020
Rusak, A. A.
07.034.010
Rusak, N. P.
05.021.001
10.082.078
Rusakov, M. M.
07.022.057
Rusch, D. W.
10.082.037
Rusch, W. V. T.
01.094.029
02.077.015
03.033.056
04.003.117
074.033
08.033.042
09.033.070
Rusche, J.
10.103.102
Rusconi, L.
04.021.022
05.031.002 .041
Rusev, R.
01.125.014
Rusev, R. M.
01.032.017
02.123.004
06.003.022
115.007 .010
122.147
123.056
07.154.004
09.154.011
Rush, J. H.
10.079.101
Rush, W. F.
06.132.025

Rush, W. F.
08.132.019
Rushinek, M.
09.003.109
Rusin, V.
02.074.009
04.074.011
07.074.043
09.074.039
Rusinov, Yu. S.
02.033.017
Rusk, A. N.
08.022.131
Ruskol, E. L.
02.099.058
03.107.016
06.094.011 .286
08.044.012
094.089 .091
09.094.017 .886
10.101.004
Ruspini, E. H.
05.063.049
Russ II, G. P.
03.094.030
06.094.046
Russ III, G. P.
04.094.073
06.094.292
07.094.056 .207
09.094.426 .602
10.094.430
Russel, D.
04.091.015
10.010.023
Russell, C. A.
09.003.110
Russell, C. T.
01.084.206
03.084.207 .229
04.074.080
084.209 .253 .277 .296
05.084.225 .226
106.008
06.084.204 .257
085.005
07.011.047
084.201 .220 .246 .247
094.221
08.074.004 .054
084.208 .229 .288
094.268
09.084.201 .276 .281 .411
094.579 .763
10.074.116
084.254 .263 .277
094.431
106.009 .053 .054
Russell, D.
05.015.002
Russell, E.
10.003.116
Russell, E. E.
10.034.057
Russell, G. W.
07.065.002
Russell, J. A.
02.104.020 .024
03.097.003 .010
06.104.096
09.104.013
10.104.029
Russell, R. D.
07.105.047
Russev
See Rusev
Russo, A.
02.143.069
05.143.095
06.034.046

Russo, A.
10.142.047
Russo, D.
01.075.021 .022
076.015
04.076.004 .040
Russo, J. D.
03.054.026
Russo, P.
09.004.007
Russo, T. W.
01.126.002
06.010.007
122.059
08.010.007
041.041
10.010.007
Rust, A.
03.112.006
Rust, A. E.
10.021.009
Rust, B. W.
09.125.100
Rust, D. M.
02.071.046
073.034
03.071.030
04.071.007
06.074.035
08.071.031
073.020 .027 .114
09.072.018
073.052
080.019
10.073.117 .126
Rustad, B. M.
09.073.017
Rusu, I.
02.032.033 .034
03.031.027 .028
07.032.028
09.011.012
Rusu, L.
04.045.017
08.041.059
045.041
10.045.011
Rut, M. E.
05.015.006
Rutgers, A. J.
07.107.016
09.107.022
Rutgers, G. A. W.
06.034.104
Rutgers, U. J.
01.010.019
04.010.019
Ruth, E.
04.094.213
Ruthberg, S.
06.143.109
Rutherford, J. S.
07.033.051
Rutily, B.
07.154.009
10.123.016 .017
Ruting, W. M.
08.031.079
034.138
Rutten, M. G.
04.015.022
Rutten, R. J.
02.080.010
03.071.035
07.071.003
09.071.011
Rutter, G.
07.103.107
10.103.102

Rutter, G. H.
 04.103.101 .104
 05.103.010 .106
 07.103.107
 08.103.107 .116
 09.103.010 .114 .115 .116
  .124 .127
 10.103.102
Rutter, R. H.
 08.103.107
Ruusalepp, M.
 06.122.047 .048
 124.103
Ruze, J.
 04.033.019
 07.033.049
Ruzic, N. P.
 03.003.103
Ruzickova-Topolova, B.
 01.071.018
 072.012 .032
 10.074.003
Ruzmaikin
 See Ruzmajkin
Ruzmaikina
 See Ruzmajkina
Ruzmajkin, A. A.
 02.151.026
 162.081
 03.066.064
 04.162.054
 06.156.004
 162.063
 07.065.049
 156.002
 09.065.009
 066.001
 10.065.013
Ruzmajkina, T. V.
 02.162.081
 04.162.054
 08.061.013 .076
 154.011
 10.131.097
Ryabchikova, T. A.
 04.114.085
 08.114.171
 10.114.174
Ryaben'kij, V. S.
 10.061.022
Ryabenkov, V. N.
 10.083.042
Ryabov, B. P.
 01.141.124 .125
 03.141.040
 143.049
 04.141.071 .078
 06.141.132
Ryabov, O. L.
 08.093.026
 09.093.011 .037
 10.093.023
Ryabov, V. P.
 07.103.100
Ryabov, Yu. A.
 02.052.021
 06.003.012 .045
Ryabova, T. Ya.
 06.084.419
Ryabushko, A. P.
 07.066.041
 08.066.017
 09.091.024
Ryadchenko, V. P.
 04.123.029
 08.123.006
Ryan, C. P.
 03.003.071
Ryan, D. F.
 04.143.012

Ryan, J. A.
 03.094.149
 04.094.285
 06.094.093
 07.097.021
 09.094.470 .762
 10.022.086
Ryan, M.
 07.003.116
Ryan, M. J.
 06.143.073 .074
 08.143.013
 09.022.087
Ryan, M. P.
 09.162.085
Ryan, P.
 02.003.047
Ryan Jr., M. P.
 02.162.085
 03.162.058
 06.162.073 .074 .088
 07.162.076
 08.162.038 .074
 10.105.026
 162.069
Ryasin, V. A.
 10.052.008
Rybach, L.
 02.105.014
Rybakov, A. I.
 02.151.046
 05.152.010
 06.151.067
Rybakov, A. K.
 02.104.027
 06.104.046
 08.104.018
Rybakov, A. V.
 06.094.148
 08.094.165 .166
Rybansky, M.
 02.074.009
 03.084.049
 05.032.073
 074.045
 06.073.083
 074.045 .068
 08.074.001 .002 .901
 10.082.035
Rybicki, G.
 06.063.004
 10.151.039
Rybicki, G. B.
 02.063.002
 04.063.027
 064.078
 05.063.018 .041 .047
 06.022.021
 151.052 .054
 07.151.029 .046
 10.064.057
Rybin, V. A.
 09.083.051
Rybina, A. A.
 03.031.016
Rybka, E.
 01.009.035
 02.113.002
 03.004.025
 05.010.021
 09.004.023 .074
 10.004.066
Rybka, P.
 05.092.011
 08.009.023
 10.032.038
Rybski, P. M.
 05.125.109
 08.114.122
 10.034.032

Rybski, P. M.
 10.114.092 .136 .170 .229
Rychlova
 See Rykhlova
Ryckman, S.
 07.142.017
Ryckman, S. G.
 04.142.092
 05.142.056
 07.142.044
 09.142.051
 10.114.218
 142.132
Rycroft, M. J.
 03.079.102
 083.007
 084.212
 04.083.041
 06.012.004
 07.079.101
 08.012.016
Rydbeck, O. E. H.
 02.131.122 .140
 04.131.012
 06.022.135
 033.026
 131.139 .140
 141.151
 07.022.082
 131.136
 08.034.107
 131.082 .119
 09.062.067
 131.108
 10.131.132 .215 .216 .274
  .275 .276
Rydberg, S.
 08.022.063
Ryde, N.
 08.010.032
Ryder, P.
 09.082.083
Rydgren, A. E.
 03.155.002
 06.113.043
 08.114.025
 10.155.074
Rydgren, E.
 10.121.103
Rygg, T. A.
 06.143.045
 07.143.013
Rykhlova, L. V.
 01.045.008 .010
 03.045.006
 04.045.001 .003
 046.027
 05.045.024
 06.045.004
 08.045.035 .040
 10.045.001
Rykov, V. T.
 09.066.038
Ryle, M.
 02.141.041 .140
 05.003.082
 158.063
 06.033.006
 07.141.113
 08.033.046
 09.114.046
 141.030
 10.041.004 .005
 121.007
 141.046
Rylov, V. S.
 02.103.101
 04.034.115
Ryman, A. G.
 07.155.037

Ryman, A. G.
08.151.018
Rymaszewski, B.
07.003.117
Rynefors, K.
08.010.032
10.010.032
Rynin, N. A.
05.003.083
06.003.109
08.003.119
Ryskin, V. G.
10.033.082
Ryskulov, A.
06.104.071
Rytel, A.
10.005.011
Ryter, C.
03.142.046
04.064.015
142.070
05.141.208
142.008
06.125.018
07.125.009
Rytov, S. M.
06.141.113
Ryu, J.
10.094.410
Ryvkin, B. N.
08.094.207
Ryvkin, D. G.
09.155.061
Ryynaenen, L.
04.141.076
Ryzhkov, N. P.
03.131.098
157.019
07.033.011
08.033.021 .022
Ryzmaikin, A. A.
  See Ruzmajkin, A. A.
Rzhevskij, V. V.
06.094.023
07.094.131
Rzhiga, O. N.
01.091.003
141.037
03.093.023
06.053.033
07.031.002
09.093.069
10.093.001

Saa, O.
05.124.007
08.141.506 .508
Saad, A. N.
07.063.012
Saad, S. S.
09.033.069
Saaf, A. F.
08.151.008
Saakian
  See Saakyan
Saakyan, G.
08.003.036
Saakyan, G. S.
01.066.037
02.003.024
065.008
03.066.014
05.062.015
07.065.060
08.061.002
09.064.017
065.040 .064 .101
066.057
126.029

Saakyan, K. A.
02.122.133
03.158.021 .082
04.158.062
09.113.053
158.137
Saakyan, R. A.
02.042.010
Saakyan, R. P.
05.022.013
Saar, E.
06.162.016 .018 .019 .020
  .021 .022
07.162.054
09.162.031
10.082.151
162.056
Saar, I.
06.162.019
Saari, D. G.
02.042.044
03.021.002
042.011 .012
04.042.057
151.013
05.162.039
07.042.069
160.028
08.042.056
09.066.131
10.042.014
Saari, J. M.
01.094.083
02.094.002 .134
03.094.344
07.094.197
08.094.025 .026
Saarloos, J.
08.141.517
Saastamoinen, J.
08.082.058 .208
09.082.020
Sabadosh, L.
10.113.117
Sabano, Y.
09.061.031
Sabashvili, Sh. A.
03.063.010
08.063.018 .043
10.063.030 .048 .066 .070
  073.037
Sabaud, L.
06.034.054
Sabbadini, A. G.
10.065.091
Sabbatini, G.
03.121.011
Sabelis, A. C.
04.003.122
Sabinin, J. A.
05.034.002
Sabinin, Yu. A.
08.034.140
Sabitov, Sh. N.
01.132.057
02.103.101
06.032.029
  066.084
Sabra, A.
09.003.111
Sabu, D. D.
08.105.055
09.105.098 .152
Sacchetti, F.
06.034.038
09.034.109
Sachanov
  See Sakhanov
Sachanova
  See Sakhanova

Sacharow, A. D.
01.162.030 .037
Sachdev, P. L.
06.065.146
Sachs, A.
06.004.042
Sachs, H. G.
07.034.018
Sachs, L.
03.003.109
Sachs, M.
01.066.017
02.051.024
06.066.066
09.066.078
Sachs, R.
06.162.093
07.162.085
Sachs, R. K.
02.066.074
04.066.067
162.018
05.003.084
06.012.022
162.035
10.162.021 .034
Sackmann, I. J.
01.065.010
04.065.015 .054 .092
08.125.025
141.511
Sackmann, J.
08.065.108
Sacks, W. M.
01.066.055
Sacotte, D.
06.076.037
07.076.011
10.114.018
Sadchikov, V. I.
09.062.Y15
Sadeh, D.
01.142.002 .060
04.141.176
06.079.100
141.111
07.142.016
08.094.136
141.516
Sadeh, D. S.
02.035.024
07.142.050 .072
Sadikov, A.
05.073.016 .020
07.071.033
073.053
099.045
Sadil, J.
01.003.104
03.094.324
04.003.118
094.433
Sadler, D. H.
01.003.084
006.000
046.001 .024
03.021.010
047.020
04.044.001
07.044.007
09.Y44.005
044.006
Sadreeyev, R. K.
03.042.054
Sadykov, A. S.
02.013.002
Sadykov, S. Z.
03.096.019
Sadzakov, M. S.
04.014.030

Sadzakov, S.
01.032.022 .023 .026 .027
 .031 .033 .034
03.014.012
 034.081
06.032.025
08.009.026
10.003.122
Sadzakov, S. N.
10.041.002
Saeger, K. H.
05.084.028
Saeki, K.
08.062.010
Saenko, A. V.
01.104.035
Saerg, K.
02.113.017
 121.085
04.113.013 .068
09.113.010
Saffer, K.
02.034.037
Safiulin, A. M.
07.042.038
Safko, J. L.
01.162.049
05.162.077
Safronov, V. S.
01.107.006
03.094.331
06.099.075
 107.006
07.003.157
08.081.026
 107.004
09.011.018
 107.020
10.098.033
 107.012 .025
Safronova, Yu. I.
05.074.007
Sagalyn, R. C.
07.083.029
08.083.025 .060
Sagan, C.
01.091.030
 092.009
 093.019 .064 .068
 094.059 .063
 097.009
02.011.029
 094.015 .155
 097.001 .015 .042
03.091.039
 092.018
 097.032 .042
04.003.121
 091.024 .025
 097.038 .042 .051
 131.076
05.010.017
 012.002
 091.015
 093.034
 097.062
 099.066 .076
06.012.004
 015.002
 097.035 .039 .088 .089
 099.014 .023
 131.063
07.053.001
 081.001
 097.007 .014 .027 .041
 099.039
 131.140
08.003.143
 012.017
 082.015

Sagan, C.
08.091.001
 097.019 .023 .038 .051
 .085 .087
 099.068
 100.013
09.012.027
 051.011
 080.037
 094.898
 097.041 .057 .062 .063
 .064 .082 .094
 099.053
 100.021
10.033.002 .009
 091.029
 097.017 .018 .023 .028
 .041 .055 .065 .105
 099.041
Sagatelov, V. S.
10.033.074 .083
Sagdeev, R. Z.
02.106.020
04.084.306
06.084.298
Sagdejew, R.
08.084.240
Sage, G.
10.133.035
Sage, R.
04.046.020
Saggion, A.
02.061.038 .042
04.022.007
 061.017
06.061.042
09.061.007
 141.042
Sagina, N. B.
07.081.019 .020
Sagitov, M. U.
01.004.019
02.003.114
 043.003 .005
04.043.007 .008
05.043.006
06.081.010
Saglio
07.098.026
Sagnier, J.-L.
09.099.032
Sagot, R.
01.079.100
Saha, A. K.
01.083.043
Saha, B.
10.104.030
Saha, G.
09.155.063
Saha, P. K.
04.033.084
06.033.049 .069 .070
Saha, S. K.
04.061.055
06.061.018
09.141.558
Sahade, J.
01.008.063
 114.089
02.008.048
 121.033
03.008.067
 114.153
 121.064 .065 .066
 122.125 .126
04.114.118
 117.036
 121.046 .071 .079
05.114.118
06.114.085

Sahade, J.
09.012.019
10.012.005 .007
 121.008 .063 .091
 122.133
Sahakian
 See Saakyan
Sahal-Brechot, S.
01.062.001 .039
03.022.079
 062.014
05.064.041
06.022.103
09.073.015
Saheki, T.
10.097.092
Said-Uz-Zafar Chaghtai, M.
06.022.057
Saidov, K. Kh.
04.104.045
Saifudinova, T. I.
03.084.209
Sain, M.
01.076.031
Saint-Marc, A.
07.084.032
08.084.075
Saint-Marc, L.
06.084.014
Saio, H.
10.065.051
Saissac, J.
10.082.049
Saito, B.
10.082.130
Saito, K.
01.079.107
 106.017
03.079.103
04.074.102 .103
 079.100
05.079.104 .105
06.102.023
 121.016
07.079.109
08.074.043
 093.041
 106.038
09.079.001
 093.013
 097.038
10.074.031
Saito, M.
01.121.032
02.151.023
04.117.033
08.121.062 .066 .094
09.121.062
10.121.120
Saito, S.
07.022.100
08.131.101
Saito, T.
02.084.254
10.046.033
Sakai, H.
01.082.035
09.094.246 .253
Sakai, J.-I.
08.062.006
10.062.014
Sakai, K.
02.162.005
03.162.023
06.066.073
08.034.116
Sakai, S.
07.041.017
Sakai, T.
01.035.002

Sakai, T.
01.044.011
03.035.005 .006
07.035.009
Sakakibara, S.
05.143.135
Sakamoto, K.
05.105.028
08.094.037
Sakashita, S.
06.061.035
065.122
10.142.134
155.042
Sakhanov, V. V.
02.079.103
04.082.050
Sakhanova, V. A.
02.079.103
04.082.050
Sakharov, V. I.
03.045.009
07.021.005
09.021.002
045.006
Sakharova, E. S.
10.158.057
Sakhibullin, N.
09.114.101
Sakhibullin, N. A.
02.114.049
133.020
04.062.006
064.024
08.064.076
09.133.039
Sakibayev, O.
06.066.086
Sakka, K.
06.158.137
09.158.109
10.158.013
Sakulsky, V. A.
08.094.161
Sakuma, S.
09.123.027
Sakurai, K.
02.062.003
078.021
03.072.005
076.001
04.076.025
05.073.031
077.007
078.011 .019
06.072.019
073.061
077.006 .038
07.062.024
072.020
08.073.008
077.029 .034
116.016
09.065.162
077.012 .042 .057
078.024
10.077.034
106.037 .038
Sakurai, T.
02.022.010
04.071.011
080.018
05.074.008
07.074.050
080.018
08.080.058
10.080.040
Sakuyama, H.
06.143.087

Salabun, J.
03.014.007
09.011.030
Salam, A.
10.066.004
Salamachin
See Salamakhin
Salamakhin, K. M.
02.082.133
07.082.129 .133
Salanave, L.
10.010.006
Salanave, L. E.
07.082.039
08.010.006
Salcedo, J. E.
02.077.032
Sale, R. G.
02.065.029
04.142.099
Salem, M.
05.132.018
09.132.022
Salem, S. I.
02.142.001
Salema, C. E. R. C.
06.033.051
08.033.108 .111
Saletic, D.
01.032.024 .025 .031
03.044.032
06.032.025
Saletic, D. P.
10.041.002
Saliba, G.
08.004.003
Salie, H.
03.003.034
04.003.106
06.003.118
08.003.155
09.003.017
Salimzibarov, R. B.
04.143.071
05.074.089
143.145
10.074.037
143.045
Salisbury, J. W.
01.002.029
094.025 .040
097.010
02.094.003 .214
03.094.235
04.002.012 .025
094.399
05.002.042
094.037
06.002.047
07.002.028
097.084
08.002.016 .041
094.145
097.045
09.002.015 .036
094.291 .818
097.016 .040
098.014
10.002.040
094.432
105.003
Salisbury, W. W.
02.066.032
03.105.023
04.034.087
094.023
105.150
06.053.031
07.094.275
08.094.215

Salisbury, W. W.
10.141.532
Sallomy, J. T.
05.084.257
Salman-Sade, R. Ch.
See Salman-Zade, R. Kh.
Salman-Zade, R. Kh.
01.071.047
04.071.070 .071
05.071.021 .036
07.080.036
08.071.019 .062
Salmanov, I. R.
06.114.132
10.122.107
Salmon, B.
08.097.077
09.097.104
Salomon, P. M.
10.034.113
Salomonovich, A. E.
01.132.011
02.033.030
113.049
114.061
03.033.027
061.022
04.033.062
10.013.005
Salpeter, E.
08.034.063
Salpeter, E. E.
01.061.045
065.006 .007 .068
131.044
141.007 .071
142.065 .066
02.061.018
131.046 .058
141.126
162.014
03.022.017
106.011
141.028
162.040
04.131.107 .110
141.196
161.010
05.066.018
080.016
131.001 .002 .071 .112
162.074
06.131.126
133.004
141.066 .082
142.006
158.072
07.061.029
065.073
131.048 .128
132.007
142.089
158.095
08.065.045
131.011
09.065.087 .088 .089
080.009
099.040
131.127
142.067
158.024 .081
10.065.018
102.020
131.068 .181
Salpeter, E. W.
01.034.030
02.022.115
Salter, C.
06.141.211
07.141.561

Salter, C. J.
03.157.004 .006
05.141.047 .100
06.125.029
132.042
155.009
10.141.505
157.007
Saltmann, M.
01.009.002
Salukvadze, G. N.
01.079.100
04.032.021
06.074.016 .043
117.030
08.079.101
117.024
Salus, W. L.
04.033.036
Salvador, A.
07.041.043
Salvati, M.
07.061.031
09.134.002
10.061.039
125.040
141.114 .520
Salvatores, M.
04.094.045
Salzberg, I. M.
10.094.069
Salzman Sagan, L.
07.053.001
Samain, D.
06.071.053
Samardzhiev, D.
05.085.001 .002
Samardzhiev, D. T.
09.083.053
Samardziev
See Samardzhiev
Samartsev, V. V.
09.066.044
10.066.017
Samborskij, V. S.
04.083.011
Samin, J. C.
10.054.013
Samir, U.
07.083.068
Sammis, C.
05.081.015
Samodurov, A. A.
08.104.018
Samoilov
See Samojlov
Samoilova-Yakhontova
See Samojlova-Yakhontova
Samojlov, R. A.
06.141.218
Samojlov, V. K.
05.094.139
07.094.259
Samojlov, V. P.
10.022.070
Samojlova-Yakhontova,
N. S.
03.098.015
04.098.005
06.098.001
08.098.002
10.098.018
Samokhin, M. V.
01.084.212 .256
02.084.261
04.084.241
Samonenko, Yu. A.
06.034.017
10.143.031

Samonov, V. S.
01.098.032
Samorokin, N. A.
05.083.058
Samorski, M.
06.143.076
10.143.027
Samovol, V. A.
10.074.033
106.027
Samoznaev, L. N.
10.074.033
106.027
Sampson, D. H.
01.063.029
064.016
03.022.035
04.022.021
05.022.004
06.022.089 .090
08.022.120
063.008
10.022.071
Samson, C.
04.077.004
Samson, J. A. R.
08.022.037 .049
10.022.009
Samson, W. B.
02.114.029 .071
Samsonenko, L. V.
05.092.002
093.004
07.003.144
131.060
Samsonov, A. V.
06.083.003
Samsonov, I. S.
09.078.045
10.078.015
Samuel, A. G.
01.103.108
09.158.089
Samuelson, R. E.
01.091.029
093.038
04.093.076
Samus', N. N.
08.122.002
10.122.058
123.057 .058 .059
Sanakulov, Eh. A.
02.041.038
03.041.025 .026
07.032.024
041.024
Sanamian, V. A.
01.141.135
02.033.004
04.141.002
Sanatani, S.
03.084.208
04.083.040
Sanchez, A. G.
10.094.189
Sanchez, B. V.
10.044.008
Sanchez, F.
01.082.074
04.106.041
05.106.014
06.008.103
034.112
082.029
105.154
Sanchez, L.
07.082.088
Sanchez, M.
10.044.041 .042

Sanchez, R. N.
04.046.003
Sanchez-Magro, C.
06.034.112
105.154
08.008.104
Sanchez-Martinez, F.
04.082.177
155.019
09.106.004
Sancisi, R.
01.157.002
03.152.012 .013
04.131.015
05.122.047
131.016 .084
07.141.529 .561
09.152.009
157.013
Sandage, A.
01.032.054
113.011
141.056
142.064
158.070
162.010
02.126.007
153.009 .022 .023
154.003
158.028
03.151.063
04.141.092 .093 .094 .095
.180 .181
154.017
158.055
05.158.071
06.113.064
122.009 .103
142.022
158.041 .048
07.122.152
158.108
162.012 .055
08.158.016
160.008
162.050 .051
09.158.055
10.158.018
160.006 .007
Sandage, A. R.
01.098.005
02.158.005
03.162.008
04.142.062
07.103.127
113.046
08.103.116
10.103.115
Sandakova, E. V.
03.104.024 .025
06.104.025
10.104.043
Sandel, B. R.
03.084.032
09.084.012
Sander, M. J.
09.097.008
Sander, W.
03.096.015
Sanders, D.
07.133.021
Sanders, N. L.
01.084.051
05.084.406
Sanders, P.
05.092.020
Sanders, R.
06.155.019
Sanders, R. H.
03.151.023

Sanders, R. H.
03.158.042
04.151.042
05.158.070
07.151.016
  155.003 .027 .041 .087
  157.010
09.155.041
10.155.002 .004 .062
Sanders, W. L.
05.153.009
06.153.004 .018
  154.012
07.153.001 .010 .022
09.031.011
  132.015
  153.003 .004 .019
10.153.019
Sanders, W. M.
09.074.063
Sanderson, A. D.
03.116.002
05.116.004
Sanderson, J. J.
04.003.022
Sanderson, R. B.
09.031.020
Sanderson, T. R.
07.142.110
Sandford, B. P.
06.084.040
Sandford, M. C. W.
01.082.006
04.082.024
06.103.101
08.082.129
Sandford, M. T.
05.131.103
Sandford, P. W.
06.142.041
08.142.076
Sandford II, M. T.
05.064.016
  122.018
09.063.020
  064.013
  074.024
10.008.066
  063.011
Sandie, W. G.
05.061.022
Sandig, H.-U.
02.008.034
  011.013
03.008.039
  041.004 .030
  045.016
06.032.028
07.011.015
  041.045
08.012.021
  034.154
Sandler, S. S.
08.033.098
Sandlin, G.
08.076.029
Sandlin, G. D.
03.076.009
04.071.034
06.076.023
Sandmann, W. H.
10.096.001 .901
Sandner, W.
02.081.010
03.106.022
06.003.117
07.011.021
  082.110
  094.151
  100.009

Sandner, W.
07.105.020
08.099.007
10.091.036
  101.019
Sando, K.
02.071.014
Sandomirskij, A. B.
06.082.096
08.082.160
09.081.015
Sandor, T.
04.143.041
Sandqvist, A.
03.141.033
  155.001
04.155.016
06.155.020 .050
09.155.016 .027
Sandrea, A.
02.105.136
Sandri, G.
01.143.050
04.074.018
05.143.059
06.143.018 .019 .035
09.143.019
10.143.020 .056
Sandstroem, A. E.
07.003.118 .119
Sanduleak, N.
01.114.108 .109
  122.020
  152.004
  155.007
  159.002
02.124.010
  159.001
03.114.019 .106
  159.022
  160.003
05.114.044 .098
  122.037
  159.010
06.041.023
  142.047
07.112.013
  114.085
  118.007
  159.006 .027
08.114.165
  132.026
09.114.136
10.114.152
  152.013
Sanford, P.
04.142.069
Sanford, P. W.
01.076.017
02.076.025 .040
04.034.032
  05.142.052
06.076.013
09.142.033 .138
10.142.048 .100
Sanfourche, J.-P.
01.032.081
Sanger, G. M.
10.032.018
Sanguin, J.
05.082.068
Sanitt, N.
01.151.021
06.141.143
07.141.126
08.141.127
Sanner, F. C.
06.112.020
Sanovich, A. N.
06.094.013

Sanovich, A. N.
09.094.115 .864
Santamaria, R.
08.045.045
Santangelo, N.
09.076.014
Santiago, J. J.
10.131.064 .104
Santin, P.
05.077.022
09.077.067
Santina, R. E.
02.078.017
Santini, N. J.
01.132.010
  141.104
02.141.009
Santoliquido, P. M.
04.105.062
08.105.004
Santomauro, L.
01.082.113 .114 .115
Sanwal, B. B.
10.122.113
Sanwal, N. B.
01.115.009
08.121.059
09.121.004
Sanyal, A.
07.124.101
09.114.161 .163
  119.018
10.114.234
Sanz, H. G.
02.105.022 .071
03.094.030
04.105.051
Sanzzav, S.
03.055.030
08.055.015
10.055.033
Sapar, A.
01.063.033 .034
  064.053 .054 .055 .056
  .065
03.061.003
  162.007 .038
05.063.002
  064.011
10.031.060
  052.057
  061.050 .056
  063.069
  064.070 .074 .076
Sapar, A. V.
10.031.025
Sapargalieva, L. M.
01.103.109
08.114.137
10.064.020
Sapienza, G.
02.075.021
03.075.032
08.075.011
09.075.009
Sapin, C.
09.132.030
10.132.036
Sapogin, L. G.
10.066.079
Sappenfield, K. M.
09.094.702
Saraber, M. J. M.
08.121.057
Sarabhai, V.
02.084.219
03.084.240
  143.009 .032
05.084.240
06.143.108

Sarabhai, V.
09.084.250
Saraceno, P.
04.074.079
05.061.020
074.036 .046
Sarangi, S.
09.091.007
Sarangi, S. K.
07.022.047
Saraph, H. E.
02.022.059
132.037
03.022.063
133.020
Sard, E. W.
08.033.090
Sardi, O.
10.094.155
Sareyan, J. P.
04.122.009 .010
05.122.081
09.122.016
10.034.005
Sarfatt, J.
08.066.073
Sargent, A. I.
02.114.015
03.115.005
Sargent, T. A.
10.160.018
Sargent, W. L. W.
01.125.015
02.114.015 .022 .047
160.012
03.158.011 .031 .063
04.114.082
125.006
158.001 .040 .093
05.113.050
125.032
158.006
06.125.023
158.021 .038
160.008
07.125.006
126.017
158.049 .050 .124 .172
162.025
08.114.073
125.034
158.017 .018 .061
160.012
09.065.016
103.100
125.034 .036 .105
141.134
142.071
158.052 .118
160.027
10.125.011 .105
141.079
158.082 .110 .902
160.032
Sargood, D. G.
03.065.019
Sari, J. W.
01.091.022
05.091.016
106.038
10.106.031
Saris, F. W.
01.022.117
Sarjeant, W. A. S.
08.105.089
Sarkady, A. A.
02.034.092
03.082.066
Sarkar, S. K.
04.077.041

Sarkar, S. K.
05.072.069
077.041 .050
084.258
06.076.041
077.007 .037 .056
08.077.045 .066
09.073.097
085.004
Sarker, R. P.
09.141.125
Sarkisian, R. D.
05.082.090
105.050
Sarkisyan, E. L.
10.033.006
Sarles Jr., F. W.
06.034.139
Sarma, M. B. K.
06.112.016
07.121.059 .905
Sarma, N. V. G.
05.033.006
06.141.062
08.141.132
10.141.129
Sarris, E.
02.042.041
Sarris, E. T.
09.073.013
Sartori, L.
02.125.016
04.022.005
125.028
141.150
05.141.187
06.141.028
09.141.074
Sarvajna, D. K.
03.064.004
Sarychev, A. P.
04.071.057
06.071.066
07.022.005
Sarychev, V. A.
09.052.030
10.011.032
Sasajima, S.
01.081.018
Sasaki, A.
06.143.080
Sasaki, M.
09.162.064
Sasaki, T.
02.073.079
Sasamori, T.
07.093.039
Sasao, T.
04.151.008
06.151.002
09.162.001
10.162.038
Saslaw, W.
05.151.002
Saslaw, W. C.
01.022.049
131.002
160.002
02.160.010
03.022.024
158.062
04.099.043
151.020 .025
05.162.044
06.066.028
151.049
160.013
07.003.171
151.014 .069
158.078

Saslaw, W. C.
07.162.017
08.151.021
158.059
09.151.017
10.141.072
158.081
Sass, I.
01.002.013
Sassi, G.
10.032.028
Sastri, N. S.
05.077.047
06.084.218
Sastri, V. K.
07.065.035
08.065.039
09.122.041
124.006
10.124.015
Sastry, C. V.
02.077.037
05.077.018
07.077.029
09.077.004
Sastry, G. N.
04.160.007 .010
05.160.011
06.158.005
160.004 .014
161.004
07.161.901
08.160.002 .003
Sastry, K. S.
03.151.050
07.151.087
Sataeva, L. A.
02.034.077 .078 .079
036.017
082.136
Sataeva-Egorova, L. A.
07.082.130
10.082.064 .067
Satarova, L. M.
05.143.126
09.105.169
Sather, R.
05.098.014
08.098.061 .072
103.126
09.103.121
10.098.060
103.118 .129
Sather, R. E.
07.103.114
Sato, F.
01.141.134
157.013
03.131.063 .064
09.141.001
Sato, H.
01.066.044
121.032
162.029
02.162.026
03.162.048 .051
05.162.020 .079
06.162.067 .068
07.107.017
162.048
08.066.099
121.062 .066 .094
143.057
162.062
09.032.031
158.129
10.003.077
066.143
121.120
162.072

Sato, J.
09.094.274 .723
10.094.493
Sato, K.
02.045.020
04.065.012
117.014
06.065.025
105.135
121.003
10.125.053
Sato, M.
04.094.360
10.094.433
Sato, N.
08.121.066 .090 .094
09.121.037
10.122.082
Sato, S.
04.122.039
06.066.095
09.131.098
10.124.100
155.045
Sato, T.
01.015.008
094.029
02.077.015
03.099.050
04.010.036
047.032
074.033
099.030
06.084.021
07.084.026
099.009
08.033.042
047.005
066.093
131.033
09.066.076
158.129
10.047.007
084.014 .015
131.256 .266
132.051
Sato, Y.
02.103.120
Satoh, T.
04.082.224
07.033.067
Sats, A. V.
06.022.027
Satsakov, S.
05.014.015
102.028
Sattarov, D. K.
10.034.024
Sattarov, I.
02.072.017 .061
10.072.072
Satterblom, P. R.
05.078.032 .052
Satterthwaite, G.
05.003.012
Satterthwaite, G. E.
03.107.011
04.003.120
10.003.099
Satyvaldiev, V.
04.122.029
123.008
06.123.008 .010
08.123.040 .075
152.014
Satyvaldijev
See Satyvaldiev
Satyvaldyev
See Satyvaldiev

Saul, J. M.
04.105.151
Saulietis, I.
08.104.051
Saum, K. A.
04.022.010
10.022.078
Saunders, H.
08.077.043
Saunders, I.
10.084.210
Saunders, P. T.
01.162.002
Saunders, R. S.
06.094.062 .066
09.097.054 .058
10.097.008 .051
Sause, G.
08.141.105
09.103.100
Sause, M. G.
07.103.110
Sautter, H.
07.003.003 .004
Sauval, A. J.
02.071.073
04.071.026
05.071.022
06.071.018
10.071.007
Sauzeat, M.
02.035.029
05.031.011
034.006
Savage, A.
07.122.029
09.142.018
Savage, B. D.
01.072.040
099.042
02.131.111
03.114.101
131.042 .086
04.032.019
05.101.014
07.091.005
131.017 .030
08.051.001
101.022
10.013.013
114.087 .157
131.166
Savage, H. F.
04.104.012
06.104.002 .003
07.104.024
Savage, J. C.
01.162.062
Savchenko, V. P.
10.158.108
Savchenko, Yu. N.
06.062.012
Savedoff, M. P.
01.065.008 .060
133.004
02.064.052
133.019
03.131.045
141.103
07.141.145
161.016
08.131.063
10.131.129 .195
Savel'ev, S. M.
07.083.047
Savel'ev, V. A.
04.034.076
05.076.001
Savel'eva, M. V.
10.133.053

Savel'eva, M. V.
10.158.055
Saveliev
See Savel'ev
Saveljeva, R.
06.007.000
10.011.037
Savenko, I. A.
01.094.039
02.082.124
084.412
03.084.423
143.012
04.078.005
05.078.001
082.008 .010
083.056
084.414
142.089 .090 .095
143.004 .062 .119 .137
06.142.035 .055 .099
143.014 .015 .029 .030
.070
07.078.021
084.407
143.001 .019 .020 .021
.045 .046 .047
08.078.024
143.011 .035
09.076.025
078.048
143.017 .054 .064 .065
10.034.007 .008 .009
076.010
083.015 .026 .029
084.211
142.039 .040
143.030 .038 .039 .044
.048
Savich, N. A.
04.083.029
08.033.040
10.074.033
106.027
Savickas, D.
04.063.050
Savin, M. B.
08.003.033
Savin, V.
04.085.009
Savina, T. E.
10.066.058
080.019
Savio, J. B.
03.103.128
Savostin, T. D.
07.032.030
Savrasov, Yu. S.
08.052.007
Savrov, L. A.
06.081.010
08.081.040
Savrukhin, A. P.
03.104.042
05.104.039
07.082.055
Savun, O. I.
02.084.412
05.084.414 .421
06.084.413 .414
07.084.403
08.084.260 .409
09.084.402
10.084.407
Sawada, T.
08.022.032 .033
10.082.012
Sawatari, T.
08.031.029

Sawchuk, A. A.
08.031.027
10.031.045
Sawchuk, W.
08.084.041
Sawyer, C.
02.073.035
03.073.080
04.072.029
073.045 .046
06.072.034
07.072.024
073.057
08.074.038 .085
Sawyer, R. F.
08.061.020
065.028
09.066.114
Sawyer Hogg, H.
01.154.012
02.120.003
154.017
05.122.110
06.122.092
154.022
07.122.118
154.014
09.007.000
122.021
10.120.005
122.049
Sawyer Hogg, H. B.
02.120.010
06.122.141
10.120.001
Saxena, N.
10.046.041
Saxena, P. P.
01.082.089
04.082.124 .133
06.082.151
08.082.110
103.100
10.082.124
Saxinger, C.
04.094.252
Saxl, E. J.
05.066.083
06.079.100
Sayers, J.
02.083.047
05.083.012
Sazanov, A. A.
04.074.051
08.074.007
Sazhin, A. I.
06.042.065
Sazonov, A. Z.
09.046.021
Sazonov, B. I.
03.003.012
06.085.012
10.072.059
Sazonov, G. V.
10.083.045
Sazonov, V. N.
01.022.101
062.036
141.122
02.022.040
04.022.022
061.009
143.013
05.141.201
06.022.105
08.061.025 .054
091.002
09.141.104 .122
10.082.031

Sazonova, L. V.
06.117.011
Sazonova, L. W.
See Sazonova, L. V.
Sbytov, Yu. G.
08.066.164
Scalapino, D. J.
08.061.021
Scalise Jr., E.
03.077.005 .033
04.074.067
077.060
05.077.044
06.077.001
07.077.001
09.077.058
10.077.075
Scalo, J.
07.141.042
Scalo, J. M.
08.064.009
10.064.078
065.002
114.053
Scaltriti, F.
07.012.021
10.121.133
Scanlan, M. J. B.
09.033.062
Scanlon, J. H.
02.092.004
Scarabucci, R. R.
03.083.001
Scarf, F. L.
01.106.028
03.084.237 .253 .273
04.074.009 .037 .080
084.209 .248 .296
05.074.043
084.216
106.007
06.074.019 .048
084.257 .286
07.084.221 .247
08.074.004
084.280
106.001
09.084.280 .411
100.001
106.016
10.074.088 .091
106.009
Scarfe, C. D.
04.117.027
119.009
05.118.018
121.010 .012
06.119.018
07.119.012
10.121.082
Scargle, J. D.
01.132.015 .031
02.141.014
03.134.004 .005 .019 .028
04.134.012
141.032 .128 .138
05.134.011 .030
06.141.012
07.063.028
114.034
132.012
141.084
08.064.014 .015
065.118
141.051
09.064.011
10.062.009
134.017
141.123

Scarinci, C.
04.061.017
Scarsi, L.
02.143.069
03.141.068 .165
05.143.095
06.034.046 .050
061.021
141.137 .165
07.141.507
09.134.009
10.142.047
Scatliff, J.
04.079.100
10.079.100
Schaack, D.
08.097.051
09.097.041
Schaaf, J. W.
10.022.080
Schaal, R. E.
03.079.102
09.077.058
10.077.075
Schaber, G.
09.094.569
10.094.410
Schaber, G. G.
03.094.026 .246
04.094.304
06.094.058
07.094.010
08.094.237 .239
09.094.055 .304 .305
10.094.329 .434
Schadee, A.
01.022.062
04.072.047
06.022.032
Schaedler, J.
02.032.015
03.073.056
04.103.101
05.031.046
Schaedler-Amstein, J.
05.009.013
Schaedlich, M.
08.046.041
Schaefer, A. R.
05.022.005 .028
10.003.090
Schaefer, D.
02.082.085
Schaefer, J.
02.022.119
03.074.058
Schaefer, M. M.
10.151.039
Schaefer III, H. F.
05.022.007
10.131.046 .118
Schaeffer, O. A.
03.094.073
04.094.089 .198 .362
05.094.077 .155
06.094.156
07.094.017 .024
09.094.709 .732 .935
10.094.177 .343
Schaeffer, R. C.
04.082.072
05.082.035 .037 .079
084.015
08.082.086
083.066
Schaepper, F.
08.121.111
Schafer, F. J.
10.097.034

Schafer, J. P.
09.094.055
10.094.127
Schaffner, S.
04.082.020
Schaifers, K.
02.003.117
010.010
03.010.010
05.010.010
012.015
09.003.114
010.010
012.021
Schairer, J. F.
09.094.341
Schalen, C.
02.032.017
04.004.034
06.131.034
07.155.078
08.131.047
Schaltenbrand, R.
04.122.005
06.122.060
Schamel, H.
09.062.043
Schanberg, B. C.
10.158.150
Schanda, E.
01.033.027
04.008.114
06.077.074
Schanzle, A. A.
10.051.006
Schanzle, A. F.
06.042.036
Schaper, P. W.
04.034.025
09.082.102
Schappell, R. T.
10.097.111
Schardt, A. W.
02.084.409
04.074.012
Scharlemann, E.
03.131.035 .138
Scharlemann, E. T.
07.066.001
08.065.119
09.062.065
Scharn, H.
02.052.012
Schatten, J. E.
08.106.016
Schatten, K. H.
01.074.023
106.013
02.074.031 .041
079.103
094.130
106.013
156.001
03.074.041 .056
077.018
079.102
04.071.024
074.033 .045
080.037
094.390
05.071.049 .061
074.029
099.032
106.027
143.144
06.074.011 .037
106.014
07.078.011
08.071.055
106.016

Schatten, K. H.
09.074.049
10.074.068 .105
080.030 .061
106.046
Schatz, D.
04.072.029 .033
Schatz, D. L.
06.072.031
Schatzman, E.
01.003.044
061.038
080.009
124.008
02.007.000
065.061
04.061.043
05.012.001
06.061.060
09.065.137
162.004
10.012.011
065.087
080.039
107.013 .027
Schatzman, E. L.
01.003.042 .043
09.014.030
Schauble, J. J.
03.079.102
Schaudy, R.
04.105.152 .158
05.094.046
105.039
08.105.024 .115
09.094.375
105.059
Schayes, G.
06.008.058
09.082.126
Schchenikova
See Shchenikova
Schectman, R. M.
04.022.118
10.022.073
Scheepers, G. L. M.
10.084.239
Scheepmaker, A.
01.142.036
143.033 .057
04.142.041
05.143.011 .096 .097
06.061.021
07.041.041
Scheer, M. L.
09.053.012
Scheffer, U.
07.002.017
08.002.037
09.002.034
10.002.028
Scheffler, H.
02.131.019
05.014.001 .016
Scheglov, S. N.
05.081.031
Scheibe, P. O.
08.033.088
Scheiber, L. C.
02.105.166
04.105.083
Scheidecker, J.-P.
06.008.072
09.151.010
10.151.040 .043
Scheiderman, A. M.
10.031.047
Scheidle, R.
08.034.016

Scheifele, G.
01.042.028
04.042.020 .024
05.003.090
07.013.003
042.035
052.009 .012
08.042.082
Scheinin, N.
10.094.378
Scheller, E.
06.122.086
09.123.047
Schenk, L. A.
05.094.178
Schenkel, F. W.
10.034.041
Schenkl, K. H.
06.034.047
Schepetnov
See Shchepetnov
Schepman, J. T. H. C.
05.004.027
Scherago, E. J.
02.031.016
04.031.033
10.031.069
Scherb, F.
04.074.060
08.106.021
09.082.008
131.078 .131
10.131.140 .202 .262
Scherbakov
See Shcherbakov
Scherer, G.
09.094.788
Scherer, L. R.
02.094.064
06.053.026
094.178
08.053.016
094.066
Scherer, M.
02.143.021
03.083.008
06.074.061
09.074.055
083.027
Scherrer, P.
09.077.066
Scherrer, P. H.
02.071.070
04.071.045
05.034.092
071.052 .062
07.071.009
08.080.017 .033
106.013 .020
09.080.014 .029
10.072.060
Scherrer, V. E.
10.076.036
Scherrer, W.
10.162.080
Scheuer, P. A. G.
02.141.224
04.131.096
141.153
09.125.001
10.141.046
Schevchenko
See Shevchenko
Schiaffino, L.
08.105.093
Schidlowski, M.
06.105.025
09.082.091
Schield, M. A.
01.074.009

Schield, M. A.
01.084.011
02.074.023
04.084.251
Schieldge, J. P.
06.084.219
Schielicke, R.
02.034.083
Schiff, B.
08.022.094 .098
Schiff, D.
09.065.142
Schiff, H. I.
04.082.109
084.004
097.060
08.082.181
Schiff, L. I.
05.066.053
07.066.147
Schiffer, F. H.
09.064.030
10.131.098
Schiffer, J. P.
09.094.514
Schiffer III, F. H.
09.132.014
Schild, A.
04.012.005
Schild, R.
03.113.031
05.114.063
152.005
06.158.084
09.114.019
Schild, R. E.
01.152.004
02.114.004
122.035
03.114.057
04.031.034
115.009
153.024
06.034.014
114.096
152.001
08.158.117
09.113.034
114.050
10.032.046
114.073
Schilizzi, R. T.
01.141.208
03.141.190
08.141.093
10.141.086
158.096
Schilling, G. F.
05.093.065
Schilling, K.
03.034.074
045.019
05.031.091
Schimek, G.
06.091.023
Schindler, A. M.
03.065.108
Schindler, G.
03.079.102
Schindler, K.
01.074.022
02.022.018
143.052
04.084.301 .306
05.084.271
07.084.205
08.084.272 .316
09.012.016
084.249 .259
10.074.089

Schindler, R. A.
04.034.007
09.082.102
Schindler, S. M.
07.078.022
09.078.008
Schinkarik
See Shinkarik
Schipenstein
See Shipenshtejn
Schklovskij, N. S.
See Shklovskij, N. S.
Schklowski, I. S.
See Shklovskij, I. S.
Schlachman, B.
03.097.044
04.034.039
07.097.028
08.034.115
097.028 .089 .116
Schlagheck, W.
08.022.066
Schlapp, D. M.
08.011.007
Schlegel, K.
06.083.052
09.083.011
Schlegel, R.
05.066.023
09.066.012
Schlegelmilch, R.
04.032.036
05.032.074
06.032.007
07.034.072
Schleicher, D. L.
03.094.026
04.094.304
Schleicher, H.
05.072.025
Schlenker, S. L.
03.065.048
Schlesinger, B. M.
01.153.008
02.065.071
153.008
04.153.028
05.153.031
06.065.056
08.122.051
153.018
10.065.070
Schlitt, D. W.
06.061.007
Schlosser, W.
01.031.013
034.043
03.034.005
04.096.001
06.097.010
07.113.009 .019 .028
152.009
155.008
09.097.026
155.069 .088
10.155.059
Schlueter, A.
05.062.062
06.021.005
Schlueter, D.
02.022.019
Schlueter, H.
07.035.004
Schmadebeck, R.
07.094.020
08.094.005
09.094.587 .755
10.094.193
Schmadebeck, R. L.
06.021.007

Schmadebeck, R. L.
10.034.062
Schmadel, L. D.
09.031.035
10.011.019
031.080
Schmahl, E.
04.079.100
Schmahl, E. J.
04.074.044 .063
06.099.080
07.077.033
10.073.103 .104 .105
074.119
076.032
077.070
Schmahl, G.
02.034.082 .101
04.034.069 .070
05.034.098
06.031.021
07.034.078
Schmalberger, D. C.
01.012.011
08.082.001
Schmeidler, F.
03.003.080
021.006
105.130
04.003.084 .124
05.005.010
06.094.192
115.005
07.004.045
042.061
08.005.024
09.003.014
004.091 .092 .093
005.006
10.009.011
041.050
042.044
107.031
Schmelovsky, K.-H.
10.031.078
Schmid, H. H.
04.081.008
06.031.076
Schmid, R.
09.094.175 .643
10.094.254
Schmid-Burgk, J.
02.133.036
04.133.013
08.126.013
09.061.070
063.029
10.126.002
Schmidt, B.
07.014.013
10.021.013
Schmidt, B. G.
03.162.060
04.162.063
Schmidt, D. S.
06.042.021
09.042.029 .053
Schmidt, E.
04.015.019
06.009.008
Schmidt, E. G.
01.122.084
04.122.111
05.122.042
06.122.102 .134
07.114.029 .120 .121
115.008
08.114.048
122.026
132.014

Schmidt, E. G.
 10.114.047
 122.002
Schmidt, F.
 10.046.024
Schmidt, G.
 02.084.205
 05.084.270
Schmidt, G. K.
 06.077.003
Schmidt, H.
 01.008.020
 03.008.020
 111.001
 04.007.000
 034.095
 05.008.022
 034.103
 06.034.140
 084.276
 07.008.026
 010.010
 10.008.019
 014.012
Schmidt, H. G.
 07.104.006
Schmidt, H. H.
 09.094.940
Schmidt, H. U.
 02.072.089
 073.075
 08.074.039
 09.072.065
 080.041
 142.117
 10.103.102
Schmidt, J.
 05.003.085
 10.065.030
Schmidt, K.-H.
 01.155.003
 02.131.129
 03.131.101
 141.160
 155.057
 04.131.123 .141
 132.005
 05.010.017
 06.014.004
 131.036 .043
 132.019
 141.198
 155.012
 158.104
 160.001
 07.141.525 .558
 08.131.095
 141.082 .512
 09.141.124
 10.006.000
 013.024
Schmidt, M.
 01.141.056 .101
 02.141.025 .042
 04.141.089 .178
 05.141.110 .191
 06.125.014 .015 .016 .105
 141.057 .081 .170
 158.042
 07.141.019 .188
 08.141.029 .030 .031 .097
 09.125.036
 141.034
 10.141.024
Schmidt, P.
 10.002.021
Schmidt, P. J.
 06.143.041 .058
 08.143.002

Schmidt, R.
 09.094.453 .830
 10.103.102
Schmidt, R. J.
 04.083.067
Schmidt, T.
 02.159.012
 03.066.032
 159.014
 05.051.018
 111.003
 131.031
 132.020 .033
 07.159.002 .016 .017
 08.106.003
 09.131.169
 10.132.034
 155.044
 159.002
Schmidt, T. E.
 09.105.112
Schmidt, V. A.
 05.084.259
Schmidt, W.
 09.102.006
Schmidt, W. K. H.
 02.143.055 .070
 05.143.103
 07.143.056
Schmidt Sr., W.
 06.004.021
Schmidt-Bleek, F.
 03.105.089
 09.105.002
Schmidt-Kaler, T.
 01.108.018
 02.032.056
 03.008.019
 014.008
 033.001
 114.107
 04.103.101
 131.030
 142.005
 152.002
 05.065.085
 155.029
 07.004.004
 008.024
 113.009 .019 .029
 114.104
 142.035
 152.008
 08.132.006
 09.142.027 .118
 153.033
 155.069 .088
 10.008.017
 014.001
 115.022
 155.059
Schmidtke, G.
 01.034.029
 04.034.013
 06.076.022
 09.071.015
 10.082.033
Schmied, L.
 01.075.028
 02.071.090
 03.075.017
 04.071.076
 072.062
 05.075.009
 06.075.039
 07.075.022
 09.075.007
Schmieder, B.
 02.071.025

Schmieder, B.
 07.071.002
Schmieder, R. W.
 04.022.063 .064 .065
Schminder, R.
 08.083.006
Schmitt, A.
 03.041.040
 055.033 .034
 05.114.049
 07.031.036
 054.020
 09.114.044
Schmitt, G. A.
 09.082.079
Schmitt, H.
 08.153.024
Schmitt, H. H.
 04.094.130
 10.094.127 .128
Schmitt, J.
 01.122.081
Schmitt, J. L.
 02.114.057
 05.114.004
Schmitt, R. A.
 01.105.017 .078 .079
 03.094.036 .051
 105.049
 04.094.075 .201 .241 .341
 105.024 .080
 05.094.064
 06.094.054
 105.126 .140 .146
 07.094.008 .066
 08.105.013 .035
 09.094.092 .224 .225 .226
  .386 .397 .682
 105.061 .069
 10.094.031 .363
 105.005 .085
Schmitter, E. F.
 06.131.007 .017
Schmutzer, E.
 02.022.104
 07.062.040
 08.062.072
 066.026
 09.061.060
Schnatz, T. W.
 05.063.034 .052
Schnedler Nielsen, H.
 05.031.001
Schneeweiss, A. B.
 See Shnejvajs, A. B.
Schneid, E. J.
 04.034.079
 10.094.447
Schneider, A. M.
 04.052.063
Schneider, E.
 05.094.166
 06.094.261
 07.094.100
 09.094.277 .512 .535 .799
 10.094.435
Schneider, E. E.
 03.094.284
Schneider, H.
 06.061.021
 09.094.211 .653
 10.094.275
Schneider, H. J.
 06.034.047
Schneider, J.
 10.160.002
Schneider, K.
 08.032.040
 09.032.034

Schneider, K. P.
02.095.001
05.035.004
Schneider, M.
01.046.004
    052.028 .029
    122.043
02.052.043
03.046.018
04.042.038
    052.047 .060
05.052.013
06.052.026
07.141.015
09.021.006
10.034.082
    042.107
    046.024
    052.045
Schneider, M. H.
06.122.004
Schneider, M. V.
06.033.067
Schneider, O.
01.084.264
08.084.213
Schneider, S. M.
06.143.105
Schneider, W. C.
09.054.019
Schneider, W. E.
04.034.033
Schneider, W. H.
10.114.192
    123.026
Schneider, W. P.
06.076.010
Schneiderman, A. M.
10.031.034
Schneidmiller, R. F.
09.094.465
Schnell, A.
01.155.010
Schnell, M.
01.022.105
Schneller, P.
07.158.080
Schnetzler, C. C.
02.105.006 .104
03.094.042
04.094.078 .227
    105.153
05.105.076
06.003.027
    094.017 .047 .050 .275
07.094.016 .063
    105.055
09.094.157 .378 .412 .689
10.094.411
Schnitzer, A.
03.034.022
Schnoes, H.
07.094.158
Schnopper, H.
05.142.005
07.034.045
    142.096
Schnopper, H. W.
02.034.011
    114.066 .067
    141.117
03.114.058 .068
    134.006
    142.026
04.142.076 .077 .078
05.114.008
08.142.016 .098 .137
09.114.078
    142.009 .011 .028 .127
    .133

Schnopper, H. W.
10.121.012
    142.034
Schnur, G.
03.155.018
05.131.013
06.113.005
07.131.011
    159.018
09.082.098
Schober, E.-M.
10.014.018
Schober, H. J.
06.033.029
07.034.120
09.034.087
10.095.001
Schober, J.
09.155.027
Schober, R.
04.003.084
Schober, T. I.
01.094.053
Schock, R. N.
08.094.008
Schocken, K.
05.142.097
07.131.154
08.142.143
Schoedel, J. P.
10.066.010
Schoeffel, E.
04.121.072
05.123.026
06.123.065
Schoembs, R.
08.122.140
Schoen, J.
06.014.011
10.094.506
Schoenberner, D.
09.064.069
10.064.041
Schoeneich, W.
07.153.005
09.114.143
10.116.008
Schoenfelder, V.
04.078.012
05.034.109
    078.004 .024
08.032.040
    143.001
09.142.094 .103
Schoenhardt, R. E.
05.141.154
08.141.531
09.141.536 .542
Schoening, W. E.
05.034.083
10.082.107
Schoenmaker, A. A.
01.122.037
05.125.109
07.125.102
    142.071
08.141.079 .120
09.141.115
Schoeps, D.
06.046.031
Schofield, D.
02.097.031
Scholer, M.
04.084.205
05.062.014
06.078.060
    083.037
07.078.026
    084.215 .411
08.073.014

Scholer, M.
08.084.211 .218 .309
10.078.006
    084.255
Scholes, W.
01.033.022
Scholiers, W.
08.074.089
Scholl, H.
05.099.077 .079
06.099.050
09.100.019 .045
Scholtes, H. A.
05.093.042
    099.011
Scholz, C.
03.094.144
04.094.267
09.094.489
Scholz, D.
01.075.009
02.075.025
03.075.020
04.075.018
    077.054 .055
05.075.019
06.075.019
07.075.020 .021
08.075.024
09.075.011
10.075.020
Scholz, E.
09.007.000
Scholz, G.
02.074.007 .008
06.116.001 .002
10.116.008
Scholz, M.
03.064.015
    114.080
05.114.003 .049
    119.001 .004
06.065.006
    114.069
07.064.003
    114.047
08.064.036
    114.038 .110 .117
09.064.027
Schombert, J. L.
04.041.021
Schommer, R. A.
02.131.026
Schonberg, E.
02.162.020
Schonfeld, E.
01.105.014
03.094.080
04.094.222
06.094.061
07.094.009 .021
09.094.054 .233 .333 .381
    .432 .698 .717
10.094.126 .436 .437
Schonfelder, V.
09.032.034
Schoolman, S. A.
04.073.047
06.071.056
07.080.005
08.072.033
09.034.126
    073.072
10.072.065
Schoonover, D. R.
06.022.117
Schoonveld, L.
07.022.086
Schopf, J. W.
03.094.159 .168

Schopf, J. W.
04.094.263
09.094.448
Schorn, R. A.
01.093.015 .056 .063
097.029
02.093.031
03.093.014
097.027
04.071.048
093.011 .023 .033
097.010 .037 .044
141.087
05.093.018
097.032
06.093.023
09.093.027 .028
Schorn, R. A. J.
04.093.026 .027
05.093.055
06.093.009 .014
097.085
08.093.015
Schott, S.
01.003.072
Schove, D. J.
02.011.002
04.011.008
07.104.008
Schowengerdt, F. D.
06.022.117
Schrader, H. W.
04.036.009
06.036.003
08.036.005
09.141.131
Schraml, J.
01.131.062
02.066.005
07.033.029
Schramm, D. N.
02.061.005
03.061.026
04.061.020
107.007
05.061.021
06.105.014
107.010
07.022.087 .089
065.058 .092
143.042
08.061.058
143.030
09.061.008 .015 .022 .035
065.018 .060
10.003.117
061.016 .027 .053 .054
.064
065.039
125.015
Schramm, J.
01.022.035
Schramm, M.
04.004.058
06.004.016
Schreiber, E.
03.094.144 .258
04.094.267
09.094.489
Schreier, E.
05.142.042 .047 .068 .069
160.009
06.142.005 .028 .072
07.142.038 .095 .116 .127
.901 .902
08.142.028 .029 .031 .033
.064 .101 .105 .135
09.142.045 .138
10.142.025 .108 .115

Schreier, M.
03.073.095
Schrenk, G. L.
06.034.119
Schreur, B.
01.098.035 .043
02.103.121
03.098.032
103.113 .119 .122
04.103.131
Schreur, J. J.
03.131.012
06.155.049
07.034.039
10.113.008
Schreur, M.
02.103.112 .117
Schreurs, J. W. H.
09.094.659
Schrick, K.-W.
07.046.025 .026
10.046.022
Schriefer Jr., A. H.
05.033.004
Schroeder, D.
04.142.077
Schroeder, D. J.
03.034.029
04.034.082 .107
114.108
06.034.085
07.034.068
Schroeder, J. B.
05.031.064
Schroeder, L. W.
02.064.049
05.064.015
08.114.006 .063
Schroeder, R.
10.008.050
Schroeder, U.
04.046.034
Schroeder, W.
01.082.078
04.082.136 .166 .167 .168
105.075
07.004.049
08.082.075 .078 .113 .213
084.073
09.003.152
10.105.079
Schroeter, E.
03.008.051
05.008.052
Schroeter, E. H.
01.072.013
02.072.063 .065 .095
03.072.012
04.072.001
05.010.010
072.025
06.072.023
07.008.059
09.080.038
Schroll, A.
10.095.001
Schruefer, E.
10.141.504
Schrutka, G.
06.103.118
10.103.120
Schrutka-Rechtenstamm, G.
07.102.013
09.102.022
Schubart, J.
01.098.017
103.126
02.011.036
098.007
03.042.017

Schubart, J.
03.098.008
04.098.013 .030
05.011.032
06.043.012
07.098.012 .034
10.098.011
Schubarth, A.
04.113.025
Schubert, C.
03.081.019
Schubert, G.
01.074.005
093.006
094.092
02.080.030
091.036
094.019 .090 .135 .139
03.094.231
04.065.031
05.091.005
094.051 .189 .191
06.094.029 .244 .307
097.057
07.094.027 .221
08.094.128 .268
09.091.008
094.494 .563 .573 .576
.579 .757 .763 .765
097.028
10.093.010
094.018 .065 .099 .353
.431 .446
Schubert, H.
03.123.009
Schuch, H.-J.
09.003.014
Schucking, E. L.
03.162.041
06.162.010
Schuecking, E. L.
02.162.021
04.012.005
Schuerch, H. U.
03.033.045
Schuerer, M.
03.014.002
05.014.009
07.009.012
08.007.000
09.098.022
Schuerman, D. W.
01.133.004
02.064.052
133.019
09.117.037
Schuermann, D.
08.022.066
Schuermann, K.
07.094.165 .901
09.094.635 .644
Schuette, K.
01.052.003
03.003.152
06.003.119
004.041
08.003.141
10.004.075
Schuetz, W.
04.004.028
Schuhmann, S.
07.094.016 .063
08.094.193
09.094.689
10.094.411
Schuko
See Shchuko
Schukowski, M.
04.004.013
031.060

Schukowski, M.
07.014.008
09.014.012
Schulberg, A. M.
See Shul'berg, A. M.
Schulman, L. S.
05.066.089
Schultz, G. V.
03.034.056
05.034.084
06.034.114
07.034.055
08.114.024
09.114.152
10.034.118
Schultz, J. I.
10.003.082
Schultz, L.
02.105.152 .153
05.105.009
06.074.100
    105.021 .084 .099 .139
08.105.019 .116
09.094.737
    105.142
10.094.013 .029 .290
Schultz, P. H.
10.097.108
Schultz, R. B.
08.072.025 .054
10.072.029
Schultz Jr., S. W.
02.084.035
Schulz, B.-S.
08.081.052
Schulz, H.
08.094.114
09.094.643
10.094.254
Schulz, M.
01.022.036
    084.009 .203 .419
    106.038
03.074.012
04.084.268 .408
06.084.404
07.074.048
    083.003
    084.402
08.022.065
09.084.203
10.074.010
    084.412
    106.036
Schulz, S. S.
09.094.945
Schulz-Gulde, E.
01.022.008
04.062.028
08.022.045
Schulze, W.
02.072.026
03.072.031
06.072.059
Schumacher, H.
05.079.100
Schumacher, R. J.
10.076.036
Schumann, J. D.
01.032.038
05.034.103
06.034.140
07.034.145
Schumann, W. O.
02.080.039
Schumer, M. A.
04.091.048
Schumm, S. A.
01.094.092
06.094.128

Schunk, R. W.
03.083.052
06.084.022
07.082.048
09.084.045
10.083.030
Schupler, B.
08.142.072
Schurath, U.
06.022.007
Schurer, M.
03.055.016
Schurmeier, H. M.
02.097.073
Schuster, H. E.
03.103.128
Schuster, O.
04.081.007
Schusterman, L.
07.082.050
Schutte, A.
09.022.043
Schutz, B. E.
04.042.061
05.045.028
07.044.002
08.044.008
10.044.008
Schutz, B. F.
08.066.023
Schutz Jr., B. F.
04.061.053
    065.066
08.065.008 .009
Schuurmans, C. J. E.
02.003.125
Schvartzman
See Shvartsman
Schwaller, H.
03.094.072
04.094.192 .361
06.094.139 .199 .254 .255
09.094.730
Schwander, H.
09.094.215 .641
Schwarcz, H. P.
03.105.071
Schwartz, A. A.
08.034.124
Schwartz, A. W.
07.003.011
Schwartz, D.
06.125.024
Schwartz, D. A.
01.076.009
    142.033
02.076.004 .038
03.142.005 .025
04.142.094 .095
05.142.027 .055
06.142.089
07.125.010 .014 .022
    142.001 .028 .114
    155.067
08.125.035
Schwartz, G.
05.105.081
10.098.061
    103.113 .115
Schwartz, H. M.
10.066.175
Schwartz, K.
02.080.030
    094.019 .086 .090
03.107.013
05.091.010
    094.051 .189 .191
06.094.029 .244
07.092.005
    094.027

Schwartz, K.
08.092.010
    094.128
09.094.494 .562 .563 .573
    .576 .765
10.094.018 .065 .099 .446
Schwartz, P. R.
01.131.116
02.131.024 .100
03.114.009 .070
    131.075 .128 .129
    141.207
04.033.096
    122.054
05.122.064 .129
    131.020 .081
06.132.022 .024 .028
07.114.076 .088
    131.038 .039 .124
    132.039
08.114.099
    131.008 .091 .112
    141.103
09.131.072 .073
    155.086
10.114.024
    131.121 .223 .224 .284
    132.028
Schwartz, R.
02.153.043
03.126.005
06.153.026
07.114.099
    126.006
    153.025
09.114.016
10.114.219
Schwartz, R. A.
01.141.231
04.066.027 .076
08.080.042
09.062.006
10.080.060
Schwartz, R. D.
07.126.013
08.114.102
09.133.007
10.132.053
Schwartz, S. B.
01.022.014
Schwartzman
See Shvartsman
Schwarz, C. R.
03.054.015
08.045.013
Schwarz, E. J.
01.084.245
03.094.128
04.094.295 .303
Schwarz, H. J.
10.003.118
Schwarz, H. R.
08.042.092
Schwarz, J.
03.122.044
08.065.092
    131.012 .070
09.131.180
    162.018
Schwarz, J. H.
07.131.042
Schwarz, K.-P.
10.081.016
Schwarz, U. J.
03.141.062 .063 .170
05.141.009
06.141.168
07.033.001
    131.024
10.033.059

Schwarz, U. J.
  10.125.019
Schwarz, W. M.
  06.143.069
Schwarze, B.
  09.082.098
Schwarzmueller, J.
  03.094.072
  04.094.192 .361
  05.051.013
Schwarzschild, M.
  02.080.049
  03.154.005 .012
  04.032.019
  05.158.107
  06.065.031
  07.065.030
      158.030
  09.158.141
  10.065.067
      080.012
Schwebel, R.
  05.032.076
Schwebel, S. L.
  08.066.105
Schweiger, G.
  08.003.168
Schweitzer, E.
  01.124.104
Schweizer, F.
  02.098.001
  03.121.050
  05.155.020
  06.065.097
  07.114.070
      154.006
Schweizer, W.
  06.076.022
  09.071.015
Schwentek, H.
  04.083.008
  05.076.026
  06.083.050
  08.083.033
Schwenzfeger, K.
  06.051.032
Schwerer, F.
  10.094.263
Schwerer, F. C.
  05.094.088 .113
  07.094.125 .126
  09.094.283 .284 .497 .772
      .826
  10.094.396 .438
Schwesinger, G.
  02.032.036
  08.031.035
Schwiesow, R. L.
  03.082.020
Schwob, J. L.
  08.022.083
Sciama, D.
  07.066.119
Sciama, D. W.
  01.003.060
      066.004
      131.029
      162.045
  02.066.030
      141.190
      142.059
      151.054
      155.014
      162.010 .086
  03.131.034
  04.066.080
      162.059
  06.003.115 .116
      066.048 .136
      162.058

Sciama, D. W.
  07.051.046
      066.028
      155.089
      161.011
      162.057 .080
  08.011.045
      066.138
      155.049
      161.001
  10.003.119 .120
Sciama, W.
  06.066.048
Scipenstein, A. A.
  03.098.023
Sciuto, S.
  09.075.009
Sciuto, V.
  06.075.008
  08.075.011 .013
      082.003
  09.073.082
      075.009
Sckopke, N.
  08.084.420
Sclar, C. B.
  03.094.118
  04.094.178 .388
      105.154
  06.105.136
  09.094.360 .678
      105.113
  10.094.439
Sclater, J. G.
  01.081.028
  03.045.001
Scofield, W. T.
  08.053.011
      097.039
Sconzo, P.
  02.021.014
      091.019
  04.042.013
  07.081.002
  08.042.083
  10.042.035
Scoon, J. H.
  03.094.081
  04.094.135
  09.094.234 .390 .693
Scott, A.
  09.093.031
Scott, A. H.
  08.093.031
Scott, D. H.
  07.094.042
  10.094.127
Scott, D. K.
  01.041.006
  02.041.016
      094.080 .095
  03.041.036 .037
  04.041.003
  06.041.002
  07.041.048
  10.041.048
Scott, D. R.
  07.094.010
  08.094.239
Scott, D. W.
  01.052.001
      081.010
      082.003
  02.054.007
  04.082.073 .100
Scott, E. H.
  02.131.051
Scott, E. R. D.
  05.105.022
  06.105.061 .137 .138

Scott, E. R. D.
  08.105.030
  09.105.114 .115
  10.105.006 .030
Scott, F. P.
  04.041.021
  06.041.050
  07.007.000
  10.007.000
Scott, G. R.
  03.105.016
  04.105.116
  06.105.051
  09.105.051
Scott, J.
  09.142.098
Scott, J. S.
  09.121.068
  10.121.103
      142.013
      153.026
Scott, L. R.
  07.079.101
Scott, N. A.
  05.063.024
Scott, P. F.
  01.141.025 .228
  02.141.228
  04.066.010
  05.066.067
  06.141.136
  09.133.018
  10.141.088
Scott, R.
  10.094.320
Scott, R. F.
  02.094.177
  03.094.147
  04.094.053
  05.053.017
  07.097.023
  08.094.122
  09.094.522 .832
  10.094.387
Scott, R. H.
  09.094.694
Scott, R. L.
  08.122.078
      141.036 .037 .039 .105
  10.141.121
Scott, V. D. R.
  06.094.125
Scott, W. M.
  03.094.001 .163
  04.094.258
  05.094.161
Scott III, E. H.
  09.133.008
Scotti, H.
  01.075.030
Scourfield, M. W. J.
  01.034.001
      084.040
  03.084.035
  05.084.033 .042
  06.084.003
  08.084.028 .040
Scovil, C.
  02.103.110
  08.123.057
  10.123.038
Scovil, C. E.
  05.103.117
  06.124.102
      125.103
  07.010.001
      123.039
  09.123.030
  10.103.102 .106

Scovil, E.
 07.123.035
Scoville, N.
 02.114.083
 07.131.008
Scoville, N. Z.
 07.131.029
  155.087
 08.131.126
  155.008 .052
 09.131.032
  155.013
Screbkova, L. A.
 01.157.006
Scruton, C.
 04.033.017
Scudder, J.
 06.142.009
 09.155.008
Scudder, J. D.
 05.084.274
 06.074.085
 10.074.043 .078
Scudder, J. K.
 05.142.018
 08.125.019
 09.125.032
Scuflaire, R.
 10.021.018
  065.125
Sdanchuk, I. G.
 02.123.033
 06.122.118
Seager, W.
 04.094.419
Seal, R. T.
 01.079.100
 02.074.037
Seal Jr., R. T.
 02.094.066
Seaman, C. H.
 06.034.135
Seaquist, E. R.
 01.157.012
 02.099.049
 03.141.039
 04.113.004
 05.141.117
 06.141.009 .037
 07.062.007
  141.138
  158.057
 08.142.040 .056 .131
 09.141.004 .036 .060
 10.114.040
  141.013 .051 .107 .109
  142.114
Sear, J.
 05.143.034
 06.078.021
  084.253
Sear, J. F.
 05.106.010
 09.078.038
 10.078.901
Sear, J. R.
 05.078.041
Seargent, D.
 10.103.103
Searle, L.
 01.114.015
  154.007
 02.154.011
 04.158.093
 06.141.024
  158.021 .029
 07.126.017
  158.050 .072
  162.025
 08.125.034

Searle, L.
 09.065.016 .134
  125.105
 10.125.011 .016
Sears, D. W.
 09.105.038
Sears, R. D.
 06.082.107
 07.079.101
 10.084.021
Sears, R. L.
 01.153.007
 08.080.037
Seaton, M. J.
 01.022.044 .076
  074.024
  132.040
 02.022.059
  132.015 .037
 03.022.063
  133.020
 06.022.097
  131.072
  132.039
 07.009.008
  022.059 .060
  132.038
 08.132.037 .038
 09.132.020
 10.022.048
  133.034 .035
Seaton, S. L.
 08.082.022
Sebestyen, A.
 06.012.025
Sebl, J.
 08.077.044
 10.073.048
Seboldt, W.
 09.113.004
Sebring, P. B.
 07.008.157
 09.008.123
Secco, L.
 02.065.051
  116.023
 05.065.079
 09.107.016
Sechrist Jr., C. F.
 07.079.101
 08.083.018
Seck, F.
 05.003.007
Seckbach, J.
 05.093.030
Secord, L. C.
 05.032.049
Seddon, H.
 01.125.009
  131.102 .112
 03.131.026 .117
 05.012.005
 06.131.039
 10.012.032
  131.153
Sediakina, A. N.
 04.123.014
Sedlmayr, E. S.
 08.071.036
Sedmak, G.
 01.033.044
 02.033.046
  113.012 .053
 04.033.064 .065
 05.031.002 .041
 07.031.011
 09.034.025 .056
Sedmik, E. C. E.
 07.081.007

Sedov, A. P.
 10.077.082
Sedrakian
 See Sedrakyan
Sedrakyan, D. M.
 01.061.018
  066.036
 02.066.021
  126.003 .008
 03.066.013
  126.009
 04.065.036 .158
 05.065.037
  066.056
  126.046
 06.065.052 .113
  126.013
 07.126.016
 08.065.084
  066.010
  126.022
 09.061.014
  064.017
  065.037 .064 .067 .101
  066.002
  126.013 .029
  141.562
Sedyakina, A. N.
 02.153.007
 06.122.148 .149
Sedzielowski, W.
 02.104.048
 04.092.024
Seeber, G.
 08.041.042
  046.020
 10.032.048
  055.037 .039
Seeds, M.
 05.031.081
Seeds, M. A.
 03.124.103
  142.009
 06.120.014
  122.157
 07.120.004
  121.052
 08.120.019
 09.034.003
 10.114.102
Seeger, C. L.
 09.031.013
Seeger, C. R.
 06.094.276
 09.105.162
Seeger, H.
 04.034.114
 05.055.024
Seeger, P. A.
 03.061.026
 10.061.064
Seeger, R. J.
 06.011.026
Seeley, D.
 07.131.065 .078
Seeley, J. S.
 08.034.029
Seeman, N.
 05.134.008
 09.134.003
  155.040
Segal, I.
 07.162.016
Seggewiss, W.
 01.153.002
 02.122.045
 03.122.059
  152.014
 06.113.035 .036
 09.114.153

Sego, G. L.
07.079.002
Segre, E.
06.022.103
Segre, E. R. A.
05.064.041
Seguin, P. H.
09.065.014
Seguin, J. P.
10.034.112
Sehnal, L.
02.052.006 .011
04.052.050 .051
054.010
Seibold, J.
03.032.017
05.034.107
073.078
Seibold, J. R.
04.008.090
05.073.007
09.072.029 .040
10.072.076
Seide, C.
01.143.055
Seidel, B.
01.141.108
02.141.152
04.097.049 .050
08.097.001 .036
Seidel, B. L.
02.077.015
097.050
03.097.047
06.097.049
07.097.031
08.097.034 .094 .095
09.097.077
10.097.030 .031
Seidelmann, P. K.
01.101.004
02.101.002
03.042.061 .082
04.100.003 .007
101.007
05.042.050
101.010 .013
06.041.028
043.010 .013
101.005
07.042.001
098.010
08.041.046
098.033
101.023
09.041.048
10.042.050
091.013
092.015
Seidl, F. G. P.
01.151.037
07.151.003
Seidman, J. B.
08.034.123
09.097.008
Seidov, A. G.
10.073.089
Seidov, Z. F.
01.022.116
02.065.081
125.010
131.126
03.126.007
133.010
04.061.033
065.040
126.009
133.002 .026
05.066.030
06.042.058

Seidov, Z. F.
06.065.048 .074
111.003
07.117.006
08.155.014
10.073.092
126.016 .018 .019 .020
155.054
Seidova, P. I.
10.126.016 .017 .019
Seielstad, G. A.
01.141.121 .142 .143 .177
156.004
158.035
02.125.020
141.013 .194
03.141.108 .215 .225
156.001
04.066.006 .132
141.227
05.066.082
141.010 .077 .228
06.141.203
07.141.041
08.134.010
141.113
158.091
09.158.001
10.158.027
Seifers, H.
06.046.022
Seifert, H. J.
09.066.121
10.066.170
Seiff, A.
02.097.026
07.097.013
08.053.007
09.053.011
Seiler, F.
01.009.024
03.036.005
04.082.031
06.125.100 .103
09.103.119
10.103.103
Seiradakis, J. H.
08.141.524 .536
10.141.507
Seitel, S. C.
10.022.018
Seitter, W.
02.114.005 .009 .108
03.113.041
09.124.100
Seitter, W. C.
02.124.102
03.003.033
07.124.101
08.114.096
10.114.131 .210
Seitz, M.
03.094.074
04.094.072
09.094.414 .713
Seitz, M. G.
04.094.292
05.094.040
10.094.330
Sejnowski, T. J.
01.131.038
132.051
02.131.031
Sek, G.
09.114.052
Sekanina, Z.
02.102.001 .035 .040
103.104 .120
03.102.015
104.022

Sekanina, Z.
04.103.104 .126
05.102.026
103.105
104.009 .010 .038
06.102.014
07.098.066
08.102.034
103.103
09.102.008
103.102 .117 .126
104.004
10.102.005 .010 .038
103.102
Sekera, Z.
04.091.023
Seki, H.
04.066.097
10.066.166
Seki, M.
10.131.094 .206
Seki, T.
01.098.037
103.100 .104 .105 .106
.108 .109 .116
02.098.028 .029
103.109 .111 .112 .113
.114 .120
03.103.101 .102 .103 .110
.113 .118
124.103 .106
04.103.101 .102 .104 .123
.124 .126 .127 .128
.130
124.104 .107
05.103.106 .108 .112 .117
06.103.102 .109
124.102
141.129
07.103.103 .107 .110 .116
.117
08.098.051 .062 .079
103.107 .116 .117 .120
.124
09.098.025
103.100 .105 .114 .115
.116 .123 .124 .127
.132
10.103.102 .113 .116 .118
.123
Sekido, Y.
05.143.135
Sekiguchi, H.
08.033.052
Sekiguchi, N.
03.094.262
04.091.032
094.029 .315
05.094.114
07.045.002
08.044.018
045.029
094.147
Sekihara, K.
01.084.047
Selak, S.
10.062.034
Selby, M. J.
10.034.070
154.007
Selden, A. C.
08.131.117
Seldowitsch, J. B.
See Zel'dovich, Ya. B.
Seleshnikov, S. I.
04.004.025
05.003.086
Self, S. A.
06.062.004

Seliga, T. A.
07.082.001
Seligman, C. E.
03.119.002
04.119.010
Seling, T. V.
01.132.018
03.100.002
Selivanov, A. S.
10.094.117
Selivanovskaya, T. V.
06.105.010
07.105.042
08.105.056 .073
09.105.158
Seliverstov, V. V.
09.162.028
Selke, L. A.
04.031.003
Sellers, B.
10.078.048
084.008
Sellers, G. A.
03.094.106
04.094.147
06.094.040
09.094.350
10.094.320
Selley, C. S.
03.064.047
04.065.057
Sellier, A.
06.141.159
Sellin, D. L.
08.022.033
Sellschop, J. P. F.
04.143.025
05.061.022
Selmes, R.
08.125.100
Selmes, R. A.
06.141.049
Selove, D. M.
02.158.058
Seltzer, S. M.
03.084.040
07.082.025
Selvelli, P. L.
08.114.036
09.114.037
Selzer, E.
08.084.318
Semakin, N. K.
01.009.034
Semar, C. L.
04.074.076
06.074.020
Semel, M.
03.034.034
072.029
04.071.044
080.011
05.073.045
06.080.012
Semenenya, V. A.
06.066.085
08.155.056
10.151.065
154.009 .010
Semeniuk, I.
02.121.002
122.128
03.121.043
C5.121.018
06.141.215
Semenkin, V. I.
04.082.063
Semenov, A. V.
06.094.024

Semenov, G. A.
10.034.092
Semenov, P. S.
08.053.021 .022
Semenov, S. G.
10.042.042
Semenov, V. K.
03.083.074
05.083.044
Semenov, V. N.
04.158.095
06.158.015
Semenov, V. P.
10.066.061
162.057
Semirot, P.
02.008.018
05.008.023
07.041.008
Semjonova, E. V.
08.141.035
Sen, A. K.
10.104.030
Sen, H. K.
03.074.070
04.073.048
083.046
07.073.039
Sen, K. K.
02.063.007
03.063.020
05.063.006 .026
06.063.037
07.063.031
08.063.012 .024 .033
09.063.001 .004 .009 .034
.035 .036
10.063.001 .015 .055
Sen, M.
04.063.005
06.063.034
Sen Gupta, N. D.
04.042.040
Sen Gupta, N. R.
02.105.036
08.105.091
Senatorov, V. N.
10.084.257
Senchuro, I. N.
02.078.033
09.084.402
Senda, A.
04.047.032
08.047.005
10.047.007
Sendrakowski, A.
10.158.022
Senemaud, C.
09.076.029
Senemaud, G.
09.076.029
Seneta, E.
01.084.269
Senftle, F. E.
01.105.025
03.094.126
04.094.278 .308
09.094.101 .495 .774
10.094.464
Seng, L. M.
09.033.065 .066
Sengar, R. S.
08.061.074
Sengbusch, K. Von
See Von Sengbusch, K.
Sengupta, P.
01.162.066
04.162.073
05.162.085
09.162.043

Sengupta, P. R.
03.083.066
05.076.022
06.083.054
10.077.006
Senigalliesi, P.
05.099.038
Senkbeil, G.
10.113.077
Senn, M.
10.121.105
Seppelin, T. O.
06.031.074
Serafimov, K.
01.076.004
03.079.106
05.085.001
08.083.027
10.094.502
Serafimov, K. B.
05.085.002
08.011.024
09.082.036
083.033 .053
10.082.153
Seraphin, B. O.
09.034.032
Serban, I.
06.046.016
10.032.036
Serbu, G. P.
01.106.012
07.074.054
Serdyukov, A. I.
08.052.006
Sereda, E. M.
06.097.001
08.097.068
Sereda, Yu. A.
04.054.006
06.054.032
Sergeenko, N. P.
06.083.032
08.083.014
Sergeev, A. V.
06.143.148
09.143.079
Sergeev, V. N.
10.031.030
Sergeeva, A. I.
10.082.047
Sergeeva, A. N.
06.073.051
08.073.077
Sergeeva, G. A.
01.078.014
106.040
02.143.063
03.143.053
Sergeeva, N. D.
09.004.079
Sergeyevich, V.
04.082.185
Sergienko, S. A.
09.045.004
Sergienko, V. I.
04.045.007 .016
05.045.019
082.075
09.045.004
Sergysels, R.
10.042.093
Sergysels-Lamy, A.
10.042.093
Serkerov, S. A.
06.084.243
07.084.242
Serkowski, K.
01.041.015
116.005

Serkowski, K.
01.122.007 .057 .082
　　131.030
02.131.095
　　132.028
03.122.077
　　131.110
04.113.027
05.122.065
06.131.065
07.122.133
　　131.087
08.034.110
　　131.092
09.131.018
10.034.094
　　122.137
　　131.035 .156
Serlemitsos, P.
01.142.034 .059
02.076.010
03.142.052
04.142.002 .066
06.034.061
Serlemitsos, P. J.
01.141.214
02.142.022 .045
04.142.023 .044
05.142.022 .055 .062
06.142.089
07.125.014 .022
　　142.001 .028
　　155.067
08.125.035
09.125.041
　　142.040
10.125.005
　　142.126
Sermyagin, A. V.
09.022.064
Serov, N. V.
05.066.005
Serova, S. V.
08.091.026
Serova (Shilova), S. V.
06.097.071
Sersic, J. L.
01.062.042
　　065.067
02.008.032
　　158.052 .096
03.008.037
　　042.045
　　066.079 .089
　　158.115 .120
　　160.009 .016
04.008.031
　　158.081
05.158.121 .122 .123 .126
06.008.029
　　158.123
07.158.097 .168
08.158.099
09.158.054 .089 .102 .151
　　　.152
　　160.019
10.158.078 .115
Serson, P. H.
03.084.271
06.034.081
07.034.124
Servan, B.
03.034.014
Seshadri, S. R.
10.003.121
Seshamani, R.
10.082.020
Seslar, M.
03.096.015
06.124.102

Seslar, M.
07.123.031
Sestroretskij, B. V.
02.033.028
Setser, D. W.
02.022.026
Setti, G.
02.141.039
　　142.053
03.141.025
04.142.050 .088
　　158.041
　　161.003 .007
05.143.032 .067
06.125.029
　　132.042
　　162.041
08.125.024
09.141.075
　　142.073
Settle, M.
08.094.052
　　097.056
10.094.125
Setzer, D. E.
05.063.029
Seufert, M.
10.105.061
Sevarlic, B.
07.031.039
08.082.041
10.003.122
Sevarlic, B. M.
01.041.005
07.014.015
08.014.022
Sevastianov
See Sevast'yanov
Sevast'yanov, V. I.
05.051.024
　　082.026 .064
07.082.057
Severne, G.
08.062.070
　　151.015
Severny, A.
01.072.021
02.080.029
　　106.012
03.073.058 .129
　　116.003
04.071.045
05.034.092
　　071.052 .062
　　073.079
06.080.018
07.080.015
Severny, A. B.
See Severnyj, A. B.
Severnyi, A. B.
02.006.000
Severnyj, A. B.
02.011.017
　　073.073
　　082.143
03.061.019
　　073.009 .018
　　076.022
　　082.045
05.011.038
　　072.007
06.073.044
　　077.023
　　078.042
　　080.020 .057
　　141.125
　　142.076
07.072.037
　　073.078
08.080.017

Severnyj, A. B.
08.082.228 .229
09.072.050
　　080.049
10.071.042
Sevier, J. R.
09.094.940
Sevilla, M. J.
06.031.010
　　046.008
Sevre, F.
07.097.091
Sevryukov, B. N.
09.033.040
Seward, F.
02.142.035
04.142.072
06.142.009
07.125.020
09.142.041
　　155.008
Seward, F. D.
01.142.014 .022 .054
02.134.009
　　142.048
03.142.003 .028 .033
04.061.030
　　142.073
05.125.009
　　142.011 .015 .017 .018
06.142.026 .056 .069
　　159.001
07.142.015 .111
　　155.006 .019
08.125.019
　　142.037 .099
09.125.032
　　142.017
Sewell, D. K. B.
09.094.623
10.094.298
Sewing, K. H.
04.022.029
Sexl, H.
06.094.078
Sexl, P. U.
01.162.035
03.066.037
06.066.040
　　094.078
07.066.143
Seya, M.
04.031.012
Seydov, Z. F.
05.126.006
06.126.003
Seymour, P. A. H.
01.131.001
Sgro, A. G.
10.131.260
Shabanov, M. F.
08.031.018 .019
09.094.864
10.036.001
Shabanskij, V. P.
01.084.027
03.084.289
05.074.038
　　084.204 .277 .419
　　143.006
06.074.029 .082
　　084.209 .417
07.074.044
　　084.213 .260 .271
08.084.338
09.084.407 .413
10.074.020 .021 .023 .052
　　084.410
Shabansky
See Shabanskij

Shachbazjan, Y. L.
See Shakhbazyan, Yu. L.
Shacht
See Shakht
Shackelford, R. G.
09.094.824
Shadid, J.
04.105.159
Shadmi, Y.
03.022.033
10.022.092
Shafer, G. V.
05.143.005
06.143.123
10.078.015
Shafer, J. W.
04.032.049
Shafer, Yu. G.
01.085.005
02.084.040
03.062.018
04.143.070
05.074.089
143.145
07.084.038
Shaffer, B. B.
06.141.151
Shaffer, D.
02.158.057
03.141.213
07.125.032
09.141.095
Shaffer, D. B.
04.141.122
05.141.042 .229
06.141.202
07.141.027 .039 .118 .136
158.112
08.142.072
09.141.109
158.029
10.158.016 .096
Shaffer, R. A.
09.034.062
Shafiqullah, M.
01.105.049
Shafran, I. A.
10.005.040
Shafrir, U.
02.105.187
05.105.048
Shagaev, M. V.
10.082.101
Shaganian
See Shaganyan
Shaganyan, B. L.
04.122.031
05.123.005 .009
08.122.003
123.003 .004 .023
Shah, A. N.
07.082.076
Shah, G. A.
01.131.084
03.131.039
141.056
05.131.067
06.063.026
131.024
07.063.017
131.050
Shah, G. M.
01.082.091
07.082.067
08.082.100
Shah, Y. P.
01.066.060
Shahabasian, K. M.
See Shakhabasyan, K. M.

Shaham, J.
07.065.034
141.519 .540
08.091.054
09.081.018
10.045.002
065.047
066.033
Shahbasian, R. K.
See Shakhbazyan, R. K.
Shahbazian
See Shakhbazyan
Shaido, A. N.
06.104.026 .028
08.104.028
Shajdo, A. N.
10.104.042
Shakeshaft, J. R.
02.141.160 .161 .177 .228
157.015
04.066.010
141.080
05.066.067
06.141.136
08.134.007
142.074
09.141.030
Shakhabasyan, K. M.
09.141.562
Shakhbzjan, Y. L.
See Shakhbazyan, Yu. L.
Shakhbazyan, R. K.
01.125.101
04.158.084
09.125.104
158.135
10.125.102
Shakhbazyan, Yu. L.
03.034.047
04.051.037
05.031.055
08.033.013
Shakhov, B. A.
05.143.147
07.078.015
09.143.044 .076
Shakhov, V. A.
01.104.035
05.104.004
Shakhova, Yu. A.
05.143.003
06.072.020
078.029
143.115 .144
07.143.044
08.078.041
143.042
09.072.030
143.062 .075
Shakhovskaya, N. I.
01.122.096 .097
02.122.118 .158 .164 .165
03.122.106
04.122.154 .156
05.122.074 .082 .092 .093
06.122.056
07.122.081 .082 .092 .093
.098 .101
08.122.103 .133
09.122.027
10.122.085 .091
Shakhovskoj, A. M.
06.053.033
10.093.001
Shakhovskoj, N. M.
01.117.006
02.031.024
131.119
141.027
04.122.134

Shakhovskoj, N. M.
06.120.007
07.125.101
08.122.089 .131
131.122
09.141.085
Shakhovskoy
See Shakhovskoj
Shakht, N. A.
05.111.004
08.117.040
118.018
09.097.049
Shakirov, K. S.
08.094.243
Shakun, L. I.
10.122.094
Shakura, N. I.
01.142.021
07.062.030
064.028
08.117.015
142.042
09.066.049
117.015
Shalaev, S. P.
05.094.006
Shalberova, V. V.
09.113.058
Shalimov, V. P.
02.084.253
09.084.241 .245
Shalloway, A. M.
01.141.063
Shalloway, D. I.
05.031.009
Shamaev, V. G.
08.041.025
Shameka, A. I.
06.022.026
Shamey, L. J.
01.022.001 .082
06.022.041
Shamir, J.
01.066.023
07.066.134
Shamolin, V. M.
09.076.025
10.034.008 .009
076.010
143.039
Shampine, L. F.
08.021.024
Shandarin, S. F.
10.061.022
Shane, C. D.
06.112.005
Shane, K. C.
03.105.071
06.065.080
Shane, M. L.
05.008.113
Shane, W. W.
03.155.047
06.157.001 .006
07.155.002
09.142.038
Shankar, N. K.
04.032.049
034.111
074.043
082.208
Shankland, R. S.
10.005.034
Shannon, R. R.
05.031.063
10.032.018
Shao, C. Y.
03.124.106 .108
133.016

Shao, C. Y.
04.104.013
123.045
05.105.081
114.019
06.122.063
07.103.116
122.019
08.098.049 .057 .060 .064
.067 .068 .071 .078
.079
103.103 .107 .116 .126
.131
142.124
09.098.044 .045 .059 .060
103.100 .118 .119 .121
.127 .132
10.098.050 .060 .061
103.103 .113 .115 .117
.118 .119 .124
Shao, M.
10.114.218
Shapcott, C. M.
07.022.079
Shapiro, A.
02.094.056
Shapiro, B. J.
06.003.157
Shapiro, B. S.
01.083.011
07.083.012
08.083.017
10.083.043
Shapiro, I. G.
02.082.093
03.082.029
06.085.008
Shapiro, I. I.
01.033.024
093.028
097.036
02.033.044
098.010
106.005
03.092.009
093.024
097.046
131.083
04.011.006
033.051
066.037
093.054 .062
097.008 .052
05.066.010 .049
131.020 .081
141.103
06.043.017
066.016
097.080
132.028
141.027 .097 .103
07.033.020
043.001
046.003
066.007 .115 .146
092.010
093.002 .005
097.012 .032 .042
131.038
141.036 .038
08.031.053
046.023
055.007
066.144 .163
094.189
097.037
100.019
141.040
142.091
09.033.041

Shapiro, I. I.
09.093.003 .056
097.003 .018 .053
141.052
10.094.061 .108
097.029
131.121 .224
141.138
158.015
Shapiro, L.
07.122.064
Shapiro, L. T.
10.117.034
Shapiro, M. M.
01.143.043 .044
02.143.068
04.143.059
05.143.039 .128 .129 .130
.131 .132
06.143.057
08.005.009
143.027 .034
10.143.024
Shapiro, R.
01.078.012
084.250
06.122.068
07.082.103
10.082.094
Shapiro, S. L.
05.061.023
158.075
07.151.068
08.066.016
09.014.023
131.044
10.066.024
Shapiro, V. A.
04.084.240
Shapirovskaya, N. Ya.
08.097.097
10.097.062
Shapland, D. J.
10.053.011
Shapley, A. H.
04.082.103
Shapley, D.
08.005.004
Shapley, H.
01.003.058
02.158.056
07.003.120
08.003.132
Shapochkin, B. A.
10.031.030
Shaporenko, A. A.
06.022.134
Shaporev, S. D.
09.103.136
10.103.130
Shaposhnikov, V. E.
08.141.528
Shapovalova, A. I.
04.158.097
06.158.060 .071
08.158.087 .131
10.158.138 .152
Shapshak, P.
03.011.016
Shara, M. M.
07.141.157
10.066.037
Sharaf, Sh. G.
03.085.001
08.012.001
Sharapova, G. N.
05.113.048
131.110
Sharber, J. R.
08.084.001 .074

Share, G. H.
05.134.008
09.134.003
141.553
155.040
Shargorodskij, V. D.
01.098.032
Sharipov, A.
10.003.123
Sharkov, V. I.
02.022.030 .031
06.102.028
08.102.035 .036
Sharma, A.
01.097.008
Sharma, D. P.
05.142.020 .050
08.142.089
10.142.087
Sharma, J. P.
08.065.126
091.042
10.065.129
097.052
Sharma, P. K.
03.107.006
Sharma, R. C.
02.061.022
Sharma, R. D.
05.051.003
07.051.029
Sharma, R. P.
06.083.030 .044
09.083.052
Sharma, S. R.
01.062.025
Sharma, V. N.
05.022.034
08.082.112
Sharonov, J. D.
08.022.036
Sharov, A. S.
02.124.002 .003 .004
153.035
155.021
03.124.007
155.038
04.113.055
122.176
155.018 .028
05.124.004
06.113.019
121.069
122.030
124.012
158.016 .112
07.124.002
08.122.063
123.016
124.004
154.010
158.138
09.082.001
122.066
154.005
10.122.035 .115
123.022 .070
154.004
158.030 .056
Sharova, V. A.
08.084.340
Sharp, A. W.
04.105.074
Sharp, D. H.
04.066.025 .026
Sharp, G. W.
03.083.064
084.203 .257
04.084.213 .263
05.084.232

Sharp, G. W.
06.084.033 .285
07.083.030
08.084.314
09.084.215
Sharp, L. E.
03.106.011
Sharp, L. R.
07.094.221
08.094.268
09.094.579 .763
10.094.431
Sharp, R.
03.097.042
Sharp, R. D.
01.085.011
02.084.010
C4.084.026
06.084.028 .043
08.084.054 .223 .248
Sharp, R. P.
02.097.003 .007 .030
05.097.005 .006 .007 .008
.040
07.097.027
08.097.023 .083 .084
10.097.011 .021 .072
Sharp, W. E.
04.082.065
05.082.115
084.008
07.084.024
09.082.041
Sharpe, H.
10.094.404
Sharpe, H. N.
10.094.451
Sharpe, M. R.
02.003.151
04.003.119
07.003.104
Sharpless, R. L.
08.034.086
Sharpless, S.
01.008.104
02.131.076
05.008.110
07.114.097
158.006
08.114.081
152.009
09.008.100
10.115.002
Sharshekeev, O.
05.162.004
08.162.042 .043
Sharshekeev, O. Sh.
05.162.019
09.162.033
Sharvina, K. N.
05.084.414
Shashilova, N. A.
05.082.142
Shashinkina, V. M.
01.083.011
Shashkina, L. P.
03.153.026
05.153.043
Shashkina, V. P.
06.094.196
Shashko, G. A.
05.142.090
Shatalova, Eh. M.
08.081.024 .025
Shatashvili, L. Kh.
03.143.056
06.078.046
143.141
07.143.052
09.143.069

Shatashvili, L. Kh.
10.078.016
Shatkhin, Z.
05.083.005
Shatsova, R. B.
03.112.012
05.151.003
10.151.066
155.071
Shaver, P. A.
01.132.002 .060
133.036
02.125.019
157.009
03.131.030
04.141.102 .103 .104
Shayiv, G.
01.080.002
03.065.006 .073
04.065.029 .038
162.002
05.065.119
080.016
06.065.060 .118 .120
07.065.007 .044
09.141.123
10.065.018 .060
133.007
Shavlovskij, I. V.
02.033.027 .030
Shavokhina, N. S.
08.162.014
Shavrin, P. I.
02.078.033
084.412
05.084.421
06.084.413 .414
07.084.403
085.003
08.084.260 .409 .418
09.084.402
10.084.407 .415
143.031
Shavrina, A. V.
04.064.010
114.132
06.114.026
08.114.068
10.064.054
Shaw, B. W.
02.085.003
Shaw, G.
02.105.005
04.105.022
Shaw, J. A.
08.034.136
Shaw, J. H.
04.034.025
Shaw, J. S.
03.101.002
06.121.031
09.121.013
10.113.040
Shaw, L.
02.081.003
Shaw, M. L.
02.076.025 .040
04.073.063
07.076.021
08.076.050
084.416
Shaw, M. S.
01.082.100
Shaw, P. B.
02.065.023
Shaw, R. R.
10.084.419
Shaw, S.
04.123.054 .057

Shaw, S. A.
04.034.005
Shawcross, W. E.
07.008.009
Shawe-Taylor, J. S.
08.101.007
Shawhan, S. D.
03.083.009
07.141.030
09.033.023
073.013
100.013 .018
10.099.073 .083
Shawl, S. J.
02.122.007
04.131.090
05.113.016
06.131.086
07.065.031
10.122.174
Shcheglov, P. V.
08.082.172
09.031.022
10.031.020
082.084 .100
Shcheglov, V.
03.008.129
Shcheglov, V. P.
02.004.009 .014
012.022
05.003.087
07.012.007
013.005
045.026
08.004.035
008.102
Shcheglova, S. I.
02.034.053
04.034.102 .103
Shchegol', G. I.
10.155.071
Shchegolev, D. E.
01.007.000
Shchegoleva, G. P.
05.072.047
Shchekinov, Yu. A.
10.151.078
Shchenikova, T.
10.072.072
Shchenikova, T. M.
07.073.032
Shchepetnov, R. V.
01.084.216 .287
04.074.054 .069 .084
084.223
05.074.011
07.084.266
09.084.236
Shchepkin, L. A.
02.082.114
04.083.017 .080
05.083.055 .057
09.083.069
10.083.051
Shchepkin, M. G.
10.080.006 .057
Shcherbakov, A. G.
05.072.004
158.028
06.158.110
09.158.050
10.034.033
158.079
Shcherbakov, V. P.
04.084.234
05.074.063
07.084.241 .250
Shcherbanovsky, A.
04.158.082
07.160.029

Shcherbanovsky, A. L.
08.151.012
Shcherbina-Samojlova, M. B.
06.141.070
08.141.057
Shcherbina-Samoylova
See Shcherbina-Samojlova
Shcherbinin, V. Ya.
09.033.031
Shchuka, T. I.
07.083.061
084.032
08.083.068
10.085.015
Shchukin, E. I.
09.103.100
Shchukin, E. M.
04.097.020
Shchukin, V. P.
05.055.023
Shchuko, O. B.
02.094.190
03.097.025
07.097.036 .061
08.097.076 .097
09.094.857
10.097.062
Shea, M. A.
02.084.213
04.078.018
05.078.012
06.078.056
143.025 .028 .125
08.084.242
Shea, M. F.
01.085.011
Shea, W. R.
08.003.157
Sheaffer, Y.
03.104.006 .008
06.104.001
Sheather, P.
09.076.035
Sheather, P. H.
10.034.109
Shebshaevich, V. S.
06.003.114
Shectman, S. A.
08.142.075
09.160.006
Shedlikh, M.
02.046.025
Shedlovsky, J. P.
02.105.107
03.094.078
04.082.140
094.231
09.094.434
Sheeley, N. R.
09.072.052
Sheeley Jr., N. R.
02.071.047 .058
03.073.023
05.071.055
06.071.004 .033 .045 .051
072.012
07.071.026
08.071.032
072.010
10.076.036
Sheffer, B. J.
04.031.033
06.031.043
Sheffer, E. K.
01.093.043
04.093.080
142.097
05.082.007 .039 .129
142.077

Sheffer, E. K.
06.155.014
09.093.053
Sheffield, C.
01.021.013
10.065.148
Shefov, N. N.
01.082.060
02.082.007 .126
03.082.058 .060
084.050 .290
04.082.067 .170
084.054
05.082.043 .108
06.082.013 .025
08.082.170 .183
10.085.009
Sheftel, S. I.
07.022.116
Sheglov, P. V.
01.082.101 .102
02.082.021 .022 .023 .025
.026 .027 .123
03.082.084 .087 .088
04.031.030
074.028
082.071
05.082.040
Sheglova
See Shcheglova
Shehaby, N.
09.003.111
Shelby, M. E.
01.102.012
Sheldon, W. R.
01.061.004
08.082.155
Shelepin, L. A.
03.082.069
Shelesnyak, M. C.
10.012.018
Sheline, R. K.
08.061.069
Shelley, E. G.
04.084.026
06.084.028
08.084.054 .248
Shelting, B. D.
03.073.092
06.080.061
09.080.036
Shelton, G. B.
03.033.018
Shelton, J. C.
10.080.002
Shelus, P. J.
02.042.033
111.005
03.042.044
05.042.005
06.042.066
07.094.168
08.042.013
09.094.570
10.041.040
094.081 .101 .111
Shemagin, V. A.
07.033.018
Shemansky, D. E.
02.022.070 .071
03.022.095
06.022.034 .035
084.025
07.084.042
09.084.041
Shemiakin, M. M.
08.094.250
Shemming, J.
02.132.037

Shemyakin, G. F.
09.077.020
Shemyakin, M. M.
02.094.220
04.031.045
08.011.011
Shen, B. S. P.
02.143.050 .053
158.056
03.158.024
04.122.121
05.158.062 .065 .110
06.141.186
07.142.029
158.022
Shen, C. N.
02.052.037 .041
Shen, C. S.
01.141.041
142.010
03.022.011
04.141.126
143.058 .065
05.142.093
06.143.042
07.063.036
08.143.068
Shen, K. Y.
01.022.024
Shen, M.-L.
04.142.082
Shen, T. Y.
09.034.082
Shen, W.-W.
06.074.086
07.084.222
08.084.243
10.091.004
106.032
Shenavrin, V. I.
08.132.017
Shenton, C. B.
06.076.025
Shenton, D. B.
02.071.064
03.073.048
079.102
06.051.024
071.061
10.114.111
Shepanski, J. R.
01.066.001
Shepard, A. B.
06.094.061
Shepertycki, T. H.
08.033.041
Shepetnov
See Shchepetnov
Shephard, O.
02.094.106
Shepherd, D. C.
01.084.045
Shepherd, G. G.
02.082.063
084.019
05.084.040
06.084.036
08.082.026
084.059
09.084.018 .031 .264
10.034.075
083.013
Shepherd, P. J.
08.003.136
Shepley, L. C.
02.162.077
03.162.030
04.162.019 .095
06.162.085
08.162.079

Sheppard, D. J.
04.076.036
Sheppard, D. M.
03.043.004
Sheptunov, G. S.
05.034.048
09.045.007
Sher, D.
01.112.006
02.004.018
03.151.006
05.098.007
151.030
07.151.013
09.155.002
Sherbakov
See Shcherbakov
Sherbaum, L. M.
03.104.023
06.104.027 .028 .032 .033
08.104.007 .033
10.104.044
Shergalis, L. D.
05.141.244
06.141.258
Sheridan, K.
05.074.068
08.074.040
Sheridan, K. V.
02.033.052
03.033.037
074.067
077.026 .046
141.193
04.077.029
06.033.018
074.046
077.026 .027 .036
08.033.045
074.071
10.033.035
077.062
Sheridan, W. F.
05.084.023
Sherman, G. N.
09.093.003
Sherman, J. C.
07.062.042
10.062.037
Shermanzon, E. M.
05.083.053
142.090
06.078.027
Shermatov, M.
07.004.029 .030
Sherrill, W. M.
01.099.037
02.099.028
Sherrod, C.
06.009.014
10.103.102
Sherwood, V.
07.122.015
Sherwood, W. A.
02.133.033
Shestaka, I. S.
02.104.010 .038
05.104.019
06.097.017
08.104.053
09.104.023
Shestopalov, I. P.
10.034.008 .009
143.039
Shevakin, S. A.
04.122.080
Shevaleevskij, I. D.
08.022.123
094.174
10.105.111

Shevaleyevsky
See Shevaleevskij
Shevchenko, G. G.
10.122.098
Shevchenko, V. S.
02.152.009
03.122.031
06.082.062
122.145
131.029
08.082.039 .040 .124
122.901
09.003.012
082.097 .103
113.052
10.082.102 .104
Shevchenko, V. V.
02.094.199 .207
03.094.251 .252
05.013.001
094.005
06.053.030
094.187
07.094.025
097.093
09.094.870
10.004.024
011.014
094.020 .066 .091
Shevelev, Yu. G.
10.083.021
Shevlyakov, I. P.
04.014.023
Shevnin, A. D.
04.084.218 .286
06.084.317
09.084.403
Shevnina, N. F.
02.084.007
08.106.018
09.084.022
10.084.006 .012
106.042
Shi, Y.-Y.
01.042.023
05.053.007
Shiau, Y.
10.033.017
Shibaev, V. A.
05.157.008
Shibanov, F. A.
02.005.003
Shibanov, Yu. A.
08.072.063
Shibasaki, H.
07.103.100
Shibasaki, K.
10.074.131
Shibata, Y.
01.065.021
05.065.094
08.122.081
10.065.052
Shibuya, N.
05.076.014
08.033.052
09.021.005
Shieh, P. S.
01.063.007
Shields, G. A.
07.158.124
08.142.072
158.017
10.131.265
Shields, W. R.
09.094.702
10.094.209
Shifrin, A. V.
03.084.013 .014 .015

Shifrin, K. S.
03.082.047
10.063.040 .041 .042
Shigaev, B. N.
09.143.075
Shigehisa
10.123.044
Shih, C.
06.094.294
Shih, C. Y.
10.094.208
Shikin, G. N.
10.066.067 .069 .072
Shikin, I. S.
04.162.084
06.162.046
09.162.022 .046
Shikina, N. D.
04.105.067
08.105.083
Shilepsky, A.
02.142.014
04.142.049
Shillington, F. A.
01.122.012 .083
Shilov, A. A.
09.053.005
Shilov, E. A.
02.074.070
Shilov, V. V.
10.034.048
Shilova, N. S.
02.074.067
03.073.026
085.004
06.073.011
09.073.022 .035
10.073.002
Shilova, S. V.
01.041.009
09.041.042
Shilyaev, Yu. P.
03.084.012
Shima, H.
08.051.016
Shima, M.
02.105.113
06.105.135 .139 .165
08.105.048 .127
Shima, Mak.
09.105.149
10.105.901
Shima, Mas.
09.105.149
10.105.901
Shimabukuro, F. I.
01.077.033 .034
02.077.018
03.073.045 .055
04.077.043
079.104
05.077.036 .040 .045
06.077.016 .022
07.077.010 .024
08.077.030
09.077.062 .068
082.075
10.071.014
082.052
Shimada, M.
01.081.018
Shimazaki, K.
08.045.030
Shimazaki, T.
04.097.041
Shimchuk, G. B.
10.155.071
Shimizu, F. O.
05.131.061

Shimizu, I.
05.034.014
08.032.036
09.032.013
Shimizu, M.
01.093.013
02.122.002
03.124.103
04.093.020
097.040 .041
05.097.043
06.071.002
077.055
091.038
099.032
07.097.071
08.093.027
09.131.201
10.097.075
131.188
Shimizu, T.
02.151.032
05.131.061
10.151.036
Shimizu, Y.
05.034.012
07.034.106
122.091 .099 .108
08.122.110 .123
09.122.100 .134
Shimmins, A. J.
01.141.230
03.033.029
05.035.005
141.111
06.141.017 .242 .246
07.033.054
08.141.002 .131
09.141.062
10.141.105
Shimooda, H.
01.063.018
07.063.024
10.063.056
Shin, J. B.
08.022.021
Shine, R.
09.073.073
Shine, R. A.
08.073.045 .058
09.063.040
064.029
10.064.062
071.045
073.040
114.108
Shiner Jr., V. J.
03.094.154
04.094.257
06.094.105
09.094.447
Shingareva, K. B.
05.094.004
06.094.004 .196
07.094.179
10.094.134 .184
Shinkarik, T. K.
04.042.094
05.042.036
06.042.063
07.042.020
08.042.009
10.052.072
Shinkawa, D.
09.122.051
Shinkfield, R. C.
07.103.115
Shinn, B. P.
02.009.015
08.079.101

Shinn, B. P.
09.032.011
Shinozawa, S.
01.079.107
03.079.103
05.079.105
07.079.109
08.093.041
09.093.013
097.038
Shinya, K.
05.094.101
Shiomi, Y.
01.077.002
08.033.052
Shipenshtein
See Shipenshtejn
Shipenshtejn, A. A.
06.098.032
08.053.032
10.034.023
Shiper, N. M.
06.103.101
Shipley, E.
03.097.042
Shipley, E. N.
07.097.027
08.097.023 .086
Shipley, J. P.
05.034.069
082.059
06.066.045
099.002 .059
Shipman, H. L.
01.114.088
02.114.084
03.114.006
05.065.116
126.022 .043
06.126.005 .016
08.126.017
09.153.014
Shipp, O. E.
01.032.007
Shipstone, D. M.
01.084.024
Shipulin, Yu. A.
10.034.036
Shirck, J.
02.105.090
09.094.713
10.094.307
Shirjaev
See Shiryaev
Shirk, E. K.
05.143.013
09.094.510
10.094.414
Shirochkov, A. V.
05.078.031
083.050
06.078.011
083.025
07.078.019
08.078.021
Shirshov, R. P.
02.094.195
Shiryaev, A. A.
09.051.024
Shiryaev, A. V.
02.035.027
044.035
04.046.026
05.046.010
09.044.031
Shishkin, G. V.
02.061.021
03.066.067
Shishkina, L. L.
09.064.039 .040

Shishkina, V. N.
04.041.037
08.041.063
10.041.013 .029
Shishov, V. I.
01.106.023
03.141.074 .183
04.061.007
143.043
06.143.146
08.141.107
09.141.103 .129
10.141.525
Shister, A. R.
02.106.028
05.074.038
06.074.029
106.041
10.074.021 .023 .052 .066
Shitnik, I. A.
05.076.002
Shitov, Iu. P.
See Shitov, Yu. P.
Shitov, Yu. P.
01.141.185
02.141.048 .098 .213
03.141.145 .147 .201
04.141.156
05.141.072 .131 .219 .220
.223
06.141.178 .219
07.141.554
08.141.564
10.141.509
Shiukashvili, M. A.
03.114.015
152.005
Shivanandan, K.
01.032.064
113.029
02.032.040
06.082.149
08.034.015
Shive, P. N.
09.094.938
Shivris, O. N.
01.033.004
02.093.041
03.033.020 .021 .022 .023
08.033.002 .003 .011 .016
09.093.064
Shkerin, L. M.
03.094.334
04.105.069
05.104.003
105.030
10.105.098
Shkhalakhov, G. Sh.
09.143.084
Shkirina, V. I.
06.053.027
Shkljarnik, V. S.
03.072.017
06.071.019
Shklovski
See Shklovskij
Shklovskij, I.
01.142.013
02.162.013
04.158.069
Shklovskij, I. S.
01.003.049
131.014
132.049
141.182 .183
02.015.006
141.033 .035 .070 .173
.210
03.051.010
141.023 .219 .220

Shklovskij, I. S.
04.141.040 .184
05.141.105 .141
   142.077
06.061.010 .047
   142.081 .087
   155.014
07.142.122 .134
   158.010 .052 .093
08.125.014 .036
   142.022 .035
09.142.046
10.003.124
   015.003
   142.041 .097
Shklovskij, N. S.
05.141.231
Shklovsky, J. (S.)
See Shklovskij, I. (S.)
Shkodrov, V. G.
01.081.007
02.081.032
Shkol'nikov, V. A.
02.093.040
07.093.023
09.093.073 .074
Shkutov, V. D.
07.103.122
08.034.151
Shkutova, N. A.
05.034.050 .051
07.103.122
Shlapak, V. N.
10.084.264
Shlionsky, Sh. G.
08.083.030
Shlyakhtina, A. P.
05.084.203
Shmakova, L. M.
10.052.056
Shmakova, M.
02.103.112 .113
03.103.102 .113
Shmakova, M. J.
See Shmakova, M. Ya.
Shmakova, M. Ya.
02.103.110 .112 .113
03.098.017
06.098.002
08.098.023
   103.111
10.098.019
Shmelev, G. M.
02.054.022
10.052.055
Shmelev, K. A.
06.077.011 .012
Shmeleva, N. S.
02.054.022
10.052.055
Shmeleva, O. P.
05.080.004
07.073.035
10.073.045 .124
Shmelkina, E. B.
02.082.051
Shmelovskij, K. G.
09.083.033
Shmilauehr, Ya.
09.083.033 .054
Shmulevich, S. A.
09.033.018
   094.876
Shmulevskij, V. N.
10.033.014
Shnejvajs, A. B.
09.063.050
10.063.032
Shniad, H.
03.042.032

Shnol, E. E.
01.061.025
02.065.035
Shnol', E. E.
09.122.083
Shnygin, Yu. N.
07.093.025
Sho, S.
01.033.003
Shobbrook, R. R.
02.119.006
07.122.008 .009 .068
09.122.006 .056
Shodhan, V.
09.083.052
Shodiev, T.
07.004.031
Shodiev, U.
01.104.041
03.104.048
04.104.009 .024
05.104.035 .039
06.104.061 .110
Shoemaker, E.
04.094.005
10.098.038
Shoemaker, E. M.
02.094.118 .173 .174
03.094.026
04.094.053 .055 .056 .057
   .058 .061 .304 .392
Shoening, W. C.
10.036.011
Shoffstall, D. R.
04.022.120
10.022.073
Shogenov, V. Kh.
10.078.020
   143.043
Shokin, Yu. A.
01.098.032
10.032.008
Sholin, G. V.
04.062.058
07.022.052
Sholomitskij, G. B.
05.091.009
   141.091
06.141.070
08.141.057
Sholomitsky
See Sholomitskij
Shongolowitsch, J. D.
See Zhongolovich, I. D.
Shooiskaya
See Shujskaya
Shor, V. A.
04.097.069
06.097.015
Shore, B.
08.034.130
Shore, B. W.
02.022.076
05.011.024
Shore, S. N.
07.125.005
09.142.008
10.114.005 .185
Shore, S. S.
06.114.105
Shorin, V. S.
06.065.084
Shorina, O. M.
10.014.004
Shorland, E.
04.010.022
10.005.002
Short, N. M.
03.094.117 .342
04.094.179 .375

Short, N. M.
04.105.009 .082
05.094.035 .174
07.094.260
Shorthill, R.
09.094.566
Shorthill, R. W.
06.094.075
07.094.197 .223
   097.023
   099.047
08.094.025 .026
   099.039
09.094.538
   095.001
   099.067
10.094.463
   099.076
Shortt, I. R.
03.131.120
Shostak, G. S.
05.158.086
06.158.087
07.151.076
   158.145
08.158.032
09.158.005 .085 .086
10.158.125
Shotkin, L. M.
08.082.224
Shotts, R. Q.
01.094.095
Shoulov
See Shulov
Showalter, D. L.
02.105.076
04.105.062
06.105.140
07.094.008
08.105.035
09.094.226 .682
Showen, R. L.
03.079.102
Showers, G. A.
10.003.125
Showers, R. M.
05.083.035
Shpagin, D. A.
08.035.005
Shpanov, A. P.
08.094.207
Shpitalnaya, A. A.
03.034.065
   071.017
04.073.018 .065
05.073.062
06.072.071
   073.047 .063
07.072.041
08.072.050
10.072.002
Shpital'naya, A. A.
10.073.041
Shpolskiy, M. P.
07.036.007
Shpychka, I. V.
02.122.037 .038
03.122.117
06.082.132
10.122.015
   124.101
Shriftin, Y. S.
08.003.133
Shrivastava, S. K.
08.052.040
Shtark
See Stark
Shteinberg
See Shtejnberg

Shteins
 See Steins
Shteinshleger
 See Shtejnshlejger
Shtejnberg, G. S.
 01.094.085
 02.094.198 .208
 03.082.035
   094.008
 06.094.184
 09.094.864 .890 .891
Shtejngrad, Z. A.
 10.066.063
Shtejns, K. A.
 See Steins, K. A.
Shtejnshlejger, V. B.
 01.132.011
 02.033.028 .029
 03.033.027
 05.141.014
 07.141.092
 08.141.016 .129
 10.033.139
Shtern, D. Ya.
 04.083.029
 10.074.033
   106.027
Shtykov, V. D.
 08.033.054
Shtyrkov, O. V.
 08.082.139
Shu, F. H.
 01.151.017
   158.045
 02.151.027
 03.151.027 .028 .038
 04.151.026
 05.131.122
   151.039 .045
 07.131.080
 08.151.006
 10.131.168
   151.006 .088
Shu, F. H-S.
 06.151.023
Shuart, R.
 05.098.013
 06.098.013
Shuart, R. A.
 05.098.014 .015
   103.108 .113 .116 .117
Shub, M.
 08.042.091
Shufeldt, H. H.
 03.003.089
Shugarov, S. Yu.
 10.123.060 .061 .062
Shugart, H. A.
 08.022.100
Shugurova, N. A.
 10.105.097
Shuiskaya
 See Shujskaya
Shujskaya, F. K.
 03.084.012 .013 .014 .015
 05.085.002
 08.082.177
Shujskaya, Z. I.
 04.083.017
 05.083.057
Shukalov, I.
 01.143.047
   161.003
 02.162.061
Shukalov, I. B.
 01.142.062
 04.161.002
 05.143.143
 07.062.027
   063.011

Shukhman, I. G.
 06.154.017
 07.151.002
 09.061.036
   151.004 .041 .047
 10.151.001 .075 .076
Shukla, M. M.
 01.022.064
 08.022.015
Shukla, P. G.
 04.142.091
 05.142.023
 06.142.016
Shukla, P. K.
 08.062.009 .041 .055
   083.043
 10.074.132
Shukla, R. V.
 04.082.027 .123
 06.082.109
 08.022.055
 10.097.118
Shukolyukov, Yu. A.
 09.003.112
Shukov, V. V.
 05.062.016
Shukstova, Z. N.
 03.034.070
Shukurov, A. Kh.
 01.093.071
Shul'berg, A. M.
 01.117.007
 06.003.006
   007.000
   121.081 .082
 09.117.023
 10.121.029 .049
Shuleikin, V. V.
 05.084.201
Shulenina, R. V.
 03.084.012
Shull, C. W.
 05.094.178
Shulman, A. D.
 04.032.025
Shulman, G. P.
 07.097.015
Shul'man, L. M.
 01.065.040
 02.102.004 .005
 03.122.080
 04.065.142
   103.120
 05.065.055
   102.003 .005 .006
 08.003.134
   102.029 .030 .031
Shulman, S.
 05.114.020
   142.048
 06.142.019
 07.122.126
 08.155.050
 09.155.057
Shulman, S. D.
 09.142.074
 10.142.061 .062
Shulov, O. S.
 02.121.062 .066
 04.034.099
 05.034.079
 06.142.086
 07.142.054
 08.126.007
   142.153
 09.121.079
   126.004
   142.149
Shultis, J. K.
 02.091.001

Shultis, J. K.
 06.063.009
Shumaker Jr., J. B.
 01.022.012
 02.022.089
Shumilov, O. I.
 01.084.278
 03.084.026
 07.084.037
 08.083.013
Shumshurov, V. I.
 09.084.402
Shur, A. S.
 02.105.048
Shurshalov, L. V.
 08.105.025
 10.104.057
Shuryghin
 See Shurygin
Shurygin, A. I.
 04.034.076
   073.024
 05.076.001 .002
 08.073.013
 10.076.029
Shushkova, V. B.
 02.105.181
 04.104.037
   105.054
 06.104.097
 08.105.049
 10.106.015
Shustarev, P. N.
 08.034.159
 10.082.111
   114.176
Shuster, G. I.
 02.094.058
Shustov, B. M.
 09.003.005
Shuter, W.
 01.131.053
Shuter, W. L. H.
 01.157.004
 02.141.044
   157.001
 04.131.100 .101
   141.115
   157.001 .005 .007
 06.033.005
   131.025
   141.043 .176
 08.077.013
 09.071.014
Shutko, A. M.
 08.097.097
 10.097.062
Shutte
 See Shyutte
Shuvalov, V.
 06.072.095
Shuvalov, V. M.
 09.014.007
Shvalagin, I. V.
 02.082.058
Shvarev, V. V.
 02.094.060 .198 .208
 04.094.337
 05.053.025
   094.061
 06.094.021 .022 .028 .148
   .184
 07.003.041
   094.001 .102 .131 .139
 08.094.165 .166
 09.094.603 .854
Shvarts, A. N.
 08.162.009
Shvartsburg, A. B.
 10.083.046

Shvartsman, V. F.
01.162.040
03.064.045
142.029
04.065.102
131.027
141.064 .073
05.065.061
066.055
141.215
06.065.028
Shvartsman, Ya. E.
07.143.033
09.143.075
Shved, G. M.
04.091.036
09.091.023
Shvetsov, A. A.
10.132.037
Shvetsov, V. A.
04.162.028
Shvetsova, N. A.
04.162.028
Shvetzov, Yu. N.
08.122.037
Shvidkovskaya, T. E.
02.094.058 .151
04.094.098
05.094.102
06.094.183
09.094.868 .869
Shvidkovskij, E. G.
01.082.109
03.082.030
05.082.003
Shyutte, N.
10.082.040
Shyutte, N. M.
02.082.144
07.076.027
083.049
09.076.034
Sibgatullin, N.
04.162.033
Sibgatullin, N. R.
06.066.020
09.066.039 .073
Sibilev, V. P.
08.032.056
Sibille, F.
07.121.009
10.034.028
Sibulkin, M.
02.063.011
Sicha, M.
08.034.043
Sida, D. W.
01.104.012
Sides, V. L.
07.082.100
Sidgwick, J. B.
05.003.020 .021
Sidi, C.
08.082.184
Sidlichovsky, M.
09.034.022
073.027
Sidorenko, A. I.
04.083.029
10.074.033
106.027
Sidorenkov, N. S.
01.044.002
04.045.011
082.214
05.044.017
06.044.013
082.038
07.003.083
08.082.049

Sidorenkov, N. S.
09.045.005
085.007
Sidorin, V. N.
06.104.057 .058
Sidorov, D. V.
07.081.012
Sidorov, N. A.
06.083.059
Sidorov, V. A.
06.031.044
Sidorov, V. M.
10.066.062
Sidorov, V. V.
03.104.028
06.104.043 .066 .068
10.066.076
Sidorova, I. I.
06.065.084
Sieber, D.
09.061.040
Sieber, W.
08.141.531
09.141.517 .536
10.141.517 .524
Siebert, M.
03.084.238 .288
05.084.218
06.084.274
08.084.305
085.007
Sieck, L. W.
10.097.063
Siefarth, G.
03.003.121
Siegal, B. S.
10.094.053 .098
Siegel, C. L.
06.003.112
Siegel, K. M.
04.003.033
Siegel, U.
10.122.172
Sienkiewicz, R.
08.117.026
10.065.114
Sierra, A.
03.113.061
Sievers, H. C.
01.114.059 .107
Sievers, J.
04.123.054 .057
124.109
Sievers, J. R.
04.124.110
Sievers, R. E.
09.094.409 .692
Sievwright, W. M.
01.084.025
Siewert, C. E.
01.063.007 .008
091.034
02.063.017
03.063.014
04.063.009 .038
05.063.008 .009 .034 .052
06.063.011
07.042.036
063.013 .016 .041
08.042.047
09.042.010
Sigg, H.
07.031.027
Sighinolfi, G. P.
10.105.014
Sighinolfi, P.
09.105.124
Sigl, R.
01.046.004
02.003.115

Sigl, R.
03.046.018
06.012.035
046.021 .027
10.046.024 .032
Signer, P.
02.074.065
105.151 .152 .154
04.105.056
05.105.009
06.074.100
105.021 .084 .099
07.105.017
08.105.019 .116
09.094.737
105.142
10.094.013 .029 .290
Signore, M.
03.066.087
Signorini, C.
01.074.032
Sigov, Yu. S.
02.084.259
Sigrist, N.
07.052.011 .012
Sikharulidze, Yu. G.
01.052.006
03.052.016
04.082.025
Sikorski, J.
07.114.127
Silakov, V. P.
05.062.034
Silant'ev, N. A.
03.063.032
08.061.055
063.017
131.013
09.142.016
Silberberg, R.
01.143.043 .044
02.143.068
04.143.059
05.143.039 .128 .129 .130
.131 .132
08.143.027 .034
09.022.045 .046
Silberberg, R. W.
09.033.075
Silcock, B.
04.003.141
Silhan, J.
04.123.062
06.121.095
10.121.119
Silin, A. A.
06.094.021
07.094.001 .102 .131
Silk, J.
01.066.031
142.003 .016 .017
02.061.019
131.053
142.013
143.027
162.041
03.131.099
161.004 .010
162.002 .033
04.131.013 .060 .094
141.023
142.053 .096
143.037
161.006
05.061.023
131.010 .143
141.119
155.025
06.114.113
132.036

Silk, J.
06.161.005
07.141.112
142.119
160.012
161.005 .006 .009 .015
08.131.069
132.004
142.012
162.053
09.125.022
131.039 .136 .204
142.096 .901
151.019
158.065
162.003
10.142.045 .052
143.004
158.009 .100
160.004
161.002
Silk, J. I.
01.141.231
02.158.004
04.142.036
10.131.234
Silk, J. K.
10.074.036
Silk, R.
09.125.019
Sill, G. T.
02.093.026
04.093.007
05.093.033
09.093.020
10.091.049
093.017
094.389
Sill, W. R.
01.106.008
02.106.006
03.094.009
05.094.011
07.094.109
10.094.410
Siluk, R. S.
07.161.015
08.132.004
09.131.039
Silva, A. F.
08.073.060
10.073.099
Silva, F. A.
10.072.075
Silvano, U.
04.045.032
Silver, A. D.
09.105.154
Silver, H.
03.031.031
Silver, L.
10.011.007
Silver, L. T.
03.094.032
04.094.232
105.155
06.094.051
07.094.009 .010
08.094.237
09.094.055 .270
10.094.440 .441
Silver, S.
07.033.050
Silverberg, E. C.
03.094.023
04.094.095
05.034.089
06.106.036
07.034.029
094.124 .167

Silverberg, E. C.
08.034.101
115.012
09.094.166 .927
115.009
10.094.074 .081 .101
Silverberg, R. F.
01.141.214
09.143.051
10.143.049
Silverman, M. P.
03.094.164
04.094.261
05.094.050
09.094.449
Silverman, S.
02.162.023
Silverman, S. M.
03.082.040
04.082.077 .096
05.082.115 .117
06.122.068
Silverstein, S. D.
01.066.058
Silvester, A. B.
05.098.002
Silvestro, G.
02.115.016
141.215
04.065.147
153.032
06.065.154
141.133
08.153.006
09.141.097
10.141.560
Silvestro, M. L.
07.061.029
065.073
Sil'vestrov, L. V.
05.078.016
Silvet, H.
01.151.008
Sim, M. E.
02.153.013
Sima, Z.
05.011.037
06.117.024
10.117.024
Simak, C. D.
03.003.108
Simek, M.
01.104.024
10.104.003 .004
Simic
03.044.012
Simic, M.
06.096.017
Simkin, S.
10.034.073
Simkin, S. M.
02.158.068
03.151.011
158.080
05.158.108
07.158.129
08.158.043 .077
09.158.070
Simkin, T.
10.094.379
Simmonneau, E.
10.063.061
Simmons, P. P.
09.051.015
Simmons, G.
02.094.104
03.094.140 .142 .185 .201
04.094.130 .290 .293 .320
07.094.253
08.003.135

Simmons, G.
09.094.485 .487 .492 .546
.783 .785 .848
10.094.073 .442 .465 .475
Simmons, J. D.
01.022.025
Simmons, J. E.
06.031.059
Simmons, J. W.
06.003.111
Simmons, K.
03.103.102
124.103
04.103.104
104.066
06.124.102
08.104.050
09.010.041
10.103.102
Simmons, N.
08.011.021
Simms, L. A.
09.105.056
10.094.126
105.036
Simnett, G. M.
02.143.014 .018
05.074.016
078.037
143.089
06.078.025
07.078.003
143.038
08.084.410
09.078.020
10.078.040
Simo, C.
06.081.045
Simo Torres, C.
08.081.055
Simoda, M.
04.154.002 .008
07.154.002 .003
Simoes Da Silva, A.
03.118.008
05.118.035
06.008.028
118.023
10.102.037
Simon, A.
03.003.107
05.062.037
07.083.053
Simon, D.
01.081.026
Simon, G.
01.079.102
08.004.006
Simon, G. W.
02.072.038
04.071.005
05.076.039
080.031
06.074.040
07.076.006
08.073.046
074.041
080.032
09.071.034 .041
Simon, J. M.
07.034.144
09.034.029
10.034.066 .068
Simon, J.-L.
01.098.047
07.091.021
Simon, L. W.
10.122.087
Simon, M.
01.077.005

Simon, M.
01.141.098
02.073.043
074.017 .032
077.022
141.112 .156
03.073.045
141.104
04.079.104
141.018
05.077.036
134.013
06.073.060
077.016
07.073.002
074.001
113.002
09.071.036
131.034 .071
155.009 .038
10.071.006
113.106
131.083 .290
132.057
141.077
Simon, M. C.
09.034.029
Simon, M. N.
10.131.083
Simon, N. R.
01.065.009 .025
02.065.021 .085
03.065.066 .081
122.019
04.119.004
05.061.011
065.021
07.065.035
08.065.039 .040 .041
09.122.041
124.006
10.124.015
Simon, P.
02.073.045 .080
03.073.057 .121
06.074.007
082.028
07.004.024
010.008
09.010.008
075.002
10.013.011
035.005
072.023 .047
074.070
076.003
Simon, R.
02.065.001
03.162.036
04.065.052
162.007
05.162.007
10.066.182
162.091
Simon, T.
06.114.107
08.113.026 .042
114.123
122.024
09.158.076
10.113.092
Simonaitis, R.
06.091.022
08.082.038
Simonds, C.
09.094.054
Simonds, C. H.
09.094.205
10.094.126 .187 .304 .443
.478

Simoneit, B. R.
01.105.036
02.053.013
03.094.153
04.094.248
06.094.204
07.094.164
09.094.102 .245 .444 .445
.752 .901 .954
10.094.444 .492
Simonenko, A. N.
01.104.029 .031
02.105.056 .131
06.143.055
07.105.025
08.011.029
104.007
105.069
106.036
09.106.010
10.103.102
104.054 .055
105.902
Simonneau, E.
07.063.002
08.063.005
Simonoff, G. N.
09.105.034
Simons, D. B.
01.094.092
Simonson, S. C.
05.155.008
Simonson III, S. C.
01.157.002
04.155.012
05.131.082
155.019
06.132.026
07.155.057
09.131.023 .163
155.035
157.013
10.155.019
Simovljevic, J. L.
09.042.047
Simpson, E.
01.065.020
03.065.017
07.061.032
Simpson, E. E.
05.065.065
Simpson, F. R.
02.084.029
Simpson, J. A.
01.084.248
143.019 .027 .040
02.143.030
04.073.073
084.414
106.040
143.001
05.078.050
143.031 .108 .109
07.078.002
143.027
08.073.041 .065
09.143.022 .053 .057
10.073.093
078.030
143.021 .041
Simpson, J. P.
04.132.014
09.022.049
10.132.038
Simpson, M.
10.066.171
Simpson, P. R.
03.094.095
04.094.180
09.094.322

Simpson, R. A.
04.094.408
05.094.078 .184
Simpson, R. S.
07.021.003
Simpson, R. W.
03.114.134
06.064.029 .041
114.063 .071
07.114.109
08.114.047
Simpson, W. R.
04.082.108
Sims, J. S.
04.099.028
05.097.016
06.097.005
10.097.044
Sims, K. P.
04.096.011
08.096.012
10.096.018
Sinanoglu, O.
02.022.024 .028
06.022.150
08.022.101
09.071.031
Sincheschool
See Sincheskul
Sincheskul, B. F.
02.032.047
04.113.039
06.031.007
07.092.009
Sincheskul, V. F.
02.031.007
Sincheskul, V. N.
02.031.007
032.047
04.032.022
113.039
06.031.007
123.071
152.009
08.152.003
Sinclair, A. C. E.
01.093.054
02.093.008 .027
03.093.028
04.093.028 .030 .049
08.093.003 .004
Sinclair, A. T.
01.098.001
03.042.042
04.042.027
07.097.001
08.100.018
102.014
10.042.023
Sinclair, D. E.
09.094.736
Sinclair, F. L.
07.003.121
08.003.064
Sinclair, J. E.
04.158.078
09.122.058
Sinclair, M. W.
01.033.035
02.132.016
03.131.121
141.014
04.131.117
06.131.076 .111
141.185
157.008
07.131.142
08.131.007
09.131.021 .117

Sinclair, W. S.
06.043.011
07.094.169
10.094.082
Sinelnikov, V. M.
06.083.023
Sinenok, S. M.
04.034.053
Sinfailam, A.-L.
02.022.114
Singatullin, R. S.
04.066.019
Singeorzan, I. C.
03.009.020
Singer, F.
09.107.010
Singer, S.
01.078.020
03.084.255
04.084.041 .208 .295
    106.034
05.084.209 .255
06.078.013
    084.058 .238 .266
07.034.128
08.084.289 .332
09.084.202
10.084.221
Singer, S. F.
02.094.136
    106.015 .018
03.012.005
    053.008
    105.055
04.093.042
    094.103
05.107.017
06.093.007
    094.210
    107.015
07.097.106
08.005.027
    094.028
09.105.134
10.094.445
Singer, W.
04.103.104
Singh, D. N.
01.066.002
Singh, G. C.
08.022.020
Singh, I. D.
01.022.064
Singh, K. P.
01.066.002
04.066.089
08.062.055
10.074.132
    162.064
Singh, M.
03.065.097
04.065.139
10.065.111
Singh, M. D.
07.033.047
Singh, P.
04.143.047
06.143.117
Singh, P. D.
08.022.015
Singh, R.
08.082.112
Singh, R. B.
08.052.017
Singh, R. N.
01.062.021
02.084.257 .258
03.083.032
    084.228
    085.009

Singh, R. N.
05.084.250
07.076.045
08.062.041
    083.043
10.074.132
Singh, R. P.
01.062.021
02.084.257 .258
03.084.228
05.084.250
09.062.050
Singh, S.
01.062.038
09.065.007
Singh, S. J.
04.081.045
07.081.011
09.081.009
Singh, S. N.
08.082.112
10.084.220
Singkh, R. B.
09.052.013
10.052.018 .019
Singla, M.
07.062.002
09.064.038
Singleton, D. G.
03.083.014 .016 .028
Sinha, K.
09.071.028
10.071.040
Sinha, N. K.
02.065.040 .041
Sinha, R. P.
05.033.006
Sinichenko, Ya. M.
02.082.058
Sinigaglia, G.
02.033.036
08.033.072
Sinitsin, V. G.
01.074.012
05.074.030
Sinitsina, V. G.
05.082.009
07.078.014
    082.138
09.084.409
10.083.042
Sinitsyn, V. M.
09.082.034
Sinitsyna
See Sinitsina
Sinkankas, J.
03.094.111
09.094.937
Sinnerstad, U.
01.113.018
04.113.043
Sinnott, R.
07.123.031
Sinnott, R. W.
09.094.032
Sinton, W. M.
01.097.034
    114.096
02.082.081
06.094.120
08.091.013
    097.050
    101.014 .015
09.009.023
    091.051
10.099.063
Sinvhal, S. D.
05.122.095
07.123.007
08.116.007

Sinvhal, S. D.
08.122.112
10.122.113
Sinyaev, V. A.
06.031.064
    041.041
Sinzi, A.
06.041.055
Sinzi, A. M.
03.047.020
04.047.032
    079.100
    096.013
05.098.012
06.043.014
    096.030
07.041.039
08.047.005
10.047.007
Sion, E. M.
06.126.004
10.126.008
Sipko, V. N.
04.084.290
08.084.257
Sipler, D. P.
04.083.036
07.083.037
08.083.062
Sippel, R. F.
03.094.119
04.094.305
06.094.095
09.094.325
Siguic, R.
10.065.126
Siguig, R.
10.065.118
Siguig, R. A.
10.065.037
Sirazhdinov, S. Kh.
10.004.080
Sire, A. Sh.
04.083.057
05.083.017
09.082.038
Siren, J. C.
08.084.011
Sirohi, R. S.
02.032.054
Siroky, J.
01.014.012 .013
05.006.000
06.011.051
07.005.021
10.004.078
    007.000
Sironi, G.
01.143.001
02.143.069
05.143.095
Sirri, N.
08.051.009
Siry, J. W.
04.094.002
07.043.005
09.054.001
10.043.004
    046.018
Siscoe, G. L.
01.074.019
    094.016
    106.014
02.074.002 .003 .045
    084.214 .235
03.074.016 .019
    084.273
04.074.005
    084.248 .250
05.074.013 .043 .087

Siscoe, G. L.
05.101.008
106.007
06.084.219
07.074.035 .036 .057
084.267
08.084.323 .325
094.183
09.084.251
10.074.040 .045 .094 .114
092.001
094.016 .100
Siskina, V. N.
02.041.043
Sistero, R. F.
02.121.076 .086
03.121.068
141.231
154.007
04.121.057
05.154.019
06.121.005 .042
162.032
07.125.107
08.125.102
162.026
09.121.055
162.039
10.121.092 .094
141.104
162.028 .051
Sistla, G.
03.071.013
05.133.005
10.133.066
Sitarski, G.
01.102.001
103.002 .113 .123
02.102.044
103.125
03.103.111 .112
04.103.112
05.102.014
06.102.008
103.106 .109 .112 .117
07.047.018
103.118 .128
08.102.005 .018
103.118
09.047.015
103.111
10.011.050
103.122 .128
107.026
Sitenko, A. G.
08.003.136
09.062.055
Sitnik, G. F.
01.071.048
072.044
079.100
082.110
02.082.098
03.071.043
04.071.072 .073 .075
072.011 .050
05.071.010
06.034.111
08.007.000
082.123 .139
09.071.019
10.071.010 .027
Sitnik, G. S.
03.044.008
Sitnik, T. G.
06.141.146
Sitnikov, Yu. F.
09.082.109
Sitnov, Yu. A.
04.083.030

Sitnov, Yu. S.
07.062.028
084.243
Sitska, J.
01.114.021
Sitte, K.
06.106.018
07.143.065
08.143.056 .066
09.143.072
10.061.021
143.022
Sitterly, B. W.
05.115.016
Siuniaev
See Syunyaev
Sivan, J. P.
03.113.034
07.155.068
08.114.105
Sivaraman, K. R.
01.072.002
02.102.034
04.034.075
103.133
05.073.034
08.074.084
10.071.081 .082
074.134
103.102
Sivertsen, S.
05.103.111
08.113.065
Sivin, N.
05.003.088
Sivjee, G. G.
03.082.065
06.082.048
07.079.101
082.021
08.084.038
Sivtseva, L. D.
06.083.042
08.082.171
Six, F.
09.014.010
Six, N. F.
03.099.009
05.099.006
07.099.024
08.099.083
Sizikov, V. S.
01.158.042
02.158.036 .062
04.151.010 .039
Sizonenko, Yu. V.
10.073.120
103.102
Sizova, O. A.
01.042.040
04.042.089
08.042.023
Sjagajlo
See Syagajlo
Sjogren, W.
06.094.161
08.094.001
Sjogren, W. L.
01.094.062
02.094.076 .092 .126 .127
.144 .156 .164
03.094.203 .286 .353
04.094.411
05.094.023 .097
06.094.220
07.094.007 .214 .220
097.032
08.094.061 .270
097.037
09.094.059 .757

Sjogren, W. L.
09.097.018
10.094.022 .353
Sjunjaev
See Syunyaev
Skaggs, S. R.
03.105.010
04.105.144
07.105.032
Skalafuris, A. J.
01.061.007
02.074.042
06.071.024
Skatova, N. V.
02.121.082
05.117.028
Skeels, S.
04.034.106
Skerra, B.
02.105.096
03.094.151
105.144
04.094.206
Skhtoryan, E. M.
07.065.094
Skiles, D. D.
07.062.010 .011
Skill, A.
09.133.005
Skilling, J.
03.143.001
06.062.073
143.050
Skillman, T. L.
03.084.259
05.084.207
06.084.282
Skinner, B. J.
03.094.108
04.094.181 .186
09.094.621
Skinner, N. J.
02.083.018
Skirrow, J.
01.142.038
Sklyarov, Yu. A.
04.103.103
05.103.106 .111
10.098.075
Skobelev, V.
07.061.062
Skobeleva, T. P.
04.094.097
06.094.032 .149
07.094.101 .132
10.003.078
Skobel'tsyn, D. V.
05.003.089
07.003.121
Skomorovskij, V. I.
10.034.016
Skopova, O.
03.003.054
Skorik, K. E.
04.034.093
073.051
05.034.009
10.079.101
Skorupski, A.
06.151.001
Skotnikov, M. M.
01.093.083
Skousen, E. N.
06.143.091
Skovli, G.
04.084.005 .059
07.083.018
10.084.009
Skrebtsov, G. P.
05.051.023

Skrebtsov, G. P.
05.143.025 .150
06.143.135
07.143.051
09.031.042
Skripin, G. V.
01.106.024
05.106.023 .037
143.077
06.078.050
07.143.035
09.078.051
10.078.015
Skripko, N. S.
04.034.099
05.034.079
Skripnichenko, V. I.
03.042.050
08.042.008
102.012
Skrivanek, R. A.
02.105.188
05.082.090
105.050
Skryabin, N. G.
01.085.005
Skul'skij, M. Yu.
02.119.003
04.121.048 .049
06.121.006 .050
08.121.025 .039 .106 .110
10.121.025 .026 .028 .040
Skulsky
See Skul'skij
Skumanich, A.
01.063.022
064.030
02.064.029
03.073.034
04.063.019 .030
073.044
114.104
05.063.003 .040
064.043
06.064.045
073.002
114.141
07.114.020 .035
08.073.047
09.071.004
073.062
10.063.027
064.034 .067
Skuridin, G.
06.013.017
Skuridin, G. A.
02.084.253
05.143.062 .137
09.084.241
Skutnik, B. J.
02.022.007
04.022.100
Slabinski, V. J.
03.054.013
06.055.003
Slack, F. F.
01.083.015
Slade, M. A.
01.093.028
03.093.024
04.093.062
07.094.169
08.094.189
10.094.083 .107
Sladkova, A. I.
10.034.008 .009
143.039
Slanger, T. G.
06.082.137

Slater, A. J.
09.083.014
Slater, G. L.
07.097.032
08.097.037
09.097.018
Slater, R. H.
05.033.020
06.033.042
07.033.055
Slattery, J. C.
01.104.013
10.104.059
Slattery, W. L.
06.022.004
09.091.041
Slaucitajs, S. J.
06.046.038
Slaucitajs, S. S.
03.041.006
Slaughter, C.
03.071.036
05.034.022
Slaughter, C. D.
01.114.030
02.034.036
103.101
06.071.003
072.036
07.071.020 .040
Slavenas, P. V.
09.004.100
Slavinskaya, A. A.
02.045.004 .012
Slavnov, S. V.
05.031.056
Slee, O. B.
01.141.205
02.122.124
03.141.063 .188
04.141.084
05.122.068
141.092 .146
06.141.015 .063 .117
142.068
07.099.032
08.125.018
158.053
09.141.064
158.053
Sleeper, A. M.
07.083.053
Sleeper Jr., H. P.
08.091.044
09.091.065
Sleptsov-Shevlevich, B. A.
06.085.009
07.085.004
09.044.014
10.085.006
Sleptsova, N. P.
03.141.182
Sleptzov-Shevlevitch
See Sleptsov-Shevlevich
Slettebak, A.
01.008.031 .033
032.011
114.057 .070
02.114.023 .076
155.019
03.008.036 .038
114.147
04.010.002
012.007
116.007
05.008.041 .042
114.072
07.008.044 .046
09.008.035 .037
034.015

Slettebak, A.
09.114.127
10.113.072
116.011
Sletten, A.
05.084.027
Slevin, P. J.
01.142.032
Slingerland, J.
03.153.011
09.155.046
Slingo, A.
08.142.074
Slivenko, E. F.
09.099.073
Sloan, C.
05.115.013
Sloan, D. S.
02.157.001
Sloan, T. R.
04.031.022
Sloanaker, R. M.
01.141.191
03.131.009
09.131.163
Slobin, S. D.
01.094.029
03.033.056
08.033.042
Slobodkina, L. L.
02.082.135
Slocum, G.
06.082.007
Slonim, Yu.
03.008.129
Slonim, Yu. M.
01.073.051
02.073.064
04.073.076
10.073.043
Slonimskaya, M. V.
03.094.007 .320 .333
06.094.079
09.094.892
Slottje, C.
06.077.064
08.077.008 .901
10.077.007 .057
Sloutchenkov, G. F.
10.074.029
Sloutchonkov, G. P.
09.097.005
Slovokhotova, N. P.
03.054.025
06.094.245
10.034.049
094.131 .180 .183
Slowey, J. W.
01.082.002
02.054.018
04.082.161
09.082.120
10.082.041 .042
Slusher, R. E.
09.155.050
Slutskij, L. F.
06.097.059
Slutskij, V. E.
03.082.079
04.032.017
082.068 .131
153.049
06.082.062
08.082.124
09.082.106
152.011
Slutsky
See Slutskij
Slutz, R. J.
07.072.046

Slutz, R. J.
08.072.065
Slutzker, S. M.
05.083.004
Slutzky
See Slutskij
Slysh, V.
05.114.028
08.131.058
Slysh, V. I.
02.141.049
03.077.017
05.091.009
141.091
06.131.028
141.070
08.141.057 .563
10.003.033
131.013 .063
Slyusarev, G. G.
09.031.025
Slyusarev, Yu. T.
08.078.024
Smagin, D. M.
04.104.005 .033 .036 .039
05.104.034
07.104.017
08.104.052 .058
Smak, J.
01.114.080
117.012
122.009
02.121.049 .050
122.071 .072
124.105
03.011.014
119.012
04.119.001
122.100
05.013.002
121.017
124.107
06.119.014
07.010.020
117.016 .025 .045
08.117.006
09.009.020
10.010.020
Smakova, M. Ja.
02.103.110
Smale, S.
08.042.090
Smales, A. A.
01.105.083
03.094.050 .281
04.094.233
105.066
09.094.389
Smarr, L.
09.066.084 .100
10.066.131 .901
Smart, D. F.
02.084.213
04.078.018
05.078.012
06.078.056
143.025 .028 .125
08.084.242
Smart, N. C.
05.126.004
06.065.001
09.160.016
10.160.012
Smart, W. M.
01.003.047
Smartt, R. N.
05.031.085
Smathers, H. W.
06.141.111
07.142.050

Smeethe, M. J.
04.106.008
Smelyansky, V. N.
08.033.047
Smerd, S. F.
01.008.115
02.077.043
03.008.126
077.043
157.027
04.008.098
05.077.025 .030 .039
06.077.024
07.077.037
08.077.041
078.033
Smernoff, B. J.
01.141.085
06.065.140
Smetanina, E. M.
09.083.043
Smeyers, P.
04.080.007
06.065.024
09.065.167
Smilauer, J.
08.076.046
Smiley, C. H.
05.079.103
08.079.106
09.079.101
10.004.001
Smiley, W.
10.003.079
Smiriga, N.
06.102.026
Smirnov, A. N.
02.044.031
06.035.005
Smirnov, A. S.
04.114.041 .042
06.155.030
08.097.093
09.097.048
10.106.065
Smirnov, A. V.
06.034.017
Smirnov, A. Ya.
09.077.061
Smirnov, I.
07.053.017
Smirnov, Ia. B.
03.081.035
Smirnov, J. M.
08.022.036
Smirnov, N. P.
06.072.094
10.082.095
Smirnov, N. V.
09.104.025
Smirnov, R. V.
02.082.060
04.082.051
05.082.145
06.106.008
08.085.005
10.085.022
106.064
Smirnov, S. S.
02.041.023
Smirnov, S. V.
02.004.013
Smirnov, V. A.
01.104.034
02.104.029
03.054.026
04.034.002
104.001
08.009.018

Smirnov, V. I.
01.004.029
02.014.001
08.022.034
Smirnov, V. N.
10.106.026
Smirnov, V. S.
03.143.065
09.003.048
Smirnov, V. V.
04.054.006
06.054.032
07.052.019
09.076.025
Smirnov, Yu. M.
10.022.070
Smirnova, K. A.
01.085.009
Smirnova, L. P.
06.074.082
07.074.044
10.074.020
Smirnova, T.
05.103.106
Smirnova, T. A.
08.074.024
Smirnova, T. M.
05.103.117
10.098.021 .078
Smirnova, T. V.
05.093.002
06.093.017
07.100.015
10.099.024
Smirnova, V. V.
02.083.017
Smirnykh, L. N.
09.083.079
Smit, A. B. M.
02.114.003
Smith, A.
09.034.119
Smith, A. C.
03.065.091
Smith, A. G.
01.099.026 .031
02.099.046
141.219
03.008.049
099.033
04.036.009
099.033
141.108
05.008.050
084.257
099.045
141.030 .076
06.036.003
141.100 .188
07.008.057
099.010
08.036.005
099.019 .030 .091
122.078
141.036 .037 .039 .105
09.008.047
099.024
141.131
10.036.013
099.006 .042 .072
141.121
Smith, A. L.
02.123.055
04.082.046
Smith, A. M.
01.114.045
03.114.075 .090
05.114.042
131.125
07.118.006

Smith, A. M.
08.114.043
09.131.014 .082
Smith, B.
03.097.042
07.097.026
08.092.007
097.019
161.004
Smith, B. A.
01.097.056
02.097.003 .007 .030
03.097.017 .039
05.097.004 .007 .040
099.056
06.097.048
099.020 .067
07.097.027
08.097.002 .023 .085 .086
.087
099.024
09.092.009
093.061
097.035 .082 .115
099.097
10.097.024 .028
099.039
Smith, B. E.
02.162.067
Smith, B. F.
03.151.071
04.106.015
05.094.051 .065 .190 .191
06.094.244
08.094.128
09.094.494 .563 .765
10.094.018 .065 .446
Smith, B. J.
02.122.009
Smith, B. L.
10.065.094
Smith, B. M.
09.132.032
Smith, B. P.
10.103.102
Smith, C. E.
01.009.021
02.151.014
03.151.032
05.151.010
Smith, C. R.
03.093.016
Smith, D.
05.105.018
08.094.229
Smith, D. E.
04.052.033 .052
08.045.019 .033
052.029
09.045.030
081.035
10.045.007
055.031 .032
081.009 .011
Smith, D. F.
04.077.006 .034 .036
05.062.064
077.037
06.062.019 .030
07.062.023
074.056
077.027 .051
08.062.052
073.023 .048
074.020 .053
09.073.901
074.057 .073
10.074.064
077.053 .078

Smith, D. G.
02.076.025 .040
Smith, D. G. W.
01.105.041
07.105.038
10.105.065
Smith, D. H.
02.105.009
09.094.444
Smith, D. K.
09.094.620
Smith, D. T.
06.143.091
Smith, D. W.
09.099.067
10.099.076
Smith, E.
08.041.046
Smith, E. I.
02.094.137
06.094.169 .170
09.094.007
097.100
10.094.189
Smith, E. J.
01.074.035
084.206
106.032 .046
02.084.210
03.084.207 .210
04.093.084
09.106.018 .019
10.106.049 .059
Smith, E. K.
03.012.001
Smith, E. R.
09.022.006
Smith, E. V. P.
02.072.030
07.071.026
08.071.008
09.014.033
10.003.126
Smith, E. W.
01.022.011
02.062.042
03.062.019
04.022.028
062.014
05.022.033
06.022.038 .039
07.063.043
09.022.030
063.038
10.022.057
Smith, F. G.
01.141.005 .028
02.141.114
143.071
03.141.156 .218 .230
04.013.002
083.095
141.155
05.012.013
141.182 .210
157.005
06.141.018 .058
07.141.538 .569
09.141.502 .541
157.001
Smith, G.
02.034.057
06.034.006
042.044
08.071.049
072.049
09.022.081
Smith, G. H.
02.112.003

Smith, G. R.
04.143.025
06.091.003
07.093.015
10.099.100
Smith, H.
02.141.104
05.032.011
141.038
09.158.052
10.133.014
Smith, H. A.
02.022.012
Smith, H. E.
05.155.020
07.158.035
08.142.096 .114 .116 .128
158.013 .109 .123
09.142.023
158.015 .065
10.103.100 .102
131.116
158.134 .904
Smith, H. J.
03.032.025
04.093.027
141.100 .101
05.012.002
06.008.004 .035
07.032.041
141.086
Smith, H. M.
01.044.001
07.044.006 .027
10.044.010
Smith, H. T. U.
08.097.071
Smith, I. B.
09.094.671
Smith, I. D.
02.053.013
Smith, J.
03.052.005
094.159
09.094.246 .253
10.098.038 .044
Smith, J. B.
08.034.085
Smith, J. F.
02.051.030
Smith, J. L.
06.097.068
Smith, J. R.
01.075.039
02.033.005
075.024
03.075.027
04.033.003 .004
075.030
05.075.033
06.075.046
07.075.031
08.075.019
09.075.028
10.075.028
Smith, J. V.
03.091.006
094.082
105.126
04.094.132 .182
06.094.096 .207
07.094.051 .171
08.094.131
09.094.103 .150 .158 .159
.160 .207 .208 .315
.335 .345 .657 .667
10.094.448
Smith, J. W.
02.033.008
03.094.065

Smith, J. W.
03.105.084
04.094.213 .252 .255
06.141.013
10.094.350
Smith, K. L.
08.033.034
Smith, L.
01.065.002
05.106.034
Smith, L. F.
01.114.017
02.114.101
133.013
03.114.044
132.029
04.114.112
133.014
05.114.040
07.114.106
119.007
10.114.065
117.016
133.010
Smith, L. G.
04.083.045
06.076.018
C7.079.101
08.083.037
Smith, L. H.
07.034.125
143.015
09.143.020 .058
Smith, L. L.
01.082.086
02.093.028
03.082.056
084.022
06.084.027
155.025
07.084.044
093.033
113.030
155.036
09.082.069
10.084.019
114.216
Smith, M.
04.142.077
05.064.017
Smith, M. A.
02.064.045
141.228
04.114.053
05.114.025
06.114.077
07.114.008 .135
119.014 .020
08.064.045
114.071
152.002
09.064.065
114.093
Smith, M. G.
02.034.035
131.090
03.131.071
162.018
04.131.009 .077
133.008 .016
06.141.055
159.003 .008
07.131.025
132.008
133.012
158.103 .144
08.133.012
158.006
09.034.004
114.015

Smith, M. G.
09.132.027
133.017
159.002
10.112.006
132.018
Smith, M. J.
03.036.009
Smith, M. S.
03.083.054
Smith, M. W.
05.022.100
Smith, P.
09.076.021
Smith, P. A.
02.012.020
04.083.090
05.012.007
10.084.009
Smith, P. D. P.
09.066.097
Smith, P. G. A.
08.004.033
Smith, P. H.
06.034.131
10.084.404
Smith, P. J.
05.011.011
084.206
07.003.055
10.003.042
Smith, P. L.
01.105.009
06.022.140
105.017
10.071.004
Smith, R.
02.065.048
07.065.041
Smith, R. A.
08.099.077
09.099.007
Smith, R. B.
08.033.124
Smith, R. C.
02.064.053
03.064.038
116.002
05.065.120
116.004
153.014
06.064.003 .023
065.071
07.064.901
08.010.022
10.010.022
153.002
Smith, R. E.
08.003.137
10.083.040
Smith, R. F.
04.006.000
Smith, R. H.
01.105.078 .079
06.105.140
07.094.008
08.105.013
10.105.005
Smith, R. I.
02.084.017
03.065.018
05.065.022
06.064.019
07.065.070
124.004
08.064.013
Smith, R. S. U.
09.097.059
10.097.016

Smith, R. W.
01.082.061
Smith, S.
01.094.024
07.097.027
09.105.153
Smith, S. A.
05.099.056
06.099.020 .067
08.097.002
099.024
10.099.039
Smith, S. D.
04.082.032
08.034.029
082.091 .092
Smith, S. F.
02.003.076
071.046
03.079.102
04.073.046
06.071.034
07.073.070
Smith, S. J.
06.022.131
Smith, S. M.
03.074.041
04.074.045
07.074.021
08.071.033
Smith, S. P.
09.073.074
Smith, S. R.
07.034.024
Smith, S. W.
03.081.044
Smith, T. E.
01.097.056
Smith, T. S.
01.074.044
076.021
Smith, V. C.
03.094.061
Smith, W. B.
01.093.028
142.029
02.098.010
106.005
142.066
03.142.017
04.093.004 .054 .062
142.024 .085 .092
05.066.010 .049
142.014 .056
06.043.017
066.016
09.093.056
Smith, W. D.
02.083.002
Smith, W. H.
01.022.057
02.022.013
05.022.020 .042 .075
06.022.040
07.022.034 .051
08.022.009 .010 .111 .118
.904
10.022.016 .039
131.006 .057
Smith, W. L.
04.063.015
Smith, W. S.
01.082.070
06.082.119
Smith, Z. K.
08.106.004
Smith Jr., C. A.
06.041.050
Smith Jr., H.
05.133.009

Smith Jr., H.
08.151.046
10.125.049
Smith Jr., J. B.
09.073.050
Smith Jr., L. V.
04.033.018
Smith-Rose, R. L.
02.012.020
Smithson, R. C.
06.034.031
08.073.049
09.034.054
072.061
Smoktij, O. I.
03.082.046 .053 .054
091.011
04.082.152
05.082.026
06.051.001
063.021
082.088
07.082.057
08.082.071 .119 .162 .197
091.029
09.091.004
10.074.034
Smokty
See Smoktij
Smolentsev, S. G.
07.033.008
079.107
Smoleny, D. L.
03.099.034
Smolin, I. A.
10.034.092 .093
Smolinski, J.
01.114.061
04.114.142 .146
124.107
05.114.017
124.100
07.124.104
08.114.149
Smolka, J.
03.003.025
Smolkin, G. E.
04.062.058
10.034.096 .097
Smolkov, G. Y.
See Smol'kov, G. Ya.
Smol'kov, G. Ya.
05.073.015 .019 .059
06.073.019 .050
10.073.018
077.015
Smoluchowski, R.
02.099.043
03.099.047
141.076
04.099.008
141.054 .139 .140
05.099.039
08.099.094
141.522
09.094.047 .125
099.079
10.091.044
099.047
Smolyakov, B. P.
04.066.017
Smolyaninov, V. M.
05.079.107
Smoot, G. F.
07.143.015
09.143.020 .058
Smorodinov, M. I.
02.094.060
06.094.022 .028
09.094.603

Smorodinskij, Ya. A.
05.003.094
06.004.030
08.066.055
09.004.083
Smorodinsky
See Smorodinskij
Smothers, H.
07.142.016
Smriglio, P.
01.113.027
02.034.001
044.007
03.113.058
114.117
04.114.003
05.131.120
06.114.073
07.154.016
09.115.024
131.193
10.103.102
Smriglio, P.
10.114.135
Smylie, D. E.
04.012.025
045.025 .026
06.044.014
045.028
081.012 .014
Smyth, M. F. I.
10.008.037
Smyth, M. J.
04.141.075
05.012.005
114.090
08.034.037
09.114.076
10.008.037
012.032
034.071
Smyth, W. G.
05.034.081
Smythe, C.
04.073.010
08.073.047
Smythe, R. C.
08.033.081 .082
Smythe, W. D.
04.097.029
09.091.055
Snajdauf De Campos, J. A.
04.096.021
Sneath, P. H. A.
04.003.123
Sneden, C.
10.064.019
114.054
Snegirev, S. D.
09.077.041
10.077.059 .084
Snell, C. M.
03.153.003
05.159.006
Snell Jr., W. W.
06.033.067
Snellen, G.
01.141.056 .196
07.032.009
Snellen, G. H.
04.141.183
Snezhko, I. I.
04.064.098
114.144
05.114.080
08.114.147 .183
09.064.075
10.114.062
Snider, D.
04.131.075

Snider, J. L.
03.071.041
07.071.047
Sniekers, J. P. F.
08.033.121
Snijders, M. A. J.
01.114.035
05.064.021
09.114.101
Snijders, R.
01.076.010
02.076.043
Snouse, T. W.
03.094.187
Snow, T. P.
09.114.011
Snow Jr., T. P.
03.160.007
08.064.024
114.102
10.114.158 .167
131.043 .199
Snowden, M. S.
01.121.028
03.008.066
06.159.009
09.119.008
Snyder, A. L.
08.084.003 .007 .328
09.083.029
10.083.031
Snyder, C. W.
04.093.058 .084
05.093.024
07.011.005
074.092
094.104
08.074.064
Snyder, J. N.
04.066.028
Snyder, L.
05.084.034
Snyder, L. E.
01.131.021 .028 .095 .101
02.131.036 .055 .100 .115
03.131.044 .055 .056 .065
.078 .108
04.103.101
131.066 .075 .085 .111
.121 .122
05.131.007 .118 .126
06.033.001
131.062 .088 .123 .153
07.131.034 .103
08.131.074 .089 .090
09.061.013
131.049 .081 .106 .132
.167 .181
155.086
10.003.048
131.112 .113
132.023
155.065
Snyder, R.
06.022.099
Snyder, R. L.
04.082.221
Snyder Jr., L. E.
10.131.180
Sobel, H. W.
05.061.022
Sobel'man, I. I.
10.003.127
Soberman, R. K.
02.082.142
05.104.029
07.098.073
Sobieski, S.
01.141.213
02.116.016

Sobieski, S.
03.064.002
04.117.019
06.121.029
09.121.045
Sobirov, G.
07.004.031
Sobolev, N. N.
02.022.043
Sobolev, S. V.
08.084.346
Sobolev, V. G.
03.084.025
C6.084.032
Sobolev, V. M.
03.032.019
04.051.037
06.079.100
08.071.052
09.071.013
10.022.001
073.122
Sobolev, V. V.
01.063.013 .030
091.012 .035
02.003.007
006.000
063.012 .013 .020 .023
.028
124.007
03.003.116
012.002
063.002 .022
07.091.008
08.003.138
09.063.011
091.072
093.079
10.063.035
091.005
Sobolev, Ya. P.
07.083.038
09.084.235
Soboleva, N. S.
01.099.022 .039
02.099.053
141.072
03.077.038
06.033.007
07.033.006
09.099.098
141.006
10.033.046 .075
141.064 .133
Soboleva, T. N.
08.083.030
10.083.049
Sobolevskij, V. G.
07.053.016
Sobornov, O. P.
08.094.206
10.093.014
094.138
Sobouti, Y.
03.117.017
04.062.046
06.117.017
10.061.047
Sochilina, A. S.
04.042.093
052.039
Soden, L. B.
03.055.025
Soder, J.
06.009.014
Soderblom, D. R.
05.122.039
Soderblom, L. A.
02.094.013 .172
03.094.233

Soderblom, L. A.
05.097.005 .006 .007 .008
07.094.029
097.027
08.097.023 .084
09.097.008
10.094.236
097.014 .019
Soderstrand, M. A.
10.033.119
Sodin, L. G.
04.033.041
06.033.008
141.247
Soederhjelm, S.
08.113.024
Soederholm, L.
02.162.018
Soederstroem, K.
04.143.010
09.143.042
Soeraas, P.
04.078.031
06.084.035 .221
07.084.003
08.084.270
10.084.009
Soerensen, G.
05.022.044
08.022.121
09.022.020 .059 .060
Soerensen, T.
09.084.011
Soerli, H.
08.071.076
10.071.016
Soffel, H.
06.081.016
105.128
Soffen, G. A.
02.034.030
07.097.008
Sofia, S.
01.041.002
131.107
02.041.014
142.033
03.133.017
142.002
04.112.025
141.221
142.031
06.065.103
133.020
142.034
07.125.004
133.901
142.063
08.142.009
09.160.003
Sofiev, G. N.
10.034.097
Sofina, W.
08.122.103
Sofko, G. J.
05.084.012
Sofonea, L.
07.042.030
Sofue, Y.
01.161.006
02.141.180
151.022
06.162.091
07.074.076
08.077.039
162.060 .064
09.134.012
155.067
10.077.033
155.040

Soga, N.
03.094.144
04.094.267
09.094.784
Soglasnov, V. A.
01.141.181
03.141.181
158.104
07.141.060
08.141.130
Soglasnova, V. A.
03.141.181
05.091.009
06.141.070
08.141.057
09.131.006
132.026
Soha, J. M.
08.097.003
Sohel, M. S.
10.002.030
Soicher, H.
03.079.102
08.083.023 .055
09.083.016
10.083.023 .033
Soifer, B. T.
06.106.009
155.032
07.131.098
155.020
08.131.067
155.053
10.131.261
155.055
Sokolov, A. G.
10.033.072
Sokolov, A. S.
09.083.050
Sokolov, A. V.
08.033.040
09.077.061
Sokolov, D. D.
04.162.045
09.162.032
Sokolov, I. V.
02.123.032
Sokolov, V. A.
01.093.073
02.093.045
03.082.073
09.093.049
Sokolov, V. B.
02.052.018
07.052.028
Sokolov, V. D.
04.143.070 .071
07.084.038
Sokolov, V. G.
08.052.013
09.052.044
Sokolov, V. P.
04.162.083
Sokolova, V. A.
04.124.102 .103 .105 .107
.112
05.112.003
124.002
08.111.003
117.034
09.124.109
Sokolovskaya, Z. K.
07.011.002
08.002.039
111.004
10.003.115
Sokol'skij, A. A.
04.066.016
07.066.023

Sokol'skij, M. N.
10.034.122
Solberg, G.
10.099.057
Solberg Jr., H. G.
01.099.001
02.099.009 .023
03.099.059
Solc, M.
10.132.033
Scler, T.
10.046.041
Soler Batlle, F.
09.003.018
Solf, J.
05.031.027
032.057
033.011
07.034.082
08.131.064
09.122.024
Sclheim, F.
04.076.015
Solheim, J.-E.
01.131.054
07.160.019
162.026
08.082.105
10.162.013
Soliman, A. M.
09.034.125
Sclinger, A.
07.160.020
08.142.032
10.158.009 .100
Solinger, A. B.
01.158.008 .055
02.158.059 .060
04.065.010 .021 .087
07.151.093
08.160.006
Solis, A. G.
08.007.000
Solloway, C. B.
02.052.034
Solntseva, L. L.
07.082.128
10.063.043
Solod, G. I.
06.104.035
Solodkov, V. T.
09.033.031 .033
Solodov, A. A.
10.066.074
Sclodovnikov, G. K.
03.083.040
07.083.063
08.083.041
09.083.042
Solodovnikova, T. V.
08.114.161 .181
Solomatina, E. K.
04.074.054 .084
084.223
05.074.011
Solomin, N. S.
09.141.569
Solomon, P.
04.131.078
05.114.007
Solomon, P. M.
01.093.067
131.069
02.114.083
131.096
03.064.010 .042
122.079
131.057 .091
04.143.036
05.131.059 .117

Solomon, P. M.
06.113.009
114.075
131.030 .052 .053
158.105
07.131.008 .029 .092
141.123
08.131.098 .100
155.052
09.131.029 .032 .047
155.013
158.083
10.065.079
131.123
Solomon, S. C.
07.094.127
08.094.901
09.094.168 .575
10.094.466
Solomon, W. A.
02.099.002 .052
Soloncky, Y. A.
04.071.070
Solonenko, T. A.
03.082.012
Solonitsyna, N. F.
04.083.025
Solonskij, Yu. A.
02.080.007
05.071.021
07.071.050
080.016
08.071.019 .062
10.071.030
Solonsky
See Solonskij
Solova, O. F.
04.104.025
Solovaya, N. A.
08.042.068
Solovei, B. G.
09.083.041
Solovejchik, V. I.
10.031.032
082.104
Solov'ev, A. A.
06.073.092
080.007
07.072.042
080.011 .035
08.072.019 .023 .060 .061
Solov'ev, A. G.
06.101.008
09.033.020
Solov'ev, A. V.
06.031.065
Solov'ev, Ts. V.
10.003.017
052.073
Solov'ev, V. E.
02.074.070
07.092.001
09.099.076
Solov'ev, V. M.
03.033.024
Solov'ev, V. Ya.
08.122.148
Solov'eva, L. A.
02.041.037
044.034
03.044.023
05.045.002
Solovjev
See Solov'ev
Solovyova
See Solov'eva
Soltan, A.
08.158.112
10.141.103

Soltau, G.
05.045.026
10.055.040
Solyanik, N. I.
06.032.033
Somayajulu, Y. V.
08.083.007
Somerlock, C. R.
01.141.003
Somers, W.
06.003.160
Somerville, W. B.
02.010.022
03.022.003
07.044.009
Somervuo, P.
04.033.049
Somlo, P. I.
02.033.045
03.033.041
04.033.080
08.033.084 .119
Sommer, J.
05.022.079
08.062.037
Scmmer, M.
07.142.132 .138
155.001 .073
08.155.901
Sommer, R. G.
08.031.064
10.031.069
Sommer, S. C.
03.091.043
08.082.053
09.053.011
Sommers, P.
10.066.152
Somogyi, A.
05.012.018
06.012.025 .027 .028 .030
078.038
07.106.026
Somogyi, A. J.
03.143.040
08.143.067
Somon, J. P.
06.062.037
Somov, B. V.
05.062.029
06.062.052
08.062.050
09.073.107
074.089
Son, A. T.
10.098.014
Sondaar, L. H.
10.033.026
Sonett, C. P.
01.073.024
092.006
105.003
107.003
02.084.245
094.086
106.003
03.073.021
084.223
094.265 .305
106.007
107.013
04.084.228 .309
091.031
094.012 .106
05.084.241 .253
091.010
094.017 .051 .065 .187
.188 .190 .191
06.094.064 .069 .090 .150
.244

Sonett, C. P.
07.092.005
094.032
105.065
08.051.024
092.010
094.128
106.032
09.012.029
051.002
091.036
094.494 .562 .563 .573
.765
10.012.026
080.039
094.018 .035 .065 .086
.446
Sonnanstine, A. E.
08.116.008
Sonnerup, B. U. Oe.
01.084.221 .249
06.084.225 .255 .304
10.078.032
Sood, N. K.
04.061.008
05.062.028
08.065.038
09.062.060
Sood, R. K.
01.142.049
06.084.308
07.076.023
142.110
Soong, T. T.
06.052.023
Soop, M.
05.084.271
09.084.249
Soper, H.
03.103.102
04.103.101
Soper, H. R.
05.103.011
06.103.101 .103
Soper, S. R. K.
09.141.556
Sopper, R.
05.099.013
07.099.017
08.099.070
09.099.021
10.099.027
Sorgenfrey, W.
01.036.001
Sorochenko, R. L.
01.132.011
141.079
02.033.017 .027 .028
131.125
132.012 .046
157.018
03.033.027
04.132.010
07.131.016
09.141.050
10.132.003
Sorochinsky, M. V.
05.079.107
Soroka, A. I.
03.084.282
Soroka, J. J.
09.014.041
Sorokhtin, O. G.
06.081.002
Sorokin, A. A.
08.035.005
Sorokin, L. S.
04.114.041
Sorokin, N. A.
07.055.008

Sorokin, N. A.
10.046.010 .011 .012
052.022
Sorokina, L. I.
04.097.069
06.097.015
Sorokina, L. P.
02.099.065
03.098.023
04.100.012
06.003.007
098.032
08.099.027 .054 .098
09.099.035 .036 .075 .095
Soru-Escaut, I.
06.071.037
073.087
07.077.030
09.073.041
10.072.064
077.058
Sorvari, J. M.
08.142.122
Sosa, C.
07.075.015
Sosa, C. F.
08.008.089
075.034
Sosna, F. M.
07.123.024 .037
Sosnina, M. A.
09.031.055
Sosnova, A. K.
02.104.041
06.104.097 .100 .102
08.104.010 .060
09.104.018 .021
Sosnovets, Eh. N.
01.084.412
06.084.268
07.084.251 .407
08.084.411 .419
09.078.016
084.270 .414
10.078.022
084.416
Sosnovetz, E. N.
See Sosnovets, Eh. N.
Soter, S.
03.093.012
04.094.046
05.093.017
08.097.041
Sotirovski, P.
04.072.023
06.071.016
072.007
07.071.023
10.072.019
Sotschilina, A. S.
01.052.009
Soucek, A.
01.044.009
Soufflot, A.
10.079.101
Souffrin, P.
04.064.005
06.012.008
064.048
07.064.017
065.050
Souffrin, S.
01.158.006 .018
03.158.004
05.131.012
158.002 .014 .021
06.131.146
158.009
07.158.087
08.131.073

Souffrin, S.
08.158.012
Soukenik, K.
05.105.096 .097
Soulage, R.-G.
09.082.010
Soulie, G.
01.041.001
02.098.034
03.098.009
103.101
04.041.009
155.019
07.041.055
09.098.020
Sourk, C. K.
02.077.023
Sousk, S. F.
02.074.051
03.074.035
South, R.
01.103.109
03.103.102
04.103.104
05.103.106
07.103.110
South, R. H.
05.103.010
06.103.116
07.103.127
08.103.016 .107 .117
09.103.010
South, R. H. S.
04.103.104 .126
08.103.107 .120
09.103.114
10.103.125
Southerland Jr., T. C.
04.101.003
Southwick, R. G.
02.074.062
05.074.032
Southwood, D. J.
01.084.405
03.084.214
08.084.074 .278
09.084.216
Southworth, R. B.
07.098.060
10.098.044
Soward, A. M.
07.064.052
08.064.025
Sowerby, P. L.
01.093.049
08.011.012
09.011.024
Sowinski, K. P.
02.094.175
03.094.024 .181 .236
04.094.319
Soytuerk, E.
06.072.001
Soyumer, T.
03.074.047
05.077.016
Sozanski, P. W.
09.094.570 .916
10.094.149
Sozou, C.
01.084.420
03.084.419
07.062.038 .046
Spada, G.
01.142.005
08.142.113
09.142.114 .123 .136
Spadin, P.
02.094.067

Spaenkuch, D.
08.063.036
082.077
Spaeth, A.
03.051.004
Spall, H.
05.045.007
08.084.331
09.081.003
Spangenberg, E. A.
02.033.031
Spangenberg, E. E.
01.141.181
02.158.032
03.141.181
07.141.060
Spangenberg, W.
05.065.016
Spangenberg, W. H.
06.065.015
09.122.042
10.122.154
Spangenberg, W. W.
05.031.018
Spannagel, G.
02.105.116
05.105.085
06.105.141
08.105.101
09.094.439 .724
105.028
Sparks, P. R.
08.097.009
Sparks, W. M.
01.124.001 .003
05.062.018
064.007
065.133
07.064.012
122.024 .076
126.010
08.064.006
065.011
124.003
09.124.005
10.064.059
117.029
122.016
124.003 .011
125.051
133.051
Sparrow, J. G.
04.083.039
05.082.038
07.106.024
155.072
08.034.062
10.106.005
Spasova, N.
07.154.024
09.158.128
Spear, G.
07.082.074
Spear, G. G.
09.114.072
Specht, H.
05.084.028
09.084.009
Specht, J. Von
See Von Specht, J.
Specht, S.
06.094.267
Spector, H. N.
10.061.010
Spector, N.
03.022.025
071.023
04.022.119
05.022.078 .081
06.022.109

Spector, N.
10.022.075
Spector, R. M.
09.065.021
Speer, R. J.
03.079.102
04.073.023
05.034.060
071.032
06.062.054
076.025
07.076.002
08.034.126
09.073.070
074.042
114.092
Speil, J.
04.104.060
Speiser, D.
08.066.133
Speiser, T. W.
01.084.267
06.084.281
Spektors, A.
06.015.025
10.008.046
011.036
033.058
Speller, R.
07.143.004
Spence, G. E.
09.034.050
Spence, J.
07.036.001
Spencer, A. B.
03.094.119
04.094.305
Spencer, J.
08.142.014 .090
Spencer, J. H.
07.158.173
08.158.058
09.141.137
158.072
10.125.027 .030
131.273
141.143
142.140
Spencer, J. W.
06.047.034
Spencer, N. W.
05.082.093
07.079.101
097.013
08.053.005
097.021
09.051.002
082.079
Spencer, R. E.
04.066.010
143.073
08.142.041
09.141.105
10.143.058
Spencer, R. L.
02.094.176
Speranskij, K. E.
05.053.026
06.054.006
Speranza, A.
07.099.002
Sperauskas, J.
08.113.050
Sperling, F. B.
02.094.176
Sperling, H. J.
01.042.025
02.042.019 .020
04.042.029
06.042.030

Sperling, H. J.
07.042.042
08.052.018
Sperling, N.
05.011.003
Spero, D. M.
05.062.052
Spettel, B.
04.094.242
09.094.164 .238 .383 .674
.686
105.031
10.094.476 .486
Spicer, W. E.
07.034.016
09.034.042
Spiegel, E. A.
01.022.114
065.015
02.094.020
03.155.050
162.041
04.065.101
131.106
05.064.042
080.002
161.003
06.065.019
07.061.039
063.001
155.087
158.128
08.062.078
065.070
158.127
09.063.028
065.112
10.061.029
080.051
Spieweck, F.
05.066.033
Spiger, R. J.
03.084.032
06.084.030
09.084.012
Spincourt, J.
01.053.021
Spindler Jr., R. J.
01.022.054 .055
03.022.071 .072
07.022.021
Spinelli, G.
05.079.104
Spinelli, G. M.
04.105.170
Spinka, H.
07.022.090
065.029
Spinrad, H.
01.114.097
155.008
02.101.011
114.018 .115
03.064.050
114.035
158.034 .064
04.153.044
158.008 .028
05.064.018
114.079 .084
153.004
155.020
158.006 .041 .054
06.065.021
158.008 .037
162.052
07.036.004
114.070
154.006
158.019 .023 .035 .103

Spinrad, H.
08.158.013 .090 .109 .111
.121 .123
09.099.064
158.015 .052 .065 .144
10.091.017
103.100 .102
114.025
141.049
158.904
Spiridonov, Yu. G.
02.093.040
07.093.023
09.093.074
Spitalnaja
See Shpitalnaya
Spite, P.
03.114.021
04.114.090
05.065.125
09.114.035
119.013
10.114.127
Spite, M.
01.114.001
03.114.021
09.114.035 .051
119.013
Spitkovskij, V. M.
04.031.057
033.009 .010 .058 .059
.060
07.033.009
08.033.007 .029 .030
09.033.015 .017
10.033.073
Spitkovsky
See Spitkovskij
Spitz, A. L.
08.084.009
Spitzer, L.
09.114.066 .121 .122 .123
.124 .125
131.063 .064 .065 .066
.067 .166
Spitzer Jr., L.
01.003.003
008.099
141.152
02.131.051
151.038
03.008.106
051.015
05.008.104
061.046
131.113
151.019 .040
06.151.017
07.008.116
151.068 .088
08.154.001
09.008.096
10.131.212
151.004
Spitzmesser, D.
08.141.040
Spitzmesser, D. J.
06.141.097
10.158.015
Spivak, V. A.
10.084.007
Spizzichino, A.
09.076.013
Splittgerber, E.
01.123.003
02.123.051
04.123.038
06.123.018 .028 .038
08.114.143
123.068

Splittgerber, E.
09.123.052
Splittgerber, P.
03.123.032
Spodenkiewicz, A.
03.134.003
142.034
04.092.025
05.092.011
06.072.088
Spoelstra, T. A. T.
05.157.009
07.157.003
08.121.026
155.017 .032 .041
156.002
157.002
09.155.024 .901
Spooner, C. M.
04.105.084
Sporre, B.
06.143.099 .109 .113 .126
07.143.073
Sprague, G. C.
04.084.024
Spratt, C. E.
04.124.108
Spreiter, J. R.
01.084.211 .240
02.084.241
03.074.015
04.074.010
05.074.083
07.097.052
08.074.045
Sprenger, K.
08.083.006
Sprenkel-Segel, E. L.
02.105.095
04.105.076
Springschitz, B.
07.008.066
Sprintsson, V. D.
09.094.120
Sproll, W. P.
01.081.008
03.081.015 .031
Sprott, G.
07.034.045
142.096
09.142.142
Sprott, G. F.
08.142.098 .137
09.142.009 .011 .028 .127
.133
10.121.012
142.034
Sprott, G. N.
03.103.128
Spruch, L.
05.022.060
06.141.237
Sprung, D. W. L.
08.065.145
Sprysak, S. J.
03.084.270
08.084.350
Spulgis, G.
10.034.012
113.018
Spurling, P. H.
09.083.020
Spyrou, N.
10.066.002
Spyrou, N. K.
08.066.108
Squyres, H. P.
04.031.024
Sramek, R.
08.158.102

Sramek, R. A.
04.066.006 .132
05.066.082
06.066.004 .024
141.255
07.141.031
10.158.126
Sreekantan, B. V.
02.142.027
143.046
03.141.059
04.061.013
142.018 .019 .040 .061
.062
05.141.140
142.046 .073 .094
06.142.032 .051
07.142.034 .074 .075 .076
.130
08.143.070
09.142.002 .004 .034
10.142.006 .019
Sreenivasan, S. R.
06.065.057
07.065.091
10.061.066
Srinivasan, B.
01.105.062
02.105.023
06.061.006
105.063
08.105.001
09.094.736
10.094.199 .200
Srinivasan, J.
06.094.224
Srinivasan, K. V.
07.034.139
Srinivasan, S.
10.094.005
Srirama Rao, M.
02.104.028
03.104.055
04.104.056
Srivastava, A. N.
04.082.027 .123
06.082.109
08.022.055
10.097.114 .118
Srivastava, B. N.
02.022.103
04.022.055
Srivastava, D. C.
08.066.165
10.066.173
Srivastava, G. P.
10.033.137
Srivastava, J. B.
04.121.031 .032
Srivastava, J. K.
07.061.054
Srivastava, K. M.
02.061.022
10.134.001
Srivastava, K. R.
05.121.016
Srivastava, M. C.
04.066.089
Srivastava, R. D.
06.082.109
10.097.114 .118
Srivastava, R. K.
04.121.003 .033
Srivastava, S.
08.061.053
Srnka, L. J.
03.094.307
10.074.117
Sroczynska, M.
01.131.024

Sroczynska, M.
03.074.039 .060
04.106.005
06.074.008
09.155.094
10.010.020
Srulovicz, P.
05.141.230
06.141.232
St-Maurice, J.-P.
09.084.045
Stabell, R.
01.131.054
02.066.078
05.131.115
07.065.024
08.065.020
066.162
Stacey, D. N.
06.022.015
Stacey, F. D.
03.003.105
04.003.127
045.030
05.081.012
06.081.033
10.081.010
Stacey, J. M.
01.095.004 .006
04.033.062
Stacheev, Yu. I.
09.094.820
Stachel, J.
01.066.049
Stachnik, R.
06.118.017
Stachnik, R. V.
04.151.026
05.031.087
151.039
07.115.009
Stachowski, D.
10.010.014
Stadnikova, N. P.
08.094.254
Stadsnes, J.
05.084.027
Staehle, V.
08.105.061
09.105.043
Staelin, D. H.
01.141.042 .080 .197 .198
02.022.121
141.225 .234
03.134.011
141.026 .105 .107 .123
.211 .212
04.141.132 .200 .224 .234
05.141.152 .168
07.093.035
08.141.544
10.033.108
Stafeev, A. M.
02.032.046
034.063
041.013 .029
05.032.006
034.010 .054
06.034.036 .117
08.034.153
041.072
09.041.035 .036
Stafeyev
See Stafeev
Stafford, E. G.
06.022.130
143.086
08.034.082
Stagat, R. W.
08.082.067

Stagni, R.
01.100.012
154.009
02.154.009
10.121.021
Staib, J. A.
02.142.015
05.142.067 .083
06.142.088
10.061.043
Stair Jr., A. T.
06.084.040
10.082.087 .134
Stakhanov, I. P.
07.083.057
Stakheev, Yu. I.
04.094.347
08.094.169 .172
10.105.091 .099
Stakheew, Yu. L.
10.094.145
Stakheyev
See Stakheev
Staley, D. O.
04.051.008
093.040
Stalio, R.
01.114.050
02.115.015
08.064.051
114.151
Stalling, D. L.
04.094.254
08.094.230
09.094.751 .952
Stallkamp, J. A.
02.097.073
Stamatis, E. S.
10.004.073
Stambach, G.
01.093.033
04.093.070
05.091.011
Stamejkina, I. A.
10.009.012
Stamenov, I.
04.143.011
Stan, A. S.
08.094.163
Standeford, L. V.
03.106.029
Standeven, H. R.
09.061.048
Standil, S.
02.143.009
Standing, K. G.
01.132.027
Standish Jr., E. M.
02.151.028
04.042.014 .073
05.117.034
06.042.016 .017
07.042.037 .050
08.042.051
117.020
10.097.003
Stanek, B.
06.003.120
07.091.017
Stanek, B. L.
10.052.048
Stanek, W.
06.073.084
074.074
07.073.079
08.072.057
Stanford Jr., A. L.
09.079.006
Stange, A.
01.002.013

Stange, L.
08.055.016
Staniforth, A.
07.033.048
08.035.001
Stanika, E. P.
08.123.004
Stanila, G.
02.045.010
Stanilovsky, G. D.
05.082.040
Staniukovich, K. P.
01.066.028
02.066.066
05.162.018
Stankevich, K. S.
01.157.005
02.141.209
03.097.022
04.033.042
066.032
05.141.214
06.141.218
07.031.024
09.125.028
10.125.036
Stankiewicz, A.
01.021.010
072.023
02.072.011
05.072.050
06.072.087 .088
Stanley, G. J.
07.008.109
09.008.017
Stanley, G. M.
10.084.224
Stanley, V. A.
07.034.085
Stannard, D.
08.099.065
122.099
141.068
09.141.105
10.141.074
Stansberry, K. G.
10.099.068
Stansfield, B.
03.022.076
Stanton, P. N.
01.022.047
Stanyukovich, A. K.
07.105.023
09.104.024
105.138
10.105.103
Stanyukovich, E. L.
09.104.024
Stanyukovich, K. P.
01.003.075
094.064 .089
02.091.038
03.066.076
05.162.019
09.066.031
162.033
10.003.034
066.051 .058 .062 .088
080.019
Stapinski, T.
09.034.123
Stapp, J. L.
05.131.044
10.131.171
Starace, A. F.
05.022.063
Starbunov, Yu. N.
04.080.008 .042
05.143.139
06.080.058 .064

Starbunov, Yu. N.
09.073.110
078.047
Starikova, G. A.
02.118.034
131.029
04.118.001 .010 .015
123.009
131.028
06.113.062
118.024 .025 .028
123.011
07.118.013
08.118.001
09.118.009
10.098.076
118.006
Starikova, G. S.
10.022.070
Staritsyn, G. V.
07.041.005 .006
Staritz, R. P.
04.051.032
Stark, A.
10.022.026
Stark, B.
04.076.043
06.075.032
07.076.027
08.082.137
09.076.034
Stark, H.
08.033.033
09.033.043
Starkov, G. V.
01.084.026
02.084.045
03.084.023 .024 .036
05.084.014 .044
08.084.067 .252
09.084.022
10.084.006
106.042
Starkova, A. G.
05.082.011
Starnawski, A.
09.114.052
Starobinskij, A. A.
07.061.022
09.066.034 .087
10.066.039 .077
Starodubtsev, A. M.
01.094.067
05.141.132
09.077.025
10.082.047
Starodubtseva, O. M.
02.093.052 .053
03.093.010
04.093.031
08.097.122
09.093.063
Starodubtzeva
See Starodubtseva
Staron, R. T.
02.155.004
03.155.052
Starovatov, A. A.
03.083.041
Starr, J. A.
06.084.013
Starr, V. P.
06.080.038
07.099.065
10.064.052
Starr, W. L.
08.022.031
Starrfield, S.
05.065.122
124.003

Starrfield, S.
06.124.009
08.124.003
10.117.029
124.003
Starrfield, S. G.
04.124.100
05.065.023
07.126.010
09.124.005
10.124.011
Starshinov, A. A.
09.077.018
Stasiewski, B.
09.003.014
Stasinska, G.
07.133.023
09.131.022
Stasjuk
See Stasyuk
Stasyuk, N. P.
02.077.025 .048
06.077.052
10.077.012 .013
Statz, H.
06.033.078
Staub, J.
10.121.105
Staub, W.
04.009.017
Stauber, M. C.
10.094.447
Staubert, R.
06.143.076
08.142.140
Staude, J.
02.080.002
03.071.014
04.072.037 .038
05.072.026
080.019 .020
06.080.062
07.113.031
08.014.006
080.002
106.003
09.064.043
10.062.039 .040
072.067
155.044
Stauffer, D.
04.141.120
08.162.088
10.082.004
Stauning, P.
04.084.059
10.084.009
Staus, A.
07.003.123
Staveland, L.
03.080.012
06.072.006
08.071.075
072.048 .066
Stavinschi, M.
07.044.021
Stavinschi, V.
03.044.010 .011
Stavrev, K.
09.158.127
Stavridis, D.
09.122.145
Stavskij, A. K.
10.066.058
080.019
Stavsky
See Stavskij
Stawikowski, A.
01.032.050
064.034

Stawikowski, A.
05.080.027
10.003.128
Stearns, C. O.
04.084.276
Stearns, C. R.
04.082.076
Steavenson, W. H.
02.007.000
06.007.000
Stebbins, R.
08.141.557
Stebnev, V. I.
04.064.022 .023
09.064.085 .086 .087
Stecher, R.
01.035.003
044.009
02.035.032
Stecher, T. P.
01.114.024
02.114.079
131.017 .027 .116
133.035
03.114.027 .089
131.085
142.047
04.131.051 .079 .109
05.114.042
131.125
132.004 .032
06.132.001 .044
07.131.112
08.022.114
09.064.008
131.016
10.125.051
Steck, S. J.
06.105.011
Stecker, F. W.
01.142.004 .017 .051 .063
143.024 .073
02.142.012 .023 .051
03.142.027 .037 .047
143.003 .006
04.142.052 .106
05.003.015
065.110
142.053
143.091
06.143.034
162.039
07.141.532
142.007 .137
161.010
162.040
08.162.052
09.091.011
142.030
143.030
10.034.062
142.031 .092
155.035
Stedman, D. H.
02.022.026
Stedman, P. C.
02.054.016
Steed, A. J.
06.034.037
10.082.134
Steel, W. H.
04.034.038
Steele, G. N.
10.034.078
Steele, I. M.
06.094.207
07.094.051 .076 .171
08.094.131
09.094.103 .150 .158 .159
.160 .207 .208 .667

Steele, I. M.
10.094.448
Steele, J. M.
09.044.032
Steele, J. P.
08.142.046
09.122.013
Steenbeck, M.
01.116.003
02.062.008
03.084.267 .268
04.084.225
06.062.050
10.062.033
Steenstrup, F.
08.083.001
Stefanescu, M.
02.032.035
Stefanov, A. P.
06.072.042
08.072.043
Stefanov, N.
06.003.022
Stefanovitch, D.
08.034.073
Stefanutti, L.
04.082.098
09.082.053
Steffensen, J.
04.079.100
Steffey, P. C.
10.152.009
Steggerda, C. A.
03.094.023
07.034.029
Stegman, J. E.
02.113.059
08.155.059
Stehli, F. G.
03.084.279
10.003.012
Steiger, W. R.
07.083.015
Steigman, G.
02.142.013
162.029
04.131.094
142.053
05.131.079
158.013
06.065.035
131.051
162.061
07.158.096
08.162.003 .056
09.131.086
Steigmann, G. A.
03.094.136
04.094.281
07.094.136 .183
09.094.481 .793
10.094.292
Stein, A.
08.072.034 .053
Stein, J.
07.103.013
Stein, R. F.
01.022.114
071.016
05.062.024
071.006
07.131.042
08.065.092
080.042
131.012 .070
10.080.060
162.054
Stein, W.
02.003.139
06.010.038

Stein, W.
07.003.124
Stein, W. A.
01.093.034
113.031
114.038 .039
131.017
132.020
133.008
02.099.014
114.064
158.037
03.114.051 .074
122.079
132.008
04.093.071
099.007
113.030
114.077
160.003
05.032.024
073.077
113.010 .016
114.039
122.099
132.003 .006
06.114.059
122.101
158.079
07.122.133
133.007
08.010.006
122.115
131.093
141.039
09.114.040
10.114.118 .200
Stein, W. L.
06.141.268
Steinbach, M.
02.032.068
06.034.113
08.055.020 .022
Steinbacher, R. H.
02.053.015
03.097.041
04.094.052 .053
07.097.026
08.097.022
09.097.007
Steinberg, J. L.
04.077.032
05.013.008
077.002
06.077.028 .076
07.074.030
077.026
Steinberg
See Shtejnberg
Steinborn, T. L.
03.094.044
04.094.202
09.094.376
Steinbrecher, D. H.
10.033.108
Steinbrunn, F.
03.094.077
04.094.214
06.105.122 .129 .132 .151
09.094.425 .734
Steiner, J. M.
08.062.077
Steiner, M. B.
01.084.255
Steinert, K.-G.
03.041.029
04.031.061
07.032.018 .052
034.121
08.004.073

Steinert, K.-G.
08.006.000
031.084
032.043
046.007
09.011.007
10.014.017
Steiness, E.
07.003.035
Steinhauser, P.
09.084.269
10.084.271
Steinhoff, E. A.
04.051.019
06.052.012
Steinitz, R.
03.116.017
04.117.018
05.116.001 .008
09.063.040
073.075
080.018
Steinlin, U.
10.013.020
Steinlin, U. W.
05.006.000
10.113.070
Steinmetz, D. L.
02.093.020
08.114.163 .164
09.114.114
10.034.020
114.169
Steinmetz, E.
10.055.041
Steinnes, E.
06.094.018
09.094.217 .393 .679
10.094.227
Steins, K.
03.031.012
034.016
05.021.004 .005
042.022
103.110
06.031.046 .048 .050
10.014.007
031.063 .064
Steins, K. A.
01.041.010
02.035.035
08.032.023 .024
044.019
102.026 .040
Steinschleiger
See Shtejnshlejger
Stekhnovskij, D. I.
04.082.214
06.082.038
Stekhnovsky
See Stekhnovskij
Stelcl, J.
10.012.036
Steljes, J. F.
07.143.005
Stellingwerf, R. F.
07.065.097
122.002
08.122.045
10.122.153
Stellmacher, G.
01.072.010
073.001
04.072.007
05.072.024 .059
06.072.065
07.072.036
08.073.017
09.034.091
073.021

Stellmacher, G.
  10.072.039
Stellmacher, I.
  02.046.006
    055.015
  08.052.002 .047
Stelzried, C.
  07.099.009
  09.099.006
Stelzried, C. T.
  01.094.029
  02.077.015
  03.033.038 .056
  04.074.033
  07.033.068
  08.033.042
    099.016 .035
  10.033.039
Stembcovskaya
  See Stembkovskaya
Stembkovskaya, T.
  06.073.020
Stembkovskaya, T. V.
  10.073.096
Stenbaek-Nielsen, H. C.
  06.084.037
  07.084.025
  09.084.014
Stencel, R.
  10.117.007
Stencel, R. E.
  06.097.020
  08.121.009
  10.071.072
    114.091
Stenflo, J. O.
  01.034.005 .006
    073.046
    080.011
  02.071.035
    073.036
    080.001
  03.034.002
  04.071.055
    080.002 .022 .036 .044
  06.065.159
    080.013 .022
    106.030
  07.065.045
    074.004
    080.006 .019
  08.080.062
  09.034.043 .117
  10.071.046
    106.048
Stenflo, L.
  04.062.031
  08.062.068
  09.062.012
  10.062.046
Stenger, F.
  08.021.025
Stenholm, B.
  05.133.032
  08.113.024
Stening, R. J.
  05.084.236
Stenner, P.
  01.122.023
Stepanian
  See Stepanyan
Stepaniants
  See Stepan'yants
Stepanjan
  See Stepanyan
Stepanov, A. V.
  10.077.066
    078.007
Stepanov, B. M.
  08.082.210

Stepanov, B. M.
  10.034.095
Stepanov, D. I.
  06.104.043
Stepanov, E. I.
  08.033.012
Stepanov, N. S.
  09.061.067
Stepanov, V. E.
  01.032.019
    072.022
  06.074.041
  08.034.044
Stepanov, Yu. S.
  04.104.032
Stepanova, E. A.
  09.041.003
Stepanova, E. Yu.
  09.066.064
Stepanyan, A. A.
  01.143.031
  02.141.028
    143.062 .064
  05.142.004
  07.141.521
    142.005 .039 .059
    143.052
  08.142.120
  09.142.110
  10.155.056
Stepanyan, N. N.
  01.073.052
  05.032.001
  07.072.026 .027
  08.073.022 .055
  09.072.044
  10.072.042
Stepan'yants, V. A.
  06.043.018
Stepashina, O. I.
  06.104.021
Stephani, H.
  08.162.080
Stephens, C. L.
  07.031.032
    034.090
  08.114.007
  09.031.030
    034.070 .077
Stephens, D. R.
  03.094.143
  04.094.306
  09.094.471
Stephens, J. M.
  10.091.056
Stephens, S. A.
  01.078.015
    142.040
    157.020 .021
  02.143.056
  03.143.010
  04.143.008
  05.143.099 .100 .140
    157.002
  09.155.001
Stephens, T.
  10.132.049
Stephens, T. L.
  03.022.041
  04.022.050
  07.022.039
  10.131.209
Stephens, W.
  07.065.022
Stephenson, A.
  03.094.127 .274
  04.094.302
  06.094.140 .141 .325
  08.094.123
  09.094.279 .767

Stephenson, A.
  10.094.248
Stephenson, C. B.
  01.114.108
    115.009
    124.006
  03.114.104 .106
  04.123.049
  05.126.021
  06.041.023
  07.118.007
    125.107
    158.167
  08.114.165
    132.026
  09.114.007 .136
  10.114.082 .128 .152 .184
    .193
Stephenson, D. G.
  07.104.002
Stephenson, F. R.
  04.004.015
  05.125.015
  06.124.005
Stephenson, L. M.
  02.162.016
  03.035.002
    066.065
  04.066.041
Stepien, K.
  01.032.050
    116.002 .006
  02.116.006 .021
    121.049
    122.072
  03.115.001
    119.004
    121.042
    154.009
  05.113.024
    116.006 .007
  06.122.014
  08.122.101
  10.116.009
Steppe, H.
  08.153.024
Sterling, K. J.
  06.096.006
  10.010.007
    031.059
Stern, D. J.
  See Shtern, D. Ya.
Stern, D. P.
  05.042.009
  10.084.261
Sternberg, J. R.
  08.082.005 .006
Sternberg, R. S.
  01.003.012
  04.003.108
Sternberg, S.
  02.003.116
  04.003.088 .125
Sternberk, B.
  06.006.000
Sternina, I. M.
  09.083.065
Sternisko, H.
  04.031.032
Sternlieb, A.
  08.074.055
Steshenko, N. V.
  02.072.071
  05.072.004
  07.073.026 .027 .078
  10.073.006
    074.049
Stetter, H. J.
  08.021.026

Stetter, J. R.
09.094.761
10.094.230
Stettler, A.
03.094.072
04.094.192 .361
05.094.135
06.094.254 .255
09.094.730
10.094.026 .268
Stettler, P.
08.034.026
071.004
Steuer, K.-H.
06.062.008
09.062.045
Stevens, C. M.
03.094.045
04.094.196
06.094.098
09.094.418 .514 .714
Stevens, D.
10.010.023
Stevens, G. A.
04.078.030
07.083.039
10.076.016
Stevens, G. W. W.
01.036.009
Stevens, H. J.
09.094.461
Stevens, J.
10.063.026
Stevens, J. C.
08.142.004 .142
09.132.007
10.132.001
Stevens, J. R.
04.084.409
Stevens, R.
09.073.094
Stevens, R. D.
03.094.037
04.094.243
Stevens, R. J.
03.071.042
Stevenson, J. C.
06.062.063
Stevenson, R. W. H.
09.084.019
Stewardson, E. A.
02.012.019
Stewart
03.103.128
Stewart, A. I.
02.084.031
097.013
03.082.091
097.018
05.097.017 .037
07.097.030 .038
08.097.025 .090 .091 .092
09.097.009 .025
10.097.026 .038
Stewart, D. B.
03.094.101
04.094.183
09.094.312
Stewart, D. J.
06.034.136
Stewart, F. G.
04.072.055
07.072.046
08.072.065
Stewart, J.
04.142.067
10.066.020 .150
162.007
Stewart, J. C.
01.022.072

Stewart, J. C.
09.022.011
Stewart, J. M.
02.162.040
04.162.059 .063
06.162.008
08.162.008
Stewart, J. N.
02.065.062
03.065.023 .024
07.074.011
Stewart, J. W.
08.007.000
Stewart, K. H.
07.082.086
Stewart, M. B.
07.014.017
08.014.019
Stewart, P.
01.062.010
04.022.012
06.158.115
08.142.134
09.061.001 .048
063.037
10.131.131
Stewart, P. A. E.
04.051.017
Stewart, P. M.
09.141.118
Stewart, R. M.
06.013.006
Stewart, R. T.
01.077.038
03.073.082
077.026 .046 .048
05.077.028 .031
06.077.026 .036
07.077.035
08.077.052
Stewart, R. W.
01.093.031
02.097.002 .071 .072
04.093.082
07.097.107 .112 .114
Stewartson, K.
07.084.248
Steyaert, H.
05.021.013 .014
Steyer, T. R.
10.131.251
Steyn, J. L.
05.082.113
Stezhka, P. N.
10.033.055
Stibbs, D. W. N.
06.008.099
091.002
10.005.004
Stiber, G.
03.073.072
Sticker, B.
06.004.053
Stickford Jr., G. H.
03.022.046
07.022.036
Stickland, A. C.
01.003.019 .089
02.012.030
03.003.001 .062
012.016 .017
04.003.005 .006
054.012
Stickland, D. J.
01.131.004
04.114.119
05.114.002
06.114.033
07.114.001
121.015

Stickland, D. J.
08.114.070
09.064.006
114.133
119.016
10.114.109
Stickney, P. M.
10.121.103
Stief, L. J.
03.131.058
04.131.080
07.102.018
131.007
09.131.208
10.131.185 .282
Stiefel, E.
01.042.021
04.012.003
042.022
07.013.003
052.008
10.012.001
042.065
Stiefel, E. L.
05.003.090
08.042.084
Stiegler, K.
01.162.020
03.066.072
05.066.013
07.042.009
Stienon, F.
05.034.016
125.105
10.114.222
Stienon, F. M.
02.124.101
03.122.041
124.106 .108
05.123.023
124.109
06.124.103
07.113.020
09.122.046
Stier, J.
06.014.007
07.014.012
08.003.044
Stift, M. J.
09.116.002
Stilborn, J. R.
07.034.012
Still, R. G.
10.033.126
Stiller, B.
01.143.044
02.143.068
04.143.059
05.143.128
Stiller, W.
02.062.041
Stilley, J. L.
03.022.039
Stilp, A.
07.105.052
Stimpson, L. D.
05.094.182
09.094.541
Stingl, E.
04.022.053
07.022.111
Stix, M.
03.073.040
116.009
05.062.059
080.014
07.061.024
08.061.006
09.061.017
080.041

Stobie, R. S.
01.122.012
02.065.030 .031 .032
03.122.023 .027 .035 .092
05.122.059
06.065.037
122.037
154.010
07.122.010 .044 .066 .067
09.122.113
154.015 .016
Stock, J.
01.082.093
02.082.034 .117 .162
113.008 .043
122.178
03.114.143
04.114.081
05.082.068
122.001 .002 .061
06.159.034
07.117.014
08.031.049
112.007 .008
114.054 .107 .108 .173
122.062
10.112.004
114.145 .248
Stockman Jr., H.
08.142.117
Stockman Jr., H. S.
10.142.017 .035
Stockton, A.
01.141.086
02.158.040
03.132.019
07.158.056
10.103.102
158.066
Stockton, A. N.
03.158.111
08.141.066
Stockton, M. W.
01.012.001
02.003.098
Stoddart, J. W.
04.083.039
Stodolkiewicz, J.
03.011.017
151.018
Stodolkiewicz, J. S.
08.151.031 .054
09.003.115
10.010.017
Stoecker, J.
08.083.042
Stoecker, R. R.
05.093.064
Stoeckley, T. R.
01.064.004
08.114.060
10.114.208
Stoeckli, H. F.
05.066.081
08.066.035
Stoeckly, R.
03.131.047 .087
05.131.048
Stoeckmann, F.
07.061.016
065.086 .105
Stoeffler, D.
01.105.026
03.094.115 .277 .322
04.094.148
105.109
06.094.258
105.043 .046 .142 .143
08.094.248
105.039

Stoeffler, D.
09.094.361 .653
105.116
Stoenner, R. W.
03.094.070
04.094.234
05.105.082
09.094.438 .721
10.094.449
Stoer, J.
08.021.027
Stoering, J.
07.142.111
09.155.008
Stoering, J. P.
04.061.030
142.004
05.125.009
142.011 .015 .018
06.142.056 .069
07.155.006
Stoeser, J. W.
09.094.683
10.094.144 .291
Stoetzel-Riezler, W.
01.105.008
Stoffregen, W.
02.084.028
Stohl, J.
02.104.004 .005
03.104.002
10.104.034
Stoiko, M.
07.003.125
Stojanova
See Stoyanova
Stojanovic, A.
07.010.016
Stoker, P. H.
03.143.005
06.143.004 .037
08.143.003
09.009.010
Stokes, G. M.
08.103.100
Stokes, N.
01.041.015
03.153.013
Stokes, N. R.
03.151.063
04.113.002
05.113.017
08.099.020
113.003 .031
10.121.042
Stokes, R. A.
01.066.051
05.063.012
091.031
099.047
06.091.015
07.099.046
09.099.059
100.027
122.019
131.053
10.131.115 .248
142.057
Stolarik, J. D.
01.055.005
084.290
03.084.261
06.084.006 .057
Stolarski, R. S.
08.083.022
Stolboushkin, S. K.
10.034.009
Stolov, H. L.
02.083.046
04.084.267

Stolov, H. L.
10.084.276
Stolper, E. M.
10.094.140
Stolper, E. N.
09.094.200
10.094.311
Stolpovskij, V. G.
01.084.412
03.084.407
143.043
05.084.402
06.084.405
08.084.408 .412
10.084.211
Stolpovsky
See Stolpovskij
Stolt, R. H.
06.022.008
Stonaker, W. F.
03.114.011
Stone, B. J.
02.141.133
Stone, D. B.
07.084.268 .269
Stone, D. J.
08.084.261
Stone, E. C.
01.106.021
02.078.006
05.078.006
08.084.290
143.007
09.078.017 .046
10.078.031
Stone, E. J.
06.082.047
08.022.096
Stone, M. E.
03.131.007 .008
Stone, M. L.
02.098.010
Stone, P.
04.091.049
Stone, P. H.
01.091.015
02.099.050
03.091.022
04.093.091
08.061.066
063.040
09.051.002
091.030
Stone, R.
07.158.035
Stone, R. C.
10.111.006
Stone, R. G.
01.141.003
02.077.004 .017
141.057
157.006
03.074.068
077.021
157.008 .021
04.033.043
077.035 .044
099.005
05.062.050
077.010 .013
06.051.040
077.006 .030 .045
07.077.014 .059
08.078.035
09.051.002
077.055 .064
091.035
10.012.027
077.036 .050
106.002

Stone, R. P. S.
10.121.096
142.071 .072
Stoneley, R.
01.007.000
Stoner, R.
09.084.047
141.086
10.141.068
Stoner, R. E.
09.158.018
10.158.046
Stong, C. L.
01.052.002
02.036.006
03.009.003
07.096.008
08.032.003
Storey, W. C.
09.094.066
Storini, M.
09.143.089
Storms, J.
03.010.036
05.010.037
07.010.038
09.010.039
Storzer, D.
01.105.033 .038
02.105.012
03.105.115
04.105.156 .157
05.105.017
06.105.023 .129 .132 .144
    .145 .151
09.094.161 .277 .535 .537
    .664 .799
    105.082 .129 .130 .131
    .148
10.094.435 .450
    105.029 .053
Stothers, R.
01.065.009 .025
    115.006
    122.054
    141.233
02.065.021 .070
    153.018
03.065.066 .081
04.065.103 .114
    115.002
    119.004
05.115.001 .002
    121.003
    126.001
07.064.021
    121.023 .072
08.065.013 .065
    115.001 .003
09.065.017 .047 .107 .145
    080.001 .016
10.115.004
    117.010 .025
Stothers, R. B.
03.061.005
04.061.052
Stotskii, A. A.
01.033.004
Stotskij, A. A.
03.033.021 .023 .024
07.033.005 .010
08.033.006 .008 .016 .017
    .026 .032
10.033.048
Stotsky
See Stotskij
Stoy, R. H.
01.008.027 .046
02.041.015
04.034.097

Stoy, R. H.
04.113.006
06.041.052
Stoyanov, V. I.
10.141.553
Stoyanova, K. T.
07.114.015
Stoyanova, M. N.
01.072.017 .037
04.072.048
06.072.045 .078
07.072.040
Stoyko, A.
02.044.019 .020
04.044.023 .035
    045.041
07.045.008
Stoyko, N.
02.044.019
04.044.023
    045.041
Stoyko-Radilenko, N. M.
02.004.012
Stozhkov, A. V.
07.078.018
Stozhkov, Yu. I.
01.078.009
02.078.020
03.078.097
05.072.070
    078.030 .036
    143.055
06.143.114 .143
07.143.036
09.078.055 .056
10.078.013
    143.037
Stozhkova, V. N.
10.034.095
Straat, P.
08.097.089
Strachan, P.
06.079.101
Stradins, J.
08.005.017
Straehle, F.
05.031.090
Strafford, V. W.
05.007.000
Strahler, A. N.
06.003.121
07.003.126
Strain, W. S.
05.105.033
Strait, B.
04.074.041
Straizys, V.
01.113.006 .023
    114.079
    117.016
03.113.009 .012
04.113.009 .011 .058 .059
    .060 .061 .062 .064
    .065
    115.004
    126.015
05.115.018
06.113.055
07.115.007
08.008.115
    094.187
    113.049 .050 .051
09.114.090
10.113.048 .065
Straizys, V. L.
06.113.018
Straka, R. M.
03.077.031
05.074.085
06.077.015 .021

Straka, R. M.
07.077.005 .006
08.077.031
10.077.021 .072
Straka, W. C.
01.065.071
03.064.026
05.065.044 .059
07.125.006
09.125.012
    141.519
10.125.045
Stram, E.
04.123.026
07.122.042
Strand, J. N.
09.094.064
Strand, K. A.
01.008.132
02.111.002 .004
    117.003
    118.030
03.008.146
    118.022
05.008.141
    034.029
    111.013
    118.010 .027
    126.014
06.034.126
07.008.155
    111.004
    126.022
08.032.019
09.008.122
    031.002
Strand, R. C.
06.031.070
Strange, D. L. P.
02.141.112
Strangway, D. W.
03.081.011
    094.124
04.094.307
05.003.091
06.084.296
    094.291
08.094.021 .115
09.094.051 .280 .292 .496
    .769 .773
10.094.150 .306 .404 .408
    .442 .451
Strasheim, A.
09.094.235 .694
Strassenburg, A. A.
01.014.014
Strassl, H.
01.008.086
03.008.090
05.008.086
07.008.100
10.008.079
Strathdee, J.
10.066.004
Stratton, A. J.
01.093.042
04.093.068
Straumann, N.
09.141.565
Strauss, F. M.
02.077.009
05.076.018
06.073.036 .089
Strauss, L.
06.003.044
Straut, E. K.
02.010.033
05.010.033
Strecker, D. W.
04.122.047

Strecker, D. W.
05.115.011
06.158.099
07.113.006
08.113.021
09.114.022 .058
10.113.002
Stredele, B.
08.022.048
Streete, J. L.
04.082.049
10.073.021
Streett, W. B.
03.091.019
05.099.029
06.099.033
07.091.032
08.022.144
091.024
10.061.058
Streitmatter, R. E.
09.143.094
Streletskij, Yu. S.
02.032.037
03.034.047
05.034.051
06.079.100
Streletsky, Y. S.
See Streletskij, Yu. S.
Strelkov, G. M.
01.093.051 .075
05.093.013
09.093.077
Strelkova, E. P.
09.123.007
Strel'nitskij, V. S.
05.117.013
131.040
07.131.126
08.131.014 .078 .083 .102
10.131.221
Strelnitsky
See Strel'nitskij
Strelov, Yu. N.
06.094.028
09.094.603
Strelow, F. W. E.
09.094.235 .694
Stremnitzer, H.
06.094.078
Strens, R. G. J.
03.094.276
05.094.128
08.081.029
Streppone, A. R.
04.155.045 .046 .047
Strey, G.
07.022.027
Strezhnev, V. A.
08.032.050
09.051.009
Strezhneva, K. M.
02.141.209
04.094.407
06.141.218
09.077.025
10.082.047
Strick, E.
03.094.198 .199
06.094.289
07.094.208
Strickland, A. W.
01.004.036
04.100.021
102.029
Strickland, D. J.
02.022.066
03.082.041
084.039
08.022.032

Strickland, D. J.
08.093.017
097.009
09.093.044
10.097.038 .074
Striganova, E. A.
04.062.058
Strittmatter, P.
06.142.074
Strittmatter, P. A.
01.064.036
02.116.004
03.065.061
126.002
04.064.045
065.009 .077
113.030
116.009
141.094
05.064.029
126.027
153.011
158.013
06.065.037
114.067 .100
141.053
158.105
07.065.019
114.046
122.010 .133
126.019
141.007 .028 .123 .163
158.096
08.126.019 .023
141.015 .101 .510
158.109
09.141.038
142.098
10.131.069
141.023 .080
Strnad, J.
03.066.052
05.066.077
Strobach, K.
05.094.173
Strobel, D. F.
01.093.008
03.099.024
04.082.021
083.004
05.082.048
06.082.136
07.082.029 .046
09.099.056
10.099.098 .100
Strobel, H.
02.162.038
08.066.027 .028
Strobel, J.
04.114.120
Stroemgren, B.
02.114.112
04.064.066
06.159.032
07.012.018
131.151
08.032.029
09.061.046
10.012.016
114.140
Stroemman, J. R.
09.084.007
Stroev, P. A.
07.081.012
08.081.038
09.081.012
Strohbach, P.
02.064.061
03.064.044

Strohbehn, J. W.
08.063.022
Strohmaier, G.
09.004.025
Strohmeier, W.
01.008.009
121.004
123.026 .031
02.123.020
03.008.008
04.121.061
05.008.010
123.030
07.008.012
114.107
121.055
122.072
123.012
08.120.012
09.003.116
031.036
10.123.046
Stroke, G. W.
03.031.035
076.016
07.031.029
Strom, K. M.
01.064.015
114.067
126.003
02.114.022
154.012 .018
03.154.001
04.064.034
065.018
153.029 .039
154.011
05.064.032
131.121
153.026
154.010
06.153.029
154.003
07.114.038 .039 .060
152.003
153.003
08.114.901
122.092
131.039 .042
152.901
153.013
09.065.094
113.035
114.028
131.084 .164
152.002
10.114.220
131.059
Strom, R. G.
04.094.312
05.094.185
06.094.060
141.045
07.094.239
141.167
08.094.072
141.024
09.125.027
141.106
158.112
Strom, S. E.
01.064.015 .026
114.088
126.003
02.064.016 .045 .055
114.022 .084
154.012 .018
03.114.006
154.001
04.064.034 .035 .050 .061

Strom, S. E.
04.065.018
153.029 .039
154.011
05.064.032
131.121
153.026 .032
154.010
06.153.029
154.003
07.114.038 .039 .060
152.003
153.003
154.031
08.064.065
065.043
114.901
122.092
131.039 .042 .094
152.901
153.013
09.064.056
065.094
113.035
114.028
131.084 .164
152.002
10.114.220
131.059
Stromberg, W. D.
05.031.005
097.012
Strome, D. R.
04.033.036
Strong, A. W.
09.061.010
Strong, C. L.
10.036.005
Strong, I.
10.074.086
Strong, I. B.
02.074.057
04.142.093
08.084.299
09.142.126
10.125.024 .025
142.043 .056 .060 .066
.120 .121 .124
Strong, J.
01.071.041
02.034.026
03.051.005
05.034.074
06.052.006
07.051.006
10.003.129
Strong, P. S.
10.079.101
Strother, J. A.
07.015.012
Stroud, D. B.
08.065.099
Strubecker, K.
02.021.005
Strugatskaya, A.
06.158.093
Strugatskaya, A. A.
05.041.016
08.154.007
Struin, O. N.
05.083.050
Strukov, I.
05.114.028
Strukov, I. A.
02.033.031
09.141.006
10.033.077
141.064 .133
Strunnikova, L. V.
08.084.340

Strutt, M. J. O.
01.033.020
Struve, O.
01.003.109
04.003.013
Stry, P.
10.133.068
Stuart, F. E.
02.114.021
05.122.053
06.093.002
Stuart, G. F.
01.083.042
Stuart-Alexander, D.
09.094.054 .055
10.094.126 .127
Stuart-Alexander, D. E.
04.094.063
09.094.556
10.094.485
Stub, H.
03.114.141
158.113
08.121.014
Stubbe, P.
03.083.030 .057
04.082.005
07.084.021
08.082.059
083.009
Stubbs, P.
06.141.251 .267
Stubbs, T. J.
07.143.058
08.143.072
Stuchenkov, V. M.
02.105.181
Stuck, D.
07.022.095
Studenina, G. A.
10.082.067
Studer, W.
07.010.025
09.010.025
10.010.044
079.101
Studier, M.
04.105.017
Studier, M. H.
06.107.005
07.105.010 .027
10.105.055
Studnicka, J.
08.034.043
Stuhlinger, E.
03.003.127
094.224 .242
05.094.081
06.051.006
07.003.062
051.032
094.181
Stull, M. A.
03.158.025 .053
05.141.206
158.019 .023
06.158.113
07.141.055
08.142.061
09.141.017 .018 .054 .084
10.141.116
158.028
Stumpff, K.
01.007.000
042.041
Stumpff, P.
05.103.138
07.033.027
08.103.105

Stumpfl, E. F.
03.094.084
04.094.088 .139
09.094.331
Stupar, M.
04.103.103
Stupin, V. A.
05.079.104
Sturch, C.
01.131.070
141.087
155.002
04.113.049
05.113.036
07.008.121
08.113.044
Sturch, C. R.
01.141.048
05.114.105
07.114.097
08.113.034 .035
114.081
10.113.044
Sturgell, C. C.
09.034.083
Sturiale, M. L.
01.075.005
02.075.019 .021
03.072.037
075.011 .032
04.073.027
075.031
05.072.015
075.028
06.073.105
075.008 .043
07.075.026
08.075.011 .013
Sturms Jr., F. M.
10.097.033
Sturrock, P. A.
01.141.167
02.073.039
158.041
03.141.030 .038 .098 .106
04.141.004 .097 .141
05.061.007 .047
073.050
141.065 .113
158.094
06.062.019
073.110
141.153 .195 .272
07.073.047
080.032
141.502 .509 .517 .523
.565
158.142
08.072.024
141.533 .534
158.015
09.061.044
072.054
073.045 .076
076.023
141.522 .567
10.072.022
073.068
141.549
Styazhkin, V. A.
06.077.049
08.077.060
Styro, D. B.
04.093.012
Su, S.-L.
09.065.021
Su, S.-Y.
06.084.225
Suasono, P.
04.091.027

Subbaraju, G. C.
02.083.009
Subbarao, S.
09.084.024
Subbaraya, B. H.
05.083.023
07.082.066
Subbotin, M. F.
01.003.046
Subbotin, S. I.
03.081.025
Subbotin, V. I.
07.053.007
10.106.025
Sube, R.
08.003.076
Subotowicz, M.
05.094.179
Subrahmanya, C. R.
10.141.070
Subrahmanya Sarma,
S. B. S.
10.077.019
Subrahmanyam, C. V.
07.083.020
Subramanian, A.
08.143.073
09.143.087
Subramanian, G.
05.143.071
Sucher, J.
05.022.012
Suchkov, A. A.
01.151.015 .039 .040
02.151.001 .065
04.151.040
05.158.049
162.064
06.151.021 .025 .026 .027
.028
09.155.093
Suchkova, G. G.
05.162.064
Suchodolski, B.
10.004.022
Suchodolskij, B.
10.015.008
Suchy, K.
06.083.051
Sud, L. V.
01.143.023
03.073.095
Suda, J.
06.072.026
09.072.006
10.021.001
Suda, K.
02.065.068
06.065.108
10.065.104
Suda, M.
09.097.093
Suda, T.
01.143.062
06.078.057
Suda, Ya.
10.072.043
Sudan, R. N.
02.077.059
05.077.012
10.084.251
Sudbury, A. W.
03.151.001
Sudbury, G. C.
02.034.056 .103
03.114.087
155.008
06.114.005
Sudbury, P. V.
01.099.011

Sudova, J.
10.076.015
Sudworth, J. P.
04.082.004
Sudzius, J.
01.124.104
03.113.009 .011
04.113.058
08.113.050
Sueer, H. B.
04.117.032
Suemoto, Z.
06.031.028
Suendermann, J.
01.044.004
02.044.041
05.081.047
08.081.016
09.044.004
Sueno, S.
09.094.076
10.094.213
Suess, H. E.
01.081.009
091.025
02.105.088
07.105.024
10.061.004
Suess, S. T.
04.081.038
05.080.021
07.074.038
10.064.009
Suessmann, G.
01.162.025
Suetenko, O. D.
05.105.030
Suetoe, K.
03.055.007
Suffolk, G.
01.062.041
08.116.003
Suffolk, G. C. J.
03.081.023
06.062.060
07.074.021
08.071.033
10.117.002 .019
Suga, K.
06.143.071 .087
Sugano, M.
03.103.101
124.103
09.103.100
Sugar, J.
05.022.063
06.022.113
10.022.027
Sugawa, C.
02.045.024 .027
081.028
05.045.010 .012
081.028
07.045.011 .021
08.044.010
09.045.010 .013
10.044.027
045.019 .020 .021
082.135
Sugi, N.
08.045.027
Sugimoto, D.
01.065.049
03.065.013
04.065.044 .062 .104
05.065.105
07.065.012
08.064.063
066.151
080.053

Sugimoto, D.
08.142.139
10.065.128
Sugiura, M.
03.084.259
05.084.207 .274
06.074.085
084.282
08.084.299 .324
09.084.282
10.084.218
Sugiyama, T.
10.082.088
Suh, P. K.
06.143.026
08.143.006
Suhodolski, B.
10.013.004
Suhonen, E.
05.063.036
06.061.061
Sukhanov, A. L.
02.094.027
03.094.196 .310 .311 .312
.314 .315 .319 .334
.337
10.094.038
Sukhanovskij, A. N.
06.053.034
10.094.146
Sukhanovsky
See Sukhanovskij
Sukharev, L. A.
10.032.015
Sukhodolskaya, A. N.
05.083.058
Sukhomazova, G. I.
04.085.001
05.085.005
06.082.008
09.085.016
10.082.080
085.012
Sukhonin, E. V.
09.077.061
Sukhoplyueva, L. E.
09.098.066 .067
10.098.028
Sukhotin, B. V.
02.003.073
10.051.035
Sukhotskis, S. V.
04.105.099
Sulc, M.
03.104.004 .037
Sulentic, J. W.
09.158.119
160.014
10.003.155
158.122
Sulidi-Kondrat'ev, E. D.
07.094.247 .248
08.094.099
Sulidi-Kondratiev
See Sulidi-Kondrat'ev
Sulikashvili, R. S.
07.054.006
Sulkovskij, K. F.
05.014.007
Sullivan, D. J.
10.122.102
Sullivan, E. C.
09.084.220
Sullivan, H. M.
04.082.119
05.082.063
Sullivan, J. D.
08.073.004
078.016

Sullivan, R. J.
02.158.027
Sullivan, S.
04.094.308
08.094.222
09.094.495 .774
Sullivan, W. T.
03.131.075
Sullivan III, W. T.
01.155.015
02.131.010 .045 .049
03.155.053
04.131.081
05.103.111
131.020 .024 .081 .091
06.103.101
131.003 .061
132.028
08.131.116
09.131.194
141.089
10.131.230
Suls, I.
05.095.008
Sultanov, D. D.
08.094.073
Sultanov, G. F.
04.008.095
013.008
032.028
098.021
06.098.007
08.008.096
Sulzberger, P. H.
10.084.229
Sulzmann, K. G. P.
01.097.003
05.022.049
Sumaruk, P. V.
08.106.018
09.084.256
106.007 .028
Sume, A.
03.141.174
07.131.136
08.131.082 .107
10.131.216
Sumioka, A.
07.033.052
Summa, C.
02.117.015
125.009
04.065.043
Summers, A.
08.099.095
09.093.021
10.100.015
Summers, A. L.
01.091.019
02.084.241
03.074.015
105.106
04.074.010
08.094.087
09.094.548
Summers, H. P.
02.022.025
08.071.001
09.022.004
Sumner, D. J.
06.143.095
Sumzina, N. K.
02.098.006
03.111.004
05.117.023
Sun, F. T.
04.052.016
05.052.017
Sun, S.
03.094.074

Sun, S.
10.094.307
Sun, S. S.
04.094.292
Sundberg, L. L.
08.094.199
09.094.139
Sunder, R. S.
05.073.057
Sundman, A.
08.155.007
10.114.133
Sundvoll, B.
06.094.018
09.094.217 .679
10.094.227
Sung, C. C.
08.022.146
Sunyaev
See Syunyaev
Suomi, V. E.
01.082.021
06.092.004
08.031.047
10.031.071
Surdin, M.
01.141.031
06.162.096
Suri, A. N.
05.142.012
07.142.091
09.076.008
10.076.027
142.086
Surkan, A. J.
01.021.003
Surkov, Eh. P.
02.072.014 .040 .043
05.072.027
06.072.086
08.072.020
10.072.007
073.047
Surkov, U. A.
See Surkov, Yu. A.
Surkov, Yu. A.
01.093.023
02.094.061
03.093.019
04.093.035 .059
05.093.019
094.061
06.093.016
094.024
097.051
08.022.123
094.163 .206 .207
09.093.002 .012 .016 .048
094.854
10.093.014 .018 .021
094.138
Surkov, Yu. P.
06.052.022 .024
Surkova, L. P.
02.121.082
04.121.063
05.117.028
06.121.013
08.121.004 .005
10.117.027
121.037 .038 .138
Surmelian, G. L.
06.066.088
08.065.090
09.022.006 .048
Surnin, Yu. V.
04.054.015 .026
09.052.008
Suro-Escaut, I.
05.073.045

Surowiecki, J.
09.003.043
Susel, F. M.
06.079.100
Sushanin, I. V.
10.022.100
Sushchinskij, M. M.
07.094.178
08.094.168
10.094.049
Sushchinsky
See Sushchinskij
Sushkevich, T. A.
06.082.096
10.082.061
Sushkin, N. G.
03.094.320 .333
Suslov, A. A.
04.143.045
05.143.004
10.034.008 .009
143.030 .039 .044
Suslov, A. K.
01.071.023
093.071
06.097.053
Susman, L.
07.033.062
Suszek, H.
02.104.006
Suszycki, L.
09.162.040
Sutantyo, W.
07.153.021
08.061.064
153.027
10.117.023
Sutcliffe, D. S.
02.035.039
Suter, R.
03.005.012
Sutherland, P.
03.141.047
06.065.098
Sutherland, P. G.
10.065.090
Sutherland, R.
08.022.040
Sutter, J.
09.094.709
Sutter, J. F.
05.094.155
06.094.156
07.094.017 .024
Sutton, A. L.
09.094.336
Sutton, E.
10.114.217
Sutton, G.
01.094.093
03.094.027
04.094.116 .296
05.094.027
06.094.232 .243
07.094.159 .208 .217 .226
097.022
09.094.583 .778 .779
Sutton, G. H.
04.094.053 .339
05.094.168 .196
Sutton, J.
02.141.011 .063
03.141.119 .162 .211 .212
05.125.004
06.141.052 .068 .211
07.141.561
Sutton, J. M.
01.141.016 .042 .048 .071
02.141.234
03.134.011

Sutton, J. M.
03.141.026 .107 .123
04.141.224 .234
05.141.152
06.141.139
10.141.505
Sutton, R. E.
10.063.052
Sutton, R. L.
03.094.026
04.094.304
06.094.058 .061 .068
07.094.010
09.094.055 .304 .607
10.094.127
Suvorov, E. V.
07.061.001
10.061.005
Suvorov, N. P.
02.066.038
Suzuki, H.
04.047.032
Suzuki, K.
08.103.124
09.103.100 .114 .116 .132
Suzuki, T.
03.072.042
Suzuki, Y.
04.047.032
08.047.005
09.034.063
10.047.007
Svalgaard, L.
08.106.006 .012
09.072.057
080.014
084.252
Svanberg, S.
08.022.063
Svatos, J.
03.131.011
04.131.095
05.063.007
131.127 .128
06.131.143
08.131.056
10.131.285
Svec, M.
04.021.007
Svechnikov, M. A.
04.118.005
05.117.027 .028
06.003.002
121.018
08.121.004 .005 .031
09.152.013
153.042
10.117.012
121.037
Sveen, O. P.
06.077.067
07.079.006 .108
08.015.009
079.004
10.077.042
Sveeridov, A. M.
06.077.053
Svennesson, J.
07.083.019
Svensson, E. L.
02.032.009
Svensson, L. A.
05.074.077
08.022.072
Svensson, N.-B.
05.105.023
Sverdlov, Yu. L.
10.084.024
Sveshnikov, M. L.
08.042.065

Svestka, Z.
02.012.015
073.003 .045 .072
084.265
03.008.095
073.121 .128
04.073.009
078.017
05.073.030
078.026 .027
06.073.016
077.061
078.031
07.073.064
078.024
08.073.074 .083 .087
09.073.089
078.029
10.073.051
Svetashkova, N. T.
09.104.028
10.104.052
Svetchnikov
10.079.101
Sviderskiene, Z.
01.114.079
03.113.009
04.113.011 .058
05.115.018
07.115.007
08.113.050
09.114.090
Svidskii, P. M.
06.084.418
Svirdzevsky
See Svirzhevskij
Sviridov, A. M.
01.079.100
03.033.005
04.079.103
08.033.047
Svirzhevskaya, A. K.
07.143.036
10.143.037
Svirzhevskij, N. S.
05.143.063
07.078.018
09.143.061
Svirzhevsky
See Svirzhevskij
Svolopoulos, S. N.
02.008.053
115.005
04.008.052
05.114.114
121.082
07.008.070
08.066.146
121.088
09.008.059
114.110
10.008.054
Swain, V. M.
04.121.062
Swamy, K. S. K.
01.064.005 .009 .041 .062
065.018
114.110
131.056 .081 .109
133.018
02.131.106 .107
133.035
03.131.018 .036 .074
04.064.014 .048
065.098
113.069
114.019
131.037
05.114.046 .102
133.033

Swamy, K. S. K.
05.155.048
06.131.040
132.017
07.114.069
122.057
131.117
08.114.037
09.114.083
10.131.072
Swandic, J. R.
09.160.017 .024
Swanenburg, B. N.
01.142.036
143.033 .057
04.078.033
142.041
143.008
05.143.096 .097
06.061.021
08.106.007
09.143.002
Swann, G. A.
03.094.026
04.094.130 .304
06.094.058 .068
07.094.010
09.094.055 .305 .605 .607
10.094.127
Swann, M.
10.012.032
Swanson, E. R.
07.035.012
Swanson, P. N.
02.033.039
06.077.079
07.077.004
09.077.036
10.077.041
Swant, J. S.
02.082.010
Swartz, M.
01.076.007
02.076.036
03.076.015 .029
10.073.025
Swartz, W. E.
08.082.064
083.063
09.082.006
10.076.004
Swarup, G.
01.033.030
04.077.023
05.033.006
06.141.062 .127 .238 .250
142.033
08.141.132
10.033.032
141.129
Swarztrauber, P.
01.080.007
05.072.055
09.074.057
Swarztrauber, P. N.
10.074.064
Swedlund, J. B.
04.126.001 .006
05.099.051 .075
126.009
07.158.111
08.097.052
100.008 .020
116.015
09.100.027
10.131.115 .248
142.057
Sweeney, B. W.
02.054.016

Sweeney, M. A.
06.119.001
09.119.002
Sweeney, R. E.
04.084.215
Sweet, J. R.
10.094.452
Sweet, P. A.
01.062.015
02.073.012
04.008.044
06.072.037
08.008.037
Sweetsir, R.
03.124.103
10.103.102
Sweetsir, R. A.
03.124.106
Sweigart, A.
07.065.036
Sweigart, A. V.
02.093.006
04.063.007
06.065.016
07.154.013
08.065.034
154.012
09.065.074
10.065.057 .066 .119
080.009 .027 .029 .041
Swenson, C.
06.022.144
Swenson, G. R.
02.082.012
Swenson, G. W.
08.141.021
10.158.096
Swenson Jr., G. W.
01.033.001
02.033.007
04.033.070
05.008.136
033.004
131.116
06.131.083
07.008.151
Swenson Jr., L. S.
03.066.039
08.003.139
Swensson, J. W.
02.071.020
04.071.002
06.003.110
Swerdlow, N.
04.004.022
07.004.013
10.004.057 .090
Swider, A.
05.104.042
Swider, W.
04.104.043
08.083.019
Swider Jr., W.
01.104.023
02.082.037
083.006
03.083.004
084.018
Swierkowska, S.
03.055.012
05.031.048
09.103.102
Swift, C.
02.142.035
03.076.028
05.142.018
Swift, C. D.
01.142.022 .054
04.142.073
06.159.001

Swift, C. D.
08.142.037
10.132.008 .035
Swift, D. W.
10.084.013
Swift, H. P.
04.094.013
Swift, R. D.
03.022.019
Swihart, T. L.
01.003.004
071.004
02.071.055
03.062.010
04.071.042
141.050
06.141.003 .207
07.003.122
09.003.113
014.020
141.008
Swindell, W.
09.099.063
Swings, J. P.
01.022.083
071.003 .028 .038 .043
114.014 .051 .091 .093
02.064.057
03.114.098 .122 .123
04.022.008 .047
071.001
072.030
114.115
05.072.010 .043
114.096
122.113
06.071.025
114.106
07.071.001
114.007 .024
122.014
133.022
08.103.130
113.006 .019
09.114.102
10.103.103
114.008 .155 .156
133.042 .069
Swings, P.
01.012.012
022.083
114.093
02.093.051
03.061.028
114.098
06.061.062
07.114.024
10.114.154
Swinney, H. L.
10.131.126
Swinson, D. B.
02.143.032
04.143.050
05.143.134
06.143.001 .016 .102
07.143.014
Swisher, R. L.
08.034.078
Switzer, G. S.
10.094.379
Switzer, P.
02.073.039
05.073.050
141.113
06.073.110
07.141.502
Sy, W.
06.077.025
08.062.033

Sy, W. N.
08.062.017
Syachinov, V. I.
01.051.035
Syagajlo, G. N.
01.131.097
03.131.097
Syaglo, I. S.
07.066.024
Sydoriak, S. J.
04.074.022
Sykes, D.
08.103.107
10.103.103
Sykes, D. E.
04.103.104
05.103.106
Sykes, G. G.
07.011.031
Sykes, J.
07.015.009
Sykes, J. B.
03.002.024 .029
05.003.043
10.002.012
Sykes, M. J.
08.097.034 .094 .095
09.097.077
10.097.030 .031
Sykora, J.
01.071.019
04.072.061
073.005
05.074.019 .049
06.032.036
080.021
07.073.033
08.079.106
09.071.050
10.080.031
Symes, R. F.
06.105.018 .019 .105
07.105.040
09.105.088
Symms, L. S. T.
02.118.040
08.007.000
Symonds, M. D.
01.106.020
Symons, D. T. A.
01.084.245
Symons, G. D.
05.022.070
Synakh, V. S.
06.151.063
154.017
09.151.047
Synek, I.
08.031.082
032.049
Synge, J. L.
01.022.100
02.066.064
05.003.092
08.066.156
Synitsyn, V. M.
06.082.054
08.082.141
10.082.121
Syono, Y.
03.094.130
04.094.298
Syrovatskii
See Syrovatskij
Syrovatskij, S. I.
01.062.032
02.022.034
073.076
03.143.050
04.143.045

Syrovatskij, S. I.
05.078.039
143.081 .107
06.062.052
078.039
084.289
142.097
143.024 .065 .139
07.073.035 .055 .077
08.062.050
143.010
157.003
09.061.068
073.107
143.081
10.073.005 .042 .124
Syrovatsky
See Syrovatskij
Syrovoj, V. V.
03.151.066
153.025
04.153.012 .034 .035
05.153.041 .042
155.047
Sytinskij, A. D.
09.085.002
Syunaev
See Syunyaev
Syunyaev, R.
05.162.073
Syunyaev, R. A.
01.161.001 .002
02.066.006 .082 .083
142.032 .037
161.007
162.004 .011
03.065.027
161.008
162.016 .027 .028
04.062.047
074.052
141.109 .111
142.100
162.044
05.062.006
066.004
141.084 .085 .129 .217
158.036
162.040
06.158.059
162.054 .062 .099
07.063.029
141.070
142.006
158.151
162.034 .044
08.131.014 .078
142.042 .106
160.027
162.005 .013 .021
09.064.079
065.009 .117
066.049
117.015
142.007 .086
151.002
10.142.015
Szabados, L.
07.122.101
10.113.094
Szabo, G.
10.014.016
Szabo, J.
03.084.225
Szacherska, M. K.
10.046.034
Szafraniec, R.
03.121.016
04.004.053
05.121.019 .071

Szafraniec, R.
08.121.081
09.121.066 .902
Szamojlov
See Samojlov
Szamosi, G.
02.065.016
162.068
07.162.077
08.162.007
Szanser, A. J.
04.005.006
Szathmary, K.
08.126.006
Szczepanowska, A.
02.120.007
04.120.008
06.120.019
10.120.002
Szczodrowska, B.
01.032.052
02.042.037
05.092.011
Szebehely, V.
02.052.031
117.011
03.042.008
04.042.026 .074
05.117.032 .035
06.042.023 .049
151.038
07.117.009
151.040 .058 .077
08.042.032
117.038
09.117.002
10.012.020
042.012 .015 .070 .111
Szecsenyi-Nagy, G.
09.122.120
Szeidl, B.
01.122.101
02.123.045
03.154.011 .016
07.122.101
08.119.014
09.122.090
10.122.051 .165
Szekeres, P.
04.066.046
06.066.101
07.066.056 .097 .139
10.131.292
Szkody, P.
07.126.006
10.154.003
Szumiejko, E.
06.073.103
Szymanski, W.
03.072.026
075.002
04.072.006
05.072.029
08.075.018
09.072.070

Taam, R. E.
10.117.028
Taank, J. K. S.
10.061.067
Tabachnik, V. M.
06.121.017 .083
07.121.074
Tabakova, Z. N.
04.051.037
Tabara, H.
04.141.159
07.141.158
08.141.122

Tabara, H.
10.141.017 .090
Tabor, J. E.
09.122.040
10.065.019
Taborda, J.
09.042.027
Taborko, I. M.
09.094.884
Tachibana, A.
08.034.097
Tachikawa, S.
08.033.052
Tackett, S. L.
03.105.056 .120
09.105.020
Taddeucci, A.
09.094.170 .219 .367 .675
Tademaru, E.
02.143.042
05.061.007 .017
06.141.032 .134 .241
07.022.013
131.063
09.155.017
10.134.002
141.534
Tadini, G.
04.046.001
Tadokoro, M.
05.161.002
07.160.023
Taeusch, D. R.
05.082.093
06.083.073
08.082.068
Tafe, J.
10.162.082
Taff, L. G.
06.160.006
08.063.029
131.063
155.046
09.153.012
10.098.007
131.129 .195
154.013
Taffara, S.
08.121.102
Tagi-Zade, A. K.
10.004.033 .082
Tagirov, E. A.
09.162.079
Tagliaferri, E.
01.104.013
Tagliaferri, G.
02.010.027
Tagliaferri, G. L.
01.075.021 .022
076.013 .015 .022
082.114
02.072.084
076.029
03.011.038
085.010
04.076.004 .040
05.074.052
076.027
07.083.028
08.073.067
076.002 .003 .004
Tago, A.
02.103.120
Tago, E. V.
09.154.008
10.154.021
Taibo, R.
10.041.029
Taira, S.
05.034.038

Taira, T.
01.061.030
Tait, W.
09.141.029
Tajiri, M.
06.062.067
Takacs, P.
07.079.101
Takacs, S.
10.141.551
Takada, M.
08.158.074
10.131.175
Takada, S.
05.033.022
Takagi, J.
03.105.139
Takagi, K.
07.022.100
09.022.061
Takagi, S.
02.045.021
081.027
05.034.038 .039
044.011 .023
07.041.016
044.012 .017 .045
045.010
09.044.010 .035
045.008
10.044.025 .026 .028
045.013 .015 .016
Takagishi, K.
02.142.038
05.142.049
06.142.048 .050
Takahashi, H.
09.082.042
Takahashi, K.
04.124.107
08.061.069
09.052.036 .037
061.052
10.054.017
Takahashi, M.
03.095.005
Takahashi, T.
02.131.123
141.193
07.125.017
Takahasi, K.
02.082.158
05.082.067
07.082.061
Takajo, S.
10.131.175
Takakura, T.
01.076.002
02.076.042
077.044
141.087
03.077.005
05.076.014
06.072.035
073.015
08.062.074
077.040
09.077.001
10.077.048 .054
Takao, K.
05.076.029 .031 .032 .050
Takaoka, N.
06.105.139
09.061.058
094.422
Takarada, K.
03.141.109
04.141.230
10.151.086

Takase, B.
01.122.085
04.122.038
05.032.082
158.129
07.161.012
Takashima, T.
07.079.104
10.063.005
091.014
Takasu, T.
03.022.084
Takatsuji, M.
08.034.097
Takatsuka, T.
06.065.131
08.065.142
Takayanagi, A.
09.077.060
Takayanagi, K.
01.131.057 .108
04.083.038
10.131.019
Takechi, A.
09.082.050
10.082.130 .136
Takeda, F.
07.033.056
Takeda, H.
01.162.029
02.162.026
03.162.048 .051
05.162.020 .079
06.094.132 .273
162.068
07.094.156
08.162.062
09.094.328 .333 .615 .631
105.111
158.129
10.094.453
162.072
Takeichi, Y.
07.033.056
Takeishi, M.
03.124.106
08.103.107
Takeishi, N.
01.096.015
Takenouchi, T.
03.104.014
Takens, R. J.
03.022.061
09.064.022
Taketani, M.
01.162.028
04.141.079
08.065.153
141.122
10.012.021
141.557
158.091
Takeuchi, H.
05.003.093
07.094.225
08.045.027 .030
Takeuti, M.
01.064.010
122.024
03.122.072
06.064.051
08.122.081
10.065.052
122.093
Takhar, H. S.
07.065.075
Takhaudinova, S. S.
08.104.014
Talbert, F. D.
03.154.021

Talbert, S. G.
04.033.021
Talbot, R. J.
04.065.088
05.065.024
Talbot Jr., R. J.
05.065.003 .051 .060 .102
06.151.048
08.065.120
09.065.076
10.065.106
131.240
158.103
Tallant, P. E.
01.072.033
02.072.033
03.034.003
Tallineau, Y.
01.084.224
Talon, R.
01.082.088
06.061.022
142.031
08.082.115
Talpaert, Y.
09.151.054
10.151.080
Talureau, B.
10.034.084
Talwani, M.
07.094.211
10.094.454
Talwani, P.
10.094.115 .357
Talwar, S. P.
01.151.016
02.061.001 .023 .030
151.019
03.061.024
04.062.012 .019 .042
05.062.026
07.061.041
062.002
064.023
131.085
09.064.038
091.015
10.061.017
062.015
Tam, C. K. W.
06.062.058
07.106.002
Tam, K.-K.
01.066.035
02.043.001
062.039
03.066.060
Tam, W. G.
06.022.158
Tamagaki, R.
04.065.124
06.065.131
Tamao, T.
08.084.210
10.084.208
Tamarov, V. A.
10.052.034
099.087
Tambovski, G. A.
02.034.012
09.034.097
Tamburini, T.
01.118.008 .020
02.118.032
Tamburini Job, T.
02.118.031
Tamenaga, T.
07.073.042 .068
10.073.076 .077

Tamhane, A.
10.094.216
Tamhane, A. S.
01.105.048
143.003
02.105.109 .111
05.105.021
06.105.069
143.033
08.105.123
09.094.507 .508 .509 .800
10.143.003 .040
Tamm, I. E.
05.003.094
Tammann, G. A.
01.103.108
111.001 .002
153.028
02.011.028
103.124
111.001
122.095 .150 .151
141.021
153.009
162.090
03.155.042
04.122.005
125.004
158.071
06.122.009 .060 .103
07.162.012
08.160.018
162.094
09.006.000
160.025
Tammelo, R.
10.066.040
Tamoykin, V. V.
07.063.030
Tamrazyan, G. P.
01.081.005
06.107.009
Tamura, S.
05.133.024
Tamura, S.'i.
04.133.029
Tan, A.
10.066.154
Tan, M.
07.074.049
Tan, P. C.
03.033.034
Tan, T.-K.
02.123.036
Tan Tung Arjun
See Arjun, T. T.
Tanabe, H.
01.106.016
05.034.035
09.082.050
10.082.136
Tanabe, K.
10.162.087
Tanahashi, Y.
05.155.014 .015
Tanaka, C.
01.021.007
Tanaka, H.
01.077.006
03.073.066
077.008
04.033.073
05.077.015
06.074.033
08.033.092
09.077.048
10.073.073
075.012
Tanaka, K.
05.073.043 .044

Tanaka, K.
06.071.002
07.064.042
073.058 .067
08.073.050
09.073.077 .078 .081
076.017
10.073.065 .071 .116
Tanaka, M.
05.082.136
Tanaka, S.
08.094.037
Tanaka, T.
09.094.690 .926
099.034
105.005
10.083.004
094.380
105.004
Tanaka, Y.
01.142.036
143.033 .035 .037 .057
156.006
04.142.021 .041 .051
143.038
05.142.061
143.011 .096 .097
158.129
06.065.122
142.013 .049 .051
07.065.126
142.075
08.142.039 .102
09.084.412
142.004 .029 .120
10.142.002 .003
Tananbaum, H.
05.142.041 .042 .047 .068
.069
158.051 .102 .103
160.009
06.142.002 .005 .012 .025
.028 .030 .046 .071
.072
159.005 .012
07.142.022 .026 .027 .038
.093 .095 .108 .116
.127 .901 .902
155.053
158.029
160.020
08.142.028 .029 .031 .033
.064 .079 .101 .105
.133 .135
155.029
158.044
160.019
09.142.045 .052 .097 .138
.150
158.057
10.142.022 .025 .108 .115
.117 .118 .119
158.901
160.019
Tananbaum, H. D.
07.142.065
08.142.030
09.142.059
Tanasescu, E.
10.064.055
Tandberg-Hanssen, E.
01.073.010 .031
02.034.061
073.037
03.073.007
04.073.010 .044 .059 .070
06.073.002 .004 .032 .039
.049
09.072.051
073.065 .101

Tandberg-Hanssen, E.
10.073.021
074.031
Tandon, J. N.
01.062.038
04.073.001
076.006
05.142.044
06.064.025
073.053
07.076.046
08.062.016
074.079
09.062.064
065.007
10.084.232
Tandon, S. N.
01.143.052
05.143.104 .125
06.143.084
08.143.045
Tanenbaum, A. S.
02.071.056
04.071.024
05.071.049 .061
06.071.036
Tang, C. C. H.
02.052.040
Tang, C. L.
04.022.116
Tang, K. T.
04.022.081
Tani, B.
04.094.132
Tanikawa, K.
04.154.002
07.154.002
Taniuti, T.
04.062.022
06.062.067
Tank, W. G.
02.082.014
Tankin, R. S.
04.062.003
08.062.057
Tanner, J. T.
01.105.081
Tanner, R. W.
04.045.006
06.032.038
08.081.053
09.004.017
032.032
041.028
Tano, Y.
04.047.032
Tanskanen, P.
05.084.028
06.143.109
09.084.008 .009
Tanskanen, P. J.
01.084.023
05.078.055
Tanskij
07.123.040
Tantashev, M. V.
06.063.006
10.063.037
Tantuono, A.
07.034.133
Tanygin, A. A.
10.033.074
Tanzi, E. G.
04.078.032
05.078.048
143.094
06.078.018
07.078.012
Tao, K.
04.077.046

Tao, K.
04.157.013
Tapia, S.
01.122.040
02.113.008
122.178
03.113.060
05.122.001 .002 .061
10.115.027
131.150
Tapija, R.
02.032.037
Tapley, B. D.
01.052.016
02.052.031
03.042.068
04.042.061
052.008 .017 .028
07.044.002
08.044.008
09.042.003
10.012.020
044.008
052.044
Tappere, E. J.
06.073.010
Tapping, K. F.
08.075.019
09.075.028
Tapscott, J. W.
06.158.036
09.114.128
Taradij, V. K.
02.045.002
06.093.026
08.003.069
045.003
Tarady
See Taradij
Tarafdar, S. P.
02.064.025
03.022.075
04.022.001
064.053
06.116.006
07.076.001
114.069
08.065.123
076.027 .039
114.037 .135
09.064.077
114.020
10.064.017
114.030
131.072
Taranov, V. I.
02.117.037
124.106
06.117.009
09.117.038
Taranova, O. G.
08.097.016
099.028
09.093.015
Tarashchuk, V. P.
02.102.012
05.102.010
09.102.025
Tarasov, A. F.
01.141.034
Tarasov, A. V.
06.051.018
08.105.052
Tarasov, E. V.
10.003.017
Tarasov, L. S.
04.094.347
08.094.041 .172 .174
09.094.128 .820
10.094.138 .145

Tarcsai, G.
01.046.008
04.074.007
05.055.014
071.033
06.066.031
08.031.042
071.068
Tareev, B. A.
05.082.002
Tarenghi, M.
04.142.008
05.141.198
08.142.085 .092
09.142.104
155.055
10.065.117
142.004 .096
Tarkhov, E. N.
07.084.262
Tarling, D. H.
05.003.095
081.002
06.003.122
07.003.127 .128
10.012.041
Tarling, M. P.
05.003.095
06.003.122
07.003.128
Tarnstrom, G.
07.077.039
Tarnstrom, G. L.
06.077.019 .020 .081
07.077.003 .015
10.033.068
Tarpley, J. D.
04.084.252
09.083.017
Tarraro, I.
01.160.004
Tarrius, A.
02.134.003
03.134.013
142.051
04.134.002
Tarstrup, J.
08.034.085
Tartaglia, N. A.
05.079.104
08.084.333
Tarter, B.
09.142.041
Tarter, C. B.
01.022.019
142.065 .066
06.022.029
07.022.901
08.141.051 .116
09.022.901
141.002
10.131.214 .235
141.102 .123
Tarter, J.
06.065.097
07.161.006
10.160.004
Tartois, L.
04.010.028
06.010.028
07.007.000
08.010.028
10.010.028
Tarver, P.
07.051.031
09.053.007
Tascione, T. E.
06.131.057
Tascione, T. F.
08.061.050

Tashenov, B. T.
02.003.005
07.034.116
082.114 .115 .116 .117
.118 .120 .121 .122
.123 .126
10.082.068 .070 .071 .072
.073
Tashpulatov, N.
02.151.049
03.121.005
151.020
Tassoul, J. L.
01.126.008
03.065.038 .045 .082
05.065.117
07.061.018
151.011 .012
09.061.042
10.065.124
Tassoul, M.
05.065.117 .123
07.151.012
08.065.030
09.065.032
Tatarczyk, J.
01.046.005
Tatarskii, V. I.
06.082.133
Tatarskij, V. I.
09.063.030
097.109
Tataurov, V. S.
08.031.028
09.034.105
Tate, R. C.
03.121.056
06.123.019
Tatevian
See Tatevyan
Tatevjan
See Tatevyan
Tatevyan, S. K.
02.055.014
06.013.014
055.006
07.046.008
055.008
10.046.013
Tati, T.
07.162.048
08.143.057
Tatian, B.
05.032.063
08.031.069
Tatler, R. J.
05.003.043
Taton, N.
08.045.018
Taton, R.
07.005.013
Tatsumoto, M.
03.094.029
04.094.079 .230 .235
09.094.104 .271 .415 .419
.708 .739
105.161
10.094.135 .427 .455
Tatum, J. B.
06.103.101
Taub, A. H.
01.162.053
04.066.028
07.066.053
162.063
09.066.063 .104
Taubenheim, J.
01.003.111
076.004
085.004

Taubenheim, J.
02.076.044
03.073.117
079.106
04.076.043
06.083.046
08.082.137
Tauber, G. E.
06.065.120
08.066.140
Tauber, M. E.
07.099.070
08.015.018
053.008
Taubman, C. N.
03.141.208
Tauchnitz, H. Von
See Von Tauchnitz, H.
Tauscher, H.
03.014.005
Taussig, R. T.
01.062.034
04.062.049
Tausworthe, R. C.
04.093.063 .067
Tavastsherna, K. N.
02.032.024 .037
03.041.011
05.041.007 .020
08.041.011 .062
Tavastsherna, K. S.
05.022.084
09.022.062
10.022.001 .013 .045
071.078
073.067
Taviev, E. L.
05.152.006
Tawakley, V. B.
06.052.027
Tawara, H.
06.141.259
Tayler, R. J.
01.003.048
065.064
02.061.014
03.003.032
065.001 .078
04.003.128
05.065.080
081.023
06.061.032
062.032
07.003.156
09.065.062
126.014
10.065.001 .084
Taylor, A. E.
04.022.037
Taylor, A. H.
10.099.077
Taylor, B. G.
02.054.004
09.084.240
Taylor, B. J.
01.115.011
155.008
02.114.115
04.114.102
153.044
05.064.018
114.079
153.004
158.041 .054
07.114.070
158.019
09.113.020
Taylor, D. B.
06.011.030

Taylor, D. C.
03.114.012 .105
Taylor, D. J.
01.141.020 .044
02.034.093
08.034.001 .077
158.013
Taylor, E. G. R.
06.003.123
Taylor, F. C.
01.105.024
Taylor, F. W.
07.082.037
099.048
08.091.046
099.046 .047 .076
09.099.004 .100
10.022.031
091.055
Taylor, G.
04.010.012
096.010
Taylor, G. E.
02.010.012
101.006
03.041.002
055.005
101.001
04.041.031
05.099.043 .054
101.011
06.099.018 .067
07.099.057
08.099.021
09.098.024
10.099.014 .039
101.001
Taylor, G. J.
02.105.078
03.105.035 .057 .132
04.094.376 .380
05.094.141
105.004 .012
06.094.158 .159 .277 .281
07.094.047
08.094.112
09.094.105 .162 .209 .351
.429 .669
10.094.456
Taylor, G. N.
01.083.012
02.083.056
04.083.037 .043
09.083.003
Taylor, G. R.
09.094.450
10.094.457
Taylor, H. C. J.
09.094.236
10.094.458
Taylor, H. E.
01.106.007
03.073.106
05.084.003
06.084.017 .403
Taylor, H. P.
05.033.036
Taylor, J.
08.031.037
Taylor, J. B.
04.034.039
Taylor, J. H.
01.082.026
141.029 .045 .048 .083
.157
02.141.007 .018
04.141.195
05.141.023 .027
06.141.022 .091 .092 .152
.177 .240

Taylor, J. H.
06.142.027
07.141.504 .542
142.011
08.141.525 .535
09.141.501 .538 .544 .545
10.033.034
141.534
Taylor, J. J.
10.051.030
Taylor, K.
09.131.009
Taylor, L. A.
04.105.085
06.094.053 .257 .299
08.094.116 .202
09.094.002 .146 .163 .210
.323 .362 .534 .626
10.094.155 .459 .460 .507
Taylor, L. S.
01.082.037
07.082.105
Taylor, M. C.
05.121.008
Taylor, N. W.
07.066.108
Taylor, P. A.
06.063.029
Taylor, R.
06.105.163
10.003.130
Taylor, R. C.
03.098.002
05.098.002
07.098.042
10.098.071
Taylor, R. E.
03.084.230
07.003.152
09.157.011
Taylor, R. G.
07.073.003
Taylor, R. J.
06.082.147
Taylor, R. L.
01.022.060 .061
Taylor, R. M.
09.094.181 .668
10.094.319
Taylor, S. R.
01.105.096
02.012.003
105.008 .013
04.094.237
105.023
06.003.030
094.037
08.003.094
094.210
09.094.050 .237 .377 .685
10.094.040 .153 .461
105.114
Taylor Jr., H. A.
01.083.036
084.409
02.083.003
03.073.111
04.083.001 .002
05.083.039
06.084.260
07.084.208
08.083.020 .049 .065
Taylor Jr., H. P.
02.105.171
03.094.062
04.094.081 .195 .236
06.094.052
09.094.106 .407 .700
10.094.276

Tazawa, Y.
  04.105.025
  06.105.035
Tchen, H.
  09.062.011
Tchenakal
  See Chenakal
Tchepkin, L. A.
  See Shchepkin, L. A.
Tcherepashuk
  See Cherepashchuk
Tchernega
  See Chernega
Tchertoprud
  See Chertoprud
Tchipashvili, D. G.
  See Chipashvili, D. G.
Tchultem, Ts.
  See Chultem, Ts.
Tchuprina
  See Chuprina
Tebbe, P. L.
  02.113.003 .022
Teboul, M.
  06.162.044
Tech, B.
  04.093.017
Tech, J. L.
  02.114.085
  06.114.133
  07.008.155
Teegarden, B.
  05.143.021
Teegarden, B. J.
  01.143.071
  04.143.028
  05.143.112
  07.078.006
  08.078.015 .017
  09.078.011 .035
  10.143.013 .042
Teh Fu Yen
  See Yen, T. F.
Teicher, K.
  09.031.065
Teichman, M. A.
  08.033.113
Teifel, J. A.
  08.082.198
Teifel
  See Tejfel'
Teitelbaum, H.
  08.082.184
Teitelboim, C.
  07.066.103
  10.066.021
Teixeira, N. R.
  07.082.005
  09.082.080
Tejfel', V. G.
  01.099.024
  02.003.119
     099.054 .062 .066
     101.005
  03.099.017
     100.013
  04.099.032
  05.100.005 .008
  06.003.007
     099.043 .071
  07.099.001 .019
  08.099.054 .097
     100.004 .023
  09.091.063 .078
     094.895
     099.093
     100.004 .016
     101.017
  10.003.008
     099.025

Tejfel', Ya. A.
  02.003.005
  07.034.117
  08.082.198
  10.082.074
Tejwani, G. D. T.
  05.022.030 .032
  07.022.047
Tekaat, T.
  01.022.036
  08.022.065
Telander, K.
  10.094.028
Telander, K. M.
  10.094.321 .322
Telegin, I. A.
  10.094.117
Teleki, D.
  05.081.037
Teleki, G.
  01.032.021 .022 .032 .033
  02.041.032
     082.079
  03.013.017
     034.081
     045.012 .013 .024
     082.097
  04.046.017
  05.045.011
  06.032.024
     082.081
  07.031.039
     045.014
  08.041.074 .078
     045.023
     082.041
  09.045.013
     082.122
Telfer, D. J.
  10.094.294
Telford, L. E.
  06.097.072
Teljnjuk-Adamchuk
  See Tel'nyuk-Adamchuk
Tel'kovskij, V. G.
  10.106.025
Teller, E.
  06.125.030
  08.162.035
Tellier, M.
  09.004.009
  10.036.006
Telnjuk-Adamchuk
  See Tel'nyuk-Adamchuk
Tel'nyuk-Adamchuk, V. V.
  02.105.037
  03.003.093
     097.035
  06.041.005 .018
  08.041.015
     160.009
  10.097.096
     160.011
Tel'pukhovskij, N. A.
  02.035.037
Tel'tsov, A. M.
  07.084.251
Tel'tsov, M. V.
  02.078.033
  06.084.268
  10.034.048
Teltzov
  See Tel'tsov
Tem, Eh. L.
  07.082.117 .119 .122 .124
  10.082.071 .072 .073
Temirbaeva, M. K.
  04.054.016
Temirova, A. V.
  04.077.031

Temirova, A. V.
  08.077.033
  10.033.045 .046 .075
     077.001
Temnyj, V. V.
  03.084.012 .013 .014 .015
  05.085.001
Tempesti, P.
  01.015.005
     124.101 .102 .104
  02.098.017
     121.016
     124.100 .102
  03.124.103
  06.121.068
  07.008.142
     117.022
     121.022
  08.124.101
  09.124.106
Ten, A. P.
  07.082.133
Tendys, J.
  04.084.308
Tennakone, K.
  07.061.044 .055
  09.080.048
  10.080.058
Tenorio-Tagle, G.
  10.131.022
     132.024
Teodoronskij, V. A.
  09.082.057
Tepikin, B. G.
  10.042.086
Teplitskaja
  See Teplitskaya
Teplitskaya, R. B.
  01.071.005
     072.005
  02.072.020 .047
  05.072.048
  08.013.018
     080.025
  09.072.010
Teptin, G. M.
  04.082.215
  05.104.037
  06.104.113
  07.083.031
Ter Haar, D.
  01.131.058
  02.141.145
     151.057
  03.107.017
  04.141.119 .211
  05.065.031
     142.071
  07.141.571
  09.062.017
     107.021
     131.128
     158.042
  10.003.034
     107.010
     117.020
Ter Louw, W. J.
  07.065.132
Ter Meulen, J. J.
  07.131.027
Tera, F.
  02.105.003
  03.094.030 .183
     105.082 .125
  04.094.238
     107.007
  06.094.046
  07.094.053 .069 .141
  08.094.164 .197
  09.094.272 .601

Tera, F.
 10.094.462
Terasaki-Okada, K.
 08.143.061
 10.143.066
Terashita, Y.
 01.064.027 .028 .052
  126.021
Terauti, R.
 01.065.023
Terebizh, V. Yu.
 02.022.072
  063.024
 03.063.006
 04.064.001
  151.001 .032
 05.063.005
  122.083 .116
 06.122.052
 10.141.062
Terebushko, I. I.
 02.031.008
 03.032.036
Terekhin, G. I.
 04.083.029
 10.106.027
Terent'ev, V. V.
 03.054.024
 05.054.003
 06.042.052
 07.052.014
  054.004
Terent'eva, A. K.
 04.082.001
 08.104.008 .055 .064
 09.104.026
 10.104.039 .050
Terentjeva
 See Terent'eva
Terentyev
 See Terent'ev
Tereshchenko, V. M.
 06.113.063
  114.125 .130
 07.114.132
 08.003.121
  082.065
  114.041 .136 .161 .181
  131.135
Tereshkin, I. A.
 06.051.018
 08.105.052
Terez, E. I.
 07.034.010
 09.034.046
 10.034.039
Terez, G. A.
 02.022.084
Terina, G. I.
 06.083.026
Terletskij, Ya. P.
 09.162.026
Terlevich, R.
 09.141.096
 10.061.044
Terlevich, R. J.
 10.031.040
Terlouw, W.
 04.003.122
Termier, G.
 01.081.040
Termier, H.
 01.081.040
Ternovskaya, M. V.
 01.084.425
 06.084.402
 08.084.342
Terrazas, L. R.
 03.079.102

Terrell, J.
 04.141.049
 07.141.014 .087
Terrell Jr., N. J.
 04.141.127
 07.142.064 .097
Terrill, C. L.
 01.122.044
Terry, C.
 09.094.938
Tertitskij, M. I.
 06.032.037
 10.031.020
Tertitzky
 See Tertitskij
Teryeshkin
 See Tereshkin
Terzan, A.
 01.120.001 .002 .003
  124.102 .104
 02.120.001
 03.112.010
  124.100
 05.155.026
 06.155.029
 07.123.002
  124.102
  154.009
 10.123.016 .017
  153.024
Terzian, Y.
 01.131.008
  132.009 .021
  133.009 .014
  141.067
  158.011
 02.012.009
  131.078
  133.023
  141.023 .091
 03.131.138
  132.028
  133.027
 04.132.029
 05.131.027 .138
  132.022
 07.132.011 .017
  133.002 .008 .021
  158.031 .075 .159
 08.141.110 .546
  158.072
 09.131.051
  133.037
 10.125.013
  132.059
  133.025 .054
  141.084
  158.136
Teschke, F.
 03.094.056
 04.094.242
 06.094.278
 09.094.164 .238 .383 .686
  105.031
 10.094.476
Teske, R. G.
 01.076.008
 02.076.001 .015
 03.071.009
  074.047
 04.015.020
 05.076.013 .019 .023
  077.016
 06.076.007 .029
 07.034.002
  076.005
 08.074.113
  076.008
Teslenko, N. A.
 09.052.027

Teslenko, N. A.
 10.041.010
Testerman, L. K.
 10.080.046
Testud, J.
 04.084.045
Tetley, T. J.
 01.010.024
Tetruashvili, E. I.
 06.073.030
  074.016 .043
 07.074.028
 08.074.051 .106 .107 .108
Tetu, M.
 04.033.055
Teuchert, G.
 10.031.080
Teuchert, W. D.
 10.031.080
Teukolsky, S. A.
 08.066.002 .088 .098
 09.065.092
 10.066.034 .035
Teulet
 07.041.055
Teyfel', V. G.
 See Tejfel', V. G.
Teyssandier, P.
 08.066.141
Thacker, D. L.
 04.131.062
 10.131.121
Thackeray, A. D.
 01.119.001
  122.022 .066
  124.004
 02.008.097
  118.033
  124.107
 03.007.000
  119.011
  122.070
  132.038
  159.003 .010
 04.008.084
  119.002
  121.071
  122.152
 05.082.080
  114.070
  122.105
  126.015
  132.029
 06.007.000
  008.083
  015.021
  121.021
  159.013 .014
 07.155.082
  159.021 .901
 08.008.082
  132.027
 09.122.060
  142.128
  159.001
 10.008.089
  112.003
  114.195
  118.013
  121.002 .091
  158.078
Thackeray, F.
 10.104.015
Thaddeus, P.
 01.066.056
  093.041 .066
  131.019 .035
 02.141.124 .166
 03.131.057
 04.131.024 .084

Thaddeus, P.
05.114.020
　131.063
　132.012
　141.159
06.022.072
　114.114
　131.004
　132.015 .016
07.022.091
　131.008 .029 .072
08.066.052
　131.029
　132.015
10.022.014
　131.011
　132.041
Thaenert, C.
08.123.065 .066
Thaenert, W.
06.065.023
Thakur, R. K.
04.062.056
05.062.008
Thambyahpillai, T.
02.143.013 .026
05.143.133
06.143.095
07.143.004 .014
Thapar, M. R.
05.094.195
07.094.265 .266
Thayer, N. N.
10.106.013
Thayse, A.
08.052.020
The, P. S.
03.118.010
　153.013
05.152.011
06.153.001
Theil, R. H.
09.094.687
Theile, B.
09.084.218
Theimer, O.
06.022.124
Thein, U.
07.096.013
Thekaekara, M. P.
02.080.012
05.071.023
06.034.118
Thelander, H. A.
10.084.229
Theobald, J. K.
09.074.024
Theodoridis, G. C.
01.084.403 .423 .424
Theon, J. S.
01.082.070
06.082.119
07.079.101
Theys, J.
02.094.020
Theys, J. C.
07.158.128
08.158.127
Thiel, K.
08.094.034
10.094.326 .349
Thiel, M. A. F.
03.022.090
04.141.158
08.141.060
Thielheim, K. O.
02.143.020
05.143.142
10.156.001

Thiessen, A.
08.022.023
Thimm, W.
09.003.014 .119
Thio, S.
06.105.129
Thio, S. K.
09.094.732
Thirkettle, F. W.
09.084.264
Thirring, W.
03.066.036
06.066.061
08.061.027
09.066.130
Thiry, Y.
05.003.097
07.003.129
Thode, H. G.
06.094.231
09.094.273 .704
Thoene, K.
09.003.120
Thole, J. M.
03.051.018
07.051.013
Thom, A.
02.004.024
03.004.003
05.003.096
06.004.009
07.004.011
08.004.001
09.004.052
10.004.029
Thom, A. S.
06.004.009
07.004.011
08.004.001
09.004.052
10.004.029
Thomas, B. M.
01.033.016
02.033.056
　157.010 .011 .012 .013
03.033.031
04.033.067 .079
06.033.081
08.033.110
10.033.086
Thomas, D.
08.125.100
Thomas, D. M.
08.083.060
Thomas, D. V.
01.111.009
04.045.029
06.041.021
09.111.001
Thomas, F. J.
01.061.031
03.065.102
Thomas, G. E.
01.082.042
02.082.032
　097.013
04.071.037
05.082.106
　097.037
　131.015
07.082.098
　097.111
08.097.009
10.094.129
　103.100
　131.201
Thomas, G. R.
04.078.028
　083.090
05.083.045

Thomas, G. R.
05.084.013
10.084.009
Thomas, H. H.
07.094.016 .063
09.094.689
Thomas, H.-C.
02.065.101 .102
03.065.007 .058 .063
04.065.050 .053
　153.015
07.117.002 .017 .028
08.021.028
09.117.004 .031
　142.117
Thomas, I. L.
05.084.026
Thomas, J.
07.142.022
Thomas, J. A.
02.142.015
05.142.067 .083
06.142.088
07.113.017
08.141.523
09.114.025
10.061.043
　113.028 .080
Thomas, J. C.
08.124.100
09.124.110
Thomas, J. E.
03.094.001
05.094.161
10.094.278
Thomas, J. H.
01.080.008
02.080.015
04.073.039 .049
05.080.008
08.071.005
　080.007
10.126.010
Thomas, J. O.
01.083.005
　084.228
03.083.007
　084.212
04.003.129 .130
07.084.239
Thomas, J. R.
08.034.072
Thomas, L.
02.082.061
03.083.010 .073
04.082.028
05.012.007
　083.010
06.082.106 .115
07.083.080
08.011.006
　082.089
09.082.023
　083.010
Thomas, M.
07.064.058
Thomas, N. G.
01.103.109
　112.009
04.112.010 .011
　126.008
05.112.012
07.112.015
09.112.005
Thomas, R.
09.142.141
Thomas, R. J.
02.076.001 .015
04.076.021
05.011.030

Thomas, R. J.
05.076.008 .013 .040
06.034.130
076.042
07.051.013
076.036
08.073.051
074.036
076.008
082.009
09.011.002
073.051
10.082.056
Thomas, R. M.
01.142.052
02.142.044 .064
03.142.050
04.142.009
06.142.001
155.026
07.034.007
Thomas, R. N.
01.012.020
02.073.017
114.104
04.064.003 .037 .077 .086
.093
06.064.006
073.034
07.064.054
073.012 .082
08.071.081
10.064.025 .045 .047 .048
.049
Thomas, R. W. L.
10.082.126
Thomas, W. R.
01.054.005 .008
Thomas, Y. Z. R.
03.122.084
Thomas Jr., J. R.
10.063.023
Thomasson, P.
04.133.015
09.158.148
10.125.018
Thome, G. D.
01.073.049
06.083.045
Thompson, A.
09.143.029
Thompson, A. R.
01.141.061
02.141.157
03.133.019
04.133.004
141.047 .134
06.033.002
131.155
141.192
07.141.066
08.141.049
09.033.027
10.033.025
Thompson, B. C.
06.051.014
Thompson, B. J.
09.031.053
10.082.146
Thompson, D. A.
10.104.002
Thompson, D. J.
10.155.076
Thompson, D. L.
06.099.079
09.099.101
Thompson, D. T.
03.122.052
05.097.065
07.097.070

Thompson, D. T.
08.097.018 .058 .079
09.097.017 .065
10.097.006
Thompson, E. H.
06.013.013
Thompson, G.
09.094.655
10.094.379 .454
103.103
Thompson, G. I.
05.031.038
114.062
06.131.022
08.114.029
09.114.039
10.032.014
113.001
Thompson, H. I. B.
10.113.062
Thompson, L. A.
04.152.007
07.158.055
09.142.083
10.160.028
Thompson, M. G.
06.143.077
Thompson, M. H.
07.003.073
Thompson, M. N.
01.044.008
Thompson, P. A.
02.098.030
Thompson, P. T.
06.033.046
Thompson, R. I.
02.114.066 .067
03.114.058 .068
05.114.008 .088
07.065.028
08.114.097 .163 .164
126.023
09.064.051
114.078 .114
10.034.020
064.011 .058
114.097 .099 .169 .214
Thompson, R. T.
07.022.020
08.022.901
Thompson, S. O.
02.105.032
Thompson, S. W.
07.034.064
Thompson, T.
09.094.566 .569
Thompson, T. W.
01.093.028
02.094.138
03.094.246
04.093.062
094.400
05.094.033
06.094.075
07.094.223
08.094.189
09.094.540
10.094.410 .463
Thompson, W.
03.097.042
Thompson, W. B.
03.003.107
07.062.037
107.014
08.107.014
10.061.001
Thompson, W. J.
01.104.011
06.105.162
08.105.003 .041

Thompson III, W. I.
04.033.083
Thompson Jr., J. F.
08.082.224
Thomsen, B.
08.142.049
Thomsen, I. L.
01.103.016
02.008.130
Thomsen, L.
08.094.132
Thomson, A. B.
02.071.012
05.082.124
093.059
07.093.001
10.071.033
Thomson, D. M.
06.143.011 .095
08.143.033
09.143.014
Thomson, G. B.
10.061.043
Thomson, M. M.
02.010.023
03.044.014
05.004.004
06.035.001
044.008
Thomson, R. K.
09.063.048
Thonemann, P. C.
08.071.043
Thonnard, N.
10.131.270
Thoren, V. E.
01.004.032
03.004.027
04.002.002
05.004.019
09.004.003
Thorman, C. H.
07.097.076
Thorne, K.
01.066.061
Thorne, K. S.
01.066.010 .059
119.008
141.023
02.065.042 .064
066.050
03.066.025 .027 .033
162.047
04.066.030 .039 .070
125.027
05.003.022
066.002 .052
06.066.078
08.065.026
066.053
09.065.052
066.005 .067
10.003.089
066.085 .164
Thorne, R.
05.143.013
Thorne, R. M.
03.079.102
084.229
04.084.407
06.062.070
084.001 .207 .223
07.076.003
079.101
08.084.403
09.084.410
10.084.266
Thornton, D. C.
06.079.101

Thornton, D. D.
01.131.006
02.131.056
06.099.045
07.033.050
  082.006
08.131.005
09.093.008
10.033.030
Thorpe, A. N.
01.105.025
03.094.126
04.094.278 .308
09.094.101 .495 .774
10.094.464
Thorpe, D. G.
05.084.013
Thorpe, T. E.
05.097.012
09.113.028
10.034.076
  097.102
Thorsos, T.
08.142.081
10.142.901
Thotochava, A. G.
06.120.009
Thran, D.
06.082.125
Thrane, E. V.
03.083.058
04.083.013 .074 .075
07.083.043
  084.239
Thro, P.
02.105.110
Thrower, N. J. W.
07.003.161
Thrower, P. A.
09.094.620
Thrush, B. A.
08.022.058
Thuan, T. X.
07.151.088
08.158.039
09.158.056
Thuering, B.
04.042.002 .028
07.066.040
Thum, C.
04.141.027
05.034.101
06.034.108
09.106.027
Thurnheer, J.
02.051.008
03.051.028
04.053.006
05.054.005
08.054.007
10.054.005
Thyssen-Bornemisza, S.
08.066.011
09.066.080
Thyssen-Bornemisza, S. Von
  See Von Thyssen-Bornemisza, S.
Tibanov, A. P.
10.078.012
Tibbitts, R.
10.052.002 .006
Tiberi, C. F.
05.099.084
Tichy, M.
08.034.043
Tidblad
08.098.079
Tidman, D. A.
02.106.014
05.012.010
  062.039

Tidman, D. A.
06.003.124
Tidwell, E. D.
09.022.016
Tidy, E.
09.094.082
10.094.295
Tiernan, M. F.
10.114.185
Tierney, M. S.
07.082.019
Tietsch, R.
08.034.147
Tietz, T.
01.022.041
04.022.070
Tiffany, P. C.
01.098.006 .039 .040
02.098.027 .030
Tifft, L. E.
01.154.008
02.113.040
04.113.036
06.113.007
Tifft, W. G.
01.158.038 .056
04.141.107
05.159.006
06.160.005 .018
07.034.021
  160.018 .024
08.153.004
  160.004
09.141.056
  158.058 .106 .158
  160.001
10.003.155
  158.041 .905
  159.001
  160.018
Tifrea, E.
01.075.024 .025
03.075.013
04.073.072
  075.024
06.073.063 .065
  075.031
08.073.102
  075.030
10.075.009
Tigelaar, H. L.
05.131.116
06.131.083
09.131.104
Tijt, V. M.
04.114.041
Tikhonov, A. N.
01.141.175
Tikhonova, T. V.
01.094.010
02.094.192
03.033.028
05.094.130
09.094.874 .888
Tilford, S. G.
01.022.025
03.083.024
  084.037
05.022.094
10.022.094
Tilk, E. M.
02.034.013
10.044.007
Tillen, R.
02.032.042
Tilling, R.
07.094.158
Tillu, A. D.
04.083.053

Tilson, S.
03.033.007
  141.110
Tilton, G. R.
10.105.001
Timleck, P. L.
02.083.039
Timme, R. W.
06.094.291
Timofeev, B. V.
02.077.047 .054
03.077.010
08.077.015
  079.102
09.077.025
10.077.059 .073 .084
Timofeev, G. A.
02.078.032
03.083.076
04.078.016
05.143.080
06.078.040 .061
07.063.006
  078.016
10.078.019
Timofeev, Yu. M.
04.003.067
07.097.064
08.093.023
10.097.054
Timofeeva, G. M.
02.099.053
06.033.007
08.033.030
10.033.045
Timofeeva, L. A.
07.083.038
Timofeeva, P. M.
09.079.103
Timofeeva, T. S.
06.093.015
10.099.040
Timofejev
  See Timofeev
Timofeyeva
  See Timofeeva
Timoshkova, E. I.
04.097.062
05.097.058
06.042.013 .026
08.042.018
09.042.030
  052.039
10.042.110
Timothy, A. F.
04.034.023
  076.034
05.034.060
07.076.012
  083.044
08.076.019 .020
09.074.083
10.074.036 .062
Timothy, J. G.
04.034.023
  076.034
05.034.060
07.083.044
09.034.034 .115
10.073.103 .104 .105
  074.119
  076.032
Timuks, J.
06.051.038 .039
Tinbergen, J.
02.034.003
07.034.037 .099
  122.116
09.034.006

Tindo, I. P.
03.054.019
04.034.076
051.030
073.024
05.076.001 .002
06.075.032
076.014
07.032.014
08.073.013
076.040 .049
10.076.029
Ting, S. D.
07.083.025
Tinin, M. V.
07.077.016
Tinsley, B. A.
01.082.047 .056 .080
02.034.034
141.002
04.082.015
05.076.010
082.028 .030 .104
06.082.076
07.082.005
08.082.186
09.082.032 .042
10.083.010
Tinsley, B. M.
02.141.002
03.162.006
04.162.023
06.065.058
115.006
158.008 .077 .091
07.125.001
158.059
160.019
162.050
08.065.093 .096
151.004 .029
158.124
162.067
09.065.010
158.041
161.003
162.060
10.065.105
155.064
158.021
Tiomno, J.
07.066.068 .111
08.062.061
066.071 .128
141.504
09.066.081 .108 .112
Tippets, R.
04.122.093
Tiroshi, I.
10.033.125
Tiscsenko
See Tishchenko
Tishchenko, A. P.
05.094.139
07.003.130
094.259
09.094.959
Tisone, G. C.
02.082.019
07.082.102
Titarchuk, L. G.
07.063.032
08.091.036
093.009
097.093
09.082.057
091.016
093.084
10.063.007
093.005

Titenkov, A. F.
05.143.062 .137
09.143.032
Titheridge, J. E.
01.083.042
02.083.002 .026
06.083.055
07.082.051
09.083.021
Title, A.
04.071.028
10.031.042
Title, A. M.
05.034.093
06.034.035 .070
08.072.035
09.034.055
073.071
10.034.107
Titov, A. M.
05.055.023
Titov, G. A.
10.093.006
Titov, G. K.
06.141.218
Titov, R. Yu.
03.003.005
Titter, J. C.
07.118.024
08.111.005
09.155.078
Titterton, E. W.
08.009.011
Titterton, P. J.
04.082.220
08.082.085
10.082.117
Tittmann, B. R.
09.094.288 .488 .782 .917
Titulaer, C.
01.094.047
02.094.006 .007
03.003.143 .144
094.136
097.001
04.094.068 .281 .422
05.003.098
053.014 .015
094.003 .062
06.053.005
094.326
07.094.133
09.094.482
Titus, R. R.
06.053.032
Tiuri, M.
04.033.049
Tiwari, S. N.
05.063.016
Tiyt, V.
03.034.035
Tiziou, J.
02.003.150
04.053.005
Tjagun, N. F.
06.074.041
Tjin A Djie, H. R. E.
09.064.022
Tkachenko, V. I.
08.143.011
09.078.023
Tkachev, G. N.
09.083.042
10.083.050
Tkachuk, A. A.
02.104.042
03.104.018
05.104.001 .017
06.104.082 .083
10.104.040

Tkaczyk, W.
07.143.072
08.142.146
Tlamicha, A.
01.077.015
02.073.050
03.077.029 .041
06.077.042
07.073.034
08.077.044
09.077.048
Tllashev, Kh.
08.004.060
Toba
05.103.117
Tobailem, J.
02.105.140
03.105.137
05.105.024
07.105.036
09.105.036
Toborek, I.
08.161.003
Tochilina, A. A.
01.032.078
03.044.013
04.032.002
044.009
07.041.015
Tochtasev, V. S.
See Tokhtas'ev, V. S.
Todd, T.
09.094.487 .783
10.094.073 .465 .475
Todoran, I.
02.120.005
122.168 .169
03.113.054
121.009
04.021.014
113.053
05.113.026
122.054
06.121.014 .048
07.034.042
121.008 .046
08.121.080 .092
09.120.002
121.039
122.073
10.121.087
Todria, Z. P.
04.123.021
Toeleid, O. A.
09.154.008
10.154.021
Toelle, H.
03.085.007
Toevs, J. W.
03.065.019
06.065.081
Tofani, G.
01.079.103
082.114
03.077.040
04.033.050
077.051 .052 .053
080.003
06.011.049
07.077.048
08.033.069
10.131.267
Toft, A. R.
10.034.056
Togure, T.
01.114.008
Tohmatsu, T.
02.083.054
04.083.052
05.082.107

Tohmatsu, T.
06.034.037
082.032
Toichi, T.
05.074.051
07.074.093
084.227
Tojo, A.
05.079.104
08.074.044
09.079.001
Tokarev, Yu. V.
02.022.067
141.134
05.157.008
162.052
06.131.015
08.061.048
062.008
Tokareva, Yu. I.
05.123.029
Tokhtas'ev, S. S.
02.125.011
Tokhtas'ev, V. S.
10.104.021
Tokovinin, A. A.
10.123.067
Toksoez, M. N.
07.094.127 .159 .226
097.022
08.094.901
09.094.168 .575 .779
10.094.466
Toksoez, N.
03.094.027
04.094.116 .296
06.094.232
07.094.158 .208 .217
09.094.583 .778
10.011.007
094.006
Toksoz
See Toksoez
Toktogulov, M.
01.104.034
02.104.038
Tokuoka, T.
07.066.014 .015
Tokuya, A.
08.032.036
Tolansky, S.
01.105.022
03.094.148
04.094.105 .309
05.015.001
07.094.166
08.094.077
Tolbert, C. R.
02.157.016
06.157.003
07.155.017 .054
08.007.000
09.008.031
Tolk, N.
02.022.035
Tolk, N. H.
04.102.018
Tolland, H. G.
08.081.029
09.081.019
Tolman, J.
01.044.009
Tolpadi, S. K.
08.082.112
Tolson, R. H.
02.094.065
10.097.112
Tolstijch
See Tolstykh

Tolstykh, V. P.
06.121.013
09.121.023
Toma, E.
06.041.024
07.032.027
041.031
065.099
08.041.007
09.041.013
Tomanov, V. P.
04.102.019
09.102.019 .020
10.102.015
Tomasevich, G. R.
04.131.024
06.022.072
07.022.091
Tomasi, P.
03.141.118 .140
06.125.029
132.042
08.141.026
09.141.023 .132
10.141.004
Tomasik, H.
05.123.028
Tomasko, M.
04.032.019
Tomasko, M. G.
03.099.022
04.065.093
05.099.059
101.014
07.158.030
08.101.022
09.099.055 .063
Tomassetti, G.
08.033.072
Tomassian, A. D.
02.084.402
04.084.406
08.084.402
Tombaugh, C. W.
01.008.064
03.008.068
05.008.073
Tomblin, F. F.
04.084.412
05.076.009
082.017
07.076.010
Tombrello, T. A.
07.065.029
10.061.068
094.002 .364
Tomelleri, V.
04.055.013
06.054.013 .028
09.045.017
Tomer, E.
04.158.023
Tomilin, A.
04.003.131
Tomilova, A. A.
01.052.032
Tomimatsu, A.
08.066.099
10.066.143
Tominaga, S.
02.079.100
Tomino, K.
05.032.083
10.141.090
Tomita, K.
01.098.033
02.103.113
162.012 .048
03.103.103
104.014

Tomita, K.
03.162.051
04.103.104 .128 .140
05.103.108 .117
158.129
162.079
06.061.041
103.108
124.102
142.065
162.070
07.061.014
103.100 .110
08.066.114
103.117 .124
162.063
09.032.031
034.024
162.063 .087 .088
10.158.011
162.037 .088
Tomkin, J.
02.115.011
07.126.012
09.126.021
10.126.001
Tomkins, F. S.
02.022.063 .077
Tomley, L.
04.064.047
Tomley, L. J.
03.064.059
04.114.068 .106
05.071.050
Tomlin, S. G.
02.082.062
Tomoscheit, D.
09.031.065
Tomosov
See Tomozov
Tomozov, V. M.
02.151.030
05.073.053
08.073.005 .061
09.062.004
073.033
Tondello, G.
07.022.017
08.022.074
Tondeur, F.
06.065.042
Tonejc, A. M.
10.022.054
Toney, J.
08.071.024
142.145
09.071.007
124.110
Toniolo, M. F.
06.021.008
Tonnelat, M.-A.
06.003.038
Tonwar, S. C.
03.141.059
05.141.140
Tood, J. J.
08.008.104
Toolin, R. B.
09.082.054
Toomasson, L.
09.121.053
Toombs, R. I.
07.115.010
Toomer, G. J.
01.004.028
03.004.028
04.004.027
07.003.025
Toomre, A.
01.045.006

Toomre, A.
01.151.018
02.151.036
03.151.041
159.008
04.161.008
06.158.054
07.151.103
155.084
158.132
08.151.039
10.151.038
Toomre, J.
04.161.008
06.158.054
07.158.128 .132
08.151.039
158.127
10.151.038
Toon, O. B.
09.097.057
10.097.055
106.001
Tooper, R. F.
01.022.107
066.065
02.065.028
Toor, A.
02.034.067
142.048
03.142.033
05.142.018
06.142.009
159.001
07.142.015
155.019
08.034.079
09.125.032
142.041
155.008
Topan, G.
04.042.085
08.042.077
Toptygin, I. N.
07.062.021
08.077.048
078.042
09.062.033 .068
078.037 .049 .065
143.033
10.074.129
Torao, M.
03.035.005
044.006
05.044.005
Torbin, S. I.
05.083.017
09.082.038
Torbitt, W. S.
02.143.071
Torelli, M.
02.078.029
03.073.016 .061
04.075.016
05.075.017
06.075.017
07.075.018
08.075.031
09.075.022
10.075.018
Torgersen, H.
03.099.058 .063
Torii, C.
04.033.073
Torii, Y.
09.032.031
Torkhov, V. A.
09.125.028
10.125.036

Tornberg, N. E.
07.094.213
09.094.819
Toro, T.
10.013.003
Torochkova, G. I.
07.081.019
Toropova, M. S.
10.122.038
Toropova, T. P.
02.034.080
082.130 .131 .132 .133
.134 .135
07.082.127 .128 .129 .132
.133
10.063.043
082.065
Toroshelidze, T.
04.082.182
Toroshelidze, T. I.
03.011.035
082.081
04.082.147
06.082.091
08.082.167
Torr, D. G.
02.082.066
03.083.011
05.083.031
07.083.001
10.083.039
Torr, M. R.
01.083.044
02.082.066
03.083.011
05.083.031
07.083.001
10.083.039
Torrance, K. E.
08.094.269
Torrao, T.
09.041.049
046.023
Torras
05.103.117
Torras, N.
10.103.102
Torrence, G. W.
04.141.110
07.141.141
09.141.037
Torrence, R. J.
01.162.065
Torres, C.
03.098.037
103.101 .102 .128
07.098.016 .021 .022
103.104 .113 .117
08.103.013 .014
09.103.117 .128 .129
10.103.102
Torres, C. A. O.
06.120.013
07.122.069
10.122.012
Torres-Peimbert, S.
01.065.020
06.065.021 .128
131.134
133.005 .010
153.002
10.131.246
Torrieri, D. J.
07.082.105
Torrisi, S.
02.075.021
03.075.032
Torroja, J. M.
01.082.074
05.009.005

Torroja, J. M.
06.008.061 .103
Torshitshev, O. A.
04.084.415
Torzhevskii, A. P.
01.052.018
07.042.019
Tosa, M.
09.142.005
155.066
10.151.037
Tosatti, E.
10.065.045
Toth, R. A.
09.082.102
Tothill, T.
06.009.012
Totochava, A. G.
09.122.063
10.123.021
Totomanov, I.
09.041.005
Toton, E. T.
05.141.054
09.162.085
Totsuji, H.
02.162.045
Totubalina, M. G.
05.143.105
06.143.133
07.143.022
09.034.095
Toufar, P.
02.051.041
Toulmin III, P.
07.097.015
10.053.007
Touray, J.-C.
04.094.382
Touri, R.
05.008.002
Tousey, R.
01.079.100
02.074.037
076.021
094.066
03.013.010
074.043
076.020
04.074.042
076.017
06.076.016 .031
07.073.013 .014
074.014 .015 .040
076.013 .037
08.073.108
074.042
076.037
10.076.036
Tovadrovs, M. J.
See Tovadrovs, M. Ya.
Tovadrovs, M. Ya.
06.054.024
10.054.004
Tovar, F. O.
08.094.220
Tovchigrechko, S. S.
02.034.087
07.035.005
Tovmasjan, H. M.
07.141.092
Tovmassian, H.
08.158.111
Tovmassian, H. M.
02.158.014
160.003
03.153.015
08.141.129
158.097 .102 .110
09.158.002

Tovmassian, H. M.
10.158.136
160.022
Tovmassian, H. M.
See also Tovmasyan, G. M.
Tovmassion, G.
08.158.121
Tovmasyan, G. M.
02.011.020
03.012.002
158.012
160.005
10.160.022
Towe, K. M.
03.094.110
04.094.167
Towlson, W. A.
08.131.085
Townes, C. H.
01.131.006 .011 .031
02.131.010 .023 .056 .060
04.131.019
133.010
05.032.067
06.131.116 .137
10.131.226 .258
Townsend, M. R.
03.054.002
Toy, L. G. S.
02.121.055
Toya, N.
04.158.021
Toyama, K.
08.158.100
09.158.110
Toyoda, Y.
06.143.071
Tozer, D. C.
03.094.248
08.091.057
094.020
Traczyk, W.
05.142.080
Trafton, L.
04.103.101
05.099.007
06.091.025
133.018 .027
07.100.013 .014
101.002
122.055
132.027
08.099.034
100.011
101.010
09.091.006
099.088
100.031 .039 .047
101.011
10.022.020
Trafton, L. M.
03.091.015
099.046
05.091.017
099.027 .033
100.022 .023
06.099.046 .058
09.100.042
10.100.026
Traill, R. J.
03.094.085
04.094.017 .132 .133 .145
06.094.329
09.094.327
Trainor, J. B.
01.010.008
03.010.008
07.010.008
09.010.008
011.027

Trainor, J. B.
09.103.004
10.079.101
103.009 .102
Trainor, J. H.
09.051.002
10.143.013 .042
Trainor, R. L.
05.044.009
Trajmar, S.
06.084.061
08.022.104
084.063 .064
09.084.041
Trakhtengerts, V. Yu.
02.083.042
09.061.069
10.063.010
Trakhtengertz
See Trakhtengerts
Tran Duy Thoan
07.045.004
08.046.006
Tran-Zuj-Tkhoan
09.041.024
Transkij, I. A.
05.143.046 .047
07.143.035
09.078.051
10.078.015
106.017 .039 .044
Transky
See Transkij
Trapp, B. L.
05.099.005
Trasco, J. D.
02.116.017
04.065.025
116.004
07.116.001
09.099.023
10.064.031
Trask, N. J.
01.094.032
04.094.391
05.094.183
06.092.004
094.061 .068 .225
07.094.107
10.094.127
Traub, W.
05.072.003
10.131.283
Traub, W. A.
03.072.045
05.093.057 .058
07.066.069
08.093.010
097.046 .067
09.066.021
093.022
099.057
10.099.034
131.045
Trauger, J.
06.099.072
Trauger, J. T.
08.034.060
09.099.057
10.099.034
Trautman, A.
09.066.014
Travesi, A.
09.094.392
Traving, G.
01.008.051
03.008.059
05.008.061
065.101
114.049

Traving, G.
06.141.270
07.008.067
09.003.114
064.027
10.008.052
Travis, L. D.
09.064.048 .066
080.008
10.073.035
Treanor, P. J.
01.032.055
02.008.026
031.026
03.034.053 .069
04.034.066
05.008.032
07.008.036
012.021
08.009.001
034.063
09.008.028
082.101 .121
10.113.082
Trebenikov, E. A.
06.098.007
Treder, H.-J.
01.066.011
162.026
02.003.120
008.010
066.043
158.095
162.054
03.008.007
066.049 .051
04.022.071 .072 .089
066.055 .057 .058 .059
.060 .061 .083 .084
162.037
05.022.103 .104
066.016 .073
162.056
06.003.125
004.035
022.028
066.065
07.003.008
066.081 .082 .083 .086
08.066.006 .013 .086 .087
.091
09.003.010
004.010 .013
013.004
066.055 .068 .069 .070
.072 .128
162.041 .081
10.004.065 .085
022.066 .103
066.049 .090 .134 .137
.180
162.081
Trefall, H.
05.084.002 .027 .028
06.084.047
07.084.218
08.084.055
09.084.006 .008 .009 .011
Treffers, R. R.
07.114.094
08.114.019
10.114.096 .228
Trefftz, E.
01.022.016 .017 .059
02.022.119 .120
03.022.042
074.058
10.022.062
Trefil, J. S.
05.162.061

Trefzger, C.
10.015.004
Tregaskis, B.
01.010.008
02.010.008
Tregaskis, J. B.
07.103.115
Tregaskis, T. B.
01.010.008
03.010.008
05.010.008
041.044
07.010.008
103.115
08.010.008
120.004
09.010.008
10.010.008
124.109
Tregear, W. G. H.
01.010.008
141.216
03.010.008
05.007.000
07.007.000
010.008
09.010.008
Treguer, L.
04.078.032
05.078.048
143.094
06.078.018
07.078.012
10.078.025
Trehan, S. K.
02.062.032
03.061.015
04.061.008
05.062.028
06.061.027
065.040
07.065.117
08.065.038
09.062.060
065.093
10.065.111
Treilhou, J.-P.
02.084.047
06.084.014
08.084.075
Trellis, M.
03.072.004
05.072.011 .030
10.072.015
Tremko, J.
01.113.009
03.124.103
04.124.102
131.147
141.232
10.121.022 .023
124.014
Trendelenburg, E. A.
08.012.005
10.012.033
Trentelman, G. F.
05.065.011
Trepp, A.
06.143.071
Treskov, T. A.
10.033.005
Treskova, L. E.
02.077.026
Tretiak, O. J.
10.012.042
Treumann, R.
08.062.042
084.303
Treutner, H.
08.032.013

Treutner, H.
09.031.008
Treves, A.
03.141.068 .165
142.011
04.142.008
05.141.198
142.064
06.022.055
034.050
141.137 .160 .165 .256
07.141.507
08.142.006 .013 .092
09.061.006
065.161 .166
142.010 .019 .080 .106
155.055
10.065.117
066.153
Trevese, D.
06.034.038
07.066.099
09.034.109
Trezeguet, J. P.
04.033.048
05.033.035
Tricker, R. A. R.
05.003.099
06.003.126
Trievs, A.
08.142.087
Trifonov, V. G.
03.094.310 .313 .316
04.094.041
09.094.893
Trifunovic, D.
06.011.053
Trifunovic, D. V.
08.004.067
Trigila, R.
08.094.070
09.094.170 .367 .675
Trimble, V.
01.141.040
03.134.001 .018
04.134.005
05.065.025
126.041
134.001 .014 .015
141.126 .176
07.122.065
126.024
08.126.014
09.065.005 .028 .077
080.002
142.087
10.065.100
117.031
134.010
Trimble, V. L.
01.119.008
132.038
03.134.030
05.141.036 .114
07.122.122
Trimple, V.
06.011.001
Trinkkeller, B.
07.077.041
Trinklein, F. E.
10.003.061
Triolo, J. J.
04.031.011
Tripathi, A. N.
05.062.023
Tripathi, B. M.
01.071.022
072.035
06.072.002 .003
122.008

Tripathi, B. M.
08.114.046
09.072.037
10.072.016
Tripathi, D. N.
05.022.034
06.022.050
Tripnaux, E.
10.022.108
Tripp, D. A.
08.065.047
10.065.034
Tripp, E.
04.003.126
Trishina, Yu. M.
03.082.072
Triska, P.
04.083.091
05.085.001 .002
07.073.034
083.038
Triskova, L.
01.104.004
Tritakis, B.
10.072.052
Tritton, K.
08.141.039
Tritton, K. P.
03.122.076
04.123.047
05.158.105
06.141.049 .065 .141
158.002
08.113.025
141.063 .105
158.005
09.141.121
10.141.086 .087
Tritton, S.
08.125.100
Tritton, S. B.
10.112.003
Trivedi, B. M. P.
02.105.004
10.105.028
Trivedi, N. B.
03.084.226
Trivelpiece, A. W.
09.003.075
Trizna, D. B.
03.082.004
Trjashin
See Tryashin
Trodahl, H. J.
10.122.102
Troeim, J.
03.084.038
04.083.009 .087
Troesch, B. A.
08.021.016
Troitskaia
See Troitskaya
Troitskaya, V. A.
01.084.216 .287
02.084.227
03.073.113
084.027 .246
04.074.054 .069 .084
084.223
05.074.011
084.245
06.084.418
07.084.237 .266
08.084.227 .330
Troitskii
See Troitskij
Troitskij, V. S.
01.033.032
094.010
02.033.018

Troitskij, V. S.
  02.094.150 .192
  141.209
  03.097.024
  04.033.006
  094.407
  097.055
  05.094.054 .130
  141.132
  06.031.011
  094.186
  141.218
  07.033.018
  08.097.097
  09.094.857 .874 .888
  10.082.047
  097.062
  141.045
Troitsky
  See Troitskij
Troitzkaya
  See Troitskaya
Troland, T. H.
  04.141.195
  10.131.269
Trollope, J. R.
  02.162.067
  04.066.095
Trombka, J.
  04.094.409
  07.094.020
  08.094.005
  09.094.755
  10.094.193
Trombka, J. I.
  03.142.018
  04.003.014
  05.142.053
  07.142.137
  09.094.061 .301 .587 .754
    .896
  142.095
  10.034.062
  094.096 .165 .384
  106.067
Trommsdorff, V.
  09.094.641
Troshichev, O. A.
  01.084.429
  04.084.049
  05.084.420
  07.084.236
  09.106.033
Trost, T. F.
  03.079.102
Trotter, D. E.
  05.074.079
  06.071.040
  074.058
  08.074.010 .083
  084.239
Trottet, G.
  05.078.005
  143.014 .036
Troutner, D. E.
  01.105.062
Troy Jr., B. E.
  04.083.006
  05.084.006
  10.082.007
Troyan, V.
  06.071.050
Troyan, V. I.
  03.071.045
  04.071.067
  06.071.009
  08.071.061
  10.071.012 .020 .031
Trubitsyn, V. P.
  01.091.036

Trubitsyn, V. P.
  02.091.035
  04.091.045
  099.022
  05.022.043
  091.024
  06.042.027
  099.004
  07.003.144
  099.025 .029 .035
  08.091.009
  09.091.002 .018 .079
Trubitzyn
  See Trubitsyn
Trubnikov, B. A.
  01.126.011
  05.104.005
  06.061.003
Trueblood, M. B.
  09.022.012
  10.022.110
Truemper, J.
  03.141.151
  04.143.072
  05.141.178
  06.143.068 .076
  07.008.148
  142.058
  08.141.538
  143.001
  09.142.094 .103 .116
  10.008.116
Truemper, M.
  02.151.037
  05.162.025
Trukhanov, K. A.
  06.084.419
Trulsen, J.
  06.061.017
  062.066
  07.107.015 .019
  08.100.016
  102.049
  107.010 .011
  09.107.023
Trumbo, D.
  01.141.046
Trumbo, D. E.
  01.141.057
  02.031.019
  05.034.024
  06.021.003
Trunova, Z. G.
  01.141.037
  08.033.028
Truran, J. W.
  01.012.024
  125.013
  02.062.026
  065.004
  03.065.046
  125.013
  155.006
  04.125.026
  05.065.114
  125.011
  155.016
  06.155.037
  07.065.001
  126.010
  08.061.041
  065.114
  124.003
  09.061.063
  065.001 .113
  124.005
  10.061.026 .052
  065.035
  124.011
  155.037

Trushin, S. I.
  03.054.009 .010
  04.052.005
Truskov, F. M.
  05.094.139
  07.094.259
Trusov, B. P.
  08.097.074
Trussoni, E.
  04.065.147
  153.032
  05.141.242
  08.153.006
  10.065.080
Trusty, G. L.
  02.022.091
Truszkov
  See Truskov
Trutse
  See Truttse
Truttse, Yu. L.
  01.082.012
  03.082.027 .058
  084.050 .290
  04.082.066
  084.054
  05.082.077 .099
  06.084.032
  123.057
  07.082.083
  084.028
  08.084.062
  10.082.035 .103
Trutze
  See Truttse
Truxton, J.
  10.103.102
Tryashin, S. S.
  03.104.023
  04.104.031
  06.104.032
  08.104.031
Tryon, E. P.
  10.162.039
Trzcienski Jr., W. E.
  09.094.343 .642
Tsagakis, E.
  04.083.074 .075
Tsai, C.
  09.076.008
Tsakadze, J. S.
  08.141.556
Tsakadze, S. J.
  08.141.556
Tsang, L.
  09.094.848
  10.094.442
Tsao, C. H.
  01.143.044
  02.143.068
  04.143.059
  05.143.128 .129 .130 .131
  08.143.027 .034
  09.022.045 .046
Tsap, T.
  06.077.023
Tsap, T. T.
  02.071.031
  073.065
  04.080.032
  05.071.007
  080.003
  06.071.031
  080.017
  07.071.018
  08.071.014 .038
  080.010 .055 .056
  09.073.042 .043
  10.071.035 .042
  072.041

Tsap, T. T.
   10.073.056
Tsapelkin, E. S.
   10.078.007
Tsaplin, V. S.
   05.084.421
   07.082.071 .082
      084.403
      085.003
   08.084.409 .418
   10.084.407 .415
Tsapova, A. P.
   02.032.044
      046.005
Tsaregradskaya, T. I.
   02.114.094
Tsarevskij, G. S.
   01.122.006
   04.122.006 .058 .060
      125.034
   05.122.009
      152.007
   06.141.147
      153.007
   07.031.003
      141.505
   10.122.184
Tsarevsky
   See Tsarevskij
Tsay, F.-D.
   03.094.133
   04.094.297
   06.094.035
   07.094.180
   09.094.127 .502
   10.094.122 .467
Tschaepe, R.
   01.123.008 .010
      141.018
      142.006
Tschann, C.
   10.052.083
Tscharnuter, W.
   02.151.060
   04.065.125
      151.038
   06.151.051 .069
   07.066.059
      131.152
      151.028 .085
   09.065.034 .080 .151
Tschauner, J.
   05.042.007 .026
      052.007
   10.042.018
Tscherepashuk
   See Cherepashchuk
Tscherning, C. C.
   10.046.025
Tschuka
   See Shchuka
Tschunko, H. F. A.
   01.031.014
Tse Chin Mo
   06.066.111
Tsedilina, E. E.
   01.084.257
   02.084.262 .267
   03.083.075
   07.083.046
   09.083.036 .046
Tseitlin
   See Tsejtlin
Tsejtlin, N. M.
   02.134.007
   05.141.089 .224
   06.141.218
Tsesevich, V.
   05.122.088
   07.122.052

Tsesevich, V. P.
   01.120.005
   122.079
   02.003.138
      122.121 .135 .136
      123.005 .008 .025
   03.003.031
      122.114
   04.010.033
      122.083 .084
      123.025 .059
   05.014.006
      122.023 .024
   06.003.037
      120.003 .015
      121.079 .080 .085
      123.012 .027
      124.102
   07.003.131
      141.181
   08.121.003 .034
      122.005 .006 .038 .150
         .151 .152
      123.007 .008 .019
      141.028 .128
   09.003.149 .150
      041.030
      121.029
      123.008
   10.003.131
      122.011 .094
      123.004 .006
Tsesevitch
   See Tsesevich
Tsessevich
   See Tsesevich
Tshebotaryov
   See Chebotarev
Tshebyatovskij, V.
   10.005.006
Tshepetnov, R. V.
   See Shchepetnov, R. V.
Tshepkin, L. A.
   See Shchepkin, L. A.
Tsherbakov
   See Shcherbakov
Tsherepashuk
   See Cherepashchuk
Tshistjakov
   See Chistyakov
Tshuka
   See Shchuka
Tshystjakov
   See Chistyakov
Tsiang, E.
   10.066.131
Tsifriya, E.
   10.073.041
Tsigel'man, G. E.
   02.094.195 .196
Tsikoudi, V.
   10.122.023
Tsikulin, M. A.
   02.003.121
Tsimakhovich, N. P.
   01.003.078
   04.074.104
   08.033.063
      074.096
      077.063 .064
      079.104
   09.075.001
      078.044
Tsimmerman, G.
   09.083.055
Tsioumis, A.
   05.122.127
Tsirkov, B. M.
   06.009.010

Tsitovich, V. N.
   See Tsytovich, V. N.
Tsitsin, F. A.
   02.151.005
      162.063
   10.158.142
Tskhovrebadze, A. S.
   03.073.004
   06.072.014
Tsoi, K. A.
   09.097.023
Tsoi, S. K.
   02.022.019
Tsubaki, T.
   07.074.006 .007
Tsubokawa, I.
   08.032.005
Tsuchimori, N.
   02.073.079
Tsuchiya, A.
   01.077.021
   06.033.030
   09.032.031
Tsuchiya, K.
   09.103.100 .114
   10.103.102
Tsuda, T.
   09.062.049
Tsuji, A.
   04.062.067
Tsuji, T.
   01.064.059
   03.114.124
   06.064.026
      122.006
   09.064.020 .035
Tsujii, T.
   05.076.050
Tsujita, J.
   02.063.004 .022
Tsukerman, I. G.
   09.143.066
Tsukiji, Y.
   04.033.073
Tsukuda, M.
   06.143.080
Tsumita, T.
   08.008.106
Tsunemoto, K.
   01.143.062
Tsuneto, T.
   09.065.176
Tsuruta, S.
   01.125.013
   02.065.049
   03.065.071
   05.065.130
   07.141.532
   08.141.513
Tsurutani, B.
   08.084.247
Tsurutani, B. T.
   07.106.023
Tsvetkov, L. I.
   02.079.103
   03.077.012
   05.077.004
   07.077.016
   08.077.010
   10.077.027 .037
Tsvetkov, M.
   10.047.039
Tsvetkov, Ts.
   07.131.113
   08.122.033
Tsvetkov, V. I.
   02.105.054
   04.105.089
   07.105.061
   08.105.074

Tsvetkov, V. I.
09.105.140
10.105.027 .101 .104
Tsvetkova, V. S.
02.094.248
06.071.047
094.206
09.094.866
Tsygan, A. I.
02.094.200
142.055
03.142.042
04.142.109
07.066.025
Tsyganenko, N. A.
09.062.020
10.084.230
Tsyganov, A. N.
03.077.050
06.077.050
08.077.042
10.077.014
Tsymbal, A. M.
10.083.014
Tsyplakov, V. V.
10.066.088
Tsyskovskij, V. K.
09.097.123
Tsytovich, V. N.
01.062.017 .036 .037
141.038
143.006
02.062.014 .016 .027
03.062.017
063.008
143.052
04.011.018 .019
062.025
063.041
074.015
131.096 .105
141.211
05.074.006
06.062.007
07.074.070
158.156
08.003.083
062.002
143.043
09.003.117
061.034
062.066
141.509 .515
143.041 .045
10.062.017
143.009 .047
Tuan, T. F.
02.082.041
Tubbs, E. F.
01.022.071
03.022.026
08.022.060 .112
071.027
10.071.079
Tubbs, L. D.
07.022.098 .099
Tucek, K.
05.105.093
Tucker, A.
06.031.085
Tucker, K. D.
04.131.024
06.022.072
07.022.091
10.132.041
Tucker, R.
08.097.019 .085
09.097.062 .063 .064
10.097.018 .041

Tucker, R. A.
03.105.056 .120
Tucker, R. H.
01.141.059
02.032.032
04.003.127
06.141.026
10.041.005
Tucker, R. S.
06.033.066
Tucker, W.
04.134.003
05.015.002
06.125.008
142.029
158.056
08.142.032
09.158.057
10.158.901
Tucker, W. H.
01.141.168 .224
142.065
02.062.013
141.089 .109
04.065.037
125.009 .017
142.068
05.062.044
125.017 .029
134.025
142.072
06.074.017 .067
125.001
07.062.004
073.017
142.040 .049
08.062.001
155.015
160.006
10.074.109
125.023
Tudor, M.
06.041.024
07.032.027
041.031
08.041.007
09.041.013
Tuev, G. D.
02.009.008
Tuggle, R. S.
07.122.025 .043
08.065.098
122.100
09.122.039
10.122.112
Tugluoglu, A.
06.045.016
Tugzhsurehn, N.
08.082.241
Tulenkova, L. N.
02.102.013
04.102.002
05.103.105
Tul'eva, N. N.
10.031.082
Tulinov, G. F.
04.083.020
09.082.090
143.097
10.083.025
Tulinov, V. F.
01.083.007
02.082.093
083.031 .032
03.082.028 .029
083.079
04.083.019
05.083.041
06.085.008
08.083.052

Tulinov, V. F.
09.078.058
082.090
083.079
143.097
10.082.017
083.025
Tull, C. E.
01.022.051
03.022.037
07.022.050
Tull, R. G.
02.034.005 .031
04.097.023 .044
05.093.061
097.033
124.100
07.034.083
099.013
08.097.049
Tully, J. A.
04.022.124
09.022.010
Tully, R. B.
02.131.065
07.158.150
08.158.055
10.158.124
Tulsky, R. M.
05.142.095
143.004
Tulunay, Y. (Kabasakal)
08.083.008
09.083.005 .009
Tulupov, V. I.
02.094.058
10.006.000
Tulyakov, V. V.
08.078.008
09.078.058
143.097
Tumakova, O. A.
02.158.023
Tumanian
See Tumanyan
Tumanyan, B. E.
02.051.018
03.104.017
04.004.016
05.004.036
06.104.105
08.004.019 .066
09.003.118
004.085
Tumashev, Yu. S.
02.094.193
Tunaley, J. K. E.
05.051.014
Tung, C. T.
08.063.033
Tung Chan, Y. W.
See Chan, Y. W. T.
Tuohy, I. R.
01.032.072
06.142.078
07.159.015
10.134.012
142.011 .101
Tuominen, I. V.
04.064.027
116.001
05.064.040
08.065.072 .073 .074
Tuominen, J.
04.080.040
06.080.024
07.080.013
Tupitsyn, N. N.
05.052.014

Tupper, B. O. J.
02.066.012
05.162.082
06.066.144
07.066.100
08.162.077
09.066.117
Tupper, W. M.
01.105.049
Turbin, Yu. G.
08.084.341
09.083.034
10.084.007
Turchina, V. D.
01.072.005
02.072.047
Turchinovich, I. E.
09.093.039 .042 .043
10.074.072
093.019
Turcotte, D. L.
01.081.011
094.074
02.091.036
094.139
04.094.323
08.094.269
Turekian, K. K.
02.081.002
03.093.025
094.049
04.094.239
06.094.102
09.094.395
107.005
10.094.393
Turiel, I.
03.142.028
04.076.014 .022
142.072
06.034.138
Turikov, V. G.
05.093.036
06.093.025
07.093.032
Turk, J. S.
09.141.567
Turkeeva, B. A.
08.083.073
Turketti, Z. L.
04.003.107
Turkevich, A.
02.105.035
03.094.205
09.094.417
Turkevich, A. L.
02.094.175
03.094.024 .181 .236
04.094.053 .319 .395
08.094.149
09.094.384 .517
097.033
10.094.089 .468 .513
Turkina, L. V.
02.034.012
Turlay, R.
04.022.036
Turlo, Z.
03.021.007
Turmina, L. O.
08.084.233
Turnbill, C.
03.094.165
Turner, B.
02.094.045
03.132.007
10.103.102
Turner, B. E.
02.131.001 .005 .011 .035
.063

Turner, B. E.
02.133.017
03.131.035 .059 .065 .111
.112
04.131.007 .042 .089 .093
.097 .131
05.131.075 .077
133.021
141.005
06.114.119
131.100 .108 .109 .118
07.131.023 .035 .037 .045
.076
153.019
08.131.036 .037 .087 .088
142.073
09.131.027 .062 .080 .206
10.131.107 .184 .207 .210
.222 .255
Turner, C. R.
06.011.009
Turner, D.
08.034.126
Turner, D. G.
10.153.007
Turner, D. J. W.
06.033.046
Turner, E. L.
10.160.032
Turner, F. J.
04.094.119
Turner, G.
01.105.087
02.105.119
03.094.031 .275
04.094.076 .240
05.094.133
06.094.130
07.094.074
08.094.164
09.094.123 .711
Turner, J. A.
06.033.068
Turner, J. M.
01.106.014
05.074.013
08.074.097 .098
09.074.005
Turner, K. C.
03.125.005
159.007
05.033.029
08.155.063
09.159.003
10.155.018 .058
159.009 .010
Turner, M.
05.093.065
Turner, M. J. L.
05.065.103
06.143.077
09.031.045
Turner, N. L.
09.105.012
Turner, R.
10.094.496
Turner, R. E.
05.143.123 .124
06.143.129
Turner, R. F.
05.032.015
Turner, R. J.
04.094.311
Turnill, R.
05.003.122
Turnock, A. C.
10.094.340
Turnrose, B. E.
03.160.006
04.160.011

Turon, P. J.
04.072.018
08.031.046
034.073
09.071.057
Turon Lacarrieu, C.
06.155.003
Turpin, P.-Y.
08.082.035
Tursunov, A.
03.013.007
09.162.044
10.003.132
004.007
Tursunov, O.
05.041.039
Tursunov, O. S.
02.032.065
07.045.001
Turtle, J. P.
01.082.044
05.082.118
06.082.015
07.078.005
Turunen, T.
07.083.026
Tuthill, R.
07.034.049
Tuthill, R. L.
04.094.360
Tuthill, R. W.
08.079.106
Tutts, P. M.
09.094.787
Tutukov, A.
09.065.122
Tutukov, A. V.
01.065.037 .038
05.065.054
08.065.003 .075
117.001
122.012
09.065.069
117.008
10.064.080
065.133
Tuve, M. A.
05.033.029
07.155.058
08.155.037
Tuzzolino, A. J.
09.143.022
10.143.041
Tverdokhlebova, V. A.
10.066.060
Tverskaya, L. V.
06.084.268
07.084.251
08.084.411 .419 .424
09.084.270
10.078.022
084.409
Tverskoi
See Tverskoj
Tverskoj, B. A.
01.084.410
02.084.226
05.061.001 .002 .041
062.025 .061
084.401
06.061.004
07.084.409
10.003.133
061.034
Tverskoy
See Tverskoj
Twigg, L. W.
03.142.039
Twiss, R. Q.
02.032.053

Twiss, R. Q.
09.034.100
Twomey, S.
06.082.146
Tyan Yeh
  See Yeh, T.
Tyaptin, M. M.
02.033.032
09.033.034
Tyasto, M. I.
09.003.048
Tyasto, V. A.
10.083.042
Tycho Brahe
02.003.142 .143 .144
Tyler, G. L.
01.141.016
04.094.408
05.094.078 .184
06.094.009
07.097.012
08.094.047
09.094.912
10.094.044
Tyn Myint-U
07.052.038
Tyner, R. L.
09.094.055
Tyoonov, E. A.
05.066.065
Tyra, J.
05.014.008
Tyson, J. A.
05.066.046
08.066.018 .097
09.066.123
155.050
Tyuflin, Yu. S.
05.011.002
09.094.958
Tyukin, V. N.
03.083.039
09.083.059
Tyurmina, L. O.
07.084.255
Tyuterev, G. S.
05.044.001 .006
08.045.051
09.031.062
045.019
10.045.010
Tzaplin
  See Tsaplin
Tzapova
  See Tsapova
Tzarevsky
  See Tsarevskij
Tzedilina
  See Tsedilina
Tzur, I.
09.151.013

Uberoi, C.
04.062.033
05.061.006
Uberoi, M. S.
07.065.117
Uchida, J.
10.065.104
Uchida, M.
09.047.019
Uchida, Y.
02.073.014
04.074.031
06.062.002
08.073.096
09.021.005
074.019
10.074.103

Uchino, K.
06.143.071
Uckotter, D.
06.099.003
Udal'ev, Yu. Eh.
05.094.138
06.094.146
Udalski, A.
10.079.002
096.010
Udaltsov, V. A.
05.141.015
Udal'tsov, V. A.
05.141.222
06.141.034 .121
07.141.526
09.033.028 .029
Udintsev, G. B.
06.081.002
Udriet, G.
02.008.085
Uebelacker, E.
01.009.028
03.009.005
Ueno, H.
06.143.097
07.143.068
08.143.063 .064
Ueno, S.
01.063.035
073.037
082.087
02.091.046
03.063.021
091.012
04.063.011 .016
05.063.025 .043 .051
06.063.020
07.063.034
09.063.033
10.063.006 .050 .051 .057
  .058
Uesugi, A.
02.063.022
091.034
03.091.002 .021
04.091.002
116.005
05.091.028
Uexkuell, M. Von
  See Von Uexkuell, M.
Ufimtsev, G. V.
09.052.040
Ugarov, V. A.
06.003.116
08.066.055
Ugiansky, R. J.
05.036.017
09.034.035
10.034.064
Ugland, O.
03.077.030
Uhlir Jr., A.
10.033.122
Uhlmann, D. R.
09.094.182 .787 .788
Ujbo, V. I.
10.082.090
Ukashah, W.
04.004.019 .023
Ukhova, O. K.
04.014.009
10.004.084
Ulam, S. M.
08.005.008
Ulanov, G. M.
10.011.003
Ulanova, L. A.
03.082.029

Ulanovskij, L. Eh.
10.066.089
Ulbrich, M.
04.094.119
09.094.640
Ulbrich, M. C.
03.094.256
Uliana, E. A.
02.094.056
Ulich, B. L.
07.095.001
09.091.059
10.103.102
Ulin, V. I.
06.066.072
Ulitina, G. G.
04.084.240
Ullaland, S.
05.084.028
Ullaland, S. L.
09.084.008
Ullrich, G. W.
10.081.004
Ulmer, M.
02.142.014
04.142.049
06.125.024
07.125.010
155.048
Ulmer, M. P.
06.142.091
07.142.080
08.142.103 .109 .112 .118
09.142.043 .081 .129
10.142.038 .053 .066
160.001
Ulmschneider, P.
02.080.056
03.064.030
073.052
05.073.039
06.080.003
08.073.043
09.080.003
10.073.039
Ulrich, B.
04.103.101
05.099.007
06.133.018
Ulrich, B. T.
01.064.043
03.034.030
09.034.018
10.033.064
Ulrich, D. R.
10.094.469
Ulrich, G. E.
09.094.055
10.094.127 .470
Ulrich, M.-H.
05.158.052
08.158.108
09.141.116
158.062
Ulrich, M.-H. J.
05.158.008
07.158.008 .009 .162
Ulrich, R. K.
01.065.020
080.013
02.061.015
071.048
080.013
03.064.028 .043 .061
080.013
04.064.049
071.060
05.153.027
06.065.014
080.051

Ulrich, R. K.
07.065.026 .056
08.061.061
064.009
09.065.031 .057
10.065.002
080.011 .045
Ulrichs, J.
02.094.169 .202
Ulrici, W.
01.066.022
Ulrych, J.
10.076.015
Ulrych, T.
07.084.202
10.117.035
Ulrych, T. J.
02.081.017
07.158.061 .141
08.031.015
142.046
09.122.013
158.142
Ulubekov, A. T.
04.091.047
09.003.087
Ulwick, J. C.
04.083.045
06.078.016
07.079.105
10.082.087
Ul'yanich, N. G.
07.073.081
Ul'yanov, E. G.
08.083.040
Uman, M. A.
10.082.012
Umansky, S. Ya.
05.131.062
Umarbaeva, N. D.
10.162.023
Umarov, G. Ya.
10.003.134
Umarov, V. F.
06.082.061
10.082.104
Underhill, A. B.
01.064.002 .023
114.006 .041
153.005
02.114.041 .048 .103
03.064.055 .060
114.081 .097
04.064.056 .060 .068 .076
05.012.012
064.021 .052
114.113
06.051.016
07.032.008
054.009
064.050
114.003 .058 .092
08.031.048
114.104 .168
09.064.057
112.006
114.129 .138
10.051.009
114.003 .072
Underwood, J. H.
01.032.014
03.031.035
076.006
06.032.013
08.034.052 .080
074.036
10.032.041
076.033 .034
Undzenkov, B. A.
04.084.240

Ungar, S. G.
01.082.071
05.122.109
Unger, E.
04.082.164
08.082.077 .079
Unguendoli, M.
04.046.010
07.046.019
09.046.003 .012
Unkel, M.
07.097.050
100.010
Unno, W.
01.065.031
02.064.038
122.036
04.064.042
065.047
05.065.096
06.080.037
162.091
08.162.064
09.065.095
10.012.021
Unruh, D. M.
09.094.271 .708
Unsoeld, A.
01.003.057
008.059
02.071.023
03.008.062
015.020
065.095
074.036
04.071.009
05.007.000
008.068
022.101
06.071.060
07.003.132
008.074
08.061.010
10.008.055
Unsoeld, A. O. J.
01.114.026
03.114.108
Unti, T.
02.084.234
10.074.074
Unti, T. W. J.
07.074.064
09.074.022
Untiedt, J.
03.084.239
Unusov, A. A.
See Yunusov, A. A.
Unwin, R. S.
05.084.045
08.084.027 .061
Unz, F.
02.080.003
082.111
05.082.155
Upadhyaya, U. S.
04.065.140
Updegrove, W. S.
03.094.161
105.140
04.094.260
06.094.308
Upfold, R. W.
05.009.006
06.009.007
08.031.008
Upgren, A. R.
01.008.077
111.005 .006
02.114.020
155.004

Upgren, A. R.
03.111.003
155.052
05.008.081
111.002 .005
117.012
06.111.002 .005
112.009
115.004
153.013
07.008.094
111.010
112.002
114.118
153.009
08.031.049
111.005
113.015
114.013
115.011
117.010
155.023
09.008.073
111.002 .003 .009
117.006
155.078
10.111.003
153.010
Upson, D. A.
08.094.085
Upson II, W. L.
02.113.006
06.022.059
Upton, E. K. L.
02.131.064
04.153.030 .038
05.153.013
Uralov, S. S.
10.003.135
Ural'skaya, V. S.
01.052.030 .035 .036
02.052.009
05.052.024
Urankar, A.
04.162.036
Uranova, T. A.
02.152.003
03.153.019
155.040
04.131.001 .002 .045 .125
05.132.011
06.113.023
152.005
07.113.021
10.152.001 .003 .004
Uras, S.
06.045.027 .029
07.045.032
Urasin, L. A.
04.113.024
09.158.101
Urasina, I. A.
02.045.007
Urata, T.
01.103.109
03.103.102 .103 .122
04.103.104 .127 .130 .138
05.103.106 .108
08.098.042 .084 .086
103.107 .120 .124
09.103.100 .114 .115 .132
10.103.102
123.044
Urbanek, Z.
05.162.045
Urbanik, M.
07.162.051
Urbanovich, S. I.
06.158.061
08.158.036

Urbanovich, V. D.
08.084.341
Urbantke, H.
06.066.081
Urbantke, H. K.
01.162.035
Urbarz, H.
01.008.124
04.077.008
05.077.048
078.035
07.033.032
077.044 .057
Urch, I. H.
01.074.055
02.074.049
05.143.022 .030
07.143.053
08.074.077
106.007
143.025
09.143.031
10.143.053
Ureche, V.
01.121.016
02.117.028 .029
03.121.046
04.121.042 .076
05.123.021
06.122.073
07.034.042
08.117.037
09.121.058
Urey, H. C.
01.091.024
02.094.021 .038 .154 .217
.254
03.094.001 .068 .163 .270
04.003.025
094.217 .258
05.094.085 .161
105.002
06.003.031
07.094.135 .193 .218
097.015
107.010
08.012.008
094.092
09.094.069 .251 .372 .558
102.004
10.094.389 .471
107.018
Uribe, R.
07.082.018
09.076.035
082.026
Urusov, V. S.
09.094.699
Uryadov, V. P.
05.077.023
Usandivaras, J. C.
03.081.050
Uschakova
See Ushakova
Uscinski, B. J.
04.141.171
05.141.236
08.141.125
Ushakov, S. A.
06.081.002
Ushakov, V. M.
06.104.089 .098
Ushakova, N. A.
06.097.024 .054 .078
10.097.079
Usher, P.
09.123.029
Usher, P. D.
01.065.051
02.158.056 .076

Usher, P. D.
03.042.026
158.024 .101
04.122.121
05.158.062 .065 .110
06.141.122
07.033.003
123.053
158.022 .026
09.158.037
Usliber, S. I.
02.093.005
07.093.011
Usmanov, A. U.
08.004.061
09.004.078 .082
Usmanov, R. F.
04.082.169
08.082.242
Usol'tseva, L. A.
01.036.006
02.099.066
03.098.023
05.100.005 .008
06.098.032
08.053.032
099.054
09.091.063
094.895
100.004
10.055.028
Usoltzeva
See Usol'tseva
Usov, V.
10.066.031
Usov, V. V.
05.116.005
06.065.063 .085
08.064.073
09.065.066
134.010
141.043 .513 .524
10.065.093
Usselman, T. M.
04.105.154
Ustimenko, B. Yu.
09.141.512
Ustinov, G. A.
01.041.004
Ustinova, G. K.
02.105.106
03.143.064
06.078.015
094.315
105.119
143.055
07.105.049
08.105.018
106.036
143.009
09.105.145 .169
Ustinova, N. M.
10.034.121
Ustinovshchikov, V. M.
10.034.008 .009
143.039 .044
Utech, K.
06.105.078
Utida, M.
01.004.026
03.004.018
07.004.038
09.004.035
Utiger, H. E.
06.114.135
Utsumi, K.
03.114.046
06.114.016
Uus, U.
03.022.091

Uus, U.
03.065.086
04.065.119 .120 .121 .122
05.064.026
08.064.033 .034
065.005 .006
09.064.058
065.055 .070
10.064.081
065.135
Uus, U. Kh.
08.065.003
Uvarov, D. B.
02.082.103
03.031.033
Uvarov, N. A.
10.046.004
Uvarov, V. B.
03.061.018
06.065.157
Uvarova, N. V.
07.036.007
Uvarova, V. M.
07.036.007
Uyeda, S.
05.003.093
Uzunova, S.
10.083.041

Vaccari, S.
08.116.018
09.116.007 .008
10.116.012
Vacchi, C.
10.032.028
Vachon, D. N.
03.097.059
Vaclik, F.
02.123.053 .054
03.122.083
Vaczemnieks, L.
06.007.000
Vader, P.
10.121.080
Vadla, C.
08.022.080
Vaeisaelae, Y.
01.046.012 .013
05.032.070
06.031.067
07.045.019
08.031.086
081.056
Vaerewyck, E. G.
09.151.042
Vafiadi, V. G.
02.034.048
08.003.122
Vaghi, S.
07.102.021
08.010.017
09.102.005
103.100
10.008.113
098.015 .074
102.017
103.123
Vagina, L. M.
03.121.007
Vagners, J.
03.052.031
04.052.056
Vagradov, G.
09.065.171
Vagushchenko, L. L.
02.041.029
05.032.006
06.031.064
034.036 .117

Vagushchenko, L. L.
06.041.008 .041
08.034.153
041.072
09.041.006
10.046.015
Vaiana, G.
10.032.023
Vaiana, G. S.
01.032.001
02.073.038
076.018
04.076.001
05.073.055
06.074.032
07.076.004 .012
08.076.019 .020
10.074.036 .062
Vaidya, P. C.
04.065.126
162.069
06.162.089
10.066.144
Vaidya, R. V.
02.003.053
Vail, J. R.
C5.105.025
Vainkin, R. H.
06.094.320
Vainshtein
See Vajnshtejn
Vainstein
See Vajnshtejn
Vaisberg
See Vajsberg
Vaisnys, J. R.
10.094.046
Vajk, J. P.
02.162.084
04.162.062
Vajnrot, V. I.
03.081.039
Vajnshtejn, L.
02.074.020
Vajnshtejn, L. A.
02.073.011
04.074.050
05.074.007
076.002
06.004.029
08.073.086 .092
076.035
09.076.031
Vajnshtejn, S. I.
05.065.104
080.024
06.156.004
07.156.002
08.061.014
09.066.001
Vajsberg, O. L.
01.015.016
05.084.237
07.053.007
074.071
09.091.025
097.006 .126
10.106.025 .026
Vajsberg, V. V.
01.141.078 .178
02.141.034
Vajsov, M. A.
04.046.006 .008
07.046.004
09.031.057 .058
046.009 .010
Vakhnin, V. M.
01.053.018
02.094.060
04.093.057

Vakulin, Yu. I.
08.084.341
Vakulov, P. V.
02.078.037
03.143.043
04.003.137
078.016
05.143.080
06.078.040
08.143.011 .018
09.093.080
10.143.068
Valach, L.
04.051.040
Valach, R.
02.097.070
05.105.099
06.007.000
Valbousquet, A.
03.041.016
04.031.049
041.023
06.031.080
07.041.004
Valdez, J.
04.074.093
Valdez, J. V.
01.142.055
05.142.084
06.142.094
Valeev, S. G.
02.094.072 .191
07.094.176
08.094.259 .260 .261
Valencio, D. A.
02.045.009
081.011
03.081.012
06.084.227
Valens, E. G.
02.003.122
08.003.164
Valentine, D.
01.143.009
05.142.087
143.102
Valentine, D. A.
06.143.002
Valenzuela, R.
01.079.103
Valeo, E.
09.083.071
Valerio, Y.
03.158.069
Valero, F. P. J.
02.022.087
07.022.006
08.022.116
Valetti, A.
04.047.034
07.047.009
Valge, J.
04.034.011
Vali, V.
04.094.102
09.022.028
091.050
Valikhevich, Ya.
08.041.073
Valladas, G.
09.094.814
105.035
10.094.359
Vallance Jones, A.
See Jones, A. V.
Vallee, J.
04.021.019
07.141.502
Vallee, J. P.
04.077.040

Vallee, J. P.
10.156.003
Valleli, P. A.
04.011.007
09.053.003
10.034.043
Valley, G. C.
06.062.011
Vallner, L.
02.005.016
Valloe, B. L.
04.012.029
Vallone, A.
02.052.044
Valnicek, B.
01.034.017
03.054.023
073.073
06.034.062
08.076.049
083.058
10.076.015
Valnicek, B. I.
06.075.032
Val'nichek, Yu. M.
10.073.043
Valot, P.
07.084.405
Valtier, J. C.
05.122.098
07.122.004
09.122.016
Valts, I. E.
01.141.181
153.019
03.141.181
07.141.060
09.131.006
Valtz
See Valts
Valueva, G. E.
07.084.256
Vampola, A. L.
01.084.404
03.078.006
04.078.019
05.073.005
084.404
07.078.005
08.084.402
Van, Y. Y.
07.141.547
Van Agt, S.
06.125.022
07.158.171
09.133.005
10.122.052
Van Agt, S. L. T. J.
08.034.095
Van Albada, G. B.
05.118.002
Van Albada, G. D.
09.112.001
Van Albada, T. S.
01.112.006
119.004
02.154.013
04.065.089
05.154.017
06.154.013
07.115.017
154.033
10.154.012 .014
Van Allen, J. A.
01.008.055
073.038
084.411
106.029
02.076.031
078.030

AUTHOR INDEX - VOL. 1-10

Van Allen, J. A.
02.084.237
094.069
03.073.087 .101 .107 .112
084.201 .254
04.007.000
076.013 .019
084.403 .413
093.085
05.076.046 .047
084.409
06.078.009 .053
084.202
08.143.031
09.051.002
078.018
10.076.006
Van Alstine, D. R.
04.105.158
Van Altena, W. F.
01.153.020 .022
04.125.103
153.005 .013 .047
05.036.006 .012
111.006
126.036 .040
06.111.001 .004
07.111.011
153.010
08.036.006
123.048
142.110
153.010
09.008.125
111.006
112.008
117.005
153.018
10.111.006
153.008
Van Andel, S. I.
01.081.042
Van Beek, G. J.
See Jansen Van Beek, G.
Van Beek, H. F.
01.084.008
04.078.030
05.078.028
06.034.060
07.051.021
083.039
10.034.047
Van Biesbroeck, G.
01.103.109
02.103.109 .110 .112 .113
.114
04.101.006
103.104 .109 .110 .111
05.103.122 .123 .124
Van Blerkom, D.
01.114.064
02.063.026
133.015
03.114.044 .112
04.064.011
073.054
07.133.001
08.064.048
114.101
09.158.009
10.114.071
Van Blerkom, D. J.
05.063.027
133.029
06.097.036
133.016
Van Breda, I. G.
01.031.016
04.032.039
113.022

Van Breda, I. G.
05.034.021
07.031.016 .032
034.103
09.131.126
Van Bueren, H. G.
01.034.044
061.029
04.077.016
08.033.068
034.106
09.064.018
Van Citters, G. W.
03.122.017
04.064.012
07.099.013
Van Citters, W.
02.022.079
04.114.048
06.022.011
Van Cittert, M. H.
01.104.030
Van Cittert-Eymers, J. G.
09.003.041
Van De Hulst, H. C.
01.131.036 .113
02.131.109
04.063.033 .034 .035
131.102
142.041
05.091.012 .027
143.096 .097
06.061.021
07.143.025
10.012.022
131.197
Van De Kamp, P.
01.008.114
111.004
112.007
117.019
118.012
119.005
122.112
02.117.002
03.008.125
041.001
118.020
04.112.022
05.008.122
126.017
06.118.027
155.008
07.008.137
011.045
112.004
117.046
08.117.029
09.008.109
119.009
10.115.011
118.022
Van De Stadt, H.
06.034.134
08.034.106 .132
10.080.002
094.121
Van De Vyver, O.
05.094.107
07.094.232
Van Deelen, W.
02.031.011
Van Den Bergh, S.
01.122.081
141.046
154.001
155.003 .008 .019
158.027 .031 .057 .076
02.125.001
158.024 .042 .077

Van Den Bergh, S.
02.160.016
03.134.009
154.003
155.037
158.054
162.001
04.103.126
122.148
125.005 .022
153.022
158.070 .102
05.113.018
125.010 .013 .028
141.081
158.032 .067 .078
160.002
06.113.001 .050
124.107
125.003
141.021
158.011 .076 .102 .138
07.122.061
131.068
155.013 .044
158.007 .058 .065
08.125.009
132.021
158.071 .088 .118 .120
09.065.129
123.024
125.043
133.005
158.069
162.050
10.103.102
114.026
125.013
132.032
133.009
158.070 .132
Van Den Bos, W. H.
05.008.067
Van Den Bosch, C. A.
05.094.071
07.043.003
Van Den Heuvel, E. P. J.
01.117.005
141.137
02.117.026
153.038
03.117.028
04.121.014
153.037
05.065.019
114.027
07.114.112
08.142.036
09.003.067
064.022
141.115
142.039 .102 .140
10.119.011
141.112
142.049 .051
Van Den Nieuwenhof, R.
02.141.020
Van Der Borght, R.
01.061.021
065.044
02.064.015
03.065.090
04.064.044
06.061.016
062.010
080.030 .031 .032
07.061.038 .039
080.024
08.062.078
09.061.016

Van Der Borght, R.
10.061.007
062.042
Van Der Brugge, J. P.
10.033.026
Van Der Burg, M. G. J.
02.066.057
Van Der Houven Van Oordt, A. J.
03.022.048
Van Der Hucht, K.
07.114.128
Van Der Hucht, K. A.
08.114.116
09.114.031 .049 .101 .137 .155
119.011
Van Der Kruit, P. C.
03.155.017
06.155.002
158.052 .065
07.158.039 .114 .117
08.141.010
158.009 .067
09.158.073 .116 .901
10.141.097
158.087 .088 .089 .145
Van Der Laan, H.
01.141.092
02.141.120
158.090
04.141.187
06.141.080
07.158.114
08.134.008
09.141.022
10.158.017 .067
Van Der Laan, J. E.
03.079.100
Van Der Laan, L.
08.042.050
Van Der Lingen, G. J.
08.081.018
Van Der Sijde, B.
03.033.035
09.022.016
Van Der Vorst, A. C. A.
07.033.057
Van Der Waerden, B. L.
01.004.030
02.003.127
03.003.126
004.031 .037
08.004.065
Van Der Wal, N. A.
10.121.080
Van Der Wal, P. B.
05.015.012
07.121.070
Van Der Walt, A. J.
03.143.005
08.143.003
Van Der Wel, T.
03.114.062
Van Dessel, E.
05.092.019
08.096.019
Van Dessel, E. L.
03.118.009
06.117.033
08.118.005
10.071.083
Van Dessel, E. L. J.
04.071.054
Van Diggelen, J.
02.094.089
08.081.019
Van Dijk, T.
02.105.030

Van Dine, C.-P.
01.052.017
Van Dorn, W. G.
02.094.016 .054
Van Duinen, R. J.
09.155.046
10.061.069
113.081
Van Dyck Jr., R. S.
08.022.100
Van Dyke, M.
05.003.101
Van Eck, J.
08.022.053
Van Eijk Van Voorthuijsen, J. J. B.
07.007.000
096.003
Van Flandern, T. C.
02.047.019
094.159
096.012
101.007
03.043.001
094.260
04.079.003
094.026 .048
05.094.028
06.043.006
096.022
099.022 .067
07.099.015
117.003
08.099.022
Van Geen-Peers, N.
03.094.094
Van Genderen, A. M.
01.142.028
02.159.004 .005 .007
03.116.010
159.017
04.122.004
05.142.001
06.113.004
09.113.008
121.005
122.011 .012
158.038
10.122.116 .131
142.102 .103
Van Gennip, W.
04.100.006
Van Gent, R.
07.097.078
Van Gils, J. N.
01.084.008
05.078.028
Van Helden, R.
03.114.022
07.003.066
08.114.014 .078 .084 .152
Van Hemelrijck, E.
08.084.230
09.022.057
10.031.052
Van Hemert, R. L.
02.022.008
Van Hemert Tot Dingshof, G. A. W. C.
01.011.005
03.011.020
Van Herk, G.
01.098.031
05.125.109
06.122.125
07.125.102
08.041.019
Van Hollebeke, M.
07.106.010
08.078.013

Van Hollebeke, M.
08.143.062
Van Hollebeke, M. A.
10.078.035
Van Hollebeke, M. A. I.
08.143.048
09.078.033
Van Hoof, A.
01.155.018
07.122.036
09.119.024
123.060 .061
Van Horn, H. M.
01.065.006 .008
126.019
03.064.027 .035
04.065.085
05.126.026
06.065.055
07.061.030
065.027
080.017
126.020
09.065.174
10.080.044
126.010
142.023
154.013
Van Houten, C. J.
02.002.013 .014 .015 .016
008.064
117.014
03.098.020
04.098.011
06.121.023
07.098.048 .050
08.121.026
Van Houten-Groeneveld, I.
03.098.020
04.098.011
Van Houwelingen, D.
06.022.013
Van Hoven, G.
02.073.039
05.073.050
06.073.110
08.061.044
09.072.054
10.072.022
Van Kuilenburg, J.
07.103.101
157.001 .005
Van Landingham, F. G.
02.153.030
04.121.010
153.011
09.121.021
10.153.901
Van Loo, F.
05.010.019
07.010.019
Van Loon, L. G.
09.143.092
Van Mellaert, L.
03.036.004
Van Mieghem, J.
02.003.090
06.003.108
08.003.091
Van Paradijs, J.
08.114.018
122.077
09.114.043 .157
122.036
10.064.040
122.084
Van Paradijs, J. A.
05.122.011
152.011

Van Regemorter, H.
01.022.004
04.022.042
05.071.028
06.022.102
09.022.040
10.022.050
Van Rensbergen, W.
01.022.063
133.017
03.071.003
04.133.009
05.022.077
06.022.155
07.022.085
Van Rijsbergen, R.
09.121.057
Van Rooyen, E.
09.031.038
Van Run, L. P. M.
03.033.035
Van Schewick, H.
06.153.020
07.153.024
Van Schmus, W. R.
01.105.031
02.105.124
08.105.098
Van Sluiters, A.
10.084.245
Van Son, J.
07.081.007
Van Speybroeck, L.
08.034.092
076.019 .020
10.032.022 .023
Van Speybroeck, L. P.
04.076.001
06.074.032
Van Sprang, B.
05.010.019
Van Trigt, C.
01.063.032
08.063.026
Van Valen, L.
05.082.021
Van Venrooy, M. A. M.
09.031.007
Van Waarde, A.
02.105.030
Van Woerden, H.
03.152.013
07.131.024
10.158.119
Van Zandt, T. E.
10.082.058
Vandakurov, Yu. V.
01.066.054
02.065.039
03.065.076
05.065.137
06.065.156
07.065.090
162.075
08.065.085
09.065.039
Vande Noord, E. L.
04.106.004
Vandekerkhove, E.
05.115.012
10.158.143 .144
Vanden Berg, D. A.
08.065.048
09.154.018
10.154.016
Vanden Bout, P.
01.141.220
142.019 .058
03.134.008
05.125.016

Vanden Bout, P.
05.142.019
06.034.052
114.114
07.099.013
142.022
08.121.079
142.082 .083 .123 .129
10.131.218
Vanden Bout, P. A.
07.142.043
08.114.075
132.033
142.059
09.142.093
10.122.121
131.053 .124 .238 .253
.254
142.133
Vandenberg, N.
06.103.101
Vandenberg, N. R.
05.141.103
06.141.027 .097 .103
07.066.007
141.036 .038
08.141.040 .507
142.091
155.022
09.141.506
Vanderberg, N.
05.103.111
Vanderborght, J.
10.052.052
054.014
Vanderburgh, R. C.
05.055.001
Vanderhill, M.
09.034.116
Vandermeulen, J.
07.162.083
10.143.018
Vanderslice, J. T.
03.083.024
Vandervoort, P. O.
03.151.042 .043
04.151.003 .004 .035
05.151.032 .052
155.012
07.155.069
08.151.009
09.151.020
Vanek, P. H.
02.014.007
04.014.005
Vanhabost, G.
08.032.007
Vanhoosier, M. E.
10.076.036
Vanian, L. L.
04.084.023
Vanicek, P.
02.021.001
06.031.002
10.081.014
VanLandingham, F. G.
See Van Landingham, F. G.
Vanshelbaum, F. I.
10.098.032
Vanspeybroeck, L.
02.076.022
Vanspeybroeck, L. P.
01.032.001
05.032.026
07.032.005
09.032.036
Van't Sant, B.
04.082.144
Van't Veer, F.
03.121.026

Van't Veer, F.
05.117.004
07.121.009
08.117.005
121.013
10.121.004
Van't Veer-Menneret, C.
01.114.068
03.119.001
04.113.007 .031
05.114.078
Vantsan, O. F.
08.031.089
Vanyan, L. L.
07.062.022
084.041 .253 .254
09.084.028
10.084.007
Van'yan, L. L.
08.084.020
094.100
09.083.034
084.246
10.094.137
Vanysek, J.
04.153.051
Vanysek, V.
01.094.086
106.002
02.102.006 .041 .047
103.117
132.034
03.066.073
106.019
04.041.030
102.009
05.102.002 .022 .032
106.029
06.006.000
07.015.018
102.017 .025 .026
09.004.086
103.127
10.010.017
102.018 .031 .032 .033
103.102
114.242
131.285
132.033
Vanzandt, T. E.
02.082.031
07.083.054
Vapillon, L.
05.099.009
06.099.042
07.099.021 .901
09.099.002
10.099.061
Varanasi, P.
05.022.029 .030 .031 .032
06.022.052
07.022.047
08.022.017
09.091.007
10.022.032 .901
Vardanian
See Vardanyan
Vardanjan
See Vardanyan
Vardanyan, A. S.
08.033.040 .054
09.077.061
Vardanyan, R. A.
01.158.043
02.122.012 .020 .070
131.127
03.122.034 .046
131.118
04.122.160
05.122.117

Vardanyan, R. A.
05.131.039
09.141.127
153.041
10.113.094 .117
158.149
Vardanyan, R. S.
02.064.024
03.063.035
04.063.001
Vardanyan, Yu. S.
04.083.016
07.084.240
09.083.070
Vardenga, G.
10.003.136
Vardenga, G. L.
04.015.011
06.162.030
Vardya, M. S.
01.065.078
02.064.025
03.022.059 .075
065.029
114.040
04.022.001 .018
064.017 .031 .053
05.114.068
06.116.006
131.024
07.063.017
076.001
08.064.055 .057
065.123
076.027 .039
114.135
09.064.077
114.020 .083
10.064.017
114.030
Varenik, L. I.
10.042.106
Varma, N. L.
08.062.039
Varma, S. P.
02.034.058
Varney, R. N.
01.082.043
Varnum, W. S.
08.082.106
083.009
Varsavsky, C.
03.158.117
Varsavsky, C. M.
01.012.010
02.015.010
03.003.146
131.072
155.030 .074
157.015
05.003.006
131.139
08.131.055
Varshalovich, D.
05.131.145
Varshalovich, D. A.
01.061.028
02.102.027
04.131.140
06.106.039
141.105
08.022.006 .122
131.078
09.131.157
Varshalovitch
See Varshalovich
Varshavskij, V. I.
01.065.036
03.011.040
05.065.057

Varshavskij, V. I.
08.065.003 .054 .077
122.012
09.065.069
10.065.133
Varshavsky
See Varshavskij
Varshneya, A. K.
02.105.172
Vartanian
See Vartanyan
Vartanyan, K. V.
04.114.001
08.076.030
Vartanyan, Yu. L.
01.126.009
03.065.043
05.062.015
126.005 .047
06.065.051
07.061.013
065.074
08.061.001
09.065.008
126.007 .010
10.006.000
126.012
Varyukhin, V. V.
09.034.086
143.080
Vasek, T.
10.076.015
Vashchuk, V. I.
10.066.068
Vashenyuk, E. V.
07.078.018
09.078.055 .058
10.078.017
Vashkov'yak, M. A.
02.052.024
07.054.015
08.054.016
09.052.026
Vashkov'yak, S. N.
01.097.037
098.028
06.097.025
Vasil'ehv
See Vasil'ev
Vasilenko, N. A.
02.046.015
082.052
08.082.205
Vasil'ev, B. N.
05.076.002
08.073.085 .091
076.035
09.076.031
10.071.039
Vasil'ev, E. M.
07.074.071
10.106.025
Vasil'ev, G. V.
04.046.016
Vasil'ev, K. N.
07.083.014
10.083.048
Vasil'ev, K. P.
04.054.019
Vasil'ev, L. A.
06.054.004
Vasil'ev, M. B.
04.083.029
10.074.033
106.027
Vasil'ev, M. P.
08.051.014
Vasil'ev, N.
04.105.168

Vasil'ev, N. V.
08.105.133
10.085.010
105.023 .096 .097
Vasil'ev, O.
04.082.189
Vasil'ev, O. B.
01.072.020
02.072.086
03.072.040 .041
04.072.043
082.054 .055 .218
05.072.023
077.033
082.004 .064
06.072.098
082.084
07.021.005 .006
080.012 .020
082.044
09.021.002
071.027
10.021.006 .007
072.024
080.001 .008
085.017
Vasil'ev, V.
01.032.058
Vasil'ev, V. A.
02.105.045 .061
04.105.070 .099
Vasil'ev, V. G.
06.003.028
07.046.015
09.046.007
Vasil'ev, V. M.
02.032.037
08.032.052
Vasil'ev, V. N.
09.078.065
Vasil'ev, V. P.
03.074.066
07.099.028
08.031.088
074.056 .109
09.074.086
10.074.024 .026
Vasil'ev, Yu. V.
05.082.006
Vasil'eva, E. K.
07.072.031
Vasil'eva, G. Ya.
04.071.017
05.071.015 .031 .035
06.072.071
07.072.041
08.072.050
Vasil'eva, L. G.
10.033.046 .075
Vasil'eva, L. M.
08.002.039
Vasilevskaya, Eh. G.
06.015.011
Vasilevskij, A. E.
01.113.035
03.153.027
04.115.016
06.115.003
07.153.014
08.064.071
153.012
09.153.021
Vasilevskis, S.
01.111.007
03.098.030
04.112.026
06.034.125
043.001 .004
112.005
132.003

Vasilevskis, S.
06.155.013
10.041.023
043.003
Vasilevsky
See Vasilevskij
Vasiliev
See Vasil'ev
Vasilieva
See Vasil'eva
Vasiljanovskaja
See Vasilyanovskaya
Vasiljev
See Vasil'ev
Vasilyanovskaya, O. P.
02.122.067
04.122.028
06.121.071
122.085 .090
Vasilyev
See Vasil'ev
Vasilyeva, G. J.
See Vasil'eva, G. Ya.
Vasiu, M.
03.062.011
09.062.023
Vaskov, V. V.
08.083.029
Vasquez, S.
08.098.032
Vass, G.
05.032.016
09.054.009
10.055.035
Vassallo, A.
02.055.012
04.055.017
08.055.001
10.031.068
Vassent, B.
08.094.080
10.094.221
Vasseur, J.
02.143.069
03.141.068 .165
05.143.095
06.034.050
141.137 .165
07.141.507
Vassiliev
See Vasil'ev
Vassiljev
See Vasil'ev
Vassiljeva
See Vasil'eva
Vassilyeva
See Vasil'eva
Vasyliunas, V. M.
02.084.249
03.084.251
04.084.248
05.084.264
07.084.274
08.084.266 .327
09.084.208
Vasyukova, Z. V.
02.104.027
Vatsura, V. V.
10.120.004
Vaucher, C.
08.011.056
09.094.555 .852
Vaucher, C. A.
06.094.217
Vauclair, G.
05.126.032
06.126.015
07.121.011
08.142.021
10.126.004

Vauclair, S.
07.065.067
114.117
08.003.039
09.114.132
Vaughan, A. E.
01.141.008 .084 .119 .204
02.141.088
03.141.002
05.141.039
07.141.527 .535 .536
09.141.511
Vaughan, A. H.
06.114.106
Vaughan, D. J.
09.094.203
10.094.190 .223
Vaughan, G. J.
08.122.055
Vaughan, L. M.
07.103.107
Vaughan, R. W.
03.094.133
04.094.297
Vaughan Jr., A. H.
04.034.061
114.104
133.007
08.116.004
09.034.045
114.119
10.032.034
116.015
Vaughan Jr., O. H.
01.097.057
Vaughn, L. M.
05.103.113
06.103.111 .112
07.103.107 .108
08.103.114
09.098.048
Vaulin, P. P.
10.105.096
Vaulina, L. A.
10.077.073
Vautherin, D.
10.061.057
Vaz, J. E.
05.105.027
06.105.034
08.105.008
Vaziaga, M. J.
04.114.014
07.064.057
Vazques, A.
10.044.041
Vazquez, M.
09.072.031
10.072.049
Vazquez A., A. D. S.
06.041.035
V'dovikin, G. P.
04.003.077
Vdovykin, G. P.
02.105.047
03.105.075 .109
131.002
04.003.133
105.096
06.003.027
08.105.029
09.105.026 .048
10.105.031 .032 .111
Vedder, J. F.
05.094.157 .158
08.094.039
107.002
10.107.021
Vedeneev, Yu. B.
06.077.011 .012

Vedeneev, Yu. B.
09.033.018
077.026
10.033.053
077.022
Vedenejev
See Vedeneev
Vedeshin, L. A.
03.054.020
04.051.030
05.084.403
06.094.222
08.011.009
09.051.008
143.032
10.143.068
Vedjashkina, K. A.
01.065.033
Vedmich, V. G.
04.064.096
Vedrenne, G.
04.142.047
05.032.077
06.034.045 .054
061.022
142.031
07.142.008
08.082.115
155.005 .068
Veeder, G. J.
03.073.051
Veeh, H. H.
03.085.002
Vegos, C. J.
02.094.081 .096
Vehrenberg, H.
01.005.005
098.030
02.034.006
041.046
03.041.046
04.003.134 .135
036.002
06.031.003
07.098.002
08.041.013 .021
09.003.121
031.065
10.009.001
Veigele, W. J.
04.076.024
Veio, F.
01.032.003
Veio, P. N.
05.034.037
07.003.133
08.032.034
10.003.137
Veis, G.
05.055.016
Veismann, U.
01.034.009 .010 .011
06.034.012 .013
10.034.103
Veismann, U. K.
05.034.003
Veizer, J.
05.081.003
Vejsmann, U.
03.032.004
Velasquez, D. A.
05.082.116
Velden, L.
03.157.018
04.155.040 .041
Veldkamp, J.
06.084.248
Velghe, A. G.
01.079.102
02.095.006

Velghe, A. G.
03.155.045
04.155.006
07.114.129
08.005.027
Velichanskij, B. N.
03.083.037
09.076.036
083.047
10.083.018
Velichansky
See Velichanskij
Velichko, F. K.
09.005.017
Velikanov, V. P.
08.053.021
Velinov, P.
02.083.041
03.083.013 .086
143.019 .033
04.083.060 .061 .063 .064
091.034
143.046
05.061.003
083.016 .051
143.064
07.143.037
08.078.020
143.024
09.078.063
10.015.005
Velinov, P. I.
08.080.051
085.009 .010
10.078.042 .043
083.059 .061
085.019 .020
Velthuyse, F. H. M.
01.098.004
Veltman, B. P. T.
04.031.046
Veltmann, U. I.
07.099.036
Veltmann, U.-I. K.
01.034.037
151.043 .044
154.010
04.154.014
09.154.008
10.099.080
116.019
151.058 .083
154.021
Velusamy, T.
01.125.004
05.125.003
141.024
06.141.145
07.125.008
08.125.006
09.125.009
131.036
Vendelin, G. D.
01.033.015
Venedikov, A.
01.081.031
Venezian, G.
01.061.002
Vening Meinesz, F. A.
04.003.025
Venis, T. E.
08.131.085
Venkatarangan, P.
06.078.053
Venkatavaradan, V. S.
02.105.111
05.105.021
06.078.033
094.126
105.069

Venkatavaradan, V. S.
09.094.507 .508 .509 .800
Venkatesan, D.
01.143.016
02.106.019
03.078.003
04.099.001
06.078.023 .053
084.410
091.005 .006
143.118
10.072.063
078.044
Venkateswaran, S. V.
03.079.102
05.082.045
07.076.003
079.101
Vennik, Ya. A.
10.154.021
Vennik, Yu. A.
09.154.008
Veno, S.
07.064.056
Ventura, A.
07.141.528
09.061.050
Ventura, J.
08.062.059
Venugopal, V. R.
01.157.004
02.131.047
04.131.101
155.010
157.001
06.141.169
Venugopol, V. R.
04.157.007
Verbeeck, P.
05.021.012
Verbeiren, R.
08.045.004
Vercheval, J.
02.082.083 .110
03.055.015
05.082.100
Verdet, J. P.
02.071.002
05.099.009
07.097.091
099.021 .901
08.034.036
Verdone, P. H.
05.102.027
10.079.104
Vereshchagin, I. F.
06.054.009
Vereshkov, G. M.
10.066.107
151.053
Veret, C.
05.055.018
08.034.087
Verevkin, A. D.
03.084.015
Vergano, P. J.
03.094.206
Verguese, D.
08.097.112
09.011.005
Verhezen, S.
04.097.068
09.004.056
Verhuelsdonk, E.
02.015.008
03.015.004
04.003.136
015.018
06.015.018
08.015.011

Verhulst, F.
01.117.008
06.042.056
07.042.003
08.042.050
Verkhovtseva, Eh. T.
03.080.002
Verkhozin, V. I.
08.032.055
Verkienko, M. V.
04.081.033
Verma, R. P.
01.143.052
05.143.104 .125
06.143.084
08.143.045
Verma, S. D.
01.142.053
143.060
02.142.039
05.142.076 .092
143.092
Vermande, P.
04.082.116
Vermeesch, T. M.
03.055.029
Vernazza, J. E.
07.073.008
08.073.093
076.021
10.073.016 .103 .104 .105
074.119
076.032
Verniani, F.
02.104.023
06.082.005
07.003.168
08.082.024
10.104.058
Vernin, J.
10.082.116
Vernon, M. J.
03.094.035
04.094.190
06.094.133
09.094.026 .259 .411 .705
10.094.249
Vernon Jr., P. L.
06.066.006
Vernov, S. N.
01.084.412 .425
02.003.111
011.025
078.032 .033 .037
03.003.027
084.407 .420
143.043
04.003.012 .137
078.016 .024
05.003.102
084.402
143.080
06.012.033 .034
078.019 .040 .061
084.268 .411
106.038
143.027
07.063.006
078.016
084.407
106.011
143.018 .062
08.078.030
084.408 .411 .412 .419
143.011 .040 .055
09.003.013
078.016
093.080
10.006.000
143.030

Vernova, L. V.
07.083.038
Veron, M. P.
03.113.020
05.141.018 .021
07.158.042
08.141.023 .105
158.069
10.141.044 .061
Veron, P.
01.141.200
02.122.097
04.141.082
05.141.020 .021 .055
07.141.097
158.042
08.141.074
09.122.052 .116
10.141.044 .061
Veronis, G.
06.099.033
Verreault, R. T.
01.162.017
Verschell, H. J.
09.082.112 .113 .114
Verschure, P.-P. H.
04.082.030
08.082.122
Verschuur, G.
08.010.002
Verschuur, G. L.
01.131.026 .040 .060 .075
156.007
157.007
161.004
02.131.012 .015
04.131.033 .039 .059 .089
141.047
156.002
05.131.025 .033 .038 .078
.083 .106
156.003
07.131.047 .095 .109
155.015
08.131.081
09.131.149
155.005 .026 .033 .054
10.033.001
125.001
131.074 .090 .091
155.005 .020 .048
157.003
Verzariu, P.
04.084.403
05.078.009
08.078.005
084.299
09.078.036
10.078.046
084.241 .259
Vesecky, J.
08.077.007
Vesecky, J. F.
01.073.004
084.406 .428
04.074.040 .092
05.093.007
07.079.101
10.076.026
Veselova, G. V.
10.143.048
Veselovskij, I. N.
02.004.004 .006
09.004.022 .033 .034 .054
.098
10.004.002
Veselovskij, I. S.
09.074.032
Veselovskis, J.
06.005.029

Veselovsky
See Veselovskij
Vesely, C.
08.098.061 .072
103.126
10.098.060
103.118 .129
Vesely, C. D.
07.098.023 .043
103.114
09.103.121
Vesely, V.
08.034.043
Veseth, L.
10.022.044
Vesic, D.
06.044.012
Vespignani, G.
05.034.114
Vespignani, G. R.
09.076.013
Vesselovsky
See Veselovskij
Vessot, R. F. C.
03.066.003
08.066.029
Vetesnik, M.
02.122.171
09.121.024
10.034.102
121.114 .115 .116 .117
Veth, C.
02.034.043
08.034.133
10.080.002
Vetle, J. I.
07.142.137
Vetoshkin, I. D.
04.105.167
08.105.023
Vette, J. I.
02.055.002
03.084.410
142.044
04.142.048
05.142.053
08.084.267
10.034.062
076.020
Vetter, U.
07.081.023
Vetukhnovskaya, Yu. N.
01.093.025
04.093.065
05.093.002 .046
097.020
06.093.010 .017
097.031
08.097.097
09.093.067
10.097.062
Veverka, J.
02.098.012
03.122.044
05.097.062
06.091.014
093.011
097.035 .088 .089
098.024
099.023 .030 .035
142.023
07.097.027 .069
098.001 .039 .040
08.097.004 .019 .023 .085
.087
099.068
100.012
09.091.044 .046
097.062 .063 .064 .081
.082

Veverka, J.
09.098.017 .062
099.053
100.022
10.091.028 .030
097.018 .028 .041 .099
.103
099.041
105.002
Vial, J. C.
03.076.023
09.034.026
Viala, Y.-P.
08.065.016
Viale, A.
04.114.027
Vianna, E. N.
04.083.058
Vicente, R.
04.091.044
Vicente, R. O.
03.043.003
05.045.021
06.043.007
07.044.044
045.009
08.045.002 .022
081.066
09.081.008
Vickers, D. G.
03.132.023
07.066.076
Vickers, G. T.
05.080.001
Vickers, J. E.
01.066.041
Vickery, W. K.
05.082.033
Victor, G. A.
01.022.067
Victorov, S. V.
08.094.161
Vidal, C. R.
02.062.042
03.062.019
04.022.028
05.022.033
06.034.122
09.022.030
Vidal, N.
07.065.044
Vidal, N. V.
05.065.119
06.065.060
09.124.107
142.125 .131 .135 .139
153.040
10.124.107
142.099 .105
152.007
Vidal-Madjar, A.
06.076.001
08.082.025
09.076.011
Vidiakin
See Vidyakin
Vidinejeva, T. A.
04.103.101
Vidwans, P. A.
06.143.084
Vidyakin, V. V.
07.042.046
08.042.075
Viehmann, W.
10.143.015
Vieira, E. R.
09.157.003 .007
10.153.023
157.010

Vieira, R.
08.046.040
Vieira, R. A.
02.045.029
Viertl, J. R. M.
01.105.028
02.105.011
Viestavkin, A. N.
07.077.019
Vieth, G.
04.034.113
Vieyra, E. R.
03.155.073
Vigier, J.-P.
07.066.004 .036 .077
09.022.047
141.029
Vignato, A.
02.065.090
06.162.031
Vigneron, F. R.
04.052.049
09.054.022
Vigneron, J.
01.084.018 .224
Vigotti, M.
03.141.118
07.141.116
09.141.023 .110 .133
Vigroux, E.
04.082.125
Viik, T.
01.063.011 .012
064.033 .053 .055
04.064.075
05.063.022
064.012
06.063.015 .016
064.037
Vij, K. K.
06.083.076
Viktorov, S. V.
06.094.327
Viktorova, A. A.
02.093.019
Vila, S. C.
01.065.008
126.022
02.141.116
03.121.035
04.065.112 .134
05.065.014
121.022
06.065.096
117.008
Vilain, C.
07.066.094
08.066.054
09.162.048
Vilan, C.
04.066.086
Vilas, J. F.
02.081.011
03.081.012
Vilcsek, E.
02.105.108 .114
03.094.056 .066
04.094.189
105.056
06.105.148
09.094.720
Vilenchik, S. M.
09.032.014
Vilenskij, I. M.
05.083.058
Vilenskij, V. D.
04.105.092
05.105.089
08.105.070

Vilensky
See Vilenskij
Vilhu, O.
04.064.027
116.001
05.064.040
08.064.030
09.121.047
10.117.004
Vilkki, E.
04.082.122
125.103
Vilkki, E. U.
09.111.006
Vil'koviskij, E. Ya.
02.066.037
074.077
06.074.004
08.073.006
074.057
10.073.034
143.050
Vilkovisky, E. Ja.
See Vil'koviskij, E. Ya.
Villa, G.
10.078.025
Villa, J. J.
06.032.035
08.032.018
Villamediana, F.
08.117.011
Villamediana, J. F.
05.031.034
07.031.005
Villante, U.
06.084.236
07.084.901
08.084.901
10.084.275
Villere, K. R.
04.119.003
Villmann, Ch. I.
02.082.100
09.097.114
Villoresi, G.
06.143.113
07.143.073 .074 .075
08.143.059
10.143.060
Vince, A. W.
10.010.012
Vincent, M.
04.035.007
07.008.021
Vincent, R. K.
02.094.003
03.094.235
Vincent, S.
10.081.029 .030
Vincent, T. L.
05.052.009
Vincenti, W. G.
05.003.101
Vincenz, S. A.
09.084.269
Vine, F. J.
04.081.013
Viner, M. R.
05.141.192
08.142.040 .056 .131
10.141.016
Vingisaar, Eh. I.
02.036.014
05.031.003
034.052
10.041.016
Vinh, N. X.
03.042.030
06.052.001
08.042.048

Vinh, N. X.
10.042.060
Vinnik, L. P.
08.141.530
Vinnikov, E. M.
02.035.036
07.035.005
Vinogradov, A.
02.074.020
08.094.226
10.094.512
Vinogradov, A. A.
01.093.018
Vinogradov, A. P.
01.093.023
02.094.061
03.091.008
093.019
094.330
04.093.035 .059
094.118
05.093.019
094.031 .094
06.093.016
094.007 .044
107.017
08.003.123
094.042 .162
105.029
09.093.002 .048
094.071 .122 .303 .599
.699 .854
107.002
10.093.018
Vinogradov, B. V.
03.081.047
04.082.152
05.082.004
06.003.127
Vinogradova, L. V.
05.141.224
Vinogradova, N. V.
09.077.017
Vinogradova-Smirnova,
T. A.
03.034.065
Vinsonneau, F.
03.011.019
Vinti, J. P.
01.042.032
052.008
04.042.068
06.081.036
07.052.005
08.042.035
052.901
09.042.020
10.042.025 .051
Vintz, B. D.
03.084.235
Viola Jr., T. J.
09.033.009
Vion, M.
10.100.011
Viotti, R.
01.122.067
132.026
02.064.058
122.088
03.131.089
133.022
04.114.013 .135
05.034.033
122.058
07.012.021 .023
123.014
08.114.154
10.103.102
113.060

Virdefors, B.
07.113.026
08.114.022
Virgo, D.
03.094.122
04.094.151 .286
05.094.142 .148
06.094.138
07.094.142 .165 .901
09.094.310
10.094.280 .472
Virgopia, N.
01.065.078
03.064.011
05.114.068
06.065.133
09.065.140
10.065.027 .901
Virin, A.
04.082.196
Virskaja, N. F.
07.081.012
Virtamo, J.
09.141.566
Virtanen, T.
02.141.019
05.141.189
158.083
Virtichenko, E. A.
03.122.090
Visconti, G.
04.082.178
06.082.104 .120
09.082.021 .024 .089
Vishnev, V. S.
04.084.240
Vishniac, W.
07.003.134
Vishniac, W. V.
07.097.020
Vishnjakova, L. A.
02.099.055
Vishveshwara, C. V.
04.066.125 .130
07.066.111
08.066.128
09.066.112 .113
Viskanta, R.
01.063.023
03.063.027
05.063.013
Visocekas, R.
09.094.814
10.094.359
Vissenberg, B.
09.120.004
123.020
Visser, C. J.
05.099.071
Visser, J. J.
10.033.026
Visvanathan, N.
01.122.019
02.141.229
158.028
03.158.002
04.141.183
158.055
05.134.007
141.162
158.105
06.142.022
158.002
07.034.034
141.046
08.133.005
158.016
09.141.007 .020
10.114.057

Viswanathan, K. S.
01.084.035
Viswanathan, T. V.
02.105.036
08.105.091
Vitagliano, H. D.
04.032.050
034.109
Vitali, E.
06.046.020
Vitek, A.
04.003.037
Vithal, K. L.
08.074.079
Vitini, I.
10.044.041 .042
Vitins, M.
10.052.047
Vitinskij, Ju. I.
See Vitinskij, Yu. I.
Vitinskij, Yu. I.
01.072.030
02.072.022 .041 .075 .078
         .086
03.003.017
072.016 .017
04.072.044
05.072.031 .032 .047
06.072.075
08.072.021
080.020
10.003.138 .139
072.024 .030 .032
073.084
Vitinsky, Y. I.
See Vitinskij, Yu. I.
Vitkevich, V. V.
01.141.175 .185
02.033.020 .021 .032
106.021
141.048 .078 .098 .213
03.141.145 .147 .201 .216
04.033.063
141.041 .062 .156
05.141.219 .220 .223 .226
06.003.128
141.151 .178 .219
07.033.018
106.018 .020
141.568
08.141.501 .564
09.141.129 .561
10.141.065
Vitkevitch
See Vitkevich
Vitkovskaja
See Vitkovskaya
Vitkovskaya, T. A.
03.077.049
Vitkovskij, V. V.
06.141.072
Vitkovsky
See Vitkovskij
Viton, M.
03.113.034
08.114.105
Vitrichenko, E. A.
01.122.006
02.112.002 .015
114.093
121.018
04.121.004 .045
122.058
06.112.015
07.119.009 .010
08.008.052
031.013
081.020
10.022.046
114.010

Vitshas, L. N.
06.083.023
10.083.058
Vittori A., O.
03.105.069
Vityasev
See Vityazev
Vityazev, V. V.
02.133.014
04.063.040
09.065.026
133.023
Vitz, R. C.
04.034.016
Vives, T.
07.159.018
Vives, T. J.
05.003.014
Vives Soteras, T.
01.082.072
04.082.175
Vjalshin
See Vyal'shin
Vladimirov, S. B.
06.031.042
08.113.067
10.031.031
Vladimirov, V.
06.094.070
Vladimirov, Yu. S.
09.066.041
Vladimirova, G. V.
07.083.063
Vladimirova, L. P.
09.066.041
Vladimirskii, V. V.
01.141.169
Vladimirskij, B. M.
02.141.028
143.062 .064
04.078.004
05.106.005
142.004
06.078.042
07.141.521
142.005 .059
08.142.120
09.142.110
Vladimirsky
See Vladimirskij
Vlasceanu, V. I.
See Ionescu-Vlasceanu, V.
Vlasov, M. N.
02.082.113 .115
04.082.037 .148
07.082.011 .081
10.082.026
Vlasov, N. A.
06.162.100
Vlasov, V. I.
02.033.032
106.021
04.106.043
06.106.007
07.106.018
Vlasov, V. V.
08.002.002
Vlasova, Z. P.
06.043.018
Vleeming, G.
06.153.001
09.009.022
Vobecky, M.
06.105.164
09.094.394
Voelcker, K.
05.034.099 .100
113.055
09.113.033
152.010

Voelcker, K.
10.113.085
Voelk, H.
01.084.020
04.084.299
06.084.056
Voelk, H. J.
03.074.014
04.074.049
083.094
06.062.029 .062
083.049
09.074.052 .080
10.062.005
074.044 .046
143.054
Voelker, P.
01.073.059
03.103.102
Voelker, W.
08.034.039
Voeroes, T.
02.022.086
Vogel, U.
02.065.103
07.131.121
Vogenitz, F. W.
08.083.061
Voges, W.
06.034.047
061.021
Vogliotti, M. A.
03.034.076
04.098.012 .029
06.098.041
08.098.006 .080
10.098.012
Vogt, M.
04.122.144
Vogt, N.
05.153.010 .046
07.155.065
08.153.016
09.124.104
153.010 .025 .026 .031
.039
155.015
10.105.022
115.022
Vogt, P. R.
03.081.011
Vogt, R. E.
01.106.021
02.084.212
05.078.006
10.078.031
Vogt, R. W.
07.077.004
Vogt, S. S.
07.034.048
08.114.124
09.114.145
10.122.142
Voigt, A.
10.094.515
Voigt, G.-H.
10.084.272
Voigt, H. H.
01.003.056
008.043
02.003.107
03.008.051
05.008.052
07.008.059
10.006.000
Voigt, W.
04.077.054 .055
Voinov
See Vojnov

Voise, W.
07.003.135
10.004.021
Voiskovsky
See Vojskovskij
Vojkhanskaya, N. F.
05.114.011
09.122.061
10.122.010 .048
Vojnov, S. S.
02.082.104 .107
08.014.016
Vojskovskij, M. I.
06.082.054
08.082.141
09.082.034
10.082.121
Vojta, G.
02.062.041
Vojta, Ya.
07.083.038
Vojtechovsky, P.
01.035.007
Vojtisek, D.
10.096.015 .016
Vojtkevich, G. V.
02.107.014
10.003.140
Vojtyuk, E.
05.103.106 .111
Vojtyuk, E. V.
10.098.075
Vokac, P. R.
05.122.053
Vokes, J. C.
01.033.010
Volaric, D.
01.079.105
Volborth, A.
09.094.369 .671
Volchkov, A. A.
01.032.078
Volchkova, L. I.
06.094.187
09.094.881
10.094.020 .066
Volk, H. J.
10.074.087
Volk, O.
04.004.014
10.002.006
042.032
Volkmann, H.
08.036.001
Volkoff, I.
07.003.136
Volkov, A. B.
05.066.087
08.066.032
Volkov, A. M.
04.066.021
Volkov, G. I.
03.106.025
09.097.005
10.074.029
Volkov, I. I.
09.082.034
Volkov, M. S.
01.094.053
04.042.092
06.042.060
10.042.038 .106
Volkov, V. I.
10.046.005
Volkov, V. N.
04.082.152
Volkov, V. P.
07.011.003
Volkova, N. V.
06.105.071

Volland, H.
01.082.027
02.082.005 .030
04.082.099
05.082.096 .141 .152
083.006
084.280
06.082.131
083.066
07.082.065 .069
08.082.061 .062 .063 .201
084.217
09.082.078
091.013
Vollmer, O.
09.143.095
10.143.063
Vollstaedt, H.
01.084.266
10.094.503
Volobuev, S. A.
05.083.053
141.225
142.090
06.078.027
141.035
142.080
07.134.002
Volobuyev
See Volobuev
Volodichev, N. N.
05.078.015
143.004 .119
08.078.024
09.143.065
10.034.008 .009
143.030 .039 .044
Vologdin, A. G.
07.083.047
Volokhov, S. A.
01.157.018
Volonte, S.
08.062.044
09.062.063
Volonte, U.
09.031.045
Voloshchuk, Yu. I.
02.104.042
03.034.024
10.104.025 .026
Volovik, V. D.
07.099.028
Volpe, G. T.
08.031.068
Volyanskaya, M. Yu.
02.032.046
06.121.024
08.121.042
09.121.075
10.121.139
Volynets, M. P.
04.105.103
Volynov, B. V.
03.082.046
06.082.088
08.082.162
Volynskij, B. A.
03.081.038
06.003.020
07.053.012
061.028
Volz, F. E.
01.082.048
04.082.127
05.082.154
07.082.007
Von Baeyer, H. C.
06.066.098
Von Biel, H. A.
04.083.034

Von Borzeszkowski, H.-H.
02.066.041
10.066.092 .180
Von Braun, W.
01.003.030 .031 .032
05.003.024
Von Buelow, K.
01.003.091
Von Bun, F. O.
04.052.044
08.054.002
Von Dechend, H.
08.003.131
Von Der Osten-Sacken, P.
05.162.027
07.162.043
Von Engelhardt, W.
03.094.115 .277
04.094.148
06.094.258
105.048
09.094.211 .361 .653
10.094.275
Von Eynern, P.
08.003.163
Von Frisch, C.
08.003.070
Von Gruenberg, H.
05.066.040
Von Gunten, H. R.
06.094.255
09.094.730
Von Hoerner, S.
02.065.059
04.033.030
09.033.007
162.042
10.051.033
141.101
Von Khuon, E.
03.003.121
Von Klueber, H.
01.009.006
Von Michaelis, H.
01.105.046 .053 .054 .055
.077
02.105.019 .020 .100
03.105.044 .045
Von Oppen, G.
04.022.067 .068 .069
10.022.084
Von Puttkamer, J.
02.003.038 .039
06.003.103
Von Reinhardt, M.
01.141.151 .155
02.034.021
094.163
162.034 .078
Von Rosenvinge, T. T.
01.143.004 .005
02.143.038 .072
05.143.115
06.143.131
07.078.006
08.078.015 .017
09.078.011 .035
Von Sengbusch, K.
02.065.099
03.065.030 .056
07.065.109
09.065.147
Von Specht, J.
05.072.064
Von Tauchnitz, H.
01.032.061
Von Thyssen-Bornemisza, S.
07.043.006
Von Uexkuell, M.
06.073.058

Von Uexkuell, M.
09.073.008 .095 .103
Von Zahn, U.
02.082.067
04.082.087
05.082.050
Vonbun, F. O.
See Von Bun, F. O.
Vonder Haar, T. H.
01.082.021
Vondjidis, A.
07.003.034
Vondrak, J.
02.021.012
041.001
04.032.009
07.044.048
08.094.225
Vondrak, R. R.
03.084.032
06.084.030
09.094.759
10.094.027 .366
Vonnegut, B.
09.097.090
Voordes, H. R.
07.121.070
Voorhees, B. H.
04.066.111
08.066.064
Vorhaben, K. H.
05.034.034
Vorob'ev, A. I.
10.034.008 .009
143.039
Vorob'ev, E.
01.103.110
Vorob'ev, E. A.
01.103.110
02.042.014
03.103.123
Vorob'ev, G. G.
04.105.101
Vorob'ev, L. M.
03.052.024
Vorob'ev, L. Ya.
09.044.015
Vorob'ev, V. S.
05.062.032
Vorob'eva, E. V.
10.082.093
Vorob'eva, Eh. N.
04.041.007
Vorob'eva, M. G.
02.004.004
Vorob'eva, V. A.
02.054.021
055.021
07.104.039
10.054.004
120.004
Vorobiev
See Vorob'ev
Vorobjeva
See Vorob'eva
Vorobyev
See Vorob'ev
Voronenko, L. D.
10.044.006
Voronenko, V. I.
03.103.108
04.098.022
06.098.038
07.098.003
08.098.030
10.098.020
Voronin, A. I.
05.131.062
Voronin, I. V.
04.083.029

Voronkov, K. A.
02.031.006
Voronkov, Yu. S.
05.005.002
07.011.036
Voronov, V. N.
09.094.872
Vorontsov, E. I.
05.031.056
Vorontsov, Yu. F.
07.083.063
Vorontsov-Veljaminov
See Vorontsov-Vel'yaminov
Vorontsov-Vel'yaminov, B.
02.141.149
07.158.016
10.158.078
Vorontsov-Vel'yaminov,
B. A.
01.133.025
158.017 .062
02.003.007 .123 .124
141.031
158.085
03.141.112
155.024
158.038 .048
04.133.005 .025
141.186
158.090
05.158.091
06.014.016
158.075 .126
07.003.137
08.133.011
158.031 .066 .135 .903
10.133.022
158.007 .032 .033 .055
.109
Vorontsova, Eh. S.
01.085.014
Vorontzov
See Vorontsov
Vorontzov-Veljaminov
See Vorontsov-Vel'yaminov
Voropaev, S. I.
09.143.065
Voropayev, O. M.
08.094.161
Voroshilov, V. I.
02.003.157
113.032
03.003.024
04.003.009
06.003.003
08.003.001
114.066
131.123 .124
10.152.001
Voroshilov, Yu. V.
06.120.001
122.032 .057
154.009
Vorpahl, J.
03.073.010
05.076.041
06.073.029
07.076.016
08.072.037
073.052
09.072.058
076.032
Vorpahl, J. A.
08.073.095
09.073.003
10.073.074
Vorstaedt, N.
02.032.003
04.036.004

Vos, M. A.
02.105.159
Voshage, H.
03.094.056 .066
04.094.210
06.094.267
Voskresenskij, L. L.
05.031.052
06.031.005
08.031.072 .073
10.031.002
Voskresensky
See Voskresenskij
Voslamber, D.
04.022.025
Voss, E. J.
02.123.055
Voss, J.
10.094.052
Voss, W.
07.033.028
Voudon, A.
09.094.388
Vovchenko, A. P.
07.066.022
Vovchik, E. B.
06.121.050
123.061
Vovk, I. G.
08.081.051
09.081.011
Vozdvizhensky, B. S.
08.103.100
Vrabec, D.
01.009.009
04.072.031
06.071.035
Vrabel, J.
06.031.060
Vrana, A.
02.143.035
Vrba, F. J.
04.122.044
10.113.101
Vreux, J. M.
01.034.036
03.022.101
034.077
07.084.047
08.084.045 .051
09.103.100
10.012.017
034.119
084.029
103.103
114.154 .155 .156
133.019
Vriens, L.
01.022.117
Vronskij, B. I.
10.105.096
Vroom, D. A.
01.022.117
Vsechsviatsky
See Vsekhsvyatskij
Vsehsvjatskij
See Vsekhsvyatskij
Vsekhsviatskaya
See Vsekhsvyatskaya
Vsekhsvjatsky
See Vsekhsvyatskij
Vsekhsvyatskaya, I. S.
02.102.033
06.083.032
08.083.014
Vsekhsvyatskii
See Vsekhsvyatskij
Vsekhsvyatskij, S.
07.107.021
08.003.036

Vsekhsvyatskij, S.
08.107.016
Vsekhsvyatskij, S. K.
01.079.100
102.003 .018 .019
02.003.024 .137
074.010
102.018 .026
103.110
03.102.014
103.113
04.074.087
103.133
05.003.002
004.036
011.022
093.009
102.019
103.107 .111
06.003.040
074.087
103.003
107.016
07.103.100
08.003.028
079.101
099.056
102.008 .042 .047 .074
103.116 .120
09.099.096
10.003.016
074.113
079.100
102.004
103.100
106.030
Vsekhsvyatsky
See Vsekhsvyatskij
Vu, Q. H.
04.033.074
Vu, T. B.
03.033.019 .059
04.033.074
05.033.025
08.033.104
10.033.127 .128 .129
Vu Thanh Khiet
05.162.014 .015
Vu The Bao
01.033.046
02.033.056
Vuaze, V.
09.004.099
Vuillemin, A.
09.131.026
10.082.059
Vujanovic, B.
03.042.037
Vujnovic, V.
04.022.024
08.022.080
10.022.054
Vukicevic, M.
05.078.033
Vukicevic-Karabin, M.
07.076.039
077.055
Vukovich, F. M.
06.082.093
Vyal'shin, G. F.
03.071.017
04.073.018
06.072.050
079.100
08.072.020
09.032.017
072.023
10.072.007 .057
073.122

Vyatkina, V. M.
10.033.081
Vyatskin, Ya. B.
07.032.007
09.032.014
Vychrestjuk
See Vykhrestyuk
Vykhrestyuk, S. S.
02.122.143
06.099.069
08.123.075
10.120.003 .004
Vykhrestyuk, T. P.
10.153.020
Vylupkova, J.
10.094.510
Vypov, G. P.
02.066.039 .040
04.066.074 .075
Vyshlov, A. S.
04.083.029
10.074.033
106.027
Vyskocil, V.
10.003.107
Vysochkin, V. V.
07.094.098
Vystavkin, A. N.
08.033.040
09.077.061
Vyuchkov, V. A.
08.035.005
V'yuga, A. A.
10.151.022

Waak, J. A.
02.141.155
04.141.051
05.133.028
07.141.172
09.131.185
Wachi, F. M.
06.094.308
Wachmann, A.
09.123.901
Wachmann, A. A.
08.123.039 .050
09.121.027
123.035
Wacker, W. K.
10.099.078
Wackerling, L. R.
02.114.086
142.067
03.041.018
123.025
04.114.004 .130 .131
08.142.144
Wackernagel, H. B.
04.052.018
Wada, M.
04.142.022 .060
06.142.008
07.142.010 .098
Waddington, C. J.
01.125.010
142.055
143.045
02.131.020
05.142.084
143.017 .070 .087 .114
06.143.059 .112
07.143.040
09.155.025
Wade, C. M.
02.141.154
04.124.101
141.117 .136 .179 .181
05.124.100 .105

Wade, C. M.
05.141.013 .043 .060 .093
142.016
06.141.074 .102 .109 .240
142.011 .077 .090
158.098
07.121.065 .077 .091
124.003
141.075 .184 .185
08.121.040
09.141.035
142.011
10.141.025
Wade, N.
01.094.072
07.008.032
10.013.018
Wadsworth, E. M.
05.080.036
Waechter, S.
02.032.067
03.041.028
05.045.035
06.046.013
07.082.134
Waelke, K.
07.120.006
122.134
08.121.046 .047
09.121.064
Waenke, H.
01.105.089
02.094.022 .055
105.093 .098 .108 .115
.118
03.094.013 .056 .066
04.009.008
094.184 .189 .210 .242
05.094.029 .111
06.094.197 .278 .280 .318
09.094.164 .238 .383 .674
.686 .720
105.031 .073
10.094.476 .486
Waesch, R.
10.094.503
Wager, J. H.
05.083.030
07.083.044
Waggoner, A. P.
09.082.066
Waggoner, J. A.
04.094.110
Wagman, N. E.
01.008.095
03.008.100
05.008.097
09.111.005
Wagner, B. M.
04.003.046
Wagner, C. A.
02.052.001
081.018
03.042.063
04.052.046
081.039
09.054.023
081.024 .027
10.052.043
Wagner, C.-U.
01.084.265
03.073.114
07.075.021
08.075.024
09.075.011
10.075.020
Wagner, G. A.
01.105.033 .038
02.105.012
03.105.115

Wagner, G. A.
04.105.157
05.105.017
07.105.034
09.094.664 .799
105.082 .129 .130 .131
.148
10.105.029 .053
Wagner, H. G.
05.062.013
Wagner, L. S.
01.073.049
06.083.045
Wagner, L. Ya.
10.104.013
Wagner, N. J.
09.094.761
Wagner, R.
02.022.082
06.062.022
153.005
07.155.060
08.153.024
Wagner, R. A.
01.083.028
05.084.029
08.084.069
10.083.031
Wagner, R. L.
03.126.003
05.124.100
07.065.042
10.065.120
Wagner, W. J.
01.074.007
04.034.040
05.074.055 .073
07.074.019
08.074.039
09.074.059
10.074.059
Wagoner, C. B.
04.051.007
Wagoner, R. V.
01.061.047
02.061.010
066.015 .033 .034 .052
04.066.126
158.042
05.066.018
06.065.112
066.001
07.066.001
141.148
158.095
08.065.119
09.061.005
062.065
066.116
160.022
10.131.068
Wahl, J. J.
06.003.129
Wahlen, M.
06.094.252
09.094.437 .722
10.094.003 .094 .282
Wahlgren, U.
10.131.046 .118
Wahlig, M. A.
07.034.125
143.015
09.143.020
Wahlquist, H.
10.066.131
Wahlquist, H. D.
01.162.068
06.162.084
Wahsner, R.
08.004.074

Wai, C. M.
02.105.079
03.105.092 .097
08.105.125
Waineo, T. J.
02.032.006
Wainerdi, R. E.
04.003.003
022.079
Wainman, B. N.
02.114.094
Wainwright, J.
10.094.126
Wainwright, J. E.
07.094.009
09.094.054
Wait, J. R.
04.003.016
Waitz, M.
05.103.111
09.072.064
Wakai, N.
04.083.052
Wakamatsu, K.
06.158.137
09.158.109
Wakamatsu, K.-I.
10.158.013
Wakefied, R. M.
07.099.070
Wakefield, R. L.
04.082.121
Wakita, H.
03.094.051
04.094.075 .201 .241 .341
105.024
05.094.064
06.094.054
105.140
07.094.008 .066
08.105.035
09.094.224 .386 .397 .682
Wako, Y.
02.045.014
04.045.023 .042
05.041.031
08.045.025
Walborn, N. R.
04.114.025
05.114.043 .095
158.053
06.114.101
124.104
132.053
158.036
07.114.031 .062 .071
08.032.048
121.049
09.114.041
131.168
142.022
152.001
10.114.236
119.013
155.069
Walbridge, E.
10.094.017
Walbridge, E. W.
01.106.042
Wald, R.
07.066.110
Wald, R. M.
06.066.008 .030
09.066.108
10.066.155
Waldbaum, D. R.
02.094.073
Waldis, A.
01.009.026
04.009.018

Waldman, H.
07.079.101
10.083.003
Waldmann, E.
09.105.156
Waldmeier, M.
01.075.029
02.008.133
 072.088
 074.079 .080 .081
 075.003 .005 .016 .017
 079.103
03.073.059
 074.042
 079.102
04.008.122
 074.066 .101
 075.002 .008 .014 .020
  .022
 079.100
05.075.011
06.008.120
 034.097
 072.054 .063
 074.009 .069 .070 .071
  .072 .073
 075.011 .013 .021 .022
  .036
 079.100
07.008.162
 074.075 .085
 075.004 .006 .010 .014
08.074.093
 075.006 .007
09.008.130
 073.010 .099 .106
 074.096
 075.016 .017 .018
 079.100
10.075.002 .011 .012 .013
 079.101
 094.509
Waldstein, P.
09.094.817
Waldteufel, P.
01.082.046
04.083.054
Waldvogel, J.
04.052.019
05.042.051
07.042.004
08.042.038
10.042.019 .066
Wales, I. M.
02.052.004
06.052.002
Walker
07.125.107
Walker, A. D. M.
06.099.037
Walker, C.
03.094.136
Walker, C. W.
10.084.282
Walker, D.
09.094.200 .613 .656
10.094.140 .311 .473
Walker, D. H.
07.010.008
09.010.008
Walker, D. M. C.
01.055.002
 082.013 .025 .066
02.082.001 .071
04.082.073
05.082.061
06.082.075
07.054.001
08.082.127
09.054.014

Walker, E. H.
02.094.140
 107.004
10.094.167
Walker, E. N.
01.153.026
02.119.018
05.119.005
08.119.003
 142.048
09.116.005
 142.128 .143 .144
10.112.003
Walker, G.
04.094.281
08.094.079
09.094.480 .811
10.094.294
Walker, G. A. H.
01.122.030
 131.047
 159.003
02.131.102
03.131.090
05.034.023 .025 .081
 113.013
06.010.023 .037
 114.116
 116.003
07.010.036
 114.082
 116.003
 122.121
 158.061 .141
08.010.017
 031.015
09.034.075
 114.067
 122.075
 142.124
 158.142
10.003.047
 113.062
 121.052
Walker, G. K.
06.124.102
Walker, G. N.
08.096.003
Walker, G. O.
03.083.050
05.083.008 .048
07.083.025
10.083.005
Walker, G. S.
05.031.025
 034.027
Walker, J. C.
02.052.032
Walker, J. C. G.
02.083.045
 084.031
03.083.052 .053
 093.025
04.084.002
05.084.024
06.083.065
 084.009
07.082.048
08.003.073
09.033.003
10.083.030
Walker, J. G.
05.054.013
Walker, J. K.
01.084.296
08.083.021
Walker, L. S.
03.105.059
Walker, M.
10.066.020

Walker, M. F.
01.133.024
 153.004
 159.001
02.122.047
 159.002
04.034.017
 082.043
 132.018 .033
 159.006
05.119.008
 159.009
06.034.087
 082.071
 159.033
07.034.094
 114.122
 122.086
 159.010 .011
08.159.005
09.034.067
10.082.108
Walker, R.
02.105.090 .110
03.094.074 .279 .280
04.094.072 .275
07.094.061
09.094.081 .414 .504
10.094.211 .307
 105.082
Walker, R. G.
02.113.045
04.132.024
05.162.010
Walker, R. J.
08.084.245
Walker, R. L.
03.118.001
04.123.046
08.118.009
10.121.086
Walker, R. M.
01.143.069
02.143.001
04.094.292
 105.166
05.078.021
 143.122
06.094.322
07.094.212
09.094.255 .479 .713 .806
  .808 .813
10.094.338
Walker, T. G.
04.022.037
Walker, T. R.
06.084.296
Walker, W. M.
03.105.058
Walker, W. S. G.
02.121.004
04.122.139 .140
 124.005 .110
05.113.057
 121.083
 122.085
06.113.061
 122.062
07.121.062
 122.112
 123.025
08.122.085 .121
 123.037 .059
 124.104
10.124.107
Walker Jr., A. B. C.
02.076.037
03.076.019
04.074.088
05.074.023 .074

Walker Jr., A. B. C.
05.076.042 .048
08.074.069
076.022
09.074.067
Walker Jr., R. L.
02.118.027 .035
121.044
04.121.005
05.113.032
10.118.002
Wall, J.
05.032.014
Wall, J. V.
01.141.131 .156
03.157.005
04.141.188
158.039
05.141.111
06.141.017 .242 .245
07.132.010
08.141.091 .092 .093
09.141.062
10.141.127
Wall, N. S.
03.066.034
Wall, R. E.
06.081.035
Wallace, B. G.
06.066.135
Wallace, D.
07.081.001
Wallace, D. C.
06.131.010
Wallace, L.
01.082.065
093.057 .081
03.082.038
093.015
04.082.012
093.078
097.001 .011
05.091.008
06.093.002
07.082.046
091.005
08.091.004
155.020
09.099.099
10.101.007
155.034
Wallace, R. A.
10.051.031
Wallace, T.
05.114.090
Wallace, W. A.
03.114.071
Wallenhauer, A.
06.046.026
Wallenquist, A.
02.003.128
053.021
05.003.105
007.000
06.094.151
07.007.000
10.097.078
Waller, A. J.
06.033.068
Wallerstein, G.
01.008.132
065.014
114.013
124.107
158.033
02.061.009
114.040 .063 .065
122.173
124.103
142.017

Wallerstein, G.
03.008.119
096.016
113.001
114.018
122.053
154.013
04.064.067
114.068 .106
05.008.117
036.016
114.077 .083 .089
122.004 .035
06.114.109 .113
122.084
153.017
07.114.010
119.018
08.064.024
122.094
125.102
09.008.106
114.011
119.006
125.022
10.114.045 .158
119.007
131.102 .232 .234 .279
Wallingford, J. S.
04.066.127 .128
Wallis, D. D.
07.084.010
Wallis, M.
06.074.023
Wallis, M. K.
07.093.009
08.102.070
09.074.091
093.038
131.119
10.074.022
102.016
Wallis, R.
08.125.100
Wallis, R. E.
06.041.021
Walmsley, C. M.
01.133.006
05.141.094
09.132.004
10.119.001
Walmsley, M.
05.131.133
141.019
06.131.096
07.131.122
09.131.125 .175 .176
Walraven, J.
06.159.028
Walraven, J. H.
03.121.038
05.121.033
07.034.074
Walraven, T.
02.034.003
05.008.067
121.033
06.159.028
07.034.074
Walsh, D.
03.063.015
10.007.000
Walsh, T. E.
01.091.018
Walsh, T. P.
05.100.002
Walsh, W. J.
06.084.260
08.083.065

Walt, M.
02.084.034 .207
03.084.418
04.084.406
05.084.407
06.084.279 .404 .412
08.084.417 .422
Walter, H.
01.046.020
06.031.033
07.046.026
10.046.023
Walter, H. G.
01.052.025
081.027
02.021.006
052.004 .042
03.081.033
04.081.016 .027
05.043.001
06.021.001
052.002
09.081.021
10.031.054
052.085
Walter, K.
01.008.124
121.009
02.080.003
121.008 .009 .039 .088
.099
03.008.138
113.022
121.033
04.121.054
05.008.132
121.066 .080
06.005.015
07.008.148
121.037
08.117.035
09.121.009 .052
10.121.051
Walter, L. S.
02.105.103
03.094.083
04.094.134 .153
105.126 .159
05.105.077
08.105.038
09.094.330 .636
10.105.047
Walter, M. R.
04.094.354
Walters, G. K.
04.132.025
06.131.054
Waltman, E. B.
09.131.183
10.132.028
Waltman, W. B.
10.132.028
Walton, J.
10.094.474
Walton, J. R.
08.084.297
09.084.228 .278
094.087
10.022.043
Wampler, E. J.
01.141.039 .110
02.094.067 .181
141.014 .096
03.094.012 .028
04.034.044
094.265
05.158.040
07.012.003
034.025
158.024

Wampler, E. J.
08.141.541
158.122
09.031.040
141.090
158.016 .017
160.007
10.141.023 .075 .078 .079
Wampler, J.
04.141.125
05.141.127 .161
Wampler, J. M.
02.105.009
Wamsteker, W.
07.122.159
125.105
08.125.102
09.125.101
10.099.048
101.006
Wand, R. H.
04.083.076
Wang, A. P.
08.052.003
10.063.006
Wang, A. P.-I.
08.052.016
Wang, C. G.
03.065.039 .048
04.065.067
C5.162.049
06.065.062 .101
07.061.035
065.043
08.065.086 .117
134.004
09.065.098
Wang, C. L.
01.143.021
Wang, C. P.
01.142.035
143.014
02.142.041
07.074.098
Wang, C. S.
07.084.412
Wang, C. Y.
08.062.056
081.008
Wang, H.
09.094.487 .783 .785
10.094.073 .465 .475
Wang, H. T.
10.143.017
Wang, J.
08.078.013
Wang, J. J. H.
05.033.030
Wang, J. R.
03.143.028
04.143.001
08.078.018
143.048
Wang, L.
06.034.103
07.063.042
Wang, R. T.
05.131.052
09.131.091
Wang, T. I.
08.063.022
Wang, Y.-M.
08.073.116
Wang Lee, C. M.
09.094.196 .197 .649
10.094.348
Wang Luig
06.003.155
Wanless, R. K.
03.094.037

Wanless, R. K.
04.094.243
Wanner, J. F.
01.118.010
07.115.001
Wanner, S. J.
09.034.042
Wannier, P.
07.157.008 .011
10.158.127
160.038
Wannier, P. G.
09.101.014
10.131.211 .217 .227
Waranius, F. B.
10.002.040
Warasila, R.
10.003.079
Warasila, R. L.
04.003.031
Warburton, D.
05.094.142
06.094.138
09.094.310
Ward, B.
06.123.043
Ward, B. D.
07.106.014
Ward, D.
04.121.023
07.093.018
Ward, D. F.
01.010.008
02.010.008
05.010.008
Ward, D. H.
03.121.003
10.121.058
Ward, F.
05.099.087
07.105.073
10.072.013
073.023
Ward, F. W.
09.073.079
Ward, M. A.
09.094.204
Ward, P. L.
08.105.010
Ward, R.
05.094.161
Ward, R. C.
10.034.059
Ward, S.
09.094.569
Ward, S. H.
02.094.229
106.006
05.094.177
06.094.117 .162
10.094.410
097.125
Ward, W. R.
04.066.038
08.101.021
09.097.050
10.097.004
107.001 .002
Ward Jr., F. W.
06.122.068
08.032.014
Wardeska, Z.
09.003.014
Wardle, J. F. C.
04.141.142
05.141.068 .122 .199
158.057
06.141.098
158.098
07.141.040

Wardley, M.
06.100.007 .013 .015
Wardrop, I.
02.103.120
Wardya, M. S.
10.064.017
Ware, A. A.
05.062.055
Ware, N.
08.094.210
09.094.237 .685 .705
10.094.153 .461
Ware, N. G.
03.094.053
04.094.149 .166
06.094.295
07.094.011
08.094.251
09.094.306 .347 .618
Ware, W. H.
07.021.004
Wareing, N. C.
03.116.001
Wares, G.
01.133.003
Wares, G. W.
02.022.023 .081
04.022.090
071.035
05.022.056 .098
07.022.081
122.123
08.072.036
09.124.102
Warham, A. G. P.
05.063.048
Wark, D. A.
09.094.306 .316 .623
10.094.369 .477
Wark, D. Q.
04.082.058
Warman, I. M.
08.011.006
Warman, J.
10.123.028
Warmbrod, J. D.
09.105.154
Warming, R. F.
03.063.013
064.029
04.063.028
Warn, D. W.
05.079.104
Warne, W. G.
03.157.014
Warner, B.
01.022.007 .029
065.055
071.001 .021 .032
114.012 .086
124.106
141.021 .072 .074 .107
02.022.017
114.090
115.002
124.106
03.022.002 .058
094.023
122.017
126.001
04.114.047
05.031.021
121.026
06.124.106
126.008 .017 .019
07.022.062
099.013
120.002
121.016 .017
122.038 .047 .048

Warner, B.
07.126.001 .025
   142.022 .055
08.115.002
   117.022
   121.033 .043 .065
   122.020 .022 .023
   124.007
   126.002 .005 .008 .020
09.009.008
   117.036
   124.104
10.022.097
   113.039
   121.085
   122.018
   124.110
Warner, B. N.
09.094.938
Warner, J.
06.082.147
   094.061 .132 .226
07.094.045
08.094.007 .108 .192
09.094.212 .628
10.094.304 .424 .478
Warner, J. L.
07.094.009
09.094.054 .099 .205 .339
   .645 .913
10.094.001 .126 .443
Warner, J. W.
06.113.008
07.141.127
08.114.125
   141.041
   158.042
09.114.015
   141.010
10.158.102
Warner, L. A. C.
02.014.002
Warner, M. R.
02.094.082 .097
Warner, P. J.
04.141.080
06.158.078
07.158.001
08.142.074
10.158.001
Warnock, J. M.
02.083.033
07.083.054
Warnock, W. W.
01.093.058
07.093.006
08.093.038 .045
Warnow, J. N.
06.002.018
08.003.127
Warren, E. S.
02.083.036
Warren, J. B.
04.162.095
Warren, J. L.
01.118.012
03.158.068
Warren, J. W.
04.015.004
Warren, N.
03.094.144
04.094.267
07.094.222
09.094.489 .784
10.081.021
   094.205
Warren, P. R.
03.114.116 .118
05.022.097
07.065.118

Warren, P. R.
07.114.049
08.132.027
09.114.074
10.114.050
   121.001
Warren, R. G.
06.105.146
Warren, W.
10.114.094
   153.025
Warren Jr., W. H.
05.124.105
08.113.012
09.113.023
   114.109
Warwick, J. W.
01.099.023
   141.202
02.077.031
   099.004
03.073.083
   099.011
05.099.044
10.012.027
Warwick, R. S.
09.141.105
Washburn, T. W.
07.079.101
Washimi, H.
06.074.099
09.106.011
Wasilewski, P.
09.094.285
10.094.263 .479 .480
Wasilewski, P. J.
05.094.088
09.105.117 .118
10.091.011
Wason, H. R.
07.081.011
Wassenberg, W.
02.077.057
06.077.032
Wasserburg, G. J.
01.105.051 .061 .088
   107.007
02.061.005
   105.003 .022 .025 .071
   .123
03.094.030 .182 .183 .232
   105.082 .125
04.061.020
   094.073 .238
   105.051
   107.007
05.094.038 .070
06.094.045 .046 .130 .131
   .136 .292 .296
   105.064
07.094.015 .024 .038 .053
   .054 .055 .069 .141
   .207
08.094.117 .164 .197 .198
09.094.001 .088 .272 .426
   .601 .711
10.094.342 .430 .462
   107.005
Wasserman, L.
06.099.023
07.097.069
08.099.068
09.091.044 .046
   099.053
10.091.030
   099.041
Wassermann, W.
04.055.015
05.032.061

Wasson, J. T.
01.082.111
   105.072
02.105.079 .178
03.094.047
   105.060 .061 .092 .097
04.094.244
   105.026 .033 .152 .158
   .160
05.094.046 .134
   105.039
06.003.027
   105.024 .029 .147
07.105.039
08.094.199
   105.015 .024 .115
09.094.139 .375 .691 .695
   098.009
   105.059 .067 .115
10.094.047 .207 .238
   105.006 .010
Wataghin, A.
01.162.036
02.065.057
   162.070 .073
03.162.063
06.162.078
Wataghin, G.
01.162.018
02.162.073
04.061.016
06.022.069
07.162.021
08.162.034 .069
Watanabe, A.
05.099.055
08.022.035
09.103.100
Watanabe, E.
01.122.073 .089 .092
02.122.004 .157 .161
03.122.062 .098 .102
   124.103
04.124.107
05.034.013
   122.104
07.034.105
   122.099 .108
08.031.059
09.122.134
Watanabe, S.
06.074.094
Watanabe, T.
06.074.099
08.004.052 .055
   074.063
10.074.131
Waterfield, R.
04.103.101
Waterfield, R. L.
01.103.100 .106 .109
02.100.008
   103.109 .112 .114 .120
03.103.102 .110
04.103.101 .104 .126 .128
05.103.010 .011 .106 .112
   .117
06.096.012
   103.116
07.103.012 .107 .110 .127
08.103.016 .107 .116 .117
   .120
09.103.010 .100 .114 .115
   .116 .124 .127 .132
10.103.102 .103 .105 .106
   .118 .125
Waters, A. C.
02.094.041
03.094.180
04.094.304

Waters, A. C.
09.094.364
Waters, B. E.
06.080.032 .033 .034
07.080.024
Waters, J.
04.142.062
Waters, J. I.
07.051.028
08.051.011
Waters, J. R.
04.142.060 .061
Waters, J. W.
01.131.116
03.131.128
06.132.022 .024
Waterworth, M. D.
01.114.102
02.034.047
Waterworth, M. G.
09.032.006
Watkins, B. J.
09.083.022 .023
Watkins, C.
09.012.008
10.012.037
Watkins, C. D.
01.083.012
03.082.080
04.083.037
06.104.051
Watkins, J. S.
06.094.163
07.094.078
09.094.044 .932
10.094.357
Watkins, N. D.
01.084.279
Watson, B.
09.074.062
Watson, D. E.
08.105.033
10.107.029
Watson, F. G.
09.014.040
Watson, J. K. G.
05.131.061
Watson, M. D.
08.084.009
Watson, P. A.
03.033.039
06.033.052
08.033.125
10.033.131
Watson, R. D.
06.122.087 .107
07.122.011
09.141.510
Watson, W. D.
01.065.050
02.065.006 .043 .075
071.077
03.065.015 .022
080.009
04.022.110
080.004
114.078
05.064.047
114.047
07.131.048 .128
08.131.011 .020
09.080.009
131.140 .187
142.113
10.063.059
131.008 .177 .181
Watt, R. D.
03.094.129
04.094.266

Watt, S.
04.142.076
Wattenberg, D.
01.004.002
02.009.002
03.002.008
004.016 .019
005.008 .009
009.015
04.004.046
015.023
053.017
075.028
082.201
06.005.018
007.000
009.022
07.004.042 .043 .046
005.017
008.020
08.004.014
010.038
09.004.012 .039 .048
10.004.094
103.102
Watts, D.
04.032.034
Watts, L. A.
10.034.057
Watts, R. D.
10.094.442
Watts Jr., R. N.
01.032.044
051.003 .006 .010 .023
.026
053.008
02.032.030
051.013
054.002
094.179
03.051.002 .020
053.011
054.008 .016
094.015 .017 .177
04.051.023
053.004 .010 .011 .012
054.002 .003 .017
05.051.007 .008
053.003 .004 .005 .006
.019
054.002 .010 .014
06.053.002 .003 .013 .021
.022 .023
054.001 .010 .012 .017
.018
097.067
07.051.008 .009
053.002 .003 .010 .011
.015
054.013
094.150 .177
097.053 .055 .074
08.053.001 .018
054.001 .006
093.021
09.053.001 .002 .008 .014
054.003 .008 .011 .015
094.033
097.095
10.051.003 .004
053.002 .003
054.001
Wattson, R. B.
05.091.032
093.057
Wauchop, T. S.
05.022.010
08.022.107
Wawrukiewicz, A. S.
04.114.069

Wawrukiewicz, A. S.
05.114.052
08.121.050
10.114.105
115.002
Wawrukiewicz, T.
09.014.010
Wax, D.
09.094.364
Wax, R. L.
01.084.051
03.084.004
04.082.108
Way-Jones, C.
07.099.052
Wayland, J. R.
01.143.018 .072
02.003.056
143.004
03.141.146
04.143.051
07.143.066
08.143.038
09.143.067
10.131.220
Waylen, P. C.
04.066.080
08.066.039 .112
Wayman, P. A.
01.008.034
032.042
105.035
113.022
02.021.002
159.011
03.008.040
04.008.035
07.004.016
008.048
011.040
122.142
08.004.031
005.027
113.028
122.088
09.008.038
103.103
10.035.003
Wayne, R. P.
05.082.029
06.082.124
Wayte, R. C.
07.034.090
Wdowczyk, J.
02.143.024
05.142.080
06.143.077
07.143.039
08.142.141 .146
09.061.010
143.090
Wdowiak, T.
05.125.105
07.125.107
Wdowiak, T. J.
08.125.102
09.125.101
Weagant, R. A.
08.034.072
Weart, S.
02.072.037
073.042
04.032.030
05.072.057
08.073.064
Weart, S. R.
01.072.049
02.071.016
073.017
04.034.088

Weart, S. R.
04.072.053
073.028
080.023
05.071.051
Weathers, G.
03.021.011
Weaver, C.
03.042.072
Weaver, H.
02.131.084
03.155.028
07.131.008
08.006.000
09.157.009
Weaver, H. F.
04.131.019 .103
05.006.000
Weaver, T. A.
07.065.029
Weaver, W.
05.051.004
Weaver, W. B.
02.119.004
04.152.003
08.114.167
09.122.078
10.122.044
Weaver Jr., W.
04.033.027
Webb, C. J.
04.071.029 .030
07.071.007
08.071.012
Webb, D.
07.076.004
Webb, D. F.
08.153.004
Webb, H. D.
01.084.238
05.157.004
Webb, J. J.
04.034.010
Webb, M. S. W.
03.094.050
04.094.233
09.094.389
Webb, R. H.
02.003.113
Webb, R. J.
03.114.028
115.004
04.115.010
Webb, S.
08.143.046
09.078.009 .038
10.078.901
Webb, V. H.
03.084.256
Webb, W. L.
07.003.138
Webber, J. C.
05.072.016
141.112
158.068
06.072.096
07.122.111
08.125.032
141.065
Webber, W. R.
01.143.004 .005 .059
02.143.022 .033 .038 .072
03.143.037
04.142.080 .098
143.047
05.143.016 .021 .075 .086
.115 .149
06.143.022 .067
07.143.012
08.076.018

Webber, W. R.
08.078.011 .034
143.016
09.143.001 .008 .038 .043
10.143.011 .013 .033 .042
Webbink, R.
02.105.110
Webbink, R. F.
02.114.075
10.115.042
Weber, B.
09.003.122
Weber, E.
08.103.130
Weber, E. J.
01.074.037
02.080.009 .024
03.074.029
04.074.035
106.003
05.071.034
07.074.051
09.062.034 .035
074.077
10.074.056 .086
Weber, G.
07.097.082
Weber, H.
02.105.153
Weber, H. W.
03.094.066
04.094.210
06.105.148 .152
09.094.422
10.094.328
Weber, J.
01.066.046
03.066.010 .034
04.066.033 .068
05.066.043 .094
06.066.125 .128
07.066.140
08.066.134 .166
09.066.058
142.087
10.066.163
094.469
Weber, J. N.
02.094.162
09.094.476
Weber, L.
09.094.643
10.094.254
Weber, R.
10.082.125
Weber, R. R.
01.141.003
02.141.057
157.006
03.157.008
04.099.005
157.010
08.051.018
Weber, S. E.
02.074.079
079.103
04.074.101
079.100
06.074.073
Weber, S. V.
04.113.052
05.131.097
Weber, T. A.
03.082.004
Weber, W.
08.003.167
Webrova, L.
06.044.019
07.044.040
08.044.039

Webrova, L.
09.044.033
10.044.017
Webster, A. C.
07.101.005
Webster, A. S.
03.143.022
04.033.088
142.058
05.142.021
07.066.058
Webster, B. L.
01.133.010 .011 .012
06.142.037
07.142.048
08.011.045
142.093 .094
152.005
10.113.058
114.110
121.002
Webster, D. L.
04.084.207
07.099.053
10.022.051
Webster, E.
07.121.077 .091
142.104
08.121.040
141.111
Webster, G. T.
07.101.005
Webster, R. K.
03.094.050
04.094.233
09.094.389
Webster, W. J.
02.131.135
Webster Jr., W. J.
02.131.117
03.132.012 .016
133.024
04.131.082
133.006
141.061
06.131.147
132.033
07.101.005
08.077.019
09.072.059
077.043
131.011
Wechsler, A. E.
03.094.201
07.094.219
09.094.545
Wechsler, B. A.
10.094.224
Wechter, M. A.
09.105.002
Wedde, T.
07.083.018
10.084.009
Wedekind, J. A.
02.105.167
09.105.081 .116
Wedel, B.
01.032.047
02.036.001
03.014.001
096.001
103.102
04.125.103
06.009.006
031.036
112.002
10.031.077
032.053
103.102

Weedman, D. W.
01.158.022 .041
02.131.090
  158.016 .034
03.131.071
  158.013 .027
04.131.009 .077
  133.016
  158.012 .103
05.008.027
  158.043 .100 .104
06.113.020
  158.092
  159.003 .008
07.132.008
  158.005 .103 .110 .126
08.133.012
  142.015
09.159.002
10.158.003
Weedman, S. L.
05.121.024
Weekes, K.
02.083.024
Weekes, T.
05.141.164
Weekes, T. C.
01.032.043
  142.011
02.003.088
04.061.005
  122.159
  134.009
  141.067
05.134.020
  141.241
  142.088
06.141.131
07.142.066
08.003.129
  134.001
10.122.134
  141.515
Weeks, L. H.
06.076.018
Weeks, R. A.
02.094.105
03.094.131 .204
04.094.310 .386
  105.042
07.094.209
09.094.213 .501 .557 .776
  .777
10.094.481 .482
Weems, M. L. B.
05.064.015
Wefel, J. P.
02.143.001
05.143.122
Wefer, F. L.
06.077.080
07.077.004
09.077.036
Wegener, A.
05.003.106
Wegner, G.
01.124.107
04.114.113
05.126.037
06.126.007
07.126.006 .008 .021
08.126.016
09.065.045
10.126.006 .015
Wegner, M. W.
03.094.149
04.094.285
06.094.093
09.094.470

Wegner, P. A.
10.131.174
Wegner, W.
08.082.214
Wegrowe, J.-G.
03.022.048
Wehausen, J. V.
05.003.101
Wehinger, P.
05.122.028 .036
07.114.026
  122.125
08.114.132
  122.014 .093
09.123.015
10.114.182 .249
  122.114
Wehinger, P. A.
05.032.008
07.008.083
  122.124
09.008.066
  113.048
Wehlau, A.
01.154.012
06.154.014
07.154.014
08.123.051
10.122.057
Wehlau, W.
02.009.016
03.009.009
10.133.003
Wehlau, W. H.
01.008.071
02.116.025
03.008.074
05.008.075
  103.111
07.008.088
08.114.031
09.008.068
10.103.104
Wehmeyer, R.
03.124.103
07.121.028
08.121.015
Wehner, H.
02.032.062
05.032.033
07.032.042
Wehrse, R.
08.064.005
09.126.024
Weiblen, P. W.
03.094.104
04.094.176
06.094.043
07.094.046
08.094.033
09.094.100 .342 .622 .658
10.094.009 .413 .425
Weickmann, H. K.
06.082.007
Weidelt, R. D.
03.064.003
10.065.032
Weidemann, V.
01.066.047
  126.020
05.011.028
  126.025
06.065.126
  142.064
08.125.025
  141.511
09.011.006
  153.032
Weidenhammer, D.
04.124.106

Weidenschilling, S. J.
10.099.086
Weidlinger, P.
04.033.029
Weidner, D.
03.097.059
09.094.487
Weidner, D. K.
01.097.057
08.082.135
Weiffenbach, G. C.
04.046.019
Weigand, A. J.
02.105.173
Weigand, P. W.
09.094.080 .214 .553 .633
10.094.224
Weigel, H.
10.094.349
Weigert, A.
01.065.003
  117.002
  126.025
02.065.047 .089 .100
  117.018
03.008.057
  065.052 .067
  117.013
05.008.059
  065.001
06.003.130
  126.001
07.065.136
  117.010
08.065.019
09.065.079 .149 .150
Weighton, D.
01.033.031
Weihrauch, J.
05.105.051
Weiler, K. W.
01.141.142 .143
  158.035
02.125.020
03.141.108
04.066.006 .132
  141.227
05.066.082
  141.010 .074 .077 .080
  .228
08.134.010
10.033.003
Weill, D.
10.094.373
Weill, D. F.
03.094.102
04.094.070 .185
06.094.293
07.094.043
09.094.057 .091 .198 .334
  105.160
10.094.483
Weill, G.
03.082.057
04.082.074 .075
08.082.034
09.082.085
10.082.039 .122
  104.011
Weimer, R.
03.141.026
Weimer, T.
02.008.002
Weinberg, J. L.
02.094.186
  155.020
04.082.079
  106.016
05.106.018
07.008.001

Weinberg, J. L.
08.051.004
09.054.007
    106.003
10.082.082
Weinberg, J. M.
02.034.059
Weinberg, S.
04.162.011 .022
06.162.013
07.162.067
08.003.124
Weinberg, S. L.
07.142.119
10.143.004
Weinberger, R.
09.074.088
Weiner, C.
06.002.018
08.003.127
Weinreb, M. P.
03.022.019
Weinreb, S.
09.033.045
Weinschel, B. O.
03.033.060
07.033.059
Weinstein, A.
08.042.087
Weinstein, D. H.
05.082.134
06.066.002
09.094.600
10.162.074
Weinstein, F. S.
01.093.084
09.093.056
Weinstein, L.
09.079.002
Weinstein, M.
09.066.127
Weisbach, M. F.
06.062.006
Weisberg, O.
10.074.135
Weise, H.
05.006.000
    011.040
Weisheit, J. C.
08.022.014 .087 .093
    131.048
    141.116
09.131.190
    141.002
10.131.141 .214 .235
Weiskirchner, W.
03.105.062
Weiss, A. W.
06.022.149
Weiss, C.
10.094.028
Weiss, C. K.
10.094.322
Weiss, D. M.
04.082.018
Weiss, G.
01.053.017
04.051.034
10.054.018
    100.028
Weiss, H.
09.009.027
Weiss, H. G.
04.033.015 .023
Weiss, K.
09.074.067
Weiss, N. O.
02.072.038
04.071.005
05.072.041

Weiss, N. O.
06.061.031
    080.025
Weiss, R.
03.066.024
09.066.102
Weiss, W.
03.031.005
08.031.023
09.008.124
10.079.101
Weiss, W. W.
06.099.039
09.031.034
    112.013
Weisskopf, M.
01.141.220
02.034.050
Weisskopf, M. C.
03.034.019
06.134.001
07.134.003
08.034.120
09.034.112
10.032.035
    141.503
Weisskopf, V. F.
03.022.008 .062
Weissler, G. L.
08.011.017
Weissman, P.
06.065.053
09.065.103
Weissman, P. R.
10.042.102
Weistrop, D.
07.155.070
08.115.017
09.113.013
    141.031 .045
10.122.028 .138
Weitenbeck, A.
07.103.013
Weitenbeck, A. J.
06.124.102
    142.044
Weitzel, W. I.
04.031.015
Welch, D. O.
04.141.054 .140
Welch, G. A.
01.158.033
04.158.047 .056
    159.008
05.155.021
06.158.005 .053
    161.004
07.158.161
    161.901
08.158.041
    160.002
Welch, J.
05.142.024
Welch, R. G.
04.124.110
08.122.121
Welch, W.
10.160.040
Welch, W. J.
01.131.006 .011 .023
02.131.056
03.100.010
04.033.062
    100.014
    131.083
05.131.020 .081
06.099.045
    131.137
    132.028
07.033.050 .069

Welch, W. J.
07.082.006
08.131.005
09.093.008
    097.045
10.033.030
    141.049
Welford, W. T.
09.034.100
Weliachew, L.
01.141.012
    158.001 .002
02.158.054
03.158.097 .121
04.158.003 .034
06.158.004 .087 .101
07.158.074
08.158.051
09.131.102 .138
    158.039
10.158.123
Welin, G.
05.122.045
06.122.066
08.114.142
09.114.036
10.122.164
Welker, J.
10.097.025
Wellck, R. E.
10.062.020
    074.065
Weller, C. S.
05.082.139
06.082.076
07.082.028
09.155.056
Weller, K. P.
10.033.120
Weller, W.
09.114.161 .163
    119.018
10.114.234
Weller, W. G.
07.036.008
08.034.008
Wellgate, G. B.
09.034.079
Wellington, K. J.
08.033.070
09.033.048
10.033.026
    158.017
Wellman, P.
01.045.011
Wellman, T. R.
03.094.189
Wellmann, P.
01.008.085
03.008.089
04.012.013
    124.003
05.008.085
06.124.102
07.003.169
    008.099
10.008.078
Wells, C. A.
08.022.099
Wells, C. W.
04.082.208
Wells, D. C.
01.021.014
06.099.027
07.034.028
    099.013
08.115.012
09.158.071
10.034.105
    096.001 .901

Wells, E. H.
05.097.072
07.032.004
Wells, E. N.
03.094.150
04.094.287
105.020
Wells, P. J.
08.045.028
10.045.009
Wells, G. A.
03.033.030
10.033.087
Wells, J. S.
04.131.011
07.044.038
08.022.129
Wells, M. B.
06.051.014
08.063.035
Wells, R. A.
01.097.007
02.097.004 .043
04.097.012
05.097.051 .063
06.004.025
097.075
07.097.062 .066 .096
08.097.053 .059 .072
Wells, W. C.
02.143.001
03.022.014
143.013
05.143.122
07.097.039
Welsh, H. L.
03.091.016
07.091.031
08.005.001
022.035
Welter, H.
08.084.321
Welther, B. L.
05.122.069
06.010.001
Welty, G. A.
07.097.020
Wempe, J.
02.008.094 .111
03.008.102 .121
08.111.007
09.004.062
Wen, T.
07.094.053
Wend, R. E.
01.099.005
03.010.003
04.010.003
Wende, B.
07.022.095
Wende, C. D.
01.008.055
073.038
02.076.008
077.034
07.076.008
Wendker, H.
01.132.004
02.132.017
Wendker, H. J.
02.131.136
03.141.035
142.031
155.036
05.011.005
131.100
08.131.019
09.131.038
141.025 .115
10.008.050

Wendker, H. J.
10.141.031 .055
Wendlandt, H. U.
10.157.006
Wenger, A.
03.022.009
102.007
Wengler, P.
08.004.070
Weniger, S.
01.022.118
03.022.051
09.022.001
Wenk, E.
09.094.215 .641
Wenk, H.-R.
09.094.313 .640
10.094.484
Wenning, U.
01.022.040
Wenstrand, D. C.
10.064.066
Wentink Jr., T.
03.022.071 .072
06.082.049
07.022.021
Wentzel, D. G.
01.141.153
143.025
02.143.010 .049
03.064.034
04.143.015 .034 .035
05.012.010
061.037
131.011
06.131.101
07.131.044 .086
143.016 .043
08.010.002
062.007
065.042
09.014.031
131.057
10.141.550
143.016
Wentzell, R. A.
02.061.025
Wenzel, K.-P.
09.084.240
Wenzel, W.
01.011.012 .029
122.109
123.011 .035
02.120.009
122.044 .170
03.123.029
04.003.059
122.013 .135 .136
05.003.117
122.118 .120
123.022
06.113.044
121.007
123.037
141.210
07.121.081
122.144 .146
123.045
141.053
08.065.094 .151
122.086 .126
123.025 .063
142.107 .148
152.008
09.002.007
122.089
123.056
Wepner, W.
05.066.015

Werenskiold, C. H.
02.031.018
Wernecke, S. J.
09.033.043
Werner, A.
09.033.076 .077
066.135
120.005
141.138
Werner, H.
01.004.010
Werner, J.
07.119.021
Werner, M.
02.113.048
Werner, M. W.
01.131.066
132.009
02.114.033
131.046 .053
158.004
03.131.139
04.131.005 .060
143.036
05.131.002 .059 .071
06.011.046
066.056
131.051
07.131.135
09.082.044
10.131.068
Werner, N.
07.074.029
Werner, N. E.
06.080.053
Werner, R. A.
09.094.453
Werner, W.
06.034.055 .072
07.114.128
Wernik, A.
05.085.001 .002
07.013.006
Wernik, A. W.
05.055.007
Wertheim, G. K.
09.162.008
Wertlieb, A. B.
06.072.015 .074 .080
Wertz, J. R.
05.162.026 .057
06.162.087
07.052.016
162.003
Wescott, E. M.
01.084.290
03.084.261
06.084.057
09.084.014
Wesolowski, J. J.
09.094.420
Wessel, W. R.
10.097.106
Wesseling, K. H.
02.033.048
Wesselink, A. J.
02.115.001 .014
153.024
03.141.221
04.112.027
05.159.008
07.121.042
142.067
159.901
08.115.009
10.122.059
Wesselius, P. R.
01.157.008
04.131.015
05.131.016

Wesselius, P. R.
09.155.020 .021 .022
10.125.019
Wessely, H. W.
05.082.143
Wesson, P. S.
04.081.040
09.081.010
10.131.023
West, D. K.
07.114.003
West, E. A.
04.094.004
West, F. R.
03.118.003
05.118.017 .029
08.119.004
10.117.017
West, M. L.
02.151.041
07.072.046
08.072.065
09.158.070
West, R. G.
05.033.015
West, R. M.
02.014.013
115.004
03.124.109
04.012.029
114.070
05.012.011
124.011
07.124.100
08.114.172
10.114.137
West Jr., G. S.
01.097.057
West Jr., H. I.
05.073.005
08.084.297
09.084.228 .278 .279
Westbrooke, W. J.
04.096.002
Westcott, R.
02.032.039
Westerhout, G.
01.157.010
02.012.009
03.157.016 .027 .028
07.008.043
157.012
09.004.070
008.034
10.157.006
Westerlund, B. E.
01.009.023
122.099
141.082 .131
159.005
02.041.019
125.003 .004
04.124.113
159.010
05.082.156
124.011
159.001 .012
06.114.013
159.015 .017
07.124.100
08.082.088
10.012.008 .015
114.151
Westerlund, L. H.
01.084.015
Westerlund, S.
01.083.040
Westerman, H. R.
06.003.068

Westervelt, P. J.
06.066.113
Westfall, J. E.
02.094.250
03.010.003
094.171 .249 .348 .349
04.094.417 .418 .421
095.004
05.094.091
095.005
100.015
06.094.073 .215 .216
07.094.152 .153
095.009
100.007
08.094.104 .266
09.100.024
Westfall, R. S.
09.004.006
Westfold, K. C.
02.099.034
03.099.051
09.022.026
Westhaus, P.
02.022.024 .028
08.022.101
Westin, H.
01.073.058
03.073.015 .020
Weston, E. B.
08.072.036
115.016
118.015
Weston, L. B.
06.047.018
Westphal, J. A.
01.103.117
113.014
141.056 .196
142.064
02.099.006
04.097.007
141.094 .183
05.093.028
099.028 .090
113.050
152.005
06.097.003 .037
07.034.019 .127
097.043
099.038
115.010
142.122
08.091.012
099.043
103.122
142.010 .075
09.099.016
Westphal, K. O.
01.084.252
03.062.023
Westphal, W. B.
04.094.320
09.094.492 .825
10.094.241
Wetherell, W. B.
08.032.038
Wetherill, G.
02.074.069
Wetherill, G. W.
01.105.060 .090
02.105.026 .028 .133
03.094.033
105.031 .032 .072 .135
04.094.203
06.003.027
094.014
105.149
07.094.108
105.067

Wetherill, G. W.
09.051.002
094.314 .413
10.003.012
094.377
098.005
105.039 .040
Wexler, R.
02.082.040
Weyer, E. M.
01.003.095
03.003.111
Weyer, W.
04.065.138
Weyl, H.
03.003.077
Weymann, R.
03.158.043
04.158.006
07.158.083
162.019
10.141.073
Weymann, R. J.
01.158.007
02.133.010
03.022.004
158.086
05.008.133
07.008.149
08.032.001
158.080
10.006.000
Whalen, B. A.
03.084.002
05.084.007 .021
06.084.046
07.084.001 .017
09.084.035
Whalen, J. A.
01.084.050
04.084.043
05.084.029
08.084.069
10.083.012
Whaling, W.
02.022.053
05.022.041
06.022.140 .154
10.071.004
Whang, Y. C.
02.094.141
106.022
04.074.036
094.115
05.092.007
06.074.054 .063
07.106.007
08.074.090
106.032
10.074.082
106.051
Wheatland, D. P.
01.003.101
Wheaton, W. A.
07.142.080
155.048
08.142.103 .109 .112 .118
09.142.043 .081 .129
10.142.038 .053 .066
160.001
Wheeler, C. B.
04.062.032
Wheeler, J.
07.066.033
08.003.115
Wheeler, J. A.
01.162.067
04.003.138
012.005
066.064

Wheeler, J. A.
05.066.072
06.066.060
141.084
07.066.144
162.087
10.003.089
Wheeler, J. C.
01.125.003
03.141.204
04.065.004 .111
141.143
05.065.063
126.039
06.061.023
065.005 .035
07.061.010
064.009
065.021 .052
141.045 .151
08.065.121
10.065.046 .123
Wheelon, A. D.
07.082.012
Whelan, J.
07.121.066
08.121.036
09.121.019
142.098
10.117.038
121.017 .062
142.073
Whelan, J. A. J.
03.117.024 .025
05.065.120
07.114.001
117.001
08.117.023
09.117.003
121.035
10.065.022
121.003 .103
153.026
Whippey, M. R.
07.007.000
Whipple, F. L.
01.082.024
02.008.024
04.008.023
105.161
05.003.024 .072
008.029
07.003.096
008.033
098.055 .062 .078
104.037
08.005.027
102.056
103.103
107.005
09.003.044
051.017
094.561
104.027
10.098.024 .026
Whipple Jr., E. C.
02.051.014
09.083.080
Whiston, W.
10.003.141
Whitaker, A. J. T.
06.033.073
08.033.093
Whitaker, E.
07.003.060
09.094.566
10.101.018
Whitaker, E. A.
02.094.174
07.094.215

Whitaker, E. A.
10.094.463
101.011
Whitby, L. R.
01.010.008
03.010.008
04.011.009
05.007.000
07.010.008
White, C. W.
04.102.018
White, D.
07.063.036
White, E. W.
09.094.458 .476 .665 .828
10.094.452
White, G.
03.103.128
10.033.097
White, G. L.
03.103.128
White, G. M.
03.134.014
05.141.239
White, G. W.
02.003.092
White, J.
09.121.045
White, J. A.
08.022.106 .127
White, J. E.
06.003.166
094.250
07.003.162
094.256 .271
White, J. H.
07.010.008
09.010.008
White, J. L.
01.009.019
07.007.000
08.007.000
White, J. R.
05.034.081
White, J. W.
06.105.161
White, K. S.
04.078.008
08.085.006
White, M. L.
01.107.009
02.107.005
04.073.048
05.071.054
07.062.031
073.039
08.073.053
107.018
09.073.080
White, N. M.
05.113.044
06.096.036
07.118.001 .012
08.113.058
09.034.015
122.048
10.116.011
White, O. R.
03.073.022
05.021.008
031.084
07.071.020 .037
08.071.063
09.071.039
10.071.022 .023
072.029
080.020
White, P. C.
06.162.077
10.162.065

White, R.
10.103.102
White, R. A.
09.114.128
White, R. E.
01.122.099
03.154.004 .014
04.103.130
131.084
05.113.046
06.114.106
07.154.018
08.131.043
10.114.204
131.007 .257
White, R. H.
04.066.029
125.020
White, R. L.
07.121.006
White, R. S.
03.084.402
04.003.139
084.404 .409
08.084.410
10.084.402 .405
099.068
White, T. L.
10.094.050
White, W. A.
01.076.007
02.076.036
White, W. B.
09.094.476 .665
10.094.452
White III, K. P.
02.073.023 .040 .056
03.073.011 .012
04.073.040 .050
05.077.038
08.077.032
09.077.020
White Jr., J. S.
03.094.110
04.094.167
Whitehead, C.
05.082.053
Whitehead, C. S.
01.033.010
Whitehead, D.
01.010.008
Whitehead, D. H.
03.010.008
07.010.008
032.016
09.010.008
Whitehead, J. A.
01.093.006
07.081.024
Whitehead, J. D.
03.083.049
04.083.007
09.083.007
Whitehill, L.
08.094.038
Whitehill, L. P.
10.093.016
Whitehurst, R. N.
08.158.008
Whiteoak, J. B.
01.099.013
141.094 .095
02.131.103
141.153 .184 .185
03.131.004 .029
158.001
04.141.007
05.141.139
158.058
06.141.243 .244

Whiteoak, J. B.
07.131.077 .131
155.030
158.123
08.131.031
141.053
09.125.038
131.024
157.004
10.158.121
Whiteside, D. T.
03.004.008
04.004.003
Whiteside, H.
09.022.087
Whitford, A. E.
01.008.083
153.007
02.158.069
06.158.085
07.158.139
09.004.069
Whitford, C. H.
08.034.003
Whitham, K.
06.034.081
Whiting, E. E.
01.022.090
08.082.054
09.053.011
10.082.022
Whitmarsh, R. B.
02.084.232
Whitmire, D. P.
05.141.234
07.066.048
08.066.094
Whitney, A. R.
02.033.044
04.066.037
05.141.103
06.141.027 .097 .103
07.046.003
066.007
141.036 .038
08.046.023
055.007
141.040
142.091
09.141.052
10.141.138
158.015
Whitney, B. S.
07.121.045
09.123.021
Whitney, C. A.
04.114.086
05.064.049
07.003.139
Whitney, C. K.
08.063.038
Whitney, H. E.
08.083.001
Whitrow, G. J.
03.010.022
066.045
07.003.140
08.004.027
09.003.128 .129
10.003.142
Whitteker, J. H.
08.083.060
09.084.031
10.083.013
Whitten, C. A.
01.007.000
04.081.047
Whitten, R. C.
02.083.040
093.017

Whitten, R. C.
03.003.102
04.003.111
093.001
099.028
05.003.107
097.016
06.097.005
07.091.012
099.053
09.097.046
10.022.051
097.044
Whittet, D. C. B.
09.131.126
Whittingham, R.
06.003.131
Whittle, R. P. J.
06.131.156
07.131.002
Whitworth, D. P. D.
08.101.007
10.141.087
Whyte, D. A.
10.033.041
Whyte, L. L.
03.003.110
Wiant, J. R.
08.115.012
09.115.009
10.034.105
Wibberenz, G.
04.022.091
078.029
05.078.054
143.073
08.143.022
09.106.024
10.078.044
143.025
Wichmann, H.
02.032.061
Wichmann, W.
02.122.167
124.102
Wick, G.
04.066.098
Wick, G. L.
03.066.021
04.131.048
06.080.010
Wickes, W. C.
10.034.035
Wickman, F. E.
09.105.052
10.094.098
Wickramasinghe, D. T.
01.064.036
03.126.002
04.064.045
05.064.029
126.027
08.064.002
126.015 .019 .023
09.124.107
142.098 .125 .131 .135
.139
Wickramasinghe, N.
06.158.133
Wickramasinghe, N. C.
01.065.028
114.110
131.044 .045 .056 .109
02.131.004 .048 .089 .096
.108
158.004
03.125.006
131.001 .015 .040 .088
.116
142.048

Wickramasinghe, N. C.
03.155.020
04.131.003 .145
142.057 .059
05.131.045 .047 .049 .050
.054
06.064.053
131.001 .071
132.021
142.039
08.131.030
158.054
09.003.011 .124
131.154 .211
158.084 .096
10.131.021 .179
Wickstroem, B.-A.
06.073.060
Wickwar, V.
03.079.102
Wickwar, V. B.
08.082.188
Widdel, H. U.
07.082.088 .089
09.082.092 .901
Widing, K.
02.076.023
Widing, K. G.
03.076.009
04.071.034
06.076.023
07.073.013
08.073.007
076.013 .029
09.073.007
Widmann, W.
03.003.152
Wieber, D.
02.094.067
Wieczorek, J.
09.123.034
10.123.042
Wiedecke, L.
10.143.027
Wiedemann, D.
07.151.070
08.153.024
Wiedemann, E.
01.031.004
02.031.023
032.014
035.021
04.004.047
031.055
06.031.006 .018
07.006.000
032.035 .036
097.081
08.007.000
031.056
103.104
09.007.000
010.025
011.025
032.003
034.048
097.030
103.100
10.011.008
032.029
092.008
103.102
Wiedemann, H. G.
09.094.596
Wieder, B.
03.079.102
07.035.011
083.069
Wiehr, E.
01.072.010

Wiehr, E.
02.034.017
03.034.015
   072.009 .028
04.072.007 .039
05.034.094
   072.024 .059
06.034.033
   072.030 .065
07.072.036
   073.025 .062
09.034.091
   073.021
10.072.039
Wielebinski, R.
01.033.019
   077.017
   141.008 .084 .119 .207
   157.022
02.141.088 .223
03.008.020
   033.051
   141.009
04.008.017
   033.011
   066.032
   157.012
05.008.022
   033.003
07.008.026
   033.025 .037
08.008.014
   141.531
09.141.517
   158.048
10.008.019
   033.033
   141.517
Wielen, R.
02.153.041
04.151.014
05.151.048
   153.040
06.151.033
07.151.033
08.151.047
09.122.108
   151.036
10.151.031
Wiemer, W.
07.034.055
08.113.030
   114.024
09.114.152
10.034.118
Wiens, R. H.
09.082.085
Wiercioch, K.
08.104.049
Wierstra, T.
09.082.046
Wierzbinski, S.
02.117.040
Wiese, W. L.
02.022.090
04.022.006 .086
05.022.100
   126.038
06.022.139
   031.025
Wiesel, T.
04.105.169
05.105.052
Wiesel, W.
07.094.004
Wiesel, W. E.
10.098.057
Wiesenfarth, H. J.
08.033.120

Wieser, S.
03.009.010
Wiesmann, H.
04.094.077 .200
05.094.043
06.094.294
07.094.062
08.094.196
09.094.221 .268 .681 .707
10.094.208 .401
Wiesmeier, A.
09.034.092
Wiggins, R.
03.094.027
04.094.296
Wiggins, R. A.
02.081.016
Wiik, H. B.
02.105.105
03.094.060 .352
04.094.218
05.094.041 .136
09.094.019 .227
   105.027
Wijbenga, J. W.
07.071.003 .025
08.121.077
Wijnbergen, J. J.
08.034.004 .033 .056
09.155.046
10.034.042
Wikstrom, S.
05.105.019
09.094.241 .446 .749
Wikstrom, S. A.
06.105.125
10.094.286
Wilcken, S. K.
03.122.049
04.122.093
05.121.041
10.121.061
Wilcox, J.
10.072.060
Wilcox, J. M.
01.106.013 .033
02.071.056
   072.039
   074.041 .071
   080.042
   106.012
   156.001
03.106.014
04.071.006 .024 .045
   074.033
   106.024 .031
05.034.092
   071.049 .052 .061 .062
   106.039
   143.144
06.071.036 .041
   080.028 .048
   106.023 .027
07.071.009
   074.082
   106.004
08.071.055
   080.017 .038
   106.002 .013 .020 .028
09.012.029
   053.021
   080.014 .029 .034
10.012.026
Wild, J. P.
01.073.061
02.074.084
   077.038
03.022.093
   141.082
   157.027

Wild, J. P.
04.074.046
05.062.022
   074.058
06.073.107
   077.036 .059
08.077.041
10.013.025 .026
   074.104 .133
Wild, P.
01.098.041 .044 .045
   103.101 .124
   125.100
02.098.031 .032
   103.114
03.098.028
04.103.104
   123.043
   125.106
06.103.114
   124.102
07.123.033
08.098.074 .078 .079
09.098.022 .025 .028 .037
   .040 .042 .043 .046
   .052
   125.034 .107
10.103.118
   125.104
Wild, P. A. T.
01.113.032
   126.001
02.113.051
05.099.073
06.011.013
07.007.000
10.122.041
Wilde, W. R.
10.094.484
Wildenthal, B. H.
08.080.018
Wilder, J.
07.036.004
Wildey, R.
03.097.042
05.099.027
Wildey, R. L.
01.034.042
02.094.047 .167
   113.029
03.099.046
04.099.043
05.099.033
06.094.223
   099.046 .058
07.097.027
08.097.023 .086
10.031.033
   094.188
Wildman, P. J. L.
01.082.100
Wildt, R.
01.008.089
03.107.007
07.064.031
08.091.049
Wilford, J. N.
02.003.112
03.003.112
Wilhelm, H.
08.084.258
Wilhelm, H. E.
04.022.044
08.062.035
Wilhelm, J.
09.062.059
Wilhelm, K.
01.022.105
03.073.096
09.084.008

Wilhelms, D.
03.097.042
Wilhelms, D. E.
02.094.142
06.094.279
07.094.002 .003
097.027
08.097.023 .083
10.094.236
097.012
Wilhelmsson, H.
08.062.068
09.062.055 .057 .058
Wilhjelm, J.
07.106.009
08.106.002
Wilkening, L.
03.094.111
105.063
04.094.294 .377
05.105.015
06.094.126
09.094.507
Wilkening, L. L.
06.078.033
105.127
07.105.024
08.105.123
09.105.119 .144
10.105.007
Wilkens, A.
10.098.067 .068
Wilkens, H.
03.031.038
154.022
09.155.053
10.152.011
Wilkerson, T. D.
01.062.002
02.074.005
03.062.024
04.071.031
06.022.116
Wilkin, R. B.
06.094.061
07.094.009
09.105.012
Wilkins, D. C.
04.066.107
07.066.117
10.066.128
Wilkins, G. A.
02.047.019
097.033
03.047.020
097.036
04.094.083
06.012.006
10.002.013
041.026
047.011
Wilkinson, A.
10.131.003
Wilkinson, C. W.
03.071.009
Wilkinson, D.
10.158.059
Wilkinson, D. T.
01.066.051
02.141.058 .231
03.094.028
141.087
04.094.265
05.141.127 .157
06.094.188
07.141.559
09.094.927
10.094.074
155.016

Wilkinson, J. E.
03.099.045
Wilkinson, J. P. D.
02.051.020
Wilkinson, P. G.
03.022.097
Wilkinson, P. N.
06.158.022
07.141.021
08.141.090
142.041
10.141.132
Will, C. M.
03.066.025
05.066.002 .003 .031
06.066.043 .044
08.066.080 .083 .084
09.066.116
10.066.022
Will, D. W.
04.034.036
Willaime, C.
10.094.015
Willets, A. C.
06.143.094
Williamon, R. M.
06.121.040
10.121.078
Williams, A. P.
06.082.123
Williams, A. R.
09.064.088
Williams, B. J.
10.031.005
Williams, C.
05.042.013
06.042.003
Williams, C. A.
08.041.003 .009
10.042.052
Williams, D.
01.082.036
07.022.098 .099
08.022.131
09.003.125
10.022.080
Williams, D. A.
02.131.017 .039
03.131.038
04.131.051 .079 .119
05.131.102
06.131.093
07.131.009
08.022.088 .114
09.131.016
Williams, D. J.
01.012.004
084.276
03.084.417
07.084.272 .413
09.078.005
084.283
10.084.403
Williams, D. R. W.
04.131.019
07.131.008
09.157.009 .010
10.125.020
Williams, E.
06.156.001
Williams, E. R.
08.011.006
Williams, F. A.
06.094.324
Williams, G. E.
03.105.081
08.107.017
09.105.157
Williams, G. J.
10.094.169

Williams, G. P.
10.099.099
Williams, I. P.
02.065.052 .066
107.008
153.001
05.065.076
107.002 .009
06.107.003
07.065.046
08.065.106
107.012
10.107.020 .024
Williams, J. A.
04.113.046
Williams, J. G.
04.101.002
05.042.052
101.003
06.054.002
098.029 .044
07.094.169
098.049
10.042.053
094.074 .107
098.005 .041 .051
Williams, J. P.
02.105.175
09.094.659
10.094.489
Williams, J. T.
09.034.083
094.916
10.034.083
094.149
Williams, K. L.
10.094.155 .507
Williams, M. D.
06.022.094
Williams, M. M. R.
05.012.012
Williams, N. V.
08.080.035
Williams, P. G. L.
09.094.332
Williams, P. J. S.
02.141.012
04.141.085
09.083.003
Williams, P. M.
03.114.118
05.114.100
06.114.004 .088
07.114.002
08.114.062 .103
09.064.076
155.076
Williams, R.
09.094.328
Williams, R. E.
01.022.032
02.133.010 .018
03.022.004
133.008
04.141.118
05.133.012
141.143
08.141.102
10.133.006
Williams, R. J.
04.105.148 .162
05.105.042
06.094.132 .273
08.094.110 .116 .200 .201
105.007
09.094.054 .163 .615
105.111
10.094.126
Williams, R. M.
09.162.082

Williams, R. T.
  10.091.001
Williams, S. E.
  01.004.035
  05.013.018
  06.158.139
  08.066.171
      125.102
  10.010.017
Williams, T. B.
  05.132.015
Williams, T. I.
  03.003.078
Williams, W.
  03.094.023
  06.084.061
  08.022.104
      084.063 .064
  09.084.041
  10.114.231
Williams, W. J.
  01.082.106
  02.071.081 .089
      082.044 .050 .096
  03.082.001
      094.234
  04.071.062
      082.026
  09.071.048
  10.082.011 .140
Williams, W. L.
  07.141.164
  09.126.009
  10.126.014
Williams III, A. J.
  02.022.002
Williams Jr., W.
  07.003.141
Williamson, A. G.
  09.033.053
  10.033.116
Williamson, E. J.
  04.082.032
  07.082.037
  08.082.092 .093
Williamson, F.
  09.034.116
Williamson, F. O.
  07.142.112
      155.047
  08.022.126
      125.029
      155.027
  09.142.021
  10.125.035
Williamson, I. P.
  07.141.537
  10.141.518
Williamson, K. D.
  07.034.128
  09.082.015
Williamson, R.
  09.125.015
Williamson, R. A.
  02.131.065
      132.018
  03.132.002 .026
Williamson, R. G.
  02.081.018
Williamson, W. E.
  07.052.004
Williamson Jr., K. D.
  05.034.069
  06.066.045
Willimczik, W.
  08.077.037
Willis, A. G.
  05.141.197
      158.068
  08.125.013

Willis, A. G.
  08.141.065
  10.125.002
Willis, D. M.
  01.084.227
  06.084.280
  08.084.306
Willis, J. P.
  01.105.046 .053 .054
  02.105.100
  09.094.239 .379 .687
      105.044
  10.094.261
      105.013
Willis, R. B.
  07.122.045
  08.071.039
Willis, R. F.
  09.094.294 .790 .791
      131.056
  10.094.162
      131.172 .233
Willmann, Ch.
  04.082.185 .187
Willmann, K.
  01.022.036
  08.022.065
Willmarth, B. C.
  05.082.051
Willmore, A. P.
  02.076.025
  03.031.021
  04.061.006
      083.072 .075 .083
      084.302
  05.034.060
  07.083.044
      142.051
  10.142.010 .100
Willner, S. P.
  08.133.005
  09.113.022
      125.101
Willoughby, D. S.
  01.083.023
Wills, B. J.
  06.141.155 .184
  07.012.005
  08.141.076
  09.141.044
  10.033.064
      141.050 .118 .120
Wills, D.
  02.141.183
  03.141.066
  04.141.135
  06.141.190
  07.012.005
      141.058
  08.141.011 .067
  10.141.050 .118 .120
Wills, R.
  04.159.008
Wills, R. D.
  04.142.042
  05.142.085
  06.061.021
  09.034.098
Willson, L. A.
  07.122.033
  08.114.059
Willson, M. A. G.
  04.160.009
  07.141.001 .003 .004
Willson, R. C.
  06.080.001
  08.034.010
Willstrop, R. V.
  01.132.006
      141.187

Willstrop, R. V.
  02.141.150
  05.141.173
  06.113.026
  10.032.013
      141.555
Wilmarth, V. R.
  01.051.030
Wilshire, H.
  07.094.009
  09.094.054
Wilshire, H. G.
  06.094.061
  07.094.010
  08.094.158 .237
  09.094.055 .556 .939
  10.094.126 .127 .337 .485
Wilson, A.
  02.116.001
Wilson, A. G.
  01.011.032
  03.003.110
  04.003.040
Wilson, A. J.
  07.122.079
      131.130
Wilson, A. M.
  02.071.004 .005
  07.071.040
      114.011
  09.073.087
Wilson, A. S.
  05.134.021
  07.134.008
  08.134.011 .012
Wilson, B. G.
  01.142.023 .038 .044
      143.016
  02.084.038
      142.040 .063
  04.142.043 .091
  05.142.023
  06.078.054
      142.015 .016
      143.004
Wilson, C.
  03.004.039
  07.004.006
Wilson, C. A.
  04.004.024
Wilson, C. P.
  07.154.027
Wilson, C. R.
  01.084.039
  02.084.016
  05.084.034
  06.084.054
  07.084.018
Wilson, D.
  02.105.070
  03.003.110
Wilson, D. C.
  10.074.120
Wilson, D. M. A.
  04.141.080
Wilson, G.
  09.094.619
Wilson, I. E.
  09.105.086
  10.105.073
Wilson, J. D.
  03.094.050
  04.094.233
  09.094.389
Wilson, J. G.
  07.003.142
  08.143.065
Wilson, J. H.
  08.033.078

Wilson, J. R.
04.065.020
05.066.001
07.066.018
08.065.027
10.065.108 .130
Wilson, J. T.
02.105.200
Wilson, J. W.
02.082.075
Wilson, J. W. G.
02.083.047
Wilson, L.
07.094.155 .242 .244
09.094.112
Wilson, M.
08.003.126
Wilson, M. D.
01.012.008
084.408 .426
05.078.003
07.084.219
08.084.415
Wilson, M. W.
06.034.118
Wilson, O.
03.114.077
Wilson, O. C.
01.034.014
114.046 .111
03.114.067
04.115.008
07.117.040
09.005.004
007.000
Wilson, P.
10.046.024
Wilson, P. R.
01.063.010
071.026 .046 .051
02.071.049 .054
072.052 .064 .066
04.071.020
073.058
05.071.026
073.047
06.072.038 .066
07.072.005
08.072.070 .071
073.016
080.035
09.072.014 .901
10.072.070
Wilson, R.
02.012.019
071.064
114.019
03.013.010
073.048
076.024
079.102
114.088
05.031.014
06.012.009 .017
051.024
071.061
073.094
076.025 .030
07.073.074
08.071.043
114.029
09.074.004
114.039
10.032.014
073.004
114.111
Wilson, R. C.
10.097.125
Wilson, R. C. L.
07.003.055

Wilson, R. C. L.
10.003.042
Wilson, R. E.
02.121.025
142.033
03.121.004
133.017
142.039
04.082.230
121.012 .074
142.035
05.121.047
142.036
06.121.065 .089
07.121.901
142.062
08.121.064
09.117.035
121.069
142.092
10.142.036
Wilson, R. G.
03.099.062
Wilson, R. L.
03.084.233
05.084.256 .281
07.084.265
Wilson, R. N.
02.031.015
04.032.042
097.009 .039
05.032.043
07.034.071
09.031.037
Wilson, R. W.
01.161.008
02.066.005
03.082.068
131.106
141.173
157.003
04.082.052
132.002 .008
05.114.007
131.063 .065 .117
132.012
155.018
06.114.075
131.004 .030 .052 .053
132.015
07.131.092 .133
157.008
08.131.029 .098
132.015
155.052
09.131.029
132.003
10.131.011 .123 .227
Wilson, S. J.
01.022.050
02.066.002 .048
08.063.033
09.063.004 .009
10.063.015
Wilson, T. E.
02.082.074
Wilson, T. L.
02.131.033
155.024
03.131.095 .100
132.031
141.037 .117 .142 .200
155.015
157.001 .011
159.002
04.125.018
132.004
141.015
05.125.001
141.022

Wilson, T. L.
06.141.120
07.132.029
141.024
08.131.009
09.131.101 .142
Wilson, W.
02.113.059
06.131.056
Wilson, W. E.
04.066.032
07.033.025
10.125.018
Wilson, W. H.
03.094.152
04.094.301
Wilson, W. J.
03.114.073
131.053 .128 .130
04.131.034 .062 .148
05.114.064 .085
06.114.099
07.114.048 .088
08.114.099
131.091 .112
09.082.075
114.034
131.072 .073
10.071.014
082.052
114.024
131.223
132.022 .028
Wilson, W. J. F.
08.155.009 .036
Wilson, W. M.
04.034.039
Wiltshire, R. S.
08.100.009
09.053.013
Wiltshire, V.
01.034.026
Wimmer, H. K.
06.004.049
Winchell, H.
04.094.186
09.094.621
Winckler, J. R.
01.076.003 .011 .030
02.084.211 .401 .403
143.036
03.084.412
04.084.280
05.076.012
084.234
06.078.051
Windle, D. W.
01.084.208 .420
03.084.419
04.104.014
Windley, B. F.
03.081.032
Windram, M. D.
02.033.034
141.141
Windsor, C. R.
04.131.120
06.094.015
131.112
Windsor, R. A.
08.062.080
Winer, A. M.
08.097.006
Winer, I.
02.094.067
Wing, J. E.
10.122.151
Wing, R. F.
01.114.097
02.114.018 .053

Wing, R. F.
03.114.035
04.114.079
05.113.042
 114.006 .110
06.113.008
 122.083
08.114.054 .125
 122.050 .092
09.114.015 .080
10.112.006
 113.009 .054
 114.103 .141 .226 .248
 122.043 .066
Wingate, R.
07.066.073
Winge Jr., C. R.
08.074.103
09.074.080
Wingert, D. W.
07.103.106
 161.003
08.161.005
10.141.122
Winiarski, M.
06.096.021
 121.073
07.121.051
 123.015
08.124.101
Winicour, J.
01.066.019
04.066.073 .079
08.066.046
09.066.091 .125
10.066.008
Wink, J. E.
03.132.016
04.131.082
 133.006
06.132.033
09.131.011
Winkler, G. M. R.
07.035.010
 044.053
10.044.011 .020 .024
Winkler, H.
02.065.005
03.041.012
 047.018
07.022.090
Winkler, H. B.
08.053.031
Winkler, L.
02.121.053
07.014.016
Winkles, B. B.
08.062.082
Winn, F. B.
02.094.081 .096
Winn, M. M.
06.143.073 .074
Winnberg, A.
01.131.051
02.131.121
03.010.032
04.131.057
 152.005
06.033.015
 131.005
09.131.037
 141.087
10.131.071 .145 .231
Winnenburg, W.
09.153.009
Winnewisser, G.
06.131.026
07.022.093
Winningham, J. D.
05.084.221

Winningham, J. D.
08.034.085
 084.012 .268
10.084.010 .260
Winogradow
 See Vinogradov
Winslow, O.
04.074.041
Winter, D. F.
01.094.083
02.094.119
04.094.398
05.094.019
07.094.198
08.094.026
09.094.547
Winter, E.
10.004.069
Winter, E. M.
10.131.203
Winter, J. G.
04.021.012
Winter, R.
08.032.035
Winterberg, F.
05.062.047
06.063.010
Winterbottom, A. N.
08.082.126
Winters, J. B.
01.071.035
Wintner, A.
03.003.016
Winzer, J. E.
05.157.011
07.114.063
10.114.017
 122.040
Wirtanen, C. A.
05.123.012
06.112.005
10.103.102
Wirtanen, T. E.
02.034.022
Wirth, H.
05.094.166
06.105.085
Wischnewski, E.
08.093.024
10.121.143
Wischnia, H. F.
04.031.051
09.031.041
Wischniewsky, M.
03.103.101 .102
Wischnjewsky, M.
03.103.101 .102
Wise, B.
06.094.326
07.094.133
Wise, C.
03.004.005
Wise, D. U.
02.094.143 .171
03.094.010
07.097.087
Wise, D. W.
07.097.009
Wiseman, J. D.
06.125.103
Wiseman, M.
07.106.013
Wiseman Jr., J. D.
01.036.002
Wiskott, D.
10.031.083
Wisniewski, W.
01.131.030
07.125.107
08.122.074

Wisniewski, W. Z.
06.122.050
07.122.087 .160
08.125.102
09.122.007
 125.101
10.103.102
Wisnivesky, D.
06.066.129
Wison, R.
05.031.014
Wisse, M.
02.122.089
04.122.164
05.122.029 .030
 123.020
06.123.009 .024
07.113.041
 122.128 .139
08.122.018 .021
 123.028
09.122.018
Wisse, P. N. J.
01.098.004
02.122.089
03.122.047
04.122.164
05.122.029 .030
06.123.009
07.113.041
 122.128 .139
08.122.018 .021
 123.028
09.118.005
 122.018
Wissinger, A. B.
06.032.009
Witcomb, R. C.
08.031.003
10.031.074
Withbroe, G. L.
01.071.050
02.071.006 .019
 076.024
03.034.028
 073.037
 076.003 .005 .007 .012
04.082.010
05.071.047 .053
06.051.027
 071.021
 073.022
 076.002
07.074.005
 076.030
08.073.099 .116
 074.013 .022 .035 .068
 080.060
09.071.045
 073.074
10.073.003 .103 .104 .105
 074.119
 076.001 .032
Withers, M. J.
04.033.095
06.033.054
Witkowski, J.
02.007.000
05.102.021
08.042.054 .100
09.096.027
Witkowski, J. M.
06.102.010
08.102.048
Witmer, E. A.
04.033.035
Witner, M.
10.094.190
Witt, A. N.
01.032.074

Witt, A. N.
01.131.059 .092
04.131.016
06.132.025
08.155.025
09.131.129
155.082
10.131.151
132.031 .049
Witt, G.
02.082.139
Witte, B.
06.081.037
Witte, B. U.
06.081.049
Witte, M.
04.078.029
05.078.054
Witteborn, F.
09.093.021
Witteborn, F. C.
08.032.006
10.132.008 .035
Wittels, M.
03.094.074
Wittels, M. C.
04.094.292
05.094.040
Witten, L.
04.012.014
05.162.077
Wittke, H.
06.003.132
Wittmann, A.
01.072.034
02.072.063
04.072.001
06.072.047 .056
082.083
07.071.044
072.023
09.034.089
064.010
080.035
10.071.073
082.098
092.011
Witzel, A.
05.141.021 .055
07.158.042
09.141.139
10.141.038
Wlerick, G.
02.122.097
03.032.032
034.059
05.031.076
141.020
06.141.159
07.034.095
141.013 .097
08.141.039 .105
09.034.068
122.052 .116
10.032.025
Wlodyka, L. E.
07.079.101
Wlotzka, F.
02.105.083 .101
03.094.056 .066
105.064
04.094.184 .210
06.094.278 .280 .318
09.094.383 .674 .686
105.032
10.094.486
Wludarska, J.
01.124.103
Wobig, H.
05.062.049

Woehl, H.
01.009.033
02.072.053 .060 .062 .070
.094
04.072.001 .045 .046
05.072.017 .063
091.006
07.034.104
08.072.008
073.089
09.021.001
034.090
10.071.025
092.011
Woehler, K. E.
06.066.102
Woelfle, R.
02.105.117
03.094.151
04.094.206
09.094.399 .436 .725
10.094.326
Woeller, F.
02.099.020
04.094.252
Woerner, J. J.
03.031.023
Wofsy, S.
06.022.005
Wofsy, S. C.
08.082.023
Wogman, N. A.
02.105.082
03.094.079
04.094.226
09.094.433 .719
10.094.126 .417 .418 .419
Wohlleben, K.
02.051.011
Wohlleben, R.
08.033.116
10.003.162
Woiceshyn, P.
10.097.031
Woiceshyn, P. M.
04.073.050
09.097.077
10.097.030
Wojslaw, R. S.
10.114.225
Wolber, G.
08.022.047
Wolbers, H. L.
04.051.013
Wolcott, J. H.
03.084.031
04.082.121
Wolczek, O.
06.051.002
Wolf, B.
05.064.004
08.064.007
10.064.039
Wolf, C.
03.094.161
Wolf, C. J.
03.105.140
04.094.260
09.105.010
Wolf, E.
02.031.027
046.002
06.046.021
09.003.126
10.055.042
Wolf, G. W.
08.131.053
Wolf, H.
04.005.009
06.009.021

Wolf, H.
06.046.022
07.046.034
10.046.021
Wolf, K.
07.113.031
10.155.044
Wolf, K. E.
04.015.004
Wolf, M.
05.055.016
Wolf, M. R.
04.054.025
Wolf, R.
09.064.070
080.042
10.003.144
Wolf, R. A.
01.084.289
141.055
03.133.001
04.084.243
05.062.044
133.008
06.074.101
07.084.232
08.158.056
09.084.208 .272
10.084.217 .231
Wolf, R. E. A.
09.064.073
Wolf, W. R.
09.094.409
Wolfe, A.
04.084.242
Wolfe, A. M.
01.066.052 .063
141.099
03.162.004 .025
04.158.018
162.029
06.162.101
07.158.033
Wolfe, E. W.
07.094.010
09.094.055 .606 .940
10.094.127
Wolfe, J. H.
01.084.225
02.084.244
03.084.213 .273
04.084.248 .309
106.039
05.074.069
06.074.083
08.084.244 .287
106.001 .004
10.074.076
Wolfe, J. L.
07.033.015
Wolfe, R. W.
10.094.494
Wolfendale, A. W.
04.061.013
05.142.080
06.143.077
07.143.039
08.061.028 .029 .063
142.146
09.061.010
143.090
156.003
10.061.020 .021
Wolff, C.
01.074.041 .053
Wolff, C. L.
02.074.062
091.032
05.074.032
07.080.007

Wolff, C. L.
08.074.008
080.021 .036
09.074.094
080.012
10.080.035
106.013
Wolff, M.
02.081.015
Wolff, R.
01.141.220
142.019 .058
Wolff, R. J.
03.116.014
05.113.047
06.114.108
08.071.042
116.006
Wolff, R. S.
02.134.010
03.134.008
05.076.004
134.019
06.034.053
134.002
07.134.003
08.034.120
074.094
10.076.021
141.503
Wolff, S. C.
01.116.006
02.116.003 .010 .015
03.116.014
119.013
04.114.068 .106
05.113.047
06.113.033 .041
114.108
07.116.011
08.113.040 .042
114.010
116.005 .006
122.024
09.122.074
10.116.021
Wolffram, W.
07.064.007
Wolfson, C. J.
08.074.072
076.012
Wollast, R.
03.094.094
Wollenhaupt, W.
07.094.007
Wollenhaupt, W. R.
03.094.203
05.094.152
07.094.214 .220
08.094.023
09.094.059 .757
10.094.022 .353
Wollgast, S.
10.004.067
Wollin, G.
06.131.073
Wollman, E. R.
08.114.091 .121
09.114.071
10.114.015 .037 .227
131.085
Wolman, Y.
06.131.112
Wolnik, S. J.
02.022.023 .081
04.022.090
071.035
05.022.056 .098
07.022.081
09.022.007

Wolstencroft, R. D.
01.074.047
106.003 .018
131.102
02.100.004
106.008
03.158.109
04.131.022
141.075
05.042.035
099.051 .052 .075
126.009
06.131.023
07.158.111
08.063.004
082.199
097.052
100.008 .020
116.015
125.102
131.051
09.116.003
142.115
10.082.001
113.026
116.005
155.043
Wolter, H.
06.031.084
034.141
08.032.020
Wolterbeek, J.
09.009.011
Woltjer, L.
03.012.018
134.026
141.025
156.002
04.125.019 .025
142.033 .088
158.041
05.061.038
134.001
141.179
143.032 .067
06.116.008
141.220
158.044 .050
07.131.144
141.101
08.125.020 .024
09.141.075
142.073
10.126.021
Womack, E. A.
03.076.008
Wones, D.
03.094.140 .142
04.094.290
Wones, D. R.
06.094.061
09.094.349
Wong, L.
02.081.004
094.144
05.094.023
06.094.161
Wong, S. K.
03.097.012
08.097.037
09.043.001
097.018
Woo, C. C.
03.094.106
04.094.147
06.094.040
09.094.350
Woo, C. W.
07.065.132

Woo, R.
08.093.018
09.091.081
Wood, A.
02.114.062
Wood, A. T.
07.073.017
Wood, B. J.
03.094.276
05.094.128
06.082.137
Wood, C. A.
04.094.311
06.094.003
07.094.093 .094
09.094.564 .584
10.094.008 .179
Wood, C. W.
05.082.060
08.091.013
Wood, D. B.
01.113.012
02.121.031
03.051.019
04.121.024
05.121.068
06.121.034
07.121.007
09.117.014
121.033
10.121.018 .068
Wood, E. M.
04.015.004
Wood, F. B.
01.008.094
02.117.012
121.019 .032
03.008.049
121.054
04.117.034
05.008.050
121.030 .056 .078
07.008.057
121.005
123.051
09.008.047
121.077
10.114.192
121.055
Wood, H.
01.008.115
013.004
04.008.098
041.017
05.008.123
06.008.100
041.025
08.008.099
10.008.108
013.023
Wood, H. C.
04.082.007 .111 .112
Wood, H. J.
01.114.032
02.122.084
03.114.059
04.116.004
122.090
05.114.074
06.116.005
07.034.073
114.080
10.013.017
Wood, J.
07.094.158
10.011.007
Wood, J. A.
03.094.088 .190
105.080
04.094.047 .187 .318 .378

Wood, J. A.
05.094.141
06.003.133
    094.159 .281
07.094.047 .145
08.094.002
09.094.105 .165 .351 .669
    105.033
10.094.025 .172 .456 .487
Wood, J. S.
04.003.016
Wood, J. T.
05.032.023
Wood, K.
06.141.204
Wood, K. D.
08.072.040
Wood, L.
08.022.023
Wood, N.
09.103.010 .100 .114 .115
    .124 .132
10.103.102 .103 .106 .118
    .125
Wood, P.
04.033.081
Wood, P. J.
07.033.042
09.033.064
10.033.100
Wood, P. R.
04.114.024
07.065.104
08.065.095
09.065.051
10.064.044
Wood, R.
03.159.003 .012
04.123.044
08.125.100
Wood, R. J.
06.034.019
08.114.156
    123.074
Wood Jr., A. T.
05.073.071
06.073.037
07.076.030 .031
08.076.023 .024
09.073.039 .044
Woodbridge, D. D.
06.084.212
Wooden II, W. H.
03.113.038
05.153.039
09.155.047
Woodford, C.
01.061.027
Woodgate, B. E.
07.082.018
08.142.117 .119
09.076.035
    082.026
10.034.082
    142.017
Woodman, J.
10.103.102
Woodman, J. H.
09.093.032
    097.086
Woodruff, R. A.
05.032.022
08.031.067
Woods, N.
09.103.116
Woods, P. T.
08.022.139
Woods, R. T.
02.105.011 .072
03.094.076

Woods, R. T.
04.094.279
    105.032 .035
06.143.069
Woods, W. W.
10.031.037
Woodsworth, A.
06.126.018
    142.090
07.121.063
08.121.024
    142.040 .056 .129 .131
09.119.020
    141.063
10.122.110
    141.016 .113 .901
Woodward, J. P.
03.066.035
04.122.110
05.022.071
07.022.112
08.066.104
09.162.011
10.066.102
Wooley, B. C.
10.094.457
Woolf, N.
05.114.086
Woolf, N. J.
01.113.010 .031
02.113.047
    133.001
03. 103.102
04.012.005
    113.030
    114.063
    122.046
    131.004
    160.003
05.032.024
    064.031
    113.016
    121.039
06.113.009
    114.098
    131.115
08.151.019
09.064.036
    114.040
    121.006
    131.047
    142.098
10.065.079
    121.045
    131.193
Woolfson, M. M.
02.107.012
05.107.003
06.107.001 .018
09.107.001
Woollard, G. P.
03.081.017
Woolley, K. S.
10.121.064
Woolley, R.
01.008.027 .046
02.112.019
03.114.077
    155.048
04.008.025 .047
    041.011
05.013.003
    155.033
06.008.021 .041
    122.123
    155.007 .046
07.122.029 .150
    155.076
08.122.016
09.008.052

Woolley, R.
09.122.123
    155.065
Woolley, R. V. D. R.
01.044.012
    084.247
02.041.017
04.111.001
06.084.287
Woolsey, E. G.
07.045.037
09.045.028
Woolum, D.
03.094.074 .279
04.094.072 .275
09.094.504
Woolum, D. S.
10.094.488
Woonton, G. A.
06.022.158
Woosley, S. E.
02.061.011
05.125.011
06.065.018 .129
07.061.045
08.061.062
    065.023
    125.028
10.061.041
    065.009 .141
Woosley, S. W.
07.061.059
Wootten, H. A.
10.142.133
Worden, A.
08.074.034
Worden, A. M.
06.094.125
09.094.610
Worden, S. P.
07.034.002
    076.005
08.121.036
09.073.001
    121.019 .068
10.121.003 .017 .062 .103
    142.013
    158.133
Worley, C. E.
01.126.015
02.118.001
03.118.004
04.118.006 .023
06.117.015
    118.021
07.118.029
08.117.004
    118.012 .017
10.118.008
Worley, S. D.
06.082.040
Worobjowa, W. A.
01.054.006
Woronenko, V. I.
04.098.008
Worcnow, A.
07.097.035
08.097.100
Worrall, G.
01.061.035
02.071.004 .005
05.071.024
07.080.010
    114.011
09.064.021
10.071.036
Worster, B. W.
04.143.019
Worth, M. D.
01.117.019

Worth, M. D.
06.118.027
08.117.029
Worthy, J. E.
08.011.007
Wosinski, J. F.
09.094.659
10.094.489
Woszczyk, A.
04.097.010 .044
102.028
05.097.030
06.093.009
Wouters, A.
03.074.045
07.074.020
Wouthuysen, S. A.
07.003.142
Woyk (Chvojkova), E.
08.061.011 .012
Wraight, P.
10.079.101
Wraith, P. K.
08.141.089
10.141.132
Wramdemark, S.
02.113.017
121.085
04.113.013 .067
09.113.010
10.113.007 .056 .120
Wrathall, D. M.
06.093.028
08.093.001
Wray, J.
10.160.035
Wray, J. D.
02.032.020
041.019
158.070
03.113.008
05.114.104
125.109
06.154.011
07.142.115
158.040
160.005
08.158.089
10.034.030 .031 .032
114.229
Wray, K. L.
06.022.010
Wrenn, G. L.
04.083.043
07.083.068
Wrenn, R. T.
04.015.004
Wrighley, R. C.
05.105.084
Wright, A. E.
02.131.068 .071
03.065.064
131.105
05.065.071 .072
06.141.101
07.151.078 .083
08.151.007 .025
158.034
09.158.082
Wright, D.
09.034.075
Wright, D. A.
05.094.163
Wright, D. T.
04.033.032
Wright, D. U.
01.114.085
Wright, E. L.
07.091.004
131.093

Wright, E. L.
10.113.079
131.122
Wright, F. W.
01.003.055
105.099
106.039
159.004 .007
02.105.070
158.056
03.105.065 .085
122.008
158.024
04.159.008
05.105.047 .072
06.122.133
159.007
09.005.022
10.159.011
Wright, G. A. E.
02.116.011
04.116.015
09.065.157
Wright, H.
08.003.127
Wright, H. C.
10.003.145
Wright, J. B.
05.081.006
Wright, J. P.
01.066.009 .031
Wright, K. O.
01.008.129
032.065
114.027
121.013 .023
02.008.125
121.037 .091
04.008.115
121.077
122.092
06.008.112
121.012 .057
07.121.021
08.008.114
013.021
121.087 .098
09.121.022
10.008.119
114.063
Wright, M. C. H.
04.134.010
141.080
05.132.009
158.084 .106 .109
06.158.078
07.158.001 .032
09.158.001 .014
10.031.053
033.089
141.028
158.001 .027
Wright, P. J.
06.061.021
134.003
07.142.133
08.155.001
Wright, R. J.
04.105.043
08.105.021
09.105.056
Wright, R. R.
01.158.034
10.155.033
Wright, R. W. H.
06.082.017
Wright, T.
05.003.109
Wright, T. L.
09.094.925

Wright, T. M. B.
06.046.006 .012
Wright, W. D.
04.003.140
Wright Of Durham, T.
06.003.147
Wrigley, R.
03.094.116
09.094.654
Wrigley, R. C.
04.094.245 .379
105.163
09.094.435
10.094.490
Wriston, R. S.
10.032.037
Wrixon, G.
06.155.019
Wrixon, G. T.
03.100.010
04.079.100
100.014
05.077.001
141.028 .082
155.018
06.099.045
07.033.019 .069
066.019
141.162
155.003 .027
157.008 .010 .011
08.131.088
09.155.041
10.155.002 .004 .018 .062
158.127
160.038
Wroblewski, H.
03.098.037
103.101 .102
07.098.016 .021 .022
103.104 .117
117.014
08.098.032
114.108
10.114.145
Wroe, H.
08.114.029
09.114.039
10.032.014
Wronkowski, C.
04.010.021
Wrout, G. M.
02.052.036
Wrubel, M. H.
08.005.027
Wszolek, P. C.
07.094.164
09.094.102 .245 .254 .752
.901
10.094.491 .492
Wu, C. A.
08.052.044 .045
Wu, C. H.
05.094.042
Wu, C. P.
08.003.037
09.003.020
Wu, C. S.
02.151.063
07.074.039 .064
08.099.077
106.022
09.074.006
099.007
10.074.028 .074
091.026
099.071
Wu, C.-C.
07.034.038
08.131.104

Wu, C.-C.
09.125.101
10.121.050
131.155
Wu, D. C. F.
10.033.115
Wu, S. S. C.
10.097.034
Wu, S. T.
05.072.054
08.003.137
072.029
073.054
09.073.104
10.074.115
083.040
Wu-Hung Su
04.033.077
Wubbena, E. K.
05.015.012
Wukelic, G. E.
01.003.098
Wulf-Mathies, C.
02.082.085
05.082.094
06.082.058
07.082.065
08.082.144
10.119.001
Wulff, A.
06.099.054
Wulff, P.
04.022.033
Wulfsberg, K. N.
05.082.163
Wunderlich, R.
04.062.029
Wunderlin, N.
03.046.014
Wurm, K.
03.003.099
102.006
04.102.009
132.031
06.132.018
07.132.030
09.102.001 .002
10.131.136
Wurster, W. H.
05.022.036
Wussing, H.
09.003.127
10.004.091
Wuyts, J.
04.133.009
Wyart, J. F.
06.022.108
Wyatt, C. L.
10.082.053
Wyatt, S. P.
01.106.004
03.003.113
05.003.110
06.102.009
Wyatt Jr., S. P.
09.014.038
Wybenga, F. T.
09.094.235 .694
Wyborny, H. W.
01.022.066
Wybranski, B.
06.123.066
Wyckoff, C. W.
04.036.003
Wyckoff, S.
04.114.075
05.122.028 .036 .111
07.114.026
122.124 .125
08.114.132

Wyckoff, S.
08.122.014 .093
09.123.015
10.114.182 .249
122.114
Wyght, G. J. R.
10.010.023
Wyler, D.
09.065.033
Wyller, A. A.
01.034.034
03.071.010
154.015
04.034.050
072.032
06.034.028
080.055
07.034.063
072.019
08.080.046
09.072.017
10.065.036
Wyllie, D. V.
01.141.011 .211
Wyllie, P. J.
03.094.082
04.094.182
Wynn-Williams, C. G.
01.133.021
141.033
04.133.001
05.131.034
06.141.120
07.141.146
08.114.086
131.062
141.039 .105
09.131.040 .207
132.028
10.113.084
133.070
142.048
158.113
Wynne, C. G.
06.034.002
07.034.059 .070
08.031.036
09.031.043
10.031.026
032.004
Wysoczanski, W.
09.034.078
Wyttenbach, A.
01.105.045

Xanfomaliti, L. V.
See Ksanfomaliti, L. V.
Xanthakis, J.
02.008.008
072.057
04.008.003
072.024
07.072.043
073.072
10.012.016
085.011
Xanthakis, J. N.
07.008.010

Ya'akobi, B.
02.022.051
03.022.043
Yabsley, D. E.
04.033.022
Yabu, Y.
02.104.049
04.104.065
08.104.054

Yabuki, H.
08.105.048
Yabuki, S.
06.105.165
08.105.048
Yabushita, S.
01.100.001
151.027
03.151.019
06.042.001
102.024
07.102.003 .004 .019 .901
105.029
08.102.002
10.061.003
065.082 .083
Yabuuchi, K.
05.003.111
Yacob, A.
03.084.215
04.084.217
Yadav, B. P.
04.066.022
10.066.145
Yadlowsky, E. J.
09.083.080
Yagola, A. G.
01.141.175
07.121.073
10.121.036
Yagovkin, A. R.
07.083.063
08.083.041
09.083.042
Yahil, A.
07.061.043
08.115.014
141.044 .100
142.045
09.158.028
160.018
162.018
10.160.025
Yaichnikov, A. P.
05.083.018
Yajima, S.
03.073.002
05.073.063
Yakhontova, N. S.
03.098.035
Yakh'yaev, R. Sh.
06.022.033
07.022.110
Yakimenko, I. P.
09.062.056
Yakimov, S. P.
06.151.010
09.151.053
10.151.002
Yakimov, V. E.
02.154.015
09.162.034
Yakimova, N. N.
02.122.033 .034
03.122.037
04.113.055
122.008 .071 .171 .173
.174 .175
06.122.132
07.159.020
08.122.037 .102
09.122.105
10.122.077 .181
Yakimova (Guseva), N. N.
04.122.006
Yakomo, A. A.
10.082.078
Yakovetz, A. F.
03.104.016 .040

Yakovina, L. A.
 10.064.054
Yakovkin, N. A.
 02.073.006
 03.073.038
 06.073.026 .051 .054
 08.008.050
 073.076
Yakovlev, D. G.
 10.062.027
Yakovlev, F. P.
 08.053.022
Yakovlev, O. I.
 03.003.006
 04.093.044
 05.093.049
 06.093.015 .018
 08.097.074
 09.093.070
 094.878
 10.099.040
Yakovlev, S. G.
 01.083.007
 09.083.079
Yakovlev, V. A.
 07.033.011
 08.143.011
Yakovlev, V. N.
 09.162.035
Yakovleva, G. D.
 04.093.044
 06.093.018
 10.099.040
Yakovleva, N. N.
 04.082.054
Yakovleva, V. A.
 04.122.126
 132.038
 05.122.067
 132.025
 06.122.045
 09.122.142 .143
 10.132.061
Yakowitz, H.
 04.094.157 .367
 09.094.320
Yakshevich, E. V.
 05.041.030
Yakubov, I. T.
 05.062.032
Yakubov, V. B.
 03.151.012
Yakubovskij, E. A.
 09.034.086
 143.015 .080
Yakushin, M. I.
 02.105.176
Yale, F. G.
 01.094.011
Yallop, B. D.
 07.012.025
 10.041.005
Yamada, M.
 04.082.224
 07.065.063
Yamagami, T.
 05.076.051
 06.076.039
Yamaguchi, A.
 03.076.026
 09.022.051
Yamaguchi, K.
 03.073.002
Yamakazi, H.
 09.061.051
Yamakoshi, K.
 04.105.025
 06.105.035 .074
Yamamoto, G.
 05.082.136

Yamamoto, G.
 06.022.037
Yamamoto, H.
 08.104.054
Yamamoto, M.
 10.141.136
Yamamoto, Y.
 08.034.097
Yamanaka, C.
 02.073.079
Yamanaka, T.
 02.073.079
Yamasaki, A.
 05.117.015
 06.121.015 .037 .043
 07.121.031
 08.121.067
Yamashita, F.
 04.077.046
Yamashita, K.
 02.155.017
 04.142.021
 05.142.061
 06.142.013 .049
 08.142.039 .102
 09.142.029 .120
 10.142.002
Yamashita, M.
 02.083.010
Yamashita, T.
 05.077.046
Yamashita, Y.
 02.114.002
 03.124.103
 04.064.007
 06.032.042
 102.022
 114.016
 07.071.010
 08.114.130
 10.114.161
Yamawaki, K. R.
 04.082.057
Yamazaki, A.
 04.047.032
Yamazaki, H.
 01.062.016
Yamazaki, T.
 03.045.004
Yamori, A.
 06.074.095
Yampolsky, V. S.
 03.083.042
Yamshchikov, M. A.
 05.143.105
 06.143.133
 09.034.095
Yanagita, S.
 07.105.047
Yanchak, G. A.
 08.120.019
(Yanchak) Patton, G.
 08.114.101
Yanchik, A. G.
 10.052.041
Yanchukovskij, A. L.
 09.143.079
Yanchukovskij, V. L.
 09.085.015
Yanevich, M. A.
 02.094.178
Yang, C.
 07.076.002
 10.061.060
Yang, C. H.
 08.065.141
Yang, C. Y.
 06.076.006
Yang, C.-H.
 07.065.128

Yang, J. H.
 09.094.356
Yang, K. S.
 03.141.035
 05.033.004
 141.112
Yaniv, A.
 02.105.097
 03.094.071
 04.094.208 .209 .380
 05.094.048
 105.048
 06.094.312
 07.094.058 .205
 08.105.108
 09.094.048 .427 .429 .731
 .738
 10.022.043
Yankavtsev, M. V.
 07.033.018
Yankovich, I.
 05.153.019
Yankovich, I. I.
 10.122.030
Yankulova, I. M.
 01.133.005
 06.158.082
 10.158.031
Yanovitskaya, G. T.
 01.103.115
 02.103.107
 08.094.258
 102.039
 09.094.134
Yanovitskii, E. G.
 See Yanovitskij, Eh. G.
Yanovitskij, Eh. G.
 01.097.040 .050
 02.003.045
 082.138
 094.033
 03.003.007
 063.003
 04.097.028
 05.063.019
 094.010
 06.097.007 .060
 08.003.011
 063.013
 091.003
 09.063.021
 092.004
 099.043
Yanovitsky, E. G.
 See Yanovitskij, Eh. G.
Yansen, D. E.
 06.033.038
Yanson, B. A.
 07.031.003
Yanushkevich, V. A.
 07.094.098
Yanushkevich, V. E.
 10.033.015
Yao, A. C.
 09.066.114
Yao, S. S.
 02.021.019
 03.033.010
Yaplee, B. S.
 02.094.056
Yare, B.
 03.124.103
Yarin, V. I.
 06.083.042
Yaroshevskij, V. A.
 04.052.004
Yarov-Yarovoj, M. S.
 01.004.016
 10.052.049

Yarovskaya, I. M.
 09.064.052
Yartsev, I. P.
 08.009.013
Yashchenko, I. A.
 08.082.204
 10.082.024
Yashkin, S. N.
 04.052.035 .059
Yashkov, V. Ya.
 09.077.026
Yasinskaya, A. A.
 06.105.006
 08.105.077
 09.094.957
     105.150
 10.105.090 .092 .102
Yaskevich, Eh. P.
 05.082.128
 07.082.087
Yasnov, L. V.
 05.077.033
 10.077.083 .092
Yastrebov, V. D.
 10.052.041
Yasuda, H.
 03.032.007
     101.004
 05.094.079
 06.041.003 .026 .027
     112.019
 07.041.018 .022 .023
     045.003
Yasue, S.-I.
 07.143.070
Yasuhara, F.
 06.084.259
 09.084.049
 10.084.010 .016 .242 .260
     106.019
Yates, G. K.
 07.078.005
Yates, H. W.
 04.082.060
 09.034.028
Yates, J.
 03.141.229
Yates, M.
 04.094.116
Yates, M. T.
 02.094.143
 03.094.010
 07.094.170
Yatsenko, N. E.
 05.044.006
Yatsenko, S. P.
 04.082.070
 06.082.063
 09.082.063
Yatsenko, V. A.
 09.041.004
Yatskiv, Ya. A.
 08.045.003
Yatskiv, Ya. S.
 02.021.003
     043.006
 03.011.025
 04.045.015
 05.003.003
     032.005
     041.004
     045.006
 06.041.038
     045.022 .023
 08.003.069
     031.024 .058
     041.068
     045.040
     081.014
 09.081.028

Yatsyk, O. S.
 06.123.062
Yavlinskij, A. Ya.
 01.079.100
 04.079.103
 06.077.053
Yavlinsky
 See Yavlinskij
Yavnel, A. A.
 02.105.091
Yavnel', A. A.
 01.011.008
 02.105.038 .055
 04.105.065
 08.105.085
 10.105.024 .087
Yavorskaya, I. M.
 08.064.062
Yavorsky, Ya.
 See Jaworski, J.
Yavuz, I.
 02.121.001
Yazev, A. I.
 02.034.088
     041.035
 03.031.034
     034.071
Yazici, M. N.
 06.092.001
Yazvinskij, A.
 10.052.082
Yeager, D. M.
 02.084.406
Yeager, J. R.
 06.033.058
Yeager, P. R.
 09.034.119
Yeates, C.
 05.061.039
Yee, L.
 03.091.043
Yefanov
 See Efanov
Yefimov
 See Efimov
Yefremov, Yu. I.
 06.002.036
Yeh, C.
 06.033.045
Yeh, K. C.
 03.079.102
     083.038
 08.083.045
Yeh, R. S.
 02.094.069
Yeh, T.
 03.074.011
     141.064
 04.074.058
 06.074.064
 09.062.048
Yeh, T. T. J.
 07.094.106
 08.094.036
Yen, C. F.
 09.094.672
Yen, J. L.
 01.131.046
 02.131.066
     141.142 .144
 03.141.004
     157.005
 04.033.039
 05.131.026
 06.141.038
 08.131.065
 09.158.139
 10.158.010 .096
Yen, T. F.
 03.094.155

Yen, T. F.
 04.094.262
 09.094.442 .904
Yen, W. M.
 10.031.035
Yencha, A. J.
 05.131.123
 09.131.099
 10.131.182
Yengibarian
 See Engibaryan
Yentis, D. J.
 05.142.019
 06.034.052
 08.142.082 .083
Yeomans, D. K.
 05.103.101
 06.103.128
 07.104.029
 08.103.107 .108
 09.102.008
     103.127 .131
Yepremyan
 See Epremyan
Yerbury, M.
 09.094.827
 10.094.300
Yerbury, M. J.
 05.100.018
 07.033.002
     100.002
 09.100.006
 10.093.007
Yeremenko
 See Eremenko
Yeremeyev
 See Eremeev
Yeroshenko, Ye. G.
 See Eroshenko, E. G.
Yeroshevich
 See Eroshevich
Yesaulov, N. P.
 02.094.210
Yesepkina
 See Esepkina
Yesipov
 See Esipov
Yesojan, L. H.
 See Esoyan, L. Kh.
Yeung, S. C.
 09.097.050
 10.142.122
Yeung, S. Z.
 09.142.136
Yevlashin
 See Evlashin
Yevlashina
 See Evlashina
Yilmaz, F.
 04.153.006
 07.075.009
     113.047
Yilmaz, H.
 06.066.046
 08.066.116 .139
 10.066.168
Yilmaz, N.
 08.122.016
Yin, L.
 07.094.020
 08.094.005
 09.094.587 .755
 10.094.193
Yin, L. I
 07.094.087
Yin, L. I.
 09.094.301
 10.094.165
Yionoulis, S. M.
 08.081.003

AUTHOR INDEX - VOL. 1-10

Yiou, F.
01.061.038 .049
143.042 .055
02.143.057
04.143.040
06.061.015
143.038
08.022.030
09.022.077

Yip, K. B.
01.141.121

Yip, K. B. W.
08.158.091

Yip, W. K.
03.062.007
074.062 .063
07.074.073
10.074.016

Yngvesson, K. S.
10.131.226 .258 .274 .275

Yngvesson, S.
06.033.032

Yoder, C. F.
10.100.023

Yoder Jr., P. R.
05.032.023
08.031.071

Yodh, G. B.
03.066.034
08.061.060
09.143.035

Yodzis, P.
06.062.048
10.066.170

Yoko-O, H.
06.134.009

Yokoi, H.
04.082.224
07.155.088

Yokoi, K.
09.065.164

Yokoo, T.
07.153.030

Yokoyama, H.
01.105.027

Yokoyama, K.
02.041.031
05.044.023
07.041.017
044.014 .045
09.044.035
10.044.025

Yokoyama, S.
08.004.053

Yokoyama, Y.
01.105.091
04.094.372
06.105.053
09.094.274 .723
105.034
10.094.178 .399 .493

Yoneda, M.
03.042.019

Yoneyama, T.
07.065.010
10.062.004

Yonezawa, T.
05.083.033

Yonge, C. J.
09.094.123

York, D.
06.107.019
07.003.143
09.094.712

York, D. G.
05.131.080
08.114.089
09.114.066 .121 .122 .123
.124 .125
131.063 .064 .065 .066

York, D. G.
09.131.067 .166
10.131.289

Yorke, H.
07.131.152

Yorke, R.
04.053.015

Yorks, R. G.
05.033.040

Yose, Y.
08.032.036

Yoshida, J.
07.007.000
042.048 .055
09.042.902

Yoshida, S.
02.084.201
05.143.009
06.143.047
10.143.032

Yoshikawa, K.
07.073.068

Yoshimine, M.
10.022.014

Yoshimori, M.
06.143.080

Yoshimura, H.
05.080.026
06.071.002
072.004
07.080.002
08.080.044
10.072.078

Yoshinari, M.
08.034.112

Yoshino, D.
06.107.004

Yoshioka, O.
09.105.133

Yoshioka, S.
02.155.017
04.141.229
08.155.011

Yoss, K.
08.125.032

Yoss, K. M.
01.112.003
115.001
03.114.055
05.115.014
06.112.010
08.155.064
10.114.138
122.118

Yost, E.
09.094.483

Yost, J.
05.131.121
153.026
07.114.038 .060
152.003
153.003
08.114.901
152.901
09.113.035

Yost, J. C.
04.151.026
05.151.039

Youakim, M. Y.
03.083.038

Youmans, A. B.
04.033.013
141.176
09.141.506

Young, A.
01.097.035
02.097.049
04.121.009 .022
05.121.048
07.117.023

Young, A.
07.121.029 .040 .903
09.153.030

Young, A. T.
01.022.053
02.034.074
082.038
097.003 .007 .030 .040
03.097.017
04.031.026
071.048
079.100
082.202 .204
093.033
106.017
05.093.054
097.004 .011 .040
06.034.014 .015
082.030
096.027
106.011
07.079.003
093.010
097.008 .014
08.091.007
093.011
097.023 .086
09.080.037
093.001 .006 .017 .019
097.008

Young, D. A.
10.094.447

Young, D. M. L.
04.083.003

Young, D. T.
10.084.217

Young, E.
08.131.042
153.013
09.152.002

Young, E. C. M.
08.061.063

Young, E. T.
08.158.076

Young, G. A.
07.081.007

Young, H.
04.003.141

Young, J.
02.098.011
04.098.001
05.103.113
10.103.102

Young, J. M.
05.082.139
084.214
07.082.031

Young, J. W.
02.034.096
04.101.011
103.134
05.158.041
09.093.006
094.055

Young, L. B.
05.003.112

Young, L. D. G.
03.022.044
093.014
097.028
04.093.011 .026 .027 .033
097.010
05.093.011 .018 .044 .053
097.018 .027 .059
06.022.014
093.009 .024
097.085
07.022.025
08.091.007
093.012 .035 .042

Young, L. D. G.
09.093.001
Young, L. G.
02.093.015
04.093.023 .036
06.093.023
07.093.010
09.093.006 .019 .029
Young, M.
03.094.163
04.094.258
08.031.030
Young, N. A.
08.022.059
Young, P. J.
05.143.069
Young, P. S.
04.154.005
Young, R. A.
04.091.035
08.034.086
10.094.494
Young, R. E.
05.091.005
10.093.010
Young, R. M.
01.076.007
02.076.036
Young, R. S.
02.097.029
05.003.113
07.091.024
08.011.002
09.094.946
Young, T. Y.
04.033.076
Young, W. R.
02.003.091
Young Oh
07.074.016
Youngbluth Jr., O.
04.034.009
Youngbom, L.
09.114.055
Younger, F.
07.082.040
Younger, P. F.
01.122.030
02.131.102
03.131.090
Younkin, R. L.
04.094.050
Yount, D. E.
04.143.019
Yourgrau, W.
03.066.035
04.122.110
05.022.071
07.022.112
08.066.104
09.162.011
10.066.102
Yourovskaya, L. I.
07.077.017
Yourovsky, Y. F.
07.077.017
Yousef, S.
09.076.006
Yousefian, V.
07.106.002
Yu, G.
09.062.027
Yu, J. T.
02.160.007
04.162.057
Yu, M. Y.
10.062.046
Yuan, C.
01.151.017
158.045

Yuan, C.
02.151.034 .035
03.157.020
04.155.017
156.001
05.131.122
06.155.015
07.131.080
151.094
155.011 .059
08.155.020
10.155.034
Yuan, F. F. F.
01.084.246
Yuan, S.
01.033.007
Yuasa, M.
06.042.006
07.042.056
10.098.030
Yudin, I. A.
02.105.048 .051 .059 .085
.087
04.105.094 .095
05.105.046 .067
08.105.075 .076 .111
10.105.093
Yudin, I. I.
08.054.011
Yudin, O.
03.073.074
Yudin, O. I.
01.077.045
02.077.053
05.073.026
06.077.046
07.077.028
09.077.025
Yudin, S. N.
02.033.050
Yudin, V. M.
09.066.033
Yudina, I. V.
10.034.001
Yudovich, L. A.
02.083.043
03.074.021
083.081
05.011.001
083.055
06.083.032
08.083.014 .032
09.084.254
Yudovich, V. L.
09.084.246
Yudovitch
See Yudovich
Yue, C.-S.
04.003.164
Yuen, G. U.
10.105.051
Yuen, P.
09.083.006
Yuen, P. C.
04.083.003
10.082.003
Yufarkin, V. Ya.
03.143.012
05.142.089
06.142.035 .055 .099
143.014 .029
Yugaj, M. A.
04.079.103
09.079.103
Yugov, V. A.
08.082.171
084.056
Yuhas, D.
04.094.072
09.094.255 .414 .806

Yuhas, D.
10.094.211
Yuhas, D. E.
09.094.808
Yui, A. K.
05.062.040
Yui, A. K.-M.
02.062.012
Yukhimuk, A. K.
02.106.025 .029
03.062.005
106.026
04.062.008
106.029
06.106.040
07.062.006
141.534
09.077.040
10.062.050
Yukin, A. F.
08.131.083
Yukina, L. V.
08.105.084 .087
Yukon, S.
08.077.026
Yukov, E. A.
06.022.047
Yukutake, T.
08.044.009
Yumi, S.
02.045.011 .020 .030
03.044.018
04.045.021 .022 .023 .036
05.045.021
06.045.011
07.012.008
045.009
08.012.004
045.002 .031
09.045.023 .024
10.044.010
045.014 .018
Yumoto, T.
03.103.103
Yun, H. S.
02.072.069 .077
04.072.032 .052
05.072.019 .021
06.080.055
07.072.004 .019
08.080.046
09.072.074
Yungelson, L.
09.117.017 .018
Yungelson, L. R.
05.152.006
08.117.001 .002 .016
09.117.008
10.117.040
Yunusov, A.
06.066.086
10.066.106
Yunusov, A. A.
10.066.028
Yurchenko, B. N.
09.082.093
Yurchenko, O. T.
03.084.050
04.082.066
05.082.077
Yurevich, V. A.
08.055.012
10.055.018
Yurkin, O. K.
07.082.068
Yurkin, Yu. T.
06.143.021
10.142.139
Yurkina, M. I.
01.081.002 .045

Yurkina, M. I.
04.081.044
08.003.068
10.081.005 .006
　094.041
Yurov, E. A.
10.032.012
Yurova, L. A.
10.041.008
Yurovskaya, L. I.
02.077.042
08.077.067
　079.102
09.033.008
　077.022 .050
10.077.029
Yurovskij, Yu. F.
02.077.042
04.077.011
05.077.003
08.079.102
09.077.021 .022 .049 .050
10.077.028
Yurovsky
See Yurovskij
Yusson, Zh.
07.053.009
Yusupov, U.
09.095.005
Yusupov, Yu. G.
02.045.008
Yutani, M.
07.034.105
　122.099 .108
09.122.100
10.122.130
Yutzy, J.
01.031.008

Zabelin, E. I.
01.094.052
03.094.321 .338
05.091.025
Zabelina, I. A.
09.082.128
Zablotskij, F. D.
07.046.032
08.046.002
Zabolotny
See Zabolotnyj
Zabolotnyj, V. F.
05.091.009
　141.091
06.141.070
08.141.057
Zabriskie, F. R.
02.099.002 .052
04.099.023
Zabusky, N. J.
09.083.072
Zaccone, M. A.
02.118.032
Zacharias, R.
05.032.003
Zacharov, I.
02.082.089
10.104.003
Zachs, A.
02.097.051
Zadorozhny, I. K.
08.094.162
Zadro, M. B.
10.081.040
Zadunaisky, P. E.
03.042.081
04.042.065
08.102.025
09.102.010

Zaehringer, J.
01.105.012
02.094.223
　105.121 .149
03.094.073 .077 .184 .193
04.094.089 .198 .214 .362
05.094.077 .164
06.094.237 .263
09.094.403 .425
　105.046
Zaevskij, G. G.
04.104.061
08.104.014
Zaffi, G.
08.123.011 .043 .044
Zagar, F.
02.044.001
03.008.082
　044.019
04.005.008
　080.043
05.010.027
06.008.063
07.007.000
08.004.026
　010.010
　011.001
Zagatin, V. I.
03.033.027
05.141.014
07.141.092
08.141.129
10.033.139
Zaginailo, Iu. I.
See Zaginajlo, Yu. I.
Zaginajlo, Yu. I.
05.082.144
08.082.169
10.082.085
Zagorodnikov, S. P.
04.062.058
Zagouras, C. G.
10.042.075
Zagrebin, D. V.
07.081.010
08.042.005
09.081.001
Zagulyaeva, V. A.
01.083.001
Zagvozdkin, B. V.
10.083.014
Zahn, J.-P.
02.117.021
03.117.014
04.065.101
07.117.030
Zahn, U. Von
See Von Zahn, U.
Zaidins, C. S.
02.065.005
06.022.030
Zaikov, R.
03.162.046
Zaikov, R. G.
04.162.040
07.162.059
08.072.039
Zaitsev
See Zajtsev
Zaitseva
See Zajtseva
Zaitzeva
See Zajtseva
Zajac, B. J.
01.032.064
Zajdler, L.
07.007.000
　010.021
　044.024
08.005.023

Zajdler, L.
08.096.017 .018
09.007.000
10.007.000
　010.020
Zajicek, L.
08.041.048
Zajkova, L. P.
10.122.094
Zajtsev, A. L.
10.093.001
Zajtsev, N. A.
03.066.076
09.066.043
10.066.056 .069
Zajtsev, V. V.
01.141.070
02.141.016 .136
03.077.014 .019
06.077.029
07.077.020
08.077.003 .005 .058
Zajtseva, A. P.
08.105.087
Zajtseva, E. I.
10.113.022
Zajtseva, G.
07.158.016
Zajtseva, G. I.
09.113.037
Zajtseva, G. V.
01.121.022
　122.075
　158.015 .016
04.122.034 .072
　124.104
06.122.031 .034 .095
　123.073
08.099.028
　122.046 .059 .090
　123.901
　142.020
09.122.062
10.082.034
　122.074 .097 .183
Zajtseva, S. A.
01.084.012
06.084.319 .408
07.084.033 .404
08.084.302
10.084.006
Zakharchenko, V. F.
09.078.050
　143.024
Zakhar'ev, B. V.
06.094.028
09.094.603
Zakharov, V. D.
09.003.132
10.066.062
Zakharova, A. L.
10.071.010
Zakharova, G. A.
02.080.026
04.073.064
09.073.032
Zakharova, P. E.
04.153.036
08.153.030
09.152.013
　153.042
Zakharyan, A. Z.
07.051.020
Zakirov, L. B.
04.046.005 .007
Zakirov, M. M.
09.152.007
Zakolupina, M. D.
07.053.009

Zaleski, L.
03.141.045
04.114.141
Zalevskaya, V. V.
05.105.031
Zalewski, E. F.
10.003.090
Zalkalne, I.
02.102.011
05.021.004 .005
042.022
103.110
06.102.015
10.102.019
Zalkalne, I. E.
05.102.015
103.110
08.102.026
Zalyubovskij, I. I.
07.099.028
Zalyubovsky
See Zalyubovskij
Zamorsky, A. D.
07.082.042
Zampirollo, P.
09.045.015
Zandanov, V. G.
10.033.005
Zandarin, L.
06.008.058
Zander, R.
01.022.096
07.071.049
10.082.158
Zanegin, N. A.
05.041.008
Zangrilli, N.
08.143.059
Zanoner, E.
08.034.114
Zaparat
07.103.115
Zapata, C.
03.073.045
Zapata, C. A.
03.131.128
Zapolsky, H. S.
02.061.018
Zappala, R. A.
06.075.008
08.075.011
09.073.082
075.009
Zappala, R. R.
02.113.010
131.131
04.114.076
05.034.075
07.153.008
08.113.043
10.122.160
Zappala, V.
06.098.041
07.032.051
08.098.006 .080
09.103.114 .116
10.008.113
098.012 .015 .074
103.108 .123
Zarate, H. C.
10.098.045
103.114
Zare, R. N.
01.022.059 .111
02.022.096
04.022.080
Zarnecki, J. C.
09.125.007 .019
Zarnitsyna, I. G.
09.093.076

Zarnitsyna, I. G.
10.063.067
Zarnowiecki, W.
10.081.033
Zaromb, S.
02.107.011
03.066.042
Zarubajlo, V. T.
10.082.074
Zarzhitskaya, L. V.
01.011.023
Zasetskij, V. V.
05.094.007
08.094.171 .211
10.094.117
Zasetsky
See Zasetskij
Zaslavskaya, N. I.
04.105.091
10.105.095
Zaslavskaya, S. A.
04.098.023
Zaslavskij, V. G.
07.105.048
Zasov, A. V.
02.160.005
03.158.039
05.158.038
06.158.127
09.158.068
Zastenker, G. N.
01.074.057
04.074.082
Zats, A. V.
10.022.099
Zatsepin, G.
04.061.037
05.061.004
Zatsepin, G. T.
01.143.046 .066
02.066.062
080.043
03.061.020
143.059
05.143.084
06.065.125
Zatsepin, V. I.
01.143.032
05.143.063
09.143.061
Zatsiorskij, L. M.
08.034.156
Zatzepin
See Zatsepin
Zaugol'nikova, I. G.
03.034.058
041.020 .024
Zaumen, W.
06.142.010 .018 .070
07.141.075
08.142.014
Zaumen, W. T.
09.076.024
142.050
10.142.064
Zausaev, A. F.
03.104.045
08.104.005
10.106.004
Zausayev
See Zausaev
Zavarzin, Yu. M.
09.034.021
Zavatti, S.
06.015.003
Zavelevich, F. S.
04.093.090
05.093.012
09.093.075

Zavody, A. M.
10.033.121
Zavojskij, E. K.
10.034.096
Zavriev, A. V.
09.085.008
Zawadzki, A.
02.143.024
Zawalick, E. J.
06.084.267
Zawilski, M.
10.079.002
096.010
Zayarnaya, E. S.
07.083.048
09.083.045
Zaytseva, E. I.
See Zajtseva, E. I.
Zdanavicius, K.
03.113.009
04.113.010 .058 .060
08.113.050
Zdarsky, F.
02.104.047
Zderadicka, J.
10.076.015
Zdunkevich, M. D.
09.091.020
Zdunkowski, W. G.
04.082.162
Zeau, Y.
02.071.002
07.097.091
099.021
Zech, G.
02.002.034
03.002.028
04.002.015
05.002.038
06.002.039
07.002.017
08.002.037
09.002.034
10.002.028
Zechman Jr., G. R.
04.094.132
Zee, C.-H.
01.052.015
05.052.004 .011
08.052.046
10.052.038
Zeeman, P. B.
05.082.113
Zeeman, Ya. L.
04.091.046
Zeh, H. D.
03.061.006
10.061.004 .028
Zehe, H.
04.004.058
06.004.016
Zehnder, F.
06.101.002
Zehnpfennig, T.
02.073.038
04.034.100
Zehnpfennig, T. F.
01.032.001
05.032.026
Zei, D.
01.073.031
Zeilik, M.
09.092.001
10.103.102
Zeilik II, M.
10.131.271
Zein-Eldin, Z.
04.015.004
Zeinalov
See Zejnalov

Zeiner, H. N.
08.053.028
Zeira, S.
10.094.067 .312
Zeissig, G.
01.141.042
Zeissig, G. A.
01.141.064
03.141.069
04.141.029
07.074.067
141.049 .506
09.141.527
Zeitschel, W.
10.105.057
Zeitz, W. M.
06.084.005
Zejnalov, R. A.
03.052.023
09.052.001
Zejnalov, S. K.
01.114.076
05.064.008
09.114.107
10.064.021
Zeldina, M. Yu.
02.073.006
03.007.000
073.038
06.073.026 .054
08.073.076
Zeldovic
See Zel'dovich
Zel'dovich, M. A.
04.078.005
05.078.001
08.078.024
Zel'dovich, S. A.
09.066.044
10.066.017
Zel'dovich, Ya. B.
01.003.054
061.043
142.021
162.056
02.022.095
065.039
066.063 .083
151.010
162.004 .011 .035 .051
.060
03.061.011 .016
066.071
141.006
162.010 .015 .016 .027
.028 .065
04.061.018 .022 .054
062.047 .059
065.127
066.117
151.037
161.001
162.024 .044 .046 .092
05.003.022
062.006
162.032 .063
06.066.068
162.045 .054
07.003.145
061.022
062.029
063.029
064.028
065.059
066.047
08.061.013 .014 .076
066.149
160.027
162.005 .013 .021 .030
09.066.034

Zel'dovich, Ya. B.
09.162.068
10.065.073 .097
066.013 .114 .184
162.015 .032 .093
Zeldovitch
See Zel'dovich
Zelenka, A.
04.079.100
08.015.004
Zelenka, J. S.
10.094.410
Zelenkova, L. V.
09.083.050
Zeleny, L. M.
09.084.232
Zelikman, M. A.
09.062.062
Zelikson, M. S.
03.003.015
Zelinskaya, M. R.
02.141.209
04.094.407
10.082.047
Zeller, E.
04.094.007
Zeller, E. J.
01.091.027
02.094.145
105.129
04.094.336
Zeller, M.
02.031.010
Zellner, B.
02.124.102
03.131.013
04.131.090
06.124.001 .002
07.097.060
100.012
09.100.023
10.094.222
098.056
099.075
132.030
Zellner, B. H.
01.132.039
03.098.002
07.097.085
08.131.092
Zellner III, B. H.
06.132.032
Zel'manov, A. L.
09.066.074
10.066.060
Zelmer, G.
08.042.029
Zelwanowa, E.
07.153.005 .006
Zeman, J.
06.003.036
Zemanek, E. N.
08.072.043
10.072.004
Zemlyakov, A. S.
09.051.009
Zenkert, A.
01.009.003
06.009.016
Zentsev, I. N.
03.102.019
Zentsova, A. S.
09.124.010
Zerefos, C. S.
08.077.054
10.073.058
Zerilli, F.
07.066.068
Zerilli, F. J.
04.066.114

Zerner, M.
07.065.050
Zernyatko, V. G.
05.061.002
Zertsalov, A. A.
07.053.007
074.071
09.097.006 .126
10.106.025 .026
Zertzalov
See Zertsalov
Zerull, R.
07.106.017
09.063.039
Zessewitsch, W.
02.120.007
04.120.008
06.120.019
10.120.002
Zeuli, T.
02.062.034
08.061.043
Zevakina, R. A.
03.073.118
074.021
083.081
Zezin, R. B.
06.094.196
08.094.171
Zhad'ko, T. M.
10.063.037
Zhandaev, M. Zh.
08.003.128
Zhandarov, A. M.
08.042.066
10.021.004
052.068
Zharkov, V. N.
01.091.036
02.003.108
091.035
04.081.015
091.045
099.022
05.081.036
091.024
06.042.027
07.003.144
094.130
099.025 .035
09.091.002 .018 .079
094.894
Zhavoronkov, N. M.
09.094.699
Zhdanov, G. B.
02.011.019
03.011.046
06.011.011
09.061.024
Zhdanov, M. S.
09.084.233
10.084.253
Zhdanov, V. I.
10.066.081
Zhegulev, V. S.
01.091.004
09.097.022
Zheleznjakov
See Zheleznyakov
Zheleznyakov, V. V.
01.062.013
02.141.016 .136
03.003.081
077.014 .019
04.003.142
141.152 .203
05.141.216
06.063.008
074.050
141.164

Zheleznyakov, V. V.
07.061.001
08.141.528
09.141.549
10.141.521 .531
Zheleznykh, I. M.
03.162.045
Zhelnin, G.
02.004.031
005.016 .017
03.004.001
046.001
Zhemerev, A. V.
08.082.210
Zherbina, A. S.
09.031.001
Zherdenko, O. N.
04.105.167
08.105.023
Zherebtsov, G. A.
02.083.052
Zhidkov, E. P.
04.062.025
Zhidkov, V. F.
04.034.055
131.086
06.082.065
131.142
158.026
08.131.084
09.131.060
Zhigalov, L. N.
08.084.340
Zhilyaev, B. E.
01.065.040
03.064.052
04.065.142
05.065.055
Zhitnik, I. A.
03.054.019
076.010
04.074.014
07.076.009
08.073.085 .086 .091 .092
09.076.031
10.071.039
073.044
Zhivora, P. S.
07.033.018
Zhizhimov, L. A.
06.104.073
Zhlud'ko, A. D.
04.083.020
09.083.058
Zhongolovich, I. D.
01.055.006
02.045.028
054.019
04.046.018
06.046.029 .036 .037
07.046.018
Zhongolovitch
See Zhongolovich
Zhouck, I. N.
01.141.124 .125
03.141.040
04.141.071
06.141.132
Zhuchenko, Yu. M.
09.082.090
10.082.017
Zhugzhda, Yu. D.
02.072.079
03.061.009
05.072.013
06.072.082
08.080.026
09.073.018
Zhuk, I. N.
01.141.178

Zhuk, I. N.
03.143.049
04.141.078
Zhukov
08.103.005 .012
Zhukov, G.
08.103.116
Zhukov, G. V.
08.122.148
123.012 .076
10.141.091
Zhukov, L. V.
01.072.019 .042
154.004
02.031.021
072.073
03.072.022 .034
05.112.007
07.154.012
10.014.009
041.028
Zhukov, V. V.
03.104.052
06.104.084
Zhukova, L. N.
05.082.071
09.022.082
10.071.029
Zhulin, I. A.
02.011.021 .025
03.073.092
084.209
04.084.055
05.011.014
06.084.014
07.083.059
084.032
08.084.075
Zhulina, E. M.
02.084.044
04.084.009
07.084.032
10.085.013
Zhulov, L. V.
01.085.008
Zhuravlev, D. A.
07.143.001
Zhuravlev, G. S.
01.052.037
Zhuravlev, S. G.
02.052.010
03.052.013
04.052.020
054.014
08.042.046
10.042.013
052.031 .032
Zhuravlev, S. S.
08.102.036
Zhuravlev, V. E.
03.141.163
Zhuravlev, V. F.
02.141.048 .098
05.141.219
06.141.178
Zhuravleva, L. V.
08.103.120
09.103.116
Zhurin, V. A.
10.054.015
Zhurina, L. S.
03.084.015
10.106.025
Zhuzgov, L. N.
03.106.009
08.097.109
09.093.055
10.097.039
Zicha, J.
06.034.003

Zickler, A.
08.034.039
Zidarov, D.
01.084.234
02.084.269
07.081.004
Zidarov, D. P.
08.081.032
Zidu, J.
02.098.026
105.193
08.098.004
Zieba, A.
02.066.079
03.066.018 .038
Zieba, S.
01.077.018
06.077.047
09.077.063
10.077.071
141.060
Ziebarth, K.
03.065.040
04.065.090 .132
Ziebarth, K. E.
06.065.057 .143
07.065.091
Ziege, K. E.
09.094.688
Ziegenbein, B.
08.022.064
Ziegler, H.
02.034.085
Ziegler, H. G.
02.034.010
03.034.025
Ziehm, R. G.
08.053.029
Zielenbach, J. W.
01.099.019
05.099.088
Zielinski, J. B.
02.046.016
03.010.014
052.017
05.046.006
08.081.030
Zielke, G.
03.114.083
04.114.028
Ziener, R.
03.034.057
06.113.012
10.103.102
Zigel', F. Yu.
03.003.008 .029
09.014.006
072.021
Zigunov, V. N.
04.054.007
Zijderveld, J. D. A.
06.084.248
Zikides, M.
02.042.041
Zikides, M. K.
10.042.002
Ziko, A. O.
09.099.084
Zikrach, E. K.
09.083.068
10.083.019
Zilitinkevich, S.
09.093.041
Zilitinkevich, S. S.
05.093.036
07.093.032
Ziljaev, B. E.
01.064.018
Ziman, Ja. L.
07.094.259

Ziman, Ya. L.
01.036.004
052.032
05.094.139
09.094.956 .959
Zimmer, H.
02.053.020
03.097.015
10.051.022
Zimmerman, B. A.
07.065.092
08.065.114
09.065.077
10.065.035
Zimmerman, D.
07.094.061
09.094.081
Zimmerman, D. W.
07.094.212
09.094.479 .813
10.094.338
Zimmerman, E.
02.106.031
Zimmerman, G.
08.022.023
Zimmerman, G. K.
08.034.152
09.041.044
Zimmerman, H. K.
05.041.014
Zimmerman, J.
07.094.212
09.094.479 .713 .813
Zimmerman, P. D.
C5.100.002
10.105.039
Zimmerman, R. L.
10.061.011
066.123 .124
Zimmermann, G.
03.055.027
05.033.037
045.025
077.051
06.031.087
033.037
077.034
08.033.036 .037
044.024
09.047.003
Zimmermann, H.
01.003.052
02.065.096
03.011.039
131.062
06.003.130
131.045
09.003.148
10.013.024
131.287
Zimmermann, P.
03.141.179
09.033.047
Zimmermann, R. E.
04.114.007 .039
06.065.144
Zinchenko, L. K.
09.031.001
Zinchenko, Yu. F.
04.103.103
05.103.106 .111
10.098.075
Zinger, V.
07.083.010
Zinichev, V. A.
03.157.022
04.141.077
Zink, J. W.
04.061.021

Zinn, J.
04.062.051
Zinn, R.
09.114.139 .148
Zinn, R. J.
04.114.124
07.154.011 .017
08.036.003
Zinner, E.
01.003.106
08.003.162
Zinov'ev, V. A.
01.097.038
08.099.059
Zinter, T.
06.125.027
Zinter, T. A.
10.122.005
Zinz, W.
10.077.061
Ziolkowski, J.
01.065.005
02.117.016
121.041
03.117.022
04.117.008
08.065.102
Ziolkowski, K.
02.010.038
011.041
03.010.020
042.024
04.004.041
010.017 .037
117.005
05.011.026
098.010
06.042.050 .051
141.200
07.010.020
011.032
051.016
08.011.042
09.013.006
10.013.009
098.054
117.022
Zipf, E. C.
03.084.008 .046
04.022.114
084.030
05.082.078
084.020
06.022.121
082.047
084.025
07.097.039
08.022.092 .096
083.066
10.022.028
Zipf Jr., E. C.
03.084.016 .017
07.084.042
Ziplakov, V. V.
04.123.020
Zipprich, H.
06.011.047
08.012.011
121.048
Zipse, H. W.
06.052.019
Zirin, H.
01.072.049
073.005 .030
02.072.037
073.041 .042 .043
076.011 .017 .026
03.003.021
009.004
073.010 .051

Zirin, H.
03.074.049
04.073.029 .030
05.072.056
073.046
06.064.050
072.099
073.029 .040 .093
07.073.004 .018
08.032.032
072.034 .053
073.081 .082 .094
09.073.078 .081
076.017
077.054
10.073.065 .071
Zirker, J. B.
01.074.043
02.074.029
03.074.005
05.008.062
073.068
074.014 .070
06.074.028
07.022.003
074.024 .025 .086
08.071.025
09.071.041
10.071.080
Zisk, S.
05.133.006
10.094.097
Zisk, S. H.
06.031.083
094.075
07.094.210 .223
08.094.189 .190
09.094.540
10.094.008 .463
Zissell, R.
02.121.075
08.121.055
Zissig, G.
03.141.094
Zissis, G. J.
07.011.024
Zitkevicius, V.
01.124.104
04.113.058
08.113.050 .051
Zitnik, I. A.
02.073.011
08.076.035
Zlatkis, A.
03.094.161
105.140
04.094.260
Zlatoustov, V. A.
09.042.002
052.030
Zlobec, P.
01.075.034 .035
02.072.097
075.030 .031
03.072.044
075.016 .030 .031
04.075.025 .026
06.075.033
Zlobin, V. N.
07.141.526
Zloch, F.
05.073.075
Zlotin, G. N.
03.084.012
Zlotnik, E. Ya.
04.077.045
06.074.050
Zmievskaya, G. I.
02.082.161
04.082.153

Zmievskaya, G. I.
06.082.053
08.082.140
Zmuda, A. D.
10.084.250
Zmuda, A. J.
01.084.292
02.085.003
03.083.027
04.083.068
    084.013 .061
08.078.037
    083.057
Zmuidzinas, J. S.
08.099.077
09.099.007
Znojil, V.
03.104.060 .061 .062 .063
06.122.160
07.104.038
Zohar, M. E.
08.022.076
Zoler, D.
08.062.024
Zolotov, A. V.
02.003.109
06.105.015 .170
Zolotukhina, N. I.
09.052.027
Zombeck, M.
10.074.036
Zonn, W.
01.004.021
    013.002
    014.005
    158.012
02.008.127
    162.088
03.010.014 .020
06.158.109
07.010.020
    160.029
08.003.031
    151.012
09.003.034
    004.041
    010.014
10.004.019 .036
    010.020
Zonnenshtral', G. A.
04.094.122
Zonov, Yu. V.
10.082.099
Zook, H. A.
03.106.002
04.105.005
08.094.177
09.094.524
Zoran, I.
08.047.035
    092.011
Zorski, Z.
09.046.011
10.046.019
Zosimova, A. G.
09.083.056 .057
Zosimovich, I. D.
06.084.305
    102.002
08.084.356
    102.009
Zotkin, I. T.
02.105.060 .084 .174
06.105.062
07.104.012
08.105.043 .068
Zotov, N. V.
03.141.194
09.141.073

Zotov, V. V.
09.033.040
Zouckermann, R.
02.003.152
Zribi, G.
05.122.081
Zschocke, W.
08.123.071 .072
09.123.050
10.121.124
    123.050
Zschoerner, H.
08.082.154
Zubareva, L. V.
07.082.082
    085.003
08.084.260 .409
Zubieta, M.
01.143.023
Zubkova, G. N.
10.073.018
Zubov, M. M.
06.141.218
Zubovic, P.
07.105.001
Zubtzov, A. S.
02.073.088
    074.077
Zucchino, P.
05.141.191
07.141.019
Zucchino, P. M.
09.034.074
Zucker, H.
08.033.083
Zuckerberg, H.
03.012.026
Zuckerman, B.
01.131.028 .037 .046 .071
       .099 .101
    132.050
02.131.036 .055 .061 .066
       .114 .115
03.131.037 .044 .054 .055
       .056 .060 .066 .078
       .112
04.131.063 .075 .085 .142
05.131.006 .026
    132.030
06.114.119
    131.100 .119
07.131.006 .035 .045 .046
       .099
    153.019
08.131.033 .035 .036 .037
       .065 .087
09.061.013
    131.080 .202
10.131.107 .110 .184 .207
       .222 .255 .256 .266
    132.011 .051
Zuckerman, B. M.
03.131.021
04.131.064
Zuckerman, K. A.
05.053.017
09.094.522
Zuev, M. G.
08.034.148
    041.050
Zuev, N. G.
02.041.040
04.032.026
Zuev, V. E.
04.003.143
08.082.070
    091.039
09.003.133
Zueva, A. P.
10.155.071

Zugzda, J. D.
  See Zhugzhda, Yu. D.
Zuk, W. M.
05.022.070
Zukas, E. G.
01.105.029
Zukov, L. V.
01.103.100
Zukowsky, W. S.
05.032.023
Zulch, D. I.
05.033.036
Zulevic, D.
03.082.096
10.118.009
Zulevic, D. J.
02.118.003 .006 .007
06.118.009 .010
Zulevich
  See Zulevic
Zulliev, A. M.
05.034.049
06.046.019
08.045.001
Zumwalt, R. W.
04.094.254
08.094.230
09.094.751 .952
10.094.412
Zurek, R. W.
10.097.121
Zusmanovich, A. G.
01.106.040
04.143.069
05.143.003 .136
06.078.029
    143.115 .144
07.143.033 .044
08.143.041 .042
09.078.014
    143.062
Zusmanovitch
  See Zusmanovich
Zussman, J.
03.094.084
04.094.088 .139
05.094.089
08.094.150
09.094.219 .331
Zuzak, W. W.
01.131.115
06.131.068
Zvanzig, W.
01.143.065
Zverev, J. K.
07.033.012 .013
Zverev, M. S.
02.031.022
    041.009 .043
03.011.027
    041.011
04.041.012 .037
05.041.021
08.012.022
    041.051
09.041.003 .008 .047
10.041.029
Zverev, Yu. K.
03.033.021 .022
08.033.012 .014 .015 .016
10.033.044 .048 .049
Zvereva, A. M.
03.082.045
05.072.007
08.082.229
09.072.050
Zverko, J.
03.114.008
04.114.140
    115.017

Zverko, J.
05.114.034
09.114.091
Zvjagina
See Zvyagina
Zvyagina, E. V.
01.107.006
06.107.006
10.107.025
Zwaan, C.
06.072.028
07.071.025
08.072.044
10.032.011
Zwally, H. J.
07.074.074
Zweifel, K.
04.105.110
Zweifel, K. A.
04.094.205
09.094.396
Zwick, H. H.
09.084.018

Zwicky, F.
01.003.038 .039 .040
    125.015 .017
02.034.026
    158.030
03.094.169
    158.011
04.094.114
    125.006 .023
    158.076
05.125.025 .032
    126.033
07.051.017
    125.104
08.003.014
    061.018
    125.034
    158.070
09.125.037
10.120.001
    125.011
Zwicky, M. A.
08.003.014

Zybin, Yu. N.
01.052.027
02.052.025
Zych, A. D.
01.073.057
02.142.015
05.142.067 .083
06.142.088
08.141.523
10.061.042
Zygielbaum, A. I.
08.074.076
Zytkow, A.
01.151.006
02.065.088
    117.016
03.131.041
05.131.076
06.155.011
07.010.020
    114.102
08.064.031
09.064.071

Subject Index

A Stars
05.115.017
A Stars
Atmospheres
07.114.009
09.064.008
A Stars
Convection
04.065.019
A Stars
Diameters
09.115.025
A Stars
Element Abundances
01.114.015 .016
09.114.010
10.114.109
A Stars
Envelopes
04.065.060
A Stars
Finding Lists
01.155.007
04.114.127 .128
06.114.023
08.114.173
A Stars
Galactic Clusters
06.113.053
A Stars
Galactic Distribution
06.155.040
08.155.059
A Stars
Galactic Halo
05.114.058
A Stars
Kinematics
10.155.073
A Stars
Line Profiles
09.064.065
A Stars
Luminosities
07.115.019
08.115.025
A Stars
Metal Abundances
06.114.077
08.152.002
A Stars
MK Types
03.114.069
06.155.027
08.116.011

A Stars
Models
07.065.098
A Stars
Peculiar
01.061.016
114.034 .067 .078
02.114.006 .015 .017
.022 .087 .106
122.001
151.062
03.064.037
114.002 .003 .008
.024 .036 .064
.072
116.020
119.014
04.113.007 .018
114.012 .037 .046
.049 .052 .082
.106 .111
116.014 .025
122.043
153.046
05.064.014
113.047
114.001 .023 .027
.029 .047 .073
.121
155.038
06.065.009 .044 .095
113.033
114.056 .067 .084
.093 .136 .137
116.009 .011
07.113.035
114.041 .051 .054
.055 .111 .117
122.037
153.005 .006
155.005
08.114.023 .133 .138
.171
116.003 .006
09.112.013
113.022 .023
114.037 .063 .091
.100 .113 .118
.119 .143 .147
.172
119.008
122.009 .074
153.030
10.065.043
113.005 .049

A Stars
Peculiar
10.114.004 .005 .006
.009 .017 .033
.036 .042 .051
.059 .060 .061
.185
116.021 .023
122.007
152.010
A Stars
Photometry
01.114.025
02.113.009
03.113.021 .024
04.114.034
06.113.007 .046 .052
.053
07.113.001
10.113.118
A Stars
Proper Motions
03.112.007
07.112.008
A Stars
Radial Velocities
02.112.009 .019
06.112.014
155.027
A Stars
Rotation
03.114.003
116.012
04.114.034
116.008 .012
07.116.008
08.116.003 .011
09.114.170
A Stars
Space Distribution
04.155.038
A Stars
Space Motions
02.112.020
08.115.025
A Stars
Spectra
01.114.071
03.114.126
04.114.113
122.010
06.115.001
08.114.071

A Stars
  Spectral Types
  04.114.034
A Stars
  Spectrophotometry
  06.114.014
A Stars
  Stellar Associations
  04.152.003
A Stars
  Temperatures
  05.114.063
A Stars
  UV Spectra
  10.114.018
Aberration Constant
  01.043.006
  04.043.001
  05.043.003
Aberrations
  Optical
  01.031.014
Absolute Magnitudes
  115.000
Absolute Magnitudes
  B Stars
  04.115.003
Absolute Magnitudes
  Bright Stars
  09.115.005
Absolute Magnitudes
  Calibrations
  09.115.003
  10.012.008
Absolute Magnitudes
  Cepheids
  06.122.009
Absolute Magnitudes
  Comets
  05.102.019
Absolute Magnitudes
  Eclipsing Variables
  10.121.139
Absolute Magnitudes
  Main Sequence Stars
  05.115.015
Absolute Magnitudes
  Mira Variables
  02.122.101
Absolute Magnitudes
  O Stars
  06.114.115
Absolute Magnitudes
  OB Stars
  07.114.071
Absolute Magnitudes
  Of Stars
  07.152.013
Absolute Magnitudes
  RR Lyrae Stars
  06.012.020
  122.123 .124 .125
       .126
  08.122.061 .130
  09.122.035
Absolute Magnitudes
  Spectroscopic Binaries
  07.119.001
Absolute Magnitudes
  Supergiants
  08.115.001
Absolute Magnitudes
  Visual Binaries
  05.118.030
Absolute Magnitudes
  Wolf Rayet Stars
  07.152.013
Absorption
  Earth Atmosphere
  082.000

Absorption
  Galactic Center
  09.155.011
Absorption
  Galaxies
  07.158.017
Absorption
  H II Regions
  08.131.055
Absorption
  Intergalactic Matter
  02.161.005
  05.161.001
  07.161.012
  10.161.001
Absorption
  Interstellar Clouds
  06.131.015
Absorption
  Interstellar Matter
  01.131.005 .007 .009
        .035 .054 .067
        .100
  02.113.006
  131.021 .105
  155.016
  03.113.053
  131.012 .015 .016
       .023 .026 .064
       .074 .077 .103
       .104 .114 .115
  153.028
  04.022.099
  131.028 .061 .125
       .134 .146
  142.105
  153.018
  155.038
  05.114.030
  131.097 .115
  152.005 .011
  06.131.038 .047 .082
  07.113.015
  131.078 .083
  08.113.048 .061
  131.123 .124 .125
  09.131.165 .172 .193
       .210
  158.038
  10.119.001
  131.029 .061 .219
Absorption
  Jupiter Atmosphere
  02.099.063
  03.099.025
  09.099.074
Absorption
  Magellanic Clouds
  03.159.016
Absorption
  Planetary Atmospheres
  05.091.004
Absorption
  Radio Sources
  08.141.053
Absorption
  Saturn Atmosphere
  09.099.074
Absorption
  Stellar Atmospheres
  04.064.024
  05.064.013
  06.064.040
  08.114.035
  09.064.088
  10.064.005 .042
Absorption
  Venus Atmosphere
  06.093.008
  07.093.034

Absorption Coefficient
  06.061.025
Absorption Coefficient
  Stellar Interiors
  01.065.035 .039
Absorption Lines
  Quasi-Stellar Objects
  09.141.082
Absorption Lines
  Solar Atmosphere
  02.080.040
  04.080.010
Absorption Lines
  Stellar Spectra
  09.114.164
Accretion
  Black Holes
  10.066.024
Accretion
  Galactic Center
  09.155.055
Accretion
  Intergalactic Matter
  06.161.001
Accretion
  Interstellar Matter
  04.131.106
Accretion
  Magnetic Stars
  08.065.087
Accretion
  Metal-Poor Stars
  04.155.011
Accretion
  Moon
  07.094.225
Accretion
  Neutron Stars
  03.142.002
  04.065.102
  07.065.006
  08.117.003
  09.065.082 .117 .161
  10.065.047
  142.059
Accretion
  Peculiar A Stars
  06.065.009
Accretion
  Protoclusters
  07.151.086
Accretion
  Pulsars
  04.141.023
Accretion
  White Dwarfs
  05.065.004
  126.003
  10.126.008
Achondrites
  01.105.056 .070
  02.105.020 .021 .068
        .104 .122 .156
  03.105.082 .092 .093
        .125 .131
  04.105.057 .108
  05.105.065
  06.105.153
  07.105.011
  08.105.006
  09.105.012 .014 .044
        .133 .143
  10.105.043 .073
Acoustic Waves
  Chromosphere
  04.061.010
  10.073.039 .040
Acoustic Waves
  Photosphere
  01.071.005

SUBJECT INDEX - VOL.1-10

Acoustic Waves
  Photosphere
  02.071.051
  04.071.060
Acoustic Waves
  Plasma
  04.062.010
Acoustic Waves
  Solar Atmosphere
  06.080.003 .042
  07.080.004
  08.080.042
Acoustic Waves
  Stellar Atmospheres
  05.064.028
AI Velorum Stars
  01.122.046
  07.122.034
Airglow
  082.000
  08.012.019
Airglow
  Mars Atmosphere
  07.097.038
  08.097.091
Albedo
  Asteroids
  10.098.070
Albedo
  Earth
  01.082.079
  03.082.032
  04.082.033
Albedo
  Jupiter
  02.097.014
  099.066
  09.099.084 .099
Albedo
  Mars
  02.097.009 .014
  06.097.037
  07.097.101
  09.097.043 .092
  10.097.001 .037 .084
Albedo
  Moon
  01.094.002
  02.094.057 .167 .185
  05.094.001
  07.094.183
  08.094.025
  09.094.021 .297 .593
Albedo
  Neptune
  10.101.006
Albedo
  Planetary Atmospheres
  01.091.035
  03.063.001
    091.031
  08.091.003
  09.091.011
Albedo
  Planets
  04.091.018
Albedo
  Saturn
  02.097.014
Albedo
  Uranus
  10.101.006
Albedo
  Venus
  01.093.002 .035 .037
    .071
  04.093.073
  10.093.006

Alfven Waves
  Chromosphere
  07.073.024
Alfven Waves
  Crab Nebula
  10.134.001
Alfven Waves
  Interplanetary Matter
  05.106.026
  06.106.026
  09.106.017
Alfven Waves
  Interplanetary Space
  10.106.051
Alfven Waves
  Magnetic Stars
  04.116.021
Alfven Waves
  Planets
  04.116.021
Alfven Waves
  Plasma
  06.062.071
  08.062.007
  09.062.033
  10.062.037
Alfven Waves
  Solar Atmosphere
  08.080.030
Alfven Waves
  Solar Wind
  06.074.001 .025
  07.074.099
  09.074.040 .052
    078.043
  10.074.005 .046
Algol
  Photometry
  08.121.064
Algol
  Positions
  10.041.005
Algol
  Radio Radiation
  07.121.063
  10.121.007 .012
Algol
  X Rays
  10.121.012
Algol Systems
  01.065.005
  02.121.041 .088
  03.121.024 .032 .033
  04.121.014 .015 .025
    .027 .033 .040
    .079
  05.121.015 .043 .066
  06.121.014 .025 .075
  07.064.048
  08.121.101
  09.121.008 .009 .052
    .053
  10.121.013 .051 .052
    .064
Almanacs
  047.000
Ammonia
  Interstellar Matter
  01.131.011
  02.131.010
  03.131.134
  04.131.120
  05.131.043 .061
  06.131.100
  10.131.222 .226
Ammonia
  Jupiter Atmosphere
  02.099.051
  03.099.020 .028 .037
    .043

Ammonia
  Jupiter Atmosphere
  04.099.002
  05.099.015
  10.022.031
    099.003 .024 .033
Ammonia
  Planetary Atmospheres
  10.091.055
Ammonia
  Venus Atmosphere
  10.093.021
Ammonia Clouds
  Artificial
  01.022.094
Andromeda Nebula
  01.158.024 .039 .042
    .052 .057
  02.124.003
    158.001 .005 .035
    .036 .089
    159.005
  03.158.026 .060 .065
    .074 .075 .076
    .077 .078 .098
    .099
  04.158.026 .043 .057
    .063 .066 .079
    .085 .086 .087
  05.158.007 .041 .046
    .054
  06.158.007 .008 .091
    .100 .103
  07.158.007 .160 .169
    .173
  08.141.010
    158.008 .009 .078
    .086 .095 .118
  09.065.010
    122.010
    141.137
    158.013 .048 .056
    .063 .126 .133
  10.125.030
    158.030 .051 .056
    .074 .117
Andromeda Nebula
  Cepheids
  09.158.038
Andromeda Nebula
  Companions
  09.154.002
    158.157
  10.158.001
Andromeda Nebula
  Globular Clusters
  01.154.001
  02.158.077
  07.154.006
  08.154.010
  09.154.005
  10.154.004
Andromeda Nebula
  H II Regions
  01.158.004
Andromeda Nebula
  Interstellar Reddening
  02.154.004
Andromeda Nebula
  Novae
  06.124.012
    158.112
  07.124.002 .006
  09.124.003
Andromeda Nebula
  Radio Radiation
  08.158.072
Andromeda Nebula
  Rotation
  01.158.004

Antennas
  Calibrations
    02.033.002 .003
    10.141.139
Antimatter
  01.162.033 .041
  02.162.028 .029
  03.143.014
  04.143.051
     162.031 .032 .044
        .056 .060
  05.143.023
     158.013
     162.001 .013 .031
        .046 .050
  06.162.033 .039 .042
        .061
  07.143.015
     162.046 .068 .071
        .083
  08.143.012
     162.004 .072
  09.066.078
     162.009 .013
  10.162.003 .025 .026
Aquarids
  09.104.002
  10.104.015
Artificial Satellites
   054.000
   02.012.021
Artificial Satellites
  Observations
   055.000
Artificial Satellites
  See Earth Satellites
Associations
   010.000
Associations
  Stellar
   152.000
Asteroid Belt
   08.098.023
   09.098.018
   10.098.007 .019
Asteroid Belt
  Resonances
   09.098.002
Asteroids
  Albedo
   10.098.070
Asteroids
  Angular Velocities
   10.098.025
Asteroids
  Diameters
   09.091.057
   10.098.070
Asteroids
  Distribution
   10.098.069
Asteroids
  Fragmentation
   03.098.012
   06.098.009
   10.098.072
Asteroids
  Light Curves
   07.098.024
Asteroids
  Magnetospheres
   06.098.010
Asteroids
  Masses
   07.098.012
Asteroids
  Models
   09.091.045

Asteroids
  Origin
   10.098.024
Asteroids
  Polarization
   09.098.017
Asteroids
  Reflectivities
   09.098.004
   10.105.003
Asteroids
  Secular Perturbations
   10.098.030
Asteroids
  Sizes
   09.091.040
Asteroids
  Surfaces
   09.098.062
Asteroids
  See Minor Planets
Astrodynamics
   052.000
   04.012.010
   10.012.020 .039
Astrolabe Observations
   01.041.022
   045.001
   06.041.021
   07.112.014
   10.041.015 .041
Astrolabe Observations
  Jupiter
   09.099.001 .015
Astrolabe Observations
  Planets
   05.041.033 .041
Astrolabe Observations
  Saturn
   09.041.023
Astrolabes
   05.032.002
   09.004.018
   045.001
Astrometry
   08.003.012
   012.022
Astrometry
  Photographic
   06.012.031
   07.041.003
Astronomical Accessories
   034.000
   05.012.005
   06.012.005
   07.012.003 .018
   08.012.016
Astronomical Constants
   043.000
   06.012.006
   09.100.019
Astronomical Constants
  Corrections
   06.097.002
Astronomical Instruments
   032.000
   05.012.011
   08.012.016
Astronomical Techniques
   06.012.005
Astronomical Unit
   01.043.002 .008
   04.093.063
   08.043.004
Atlases
   041.000
Atlases
  Moon
   10.094.515

Atlases
  Solar Spectrum
   10.071.025
Atmospheres
  A Stars
   07.114.009
   09.064.008
Atmospheres
  B Stars
   02.064.045
      114.050
   03.064.015
      114.026
   04.064.012
   05.064.052
   08.064.027
   09.064.004
   10.064.001 .010
Atmospheres
  Baryon Stars
   09.064.017
Atmospheres
  Be Stars
   01.064.064
   05.114.012
   10.064.020
Atmospheres
  Binaries
   09.117.020
Atmospheres
  Carbon Stars
   01.064.046 .047
   02.064.036
   10.064.050 .078
      114.053 .183
Atmospheres
  Cepheids
   01.122.002
   02.122.087
   04.064.088
      122.003
   05.064.053
      122.011
   06.064.051
   09.122.036
   10.122.039
Atmospheres
  Close Binaries
   04.117.020
   07.064.048
Atmospheres
  Comets
   02.102.001 .007 .008
        .027 .030 .032
   03.102.011
   04.102.003 .006 .009
   05.102.005 .006 .007
        .017 .022
   06.102.018
   07.102.007 .020
   08.102.055
   09.102.003
   10.102.028 .032
Atmospheres
  Cool Stars
   01.064.058
   03.022.059
   04.064.018 .048
Atmospheres
  Early Type Stars
   01.064.016 .017
   02.064.040
   03.064.002 .009 .022
   04.064.026
      121.038
   06.064.008
   07.114.058
   08.064.028
   09.064.003 .005 .023
        .027 .049 .074

SUBJECT INDEX - VOL.1-10

Atmospheres
Early Type Stars
09.114.129
10.064.030
Atmospheres
Eclipsing Variables
05.121.037
09.121.025
Atmospheres
F Stars
02.064.060
06.064.010
Atmospheres
G Dwarfs
08.114.048
Atmospheres
G Giants
06.064.021
07.064.004
09.064.076
Atmospheres
Giants
04.064.014
Atmospheres
Helium Stars
09.114.130
Atmospheres
K Dwarfs
01.064.061 .062
02.064.061
Atmospheres
K Giants
02.114.014
04.064.095
05.064.032
06.064.021
07.064.004
10.064.019
Atmospheres
K Stars
02.064.060
03.064.044
Atmospheres
Late Type Stars
01.064.048
02.064.009
04.064.007 .031
114.014
06.114.068
08.064.029
09.064.013 .015 .035
.047 .050 .051
.077
114.060
10.064.011 .017 .018
.069
Atmospheres
M Dwarfs
01.064.059
Atmospheres
M Giants
02.065.025
08.064.074
10.064.029
Atmospheres
M Stars
05.064.044
06.114.026
09.064.046 .053 .054
10.064.075
Atmospheres
M Supergiants
04.064.010
Atmospheres
Magnetic Stars
07.116.004 .005
09.064.043
Atmospheres
Main Sequence Stars
04.064.089

Atmospheres
Main Sequence Stars
06.114.033
07.064.030
Atmospheres
Metallic Line Stars
07.114.056
09.064.006 .007
114.106
Atmospheres
Mira Variables
02.064.037
Atmospheres
Neutron Stars
02.064.035
Atmospheres
Novae
04.124.003
Atmospheres
O Stars
01.064.039
02.064.041
05.064.052
07.064.003
08.064.027
09.064.012
Atmospheres
OB Stars
04.064.073 .074
09.064.016
Atmospheres
Peculiar A Stars
09.114.118
Atmospheres
Pulsating Variables
06.122.014
Atmospheres
Red Dwarfs
01.064.060 .063
Atmospheres
Red Giants
08.064.035 .071
Atmospheres
Rotating Stars
04.064.028
06.064.023
08.065.056
Atmospheres
RR Lyrae Stars
01.064.026
02.064.055
06.122.142
08.064.050
Atmospheres
SC Stars
09.064.081
Atmospheres
Shell Stars
01.064.064
Atmospheres
Solar Type Stars
10.064.015
Atmospheres
Spectroscopic Binaries
10.012.005
Atmospheres
Subdwarfs
03.064.017 .059
04.064.047
09.064.066
Atmospheres
Subgiants
08.064.032
114.048
Atmospheres
Supergiants
01.064.031
03.064.024
05.064.008
114.034

Atmospheres
Supergiants
07.064.016
114.052 .053
08.064.003 .023 .043
114.078 .112
09.064.014
114.107
10.064.016 .021 .039
.054
114.007 .077
Atmospheres
White Dwarfs
01.064.027 .028 .057
02.064.062
03.126.010
04.064.045
05.064.029
126.025 .029 .043
08.064.002 .005
126.004
09.126.024
10.064.028
126.009
Atmospheres
Wolf Rayet Stars
04.064.023
09.064.016 .044 .086
Atomic Clocks
01.035.001 .004
02.035.022 .039
03.035.002
Aurorae
084.000
06.012.021
08.012.019
Automation
05.012.005

B Stars
02.114.024
118.028
05.115.017
B Stars
Absolute Magnitudes
04.115.003
B Stars
Ages
04.155.023
B Stars
Atmospheres
02.064.045
114.050
03.064.015
114.026
04.064.012
05.064.052
08.064.027
09.064.004
10.064.001 .010
B Stars
Bolometric Corrections
03.114.028
04.115.014
B Stars
Catalogues
06.114.129
B Stars
Diameters
09.115.025
B Stars
Distances
04.155.023
B Stars
Element Abundances
04.114.029 .050
08.064.036

499

B Stars
  Galactic Distribution
  04.155.029
  08.155.059
B Stars
  Galactic Halo
  04.114.050
B Stars
  Galactic Orbits
  04.151.018
B Stars
  H II Regions
  08.112.002
B Stars
  Helium Abundance
  05.114.026
  10.064.001
B Stars
  Helium Neutral
  03.114.006
B Stars
  Infrared Photometry
  05.114.039
B Stars
  Kinematics
  01.151.009
  10.155.008
B Stars
  Line Profiles
  08.114.047
B Stars
  Magellanic Clouds
  08.159.008
B Stars
  Mass Loss
  08.065.123
B Stars
  MK Types
  06.114.096
  08.114.109
B Stars
  Models
  09.065.028
B Stars
  Peculiar
  01.114.057
  02.114.015
  03.114.072 .140
  04.114.114
  06.126.012
  08.114.073
  09.114.044 .131
  10.064.030
B Stars
  Photometry
  01.113.018
  03.113.021
  04.113.006 .048 .068
  06.113.017 .047
  10.113.055 .086
B Stars
  Polarization
  09.131.053
B Stars
  Radial Velocities
  01.112.006
  03.112.001
  05.112.008 .010
  06.112.001
  08.112.002
  09.113.016
  10.112.003
B Stars
  Rotation
  04.116.006
  07.114.047
B Stars
  Space Distribution
  08.155.036

B Stars
  Space Motions
  04.155.023
B Stars
  Spectra
  02.114.073
  03.114.126
  04.114.009
  06.114.029
  07.131.071
  08.114.168 .170
  10.114.117
B Stars
  Spectrophotometry
  02.114.050
  03.114.033
  05.113.002
  10.114.155 .156
B Stars
  Temperatures
  01.114.042
  05.114.063
  09.114.061
B Stars
  UV Spectra
  08.114.089 .090
  10.114.155 .156
B Stars
  Velocity Distribution
  05.155.004
Background Radiation
  066.000
  05.162.073
  06.012.019
  09.160.006
Background Radiation
  Cosmic
  03.061.017
Background Radiation
  Galactic
  03.155.008
  05.157.009
  07.155.088
  09.157.005
Balmer Lines
  Chromosphere
  01.073.012
Barium Clouds
  Artificial
  01.022.089
  02.022.108
Barium Stars
  02.113.037
  03.113.001
  04.022.061
  05.114.100
  06.114.133
  07.114.118
  08.114.069
Barnard's Star
  02.117.002
  10.117.002 .019 .020
      .021 .035
Baryon Stars
  03.065.102
Baryon Stars
  Atmospheres
  09.064.017
Baryon Stars
  Rotation
  09.066.002
Baryon Stars
  Stability
  09.065.037
Be Stars
  02.114.023 .024 .044
  09.114.019
Be Stars
  Atmospheres
  01.064.064

Be Stars
  Atmospheres
  05.114.012
  10.064.020
Be Stars
  Envelopes
  01.064.035
  02.064.008 .018
  03.064.008
  04.064.006 .029 .046
  113.030
  116.016
  09.064.033 .034
  10.064.079
Be Stars
  Evolution
  01.065.037
  04.116.009
Be Stars
  Galactic Clusters
  10.114.049
Be Stars
  Gaseous Rings
  07.114.019
Be Stars
  Infrared Photometry
  04.113.030
Be Stars
  Infrared Spectra
  07.114.042
  09.114.120
  10.114.014
Be Stars
  Line Profiles
  01.114.008
  07.114.019
  10.114.016
Be Stars
  Mass Loss
  09.064.084
Be Stars
  Peculiar
  10.114.008
Be Stars
  Photometry
  03.113.003
  04.113.062
  05.113.051
  07.113.004
  09.113.006
Be Stars
  Polarization
  01.114.065
  06.131.046
  07.131.148
  10.131.044
Be Stars
  Rotation
  04.116.009 .013 .016
      .017
Be Stars
  Spectra
  02.114.060
  04.114.016 .018
  05.114.013 .036
  06.114.116
  07.114.019 .043
  08.114.001
      142.145
  09.114.001 .008 .101
      142.027
  10.114.001 .118
Be Stars
  Variations
  09.114.013
Beta Cephei Stars
  03.122.001
  04.119.004
      122.007 .025 .026
           .087

Beta Cephei Stars
05.121.040
122.056 .060 .103
06.122.054 .087 .104
.107 .119 .135
.156
07.115.015
122.011
08.122.012 .097
09.064.045
065.011
119.005
122.003 .049 .109
.110
10.122.082 .105 .132
Beta CMa Variables
07.122.008 .009 .068
09.122.006 .056
Beta Lyrae Stars
02.121.021 .024
03.121.060
04.121.007 .017 .065
05.121.038 .070 .075
06.121.006 .021 .045
.050 .089
07.121.023 .072
08.121.001 .025 .038
.039 .068 .082
.106
09.121.017 .047 .080
10.121.014 .025 .026
.028 .039 .040
.048 .063 .068
.072 .090 .114
.115 .135
Bibliographical Publ
002.000
Binaries
117.000
Binaries
Apsidal Motion
10.066.003
Binaries
Atmospheres
09.117.020
Binaries
Black Holes
06.117.025 .026
08.121.068
142.088
09.066.049
121.069
10.117.001
121.014
Binaries
Chemical Composition
04.114.011
Binaries
Close Binaries
01.118.016
03.117.014
04.012.029
117.001 .003 .005
.008 .009 .010
.015 .020 .023
.024 .028
118.005
121.025 .038
154.013
05.117.001 .007 .015
.016 .017 .018
.021 .024 .029
.030
121.030
06.003.002
117.001 .004 .008
.022
126.001
07.064.048
117.005 .020 .026

Binaries
Close Binaries
07.117.031 .032 .037
.038
121.011 .018 .031
08.117.001 .002 .015
.016 .018 .026
.030 .031 .032
.037
09.012.014
117.001 .008 .011
.017 .018 .022
.028 .034 .038
141.035
10.064.056
117.008 .009 .010
.012 .022 .023
.024 .025 .027
.039 .040
121.013
Binaries
Components
03.117.009
Binaries
Contact Binaries
04.117.014
07.117.001 .002 .007
.011 .017 .018
.019 .033
121.004 .009
08.117.005 .023
09.117.003 .004 .009
.019 .031 .032
.035 .037
10.117.004
121.004 .017
Binaries
Element Abundances
02.119.014
Binaries
Elements
03.121.027
Binaries
Envelopes
02.121.065
03.117.023
04.121.046
06.117.020
Binaries
Eruptive Binaries
07.117.016 .025 .045
08.117.006
Binaries
Evolution
01.065.003 .005
02.065.089
117.020 .026
121.003
03.117.001 .002 .003
.013 .019 .022
.025 .026 .030
04.117.006 .011 .017
05.117.015 .016 .021
.029
06.117.033
07.117.005
09.117.026 .027 .030
119.004
10.117.036 .038
125.009
Binaries
Formation
02.117.039
03.117.007 .015
05.117.026
08.117.028 .038
Binaries
Frequencies
04.117.031

Binaries
Galactic Clusters
09.153.028
10.153.019
Binaries
Gaseous Rings
01.117.012
06.117.024
Binaries
Gaseous Streams
02.117.037
03.117.017
05.117.036 .037
121.082
06.117.009 .017 .028
Binaries
Gravity Darkening
04.121.040
Binaries
Limb Darkening
01.117.007
02.121.025
04.121.051
Binaries
Lunar Occultations
01.119.006
05.096.005
118.009 .026
Binaries
Magnetic Fields
08.117.003
10.117.041
Binaries
Mass Exchange
01.117.001 .002 .004
.010 .015
02.117.004 .009 .015
.016 .017 .018
.019
121.039
03.117.002 .003 .006
.019 .022 .030
04.117.006 .011 .025
121.017
05.121.040
10.117.001 .037
Binaries
Mass Loss
01.122.005
02.121.032 .033
03.117.001
06.117.012
07.117.006 .010
Binaries
Mass-Lumin Relation
08.117.017
Binaries
Masses
10.117.011
121.011
Binaries
MK Types
02.118.027
119.015
Binaries
Models
03.117.018
09.119.005
Binaries
Neutron Stars
05.065.061
Binaries
Orbit Theory
01.117.005 .013
02.117.024
04.117.019
Binaries
Orbits
01.118.001 .002 .003
.008 .011 .013

Binaries
Orbits
01.118.017 .019 .020
     .022 .023 .027
  121.013 .014
02.117.003
  118.002 .005 .006
     .007 .024 .032
     .035 .038
  119.005 .011 .016
     .021
  121.001 .012 .013
     .016 .042 .043
     .097
03.118.007 .008 .009
     .015 .016 .019
  119.005 .006 .010
     .011 .015 .016
  121.004 .022 .024
     .043 .046 .047
     .048 .051
04.118.002 .005 .006
     .009 .010 .014
     .015 .020
  119.002 .003 .004
  121.008 .016 .077
05.117.040
  118.001 .005 .035
     .036 .037
  119.010
  121.023 .045 .064
     .079
06.118.023
  119.001 .009 .012
     .018
  121.032 .056
07.118.003 .004 .008
     .009 .017 .019
     .025 .026 .027
  119.005 .009 .011
     .013
  121.008 .010
08.118.001 .002 .005
     .007
  119.012 .014
  121.072
09.117.001
  118.010 .014 .015
     .017
  119.012
  121.001
10.117.011
  118.004 .006 .008
     .015 .024
  119.002 .006 .015
Binaries
Origin
04.117.016
Binaries
Parallaxes
05.117.012
Binaries
Peculiar A Stars
09.119.008
Binaries
Photometry
01.117.016 .017
02.118.001
  119.012
03.118.005
05.118.024
Binaries
Proper Motions
02.112.017
05.117.012 .022
  118.011
09.112.001
Binaries
Radial Velocities
04.117.027

Binaries
Radial Velocities
05.064.003
Binaries
Radio Sources
09.121.006
  141.005 .066
10.141.010 .096
Binaries
Reflection Effect
01.121.031
02.117.027
03.119.008
05.117.020
06.121.053
08.117.037
Binaries
Rotation
03.117.021
04.117.018
05.121.001
06.117.013
08.116.014
  117.027
Binaries
Spectrophotometry
02.119.019
Binaries
Stability
02.117.025
07.117.007
Binaries
Star Clusters
06.151.035
Binaries
Supernovae
03.125.002
10.117.038
Binaries
Tidal Evolution
08.117.018
Binaries
Unseen Companions
09.117.024
Binaries
White Dwarfs
10.126.015
Binaries
Wolf Rayet Stars
09.119.011
  142.039
10.114.246
Binaries
X Ray Sources
04.142.087
07.142.038 .048 .116
08.119.003
  121.078 .091 .107
  142.004 .005 .022
     .036 .043 .047
     .097 .098 .105
09.142.006 .007 .022
     .023 .024 .025
     .027 .039 .042
     .043 .044 .045
     .079 .081 .087
     .091 .092 .098
     .099 .102 .114
     .117 .124 .146
     .150 .151
10.065.042
  113.095
  117.008
  121.002 .043 .044
     .069 .089
  141.010
  142.002 .015 .023
     .025 .032 .033
     .035 .037 .046
     .049 .050 .051

Binaries
X Ray Sources
10.142.057 .065 .068
     .073 .074 .098
     .128 .131 .133
     .137
Biography
005.000
BL Lacertae
09.122.052 .068 .116
  141.007 .031 .109
10.122.028 .118 .184
  141.094
Black Holes
06.065.103
  066.027 .041 .047
     .053 .059 .060
     .067 .078 .141
  121.045 .089 .092
  151.014
07.065.006 .105
  066.010 .017 .038
     .046 .047 .056
     .066 .074 .096
     .103 .106 .107
     .110 .111 .124
     .127
  117.027
  141.069
08.066.002 .009 .023
     .063 .067 .072
     .088 .095 .098
     .103 .108 .109
     .124 .127 .147
     .148 .149 .150
     .167
  142.092
  162.045
09.066.008 .017 .018
     .019 .073 .081
     .084 .085 .095
     .099 .100 .111
  131.044
  141.076
  142.037
  158.042
10.003.143
  061.031
  065.097 .123
  066.005 .020 .023
     .025 .030 .031
     .034 .035 .036
     .038 .039 .044
     .047 .093 .122
     .125 .130 .131
     .147 .148 .149
     .150 .151 .152
     .155 .156 .162
     .165 .169 .171
     .178 .183
Black Holes
Accretion
10.066.024
Black Holes
Binaries
06.117.025 .026
08.121.068
  142.088
09.066.049
  121.069
10.117.001
  121.014
Black Holes
Galaxies
08.162.038
Black Holes
X Ray Sources
08.142.023 .106
09.142.023 .024 .025
10.142.065

Blue Objects
01.113.011
155.010
02.126.011
05.113.015
06.113.013 .020 .044
07.113.032
08.113.032 .064
09.113.013 .053
10.113.093
Blue Stars
07.113.046
08.114.026 .027
141.118
158.109
Blue Stars
Evolution
10.115.030
Blue Stars
Galactic Anticenter
06.113.051
Blue Stars
Globular Clusters
07.154.007
Blue Stars
Magellanic Clouds
05.159.001
Blue Stars
Photometry
03.113.050
04.113.029 .057
05.031.021
08.122.020 .022 .023
Blue Stars
Proper Motions
02.112.018
Blue Stars
Search
09.113.017
10.113.086
Blue Stars
Spectra
07.114.016
Blue Stellar Objects
03.141.126
04.141.036 .148
Blue Stragglers
06.122.158
153.029
Blue Variables
Galaxies
09.122.010
Blue Variables
Photometry
10.122.104
Bolometric Corrections
B Stars
03.114.028
04.115.014
Bolometric Corrections
F Stars
03.114.028
Books
003.000
Brans-Dicke Theory
01.066.019 .020 .062
02.066.026 .049
162.044
04.066.079 .094
05.066.040
06.066.071 .103 .105
.110 .114 .121
.144
162.064 .065 .066
07.066.009 .016 .100
.120 .121
162.050 .053
08.066.043 .103 .146
080.029
162.046 .066 .070

Brans-Dicke Theory
08.162.071
09.066.093 .124
162.083 .085
10.066.175 .176
162.008
Bright Stars
Absolute Magnitudes
09.115.005
Bright Stars
Infrared Photometry
09.113.058
Bright Stars
Magnetic Fields
10.116.014
Bright Stars
Photometry
02.113.056
03.113.046
Bright Stars
Spectrophotometry
08.114.175
Butterfly Diagrams
01.072.003

C Giants
Spectra
03.114.127
C-M Diagrams
Clusters of Galaxies
02.160.017
09.160.014
C-M Diagrams
Galactic Clusters
01.153.008 .009
02.153.008 .017 .023
.028
04.153.003 .005 .014
.022 .046 .050
05.153.001 .002 .014
.021 .031
06.113.036
07.153.014
08.153.008 .018
10.153.003
C-M Diagrams
Galaxies
06.158.116
C-M Diagrams
Globular Clusters
01.154.011
03.154.014
04.154.002 .005 .017
05.154.007 .018
06.154.001
07.154.018 .021 .022
.026
08.154.009 .013
09.154.012
10.154.003 .015 .017
.023
C-M Diagrams
Star Clusters
05.159.009
C-M Diagrams
Stellar Associations
04.159.005
Calendars
047.000
Calibrations
Absolute Magnitudes
09.115.003
10.012.008
Calibrations
Antennas
02.033.002 .003
10.141.139

Calibrations
Infrared
05.113.040
Calibrations
Photometric
02.113.031
03.114.117
08.114.022
09.113.038
Calibrations
Radio Telescopes
10.041.004
Calibrations
Spectrophotometric
01.012.003
04.031.034
05.115.018
Canonical Transformations
02.042.018 .021
03.042.058
04.042.015 .024 .045
05.042.009 .024 .055
08.042.033 .087
09.042.045
10.042.001
Carbon Dioxide
Mars Atmosphere
01.097.003 .008
02.097.058
03.097.004 .005 .006
.011 .018 .025
.028
04.097.027 .029 .036
.048 .060
05.097.019 .028 .029
.030 .044 .059
06.097.006 .028 .086
07.097.037 .039
09.097.004 .027
10.022.019
097.023 .069 .089
Carbon Dioxide
Planetary Atmospheres
04.091.035
06.091.022
07.091.035 .036
Carbon Dioxide
Venus Atmosphere
01.093.014 .021 .063
.064
02.093.031
03.093.014 .016 .017
04.093.023 .026 .027
.033 .081
097.048
05.093.018 .026 .027
.044 .048
097.044
06.093.009
07.093.019
08.093.035 .047
09.093.006
10.022.019
093.002 .011 .016
Carbon Monoxide
Interstellar Clouds
07.131.092
08.131.050
155.052
Carbon Monoxide
Interstellar Matter
05.131.065
08.131.098
Carbon Monoxide
Mars Atmosphere
02.097.017
04.097.035
Carbon Stars
01.114.070
02.113.061

SUBJECT INDEX - VOL.1-10

Carbon Stars
  02.114.001 .002 .067
      .113 .114
  03.114.014 .068 .124
  04.064.025
    114.047 .071
  05.114.006 .008 .088
      .111
  06.003.004
    114.068 .110 .128
  07.065.028
    113.025
    114.028 .059
  08.114.032 .182
    152.009
  09.114.007 .011
    122.077
  10.114.041 .045 .136
      .184 .186
    153.003
Carbon Stars
  Atmospheres
  01.064.046 .047
  02.064.036
  10.064.050 .078
    114.053 .183
Carbon Stars
  Catalogues
  06.114.013
Carbon Stars
  Convection
  10.065.002
Carbon Stars
  Diameters
  09.115.008
Carbon Stars
  Element Abundances
  03.114.046
Carbon Stars
  Evolution
  07.065.062 .078
  09.065.087 .088 .163
Carbon Stars
  Galactic Clusters
  10.113.016
Carbon Stars
  Globular Clusters
  10.112.006
    114.031 .032 .248
Carbon Stars
  Infrared Photometry
  05.113.010
Carbon Stars
  Infrared Spectra
  04.114.033 .075
  06.114.010
  10.114.169
Carbon Stars
  Models
  01.065.007
  08.065.101
  10.065.002
Carbon Stars
  Nuclear Reactions
  09.065.032
Carbon Stars
  Parallaxes
  09.111.002
Carbon Stars
  Photometry
  03.113.001
  05.113.043
  10.113.016
Carbon Stars
  Proper Motions
  09.111.002
Carbon Stars
  Radial Velocities
  10.112.006

Carbon Stars
  Spectra
  03.114.035
  04.114.026 .027
  06.114.016 .040
  07.114.044 .073
  08.064.042
    114.097 .130
  10.114.024 .170
Carbon Stars
  Spectrophotometry
  07.114.084
  08.113.061
Carbon Stars
  Stability
  07.065.078
  10.065.007 .136
Cataclysmic Binaries
  09.117.004
Cataclysmic Variables
  07.122.038
  08.117.022
  09.117.036
Catalogues
  Astrographic
  03.041.007
  04.041.017
  05.041.006
  06.041.025
  07.041.004 .054
Catalogues
  B Stars
  06.114.129
Catalogues
  Carbon Stars
  06.114.013
Catalogues
  Close Binaries
  06.003.002
Catalogues
  Early Type Stars
  02.114.046
  03.041.018
Catalogues
  Emission Nebulae
  09.132.032
Catalogues
  Faint Stars
  08.041.007
Catalogues
  Fundamental
  See Fundamental Catalogues
Catalogues
  Galactic Clusters
  06.153.015
  08.132.003
Catalogues
  Galaxies
  02.158.025
  08.003.014
  10.158.022 .043 .072
Catalogues
  H II Regions
  08.132.003
Catalogues
  Meteors
  01.104.028
Catalogues
  O Stars
  10.114.113
Catalogues
  Proper Motions
  041.000
Catalogues
  Pulsars
  01.141.157
Catalogues
  Quasars
  06.141.199

Catalogues
  Radio Sources
  01.141.077 .127
  03.141.035 .197
  06.141.017
  08.141.026
  09.141.127 .132
  10.141.004 .019 .032
      .105
Catalogues
  Reflection Nebulae
  01.132.054
  06.132.019
Catalogues
  Solar Flares
  02.073.088
Catalogues
  Spectroscopic Binaries
  05.119.006
  06.119.008
  09.119.007
Catalogues
  Star Clusters
  04.153.051
Catalogues
  Star Positions
  041.000
Catalogues
  Stellar Associations
  04.153.051
Catalogues
  Stellar Spectra
  03.114.020
Catalogues
  Supernova Remnants
  03.125.016
Catalogues
  Supernovae
  02.125.007
Catalogues
  Variables
  120.000
  09.003.003
Catalogues
  X Ray Sources
  03.142.013
  08.142.101
Celestial Mechanics
  042.000
  04.012.003
  07.012.020
  08.012.001
  10.012.001 .020 .039
Cepheids
  01.122.003 .024 .055
      .076 .077 .084
      .085 .106 .108
  02.122.033 .034 .067
      .079 .096 .128
      .150 .151 .173
  03.065.078
    122.014 .020 .021
      .023 .027 .037
      .057 .058 .059
      .072
  04.065.028
    122.008 .016 .019
      .028 .029 .030
      .066 .068 .070
      .071 .077 .081
      .082 .086 .099
      .103 .105 .106
      .111 .127 .141
      .164 .167
    155.025
    158.057
  05.065.118
    115.005
    122.009 .039 .097
  06.122.005 .008 .027

SUBJECT INDEX - VOL.1-10

Cepheids
  06.122.036 .073 .075
      .091 .114
  07.114.120 .121
  122.044 .049 .066
      .067 .152 .159
  132.003
  08.065.039 .097
  122.005 .029 .033
      .074 .077 .081
  09.122.002 .032 .105
      .108 .113 .138
      .140
  10.065.019 .056
  114.122
  122.011 .077 .084
      .179 .185
  153.005
Cepheids
  Absolute Magnitudes
  06.122.009
Cepheids
  Ages
  09.151.036
Cepheids
  Andromeda Nebula
  09.158.038
Cepheids
  Atmospheres
  01.122.002
  02.122.087
  04.064.088
  122.003
  05.064.053
  122.011
  06.064.051
  09.122.036
  10.122.039
Cepheids
  Chemical Composition
  08.122.102
Cepheids
  Classification
  01.122.043
  06.122.004
Cepheids
  Colors
  08.122.037
Cepheids
  Companions
  06.122.037
Cepheids
  Distances
  03.155.042
Cepheids
  Distribution Functions
  04.122.028
Cepheids
  Element Abundances
  01.114.013
  08.122.021
Cepheids
  Envelopes
  05.122.101
Cepheids
  Evolution
  01.065.002
  06.065.037
  122.155
  07.065.019
Cepheids
  Galactic Clusters
  02.122.095
  153.009
  03.122.018
  04.122.006
Cepheids
  Galactic Distribution
  03.155.042

Cepheids
  Galactic Orbits
  09.151.036
Cepheids
  Galaxy
  04.122.005 .171 .175
Cepheids
  Globular Clusters
  02.154.001
  03.154.012 .013
  06.122.057
  154.014
  08.154.004
  09.122.125
  10.122.003 .036 .064
      .068
Cepheids
  Kinematics
  04.122.038
Cepheids
  Light Curves
  04.122.004
  05.122.032
  06.122.060 .070
Cepheids
  Long Period
  06.122.090
  10.122.073
Cepheids
  Luminosities
  05.115.006
Cepheids
  Magellanic Clouds
  02.159.004 .005 .007
      .008
  04.122.005 .173 .174
  06.122.132
  07.122.137
  159.020
  08.112.017
  122.034 .084
  159.009
  09.122.011
  10.122.181
  159.005
Cepheids
  Mass-Lumin Relation
  02.065.032
  08.065.098
  10.122.093
Cepheids
  Masses
  02.122.080
  05.115.006
  06.065.037
  07.122.002 .010 .043
  08.122.026
  10.122.008
Cepheids
  Models
  04.065.094
  06.065.037 .050 .079
      .141
  122.069
  08.122.045
Cepheids
  Period-Lumin Relation
  02.115.018
  03.122.056
  10.122.033 .036
Cepheids
  Periods
  09.122.123
  10.122.009
Cepheids
  Photometry
  02.122.094 .174 .180
  03.113.011
  122.035
  05.122.032 .042 .043

Cepheids
  Photometry
  07.122.047 .048 .056
      .131
  08.122.084
  10.122.040
Cepheids
  PLC Relations
  02.153.009
  08.065.098
Cepheids
  Positions
  10.122.038
Cepheids
  Proper Motions
  06.122.113
  10.122.038
Cepheids
  Pulsation Theory
  02.065.030 .031 .032
Cepheids
  Radial Velocities
  06.122.004
  08.122.094
Cepheids
  Radii
  05.115.006
  07.122.089
  09.122.123
  10.122.008
Cepheids
  Spectra
  03.122.051
  04.122.090
  06.122.102
  08.122.021 .094
Cepheids
  Stellar Associations
  05.152.007
Cepheids
  Temperatures
  10.122.002
Chemical Composition
  Binaries
  04.114.011
Chemical Composition
  Cepheids
  08.122.102
Chemical Composition
  Cosmic Rays
  01.143.003 .022 .058
  04.143.010 .013 .059
  05.143.004
  06.143.022 .034
  07.143.012 .028 .029
      .040 .054
  08.143.014
  09.143.010 .029
  10.143.011 .029
Chemical Composition
  Early Type Stars
  03.117.029
Chemical Composition
  Earth
  081.000
  06.094.286
Chemical Composition
  F Stars
  09.114.035
Chemical Composition
  G Stars
  09.114.035
Chemical Composition
  Galactic Clusters
  07.153.018
Chemical Composition
  Gaseous Nebulae
  04.132.011

Chemical Composition
Globular Clusters
10.154.005
Chemical Composition
High Velocity Stars
02.114.063
Chemical Composition
Hyades
09.153.032
Chemical Composition
Interstellar Matter
06.131.134
09.131.001
Chemical Composition
Jovian Planets
09.091.027
Chemical Composition
Jupiter
02.099.058
04.099.024
Chemical Composition
Jupiter Atmosphere
03.091.014
Chemical Composition
K Stars
03.064.044
08.114.018
Chemical Composition
Late Type Stars
01.065.055
04.114.014
Chemical Composition
Main Sequence Stars
08.065.053
09.115.026
10.065.052
Chemical Composition
Mars
01.094.076
Chemical Composition
Mars Atmosphere
06.097.008
07.097.104
08.097.006
09.097.033
Chemical Composition
Massive Stars
01.065.054
Chemical Composition
Meteorites
04.105.016
05.105.055 .077 .083
07.105.053
09.105.027
10.105.031 .032
Chemical Composition
Moon
01.094.076
02.094.068 .069
03.094.174 .236 .258
04.094.399
05.094.041
06.094.286
07.094.111
08.094.022 .194
09.094.039 .909 .910
10.094.040
Chemical Composition
Moon Surface
03.094.021 .024
04.094.006 .341
08.094.005 .145 .149
    .156
09.094.050 .301 .585
    .587 .837 .844
    .896
10.094.089 .096 .165
    .513

Chemical Composition
Neutron Stars
07.065.005
Chemical Composition
ON Stars
08.114.110
Chemical Composition
Peculiar A Stars
09.114.091
Chemical Composition
Photosphere
06.071.021
08.071.074 .078
Chemical Composition
Planetary Atmospheres
01.091.026
02.091.047
05.091.029
06.091.029
08.091.001
09.091.044 .066
Chemical Composition
Planetary Nebulae
06.131.134
133.012
10.133.039
Chemical Composition
Planets
01.091.019
Chemical Composition
Population I Stars
10.115.004
Chemical Composition
Quasars
04.141.151
Chemical Composition
Radio Sources
06.141.205
Chemical Composition
Saturn Atmosphere
03.091.014
Chemical Composition
Solar Atmosphere
05.071.038
08.071.035
Chemical Composition
Solar Corona
01.074.025
06.071.021
07.074.031
Chemical Composition
Solar Wind
07.074.090
Chemical Composition
Stellar Atmospheres
08.114.036
Chemical Composition
Stellar Envelopes
10.064.081
Chemical Composition
Stellar Evolution
07.065.025
Chemical Composition
Subdwarfs
07.126.012 .017
Chemical Composition
Subgiants
04.114.073
Chemical Composition
Supergiants
10.065.040
Chemical Composition
Venus Atmosphere
01.093.007 .023 .030
    .032
02.093.010 .018 .042
03.093.013 .019
04.093.035 .046 .059
05.093.019
06.093.016

Chemical Composition
Venus Atmosphere
06.097.008
09.093.007
Chemical Composition
Visual Binaries
08.114.093
Chemical Composition
Wolf Rayet Stars
10.114.244
Chondrites
01.105.004 .005 .014
    .016 .019 .027
    .031 .042 .046
    .050 .056 .059
    .060 .077 .092
02.105.001 .019 .022
    .024 .026 .066
    .071 .076 .078
    .083 .091 .092
    .094 .095 .099
    .100 .101 .102
    .103 .115 .116
    .156 .157 .158
    .164
03.082.005
    105.072 .079 .080
    .082 .084 .089
    .090 .091 .092
    .096 .105 .119
    .121 .122 .125
    .131 .132 .135
04.094.064
    105.001 .011 .012
    .014 .031 .036
    .039 .041 .042
    .043 .050 .053
    .059 .061 .065
    .080 .108
05.094.113
    105.004 .012 .013
    .016 .020 .026
    .032 .033 .036
    .037 .038 .041
    .042 .053 .056
    .062 .063 .068
    .071 .087
06.105.014 .021 .022
    .024 .063 .065
    .073 .155
07.105.001 .006 .009
    .012 .013 .016
    .030 .038 .047
    .056 .072
08.105.005 .006 .009
    .015 .019 .021
    .028 .044 .046
    .047 .055 .058
    .059 .076 .126
    .127 .128 .130
09.105.002 .004 .005
    .006 .007 .008
    .009 .010 .011
    .013 .016 .018
    .021 .037 .042
    .050 .053 .056
    .057 .120 .142
    .151 .152
10.061.004
    105.001 .002 .005
    .008 .009 .010
    .013 .014 .015
    .017 .034 .040
    .046 .047 .048
    .065 .070 .071
    .073 .086 .106
Chromosphere
08.012.012

Chromosphere
  Acoustic Waves
    04.061.010
    10.073.039 .040
Chromosphere
  Alfven Waves
    07.073.024
Chromosphere
  Balmer Lines
    01.073.012
Chromosphere
  Brightness Temperature
    03.071.039
       073.055
    09.073.037
    10.073.050
Chromosphere
  Convection
    04.073.019
Chromosphere
  Electron Densities
    03.073.005
    06.073.022
Chromosphere
  Element Abundances
    01.073.026
    05.073.043
Chromosphere
  Extreme UV
    03.076.007
Chromosphere
  Fine Structure
    06.073.058 .059 .074
            .077 .100
    07.073.001 .058
Chromosphere
  Gravitational Waves
    09.073.108
Chromosphere
  Heating
    04.073.020 .035
    05.073.039
    06.073.089
    07.073.012 .082
    08.073.094
Chromosphere
  Helium Abundance
    06.073.024
    09.071.016
Chromosphere
  Hydromagnetic Waves
    06.073.108
Chromosphere
  Iron Abundance
    04.073.011
Chromosphere
  Limb Darkening
    01.073.025
Chromosphere
  Line Profiles
    04.071.054
    05.073.033 .040 .041
            .046
    07.022.008
       071.003
    08.073.024
    09.073.103
Chromosphere
  Lyman Alpha
    06.076.018
    10.073.036 .081
Chromosphere
  Magnetic Fields
    02.071.031
    03.071.040
       073.051
    04.073.003 .021
    06.073.009 .013 .041
            .048 .076 .109
    07.073.004 .010 .036

Chromosphere
  Magnetic Fields
    10.073.113
Chromosphere
  Metal Abundances
    07.073.041
Chromosphere
  Models
    02.073.007
    03.071.032
       073.052
    04.061.010
       073.019
    05.073.008 .009 .039
            .048
    06.071.059
       073.001 .086
    07.073.067
    08.073.003 .093 .101
            .110
       077.016
    10.073.050 .112 .123
Chromosphere
  Mottles
    03.073.006
    09.073.085 .086
Chromosphere
  Oscillations
    01.073.027
    03.073.040
    06.073.011
    09.073.018
    10.073.028 .113
Chromosphere
  Photometry
    09.073.037
Chromosphere
  Radiative Transfer
    04.073.034
    07.073.011 .084
Chromosphere
  Radio Radiation
    05.073.048
    07.073.002
Chromosphere
  Rotation
    08.080.061
    10.073.125
Chromosphere
  Shock Waves
    02.073.060
    04.073.020
    05.073.039
    06.080.003
    08.073.022
    10.073.011
Chromosphere
  Spectra
    02.073.008 .009 .048
    03.073.001 .009 .013
            .014
    04.071.020
       073.057 .058 .069
    05.073.010 .020 .025
            .034 .043 .044
            .046 .047
    06.071.051
    07.073.053 .068
       074.007
    08.071.063
       073.015 .016 .103
            .107
    09.073.001 .008 .020
    10.073.122 .123
Chromosphere
  Spectrophotometry
    10.073.002
Chromosphere
  Structure
    02.073.046 .047 .068

Chromosphere
  Structure
    02.073.086
    03.073.024 .041 .050
    04.073.002
    05.073.052
    06.073.012 .034 .070
    07.073.005 .008
    08.073.104
    09.073.008 .095
    10.073.016 .056
Chromosphere
  Surface Brightness
    07.073.066
Chromosphere
  Temperatures
    03.073.034
Chromosphere
  Thermal Conductivity
    04.073.034
    07.073.011
Chromosphere
  Turbulence
    05.071.030
       073.016
    10.073.039 .040
Chromosphere
  UV Radiation
    05.073.048
Chromosphere
  UV Spectra
    09.073.094
Chromosphere
  Velocities
    06.073.073
    10.073.012
Chromosphere
  Velocity Fields
    07.073.009
Chromosphere-Corona
  Transition Region
    07.073.037
    08.073.003 .057 .110
            .115 .116
       080.061
    09.073.015 .092
    10.073.003 .004
Chromospheres
  Stellar
    01.114.047
    02.064.002
    04.064.085 .086 .087
            .103
       117.033
       122.075
    06.064.002 .049 .050
            .060
       114.107
    07.061.012
    08.064.004
       073.101
    09.064.009 .025 .067
       114.048
    10.064.002 .003 .018
            .047
Chronology
    004.000
Circumstellar Matter
    01.064.024
       131.017
    02.064.011 .012
       122.041
       131.073
    03.114.038
       122.024
       131.022
    04.114.036 .077
       122.039 .047
       132.012
    05.105.055

Circumstellar Matter
05.113.016
114.039 .086
131.029
132.028
153.026
06.114.064
121.007
131.043 .044 .049
.086
152.002
07.114.060
131.015 .067
132.035
08.064.024 .044 .049
.065
114.019 .020 .071
131.092
09.061.040
064.001 .011
114.120 .170
121.062
122.137
131.033
10.012.005
065.110
113.028
114.167
117.014
131.285
142.135
Circumstellar Matter
Close Binaries
04.117.010
Circumstellar Matter
Galactic Clusters
07.153.003
08.153.007
Circumstellar Matter
Grains
04.064.016
06.122.101
Circumstellar Shells
10.064.053
Clocks
035.000
Close Binaries
01.118.016
04.117.009 .023 .024
.028
121.038
07.117.020
08.117.032 .037
09.012.014
117.001 .011 .022
10.117.008 .039
Close Binaries
Atmospheres
04.117.020
07.064.048
Close Binaries
Catalogues
06.003.002
Close Binaries
Circumstellar Matter
04.117.010
Close Binaries
Elements
10.117.027
Close Binaries
Evolution
04.012.029
117.008
05.117.015 .016 .021
.029
06.117.001 .004 .008
.022
07.117.032
09.117.017 .018
10.117.010 .040

Close Binaries
Explosions
09.117.008
Close Binaries
Figures
07.117.038
Close Binaries
Galactic Clusters
04.154.013
Close Binaries
Galactic Frequency
10.117.025
Close Binaries
Gaseous Rings
04.117.005
05.117.024
08.117.030
Close Binaries
Gaseous Streams
09.117.038
Close Binaries
Globular Clusters
04.154.013
Close Binaries
Light Curves
04.121.025
05.117.007 .029 .030
07.121.031
Close Binaries
Limb Darkening
04.117.001
Close Binaries
Luminosities
04.117.001
118.005
Close Binaries
Mass Exchange
04.117.003
05.117.001 .016
06.117.004
126.001
08.117.026
10.117.024
Close Binaries
Mass Loss
04.012.029
07.121.011
08.117.001 .002 .016
10.117.012
Close Binaries
Masses
04.118.005
07.117.032
Close Binaries
Models
07.117.005 .031
08.117.015
09.117.028
Close Binaries
Orbits
See Binaries Orbits
Close Binaries
Oscillations
03.117.014
Close Binaries
Period Changes
10.121.013
Close Binaries
Photometry
05.121.030
07.121.018
Close Binaries
Polarization
04.117.020
Close Binaries
Radio Radiation
09.141.035
Close Binaries
Rings
10.117.022

Close Binaries
Rotation
04.117.015
07.117.037
08.117.031
Close Binaries
Source Functions
10.064.056
Close Binaries
Spectra
05.117.018
Close Binaries
Spectrophotometry
05.117.017
Close Binaries
Structure
07.117.026
Close Binaries
Tidal Evolution
08.117.018
09.117.034
10.117.009
Close Binaries
X Ray Sources
10.117.023
Clouds
Galactic Center
08.155.008
Clouds
Intergalactic Matter
03.161.010
Clouds
Interplanetary Matter
05.106.029
Clouds
Interstellar Matter
03.131.027
04.131.005 .015 .033
.035 .087
151.033
05.131.083 .129
06.131.018 .019 .045
.087 .132 .133
.137
07.131.022 .024 .052
.068 .092
08.131.012 .017 .018
.080 .099
09.131.017 .174
10.131.004 .005 .007
.062 .065 .081
.082 .288
Clouds
Jupiter Atmosphere
03.099.022 .031
04.099.002
06.099.014
07.099.038 .039
08.099.087 .097 .098
09.099.005 .043 .045
.090
10.099.002 .025 .035
.038 .058 .086
Clouds
Mars Atmosphere
03.097.026
05.097.041 .042
06.097.010 .058 .097
.098
08.097.002 .072
09.097.044
10.097.045 .088
Clouds
Planetary Atmospheres
01.091.033
07.091.034
10.091.001
Clouds
Saturn Atmosphere
08.100.023

SUBJECT INDEX - VOL.1-10

Clouds
  Saturn Atmosphere
    09.100.056
    10.099.086
Clouds
  Venus Atmosphere
    01.093.068 .069 .076
    02.093.007 .021
    03.093.002
    04.093.018 .019 .021
       .037 .038 .052
       .074 .075 .088
    05.093.003 .014 .015
       .031 .032 .033
       .045
    06.093.014 .022 .023
    07.091.006
       093.001 .003 .004
       .012 .013 .015
       .028
    08.093.006 .032
    09.093.001 .012 .017
       099.043
    10.093.017 .020
Clusters
  Galactic
    153.000
Clusters
  Globular
    154.000
Clusters
  Moving Clusters
    153.000
    02.155.013
Clusters
  Open Clusters
    153.000
Clusters of Galaxies
    160.000
    09.158.106
Clusters of Galaxies
  C-M Diagrams
    02.160.017
    09.160.014
Clusters of Galaxies
  Central Region
    10.160.008
Clusters of Galaxies
  Classification
    04.160.015
    05.160.011
Clusters of Galaxies
  Coma
    02.160.006
    03.160.002 .003 .006
       .015
    04.160.002 .004 .008
       .009
    05.160.004 .015
    06.142.002
       160.001 .009
       161.004
    07.160.013 .031
    08.158.010
       160.002 .004 .005
       .007 .008 .020
       .022
    09.160.001 .008 .013
    10.151.027
       160.002 .005 .008
       .009 .012 .036
       .040
Clusters of Galaxies
  Distances
    04.160.014
    05.158.059
Clusters of Galaxies
  Distribution
    04.160.012 .013
    05.158.072

Clusters of Galaxies
  Distribution
    06.160.003
    07.160.004
    10.160.004
Clusters of Galaxies
  Dynamics
    06.160.002
    08.160.006
    09.160.008
Clusters of Galaxies
  Evolution
    08.160.007
Clusters of Galaxies
  Expansion
    05.160.001
    06.162.003
    07.160.002
    10.160.020
Clusters of Galaxies
  Formation
    06.151.062
    07.160.022
    08.151.021
       160.012
    10.162.004
Clusters of Galaxies
  H I Clouds
    09.160.016
Clusters of Galaxies
  H I Regions
    10.160.038
Clusters of Galaxies
  Hubble Diagrams
    10.160.006 .007
Clusters of Galaxies
  Intergalactic Matter
    03.160.015
    06.161.004
    08.160.002
    10.160.025
Clusters of Galaxies
  Kinematics
    02.160.006
    07.160.029
Clusters of Galaxies
  Luminosity Function
    02.160.002 .017 .019
    09.160.004 .009
    10.160.026
Clusters of Galaxies
  Lyman Alpha
    09.160.024
Clusters of Galaxies
  Mass-Lumin Relation
    04.160.008
Clusters of Galaxies
  Masses
    05.066.032
Clusters of Galaxies
  Membership
    09.160.014
Clusters of Galaxies
  Models
    05.151.030
    10.160.013
Clusters of Galaxies
  Photometry
    10.160.006
Clusters of Galaxies
  Quasi-Stellar Objects
    08.160.010
Clusters of Galaxies
  Radio Radiation
    02.160.003
    10.160.022
Clusters of Galaxies
  Radio Sources
    09.141.015
    10.141.006

Clusters of Galaxies
  Redshifts
    04.158.025
    06.160.008
    09.160.011 .027
    10.160.002
Clusters of Galaxies
  Relaxation
    04.160.005
Clusters of Galaxies
  Sizes
    09.160.021
Clusters of Galaxies
  Space Distribution
    02.160.021
Clusters of Galaxies
  Stability
    04.162.081
    05.160.008
    06.160.006
    07.160.003 .023
    08.160.016
    09.160.002
Clusters of Galaxies
  Structure
    03.160.002
Clusters of Galaxies
  Virgo
    02.160.015 .016
    03.160.003
    04.160.001
    05.160.009
    08.160.008 .018
    09.160.002 .025
    10.160.014
Clusters of Galaxies
  X Ray Sources
    06.142.002
Clusters of Galaxies
  X Rays
    05.160.009 .015
    06.160.007 .009
    07.142.013 .108
       160.020
    08.160.006 .007 .019
       .027
    09.142.083
       160.003 .012 .023
    10.142.052
       160.001 .005 .009
       .019 .025 .027
CN Stars
    05.114.004
    07.114.070
Collapse
  Gas Clouds
    01.131.013
    02.131.068 .071
       151.017
    03.065.064
       131.105
    05.065.071
    09.061.061
Collapse
  Gravitation
    01.066.044 .061
       162.050
    03.066.011 .022 .057
    04.022.083
       065.020
       066.018 .039 .042
       .089
       162.034
    05.066.001 .028 .045
    06.066.008 .040 .092
       .145
    07.065.054
       066.116 .124 .143
    08.066.065 .066 .108
       .114 .125 .148

509

SUBJECT INDEX - VOL.1-10

Collapse
  Gravitation
  08.066.149 .153 .162
              .165
  09.065.165
      066.017 .083 .088
            .089 .098 .106
  10.066.004 .047 .127
            .128 .164
Collapse
  Helium Stars
  07.065.124
Collapse
  Interstellar Clouds
  05.131.108
  09.131.019 .134
Collapse
  Neutron Stars
  04.065.099
Collapse
  Rotating Stars
  06.066.010
  07.066.032
Collapse
  Stars
  01.066.004 .025 .031
  02.022.009
  03.066.043 .051
Collapse
  Stellar Evolution
  07.065.089
Collapse
  Stellar Systems
  07.151.025
  10.151.042
Collapse
  Supermassive Stars
  07.065.053
Collapse
  White Dwarfs
  05.126.039
Collapsing Stars
  Luminosities
  08.115.028
Colloquia Proceedings
  012.000
Colloquia Reports
  011.000
Color Indices
  Sun
  05.080.015
  08.080.023
Color-Lumin Relation
  Main Sequence Stars
  10.115.008
Colors
  113.000
Colors
  Cepheids
  08.122.037
Colors
  Eclipsing Variables
  10.121.068
Colors
  F Dwarfs
  06.113.027
  08.113.017
Colors
  F Stars
  04.113.015
Colors
  G Dwarfs
  06.113.027
      114.001
  08.113.017
  09.113.032
Colors
  Intrinsic
  03.113.018

Colors
  Late Type Stars
  10.113.117
Colors
  Main Sequence Stars
  05.115.015
  09.113.047
Colors
  Mars
  01.097.017
  02.097.044
Colors
  Moon
  01.094.031 .071 .084
  04.094.346
Colors
  OB Stars
  01.115.002
Colors
  Quasars
  07.141.131
Colors
  Reflection Nebulae
  04.132.019 .020
  05.132.013
Colors
  Star Catalogues
  09.113.054
  10.113.021 .022 .023
            .024 .025
Colors
  Subgiants
  09.113.032
Colors
  Supergiants
  05.115.005
  08.122.037
Colors
  X Ray Sources
  08.142.053
Coma
  Clusters of Galaxies
  02.160.006
  03.160.002 .003 .006
            .015
  04.160.002 .004 .008
            .009
  05.160.004 .015
  06.142.002
      160.001 .009
      161.004
  07.160.013 .031
  08.158.010
      160.002 .004 .005
            .007 .008 .020
            .022
  09.160.001 .008 .013
  10.151.027
      160.002 .005 .008
            .009 .012 .036
            .040
Coma
  Galactic Clusters
  04.153.007
Comet 1682 Halley
  03.103.100
Comet 1835 III Halley
  02.103.118
Comet 1852 III Biela
  05.103.135
  06.103.113
Comet 1853 III Klinkerfues
  03.103.109
Comet 1862 III
  Swift-Tuttle
  10.103.107
Comet 1866 I Tempel-Tuttle
  08.103.110
Comet 1879 I Brorsen
  08.103.135

Comet 1879 III Tempel 1
  01.103.126
  06.103.118
Comet 1905 II Borrelly
  09.103.131
Comet 1908 II Tempel-Swift
  01.103.121
  02.103.124
  10.103.120
Comet 1908 III Morehouse
  03.103.107
Comet 1909 IV Daniel
  05.103.110
Comet 1910 II Halley
  06.103.105
  07.103.118
  08.103.104
  09.103.103
Comet 1913 VI Westphal
  10.103.112
Comet 1925 II
  Schwassmann-Wachmann 1
  09.103.125
  10.103.111
Comet 1927 I Neujmin 2
  04.103.122
Comet 1929 I
  Schwassmann-Wachmann 2
  09.103.130
Comet 1930 VI
  Schwassmann-Wachmann 3
  09.103.136
  10.103.130
Comet 1932 VII Newman
  05.103.123
Comet 1936 IV
  Jackson-Neujmin
  03.103.125
Comet 1937 V Finsler
  08.103.113
Comet 1938 I Gale
  03.103.130
Comet 1939 IV Vaeisaelae
  04.103.141
Comet 1940 IV Whipple-
  Paraskevopoulos
  05.103.122
Comet 1941 I Cunningham
  04.103.107
Comet 1941 IV De Kock-
  Paraskevopoulos
  05.103.124
Comet 1941 VII Du Toit-
  Neujmin-Delporte
  03.103.121
Comet 1942 II
  Vaeisaelae 2
  05.103.134
Comet 1942 IX
  Stephan-Oterma
  08.103.111
Comet 1943 I Whipple-
  Fedtke-Tevsadse
  01.103.114
Comet 1944 III Du Toit 1
  10.103.122
Comet 1947 I Bester
  04.103.109
Comet 1948 V
  Pajdusakova-Mrkos
  06.103.131
Comet 1948 X Bester
  04.103.109
Comet 1949 VI
  Shajn-Schaldach
  05.103.126
Comet 1950 VII
  Arend-Rigaux
  05.103.118

SUBJECT INDEX - VOL.1-10

Comet 1951 V Neujmin 3
06.103.130
Comet 1953 VI
Harrington 2
09.103.111
10.103.128
Comet 1954 VII Pons-Brooks
08.103.109
Comet 1954 VIII Vozarova
08.103.119
Comet 1954 XII
Kresak-Peltier
06.103.132
Comet 1957 III
Arend-Roland
01.103.112
02.103.105
04.103.108
10.103.134
Comet 1957 IV
Schwassmann-Wachmann 1
02.103.126
04.103.142
06.103.123
07.103.121
08.103.130
Comet 1957 V Mrkos
10.103.101
Comet 1957d Mrkos
10.103.101
Comet 1958 VI
Slaughter-Burnham
01.103.123
04.103.125
Comet 1959 I
Burnham-Slaughter
04.103.110
Comet 1959 IV Alcock
01.103.115
02.103.107
Comet 1959 X Humason
04.103.111
Comet 1960 I Wild
06.103.114
Comet 1960 II Burnham
02.103.116
05.103.100
06.103.104
Comet 1960 III Schaumasse
02.103.108
03.103.131
Comet 1960 V Borrelly
08.103.108
Comet 1960 VI Brooks 2
05.103.138
08.103.105
Comet 1961 VI Forbes
10.103.127
Comet 1962 III Seki-Lines
02.103.115
08.103.115
10.103.109
Comet 1962 V Tuttle-
Giacobini-Kresak
08.103.128
Comet 1962c Seki-Lines
See Comet 1962 III
Comet 1963 III Alcock
01.103.102
03.103.106
05.103.136
07.103.119
Comet 1963 IV Johnson
01.103.110
03.103.123
Comet 1963 V Pereyra
02.103.100
Comet 1963 VI
Ashbrook-Jackson
02.103.123

Comet 1963 VII D'Arrest
02.103.130
Comet 1963 VIII
Kearns-Kwee
05.103.131
Comet 1963b Alcock
See Comet 1963 III
Comet 1964 I Pons-Winnecke
02.103.129
Comet 1964 II Daniel
04.103.143
05.103.110
Comet 1964 III Kopff
02.103.125
Comet 1964 V Arend-Rigaux
03.103.129
Comet 1964 VII Honda-
Mrkos-Pajdusakova
01.103.120
Comet 1964 IX Everhart
05.103.137
08.103.125
Comet 1964 X Holmes
05.103.127
Comet 1965 I
Tsuchinshan 1
06.103.112
Comet 1965 II
Tsuchinshan 2
06.103.106
Comet 1965 III
Wolf-Harrington
03.103.111
04.103.112
Comet 1965 IV
Tempel-Tuttle
04.103.116
Comet 1965 V Reinmuth 1
07.103.128
Comet 1965 VII
De Vico-Swift
08.103.136
Comet 1965 VIII Ikeya-Seki
01.103.117
02.103.101
03.103.134
04.103.133
07.103.124
08.103.122
Comet 1966 I
Giacobini-Zinner
05.103.101
06.103.128
Comet 1966 II Barbon
01.103.103
03.103.133
Comet 1966 V Kilston
02.103.106
03.103.132
04.103.113
Comet 1967 I
Grigg-Skjellerup
01.103.113
06.103.117
Comet 1967 II Rudnicki
06.103.126
Comet 1967 III Wild
02.103.127
Comet 1967 V Tuttle
04.103.129
Comet 1967 VII
Mitchell-Jones-Gerber
03.103.104
Comet 1967 VIII Borrelly
04.103.140
05.103.102
Comet 1967 IX Finlay
06.103.108
Comet 1967 X Tempel 2
03.103.105

Comet 1967 X Tempel 2
04.103.114
06.103.127
Comet 1967 XI Reinmuth 2
01.103.124
Comet 1967 XII Wolf 1
08.103.102
Comet 1967 XIII Encke
01.103.111
02.103.104
03.103.127
Comet 1967d Tempel 2
See Comet 1967 X
Comet 1967i
Schwassmann-Wachmann 2
01.103.127
Comet 1967n Ikeya-Seki
See Comet 1968 I
Comet 1968 I Ikeya-Seki
01.103.116
02.103.117
04.103.105
05.103.104
06.103.119
07.103.101
09.103.106
Comet 1968 III Wild
01.103.101
08.103.134
Comet 1968 IV
Tago-Honda-Yamamoto
01.103.104
10.103.121
Comet 1968 V
Whitaker-Thomas
01.103.105
03.103.124
04.103.106
05.103.103
Comet 1968 VI Honda
01.103.100
02.103.102
03.103.108
04.103.100 .115
05.103.103
06.103.134
Comet 1968 VII
Bally-Clayton
01.103.106
04.103.135
Comet 1968 IX Honda
01.103.107
02.103.103
Comet 1968a Tago-Honda-
Yamamoto see Comet 1968 IV
Comet 1968b Whitaker-Thomas
See Comet 1968 V
Comet 1968c Honda
See Comet 1968 VI
Comet 1968d Bally-Clayton
See Comet 1968 VII
Comet 1968e Honda
See Comet 1968 IX
Comet 1968f Wild
See Comet 1968 III
Comet 1968g Comas-Sola
See Comet 1969 VIII
Comet 1968h Perrine-Mrkos
01.103.108
Comet 1968j Thomas
01.103.109
02.103.122
Comet 1969 II Gunn
04.103.134
05.103.113
06.103.115
07.103.112
09.103.138
10.103.124

SUBJECT INDEX - VOL.1-10

Comet 1969 IV
Churyumov-Gerasimenko
02.103.110
03.103.113
04.103.132
05.103.120
06.103.125
08.103.101
09.103.104
10.103.131
Comet 1969 VI Faye
01.103.118
02.103.109
03.103.115
04.103.139
05.103.130
06.103.120
07.103.123
08.103.106
Comet 1969 VIII Comas-Sola
01.103.119
02.103.111
03.103.118
04.103.138
05.103.119
Comet 1969 IX
Tago-Sato-Kosaka
02.103.120
03.103.101
04.103.103
05.103.109
06.103.133
07.103.106
08.103.121
09.103.113
10.103.104
Comet 1969a Faye
See Comet 1969 VI
Comet 1969b Kohoutek
See Comet 1970 III
Comet 1969c Whipple
See Comet 1970 XIV
Comet 1969d Fujikawa
02.103.113
03.103.114
04.103.136
09.103.108
Comet 1969e Honda-
Mrkos-Pajdusakova
02.103.114
03.103.117
07.103.129
Comet 1969f
Slaughter-Burnham
02.103.121
03.103.112
Comet 1969g Tago-Sato-Kosaka
See Comet 1969 IX
Comet 1969h Churyumov-
Gerasimenko
See Comet 1969 IV
Comet 1969i Bennett
See Comet 1970 II
Comet 1970 II Bennett
02.103.128
03.103.102
04.103.101
05.103.111
06.103.101
07.103.100
08.103.100
09.103.102
10.103.100
Comet 1970 III Kohoutek
01.103.122
02.103.112
03.103.110
04.103.127
05.103.125
06.103.129

Comet 1970 III Kohoutek
07.103.120
08.103.123
09.103.135
Comet 1970 X
Suzuki-Sato-Seki
04.103.128
05.103.112
06.103.122
Comet 1970 XII Kojima
05.103.108
07.103.113
09.103.110
Comet 1970 XIV Whipple
01.103.125
02.103.119
03.103.120
04.103.124
05.103.115
06.103.110
Comet 1970 XV Abe
03.103.135
04.103.104
05.103.106
06.103.103
07.103.105
09.103.112
Comet 1970a Daido-Fujikawa
03.103.103
04.103.144
Comet 1970b Pons-Winnecke
03.103.116
04.103.120
Comet 1970c Kopff
03.103.119
04.103.121
05.103.129
Comet 1970d D'Arrest
03.103.122
04.103.130
Comet 1970e
Ashbrook-Jackson
03.103.126
04.103.131
05.103.128
06.103.124
07.103.122
Comet 1970f
White-Ortiz-Bolelli
03.103.128
04.103.102
05.103.121
Comet 1970g Abe
See Comet 1970 XV
Comet 1970h Johnson
04.103.117
Comet 1970i Du Toit-
Neujmin-Delporte
04.103.119
05.103.133
Comet 1970j Arend-Rigaux
04.103.118
Comet 1970k
Jackson-Neujmin
04.103.123
05.103.132
Comet 1970l Encke
See Comet 1971 II
Comet 1970m Suzuki-Sato-Seki
See Comet 1970 X
Comet 1970n Churyumov
04.103.137
05.103.107
Comet 1970o Wolf-Harrington
See Comet 1971 VI
Comet 1970p Gunn
See Comet 1969 II
Comet 1970q Vaeisaelae 1
04.103.141
05.103.116

Comet 1970q Vaeisaelae 1
06.103.121
Comet 1970r Kojima
See Comet 1970 XII
Comet 1971 I Gehrels
07.103.114
08.103.114
10.103.129
Comet 1971 II Encke
04.103.126
05.103.105
06.103.100
08.103.103
09.103.109
10.103.119
Comet 1971 V Toba
05.103.117
06.103.102
07.103.104
08.103.129
09.103.107
10.103.133
Comet 1971 VI
Wolf-Harrington
03.103.111
04.103.112
05.103.114
06.103.109
07.103.103
09.103.129
Comet 1971 IX
Shajn-Schaldach
06.103.116
07.103.110
08.103.132
09.103.128
Comet 1971a Toba
See Comet 1971 V
Comet 1971b Holmes
06.103.107
07.103.126
08.103.133
Comet 1971c Kearns-Kwee
06.103.111
07.103.125
08.103.120
09.103.116
10.103.108
Comet 1971d
Tsuchinshan 2
06.103.106
07.103.117
Comet 1971e Shajn-Schaldach
See Comet 1971 IX
Comet 1971f
Tsuchinshan 1
06.103.112
07.103.108
08.103.138
Comet 1972a Tempel 1
07.103.107
08.103.117
Comet 1972b
Grigg-Skjellerup
07.103.102
08.103.139
09.103.101
Comet 1972c Tempel 2
07.103.111
08.103.131
09.103.134
Comet 1972d
Giacobini-Zinner
07.103.116
08.103.107
09.103.105
Comet 1972e Gehrels
See Comet 1971 I
Comet 1972f Bradfield
07.103.115

512

SUBJECT INDEX - VOL.1-10

Comet 1972f Bradfield
  08.103.112
  10.103.132
Comet 1972g Neujmin 3
  07.103.109
  08.103.137
Comet 1972h Sandage
  07.103.127
  08.103.116
  09.103.115
  10.103.125
Comet 1972i Reinmuth 1
  08.103.118
  09.103.123
Comet 1972j Kojima
  08.103.124
  09.103.114
  10.103.123
Comet 1972k Gehrels
  08.103.126
  09.103.118
Comet 1972l Araya
  08.103.127
  09.103.117
  10.103.126
Comet 1973a Heck-Sause
  09.103.100
  10.103.110
Comet 1973b Tuttle-Giacobini-Kresak
  09.103.119
  10.103.103
Comet 1973c Wild
  09.103.120
Comet 1973d Swift-Gehrels
  09.103.121
Comet 1973e Kohoutek
  09.103.124
  10.103.105
Comet 1973f Kohoutek
  09.103.127
  10.103.102
Comet 1973g Reinmuth 2
  09.103.122
Comet 1973h Huchra
  09.103.132
  10.103.106
Comet 1973i Clark
  09.103.133
  10.103.116
Comet 1973j Brooks 2
  09.103.126
  10.103.117
Comet 1973k Sandage
  09.103.137
  10.103.115
Comet 1973l Schwassmann-Wachmann 2
  10.103.113
Comet 1973m Borrelly
  10.103.114
Comet 1973n Gehrels
  10.103.118
Cometary Nebulae
  04.132.027
  08.132.001
Cometary Probes
  02.051.017
Comets
    102.000
  06.012.034
  07.012.027 .028
  08.012.003 .010
Comets
  Absolute Magnitudes
  05.102.019
Comets
  Albedo
  10.102.008

Comets
  Atmospheres
  02.102.001 .007 .008
    .027 .030 .032
  03.102.011
  04.102.003 .006 .009
  05.102.005 .006 .007
    .017 .022
  06.102.018
  07.102.007 .020
  08.102.055
  09.102.003
  10.102.028 .032
Comets
  Brightness Variations
  01.102.007
  02.102.020 .047
  04.102.011 .015
  06.102.002
Comets
  Brightnesses
  05.102.025 .029
  06.102.005 .020
  10.102.001 .007
Comets
  Capture Orbits
  02.042.023
Comets
  CN
  10.102.021
Comets
  Dust
  03.102.012
  10.102.011
Comets
  Electric Fields
  04.102.004
Comets
  Formation
  09.107.008
Comets
  Grains
  05.102.003
Comets
  Heads
  09.102.002
Comets
  Hydrogen Abundance
  04.102.012
Comets
  Light Curves
  04.102.014
Comets
  Listed Objects
    103.000
Comets
  Long Period
  09.102.020
Comets
  Lyman Alpha
  07.102.007
Comets
  Magnetic Fields
  10.102.029
Comets
  Mass Loss
  02.102.035
Comets
  Motion
  08.012.003
    102.005
  09.102.008
Comets
  Nuclei
  02.102.004 .005
  03.102.007 .008 .015
  04.102.001 .007
  05.102.003 .009
  06.102.003
  07.102.006

Comets
  Nuclei
  09.102.014
  10.102.006 .008 .011
    .031 .041
Comets
  Orbit Theory
  01.102.009 .010
Comets
  Orbits
  02.102.024
  03.102.002 .005
  04.102.010 .019 .020
    .022
  05.042.038
    102.014
  06.102.014
  07.102.003 .004 .014
  08.012.003
    102.002
  09.102.015
  10.102.038 .040 .042
Comets
  Origin
  04.102.022
  05.102.018
  06.102.010 .024
  08.012.003
  09.102.005 .012 .013
    .015 .019
  10.102.022 .023
Comets
  Photometry
  05.102.001 .008 .023
    103.001
Comets
  Physical Observations
  02.102.002 .003
Comets
  Positions
  05.103.007 .013
  06.103.006
  10.103.008
Comets
  Secular Perturbations
  04.042.018
Comets
  Short Period
  09.102.005 .009 .013
    .021
  10.102.003 .004 .017
    .022
Comets
  Solar Wind
  01.102.012
  02.102.019 .034
  06.102.012
  07.102.022
  10.102.016
Comets
  Spectra
  02.102.006 .007
  03.102.001
  04.102.028
  05.102.004
  06.102.006 .007 .022
Comets
  Tails
  01.102.003 .004 .005
  02.102.026 .028 .033
    .042
  03.102.004 .006 .013
  05.102.022
  06.074.006
  07.102.008
  08.102.001 .003 .006
  09.102.001 .007
  10.102.005 .029
    106.014

SUBJECT INDEX - VOL.1-10

Computing
　021.000
Congress Proceedings
　012.000
Congress Reports
　011.000
Continental Drift
　01.081.008 .011 .018
　　　.019 .020 .021
　　　.028 .035 .036
　02.081.008 .011 .012
　　　.014 .019 .024
　　　.025
　03.081.002 .011 .012
　　　.015 .019 .027
　　　.031 .043 .046
　04.081.005 .011 .012
　　　.014 .019 .026
　　　.040
　05.045.004
　　　081.002 .007 .018
　06.081.001 .016
　08.081.018 .065
　10.012.041
Convection
　A Stars
　04.065.019
Convection
　Carbon Stars
　10.065.002
Convection
　Chromosphere
　04.073.019
Convection
　F Stars
　04.065.019
　　　113.015
Convection
　Jupiter
　04.099.008
Convection
　Main Sequence Stars
　06.065.038
　07.064.027
　08.064.012
Convection
　Moon
　04.094.323
　09.094.845
Convection
　Planetary Atmospheres
　06.063.010
Convection
　Rotating Stars
　09.065.160
　10.065.084
Convection
　Solar Atmosphere
　03.080.003
　06.071.072
　08.080.045
　09.080.008
　10.080.042 .043 .059
Convection
　Solar Corona
　03.074.001
Convection
　Solar Interior
　10.065.038
　　　080.015 .063
Convection
　Stellar Atmospheres
　01.064.005
　03.064.028 .061
　05.064.002 .037
　06.063.010
　　　064.004
　09.064.066
　　　080.008

Convection
　Stellar Envelopes
　01.064.011
　03.064.039
　06.064.028 .058
　08.064.034
　　　065.005
　09.064.052
Convection
　Stellar Evolution
　10.065.135
Convection
　Stellar Interiors
　02.065.061 .068
　03.065.001 .014 .044
　04.065.045 .065
　05.065.030
　06.065.019
　07.065.026 .050 .065
　08.065.070
　09.065.089 .169
　10.065.018 .038 .041
　　　.104
Convection
　Sunspots
　06.072.082
Convective Envelopes
　04.065.060
　05.064.009 .020 .027
Convective Envelopes
　Internal Motions
　08.064.062
Convective Envelopes
　M Supergiants
　07.064.021
Convective Envelopes
　Main Sequence Stars
　07.065.061
　08.064.001
Convective Envelopes
　Red Giants
　07.065.061
Convective Envelopes
　Stellar Evolution
　07.065.081
　08.065.006
Convective Envelopes
　Sun
　04.080.007
　05.080.026
　06.080.008
Convective Zones
　Stellar Atmospheres
　04.064.042 .044
　05.064.042
Convective Zones
　Sun
　07.080.024
　08.080.044
Convective Zones
　White Dwarfs
　04.126.003
　05.126.010 .030
Cool Stars
　02.114.096
Cool Stars
　Atmospheres
　01.064.058
　03.022.059
　04.064.018 .048
Cool Stars
　Coronae
　05.064.036
Cool Stars
　Element Abundances
　05.114.068
Cool Stars
　Envelopes
　09.064.036

Cool Stars
　Forbidden Lines
　01.122.069
Cool Stars
　Infrared Photometry
　05.113.010
　08.114.079
Cool Stars
　Lithium Abundance
　02.114.090
Cool Stars
　Polarization
　05.131.104
　08.114.020
Cool Stars
　Spectra
　03.114.007
　08.114.091
　09.064.081
Cool Stars
　Spectrophotometry
　03.113.058
　06.114.073
　08.114.079
Cool Stars
　UV Photometry
　08.114.134
Coronids
　09.104.017
Coronographs
　01.032.020
　　　034.020
　10.032.001 .042
Cosmic Ray Sources
　03.143.021
Cosmic Rays
　143.000
　01.012.008 .016
　02.012.014 .024 .025
　04.012.001
　06.012.019 .025 .027
　　　.028 .034
　09.003.013
　10.012.003 .023
Cosmic Rays
　Acceleration
　05.078.039
　　　143.033 .066
　08.143.026 .056
　09.143.052 .073
　10.143.034
Cosmic Rays
　Age
　03.143.014
Cosmic Rays
　Anisotropies
　07.143.023
　08.143.037
Cosmic Rays
　Antihelium
　08.143.015
Cosmic Rays
　Antiprotons
　06.143.026 .043
　07.143.022 .071
Cosmic Rays
　Chemical Composition
　01.143.003 .022 .058
　04.143.010 .013 .059
　05.143.004
　06.143.022 .034
　07.143.012 .028 .029
　　　.040 .054
　08.143.014
　09.143.010 .029
　10.143.011 .029
Cosmic Rays
　Crab Nebula
　05.134.031

SUBJECT INDEX - VOL.1-10

Cosmic Rays
  Deceleration
    10.143.016
Cosmic Rays
  Deuterons
    04.143.026 .060
Cosmic Rays
  Electrons
    01.143.001 .057
    02.143.003 .011 .012
           .014 .016 .018
           .022 .027 .029
           .037 .047 .056
           .069
    03.143.010 .020 .022
           .033 .041
    04.143.005 .015 .016
           .038 .048 .056
           .058 .065 .068
    05.143.011 .016 .017
           .032
    157.002
    06.143.013 .039 .041
           .042 .058
    07.143.006 .013 .025
           .038
    08.143.002 .006 .051
    09.143.001 .037 .038
           .039 .040 .067
           .086
    10.143.004 .049 .059
Cosmic Rays
  Element Abundances
    02.143.008 .024 .038
    03.143.013 .034
    04.143.004 .040 .042
    05.143.035
    06.143.005 .007 .036
           .040 .060
    08.143.008
    09.143.020 .042
    10.061.035
       143.001 .021 .033
           .051
Cosmic Rays
  Energy Loss
    06.143.006
Cosmic Rays
  Energy Spectra
    03.143.018
    05.143.062
    06.143.024
    07.143.045 .046 .047
    08.143.065 .073
    09.143.007 .008 .071
           .087 .095
Cosmic Rays
  Extragalactic
    10.143.035
Cosmic Rays
  Galactic Center
    08.143.028
Cosmic Rays
  Galactic Disk
    02.143.028
    05.143.040
    06.143.050
    08.143.006
Cosmic Rays
  Galaxy
    09.143.009 .051
Cosmic Rays
  Grains
    07.143.060
Cosmic Rays
  Heating
    02.131.052 .093
Cosmic Rays
  High Energy
    02.143.053

Cosmic Rays
  High Energy
    07.143.001
    08.143.032
    09.078.008
       143.090
    10.143.015
Cosmic Rays
  Interplanetary Space
    01.143.063 .074
    02.012.013
       143.019 .026
    03.106.024
       143.027
    04.143.020 .026 .043
    05.143.001 .029 .030
    06.078.045
       143.017 .132
    07.106.026
       143.005 .061 .062
           .067 .068
    08.143.031 .062
    09.143.019 .036 .093
    10.143.041 .043
Cosmic Rays
  Interstellar Matter
    01.131.039
       143.010
    04.142.053
       143.037
    05.131.011 .041 .059
    06.131.101 .113
       143.026 .040 .053
    07.131.001
       143.016 .031
    08.143.020
    09.131.017 .030 .151
           .199 .204
    10.131.088 .220
       143.017
Cosmic Rays
  Low Energy
    03.143.011 .038
Cosmic Rays
  Magnetic Fields
    09.143.005
Cosmic Rays
  Magnetic Stars
    09.143.028
Cosmic Rays
  Meteorites
    10.105.021
       143.003
Cosmic Rays
  Moon
    01.094.009
    07.094.030 .031
Cosmic Rays
  Neutrinos
    04.143.056
Cosmic Rays
  Neutrons
    04.143.002 .006 .007
    07.143.055
    08.143.054
    10.143.007
Cosmic Rays
  Nuclear Reactions
    09.143.016
Cosmic Rays
  Nuclei
    08.143.045
    09.143.010 .022 .055
    10.143.005 .013 .040
           .042 .044 .063
Cosmic Rays
  Nucleosynthesis
    06.107.010

Cosmic Rays
  Origin
    01.143.064
    02.141.097 .099
       142.023
       143.023 .066
       162.007 .008
    03.143.007 .015 .016
           .067
    04.141.031
       143.051 .057
       156.004
    05.012.018
       116.009
       143.067
    06.141.221 .222
       143.023 .034 .051
           .052
    07.143.026 .063 .072
    08.143.038
       159.018
    09.143.027 .072
    10.125.034
       143.002 .062 .064
Cosmic Rays
  Outer Planetary System
    09.143.023
Cosmic Rays
  Positrons
    03.143.003
    04.143.008
Cosmic Rays
  Production
    07.143.064 .066
    08.143.020
Cosmic Rays
  Propagation
    01.062.018
       143.020 .025 .026
           .077
    02.143.031 .042 .045
    04.078.016
       143.044 .049 .065
    05.143.002 .015 .021
           .030 .044 .080
    06.143.025
    07.143.002 .027 .066
    08.143.029 .030 .066
    09.143.006 .021 .024
           .031 .033 .034
           .041 .074 .081
           .082 .088
       156.003
    10.143.002 .053 .054
Cosmic Rays
  Protons
    02.143.055 .067
    03.143.011
    04.143.015 .019
    05.143.016 .076
    06.143.003 .045 .090
           .135
    08.143.007 .013
    09.143.022 .043
    10.143.017 .042 .044
           .048
Cosmic Rays
  Pulsars
    01.141.231 .232
    02.141.099 .132 .215
    03.141.146
       143.044
    04.141.052
       143.058
    06.141.131 .221 .222
       143.062
    07.143.065
    08.141.538 .550
    09.143.003 .068

Cosmic Rays
  Scattering
  10.143.056
Cosmic Rays
  Scintillations
  08.143.047
Cosmic Rays
  Solar Flares
  02.078.013 .021 .022
  03.073.029 .042
  078.008
  04.078.013
  05.073.051 .080
  06.073.061
  078.002 .010
  143.091
  07.078.021
  08.073.004 .117
  078.033
  09.003.009
  073.098
  078.001 .011 .013
  .022 .024 .027
  .037 .046
  10.078.013 .027 .028
Cosmic Rays
  Solar Modulation
  03.143.002
  04.143.001 .038 .041
  .047
  05.143.010 .034 .042
  .043 .061 .070
  .072 .144
  06.012.030
  078.023
  143.037 .059
  07.143.003 .004 .007
  .040 .048
  08.143.002 .005 .016
  .023 .033 .046
  .048
  09.143.025 .026 .057
  .070
  10.143.055 .060
Cosmic Rays
  Solar Wind
  09.074.101
Cosmic Rays
  Spectra
  01.143.004 .005 .008
  .013 .014 .019
  02.105.110
  143.005 .025 .072
  04.143.017 .054 .067
  08.142.025
Cosmic Rays
  Supernovae
  04.125.008
  05.125.037 .038 .039
  10.064.013
  143.046
Cosmic Rays
  Ultrahigh Energy
  08.143.057
  09.143.030 .056 .092
Cosmic Rays
  Variations
  02.143.009 .017 .032
  .033 .051 .059
  .062 .063 .064
  .065
  03.143.004 .009 .025
  .026 .028 .037
  .039
  162.050
  05.143.008 .009 .014
  .028 .037 .071
  06.143.001 .004 .010
  .011 .047 .061
  .128

Cosmic Rays
  Variations
  07.143.024 .044 .052
  .070 .073 .074
  .075
  08.143.009 .017 .019
  .021 .036 .050
  .051 .060 .063
  .064 .067
  09.143.002 .013 .014
  .050 .089
  10.143.014 .019 .032
  .060 .061 .067
Cosmic Rays
  White Dwarfs
  08.143.001
Cosmochemistry
  10.012.009 .035
Cosmogony
  Planetary System
  107.000
  03.012.010
  07.012.028
Cosmological Constant
  03.162.020
  05.162.006
  06.162.007
Cosmological Models
  01.162.002 .009 .012
  .021 .027
  02.162.032
  03.141.006
  162.003 .010 .014
  04.162.001 .042 .043
  .047 .048 .049
  .053 .058 .062
  .063 .064 .067
  .070 .071 .072
  .077 .082 .091
  .095 .097
  05.162.001 .011 .012
  .014 .015 .018
  .025 .026 .030
  .045 .048 .057
  .059 .062 .066
  .067 .074 .082
  .083
  06.162.001 .002 .006
  .009 .013 .014
  .016 .018 .019
  .020 .021 .022
  .027 .032 .051
  .069 .070 .071
  .072 .073 .074
  .077 .078 .080
  .088 .097 .101
  07.066.105 .129
  162.001 .002 .003
  .005 .008 .009
  .011 .012 .017
  .019 .047 .049
  .051 .054 .060
  .063 .065 .066
  .070 .073 .074
  .076 .077
  08.162.001 .003 .006
  .007 .008 .010
  .017 .018 .019
  .020 .022 .023
  .026 .027 .029
  .034 .039 .040
  .044 .045 .058
  .066 .068 .069
  .070 .071 .072
  .083 .085 .086
  .087 .089 .090
  .091 .095 .096
  09.158.041
  160.006
  162.002 .006 .007

Cosmological Models
  09.162.010 .012 .015
  .016 .036 .038
  .039 .043 .048
  .055 .060 .064
  .070 .074 .076
  .077 .079 .084
  .089
  10.162.001 .009 .013
  .015 .016 .017
  .019 .022 .029
  .030 .039 .043
  .044 .045 .046
  .048 .049 .057
  .058 .062 .063
  .064 .065 .066
  .067 .073 .078
  .079 .080 .084
  .085 .089 .092
Cosmology
  162.000
  06.012.022
  08.003.003
  10.012.019
Crab Nebula
  134.000
  01.132.005 .006 .010
  .015 .017 .027
  .031 .032 .034
  .036 .038 .043
  .047 .049 .052
  141.049
  02.141.089
  03.012.018
  05.012.013
  07.125.013
Crab Nebula
  Alfven Waves
  10.134.001
Crab Nebula
  Central Star
  03.134.025
Crab Nebula
  Cosmic Rays
  05.134.031
Crab Nebula
  Distance
  03.134.026
  04.134.001
  10.134.010
Crab Nebula
  Dust
  06.134.006
Crab Nebula
  Element Abundances
  10.134.011
Crab Nebula
  Evolution
  09.134.002
Crab Nebula
  Filaments
  04.134.003
  08.134.013
  09.134.001 .011
  10.134.006 .015
Crab Nebula
  Gamma Rays
  03.134.014 .015
  142.020
  04.134.007 .008
  142.099
  05.134.008
  06.134.003
  07.134.002
  141.507
  08.134.001
  09.134.003 .009
  10.134.004
  142.018

Crab Nebula
Magnetic Fields
04.134.009
05.134.006 .007 .030
09.134.010
10.066.126
Crab Nebula
Mass
05.134.001
Crab Nebula
Microwave Radiation
06.134.004
Crab Nebula
Models
08.134.010
Crab Nebula
Neutron Stars
08.134.006
Crab Nebula
Particles
02.134.001
Crab Nebula
Polarization
04.134.010
141.080
05.134.005 .030
08.134.008
09.134.012
Crab Nebula
Pulsar
01.022.029
   141.016 .020 .021
       .039 .055 .057
       .064 .072 .080
       .087 .105 .107
       .110 .111 .126
       .182 .184 .194
       .195 .196 .199
       .214 .225
   142.048
02.141.005 .014 .015
       .017 .023 .058
       .106 .108 .111
       .115 .117 .124
       .129 .150 .188
       .226
03.134.005 .011 .023
   .024
   141.052 .056 .065
       .076 .122 .130
       .137 .139 .151
       .155 .161 .165
       .218 .219
04.022.005
   034.020
   061.005
   134.007
   141.019 .035 .037
       .054 .066 .068
       .110 .114 .120
       .125 .150 .155
       .183 .194 .201
       .215
05.134.004
   141.001 .007 .012
       .045 .071 .113
       .115 .118 .121
       .124 .126 .127
       .207 .209 .210
06.141.007 .012 .059
       .108 .111 .114
       .142 .154 .165
       .187 .212 .229
       .239 .241 .256
07.141.501 .507 .510
       .531 .532 .533
       .541 .542 .557
       .559
08.141.523 .527 .528
       .532 .557

Crab Nebula
Pulsar
09.141.506 .513 .522
       .524 .537 .553
10.061.002
   134.002 .010 .014
       .017
   141.503 .510 .513
       .514 .515 .553
       .559
Crab Nebula
Radio Radiation
03.134.010 .020
   141.075
05.132.027
   134.009 .010
   141.091
06.134.007
07.134.008
08.134.002 .005 .007
       .010
09.134.012
   141.546
10.134.009 .018
Crab Nebula
Spectra
04.134.005
Crab Nebula
Synchrotron Radiation
03.134.004
04.022.005
05.134.029
08.134.003 .011 .012
09.134.005
10.134.002 .013
Crab Nebula
X Rays
01.142.026
02.134.003 .005 .006
   142.008
03.125.007
   134.008 .013 .021
       .022 .029
   142.014 .046 .051
04.134.002 .004 .006
       .007
   142.015 .032 .033
05.134.004
   141.071
07.134.001 .003
09.142.009
10.134.012 .014
Curves-of-Growth
08.114.006
Curves-of-Growth
Early Type Stars
06.064.041
Curves-of-Growth
Emission Lines
03.073.038
Curves-of-Growth
F Dwarfs
07.114.040
Curves-of-Growth
G Dwarfs
03.064.050
Curves-of-Growth
Late Type Stars
07.064.015
Curves-of-Growth
Photosphere
07.071.016
Curves-of-Growth
Solar Disk
10.071.017
Curves-of-Growth
Solar Spectrum
07.071.010

Curves-of-Growth
Stellar Atmospheres
10.114.003
Curves-of-Growth
Sunspots
08.072.043
10.072.004
Curves-of-Growth
Supergiants
07.114.023 .049
08.114.085
Curves-of-Growth
Theoretical
02.064.047
Cyclids
10.104.050
Cygnus Cloud
Variables
06.123.029
Cygnus Loop
01.132.008
02.132.024
06.132.042
08.125.003
   131.097
   132.025 .033
   142.102
09.132.007
10.125.018 .055
   132.001
Cygnus Loop
Radio Radiation
06.132.011
Cygnus Loop
X Rays
04.142.004
05.125.016 .017

Dark Clouds
07.131.020
08.131.096
09.131.008 .010 .023
       .034 .164
   155.069
10.131.040 .059 .208
       .290
Dark Clouds
21 cm Radiation
08.131.026
Dark Companions
01.065.073
05.117.019
Dark Nebulae
04.131.029 .044
06.131.136
Dark Nebulae
Magellanic Clouds
08.159.001
Dark Nebulae
Space Distribution
02.132.026
Data Processing
01.031.010
Delta Scuti Stars
01.122.011 .012 .025
       .045
   153.006
02.122.008 .017 .102
       .175
03.122.007 .052 .073
04.122.030 .041 .085
       .138
05.122.010 .038 .044
       .063 .125
06.064.010
   114.014
   122.001 .003 .011
       .089 .150 .159
07.012.006

Delta Scuti Stars
    07.114.045
        120.004
        122.004 .034 .162
        123.016
        153.007
    08.120.019
        122.030 .058
    09.120.003
        122.001 .004 .012
             .016 .033 .059
             .097 .112
    10.065.019
        122.022 .031 .086
             .102
Densitometers
    02.034.045
    03.036.006
Detectors
    09.012.017
    10.034.060
Detectors
    Infrared
    10.034.028
Detectors
    X Rays
    02.034.021
    03.034.019
Deuterium
    Orion Nebula
    09.132.003
Diameter
    Jupiter
    03.091.036
    07.099.015
    09.099.002
Diameter
    Mars
    08.097.096
Diameter
    Mercury
    07.092.007
Diameter
    Moon
    02.094.056
Diameter
    Neptune
    02.101.007
    03.091.036
        101.001
    05.101.009
Diameter
    Saturn
    03.091.036
Diameter
    Sun
    07.080.012
    09.077.006
        080.035
Diameter
    Uranus
    03.091.036
    08.101.022
Diameter
    Venus
    02.093.035
    04.093.062 .063 .064
    08.093.007
    10.093.024
Diameters
    A Stars
    09.115.025
Diameters
    Asteroids
    09.091.057
    10.098.070
Diameters
    B Stars
    09.115.025

Diameters
    Carbon Stars
    09.115.008
Diameters
    Galaxies
    01.158.010
    03.158.049
    06.158.060
    07.158.002 .003 .004
    08.151.029
        158.055
    09.158.087 .127
    10.158.049
Diameters
    Globular Clusters
    04.154.018 .019
Diameters
    H II Regions
    05.131.028
Diameters
    Minor Planets
    03.098.036
    06.098.024
Diameters
    Planetary Nebulae
    06.133.025
Diameters
    Planets
    04.091.039
Diameters
    Quasars
    08.141.071
    10.141.097
Diameters
    Radio Sources
    02.141.079 .104
    04.141.029
    05.141.040
    07.141.023 .083 .173
    09.141.016
Diameters
    Red Giants
    06.115.011
Diameters
    Star Clusters
    05.155.026
    09.151.018
Diameters
    Stars
        115.000
Diameters
    Supernova Remnants
    09.155.023
Diameters
    White Dwarfs
    01.126.021
    08.126.017 .020
Diffuse Galactic Light
    07.155.036 .072
    08.155.057 .058
    09.155.082
    10.155.075
Diffuse Nebulae
    09.132.006
Diffuse Nebulae
    Central Stars
    07.131.079
Diffuse Nebulae
    Dynamics
    09.132.009
Diffuse Nebulae
    Early Type Stars
    08.132.005 .036
Diffuse Nebulae
    Globules
    10.131.052
Diffuse Nebulae
    Infrared Radiation
    09.132.005

Diffuse Nebulae
    Internal Motions
    06.132.040
Diffuse Nebulae
    Polarization
    05.132.020
    08.132.029
    10.132.019
Diffuse Nebulae
    Radio Radiation
    09.132.005
Diffuse Nebulae
    Spectra
    08.132.030
Diffuse Nebulae
    Spectrophotometry
    08.132.008 .009
Diffuse Nebulae
    Wolf Rayet Stars
    06.132.002
Disk Population
    Composition
    02.114.028
Disk Population
    Density Distribution
    08.115.017
Disk Population
    Luminosities
    09.155.099
Disk Population
    Luminosity Function
    08.115.017
Disk Population
    Space Motions
    09.155.099
Disk Population
    Stellar Groups
    05.155.055 .056
Distance
    Crab Nebula
    03.134.026
    04.134.001
    10.134.010
Distance
    Galactic Center
    06.155.001
    09.155.065
Distance
    Hyades
    01.153.018
    02.153.029
    06.153.017
Distance
    Moon
    01.094.035
    02.094.067
    03.094.012 .229
    04.094.045 .352
    06.094.222
    07.094.095
Distance Scale
    Extragalactic
    07.160.016
Distance Scale
    Galactic
    07.012.025
        111.001
        155.044
Distances
    B Stars
    04.155.023
Distances
    Cepheids
    03.155.042
Distances
    Clusters of Galaxies
    04.160.014
    05.158.059

Distances
  Early Type Stars
  07.155.082
Distances
  Eclipsing Variables
  04.121.010
Distances
  Emission Nebulae
  02.132.020
Distances
  Galactic Clusters
  02.153.027
  03.131.114
       153.009 .012 .028
  04.153.035 .037 .043
  06.113.036
       153.001
  07.153.018
  08.153.024 .027
  09.153.015
Distances
  Galaxies
  02.158.046
  04.158.009
  05.158.008 .071
  06.158.122
  07.158.043
       162.055
  09.158.113
Distances
  Globular Clusters
  07.154.004
Distances
  H I Clouds
  06.131.033
Distances
  H II Regions
  01.132.004
  02.132.020
  03.131.094
  04.131.118
  06.131.089
Distances
  Novae
  05.124.001
Distances
  OB Stars
  06.114.101
  07.112.001
       155.023
Distances
  Planetary Nebulae
  05.133.009 .017 .025
  09.131.058
Distances
  Planets
  02.107.008
  04.091.004
Distances
  Pulsars
  01.131.008 .058
       141.012 .063 .065
       .193
  02.141.088 .130 .145
  03.141.144 .214
  04.141.038 .119
  06.141.144
  07.131.153
       141.528
  08.141.526 .546
Distances
  Quasars
  01.141.108
  02.141.139
  04.141.026
  07.141.061 .183 .188
  09.141.024
Distances
  Quasi-Stellar Objects
  05.141.067

Distances
  Quasi-Stellar Objects
  07.141.119
Distances
  Radio Sources
  01.141.079
  03.141.115 .117 .189
  04.141.026
  05.141.101
  07.141.081
  08.142.091
  09.141.001
  10.141.057
Distances
  RR Lyrae Stars
  04.122.027
Distances
  Stellar Associations
  04.152.004
  07.152.013
Distances
  Supernova Remnants
  04.125.018
  06.131.089
  07.125.012
  10.125.019 .052
Distances
  Supernovae
  10.125.020
Distances
  X Ray Sources
  01.142.005
  02.142.017
  03.142.001
  05.142.007 .065
  08.142.060 .099
  09.112.007
       142.032 .094 .096
       .103
  10.142.071 .072
Draconids
  08.104.047 .050 .051
       .064
  09.104.017 .032 .035
       .036
Dust
  Comets
  03.102.012
  10.102.011
Dust
  Crab Nebula
  06.134.006
Dust
  Emission Nebulae
  03.132.001
Dust
  Galactic Center
  05.155.040
Dust
  Galactic Clusters
  03.153.002
Dust
  Galaxies
  08.158.054
  10.158.008
Dust
  Gaseous Nebulae
  06.132.006
  10.132.060
Dust
  H II Regions
  05.133.004
  08.131.010 .069
  10.131.122 .191
Dust
  Intergalactic Matter
  06.161.003
  10.161.002 .007

Dust
  Interplanetary Matter
  01.106.006 .019 .030
       .039 .041
  02.106.015 .018
  03.106.001
  04.106.008 .030
  05.106.006 .043
  07.106.006 .027 .028
  08.094.037
  09.131.035
  10.106.004 .062 .072
Dust
  Interstellar Clouds
  06.131.016
Dust
  Interstellar Matter
  01.131.068 .111
  02.131.037 .044
  03.131.002 .025 .033
       .062 .068 .072
       155.016
  04.131.001 .016 .017
       .018 .022 .031
       .141
  05.131.016 .045 .050
       .051 .053 .071
       .084 .087 .099
       .110 .131
  06.131.034 .043 .044
       .045 .105
       155.028
  07.131.125
  08.131.047 .086 .110
  09.131.035 .196 .206
  10.012.022
       131.030 .048 .089
       .094 .096 .292
Dust
  Magellanic Clouds
  10.159.006
Dust
  Mars
  02.097.001
  10.097.121
Dust
  Mars Atmosphere
  07.097.033 .108
  08.097.010 .016 .086
  09.097.011 .019 .040
       .042 .090
  10.097.045 .109
Dust
  Moon
  03.094.178
  04.094.105 .328 .410
  05.094.143
       105.021
  06.094.141 .288
  07.094.023 .057 .058
  08.094.032
  09.094.296
  10.094.168
Dust
  Planetary Nebulae
  05.133.004
  10.133.032
Dust
  Solar Corona
  08.074.021
Dust
  Stellar Atmospheres
  10.064.050
Dust
  Stellar Envelopes
  05.064.023
  08.064.024
Dust
  Venus Atmosphere
  01.093.005 .012

Dust Clouds
  Galactic Distribution
    03.155.016
Dust Clouds
  OH
    03.131.069
Dust Clouds
  Radiative Transfer
    04.131.044
Dust Nebulae
  Radiative Transfer
    06.132.008
    08.063.014
Dust Nebulae
  Scattering
    08.063.014
Dwarf Galaxies
    08.158.025
    09.158.153
    10.158.050
Dwarf Novae
  Mass Loss
    10.122.108
Dwarfs
  Infrared Spectra
    04.114.033
Dynamics
  Clusters of Galaxies
    06.160.002
    08.160.006
    09.160.008
Dynamics
  Diffuse Nebulae
    09.132.009
Dynamics
  Earth-Moon System
    07.094.190
Dynamics
  Galactic Clusters
    05.153.040
    06.151.006 .065 .066
    09.151.042
Dynamics
  Galaxy
    09.155.084
Dynamics
  Globular Clusters
    05.154.008
    10.151.004
Dynamics
  H II Regions
    07.131.021
Dynamics
  Jupiter Atmosphere
    09.091.030
    10.099.099
Dynamics
  M Stars
    08.155.055
Dynamics
  Meteors
    01.104.017
Dynamics
  Moon
    07.094.191
    10.012.013
         094.113
Dynamics
  Multiple Stars
    02.117.010 .038
    04.117.029
Dynamics
  Planetary Atmospheres
    10.064.052
Dynamics
  Planetary Nebulae
    06.133.011 .031
Dynamics
  Pulsars
    08.141.521

Dynamics
  Solar Corona
    03.074.036
    07.074.088
Dynamics
  Solar Wind
    02.074.051
    04.074.072
    07.074.050 .058 .090
Dynamics
  Star Clusters
    04.042.034
       151.014 .033
    06.151.067
    08.151.014
    09.151.048
    10.012.034
Dynamics
  Stellar Associations
    10.152.009
Dynamics
  Stellar Atmospheres
    04.064.005
    10.064.052
Dynamics
  Stellar Systems
       151.000
    07.012.004
    09.155.100
    10.012.010 .020 .034

Early Type Stars
    02.115.005
    04.122.055
    05.113.001
    07.155.033
Early Type Stars
  Atmospheres
    01.064.016 .017
    02.064.040
    03.064.002 .009 .022
    04.064.026
       121.038
    06.064.008
    07.114.058
    08.064.028
    09.064.003 .005 .023
         .027 .049 .074
       114.129
    10.064.030
Early Type Stars
  Catalogues
    02.114.046
    03.041.018
Early Type Stars
  Chemical Composition
    03.117.029
Early Type Stars
  Curves-of-Growth
    06.064.041
Early Type Stars
  Diffuse Nebulae
    08.132.005 .036
Early Type Stars
  Distances
    07.155.082
Early Type Stars
  Dust Shells
    10.114.153
Early Type Stars
  Envelopes
    06.064.003
Early Type Stars
  Evolution
    07.065.051
    09.065.047
Early Type Stars
  Finding Lists
    05.114.072

Early Type Stars
  Forbidden Lines
    07.114.007 .068
Early Type Stars
  Galactic Clusters
    02.153.034
Early Type Stars
  Galactic Distribution
    03.041.018
       155.052
    04.155.029
    08.155.034
Early Type Stars
  Globular Clusters
    09.154.014
Early Type Stars
  H II Regions
    09.131.168
Early Type Stars
  Helium Abundance
    04.064.008
    05.064.043
    06.114.089
    08.114.145
Early Type Stars
  High Velocity
    02.112.015
Early Type Stars
  Infrared Excesses
    08.113.038
Early Type Stars
  Infrared Photometry
    09.113.007
       114.004
    10.113.032
Early Type Stars
  Infrared Spectra
    04.114.040
    07.114.007
    08.114.176
Early Type Stars
  Line Broadening
    07.114.068
Early Type Stars
  Line Intensities
    07.153.026
Early Type Stars
  Line Profiles
    06.064.041
    09.064.083
Early Type Stars
  Luminosities
    10.113.111
       114.160
Early Type Stars
  Magnetic Fields
    06.065.149
Early Type Stars
  Mass Loss
    01.114.007
    02.114.043
    10.064.013
Early Type Stars
  Masses
    03.117.029
Early Type Stars
  Microwave Spectra
    08.114.176
Early Type Stars
  Photometry
    04.113.001 .013 .040
         .067
       114.131
       122.025
    05.113.014 .018
       152.011
    06.113.037 .048
    07.113.037
    08.113.045
    09.113.011 .019

SUBJECT INDEX - VOL.1-10

Early Type Stars
  Photometry
  09.114.127
  10.113.109
Early Type Stars
  Planetary Nebulae
  09.131.058
Early Type Stars
  Pleiades
  09.114.108
Early Type Stars
  Polarization
  03.131.110
  08.131.051
Early Type Stars
  Positions
  04.114.127 .128
Early Type Stars
  Radial Velocities
  07.112.007
Early Type Stars
  Radii
  10.114.160
Early Type Stars
  Radio Radiation
  08.141.025
Early Type Stars
  Rotation
  02.152.005
  08.112.014
Early Type Stars
  Space Distribution
  05.155.029
Early Type Stars
  Space Velocities
  08.112.014
Early Type Stars
  Spectra
  01.114.024 .053
  04.114.040 .130 .131
  05.114.075 .095
  07.114.003 .058
  08.064.008
     114.070
  09.126.002
  10.114.247
     119.013
Early Type Stars
  Spectral Types
  04.113.001
     114.127 .128
  07.114.046
Early Type Stars
  Spectrophotometry
  02.114.110
  04.114.024 .081
  06.114.005
  07.114.060
  08.114.107
  09.114.032 .033
Early Type Stars
  UV Photometry
  10.113.001
Early Type Stars
  UV Radiation
  07.114.013
  09.114.020
     131.198
Early Type Stars
  UV Spectra
  08.114.128
  09.064.057
Earth
  Albedo
  01.082.079
  03.082.032
  04.082.033
Earth
  Chemical Composition
  081.000

Earth
  Chemical Composition
  06.094.286
Earth
  Exosphere
  03.082.048
Earth
  Expansion
  01.081.037 .038 .039
         .040 .041
  05.081.040
Earth
  Figure
    081.000
Earth
  Gravity
    081.000
Earth
  Ionosphere
    083.000
  03.012.001 .006
  08.012.007
Earth
  Magnetic Field
    084.200
Earth
  Magnetosphere
    084.200
  01.012.004
  02.012.011
  03.012.008
  08.012.006
Earth
  Mass
  02.043.005 .008
  06.043.018
Earth
  Models
  08.081.008 .028
Earth
  Origin
  02.081.002
  06.012.014
Earth
  Radiation Belts
    084.400
  08.012.009
Earth
  Rotation
    044.000
  01.081.014
  02.012.002 .023
  04.012.025
  05.012.017
    081.047
  07.012.008
  08.012.004
    094.141
Earth
  Thermal History
  01.081.015
Earth
  Tidal Friction
  01.044.003 .004
Earth Atmosphere
    082.000
  02.012.031
  06.012.021 .024
  08.012.018
Earth Atmosphere
  Absorption
    082.000
Earth Atmosphere
  Density
    082.000
  02.054.007
Earth Atmosphere
  Extinction
    082.000
  02.113.043

Earth Atmosphere
  Extinction
  06.034.086
Earth Atmosphere
  Refraction
    082.000
Earth Atmosphere
  Scattering
  09.012.026
  10.012.012
Earth Atmosphere
  Scintillation
    082.000
  02.083.026
Earth Atmosphere
  Turbulence
    082.000
  02.104.045
Earth Satellites
  09.012.025
Earth Satellites
  Motion
  05.052.019
  06.052.011 .017 .029
    054.005
  07.052.006 .007 .030
    054.021
  08.052.001 .002 .004
         .009 .010 .012
         .013 .017 .019
         .023 .028 .030
         .033 .046 .047
    081.036
  09.052.003 .018 .022
         .023 .024 .030
         .032 .034 .044
  10.052.003 .009 .012
         .013 .014 .015
         .016 .017 .018
         .019 .020 .021
         .022 .027 .032
         .038 .039 .040
         .041 .042 .051
         .054 .055 .078
         .080 .081
Earth Satellites
  Orbits
  01.052.001 .008 .009
         .018 .019 .025
         .028 .029 .030
         .033 .034 .035
         .036 .037 .038
  02.052.001 .003 .004
         .006 .008 .011
         .025 .043
    054.012
  03.052.001 .006 .007
         .008 .011 .017
         .018 .019 .020
         .022 .023 .029
         .030 .031
    054.014
  04.042.020 .034
    052.002 .003 .020
         .021 .022 .024
         .029 .030 .033
         .035 .055 .059
         .060 .065
  05.052.004 .008 .012
         .013 .018 .023
         .024
  06.052.002 .004 .016
         .018 .026
  07.052.001 .020
    054.001 .002
  08.052.014 .020 .026
         .027 .040 .041
    054.013
  09.052.001 .002 .004
         .008 .010 .011

SUBJECT INDEX - VOL.1-10

Earth Satellites
 Orbits
  09.052.012 .016 .026
   .037
   054.002
  10.052.002 .023 .034
   .052
Earth Satellites
 Triangulation
  01.046.019
  02.046.002
Earth-Moon System
  08.042.022
   094.029 .103
  09.042.027
   094.600
Earth-Moon System
 Dynamics
  07.094.190
Earth-Moon System
 Mass
  09.043.001
Earth-Moon System
 Origin
  09.094.036
Eclipses
 Lunar
  095.000
Eclipses
 Solar
  079.000
Eclipsing Binaries
 See Eclipsing Variables
Eclipsing Variables
  121.000
Eclipsing Variables
 Absolute Magnitudes
  10.121.139
Eclipsing Variables
 Atmospheres
  05.121.037
  09.121.025
Eclipsing Variables
 Colors
  10.121.068
Eclipsing Variables
 Components
  02.121.006
Eclipsing Variables
 Distances
  04.121.010
Eclipsing Variables
 Envelopes
  04.121.018
  07.121.073
  09.121.051
Eclipsing Variables
 Evolution
  05.121.022
  09.121.058
  10.121.046
Eclipsing Variables
 Galactic Clusters
  05.121.048
  06.121.070 .071
Eclipsing Variables
 Galaxies
  07.121.078
Eclipsing Variables
 Gravitational Waves
  05.121.022
Eclipsing Variables
 Helium Abundance
  04.121.001
Eclipsing Variables
 Infrared Radiation
  10.121.045
Eclipsing Variables
 Light Curves
  02.121.070

Eclipsing Variables
 Light Curves
  03.121.003 .015 .016
   .023 .025 .026
   .028 .029 .031
   .033 .034 .038
   .044 .045 .046
   .062
  04.121.003 .004 .005
   .006 .008 .012
   .016 .017 .018
   .019 .035 .036
   .037 .042 .045
   .053 .054 .074
   .076
  05.121.004 .015 .019
   .020 .025 .028
   .036 .038 .046
   .047 .064 .065
   .074
  06.121.001 .002 .007
   .022 .049 .063
   .066 .070 .073
   .076
  07.121.002 .017 .025
   .026 .029 .030
   .033 .074 .075
  08.121.011 .012 .014
   .016 .028 .050
   .051 .052 .053
   .054 .057 .060
   .062 .067 .070
   .073 .076 .081
   .084 .103 .105
  09.121.002 .010 .011
   .012 .014 .026
   .048 .055 .059
   .060 .070
  10.121.005 .006 .016
   .029 .035 .036
   .053 .067 .069
   .087 .112 .134
   .141
Eclipsing Variables
 Limb Darkening
  03.121.013
  06.121.008
  07.121.032
  09.121.078
  10.121.049 .058
Eclipsing Variables
 Lithium Abundance
  03.121.010
Eclipsing Variables
 Main Sequences
  05.121.045
Eclipsing Variables
 Masses
  04.121.005 .077 .084
  05.121.046
  06.121.003
  09.121.013 .076
Eclipsing Variables
 Models
  06.121.034
  09.121.045
  10.121.018
Eclipsing Variables
 Orbits
 See Binaries Orbits
Eclipsing Variables
 Parallaxes
  07.121.082
  10.121.139
Eclipsing Variables
 Periods
  04.121.052
  05.121.069
  06.121.023 .027 .067
  07.121.022 .028

Eclipsing Variables
 Periods
  08.121.004 .005 .013
   .055 .080 .092
  09.121.071 .072 .073
   .074
  10.121.019 .023 .031
   .037 .038 .127
   .128 .129 .131
   .138
Eclipsing Variables
 Photometry
  02.121.035 .049 .058
   .067 .092 .093
  03.121.002 .026 .042
  04.121.031 .032 .033
   .039 .043 .044
   .047 .053
  05.121.013 .014 .024
   .028 .029 .041
   .063 .065 .068
   .070 .076
  06.121.003 .004 .005
   .054 .074 .094
  07.121.013 .014 .019
   .020
  08.121.006 .008 .009
   .026 .060 .066
   .083 .094 .100
   .102
  09.121.004 .005 .015
   .016 .024 .046
   .057 .061 .077
   .079
  10.121.001 .022 .024
   .027 .030 .041
   .043 .053 .066
   .120 .133 .140
   142.033 .037
Eclipsing Variables
 Polarization
  02.121.062 .066
  08.121.083
  09.121.079
Eclipsing Variables
 Positions
  09.121.075
Eclipsing Variables
 Proper Motions
  08.121.042
Eclipsing Variables
 Radial Velocities
  08.121.076
  09.121.032
Eclipsing Variables
 Radii
  04.121.084
  06.121.003
Eclipsing Variables
 Radio Radiation
  07.121.091
   141.184
  09.141.088
Eclipsing Variables
 Rotation
  04.121.014
Eclipsing Variables
 Spectra
  02.121.034 .036 .037
   .091
  03.121.050
  04.121.034 .047 .083
  06.121.057 .058
  07.121.029
  08.121.007 .010 .017
   .061 .104
  10.121.002 .057
Eclipsing Variables
 Spectrophotometry
  06.121.035 .090

Eclipsing Variables
Spectrophotometry
07.121.012
08.121.085
09.121.034
10.121.021 .034 .111
Eclipsing Variables
UV Photometry
10.121.058 .132
Eclipsing Variables
White Dwarfs
08.126.002
Eclipsing Variables
Wolf Rayet Stars
07.121.073
08.121.018 .027 .099
09.121.054
10.121.032 .137
Eclipsing Variables
X Rays
07.142.063 .107
Ecliptic
Obliquity
01.043.005
03.043.002
06.043.005
08.042.021
Einstein Equations
02.066.056
162.085
03.066.009 .086
162.026 .035
04.066.049 .053 .079
.080
05.066.061
162.070
06.066.036 .037 .086
07.066.060 .093 .095
.109 .112 .128
08.066.039
09.066.103
162.080
10.066.026 .029 .100
.104
Electric Fields
Comets
04.102.004
Electric Fields
Interplanetary Space
04.012.012
Electric Fields
Meteors
04.102.004
Electric Fields
Moon
04.012.012
Electric Fields
Planetary Atmospheres
04.012.012
Electric Fields
Pulsars
07.141.543
08.062.061
141.504
Electric Fields
Solar Wind
04.074.009 .071
06.074.053
Electric Fields
Sunspots
07.072.044
Electromagnetic Waves
Solar Wind
04.074.009 .080
07.074.037
Electronic Cameras
05.034.004
09.012.017
Element Abundances
061.000

Element Abundances
10.012.035
Element Abundances
A Stars
01.114.015 .016
09.114.010
10.114.109
Element Abundances
B Stars
04.114.029 .050
08.064.036
Element Abundances
Binaries
02.119.014
Element Abundances
Carbon Stars
03.114.046
Element Abundances
Cepheids
01.114.013
08.122.021
Element Abundances
Chromosphere
01.073.026
05.073.043
Element Abundances
Cool Stars
05.114.068
Element Abundances
Cosmic Rays
02.143.008 .024 .038
03.143.013 .034
04.143.004 .040 .042
05.143.035
06.143.005 .007 .036
.040 .060
08.143.008
09.143.020 .042
10.061.035
143.001 .021 .033
.051
Element Abundances
Crab Nebula
10.134.011
Element Abundances
Emission Nebulae
01.132.023 .044
02.132.039
03.132.011
Element Abundances
F Dwarfs
06.113.031
Element Abundances
F Giants
09.114.024
Element Abundances
G Dwarfs
06.114.001
Element Abundances
G Giants
06.114.088
Element Abundances
G Stars
08.114.082
Element Abundances
Galaxies
04.158.008
Element Abundances
Galaxy
01.155.003
08.143.020
Element Abundances
Gaseous Nebulae
04.132.013
Element Abundances
Globular Clusters
08.154.013
10.154.001

Element Abundances
Intergalactic Matter
07.161.015
Element Abundances
Interstellar Matter
07.131.026
08.131.085
09.114.122
131.137 .182
10.131.070 .085
Element Abundances
Jovian Planets
09.091.026
Element Abundances
K Giants
06.114.088
08.064.066
Element Abundances
K Stars
03.114.037
Element Abundances
Late Type Stars
02.114.115
03.114.078
04.114.006
06.114.048
Element Abundances
Metallic Line Stars
05.114.025
07.114.135
09.064.006
Element Abundances
Meteorites
01.105.067 .078 .079
.080 .081 .082
.083 .084 .086
.087 .097
02.071.023
105.003 .064 .074
.081 .082 .093
.098
03.105.107 .113 .126
.141
04.071.023
105.024 .052 .057
.058 .059 .062
.067
05.105.021 .028 .076
.079 .082
06.003.027
105.004 .009
07.105.024
08.105.032 .035 .083
09.105.030 .031 .161
10.105.042 .061
Element Abundances
Meteors
10.104.008
Element Abundances
Moon
08.094.009
Element Abundances
O Stars
08.064.036
Element Abundances
Peculiar A Stars
04.114.037
05.114.023 .047
07.114.041 .111
09.114.119 .172
10.114.004 .006 .009
.036 .051
Element Abundances
Photosphere
01.071.001
02.071.019 .023
05.071.004
06.071.048
08.071.069
10.022.026 .035

SUBJECT INDEX - VOL.1-10

Element Abundances
Photosphere
10.071.016
Element Abundances
Planetary Nebulae
01.133.034
02.132.035
   133.011 .024
03.133.026
06.133.010
09.133.012 .034
10.133.008 .040
Element Abundances
Planetary System
01.061.040
   091.024
   107.004
Element Abundances
Population I Stars
08.114.038
Element Abundances
Population II Stars
05.122.100
07.064.042
Element Abundances
Primeval
01.162.043
Element Abundances
Solar Atmosphere
03.071.004
Element Abundances
Solar Corona
01.074.050
04.074.034
05.074.040
06.076.002
07.074.094
08.074.082
09.074.035
10.074.049
Element Abundances
Solar Cosmic Rays
04.143.004
07.078.009
08.073.004
09.078.011 .012
10.078.008
Element Abundances
Solar Flares
08.073.065
Element Abundances
Solar Spectrum
01.071.013 .014 .044
   .045
09.071.031
Element Abundances
Solar Wind
04.074.034 .057 .060
   .061 .062 .077
07.074.094
Element Abundances
Stellar Atmospheres
01.064.009 .041 .044
   114.026
02.064.054
03.064.019 .040
04.064.010 .025
05.064.047
06.064.022
   114.092
07.114.011
08.064.030
   114.062
09.012.015
   064.074
   114.093
10.064.010
   114.058

Element Abundances
Stellar Interiors
01.061.039 .041
02.065.057
Element Abundances
Subdwarfs
10.126.001
Element Abundances
Subgiants
05.114.024
Element Abundances
Sunspots
01.072.010
Element Abundances
Supergiants
01.114.013 .020 .021
09.114.043
Element Abundances
Supernova Remnants
06.141.021
Element Abundances
Supernovae
05.125.034
Element Abundances
White Dwarfs
06.126.007
07.126.008
Elements
Origin
   061.000
01.012.014
04.065.030
05.065.041
Emission Lines
Curves-of-Growth
03.073.038
Emission Lines
Of Stars
10.114.168
Emission Lines
Prominences
08.073.009 .100
Emission Lines
Solar Corona
07.074.019
08.074.046 .112
09.074.026 .027 .039
Emission Lines
Solar Spectrum
07.071.051
   076.018
08.071.002
09.071.003
10.071.072
Emission Lines
Stellar Spectra
04.114.135
06.064.033 .034 .035
   .036
   114.011
08.114.025 .077
Emission Lines
Sunspots
09.072.010
Emission Lines
X Ray Sources
08.142.024
Emission Nebulae
   132.000
Emission Nebulae
Catalogues
09.132.032
Emission Nebulae
Distances
02.132.020
Emission Nebulae
Dust
03.132.001

Emission Nebulae
Electron Densities
07.132.031
Emission Nebulae
Electron Temperatures
01.132.001 .002 .028
   .033
02.132.030
04.132.004 .015
05.132.017
07.132.031
Emission Nebulae
Element Abundances
01.132.023 .044
02.132.039
03.132.011
Emission Nebulae
Evolution
02.132.007
Emission Nebulae
Excitation
03.132.006
Emission Nebulae
Expansion
03.132.013
Emission Nebulae
Forbidden Lines
01.132.040 .041 .061
04.132.034
07.132.016 .018
08.062.013
Emission Nebulae
Galactic Distribution
08.132.004
Emission Nebulae
Galaxy
08.132.026
Emission Nebulae
H II Regions
02.132.008
06.131.091
Emission Nebulae
Helium Abundance
01.132.018 .050
06.133.024
Emission Nebulae
Helium Neutral
04.132.003
Emission Nebulae
Infrared Radiation
03.132.008
04.114.110
   132.009 .042
05.132.003
09.114.040
   132.018
Emission Nebulae
Infrared Spectra
07.132.019
Emission Nebulae
Kinematics
02.132.030
Emission Nebulae
Line Intensities
01.132.024
02.132.005
Emission Nebulae
Line Profiles
07.132.005 .014 .022
Emission Nebulae
Magellanic Clouds
06.159.002
Emission Nebulae
Models
05.132.004
08.132.032
Emission Nebulae
OB Stars
03.132.017

Emission Nebulae
 Photometry
  07.132.033
Emission Nebulae
 Polarization
  04.132.038
  06.132.049
Emission Nebulae
 Radial Velocities
  03.132.002
Emission Nebulae
 Radio Radiation
  01.132.011 .021
  02.132.001 .016 .021
  03.132.012 .017
  04.132.029
  05.132.015 .022 .027
  06.132.033
  07.132.017
  09.132.023
      141.040
  10.132.017
Emission Nebulae
 Recombination Lines
  06.132.005
  07.132.002
  10.132.020
Emission Nebulae
 Spectra
  02.132.009 .014 .015
         .038 .042
  03.132.014 .019
  04.132.007 .014 .033
  06.132.047
Emission Nebulae
 Temperatures
  04.132.037
Emission Nebulae
 Wolf Rayet Stars
  03.132.029
Emission-Line Objects
 Forbidden Lines
  02.022.083
Emission-Line Objects
 Orion Nebula
  10.132.039
Emission-Line Objects
 Spectra
  03.114.034
Emission-Line Stars
 Galactic Clusters
  09.114.053
Emission-Line Stars
 Galactic Distribution
  10.114.152
Emission-Line Stars
 Stellar Associations
  09.152.003
Ephemerides
  047.000
Ephemerides
 Jovian Planets
  09.041.048
  10.041.049
Ephemerides
 Minor Planets
  02.098.015
  06.098.006
  08.098.037
  09.098.019
Ephemerides
 Planets
  10.041.027
Ephemerides
 Variables
  120.000
Ephemeris
 Moon
  02.047.019
      094.159

Ephemeris
 Moon
  03.094.257
  04.094.049 .083
  05.094.002 .028 .055
         .056
  06.094.282
  09.094.062
  10.012.013
Ephemeris
 Pluto
  08.041.046
Ephemeris Time
  05.044.010
Epsilon Aurigae
  05.121.002 .003 .011
         .021 .081
  06.121.026 .065 .092
  07.121.015
  08.121.071
Eta Carinae
  01.113.014
      122.001 .022 .066
         .067
  02.122.088 .090 .181
  03.114.038
  04.114.135
  05.114.060 .061 .095
         .102
      132.020
  06.114.064
      132.053
      153.001
  07.114.064
      122.138
      132.022 .028
  09.113.050
      114.025 .030 .102
      152.001
  10.153.013
Evolution
 Be Stars
  01.065.037
  04.116.009
Evolution
 Binaries
  01.065.003 .005
  02.065.089
      117.020 .026
      121.003
  03.117.001 .002 .003
         .013 .019 .022
         .025 .026 .030
  04.117.006 .011 .017
  05.117.015 .016 .021
         .029
  06.117.033
  07.117.005
  09.117.026 .027 .030
      119.004
  10.117.036 .038
      125.009
Evolution
 Blue Stars
  10.115.030
Evolution
 Carbon Stars
  07.065.062 .078
  09.065.087 .088 .163
Evolution
 Cepheids
  01.065.002
  06.065.037
      122.155
  07.065.019
Evolution
 Close Binaries
  04.012.029
      117.008
  05.117.015 .016 .021

Evolution
 Close Binaries
  05.117.029
  06.117.001 .004 .008
         .022
  07.117.032
  09.117.017 .018
  10.117.010 .040
Evolution
 Clusters of Galaxies
  08.160.007
Evolution
 Contact Binaries
  09.117.004 .019 .031
  10.117.004
Evolution
 Crab Nebula
  09.134.002
Evolution
 Early Type Stars
  07.065.051
  09.065.047
Evolution
 Eclipsing Variables
  05.121.022
  09.121.058
  10.121.046
Evolution
 Emission Nebulae
  02.132.007
Evolution
 Galactic Clusters
  08.153.019
Evolution
 Galaxies
  01.162.033
  02.065.038
      162.012 .079 .080
  03.151.012 .034
      162.050
  05.158.129
  06.151.048
  07.065.069
  08.065.150
      151.004
      158.071
  09.158.041
  10.012.021
Evolution
 Galaxy
      155.000
  01.155.019
  02.061.017
      155.014
  05.012.006
      065.134
Evolution
 Giants
  06.065.154
Evolution
 Globular Clusters
  08.154.001
Evolution
 H II Regions
  06.131.031
Evolution
 Helium Stars
  04.065.120
  05.065.039 .105
  06.065.010 .097
  07.065.044
  08.065.010
Evolution
 Hydrogen-Helium Stars
  08.065.083
Evolution
 Interstellar Clouds
  08.131.066

SUBJECT INDEX - VOL.1-10

Evolution
  Iron Stars
    01.065.008
    03.065.041
    04.065.062
Evolution
  Late Type Stars
    09.062.022
Evolution
  Low-Mass Stars
    04.065.024 .063
    05.065.032 .047
    06.065.100
    07.065.070 .083
    09.065.024
Evolution
  M Giants
    02.065.025
Evolution
  Main Sequence Stars
    05.065.044
    06.065.108 .143
    08.065.007 .013 .054
    09.065.069 .138
    10.065.088 .095
Evolution
  Massive Stars
    02.065.070
    03.065.027 .065 .066
    04.065.064 .104
    05.065.065
    06.065.093 .105 .108
         .118 .120 .121
    07.065.011 .082
    08.065.013 .068 .075
         .076 .077 .102
         .103
    09.065.012 .017 .145
    10.065.133
Evolution
  Metal-Poor Stars
    04.065.023
    06.065.144
Evolution
  Meteor Streams
    09.104.016
Evolution
  Meteorites
    04.105.013
    05.105.007 .008
Evolution
  Moon
    05.094.070
    06.094.150
    08.094.098 .194 .195
    09.094.042 .049 .168
         .575 .577
    10.094.025 .086
Evolution
  Multiple Stars
    07.117.009
    08.117.020
Evolution
  OB Stars
    04.065.043
Evolution
  Planetary Atmospheres
    10.091.006
Evolution
  Planetary Nebulae
    01.133.004
    03.133.022
    07.158.052
    09.133.002
    10.133.044 .048 .050
Evolution
  Planetary System
    04.107.002

Evolution
  Planets
    01.107.006
    02.091.011 .013
Evolution
  Population I Stars
    05.065.066
    06.065.049 .091 .099
    07.065.066 .099 .101
    09.065.042
    10.065.044
Evolution
  Population II Stars
    05.065.005 .045 .046
         .113
    06.065.064
    07.012.024
       065.020
    08.065.122 .128
    09.065.006 .074 .077
         .181
    10.065.026 .085
Evolution
  Prominences
    10.073.013 .022 .094
Evolution
  Pulsars
    02.141.008
    10.141.557
Evolution
  Quasars
    02.141.186
    03.141.044 .112 .132
    05.141.110
    06.141.183 .204
       158.107
    07.162.013
    08.141.014 .029
    10.141.062
Evolution
  Quasi-Stellar Objects
    04.141.118
Evolution
  Radio Galaxies
    02.158.087 .090
    07.162.013
    08.141.030
    10.158.038
Evolution
  Radio Sources
    02.141.076
    04.141.010 .031
    05.141.212
    06.141.073 .112
Evolution
  Red Giants
    03.065.056
    04.065.108
    06.065.073
    07.065.056
    08.064.013
       065.088
    10.133.073
Evolution
  Rotating Stars
    04.065.053 .054 .092
    08.065.069
Evolution
  Shell Stars
    04.065.115 .119 .121
Evolution
  Solar Corona
    05.074.041
Evolution
  Star Clusters
    03.151.016
    04.151.002
    05.151.035
    07.151.032
    10.151.080

Evolution
  Stellar Associations
    05.151.035
       158.020
Evolution
  Stellar Interiors
    10.065.104
Evolution
  Stellar Models
    09.065.055
Evolution
  Stellar Systems
    01.151.013
    02.151.043
    06.151.042 .043 .058
         .070
       158.107
    07.151.001 .068 .088
         .102
    10.012.010
Evolution
  Subdwarfs
    06.126.002
    08.065.033
Evolution
  Sun
    01.080.002
Evolution
  Sunspots
    04.072.026 .042
    05.072.028
    08.071.057
    10.072.049
Evolution
  Supergiants
    02.065.070
    03.065.002
    04.065.114
    06.065.154
    08.114.102
    10.065.040 .134
Evolution
  Supermassive Stars
    04.065.038
    06.065.063
    08.065.057
    09.065.080 .143
    10.065.017 .030 .093
Evolution
  Supernova Remnants
    06.125.032
    08.125.020 .023 .024
    09.125.001 .002 .031
    10.125.040
Evolution
  Supernovae
    05.065.010
       125.002
    08.125.025
    10.065.132
Evolution
  Universe
    162.000
Evolution
  UV Stars
    09.131.057
Evolution
  White Dwarfs
    01.126.022 .023 .024
         .025
    03.126.005 .007
    04.065.029 .041
       126.014
    05.126.047
    06.065.096
    07.065.027 .126
    08.126.021
    09.126.003 .006 .027
    10.126.004 .010

SUBJECT INDEX - VOL.1-10

Evolution of Stars
   065.000
Exhibitions
   009.000
Exosphere
  Earth
   03.082.048
Exosphere
  Jupiter
   06.099.032
Exosphere
  Mars
   02.097.002
   04.097.040
   06.097.045
   07.097.034
   08.093.046
Exosphere
  Venus
   02.097.002
   04.093.020
   05.093.020 .068
   08.093.046
Exospheres
  Planets
   02.091.017
   03.091.035
   06.091.039
Expeditions Reports
   011.000
Extinction
  Earth Atmosphere
   082.000
   02.113.043
   06.034.086
Extinction
  Galactic Plane
   09.155.083
Extinction
  Intergalactic Matter
   02.161.011
   07.160.021
   08.161.003
Extinction
  Interstellar Matter
   01.131.030 .059 .077
      .078
   02.131.025 .027 .054
      .102
   03.113.044 .058
     131.036 .040 .061
      .079 .116 .136
     132.033
     159.003
   04.131.095
   05.113.054
     131.048 .049 .052
      .080 .088 .099
   06.113.057
     114.005
     131.001 .022 .039
      .048 .084
     155.001
   07.131.017 .020
   08.131.056 .135
     155.007 .013 .018
   09.131.048 .126 .133
      .135 .166
   10.113.051
     131.021
     142.004
Extraterrestrial
  Intelligence
   10.012.038
Extraterrestrial Research
   051.000
   01.012.021
   03.012.005
   04.012.019
   06.012.009

Extraterrestrial Research
   07.012.030
   08.012.002
   09.012.018
Extreme UV
  Chromosphere
   03.076.007
Extreme UV
  Solar Corona
   03.076.007
   08.074.068
Extreme UV
  Solar Flares
   02.076.014 .034
   07.073.048
     076.030 .031
   08.073.007 .098
   09.003.009
     073.039
   10.073.053
Extreme UV
  Solar Spectrum
   01.076.006 .007 .023
      .024
   02.071.064
     076.006
   04.076.030 .035
   05.076.020 .024
   06.076.002 .008 .022
      .023
   07.074.012
     076.036
   08.071.040 .059
   09.071.045
     073.007
     076.015 .028 .035
   10.073.004
     076.001 .009 .011
      .036
Extreme UV
  Spectroheliograms
   04.076.009
   08.074.013

F Dwarfs
  Ages
   07.115.002
F Dwarfs
  Colors
   06.113.027
   08.113.017
F Dwarfs
  Curves-of-Growth
   07.114.040
F Dwarfs
  Element Abundances
   06.113.031
F Dwarfs
  Kinematics
   07.115.002
F Dwarfs
  Metal Abundances
   06.114.045
F Dwarfs
  Photospheres
   04.064.019
F Dwarfs
  Spectra
   06.114.045
F Dwarfs
  Temperatures
   06.113.031
F Giants
  Element Abundances
   09.114.024
F Stars
   02.155.004
   04.114.121

F Stars
  Atmospheres
   02.064.060
   06.064.010
F Stars
  Bolometric Corrections
   03.114.028
F Stars
  Chemical Composition
   09.114.035
F Stars
  Colors
   04.113.015
F Stars
  Convection
   04.065.019
     113.015
F Stars
  Kinematics
   03.155.002
F Stars
  Line Profiles
   07.114.120
F Stars
  Lithium Abundance
   03.114.079
   07.114.004
F Stars
  Luminosities
   06.115.017
   07.115.019
   08.115.004
F Stars
  MK Types
   02.114.011
   03.114.012 .069
F Stars
  Photometry
   01.113.026
   02.113.009
   06.115.017
   07.114.121
   08.115.004
   09.113.010
F Stars
  Radial Velocities
   02.112.009
F Stars
  Rotation
   04.112.012
     116.008
   07.116.008
F Stars
  Solar Neighbourhood
   10.155.001
F Stars
  Space Distribution
   03.155.002
F Stars
  Space Motions
   01.112.002
   04.112.012
   08.115.004
F Stars
  Spectra
   02.114.027
   05.114.014
   07.064.043
   09.114.175
   10.114.189
F Stars
  Spectrophotometry
   06.114.014
Faculae
   072.000
   10.080.010
Faculae
  Electric Conductivity
   06.072.001

SUBJECT INDEX - VOL.1-10

Faculae
 Formation
  08.072.060
Faculae
 Magnetic Fields
  05.072.059
  06.072.078
Faculae
 Models
  04.072.025
  06.072.003 .066
  10.072.016 .039
     073.027
Faculae
 Molecules
  04.072.050
  10.072.016
Faculae
 Sizes
  09.072.042
Faculae
 Spectra
  02.072.007
  04.072.048
  07.072.034
Faculae
 Structure
  06.072.045
Faculae
 Temperatures
  09.072.062
Faculae
 Turbulence
  04.072.011
Faint Stars
 Catalogues
  08.041.007
Faint Stars
 Counts
  01.155.018
Faint Stars
 Galactic Clusters
  10.153.014
Faint Stars
 Photometry
  08.113.025
Faint Stars
 Proper Motions
  08.041.001
Faint Stars
 Spectra
  08.114.067
Figure
 Earth
   081.000
Figure
 Mars
  04.097.030
  08.097.095
  09.097.010
  10.097.003
Figure
 Mercury
  02.092.002
Figure
 Moon
  01.094.028 .053
  02.094.219
  04.094.084 .384
  05.094.058 .139
  07.094.214
  08.094.023
  09.094.022 .134 .921
  10.094.182
Figure
 Neptune
  02.101.001
Figure
 Planets
   091.000

Figure
 Planets
  01.091.036
  02.091.035
  04.091.045
Figure
 Stars
   116.000
Figure
 Sun
   080.000
Figure
 Venus
  01.093.020 .026 .028
Figures
 Close Binaries
  07.117.038
Filamentary Nebulae
  01.132.016
  02.132.033
  03.132.010 .027 .037
  04.132.040 .041
  05.132.024
  06.132.041
  07.132.004
  10.131.291
Filaments
  01.073.036 .043 .044
  02.073.064
  04.073.075
  05.073.062 .063
  06.073.060 .084
  07.071.008
     072.003
     073.046 .059 .061
      .079
  08.073.018
  09.071.030 .044
     072.011
  10.073.084
     077.077 .086
Filaments
 Crab Nebula
  04.134.003
  08.134.013
  09.134.001 .011
  10.134.006 .015
Filaments
 Gaseous Nebulae
  09.131.120
Filaments
 H II Regions
  08.131.070
Filaments
 Intergalactic Matter
  08.151.017
Filaments
 Magnetic Fields
  08.071.047
Filaments
 Planetary Nebulae
  01.133.005
Filaments
 Reflection Nebulae
  07.132.006
Filaments
 Solar Wind
  04.074.005
Filters
  02.034.047 .058
     113.029
  03.034.040 .052 .053
  04.034.015 .052
  05.034.017
  06.034.079 .097 .100
  07.034.031 .061 .137
  08.034.004 .056
  09.034.026 .125 .126
  10.034.042 .056 .058
      .079 .107

Flare Stars
   122.000
  01.122.020 .021 .035
      .048 .049 .051
      .052 .053 .070
      .071 .088 .089
      .090 .091 .092
      .094 .095 .096
      .097 .098 .099
      .100 .101 .102
      .103 .104 .105
      .111 .112
   153.031
  02.012.007
   122.014 .015 .049
      .052 .053 .054
      .055 .056 .057
      .058 .118 .120
      .122 .125 .143
      .147 .148 .149
      .152 .153 .157
      .158 .159 .160
      .161 .162 .163
      .164 .165 .176
   142.054
  03.120.007
   122.006 .011 .017
      .062 .065 .075
      .084 .085 .107
      .122
   152.009
  04.122.002 .015 .018
      .021 .022 .023
      .036 .045 .059
      .062 .075 .109
      .113 .115 .122
      .123 .131 .137
      .142
  05.122.008 .019 .021
      .031 .104 .116
      .126 .128
  06.120.009
   122.012 .047 .048
      .051 .052 .053
      .111 .127 .128
      .140 .148 .149
  07.012.006
   113.005
   122.003 .039 .046
      .059 .069 .091
      .092 .093 .094
      .095 .096 .097
      .101 .104 .105
      .106 .111 .114
      .115 .140
  08.122.025 .027 .028
      .035 .068 .076
      .078 .079 .105
      .110 .111 .112
      .123 .131 .132
      .133 .138
  09.064.054
   122.005 .015 .027
      .031 .078 .082
      .083 .086 .087
      .088 .091 .094
      .100 .101 .104
      .118 .119 .134
      .145
  10.003.050
   122.019 .020 .045
      .085 .091 .092
      .098 .110 .113
      .116 .117 .121
      .123 .124 .127
      .128 .129 .130
Flare Stars
 Galactic Clusters
  05.153.019

Flare Stars
  Gamma Rays
  10.122.023
         142.031
Flare Stars
  Hyades
  02.122.146
  08.113.047
Flare Stars
  Orion Association
  04.122.114
Flare Stars
  Orion Nebula
  02.122.124 .172
  03.113.049
         122.028 .029
         132.032
  05.122.068
  06.122.065
  08.113.062
Flare Stars
  Photometry
  09.122.124
  10.122.081
Flare Stars
  Pleiades
  02.122.111 .123 .144
              .145
  03.153.010 .021 .022
  04.122.124
  05.122.124
         153.016
  06.122.094 .097
         153.016
  07.122.062 .145
  08.122.070 .071 .128
              .136 .137 .142
  09.122.093 .095 .099
              .120 .127 .128
              .129 .131 .135
              .136
  10.122.030 .175
Flare Stars
  Polarization
  09.122.132
Flare Stars
  Radio Radiation
  02.122.124
  05.122.068
Flare Stars
  Spectra
  06.122.056
  10.122.044
Flare Stars
  X Rays
  06.122.002
  07.122.126
Flocculi
  01.073.019
  02.073.065
  03.073.039
  05.073.004
  06.073.007 .052 .055
  07.073.032
  08.073.055
  09.071.022
         072.028
Fluid Spheres
  Oscillations
  04.042.092
         061.008
  08.066.111
Fluid Spheres
  Stability
  10.065.016
Forbidden Lines
  Cool Stars
  01.122.069

Forbidden Lines
  Early Type Stars
  07.114.007 .068
Forbidden Lines
  Emission Nebulae
  01.132.040 .041 .061
  04.132.034
  07.132.016 .018
  08.062.013
Forbidden Lines
  Emission-Line Objects
  02.022.083
Forbidden Lines
  Gaseous Nebulae
  03.132.034
  04.132.028
Forbidden Lines
  H I Regions
  04.131.013
Forbidden Lines
  Helium
  01.022.080 .082
  02.022.022
Forbidden Lines
  Intensities
  01.022.019
Forbidden Lines
  Interstellar Matter
  01.131.074
Forbidden Lines
  Iron
  01.022.083
  02.114.010
Forbidden Lines
  Molecules
  01.022.085
Forbidden Lines
  Nickel
  01.022.081
Forbidden Lines
  Novae
  01.124.004
Forbidden Lines
  Photosphere
  10.071.010
Forbidden Lines
  Planetary Nebulae
  03.133.008
  09.133.035
  10.133.036
Forbidden Lines
  Quasars
  02.141.036
Forbidden Lines
  Seyfert Galaxies
  04.158.046
Forbidden Lines
  Solar Corona
  01.022.078
         074.007 .014 .042
              .044
  02.074.047 .055
  03.074.008 .050
         076.019
  07.074.012 .024 .025
              .031
  08.074.009
  09.074.098
Forbidden Lines
  Solar Spectrum
  01.071.003 .021 .028
              .038 .042 .050
  02.071.020 .071
  07.071.001 .020
Formaldehyde
  Galactic Center
  03.131.029
         155.001
  07.155.030

Formaldehyde
  Galactic Plane
  06.131.106
  09.131.160
Formaldehyde
  Interstellar Matter
  01.131.028 .101
  02.131.023 .036 .103
              .122 .140
  03.131.004 .009 .029
              .078
  04.131.020 .024 .120
  05.131.142
  06.022.072
         131.095 .131
  07.022.092
         131.029 .072 .077
  08.131.007 .009 .031
              .105
  09.131.008 .010 .024
              .138 .186
  10.131.024 .025 .082
              .217
Formaldehyde
  Orion Nebula
  06.132.015 .016
Fornax
  Globular Clusters
  01.158.048
  02.158.047 .092
  03.158.029
Four Body Problem
  03.042.069
  07.042.017 .067
  08.042.019
Four Body Problem
  Restricted
  02.042.028
  05.042.015 .031
Fraunhofer Lines
  Photosphere
  04.071.038
  10.071.071
Fraunhofer Lines
  Solar Spectrum
  03.071.038
  04.071.002 .016 .038
              .043 .052 .065
              .066 .068 .070
              .071
  05.071.003 .036
  06.071.003 .019 .047
  07.071.021 .037 .050
  08.071.036 .045 .060
  09.071.001 .007 .008
              .024
  10.071.013 .026 .053
              .063
Frequency Standards
  035.000
FU Orionis Stars
  06.122.042
  07.122.063
Fundamental Catalogues
  02.041.008
  06.041.055
  08.041.022 .037
  09.041.016
Fundamental Catalogues
  Comparisons
  06.041.039
  08.041.015
Fundamental Catalogues
  Corrections
  10.041.025 .029 .039
Fundamental Catalogues
  Systematic Errors
  05.094.079
  07.041.018 .049
  08.041.008

SUBJECT INDEX - VOL.1-10

Fundamental Catalogues
Systematic Errors
09.041.003
10.041.032 .036 .037
.038
Fundamental Catalogues
Zero-Points
08.041.012
09.041.010
Fundamental Constants
05.094.079
Fundamental Stars
07.041.039

G Dwarfs
Atmospheres
08.114.048
G Dwarfs
Colors
06.113.027
114.001
08.113.017
09.113.032
G Dwarfs
Curves-of-Growth
03.064.050
G Dwarfs
Element Abundances
06.114.001
G Dwarfs
Photospheres
04.064.019
G Dwarfs
Spectra
08.114.081
10.115.005
G Giants
Atmospheres
06.064.021
07.064.004
09.064.076
G Giants
Element Abundances
06.114.088
G Giants
Iron Abundance
06.114.004
G Giants
Luminosities
07.114.133
10.115.007
G Giants
MK Types
07.114.133
G Giants
Photometry
03.113.016
05.113.008 .036
06.114.004
08.114.103
G Giants
Space Velocities
06.112.010
G Giants
Spectra
08.114.172
10.064.040
G Stars
04.114.121
G Stars
Chemical Composition
09.114.035
G Stars
Element Abundances
08.114.082
G Stars
Line Profiles
07.114.120

G Stars
Lithium Abundance
03.114.079
07.114.004
G Stars
MK Types
02.114.011
03.114.012
04.114.070
G Stars
Photometry
03.113.020
06.113.034
07.114.121
08.115.004
G Stars
Radial Velocities
06.112.016
G Stars
Spectra
08.114.181
Galactic Anticenter
Blue Stars
06.113.051
Galactic Anticenter
H I Regions
04.155.041
Galactic Anticenter
Photometry
09.113.002
Galactic Anticenter
Radio Radiation
03.157.006
07.157.014
Galactic Anticenter
21 cm Radiation
04.155.040
Galactic Center
01.155.006
02.141.164
155.006 .022
07.155.021
Galactic Center
Absorption
09.155.011
Galactic Center
Accretion
09.155.055
Galactic Center
Clouds
08.155.008
Galactic Center
Cosmic Rays
08.143.028
Galactic Center
Deuterium
09.155.014
Galactic Center
Distance
06.155.001
09.155.065
Galactic Center
Dust
05.155.040
Galactic Center
Electron Densities
10.155.056
Galactic Center
Explosions
03.155.017
07.155.003
08.155.066
Galactic Center
Formaldehyde
03.131.029
155.001
07.155.030
Galactic Center
Gamma Rays
02.142.024 .032

Galactic Center
Gamma Rays
04.142.008 .012 .075
06.142.082
07.142.053 .138 .139
155.001 .009
08.142.081
143.049
155.001
09.065.097
155.001 .017 .025
.052
10.155.017
Galactic Center
Gas
06.155.002
07.155.027 .087
Galactic Center
Giants
01.155.008
Galactic Center
Gravitational Waves
08.155.035 .072
09.155.050 .051
Galactic Center
H I Clouds
07.155.025
Galactic Center
Helium Abundance
09.155.019
Galactic Center
Infrared Photometry
06.155.032
Galactic Center
Infrared Radiation
01.131.018
02.155.005
03.155.007 .009 .020
.064 .067
04.114.110
05.141.061
155.020 .039 .040
.048
06.113.010
155.031
07.155.007
09.155.044 .046
10.113.099
131.027
155.055 .077
Galactic Center
Lunar Occultations
03.155.053
09.155.016
Galactic Center
Magnetic Fields
10.155.056
Galactic Center
Models
08.155.031
09.155.095
Galactic Center
Molecules
08.155.052
09.155.013 .086
Galactic Center
Neutral Hydrogen
10.155.002
Galactic Center
OH
04.131.046 .124
Galactic Center
Radio Pulses
09.155.018 .097
10.155.016 .018
Galactic Center
Radio Radiation
03.157.007
04.141.123 .160
05.066.067

SUBJECT INDEX - VOL.1-10

Galactic Center
Radio Radiation
06.155.034
Galactic Center
Recombination Lines
04.141.123
08.155.002
09.131.159
10.131.138
157.009
Galactic Center
Red Variables
07.122.151
Galactic Center
Rings
08.155.066
Galactic Center
X Ray Sources
08.142.006
09.155.055
Galactic Center
X Ray Surveys
07.155.006
Galactic Center
X Rays
01.142.034
02.142.019 .066
03.142.054
05.142.005
06.142.057 .070 .071
155.026
09.155.008
Galactic Center
21 cm Radiation
01.157.002
07.157.010
10.155.004 .019
Galactic Center Region
10.155.059
Galactic Clusters
153.000
Galactic Clusters
A Stars
06.113.053
Galactic Clusters
Ages
02.153.038
05.153.040
06.153.002
09.152.013
153.012 .042
10.153.006
Galactic Clusters
Be Stars
10.114.049
Galactic Clusters
Binaries
09.153.028
10.153.019
Galactic Clusters
C-M Diagrams
01.153.008 .009
02.153.008 .017 .023
.028
04.153.003 .005 .014
.022 .046 .050
05.153.001 .002 .014
.021 .031
06.113.036
07.153.014
08.153.008 .018
10.153.003
Galactic Clusters
Carbon Stars
10.113.016
Galactic Clusters
Catalogues
06.153.015
08.132.003

Galactic Clusters
Cepheids
02.122.095
153.009
03.122.018
04.122.006
Galactic Clusters
Chemical Composition
07.153.018
Galactic Clusters
Circumstellar Matter
07.153.003
08.153.007
Galactic Clusters
Close Binaries
04.154.013
Galactic Clusters
Coma
04.153.007
Galactic Clusters
Dissipation
09.153.002
Galactic Clusters
Distances
02.153.027
03.131.114
153.009 .012 .028
04.153.035 .037 .043
06.113.036
153.001
07.153.018
08.153.024 .027
09.153.015
Galactic Clusters
Distribution
09.155.015
Galactic Clusters
Dust
03.153.002
Galactic Clusters
Dynamics
05.153.040
06.151.006 .065 .066
09.151.042
Galactic Clusters
Early Type Stars
02.153.034
Galactic Clusters
Eclipsing Variables
05.121.048
06.121.070 .071
Galactic Clusters
Emission-Line Stars
09.114.053
Galactic Clusters
Escape Rates
01.151.029
Galactic Clusters
Evolution
08.153.019
Galactic Clusters
Faint Stars
10.153.014
Galactic Clusters
Finding Lists
09.153.016
Galactic Clusters
Flare Stars
05.153.019
Galactic Clusters
Formation
02.153.010
09.065.004
Galactic Clusters
Giants
07.153.011
Galactic Clusters
H I Regions
03.153.002

Galactic Clusters
Helium Abundance
05.153.005
09.153.014
10.065.024
Galactic Clusters
HR Diagrams
01.153.001
02.153.002 .016 .018
07.153.028
08.065.078
153.018
09.153.023
Galactic Clusters
Infrared Photometry
09.114.002
Galactic Clusters
Kinematics
06.151.006
07.153.024
Galactic Clusters
Late Type Stars
09.065.042
Galactic Clusters
Lifetimes
05.153.040
06.151.033
Galactic Clusters
Luminosity Function
01.153.019
07.153.016
09.153.027
Galactic Clusters
Magellanic Clouds
09.154.010
Galactic Clusters
Main Sequence Stars
09.114.144
Galactic Clusters
Main Sequences
08.153.028
Galactic Clusters
Mass Functions
05.153.031
Galactic Clusters
Masses
07.153.023
Galactic Clusters
Membership
04.153.005 .018
08.153.010 .024
09.112.002
114.171
153.003 .004 .005
.006 .007 .008
.011
Galactic Clusters
Metal Abundances
05.153.004 .005
Galactic Clusters
Metallic Line Stars
10.114.177
Galactic Clusters
Models
06.151.069
09.151.040
153.020
Galactic Clusters
Molecules
07.153.019
Galactic Clusters
O Stars
09.153.041
Galactic Clusters
OH
07.153.012
Galactic Clusters
Peculiar A Stars
07.153.005 .006
09.153.030

Galactic Clusters
  Peculiar Stars
    08.114.113
Galactic Clusters
  Photometry
    01.153.003 .015 .017
    02.153.005 .006 .011
           .012 .019 .022
           .024 .025 .026
           .031 .039
    03.153.011 .013 .014
           .019
    04.153.004 .006 .009
           .010 .011 .020
           .023 .024 .039
           .045
    05.113.056
       153.006 .010 .012
           .015 .020 .021
           .022 .028 .029
           .030 .033 .035
           .036 .039
    06.113.036
       153.005 .008 .009
           .019 .022 .025
           .028 .030
    07.113.010
       153.002 .011 .017
           .021 .026 .027
           .029
    08.113.044 .049 .053
           .054
       153.003 .004 .016
           .017 .020 .021
           .024 .025 .027
    09.126.030
       153.005 .006 .007
           .008 .009 .015
           .023 .026 .031
           .035 .039 .040
    10.114.049
       153.001 .003 .004
           .007 .012 .013
           .017
Galactic Clusters
  Planetary Nebulae
    08.153.004
Galactic Clusters
  Polarization
    07.132.035
Galactic Clusters
  Pre-Main Sequences
    07.153.007
Galactic Clusters
  Proper Motions
    02.112.008
       153.025
    04.153.013 .041
    05.112.006
       153.001 .038
    06.153.004 .018 .020
           .024
    07.153.001 .009 .010
           .016 .022
    09.112.002 .009 .010
           .011
       153.011
    10.153.005
Galactic Clusters
  Pulsating Variables
    08.122.043
Galactic Clusters
  Radio Radiation
    02.153.043
    06.153.026
Galactic Clusters
  Red Giants
    04.153.003
    07.153.014 .020
    09.153.021

Galactic Clusters
  Rotation
    01.153.024
Galactic Clusters
  Rotational Velocities
    01.153.024
    04.153.008 .021
Galactic Clusters
  Space Velocities
    07.155.004
Galactic Clusters
  Spectroscopic Binaries
    03.153.003
    07.119.002 .003
Galactic Clusters
  Star Densities
    07.153.015
    10.153.030
Galactic Clusters
  Star Formation
    05.153.023
    09.152.013
       153.042
Galactic Clusters
  Star Velocities
    07.153.023
Galactic Clusters
  Stellar Evolution
    04.153.032
    05.153.002 .005 .027
    06.153.023 .029
    08.065.078
Galactic Clusters
  Stellar Orbits
    08.151.052
Galactic Clusters
  Structure
    03.153.004
    05.153.033
    06.153.003 .023
    08.153.022 .023
    09.153.024
    10.153.024
Galactic Clusters
  Supergiants
    03.152.016
    04.153.024
    08.115.003
       153.006
    09.114.171
Galactic Clusters
  Variables
    01.153.031
    02.153.009
    05.153.022
    08.153.002
    09.115.010
       153.029
Galactic Clusters
  Velocity Distribution
    03.151.009
Galactic Clusters
  Wolf Rayet Stars
    06.114.015
Galactic Clusters
  21 cm Radiation
    10.153.023
Galactic Constants
    07.155.085
Galactic Disk
  Cosmic Rays
    02.143.028
    05.143.040
    06.143.050
    08.143.006
Galactic Disk
  Electron Densities
    07.155.042

Galactic Disk
  Gamma Rays
    01.142.049
    03.142.047
    04.142.042
    07.142.110
    08.061.047
       155.005
Galactic Disk
  H I Regions
    07.131.005
Galactic Disk
  Infrared Surveys
    06.155.036
    08.114.065 .072
Galactic Disk
  Interstellar Matter
    06.155.005
Galactic Disk
  Luminosity Function
    10.155.025
Galactic Disk
  Models
    09.155.090
Galactic Disk
  Radio Radiation
    01.157.014 .017
    02.157.014
    06.158.064
    07.141.124
    08.157.001 .004
Galactic Disk
  X Rays
    04.142.001 .057
    06.155.038
    07.155.067 .071
Galactic Disk
  21 cm Radiation
    01.157.013
    02.157.002
Galactic Force
    01.151.028
Galactic Halo
    02.143.016
    03.155.006
       157.022
    04.155.007 .013 .032
       158.010
    05.131.056
       155.021 .025
       157.001
    07.155.060 .081
    10.155.027
Galactic Halo
  A Stars
    05.114.058
Galactic Halo
  B Stars
    04.114.050
Galactic Halo
  Subdwarfs
    07.065.072
Galactic Loops
    06.131.068
       155.009
       157.002 .005
    07.155.040
    09.131.120
       155.023 .024 .054
           .089
    10.132.002
Galactic Magnetic Field
       156.000
    07.141.508
    10.080.005 .028
       143.035
Galactic Nebulae
  Radial Velocities
    10.132.002

Galactic Nuclei
 Quasars
  09.141.014
Galactic Nuclei
 X Ray Sources
  09.142.104
  158.057
Galactic Nucleus
  06.155.002
  08.155.056
  09.141.069
  155.009
Galactic Nucleus
 Infrared Maps
  10.155.023
Galactic Nucleus
 Infrared Radiation
  10.155.036
Galactic Nucleus
 Infrared Sources
  10.155.023
Galactic Nucleus
 Mass Distribution
  07.155.041
Galactic Orbits
 B Stars
  04.151.018
Galactic Orbits
 Cepheids
  09.151.036
Galactic Orbits
 Globular Clusters
  03.151.032
Galactic Orbits
 High Velocity Stars
  06.155.004
Galactic Orbits
 OB Stars
  04.155.043
Galactic Orbits
 Planetary Nebulae
  07.155.026
Galactic Orbits
 Star Clusters
  09.151.018
Galactic Plane
 Bending
  10.155.020 .048
Galactic Plane
 Brightness Temperature
  09.157.006
Galactic Plane
 Extinction
  09.155.083
Galactic Plane
 Formaldehyde
  06.131.106
  09.131.160
Galactic Plane
 Gamma Rays
  07.142.008 .133
  10.155.076
Galactic Plane
 High Velocity Clouds
  10.155.020
Galactic Plane
 Neutral Hydrogen
  10.155.057
Galactic Plane
 Recombination Lines
  08.155.048
  10.157.008
Galactic Plane
 Star Density
  08.155.013
Galactic Plane
 UV Photometry
  09.113.021

Galactic Plane
 X Ray Surveys
  09.155.008
Galactic Plane
 X Rays
  08.142.025
Galactic Plane
 21 cm Radiation
  09.155.027
Galactic Radio Radiation
  157.000
Galactic Radio Surveys
  01.157.003
  02.157.019
  03.157.005 .012 .013
        .014 .024
  04.131.030
  155.003
  157.001 .002 .003
       .004 .005 .006
       .012
  05.155.031
  157.004 .006
  06.141.157
  157.002 .003 .008
  07.157.003 .004
  08.157.008
  09.157.001 .004
Galactic Radio Surveys
 21 cm Line
  07.157.001 .002 .008
  09.157.003 .009 .013
Galactic Rotation
  01.151.010
  03.155.058
  04.112.002
  155.005 .024 .025
       .033
  05.112.001
  155.005
  06.155.013
  158.023
  07.155.083 .084
  08.043.002
  155.046
  09.111.007
  155.004
  162.088
  10.155.006 .057
  158.011 .012
Galactic Spurs
  06.131.068
  155.009
  157.002 .005
  07.157.009
  09.155.067 .092
Galactic Spurs
 Polarization
  05.157.009
  08.155.017 .032
Galactic Spurs
 Radio Radiation
  02.157.004
Galactic Spurs
 X Rays
  05.142.077
  06.142.066
  07.155.010
Galactic Structure
  155.000
  04.122.038
  05.012.006
  013.003
  06.113.003
  07.012.019
  09.113.003
  131.141
  151.034
  153.031
  155.003 .005 .006

Galactic Structure
  09.155.047 .049 .064
       .069 .084
  10.115.031
  131.054
  151.006
  155.021 .022 .039
Galactic Winds
  07.155.039
Galaxies
  07.012.005
Galaxies
 Absorption
  07.158.017
Galaxies
 Ages
  06.158.021
Galaxies
 Angular Diameters
  07.158.108
Galaxies
 Black Holes
  08.162.038
Galaxies
 Blue Variables
  09.122.010
Galaxies
 Bridges
  06.042.001
  08.151.039
  158.119
Galaxies
 C-M Diagrams
  06.158.116
Galaxies
 Catalogues
  02.158.025
  08.003.014
  10.158.022 .043 .072
Galaxies
 Central Regions
  10.158.008
Galaxies
 Chains
  09.158.119 .140 .151
Galaxies
 Classification
  01.151.002
  158.034 .037 .072
  05.158.081 .118
  06.158.114
  10.155.059
  158.137
Galaxies
 Collisions
  03.151.050
  08.158.092
Galaxies
 Compact
  01.158.060 .064
  02.158.051 .075 .076
       .088
  03.158.011 .036 .058
       .063
  04.141.198
  158.020 .044 .076
       .107
  05.158.062 .073 .117
  06.158.003 .074 .094
       .106 .130 .134
  07.158.022 .045 .050
       .113 .164
  08.003.014
  158.004 .007 .051
       .074
  09.141.085
  158.034 .105
  10.158.056

SUBJECT INDEX - VOL.1-10

Galaxies
 Companions
 02.158.055 .091
 03.151.058
   158.003 .067 .091
 04.158.071
 05.158.034 .099
 06.158.108
 07.158.007
 08.158.009
 09.158.046 .125
Galaxies
 Counts
 02.158.012
 08.158.094
Galaxies
 Density Waves
 05.158.020
 09.151.011
 10.125.039
   151.006
Galaxies
 Diameters
 01.158.010
 03.158.049
 06.158.060
 07.158.002 .003 .004
 08.151.029
   158.055
 09.158.087 .127
 10.158.049
Galaxies
 Distances
 02.158.046
 04.158.009
 05.158.008 .071
 06.158.122
 07.158.043
   162.055
 09.158.113
Galaxies
 Distribution
 04.162.080
 05.158.072
 06.158.066
 08.158.094
Galaxies
 Dust
 08.158.054
 10.158.008
Galaxies
 Dwarf Galaxies
 08.158.025
 09.158.153
 10.158.050
Galaxies
 Early Type
 08.158.068
 09.158.001
Galaxies
 Eclipsing Variables
 07.121.078
Galaxies
 Element Abundances
 04.158.008
Galaxies
 Elliptical
 02.141.037
   158.015 .023 .033
 03.158.106
   162.006
 04.158.018 .023 .070
 05.141.048
   158.004 .006 .030
     .032 .042 .045
     .047 .053 .059
 06.151.029 .046
   158.077 .084 .085
     .089 .097 .121
 07.158.056 .059 .108

Galaxies
 Elliptical
 07.158.163
 08.065.096
   158.064 .113 .128
 09.151.007
   158.008 .027 .060
     .065 .067 .095
     .114 .137 .157
     .159
 10.151.042
   158.021 .107
Galaxies
 Encounters
 02.151.030 .049
 06.042.001
 08.151.039
Galaxies
 Energy Distributions
 08.158.117
Galaxies
 Evolution
 01.162.033
 02.065.038
   162.012 .079 .080
 03.151.012 .034
   162.050
 05.158.129
 06.151.048
 07.065.069
 08.065.150
   151.004
   158.071
 09.158.041
 10.012.021
Galaxies
 Explosions
 07.158.107
 08.158.049 .062
Galaxies
 Formation
 01.162.044
 02.066.037
   151.015 .022 .023
   162.010 .026 .043
 03.061.016
   151.071
   162.022 .036 .048
     .051
 04.151.011
   158.010
   162.065
 05.158.129
   162.021 .040
 06.162.040 .059 .091
     .098
 07.151.018 .023 .024
   162.041
 08.158.075 .084
   162.005 .052 .053
     .079
 09.151.031
   158.041
   162.001
 10.158.009
   162.001 .002 .004
     .028
Galaxies
 Gas Contents
 08.158.021 .081
Galaxies
 H I Regions
 01.158.001 .002 .003
 02.158.053 .054
 03.158.097
 04.158.034 .035 .080
     .085 .086 .087
 05.158.001 .003 .079
     .084 .086 .087
 06.158.001 .078 .086

Galaxies
 H I Regions
 07.158.001 .014 .037
 08.158.008 .032 .051
     .064 .101
 09.158.003 .004 .005
     .025 .026 .034
     .039 .085 .086
     .114
 10.158.027 .045 .083
     .084 .117 .118
     .119 .145
Galaxies
 H II Regions
 01.158.009 .014 .019
     .020 .029 .068
 02.158.003 .043 .073
 03.158.016 .081
 04.034.045
   131.009
   158.007 .008 .016
     .093 .100
 05.158.020 .050 .077
 06.158.029 .083
 08.158.083
 09.158.013
 10.158.069
Galaxies
 Halo
 10.158.040
Galaxies
 Infrared Photometry
 08.158.003 .076
Galaxies
 Infrared Radiation
 03.158.045 .046
 04.114.110
   158.042 .048 .049
 05.158.080
 06.158.002 .073 .099
     .133
 08.158.107
 09.158.052 .078 .080
     .150
 10.131.027
Galaxies
 Infrared Spectra
 05.158.036
 10.158.021
Galaxies
 Interacting
 09.141.089
   158.036 .082
 10.151.038
   158.014 .068 .080
Galaxies
 Internal Motions
 02.158.052
 04.158.021 .090
 07.158.106
Galaxies
 Interstellar Matter
 09.158.096
Galaxies
 Irregular
 07.158.012
 08.158.006 .131
 10.158.013 .138
Galaxies
 Kinematics
 09.158.003
Galaxies
 Line Profiles
 07.158.162
Galaxies
 Local Group
 01.158.076
 02.151.068
   158.049
 03.158.030 .055

SUBJECT INDEX - VOL.1-10

Galaxies
  Luminosities
    05.158.008
    07.158.002 .003 .004
    08.158.055
    09.158.087
    10.158.076
Galaxies
  Luminosity Function
    02.158.074 .082
    03.158.056
    06.158.060 .120
    08.158.007
Galaxies
  Magnetic Fields
    09.158.028
Galaxies
  Magnitudes
    08.160.004
Galaxies
  Markarian Galaxies
    07.158.005 .020 .041
           .049 .063 .064
           .110
    08.158.001 .019 .020
           .059 .076 .079
           .080 .097 .102
    09.158.002 .007 .012
           .032 .033 .049
           .051 .103 .104
           .131 .136 .148
           .154 .155
    10.158.003 .053 .094
           .110 .148 .149
Galaxies
  Mass Distribution
    06.160.006
Galaxies
  Mass-Lumin Relation
    03.158.048
    04.158.015 .088
    06.151.029
       158.089
    09.158.006
    10.158.145
Galaxies
  Masses
    01.158.017 .028 .046
           .075
    02.158.019 .020 .022
           .029
    03.158.035 .048 .068
    04.158.016 .067 .082
           .090
       160.011
    05.158.073 .119
    06.158.006
    08.158.007 .018 .056
    10.158.076 .145
Galaxies
  Metal Abundances
    04.158.028
    09.158.129
Galaxies
  Multiple Galaxies
       158.000
Galaxies
  N Galaxies
    09.158.055
Galaxies
  Nearby Galaxies
    06.158.066
    07.158.019 .051
    08.158.013 .050 .101
Galaxies
  Neutral Hydrogen
    10.158.086
Galaxies
  Novae
    09.124.002

Galaxies
  Nuclei
    01.158.013 .026 .032
           .074
    02.132.035
       141.006
       158.011 .057 .078
    03.131.001
       151.064
       158.021 .027 .033
           .047 .058 .064
           .109
    04.131.013
       141.043 .107 .230
       158.002 .012 .018
           .032 .045 .061
           .069
    05.125.036
       141.084 .201
       151.002
       155.040
       158.002 .021 .022
           .028 .036 .041
           .043 .047 .048
           .052 .054 .082
           .111 .128 .129
    06.012.002
       131.134
       141.066 .124
       151.049
       158.009 .059 .073
           .079 .092 .094
           .097 .098 .099
           .117 .119 .128
           .129 .133 .135
           .137
    07.141.070
       151.069
       158.008 .009 .010
           .015 .016 .019
           .052 .058 .116
           .156 .162 .172
    08.158.003 .012 .013
           .014 .027 .058
           .065 .090 .108
           .110
    09.131.136
       151.017
       158.029 .042 .056
           .057 .063 .065
           .066 .080 .083
           .094 .101 .109
           .116 .137 .138
           .145 .149
    10.158.025 .079 .085
           .087 .088 .089
           .102 .106 .111
           .136
Galaxies
  OB Stars
    10.158.039
Galaxies
  OH Emission
    06.158.004
Galaxies
  Orientation
    05.158.092
    08.160.017
Galaxies
  Origin
    02.162.095
    03.162.033
Galaxies
  Oscillations
    01.151.024
    02.151.002 .016
Galaxies
  Pairs
    04.158.059
    06.158.067

Galaxies
  Peculiar
    04.158.047
    05.158.113
    06.158.090
    07.158.006 .018
    08.158.006 .108 .111
    09.158.102
    10.158.019 .068 .101
           .147 .150
Galaxies
  Photometry
    01.158.038 .059 .065
    02.158.083
    03.158.007 .041 .094
       159.016
    04.034.083
       158.022 .024 .065
           .084
    05.158.028 .033 .065
    06.113.026
       158.005 .027 .032
           .034 .071 .093
           .106
    07.158.022 .046 .105
    08.158.026 .037 .050
           .066 .073 .087
           .099 .128 .130
           .131
       160.008
    09.065.016
       125.024
       154.010
       158.027 .055 .059
           .060 .098 .108
           .135 .149 .156
           .157 .158 .159
    10.158.018 .023 .041
           .042 .047 .055
           .077 .079 .111
           .138 .146 .147
Galaxies
  Planetary Nebulae
    10.133.005
Galaxies
  Polarization
    07.141.178
       158.111 .158
    08.158.052
    09.158.019 .020
Galaxies
  Population II Stars
    06.065.092
Galaxies
  Positions
    04.158.101
    05.158.076
    06.158.063
    10.158.024
Galaxies
  Proper Motions
    04.158.078
Galaxies
  Radial Velocities
    01.158.005
    05.158.096
    07.158.036
    08.158.010 .127
    09.158.008 .026
       160.007
    10.158.020
Galaxies
  Radio Radiation
    01.158.011 .071
    02.158.031 .032
    03.158.001 .088 .090
           .095 .096
    04.158.009 .017 .020
           .040 .050
    05.141.079

535

SUBJECT INDEX - VOL.1-10

Galaxies
  Radio Radiation
    05.158.044 .057 .066
         .068 .088 .089
         .090
    06.158.022 .063 .064
         .065
    07.158.039 .159
    08.158.011 .034 .067
         .097 .110 .125
    09.158.021 .029 .037
         .040 .045 .053
         .066 .119
    10.141.081
       158.019 .087 .088
         .089 .136
Galaxies
  Radio Sources
    10.158.025
Galaxies
  Redshifts
    01.162.004
    03.158.031 .032
    04.158.011 .024 .035
         .074 .102
    05.158.005 .008 .061
         .099 .116
    06.158.061 .070 .131
       160.012
    07.158.013 .024
       160.030
    08.151.029
       158.038 .077
       160.004 .012 .018
    09.158.017 .058 .113
         .117 .118
    10.158.026 .080
       160.018
Galaxies
  Relaxation
    04.151.020
Galaxies
  Ring Galaxies
    02.151.042
    04.158.027
Galaxies
  Rotation
    01.151.004 .012
       158.019 .020 .044
         .051
    02.158.006 .007 .008
         .062
    03.158.038 .062 .068
    04.151.034
       158.016 .019 .067
       162.080
    05.151.002 .016
       158.079 .098 .118
         .119
    06.151.011
       158.023
    08.151.036
       158.085 .113 .114
    09.151.037
       158.046
    10.158.006 .044 .108
         .109 .142
       160.028
Galaxies
  Seyfert Galaxies
    01.141.027
       158.006 .007 .015
         .016 .018 .021
         .033
    02.133.010
       141.068 .155
       158.002 .004 .016
         .017 .034 .037
         .048 .056 .058
         .065 .080 .084

Galaxies
  Seyfert Galaxies
    02.158.086 .101
    03.141.109
       158.004 .019 .024
         .039 .042 .043
         .086
    04.141.040 .229
       158.006 .012 .041
         .046 .049 .060
         .075 .091 .092
         .096
    05.141.079 .094
       158.001 .009 .013
         .014 .040 .048
         .051 .061 .065
         .082 .093 .100
    06.141.124
       158.002 .009 .017
         .018 .031 .065
         .072 .095 .127
         .132
    07.158.009 .015 .025
         .026 .027 .053
         .103 .110 .172
    08.141.082
       158.002 .017 .027
         .052 .065 .099
         .100 .117 .133
    09.064.011
       141.070 .081 .085
         .098 .124
       158.010 .016 .018
         .023 .047 .061
         .062 .068 .107
         .130 .132 .139
         .141 .142 .143
    10.122.029
       158.015 .016 .023
         .031 .033 .034
         .046 .055 .081
         .082 .113 .152
Galaxies
  Shock Waves
    04.151.022
Galaxies
  Single Galaxies
    158.000
Galaxies
  Space Distribution
    02.162.045
Galaxies
  Spectra
    02.158.034 .079
    03.158.020 .031 .059
         .061 .063 .100
    04.158.083
    06.158.012 .033 .074
    07.158.008 .024
    08.158.001 .014 .017
         .060
    09.158.134
    10.158.002 .052 .079
Galaxies
  Spectrophotometry
    04.158.091
    05.158.021 .022
    07.158.005 .161
    09.158.111
    10.158.143 .144
Galaxies
  Star Formation
    03.065.080
    07.158.050
    08.158.021
    09.065.010 .016
Galaxies
  Stellar Associations
    04.158.062

Galaxies
  Stellar Content
    09.158.144
Galaxies
  Stellar Evolution
    03.065.080
    08.065.096
    10.065.105 .106
       158.103
Galaxies
  Stellar Orbits
    09.151.020
Galaxies
  Stellar Populations
    06.158.088
    08.158.024
Galaxies
  Structure
    07.151.105
    10.012.021
Galaxies
  Supermassive
    06.158.005
Galaxies
  Supernovae
    04.125.004 .005
Galaxies
  Surface Brightnesses
    05.158.091
    10.158.026
Galaxies
  Tidal Interaction
    03.151.020
    07.158.151
    08.151.050
    09.151.002
    10.158.101
Galaxies
  UV Radiation
    07.158.063
    09.158.030 .031
Galaxies
  UV Stars
    10.158.039
Galaxies
  Variables
    06.122.144
Galaxies
  Velocities
    09.151.039
Galaxies
  Velocity Fields
    04.158.021
    07.158.109 .158
    09.158.008
Galaxies
  White Dwarfs
    10.158.039
Galaxies
  X Rays
    02.158.027
    03.158.006
    04.142.003
       158.029
    05.158.012 .045 .051
    09.158.011
Galaxies
  21 cm Radiation
    05.158.003 .055 .058
    06.158.086
    07.158.002 .003 .004
         .037 .038 .043
    08.158.032 .035 .068
    09.158.014 .026 .113
         .114
    10.141.028
       158.001 .027 .076
         .081 .086
Galaxies Multiple
    158.000

Galaxies Single
  158.000
Galaxy
  07.012.025
Galaxy
  Age
  01.155.001
Galaxy
  Bending
  01.151.018
Galaxy
  Cepheids
  04.122.005 .171 .175
Galaxy
  Cosmic Rays
  09.143.009 .051
Galaxy
  Density Waves
  07.155.022 .029 .064
Galaxy
  Dynamics
  09.155.084
Galaxy
  Element Abundances
  01.155.003
  08.143.020
Galaxy
  Emission Nebulae
  08.132.026
Galaxy
  Evolution
  155.000
  01.155.019
  02.061.017
  155.014
  05.012.006
  065.134
Galaxy
  Expansion
  07.155.089
Galaxy
  Explosions
  07.157.010
Galaxy
  Gamma Ray Sources
  04.142.051
Galaxy
  Gamma Rays
  10.155.035
Galaxy
  Gas Shell
  08.155.049
Galaxy
  H Alpha
  06.155.033
  07.155.068
  08.155.038
Galaxy
  H I Regions
  03.155.026
  04.131.030
  05.155.006 .017 .019
  06.131.089
  07.131.003 .004 .006
  155.002 .061
  09.155.059 .087
  10.131.062
Galaxy
  H II Regions
  02.131.123
  132.039
  03.131.031 .066 .084
  155.055
  157.002
  04.131.009 .021 .137
  05.155.027
  07.155.043
  08.131.021
  155.044

Galaxy
  Helium Abundance
  05.155.002
  06.065.122
Galaxy
  High Velocity Clouds
  02.131.049
  07.155.038
  09.131.039
  155.005 .006
Galaxy
  High Velocity Gas
  08.132.004
Galaxy
  Infrared Brightnesses
  02.155.021
Galaxy
  Interstellar Gas
  09.131.012
  10.155.035
  157.008 .009
Galaxy
  Kinematics
  07.155.080
  09.155.084
Galaxy
  Lyman Alpha
  05.155.023
Galaxy
  Mass
  09.155.048
  10.155.012
Galaxy
  Mass Loss
  02.151.054
Galaxy
  Models
  09.155.063
  10.155.012
Galaxy
  Neutral Hydrogen
  07.155.035
Galaxy
  Nucleosynthesis
  06.155.037
  08.114.074
  10.155.078
Galaxy
  OB Stars
  07.113.016
  08.155.034
Galaxy
  OH Sources
  07.131.023
  10.131.071
Galaxy
  Oscillations
  02.151.016
Galaxy
  Photometry
  04.113.024
Galaxy
  Rotation
  See Galactic Rotation
Galaxy
  Shock Waves
  09.155.066
Galaxy
  Southern Surveys
  09.155.047
Galaxy
  Spectrophotometry
  04.113.024
Galaxy
  Star Formation
  07.065.046
  08.117.019
  09.155.066
  10.155.037

Galaxy
  Stellar Content
  09.155.100
Galaxy
  Stellar Orbits
  10.155.015
Galaxy
  Structure
  See Galactic Structure
  155.000
Galaxy
  Supernovae
  03.125.011
Galaxy
  UV Photometry
  06.113.025
Galaxy
  UV Radiation
  06.155.010
Galaxy
  Velocity Distribution
  10.155.024
Galaxy
  X Rays
  04.142.054
  05.142.029 .051
  08.155.012
Galaxy
  21 cm Radiation
  04.155.034 .035 .036
  05.155.006
  06.157.006
  07.012.019
  08.155.019 .037 .071
  157.002
  09.157.002 .008
  10.131.054
  155.022
Gamma Ray Astronomy
  061.000
  02.142.042
  04.012.002
  142.045
  09.012.002
Gamma Ray Background
  04.142.038 .052 .096
  05.142.044 .075 .081
  06.142.031 .084
  07.142.002 .004
  08.162.052
  09.142.030 .095
Gamma Ray Sources
  142.000
  10.012.029
Gamma Ray Sources
  Bursts
  10.142.043 .056 .066
  .078
Gamma Ray Sources
  Flux Densities
  05.142.067
Gamma Ray Sources
  Galaxy
  04.142.051
Gamma Ray Sources
  Models
  04.142.034
Gamma Ray Sources
  Positions
  05.142.067
Gamma Ray Sources
  Search
  01.142.015 .031
  07.142.005 .066
  08.142.120
Gamma Ray Sources
  Spectra
  03.142.018

Gamma Ray Sources
  Surveys
    02.142.041
Gamma Ray Sources
  Variations
    06.142.088
    09.142.110
Gamma Rays
  Bursts
    09.142.126
Gamma Rays
  Crab Nebula
    03.134.014 .015
       142.020
    04.134.007 .008
       142.099
    05.134.008
    06.134.003
    07.134.002
       141.507
    08.134.001
    09.134.003 .009
    10.134.004
       142.018
Gamma Rays
  Detection
    04.142.041 .047
    05.142.080
Gamma Rays
  Energy Spectra
    09.142.003
Gamma Rays
  Extragalactic
    01.142.017
    08.142.081
Gamma Rays
  Flare Stars
    10.122.023
       142.031
Gamma Rays
  Galactic Center
    02.142.024 .032
    04.142.008 .012 .075
    06.142.082
    07.142.053 .138 .139
       155.001 .009
    08.142.081
       143.049
       155.001
    09.065.097
       155.001 .017 .025
          .052
    10.155.017
Gamma Rays
  Galactic Disk
    01.142.049
    03.142.047
    04.142.042
    07.142.110
    08.061.047
       155.005
Gamma Rays
  Galactic Plane
    07.142.008 .133
    10.155.076
Gamma Rays
  Galaxy
    10.155.035
Gamma Rays
  High Energy
    04.142.041 .047
Gamma Rays
  Interstellar Clouds
    10.131.087
Gamma Rays
  Magellanic Clouds
    08.159.018
Gamma Rays
  Mars Atmosphere
    06.097.051

Gamma Rays
  Moon Surface
    10.094.096
Gamma Rays
  Neutron Stars
    03.142.029
    05.065.103
    10.142.094
Gamma Rays
  Origin
    01.142.004 .009 .011
          .051
    03.142.047
    04.142.106
    05.142.053
    07.142.053 .137
Gamma Rays
  Planetary System
    03.091.013
Gamma Rays
  Pulsars
    01.141.032 .194
    02.141.133 .137
    03.141.059 .068
       142.020
    04.141.056 .067
       142.099
    05.141.140 .207 .239
          .240 .241
    06.141.059 .165 .186
          .239 .256
    07.141.541 .570
       142.139
    08.141.523
       142.150
    09.141.558
    10.141.515
Gamma Rays
  Quasars
    04.141.151
Gamma Rays
  Quasi-Stellar Objects
    06.141.186
Gamma Rays
  Radio Galaxies
    06.142.093
    07.142.139
Gamma Rays
  Radio Sources
    05.141.225
    06.141.035
       142.080
Gamma Rays
  Solar
    076.000
Gamma Rays
  Solar Flares
    02.076.041
    05.076.049
    06.073.017
    07.076.023 .032
    09.076.008
    10.076.028
Gamma Rays
  Spectrum
    02.142.012
    03.142.037
       143.006
    04.142.048 .107
    06.142.020
    07.142.007
Gamma Rays
  Supernova Remnants
    01.125.002 .010
    03.125.017
    09.125.006
Gamma Rays
  Supernovae
    07.141.530
    09.125.005

Gamma Rays
  Supernovae
    10.125.012
Gamma Rays
  Variations
    06.142.020
Gamma Rays
  X Ray Sources
    03.142.015
    05.142.078
    06.142.082
    07.142.014
    10.142.018 .047 .077
          .095 .139
Gas
  Galactic Center
    06.155.002
    07.155.027 .087
Gas
  Galactic Distribution
    07.155.090
    08.155.003
Gas
  Globular Clusters
    09.154.002
Gas
  Interstellar Matter
    04.131.141
    05.131.068 .099 .129
    09.131.116 .170 .205
    10.131.073 .096
Gas Clouds
  Collapse
    01.131.013
    02.131.068 .071
       151.017
    03.065.064
       131.105
    05.065.071
    09.061.061
Gas Clouds
  Formation
    03.158.047
Gas Clouds
  Fragmentation
    04.065.142
       151.008
    05.131.069
    07.065.010
Gas Clouds
  Grains
    04.061.003
Gas Clouds
  Hydromagnetic Waves
    06.062.001
Gas Clouds
  Intergalactic Matter
    03.161.003
Gas Clouds
  Interstellar Matter
    07.131.085 .129
    08.022.115
    09.131.031
    10.131.001 .019
Gas Dynamics
  H II Regions
    09.132.027
Gas Dynamics
  Interplanetary Matter
    10.061.001
Gas Dynamics
  Interstellar Matter
    04.012.015
       131.102 .105
    09.012.010
       131.042 .043 .057
          .198
    10.131.056

Gas Dynamics
  Seyfert Galaxies
  09.158.062
Gas Dynamics
  Stellar Interiors
  10.065.060
Gaseous Nebulae
  06.012.001
Gaseous Nebulae
  Central Stars
  06.132.030
  07.132.023
Gaseous Nebulae
  Chemical Composition
  04.132.011
Gaseous Nebulae
  Densities
  05.132.001
Gaseous Nebulae
  Dust
  06.132.006
  10.132.060
Gaseous Nebulae
  Electron Densities
  07.132.034
Gaseous Nebulae
  Electron Temperatures
  07.132.034
  09.132.026
Gaseous Nebulae
  Element Abundances
  04.132.013
Gaseous Nebulae
  Filaments
  09.131.120
Gaseous Nebulae
  Forbidden Lines
  03.132.034
  04.132.028
Gaseous Nebulae
  Helium Abundance
  06.132.039
  07.132.001
Gaseous Nebulae
  Line Intensities
  06.132.012
  07.132.007
Gaseous Nebulae
  Photometry
  09.132.029
Gaseous Nebulae
  Radiative Transfer
  05.132.026
Gaseous Nebulae
  Recombination Lines
  09.132.031
  10.132.007 .043 .044
Gaseous Nebulae
  Spectra
  03.132.036
  04.132.018
  05.132.018
      133.003
  06.132.012
      158.119
  07.132.020 .023 .038
  09.132.020
  10.132.004
Gaseous Nebulae
  Spectrophotometry
  08.132.016
Gaseous Nebulae
  Temperatures
  04.132.037
  05.132.001
Gaseous Nebulae
  Wolf Rayet Stars
  06.132.030

Gaseous Spheres
  Oscillations
  09.065.167
Gaseous Spheres
  Stability
  02.065.035
Gaunt Factors
  04.022.040 .041
  05.022.050
  06.022.053 .092
Gegenschein
  04.106.030
  05.002.008
      106.015 .016 .022
          .034
  06.106.004 .034
  08.106.035
  09.106.003 .025 .026
Geminids
  06.104.034
  07.104.028
  10.104.003 .004
General Relativity
  Axisymmetric Systems
  08.066.005 .024
Geocorona
  01.082.022 .047 .107
  04.082.012 .018 .130
          .142 .143
  05.082.028 .047
  07.082.028 .097 .098
  08.082.042 .200
  09.082.003 .008
Geodetic Astronomy
      046.000
  08.012.021
Geomagnetic Field
      084.200
  !08.012.009
Geomagnetic Field
  Reversals
  02.084.228 .271
  04.084.204 .219 .230
          .257 .285
  05.084.206 .235 .244
          .259 .281
      105.091
  07.084.202
  08.082.155
      084.201
  09.084.207
Geomagnetic Tail
  02.084.230
  03.084.273
  04.084.208 .222 .228
          .249
  08.084.244
  09.084.224
  10.084.221 .222 .254
Geopotential
  01.081.003 .004 .007
          .010 .023 .027
  02.081.015 .018
  03.081.004 .005 .016
          .030 .033
  04.081.016 .020 .035
          .039
  05.081.023 .041
  06.081.005 .022 .023
          .036 .042 .043
          .044
  07.081.015 .029
  08.081.006 .037 .050
          .055
  09.081.002 .014 .027
          .029
Giacobinids
  07.104.035
  08.104.003
  09.104.009

Giacobinids
  10.104.002 .011 .028
Giants
  Atmospheres
  04.064.014
Giants
  Distribution
  02.155.003
Giants
  Envelopes
  04.114.104
Giants
  Evolution
  06.065.154
Giants
  Galactic Center
  01.155.008
Giants
  Galactic Clusters
  07.153.011
Giants
  Globular Clusters
  07.154.013 .025
  08.115.014
      154.002
Giants
  Hyades
  04.114.019
  06.114.088
Giants
  Models
  03.065.042
Giants
  Old-Disk-Population
  10.115.037
Giants
  Photometry
  01.113.035
  04.113.002 .064
Giants
  Photospheres
  04.064.019
Giants
  Population II Stars
  02.114.107
  09.065.073
Giants
  Rotation
  05.153.011
Giants
  Spectra
  09.114.148
Giants
  Spectral Types
  01.114.046
  02.114.020
Globular Clusters
      154.000
Globular Clusters
  Ages
  09.154.017
  10.154.024
Globular Clusters
  Andromeda Nebula
  01.154.001
  02.158.077
  07.154.006
  08.154.010
  09.154.005
  10.154.004
Globular Clusters
  Blue Stars
  07.154.007
Globular Clusters
  C-M Diagrams
  01.154.011
  03.154.014
  04.154.002 .005 .017
  05.154.007 .018
  06.154.001

SUBJECT INDEX - VOL.1-10

Globular Clusters
C-M Diagrams
07.154.018 .021 .022
.026
08.154.009 .013
09.154.012
10.154.003 .015 .017
.023
Globular Clusters
Carbon Stars
10.112.006
114.031 .032 .248
Globular Clusters
Central Stars
05.154.012 .013
Globular Clusters
Cepheids
02.154.001
03.154.012 .013
06.122.057
154.014
08.154.004
09.122.125
10.122.003 .036 .064
.068
Globular Clusters
Chemical Composition
10.154.005
Globular Clusters
Classification
04.154.012
07.154.005
10.154.014
Globular Clusters
Close Binaries
04.154.013
Globular Clusters
Densities
04.154.014
05.154.006
Globular Clusters
Diameters
04.154.018 .019
Globular Clusters
Distances
07.154.004
Globular Clusters
Distribution Function
06.154.020
Globular Clusters
Dynamics
05.154.008
10.151.004
Globular Clusters
Early Type Stars
09.154.014
Globular Clusters
Element Abundances
08.154.013
10.154.001
Globular Clusters
Evolution
08.154.001
Globular Clusters
Formation
02.154.007
Globular Clusters
Fornax
01.158.048
02.158.047 .092
03.158.029
Globular Clusters
Galactic Orbits
03.151.032
Globular Clusters
Gas
09.154.002
Globular Clusters
Giants
07.154.013 .025

Globular Clusters
Giants
08.115.014
154.002
Globular Clusters
H I Regions
10.154.022
Globular Clusters
Helium Abundance
07.154.019
08.154.012
Globular Clusters
Horizontal Branches
09.154.001 .007 .012
.013 .017
10.154.018 .024 .025
Globular Clusters
HR Diagrams
01.154.002 .005
09.115.024
Globular Clusters
Hydrogen Abundance
08.154.006
Globular Clusters
Infrared Radiation
10.154.007
Globular Clusters
Interstellar Reddening
02.154.004 .005
Globular Clusters
Late Type Stars
05.154.010
09.114.148
Globular Clusters
Luminosity Function
02.154.018
04.154.008 .009
06.154.018
07.154.002 .003 .015
08.115.014
Globular Clusters
Magellanic Clouds
06.159.036
08.159.006
09.154.010
10.122.003
154.015
159.001
Globular Clusters
Mass Distribution
06.065.116
Globular Clusters
Masses
09.154.003
10.154.002
Globular Clusters
Metal Abundances
05.154.016
10.154.006
Globular Clusters
Metal Deficient
04.154.008
Globular Clusters
Mira Variables
03.154.008
Globular Clusters
Models
02.154.014 .015
05.154.009
06.151.019
154.005 .017
09.153.034
154.008
10.154.021
Globular Clusters
Origin
08.154.011
Globular Clusters
Photometry
02.154.006 .011

Globular Clusters
Photometry
03.154.006 .017
158.094
04.154.017
05.154.001 .002 .011
.014
06.154.001 .002 .014
.015
07.154.001 .008 .009
08.154.002 .009
09.154.004 .009 .015
.016
158.027
10.113.031
154.023
Globular Clusters
Proper Motions
06.154.012
07.154.012
Globular Clusters
Red Giants
06.122.147
154.003 .004
07.113.007
154.024
08.154.014
09.114.139
154.011
10.113.030
Globular Clusters
Red Variables
07.122.151
Globular Clusters
Relaxation
04.151.009
Globular Clusters
RR Lyrae Stars
03.154.011
04.065.008
122.065
154.007 .015
05.159.008
06.065.023
122.023 .039
154.013
07.154.023
08.122.007 .017 .144
09.122.008
10.122.021 .053 .058
.069 .071 .165
154.014
Globular Clusters
Space Distribution
07.154.016
Globular Clusters
Space Motions
07.154.012
Globular Clusters
Stellar Evolution
03.154.005
04.065.018
154.008
06.154.006 .021
07.154.017
10.065.055
154.001 .016
Globular Clusters
Structure
08.154.008
Globular Clusters
UV-Bright Stars
07.154.017
Globular Clusters
Variables
01.154.003 .012 .013
.014
02.154.008 .016 .017
04.154.001
05.154.011

Globular Clusters
  Variables
    06.122.092 .093 .115
        154.010
    07.154.009
    10.012.006
        065.055
        120.005
        122.037
Globules
    01.131.032 .114
    02.131.073
        153.013
    04.132.027
Globules
  Diffuse Nebulae
    10.131.052
Globules
  Moon
    07.094.231
Grains
  Circumstellar Matter
    04.064.016
    06.122.101
Grains
  Comets
    05.102.003
Grains
  Cosmic Rays
    07.143.060
Grains
  Gas Clouds
    04.061.003
Grains
  Interplanetary Matter
    01.106.004
    03.106.029
    09.131.002
    10.106.063
Grains
  Interstellar Clouds
    06.131.135
Grains
  Interstellar Matter
    01.131.002 .044 .045
        .050 .102 .109
    02.131.004 .022 .034
        .039 .046 .048
        .050 .094 .107
        132.034
    03.125.006
        131.001 .014 .028
        .034 .038 .040
        .080 .109 .125
    04.131.003 .025 .037
        .108 .119 .136
        .145
        132.005
        142.057
    05.131.008 .049 .051
        .066 .067 .085
        .086 .102 .113
        .114 .119 .129
        .130 .144
    06.131.001 .009 .024
        .035 .036 .040
        .042 .049 .071
        132.017
    07.131.001 .015 .050
        .098 .128
    08.022.115
        131.001 .003 .030
        .121
        155.011
    09.131.002 .004 .056
        .110 .135 .151
        .152 .178 .211
    10.131.018 .020 .023
        .066 .068 .081
        .128 .159 .160

Grains
  Interstellar Matter
    10.131.172 .176 .177
        .179 .182 .189
        .206 .225 .233
Grains
  Moon Surface
    10.094.166
Grains
  Planetary Nebulae
    05.133.033
Grains
  Stellar Atmospheres
    04.064.016
    08.064.067
Grains
  Stellar Envelopes
    08.064.049
Granulation
    01.071.024 .029 .030
        .046
        073.017 .050
    02.071.055 .056 .066
        .067
    03.071.018 .019
        073.008
    04.071.015 .025
        073.005
    05.071.040
    06.071.001 .005 .008
        .010 .013 .029
        .032
    08.071.056 .058 .070
        .071
    09.071.013 .044 .057
        .058 .059
    10.071.021 .050 .058
        072.088
        073.078 .085
        080.042 .043 .053
Granulation
  Supergranulation
    04.073.021
    05.080.001
Graphite
  Interstellar Matter
    01.131.056
    02.131.106
    05.131.044 .045 .046
    09.131.133
    10.131.064
Graphite
  Meteorites
    06.105.068
Graphite
  Stellar Envelopes
    10.064.053
Gravitation
  Collapse
    01.066.044 .061
        162.050
    03.066.011 .022 .057
    04.022.083
        065.020
        066.018 .039 .042
        .089
        162.034
    05.066.001 .028 .045
    06.066.008 .040 .092
        .145
    07.065.054
        066.116 .124 .143
    08.066.065 .066 .108
        .114 .125 .148
        .149 .153 .162
        .165
    09.065.165
        066.017 .083 .088
        .089 .098 .106
    10.066.004 .047 .127

Gravitation
  Collapse
    10.066.128 .164
Gravitation
  Jovian Planets
    09.091.028
Gravitation Theory
    066.000
    07.012.029
    09.012.001
Gravitational Constant
    01.162.060 .061 .063
    02.022.014
        043.003 .005
    03.043.004
        066.060
        162.014
    04.043.006 .007 .008
    05.043.004 .006
        066.010
    06.043.016
        066.027 .044 .085
    07.043.006
        052.005
        066.070
    08.042.035
        066.045 .107
    09.043.002
    10.043.001
Gravitational Deflection
    04.066.006 .007
    05.066.082
    06.066.003 .004 .088
    08.066.004
    09.066.003
Gravitational Instability
    061.000
    01.062.011 .012
        151.040
    02.061.004 .022 .025
        .043
    03.131.007 .008
    10.062.043
Gravitational Radiation
    01.066.015 .046 .049
    02.066.030 .051 .063
        .081
        141.129
    03.066.010 .012 .034
        .053 .087
    04.061.001 .002
        065.145
        066.033 .068
    05.066.025 .036 .048
        .050 .094
    06.066.005 .018 .020
        .032 .047 .048
        .115
        142.067
    07.066.008 .025 .067
        .068 .122 .123
        .140 .141 .148
    08.066.023 .041 .069
        .071 .134 .135
        .138 .150 .154
        .161 .166
    09.065.090 .091
        066.011 .082 .109
        .115 .123 .125
        .127
    10.065.076
        066.008 .050 .111
        .114 .149 .163
        .181
Gravitational Waves
    02.066.032 .057
    03.066.002 .007 .021
        .030 .031 .040
        .078
        155.066

Gravitational Waves
04.066.004 .009 .010
.022 .046 .086
.091 .097 .098
.126 .130
05.061.022
066.012 .029 .035
.043 .046 .047
.051 .067 .075
.085 .089 .095
094.175
06.066.050 .057 .059
.078 .079 .093
.094 .113 .133
.136
162.004 .017
07.066.005 .014 .015
.019 .026 .029
.057 .094 .097
.098 .099
08.066.018 .019 .020
.046 .053 .054
.074 .097 .126
.129 .155
09.066.010 .104 .116
091.039
10.066.005 .033 .040
.085 .087 .110
.167 .184
Gravitational Waves
Chromosphere
09.073.108
Gravitational Waves
Eclipsing Variables
05.121.022
Gravitational Waves
Galactic Center
08.155.035 .072
09.155.050 .051
Gravity
Earth
081.000
Gravity
Mars
07.097.032
09.097.018
10.097.051 .071
Gravity
Moon
02.094.065 .070 .188
.204 .205
03.094.004 .203 .327
04.094.084 .120 .325
.403
05.094.120 .122 .123
.144
06.094.084 .220 .233
.285 .321
07.094.007 .026 .091
.119 .220 .252
08.094.148
09.094.006 .014 .015
.911
10.094.041 .057 .182
Gravity
Venus
09.093.003 .082
Gravity Waves
Solar Atmosphere
06.080.042
10.080.016
Gum Nebula
06.132.001 .036 .043
.044 .051
07.132.033
08.131.070
132.006 .027
09.132.011 .021
10.003.152
119.001

Gum Nebula
10.131.093
132.013
Gum Nebula
X Ray Sources
10.142.054

H Alpha
Galaxy
06.155.033
07.155.068
08.155.038
H Alpha
Interstellar Clouds
09.131.131
H Alpha
Solar Atmosphere
07.080.005
H Alpha
Solar Corona
10.077.087
H Alpha
Solar Spectrum
01.071.002 .006
H I Absorption
01.141.134
02.141.157
07.131.131
H I Clouds
04.131.039 .041 .145
05.131.017 .033 .038
.106
07.131.115
08.131.081
09.131.042
10.131.012 .129
H I Clouds
Clusters of Galaxies
09.160.016
H I Clouds
Collisions
03.131.007 .008
H I Clouds
Distances
06.131.033
H I Clouds
Distribution
07.155.066
H I Clouds
Electron Densities
06.131.110
H I Clouds
Galactic Center
07.155.025
H I Clouds
High Velocity
07.131.095 .132
157.008 .010 .011
161.016
08.158.008
H I Clouds
Magnetic Fields
04.131.059
05.131.078
H I Clouds
Quasi-Stellar Objects
10.131.069
H I Clouds
Solar Motion
03.151.003
H I Clouds
Temperatures
06.131.110
08.131.020
H I Regions
01.131.016 .024 .026
.029 .052 .055
.060 .063 .065
.073 .075 .105

H I Regions
01.131.106 .108
157.007 .008
02.131.012 .015 .030
.051 .052 .053
.101
142.013
03.131.070 .072 .099
141.115
152.012 .013
157.029
04.131.015 .033 .043
.091 .113
05.131.002 .016 .042
.079 .084 .136
.143
06.131.002
132.037
141.203
09.131.120
10.022.002
131.074 .090 .141
H I Regions
Clusters of Galaxies
10.160.038
H I Regions
Densities
10.131.095
H I Regions
Distribution
09.155.022
H I Regions
Forbidden Lines
04.131.013
H I Regions
Galactic Anticenter
04.155.041
H I Regions
Galactic Clusters
03.153.002
H I Regions
Galactic Disk
07.131.005
H I Regions
Galactic Distribution
01.155.002
02.131.040
155.009 .011
03.131.102
132.022
155.015
157.004 .015
05.131.055
07.155.002
09.155.060
157.008
H I Regions
Galaxies
01.158.001 .002 .003
02.158.053 .054
03.158.097
04.158.034 .035 .080
.085 .086 .087
05.158.001 .003 .079
.084 .086 .087
06.158.001 .078 .086
07.158.001 .014 .037
08.158.008 .032 .051
.064 .101
09.158.003 .004 .005
.025 .026 .034
.039 .085 .086
.114
10.158.027 .045 .083
.084 .117 .118
.119 .145
H I Regions
Galaxy
03.155.026
04.131.030

H I Regions
Galaxy
05.155.006 .017 .019
06.131.089
07.131.003 .004 .006
155.002 .061
09.155.059 .087
10.131.062
H I Regions
Globular Clusters
10.154.022
H I Regions
Heating
04.131.060
05.131.010 .012
08.131.072
09.131.003
H I Regions
Helium Abundance
06.131.021
H I Regions
Intergalactic Space
01.141.192
161.008
02.161.002 .006
H I Regions
Ionization
08.131.048
H I Regions
Kinematics
04.155.041
H I Regions
Magellanic Clouds
09.159.003
H I Regions
Markarian Galaxies
09.158.007
H I Regions
Models
07.131.006
09.131.061
H I Regions
Recombination Lines
04.022.004
05.131.112
07.131.127
08.022.067
H I Regions
Solar Motion
02.151.067
H I Regions
Solar Neighbourhood
09.155.020 .021
H I Regions
X Rays
08.131.016
H I Regions
21 cm Line
09.157.010
H II Regions
01.131.008 .010 .012
.034 .038 .058
.062 .106 .107
02.065.060
131.002 .009 .031
.032 .041 .043
.072 .074 .075
.079 .135 .136
132.004 .025 .035
141.145
03.131.003 .005 .079
.081 .082 .111
.136
132.009 .021
152.010
04.065.106
131.007 .014 .037
.043 .053 .058
.112 .116
132.004 .017

H II Regions
04.155.005
05.065.084
113.018
114.033 .048
131.029 .060 .070
.091
132.015
133.028
141.019
06.125.010
131.010 .011 .070
.147 .154
07.131.025 .075 .079
132.015 .022
133.004
155.033
08.074.105
131.005 .009 .019
.028 .098
09.114.046
131.009 .024 .060
.163 .173 .175
.191
141.087
10.113.090
131.014 .015 .022
.042 .077 .078
.079 .080 .130
.136 .145 .192
.230
132.029 .044
141.077
H II Regions
Absorption
08.131.055
H II Regions
Andromeda Nebula
01.158.004
H II Regions
B Stars
08.112.002
H II Regions
Catalogues
08.132.003
H II Regions
Central Stars
06.131.031
H II Regions
Compact
04.131.041
133.003
05.131.004 .077
08.131.129
132.023 .024
09.131.005 .011 .207
10.114.027
131.198
H II Regions
Diameters
05.131.028
H II Regions
Distances
01.132.004
02.132.020
03.131.094
04.131.118
06.131.089
H II Regions
Dust
05.133.004
08.131.010 .069
10.131.122 .191
H II Regions
Dynamics
07.131.021
H II Regions
Early Type Stars
09.131.168

H II Regions
Electron Temperatures
02.131.080 .081 .082
.083 .091
03.131.030 .096
H II Regions
Emission Nebulae
02.132.008
06.131.091
H II Regions
Evolution
06.131.031
H II Regions
Filaments
08.131.070
H II Regions
Galactic Distribution
02.131.076
155.011
03.155.015 .027 .036
157.011
05.155.022
06.131.014
08.131.006
H II Regions
Galaxies
01.158.009 .014 .019
.020 .029 .068
02.158.003 .043 .073
03.158.016 .081
04.034.045
131.009
158.007 .008 .016
.093 .100
05.158.020 .050 .077
06.158.029 .083
08.158.083
09.158.013
10.158.069
H II Regions
Galaxy
02.131.123
132.039
03.131.031 .066 .084
155.055
157.002
04.131.009 .021 .137
05.155.027
07.155.043
08.131.021
155.044
H II Regions
Gas Dynamics
09.132.027
H II Regions
Heating
08.131.006
H II Regions
Helium Abundance
06.131.054
09.155.058
H II Regions
Infrared Objects
07.114.027
08.131.062
H II Regions
Infrared Photometry
07.133.016
08.131.103
10.131.055 .134
H II Regions
Infrared Radiation
07.113.002
131.098
08.131.067 .068 .069
10.114.160
131.027 .030
H II Regions
Infrared Sources
09.113.015

H II Regions
Infrared Sources
09.114.006
10.113.084
H II Regions
Infrared Spectra
10.131.122
H II Regions
Internal Motions
06.131.091
09.131.026
H II Regions
Kinematics
02.131.077
03.131.071
10.131.032
H II Regions
Luminosities
09.131.184
H II Regions
Magellanic Clouds
03.159.004 .019
05.159.002
06.159.008
07.132.008
159.001
09.159.002
H II Regions
Masses
03.132.029
H II Regions
Molecules
09.131.022 .032
H II Regions
O Stars
10.114.113
H II Regions
Photometry
03.131.126
06.131.007 .017
09.114.026
131.150
10.113.081
H II Regions
Radial Velocities
03.131.094
132.002
155.035
04.131.118
09.131.026 .124
H II Regions
Radio Radiation
02.131.014 .078
04.131.003
05.131.034 .100 .138
07.131.057
09.131.005 .036
10.131.002
H II Regions
Recombination Lines
08.125.021
131.002 .057
09.131.130
10.131.017
132.042
H II Regions
Solar
04.076.027
H II Regions
Stellar Associations
07.152.007
H II Regions
Turbulence
04.131.038
H II Regions
Wolf Rayet Stars
06.114.015
Haro-Luyten Objects
01.113.004
03.126.001

Helium
Cosmic
01.061.020
04.061.019
162.026
05.061.023
06.012.015
061.032 .033
162.054
07.162.010 .025
Helium
Forbidden Lines
01.022.080 .082
02.022.022
Helium
Line Profiles
01.022.001
Helium
Primeval
06.071.048
Helium Abundance
B Stars
05.114.026
10.064.001
Helium Abundance
Chromosphere
06.073.024
09.071.016
Helium Abundance
Early Type Stars
04.064.008
05.064.043
06.114.089
08.114.145
Helium Abundance
Eclipsing Variables
04.121.001
Helium Abundance
Emission Nebulae
01.132.018 .050
06.133.024
Helium Abundance
Galactic Center
09.155.019
Helium Abundance
Galactic Clusters
05.153.005
09.153.014
10.065.024
Helium Abundance
Galaxy
05.155.002
06.065.122
Helium Abundance
Gaseous Nebulae
06.132.039
07.132.001
Helium Abundance
Globular Clusters
07.154.019
08.154.012
Helium Abundance
H I Regions
06.131.021
Helium Abundance
H II Regions
06.131.054
09.155.058
Helium Abundance
Intergalactic Matter
07.161.014
Helium Abundance
Interplanetary Matter
05.106.031
06.106.001
Helium Abundance
Jupiter
09.099.030

Helium Abundance
M Giants
05.114.087
Helium Abundance
Main Sequence Stars
06.114.063
07.114.109
Helium Abundance
Massive Stars
05.065.051
Helium Abundance
Metal-Deficient Stars
09.114.051
Helium Abundance
Peculiar A Stars
07.114.117
Helium Abundance
Peculiar B Stars
09.114.044 .131
Helium Abundance
Photosphere
07.071.052
Helium Abundance
Planetary Nebulae
06.133.024
07.132.001
Helium Abundance
Population I Stars
04.121.001
Helium Abundance
Population II Stars
01.065.024
06.065.064
Helium Abundance
Primordial
03.117.005
Helium Abundance
Prominences
06.073.024
08.073.076
09.071.016
Helium Abundance
Quasars
09.141.083
Helium Abundance
Quasi-Stellar Objects
05.141.143
Helium Abundance
RR Lyrae Stars
08.122.100
Helium Abundance
Solar Corona
08.074.101
09.071.016
Helium Abundance
Solar Flares
07.073.050
Helium Abundance
Solar Wind
02.074.005
03.074.004
07.074.072
08.074.003 .019
Helium Abundance
Stellar Associations
09.153.014
Helium Abundance
Stellar Atmospheres
06.064.052
09.114.103
Helium Abundance
Stellar Interiors
06.065.110 .111 .112
Helium Abundance
Stellar Surfaces
07.065.067
Helium Abundance
Subdwarfs
01.126.003

Helium Abundance
White Dwarfs
06.126.014
Helium Burning
Nucleosynthesis
05.065.119
Helium Burning
Red Giants
06.065.068 .069
09.065.005
Helium Burning
Stellar Evolution
01.065.001 .063
04.065.035
05.065.001 .011 .030
.042 .043 .048
.092 .118
06.065.012 .014 .016
.043 .066 .067
.089 .093
07.065.009 .013 .024
.030 .104
08.065.049 .055 .068
.095 .097
09.065.041 .042 .051
.071 .118 .145
.146
10.065.133 .134
Helium Burning
Stellar Interiors
10.065.006
Helium Neutral
B Stars
03.114.006
Helium Neutral
Emission Nebulae
04.132.003
Helium Neutral
Line Profiles
05.064.021
Helium Neutral
O Stars
03.114.006
Helium Neutral
Planetary Nebulae
04.132.003
Helium Neutral
Sun
01.076.001
Helium Stars
01.122.107
02.064.015
119.001
03.114.013 .039
04.114.035
07.114.100 .105
08.114.166
09.065.030
114.021 .117
Helium Stars
Atmospheres
09.114.130
Helium Stars
Collapse
07.065.124
Helium Stars
Coronae
01.064.008
02.064.033
Helium Stars
Evolution
04.065.120
05.065.039 .105
06.065.010 .097
07.065.044
08.065.010
Helium Stars
Models
06.065.015
07.065.102

Helium Stars
Models
08.065.010
114.114
Helium Stars
Photometry
10.113.091
Helium Stars
Pulsations
07.122.065
Helium Stars
Spectra
06.114.006 .008
09.114.130
10.114.047
Helium Stars
Stability
02.064.015
05.065.016
07.065.102
Helium-Carbon Stars
09.114.109
10.065.113
Helium-Weak Stars
04.114.029
05.152.002
06.114.007
08.064.030
113.046
114.009 .016
Herbig-Haro Objects
09.114.016
10.132.039
High Luminosity Stars
03.065.055
05.115.011
08.115.006
High Luminosity Stars
Mass Loss
10.114.247
High Luminosity Stars
Photometry
04.113.038
09.114.012
High Luminosity Stars
Polarization
06.122.045
High Luminosity Stars
Space Motions
10.115.037
High Luminosity Stars
Spectra
09.122.144
High Velocity Clouds
04.158.010
05.131.056
155.018
08.132.027
155.054
10.131.091
High Velocity Clouds
Galactic Plane
10.155.020
High Velocity Clouds
Galaxy
02.131.049
07.155.038
09.131.039
155.005 .006
High Velocity Clouds
Supernova Remnants
09.125.022
High Velocity Gas
Galaxy
08.132.004
High Velocity Stars
02.112.004 .014 .015
114.051
03.114.119
151.025

High Velocity Stars
03.152.011
04.112.001
05.115.017
122.033
08.115.026
09.155.085
High Velocity Stars
Chemical Composition
02.114.063
High Velocity Stars
Galactic Orbits
06.155.004
High Velocity Stars
Magellanic Clouds
07.159.006
High Velocity Stars
Spectrophotometry
07.114.066
History of Astronomy
004.000
09.012.020
Horizontal Branch Stars
08.065.020
09.115.007
154.018
10.065.024 .026
115.010 .030
Horizontal Branches
Globular Clusters
09.154.001 .007 .012
.013 .017
10.154.018 .024 .025
Horizontal Branches
Stellar Evolution
07.065.024
HR Diagrams
115.000
HR Diagrams
Galactic Clusters
01.153.001
02.153.002 .016 .018
07.153.028
08.065.078
153.018
09.153.023
HR Diagrams
Globular Clusters
01.154.002 .005
09.115.024
HR Diagrams
Hertzsprung Gap
02.122.103
HR Diagrams
Red Supergiants
04.115.002
HR Diagrams
Star Clusters
01.065.030
Hubble Constant
02.162.090
03.162.001
06.160.007
07.162.055
08.125.009
162.048 .055
10.162.074
Hubble Diagrams
06.158.118
08.162.050 .051
Hubble Diagrams
Clusters of Galaxies
10.160.006 .007
Hubble Diagrams
N Galaxies
09.158.055
Hubble Diagrams
Quasars
09.141.019 .075
10.141.074

Hyades
    01.153.007
    03.114.067
         152.002
    04.153.007 .038 .040
    05.115.017
         121.048
         153.011 .014 .024
              .031 .032
    07.153.008 .030
    10.153.008 .009
Hyades
    Chemical Composition
    09.153.032
Hyades
    Distance
    01.153.018
    02.153.029
    06.153.017
Hyades
    Flare Stars
    02.122.146
    08.113.047
Hyades
    Giants
    04.114.019
    06.114.088
Hyades
    Infrared Photometry
    04.113.056
Hyades
    Late Type Giants
    08.153.001
Hyades
    Main Sequence Stars
    06.153.017
    09.153.032
Hyades
    Mass-Lumin Relation
    07.115.011
    08.115.023
Hyades
    Photometry
    06.153.017
    08.113.044 .047
Hyades
    Proper Motions
    01.153.020
Hyades
    Red Dwarfs
    02.153.029
Hyades
    Spectroscopic Binaries
    10.119.007
Hyades
    Subdwarfs
    09.126.030
Hyades
    White Dwarfs
    05.126.001
Hydrodynamics
    Relativistic
    02.066.024 .025
    03.066.016 .017
Hydrodynamics
    Rotating Stars
    08.065.059
Hydrodynamics
    Stellar Evolution
    08.065.011
Hydromagnetic Waves
    Chromosphere
    06.073.108
Hydromagnetic Waves
    Gas Clouds
    06.062.001
Hydromagnetic Waves
    Interplanetary Matter
    03.106.006

Hydromagnetic Waves
    Interstellar Matter
    04.131.088
    06.062.011
Hydromagnetic Waves
    Plasma
    09.062.019
    10.062.009
Hydromagnetic Waves
    Solar Atmosphere
    05.080.021
Hydromagnetic Waves
    Solar Corona
    04.074.031
    09.074.011 .012 .023
Hydromagnetic Waves
    Solar Wind
    06.062.011
         074.084
    07.074.057 .064
    08.074.004
Hydromagnetic Waves
    Sunspots
    01.072.040
Hydromagnetics
    01.012.005
    06.012.029
Hyperon Stars
    03.065.096
    04.065.011 .013

Icarus
    02.012.005
         098.009 .010 .011
              .012 .013
    03.098.002 .022
    05.098.006
    06.066.016
         098.032 .033
Image Intensifiers
    01.034.001 .022
    02.034.023
    04.034.081
    05.034.075 .084 .103
    06.034.114
    07.034.145
    08.034.086
    09.012.017
Image Tubes
    01.034.015
    02.034.064
    03.034.048
    04.034.017 .037 .041
              .045 .066 .083
    05.034.025
    09.012.017
    10.034.015 .023 .054
              .083 .115
Infrared Astronomy
    01.012.015
    02.012.018
         114.075
    04.082.042
    10.012.032
Infrared Background
    02.061.010
    04.158.041 .042
    05.142.009
         143.067
    06.061.049
         066.045
         082.149
    08.155.053
    09.066.102
Infrared Brightnesses
    Galaxy
    02.155.021

Infrared Colors
    Late Type Stars
    03.113.019
Infrared Detectors
    10.034.028
Infrared Excesses
    Early Type Stars
    08.113.038
Infrared Excesses
    Supergiants
    08.113.039
Infrared Galaxies
    Models
    09.158.084
Infrared Interferometers
    02.032.039
         034.062
    07.034.053
    09.034.011
Infrared Lines
    Solar Corona
    07.074.010
Infrared Objects
    02.113.038
         114.033 .052
    03.113.026
         122.079
    04.113.022 .051
         114.022
         122.046
    05.113.012
         114.007 .096
         125.036
         131.060 .073
    06.032.039
         113.008 .010
         114.097 .098 .119
         122.041
         154.011
    07.113.002 .017
         131.073
         153.019
    08.113.018
         114.111
    09.003.012
         114.029 .149
Infrared Objects
    H II Regions
    07.114.027
    08.131.062
Infrared Objects
    Optical Identification
    06.113.028
Infrared Objects
    Photometry
    10.113.010
Infrared Objects
    Polarization
    06.131.008
    10.131.028
Infrared Objects
    Radio Radiation
    04.113.004
    05.114.065 .094
    06.114.075
Infrared Objects
    Spectra
    04.114.036
    10.114.015
Infrared Objects
    X Rays
    05.142.021
Infrared Photometers
    08.034.013
Infrared Photometry
    02.113.012 .053
    03.113.012
    04.113.069
    08.113.004 .019
    09.034.009

Infrared Photometry
  10.113.011 .052 .080
       .082
Infrared Photometry
  B Stars
  05.114.039
Infrared Photometry
  Be Stars
  04.113.030
Infrared Photometry
  Bright Stars
  09.113.058
Infrared Photometry
  Carbon Stars
  05.113.010
Infrared Photometry
  Cool Stars
  05.113.010
  08.114.079
Infrared Photometry
  Early Type Stars
  09.113.007
     114.004
  10.113.032
Infrared Photometry
  Galactic Center
  06.155.032
Infrared Photometry
  Galactic Clusters
  09.114.002
Infrared Photometry
  Galaxies
  08.158.003 .076
Infrared Photometry
  H II Regions
  07.133.016
  08.131.103
  10.131.055 .134
Infrared Photometry
  Hyades
  04.113.056
Infrared Photometry
  Jupiter
  10.099.065
Infrared Photometry
  Late Type Stars
  01.113.003
  05.113.042 .050
     114.110
Infrared Photometry
  M Stars
  05.113.045
  06.122.138
  08.114.079
     122.015
Infrared Photometry
  M Supergiants
  05.113.044
  10.113.116
Infrared Photometry
  Novae
  04.124.001
  10.113.058
Infrared Photometry
  Planetary Nebulae
  09.133.033
  10.113.076
     133.031
Infrared Photometry
  Radio Galaxies
  08.158.057
Infrared Photometry
  Red Giants
  10.113.030
Infrared Photometry
  Saturn
  05.100.006
  10.099.065

Infrared Photometry
  Sunspots
  07.072.006
Infrared Photometry
  Supergiants
  10.113.028
Infrared Photometry
  Wolf Rayet Stars
  09.113.001
Infrared Photometry
  X Ray Sources
  10.142.084
Infrared Radiation
  Diffuse Nebulae
  09.132.005
Infrared Radiation
  Eclipsing Variables
  10.121.045
Infrared Radiation
  Emission Nebulae
  03.132.008
  04.114.110
     132.009 .042
  05.132.003
  09.114.040
     132.018
Infrared Radiation
  Galactic Center
  01.131.018
  02.155.005
  03.155.007 .009 .020
       .064 .067
  04.114.110
  05.141.061
     155.020 .039 .040
       .048
  06.113.010
     155.031
  07.155.007
  09.155.044 .046
  10.113.099
     131.027
     155.055 .077
Infrared Radiation
  Galactic Nucleus
  10.155.036
Infrared Radiation
  Galaxies
  03.158.045 .046
  04.114.110
     158.042 .048 .049
  05.158.080
  06.158.002 .073 .099
       .133
  08.158.107
  09.158.052 .078 .080
       .150
  10.131.027
Infrared Radiation
  Globular Clusters
  10.154.007
Infrared Radiation
  H II Regions
  07.113.002
     131.098
  08.131.067 .068 .069
  10.114.160
     131.027 .030
Infrared Radiation
  Intergalactic Matter
  09.158.078
Infrared Radiation
  Interplanetary Matter
  06.106.009
Infrared Radiation
  Interstellar Matter
  03.131.018
  09.131.059

Infrared Radiation
  Jupiter Atmosphere
  10.099.016
Infrared Radiation
  Moon
  03.094.350
  04.094.397 .398
  05.094.019 .022
  06.094.078
  07.094.197 .198 .223
       .264
  08.094.016
  09.094.136
  10.094.049
Infrared Radiation
  Novae
  09.124.010
Infrared Radiation
  Photosphere
  03.071.028
Infrared Radiation
  Planetary Nebulae
  02.133.001
  03.132.008
  05.133.015
  06.133.011 .029
  07.133.007 .019
  08.133.003
  09.133.011 .036
  10.114.160
     132.060
     133.056 .070
Infrared Radiation
  Planets
  08.091.033
Infrared Radiation
  Plasma
  04.062.032
Infrared Radiation
  Pulsars
  04.141.119
Infrared Radiation
  Quasars
  03.141.109
  06.158.059
Infrared Radiation
  Radio Sources
  08.114.086
     141.032
Infrared Radiation
  Venus Atmosphere
  07.093.035
Infrared Radiation
  X Ray Sources
  05.142.021
  10.142.048
Infrared Sources
  03.114.074
  08.114.086
  09.012.003
     065.046
     113.029
     114.015 .022 .027
       .028 .040 .058
       .062
     131.040 .157 .207
     132.028
     158.066 .145
  10.065.079
     113.002 .032 .050
       .079 .090 .092
     114.027 .057 .178
       .182 .249
     131.207 .224 .290
     132.040
     142.131
Infrared Sources
  Classification
  10.113.053

Infrared Sources
  Galactic Nucleus
    10.155.023
Infrared Sources
  H II Regions
    09.113.015
    114.006
    10.113.084
Infrared Sources
  Models
    05.131.054
    09.158.024
Infrared Sources
  Optical Observations
    08.132.014
Infrared Sources
  Polarization
    09.131.018
    10.131.033 .034 .035
Infrared Sources
  Radio Radiation
    09.131.038
Infrared Sources
  Search
    09.114.006
Infrared Sources
  Spectrophotometry
    10.113.012
    132.012
Infrared Spectra
    08.114.163 .164
    09.012.003
Infrared Spectra
  Be Stars
    07.114.042
    09.114.120
    10.114.014
Infrared Spectra
  Carbon Stars
    04.114.033 .075
    06.114.010
    10.114.169
Infrared Spectra
  Dwarfs
    04.114.033
Infrared Spectra
  Early Type Stars
    04.114.040
    07.114.007
    08.114.176
Infrared Spectra
  Emission Nebulae
    07.132.019
Infrared Spectra
  Galaxies
    05.158.036
    10.158.021
Infrared Spectra
  H II Regions
    10.131.122
Infrared Spectra
  Jupiter
    07.099.007
    09.099.016 .017
Infrared Spectra
  Jupiter Atmosphere
    05.099.009
    09.091.043
    099.082
Infrared Spectra
  K Giants
    04.114.033
Infrared Spectra
  Late Type Stars
    04.114.079 .080
    09.114.059 .114
    10.114.035 .181
Infrared Spectra
  M Giants
    04.114.033

Infrared Spectra
  M Stars
    04.114.075
    06.114.043
Infrared Spectra
  M Supergiants
    05.155.041
Infrared Spectra
  Mars
    04.097.014
    06.097.073
    08.097.116
    09.097.040
    10.097.025
Infrared Spectra
  Mira Variables
    04.114.033
Infrared Spectra
  Moon
    04.094.425
Infrared Spectra
  N Stars
    06.114.018
Infrared Spectra
  Orion Nebula
    10.132.008
Infrared Spectra
  Photosphere
    10.071.047
Infrared Spectra
  Planetary Atmospheres
    03.091.016
    09.091.061
Infrared Spectra
  Planetary Nebulae
    03.133.011
    06.133.027
    07.133.021
    08.133.008
    10.133.001 .017 .020
Infrared Spectra
  Quasars
    05.158.036
    09.141.124
Infrared Spectra
  S Stars
    04.114.075
Infrared Spectra
  Saturn
    10.100.011
Infrared Spectra
  Seyfert Galaxies
    09.141.124
Infrared Spectra
  Stellar Groups
    09.152.002
Infrared Spectra
  Sunspots
    07.072.008
    08.072.002
    09.071.051
Infrared Spectra
  Supergiants
    04.114.077
Infrared Spectra
  Variables
    01.122.044
Infrared Spectra
  Wolf Rayet Stars
    09.114.086
Infrared Spectra
  Zodiacal Light
    10.106.006
Infrared Spectrometers
    04.034.036
Infrared Spectroscopy
    04.034.012
Infrared Stars
    01.113.010 .024
    114.038 .055 .095

Infrared Stars
    01.114.097
    02.113.007
    114.018 .064 .065
    .068
    03.113.027
    114.009 .073
    04.065.014
    113.016
    114.023 .076
    122.047
    131.090 .129
    05.113.021 .022
    114.064
    06.113.009 .010 .038
    131.006
    07.114.014 .048
    122.018
    08.113.001
    114.024
    131.058
    09.012.003
    114.046 .145
    131.033 .050
    10.131.293
Infrared Stars
  Models
    04.065.098
Infrared Stars
  OH Emission
    04.122.040
    131.052
    05.114.028 .085
    06.114.099
    08.114.064 .099
    131.058
    09.114.034
Infrared Stars
  Photometry
    04.113.021
    07.113.036
Infrared Stars
  Polarization
    04.122.039
    06.131.086
Infrared Stars
  Radio Radiation
    05.114.094
Infrared Surveys
    08.122.114
    09.114.145
    115.006
Infrared Surveys
  Galactic Disk
    06.155.036
    08.114.065 .072
Infrared Techniques
    01.012.006
    08.012.005
Infrared Telescopes
    04.032.024 .025
    05.032.024
Instability
  Convective
    01.061.021
    064.018
    02.064.038
    03.061.002 .013
    080.020
Instability
  Darwin Ellipsoids
    02.061.012
    03.061.023
Instability
  Goldreich-Schubert
    03.065.059
Instability
  Gravitational
    061.000
    02.061.004 .022 .025

SUBJECT INDEX - VOL.1-10

Instability
  Gravitational
  02.061.043
Instability
  Magnetothermal
  02.061.023
Instability
  Rayleigh-Taylor
  02.022.073
Instability
  Relativistic Stars
  04.065.066
Instability
  Rotating Stars
  06.066.007
Instability
  Stellar Associations
  04.153.033
Instability
  Stellar Envelopes
  08.064.006
Instability
  Stellar Systems
  04.151.040
  05.151.031
  06.151.030 .053
Instability
  Thermal
  02.061.040
  03.162.024
  04.061.038
     062.001
     063.037
     065.047 .122
     131.010
Institutes
  008.000
Instruments
  Astronomical
  032.000
Interferometers
  04.034.028
  07.034.058
  08.033.052 .058 .065
     034.115 .117 .131
  09.033.001
     034.004 .027 .036
        .100
  10.033.005 .030 .031
     .032 .040 .059
     .060
     034.019 .025 .051
        .086
Interferometers
  Fabry Perot
  02.034.020 .054
Interferometers
  Infrared
  02.032.039
     034.062
  07.034.053
  09.034.011
Interferometers
  Intensity
  02.032.031
Interferometers
  Long Baseline
  10.033.024
Interferometers
  Solar
  10.033.053
Interferometers
  Stellar
  02.032.038 .054
  06.034.133
  07.034.062 .136
Interferometers
  21 cm Line
  07.033.001

Interferometry
  Intensity
  01.031.006
  02.032.053
  03.117.009
  04.031.015
  06.034.137
Interferometry
  Long Baseline
  05.033.045
     043.001
  06.033.021 .036
  07.033.033
  09.041.018
  10.031.054
Interferometry
  Michelson
  03.031.022
Interferometry
  Optical
  03.116.001
Interferometry
  Radio Sources
  02.141.043 .142
  03.141.227
Interferometry
  Stellar
  04.031.015
     034.063
  09.031.050
Interferometry
  Very-Long-Baseline
  08.033.053
     141.073
  10.033.019 .021 .022
     .023
     094.069
Intergalactic Clouds
  Stability
  07.160.012
Intergalactic Gas
  Density
  01.161.002
  02.141.077
Intergalactic Matter
  161.000
  09.162.007
Intergalactic Matter
  Absorption
  02.161.005
  05.161.001
  07.161.012
  10.161.001
Intergalactic Matter
  Accretion
  06.161.001
Intergalactic Matter
  Clouds
  03.161.010
Intergalactic Matter
  Clusters of Galaxies
  03.160.015
  06.161.004
  08.160.002
  10.160.025
Intergalactic Matter
  Density
  05.161.003
  06.161.003
  09.158.097
Intergalactic Matter
  Dust
  06.161.003
  10.161.002 .007
Intergalactic Matter
  Element Abundances
  07.161.015
Intergalactic Matter
  Extinction
  02.161.011

Intergalactic Matter
  Extinction
  07.160.021
  08.161.003
Intergalactic Matter
  Filaments
  08.151.017
Intergalactic Matter
  Gas Clouds
  03.161.003
Intergalactic Matter
  Heating
  04.161.004 .009
  05.158.035
     160.008
  08.162.005
  09.161.001
Intergalactic Matter
  Helium Abundance
  07.161.014
Intergalactic Matter
  Infrared Radiation
  09.158.078
Intergalactic Matter
  Ionization
  04.161.009 .010
  08.161.002 .005
Intergalactic Matter
  Models
  10.160.004
Intergalactic Matter
  Scintillations
  04.141.229
Intergalactic Matter
  X Rays
  04.161.005 .006 .007
  07.161.011
  08.161.001
  09.161.002
  10.160.004
Intergalactic Space
  H I Regions
  01.141.192
     161.008
  02.161.002 .006
Intergalactic Space
  Magnetic Fields
  05.162.050 .065
  07.161.013
  10.161.006
Intergalactic Space
  Wave Propagation
  09.131.200
International Cooperation
  013.000
Interplanetary Magnetic
  Field
  106.000
Interplanetary Matter
  106.000
  02.012.026 .029
  03.012.024
  10.012.004 .026
Interplanetary Matter
  Alfven Waves
  05.106.026
  06.106.026
  09.106.017
Interplanetary Matter
  Clouds
  05.106.029
Interplanetary Matter
  Densities
  02.106.005
  07.106.001
Interplanetary Matter
  Dust
  01.106.006 .019 .030
     .039 .041
  02.106.015 .018

SUBJECT INDEX - VOL.1-10

Interplanetary Matter
Dust
03.106.001
04.106.008 .030
05.106.006 .043
07.106.006 .027 .028
08.094.037
09.131.035
10.106.004 .062 .072
Interplanetary Matter
Electrons
01.106.015
03.106.013
07.106.010
08.074.048
106.014 .015
Interplanetary Matter
Gas Dynamics
10.061.001
Interplanetary Matter
Grains
01.106.004
03.106.029
09.131.002
10.106.063
Interplanetary Matter
Helium Abundance
05.106.031
06.106.001
Interplanetary Matter
Hydrogen
04.106.001
06.106.001 .021
Interplanetary Matter
Hydromagnetic Waves
03.106.006
Interplanetary Matter
Infrared Radiation
06.106.009
Interplanetary Matter
Lyman Alpha
03.106.008
Interplanetary Matter
Lyman Beta
10.106.075
Interplanetary Matter
Motions
03.106.012
Interplanetary Matter
Polarization
09.131.002
Interplanetary Matter
Protons
02.106.019
03.106.004
09.106.033
Interplanetary Matter
Scattering
07.106.020
10.131.051
Interplanetary Matter
Scintillations
01.106.005 .009 .020
141.130
02.141.043 .113 .179
03.106.005 .011 .017
.028
04.106.009 .012
141.029
05.074.002
082.001
106.001 .009 .012
.033 .041
06.106.011 .024 .037
07.106.014 .015 .018
.020 .022
141.506
08.106.010 .011
09.106.008 .011
10.106.018 .022

Interplanetary Matter
Shock Waves
03.106.007
04.074.021
106.002 .023 .025
.033 .034 .035
.036 .037
05.062.014
106.008 .031
06.078.013
106.013
07.106.002 .008 .012
.013 .021
08.106.004 .019 .024
09.074.056
106.001
143.088
10.106.011 .017 .029
.032 .039 .044
.066
Interplanetary Matter
Solar Wind
08.074.061
09.106.029
10.106.013
Interplanetary Matter
Turbulence
10.106.022
Interplanetary Matter
UV Radiation
09.106.032
Interplanetary Matter
Wave Propagation
06.093.015
Interplanetary Space
08.003.028
10.012.026
Interplanetary Space
Alfven Waves
10.106.051
Interplanetary Space
Cosmic Rays
01.143.063 .074
02.012.013
143.019 .026
03.106.024
143.027
04.143.020 .026 .043
05.143.001 .029 .030
06.078.045
143.017 .132
07.106.026
143.005 .061 .062
.067 .068
08.143.031 .062
09.143.019 .036 .093
10.143.041 .043
Interplanetary Space
Electric Fields
04.012.012
Interplanetary Space
H I Distribution
03.106.018
Interplanetary Space
Interstellar Hydrogen
06.106.005
Interplanetary Space
Solar Cosmic Rays
06.078.013
07.078.025
Interstellar Bands
10.131.043 .199
Interstellar Clouds
01.131.003 .004
02.131.038 .096
07.131.086
09.131.043
Interstellar Clouds
Absorption
06.131.015

Interstellar Clouds
Acceleration
08.131.014
Interstellar Clouds
Carbon Monoxide
07.131.092
08.131.050
155.052
Interstellar Clouds
Collapse
05.131.108
09.131.019 .134
Interstellar Clouds
Disruption
08.131.063
Interstellar Clouds
Dust
06.131.016
Interstellar Clouds
Evolution
08.131.066
Interstellar Clouds
Formation
08.131.063
09.131.028
Interstellar Clouds
Fragmentation
09.131.019
Interstellar Clouds
Gamma Rays
10.131.087
Interstellar Clouds
Grains
06.131.135
Interstellar Clouds
H Alpha
09.131.131
Interstellar Clouds
Heating
09.131.016 .127
Interstellar Clouds
Magnetic Fields
07.131.063
Interstellar Clouds
Molecules
08.155.008
09.131.016 .025
10.131.036 .120 .278
Interstellar Clouds
OH Emission
06.131.108
10.131.210
Interstellar Clouds
Photometry
06.131.018
Interstellar Clouds
Stability
04.131.087
Interstellar Clouds
Star Clusters
06.151.008
Interstellar Clouds
Star Formation
05.065.070
06.065.078
07.065.115
131.080
08.065.148
09.151.009
Interstellar Clouds
Thermal Instability
09.061.031
Interstellar Clouds
Velocities
07.131.053
Interstellar Dust
Solar Neighbourhood
10.155.046

Interstellar Gas
Galaxy
09.131.012
10.155.035
157.008 .009
Interstellar Gas
Stability
04.131.032
Interstellar Hydrogen
08.131.025
Interstellar Hydrogen
Densities
07.131.069
Interstellar Hydrogen
High Velocity
07.131.056
Interstellar Hydrogen
Interplanetary Space
06.106.005
Interstellar Hydrogen
Lyman Alpha
07.131.030
Interstellar Hydrogen
Solar Neighbourhood
07.131.097
Interstellar Lines
01.131.019 .043
02.131.097 .098
03.152.013
04.131.054 .086 .089
.111
05.114.042
131.092
155.025
06.114.029 .113 .114
.117
131.033
132.053
07.114.069 .116
131.006 .026 .053
.062 .071 .084
08.114.037 .043 .075
.116
131.087 .088 .104
09.114.023 .038 .123
.154
131.046
155.003
10.114.116
131.072 .093 .174
Interstellar Matter
131.000
09.003.011
082.008
Interstellar Matter
Absorption
01.131.005 .007 .009
.035 .054 .067
.100
02.113.006
131.021 .105
155.016
03.113.053
131.012 .015 .016
.023 .026 .064
.074 .077 .103
.104 .114 .115
153.028
04.022.099
131.028 .061 .125
.134 .146
142.105
153.018
155.038
05.114.030
131.097 .115
152.005 .011
06.131.038 .047 .082
07.113.015
131.078 .083

Interstellar Matter
Absorption
08.113.048 .061
131.123 .124 .125
09.131.165 .172 .193
.210
158.038
10.119.001
131.029 .061 .219
Interstellar Matter
Accretion
04.131.106
Interstellar Matter
Ammonia
01.131.011
02.131.010
03.131.134
04.131.120
05.131.043 .061
06.131.100
10.131.222 .226
Interstellar Matter
Calcium
07.131.054 .081
Interstellar Matter
Carbon Monoxide
05.131.065
08.131.098
Interstellar Matter
Chemical Composition
06.131.134
09.131.001
Interstellar Matter
Clouds
03.131.027
04.131.005 .015 .033
.035 .087
151.033
05.131.083 .129
06.131.018 .019 .045
.087 .132 .133
.137
07.131.022 .024 .052
.068 .092
08.131.012 .017 .018
.080 .099
09.131.017 .174
10.131.004 .005 .007
.062 .065 .081
.082 .288
Interstellar Matter
Cooling
05.131.062
07.131.014
08.131.012
09.131.179
Interstellar Matter
Cosmic Rays
01.131.039
143.010
04.142.053
143.037
05.131.011 .041 .059
06.131.101 .113
143.026 .040 .053
07.131.001
143.016 .031
08.143.020
09.131.017 .030 .151
.199 .204
10.131.088 .220
143.017
Interstellar Matter
Densities
01.131.015
03.131.017
04.141.069
10.131.131

Interstellar Matter
Deuterium Abundance
09.131.047
10.131.289
Interstellar Matter
Distribution
04.131.103
05.141.037
155.032
07.131.150
Interstellar Matter
Dust
01.131.068 .111
02.131.037 .044
03.131.002 .025 .033
.062 .068 .072
155.016
04.131.001 .016 .017
.018 .022 .031
.141
05.131.016 .045 .050
.051 .053 .071
.084 .087 .099
.110 .131
06.131.034 .043 .044
.045 .105
155.028
07.131.125
08.131.047 .086 .110
09.131.035 .196 .206
10.012.022
131.030 .048 .089
.094 .096 .292
Interstellar Matter
Electron Densities
05.131.133
06.131.050
08.131.085
Interstellar Matter
Electron Temperatures
02.131.092
Interstellar Matter
Electrons
02.131.047
Interstellar Matter
Element Abundances
07.131.026
08.131.085
09.114.122
131.137 .182
10.131.070 .085
Interstellar Matter
Explosions
09.131.177
Interstellar Matter
Extinction
01.131.030 .059 .077
.078
02.131.025 .027 .054
.102
03.113.044 .058
131.036 .040 .061
.079 .116 .136
132.033
159.003
04.131.095
05.113.054
131.048 .049 .052
.080 .088 .099
06.113.057
114.005
131.001 .022 .039
.048 .084
155.001
07.131.017 .020
08.131.056 .135
155.007 .013 .018
09.131.048 .126 .133
.135 .166
10.113.051

Interstellar Matter
 Extinction
  10.131.021
     142.004
Interstellar Matter
 Forbidden Lines
  01.131.074
Interstellar Matter
 Formaldehyde
  01.131.028 .101
  02.131.023 .036 .103
     .122 .140
  03.131.004 .009 .029
     .078
  04.131.020 .024 .120
  05.131.142
  06.022.072
     131.095 .131
  07.022.092
     131.029 .072 .077
  08.131.007 .009 .031
     .105
  09.131.008 .010 .024
     .138 .186
  10.131.024 .025 .082
     .217
Interstellar Matter
 Galactic Disk
  06.155.005
Interstellar Matter
 Galaxies
  09.158.096
Interstellar Matter
 Gas
  04.131.141
  05.131.068 .099 .129
  09.131.116 .170 .205
  10.131.073 .096
Interstellar Matter
 Gas Clouds
  07.131.085 .129
  08.022.115
  09.131.031
  10.131.001 .019
Interstellar Matter
 Gas Dynamics
  04.012.015
     131.102 .105
  09.012.010
     131.042 .043 .057
     .198
  10.131.056
Interstellar Matter
 Grains
  01.131.002 .044 .045
     .050 .102 .109
  02.131.004 .022 .034
     .039 .046 .048
     .050 .094 .107
     132.034
  03.125.006
     131.001 .014 .028
     .034 .038 .040
     .080 .109 .125
  04.131.003 .025 .037
     .108 .119 .136
     .145
     132.005
     142.057
  05.131.008 .049 .051
     .066 .067 .085
     .086 .102 .113
     .114 .119 .129
     .130 .144
  06.131.001 .009 .024
     .035 .036 .040
     .042 .049 .071
     132.017
  07.131.001 .015 .050
     .098 .128

Interstellar Matter
 Grains
  08.022.115
     131.001 .003 .030
     .121
     155.011
  09.131.002 .004 .056
     .110 .135 .151
     .152 .178 .211
  10.131.018 .020 .023
     .066 .068 .081
     .128 .159 .160
     .172 .176 .177
     .179 .182 .189
     .206 .225 .233
Interstellar Matter
 Graphite
  01.131.056
  02.131.106
  05.131.044 .045 .046
  09.131.133
  10.131.064
Interstellar Matter
 Heating
  01.131.039
  03.152.007
  04.131.060 .094
  05.131.011 .096
     141.129
  08.131.016 .020 .113
  09.131.030 .204
  10.131.288
Interstellar Matter
 Hydromagnetic Waves
  04.131.088
  06.062.011
Interstellar Matter
 Infrared Radiation
  03.131.018
  09.131.059
Interstellar Matter
 Ionization
  10.131.026 .141
Interstellar Matter
 Kinematics
  03.131.131
  05.131.055
Interstellar Matter
 Lithium Abundance
  10.131.045
Interstellar Matter
 Lyman Alpha
  05.131.014
  06.114.074
  10.131.119
Interstellar Matter
 Magnetic Fields
  02.131.013 .067
  03.131.032
  06.131.009
Interstellar Matter
 Models
  04.131.035
  09.131.136
Interstellar Matter
 Molecules
  01.131.027 .057 .066
  02.131.017 .018 .069
     .096
  03.131.010 .020 .035
     .068 .076 .113
     .139
     141.174
  04.022.011
     102.006
     131.019 .023 .048
     .051 .097 .109
     .110 .115 .127
     .133 .140
  05.131.001 .002 .006

Interstellar Matter
 Molecules
  05.131.037 .063 .064
     .075 .095
     141.005
  06.012.016
     022.074 .088
     064.053
     131.004 .013 .020
     .030 .041 .052
     .053 .083 .087
     .093 .125 .126
     .127 .128 .137
     .144 .145 .150
  07.022.051
     131.007 .008 .009
     .022 .028 .059
     .060 .061 .093
     .114 .128 .133
     .136 .138 .149
     .158
     133.155
  08.022.111 .114
     131.011 .029 .074
     .082 .087 .088
     .089 .090 .091
     .096 .099 .100
     .101 .106 .107
     .120 .126
     133.016
     153.007
  09.012.005
     114.124 .125
     131.006 .007 .014
     .015 .021 .029
     .034 .045 .047
     .049 .050 .054
     .055 .062 .110
     .111 .117 .132
     .139 .140 .161
     .162 .163 .167
     .181 .185 .187
     .189 .190 .197
     .201 .202 .206
     .208
  10.102.032
     131.006 .008 .009
     .010 .011 .019
     .037 .038 .046
     .049 .053 .057
     .060 .067 .075
     .083 .084 .086
     .097 .118 .123
     .124 .126 .132
     .139 .144 .180
     .181 .186 .187
     .204 .207 .208
     .209 .211 .212
     .213 .215 .217
     .218 .223 .227
     .277 .294
     132.041
     141.077
Interstellar Matter
 Nitrogen
  06.131.051
  08.132.015
Interstellar Matter
 Nuclear Reactions
  09.061.063
Interstellar Matter
 OH
  01.131.014 .020 .022
     .023 .025 .037
     .041 .046 .051
     .061 .064 .076
     .099 .103 .104
     132.059
  02.131.011
  03.131.112 .124 .138

Interstellar Matter
  OH
    04.022.080
       131.011 .034 .042
           .062 .063 .093
    05.131.003
    06.131.102 .103
       158.004
    07.131.027 .049
    08.022.058
       131.015 .022 .059
           .065 .071
       142.073
    09.131.006 .027 .052
           .128 .142
    10.131.004 .005 .013
           .016 .139
Interstellar Matter
  Polarization
    01.131.001 .030 .110
    02.131.026 .048 .095
           .108 .124
    03.131.040 .117 .137
    04.153.001 .002
    05.063.007
       114.061
       131.047 .048
       157.006
    06.131.023 .092
    07.131.156
    08.131.003 .004
    09.131.002 .164
Interstellar Matter
  Radiative Transfer
    07.063.005
    09.131.044 .203
Interstellar Matter
  Radio Radiation
    05.131.007
    09.132.004
Interstellar Matter
  Recombination Lines
    05.131.111
    06.131.085
    08.131.049
       155.048
    09.131.051 .125
    10.131.039 .040 .041
           .058 .138
Interstellar Matter
  Scattering
    03.131.039
    04.141.020
    07.131.135
       141.506
    09.131.020
    10.131.021 .051 .225
Interstellar Matter
  Scintillations
    02.131.128
       141.147
    03.141.053
    04.141.012
    05.141.003 .063
    06.141.061
    09.131.192
    10.131.076
Interstellar Matter
  Shock Waves
    06.062.055
       131.079
    07.131.080
    08.131.097
    09.131.111
       151.009
    10.131.213
Interstellar Matter
  Silicon
    04.131.004 .056
    07.131.139

Interstellar Matter
  Sodium
    02.131.007 .008 .097
    03.114.018
    07.131.018 .081
Interstellar Matter
  Solar Wind
    03.131.067
    04.074.053 .076
    05.074.089
    06.074.010 .013 .023
       131.081
    08.074.059
       106.021 .022
    09.131.088 .119
    10.074.028
Interstellar Matter
  Star Formation
    07.131.152
    10.151.088
Interstellar Matter
  Structure
    10.131.092
Interstellar Matter
  Synchrotron Radiation
    07.131.094
Interstellar Matter
  Thermal Instability
    04.131.010
Interstellar Matter
  Thermal Stability
    04.131.032
Interstellar Matter
  Turbulence
    02.131.026
    03.131.019
    04.131.096
    09.131.041
    10.062.035
Interstellar Matter
  UV Photometry
    09.131.129
Interstellar Matter
  UV Stars
    10.131.012
Interstellar Matter
  Water
    01.131.006 .021 .031
           .116
    02.131.045
    03.131.065 .075 .133
    04.131.042 .093 .126
    05.131.005 .081 .091
    06.131.003 .103 .109
    07.131.010 .016 .124
    08.131.005 .014 .015
           .102
    09.131.194
    10.131.121 .217 .224
Interstellar Matter
  X Ray Sources
    08.142.012
Interstellar Matter
  X Rays
    06.125.018
    07.142.056
    09.131.180 .204
    10.131.088 .214
       142.080
Interstellar Matter
  21 cm Radiation
    07.131.024
    09.131.141 .205
    10.155.003
Interstellar Reddening
    03.113.018 .053
       122.049
       131.103 .141
    04.113.016
       159.004

Interstellar Reddening
    05.114.045
       122.034
       131.057 .109
       155.013
    06.141.024
    07.113.003 .034
       115.007
       131.019 .051 .116
           .117 .151
       155.078
    08.113.009
       131.052
    09.113.012
       114.028
       131.058 .164 .166
       134.004
    10.113.013 .083
       131.133 .166
       142.131
Interstellar Reddening
  Andromeda Nebula
    02.154.004
Interstellar Reddening
  Globular Clusters
    02.154.004 .005
Interstellar Reddening
  Planetary Nebulae
    04.133.024
Interstellar Space
    131.000
Interstellar Space
  Electric Waves
    08.131.115
Interstellar Space
  Electron Densities
    06.131.096
Interstellar Space
  Ionization
    08.131.128
Interstellar Space
  Magnetic Fields
    131.000
    10.125.014
Interstellar Space
  Star Formation
    08.131.064
Interstellar Space
  Wave Propagation
    09.131.200
Ionosphere
  Earth
    083.000
    03.012.001 .006
    08.012.007
Ionosphere
  Jupiter
    06.099.061
    09.099.034
    10.099.017 .046
Ionosphere
  Mars
    02.093.014
       097.048 .061 .063
    03.093.008
       097.038
    04.097.002 .041
    05.097.016
    06.097.005 .050
    07.097.071 .103 .107
    08.097.110
    09.097.096
    10.097.063 .083
Ionosphere
  Moon
    10.094.163
Ionosphere
  Scintillation
    083.000

Ionosphere
Venus
01.093.008 .009 .031
02.093.014 .016 .017
     .039 .047
03.093.001 .007 .008
     097.038
04.093.001 .061 .077
     .082
05.093.021 .038 .067
06.093.027
07.093.030
09.093.045
10.093.003
Ionospheres
Jovian Planets
09.091.031
Ionospheres
Planets
01.091.011
03.091.004
04.091.013
10.003.022
Iron Meteorites
01.105.002 .006 .008
     .009 .011 .040
     .051 .068 .072
     .088
02.105.023 .032 .035
     .079 .086 .113
     .118 .121 .123
     .163 .178
03.105.070 .083 .088
     .097 .106 .114
     .120
04.105.002 .015 .026
     .033 .051 .106
05.105.009 .022 .039
     .100
06.105.025 .029 .032
     .033 .061 .064
     .150 .156
07.105.007 .017 .026
08.105.024 .030 .079
     .085 .131
09.105.020 .041 .046
     .052
10.105.006 .018 .031
Iron Stars
03.065.006
Iron Stars
Evolution
01.065.008
03.065.041
04.065.062

Jovian Planets
09.091.005 .062
Jovian Planets
Atmospheres
03.012.009
09.091.027 .029 .030
Jovian Planets
Chemical Composition
09.091.027
Jovian Planets
Element Abundances
09.091.026
Jovian Planets
Ephemerides
09.041.048
10.041.049
Jovian Planets
Gravitation
09.091.028
Jovian Planets
Interiors
09.091.029

Jovian Planets
Ionospheres
09.091.031
Jovian Planets
Magnetospheres
09.091.034
Jovian Planets
Radiation Belts
09.091.034
Jovian Planets
Radio Radiation
09.091.033
Jovian Planets
Satellites
09.091.005 .027 .028
     .045 .062
Jovian Planets
Solar Wind
10.091.004
Jupiter
     099.000
09.012.024
Jupiter
Albedo
02.097.014
     099.066
09.099.084 .099
Jupiter
Astrolabe Observations
09.099.001 .015
Jupiter
Brightness Temperature
07.099.030
Jupiter
Chemical Composition
02.099.058
04.099.024
Jupiter
Convection
04.099.008
Jupiter
Density
02.100.001
Jupiter
Diameter
03.091.036
07.099.015
09.099.002
Jupiter
Exosphere
06.099.032
Jupiter
Formation
07.099.051
Jupiter
Helium Abundance
09.099.030
Jupiter
Infrared Photometry
10.099.065
Jupiter
Infrared Spectra
07.099.007
09.099.016 .017
Jupiter
Interior
05.099.039
08.099.014
09.099.040 .079
10.099.047 .070 .093
Jupiter
Ionosphere
06.099.061
09.099.034
10.099.017 .046
Jupiter
Limb Darkening
05.099.033

Jupiter
Lunar Occultations
04.099.034
Jupiter
Magnetic Field
01.099.018
02.099.024
03.099.045
04.099.016 .025 .028
05.099.032 .039 .044
08.099.065
09.099.047 .071
Jupiter
Magnetosphere
05.099.001 .010
06.099.036 .081
07.099.066
08.099.002 .006
09.099.006 .013 .046
10.099.018 .083
Jupiter
Mass
01.099.019
02.099.001 .003 .013
03.099.039 .061
04.099.004 .039
05.099.050 .077 .079
     .088
06.099.012 .047 .050
     100.003
07.099.006
08.098.007
     099.008 .009
09.099.089
10.099.011 .090
Jupiter
Models
01.099.004
04.099.011
06.099.004
07.099.029
09.099.042
Jupiter
Oblateness
07.099.015
Jupiter
Photographs
04.091.014
10.099.051 .052 .097
Jupiter
Photometry
02.099.072
03.099.046
05.099.022
Jupiter
Polar Caps
02.099.055
Jupiter
Polarization
01.099.014
05.099.075
06.099.029
09.099.003
Jupiter
Positions
10.041.006
Jupiter
Radiation Belts
09.099.008 .031 .086
10.099.012 .013 .022
     .068 .069 .102
Jupiter
Radio Radiation
01.093.001
     099.013 .021 .022
     .023 .026 .027
     .039
02.099.002 .004 .006
     .028 .034 .039
     .046 .048 .049

SUBJECT INDEX - VOL.1-10

Jupiter
Radio Radiation
02.099.052 .053
03.099.008 .009 .010
     .011 .036 .044
     .045 .051 .053
     .054 .058 .062
04.097.037
     099.005 .006 .016
     .017 .019 .023
     .033 .035 .036
     .037 .041
05.093.071
     099.010 .017 .032
     .035 .045 .049
     .081 .083 .084
06.097.032
     099.015 .016 .037
     .045 .054 .078
     .079 .083
07.099.002 .004 .024
     .028 .032 .034
     .042 .052 .053
     .054 .071 .073
08.099.016 .019 .053
     .067 .077 .091
     .093
09.097.045
     099.007 .009 .018
     .024 .026 .033
     .071 .101
141.006
10.074.001
     099.006 .012 .013
     .020 .071 .072

Jupiter
Red Spot
01.099.001 .006 .025
02.099.009 .023 .026
     .062 .076
03.099.032 .047
04.099.001 .010
05.099.046 .076
06.099.033 .034 .051
07.099.027
08.099.003 .018 .053
10.099.050 .082

Jupiter
Rotation
02.099.007
04.099.012 .024
05.099.001 .021
06.099.075
08.099.064 .069 .086
     .092
09.099.077
10.099.007 .057

Jupiter
Satellites
01.099.003 .009 .011
     .012
02.099.011 .033 .035
     .045 .057 .059
     .060
04.099.007 .009 .015
     .017 .018
05.091.026
     099.018 .019 .023
     .024 .025 .085
     .089
06.099.002 .013 .030
     .035 .044 .049
     .055 .056 .059
     .067 .073 .074
     .077 .080
07.099.005 .014 .026
     .040 .053
08.041.041
     099.002 .004 .017
     .021 .022 .024

Jupiter
Satellites
08.099.025 .077 .081
09.099.010 .011 .012
     .014 .017 .022
     .027 .032 .039
     .049 .069 .070
     .083 .085 .102
10.004.049
     099.005 .008 .009
     .018 .019 .028
     .039 .048 .049
     .062 .063 .066
     .067 .073 .087
     .088 .089 .090
     .094 .095 .096
     .103

Jupiter
Spectra
01.099.008
02.093.006
     097.014
     099.014 .017 .019
     .036
03.093.015
     099.001 .004 .017
     .018
10.099.079

Jupiter
Spectrophotometry
05.099.048
06.099.048

Jupiter
Stellar Occultations
07.099.013 .014 .015
08.099.020 .061 .068
     .078
117.009
09.099.002 .041
10.099.054 .061 .091

Jupiter
Synchrotron Radiation
10.099.012

Jupiter
UV Radiation
06.099.031

Jupiter
UV Spectra
10.099.030

Jupiter
X Rays
06.099.082
07.099.008

Jupiter Atmosphere
01.099.002 .042
02.099.015 .018 .020
     .021 .022 .025
     .027 .038 .044
     .045 .047 .050
     .054 .065 .067
     .077
03.099.007 .016 .030
05.099.002 .014 .016
     .020 .047
06.099.060 .062 .063
     .064 .065
07.099.001 .003 .037
     .061 .065
08.099.062 .066 .075
09.099.025 .081
10.099.021 .034 .040

Jupiter Atmosphere
Absorption
02.099.063
03.099.025
09.099.074

Jupiter Atmosphere
Ammonia
02.099.051
03.099.020 .028 .037

Jupiter Atmosphere
Ammonia
03.099.043
04.099.002
05.099.015
10.022.031
     099.003 .024 .033

Jupiter Atmosphere
Chemical Composition
03.091.014

Jupiter Atmosphere
Clouds
03.099.022 .031
04.099.002
06.099.014
07.099.038 .039
08.099.087 .097 .098
09.099.005 .043 .045
     .090
10.099.002 .025 .035
     .038 .058 .086

Jupiter Atmosphere
Density
10.099.061

Jupiter Atmosphere
Deuterium
09.099.004 .100

Jupiter Atmosphere
Dynamics
09.091.030
10.099.099

Jupiter Atmosphere
Hydrocarbons
10.099.098

Jupiter Atmosphere
Hydrogen
03.099.013
09.099.044

Jupiter Atmosphere
Infrared Radiation
10.099.016

Jupiter Atmosphere
Infrared Spectra
05.099.009
09.091.043
     099.082

Jupiter Atmosphere
Lyman Alpha
09.099.099

Jupiter Atmosphere
Methane
02.099.005 .051
03.099.019 .021 .024
     .043
06.099.001
07.099.020 .048
08.099.015
09.099.044 .073
10.022.019
     099.001 .004 .036
     .053

Jupiter Atmosphere
Models
05.099.082
07.099.033
08.099.017 .084
09.099.087 .088
10.099.064

Jupiter Atmosphere
Molecules
09.099.100

Jupiter Atmosphere
Photometry
09.099.075

Jupiter Atmosphere
Radiative Transfer
10.022.031

Jupiter Atmosphere
Rotation
09.099.037 .038

Jupiter Atmosphere
 Shock Waves
 10.099.023
Jupiter Atmosphere
 Spectra
 05.099.040
 06.099.070
Jupiter Atmosphere
 Spectrophotometry
 07.099.016 .019
Jupiter Atmosphere
 Structure
 06.099.052
 07.099.067
Jupiter Atmosphere
 Temperatures
 09.091.058
 10.099.061 .100
Jupiter Atmosphere
 Thermal Structure
 03.099.023

K Dwarfs
 08.114.013
K Dwarfs
 Atmospheres
 01.064.061 .062
 02.064.061
K Dwarfs
 Kinematics
 05.115.004
K Dwarfs
 Luminosities
 05.115.004
K Dwarfs
 Photospheres
 04.064.019
K Dwarfs
 Space Motions
 07.112.002
K Dwarfs
 Spectra
 10.115.005
K Giants
 Ages
 06.065.021
K Giants
 Atmospheres
 02.114.014
 04.064.095
 05.064.032
 06.064.021
 07.064.004
 10.064.019
K Giants
 Density Distribution
 05.155.013
K Giants
 Element Abundances
 06.114.088
 08.064.066
K Giants
 Infrared Spectra
 04.114.033
K Giants
 Iron Abundance
 06.114.004
K Giants
 Luminosities
 07.114.133
 10.115.007
K Giants
 Luminosity Function
 09.115.006
K Giants
 Masses
 06.065.021

K Giants
 Metal Abundances
 02.115.012
K Giants
 MK Types
 07.114.133
K Giants
 Photometry
 02.113.019
 03.113.016
 04.113.049
 05.113.008
 06.114.004
 08.113.034 .035
 114.103
K Giants
 Polarization
 05.131.107
K Giants
 Radial Velocities
 04.114.002
K Giants
 Solar Motion
 04.114.002
K Giants
 Space Motions
 02.115.012
K Giants
 Space Velocities
 06.112.010
K Giants
 Spectra
 03.064.063
 08.114.172
 10.064.040
K Giants
 Spectral Types
 04.114.002
K Giants
 Spectrophotometry
 04.021.002
K Stars
 Atmospheres
 02.064.060
 03.064.044
K Stars
 Chemical Composition
 03.064.044
 08.114.018
K Stars
 Element Abundances
 03.114.037
K Stars
 Lithium Abundance
 07.114.004
 08.114.028
K Stars
 Luminosities
 01.151.026
K Stars
 Luminosity Function
 01.151.008
K Stars
 MK Types
 04.114.070
K Stars
 Molecules
 04.114.030
K Stars
 Motions
 01.151.026
K Stars
 Photometry
 03.113.020
 04.113.020
 06.113.034
 09.122.029
K Stars
 Radial Velocities
 06.112.016

K Stars
 Spectra
 08.114.181
K Stars
 Spectrophotometry
 05.114.011
 10.114.238
K Stars
 Stellar Associations
 04.152.003
K Stars
 UV Spectra
 07.114.114
Kinematics
 A Stars
 10.155.073
Kinematics
 B Stars
 01.151.009
 10.155.008
Kinematics
 Cepheids
 04.122.038
Kinematics
 Clusters of Galaxies
 02.160.006
 07.160.029
Kinematics
 Emission Nebulae
 02.132.030
Kinematics
 F Dwarfs
 07.115.002
Kinematics
 F Stars
 03.155.002
Kinematics
 Galactic Clusters
 06.151.006
 07.153.024
Kinematics
 Galaxies
 09.158.003
Kinematics
 Galaxy
 07.155.080
 09.155.084
Kinematics
 H I Regions
 04.155.041
Kinematics
 H II Regions
 02.131.077
 03.131.071
 10.131.032
Kinematics
 Interstellar Matter
 03.131.131
 05.131.055
Kinematics
 K Dwarfs
 05.115.004
Kinematics
 M Stars
 07.112.013
Kinematics
 Metagalaxy
 09.162.052
Kinematics
 Nearby Stars
 01.151.001
 06.155.015
 10.155.071
Kinematics
 O Stars
 10.155.008
Kinematics
 OB Stars
 10.155.060

Kinematics
  Planetary Nebulae
    01.133.011
    04.133.021
    06.133.013
    08.133.012
Kinematics
  Radio Sources
    09.141.012
Kinematics
  Solar Neighbourhood
    10.155.070
Kinematics
  Star Clusters
    07.151.084
    10.151.046
Kinematics
  Stellar Associations
    04.152.009
    05.152.008
    08.152.007
Kinematics
  Stellar Systems
    151.000
    07.012.004
Kinematics
  Supergiants
    08.155.006
Kirkwood Gaps
  01.098.001
  02.098.001

Late Type Dwarfs
  02.113.010
  114.053
Late Type Dwarfs
  Photometry
    08.115.011
Late Type Dwarfs
  Space Motions
    08.115.011
Late Type Giants
  Hyades
    08.153.001
Late Type Giants
  Lithium Abundance
    03.114.023
Late Type Giants
  Photometry
    08.114.015
    10.113.057
Late Type Giants
  Polarization
    05.131.105
Late Type Giants
  Space Densities
    04.113.025
Late Type Giants
  Spectra
    05.131.105
Late Type Stars
  01.114.047
  02.065.007
    114.029 .031 .057
      .095
    122.070 .077
  04.114.102
  05.012.009
  10.122.042
Late Type Stars
  Apsidal Motion
    05.065.008
Late Type Stars
  Atmospheres
    01.064.048
    02.064.009
    04.064.007 .031
      114.014
    06.114.068

Late Type Stars
  Atmospheres
    08.064.029
    09.064.013 .015 .035
      .047 .050 .051
      .077
    114.060
    10.064.011 .017 .018
      .069
Late Type Stars
  Chemical Composition
    01.065.055
    04.114.014
Late Type Stars
  Colors
    10.113.117
Late Type Stars
  Curves-of-Growth
    07.064.015
Late Type Stars
  Cyanogen
    03.114.010
Late Type Stars
  Element Abundances
    02.114.115
    03.114.078
    04.114.006
    06.114.048
Late Type Stars
  Envelopes
    10.064.053
Late Type Stars
  Evolution
    09.062.022
Late Type Stars
  Galactic Clusters
    09.065.042
Late Type Stars
  Globular Clusters
    05.154.010
    09.114.148
Late Type Stars
  Infrared Colors
    03.113.019
Late Type Stars
  Infrared Photometry
    01.113.003
    05.113.042 .050
    114.110
Late Type Stars
  Infrared Spectra
    04.114.079 .080
    09.114.059 .114
    10.114.035 .181
Late Type Stars
  Interiors
    09.065.043
Late Type Stars
  Line Profiles
    06.114.111
    10.114.179
Late Type Stars
  Lithium Abundance
    07.114.022
Late Type Stars
  Luminosities
    08.115.015
    09.115.010
    10.114.052
Late Type Stars
  Mass Loss
    09.133.008
Late Type Stars
  Moving Pairs
    09.117.006
Late Type Stars
  Nitrogen Abundance
    10.114.054

Late Type Stars
  Photometry
    03.113.025 .052
    114.017
    05.113.016
    09.113.018
    114.050
    10.113.038 .092 .109
Late Type Stars
  Polarization
    05.122.065
    131.103
    09.126.009
    10.113.117
    131.285
Late Type Stars
  Proper Motions
    03.112.017
Late Type Stars
  Radial Velocities
    03.112.005
    06.114.012
Late Type Stars
  Rotation
    04.153.042
Late Type Stars
  Space Distribution
    05.155.030
    10.155.029
Late Type Stars
  Spectra
    02.114.008 .071
    03.114.011 .043 .061
      .136
    04.114.006
    06.114.120
    07.114.022
    09.114.060
    10.114.239
Late Type Stars
  Spectral Types
    09.114.050
Late Type Stars
  Spectrophotometry
    10.114.143
Late Type Stars
  Temperatures
    07.115.005
Late Type Stars
  UV Photometry
    08.113.052
Late Type Stars
  UV Spectra
    07.114.122
Latitude Determination
  045.000
  05.012.017
Latitude Variations
  01.045.002
  04.045.035 .041 .042
Leonids
  01.104.006 .015
  02.104.033
  03.104.027 .029 .031
    .055
  04.103.116
    104.022 .024 .053
  07.104.008
  08.104.055
  09.104.010
  10.104.012
Libration
  Deformable Bodies
    03.052.002
Libration
  Moon
    02.094.035 .083 .084
    03.094.025 .215 .222
    04.094.029 .039 .085
    05.094.021 .026

SUBJECT INDEX - VOL.1-10

Libration
Moon
06.094.001
07.094.124 .175 .189
09.094.020 .597 .922
10.094.059 .085
Libration Clouds
04.091.032
10.042.007
Libration Clouds
Moon
01.094.014
106.002
02.091.032
Libration Points
10.042.013
Libration Points
Moon
01.091.028
094.086
Limb Brightening
04.080.003
Limb Darkening
03.071.026
Limb Darkening
Binaries
01.117.007
02.121.025
04.121.051
Limb Darkening
Chromosphere
01.073.025
Limb Darkening
Close Binaries
04.117.001
Limb Darkening
Eclipsing Variables
03.121.013
06.121.008
07.121.032
09.121.078
10.121.049 .058
Limb Darkening
Jupiter
05.099.033
Limb Darkening
Stars
09.113.024
Limb Darkening
Sun
10.080.020
Limb Darkening
White Dwarfs
06.126.008
Line Broadening
03.022.079
04.022.013 .049
05.114.073
07.022.063
10.022.038
Line Broadening
Collisions
01.022.004 .024
062.001 .029 .039
06.022.052 .084
114.083
07.022.001
09.022.029
Line Broadening
Early Type Stars
07.114.068
Line Broadening
Electron Impact
04.022.025 .112
05.022.024
Line Broadening
Hydrogen
02.022.061

Line Broadening
Pressure
03.022.086
04.022.003
062.029
Line Broadening
Solar Flares
09.073.033
Line Broadening
Solar Spectrum
04.071.044
Line Broadening
Stark Effect
01.022.011 .115
062.005 .028
02.022.021 .022 .042
.051
03.022.030 .064 .070
.082
062.019
04.022.027 .028 .115
062.014 .061
05.022.033 .072
064.041
073.045
131.090
133.001
06.022.047 .077 .078
.115 .118
062.020
114.038
07.022.035 .046 .049
08.022.046 .051 .075
062.040
09.022.030 .033 .049
.054 .063
10.022.059
Line Intensities
Early Type Stars
07.153.026
Line Intensities
Emission Nebulae
01.132.024
02.132.005
Line Intensities
Gaseous Nebulae
06.132.012
07.132.007
Line Intensities
Planetary Nebulae
06.132.012
Line Intensities
Prominences
08.073.017
09.073.088
Line Intensities
Solar Atmosphere
10.073.014
Line Intensities
Solar Corona
04.064.013
07.074.023
08.074.055 .080
10.074.013 .014
Line Intensities
Solar Spectrum
02.071.053
04.071.053
06.071.064
08.071.002 .064
10.022.025
Line Intensities
Stellar Atmospheres
04.064.013
05.064.022
Line Intensities
Stellar Spectra
06.064.036

Line Intensities
UV Spectra
01.022.019
Line Profiles
A Stars
09.064.065
Line Profiles
B Stars
08.114.047
Line Profiles
Be Stars
01.114.008
07.114.019
10.114.016
Line Profiles
Chromosphere
04.071.054
05.073.033 .040 .041
.046
07.022.008
071.003
08.073.024
09.073.103
Line Profiles
Early Type Stars
06.064.041
09.064.083
Line Profiles
Emission Nebulae
07.132.005 .014 .022
Line Profiles
F Stars
07.114.120
Line Profiles
G Stars
07.114.120
Line Profiles
Galaxies
07.158.162
Line Profiles
Helium
01.022.001
Line Profiles
Helium Neutral
05.064.021
Line Profiles
Late Type Stars
06.114.111
10.114.179
Line Profiles
Main Sequence Stars
06.114.083
Line Profiles
Molecules
01.022.090
04.022.057
Line Profiles
O Stars
06.114.058
Line Profiles
Of Stars
06.114.058
Line Profiles
Peculiar A Stars
09.114.147
Line Profiles
Peculiar Be Stars
10.114.008
Line Profiles
Photosphere
04.071.010 .054
05.071.011 .012
06.071.015
07.071.003 .022
10.071.002 .020 .031
Line Profiles
Planetary Atmospheres
09.091.019 .063

Line Profiles
  Planetary Nebulae
    06.133.001 .030
    08.133.001 .002
Line Profiles
  Prominences
    10.073.037
Line Profiles
  Quasi-Stellar Objects
    07.141.161
Line Profiles
  Redshifts
    03.071.041
Line Profiles
  Reflection Nebulae
    09.132.001
Line Profiles
  Rotating Stars
    09.065.021
Line Profiles
  Seyfert Galaxies
    09.158.018 .107
Line Profiles
  Solar Corona
    02.074.077
    05.074.064
    10.074.025 .124
Line Profiles
  Solar Flares
    01.073.031
    10.073.102
Line Profiles
  Solar Spectrum
    01.071.023 .036
    02.071.060
    03.071.024 .029 .032
         .041 .042 .050
    04.071.037 .069 .073
         072.037 .038
    05.071.009 .017
    06.071.042
    07.071.040 .046
    08.071.003
    09.071.004 .056
    10.071.011 .015 .026
Line Profiles
  Stellar Atmospheres
    03.063.025
    04.064.096
         114.019
    05.064.005 .041 .061
    06.064.045
    07.064.008
    08.064.037 .072
    09.064.010 .026 .049
         .075 .078
    10.064.074
Line Profiles
  Stellar Spectra
    06.114.124
    08.114.026
Line Profiles
  Sunspots
    07.072.012 .013
    08.072.046
Line Profiles
  White Dwarfs
    10.126.003
Line Profiles
  Zodiacal Light
    01.106.001
Line Profiles
  21 cm Radiation
    04.157.001
    07.131.115
    09.157.002
Lithium Abundance
  Cool Stars
    02.114.090

Lithium Abundance
  Eclipsing Variables
    03.121.010
Lithium Abundance
  F Stars
    03.114.079
    07.114.004
Lithium Abundance
  G Stars
    03.114.079
    07.114.004
Lithium Abundance
  Interstellar Matter
    10.131.045
Lithium Abundance
  K Stars
    07.114.004
    08.114.028
Lithium Abundance
  Late Type Giants
    03.114.023
Lithium Abundance
  Late Type Stars
    07.114.022
Lithium Abundance
  Main Sequence Stars
    07.153.008
Lithium Abundance
  Meteorites
    07.105.048
Lithium Abundance
  Red Giants
    04.114.051
    05.065.042
    10.065.050
Lithium Abundance
  Solar Type Stars
    07.065.015
Lithium Abundance
  Stellar Atmospheres
    02.061.009
Lithium Abundance
  Stellar Spectra
    01.114.036 .037
    06.114.066
Lithium Abundance
  Sun
    01.080.009
    06.080.002
Lithium Abundance
  Sunspots
    04.072.017
    05.072.003
    06.072.065
Lithium Abundance
  Supergiants
    10.114.050
Low-Luminosity Stars
    126.000
    01.012.019
Low-Luminosity Stars
  Spectrophotometry
    05.126.007
Low-Mass Stars
  Evolution
    04.065.024 .063
    05.065.032 .047
    06.065.100
    07.065.070 .083
    09.065.024
Low-Mass Stars
  Luminosities
    10.065.008
Low-Mass Stars
  Models
    10.065.008
Low-Mass Stars
  Oscillations
    07.065.079

Low-Mass Stars
  Stability
    07.065.079
Low-Mass Stars
  Structure
    04.065.063
Luminosities
  A Stars
    07.115.019
    08.115.025
Luminosities
  Cepheids
    05.115.006
Luminosities
  Close Binaries
    04.117.001
         118.005
Luminosities
  Collapsing Stars
    08.115.028
Luminosities
  Disk Population
    09.155.099
Luminosities
  Early Type Stars
    10.113.111
         114.160
Luminosities
  F Stars
    06.115.017
    07.115.019
    08.115.004
Luminosities
  G Giants
    07.114.133
    10.115.007
Luminosities
  Galaxies
    05.158.008
    07.158.002 .003 .004
    08.158.055
    09.158.087
    10.158.076
Luminosities
  H II Regions
    09.131.184
Luminosities
  K Dwarfs
    05.115.004
Luminosities
  K Giants
    07.114.133
    10.115.007
Luminosities
  K Stars
    01.151.026
Luminosities
  Late Type Stars
    08.115.015
    09.115.010
    10.114.052
Luminosities
  Low-Mass Stars
    10.065.008
Luminosities
  O Stars
    08.115.013
Luminosities
  OB Stars
    01.115.002
    02.115.010
    04.115.012
Luminosities
  Pulsars
    05.141.004
    10.141.538
Luminosities
  Quasars
    06.141.158 .161
    07.141.052 .195

Luminosities
  Quasars
    08.141.014
    09.141.073
    10.141.043
Luminosities
  Quasi-Stellar Objects
    06.141.161
Luminosities
  Radio Galaxies
    07.158.165
Luminosities
  Radio Sources
    10.141.017
Luminosities
  Red Giants
    02.115.011
    10.113.027
    115.002
Luminosities
  Red Supergiants
    05.115.001
Luminosities
  RR Lyrae Stars
    07.122.029
    08.122.100
Luminosities
  Star Catalogues
    10.113.021 .022 .023
         .024 .025
Luminosities
  Stars
    115.000
    10.012.008
Luminosities
  Stellar Envelopes
    10.064.004
Luminosities
  Supergiants
    05.115.011
    07.115.003
    10.115.002
Luminosities
  Supernovae
    09.012.014
Luminosities
  White Dwarfs
    05.126.011 .036 .040
    09.126.028
Luminosities
  X Ray Sources
    05.142.007
    08.142.099
    09.142.086
Luminosity Calibrations
    02.126.001
    153.009
Luminosity Function
    04.115.005
    09.155.047
Luminosity Function
  Clusters of Galaxies
    02.160.002 .017 .019
    09.160.004 .009
    10.160.026
Luminosity Function
  Disk Population
    08.115.017
Luminosity Function
  Galactic Clusters
    01.153.019
    07.153.016
    09.153.027
Luminosity Function
  Galactic Disk
    10.155.025
Luminosity Function
  Galaxies
    02.158.074 .082
    03.158.056

Luminosity Function
  Galaxies
    06.158.060 .120
    08.158.007
Luminosity Function
  Globular Clusters
    02.154.018
    04.154.008 .009
    06.154.018
    07.154.002 .003 .015
    08.115.014
Luminosity Function
  K Giants
    09.115.006
Luminosity Function
  K Stars
    01.151.008
Luminosity Function
  Main Sequence Stars
    08.115.008
Luminosity Function
  Meteors
    03.104.033
Luminosity Function
  Nearby Stars
    06.155.007
Luminosity Function
  Pleiades
    06.153.014
Luminosity Function
  Population II Stars
    07.155.070
Luminosity Function
  Quasars
    04.141.178
    05.141.051
    06.141.140
         158.080
    08.141.031
    09.141.021 .070
    10.141.021
Luminosity Function
  Quasi-Stellar Objects
    04.141.153
    06.141.081
    07.141.058
    10.141.021
Luminosity Function
  Radio Galaxies
    06.158.062
    08.141.031
         158.112
Luminosity Function
  Radio Sources
    02.141.141
    05.141.212
    06.141.112 .197
    10.141.103
Luminosity Function
  Red Giants
    06.115.006
Luminosity Function
  Seyfert Galaxies
    09.141.070
Luminosity Function
  Solar Neighbourhood
    01.155.009
    10.115.031
Luminosity Function
  X Ray Sources
    10.142.085
Luminous Stars
    06.041.023
Luminous Stars
  Magellanic Clouds
    10.159.008
Luminous Stars
  Mass Loss
    03.064.010

Luminous Stars
  Photometry
    03.113.023
Lunar Eclipses
    095.000
Lunar Ephemeris
    02.047.019
    094.159
    03.094.257
    04.094.049 .083
    05.094.002 .028 .055
         .056
    06.094.282
    09.094.062
    10.012.013
Lunar Occultations
    096.000
Lunar Occultations
  Binaries
    01.119.006
    05.096.005
         118.009 .026
Lunar Occultations
  Galactic Center
    03.155.053
    09.155.016
Lunar Occultations
  Jupiter
    04.099.034
Lunar Occultations
  Multiple Stars
    06.096.041
Lunar Occultations
  Pulsars
    08.141.514
Lunar Occultations
  Radio Sources
    01.141.025 .061
    02.141.043 .063 .220
    03.141.119 .227
    05.141.087
    06.141.052 .062 .179
    07.141.132
    08.141.005 .019 .132
    09.141.068
    10.141.070 .129
Lunar Occultations
  Variables
    10.122.041
Lunar Occultations
  X Ray Sources
    10.142.009
Lunar Probes
    053.000
    04.052.053
Lunar Satellites
    053.000
Lunar Satellites
  Motion
    03.052.003
    04.052.054
    05.052.006
    06.053.001
Lunar Satellites
  Orbits
    01.053.016
    05.052.006
    09.052.027
    10.052.005
Lunar Theory
    02.042.001
    03.043.001
         094.230
    04.094.018 .049
    05.094.002 .057 .147
    06.041.010
         094.076
    07.042.008
    08.094.043 .056
    10.012.013

SUBJECT INDEX - VOL.1-10

Lunar Theory
10.094.511
Lyman Alpha
 Chromosphere
 06.076.018
 10.073.036 .081
Lyman Alpha
 Clusters of Galaxies
 09.160.024
Lyman Alpha
 Comets
 07.102.007
Lyman Alpha
 Galaxy
 05.155.023
Lyman Alpha
 Interplanetary Matter
 03.106.008
Lyman Alpha
 Interstellar Hydrogen
 07.131.030
Lyman Alpha
 Interstellar Matter
 05.131.014
 06.114.074
 10.131.119
Lyman Alpha
 Jupiter Atmosphere
 09.099.099
Lyman Alpha
 Mars
 10.097.074
Lyman Alpha
 Mars Atmosphere
 06.097.045
 08.097.091
Lyman Alpha
 Scattering
 04.076.008
 09.132.013
Lyman Alpha
 Sky Background
 04.155.014
 05.131.015
   155.023 .045
Lyman Alpha
 Solar Corona
 07.074.013
Lyman Alpha
 Solar Disk
 06.076.001
 09.076.011
Lyman Alpha
 Solar Spectrum
 02.071.014
   076.005 .030
Lyman Alpha
 Stellar Spectra
 06.114.074
Lyman Beta
 Interplanetary Matter
 10.106.075
Lyrids
 03.104.034
 04.104.067 .068
 09.104.017

M Dwarfs
 08.114.013
   115.027
   155.061
M Dwarfs
 Atmospheres
 01.064.059
M Dwarfs
 Galactic Distribution
 09.155.007

M Dwarfs
 Mass-Lumin Relation
 04.115.006
M Dwarfs
 Models
 05.065.094
M Dwarfs
 Parallaxes
 01.111.008
M Dwarfs
 Photometry
 08.113.021
M Dwarfs
 Space Motions
 07.112.002
M Dwarfs
 Spectra
 10.114.025
M Giants
 04.155.042
 05.114.052
M Giants
 Atmospheres
 02.065.025
 08.064.074
 10.064.029
M Giants
 Evolution
 02.065.025
M Giants
 Helium Abundance
 05.114.087
M Giants
 Infrared Spectra
 04.114.033
M Giants
 Photometry
 02.113.019
M Giants
 Polarization
 05.131.107
M Giants
 Radial Velocities
 09.114.098
M Giants
 Spectra
 03.114.127
M Giants
 Spectral Types
 09.114.098
M Giants
 Spectrophotometry
 10.114.180
M Stars
 Atmospheres
 05.064.044
 06.114.026
 09.064.046 .053 .054
 10.064.075
M Stars
 Dynamics
 08.155.055
M Stars
 Infrared Photometry
 05.113.045
 06.122.138
 08.114.079
   122.015
M Stars
 Infrared Spectra
 04.114.075
 06.114.043
M Stars
 Kinematics
 07.112.013
M Stars
 Mass Loss
 05.064.031
   114.086

M Stars
 Molecules
 04.114.030
M Stars
 Photometry
 05.113.011 .017
 08.114.098
 10.113.017
M Stars
 Pleiades
 08.112.003
M Stars
 Proper Motions
 05.113.017
 08.112.003
M Stars
 Radial Velocities
 06.112.016
 08.155.055
M Stars
 Space Distribution
 03.113.058
M Stars
 Spectra
 02.114.088
 04.114.026 .027
 05.114.083
 06.122.040
M Stars
 Spectral Types
 08.122.014
 09.114.059
M Stars
 Spectrophotometry
 10.114.238
M Stars
 Temperatures
 06.114.026
M Supergiants
 05.114.052
 08.114.072
M Supergiants
 Atmospheres
 04.064.010
M Supergiants
 Convective Envelopes
 07.064.021
M Supergiants
 Coronae
 06.064.030
M Supergiants
 Infrared Photometry
 05.113.044
 10.113.116
M Supergiants
 Infrared Spectra
 05.155.041
M Supergiants
 Photometry
 07.113.006
M Supergiants
 Polarization
 09.131.195
M Supergiants
 Spectra
 04.114.132
 07.113.006
   114.044
 08.114.139
M Supergiants
 Stellar Associations
 10.113.116
M 82
 01.158.008 .027 .055
   .061
 02.158.009 .010 .028
   .059 .060 .071
 03.142.020
   158.017 .064
 04.158.003 .034 .048

M 82
 04.158.100
 05.158.070 .078
 06.158.022 .136
 07.158.058 .107 .109
  .158
 08.158.016
 09.158.009 .098
 10.158.004
M 87
 03.142.020
  158.006 .028 .035
 04.142.034
  158.050
 05.158.045 .128
 06.158.115
 07.158.011
 08.142.078
  158.129
 09.158.029 .059 .110
 10.158.105
Machine Programs
 021.000
Magellanic Clouds
 159.000
 06.012.010
Magellanic Clouds
 Absorption
 03.159.016
Magellanic Clouds
 B Stars
 08.159.008
Magellanic Clouds
 Blue Stars
 05.159.001
Magellanic Clouds
 Cepheids
 02.159.004 .005 .007
  .008
 04.122.005 .173 .174
 06.122.132
 07.122.137
  159.020
 08.112.017
  122.034 .084
  159.009
 09.122.011
 10.122.181
  159.005
Magellanic Clouds
 Dark Nebulae
 08.159.001
Magellanic Clouds
 Dust
 10.159.006
Magellanic Clouds
 Emission Nebulae
 06.159.002
Magellanic Clouds
 Galactic Clusters
 09.154.010
Magellanic Clouds
 Gamma Rays
 08.159.018
Magellanic Clouds
 Globular Clusters
 06.159.036
 08.159.006
 09.154.010
 10.122.003
  154.015
  159.001
Magellanic Clouds
 H I Regions
 09.159.003
Magellanic Clouds
 H II Regions
 03.159.004 .019
 05.159.002
 06.159.008

Magellanic Clouds
 H II Regions
 07.132.008
  159.001
 09.159.002
Magellanic Clouds
 High Velocity Stars
 07.159.006
Magellanic Clouds
 Luminous Stars
 10.159.008
Magellanic Clouds
 Magnetic Fields
 03.159.013 .014
 07.159.017
 10.159.002
Magellanic Clouds
 Massive Stars
 10.159.008
Magellanic Clouds
 Membership
 08.159.007
 09.159.007
Magellanic Clouds
 Novae
 06.124.007
Magellanic Clouds
 O Stars
 08.159.008
Magellanic Clouds
 OB Stars
 08.159.012
 10.113.026
Magellanic Clouds
 Open Clusters
 09.065.041
  153.013
Magellanic Clouds
 Photometric Standards
 08.159.010
Magellanic Clouds
 Photometry
 03.159.005 .011 .017
 04.159.004 .011
 05.159.006
 07.159.002 .009 .018
  .019 .022
 08.159.002
 09.159.001
 10.113.026
Magellanic Clouds
 Planetary Nebulae
 07.159.027
 08.133.012
Magellanic Clouds
 Polarization
 09.131.169
Magellanic Clouds
 Radio Maps
 08.159.015
Magellanic Clouds
 Radio Radiation
 08.159.013 .014
Magellanic Clouds
 Radio Sources
 08.159.013 .015 .016
 09.125.010
Magellanic Clouds
 Red Stars
 10.113.029
Magellanic Clouds
 Rotation
 01.133.011
 10.159.004
Magellanic Clouds
 RR Lyrae Stars
 10.122.061
Magellanic Clouds
 Star Clusters
 04.159.006 .008

Magellanic Clouds
 Star Clusters
 05.159.009
 07.159.011 .012
 08.159.005
 10.159.007
Magellanic Clouds
 Stellar Associations
 03.159.001
 04.159.003 .005
Magellanic Clouds
 Stellar Evolution
 10.159.005
Magellanic Clouds
 Supergiants
 03.159.017
 04.159.004
 05.114.055
  122.107
 06.113.030
  159.009
 07.114.017
  159.022
 08.064.007
  114.008
  159.007 .011
 09.113.008
  159.005
 10.114.056
  159.004
Magellanic Clouds
 Supernova Remnants
 06.125.017
 08.125.002 .027
 09.125.010 .042
  141.009
 10.125.029
Magellanic Clouds
 Variables
 06.122.133
  159.007 .010
 07.159.023
Magellanic Clouds
 X Ray Sources
 08.142.094 .105
 10.142.028
Magellanic Clouds
 X Rays
 01.142.022
 06.159.001 .012
 07.159.015
Magnetic Field
 Earth
 084.200
Magnetic Field
 Interplanetary
 106.000
 01.091.022
 02.078.004
 06.077.006
Magnetic Field
 Jupiter
 01.099.018
 02.099.024
 03.099.045
 04.099.016 .025 .028
 05.099.032 .039 .044
 08.099.065
 09.099.047 .071
Magnetic Field
 Mars
 04.106.037
 10.097.039
Magnetic Field
 Metagalactic
 01.161.006
Magnetic Field
 Moon
 01.094.012 .030
  106.008

Magnetic Field
Moon
02.094.019 .090
106.002
04.094.012 .390
05.094.017 .052 .076
.103 .162
06.094.030 .082 .150
.307
07.094.027 .032 .104
.109 .113 .116
.221 .273
08.094.003 .120 .268
09.094.047 .051 .125
.558 .573 .576
.579
10.094.018 .065 .086
.100 .150
Magnetic Field
Primeval
05.158.092
Magnetic Field
Saturn
05.099.039
Magnetic Field
Stars
116.000
Magnetic Field
Uranus
05.101.008
Magnetic Field
Venus
04.093.084 .085
106.037
Magnetic Fields
Binaries
08.117.003
10.117.041
Magnetic Fields
Bright Stars
10.116.014
Magnetic Fields
Chromosphere
02.071.031
03.071.040
073.051
04.073.003 .021
06.073.009 .013 .041
.048 .076 .109
07.073.004 .010 .036
10.073.113
Magnetic Fields
Comets
10.102.029
Magnetic Fields
Cosmic
10.061.003
Magnetic Fields
Cosmic Rays
09.143.005
Magnetic Fields
Crab Nebula
04.134.009
05.134.006 .007 .030
09.134.010
10.066.126
Magnetic Fields
Early Type Stars
06.065.149
Magnetic Fields
Faculae
05.072.059
06.072.078
Magnetic Fields
Filaments
08.071.047
Magnetic Fields
Galactic Center
10.155.056

Magnetic Fields
Galaxies
09.158.028
Magnetic Fields
H I Clouds
04.131.059
05.131.078
Magnetic Fields
Intergalactic Space
05.162.050 .065
07.161.013
10.161.006
Magnetic Fields
Interstellar Clouds
07.131.063
Magnetic Fields
Interstellar Matter
02.131.013 .067
03.131.032
06.131.009
Magnetic Fields
Interstellar Space
131.000
10.125.014
Magnetic Fields
Magellanic Clouds
03.159.013 .014
07.159.017
10.159.002
Magnetic Fields
Main Sequence Stars
10.065.112
Magnetic Fields
Meteor Streams
02.143.051
03.104.019
Magnetic Fields
Neutron Stars
02.066.070
03.065.010
04.065.032
05.065.037
126.042
06.062.046
065.022 .083
07.065.016
08.065.066
09.142.010
10.065.090
126.002
Magnetic Fields
Origin
03.162.021
04.061.028
084.256
158.004
07.061.023
Magnetic Fields
Outer Planetary System
09.091.036
Magnetic Fields
Peculiar A Stars
06.114.067
Magnetic Fields
Photosphere
02.062.040
071.031 .061 .069
.087
03.071.014 .030 .040
073.023
04.071.004 .006 .021
.024 .045 .051
073.023
05.071.061 .062
06.034.027
071.028 .033 .037
.038 .039 .040
.041 .045 .068
074.032
07.071.009 .031

Magnetic Fields
Photosphere
07.073.059
08.071.038 .055
09.071.006 .030 .063
10.071.046
072.064
073.117
Magnetic Fields
Planets
01.116.003
04.084.304
Magnetic Fields
Plasma
04.062.048 .051
Magnetic Fields
Polytropes
02.062.004
10.065.010
Magnetic Fields
Prominences
02.073.067
03.071.030
04.073.018 .059 .070
05.073.015 .019 .059
06.073.014 .039 .049
.050
07.073.025 .045
08.073.010 .097 .114
09.073.021 .027
10.073.018
Magnetic Fields
Pulsars
04.141.057
05.022.060
06.141.019 .076 .237
07.141.509 .543 .562
.563
08.141.502 .522
09.141.522 .552 .560
.562 .565
10.061.065
Magnetic Fields
Quasars
05.065.104
08.141.068
Magnetic Fields
Radio Sources
06.141.031
08.141.020 .085
10.141.064
Magnetic Fields
Relativistic Stars
07.065.049
Magnetic Fields
Rotating Stars
03.116.009
04.064.097
116.019
05.065.104
06.065.087
09.065.156
10.065.023
Magnetic Fields
Solar Atmosphere
04.080.012 .032
05.062.007
080.003
06.080.005
08.080.055
10.071.035
Magnetic Fields
Solar Corona
01.106.013
02.074.016 .017 .066
03.074.056
04.074.002 .031 .033
.063 .064 .093
05.074.078
06.074.033 .035 .036

Magnetic Fields
 Solar Corona
 06.074.037 .038 .039
      .058
  077.024 .040
 07.074.004 .027 .055
 08.074.010 .015 .071
      .083 .088 .099
 09.074.019 .105
 10.074.064 .101
  077.003 .008 .087
Magnetic Fields
 Solar Flares
 01.073.010
 02.073.073 .089
 04.073.065
 05.072.007
  073.079
 06.073.029 .042 .043
      .046 .091
 07.073.029 .047
 08.073.019 .020
 09.003.009
  062.013 .014
  072.050
  073.006 .101
 10.073.034 .065 .116
      .117 .126
Magnetic Fields
 Solar Wind
 05.074.013 .084
 06.074.002 .024
 07.074.066
 08.074.097 .098
 09.074.005 .038 .044
      .090
  078.043
 10.074.019 .037 .047
      .065 .130
Magnetic Fields
 Spectroscopic Binaries
 10.116.008
Magnetic Fields
 Stellar Atmospheres
 09.064.043
Magnetic Fields
 Stellar Evolution
 04.065.020
 09.065.047 .062
  116.001
Magnetic Fields
 Stellar Interiors
 10.065.036
Magnetic Fields
 Sunspots
 01.072.001 .018 .032
 02.072.005 .008 .017
      .028 .029 .046
      .047 .048 .049
      .065 .072
 03.072.005 .006 .018
      .021 .025 .028
      .029 .032 .033
      .036
 04.072.002 .015 .036
  080.040
 05.072.005 .006 .013
      .014 .020 .026
      .039 .049
  073.021
 06.072.002 .018 .019
      .023 .024 .025
      .027 .028 .029
      .035 .037 .038
      .040 .046 .050
      .052 .056 .058
      .072 .079 .088
  077.035
 07.072.004 .013 .016
      .017 .026 .027

Magnetic Fields
 Sunspots
 07.080.013
 08.072.012 .020 .058
      .060 .070 .071
 09.072.001 .004 .026
      .045 .066
 10.072.005 .018 .033
      .036 .037 .042
      .057 .070 .077
      .091 .092
  073.085
Magnetic Fields
 Supermassive Stars
 02.162.094
Magnetic Fields
 Supernova Remnants
 05.125.033
Magnetic Fields
 Supernovae
 04.125.003
 07.125.015
Magnetic Fields
 Universe
 02.162.055
 03.162.021 .031
 04.141.158
  158.004
  162.017 .033 .054
 05.162.020
 07.142.036
  162.032 .064
 08.162.059 .060
 09.162.067
 10.162.033
Magnetic Fields
 White Dwarfs
 01.126.004
 03.126.011 .012
 05.065.097
  126.041 .042
 06.062.046
  065.139
  126.018
  141.019
 07.126.005
 08.065.090
  114.155
  126.013
 09.126.001 .031
 10.065.036 .090 .092
  126.002 .010
  155.077
Magnetic Fields
 X Ray Sources
 06.142.076
 09.142.016 .086 .115
 10.142.046
Magnetic Stars
 01.116.001 .002 .005
      .006 .010 .012
 02.116.002 .003 .005
      .006 .008 .009
      .011 .014 .015
      .021 .022 .024
      .026
 03.116.004 .005 .010
      .011 .013 .020
      .021
  122.074
 04.114.078
  116.002 .022 .023
      .024
  122.117
 05.114.027
  116.002 .009 .010
      .011 .012 .013
      .016
 06.065.009
  116.001 .002 .004

Magnetic Stars
 06.116.007 .008 .009
      .010 .012 .013
 07.065.005 .017
  116.001 .002 .014
 08.116.002 .007 .012
      .017 .018
 09.065.025 .100
  114.118 .142
  116.001 .007 .008
      .009 .010
  126.023
 10.065.036
  114.004 .055
  116.002 .003 .004
      .006 .009 .012
      .013 .016 .019
      .020 .022
Magnetic Stars
 Accretion
 08.065.087
Magnetic Stars
 Alfven Waves
 04.116.021
Magnetic Stars
 Atmospheres
 07.116.004 .005
 09.064.043
Magnetic Stars
 Cosmic Rays
 09.143.028
Magnetic Stars
 Models
 03.116.015
 04.065.025
 06.065.020
 09.116.002
 10.065.021 .112
Magnetic Stars
 Oscillations
 06.065.065
 09.065.139
Magnetic Stars
 Photometry
 09.116.002
 10.116.001 .008
Magnetic Stars
 Polarization
 08.131.054
 09.116.003
 10.116.015
Magnetic Stars
 Rotation
 04.065.057
  116.015
 05.065.015
  116.005
 08.116.016
Magnetic Stars
 Stability
 09.065.157 .162
Magnetic Stars
 Structure
 06.065.085
Magnetic Stars
 UV Photometry
 09.116.004
Magnetic Variables
 03.116.007 .008
 04.116.004 .018
 05.116.001 .003 .008
 08.116.001 .005
 09.114.155
  116.001
Magnetic Variables
 Photometry
 06.113.004
Magnetic Variables
 Spectrophotometry
 09.114.105

Magnetic Variables
  Spectrophotometry
  10.116.007
Magneto-Hydrodynamics
  062.000
Magnetographs
  01.032.018
  03.034.034
  04.034.035
    080.011
  05.034.022
  06.034.024 .027 .029
    .030 .032 .084
    .123
  08.034.007 .066 .119
  10.034.022 .053 .090
Magnetoheliographs
  01.034.005
  02.034.014 .041 .061
    071.070
    080.031
  03.032.020
Magnetometers
  04.034.060
  06.034.081 .082 .083
  07.034.007
  08.034.067
  10.034.116
Magnetosphere
  Aerodynamics
  02.084.241
Magnetosphere
  Earth
    084.200
  01.012.004
  02.012.011
  03.012.008
  08.012.006
Magnetosphere
  Jupiter
  05.099.001 .010
  06.099.036 .081
  07.099.066
  08.099.002 .006
  09.099.006 .013 .046
  10.099.018 .083
Magnetosphere
  Saturn
  07.099.066
  09.100.001
Magnetospheres
  Asteroids
  06.098.010
Magnetospheres
  Jovian Planets
  09.091.034
Magnetospheres
  Planets
  09.091.034
Magnetospheres
  Pulsars
  06.141.118
  07.141.523 .551 .565
  08.141.534 .549
  09.141.508 .513 .520
    .567
  10.141.520 .528 .529
    .539 .540
Magnitudes
  Galaxies
  08.160.004
Magnitudes
  Stars
  113.000
Main Sequence Stars
  01.064.011
  04.065.015 .103 .132
    113.015
    114.083 .138
    117.003

Main Sequence Stars
  04.153.044
  05.065.019 .059 .073
    .083
    080.022
    114.057
    122.044
  07.115.018
Main Sequence Stars
  Absolute Magnitudes
  05.115.015
Main Sequence Stars
  Atmospheres
  04.064.089
  06.114.033
  07.064.030
Main Sequence Stars
  Chemical Composition
  08.065.053
  09.115.026
  10.065.052
Main Sequence Stars
  Color-Lumin Relation
  10.115.008
Main Sequence Stars
  Colors
  05.115.015
  09.113.047
Main Sequence Stars
  Convection
  06.065.038
  07.064.027
  08.064.012
Main Sequence Stars
  Convective Envelopes
  07.065.061
  08.064.001
Main Sequence Stars
  Energy Distribution
  06.114.033
Main Sequence Stars
  Envelopes
  01.064.011
  10.065.059
Main Sequence Stars
  Evolution
  05.065.044
  06.065.108 .143
  08.065.007 .013 .054
  09.065.069 .138
  10.065.088 .095
Main Sequence Stars
  Galactic Clusters
  09.114.144
Main Sequence Stars
  Helium Abundance
  06.114.063
  07.114.109
Main Sequence Stars
  Hyades
  06.153.017
  09.153.032
Main Sequence Stars
  Hydrogen Burning
  07.065.097
Main Sequence Stars
  Line Profiles
  06.114.083
Main Sequence Stars
  Lithium Abundance
  07.153.008
Main Sequence Stars
  Low Mass
  06.065.008
Main Sequence Stars
  Luminosity Function
  08.115.008
Main Sequence Stars
  Magnetic Fields
  10.065.112

Main Sequence Stars
  Masses
  10.115.006
Main Sequence Stars
  Metal Abundances
  05.114.079
  09.114.144
Main Sequence Stars
  Microturbulence
  10.065.063
  114.171
Main Sequence Stars
  Models
  05.065.124
  07.065.014 .018 .064
    .114
  08.065.048 .072 .073
    .074
  09.065.140 .168
  10.065.059
Main Sequence Stars
  Pulsations
  05.065.003 .060
  06.065.030
  08.122.043
  09.065.084 .086
Main Sequence Stars
  Rotation
  04.116.007
  05.065.124
    116.014
  06.065.001 .038
    116.006
Main Sequence Stars
  Space Densities
  04.113.025
Main Sequence Stars
  Spectral Types
  05.114.049
    115.015
Main Sequence Stars
  Star Clusters
  04.159.008
Main Sequence Stars
  Structure
  08.065.053
Manganese Stars
  04.114.007 .008 .012
    .032 .038 .039
Markarian Galaxies
  07.158.005 .020 .041
    .049 .063 .064
    .110
  08.158.001 .019 .020
    .059 .076 .079
    .080 .097 .102
  09.158.002 .012 .103
    .104 .131
  10.158.110
Markarian Galaxies
  Brightnesses
  09.158.051
Markarian Galaxies
  H I Regions
  09.158.007
Markarian Galaxies
  Nuclei
  09.158.155
  10.158.149
Markarian Galaxies
  Pairs
  09.158.154
Markarian Galaxies
  Photometry
  10.158.003
Markarian Galaxies
  Positions
  10.158.094

Markarian Galaxies
    Radio Radiation
    09.158.148
Markarian Galaxies
    Spectra
    09.158.032 .033 .049
           .136
    10.158.053 .148
Mars
         097.000
    09.012.024
Mars
    Albedo
    02.097.009 .014
    06.097.037
    07.097.101
    09.097.043 .092
    10.097.001 .037 .084
Mars
    Brightness
    01.097.013
    02.097.057
    04.097.028
Mars
    Brightness Temperature
    06.097.033
    08.097.097 .098
    10.097.027
Mars
    Chemical Composition
    01.094.076
Mars
    Climates
    10.097.055
Mars
    Colors
    01.097.017
    02.097.044
Mars
    Craters
    01.097.016
    02.097.015
    03.097.001
    05.097.005 .067
    06.097.057 .080
    07.097.002 .003 .004
           .035 .086 .087
    08.097.071 .113 .118
    10.097.013
Mars
    Diameter
    08.097.096
Mars
    Dust
    02.097.001
    10.097.121
Mars
    Exosphere
    02.097.002
    04.097.040
    06.097.045
    07.097.034
    08.093.046
Mars
    Figure
    04.097.030
    08.097.095
    09.097.010
    10.097.003
Mars
    Gravity
    07.097.032
    09.097.018
    10.097.051 .071
Mars
    Grid System
    01.097.007
    02.097.004

Mars
    Infrared Spectra
    04.097.014
    06.097.073
    08.097.116
    09.097.040
    10.097.025
Mars
    Interior
    01.097.048
    06.097.094
    07.094.105
         097.040
    10.097.052 .071 .090
Mars
    Ionosphere
    02.093.014
         097.048 .061 .063
    03.093.008
         097.038
    04.097.002 .041
    05.097.016
    06.097.005 .050
    07.097.071 .103 .107
    08.097.110
    09.097.096
    10.097.063 .083
Mars
    Landing Sites
    10.097.111 .112
Mars
    Life Detection
    02.097.022 .023 .028
           .029
Mars
    Lyman Alpha
    10.097.074
Mars
    Magnetic Field
    04.106.037
    10.097.039
Mars
    Maps
    08.097.003 .007
    09.097.092
    10.097.007 .008 .018
           .036
Mars
    Mariner 9 Mission
    09.097.007 .008
    10.097.024 .028 .029
           .030
Mars
    Mass
    03.097.012
    09.097.018
Mars
    Meteorite Impact
    02.097.016
    07.097.003
Mars
    Microwave Spectrum
    06.097.035
    08.097.107
Mars
    Motion
    06.097.002
Mars
    Obliquity
    10.097.004
Mars
    Organic Matter
    06.097.052
    07.097.007 .015 .016
           .017 .018 .019
           .020
Mars
    Photographs
    04.091.014
    05.097.055

Mars
    Photometry
    01.097.009 .017 .040
           .045 .046
    02.097.040 .052
    07.097.068
    10.097.102
Mars
    Pictures
    02.097.059
    03.097.029
    04.097.015 .057 .058
           .059
    05.031.005
         097.009 .010 .012
           .040
    08.097.003 .004 .014
           .086
    09.097.029 .032 .099
    10.097.014 .016 .034
           .079
Mars
    Polar Caps
    04.097.026
    05.097.008 .054
    06.097.009 .074
    07.097.006 .037 .061
    08.097.005 .082
    09.097.015
    10.097.037 .050 .069
           .099
Mars
    Polar Regions
    10.097.019 .020 .021
           .022 .023 .030
Mars
    Polar Wandering
    09.097.034
Mars
    Polarimetry
    01.097.019 .020
    02.097.025
Mars
    Polarization
    09.131.018
Mars
    Positions
    05.041.016 .024
    08.097.068
    10.041.035
Mars
    Radar Echoes
    01.097.015 .036
    02.097.051
    04.097.053
    06.097.081
Mars
    Radio Radiation
    03.097.022 .024
    04.097.037
    05.097.020
    06.097.031 .032 .034
           .072
    09.097.045
    10.097.062
Mars
    Satellites
    01.097.037
    02.097.033
    03.097.036 .039 .052
           .053 .054
    04.004.002
         097.062 .069
         101.006
    05.097.058 .074
    06.097.025
    07.097.001 .060 .088
           .090 .106
    08.097.087
    10.097.028 .077 .103

SUBJECT INDEX - VOL.1-10

Mars
  Seismicity
    07.097.022
Mars
  Soil
    08.097.069
Mars
  Solar Wind
    07.074.071
       097.052
    09.097.005 .006
Mars
  Spectra
    01.097.010
    02.097.013 .014 .034
    05.097.018
    07.097.091
Mars
  Spectrophotometry
    02.097.074
    06.094.320
Mars
  Surface Brightness
    04.094.099
    05.097.015 .053
    06.094.205
       097.035
    07.097.070
Mars
  Surface Structures
    01.097.012
    02.097.032 .041 .043
    04.097.047
    05.097.002 .005 .006
           .007 .008 .022
           .068 .069
    06.097.003 .030 .036
           .037 .082 .087
           .088
    07.097.035 .065 .070
           .076
    08.097.083 .084 .085
           .100
    09.080.037
       097.026 .087 .100
           .120
    10.097.008 .009 .011
           .012 .020 .025
           .035 .072 .120
Mars
  Surface Temperatures
    01.097.014 .026 .027
    02.097.021 .031 .042
           .062
    08.082.015
    09.097.016 .039
Mars
  Topography
    04.097.014
    06.097.009
    07.097.031 .062 .068
           .096 .105
    08.097.090
    09.097.002 .003
    10.097.001 .030 .035
Mars
  UV Spectra
    10.097.026
Mars
  Viking Mission
    07.097.008 .009 .010
           .011 .012 .013
           .014 .015 .016
           .017 .018 .019
           .020 .021 .022
           .023 .024
Mars
  Volcanism
    10.097.010 .115

Mars Atmosphere
  02.097.011 .020 .024
         .026 .046 .047
         .050 .063 .067
         .072
  03.097.001 .007 .009
         .021 .058
  04.093.034
     097.021
  05.097.004 .017 .072
  06.097.012 .038 .039
         .049 .060 .079
         .095 .100 .101
  07.097.021 .031 .064
         .107 .111 .112
         .113 .114 .115
  08.097.074 .088 .089
  09.097.086 .121 .126
  10.022.028
     097.024 .025 .031
         .057 .060 .061
         .075 .110 .113
         .114 .118
Mars Atmosphere
  Airglow
    07.097.038
    08.097.091
Mars Atmosphere
  Carbon Abundance
    06.097.046
Mars Atmosphere
  Carbon Dioxide
    01.097.003 .008
    02.097.058
    03.097.004 .005 .006
           .011 .018 .025
           .028
    04.097.027 .029 .036
           .048 .060
    05.097.019 .028 .029
           .030 .044 .059
    06.097.006 .028 .086
    07.097.037 .039
    09.097.004 .027
    10.022.019
       097.023 .069 .089
Mars Atmosphere
  Carbon Monoxide
    02.097.017
    04.097.035
Mars Atmosphere
  Chemical Composition
    06.097.008
    07.097.104
    08.097.006
    09.097.033
Mars Atmosphere
  Clouds
    03.097.026
    05.097.041 .042
    06.097.010 .058 .097
           .098
    08.097.002 .072
    09.097.044
    10.097.045 .088
Mars Atmosphere
  Density
    08.097.122
Mars Atmosphere
  Dust
    07.097.033 .108
    08.097.010 .016 .086
    09.097.011 .019 .040
           .042 .090
    10.097.045 .109
Mars Atmosphere
  Gamma Rays
    06.097.051

Mars Atmosphere
  Haze
    08.097.079
    09.097.017
Mars Atmosphere
  Lyman Alpha
    06.097.045
    08.097.091
Mars Atmosphere
  Models
    04.097.041
    08.022.032
       097.066
    09.082.123
    10.097.049 .086
Mars Atmosphere
  Nitrogen
    04.097.022
Mars Atmosphere
  Opacities
    05.097.026
Mars Atmosphere
  Organic Matter
    08.097.069
Mars Atmosphere
  Oxygen
    06.097.085
    08.097.009 .067 .121
Mars Atmosphere
  Ozone
    09.097.009 .025
Mars Atmosphere
  Polarization
    10.097.070
Mars Atmosphere
  Radiative Transfer
    07.097.063
Mars Atmosphere
  Scattering
    04.097.024
    05.097.001 .024
    06.097.099
    10.097.043
Mars Atmosphere
  Spectra
    04.097.001
    05.097.037 .052 .059
    09.097.103
Mars Atmosphere
  Stability
    10.097.044
Mars Atmosphere
  Structure
    06.097.102
    07.097.005 .104
    08.097.092 .094
Mars Atmosphere
  Thermal Structure
    08.093.029
    09.097.013
    10.097.054
Mars Atmosphere
  UV Radiation
    08.097.093
    09.097.048
    10.097.038
Mars Atmosphere
  UV Spectra
    10.097.085
Mars Atmosphere
  Water
    02.097.008
    03.097.004 .005 .027
           .032
    04.097.023 .034 .044
    05.097.019 .032 .033
           .034 .036
    06.097.035 .084
    07.097.010
    08.097.072 .082

Mars Atmosphere
　Water
　09.097.012 .022 .099
　10.097.088
Mars Surface
　02.097.019 .027 .030
　　　　　.045
　03.097.002 .009 .010
　　　.017 .037 .040
　04.094.004
　　　097.017 .018 .019
　　　　　.025 .033 .051
　　　　　.052 .055 .056
　05.097.011 .019 .020
　　　　　.051
　06.097.007 .029 .047
　　　　　.051 .059 .089
　　　　　.095
　07.097.023 .024 .036
　　　.066 .069 .099
　　　.104
　08.097.088 .089
　09.097.019 .020 .023
　　　.033 .101 .125
　10.053.007
　　　097.002 .006 .014
　　　　　.015 .016 .017
　　　　　.019 .027 .031
　　　　　.032 .033 .108
　　　　　.116 .117
Mars Surface
　Organic Matter
　06.097.090
Mars Surface
　Photometry
　08.097.090
　09.097.014 .099
Mars Surface
　Radar Echoes
　08.097.001
　09.097.002 .003
Mars Surface
　Reflectivity
　09.097.041
Mars Surface
　Spectrophotometry
　07.097.097
Mascons
　Moon
　01.094.004 .063 .077
　02.094.015 .045 .048
　　　　　.164 .165
　03.094.010 .308
　04.094.002 .030 .325
　　　　　.404 .411
　05.094.120 .121 .175
　06.094.161 .236
　08.094.129 .270
　09.094.011
　10.094.022
Mascons
　Planets
　02.094.015
Masers
　Cosmic
　09.131.013 .040 .045
　　　　　.203
　10.131.221
Masers
　Interstellar
　09.131.040 .045 .162
　　　　　.194 .203
　10.022.004
　　　131.014 .063 .084
　　　　　.210 .284
Masers
　Polarization
　09.131.013

Mass
　Crab Nebula
　05.134.001
Mass
　Earth
　02.043.005 .008
　06.043.018
Mass
　Earth-Moon System
　09.043.001
Mass
　Galaxy
　09.155.048
　10.155.012
Mass
　Jupiter
　01.099.019
　02.099.001 .003 .013
　03.099.039 .061
　04.099.004 .039
　05.099.050 .077 .079
　　　　　.088
　06.099.012 .047 .050
　　　100.003
　07.099.006
　08.098.007
　　　099.008 .009
　09.099.089
　10.099.011 .090
Mass
　Mars
　03.097.012
　09.097.018
Mass
　Mercury
　01.043.003
Mass
　Moon
　02.043.008
　04.094.109
　06.043.018
　　　094.189
　07.094.091 .218
Mass
　Neptune
　02.101.002
　08.101.012
Mass
　Pluto
　04.101.007
　05.101.010
Mass
　Saturn
　04.100.003 .007
　06.100.003
　08.100.005 .015
　09.100.019 .045
Mass
　Uranus
　04.100.003 .007
　08.101.012
Mass
　Venus
　02.093.011
　04.093.067
Mass Density
　Solar Neighbourhood
　07.155.050 .069
Mass Exchange
　Binaries
　01.117.001 .002 .004
　　　　　.010 .015
　02.117.004 .009 .015
　　　　　.016 .017 .018
　　　　　.019
　　　121.039
　03.117.002 .003 .006
　　　　　.019 .022 .030
　04.117.006 .011 .025
　　　121.017

Mass Exchange
　Binaries
　05.121.040
　10.117.001 .037
Mass Exchange
　Close Binaries
　04.117.003
　05.117.001 .016
　06.117.004
　　　126.001
　08.117.026
　10.117.024
Mass Loss
　B Stars
　08.065.123
Mass Loss
　Be Stars
　09.064.084
Mass Loss
　Binaries
　01.122.005
　02.121.032 .033
　03.117.001
　06.117.012
　07.117.006 .010
Mass Loss
　Close Binaries
　04.012.029
　07.121.011
　08.117.001 .002 .016
　10.117.012
Mass Loss
　Comets
　02.102.035
Mass Loss
　Contact Binaries
　09.117.037
Mass Loss
　Dwarf Novae
　10.122.108
Mass Loss
　Early Type Stars
　01.114.007
　02.114.043
　10.064.013
Mass Loss
　Galaxy
　02.151.054
Mass Loss
　High Luminosity Stars
　10.114.247
Mass Loss
　Hot Stars
　08.114.162
Mass Loss
　Late Type Stars
　09.133.008
Mass Loss
　Luminous Stars
　03.064.010
Mass Loss
　M Stars
　05.064.031
　　　114.086
Mass Loss
　Massive Stars
　04.065.059
　10.065.079
Mass Loss
　Metal-Poor Stars
　10.065.031
Mass Loss
　Novae
　07.124.004
　09.124.001
Mass Loss
　Planetary Atmospheres
　02.091.020

Mass Loss
  Quasi-Stellar Objects
    07.141.123
    09.064.011
Mass Loss
  Red Giants
    03.065.078
    09.114.048
Mass Loss
  Rotating Stars
    02.065.051
    08.064.039
    10.065.032
Mass Loss
  Seyfert Galaxies
    09.064.011
Mass Loss
  Stellar Atmospheres
    01.064.007
    02.064.032
    03.064.033
    04.064.090 .091
       114.020
Mass Loss
  Stellar Evolution
    01.065.034
    03.065.016 .061 .066
    04.064.100
    05.065.026 .054
    08.064.022
       065.082
    09.065.089
Mass Loss
  Stellar Interiors
    02.065.052
    10.065.088
Mass Loss
  Supergiants
    02.114.045 .047
    04.115.002
    08.114.120
    09.064.047 .084
       114.156
Mass Loss
  Variables
    02.122.086
Mass Loss
  Wolf Rayet Stars
    01.114.006
    02.114.041
    09.064.084
Mass-Lumin Relation
    03.065.057
Mass-Lumin Relation
  Binaries
    08.117.017
Mass-Lumin Relation
  Cepheids
    02.065.032
    08.065.098
    10.122.093
Mass-Lumin Relation
  Clusters of Galaxies
    04.160.008
Mass-Lumin Relation
  Contact Binaries
    09.117.009
Mass-Lumin Relation
  Galaxies
    03.158.048
    04.158.015 .088
    06.151.029
       158.089
    09.158.006
    10.158.145
Mass-Lumin Relation
  Hyades
    07.115.011
    08.115.023

Mass-Lumin Relation
  M Dwarfs
    04.115.006
Mass-Lumin Relation
  Multiple Stars
    05.117.014
Mass-Lumin Relation
  White Dwarfs
    06.126.023
Mass-Radius Relation
  White Dwarfs
    08.065.012
Masses
  Asteroids
    07.098.012
Masses
  Binaries
    10.117.011
       121.011
Masses
  Cepheids
    02.122.080
    05.115.006
    06.065.037
    07.122.002 .010 .043
    08.122.026
    10.122.008
Masses
  Close Binaries
    04.118.005
    07.117.032
Masses
  Clusters of Galaxies
    05.066.032
Masses
  Early Type Stars
    03.117.029
Masses
  Eclipsing Variables
    04.121.005 .077 .084
    05.121.046
    06.121.003
    09.121.013 .076
Masses
  Galactic Clusters
    07.153.023
Masses
  Galaxies
    01.158.017 .028 .046
       .075
    02.158.019 .020 .022
       .029
    03.158.035 .048 .068
    04.158.016 .067 .082
       .090
       160.011
    05.158.073 .119
    06.158.006
    08.158.007 .018 .056
    10.158.076 .145
Masses
  Globular Clusters
    09.154.003
    10.154.002
Masses
  H II Regions
    03.132.029
Masses
  K Giants
    06.065.021
Masses
  Main Sequence Stars
    10.115.006
Masses
  Neutron Stars
    03.065.043
    06.065.035
    08.065.066 .086
    10.065.091
       126.012

Masses
  Planetary Nebulae
    01.133.010
Masses
  Planets
    02.107.008
    04.091.003 .028 .038
    06.043.009 .010 .011
       .012 .013 .017
    07.042.001
    08.091.005 .006 .052
    10.091.031
Masses
  Pulsars
    03.141.047
Masses
  Quasars
    06.141.198
Masses
  Quasi-Stellar Objects
    02.141.126
    03.141.027 .028
    04.141.043
    05.141.211 .234
    07.141.119
Masses
  Radio Sources
    06.141.205
Masses
  Red Giants
    02.115.011
    09.154.011
Masses
  Red Supergiants
    05.115.001
Masses
  RR Lyrae Stars
    07.122.029
Masses
  Satellites
    10.091.031
Masses
  Spectroscopic Binaries
    07.119.001 .015
    08.121.055
    09.119.001 .006
Masses
  Star Clusters
    07.151.013
Masses
  Stars
       115.000
    02.118.040
Masses
  Stellar Systems
    05.152.010
Masses
  Supernova Remnants
    07.125.004
Masses
  Visual Binaries
    05.118.003 .030
    07.118.008 .010
    08.118.007
    10.118.020 .021 .022
Masses
  White Dwarfs
    01.126.021
    03.126.004
    08.126.017
    10.126.012
Masses
  X Ray Sources
    07.142.062
    08.142.015 .036
    09.142.025
Massive Stars
  Chemical Composition
    01.065.054

Massive Stars
  Convective Cores
    10.065.051
Massive Stars
  Evolution
    02.065.070
    03.065.027 .065 .066
    04.065.064 .104
    05.065.065
    06.065.093 .105 .108
           .118 .120 .121
    07.065.011 .082
    08.065.013 .068 .075
           .076 .077 .102
           .103
    09.065.012 .017 .145
    10.065.133
Massive Stars
  Explosions
    10.065.039
Massive Stars
  Formation
    05.065.122
    07.065.010
Massive Stars
  Helium Abundance
    05.065.051
Massive Stars
  Magellanic Clouds
    10.159.008
Massive Stars
  Mass Loss
    04.065.059
    10.065.079
Massive Stars
  Nuclear Reactions
    10.065.107
Massive Stars
  Pulsations
    01.065.009
    02.065.085
    03.065.081
    04.065.003
    05.065.051 .062
    06.065.030
    07.065.011
    08.065.040 .041
Massive Stars
  Rotation
    03.065.106
    04.065.064
Massive Stars
  Stability
    04.065.003
Mathematics
    021.000
Measuring Machines
    09.034.101
Meetings Proceedings
    012.000
Meetings Reports
    011.000
Mercury
    092.000
Mercury
  Atmosphere
    04.092.016
    05.097.001
    08.093.030
    09.092.001
    10.092.001
Mercury
  Brightness Temperature
    09.092.005
Mercury
  Declinations
    05.041.014
Mercury
  Diameter
    07.092.007

Mercury
  Figure
    02.092.002
Mercury
  Interior
    01.092.007
    08.092.002
Mercury
  Mass
    01.043.003
Mercury
  Models
    04.092.011
Mercury
  Photometry
    02.094.235
    03.092.016
Mercury
  Radar Echoes
    03.092.005
    04.093.053
    06.092.003
    07.092.003 .010
Mercury
  Radio Radiation
    03.092.010
Mercury
  Right Ascensions
    05.041.013
Mercury
  Rotation
    01.092.006
    02.092.001 .002
    03.092.007 .008
    04.092.011
Mercury
  Solar Heating
    08.092.005
Mercury
  Solar Wind
    07.092.005
    08.092.010
    10.091.026
Mercury
  Surface
    06.094.224
    08.092.005 .006 .007
           .008
    093.030
    09.092.004
    10.094.005
Mercury
  Thermal History
    01.092.008
Mercury
  Thermal Radiation
    04.092.011
Mercury
  Transits
    01.080.003
Mercury Stars
    06.114.112
Meridian Circles
    01.032.024 .025 .026
           .027 .028 .029
           .030 .031 .036
           .037 .040 .058
           .059
    02.032.001 .033 .034
           .037 .046 .065
           .066
    03.032.013
    041.015
    04.032.001 .003 .015
    05.032.018 .072
    06.032.038
    07.032.028 .048 .049
    08.032.023 .035
    09.031.033
    032.008 .020 .021

Meridian Circles
    09.032.022 .030
    10.032.015 .030 .049
           041.014
Metagalaxy
  Kinematics
    09.162.052
Metagalaxy
  X Rays
    09.142.145
Metal Abundances
  A Stars
    06.114.077
    08.152.002
Metal Abundances
  Chromosphere
    07.073.041
Metal Abundances
  F Dwarfs
    06.114.045
Metal Abundances
  Galactic Clusters
    05.153.004 .005
Metal Abundances
  Galaxies
    04.158.028
    09.158.129
Metal Abundances
  Globular Clusters
    05.154.016
    10.154.006
Metal Abundances
  K Giants
    02.115.012
Metal Abundances
  Main Sequence Stars
    05.114.079
    09.114.144
Metal Abundances
  Moon
    09.105.042
Metal Abundances
  Peculiar A Stars
    04.113.018
Metal Abundances
  Population I Stars
    10.114.240
Metal Abundances
  RR Lyrae Stars
    09.122.008
Metal Abundances
  Spectroscopic Binaries
    03.119.001
    09.119.013
Metal Abundances
  Stellar Atmospheres
    04.064.014
    06.064.004
    07.064.057 .058
           114.010
Metal Abundances
  Stellar Evolution
    06.065.128
Metal Abundances
  Subgiants
    06.114.019
Metal Abundances
  Supergiants
    07.114.049
Metal Abundances
  White Dwarfs
    07.126.004
Metal-Deficient Stars
  Helium Abundance
    09.114.051
Metal-Poor Stars
    03.065.012
    114.021 .025
    04.114.044
    05.065.114

Metal-Poor Stars
07.064.007
08.065.088
Metal-Poor Stars
Accretion
04.155.011
Metal-Poor Stars
Evolution
04.065.023
06.065.144
Metal-Poor Stars
Mass Loss
10.065.031
Metal-Poor Stars
Rotation
10.065.031
Metal-Poor Stars
Spectra
09.113.056
Metallic Line Stars
01.114.005 .043 .068
      .105
   116.007
02.122.004
03.113.029 .045
   114.031 .064 .065
04.065.019
   113.007
   114.015 .053 .078
   153.037
05.114.027 .050 .078
   153.029
07.114.010
08.114.034
09.012.015
   114.093 .146
10.065.099
Metallic Line Stars
Atmospheres
07.114.056
09.064.006 .007
   114.106
Metallic Line Stars
Element Abundances
05.114.025
07.114.135
09.064.006
Metallic Line Stars
Envelopes
07.114.001
Metallic Line Stars
Galactic Clusters
10.114.177
Metallic Line Stars
Microturbulence
05.114.025
07.114.135
Metallic Line Stars
Photometry
04.113.065
09.113.023
Metallic Line Stars
Pulsations
07.122.058
Metallic Line Stars
Rotation
09.114.170
Metallic Line Stars
Space Distribution
05.155.038
Metallic Line Stars
Spectra
06.114.086
07.114.008 .012
08.114.115
10.114.033
Metallic Line Stars
Spectral Types
09.114.140

Metallic Line Stars
Temperatures
10.114.060
Meteor Streams
104.000
Meteor Streams
Evolution
09.104.016
Meteor Streams
Magnetic Fields
02.143.051
03.104.019
Meteor Streams
Models
05.104.009 .010
Meteor Streams
Orbits
06.104.033 .104
09.104.021 .026
10.104.036 .044
Meteor Streams
Radar Echoes
06.104.034
09.104.005 .018
10.104.001
Meteor Streams
Search
06.104.076 .077
09.104.004
Meteor Streams
Structure
03.104.005
09.104.002
Meteor Trails
01.104.002 .011 .013
      .024 .032 .041
02.104.003 .022 .041
03.104.020 .025 .046
      .047 .048 .056
      .058
04.104.002 .009 .011
      .014 .024 .028
      .029 .044
05.104.035
06.104.018 .025 .035
      .036 .051 .058
      .060 .061
08.104.034 .035 .036
      .056 .059
10.104.005 .009 .045
      .047 .048
Meteorite Craters
105.000
Meteorites
105.000
02.012.012
04.012.001
07.012.027 .028
Meteorites
Ages
01.105.032
02.105.063 .109 .116
      .118 .119
03.105.095 .112
06.105.168
Meteorites
Chemical Composition
04.105.016
05.105.055 .077 .083
07.105.053
09.105.027
10.105.031 .032
Meteorites
Classification
04.105.016
10.105.087
Meteorites
Cosmic Rays
10.105.021
   143.003

Meteorites
Element Abundances
01.105.067 .078 .079
      .080 .081 .082
      .083 .084 .086
      .087 .097
02.071.023
   105.003 .064 .074
      .081 .082 .093
      .098
03.105.107 .113 .126
      .141
04.071.023
   105.024 .052 .057
      .058 .059 .062
      .067
05.105.021 .028 .076
      .079 .082
06.003.027
   105.004 .009
07.105.024
08.105.032 .035 .083
09.105.030 .031 .161
10.105.042 .061
Meteorites
Evolution
04.105.013
05.105.007 .008
Meteorites
Formation
08.105.016
Meteorites
Fragmentation
02.105.077
10.105.063
Meteorites
Graphite
06.105.068
Meteorites
Iron Meteorites
01.105.002 .006 .008
      .009 .011 .040
      .051 .068 .072
      .088
02.105.023 .032 .035
      .079 .086 .113
      .118 .121 .123
      .163 .178
03.105.070 .083 .088
      .097 .106 .114
      .120
04.105.002 .015 .026
      .033 .051 .106
05.105.009 .022 .039
      .100
06.105.025 .029 .032
      .033 .061 .064
      .150 .156
07.105.007 .017 .026
08.105.024 .030 .079
      .085 .131
09.105.020 .041 .046
      .052
10.105.006 .018 .031
Meteorites
Lithium Abundance
07.105.048
Meteorites
Mass Distribution
10.105.019
Meteorites
Micrometeorites
01.105.013 .023 .030
      .099 .104 .105
02.105.070 .087 .182
      .189
03.105.116
04.105.005 .006 .038
      .078 .169
05.105.018 .047

Meteorites
  Micrometeorites
  06.105.052
  08.105.003
Meteorites
  Organic Matter
  02.105.005
  03.105.094 .140
  04.105.017 .027 .028
        .029 .068 .086
        .166
  05.105.015 .019 .020
  06.105.002 .003 .069
  07.105.010 .051 .063
  08.105.129
  09.105.010
  10.105.033 .055
Meteorites
  Origin
  01.091.024
     105.089 .090 .091
        .098
  02.105.089
  04.105.013 .165
  10.105.039 .087
Meteorites
  Oxygen Isotopes
  07.105.009
     107.002
Meteorites
  Radioactivity
  03.105.137
  09.105.028 .036
Meteorites
  Reflectivities
  10.105.003
Meteorites
  Stone Meteorites
  01.105.008 .017 .034
       .045 .052 .053
       .054 .055 .058
  02.105.002 .004 .085
       .096 .099 .106
       .114 .120 .181
  03.105.002 .075 .083
       .106
  04.105.010 .016 .063
  05.105.014 .044 .057
       .060 .067
  06.105.169
  07.105.005 .031
  08.105.002 .004 .008
       .011 .013 .018
       .045 .081 .131
  09.105.015 .022
  10.105.007 .028 .032
       .036 .088 .089
       .093
Meteoritic Dust
  01.082.007
  02.104.046
Meteors
     104.000
  07.012.028
Meteors
  All-Sky Networks
  01.104.014
Meteors
  Angular Velocities
  01.104.001
Meteors
  Brightnesses
  01.104.016
Meteors
  Catalogues
  01.104.028
Meteors
  Dynamics
  01.104.017

Meteors
  Electric Fields
  04.102.004
Meteors
  Element Abundances
  10.104.008
Meteors
  Flares
  02.104.032
  03.104.024
Meteors
  Fragmentation
  02.104.023
  03.104.041
  10.104.054 .055 .056
       .057
Meteors
  Ionization
  01.104.012 .023 .040
Meteors
  Light Curves
  04.104.003
Meteors
  Luminosity Function
  03.104.033
Meteors
  Mass Distribution
  03.104.039
  04.104.042
Meteors
  Micrometeors
  10.104.059
Meteors
  Optical Observations
  03.104.003 .004
Meteors
  Orbits
  03.104.001 .002 .028
       .045
  04.104.063
  07.104.017
  10.104.040
Meteors
  Origin
  02.104.013
  03.104.039
Meteors
  Photometry
  04.104.007 .008
  06.034.041
  08.104.038
Meteors
  Physical Parameters
  04.104.027
Meteors
  Radar Echoes
  02.104.026 .042 .043
  04.104.004 .010 .030
       .061 .064
  05.104.004 .034 .040
  06.104.014 .030 .031
       .053 .055 .056
       .057 .059 .062
       .063 .097
  07.082.024
     104.003 .004 .020
Meteors
  Radar Surveys
  02.104.014
  03.104.003
Meteors
  Space Densities
  04.104.006
Meteors
  Spectra
  01.104.021
  02.104.029
  04.104.025 .041 .057
  05.104.002 .011 .026
       .042 .043

Meteors
  Spectra
  06.104.039 .078
  07.104.042
Meteors
  Spectrophotometry
  04.104.001
Meteors
  Structure
  02.104.023
Meteors
  Velocities
  10.104.040
Methane
  Jupiter Atmosphere
  02.099.005 .051
  03.099.019 .021 .024
       .043
  06.099.001
  07.099.020 .048
  08.099.015
  09.099.044 .073
  10.022.019
     099.001 .004 .036
       .053
Methane
  Planetary Atmospheres
  05.091.021
  09.091.007 .043
Methane
  Saturn Atmosphere
  09.100.047
  10.022.019
Methods of Observation
  031.000
Methods of Reduction
  031.000
Micrometeorites
  01.105.013 .023 .030
       .099 .104 .105
  02.105.070 .087 .182
       .189
  03.105.116
  04.105.005 .006 .038
       .078 .169
  05.105.018 .047
  06.105.052
  08.105.003
Micrometers
  03.034.033
  09.034.108
Microphotometers
  01.034.008 .040 .045
  02.034.081
  05.034.044
  06.034.041
  07.034.107
Microtektites
  05.105.091
  06.105.001
  07.105.029
  08.105.132
  09.105.148
Microturbulence
  Main Sequence Stars
  10.065.063
     114.171
Microturbulence
  Metallic Line Stars
  05.114.025
  07.114.135
Microturbulence
  Photosphere
  08.071.039
  09.071.061
Microturbulence
  Stellar Atmospheres
  06.064.004
  09.064.021

Microturbulence
  Supergiants
    03.065.055
Microwave Background
    01.141.099
       162.007
    02.066.001 .005 .007
       .082 .083
       162.014 .058
    03.162.018 .019
    04.066.035 .041 .099
       162.055
    05.066.039
    09.066.004 .051 .076
       .126
       162.061
Microwave Radiation
  Crab Nebula
    06.134.004
Microwave Radiation
  Neptune
    06.101.006
Microwave Radiation
  Solar Flares
    01.076.011
Microwave Radiation
  Uranus
    06.101.006
Microwave Spectra
  Early Type Stars
    08.114.176
Microwave Spectrum
  Mars
    06.097.035
    08.097.107
Minor Planets
    098.000
    07.012.027 .028
Minor Planets
  Collisions
    01.098.019
    09.098.001
Minor Planets
  Commensurabilities
    01.098.001
Minor Planets
  Diameters
    03.098.036
    06.098.024
Minor Planets
  Ephemerides
    02.098.015
    06.098.006
    08.098.037
    09.098.019
Minor Planets
  Families
    02.098.016
Minor Planets
  Fragmentation
    09.098.001
Minor Planets
  Light Curves
    02.098.002
    05.098.002
    08.098.041
    10.098.071
Minor Planets
  Mass Distribution
    06.098.009
Minor Planets
  Models
    05.098.007
Minor Planets
  Motion
    10.098.068
Minor Planets
  Observations
    03.098.018
    04.098.008 .009 .022

Minor Planets
  Observations
    04.098.028 .031 .032
    05.098.001
    06.041.032
       098.018 .021 .034
       .036 .038 .039
    07.098.003 .004 .005
       .014
    08.098.028 .031 .044
       .045 .046
    09.098.021 .065
    10.098.015
Minor Planets
  Orbits
    01.052.019
       098.021 .022
    02.098.004 .018
    03.042.054
       098.016
    04.098.006 .007 .011
       .024
       099.039
    06.043.012
       099.012 .047
    07.098.027 .028
    08.098.003 .007 .043
    09.042.032
       098.066 .067 .068
    10.042.062
       098.005 .011 .023
       .028 .034 .082
       099.011
Minor Planets
  Origin
    01.098.014
    04.098.035
    06.098.002
Minor Planets
  Perturbation Theory
    10.098.067
Minor Planets
  Photometry
    02.098.017
    04.098.015
    07.098.006
    10.098.001
Minor Planets
  Positions
    03.098.009 .010
    04.098.004 .012 .019
       .020 .023 .029
    05.098.009
    06.041.001 .003
       098.035 .037 .041
       103.006
    07.098.009
    08.098.006 .018 .027
       .030 .032 .080
       .082
    09.098.005 .007 .020
    10.098.012 .020 .021
       .073 .074
Minor Planets
  Radar Echoes
    06.041.044
    10.098.004
Minor Planets
  Radio Radiation
    10.098.016
Minor Planets
  Resonances
    08.098.033
Minor Planets
  Rotation
    03.098.003
    07.098.025
Minor Planets
  Secular Perturbations
    04.042.018

Minor Planets
  Spectrophotometry
    10.098.002 .003
Minor Planets
  Surveys
    04.098.011
Minor Planets
  See Asteroids
Mira Variables
    01.122.036
    02.122.006 .068 .069
       .082 .100
    03.113.047
       122.025 .067
    04.122.063 .104 .125
    05.122.003 .018 .028
       .066 .117 .119
    06.114.076
       122.006 .007 .083
       .154
    07.113.017 .036
       122.014 .018 .050
       .051 .128
    08.122.015 .108 .129
    09.122.051 .076 .077
       .092 .126 .133
       123.047 .049 .052
       131.050
    10.113.033
       114.182
       122.025 .043 .167
       154.001
       155.028
Mira Variables
  Absolute Magnitudes
    02.122.101
Mira Variables
  Atmospheres
    02.064.037
Mira Variables
  Globular Clusters
    03.154.008
Mira Variables
  Infrared Spectra
    04.114.033
Mira Variables
  Light Curves
    03.122.015
Mira Variables
  Photometry
    04.122.042
Mira Variables
  Spectrophotometry
    04.122.044
Mirrors
    01.012.001
Mirrors
  Deformations
    01.031.015
MK Classifications
    01.114.009
    04.153.037
    08.153.026
MK Types
    02.114.026
MK Types
  A Stars
    03.114.069
    06.155.027
    08.116.011
MK Types
  B Stars
    06.114.096
    08.114.109
MK Types
  Binaries
    02.118.027
       119.015

MK Types
  F Stars
  02.114.011
  03.114.012 .069
MK Types
  G Giants
  07.114.133
MK Types
  G Stars
  02.114.011
  03.114.012
  04.114.070
MK Types
  K Giants
  07.114.133
MK Types
  K Stars
  04.114.070
MK Types
  OB Stars
  02.114.004
MK Types
  Supergiants
  03.114.109
  04.114.139
  09.114.012 .045
Moldavites
  02.105.006 .015 .017
  05.105.092 .093 .094
      .095 .096 .097
      .098 .099
  09.105.003
Molecules
  Faculae
  04.072.050
  10.072.016
Molecules
  Forbidden Lines
  01.022.085
Molecules
  Galactic Center
  08.155.052
  09.155.013 .086
Molecules
  Galactic Clusters
  07.153.019
Molecules
  H II Regions
  09.131.022 .032
Molecules
  Interstellar Clouds
  08.155.008
  09.131.016 .025
  10.131.036 .120 .278
Molecules
  Interstellar Matter
  01.131.027 .057 .066
  02.131.017 .018 .069
      .096
  03.131.010 .020 .035
      .068 .076 .113
      .139
  141.174
  04.022.011
  102.006
  131.019 .023 .048
      .051 .097 .109
      .110 .115 .127
      .133 .140
  05.131.001 .002 .006
      .037 .063 .064
      .075 .095
  141.005
  06.012.016
    022.074 .088
    064.053
    131.004 .013 .020
      .030 .041 .052
      .053 .083 .087
      .093 .125 .126

Molecules
  Interstellar Matter
  06.131.127 .128 .137
      .144 .145 .150
  07.022.051
  131.007 .008 .009
      .022 .028 .059
      .060 .061 .093
      .114 .128 .133
      .136 .138 .149
      .158
  133.155
  08.022.111 .114
  131.011 .029 .074
      .082 .087 .088
      .089 .090 .091
      .096 .099 .100
      .101 .106 .107
      .120 .126
  133.016
  153.007
  09.012.005
  114.124 .125
  131.006 .007 .014
      .015 .021 .029
      .034 .045 .047
      .049 .050 .054
      .055 .062 .110
      .111 .117 .132
      .139 .140 .161
      .162 .163 .167
      .181 .185 .187
      .189 .190 .197
      .201 .202 .206
      .208
  10.102.032
  131.006 .008 .009
      .010 .011 .019
      .037 .038 .046
      .049 .053 .057
      .060 .067 .075
      .083 .084 .086
      .097 .118 .123
      .124 .126 .132
      .139 .144 .180
      .181 .186 .187
      .204 .207 .208
      .209 .211 .212
      .213 .215 .217
      .218 .223 .227
      .277 .294
  132.041
  141.077
Molecules
  Jupiter Atmosphere
  09.099.100
Molecules
  K Stars
  04.114.030
Molecules
  Line Profiles
  01.022.090
  04.022.057
Molecules
  M Stars
  04.114.030
Molecules
  Photosphere
  01.071.017 .022
  072.035
  04.071.057
  072.050
Molecules
  Solar Atmosphere
  10.071.040
Molecules
  Solar Spectrum
  04.071.026
  07.071.023

Molecules
  Stellar Atmospheres
  06.064.011
  07.064.045
  08.114.046
  131.013
  09.064.020 .051
  10.064.050
  114.181 .183
  131.188
Monochromators
  02.034.042
  09.034.030
  10.034.085
Moon
  094.000
  02.012.006 .027
  03.012.011
  04.012.011
  05.012.008
  06.012.013
  07.003.013
  08.012.008 .016
  09.012.024
  10.012.037
Moon
  Acceleration
  07.094.199
Moon
  Accretion
  07.094.225
Moon
  Albedo
  01.094.002
  02.094.057 .167 .185
  05.094.001
  07.094.183
  08.094.025
  09.094.021 .297 .593
Moon
  Atlases
  10.094.515
Moon
  Atmosphere
  06.094.155
  07.094.106
  08.094.126 .183
  10.094.016 .129 .495
Moon
  Brightness
  01.094.027
  02.095.003
  04.094.346
Moon
  Chemical Composition
  01.094.076
  02.094.068 .069
  03.094.174 .236 .258
  04.094.399
  05.094.041
  06.094.286
  07.094.111
  08.094.022 .194
  09.094.039 .909 .910
  10.094.040
Moon
  Colors
  01.094.031 .071 .084
  04.094.346
Moon
  Convection
  04.094.323
  09.094.845
Moon
  Coordinate Systems
  01.094.054
  06.094.012 .283 .284
  10.012.013

SUBJECT INDEX - VOL.1-10

Moon
  Cosmic Rays
  01.094.009
  07.094.030 .031
Moon
  Crater Origin
  01.094.001 .085
  02.094.020 .074
  03.094.008 .262
  04.094.330
  06.094.326
  07.094.133
  08.094.039
Moon
  Craters
  01.094.025 .037 .046
  02.094.006 .007 .051
      .053 .089 .220
  03.094.006 .020 .185
      .197 .206
  04.094.013 .028 .055
      .068 .093 .311
      .312 .313 .314
      .331
  05.094.013 .018 .124
      .140 .159 .176
  06.094.002 .077 .134
      .169 .170 .173
      .223 .316 .317
  07.094.093 .100 .148
      .149 .196
    097.002
  08.094.006 .184 .250
  09.094.008 .009 .030
      .035 .063 .584
      .939
  10.094.026 .037 .053
      .098 .118 .125
      .179 .189
Moon
  Density
  01.094.038
  04.094.039
  07.094.249
Moon
  Diameter
  02.094.056
Moon
  Distance
  01.094.035
  02.094.067
  03.094.012 .229
  04.094.045 .352
  06.094.222
  07.094.095
Moon
  Dust
  03.094.178
  04.094.105 .328 .410
  05.094.143
    105.021
  06.094.141 .288
  07.094.023 .057 .058
  08.094.032
  09.094.296
  10.094.168
Moon
  Dynamics
  07.094.191
  10.012.013
    094.113
Moon
  Early History
  05.094.059
  06.094.313
  08.094.027
Moon
  Earth Pictures
  02.094.174

Moon
  Electric Conductivity
  05.094.011 .051 .065
  06.094.029 .069 .185
  07.094.112
  09.094.003
Moon
  Electric Fields
  04.012.012
Moon
  Element Abundances
  08.094.009
Moon
  Ephemeris
  02.047.019
    094.159
  03.094.257
  04.094.049 .083
  05.094.002 .028 .055
      .056
  06.094.282
  09.094.062
  10.012.013
Moon
  Evolution
  05.094.070
  06.094.150
  08.094.098 .194 .195
  09.094.042 .049 .168
      .575 .577
  10.094.025 .086
Moon
  Figure
  01.094.028 .053
  02.094.219
  04.094.084 .384
  05.094.058 .139
  07.094.214
  08.094.023
  09.094.022 .134 .921
  10.094.182
Moon
  Formation
  08.094.101
Moon
  Globules
  07.094.231
Moon
  Gravity
  02.094.065 .070 .188
      .204 .205
  03.094.004 .203 .327
  04.094.084 .120 .325
      .403
  05.094.120 .122 .123
      .144
  06.094.084 .220 .233
      .285 .321
  07.094.007 .026 .091
      .119 .220 .252
  08.094.148
  09.094.006 .014 .015
      .911
  10.094.041 .057 .182
Moon
  History
  10.094.073
Moon
  Infrared Radiation
  03.094.350
  04.094.397 .398
  05.094.019 .022
  06.094.078
  07.094.197 .198 .223
      .264
  08.094.016
  09.094.136
  10.094.049

Moon
  Infrared Spectra
  04.094.425
Moon
  Interior
  01.094.022 .074
  02.094.001 .086 .160
      .229
  03.094.009 .248
  04.094.353
  05.094.011
  06.094.008 .082 .186
  07.094.072 .105 .130
      .159 .226
  08.094.100 .118 .215
      .267
  09.094.022 .024 .031
      .046 .168 .581
      .588 .591 .839
      .847
  10.094.086
Moon
  Ionosphere
  10.094.163
Moon
  Landing Sites
  02.094.062 .063 .064
      .070 .172
  03.094.018
  04.094.010 .053 .054
  05.094.007
  06.094.209
  07.094.042
  08.094.019 .122 .179
      .191
  09.094.030 .931
  10.094.097 .127
Moon
  Laser Echoes
  09.094.166 .570
  10.094.101 .146
Moon
  Libration
  02.094.035 .083 .084
  03.094.025 .215 .222
  04.094.029 .039 .085
  05.094.021 .026
  06.094.001
  07.094.124 .175 .189
  09.094.020 .597 .922
  10.094.059 .085
Moon
  Libration Clouds
  01.094.014
    106.002
  02.091.032
Moon
  Libration Points
  01.091.028
    094.086
Moon
  Limb Profiles
  09.094.131 .300
Moon
  Magnetic Field
  01.094.012 .030
    106.008
  02.094.019 .090
    106.002
  04.094.012 .390
  05.094.017 .052 .076
      .103 .162
  06.094.030 .082 .150
      .307
  07.094.027 .032 .104
      .109 .113 .116
      .221 .273
  08.094.003 .120 .268
  09.094.047 .051 .125
      .558 .573 .576

SUBJECT INDEX - VOL.1-10

Moon
  Magnetic Field
    09.094.579
    10.094.018 .065 .086
           .100 .150
Moon
  Maps
    01.094.066
    02.094.088
    03.094.208 .253
    05.094.107
    06.094.004
    07.094.232 .247 .248
    08.094.040
    10.094.066
Moon
  Mare Origin
    01.094.079
    02.094.163
    03.094.005 .008 .340
    04.094.330
    10.094.087
Moon
  Mascons
    01.094.004 .063 .077
    02.094.015 .045 .048
           .164 .165
    03.094.010 .308
    04.094.002 .030 .325
           .404 .411
    05.094.120 .121 .175
    06.094.161 .236
    08.094.129 .270
    09.094.011
    10.094.022
Moon
  Mass
    02.043.008
    04.094.109
    06.043.018
       094.189
    07.094.091 .218
Moon
  Metal Abundances
    09.105.042
Moon
  Meteorite Impact
    02.094.221
    03.094.184
    04.094.003
    05.094.014 .035 .047
           .166
    07.094.004 .005 .006
    08.094.039
    09.094.008 .009 .023
           .113 .137 .549
           .580 .586
       105.134
    10.094.021 .058
Moon
  Models
    01.094.026
    02.094.038 .046
    03.094.343
    04.094.406
    06.094.309
    08.094.001 .227
    09.094.015
    10.094.154
Moon
  Motion
    01.094.073
    02.042.001
    03.094.260
    04.094.123 .384
    05.094.079
    08.094.141
    09.094.116

Moon
  Orbit
    07.091.016
    10.094.048 .074 .186
Moon
  Organic Matter
    09.094.897 .898 .899
           .900 .901 .902
           .903 .904 .905
           .906 .907
Moon
  Origin
    01.094.050 .072 .075
           .080 .091
    02.094.021 .171 .254
       107.013
    03.094.347
    04.094.030 .103 .121
           .326
    05.094.112 .126
    06.094.011 .185
    07.094.079 .193 .200
           .201 .257
       107.010
    08.094.028 .045 .180
    09.094.039 .068 .582
           .910
    10.094.023 .068 .175
Moon
  Photometry
    02.094.058 .168 .235
    03.094.252
    04.094.346
    05.094.171
Moon
  Pictures
    03.094.225 .226 .227
           .228 .345
    04.094.062
    06.094.127 .195 .228
           .229 .230
    07.094.258
    08.094.241
    09.094.929
    10.094.090 .497 .498
Moon
  Polarization
    03.094.002
    05.099.075
Moon
  Positions
    09.094.299
    10.041.048
Moon
  Radar Echoes
    02.094.032 .169 .187
           .211
    03.094.186 .237 .246
           .247
    04.094.400
    05.094.138 .165
    06.094.075
    07.094.120 .195 .223
    08.094.038 .143 .190
       097.189
    10.094.044
Moon
  Radio Radiation
    01.094.010 .088
    04.077.012
       091.041
       094.043
    08.094.138
    09.094.136
Moon
  Radioactivity
    03.094.181 .205
    07.094.205 .262
    09.094.005 .060 .061

Moon
  Rocks
    02.094.169 .201
    03.094.178 .179 .182
           .183 .189 .213
           .220 .224 .232
           .256 .308 .342
    04.012.016
       094.017 .066 .067
           .071 .072 .073
           .074 .075 .076
           .078 .079 .080
           .081 .082 .088
           .089 .090 .094
           .119 .316 .317
           .324 .328 .360
           .361 .382
       105.057 .108
    05.094.034 .036 .039
           .041 .042 .044
           .082 .086 .106
           .113 .128 .133
           .134 .135 .142
           .155 .156 .163
           .179
    06.003.030
       094.036 .129 .130
           .132 .136 .137
           .138 .139 .145
           .153 .156 .158
           .160 .164 .165
           .167 .177 .199
           .203 .207 .208
           .235 .290 .299
           .315
    07.094.008 .014 .015
           .016 .017 .018
           .019 .020 .021
           .022 .036 .038
           .055 .058 .075
           .076 .125 .128
           .141 .142 .144
           .154 .156 .180
           .206 .209 .261
    08.094.024 .037 .054
           .105 .106 .110
           .113 .116 .117
           .124 .158 .159
           .181 .195 .198
           .200 .202 .208
           .219 .226 .252
    09.012.012 .022 .024
       094.001 .002 .017
           .029 .054 .128
           .551 .556 .578
           .846 .917 .925
           .937 .945
    10.012.037
       094.002 .007 .028
           .031 .033 .042
           .058 .062 .084
           .088 .093 .095
           .102 .126 .135
           .140 .174 .507
Moon
  Rotation
    02.094.034 .036 .206
    08.031.006
       094.144
    10.094.501
Moon
  Samples
    03.012.003
       094.017 .190 .192
           .214 .219 .239
           .255
    04.012.016
       094.015 .044 .069
           .070 .077 .091
           .104 .320 .321

SUBJECT INDEX - VOL.1-10

Moon
  Samples
  04.094.327 .341
  05.094.012 .035 .045
         .048 .050 .066
         .072 .083 .084
         .089 .125 .141
         .146 .157 .161
         .164 .167 .169
  06.003.030
     094.010 .015 .018
         .019 .020 .021
         .022 .023 .024
         .035 .036 .061
         .068 .126 .130
         .131 .145 .148
         .159 .201 .231
         .237 .291 .292
         .293 .294 .295
         .296 .297 .298
         .308 .322 .325
         .329
  07.094.006 .009 .010
         .011 .012 .013
         .045 .049 .051
         .052 .053 .061
         .062 .067 .070
         .074 .077 .115
         .118 .136 .137
         .155 .164 .178
         .202 .212 .213
         .216 .224 .234
         .251
  08.094.002 .010 .011
         .015 .017 .021
         .033 .034 .095
         .111 .114 .119
         .123 .131 .133
         .134 .150 .151
         .155 .157 .191
         .193 .194 .197
         .198 .224 .249
  09.003.001
     012.008 .012 .022
     094.004 .010 .019
         .027 .028 .037
         .038 .040 .057
         .058 .065 .067
         .069 .111 .112
         .113 .117 .123
         .298 .553 .554
         .557 .594 .596
         .602 .923 .933
         .936 .943 .944
         .947 .952 .953
         .954 .955
  10.012.037
     094.003 .010 .011
         .012 .029 .030
         .034 .045 .060
         .092 .118 .122
         .141 .153 .156
         .187 .503 .504
         .505 .510
     105.028
Moon
  Seismicity
  01.094.094
  02.094.170
  03.094.198 .199 .202
         .263
  04.094.046 .116 .338
  05.094.027 .127 .172
         .173
  06.094.163 .232 .289
  07.094.078 .090 .114
         .216 .217 .222
         .226 .265 .266
  08.094.132 .136 .186
  09.094.044 .550 .583

Moon
  Seismicity
  09.094.839 .932
  10.094.006 .052 .115
Moon
  Soil
  01.094.044 .083 .090
  02.094.037 .055 .061
         .062 .063 .071
         .176 .177 .256
  03.094.001 .013
  04.012.016
     094.016 .047 .064
         .065 .128 .318
         .393 .394
     105.057
  05.094.016 .037 .038
         .043 .046 .156
         .179
  06.094.007 .017 .037
         .074 .130 .132
         .135 .142 .166
         .184 .193 .200
         .234 .249 .300
  07.094.016 .043 .044
         .046 .047 .048
         .050 .054 .056
         .059 .060 .063
         .064 .065 .066
         .068 .069 .092
         .108
     105.012
  08.094.007 .107 .108
         .112 .115 .121
         .122 .192 .196
         .199 .201 .206
         .207 .210
     105.047
  09.012.012 .022
     094.016 .023 .025
         .033 .037 .045
         .054 .056 .064
         .071 .106 .114
         .122 .124 .135
         .551 .552 .572
         .924
  10.012.037
     094.001 .011 .013
         .014 .015 .024
         .031 .032 .043
         .047 .051 .058
         .102 .120 .126
         .141 .142 .144
         .145 .155
Moon
  Solar Cosmic Rays
  07.094.030 .031
Moon
  Solar Wind
  02.074.065
  03.074.015
     094.011
  04.074.036
     094.115 .329
  05.074.057
     094.160 .181
  07.074.091 .098
     094.032 .087
  08.074.048 .064
     094.183 .216
  09.074.048
     094.052 .580
  10.074.112 .115 .116
         .117
     094.010 .012 .019
         .032 .045 .100
         .156 .160 .164
         .495

Moon
  Spectrophotometry
  06.094.320
Moon
  Spherules
  09.094.048
Moon
  Structure
  09.094.583
Moon
  Surface Brightness
  04.094.099
  05.094.114
  06.094.205
  10.094.004
Moon
  Surface Structures
  01.094.057 .078 .089
         .092
  02.094.016 .041 .059
         .189 .227 .228
  03.094.173 .188 .191
         .212 .231 .264
         .341
  04.094.005 .027 .063
  05.094.060 .104
  06.094.003 .060 .124
         .168 .171 .172
         .174 .246 .248
         .310
  07.094.086 .094 .107
         .274
  08.094.007 .102 .103
         .139
  09.094.035 .053 .055
         .550 .591 .934
  10.094.054 .055 .128
         .145 .151 .153
         .496
     097.012
Moon
  Surface Temperatures
  01.094.029 .045 .067
         .069
  02.094.073 .202
  03.094.261
  07.094.256
Moon
  Temperatures
  07.094.275
  08.094.008
  09.091.059
     094.031
Moon
  Thermal History
  03.094.339
  04.094.125
  05.094.145
  07.094.127 .145
  08.094.018 .020 .098
  09.094.575 .581
  10.094.056
Moon
  Thermal Properties
  02.094.002 .003
  03.094.344
  05.094.115
  07.094.117 .194
  08.094.269
  09.003.008
     094.010 .844
  10.094.046 .087
Moon
  Topography
  08.094.189 .190
Moon
  UV Photometry
  08.094.109

Moon
  Viscosity
    09.094.011 .012
Moon
  Volcanism
    07.094.088 .227
    08.094.036 .135
    09.094.007 .839 .935
    10.094.038 .092
Moon
  Water
    01.094.015
    04.094.087
    07.094.080
Moon
  X Rays
    04.094.409
Moon Surface
    01.094.003 .036 .040
         .065
    02.094.009 .010 .012
         .013 .014 .031
         .032 .040 .042
         .043 .060 .087
         .173 .174 .175
         .190 .192 .207
         .230 .246 .247
         .248 .249
    03.094.022 .201 .204
         .211 .233 .234
         .235 .240 .251
    04.094.004 .005 .011
         .014 .042 .050
         .062 .092 .100
         .107 .122 .127
         .322 .339 .342
         .391 .401 .402
         .408 .414 .425
         .428
       105.058
    05.094.008 .010 .014
         .015 .023 .040
         .077 .078 .129
         .160 .168 .170
         .174 .182
    06.094.075 .079 .080
         .147 .163 .179
         .181 .182 .188
         .194 .202 .209
         .250 .306 .312
         .324 .327
    07.094.002 .025 .029
         .096 .103 .146
         .148 .162 .187
         .192 .196 .214
         .219 .259 .260
         .272
    08.081.005
       094.026 .097 .221
         .251 .253 .254
    09.012.024
       094.059 .132 .574
         .604 .839 .844
         .920
    10.012.037
       094.005 .017 .027
         .050 .071 .088
         .094 .117 .123
         .124 .134 .148
         .157 .159 .162
         .169 .181 .184
Moon Surface
  Chemical Composition
    03.094.021 .024
    04.094.006 .341
    08.094.005 .145 .149
         .156
    09.094.050 .301 .585
         .587 .837 .844
         .896

Moon Surface
  Chemical Composition
    10.094.089 .096 .165
         .513
Moon Surface
  Electric Conductivity
    05.094.088
    06.094.082
    07.094.126
    08.094.020 .044 .127
         .128
    09.094.848
Moon Surface
  Gamma Rays
    10.094.096
Moon Surface
  Grains
    10.094.166
Moon Surface
  Luminescence
    04.094.007
    06.094.206 .298
Moon Surface
  Photometry
    04.094.126
    05.094.001 .062
    08.094.142 .147 .152
Moon Surface
  Polarization
    05.094.003
Moon Surface
  Positional Catalogue
    06.094.304
    07.094.101 .185
Moon Surface
  Positions
    03.094.207
    08.094.209
Moon Surface
  Radar Echoes
    05.094.033
    06.094.009
    09.094.912
    10.033.070
Moon Surface
  Radiative Transfer
    06.094.224
Moon Surface
  Radioactivity
    09.094.571
Moon Surface
  Reflectivities
    06.094.162
    08.094.035
    09.094.840
Moon Surface
  Temperatures
    07.094.040
Moon Surface
  Thermal Properties
    07.094.110 .271
Moon Surface
  Topography
    07.094.210 .215 .250
Moustaches
    08.071.046
       073.021
Moving Clusters
    05.115.017
Multiple Galaxies
    158.000
Multiple Galaxies
  Space Distribution
    06.158.109
Multiple Stars
    117.000
Multiple Stars
  Dynamics
    02.117.010 .038
    04.117.029

Multiple Stars
  Evolution
    07.117.009
    08.117.020
Multiple Stars
  Formation
    06.151.034
Multiple Stars
  Lunar Occultations
    06.096.041
Multiple Stars
  Mass-Lumin Relation
    05.117.014
Multiple Stars
  Peculiar
    09.117.005
Multiple Stars
  Photometry
    08.117.033
Multiple Stars
  Stability
    08.117.025
Multipliers
    09.034.115

N Body Problem
    01.042.016
    02.042.037 .044
    04.042.029
       117.013
       151.005 .013 .014
    05.042.001
    06.042.022 .030 .045
            .047 .048 .049
       151.038 .061
    07.012.004
       042.006 .042
       151.014 .100 .101
    09.151.048 .055
    10.042.010 .059 .079
            .090 .096 .098
       151.021 .030 .031
            .084
N Galaxies
  Hubble Diagrams
    09.158.055
N Stars
  Infrared Spectra
    06.114.018
Navigation
    046.000
Navigation
  Space Vehicles
    052.000
Nearby Galaxies
    06.158.066
    07.158.019 .051
    08.158.013 .050 .101
Nearby Stars
    02.041.018
    05.115.015 .019 .020
       155.033
    06.111.003
       155.008
    07.012.019
       114.061
Nearby Stars
  Kinematics
    01.151.001
    06.155.015
    10.155.071
Nearby Stars
  Luminosity Function
    06.155.007
Nearby Stars
  Parallaxes
    09.111.010

SUBJECT INDEX - VOL.1-10

Nearby Stars
  Photometry
  08.113.060
Nearby Stars
  Proper Motions
  09.113.057
Nearby Stars
  Space Velocities
  04.155.037
  06.155.015
Nearby Stars
  Spectra
  10.114.149
Neptune
  101.000
Neptune
  Albedo
  10.101.006
Neptune
  Atmosphere
  03.091.014
  07.101.002
  10.099.086
  101.003
Neptune
  Brightness Temperature
  09.101.001
Neptune
  Diameter
  02.101.007
  03.091.036
  101.001
  05.101.009
Neptune
  Figure
  02.101.001
Neptune
  Mass
  02.101.002
  08.101.012
Neptune
  Microwave Radiation
  06.101.006
Neptune
  Models
  08.101.017
Neptune
  Orbit
  04.101.004
Neptune
  Orbit Theory
  01.042.035
  03.042.002
  04.101.010
Neptune
  Photometry
  09.101.007
  10.101.006
Neptune
  Radio Radiation
  01.100.008
  03.099.054
  04.101.001
Neptune
  Satellites
  02.101.011
Neptune
  Spectra
  10.091.017
Neptune
  Stellar Occultations
  01.041.012 .014 .015
          .016
  02.101.001
  03.101.003 .004
  05.101.009
Neutral Hydrogen
  Galactic Center
  10.155.002

Neutral Hydrogen
  Galactic Plane
  10.155.057
Neutral Hydrogen
  Galaxies
  10.158.086
Neutral Hydrogen
  Galaxy
  07.155.035
Neutral Hydrogen
  Spatial Distribution
  10.131.223
Neutral Hydrogen
  Surveys
  10.155.003
Neutrino Astronomy
  061.000
  08.003.015
Neutrino Luminosity
  04.065.149
Neutrino Luminosity
  Neutron Stars
  04.065.042
  05.061.008
Neutrino Luminosity
  White Dwarfs
  04.065.041
  05.061.008
Neutrinos
  Cosmic Rays
  04.143.056
Neutrinos
  Solar
  01.061.004 .012 .015
         .023 .044 .045
       080.002 .009 .013
  02.061.002
       071.077
       078.003
       080.037 .043 .044
              .046 .047
  03.080.006 .013 .016
             .017 .018
  04.061.027 .037
       080.005 .042
  05.080.005 .017 .022
  06.080.010 .043 .049
              .051 .063
  07.022.118
       061.043
       080.001 .017 .026
              .037 .038 .040
  08.080.008 .018 .037
             .039 .040 .041
             .053 .054 .057
             .059
  09.061.053
       062.006
       080.001 .002 .007
              .009 .016 .022
              .030 .037 .045
              .047 .048
  10.061.061
       080.004 .006 .009
              .011 .014 .024
              .038 .041 .052
              .056 .057 .058
       153.002
Neutrinos
  Stellar Evolution
  02.065.026
  09.065.048 .050
  10.061.009
Neutrinos
  Urca Process
  01.061.014
Neutron Stars
  01.065.066 .081
       066.027 .039 .045
              .054 .058

Neutron Stars
  01.141.070 .136
       142.021
  02.065.009 .016 .018
             .053 .055 .064
             .093 .094 .104
             .105 .106
       066.046 .055 .059
              .069
       141.050 .089
  03.065.011 .075 .096
             .101 .103 .104
  04.064.072
       065.011 .012 .033
              .046 .061 .111
              .123 .124 .128
              .141 .148 .150
              .158
       131.027
  05.012.013
       065.007 .012 .013
              .018 .034 .050
              .053 .135 .144
              .146
       121.039
  06.065.011 .017 .025
             .042 .059 .062
             .098 .101 .102
             .103 .123 .130
             .131 .138 .145
             .147 .150 .151
             .153
  07.061.015 .055
       065.003 .059 .084
              .107 .128 .129
              .130 .131 .132
              .133 .134 .137
              .138
  08.003.022
       061.019 .020
       065.051 .079 .090
              .124 .129 .137
              .138 .139 .140
              .141 .142 .144
              .145
  09.012.014
       062.005
       065.048 .081 .097
              .098 .100 .116
              .142 .155 .164
              .171 .173 .176
       141.532
       142.026
  10.061.031
       065.011 .012 .045
              .061 .072 .073
              .074 .077 .092
              .097 .109 .116
              .132 .144 .147
              .148 .149 .152
       102.020
Neutron Stars
  Accretion
  03.142.002
  04.065.102
  07.065.006
  08.117.003
  09.065.082 .117 .161
  10.065.047
       142.059
Neutron Stars
  Atmospheres
  02.064.035
Neutron Stars
  Binaries
  05.065.061
Neutron Stars
  Chemical Composition
  07.065.005

Neutron Stars
Collapse
04.065.099
Neutron Stars
Crab Nebula
08.134.006
Neutron Stars
Formation
05.117.021
10.065.046
Neutron Stars
Gamma Rays
03.142.029
05.065.103
10.142.094
Neutron Stars
Interiors
08.065.028
Neutron Stars
Magnetic Fields
02.066.070
03.065.010
04.065.032
05.065.037
126.042
06.062.046
065.022 .083
07.065.016
08.065.066
09.142.010
10.065.090
126.002
Neutron Stars
Masses
03.065.043
06.065.035
08.065.066 .086
10.065.091
126.012
Neutron Stars
Models
03.065.004 .048
04.065.010 .032 .042
05.065.028
08.065.058 .154
09.065.013
10.065.086
Neutron Stars
Neutrino Luminosity
04.065.042
05.061.008
Neutron Stars
Oscillations
06.065.137
Neutron Stars
Pulsars
01.141.233
02.141.085 .116 .192
.216
03.065.047
141.070 .110 .217
04.065.032
141.023
06.065.007 .148
141.213 .231
07.141.503 .519 .555
08.064.073
065.130
141.513 .547 .548
09.061.044
065.003
141.533
10.065.042 .089 .131
141.504 .511 .541
.558
Neutron Stars
Pulsations
02.065.042
07.065.074
126.016

Neutron Stars
Pulsations
08.065.058
126.022
09.065.008 .052
Neutron Stars
Radio Radiation
03.142.029
Neutron Stars
Redshifts
03.066.005
Neutron Stars
Rotation
02.126.003
03.065.076 .094
06.065.113
09.065.040
10.065.089 .108
Neutron Stars
Shells
10.065.137
Neutron Stars
Shock Waves
08.065.061
Neutron Stars
Stability
06.065.035
07.065.023 .074
09.065.008 .099
126.014
Neutron Stars
Supernovae
06.125.031
Neutron Stars
Turbulence
04.065.002
Neutron Stars
X Ray Sources
07.142.063
08.142.044
09.142.001 .019
10.142.027 .075
Neutron Stars
X Rays
02.065.076
04.065.037
08.065.155
142.044
10.065.130
Nickel Stars
03.065.006
Night Sky Radiation
01.082.033 .044 .050
.056 .077 .084
.098 .101
02.082.004 .018 .059
.063 .065
03.082.014 .044 .050
04.082.027 .122 .123
.180
131.029
05.082.132 .133
06.082.044 .109
07.082.049 .057
08.082.009 .069 .081
.195 .199 .228
.229
09.082.001 .002 .042
.052
10.003.112
082.001 .036 .059
.100 .112
Noctilucent Clouds
01.082.070 .078
02.082.003 .099 .101
.103 .104 .105
.112 .139 .140
.141 .142
03.082.059
04.012.026

Noctilucent Clouds
04.082.106 .136 .138
.139 .140 .141
.166 .167 .168
06.003.054
082.031
07.082.003 .032 .109
08.082.001 .075 .078
.113 .212 .213
09.082.093 .094
Nova V603 Aquilae
10.124.105
Nova V605 Aquilae
06.124.107
Nova Aquilae 1936
01.124.105
04.124.105
Nova Aquilae 1970
03.124.106
05.124.103
Nova Coronae Australis
02.124.108
Nova Cephei 1971
06.124.102
07.124.103
08.124.100
09.124.110
10.124.100
Nova Cygni 1970
03.124.108
04.124.104
10.124.104
Nova Delphini 1967
01.124.104
02.124.102
03.124.100
04.124.101
05.124.101
06.124.103
07.124.101
09.124.100
10.124.101
Nova Doradus 1971a
09.124.105
Nova AH Herculis
09.124.103
Nova Herculis 1934
01.124.106
02.124.106
04.124.100
05.124.106
08.124.102
Nova Herculis 1960
03.124.109
04.124.112
05.124.109
08.124.105
Nova Herculis 1963
01.124.103
04.124.102
05.124.102
06.124.100
Nova EX Hydrae
10.124.110
Nova VW Hydri
08.124.104
09.124.104
10.124.109
Nova Mensae 1968
04.124.109
Nova Mensae 1970b
07.124.100
Nova RS Ophiuchi
01.124.107
02.124.103
03.124.107
07.124.105
09.124.108
Nova Persei 1901
04.124.108

Nova Persei 1901
  05.124.104
  09.124.106 .109
  10.124.102
Nova T Pyxidis
  01.124.100
  02.124.104
  03.124.101
Nova WZ Sagittae
  02.124.105
  03.124.105
  04.124.111
  05.124.107
Nova Sagittae 1783
  06.124.106
Nova V1017 Sagittarii
  09.124.107
  10.124.107
Nova V2572 Sagittarii
  10.124.108
Nova Sagittarii 1962
  10.124.106
Nova Sagittarii 1969
  03.124.102
  04.124.110
  07.124.106
Nova Sagittarii 1970
  04.124.110
  06.124.105
Nova U Scorpii
  05.124.108
Nova Scuti 1970
  04.124.107
  05.124.105
Nova Serpentis 1970
  03.124.103
  04.124.106
  05.124.100
  06.124.104
  07.124.104
  08.124.103
  09.124.101
Nova RR Telescopii
  02.124.107
  09.124.102
  10.124.103
Nova Vulpeculae
  1968 No. 1
  01.124.101
  02.124.100
  03.124.104
  04.124.103
  06.124.101
  07.124.102
  08.124.101
Nova Vulpeculae
  1968 No. 2
  01.124.102
  02.124.101
Novae
  124.000
  09.012.014
Novae
  Andromeda Nebula
  06.124.012
       158.112
  07.124.002 .006
  09.124.003
Novae
  Atmospheres
  04.124.003
Novae
  Distances
  05.124.001
Novae
  Dwarf Novae
  10.122.108
Novae
  Envelopes
  03.124.001

Novae
  Envelopes
  08.124.001
Novae
  Explosions
  05.124.013
  06.124.009
  08.124.003
  09.124.009
  10.124.001 .002 .003
Novae
  Forbidden Lines
  01.124.004
Novae
  Frequency Distribution
  07.124.002
Novae
  Galaxies
  09.124.002
Novae
  Infrared Photometry
  04.124.001
  10.113.058
Novae
  Infrared Radiation
  09.124.010
Novae
  Magellanic Clouds
  06.124.007
Novae
  Mass Loss
  07.124.004
  09.124.001
Novae
  Models
  01.124.001
  10.124.015
Novae
  Photometry
  05.124.008
  10.124.002 .014
Novae
  Polarization
  06.124.001 .002
Novae
  Positions
  06.124.003
Novae
  Proper Motions
  05.112.003
Novae
  Radiative Transfer
  02.124.001
Novae
  Shells
  08.124.005
  09.124.004
Novae
  Spectra
  05.124.012
  07.124.001
  09.124.001
Novae
  X Rays
  08.142.003
Nuclear Reactions
  02.061.024
  09.065.018
  10.061.041
Nuclear Reactions
  Carbon Stars
  09.065.032
Nuclear Reactions
  Cosmic Rays
  09.143.016
Nuclear Reactions
  Interstellar Matter
  09.061.063

Nuclear Reactions
  Massive Stars
  10.065.107
Nuclear Reactions
  Peculiar A Stars
  06.065.095
       114.084
  10.114.006
Nuclear Reactions
  Plasma
  08.061.002
  09.062.021 .022
Nuclear Reactions
  Solar Interior
  07.080.034
  08.080.043
  09.080.009
Nuclear Reactions
  Stellar Atmospheres
  04.064.015
Nuclear Reactions
  Stellar Evolution
  03.065.019 .053
  05.065.002 .063
  06.065.018
  07.065.029 .065
  08.065.136
Nuclear Reactions
  Stellar Interiors
  01.065.006 .012 .014
  02.065.019 .020 .023
       .029 .063 .069
  04.065.006
  05.065.090
  06.065.005 .060 .140
  07.065.022 .100
  08.065.143
  10.065.003 .034 .035
       131.085
Nuclear Reactions
  Stellar Surfaces
  07.065.067
Nuclear Reactions
  Universe
  03.162.032
Nucleosynthesis
  01.012.024
       061.032 .036 .037
            .038 .047 .049
  02.061.005 .006 .011
            .019
       065.027
       162.046
  07.061.025 .042
  09.061.005 .022
       162.004
  10.012.009 .035
       061.016 .026 .028
            .035 .038 .064
Nucleosynthesis
  Carbon Burning
  02.065.004 .005
Nucleosynthesis
  Cosmic Rays
  06.107.010
Nucleosynthesis
  Galaxy
  06.155.037
  08.114.074
  10.155.078
Nucleosynthesis
  Heavy Elements
  05.061.005
  08.065.024
Nucleosynthesis
  Helium Burning
  05.065.119
Nucleosynthesis
  Oxygen Burning
  03.065.046

SUBJECT INDEX - VOL.1-10

Nucleosynthesis
Planetary System
02.105.097
04.065.030
06.107.010
Nucleosynthesis
Stellar
03.065.085
04.065.001 .030 .096
       .100 .110
05.065.052 .082 .114
       .119 .134
06.065.084 .124
07.061.045
   065.057 .100 .127
       .141 .142
08.065.023 .081 .099
09.061.012 .032
   065.001 .075
10.061.018
   065.141
Nucleosynthesis
Stellar Evolution
06.065.090
08.065.024 .103
Nucleosynthesis
Supernovae
01.125.013
03.125.013
05.125.007 .011
06.125.011
07.065.001
09.065.001
10.125.015 .053
Nutation
04.045.042
   081.049
06.043.007
08.041.031
   081.066
Nutation
Celestial Bodies
08.042.022
Nutation
Deformable Bodies
02.042.003 .008

O Stars
02.114.023
   115.007
04.114.124
O Stars
Absolute Magnitudes
06.114.115
O Stars
Atmospheres
01.064.039
02.064.041
05.064.052
07.064.003
08.064.027
09.064.012
O Stars
Catalogues
10.114.113
O Stars
Element Abundances
08.064.036
O Stars
Galactic Clusters
09.153.041
O Stars
Galactic Distribution
08.155.059
10.155.066
O Stars
H II Regions
10.114.113

O Stars
Helium Neutral
03.114.006
O Stars
Kinematics
10.155.008
O Stars
Line Profiles
06.114.058
O Stars
Luminosities
08.115.013
O Stars
Magellanic Clouds
08.159.008
O Stars
Non LTE Models
06.113.002
09.114.017 .018
O Stars
Photometry
03.113.039
08.113.009
10.113.086
O Stars
Positions
10.114.113
O Stars
Proper Motions
07.112.010
O Stars
Radial Velocities
06.112.001
09.113.016
O Stars
Redshifts
04.066.090
O Stars
Solar Neighbourhood
10.155.069
O Stars
Space Distribution
08.155.036
10.155.069
O Stars
Spectra
01.114.050
04.114.009
05.114.003 .095
06.114.029 .115
07.064.006
   114.006
   131.071
08.114.021 .116 .117
       .119
   115.013
09.114.017 .023
O Stars
Spectrophotometry
04.114.001 .105
O Stars
Temperatures
09.114.018
O Stars
UV Spectra
08.114.089 .090
OB Stars
01.153.014
02.125.003 .004
05.152.006
08.122.031
   141.025
OB Stars
Absolute Magnitudes
07.114.071
OB Stars
Atmospheres
04.064.073 .074
09.064.016

OB Stars
Colors
01.115.002
OB Stars
Distances
06.114.101
07.112.001
   155.023
OB Stars
Distribution
06.114.101
OB Stars
Emission Nebulae
03.132.017
OB Stars
Evolution
04.065.043
OB Stars
Finding Lists
01.115.008
OB Stars
Galactic Distribution
03.155.043
04.155.004
OB Stars
Galactic Orbits
04.155.043
OB Stars
Galaxies
10.158.039
OB Stars
Galaxy
07.113.016
08.155.034
OB Stars
High Velocity
02.112.014
10.114.010
OB Stars
Kinematics
10.155.060
OB Stars
Luminosities
01.115.002
02.115.010
04.115.012
OB Stars
Magellanic Clouds
08.159.012
10.113.026
OB Stars
MK Types
02.114.004
OB Stars
Nitrogen Abundance
04.114.025
OB Stars
Photometry
03.155.018
04.113.047
06.113.049
07.155.024
08.155.004
OB Stars
Polarization
05.131.013
07.131.011
OB Stars
Proper Motions
07.112.001
OB Stars
Radial Velocities
01.112.004
02.112.005
07.112.001
OB Stars
Rotation
09.116.005

SUBJECT INDEX - VOL.1-10

OB Stars
  Space Distribution
    04.155.008
OB Stars
  Spectra
    01.114.072 .073
    03.114.004 .045 .049
    05.114.043
    07.114.071
OB Stars
  Spectral Lines
    10.114.010
OB Stars
  Velocity Distribution
    04.152.008
Obituaries
    007.000
Oblateness
  Jupiter
    07.099.015
Oblateness
  Venus
    04.093.067
Obliquity
  Ecliptic
    01.043.005
    03.043.002
    06.043.005
    08.042.021
Obliquity
  Mars
    10.097.004
Obliquity
  Venus
    03.093.009
Observatories
    008.000
Occultations
  Lunar
    096.000
Of Stars
    09.114.041
    152.001
Of Stars
  Absolute Magnitudes
    07.152.013
Of Stars
  Emission Lines
    10.114.168
Of Stars
  Line Profiles
    06.114.058
Of Stars
  Peculiar
    08.114.014
Of Stars
  Spectra
    06.114.069 .103 .115
           .118
    08.114.012 .021
    10.114.154 .168
OH
  Dust Clouds
    03.131.069
OH
  Galactic Center
    04.131.046 .124
OH
  Galactic Clusters
    07.153.012
OH
  Interstellar Matter
    01.131.014 .020 .022
           .023 .025 .037
           .041 .046 .051
           .061 .064 .076
           .099 .103 .104
       132.059
    02.131.011
    03.131.112 .124 .138

OH
  Interstellar Matter
    04.022.080
       131.011 .034 .042
           .062 .063 .093
    05.131.003
    06.131.102 .103
       158.004
    07.131.027 .049
    08.022.058
       131.015 .022 .059
           .065 .071
       142.073
    09.131.006 .027 .052
           .128 .142
    10.131.004 .005 .013
           .016 .139
OH Emission
  Galaxies
    06.158.004
OH Emission
  Infrared Stars
    04.122.040
       131.052
    05.114.028 .085
    06.114.099
    08.114.064 .099
       131.058
    09.114.034
OH Emission
  Interstellar Clouds
    06.131.108
    10.131.210
OH Emission
  Planetary Nebulae
    05.133.021
OH Emission
  Radio Sources
    06.141.185
OH Sources
    02.114.065 .068
       131.001 .005 .006
           .016 .024 .035
           .084 .085 .086
           .087 .088 .121
           .122 .131 .140
    03.114.073
       131.005 .006 .037
           .073 .083 .098
           .121 .123 .137
    04.122.047
       131.007 .012 .036
           .040 .047 .049
           .057 .063 .089
           .116 .117 .148
    05.131.074 .094 .101
       133.021
    06.114.099
       122.041
       131.005 .006 .069
           .078 .094 .107
           .130 .131 .138
           .139 .140
    07.113.017
       114.014 .048
       131.010 .073 .076
           .130
       132.015
    08.131.027 .079 .102
           .119 .130
    09.114.029
       131.011 .037 .050
           .142 .157
       141.087
    10.131.050 .125 .145
           .190 .216 .231
           .279
OH Sources
  Angular Diameters
    09.131.020

OH Sources
  Galaxy
    07.131.023
    10.131.071
OH Sources
  Models
    04.131.062
OH Sources
  Polarization
    03.131.122
    04.131.052 .126
    09.131.128
OH Sources
  Positions
    07.131.055
    10.131.031
OH Sources
  Radio Radiation
    09.131.038
OH Sources
  Stellar Associations
    04.152.005
OH Stars
  Photometry
    10.114.002
Omega Centauri
    07.114.016
Omega Centauri
  Red Giants
    08.114.045
Omega Centauri
  Red Variables
    08.122.044
Omega Nebula
    09.141.006
ON Stars
  Chemical Composition
    08.114.110
Oort's Constants
    03.112.016
Opacities
  Mars Atmosphere
    05.097.026
Opacities
  Photosphere
    09.071.043
Opacities
  Planetary Atmospheres
    09.091.006
Opacities
  Solar Interior
    04.080.004
    10.080.011
Opacities
  Stellar Atmospheres
    01.064.015 .052
    04.064.048
    05.064.045
    06.064.023 .026
    07.064.019
    09.064.015 .048
       114.020
Opacities
  Stellar Envelopes
    09.064.057
Opacities
  Stellar Interiors
    01.065.062
    02.065.006 .043 .062
           .086
    03.061.018
       065.015 .022 .023
           .024 .068
    04.065.007
    06.065.077
    08.065.020 .064
    10.061.014
       065.019 .151

Opacities
  Venus Atmosphere
    01.093.010 .027 .067
Open Clusters
    153.000
Open Clusters
  Magellanic Clouds
    09.065.041
    153.013
Optics
    031.000
Orbit
  Moon
    07.091.016
    10.094.048 .074 .186
Orbit
  Neptune
    04.101.004
Orbit
  Uranus
    02.101.002
Orbit Theory
    01.042.012 .013 .017
        .030 .033
    04.042.093
Orbit Theory
  Binaries
    01.117.005 .013
    02.117.024
    04.117.019
Orbit Theory
  Comets
    01.102.009 .010
Orbit Theory
  Neptune
    01.042.035
    03.042.002
    04.101.010
Orbit Theory
  Stellar Systems
    03.151.004 .005
    05.151.012
    06.151.007
Orbit Theory
  Uranus
    01.042.035
Orbits
  Binaries
    01.118.001 .002 .003
        .008 .011 .013
        .017 .019 .020
        .022 .023 .027
    121.013 .014
    02.117.003
    118.002 .005 .006
        .007 .024 .032
        .035 .038
    119.005 .011 .016
        .021
    121.001 .012 .013
        .016 .042 .043
        .097
    03.118.007 .008 .009
        .015 .016 .019
    119.005 .006 .010
        .011 .015 .016
    121.004 .022 .024
        .043 .046 .047
        .048 .051
    04.118.002 .005 .006
        .009 .010 .014
        .015 .020
    119.002 .003 .004
    121.008 .016 .077
    05.117.040
    118.001 .005 .035
        .036 .037
    119.010
    121.023 .045 .064
        .079

Orbits
  Binaries
    06.118.023
    119.001 .009 .012
        .018
    121.032 .056
    07.118.003 .004 .008
        .009 .017 .019
        .025 .026 .027
    119.005 .009 .011
        .013
    121.008 .010
    08.118.001 .002 .005
        .007
    119.012 .014
    121.072
    09.117.001
    118.010 .014 .015
        .017
    119.012
    121.001
    10.117.011
    118.004 .006 .008
        .015 .024
    119.002 .006 .015
Orbits
  Comets
    02.102.024
    03.102.002 .005
    04.102.010 .019 .020
        .022
    05.042.038
    102.014
    06.102.014
    07.102.003 .004 .014
    08.012.003
    102.002
    09.102.015
    10.102.038 .040 .042
Orbits
  Earth Satellites
    01.052.001 .008 .009
        .018 .019 .025
        .028 .029 .030
        .033 .034 .035
        .036 .037 .038
    02.052.001 .003 .004
        .006 .008 .011
        .025 .043
    054.012
    03.052.001 .006 .007
        .008 .011 .017
        .018 .019 .020
        .022 .023 .029
        .030 .031
    054.014
    04.042.020 .034
    052.002 .003 .020
        .021 .022 .024
        .029 .030 .033
        .035 .055 .059
        .060 .065
    05.052.004 .008 .012
        .013 .018 .023
        .024
    06.052.002 .004 .016
        .018 .026
    07.052.001 .020
    054.001 .002
    08.052.014 .020 .026
        .027 .040 .041
    054.013
    09.052.001 .002 .004
        .008 .010 .011
        .012 .016 .026
        .037
    054.002
    10.052.002 .023 .034
        .052

Orbits
  Lunar Satellites
    01.053.016
    05.052.006
    09.052.027
    10.052.005
Orbits
  Meteor Streams
    06.104.033 .104
    09.104.021 .026
    10.104.036 .044
Orbits
  Meteors
    03.104.001 .002 .028
        .045
    04.104.063
    07.104.017
    10.104.040
Orbits
  Minor Planets
    01.052.019
    098.021 .022
    02.098.004 .018
    03.042.054
    098.016
    04.098.006 .007 .011
        .024
    099.039
    06.043.012
    099.012 .047
    07.098.027 .028
    08.098.003 .007 .043
    09.042.032
    098.066 .067 .068
    10.042.062
    098.005 .011 .023
        .028 .034 .082
    099.011
Orbits
  Periodic
    02.042.017 .021
    04.012.017
Orbits
  Planetary Probes
    04.053.001
    05.052.020
Orbits
  Planets
    07.091.016
Orbits
  Resonances
    01.042.006 .008 .009
        .015 .020 .023
        .045
    02.042.007 .029 .036
    052.008
    03.042.014 .033 .035
    04.012.017
    07.042.002 .007 .012
    08.042.012 .034
    09.042.009 .040
    091.042 .070
    098.006
    10.042.021 .022
Orbits
  Satellites
    03.042.039
    04.042.034
    06.042.061
Orbits
  Space Probes
    01.052.003 .004 .014
    03.052.012
Orbits
  Spectroscopic Binaries
    01.119.001 .002 .004
        .005 .009
    06.119.001

SUBJECT INDEX - VOL.1-10

Orbits
Stability
08.042.042
Organizations
010.000
Orion Association
Flare Stars
04.122.114
Orion Nebula
01.132.009 .012 .014
.019 .020 .025
.029 .035 .053
02.131.025
132.001 .002 .011
.012 .016 .024
.031 .045
03.131.127
132.009 .012 .020
.022 .023 .026
.028 .030 .033
04.132.001 .002 .003
.006 .008 .010
.016 .018 .030
.031 .032 .035
.039
152.007
157.006
05.132.007 .012 .016
.021
06.071.012
114.096
131.091
132.003 .010 .017
.018 .021 .022
.046
133.024
07.114.122
131.016
132.018 .021 .032
.034 .037 .039
141.006
08.113.018
131.010
132.020
09.114.058
131.004 .029 .049
.184 .194
132.012 .026 .028
141.006
10.113.010
131.033 .034 .035
.211
132.003 .005 .006
.011 .015 .016
.020 .023 .028
.035 .037 .038
.040 .043 .045
.046 .060
Orion Nebula
Deuterium
09.132.003
Orion Nebula
Electron Densities
10.132.014
Orion Nebula
Electron Temperatures
09.132.002
Orion Nebula
Emission-Line Objects
10.132.039
Orion Nebula
Flare Stars
02.122.124 .172
03.113.049
122.028 .029
132.032
05.122.068
06.122.065
08.113.062

Orion Nebula
Formaldehyde
06.132.015 .016
Orion Nebula
Infrared Spectra
10.132.008
Orion Nebula
Photometry
01.153.004
Orion Nebula
Polarization
10.131.028
132.009
Orion Nebula
Recombination Lines
08.132.028
Orion Nebula
T Tauri Stars
06.132.034
Orion Nebula
Variables
06.122.145
123.071
Orion Variables
09.065.159
114.003
122.019
Orionids
01.104.006
04.082.074
09.104.001
Oscillations
Chromosphere
01.073.027
03.073.040
06.073.011
09.073.018
10.073.028 .113
Oscillations
Close Binaries
03.117.014
Oscillations
Fluid Spheres
04.042.092
061.008
08.066.111
Oscillations
Galaxies
01.151.024
02.151.002 .016
Oscillations
Galaxy
02.151.016
Oscillations
Gaseous Spheres
09.065.167
Oscillations
Hydromagnetic
02.062.032
Oscillations
Low-Mass Stars
07.065.079
Oscillations
Magnetic Stars
06.065.065
09.065.139
Oscillations
Neutron Stars
06.065.137
Oscillations
Photosphere
04.064.005
071.007
05.071.006
06.071.049
08.071.018 .038
09.071.009 .062 .063
10.071.022 .023
073.028

Oscillations
Planetary Atmospheres
06.091.009
Oscillations
Plasma
03.062.016
04.062.054
Oscillations
Polytropes
08.065.038
09.062.060
065.007
10.065.111
Oscillations
Rotating Stars
02.065.001
Oscillations
Solar Atmosphere
01.071.016
07.080.010
08.071.006
080.007 .026
10.071.081 .082
Oscillations
Solar Interior
10.080.035
Oscillations
Solar Lines
02.071.007
Oscillations
Solar Wind
06.074.076
Oscillations
Stellar
04.065.052
05.126.002
06.065.024 .050 .061
09.065.146 .147
Oscillations
Stellar Envelopes
08.064.013
Oscillations
Stellar Interiors
01.065.043
08.065.022 .036
Oscillations
Sun
08.080.021 .036
09.071.014
080.041
Oscillations
Sunspots
08.072.054 .055 .056
09.072.074
10.072.069
Oscillations
White Dwarfs
10.126.011
Oscillations
X Ray Sources
04.142.086
06.142.061 .062
Oscillator Strengths
01.022.007 .008 .010
.016 .037 .051
.059 .062 .069
.098 .102 .108
.110 .112 .120
02.022.017 .024 .028
.048 .062 .082
.085
03.022.026 .037 .038
.042 .048 .053
.061
071.003
04.022.006 .014 .033
.034 .039 .053
.059 .066 .090
114.145
05.022.019 .020 .027

Oscillator Strengths
05.022.042 .045 .047
     .056 .086 .097
     .100
071.004 .022
06.022.012 .040 .047
     .059 .068 .071
     .079 .149 .153
     .156
071.018
114.068 .078
07.022.011 .021 .034
     .041 .042 .062
     .066 .067 .088
     .116
08.022.009 .010 .011
     .045 .048 .053
     .063 .064 .087
     .112 .132
09.022.056 .059 .060
     .065
10.022.003 .005 .014
     .015 .016 .018
     .026 .030 .053
     .056 .061 .081
     .085 .097 .102
071.047 .084
114.171
Oxygen Stars
07.065.062

P Cygni Stars
02.122.005
03.065.060
114.112 .140
122.050
04.114.013 .017 .031
05.119.005
122.030 .058
06.114.047 .082
08.114.162
10.141.055
Parallaxes
 Binaries
05.117.012
Parallaxes
 Carbon Stars
09.111.002
Parallaxes
 Dynamical
07.111.009
Parallaxes
 Eclipsing Variables
07.121.082
10.121.139
Parallaxes
 M Dwarfs
01.111.008
Parallaxes
 Nearby Stars
09.111.010
Parallaxes
 Secular
09.111.007
Parallaxes
 Spectroscopic
08.115.009
Parallaxes
 Spectroscopic Binaries
07.119.005
08.119.002
Parallaxes
 Star Catalogues
04.041.011
07.111.005
Parallaxes
 Stars
111.000

Parallaxes
 Statistical
05.111.001
07.111.003 .006
Parallaxes
 Trigonometric
05.111.011 .012 .013
06.111.004
07.111.002 .004 .011
08.111.001 .003
09.111.003 .004 .006
10.111.002 .005 .006
     .007
Parallaxes
 Visual Binaries
07.118.008 .009 .010
     .024
08.118.007 .010
10.118.022
Parallaxes
 White Dwarfs
05.126.014 .015 .040
Parallaxes
 X Ray Sources
08.142.110
Peculiar A Stars
01.061.016
114.034 .067 .078
02.114.006 .015 .017
     .022 .087 .106
122.001
03.064.037
114.002 .003 .008
     .024 .036 .064
     .072
119.014
04.113.007
114.012 .046 .082
     .106 .111
116.025
122.043
153.046
05.064.014
114.001 .027 .029
     .073 .121
06.065.044
113.033
114.056 .093 .136
     .137
116.009
07.122.037
08.114.023 .133 .138
     .171
116.003 .006
09.114.063 .100
10.065.043
114.017
152.010
Peculiar A Stars
 Accretion
06.065.009
Peculiar A Stars
 Atmospheres
09.114.118
Peculiar A Stars
 Binaries
09.119.008
Peculiar A Stars
 Chemical Composition
09.114.091
Peculiar A Stars
 Element Abundances
04.114.037
05.114.023 .047
07.114.041 .111
09.114.119 .172
10.114.004 .006 .009
     .036 .051

Peculiar A Stars
 Galactic Clusters
07.153.005 .006
09.153.030
Peculiar A Stars
 Helium Abundance
07.114.117
Peculiar A Stars
 Light Variations
10.122.007
Peculiar A Stars
 Line Profiles
09.114.147
Peculiar A Stars
 Magnetic Fields
06.114.067
Peculiar A Stars
 Metal Abundances
04.113.018
Peculiar A Stars
 Nuclear Reactions
06.065.095
114.084
10.114.006
Peculiar A Stars
 Photometry
05.113.047
06.113.033
116.011
07.113.035
09.113.022 .023
114.143
122.009 .074
10.113.005
116.021 .023
Peculiar A Stars
 Polarization
03.116.020
Peculiar A Stars
 Radial Velocities
09.112.013
Peculiar A Stars
 Radio Radiation
04.114.052
Peculiar A Stars
 Rotation
04.116.014
Peculiar A Stars
 Solar Motion
02.151.062
Peculiar A Stars
 Space Density
07.155.005
Peculiar A Stars
 Space Distribution
05.155.038
Peculiar A Stars
 Spectra
04.114.049
07.114.054 .055
09.114.037 .113
10.114.005 .033 .051
     .059 .061 .185
Peculiar A Stars
 Spectrophotometry
07.114.051
Peculiar A Stars
 Technetium Lines
10.114.042
Peculiar A Stars
 Temperatures
10.114.060
Peculiar A Stars
 UV Photometry
10.113.049
Peculiar B Stars
01.114.057
02.114.015
03.114.072 .140
04.114.114

Peculiar B Stars
  06.126.012
  08.114.073
Peculiar B Stars
  Helium Abundance
  09.114.044 .131
Peculiar B Stars
  Metal Rich
  10.064.030
Peculiar Be Stars
  Line Profiles
  10.114.008
Peculiar Of Stars
  08.117.014
Peculiar Stars
  06.114.094
  08.114.004
Peculiar Stars
  Galactic Clusters
  08.114.113
Period-Lumin Relation
  Cepheids
  02.115.018
  03.122.056
  10.122.033 .036
Period-Lumin Relation
  Pulsars
  05.141.147
  06.141.169
  07.141.505
Period-Radius Relation
  RR Lyrae Stars
  03.122.012
Periodic Orbits
  02.042.017 .021
  04.012.017
Periodicals
  001.000
Perseids
  02.104.047
  04.104.018 .023 .055
  05.104.043
  06.104.008 .114
  08.104.041 .042 .062
  09.104.001 .006 .008
        .020 .025
  10.103.107
      104.013 .018 .029
Personal Notes
  006.000
Perturbation Theory
  01.042.011 .014 .022
        .031 .034
  02.042.011 .013 .018
        .022 .026 .028
  052.010
  03.042.028 .031 .032
        .045 .047 .050
        .061 .079 .082
  04.042.001 .015 .025
        .040 .043 .046
        .047 .049 .088
  05.042.002 .008 .009
        .025 .038 .039
        .041 .042
  06.042.006 .014 .029
        .035 .039 .040
        .044 .054 .059
        .062
  091.001
  07.052.004
  08.042.001 .003 .004
        .006 .007 .010
        .018 .045
  098.001
  09.042.003 .004 .011
        .030 .036 .044
        .052 .056
  052.039
  10.042.003 .004 .061

Perturbation Theory
  10.042.092 .094 .107
        .113
  052.078
Perturbation Theory
  Minor Planets
  10.098.067
Perturbation Theory
  Satellites
  02.042.006 .027
  03.042.053
  04.042.019
  05.042.003 .040
  06.042.026 .052
  08.042.067
Perturbation Theory
  Stellar Interiors
  03.065.008
Photography
  036.000
Photoheliographs
  07.034.108
  10.032.044
Photoionization
  05.061.029
Photometers
  02.034.027
  04.034.092
  05.034.023 .059 .073
        .081
  06.034.008 .012 .107
        .108 .110
  07.034.011 .032 .034
        .042 .055 .056
        .106 .119 .127
        .146
  08.034.044 .053 .055
        .142
  09.034.020 .021 .023
        .025 .044 .056
        .086 .122
  10.034.074 .075 .077
        .084 .102 .103
        .105 .112 .114
        .118
Photometers
  Infrared
  08.034.013
Photometers
  Microphotometers
  01.034.008 .040 .045
  02.034.081
  05.034.044
  06.034.041
  07.034.107
Photometers
  Photoelectric
  01.034.009 .010 .011
  02.034.003 .015
Photometers
  Rocket-Borne
  02.034.075
Photometers
  Skylight
  02.034.076
Photometers
  UV
  03.034.043
Photometric Sequences
  05.113.046
      141.137
  06.113.035 .058 .067
Photometric Standards
  06.034.104
  07.114.005 .132
  08.113.036 .037
Photometric Standards
  Magellanic Clouds
  08.159.010

Photometric Systems
  01.113.006 .016
  02.113.036
  03.113.015 .054
  04.004.009
      113.010 .011 .050
        .053
      115.004
  05.113.009 .013 .024
        .026 .027 .028
        .037 .038
      114.052
  06.113.006 .016 .029
  07.113.027 .043
      115.007
  08.113.016 .017 .048
        .049 .051
  09.113.045 .055
  10.113.035 .048 .061
        .062 .063 .089
        .111
Photometry
  113.000
Photometry
  A Stars
  01.114.025
  02.113.009
  03.113.021 .024
  04.114.034
  06.113.007 .046 .052
        .053
  07.113.001
  10.113.118
Photometry
  Algol
  08.121.064
Photometry
  B Stars
  01.113.018
  03.113.021
  04.113.006 .048 .068
  06.113.017 .047
  10.113.055 .086
Photometry
  Be Stars
  03.113.003
  04.113.062
  05.113.051
  07.113.004
  09.113.006
Photometry
  Binaries
  01.117.016 .017
  02.118.001
      119.012
  03.118.005
  05.118.024
Photometry
  Blue Stars
  03.113.050
  04.113.029 .057
  05.031.021
  08.122.020 .022 .023
Photometry
  Blue Variables
  10.122.104
Photometry
  Bright Stars
  02.113.056
  03.113.046
Photometry
  Carbon Stars
  03.113.001
  05.113.043
  10.113.016
Photometry
  Cepheids
  02.122.094 .174 .180
  03.113.011
      122.035

Photometry
  Cepheids
  05.122.032 .042 .043
  07.122.047 .048 .056
       .131
  08.122.084
  10.122.040
Photometry
  Chromosphere
  09.073.037
Photometry
  Close Binaries
  05.121.030
  07.121.018
Photometry
  Clusters of Galaxies
  10.160.006
Photometry
  Comets
  05.102.001 .008 .023
       103.001
Photometry
  Early Type Stars
  04.113.001 .013 .040
       .067
       114.131
       122.025
  05.113.014 .018
       152.011
  06.113.037 .048
  07.113.037
  08.113.045
  09.113.011 .019
       114.127
  10.113.109
Photometry
  Eclipsing Variables
  02.121.035 .049 .058
       .067 .092 .093
  03.121.002 .026 .042
  04.121.031 .032 .033
       .039 .043 .044
       .047 .053
  05.121.013 .014 .024
       .028 .029 .041
       .063 .065 .068
       .070 .076
  06.121.003 .004 .005
       .054 .074 .094
  07.121.013 .014 .019
       .020
  08.121.006 .008 .009
       .026 .060 .066
       .083 .094 .100
       .102
  09.121.004 .005 .015
       .016 .024 .046
       .057 .061 .077
       .079
  10.121.001 .022 .024
       .027 .030 .041
       .043 .053 .066
       .120 .133 .140
       142.033 .037
Photometry
  Emission Nebulae
  07.132.033
Photometry
  F Stars
  01.113.026
  02.113.009
  06.115.017
  07.114.121
  08.115.004
  09.113.010
Photometry
  Faint Stars
  08.113.025

Photometry
  Flare Stars
  09.122.124
  10.122.081
Photometry
  G Giants
  03.113.016
  05.113.008 .036
  06.114.004
  08.114.103
Photometry
  G Stars
  03.113.020
  06.113.034
  07.114.121
  08.115.004
Photometry
  Galactic Anticenter
  09.113.002
Photometry
  Galactic Clusters
  01.153.003 .015 .017
  02.153.005 .006 .011
       .012 .019 .022
       .024 .025 .026
       .031 .039
  03.153.011 .013 .014
       .019
  04.153.004 .006 .009
       .010 .011 .020
       .023 .024 .039
       .045
  05.113.056
       153.006 .010 .012
       .015 .020 .021
       .022 .028 .029
       .030 .033 .035
       .036 .039
  06.113.036
       153.005 .008 .009
       .019 .022 .025
       .028 .030
  07.113.010
       153.002 .011 .017
       .021 .026 .027
       .029
  08.113.044 .049 .053
       .054
       153.003 .004 .016
       .017 .020 .021
       .024 .025 .027
  09.126.030
       153.005 .006 .007
       .008 .009 .015
       .023 .026 .031
       .035 .039 .040
  10.114.049
       153.001 .003 .004
       .007 .012 .013
       .017
Photometry
  Galaxies
  01.158.038 .059 .065
  02.158.083
  03.158.007 .041 .094
       159.016
  04.034.083
       158.022 .024 .065
       .084
  05.158.028 .033 .065
  06.113.026
       158.005 .027 .032
       .034 .071 .093
       .106
  07.158.022 .046 .105
  08.158.026 .037 .050
       .066 .073 .087
       .099 .128 .130
       .131
       160.008

Photometry
  Galaxies
  09.065.016
       125.024
       154.010
       158.027 .055 .059
       .060 .098 .108
       .135 .149 .156
       .157 .158 .159
  10.158.018 .023 .041
       .042 .047 .055
       .077 .079 .111
       .138 .146 .147
Photometry
  Galaxy
  04.113.024
Photometry
  Gaseous Nebulae
  09.132.029
Photometry
  Giants
  01.113.035
  04.113.002 .064
Photometry
  Globular Clusters
  02.154.006 .011
  03.154.006 .017
       158.094
  04.154.017
  05.154.001 .002 .011
       .014
  06.154.001 .002 .014
       .015
  07.154.001 .008 .009
  08.154.002 .009
  09.154.004 .009 .015
       .016
       158.027
  10.113.031
       154.023
Photometry
  H II Regions
  03.131.126
  06.131.007 .017
  09.114.026
       131.150
  10.113.081
Photometry
  Helium Stars
  10.113.091
Photometry
  High Luminosity Stars
  04.113.038
  09.114.012
Photometry
  High Speed
  06.113.026
Photometry
  Hyades
  06.153.017
  08.113.044 .047
Photometry
  Infrared
  02.113.012 .053
  03.113.012
  04.113.069
  08.113.004 .019
  09.034.009
  10.113.011 .052 .080
       .082
Photometry
  Infrared Objects
  10.113.010
Photometry
  Infrared Stars
  04.113.021
  07.113.036
Photometry
  Interstellar Clouds
  06.131.018

Photometry
  Jupiter
    02.099.072
    03.099.046
    05.099.022
Photometry
  Jupiter Atmosphere
    09.099.075
Photometry
  K Giants
    02.113.019
    03.113.016
    04.113.049
    05.113.008
    06.114.004
    08.113.034 .035
    114.103
Photometry
  K Stars
    03.113.020
    04.113.020
    06.113.034
    09.122.029
Photometry
  Late Type Dwarfs
    08.115.011
Photometry
  Late Type Giants
    08.114.015
    10.113.057
Photometry
  Late Type Stars
    03.113.025 .052
    114.017
    05.113.016
    09.113.018
    114.050
    10.113.038 .092 .109
Photometry
  Luminous Stars
    03.113.023
Photometry
  M Dwarfs
    08.113.021
Photometry
  M Giants
    02.113.019
Photometry
  M Stars
    05.113.011 .017
    08.114.098
    10.113.017
Photometry
  M Supergiants
    07.113.006
Photometry
  Magellanic Clouds
    03.159.005 .011 .017
    04.159.004 .011
    05.159.006
    07.159.002 .009 .018
           .019 .022
    08.159.002
    09.159.001
    10.113.026
Photometry
  Magnetic Stars
    09.116.002
    10.116.001 .008
Photometry
  Magnetic Variables
    06.113.004
Photometry
  Markarian Galaxies
    10.158.003
Photometry
  Mars
    01.097.009 .017 .040
           .045 .046
    02.097.040 .052

Photometry
  Mars
    07.097.068
    10.097.102
Photometry
  Mars Surface
    08.097.090
    09.097.014 .099
Photometry
  Mercury
    02.094.235
    03.092.016
Photometry
  Metallic Line Stars
    04.113.065
    09.113.023
Photometry
  Meteors
    04.104.007 .008
    06.034.041
    08.104.038
Photometry
  Minor Planets
    02.098.017
    04.098.015
    07.098.006
    10.098.001
Photometry
  Mira Variables
    04.122.042
Photometry
  Moon
    02.094.058 .168 .235
    03.094.252
    04.094.346
    05.094.171
Photometry
  Moon Surface
    04.094.126
    05.094.001 .062
    08.094.142 .147 .152
Photometry
  Multicolor
    01.113.012 .025
    02.113.001 .007
    03.113.009 .010
    04.113.025 .049 .058
           .059 .060 .061
           .062 .063 .064
           .065
    05.113.004 .009 .011
           .056
    114.109
    06.113.030 .043 .054
           .055 .056 .057
    08.113.002 .003 .031
           .050
    09.031.064
    113.046
    10.012.015
    113.008
Photometry
  Multiple Stars
    08.117.033
Photometry
  Nearby Stars
    08.113.060
Photometry
  Neptune
    09.101.007
    10.101.006
Photometry
  Novae
    05.124.008
    10.124.002 .014
Photometry
  O Stars
    03.113.039
    08.113.009
    10.113.086

Photometry
  OB Stars
    03.155.018
    04.113.047
    06.113.049
    07.155.024
    08.155.004
Photometry
  OH Stars
    10.114.002
Photometry
  Orion Nebula
    01.153.004
Photometry
  Peculiar A Stars
    05.113.047
    06.113.033
    116.011
    07.113.035
    09.113.022 .023
    114.143
    122.009 .074
    10.113.005
    116.021 .023
Photometry
  Photon Counting
    07.031.011
Photometry
  Photosphere
    03.071.034
Photometry
  Planetary Nebulae
    05.133.026
    06.133.005
    08.133.004 .005
    09.133.007
Photometry
  Planets
    01.091.004
    02.031.012
    06.091.032
Photometry
  Pleiades
    03.153.005
Photometry
  Pluto
    10.101.010
Photometry
  Prominences
    03.073.046
Photometry
  Pulsars
    06.113.026
    08.141.532
Photometry
  PZT Stars
    05.113.032
Photometry
  Quasars
    01.141.052 .090 .131
    02.141.119
    04.122.120
    06.141.065 .268
    07.141.013
    08.141.123
    09.141.121
Photometry
  Quasi-Stellar Objects
    03.113.028
    07.141.120
Photometry
  Radio Galaxies
    01.141.131
    09.141.135
Photometry
  Radio Sources
    05.141.020
    06.113.026
    141.159
    07.141.013

Photometry
Radio Sources
08.141.046
10.113.054
141.090
Photometry
Red Giants
05.113.019
06.113.032
07.113.007
10.113.027
122.001
Photometry
Red Stars
05.113.003
08.114.069
Photometry
Reflection Nebulae
05.132.019
09.132.008
Photometry
RR Lyrae Stars
02.122.105
04.154.015
06.122.038
07.122.012
08.122.017 .101 .124
09.122.025
10.122.017
Photometry
S Stars
08.122.080
10.113.017
Photometry
Seyfert Galaxies
09.158.061 .068
10.158.152
Photometry
Shell Stars
08.114.017
Photometry
Solar Corona
02.074.008 .009 .067
04.074.075 .101
05.074.019 .045 .080
06.074.003 .021 .022
   .043 .051 .068
07.074.015 .018 .043
09.074.028 .086
10.074.002 .127 .134
Photometry
Solar Flares
02.073.061
05.073.011
Photometry
Southern Stars
07.113.040
09.113.039 .051
10.113.056 .115
Photometry
Spectroscopic Binaries
03.119.009
05.119.011
08.119.007
09.119.025
Photometry
Standard Sequences
02.113.015 .016 .018
   .035 .059
Photometry
Star Clusters
08.159.005
Photometry
Stellar Associations
04.152.004
05.152.005 .011
06.152.003 .008
08.113.027

Photometry
Stellar Groups
05.155.055 .056
06.153.005
Photometry
Subdwarfs
01.153.007
02.126.007
04.126.015
Photometry
Subluminous Stars
02.126.004 .005
03.115.005
126.006
Photometry
Sunspots
02.072.063
04.072.018
Photometry
Supergiants
07.113.011
08.113.008
09.113.008
114.045
Photometry
Supernova Remnants
06.113.026
Photometry
Supernovae
04.125.015
10.125.032
Photometry
T Tauri Stars
06.122.100
08.113.033
122.024
Photometry
UBV
03.113.038
06.113.042
07.113.003 .026 .042
08.113.007 .023 .024
   .065
09.113.010 .039 .040
   .048
10.113.007 .014 .015
   .019 .054 .087
   .088 .089
Photometry
Uranus
06.101.001
10.101.006
Photometry
UV
02.113.034
03.113.042 .043
04.113.012 .017
Photometry
Variables
01.122.008 .015 .027
04.122.120
05.122.007
07.122.054
08.122.062
09.031.036
122.130 .142
Photometry
Venus
02.093.052
05.093.052
Photometry
Venus Atmosphere
07.093.026
Photometry
Visual Binaries
04.118.012
05.034.082
06.113.029
118.003 .005
07.118.022

Photometry
Visual Binaries
09.118.013
10.118.013
Photometry
White Dwarfs
01.126.016
06.113.026
07.126.011 .013
08.126.019
Photometry
Wolf Rayet Stars
02.113.044
08.113.040
Photometry
X Ray Sources
01.142.028
03.142.030 .039
04.142.007 .030 .074
05.142.002
07.142.067
08.142.048 .100
09.142.093 .109
10.142.136
Photometry
Zodiacal Light
01.106.016 .017 .018
08.106.035
09.106.004
Photomultipliers
02.034.074
04.034.003 .009 .042
   .099
05.034.024 .065 .072
   .079 .102
06.034.011
07.034.010
09.034.001 .046
10.034.004 .005 .012
   .039 .119
Photopolarimeters
10.034.057
Photosphere
Spectra
06.071.018
Photosphere
Acoustic Waves
01.071.005
02.071.051
04.071.060
Photosphere
Active Regions
05.071.031
08.071.048
Photosphere
Brightness
10.071.070
Photosphere
Brightness Temperature
03.071.039
Photosphere
Chemical Composition
06.071.021
08.071.074 .078
Photosphere
Curves-of-Growth
07.071.016
Photosphere
Electric Conductivity
01.071.010
04.071.022
072.009
06.071.039
072.001 .060
10.071.075
Photosphere
Element Abundances
01.071.001
02.071.019 .023
05.071.004

SUBJECT INDEX - VOL.1-10

Photosphere
  Element Abundances
  06.071.048
  08.071.069
  10.022.026 .035
    071.016
Photosphere
  Fine Structure
  06.071.001
  07.071.002
Photosphere
  Flares
  04.071.049
Photosphere
  Forbidden Lines
  10.071.010
Photosphere
  Fraunhofer Lines
  04.071.038
  10.071.071
Photosphere
  Helium Abundance
  07.071.052
Photosphere
  Infrared Radiation
  03.071.028
Photosphere
  Infrared Spectra
  10.071.047
Photosphere
  Iron Abundance
  02.071.003 .065 .075
          .077
  03.022.038
    071.001
  04.071.009
  06.071.060
  07.071.016
  10.071.079
Photosphere
  Line Profiles
  04.071.010 .054
  05.071.011 .012
  06.071.015
  07.071.003 .022
  10.071.002 .020 .031
Photosphere
  Magnetic Fields
  02.062.040
    071.031 .061 .069
       .087
  03.071.014 .030 .040
    073.023
  04.071.004 .006 .021
       .024 .045 .051
    073.003
  05.071.061 .062
  06.034.027
    071.028 .033 .037
       .038 .039 .040
       .041 .045 .068
    074.032
  07.071.009 .031
    073.059
  08.071.038 .055
  09.071.006 .030 .063
  10.071.046
    072.064
    073.117
Photosphere
  Maps
  06.075.021
Photosphere
  Mercury Abundance
  04.071.023
Photosphere
  Microturbulence
  08.071.039
  09.071.061

Photosphere
  Models
  01.071.004 .025
  02.071.009
  03.071.005 .026
  04.071.008
  05.071.018
  06.071.059
  07.071.002 .005
  10.071.008 .045 .083
Photosphere
  Molecules
  01.071.017 .022
    072.035
  04.071.057
    072.050
Photosphere
  Network
  04.071.004
    072.025
Photosphere
  Nickel Abundance
  04.071.001
Photosphere
  Non LTE Models
  09.071.061
Photosphere
  Opacities
  09.071.043
Photosphere
  Oscillations
  04.064.005
    071.007
  05.071.006
  06.071.049
  08.071.018 .038
  09.071.009 .062 .063
  10.071.022 .023
    073.028
Photosphere
  Photometry
  03.071.034
Photosphere
  Polarization
  07.071.045
Photosphere
  Radiative Transfer
  08.071.016
Photosphere
  Radio Radiation
  10.077.001
Photosphere
  Silicon Abundance
  10.071.005
Photosphere
  Solar
    071.000
Photosphere
  Source Functions
  08.071.037
  09.071.023
Photosphere
  Spectra
  02.071.052
  03.071.012 .020
  04.071.020 .047
  05.071.026 .027
  06.071.012 .043 .051
  07.072.034
  08.071.012 .053 .054
       .074
  09.071.028
  10.071.003 .007 .045
       .084
Photosphere
  Structure
  10.071.054
Photosphere
  Temperatures
  01.071.026

Photosphere
  Temperatures
  02.071.025 .054
  03.071.043
  04.071.003
  07.071.011
Photosphere
  Turbulence
  02.071.024
  03.071.045
  04.071.038 .066 .067
    072.011
  05.071.012 .030 .037
  06.071.009 .050 .065
  07.071.004 .008
  08.071.013
  09.071.019
    073.006
  10.071.012 .020 .031
       .062
Photosphere
  UV Radiation
  03.071.008
Photosphere
  Velocities
  05.071.008 .012 .016
       .025
  10.071.003 .070 .081
       .082
Photosphere
  Velocity Distribution
  04.071.017
  05.071.015
    072.002
Photosphere
  Velocity Fields
  05.071.055 .056
  06.071.004 .033 .046
  07.071.006 .028
  08.071.014 .015
  09.071.042
  10.071.062 .064 .065
    072.064
Photosphere
  Viscosity
  04.071.011
Photosphere
  Wave Propagation
  04.071.007
Photospheres
  F Dwarfs
  04.064.019
Photospheres
  G Dwarfs
  04.064.019
Photospheres
  Giants
  04.064.019
Photospheres
  K Dwarfs
  04.064.019
Photospheres
  Stellar
  02.064.034
  03.074.001
  04.064.009 .020
  06.114.109
  09.064.039 .040
  10.064.072
Photospheres
  Supermassive Stars
  09.064.079
Physical Variables
  122.000
Physics
  022.000
Planetaria
  009.000
Planetary Atmospheres
  01.063.006

Planetary Atmospheres
 01.091.006 .012 .013
        .014 .017 .018
        .029 .030 .031
 02.022.105
    074.059
    091.003 .010 .018
        .042 .043 .045
    099.054
 03.091.001 .003 .019
        .023 .034 .041
 04.012.021
    091.007 .037
 05.012.002
    091.001 .003
 06.091.018
 07.091.001
 08.012.017
 09.053.011
    091.003 .013
 10.091.008 .009 .014
        .029 .037
Planetary Atmospheres
 Absorption
 05.091.004
Planetary Atmospheres
 Albedo
 01.091.035
 03.063.001
    091.031
 08.091.003
 09.091.011
Planetary Atmospheres
 Ammonia
 10.091.055
Planetary Atmospheres
 Carbon Dioxide
 04.091.035
 06.091.022
 07.091.035 .036
Planetary Atmospheres
 Chemical Composition
 01.091.026
 02.091.047
 05.091.029
 06.091.029
 08.091.001
 09.091.044 .066
Planetary Atmospheres
 Circulation
 04.091.019
Planetary Atmospheres
 Clouds
 01.091.033
 07.091.034
 10.091.001
Planetary Atmospheres
 Convection
 06.063.010
Planetary Atmospheres
 Dynamics
 10.064.052
Planetary Atmospheres
 Electric Fields
 04.012.012
Planetary Atmospheres
 Evolution
 10.091.006
Planetary Atmospheres
 Greenhouse Effect
 06.091.002
Planetary Atmospheres
 Infrared Spectra
 03.091.016
 09.091.061
Planetary Atmospheres
 Ionization
 06.091.004

Planetary Atmospheres
 Line Profiles
 09.091.019 .063
Planetary Atmospheres
 Mass Loss
 02.091.020
Planetary Atmospheres
 Methane
 05.091.021
 09.091.007 .043
Planetary Atmospheres
 Models
 03.091.021 .039
 07.091.006
 08.091.046
Planetary Atmospheres
 Motions
 04.091.020
 05.091.014
Planetary Atmospheres
 Opacities
 09.091.006
Planetary Atmospheres
 Oscillations
 06.091.009
Planetary Atmospheres
 Polarization
 03.091.032
 05.091.023
Planetary Atmospheres
 Radiative Transfer
 01.063.008
 02.091.001
 03.091.012 .020 .033
 04.091.023
 05.091.028 .030
 06.091.012
 09.091.001 .016
 10.063.002 .021 .022
    091.010
Planetary Atmospheres
 Scattering
 03.091.002 .011 .029
 04.063.029
    091.002 .024
 05.091.004 .008 .012
        .023 .027 .030
 06.091.016
 08.063.023
    091.004 .038
 09.091.064
 10.063.052
    091.003 .049 .050
Planetary Atmospheres
 Solar Wind
 06.091.017
 10.074.022 .072
Planetary Atmospheres
 Spectra
 06.091.015
 07.091.008
 08.091.041
Planetary Atmospheres
 Structure
 03.091.015
 06.091.029
Planetary Atmospheres
 Temperatures
 07.091.028
 08.091.007 .045
 09.091.058
Planetary Atmospheres
 Turbulence
 09.091.081
Planetary Atmospheres
 X Rays
 04.091.053
Planetary Nebulae
 133.000
 06.012.001

Planetary Nebulae
 10.012.017
Planetary Nebulae
 Central Stars
 01.133.001 .012 .027
 02.133.013 .020
 03.064.023
 04.133.020 .028
 05.114.044
    133.016 .019
 06.122.110
    133.004 .026
 07.064.055
    133.013
 09.065.051 .088
    133.027 .031 .039
 10.113.077
    122.168
    133.014 .043
Planetary Nebulae
 Chemical Composition
 06.131.134
    133.012
 10.133.039
Planetary Nebulae
 Classification
 05.133.002
Planetary Nebulae
 Condensations
 08.133.017
Planetary Nebulae
 Densities
 06.132.004
Planetary Nebulae
 Diameters
 06.133.025
Planetary Nebulae
 Discovery
 06.133.002
Planetary Nebulae
 Distances
 05.133.009 .017 .025
 09.131.058
Planetary Nebulae
 Distribution
 07.133.004
Planetary Nebulae
 Dust
 05.133.004
 10.133.032
Planetary Nebulae
 Dynamics
 06.133.011 .031
Planetary Nebulae
 Early Type Stars
 09.131.058
Planetary Nebulae
 Electron Densities
 03.133.020
 04.133.001
 06.133.006
 09.133.019
Planetary Nebulae
 Electron Temperatures
 02.133.002
 06.133.006
Planetary Nebulae
 Element Abundances
 01.133.034
 02.132.035
    133.011 .024
 03.133.026
 06.133.010
 09.133.012 .034
 10.133.008 .040
Planetary Nebulae
 Evolution
 01.133.004
 03.133.022
 07.158.052

SUBJECT INDEX - VOL.1-10

Planetary Nebulae
Evolution
09.133.002
10.133.044 .048 .050
Planetary Nebulae
Expansions
02.133.014
04.133.016
05.133.031
08.133.013
09.133.026
10.133.004
Planetary Nebulae
Filaments
01.133.005
Planetary Nebulae
Flux Densities
10.133.027
Planetary Nebulae
Forbidden Lines
03.133.008
09.133.035
10.133.036
Planetary Nebulae
Formation
01.065.060
02.133.019 .035
03.133.001
05.133.008
06.133.019
08.133.015
09.133.008
Planetary Nebulae
Galactic Clusters
08.153.004
Planetary Nebulae
Galactic Distribution
01.133.010
04.133.002
05.133.017
Planetary Nebulae
Galactic Orbits
07.155.026
Planetary Nebulae
Galaxies
10.133.005
Planetary Nebulae
Grains
05.133.033
Planetary Nebulae
Helium Abundance
06.133.024
07.132.001
Planetary Nebulae
Helium Neutral
04.132.003
Planetary Nebulae
Infrared Photometry
09.133.033
10.113.076
133.031
Planetary Nebulae
Infrared Radiation
02.133.001
03.132.008
05.133.015
06.133.011 .029
07.133.007 .019
08.133.003
09.133.011 .036
10.114.160
132.060
133.056 .070
Planetary Nebulae
Infrared Spectra
03.133.011
06.133.027
07.133.021
08.133.008
10.133.001 .017 .020

Planetary Nebulae
Interstellar Reddening
04.133.024
Planetary Nebulae
Ionization
01.133.017
Planetary Nebulae
Kinematics
01.133.011
04.133.021
06.133.013
08.133.012
Planetary Nebulae
Line Intensities
06.132.012
Planetary Nebulae
Line Profiles
06.133.001 .030
08.133.001 .002
Planetary Nebulae
Lists
10.113.006
Planetary Nebulae
Magellanic Clouds
07.159.027
08.133.012
Planetary Nebulae
Masses
01.133.010
Planetary Nebulae
Models
01.133.006
02.133.010 .028
04.133.017
06.133.020
07.133.006
08.133.007 .010
09.133.002
10.133.049 .051 .071
Planetary Nebulae
Nuclei
05.126.023
133.011 .029
06.133.028
07.133.003 .020
10.133.002 .007 .010
.055
Planetary Nebulae
OH Emission
05.133.021
Planetary Nebulae
Origin
10.133.044 .045 .046
.073
Planetary Nebulae
Photometry
05.133.026
06.133.005
08.133.004 .005
09.133.007
Planetary Nebulae
Polarization
01.133.019
09.126.004
10.133.033
Planetary Nebulae
Positions
02.133.027
09.133.025
Planetary Nebulae
Radial Velocities
01.133.002
05.133.025
09.133.004 .038
Planetary Nebulae
Radiative Transfer
08.133.006
09.133.006

Planetary Nebulae
Radio Radiation
01.133.007 .014 .021
02.133.006 .009 .023
.025
03.133.006 .019 .023
.024
04.133.001 .003 .004
.006 .015
05.133.022 .027 .028
06.133.003 .032
07.133.011
09.133.001 .018 .037
10.131.231
133.023 .024 .028
.054
Planetary Nebulae
Recombination Lines
06.132.005
07.133.002 .005 .009
09.133.029
10.133.025 .026
Planetary Nebulae
Red Giants
10.133.046
Planetary Nebulae
Spectra
01.133.003 .008 .013
.024 .025 .026
02.133.008 .012 .015
.031
03.132.035
133.005 .007
04.034.021
132.018
133.010 .022 .025
.027 .031
05.133.003 .012 .014
.020 .023
06.132.012
133.021 .023
07.133.014 .015 .022
08.114.165
133.009
09.133.004 .009 .028
10.133.016 .034 .042
.058 .069
Planetary Nebulae
Spectrophotometry
04.133.029
05.133.024
06.133.009
10.133.011 .013 .022
Planetary Nebulae
Structure
06.133.014
Planetary Nebulae
Surveys
02.133.029
07.133.004
09.133.005
Planetary Nebulae
Temperatures
05.132.001
06.132.004
Planetary Nebulae
UV Radiation
04.133.018
Planetary Nebulae
UV Spectra
10.133.021
Planetary Nebulae
Visual Binaries
10.118.007
Planetary Nebulae
Wolf Rayet Stars
05.133.029
06.132.002

Planetary Nebulae
  X Rays
  02.133.032
Planetary Probes
  053.000
Planetary Probes
  Orbits
  04.053.001
  05.052.020
Planetary Probes
  Outer Planetary System
  09.051.002
Planetary System
  Commensurabilities
  01.091.001
Planetary System
  Cosmogony
  107.000
  03.012.010
  07.012.028
Planetary System
  Early History
  01.105.076
  107.001
  02.107.002
  04.107.007
  05.107.007
  06.107.002
  08.105.059
  107.002
  09.091.010
  107.014
  10.105.038 .040
  107.004 .020 .021
  .022
Planetary System
  Element Abundances
  01.061.040
  091.024
  107.004
Planetary System
  Evolution
  04.107.002
Planetary System
  Formation
  01.061.038
  02.107.002
Planetary System
  Gamma Rays
  03.091.013
Planetary System
  Mass Distribution
  06.107.008
Planetary System
  Models
  08.074.105
Planetary System
  Nucleosynthesis
  02.105.097
  04.065.030
  06.107.010
Planetary System
  Organic Matter
  06.107.004 .005
Planetary System
  Origin
  10.012.011
Planetary System
  Physics
  091.000
  10.003.013
Planetary System
  Resonances
  02.091.028 .029
Planetary System
  Stability
  04.107.002
  06.107.007
  08.098.025
  09.091.017

Planetary System
  Structure
  04.107.002
Planetary System
  X Rays
  03.091.013
Planetary Systems
  Extrasolar
  09.117.021
Planetary Theory
  07.042.070
Planets
  09.012.024
Planets
  Albedo
  04.091.018
Planets
  Alfven Waves
  04.116.021
Planets
  Astrolabe Observations
  05.041.033 .041
Planets
  Brightness Temperature
  05.091.009
  08.091.034
Planets
  Chemical Composition
  01.091.019
Planets
  Cores
  09.091.060
Planets
  Coronae
  05.091.007
Planets
  Craters
  03.091.025
Planets
  Densities
  02.091.011
  04.091.045
Planets
  Diameters
  04.091.039
Planets
  Distances
  02.107.008
  04.091.004
Planets
  Ephemerides
  10.041.027
Planets
  Evolution
  01.107.006
  02.091.011 .013
Planets
  Exospheres
  02.091.017
  03.091.035
  06.091.039
  10.091.025
Planets
  Figure
  091.000
  01.091.036
  02.091.035
  04.091.045
Planets
  Formation
  05.107.010
  06.107.001
  08.107.001 .004
  09.107.003 .008 .015
  .017
  10.091.002
  107.001
Planets
  Infrared Radiation
  08.091.033

Planets
  Interiors
  01.012.018
  091.008 .009 .010
  02.091.008 .023 .036
  092.008
  03.091.006 .007 .028
  .038
  04.091.043
  08.012.023
  091.024
  107.019
  09.091.008 .041 .066
  10.061.058
  091.048
Planets
  Ionospheres
  01.091.011
  03.091.004
  04.091.013
  10.003.022
Planets
  Magnetic Fields
  01.116.003
  04.084.304
Planets
  Magnetospheres
  09.091.034
Planets
  Mantles
  02.091.004
  03.091.005
  10.091.054
Planets
  Mascons
  02.094.015
Planets
  Masses
  02.107.008
  04.091.003 .028 .038
  06.043.009 .010 .011
  .012 .013 .017
  07.042.001
  08.091.005 .006 .052
  10.091.031
Planets
  Meridian Observations
  06.041.032
Planets
  Meteorite Impact
  02.091.024
Planets
  Minor
  098.000
Planets
  Orbits
  07.091.016
Planets
  Origin
  02.105.092
  03.091.030
  06.012.014
Planets
  Photographic Patrol
  04.091.014
Planets
  Photometry
  01.091.004
  02.031.012
  06.091.032
Planets
  Polarization
  03.091.041
  05.099.075
Planets
  Positions
  05.041.017
  06.041.003
  07.041.055
  08.041.002

SUBJECT INDEX - VOL.1-10

Planets
  Positions
    10.041.048
Planets
  Radar Echoes
    01.091.003
    02.091.009
    03.066.055
    04.091.040
Planets
  Radio Radiation
    04.091.041
Planets
  Right Ascensions
    08.041.050
Planets
  Rotation
    01.091.015
    02.091.031
    03.091.028 .030
    04.091.021 .022 .046
    06.091.034
Planets
  Samples
    02.034.029
Planets
  Satellites
    05.091.026
    06.091.031
Planets
  Solar Wind
    07.074.098
    08.074.102
    09.091.014 .015
    10.074.018 .115
        091.026
Planets
  Spectra
    02.091.014
    03.114.011
Planets
  Spectroscopy
    05.091.017
Planets
  Surfaces
    02.091.015 .016
    03.091.025
    04.012.021
        091.042
    06.091.019 .021
    08.012.017
    09.091.004
    10.091.011 .016 .028
            .049
Planets
  Temperatures
    06.091.013
    09.091.059
Planets
  Terrestrial
    09.091.038
Planets
  Tidal Evolution
    09.042.013
Planets
  UV Photometry
    07.091.005
Plasma
    062.000
    08.012.012
Plasma
  Acoustic Waves
    04.062.010
Plasma
  Alfven Waves
    06.062.071
    08.062.007
    09.062.033
    10.062.037

Plasma
  Cosmic
    09.012.016
Plasma
  Electron Densities
    03.073.005
    09.062.032
Plasma
  Heating
    09.062.054
Plasma
  Hydromagnetic Waves
    09.062.019
    10.062.009
Plasma
  Infrared Radiation
    04.062.032
Plasma
  Interplanetary
    02.074.021
    04.106.003
Plasma
  Magnetic Fields
    04.062.048 .051
Plasma
  Magnetosonic Waves
    06.062.068 .069
    08.062.006
    10.062.014
Plasma
  Monte Carlo Method
    02.062.005
Plasma
  Nuclear Reactions
    08.061.002
    09.062.021 .022
Plasma
  Oscillations
    03.062.016
    04.062.054
Plasma
  Radiative Transfer
    02.062.015
    03.063.015
    04.062.013
    05.063.030
    06.063.008
Plasma
  Radio Radiation
    01.062.017 .026
    02.062.006
    04.062.036
Plasma
  Relativistic
    02.012.028
    04.062.034 .035
    05.062.021
    08.062.063
Plasma
  Scattering
    04.062.026
    05.062.004 .020
    06.062.016
    07.062.030
    08.062.080
Plasma
  Shock Waves
    04.062.049 .055
    05.062.013 .039
    06.062.008 .067
    07.062.035
    08.062.069
Plasma
  Stability
    04.062.012 .015 .019
            .043 .060
    05.012.010
    08.062.028
    09.062.053 .064

Plasma
  Synchrotron Radiation
    08.062.055
Plasma
  Thermal Instability
    04.062.001
Plasma
  Turbulence
    02.062.014 .016
    03.062.017
    04.062.025 .040
    05.062.012
    08.062.058
    09.062.009 .026 .033
            .059 .066
Plasma
  Wave Propagation
    02.062.023
    04.062.033 .039
Pleiades
    01.153.011 .025 .029
            .030
    03.153.001
    04.113.059
        153.047
    05.115.017
        153.032 .034
    07.153.004 .008 .013
    08.153.007 .019
Pleiades
  Age
    04.153.015
Pleiades
  Early Type Stars
    09.114.108
Pleiades
  Flare Stars
    02.122.111 .123 .144
            .145
    03.153.010 .021 .022
    04.122.124
    05.122.124
        153.016
    06.122.094 .097
        153.016
    07.122.062 .145
    08.122.070 .071 .128
            .136 .137 .142
    09.122.093 .095 .099
            .120 .127 .128
            .129 .131 .135
            .136
    10.122.030 .175
Pleiades
  Internal Motions
    03.153.020
Pleiades
  Luminosity Function
    06.153.014
Pleiades
  M Stars
    08.112.003
Pleiades
  Photometry
    03.153.005
Pleiades
  Proper Motions
    09.112.002
Pleiades
  Pulsating Variables
    08.122.042
Pleiades
  Spectrophotometry
    10.153.020
Pleiades
  Spectroscopic Binaries
    06.119.010
Pleiades
  Star Positions
    03.041.003

Pleiades
  Star Positions
   03.153.006
Pleiades
  Stellar Rotation
   04.153.015
Pluto
   101.000
   09.091.005 .062
Pluto
  Ephemeris
   08.041.046
Pluto
  Mass
   04.101.007
   05.101.010
Pluto
  Models
   08.101.003
Pluto
  Photometry
   10.101.010
Pluto
  Polarization
   10.101.005
Pluto
  Positions
   06.041.001
   08.101.004
Pluto
  Solar Wind
   10.091.004
Pluto
  Spectra
   05.101.005
Pluto
  Spectrophotometry
   04.101.005
Polar Motion
   045.000
Polarimeters
   02.034.011 .017 .044
         .069
   03.034.050
   04.034.040
   06.034.025
   07.034.117 .119
   08.034.120
       131.122
   09.034.006
   10.034.013
Polarimetry
  Mars
   01.097.019 .020
   02.097.025
Polarimetry
  Solar Corona
   03.079.109
Polarization
  Asteroids
   09.098.017
Polarization
  B Stars
   09.131.053
Polarization
  Be Stars
   01.114.065
   06.131.046
   07.131.148
   10.131.044
Polarization
  Close Binaries
   04.117.020
Polarization
  Cool Stars
   05.131.104
   08.114.020
Polarization
  Crab Nebula
   04.134.010

Polarization
  Crab Nebula
   04.141.080
   05.134.005 .030
   08.134.008
   09.134.012
Polarization
  Diffuse Nebulae
   05.132.020
   08.132.029
   10.132.019
Polarization
  Early Type Stars
   03.131.110
   08.131.051
Polarization
  Eclipsing Variables
   02.121.062 .066
   08.121.083
   09.121.079
Polarization
  Emission Nebulae
   04.132.038
   06.132.049
Polarization
  Flare Stars
   09.122.132
Polarization
  Galactic Clusters
   07.132.035
Polarization
  Galactic Spurs
   05.157.009
   08.155.017 .032
Polarization
  Galaxies
   07.141.178
       158.111 .158
   08.158.052
   09.158.019 .020
Polarization
  High Luminosity Stars
   06.122.045
Polarization
  Infrared Objects
   06.131.008
   10.131.028
Polarization
  Infrared Sources
   09.131.018
   10.131.033 .034 .035
Polarization
  Infrared Stars
   04.122.039
   06.131.086
Polarization
  Interplanetary Matter
   09.131.002
Polarization
  Interstellar Matter
   01.131.001 .030 .110
   02.131.026 .048 .095
         .108 .124
   03.131.040 .117 .137
   04.153.001 .002
   05.063.007
       114.061
       131.047 .048
       157.006
   06.131.023 .092
   07.131.156
   08.131.003 .004
   09.131.002 .164
Polarization
  Jupiter
   01.099.014
   05.099.075
   06.099.029
   09.099.003

Polarization
  K Giants
   05.131.107
Polarization
  Late Type Giants
   05.131.105
Polarization
  Late Type Stars
   05.122.065
       131.103
   09.126.009
   10.113.117
       131.285
Polarization
  M Giants
   05.131.107
Polarization
  M Supergiants
   09.131.195
Polarization
  Magellanic Clouds
   09.131.169
Polarization
  Magnetic Stars
   08.131.054
   09.116.003
   10.116.015
Polarization
  Mars
   09.131.018
Polarization
  Mars Atmosphere
   10.097.070
Polarization
  Masers
   09.131.013
Polarization
  Moon
   03.094.002
   05.099.075
Polarization
  Moon Surface
   05.094.003
Polarization
  Multicolor
   02.031.024
Polarization
  Novae
   06.124.001 .002
Polarization
  OB Stars
   05.131.013
   07.131.011
Polarization
  OH Sources
   03.131.122
   04.131.052 .126
   09.131.128
Polarization
  Orion Nebula
   10.131.028
       132.009
Polarization
  Peculiar A Stars
   03.116.020
Polarization
  Photosphere
   07.071.045
Polarization
  Planetary Atmospheres
   03.091.032
   05.091.023
Polarization
  Planetary Nebulae
   01.133.019
   09.126.004
   10.133.033
Polarization
  Planets
   03.091.041

Polarization
  Planets
    05.099.075
Polarization
  Pluto
    10.101.005
Polarization
  Prominences
    02.073.013
    08.073.112
Polarization
  Pulsars
    01.141.028 .058 .158
    02.141.016 .114 .153
           .174
    03.141.013 .062 .135
           .147
    04.141.019 .044 .114
           .156 .183 .215
    05.141.009 .072 .131
           .232
    06.141.054 .119 .175
           .177 .187 .191
           .212 .219
    07.141.524 .542
    08.141.501 .560
    09.141.501
    10.141.512 .513 .514
           .552
Polarization
  Quasars
    02.141.046 .155
    04.141.007 .039
    05.141.080 .200
    06.141.003
    07.141.178
       158.111
    08.158.052
    09.141.059 .085
       158.112
Polarization
  Quasi-Stellar Objects
    09.141.007 .081
Polarization
  Radio Galaxies
    09.158.097 .112
    10.158.005 .067
Polarization
  Radio Sources
    01.141.002 .024 .094
           .095 .143 .177
           .191
    02.141.013 .046 .072
           .090 .184 .185
           .187 .194
    03.141.007 .039 .051
           .081 .127 .215
           .225 .228
    04.141.016 .017 .050
           .080 .154 .227
    05.141.010 .117 .122
           .197
       158.057
    06.141.002 .031 .106
           .173 .207 .243
           .244
    07.141.002 .066 .072
           .130 .152 .158
           .160 .167 .172
    08.141.003 .020 .024
    09.141.004 .008 .013
           .036 .042 .104
           .106
    10.141.017 .035 .051
           .052 .131 .144
Polarization
  Red Giants
    02.131.119
    08.131.013

Polarization
  Red Stars
    06.131.086
Polarization
  Red Variables
    04.122.076
Polarization
  Reflection Nebulae
    04.132.019 .020
    05.132.013
    06.132.032
Polarization
  Saturn
    05.100.004
    08.100.003 .020
Polarization
  Seyfert Galaxies
    09.141.081
Polarization
  Solar Corona
    03.074.006
    04.074.051 .067
    05.074.029
    06.074.043
    07.074.017 .018 .065
           .097
    08.074.007 .023 .044
           .051 .106
    09.074.017 .024 .025
           .041
    10.074.012 .125 .128
Polarization
  Solar Disk
    04.071.014
Polarization
  Solar Flares
    08.073.106
Polarization
  Solar Radio Radiation
    01.077.019
    02.077.006 .015 .016
    03.077.006 .007 .012
           .020
    04.077.003 .010 .031
    05.077.034 .045
    06.077.015 .023 .032
           .046
    07.077.009 .016 .040
    08.077.037
    09.077.001 .038 .046
           .058 .062 .067
    10.077.027 .064
Polarization
  Solar Spectrum
    05.071.002
Polarization
  Solar X Rays
    08.076.026
    10.076.029
       077.033
Polarization
  Starlight
       131.000
    08.116.015
Polarization
  Stellar Atmospheres
    07.064.047
Polarization
  Sunspots
    08.077.033
Polarization
  Supergiants
    02.131.119
    05.114.035
       131.107
Polarization
  Supernova Remnants
    04.125.014
    05.125.003 .012
    08.125.006

Polarization
  Supernova Remnants
    09.125.009
    10.125.037
Polarization
  Variables
    02.122.116
    03.121.061
    07.012.006
Polarization
  Venus
    01.093.062 .077
    04.093.019
    05.091.023
Polarization
  Venus Atmosphere
    07.093.026
Polarization
  White Dwarfs
    04.126.001 .005 .006
           .007
    05.126.008 .009 .024
           .034 .035
    06.126.011
    07.126.002 .003 .023
    08.126.003 .007 .018
    09.126.004 .009 .023
Polarization
  X Ray Sources
    01.142.019
    02.142.026
    07.142.012 .054
       158.111
    08.131.013
       142.038 .062 .070
           .086
    09.142.016 .149
    10.116.005
       142.057
Polarization
  Zodiacal Light
    07.106.024
    08.106.003
    09.074.024
    10.106.005 .035 .062
Polytropes
  Magnetic Fields
    02.062.004
    10.065.010
Polytropes
  Oscillations
    08.065.038
    09.062.060
       065.007
    10.065.111
Polytropes
  Pulsations
    07.065.002
    08.065.039
    09.061.014
Polytropes
  Rotating
    02.066.027
    03.065.045
    06.065.026
    07.065.111
    09.065.002 .014 .022
Polytropes
  Stability
    03.065.045
    09.065.007 .091
    10.065.011
Polytropes
  Structure
    07.065.117
    08.061.053
Population I Stars
    03.064.018
       065.108

SUBJECT INDEX - VOL.1-10

Population I Stars
  Chemical Composition
  10.115.004
Population I Stars
  Element Abundances
  08.114.038
Population I Stars
  Evolution
  05.065.066
  06.065.049 .091 .099
  07.065.066 .099 .101
  09.065.042
  10.065.044
Population I Stars
  Helium Abundance
  04.121.001
Population I Stars
  Metal Abundances
  10.114.240
Population I Stars
  Models
  07.065.008
Population I Stars
  Stability
  05.065.066
Population II Stars
  03.114.001
  05.065.140
  08.065.034
  09.113.009
  10.154.018
Population II Stars
  A Type
  09.114.010
Population II Stars
  Convective Cores
  07.065.055
Population II Stars
  Density
  07.155.070
Population II Stars
  Element Abundances
  05.122.100
  07.064.042
Population II Stars
  Evolution
  05.065.005 .045 .046
    .113
  06.065.064
  07.012.024
    065.020
  08.065.122 .128
  09.065.006 .074 .077
    .181
  10.065.026 .085
Population II Stars
  Galaxies
  06.065.092
Population II Stars
  Giants
  02.114.107
  09.065.073
Population II Stars
  Helium Abundance
  01.065.024
  06.065.064
Population II Stars
  Luminosity Function
  07.155.070
Population II Stars
  Models
  01.065.029
  07.065.008 .113
Positional Astronomy
  041.000
  07.012.007
Positions
  Algol
  10.041.005

Positions
  Cepheids
  10.122.038
Positions
  Comets
  05.103.007 .013
  06.103.006
  10.103.008
Positions
  Early Type Stars
  04.114.127 .128
Positions
  Eclipsing Variables
  09.121.075
Positions
  Galaxies
  04.158.101
  05.158.076
  06.158.063
  10.158.024
Positions
  Gamma Ray Sources
  05.142.067
Positions
  Jupiter
  10.041.006
Positions
  Markarian Galaxies
  10.158.094
Positions
  Mars
  05.041.016 .024
  08.097.068
  10.041.035
Positions
  Minor Planets
  03.098.009 .010
  04.098.004 .012 .019
    .020 .023 .029
  05.098.009
  06.041.001 .003
    098.035 .037 .041
    103.006
  07.098.009
  08.098.006 .018 .027
    .030 .032 .080
    .082
  09.098.005 .007 .020
  10.098.012 .020 .021
    .073 .074
Positions
  Moon
  09.094.299
  10.041.048
Positions
  Moon Surface
  03.094.207
  08.094.209
Positions
  Novae
  06.124.003
Positions
  O Stars
  10.114.113
Positions
  OH Sources
  07.131.055
  10.131.031
Positions
  Planetary Nebulae
  02.133.027
  09.133.025
Positions
  Planets
  05.041.017
  06.041.003
  07.041.055
  08.041.002
  10.041.048

Positions
  Pluto
  06.041.001
  08.101.004
Positions
  Pulsars
  03.141.020 .063
  04.141.176 .226
  06.141.156 .240
  07.141.504 .522
  08.141.514 .525
  09.141.511 .514
Positions
  Quasars
  01.141.089 .103 .132
  05.141.203
Positions
  Quasi-Stellar Objects
  04.141.106 .218
  08.141.013
Positions
  Radio Sources
  01.031.002
    141.059 .128 .209
  02.141.011 .053 .143
    .177 .183 .196
  03.141.118 .119 .157
    .192 .197
  04.141.102 .103 .105
    .117 .163 .165
    .170 .172 .173
    .179 .180 .181
    .228
    158.039
  05.141.021 .040 .042
    .043 .044 .109
    .134 .229
  06.141.013 .026 .056
    .068 .135 .171
    .184 .242 .245
  07.141.012 .166 .187
  08.141.010 .012 .023
    .033 .052 .061
    .076 .078 .094
    .106
  09.141.037 .064 .068
    .084 .097 .118
  10.141.025 .050 .061
    .083 .127 .138
Positions
  Solar Flares
  06.106.013
  10.073.038
Positions
  Star Catalogues
  03.041.005
  04.041.032
  06.041.030
  09.041.001 .030 .038
    .040 .041 .042
  10.041.011
Positions
  Star Clusters
  05.155.026
Positions
  Sun
  10.041.048
Positions
  Uranus
  05.041.025
Positions
  Venus
  05.041.015
  10.093.012 .013
Positions
  X Ray Sources
  02.142.044
  03.142.008 .043
  04.142.005 .022 .076
  05.142.037 .042 .079

SUBJECT INDEX - VOL.1-10

Positions
  X Ray Sources
    06.142.008 .009 .010
           .070
    08.142.098
    09.142.033
    10.142.009 .010 .076
Praesepe
  02.153.004
  04.153.038 .040
  05.153.013 .014 .037
  06.153.027
  07.153.008
  09.080.037
     115.002
  10.121.003
     153.002
Precession
  10.043.003
Precession
  Celestial Bodies
    08.042.022
Precession
  Deformable Bodies
    02.042.003 .008
Precession Quantities
  01.043.001
  04.043.010
  05.043.005
  06.043.001 .003 .004
         .006 .014
  08.041.031
Precessional Constant
  03.112.016
  04.043.009
  05.043.001
  06.043.015
  08.043.002
Proceedings Congresses
  012.000
Prominences
  073.000
Prominences
  Electron Densities
    08.073.026
Prominences
  Emission Lines
    08.073.009 .100
Prominences
  Evolution
    10.073.013 .022 .094
Prominences
  Formation
    08.073.060 .109
    09.074.002
    10.073.055
Prominences
  Helium Abundance
    06.073.024
    08.073.076
    09.071.016
Prominences
  Helium Emission
    02.073.066
    06.073.026
Prominences
  Helium Lines
    10.073.021
Prominences
  Interacting
    10.073.054
Prominences
  Internal Motions
    07.073.044
Prominences
  Latitude Distribution
    09.073.010 .099
Prominences
  Line Intensities
    08.073.017

Prominences
  Line Intensities
    09.073.088
Prominences
  Line Profiles
    10.073.037
Prominences
  Magnetic Fields
    02.073.067
    03.071.030
    04.073.018 .059 .070
    05.073.015 .019 .059
    06.073.014 .039 .049
           .050
    07.073.025 .045
    08.073.010 .097 .114
    09.073.021 .027
    10.073.018
Prominences
  Models
    01.073.003
    03.073.007
    04.073.031
    06.073.002 .025
Prominences
  Motions
    02.073.044
    03.073.015
    04.073.022 .025 .026
           .031
    05.073.042
    06.073.028 .063
    07.073.021
    09.073.091
    10.073.054
Prominences
  Origin
    05.073.027 .032 .076
Prominences
  Photometry
    03.073.046
Prominences
  Polarization
    02.073.013
    08.073.112
Prominences
  Radio Radiation
    08.077.051
Prominences
  Solar Corona
    10.073.115
Prominences
  Source Functions
    06.073.054
Prominences
  Spectra
    01.073.001
    04.073.053 .072 .074
    05.073.028
    06.073.019 .023 .078
           .099
    07.073.068
    08.073.077
    09.073.032
    10.073.013 .095
Prominences
  Spectroheliograms
    08.073.099
Prominences
  Spectrophotometry
    04.073.064
    06.073.051
    07.074.009
    08.073.077
Prominences
  Stability
    03.073.054
Prominences
  Structure
    01.073.011 .029 .030

Prominences
  Structure
    02.073.010
    03.073.025
    04.073.075
    09.073.009
Prominences
  Surveys
    08.073.088
Prominences
  Turbulence
    02.073.069
Prominences
  UV Radiation
    06.073.033
Prominences
  UV Spectra
    08.073.099
Prominences
  Velocity Fields
    07.073.043
Prominences
  X Rays
    05.076.019
    07.076.021
Proper Motion Surveys
  01.112.005 .009
  04.112.010 .011 .015
         .016 .017 .019
         .020 .021 .026
         .027
  05.112.011 .012
  06.112.017
  07.112.015 .017 .018
     117.036
  08.112.009 .011
  09.112.005 .015
  10.112.001 .002
     155.014
Proper Motions
  112.000
  04.012.023
Proper Motions
  A Stars
    03.112.007
    07.112.008
Proper Motions
  Absolute
    09.111.007
     112.003
     155.042
Proper Motions
  Binaries
    02.112.017
    05.117.012 .022
     118.011
    09.112.001
Proper Motions
  Blue Stars
    02.112.018
Proper Motions
  Carbon Stars
    09.111.002
Proper Motions
  Catalogues
    041.000
Proper Motions
  Cepheids
    06.122.113
    10.122.038
Proper Motions
  Diagrams
    07.112.009
Proper Motions
  Eclipsing Variables
    08.121.042
Proper Motions
  Faint Stars
    08.041.001

Proper Motions
  Galactic Clusters
    02.112.008
    153.025
    04.153.013 .041
    05.112.006
    153.001 .038
    06.153.004 .018 .020
    .024
    07.153.001 .009 .010
    .016 .022
    09.112.002 .009 .010
    .011
    153.011
    10.153.005
Proper Motions
  Galaxies
    04.158.078
Proper Motions
  Globular Clusters
    06.154.012
    07.154.012
Proper Motions
  Hyades
    01.153.020
Proper Motions
  Late Type Stars
    03.112.017
Proper Motions
  M Stars
    05.113.017
    08.112.003
Proper Motions
  Nearby Stars
    09.113.057
Proper Motions
  Novae
    05.112.003
Proper Motions
  O Stars
    07.112.010
Proper Motions
  OB Stars
    07.112.001
Proper Motions
  Pleiades
    09.112.002
Proper Motions
  RR Lyrae Stars
    05.111.010
    112.009 .015
    06.122.059 .151
    08.122.130
Proper Motions
  Star Catalogues
    03.041.005
    05.041.027
    06.041.030
    112.005
    07.041.006
    112.005 .006
    08.112.010
    09.041.042
    10.041.011
Proper Motions
  Subluminous Stars
    09.113.057
Proper Motions
  Sunspots
    10.072.033 .044
Proper Motions
  Systematic Errors
    05.043.005
    111.010
    112.015
Proper Motions
  Visual Binaries
    07.118.024
    08.118.010

Proper Motions
  White Dwarfs
    04.126.008
Proper Motions
  X Ray Sources
    04.112.025
    08.142.110
Protoclusters
  Accretion
    07.151.086
Protogalaxies
    04.162.055
    05.151.009
    158.092
    162.044
    06.162.013
    07.141.059
    158.054
    09.061.031
    065.009
    161.003
    10.162.091
Protoplanets
    06.107.006
    07.091.002
    08.107.012
    09.107.001
    10.107.023 .025 .030
Protostars
    01.065.056 .075 .076
    .077
    066.033
    131.049
    02.065.015 .036 .037
    .065 .082 .083
    .084 .087
    114.052
    03.065.069 .083 .092
    151.013
    04.065.106
    05.065.074 .075 .076
    .110 .111 .122
    06.062.001
    07.065.077 .106
    08.065.092 .150
    09.065.034 .103 .151
    .177
    10.065.110 .138
    131.127
Pulsar
  Crab Nebula
    01.022.029
    141.016 .020 .021
    .039 .055 .057
    .064 .072 .080
    .087 .105 .107
    .110 .111 .126
    .182 .184 .194
    .195 .196 .199
    .214 .225
    142.048
    02.141.005 .014 .015
    .017 .023 .058
    .106 .108 .111
    .115 .117 .124
    .129 .150 .188
    .226
    03.134.005 .011 .023
    .024
    141.052 .056 .065
    .076 .122 .130
    .137 .139 .151
    .155 .161 .165
    .218 .219
    04.022.005
    034.020
    061.005
    134.007
    141.019 .035 .037
    .054 .066 .068

Pulsar
  Crab Nebula
    04.141.110 .114 .120
    .125 .150 .155
    .183 .194 .201
    .215
    05.134.004
    141.001 .007 .012
    .045 .071 .113
    .115 .118 .121
    .124 .126 .127
    .207 .209 .210
    06.141.007 .012 .059
    .108 .111 .114
    .142 .154 .165
    .187 .212 .229
    .239 .241 .256
    07.141.501 .507 .510
    .531 .532 .533
    .541 .542 .557
    .559
    08.141.523 .527 .528
    .532 .557
    09.141.506 .513 .522
    .524 .537 .553
    10.061.002
    134.002 .010 .014
    .017
    141.503 .510 .513
    .514 .515 .553
    .559
Pulsars
    141.000
    05.012.013
    06.012.019
    08.003.022
    10.065.116
Pulsars
  Accretion
    04.141.023
Pulsars
  Age
    03.141.220
Pulsars
  Catalogues
    01.141.157
Pulsars
  Companions
    03.141.139
Pulsars
  Cosmic Rays
    01.141.231 .232
    02.141.099 .132 .215
    03.141.146
    143.044
    04.141.052
    143.058
    06.141.131 .221 .222
    143.062
    07.143.065
    08.141.538 .550
    09.143.003 .068
Pulsars
  Declinations
    07.141.535
Pulsars
  Discovery
    07.141.536
    08.141.531
    10.141.507
Pulsars
  Distances
    01.131.008 .058
    141.012 .063 .065
    .193
    02.141.088 .130 .145
    03.141.144 .214
    04.141.038 .119
    06.141.144
    07.131.153

Pulsars
  Distances
    07.141.528
    08.141.526 .546
Pulsars
  Distribution
    01.141.008
    02.141.023
Pulsars
  Dynamics
    08.141.521
Pulsars
  Electric Fields
    07.141.543
    08.062.061
       141.504
Pulsars
  Electron Densities
    04.141.038
Pulsars
  Evolution
    02.141.008
    10.141.557
Pulsars
  Extragalactic
    04.141.196
Pulsars
  Fluctuations
    04.141.020 .113 .124
    05.141.063
    06.141.139
    07.141.521
    08.141.555
    09.141.536 .551
Pulsars
  Flux Densities
    04.141.194
    07.141.550
Pulsars
  Formation
    01.141.226
    02.141.059
    03.125.010
       141.041 .050 .154
            .204
    07.065.021
    10.125.042
Pulsars
  Galactic Distribution
    03.141.160 .171
    04.141.076
    05.141.037
    09.141.557
Pulsars
  Gamma Rays
    01.141.032 .194
    02.141.133 .137
    03.141.059 .068
       142.020
    04.141.056 .067
       142.099
    05.141.140 .207 .239
            .240 .241
    06.141.059 .165 .186
            .239 .256
    07.141.541 .570
       142.139
    08.141.523
       142.150
    09.141.558
    10.141.515
Pulsars
  Infrared Radiation
    04.141.119
Pulsars
  Luminosities
    05.141.004
    10.141.538

Pulsars
  Lunar Occultations
    08.141.514
Pulsars
  Magnetic Fields
    04.141.057
    05.022.060
    06.141.019 .076 .237
    07.141.509 .543 .562
            .563
    08.141.502 .522
    09.141.522 .552 .560
            .562 .565
    10.061.065
Pulsars
  Magnetospheres
    06.141.118
    07.141.523 .551 .565
    08.141.534 .549
    09.141.508 .513 .520
            .567
    10.141.520 .528 .529
            .539 .540
Pulsars
  Masses
    03.141.047
Pulsars
  Mechanisms
    02.141.112
    03.141.005 .133 .156
    04.063.041
       141.004 .066 .152
            .155 .203 .211
    05.141.011 .213 .242
            .243
    06.141.058 .241 .257
    07.141.566
    09.141.509 .541 .567
    10.141.516 .521 .531
            .534
Pulsars
  Models
    01.141.004 .009 .013
            .015 .017 .022
            .023 .026 .070
            .081 .169 .170
            .171 .202 .224
    02.066.055
       141.016 .024 .038
            .045 .061 .066
            .087 .136 .151
            .189
    03.141.001 .003 .010
            .015 .024 .064
            .076 .077 .080
            .130 .171 .199
    04.141.025 .035 .054
            .065 .147 .205
            .219 .231
    05.065.018
       066.018
       141.054 .065 .104
            .121
    06.022.066
       141.036 .060 .119
            .153 .164 .193
            .208 .214 .232
            .236
    07.141.509 .556 .571
    08.063.029
       141.519 .522
    09.065.025
       141.043 .556
       142.010
    10.141.501
Pulsars
  Neutron Stars
    01.141.233
    02.141.085 .116 .192
            .216

Pulsars
  Neutron Stars
    03.065.047
       141.070 .110 .217
    04.065.032
       141.023
    06.065.007 .148
       141.213 .231
    07.141.503 .519 .555
    08.064.073
       065.130
       141.513 .547 .548
    09.061.044
       065.003
       141.533
    10.065.042 .089 .131
       141.504 .511 .541
            .558
Pulsars
  Optical Identification
    02.141.004
    03.141.175
    04.141.174 .175
Pulsars
  Optical Observations
    01.141.082 .187
    04.141.201
    05.141.002
    08.141.506 .541
Pulsars
  Origin
    05.141.105
Pulsars
  Period-Lumin Relation
    05.141.147
    06.141.169
    07.141.505
Pulsars
  Periodicities
    01.141.005 .006 .068
            .069 .148 .155
    02.141.060 .173 .212
            .213 .214
    03.062.016
       141.058 .137 .145
            .159 .188
    04.141.006 .034 .076
            .113 .115 .116
            .176 .226
    05.141.092
    06.141.001 .153 .167
            .176
    07.141.502 .504 .522
            .535 .538
Pulsars
  Periods
    02.141.050 .052
    03.141.020 .025 .049
            .063 .160 .224
    04.141.157
    08.141.525 .543 .561
    09.141.514 .557
    10.141.502
Pulsars
  Photometry
    06.113.026
    08.141.532
Pulsars
  Polarization
    01.141.028 .058 .158
    02.141.016 .114 .153
            .174
    03.141.013 .062 .135
            .147
    04.141.019 .044 .114
            .156 .183 .215
    05.141.009 .072 .131
            .232
    06.141.054 .119 .175
            .177 .187 .191

Pulsars
  Polarization
    06.141.212 .219
    07.141.524 .542
    08.141.501 .560
    09.141.501
    10.141.512 .513 .514
        .552
Pulsars
  Positions
    03.141.020 .063
    04.141.176 .226
    06.141.156 .240
    07.141.504 .522
    08.141.514 .525
    09.141.511 .514
Pulsars
  Pulse Structure
    08.141.515
    09.141.502 .517 .523
        .543
    10.141.501 .517 .518
Pulsars
  Radio Radiation
    04.141.079 .156 .195
    05.141.074 .142
    06.141.018 .032 .054
        .075 .152 .178
        .181 .254
    07.141.534 .554 .568
    08.141.505 .520 .540
        .553 .555 .558
        .559 .564
    09.141.512 .514 .516
        .532 .539 .542
        .559 .566
    10.141.512 .516 .561
Pulsars
  Right Ascensions
    05.141.100
Pulsars
  Rotation
    06.141.232
    07.141.508
    08.141.556
    09.065.021
       141.505
Pulsars
  Scintillations
    02.141.147
    03.141.053
    05.141.063
    07.141.506
    08.141.503
    10.141.525 .533
Pulsars
  Search
    01.141.071 .119 .120
        .176 .198
    02.141.048
    03.141.002 .230
    04.034.020
       141.009 .212
    05.141.039
    08.141.544
    09.141.521
    10.141.505
Pulsars
  Space Density
    07.131.153
Pulsars
  Space Distribution
    03.141.160 .198
    09.141.535
Pulsars
  Spectra
    01.141.083
    02.141.018 .111
    03.141.060
    04.141.200

Pulsars
  Spectra
    05.141.015
    06.141.063
    07.141.554
    08.141.560 .563
    10.141.506 .524
Pulsars
  Structure
    08.141.521
    10.141.522
Pulsars
  Supernova Remnants
    01.141.041
    03.125.001
       141.008
    05.141.066 .126
    07.125.001
       141.505 .527
    08.125.008 .024 .036
       141.524
    09.125.004
       141.504 .563
    10.125.001
Pulsars
  Supernovae
    07.141.530
    09.141.510
    10.141.530
Pulsars
  Synchrotron Radiation
    09.141.515
    10.141.510 .532
Pulsars
  Variations
    01.141.007 .010
    02.141.007 .082 .123
        .162
    03.141.009 .026 .055
        .123
    04.141.012 .169 .217
    05.141.083 .138 .205
    06.141.005 .133 .176
    07.141.501 .526 .567
    08.141.562
    09.141.524 .538 .561
    10.141.093 .519 .535
        .555
Pulsars
  Vela
    01.141.074 .126
    02.141.085
    03.141.076 .155
    04.141.054 .174 .175
    06.141.167 .229
    07.141.520 .531 .540
        .557
    08.141.506
    09.141.519
    10.141.558
       142.022
Pulsars
  X Rays
    01.141.214
    02.141.049 .127
    03.141.036 .056 .067
        .219
    04.061.005
       065.037
       141.068
    05.141.004 .070 .119
    06.141.142
    07.142.050 .072
    08.125.014
       141.542 .554
       142.150
    09.141.507
    10.141.503 .508
       142.059 .132

Pulsars
  21 cm Radiation
    06.141.061
    08.141.526
    09.141.518
Pulsating Stars
    08.114.003
Pulsating Variables
    04.122.067
    05.064.049
    08.122.055
Pulsating Variables
  Atmospheres
    06.122.014
Pulsating Variables
  Galactic Clusters
    08.122.043
Pulsating Variables
  Pleiades
    08.122.042
Pulsation Theory
    122.000
    02.065.088
       119.007
    03.065.026
       122.019
    04.065.028 .059 .134
        .157
       122.080
    05.061.011
       065.098 .117
    06.115.002
Pulsation Theory
  Cepheids
    02.065.030 .031 .032
Pulsation Theory
  Stars
    02.065.021 .039
Pulsations
  Helium Stars
    07.122.065
Pulsations
  Main Sequence Stars
    05.065.003 .060
    06.065.030
    08.122.043
    09.065.084 .086
Pulsations
  Massive Stars
    01.065.009
    02.065.085
    03.065.081
    04.065.003
    05.065.051 .062
    06.065.030
    07.065.011
    08.065.040 .041
Pulsations
  Metallic Line Stars
    07.122.058
Pulsations
  Neutron Stars
    02.065.042
    07.065.074
       126.016
    08.065.058
       126.022
    09.065.008 .052
Pulsations
  Polytropes
    07.065.002
    08.065.039
    09.061.014
Pulsations
  Relativistic Stars
    02.066.050
    03.066.027
    10.065.078

Pulsations
  Rotating Stars
  03.065.082
  10.065.115
Pulsations
  RR Lyrae Stars
  08.122.116
Pulsations
  Solar Corona
  10.074.104
Pulsations
  Solar Flares
  09.073.019
Pulsations
  Stellar Envelopes
  07.117.034
Pulsations
  Stellar Evolution
  03.065.060
  06.115.002
Pulsations
  Stellar Interiors
  09.065.174
     122.138 .139
  10.065.124
     122.112
Pulsations
  Supergiants
  01.064.010
     122.054
Pulsations
  White Dwarfs
  01.126.005 .006 .008
  02.065.012 .014 .034
     126.002
  04.065.133
     126.009
  05.065.004
     126.002 .005 .047
  07.065.027
     126.016
  08.126.005 .009 .012
     .022
  09.126.005 .007 .017
Pulsations
  X Ray Sources
  05.142.047 .071
  06.065.088
     142.005 .018 .032
         .038 .058 .070
         .072
  07.142.049 .064 .102
  08.142.005 .014 .047
         .096 .149
  09.065.117
     142.019 .079 .107
         .114
  10.142.001 .002 .013
         .025 .050 .067
PZT Stars
  Photometry
  05.113.032

Quadrantids
  07.104.001 .003 .009
         .019 .020
Quarks
  01.061.031
     143.062
  02.022.007 .015 .098
     066.068
     132.040
     143.007
  03.022.017 .087
     141.222
  04.022.100
     065.039
  08.022.137
  10.022.105

Quasars
  141.000
  01.158.070
     162.033
  02.022.007
  04.012.005
Quasars
  Angular Diameters
  09.141.105
Quasars
  Angular Sizes
  09.141.119
Quasars
  Brightnesses
  07.141.057
Quasars
  Catalogues
  06.141.199
Quasars
  Chemical Composition
  04.141.151
Quasars
  Classification
  09.141.074
Quasars
  Colors
  07.141.131
Quasars
  Counts
  08.141.029
Quasars
  Diameters
  08.141.071
  10.141.097
Quasars
  Distances
  01.141.108
  02.141.139
  04.141.026
  07.141.061 .183 .188
  09.141.024
Quasars
  Distribution
  05.162.084
Quasars
  Envelopes
  06.141.105
  08.141.102
Quasars
  Evolution
  02.141.186
  03.141.044 .112 .132
  05.141.110
  06.141.183 .204
     158.107
  07.162.013
  08.141.014 .029
  10.141.062
Quasars
  Explosions
  08.158.015
Quasars
  Flux Densities
  02.141.155
  03.141.138
  04.141.058
  05.141.081
  07.141.029
Quasars
  Forbidden Lines
  02.141.036
Quasars
  Galactic Nuclei
  09.141.014
Quasars
  Gamma Rays
  04.141.151
Quasars
  Helium Abundance
  09.141.083

Quasars
  Hubble Diagrams
  09.141.019 .075
  10.141.074
Quasars
  Identifications
  07.141.068
Quasars
  Infrared Radiation
  03.141.109
  06.158.059
Quasars
  Infrared Spectra
  05.158.036
  09.141.124
Quasars
  Lists
  09.141.080
Quasars
  Luminosities
  06.141.158 .161
  07.141.052 .195
  08.141.014
  09.141.073
  10.141.043
Quasars
  Luminosity Function
  04.141.178
  05.141.051
  06.141.140
     158.080
  08.141.031
  09.141.021 .070
  10.141.021
Quasars
  Magnetic Fields
  05.065.104
  08.141.068
Quasars
  Masses
  06.141.198
Quasars
  Mechanisms
  02.141.039
Quasars
  Models
  01.141.050 .088 .100
  02.141.024 .122
  03.158.057
  04.141.053
  05.141.130 .200
  06.141.066 .195
  07.141.029 .069 .070
         .157
  09.141.130
  10.141.102
Quasars
  Nuclei
  08.141.059
Quasars
  Optical Identification
  05.141.233
  06.141.141
Quasars
  Optical Observations
  06.141.049
Quasars
  Optical Variations
  01.141.035 .091 .156
  02.141.175 .227
  04.141.075 .108
  05.141.046 .076 .130
Quasars
  Periodicities
  01.141.104
Quasars
  Photometry
  01.141.052 .090 .131
  02.141.119
  04.122.120

SUBJECT INDEX - VOL.1-10

Quasars
Photometry
06.141.065 .268
07.141.013
08.141.123
09.141.121
Quasars
Polarization
02.141.046 .155
04.141.007 .039
05.141.080 .200
06.141.003
07.141.178
158.111
08.158.052
09.141.059 .085
158.112
Quasars
Positions
01.141.089 .103 .132
05.141.203
Quasars
Radio Radiation
04.141.040 .230
05.141.103 .128
06.141.028 .057 .158
08.141.068
158.063
Quasars
Redshifts
01.141.030 .051 .102
.109
162.064
02.141.002 .003 .022
.051 .084 .086
.125 .139 .159
03.141.073 .229
04.141.013 .204
05.141.189
158.061
06.141.006 .069 .123
.161 .203 .215
.251 .267
07.141.051 .078 .122
.131
08.141.066 .084 .127
09.141.011 .024 .029
.061 .075 .117
.119
158.055 .106
10.141.026 .027 .029
.048 .092 .097
.128 .135
Quasars
Rotation
08.141.022
09.141.505
Quasars
Scintillations
02.141.078
05.141.052
06.141.113
09.141.099 .129
Quasars
Search
02.141.054
Quasars
Semi-Forbidden Lines
10.141.071
Quasars
Space Distribution
03.141.031
Quasars
Spectra
02.141.036 .064 .069
.070 .182
03.141.072
04.141.007 .112 .159
06.141.209
07.141.022 .194

Quasars
Spectra
07.158.104
08.141.109
09.141.002 .049 .121
10.141.128
Quasars
Spectrophotometry
04.141.024
05.141.006
Quasars
Stability
10.141.134
Quasars
Structure
02.141.100
05.141.038
06.141.027 .202
08.033.035
Quasars
Synchrotron Radiation
05.141.201
Quasars
Variations
02.141.067 .071 .152
04.141.229
05.141.016
06.141.027 .049 .122
07.141.026
08.141.017 .082
09.141.108
10.141.043 .054 .091
Quasars
Velocities
09.141.117
Quasars
21 cm Radiation
10.141.028 .029
Quasi-Stellar Objects
02.141.202
04.141.198 .216
158.069 .101
161.003
05.022.003
065.096
141.041 .078 .202
158.093
06.141.143 .227
158.094
07.012.005
141.063 .191 .192
158.025
08.141.015 .067 .122
158.109
09.141.074 .091 .107
158.106
10.141.049 .078
158.066
Quasi-Stellar Objects
Absorption Lines
09.141.082
Quasi-Stellar Objects
Clusters of Galaxies
08.160.010
Quasi-Stellar Objects
Distances
05.141.067
07.141.119
Quasi-Stellar Objects
Distribution
04.141.153
05.162.084
06.141.190
Quasi-Stellar Objects
Envelopes
04.141.032
Quasi-Stellar Objects
Evolution
04.141.118

Quasi-Stellar Objects
Fluctuations
04.141.049
Quasi-Stellar Objects
Gamma Rays
06.141.186
Quasi-Stellar Objects
H I Clouds
10.131.069
Quasi-Stellar Objects
Helium Abundance
05.141.143
Quasi-Stellar Objects
Identifications
04.141.106 .188
05.141.111
07.141.068 .126
08.141.011 .058
10.141.058
Quasi-Stellar Objects
Light Curves
09.141.098
Quasi-Stellar Objects
Line Profiles
07.141.161
Quasi-Stellar Objects
Luminosities
06.141.161
Quasi-Stellar Objects
Luminosity Function
04.141.153
06.141.081
07.141.058
10.141.021
Quasi-Stellar Objects
Mass Loss
07.141.123
09.064.011
Quasi-Stellar Objects
Masses
02.141.126
03.141.027 .028
04.141.043
05.141.211 .234
07.141.119
Quasi-Stellar Objects
Models
05.066.018
141.084
07.141.179
158.027
10.141.100
Quasi-Stellar Objects
Optical Identification
07.141.009
09.141.041 .120
10.141.127
Quasi-Stellar Objects
Optical Observations
08.141.115
Quasi-Stellar Objects
Origin
07.141.014
Quasi-Stellar Objects
Photometry
03.113.028
07.141.120
Quasi-Stellar Objects
Polarization
09.141.007 .081
Quasi-Stellar Objects
Positions
04.141.106 .218
08.141.013
Quasi-Stellar Objects
Radio Radiation
02.141.091
03.141.126
04.141.045
05.141.062 .068

SUBJECT INDEX - VOL.1-10

Quasi-Stellar Objects
Radio Radiation
06.141.124
09.141.022
Quasi-Stellar Objects
Redshifts
02.141.025
03.114.125
   141.054 .066 .124
        .194 .221
04.158.025
05.141.125
06.141.006 .161 .194
07.141.182
   162.016
08.141.077 .108 .119
09.141.027 .033 .076
        .090 .126 .134
10.141.022 .033 .069
        .075 .079 .085
        .142
Quasi-Stellar Objects
Search
04.141.148
10.141.024
Quasi-Stellar Objects
Semi-Forbidden Lines
03.141.120
Quasi-Stellar Objects
Space Distribution
06.141.081
   158.105
Quasi-Stellar Objects
Spectra
03.141.029 .084 .116
        .125
04.141.048 .118 .192
        .197 .209
05.141.064
06.141.020
07.141.018 .019 .059
        .074 .161 .163
08.141.101 .104
09.141.086 .123
10.141.023
Quasi-Stellar Objects
Spectrophotometry
03.141.016
Quasi-Stellar Objects
Variations
06.141.029 .252
09.141.007
10.141.137

R CrB Variables
07.122.015 .031 .057
        .136
08.122.018 .019 .115
        .139
09.113.005
   114.028 .053
10.122.013 .076 .101
        .106 .174
Radar Echoes
Mars
01.097.015 .036
02.097.051
04.097.053
06.097.081
Radar Echoes
Mars Surface
08.097.001
09.097.002 .003
Radar Echoes
Mercury
03.092.005
04.093.053
06.092.003
07.092.003 .010

Radar Echoes
Meteor Streams
06.104.034
09.104.005 .018
10.104.001
Radar Echoes
Meteors
02.104.026 .042 .043
04.104.004 .010 .030
        .061 .064
05.104.004 .034 .040
06.104.014 .030 .031
        .053 .055 .056
        .057 .059 .062
        .063 .097
07.082.024
   104.003 .004 .020
Radar Echoes
Minor Planets
06.041.044
10.098.004
Radar Echoes
Moon
02.094.032 .169 .187
        .211
03.094.186 .237 .246
        .247
04.094.400
05.094.138 .165
06.094.075
07.094.120 .195 .223
08.094.038 .143 .190
   097.189
10.094.044
Radar Echoes
Moon Surface
05.094.033
06.094.009
09.094.912
10.033.070
Radar Echoes
Planets
01.091.003
02.091.009
03.066.055
04.091.040
Radar Echoes
Solar Corona
03.080.005
04.074.015
05.074.006
10.074.071
Radar Echoes
Sun
01.074.040
Radar Echoes
Venus
02.094.032
03.093.018 .024
04.093.003 .041 .045
        .053 .055 .056
        .066
05.093.007 .070
07.093.002
08.093.025 .040 .048
10.093.001
Radial Velocities
   112.000
07.155.023
09.159.007
10.031.014
Radial Velocities
A Stars
02.112.009 .019
06.112.014
   155.027
Radial Velocities
B Stars
01.112.006
03.112.001

Radial Velocities
B Stars
05.112.008 .010
06.112.001
08.112.002
09.113.016
10.112.003
Radial Velocities
Binaries
04.117.027
05.064.003
Radial Velocities
Carbon Stars
10.112.006
Radial Velocities
Cepheids
06.122.004
08.122.094
Radial Velocities
Early Type Stars
07.112.007
Radial Velocities
Eclipsing Variables
08.121.076
09.121.032
Radial Velocities
Emission Nebulae
03.132.002
Radial Velocities
F Stars
02.112.009
Radial Velocities
G Stars
06.112.016
Radial Velocities
Galactic Nebulae
10.132.002
Radial Velocities
Galaxies
01.158.005
05.158.096
07.158.036
08.158.010 .127
09.158.008 .026
   160.007
10.158.020
Radial Velocities
H II Regions
03.131.094
   132.002
   155.035
04.131.118
09.131.026 .124
Radial Velocities
K Giants
04.114.002
Radial Velocities
K Stars
06.112.016
Radial Velocities
Late Type Stars
03.112.005
06.114.012
Radial Velocities
M Giants
09.114.098
Radial Velocities
M Stars
06.112.016
08.155.055
Radial Velocities
O Stars
06.112.001
09.113.016
Radial Velocities
OB Stars
01.112.004
02.112.005
07.112.001

Radial Velocities
  Peculiar A Stars
    09.112.013
Radial Velocities
  Planetary Nebulae
    01.133.002
    05.133.025
    09.133.004 .038
Radial Velocities
  Relativistic Stars
    03.066.054
Radial Velocities
  RR Lyrae Stars
    03.122.070
Radial Velocities
  SC Stars
    06.114.044
Radial Velocities
  Spectroscopic Binaries
    04.119.003
    05.112.008
    06.119.013
Radial Velocities
  Standard Stars
    08.112.013
Radial Velocities
  Subdwarfs
    02.126.007
Radial Velocities
  Supergiants
    01.112.004
    07.114.023
    08.114.112
Radial Velocities
  Variables
    05.122.001
Radial Velocities
  X Ray Sources
    05.142.036
Radiation Belts
  Earth
    084.400
    08.012.009
Radiation Belts
  Jovian Planets
    09.091.034
Radiation Belts
  Jupiter
    09.099.008 .031 .086
    10.099.012 .013 .022
         .068 .069 .102
Radiative Transfer
    063.000
    05.012.012
Radiative Transfer
  Chromosphere
    04.073.034
    07.073.011 .084
Radiative Transfer
  Dust Clouds
    04.131.044
Radiative Transfer
  Dust Nebulae
    06.132.008
    08.063.014
Radiative Transfer
  Gaseous Nebulae
    05.132.026
Radiative Transfer
  Interstellar Matter
    07.063.005
    09.131.044 .203
Radiative Transfer
  Jupiter Atmosphere
    10.022.031
Radiative Transfer
  Mars Atmosphere
    07.097.063

Radiative Transfer
  Monte Carlo Method
    02.063.027
Radiative Transfer
  Moon Surface
    06.094.224
Radiative Transfer
  Novae
    02.124.001
Radiative Transfer
  Photosphere
    08.071.016
Radiative Transfer
  Planetary Atmospheres
    01.063.008
    02.091.001
    03.091.012 .020 .033
    04.091.023
    05.091.028 .030
    06.091.012
    09.091.001 .016
    10.063.002 .021 .022
       091.010
Radiative Transfer
  Planetary Nebulae
    08.133.006
    09.133.006
Radiative Transfer
  Plasma
    02.062.015
    03.063.015
    04.062.013
    05.063.030
    06.063.008
Radiative Transfer
  Stellar Atmospheres
    04.063.032
       064.021 .022 .075
          .078
    05.064.012 .033 .048
          .050 .051 .058
    06.063.007
       064.063
    07.064.056
    08.064.038 .040 .068
    09.063.029
       064.013 .024 .064
          .082 .085
Radiative Transfer
  Stellar Envelopes
    05.064.023
    06.065.029
    10.063.011
Radiative Transfer
  Venus Atmosphere
    05.093.072
    07.097.063
Radii
  Cepheids
    05.115.006
    07.122.089
    09.122.123
    10.122.008
Radii
  Early Type Stars
    10.114.160
Radii
  Eclipsing Variables
    04.121.084
    06.121.003
Radii
  RR Lyrae Stars
    02.122.141
    07.122.029
Radii
  Satellites
    09.091.057
Radio Background
    01.143.001
    02.141.057

Radio Background
    02.157.005
    03.157.023
    04.066.032
       157.011
    05.157.002
Radio Equipment
    033.000
Radio Galaxies
    01.141.031 .141 .142
          .150 .174
       158.035 .043 .069
          .070
    02.141.140
       158.072
    03.141.061 .125
       158.015 .025 .040
          .044
    04.158.005 .033 .064
    05.158.011 .023 .029
          .042
    06.141.253
       158.028 .098 .113
       162.036
    07.012.005
       158.042 .112 .114
    08.141.004
       158.063 .091
    09.158.067 .099
    10.158.104
Radio Galaxies
  Compact
    06.141.110
Radio Galaxies
  Evolution
    02.158.087 .090
    07.162.013
    08.141.030
    10.158.038
Radio Galaxies
  Explosions
    05.158.035
    08.158.015
    10.158.038
Radio Galaxies
  Gamma Rays
    06.142.093
    07.142.139
Radio Galaxies
  Infrared Photometry
    08.158.057
Radio Galaxies
  Luminosities
    07.158.165
Radio Galaxies
  Luminosity Function
    06.158.062
    08.141.031
       158.112
Radio Galaxies
  Models
    03.158.057
Radio Galaxies
  Photometry
    01.141.131
    09.141.135
Radio Galaxies
  Polarization
    09.158.097 .112
    10.158.005 .067
Radio Galaxies
  Redshifts
    02.141.019
    03.141.028
       158.002 .102
    07.141.025 .028
       158.123
    08.158.005
    09.158.015
    10.158.112

Radio Galaxies
  Rotation
    08.141.022
Radio Galaxies
  Scintillations
    09.141.099
Radio Galaxies
  Spectra
    07.158.104
Radio Galaxies
  Structure
    03.141.017
    06.141.202
Radio Galaxies
  X Rays
    04.142.006
    06.142.093
    08.158.098
    10.141.095
       158.028
Radio Interferometers
    01.033.001 .024 .028
           .032 .034
    02.033.015 .018 .019
       141.104 .142 .144
    04.033.048
Radio Interferometry
    03.033.002
Radio Nebulae
    07.141.080
Radio Pulses
  Galactic Center
    09.155.018 .097
    10.155.016 .018
Radio Radiation
  Algol
    07.121.063
    10.121.007 .012
Radio Radiation
  Andromeda Nebula
    08.158.072
Radio Radiation
  Chromosphere
    05.073.048
    07.073.002
Radio Radiation
  Close Binaries
    09.141.035
Radio Radiation
  Clusters of Galaxies
    02.160.003
    10.160.022
Radio Radiation
  Crab Nebula
    03.134.010 .020
       141.075
    05.132.027
       134.009 .010
       141.091
    06.134.007
    07.134.008
    08.134.002 .005 .007
           .010
    09.134.012
       141.546
    10.134.009 .018
Radio Radiation
  Cygnus Loop
    06.132.011
Radio Radiation
  Diffuse Nebulae
    09.132.005
Radio Radiation
  Early Type Stars
    08.141.025
Radio Radiation
  Eclipsing Variables
    07.121.091
       141.184
    09.141.088

Radio Radiation
  Emission Nebulae
    01.132.011 .021
    02.132.001 .016 .021
    03.132.012 .017
    04.132.029
    05.132.015 .022 .027
    06.132.033
    07.132.017
    09.132.023
       141.040
    10.132.017
Radio Radiation
  Flare Stars
    02.122.124
    05.122.068
Radio Radiation
  Galactic
       157.000
Radio Radiation
  Galactic Anticenter
    03.157.006
    07.157.014
Radio Radiation
  Galactic Center
    03.157.007
    04.141.123 .160
    05.066.067
    06.155.034
Radio Radiation
  Galactic Clusters
    02.153.043
    06.153.026
Radio Radiation
  Galactic Disk
    01.157.014 .017
    02.157.014
    06.158.064
    07.141.124
    08.157.001 .004
Radio Radiation
  Galactic Spurs
    02.157.004
Radio Radiation
  Galaxies
    01.158.011 .071
    02.158.031 .032
    03.158.001 .088 .090
           .095 .096
    04.158.009 .017 .020
           .040 .050
    05.141.079
       158.044 .057 .066
           .068 .088 .089
           .090
    06.158.022 .063 .064
           .065
    07.158.039 .159
    08.158.011 .034 .067
           .097 .110 .125
    09.158.021 .029 .037
           .040 .045 .053
           .066 .119
    10.141.081
       158.019 .087 .088
           .089 .136
Radio Radiation
  H II Regions
    02.131.014 .078
    04.131.003
    05.131.034 .100 .138
    07.131.057
    09.131.005 .036
    10.131.002
Radio Radiation
  Infrared Objects
    04.113.004
    05.114.065 .094
    06.114.075

Radio Radiation
  Infrared Sources
    09.131.038
Radio Radiation
  Infrared Stars
    05.114.094
Radio Radiation
  Interstellar Matter
    05.131.007
    09.132.004
Radio Radiation
  Jovian Planets
    09.091.033
Radio Radiation
  Jupiter
    01.093.001
       099.013 .021 .022
           .023 .026 .027
           .039
    02.099.002 .004 .006
           .028 .034 .039
           .046 .048 .049
           .052 .053
    03.099.008 .009 .010
           .011 .036 .044
           .045 .051 .053
           .054 .058 .062
    04.097.037
       099.005 .006 .016
           .017 .019 .023
           .033 .035 .036
           .037 .041
    05.093.071
       099.010 .017 .032
           .035 .045 .049
           .081 .083 .084
    06.097.032
       099.015 .016 .037
           .045 .054 .078
           .079 .083
    07.099.002 .004 .024
           .028 .032 .034
           .042 .052 .053
           .054 .071 .073
    08.099.016 .019 .053
           .067 .077 .091
           .093
    09.097.045
       099.007 .009 .018
           .024 .026 .033
           .071 .101
       141.006
    10.074.001
       099.006 .012 .013
           .020 .071 .072
Radio Radiation
  Magellanic Clouds
    08.159.013 .014
Radio Radiation
  Markarian Galaxies
    09.158.148
Radio Radiation
  Mars
    03.097.022 .024
    04.097.037
    05.097.020
    06.097.031 .032 .034
           .072
    09.097.045
    10.097.062
Radio Radiation
  Mercury
    03.092.010
Radio Radiation
  Minor Planets
    10.098.016
Radio Radiation
  Moon
    01.094.010 .088
    04.077.012

SUBJECT INDEX - VOL.1-10

Radio Radiation
  Moon
    04.091.041
       094.043
    08.094.138
    09.094.136
Radio Radiation
  Neptune
    01.100.008
    03.099.054
    04.101.001
Radio Radiation
  Neutron Stars
    03.142.029
Radio Radiation
  OH Sources
    09.131.038
Radio Radiation
  Outer Planetary System
    09.091.035
Radio Radiation
  Peculiar A Stars
    04.114.052
Radio Radiation
  Photosphere
    10.077.001
Radio Radiation
  Planetary Nebulae
    01.133.007 .014 .021
    02.133.006 .009 .023
        .025
    03.133.006 .019 .023
        .024
    04.133.001 .003 .004
        .006 .015
    05.133.022 .027 .028
    06.133.003 .032
    07.133.011
    09.133.001 .018 .037
    10.131.231
       133.023 .024 .028
        .054
Radio Radiation
  Planets
    04.091.041
Radio Radiation
  Plasma
    01.062.017 .026
    02.062.006
    04.062.036
Radio Radiation
  Prominences
    08.077.051
Radio Radiation
  Pulsars
    04.141.079 .156 .195
    05.141.074 .142
    06.141.018 .032 .054
        .075 .152 .178
        .181 .254
    07.141.534 .554 .568
    08.141.505 .520 .540
        .553 .555 .558
        .559 .564
    09.141.512 .514 .516
        .532 .539 .542
        .559 .566
    10.141.512 .516 .561
Radio Radiation
  Quasars
    04.141.040 .230
    05.141.103 .128
    06.141.028 .057 .158
    08.141.068
       158.063
Radio Radiation
  Quasi-Stellar Objects
    02.141.091
    03.141.126
    04.141.045

Radio Radiation
  Quasi-Stellar Objects
    05.141.062 .068
    06.141.124
    09.141.022
Radio Radiation
  Saturn
    01.100.008 .015
    02.100.003
    03.099.054
       100.002
    04.097.037
       100.014
    06.100.006
    07.100.002
    08.099.091 .093
    09.100.012 .018
       101.020
    10.100.007 .008
Radio Radiation
  Seyfert Galaxies
    10.158.015 .016
Radio Radiation
  Solar Corona
    03.074.007 .062
    04.074.064
       077.005
    05.074.040 .085
    07.077.053
    08.077.041 .053
    10.074.016 .136
       077.006
Radio Radiation
  Solar Eclipses
    07.077.004 .005 .006
    08.077.010 .015
    09.077.049 .050
Radio Radiation
  Solar Flares
    03.073.011
    04.073.001
       077.004 .021
    05.077.003
    06.077.010
    07.077.037 .055
    08.073.011
       077.038 .054
    09.077.012 .045
    10.073.063 .101
       077.026 .034 .035
        .090
Radio Radiation
  Stellar Coronae
    09.064.041
Radio Radiation
  Sunspots
    10.077.017
Radio Radiation
  Supergiants
    05.141.013
Radio Radiation
  Supernova Remnants
    01.125.001 .008
    02.125.008
    03.125.004 .016
    04.125.014 .017
       141.161
    05.125.001 .018 .033
    06.125.002 .026 .029
    07.125.017 .027
       141.024
    08.125.011 .018 .020
    09.125.020 .027
    10.125.002 .003 .004
        .010 .030 .031
        .036
Radio Radiation
  Supernovae
    05.125.004 .014
    06.158.064

Radio Radiation
  Uranus
    01.100.008
    03.099.054
    04.097.037
       101.001
    05.101.002 .015
    06.101.007 .008
    09.101.020
Radio Radiation
  Variables
    02.122.097
Radio Radiation
  Venus
    01.093.001 .004 .079
    02.093.008 .041
    03.097.022
    04.093.022
    05.093.005 .071
    06.093.010
    07.099.071
    08.093.037 .038
    09.093.008
    10.093.007 .008
Radio Radiation
  White Dwarfs
    06.126.018
    09.126.001
Radio Radiation
  X Ray Sources
    01.141.140 .189 .212
       142.042
    03.142.031
    04.142.036 .078
    05.142.024 .032 .043
        .074
    06.142.003 .011 .033
        .068 .077 .090
    07.141.075 .185
       142.011 .069 .103
        .104 .118
    08.142.014 .040 .041
        .055 .056 .057
        .061 .062 .063
        .064 .065 .066
        .068 .069 .071
        .072 .074 .077
        .079 .090 .091
    09.141.100
       142.011 .012 .031
        .036 .038 .108
    10.142.021 .044 .081
Radio Radiation
  21 cm Line
    07.141.529
Radio Radiation
  21 cm Line Survey
    03.157.028
Radio Sources
    141.000
Radio Sources
  Absorption
    08.141.053
Radio Sources
  Angular Sizes
    08.141.006 .088
    09.141.064 .097
Radio Sources
  Angular Velocities
    09.141.012
Radio Sources
  Binaries
    09.121.006
       141.005 .066
    10.141.010 .096
Radio Sources
  Brightnesses
    02.141.081 .135 .144
        .154
    04.141.154

SUBJECT INDEX - VOL.1-10

Radio Sources
Bursts
02.141.156
Radio Sources
Catalogues
01.141.077 .127
03.141.035 .197
06.141.017
08.141.026
09.141.127 .132
10.141.004 .019 .032
.105
Radio Sources
Chains
09.141.032
Radio Sources
Chemical Composition
06.141.205
Radio Sources
Clusters of Galaxies
09.141.015
10.141.006
Radio Sources
Compact
04.141.041 .122 .177
05.141.107 .108
06.141.116 .151 .166
.202
07.122.133
141.011 .012 .027
.076 .160
08.141.008 .016 .113
09.141.004 .008 .036
.078 .087
10.141.011 .035 .038
.098
Radio Sources
Counts
01.141.053 .092
02.141.161
03.141.180
04.141.005 .010 .011
05.141.073 .075
06.141.014 .053 .087
.189
07.141.054 .154
08.141.030 .031 .097
09.141.034 .067
10.141.002 .005 .007
.020 .065 .101
Radio Sources
Diameters
02.141.079 .104
04.141.029
05.141.040
07.141.023 .083 .173
09.141.016
Radio Sources
Distances
01.141.079
03.141.115 .117 .189
04.141.026
05.141.101
07.141.081
08.142.091
09.141.001
10.141.057
Radio Sources
Distribution
08.141.100
10.141.060
Radio Sources
Evolution
02.141.076
04.141.010 .031
05.141.212
06.141.073 .112
Radio Sources
Expansions
08.141.099

Radio Sources
Extragalactic
01.141.001 .093 .135
02.141.062 .080 .128
.180 .195
03.141.038 .039 .046
.158 .164 .178
.190 .205 .225
.226
04.141.011 .018 .021
.031 .042 .046
.072 .104 .107
.145 .146 .162
.193
05.141.017 .021 .056
.077 .120 .199
06.141.004 .009 .025
.112 .116 .182
.192 .197 .243
.263 .264
07.122.133
141.002 .008 .017
.054 .079 .113
.121 .152 .168
.171
08.141.024 .060 .070
.114 .124 .126
158.053 .058
09.141.013 .066 .079
.101 .111 .135
.137
10.141.019 .034 .052
.053 .063 .072
.088 .089 .099
.131 .137 .138
.140
Radio Sources
Flux Densities
01.031.002
141.011 .036 .037
.075 .133 .145
.210 .211 .230
02.141.009 .010 .013
.068 .081 .196
.228
157.011 .012 .013
03.141.021 .040 .118
.121 .157 .162
.179 .193 .197
152.010
158.102
04.141.002 .033 .051
.055 .102 .103
.105 .149 .207
05.141.014 .021 .040
.044 .053 .055
.060 .082 .107
.120 .134 .214
06.141.010 .011 .056
.057 .136 .155
.218 .242 .245
.266
07.141.006 .056 .060
.162 .176 .187
08.141.002 .009 .010
.012 .018 .034
.056 .057 .072
.076 .106 .114
.124 .130
158.053
09.141.017 .037 .044
.048 .060 .062
.064 .084
10.125.004
141.002 .018 .020
.049 .056 .082
.083 .099 .130
Radio Sources
Galactic
02.141.178

Radio Sources
Galactic
04.141.033 .061
05.141.047
06.141.120 .121 .166
.244
07.141.124
08.141.009 .110
09.141.001
10.141.077
Radio Sources
Galaxies
10.158.025
Radio Sources
Gamma Rays
05.141.225
06.141.035
142.080
Radio Sources
Identifications
04.141.022 .172 .173
158.039
05.141.018 .020 .059
.203
06.141.107 .201 .242
07.141.071 .114 .127
.169
08.122.087 .099
141.061 .063 .064
.094 .118
158.053
09.141.026
158.118
10.125.031
141.009 .037 .044
Radio Sources
Infrared Radiation
08.114.086
141.032
Radio Sources
Interferometry
02.141.043 .142
03.141.227
Radio Sources
Kinematics
09.141.012
Radio Sources
Luminosities
10.141.017
Radio Sources
Luminosity Function
02.141.141
05.141.212
06.141.112 .197
10.141.103
Radio Sources
Lunar Occultations
01.141.025 .061
02.141.043 .063 .220
03.141.119 .227
05.141.087
06.141.052 .062 .179
07.141.132
08.141.005 .019 .132
09.141.068
10.141.070 .129
Radio Sources
Magellanic Clouds
08.159.013 .015 .016
09.125.010
Radio Sources
Magnetic Fields
06.141.031
08.141.020 .085
10.141.064
Radio Sources
Masses
06.141.205

Radio Sources
Models
03.141.038
05.141.017
06.022.066
08.141.018 .111
10.141.006 .046 .047
      .100
Radio Sources
OH Emission
06.141.185
Radio Sources
Optical Identification
04.141.059 .060 .148
      .163 .165 .170
      .223
160.009
05.141.099 .106 .109
      .134 .139 .204
06.141.008 .055 .056
      .206 .245
07.141.007 .020 .116
08.141.023 .055
09.141.023 .072 .110
10.141.050 .086 .087
Radio Sources
Optical Observations
01.141.073
02.141.110 .183 .205
      .219
158.076
03.141.157
158.024
04.141.104 .167 .180
      .181
07.141.015 .025
Radio Sources
Orientation
07.141.001
08.141.060
Radio Sources
Periodicities
07.141.151
Radio Sources
Photometry
05.141.020
06.113.026
141.159
07.141.013
08.141.046
10.113.054
141.090
Radio Sources
Polarization
01.141.002 .024 .094
      .095 .143 .177
      .191
02.141.013 .046 .072
      .090 .184 .185
      .187 .194
03.141.007 .039 .051
      .081 .127 .215
      .225 .228
04.141.016 .017 .050
      .080 .154 .227
05.141.010 .117 .122
      .197
158.057
06.141.002 .031 .106
      .173 .207 .243
      .244
07.141.002 .066 .072
      .130 .152 .158
      .160 .167 .172
08.141.003 .020 .024
09.141.004 .008 .013
      .036 .042 .104
      .106
10.141.017 .035 .051
      .052 .131 .144

Radio Sources
Positions
01.031.002
141.059 .128 .209
02.141.011 .053 .143
      .177 .183 .196
03.141.118 .119 .157
      .192 .197
04.141.102 .103 .105
      .117 .163 .165
      .170 .172 .173
      .179 .180 .181
      .228
158.039
05.141.021 .040 .042
      .043 .044 .109
      .134 .229
06.141.013 .026 .056
      .068 .135 .171
      .184 .242 .245
07.141.012 .166 .187
08.141.010 .012 .023
      .033 .052 .061
      .076 .078 .094
      .106
09.141.037 .064 .068
      .084 .097 .118
10.141.025 .050 .061
      .083 .127 .138
Radio Sources
Redshifts
01.141.178
03.141.006 .134
05.141.053 .099
07.141.064
08.141.097
09.141.016 .038 .106
10.141.103
Radio Sources
Rotation
07.141.153
09.141.003
10.141.131
Radio Sources
Scintillations
03.141.074
04.141.001 .003 .030
      .171
05.031.017
074.005
134.002
141.069 .236
06.074.099
141.172
07.141.023 .125
08.074.047
083.026
141.107 .125
09.141.103 .125
Radio Sources
Search
08.141.079
09.141.025 .089
Radio Sources
Spectra
01.141.014 .054 .078
      .122 .123 .124
      .125
02.141.001 .012 .041
      .056 .073 .118
      .120 .121 .128
      .201
03.141.021 .022 .028
      .032 .033 .178
      .203 .232
04.141.046 .055 .071
      .104 .109 .149
      .199 .225
05.141.060 .085 .101
      .198 .235

Radio Sources
Spectra
06.141.121 .132 .184
      .188
07.141.003 .010 .056
      .115 .117
08.141.056 .091 .092
09.141.005 .044 .065
      .110 .116 .133
10.114.057
141.030 .056 .082
      .130
Radio Sources
Spectrophotometry
09.158.002
10.113.012
Radio Sources
Structure
02.141.074 .076 .101
      .143
03.141.083
04.141.061
05.141.086 .093 .099
      .197 .199
06.141.008 .073 .145
      .224
07.141.010 .021 .169
08.033.035
141.012 .088 .089
      .090
09.141.097
Radio Sources
Supernova Remnants
06.141.223
09.141.009 .078
Radio Sources
Surveys
01.141.112 .161
02.141.075
157.011 .012 .013
03.141.034 .035 .141
      .191 .200
04.141.005 .015 .105
05.141.112
06.141.017 .030 .157
      .225 .246
07.141.004 .016 .077
      .118
08.141.065 .083 .112
      .131
09.141.022 .050 .058
10.141.005 .008 .018
      .065 .105
Radio Sources
Variations
02.141.026 .040 .083
      .138
03.141.048
04.141.051
05.141.088 .094 .204
      .206
06.141.011 .023 .115
      .138 .155 .173
      .174 .180 .188
07.141.055 .079 .129
      .164 .170
08.141.001 .008 .070
      .086 .105 .129
09.141.010 .020 .028
      .039 .045 .046
      .048 .109 .131
10.141.080
Radio Sources
X Rays
04.142.003
05.141.208
07.142.003
08.125.014
09.141.096
142.040

Radio Sources
  X Rays
  09.158.057
Radio Sources
  21 cm Radiation
  04.141.047
  06.141.192
Radio Spectra
  Solar
  04.077.014
Radio Spectrographs
  10.033.066 .068
Radio Spectrometers
  01.033.005
  02.033.027
  04.033.039
Radio Telescopes
  0'33.000
  04.012.006
  07.012.003
Radio Telescopes
  Calibrations
  10.041.004
Radioheliographs
  10.033.035 .036 .088
       .095
Radiometers
  01.033.006 .023 .025
       .027
       034.041 .049
  02.033.046
       034.024
  07.033.034 .039
       034.061
  08.033.038 .039 .062
       .069
Recombination Lines
  Emission Nebulae
  06.132.005
  07.132.002
  10.132.020
Recombination Lines
  Galactic Center
  04.141.123
  08.155.002
  09.131.159
  10.131.138
       157.009
Recombination Lines
  Galactic Plane
  08.155.048
  10.157.008
Recombination Lines
  Gaseous Nebulae
  09.132.031
  10.132.007 .043 .044
Recombination Lines
  H I Regions
  04.022.004
  05.131.112
  07.131.127
  08.022.067
Recombination Lines
  H II Regions
  08.125.021
       131.002 .057
  09.131.130
  10.131.017
       132.042
Recombination Lines
  Interstellar Matter
  05.131.111
  06.131.085
  08.131.049
       155.048
  09.131.051 .125
  10.131.039 .040 .041
       .058 .138

Recombination Lines
  Orion Nebula
  08.132.028
Recombination Lines
  Planetary Nebulae
  06.132.005
  07.133.002 .005 .009
  09.133.029
  10.133.025 .026
Recombination Lines
  Radio Frequencies
  02.131.033 .099 .101
       132.001 .021 .022
            .023 .025
  03.131.066 .081 .082
            .084 .095 .127
            .132
       132.007 .011 .030
            .031
       133.005
       141.037
       157.001 .007 .011
  04.131.006 .050 .053
            .058 .091 .114
       132.001 .004 .014
            .017
  05.125.001
       131.009 .090 .111
            .112
       132.007
       133.001 .022
  06.022.054
       131.002 .010 .011
            .012 .014 .021
            .050 .072 .098
            .110 .144 .149
            .150
       132.023 .031 .037
  07.022.059
       074.001
       131.058 .082 .127
       133.002
       141.024
  08.131.023 .106
       132.028 .037 .038
       141.110
  09.022.078
       131.051 .159 .183
       132.031
  10.131.039 .040 .041
            .058 .230
       132.007 .043 .044
       133.025 .026
       157.002
Recombination Lines
  Solar Spectrum
  10.071.014
Recombination Lines
  Stark Broadening
  06.132.031
Recombination Lines
  Supernova Remnants
  08.125.021
Recombination Lines
  Supernovae
  10.125.054
Recombination Lines
  X Ray Sources
  08.142.067
Red Dwarfs
  06.122.024
  08.115.027
  10.122.012
Red Dwarfs
  Atmospheres
  01.064.060 .063
Red Dwarfs
  Hyades
  02.153.029

Red Dwarfs
  Stability
  01.065.047 .074
Red Giants
  10.115.037
Red Giants
  Atmospheres
  08.064.035 .071
Red Giants
  Convective Envelopes
  07.065.061
Red Giants
  Diameters
  06.115.011
Red Giants
  Envelopes
  08.064.013
Red Giants
  Evolution
  03.065.056
  04.065.108
  06.065.073
  07.065.056
  08.064.013
       065.088
  10.133.073
Red Giants
  Galactic Clusters
  04.153.003
  07.153.014 .020
  09.153.021
Red Giants
  Globular Clusters
  06.122.147
       154.003 .004
  07.113.007
       154.024
  08.154.014
  09.114.139
       154.011
  10.113.030
Red Giants
  Helium Burning
  06.065.068 .069
  09.065.005
Red Giants
  Infrared Photometry
  10.113.030
Red Giants
  Lithium Abundance
  04.114.051
  05.065.042
  10.065.050
Red Giants
  Luminosities
  02.115.011
  10.113.027
       115.002
Red Giants
  Luminosity Function
  06.115.006
Red Giants
  Mass Loss
  03.065.078
  09.114.048
Red Giants
  Masses
  02.115.011
  09.154.011
Red Giants
  Omega Centauri
  08.114.045
Red Giants
  Photometry
  05.113.019
  06.113.032
  07.113.007
  10.113.027
       122.001

Red Giants
  Planetary Nebulae
    10.133.046
Red Giants
  Polarization
    02.131.119
    08.131.013
Red Giants
  Space Motions
    06.113.032
Red Giants
  Stellar Evolution
    09.065.079
Red Giants
  Structure
    09.065.180
Red Giants
  Velocities
    10.113.027
Red Stars
  Lists
    10.113.006
Red Stars
  Magellanic Clouds
    10.113.029
Red Stars
  Photometry
    05.113.003
    08.114.069
Red Stars
  Polarization
    06.131.086
Red Stars
  Search
    10.113.033
Red Stars
  Space Distribution
    08.155.045
Red Supergiants
  HR Diagrams
    04.115.002
Red Supergiants
  Luminosities
    05.115.001
Red Supergiants
  Masses
    05.115.001
Red Supergiants
  Stellar Associations
    05.153.003
Red Variables
  Classification
    07.122.088
Red Variables
  Galactic Center
    07.122.151
Red Variables
  Globular Clusters
    07.122.151
Red Variables
  Omega Centauri
    08.122.044
Red Variables
  Polarization
    04.122.076
Redshifts
  Clusters of Galaxies
    04.158.025
    06.160.008
    09.160.011 .027
    10.160.002
Redshifts
  Galaxies
    01.162.004
    03.158.031 .032
    04.158.011 .024 .035
           .074 .102
    05.158.005 .008 .061
           .099 .116
    06.158.061 .070 .131

Redshifts
  Galaxies
    06.160.012
    07.158.013 .024
       160.030
    08.151.029
       158.038 .077
       160.004 .012 .018
    09.158.017 .058 .113
           .117 .118
    10.158.026 .080
       160.018
Redshifts
  Line Profiles
    03.071.041
Redshifts
  Neutron Stars
    03.066.005
Redshifts
  O Stars
    04.066.090
Redshifts
  Quasars
    01.141.030 .051 .102
           .109
       162.064
    02.141.002 .003 .022
           .051 .084 .086
           .125 .139 .159
    03.141.073 .229
    04.141.013 .204
    05.141.189
       158.061
    06.141.006 .069 .123
           .161 .203 .215
           .251 .267
    07.141.051 .078 .122
           .131
    08.141.066 .084 .127
    09.141.011 .024 .029
           .061 .075 .117
           .119
       158.055 .106
    10.141.026 .027 .029
           .048 .092 .097
           .128 .135
Redshifts
  Quasi-Stellar Objects
    02.141.025
    03.114.125
       141.054 .066 .124
           .194 .221
    04.158.025
    05.141.125
    06.141.006 .161 .194
    07.141.182
       162.016
    08.141.077 .108 .119
    09.141.027 .033 .076
           .090 .126 .134
    10.141.022 .033 .069
           .075 .079 .085
           .142
Redshifts
  Radio Galaxies
    02.141.019
    03.141.028
       158.002 .102
    07.141.025 .028
       158.123
    08.158.005
    09.158.015
    10.158.112
Redshifts
  Radio Sources
    01.141.178
    03.141.006 .134
    05.141.053 .099
    07.141.064
    08.141.097

Redshifts
  Radio Sources
    09.141.016 .038 .106
    10.141.103
Redshifts
  Solar Spectrum
    04.066.011
    07.071.047
Redshifts
  White Dwarfs
    07.126.014 .024
    08.126.014
Reflection Nebulae
    132.000
    03.131.120
Reflection Nebulae
  Catalogues
    01.132.054
    06.132.019
Reflection Nebulae
  Colors
    04.132.019 .020
    05.132.013
Reflection Nebulae
  Filaments
    07.132.006
Reflection Nebulae
  Line Profiles
    09.132.001
Reflection Nebulae
  Models
    02.132.041
    07.132.003
Reflection Nebulae
  Photometry
    05.132.019
    09.132.008
Reflection Nebulae
  Polarization
    04.132.019 .020
    05.132.013
    06.132.032
Reflection Nebulae
  Scattering
    04.132.019
    06.132.048
    09.132.001
Reflection Nebulae
  Structure
    02.132.013
Reflectors
    01.031.011
    02.032.017
    05.032.011
    09.032.024
    10.032.046
Refraction
    02.041.032
Refraction
  Earth Atmosphere
    082.000
Relativistic Astrophysics
    066.000
    09.011.006
    10.012.004 .019
Relativistic Disks
  Rotation
    06.066.001
    07.066.001
Relativistic Plasma
  Heating
    05.141.129
Relativistic Stars
    06.066.078
    08.066.010
    10.066.047
Relativistic Stars
  Formation
    10.065.142

Relativistic Stars
 Instability
 04.065.066
Relativistic Stars
 Interiors
 03.065.025
Relativistic Stars
 Magnetic Fields
 07.065.049
Relativistic Stars
 Models
 03.065.073
 09.065.081
 10.065.127
Relativistic Stars
 Pulsations
 02.066.050
 03.066.027
 10.065.078
Relativistic Stars
 Radial Velocities
 03.066.054
Relativistic Stars
 Rotation
 02.065.064
    066.016 .021
 03.066.004
 04.065.048
    066.003
 05.066.044
 06.065.109
 08.065.026
 09.065.154
Relativistic Stars
 Stability
 03.066.061
 04.065.016 .045
 05.065.038
    066.037
Relativity Theory
 04.012.004 .014
 06.012.022
 07.012.029
Relativity Theory
 Tests
 01.066.007 .009
 02.051.024
    066.017
 03.066.025
 05.066.002 .003 .049
    .053
 06.066.011 .016 .137
    094.189
 07.066.115 .118 .134
    .142
 08.066.081 .143 .159
    .160
 09.066.107
Resonances
 Asteroid Belt
 09.098.002
Resonances
 Minor Planets
 08.098.033
Resonances
 Orbits
 01.042.006 .008 .009
    .015 .020 .023
    .045
 02.042.007 .029 .036
    052.008
 03.042.014 .033 .035
 04.012.017
 07.042.002 .007 .012
 08.042.012 .034
 09.042.009 .040
    091.042 .070
    098.006
 10.042.021 .022

Resonances
 Planetary System
 02.091.028 .029
Ring Nebulae
 09.132.025
Roche Coordinates
 02.042.024
 04.117.012
 05.042.033
    117.011
Rosette Nebula
 09.132.027
 10.113.050
    132.018 .042
Rotating Bodies
 Stability
 06.151.064
 08.066.024
Rotating Stars
 Atmospheres
 04.064.028
 06.064.023
 08.065.056
Rotating Stars
 Collapse
 06.066.010
 07.066.032
Rotating Stars
 Convection
 09.065.160
 10.065.084
Rotating Stars
 Envelopes
 04.064.097
 09.064.052
Rotating Stars
 Evolution
 04.065.053 .054 .092
 08.065.069
Rotating Stars
 Hydrodynamics
 08.065.059
Rotating Stars
 Instability
 06.066.007
Rotating Stars
 Line Profiles
 09.065.021
Rotating Stars
 Magnetic Fields
 03.116.009
 04.064.097
    116.019
 05.065.104
 06.065.087
 09.065.156
 10.065.023
Rotating Stars
 Mass Loss
 02.065.051
 08.064.039
 10.065.032
Rotating Stars
 Models
 01.065.010 .022 .061
 02.065.054
 04.065.022 .036 .091
    .092 .151
    125.002
 05.065.091 .120
 06.065.002 .003 .004
    .006 .013 .020
 08.065.008 .009 .027
    .056
Rotating Stars
 Oscillations
 02.065.001
Rotating Stars
 Pulsations
 03.065.082

Rotating Stars
 Pulsations
 10.065.115
Rotating Stars
 Shock Waves
 08.065.025
Rotating Stars
 Stability
 03.065.082
 04.065.031
    116.002
 06.065.071
 08.065.008 .009
 09.065.023 .039 .158
 10.065.081 .115
Rotating Stars
 Structure
 10.065.022 .094
Rotation
 A Stars
 03.114.003
    116.012
 04.114.034
    116.008 .012
 07.116.008
 08.116.003 .011
 09.114.170
Rotation
 Andromeda Nebula
 01.158.004
Rotation
 B Stars
 04.116.006
 07.114.047
Rotation
 Baryon Stars
 09.066.002
Rotation
 Be Stars
 04.116.009 .013 .016
    .017
Rotation
 Binaries
 03.117.021
 04.117.018
 05.121.001
 06.117.013
 08.116.014
    117.027
Rotation
 Chromosphere
 08.080.061
 10.073.125
Rotation
 Close Binaries
 04.117.015
 07.117.037
 08.117.031
Rotation
 Early Type Stars
 02.152.005
 08.112.014
Rotation
 Earth
    044.000
 01.081.014
 02.012.002 .023
 04.012.025
 05.012.017
    081.047
 07.012.008
 08.012.004
    094.141
Rotation
 Eclipsing Variables
 04.121.014
Rotation
 F Stars
 04.112.012
    116.008

SUBJECT INDEX - VOL.1-10

Rotation
  F Stars
    07.116.008
Rotation
  Galactic Clusters
    01.153.024
Rotation
  Galaxies
    01.151.004 .012
       158.019 .020 .044
             .051
    02.158.006 .007 .008
             .062
    03.158.038 .062 .068
    04.151.034
       158.016 .019 .067
       162.080
    05.151.002 .016
       158.079 .098 .118
             .119
    06.151.011
       158.023
    08.151.036
       158.085 .113 .114
    09.151.037
       158.046
    10.158.006 .044 .108
             .109 .142
       160.028
Rotation
  Giants
    05.153.011
Rotation
  Jupiter
    02.099.007
    04.099.012 .024
    05.099.001 .021
    06.099.075
    08.099.064 .069 .086
             .092
    09.099.077
    10.099.007 .057
Rotation
  Jupiter Atmosphere
    09.099.037 .038
Rotation
  Late Type Stars
    04.153.042
Rotation
  Magellanic Clouds
    01.133.011
    10.159.004
Rotation
  Magnetic Stars
    04.065.057
       116.015
    05.065.015
       116.005
    08.116.016
Rotation
  Main Sequence Stars
    04.116.007
    05.065.124
       116.014
    06.065.001 .038
       116.006
Rotation
  Massive Stars
    03.065.106
    04.065.064
Rotation
  Mercury
    01.092.006
    02.092.001 .002
    03.092.007 .008
    04.092.011
Rotation
  Metal-Poor Stars
    10.065.031

Rotation
  Metallic Line Stars
    09.114.170
Rotation
  Minor Planets
    03.098.003
    07.098.025
Rotation
  Moon
    02.094.034 .036 .206
    08.031.006
       094.144
    10.094.501
Rotation
  Neutron Stars
    02.126.003
    03.065.076 .094
    06.065.113
    09.065.040
    10.065.089 .108
Rotation
  OB Stars
    09.116.005
Rotation
  Peculiar A Stars
    04.116.014
Rotation
  Planets
    01.091.015
    02.091.031
    03.091.028 .030
    04.091.021 .022 .046
    06.091.034
Rotation
  Pulsars
    06.141.232
    07.141.508
    08.141.556
    09.065.021
       141.505
Rotation
  Quasars
    08.141.022
    09.141.505
Rotation
  Radio Galaxies
    08.141.022
Rotation
  Radio Sources
    07.141.153
    09.141.003
    10.141.131
Rotation
  Relativistic Disks
    06.066.001
    07.066.001
Rotation
  Relativistic Stars
    02.065.064
       066.016 .021
    03.066.004
    04.065.048
       066.003
    05.066.044
    06.065.109
    08.065.026
    09.065.154
Rotation
  Saturn Atmosphere
    09.099.037 .038
Rotation
  Solar Atmosphere
    08.080.033
Rotation
  Solar Corona
    02.074.048
    06.074.041
    10.073.125

Rotation
  Solar Interior
    07.080.018
Rotation
  Solar Type Stars
    07.065.015
Rotation
  Stars
    116.000
    04.012.007
Rotation
  Stellar Atmospheres
    03.064.038
    05.064.040
Rotation
  Stellar Envelopes
    04.064.002
    07.064.046
Rotation
  Stellar Evolution
    02.065.078
    03.065.058 .061 .063
    04.065.020 .055
    05.153.002
    06.065.041
    07.065.009
    10.064.071
       066.001
Rotation
  Stellar Interiors
    04.065.049 .050
    05.065.106
    10.065.084
Rotation
  Sun
    080.000
Rotation
  Sunspots
    05.072.018
Rotation
  Supergiants
    03.065.002
    04.065.056
       115.002
Rotation
  Supermassive Stars
    03.065.049
    06.065.085
    10.065.093
Rotation
  Universe
    01.162.001
    02.162.017 .021
    03.162.002
    04.162.069
Rotation
  Venus
    02.092.001
    03.093.003 .011 .012
    04.093.042
    05.093.017 .063
    06.093.004
    10.093.004
Rotation
  Venus Atmosphere
    08.093.031 .033
    10.093.009 .010
Rotation
  White Dwarfs
    02.126.003 .008
    03.126.002 .005 .009
    05.126.004 .046
    06.126.013
    07.126.021
    08.126.012
    09.126.015
Rotational Velocities
  Galactic Clusters
    01.153.024
    04.153.008 .021

SUBJECT INDEX - VOL.1-10

Rotational Velocities
Stellar Associations
04.153.021
RR Lyrae Stars
01.122.028 .058
02.122.171
154.008
03.122.005 .026 .047
04.113.020
122.030 .070 .077
.084 .107 .108
.169
05.111.001
122.017 .055 .057
.108
06.121.055
122.022 .050 .088
.146
123.040
07.012.006
122.001 .017 .045
.052 .100 .132
.150 .153 .160
08.122.001 .004 .006
.013 .064 .104
09.122.007 .017 .057
.058 .070 .072
.073 .090 .096
.141
10.065.019 .057
115.010
122.004 .006 .026
.027 .046 .051
.054 .055 .056
.057 .070 .072
.083 .094 .095
.096 .112 .161
.166 .169 .173
.176 .177 .178
RR Lyrae Stars
Absolute Magnitudes
06.012.020
122.123 .124 .125
.126
08.122.061 .130
09.122.035
RR Lyrae Stars
Atmospheres
01.064.026
02.064.055
06.122.142
08.064.050
RR Lyrae Stars
Companions
03.122.108
RR Lyrae Stars
Distances
04.122.027
RR Lyrae Stars
Envelopes
04.122.065
RR Lyrae Stars
Globular Clusters
03.154.011
04.065.008
122.065
154.007 .015
05.159.008
06.065.023
122.023 .039
154.013
07.154.023
08.122.007 .017 .144
09.122.008
10.122.021 .053 .058
.069 .071 .165
154.014
RR Lyrae Stars
Helium Abundance
08.122.100

RR Lyrae Stars
Light Curves
02.122.142
RR Lyrae Stars
Luminosities
07.122.029
08.122.100
RR Lyrae Stars
Magellanic Clouds
10.122.061
RR Lyrae Stars
Masses
07.122.029
RR Lyrae Stars
Metal Abundances
09.122.008
RR Lyrae Stars
Period-Radius Relation
03.122.012
RR Lyrae Stars
Photometry
02.122.105
04.154.015
06.122.038
07.122.012
08.122.017 .101 .124
09.122.025
10.122.017
RR Lyrae Stars
Proper Motions
05.111.010
112.009 .015
06.122.059 .151
08.122.130
RR Lyrae Stars
Pulsations
08.122.116
RR Lyrae Stars
Radial Velocities
03.122.070
RR Lyrae Stars
Radii
02.122.141
07.122.029
RR Lyrae Stars
Space Distribution
04.122.020
Runaway Stars
Companions
07.117.008
Runaway Stars
Star Clusters
06.151.036
RV Tauri Stars
03.122.077
04.122.046 .083
06.122.017
07.122.006 .035
08.122.010 .114 .125
09.122.018 .022 .143
10.122.080
RW Aurigae Stars
02.122.011 .012 .045
.117
03.122.003
152.009
04.122.057
06.114.081
07.122.053
08.122.009
09.065.159
10.003.131

S Stars
Infrared Spectra
04.114.075
S Stars
Photometry
08.122.080

S Stars
Photometry
10.113.017
S Stars
Spectra
01.114.103
03.114.104
06.114.017
Satellite Cameras
01.032.004 .015 .039
02.032.007 .058
03.032.027
04.032.047
05.032.016 .017 .020
.030 .061
06.032.011 .030
10.032.048
Satellite Geodesy
046.000
02.012.022
09.012.025
Satellites
Jovian Planets
09.091.005 .027 .028
.045 .062
Satellites
Jupiter
01.099.003 .009 .011
.012
02.099.011 .033 .035
.045 .057 .059
.060
04.099.007 .009 .015
.017 .018
05.091.026
099.018 .019 .023
.024 .025 .085
.089
06.099.002 .013 .030
.035 .044 .049
.055 .056 .059
.067 .073 .074
.077 .080
07.099.005 .014 .026
.040 .053
08.041.041
099.002 .004 .017
.021 .022 .024
.025 .077 .081
09.099.010 .011 .012
.014 .017 .022
.027 .032 .039
.049 .069 .070
.083 .085 .102
10.004.049
099.005 .008 .009
.018 .019 .028
.039 .048 .049
.062 .063 .066
.067 .073 .087
.088 .089 .090
.094 .095 .096
.103
Satellites
Mars
01.097.037
02.097.033
03.097.036 .039 .052
.053 .054
04.004.002
097.062 .069
101.006
05.097.058 .074
06.097.025
07.097.001 .060 .088
.090 .106
08.097.087
10.097.028 .077 .103

SUBJECT INDEX - VOL.1-10

Satellites
 Masses
 10.091.031
Satellites
 Motion
 06.042.018
 07.042.071
 08.042.073
 09.042.016
 10.042.060
    052.031
Satellites
 Neptune
 02.101.011
Satellites
 Orbits
 03.042.039
 04.042.034
 06.042.061
Satellites
 Origin
 07.107.010
Satellites
 Perturbation Theory
 02.042.006 .027
 03.042.053
 04.042.019
 05.042.003 .040
 06.042.026 .052
 08.042.067
Satellites
 Planets
 05.091.026
 06.091.031
Satellites
 Radii
 09.091.057
Satellites
 Saturn
 01.100.004 .005 .010
      .012
 03.042.036
 04.100.016
 05.100.006 .007 .009
 06.041.001
    100.001 .002
 07.099.040
    100.012 .013 .014
 08.100.002 .015 .017
      .018 .019 .021
 09.091.057
    100.002 .003 .007
      .014 .021 .022
      .023 .044 .048
 10.099.067
    100.001 .002 .005
      .009 .017 .018
      .025 .026 .027
Satellites
 Sizes
 09.091.040
Satellites
 Uranus
 04.101.006
 10.101.004 .011 .018
Saturn
    100.000
 09.012.024
Saturn
 Albedo
 02.097.014
Saturn
 Astrolabe Observations
 09.041.023
Saturn
 Brightness Temperature
 09.100.006
Saturn
 Density
 02.100.001

Saturn
 Diameter
 03.091.036
Saturn
 Infrared Photometry
 05.100.006
 10.099.065
Saturn
 Infrared Spectra
 10.100.011
Saturn
 Interior
 05.099.039
 09.099.079
 10.099.070 .093
Saturn
 Magnetic Field
 05.099.039
Saturn
 Magnetosphere
 07.099.066
 09.100.001
Saturn
 Mass
 04.100.003 .007
 06.100.003
 08.100.005 .015
 09.100.019 .045
Saturn
 Models
 01.099.004
 06.099.004
Saturn
 Photographs
 09.100.049
 10.099.052
Saturn
 Polarization
 05.100.004
 08.100.003 .020
Saturn
 Radio Radiation
 01.100.008 .015
 02.100.003
 03.099.054
    100.002
 04.097.037
    100.014
 06.100.006
 07.100.002
 08.099.091 .093
 09.100.012 .018
    101.020
 10.100.007 .008
Saturn
 Rings
 01.100.001 .002 .012
      .013 .014
 02.100.002 .005
 03.100.001 .003 .004
      .008 .011
 04.100.004 .008 .015
      .017 .119
 05.100.002 .003 .006
      .010
 06.100.004 .012
 07.100.005 .006 .011
 08.100.001 .016 .024
 09.100.005 .008 .011
      .014 .015 .016
      .017 .049 .050
 10.100.014 .015 .016
      .019 .020
Saturn
 Satellites
 01.100.004 .005 .010
      .012
 03.042.039
 04.100.016
 05.100.006 .007 .009

Saturn
 Satellites
 06.041.001
    100.001 .002
 07.099.040
    100.012 .013 .014
 08.100.002 .015 .017
      .018 .019 .021
 09.091.057
    100.002 .003 .007
      .014 .021 .022
      .023 .044 .048
 10.099.067
    100.001 .002 .005
      .009 .017 .018
      .025 .026 .027
Saturn
 Spectra
 02.097.014
    099.017
 03.099.001 .017
Saturn
 Spectrophotometry
 04.100.012
 05.099.048
Saturn
 Surface
 10.100.013
Saturn Atmosphere
 05.100.005 .008
 07.099.001
    100.015
 08.100.004
 09.100.004 .020
Saturn Atmosphere
 Absorption
 09.099.074
Saturn Atmosphere
 Chemical Composition
 03.091.014
Saturn Atmosphere
 Clouds
 08.100.023
 09.100.056
 10.099.086
Saturn Atmosphere
 Hydrogen
 10.100.006
Saturn Atmosphere
 Methane
 09.100.047
 10.022.019
Saturn Atmosphere
 Rotation
 09.099.037 .038
SC Stars
 Atmospheres
 09.064.081
SC Stars
 Radial Velocities
 06.114.044
SC Stars
 Spectra
 06.114.003 .044
 08.064.042
    114.169
Scattering
 01.063.001 .011
 02.063.002 .013 .014
      .023 .024
 03.063.013 .021 .022
      .024 .032
 04.063.005 .010 .011
      .012 .013 .014
      .016 .022 .027
      .029 .035 .041
      .045
 05.063.008 .009 .019
      .020 .037
    141.142

Scattering
    06.063.013 .014 .016
        .018 .021 .030
        .034
    07.063.013 .017 .018
        .021 .022 .023
        .042 .043
    08.022.086
        062.014
        063.002 .003 .010
        .015 .019 .043
    09.062.004
        063.001 .005 .012
        .015 .021 .022
        .023 .024 .027
        .034 .036 .037
        .041 .045 .049
        .050
    10.012.012
        062.039 .040
        063.006 .015 .017
        .026 .030 .034
        .035 .036 .048
        .050 .055 .062
        .065 .066 .070
        .071 .072
        082.065
Scattering
    Cosmic Rays
    10.143.056
Scattering
    Dust Nebulae
    08.063.014
Scattering
    Earth Atmosphere
    09.012.026
    10.012.012
Scattering
    Interplanetary Matter
    07.106.020
    10.131.051
Scattering
    Interstellar Matter
    03.131.039
    04.141.020
    07.131.135
        141.506
    09.131.020
    10.131.021 .051 .225
Scattering
    Lyman Alpha
    04.076.008
    09.132.013
Scattering
    Mars Atmosphere
    04.097.024
    05.097.001 .024
    06.097.099
    10.097.043
Scattering
    Planetary Atmospheres
    03.091.002 .011 .029
    04.063.029
        091.002 .024
    05.091.004 .008 .012
        .023 .027 .030
    06.091.016
    08.063.023
        091.004 .038
    09.091.064
    10.063.052
        091.003 .049 .050
Scattering
    Plasma
    04.062.026
    05.062.004 .020
    06.062.016
    07.062.030
    08.062.080

Scattering
    Reflection Nebulae
    04.132.019
    06.132.048
    09.132.001
Scattering
    Solar Corona
    04.074.052
    05.074.030
    07.074.030
    10.074.035
Scattering
    Stellar Atmospheres
    10.064.005 .017
Scattering
    Venus Atmosphere
    01.093.045
    04.093.072
Scattering
    X Rays
    03.142.036
    04.142.056
Scintillation
    Earth Atmosphere
    082.000
    02.083.026
Scintillation
    Ionosphere
    083.000
Scintillations
    Cosmic Rays
    08.143.047
Scintillations
    Intergalactic Matter
    04.141.229
Scintillations
    Interplanetary Matter
    01.106.005 .009 .020
        141.130
    02.141.043 .113 .179
    03.106.005 .011 .017
        .028
    04.106.009 .012
        141.029
    05.074.002
        082.001
        106.001 .009 .012
        .033 .041
    06.106.011 .024 .037
    07.106.014 .015 .018
        .020 .022
        141.506
    08.106.010 .011
    09.106.008 .011
    10.106.018 .022
Scintillations
    Interstellar Matter
    02.131.128
        141.147
    03.141.053
    04.141.012
    05.141.003 .063
    06.141.061
    09.131.192
    10.131.076
Scintillations
    Pulsars
    02.141.147
    03.141.053
    05.141.063
    07.141.506
    08.141.503
    10.141.525 .533
Scintillations
    Quasars
    02.141.078
    05.141.052
    06.141.113
    09.141.099 .129

Scintillations
    Radio Galaxies
    09.141.099
Scintillations
    Radio Sources
    03.141.074
    04.141.001 .003 .030
        .171
    05.031.017
        074.005
        134.002
        141.069 .236
    06.074.099
        141.172
    07.141.023 .125
    08.074.047
        083.026
        141.107 .125
    09.141.103 .125
Seeing
    01.082.054 .067
    02.082.029 .035 .057
        .117 .119
    04.082.003 .084 .174
        .218 .229
    06.082.071
Sensitometers
    01.031.008
        034.013
    02.034.007
Seyfert Galaxies
    01.141.027
        158.006 .007 .015
        .016 .018 .021
        .033
    02.133.010
        141.068 .155
        158.002 .004 .016
        .017 .034 .037
        .048 .056 .058
        .065 .080 .084
        .086 .101
    03.141.109
        158.004 .019 .024
        .039 .042 .043
        .086
    04.141.040 .229
        158.006 .012 .041
        .049 .060 .075
        .091 .092 .096
    05.141.079 .094
        158.001 .009 .013
        .014 .048 .051
        .061 .065 .082
        .093 .100
    06.141.124
        158.002 .009 .017
        .018 .031 .065
        .072 .095 .127
        .132
    07.158.009 .015 .025
        .026 .027 .053
        .103 .110 .172
    08.141.082
        158.002 .017 .027
        .052 .065 .099
        .100 .117 .133
    09.141.098
        158.130 .132 .139
    10.122.029
        158.023 .033 .046
        .055 .081 .082
        .113
Seyfert Galaxies
    Forbidden Lines
    04.158.046
Seyfert Galaxies
    Gas Dynamics
    09.158.062

Seyfert Galaxies
  Infrared Spectra
    09.141.124
Seyfert Galaxies
  Line Profiles
    09.158.018 .107
Seyfert Galaxies
  Luminosity Function
    09.141.070
Seyfert Galaxies
  Mass Loss
    09.064.011
Seyfert Galaxies
  Nuclei
    09.141.085
       158.023 .062 .141
           .142 .143
    10.158.031 .034
Seyfert Galaxies
  Pairs
    09.158.016
Seyfert Galaxies
  Photometry
    09.158.061 .068
    10.158.152
Seyfert Galaxies
  Polarization
    09.141.081
Seyfert Galaxies
  Radio Radiation
    10.158.015 .016
Seyfert Galaxies
  Spectra
    09.158.047
Seyfert Galaxies
  Spectrophotometry
    05.158.040
Seyfert Galaxies
  Structure
    09.158.010
Shell Stars
    01.064.022
    03.114.076
    04.064.006
       119.007
    05.064.003
       112.002
       114.009 .051 .054
           .101
       122.004
       153.026
    07.064.002
       114.050 .067
       117.034
       122.057
    08.114.131
       119.001
    09.114.110 .128
       119.003
    10.114.034
Shell Stars
  Atmospheres
    01.064.064
Shell Stars
  Evolution
    04.065.115 .119 .121
Shell Stars
  Photometry
    08.114.017
Shell Stars
  Spectra
    01.114.033
    02.114.048
    03.114.062 .115
    07.114.074
    08.114.088 .118
Shock Waves
  Chromosphere
    02.073.060
    04.073.020

Shock Waves
  Chromosphere
    05.073.039
    06.080.003
    08.073.022
    10.073.011
Shock Waves
  Galaxies
    04.151.022
Shock Waves
  Galaxy
    09.155.066
Shock Waves
  Interplanetary Matter
    03.106.007
    04.074.021
       106.002 .023 .025
           .033 .034 .035
           .036 .037
    05.062.014
       106.008 .031
    06.078.013
       106.013
    07.106.002 .008 .012
           .013 .021
    08.106.004 .019 .024
    09.074.056
       106.001
       143.088
    10.106.011 .017 .029
           .032 .039 .044
           .066
Shock Waves
  Interstellar Matter
    06.062.055
       131.079
    07.131.080
    08.131.097
    09.131.111
       151.009
    10.131.213
Shock Waves
  Jupiter Atmosphere
    10.099.023
Shock Waves
  Neutron Stars
    08.065.061
Shock Waves
  Plasma
    04.062.049 .055
    05.062.013 .039
    06.062.008 .067
    07.062.035
    08.062.069
Shock Waves
  Propagation
    02.065.040 .041
Shock Waves
  Relativistic
    09.066.005
Shock Waves
  Rotating Stars
    08.065.025
Shock Waves
  Solar Atmosphere
    09.080.042
    10.080.060
Shock Waves
  Solar Corona
    02.074.058 .084
    04.074.024
    05.073.039
       074.058
    06.074.055
    07.074.052
    08.074.014 .045
    09.074.056
Shock Waves
  Solar Flares
    03.073.021

Shock Waves
  Solar Wind
    01.074.005
    02.074.004
    04.074.017 .021 .079
       106.036
    05.074.024 .025
    06.074.065 .101
    07.073.022
    09.074.073
    10.074.027 .061 .074
Shock Waves
  Stellar Atmospheres
    01.061.007
    02.064.014 .019
    03.064.005 .011 .014
    04.064.088 .101
    06.064.025
    10.064.068 .082
Shock Waves
  Stellar Envelopes
    10.064.007
Shock Waves
  Stellar Interiors
    06.065.133 .146
    08.065.004
Shock Waves
  Supernovae
    09.061.063
       125.021
Site Testing
    082.000
Sky Background
  Lyman Alpha
    04.155.014
    05.131.015
       155.023 .045
Sky Light Radiation
    082.000
Societies
    010.000
Solar Activity
    072.000
    09.003.009
    10.012.014 .016
Solar Activity
  Cycles
    01.072.008 .019 .028
           .042
    02.072.018 .041 .050
           .078 .086
    03.072.016
    04.072.012 .034 .041
           .043 .051 .056
           .037 .046
    05.072.023 .029 .031
           .037 .046
    06.072.004 .015 .016
           .041 .043 .068
           .069 .074 .075
           .080 .085 .091
    07.072.014
    08.072.021 .038 .065
    09.072.048 .051 .076
       078.006
    10.003.139
       072.023 .030 .046
           .053 .058 .059
           .074 .083 .084
           .085
Solar Activity
  Periodicities
    09.072.038
Solar Activity
  Planetary Influences
    06.091.005
    10.072.022
Solar Activity
  Variations
    07.072.039
    09.072.036

Solar Activity
  Variations
   10.072.032
Solar Atmosphere
  05.071.024 .028 .029
Solar Atmosphere
  Absorption Lines
   02.080.040
   04.080.010
Solar Atmosphere
  Acoustic Waves
   06.080.003 .042
   07.080.004
   08.080.042
Solar Atmosphere
  Alfven Waves
   08.080.030
Solar Atmosphere
  Chemical Composition
   05.071.038
   08.071.035
Solar Atmosphere
  Circulation
   07.080.014
Solar Atmosphere
  Convection
   03.080.003
   06.071.072
   08.080.045
   09.080.008
   10.080.042 .043 .059
Solar Atmosphere
  Electron Temperatures
   10.071.009
Solar Atmosphere
  Element Abundances
   03.071.004
Solar Atmosphere
  Gravity Waves
   06.080.042
   10.080.016
Solar Atmosphere
  H Alpha
   07.080.005
Solar Atmosphere
  Heating
   01.073.035
   10.073.124
      080.062
Solar Atmosphere
  Hydromagnetic Waves
   05.080.021
Solar Atmosphere
  Ionization
   08.071.001
Solar Atmosphere
  Limb Brightening
   02.073.043
Solar Atmosphere
  Line Blanketing
   04.080.024
Solar Atmosphere
  Line Intensities
   10.073.014
Solar Atmosphere
  Magnetic Fields
   04.080.012 .032
   05.062.007
      080.003
   06.080.005
   08.080.055
   10.071.035
Solar Atmosphere
  Models
   02.080.009
   03.071.027
      080.011
   04.080.021
   05.080.008
   06.080.041

Solar Atmosphere
  Models
   07.074.026
      080.003
   08.080.034 .035 .063
   09.071.060
      080.003
   10.071.032
      073.016
      080.053
Solar Atmosphere
  Molecules
   10.071.040
Solar Atmosphere
  Non LTE Models
   04.080.009
Solar Atmosphere
  Oscillations
   01.071.016
   07.080.010
   08.071.006
      080.007 .026
   10.071.081 .082
Solar Atmosphere
  Rotation
   08.080.033
Solar Atmosphere
  Shock Waves
   09.080.042
   10.080.060
Solar Atmosphere
  Structure
   04.071.021
   05.073.047
   06.080.041
   09.071.049
Solar Atmosphere
  Temperatures
   10.080.007
Solar Atmosphere
  Turbulence
   06.071.067
Solar Atmosphere
  Velocities
   04.080.032
   05.080.007 .027
   07.071.018
      080.036
   08.080.055
   10.071.035
Solar Atmosphere
  Wave Propagation
   05.080.023
Solar Chromosphere
  See Chromosphere
Solar Constant
   02.080.012
   04.034.010
      071.046
      080.034
   05.071.023
   06.080.001 .004 .039
      .040
   10.071.028 .034
      080.001 .008 .037
Solar Corona
      074.000
   07.012.011
   08.012.012
   10.012.027
Solar Corona
  Active Regions
   04.074.050
   05.074.001 .049 .050
   08.074.096
   09.074.018
   10.074.003 .036 .059
      077.004

Solar Corona
  Brightness
   01.074.017 .036
   04.074.086
   05.074.079
   06.074.071 .073 .074
   09.074.024
   10.074.128
Solar Corona
  Calcium Abundance
   06.074.014
   07.074.061
Solar Corona
  Chemical Composition
   01.074.025
   06.071.021
   07.074.031
Solar Corona
  Convection
   03.074.001
Solar Corona
  Densities
   04.074.002
   09.074.003
   10.074.035 .063
Solar Corona
  Dimensions
   01.074.003
Solar Corona
  Dust
   08.074.021
Solar Corona
  Dynamics
   03.074.036
   07.074.088
Solar Corona
  Electron Densities
   01.074.003
   02.074.017
   03.074.010 .037 .040
   04.074.033 .086
   05.074.015
   06.074.045 .093
   07.074.005 .032 .062
   08.074.006 .012 .013
      .021 .056 .107
      .113
   09.074.015 .029
   10.074.026 .128
Solar Corona
  Electron Temperatures
   06.074.096
Solar Corona
  Element Abundances
   01.074.050
   04.074.034
   05.074.040
   06.076.002
   07.074.094
   08.074.082
   09.074.035
   10.074.049
Solar Corona
  Emission Lines
   07.074.019
   08.074.046 .112
   09.074.026 .027 .039
Solar Corona
  Evolution
   05.074.041
Solar Corona
  Excitation
   02.074.020
   03.074.005
Solar Corona
  Expansion
   03.074.054
   08.074.058

Solar Corona
  Extreme UV
  03.076.007
  08.074.068
Solar Corona
  Fine Structure
  07.074.006
Solar Corona
  Forbidden Lines
  01.022.078
     074.007 .014 .042
        .044
  02.074.047 .055
  03.074.008 .050
     076.019
  07.074.012 .024 .025
     .031
  08.074.009
  09.074.098
Solar Corona
  H Alpha
  10.077.087
Solar Corona
  Heating
  01.074.026
  02.074.054
  03.074.014 .022
  05.073.039
  06.062.002
     074.044 .092 .097
     080.003
  09.074.004
  10.074.071 .109
Solar Corona
  Helium Abundance
  08.074.101
  09.071.016
Solar Corona
  Holes
  08.074.083
  09.074.014
Solar Corona
  Hydromagnetic Waves
  04.074.031
  09.074.011 .012 .023
Solar Corona
  Infrared Lines
  07.074.010
Solar Corona
  Ionization
  01.022.014
  02.074.020
  03.074.049
  04.074.056
  05.074.018 .023
Solar Corona
  Ions
  03.074.055
Solar Corona
  Line Intensities
  04.064.013
  07.074.023
  08.074.055 .080
  10.074.013 .014
Solar Corona
  Line Profiles
  02.074.077
  05.074.064
  10.074.025 .124
Solar Corona
  Loops
  06.074.015
Solar Corona
  Lyman Alpha
  07.074.013
Solar Corona
  Magnetic Fields
  01.106.013
  02.074.016 .017 .066
  03.074.056

Solar Corona
  Magnetic Fields
  04.074.002 .031 .033
     .063 .064 .093
  05.074.078
  06.074.033 .035 .036
     .037 .038 .039
     .058
     077.024 .040
  07.074.004 .027 .055
  08.074.010 .015 .071
     .083 .088 .099
  09.074.019 .105
  10.074.064 .101
     077.003 .008 .087
Solar Corona
  Models
  02.078.005
  04.074.050 .092 .102
  05.074.010 .016 .027
  06.074.011 .059
  09.074.082
  10.074.057 .058 .111
     .132
Solar Corona
  Neutrons
  05.074.062
Solar Corona
  Photometry
  02.074.008 .009 .067
  04.074.075 .101
  05.074.019 .045 .080
  06.074.003 .021 .022
     .043 .051 .068
  07.074.015 .018 .043
  09.074.028 .086
  10.074.002 .127 .134
Solar Corona
  Plasma Waves
  03.074.063
  06.074.050
  07.074.056
Solar Corona
  Polarimetry
  03.079.109
Solar Corona
  Polarization
  03.074.006
  04.074.051 .067
  05.074.029
  06.074.043
  07.074.017 .018 .065
     .097
  08.074.007 .023 .044
     .051 .106
  09.074.017 .024 .025
     .041
  10.074.012 .125 .128
Solar Corona
  Prominences
  10.073.115
Solar Corona
  Pulsations
  10.074.104
Solar Corona
  Radar Echoes
  03.080.005
  04.074.015
  05.074.006
  10.074.071
Solar Corona
  Radio Radiation
  03.074.007 .062
  04.074.064
     077.005
  05.074.040 .085
  07.077.053
  08.077.041 .053
  10.074.016 .136
     077.006

Solar Corona
  Rotation
  02.074.048
  06.074.041
  10.073.125
Solar Corona
  Scattering
  04.074.052
  05.074.030
  07.074.030
  10.074.035
Solar Corona
  Shock Waves
  02.074.058 .084
  04.074.024
  05.073.039
     074.058
  06.074.055
  07.074.052
  08.074.014 .045
  09.074.056
Solar Corona
  Source Functions
  09.074.096
Solar Corona
  Spectra
  02.074.044
  03.074.050
  04.074.011 .089
  05.074.014 .033 .055
     .064 .077
  06.074.059
  07.074.008 .011 .020
     .022 .045
  08.074.001 .002 .084
     .092
  09.074.021 .042
  10.074.030 .048 .049
Solar Corona
  Spectrophotometry
  07.074.009
Solar Corona
  Streamers
  01.074.054
  02.074.050
     077.004
  03.074.038 .069
  04.074.003 .004 .047
  05.074.056
  06.074.007 .060
  07.073.079
     074.003 .076
  08.074.011 .020 .043
     .051 .053 .093
     .108
  10.074.015 .031 .113
Solar Corona
  Structure
  02.074.007
  03.074.024 .036 .052
     .067
  04.074.007 .063 .066
     .087
  05.074.034 .078
  06.074.016 .043 .069
     .071 .077 .087
  07.074.076 .088
     077.002
  08.074.022 .073 .100
     .109
  10.074.038 .062 .113
Solar Corona
  Synchrotron Radiation
  10.074.132
Solar Corona
  Temperatures
  01.074.003
  02.074.015 .063
  03.074.010 .037 .068
  04.074.100

Solar Corona
  Temperatures
    08.074.005 .012 .057
       .107
    09.074.003 .029
    10.074.063 .110
Solar Corona
  Thermal Stability
    06.074.004
    09.074.002
Solar Corona
  Turbulence
    05.074.047
Solar Corona
  UV Radiation
    06.022.001
Solar Corona
  Velocities
    02.074.015
Solar Corona
  X Rays
    04.074.014 .055 .088
       .092
       076.001 .041
       077.005
    05.074.035 .040
       076.034
    06.074.017 .032
    08.074.072 .078
    09.074.018 .083
       076.009
    10.074.036 .051
       077.006
Solar Cosmic Radiation
    078.000
Solar Cosmic Rays
    06.012.030 .034
    10.012.025 .027
Solar Cosmic Rays
  Acceleration
    05.078.039
    06.073.061
    08.077.034
    09.078.007 .028
Solar Cosmic Rays
  Bursts
    06.078.022
Solar Cosmic Rays
  Electrons
    03.078.011
    04.078.032 .033
    05.034.015
       078.017 .018 .048
    06.078.027 .060
    07.078.003 .005
    08.078.037 .046
    09.078.003
    10.078.004 .007 .044
Solar Cosmic Rays
  Element Abundances
    04.143.004
    07.078.009
    08.073.004
    09.078.011 .012
    10.078.008
Solar Cosmic Rays
  Energy Spectrum
    05.078.022 .031
    07.078.001
Solar Cosmic Rays
  Interplanetary Space
    06.078.013
    07.078.025
Solar Cosmic Rays
  Moon
    07.094.030 .031
Solar Cosmic Rays
  Neutrons
    01.078.003
    04.078.008 .010 .012

Solar Cosmic Rays
  Neutrons
    04.078.014
    05.078.024 .025 .038
    06.076.024
       078.026
    08.078.003
    09.078.059
Solar Cosmic Rays
  Origin
    06.077.036
Solar Cosmic Rays
  Particles
    01.078.001
    06.078.009 .010
    07.078.001 .002
    08.078.027
    09.078.021
    10.078.005
Solar Cosmic Rays
  Positrons
    07.078.008
Solar Cosmic Rays
  Propagation
    01.073.007
    03.078.004 .007
    04.078.006 .016
    05.073.006
       078.006 .007 .019
       .049
       143.080
    06.078.004 .022 .034
       .062
    08.078.035 .038
    09.078.003 .004 .014
       .017 .060
    10.078.020 .021
Solar Cosmic Rays
  Protons
    02.078.006 .023 .032
       .033
    03.078.001 .002 .011
    04.077.017 .033
       078.004 .005 .009
       .018 .021 .023
       .025 .028 .029
       .030 .031
    05.034.015
       077.011
       078.002 .003 .005
       .009 .012 .014
       .019 .023 .034
       .040 .041 .042
       .043 .044 .045
       .046 .047
    06.077.004 .005
       078.001 .003 .005
       .006 .007 .012
       .015 .021 .030
       .060 .061
    07.078.007 .026
    08.078.001 .005 .026
       .034 .036 .047
    09.078.003 .005 .009
       .015 .018 .019
       .023 .025 .036
       .038 .039 .042
       .061
    10.078.001 .002 .006
       .012 .019 .024
       .027
Solar Cosmic Rays
  Spectra
    02.078.035
Solar Cosmic Rays
  Variations
    03.078.003
    08.078.007 .024 .025
    10.078.023 .026

Solar Disk
  Curves-of-Growth
    10.071.017
Solar Disk
  Lyman Alpha
    06.076.001
    09.076.011
Solar Disk
  Polarization
    04.071.014
Solar Disk
  Temperatures
    09.071.005
Solar Eclipse
  1878 July 29
    09.079.106
Solar Eclipse
  1883 October 31
    05.079.105
Solar Eclipse
  1887 August 19
    01.079.107
    07.079.109
Solar Eclipse
  1896 August 19
    03.079.103
Solar Eclipse
  1955 June 20
    07.079.102
    09.079.105
Solar Eclipse
  1961 February 15
    01.079.105
    03.079.109
    04.079.106
    06.079.105
Solar Eclipse
  1962 February 4-5
    02.079.100
    03.079.108
Solar Eclipse
  1963 July 20
    04.079.107
Solar Eclipse
  1965 May 30
    02.079.104
    03.079.107
    07.079.104
    08.079.103
    09.079.107
Solar Eclipse
  1965 November 23
    03.079.100
Solar Eclipse
  1966 May 20
    01.079.102
    02.079.102
    03.079.106
    04.079.102
    07.079.110
    09.079.104
Solar Eclipse
  1966 November 12
    01.079.103
    03.079.101
    04.079.101
    05.079.106
    07.079.105
    08.079.105
    10.079.107
Solar Eclipse
  1967 May 9
    03.079.105
Solar Eclipse
  1968 September 22
    01.079.100
    02.079.103
    03.079.104
    04.079.103
    05.079.107

Solar Eclipse
1968 September 22
06.079.102
07.079.107
08.079.104
09.079.103
Solar Eclipse
1969 March 18
01.079.104
Solar Eclipse
1969 September 11
01.079.106
02.079.101
04.079.104
05.079.102
07.079.106
Solar Eclipse
1970 March 7
01.079.101
02.079.105
03.079.102
04.079.100
05.079.104
06.079.100
07.012.001 .002
079.101
08.079.102
09.079.102
10.079.103
Solar Eclipse
1970 August 31
02.079.106
Solar Eclipse
1971 February 25
04.079.105
05.079.100
06.079.101
07.079.108
08.079.100
10.079.105
Solar Eclipse
1971 August 6
07.079.100
Solar Eclipse
1972 January 16
05.079.108
Solar Eclipse
1972 July 10
04.079.108
05.079.103
06.079.103
07.079.103
08.079.101
09.079.100
10.079.100
Solar Eclipse
1973 January 4
08.079.107
10.079.106
Solar Eclipse
1973 June 30
05.079.101
06.079.104
08.079.106
09.079.101
10.079.101
Solar Eclipse
1973 December 24
10.079.102
Solar Eclipse
1974 June 20
08.079.108
10.079.104
Solar Eclipses
079.000
01.012.011
Solar Eclipses
Radio Radiation
07.077.004 .005 .006
08.077.010 .015

Solar Eclipses
Radio Radiation
09.077.049 .050
Solar Flares
073.000
01.012.022
02.012.015
10.012.027
Solar Flares
Catalogues
02.073.088
Solar Flares
Classification
09.073.097
Solar Flares
Cosmic Rays
02.078.013 .021 .022
03.073.029 .042
078.008
04.078.013
05.073.051 .080
06.073.061
078.002 .010
143.091
07.078.021
08.073.004 .117
078.033
09.003.009
073.098
078.001 .011 .013
.022 .024 .027
.037 .046
10.078.013 .027 .028
Solar Flares
Deuterium Abundance
10.073.093
Solar Flares
Distribution
03.072.027
05.073.050
Solar Flares
Electrons
03.073.042
04.073.009 .071
05.073.005 .031
078.011 .037
06.072.035
073.015
076.004
07.073.049
078.012
08.073.005 .008 .012
09.073.013 .034
10.078.025
Solar Flares
Element Abundances
08.073.065
Solar Flares
Energy Spectra
09.073.100
Solar Flares
Extreme UV
02.076.014 .034
07.073.048
076.030 .031
08.073.007 .098
09.003.009
073.039
10.073.053
Solar Flares
Forecasts
02.073.080
07.073.078
Solar Flares
Formation
01.073.046
02.073.085
Solar Flares
Frequency
04.073.029

Solar Flares
Gamma Rays
02.076.041
05.076.049
06.073.017
07.076.023 .032
09.076.008
10.076.028
Solar Flares
Heating
07.073.007
10.073.024
Solar Flares
Helium Abundance
07.073.050
Solar Flares
Helium Emission
08.073.002
Solar Flares
Latitude Distribution
09.072.063
10.073.001
Solar Flares
Line Broadening
09.073.033
Solar Flares
Line Profiles
01.073.031
10.073.102
Solar Flares
Loops
06.073.027
Solar Flares
Magnetic Fields
01.073.010
02.073.073 .089
04.073.065
05.072.007
073.079
06.073.029 .042 .043
.046 .091
07.073.029 .047
08.073.019 .020
09.003.009
062.013 .014
072.050
073.006 .101
10.073.034 .065 .116
.117 .126
Solar Flares
Mechanisms
02.073.076 .077
Solar Flares
Microwave Radiation
01.076.011
Solar Flares
Models
01.073.039
02.073.012 .075 .079
05.073.053
06.062.001
073.071 .098
08.073.023
09.073.104
10.073.005 .027 .052
.119
Solar Flares
Motions
05.073.001
07.073.028 .029
Solar Flares
Neutrons
04.073.033
05.076.049
06.073.016
09.078.002
Solar Flares
Nuclei
08.073.066

Solar Flares
Optical Observations
02.073.072 .074
03.073.011
05.073.014
Solar Flares
Origin
02.072.079
04.073.032
06.072.019
07.073.039
10.073.051 .094
Solar Flares
Patrol
09.073.014
10.073.048
Solar Flares
Photometry
02.073.061
05.073.011
Solar Flares
Polarization
08.073.106
Solar Flares
Positions
06.106.013
10.073.038
Solar Flares
Protons
01.073.008 .032 .033
02.073.053 .081 .082
03.073.003 .004 .021
    .029
04.073.009
    078.006
05.072.007
    073.003
    078.001 .035
06.073.044
    077.038
07.072.020
    073.027 .033 .034
    .051
    076.019
08.073.014
    078.004 .019
09.073.013 .026
    077.042
    078.001 .017
10.073.049
    077.011
Solar Flares
Pulsations
09.073.019
Solar Flares
Radio Radiation
03.073.011
04.073.001
    077.004 .021
05.077.003
06.077.010
07.077.037 .055
08.073.011
    077.038 .054
09.077.012 .045
10.073.063 .101
    077.026 .034 .035
    .090
Solar Flares
Shock Waves
03.073.021
Solar Flares
Spectra
02.073.054
03.073.053 .123
04.073.004 .023
05.073.007 .012 .024
    .045
06.071.002
    073.020 .081

Solar Flares
Spectra
07.073.026 .064
08.073.025 .083 .085
    .086
09.073.007 .022 .040
    .105
10.022.067
    073.053 .065 .096
Solar Flares
Spectrophotometry
04.073.068
Solar Flares
Structure
03.073.028
Solar Flares
Temperatures
10.073.029
Solar Flares
Tritium Abundance
10.073.093
Solar Flares
UV Radiation
05.076.016
06.073.053
    076.020
07.076.037
Solar Flares
White Light
07.073.048
Solar Flares
X Rays
01.076.011
02.073.011
    076.033 .035 .036
    .037
03.073.010
    076.001 .002 .018
04.073.012 .017 .024
    .063
    076.002 .003 .006
    .022 .023 .029
    .033 .037 .038
05.073.038
    076.001 .002 .012
    .013 .014 .015
    .016 .017 .018
    .023 .025 .043
    .044
06.073.029 .081 .082
    074.075
    076.003 .026 .027
    .041
07.073.003 .035
    076.010 .019 .022
    .043
    077.031
08.073.001 .006 .011
    .013 .063 .095
    .111
    076.010 .026 .038
    .049 .050
09.003.009
    073.004 .005 .012
    .016
    076.003 .005 .014
    .030 .031
10.073.025 .026 .043
    .063 .066 .082
    076.002 .006 .017
    .026 .029
Solar Gamma Rays
076.000
Solar Interior
Convection
10.065.038
    080.015 .063
Solar Interior
Models
10.080.009

Solar Interior
Nuclear Reactions
07.080.034
08.080.043
09.080.009
Solar Interior
Opacities
04.080.004
10.080.011
Solar Interior
Oscillations
10.080.035
Solar Interior
Plasma Waves
07.080.017
Solar Interior
Rotation
07.080.018
Solar Interior
Thermal Instabilities
10.080.012 .013
Solar Limb
01.071.007 .047 .049
02.071.015 .016
    073.050
03.071.033
    076.003 .005
    077.011 .049
04.071.013
    076.012
05.071.033
    077.024
06.071.006
    073.010 .030 .059
07.073.031
08.071.051 .068 .073
    .075 .077
    073.103
    077.051
09.071.027
    073.106
    077.036
Solar Magnetic Fields
01.071.009 .018 .019
    .035
    072.012 .015
    073.016 .053
    080.007
02.071.050
    073.014
    080.001 .002 .003
    .006 .025 .029
    .031
04.071.036 .044
    072.033 .039
    080.002 .011 .013
    .022 .023 .026
    .036 .037
05.034.094
    073.049
    080.009 .019 .020
    .024 .025 .035
06.012.003
    080.028 .046 .047
    .048 .057
07.061.024
    071.032
    072.037
    073.004 .062
    080.006 .009 .011
    .013 .015 .019
    .030 .032 .035
08.034.007
    071.007
    072.011
    077.037
    080.001 .002 .003
    .005 .010 .012
    .019 .038 .062
09.072.060 .061

Solar Magnetic Fields
  09.080.004 .015 .016
       .031 .036 .038
       .039
  10.071.042 .073
     072.011 .065
     074.109
     080.003 .005 .017
       .022 .028 .031
       .032 .033 .036
       .061 .064
Solar Microwave Bursts
  06.077.037
  08.077.047
  09.077.002
  10.077.008 .020
Solar Models
  01.065.020
  02.080.013
  07.080.023
  08.080.025
  09.080.001
  10.080.029
Solar Motion
  01.066.040
     151.007
  04.112.002
     155.010 .024 .025
  05.112.001
  06.155.013
Solar Motion
  H I Clouds
  03.151.003
Solar Motion
  H I Regions
  02.151.067
Solar Motion
  K Giants
  04.114.002
Solar Motion
  Peculiar A Stars
  02.151.062
Solar Neighbourhood
  F Stars
  10.155.001
Solar Neighbourhood
  H I Regions
  09.155.020 .021
Solar Neighbourhood
  Interstellar Dust
  10.155.046
Solar Neighbourhood
  Interstellar Hydrogen
  07.131.097
Solar Neighbourhood
  Kinematics
  10.155.070
Solar Neighbourhood
  Luminosity Function
  01.155.009
  10.115.031
Solar Neighbourhood
  Mass Density
  07.155.050 .069
Solar Neighbourhood
  O Stars
  10.155.069
Solar Neighbourhood
  Velocity Fields
  09.155.042
Solar Neighbourhood
  21 cm Radiation
  01.157.004
Solar Neutrinos
  See Neutrinos Solar
Solar Oblateness
  01.080.001 .008 .014
       .016
  03.080.001
  04.065.058

Solar Oblateness
  04.080.020
  05.080.002
  06.080.002 .053
  08.066.160
     072.004 .005
     080.004 .009
  09.071.006
     080.005 .006
  10.080.010 .053
Solar Patrol
  075.000
Solar Photosphere
  See Photosphere
Solar Plages
  08.073.058 .059
  10.073.030
Solar Pores
  04.071.005
Solar Radio Bursts
  01.077.003 .005 .006
       .007 .008 .009
       .010 .011 .012
       .013 .014 .022
       .024 .032 .038
       .039 .041 .044
  02.062.003
     077.001 .003 .004
       .008 .009 .010
       .011 .013 .025
       .026 .028 .030
       .031 .032 .033
       .034 .037 .038
       .042 .044 .045
       .049 .050 .059
  03.073.043
     077.001 .002 .003
       .004 .005 .008
       .014 .016 .018
       .019 .025 .026
       .027 .030 .034
       .035 .036 .044
       .045 .046 .047
       .048 .050 .051
       .053 .054
  04.077.001 .005 .006
       .007 .008 .011
       .015 .016 .017
       .020 .021 .022
       .023 .024 .028
       .030 .032 .033
       .034 .035 .036
       .037 .038 .039
       .041 .042 .043
       .044 .046 .049
       .050 .054 .055
       .060
  05.073.003
     074.047
     077.002 .007 .008
       .011 .012 .013
       .014 .015 .016
       .018 .019 .021
       .022 .024 .025
       .026 .027 .028
       .029 .030 .031
       .039 .042 .043
       .044 .048 .050
       .051
     078.035
  06.074.050
     077.001 .002 .004
       .005 .007 .013
       .017 .024 .025
       .026 .027 .028
       .029 .030 .031
       .033 .034 .036
       .038 .039 .040
       .043 .045 .048
       .049 .051 .054

Solar Radio Bursts
  06.077.056 .080 .081
  07.073.022
     074.052 .056
     077.001 .002 .003
       .008 .015 .017
       .020 .023 .024
       .025 .026 .027
       .029 .030 .031
       .033 .035 .036
       .039 .041 .045
       .050 .051 .057
       .058 .059 .061
  08.003.020
     033.037
     062.017
     074.014 .053
     076.005 .042
     077.001 .002 .003
       .004 .005 .006
       .007 .008 .034
       .036 .037 .040
       .043 .045 .046
       .049 .052 .059
       .060 .061 .063
       .065
     078.046
  09.074.043
     077.001 .003 .004
       .005 .007 .009
       .010 .011 .014
       .039 .042 .046
       .047 .059 .060
       .064 .069
  10.012.027
     074.059
     077.003 .004 .007
       .010 .014 .018
       .019 .022 .027
       .028 .029 .033
       .034 .035 .036
       .037 .042 .043
       .050 .051 .053
       .058 .065 .066
       .067 .068 .070
       .074 .077 .078
       .079 .085 .087
       .088
     078.004
Solar Radio Radiation
  077.000
Solar Radio Radiation
  Distribution
  08.077.011
Solar Radio Radiation
  Fluctuations
  04.074.019
Solar Radio Radiation
  Flux Densities
  02.077.014
  04.077.019
  05.077.001 .033
  06.077.003
  09.077.038 .048 .063
       .065 .066
  10.077.060
Solar Radio Radiation
  Frequency Spectrum
  03.077.010
Solar Radio Radiation
  Patrol
  10.077.021
Solar Radio Radiation
  Polarization
  01.077.019
  02.077.006 .015 .016
  03.077.006 .007 .012
       .020
  04.077.003 .010 .031
  05.077.034 .045

SUBJECT INDEX - VOL.1-10

Solar Radio Radiation
 Polarization
  06.077.015 .023 .032
   .046
  07.077.009 .016 .040
  08.077.037
  09.077.001 .038 .046
   .058 .062 .067
  10.077.027 .064
Solar Radio Radiation
 Scattering
  07.074.030
Solar Radio Radiation
 Variations
  04.077.004
  05.072.069
   077.041
  06.077.047
  08.077.009 .055 .056
   .057
  09.077.068
  10.077.059 .062 .086
Solar Rotation
  080.000
Solar Spectrum
  071.000
  07.022.030
  08.012.012
Solar Spectrum
 Argon Lines
  05.071.032
Solar Spectrum
 Atlases
  10.071.025
Solar Spectrum
 Calcium Abundance
  08.071.010
Solar Spectrum
 Carbon
  06.071.053
Solar Spectrum
 CN Lines
  04.071.074 .075
Solar Spectrum
 Curves-of-Growth
  07.071.010
Solar Spectrum
 Element Abundances
  01.071.013 .014 .044
   .045
  09.071.031
Solar Spectrum
 Emission Lines
  07.071.051
   076.018
  08.071.002
  09.071.003
  10.071.072
Solar Spectrum
 Extreme UV
  01.076.006 .007 .023
   .024
  02.071.064
   076.006
  04.076.030 .035
  05.076.020 .024
  06.076.002 .008 .022
   .023
  07.074.012
   076.036
  08.071.040 .059
  09.071.045
   073.007
   076.015 .028 .035
  10.073.004
   076.001 .009 .011
   .036
Solar Spectrum
 Forbidden Lines
  01.071.003 .021 .028

Solar Spectrum
 Forbidden Lines
  01.071.038 .042 .050
  02.071.020 .071
  07.071.001 .020
Solar Spectrum
 Fraunhofer Lines
  03.071.038
  04.071.002 .016 .038
   .043 .052 .065
   .066 .068 .070
   .071
  05.071.003 .036
  06.071.003 .019 .047
  07.071.021 .037 .050
  08.071.036 .045 .060
  09.071.001 .007 .008
   .024
  10.071.013 .026 .053
   .063
Solar Spectrum
 H Alpha
  01.071.002 .006
Solar Spectrum
 Helium Lines
  01.071.008
  04.076.034
Solar Spectrum
 Infrared
  02.071.010 .011 .012
   .062 .084 .085
   .086 .089
  03.071.002 .009 .010
  07.071.030
  09.071.032 .048 .053
   .055
  10.071.033
Solar Spectrum
 Iron Abundance
  04.022.008
  08.022.009
  09.071.017
  10.071.004 .053
Solar Spectrum
 Iron Lines
  06.071.014
Solar Spectrum
 Line Broadening
  04.071.044
Solar Spectrum
 Line Intensities
  02.071.053
  04.071.053
  06.071.064
  08.071.002 .064
  10.022.025
Solar Spectrum
 Line Profiles
  01.071.023 .036
  02.071.060
  03.071.024 .029 .032
   .041 .042 .050
  04.071.037 .069 .073
   072.037 .038
  05.071.009 .017
  06.071.042
  07.071.040 .046
  08.071.003
  09.071.004 .056
  10.071.011 .015 .026
Solar Spectrum
 Lyman Alpha
  02.071.014
   076.005 .030
Solar Spectrum
 Manganese Abundance
  07.071.027
  08.071.079

Solar Spectrum
 Molecules
  04.071.026
  07.071.023
Solar Spectrum
 Non LTE Analyses
  07.071.025
Solar Spectrum
 Photographic
  10.071.074
Solar Spectrum
 Polarization
  05.071.002
Solar Spectrum
 Recombination Lines
  10.071.014
Solar Spectrum
 Redshifts
  04.066.011
  07.071.047
Solar Spectrum
 Resonance Lines
  01.022.028
  04.071.063
Solar Spectrum
 Silicon
  05.071.057
Solar Spectrum
 Silicon Abundance
  07.071.001
Solar Spectrum
 Silver Abundance
  08.071.011
Solar Spectrum
 Sodium Abundance
  02.071.005
  10.071.036
Solar Spectrum
 Telluric Lines
  10.071.030
Solar Spectrum
 Titan Lines
  02.071.001
Solar Spectrum
 UV
  02.076.007
  03.076.009
  06.071.055
   076.025
  07.076.001 .025 .026
  09.076.007
  10.071.069
Solar Spectrum
 Water Lines
  09.071.030
Solar System
 See Planetary System
Solar Type Stars
 Atmospheres
  10.064.015
Solar Type Stars
 Lithium Abundance
  07.065.015
Solar Type Stars
 Rotation
  07.065.015
Solar Type Stars
 Spectra
  10.114.243
Solar UV Radiation
  076.000
Solar Wind
  074.000
  01.106.028
  09.003.009
   012.029
  10.012.026
Solar Wind
 Alfven Waves
  06.074.001 .025

Solar Wind

Alfven Waves
07.074.099
09.074.040 .052
078.043
10.074.005 .046

Chemical Composition
07.074.090

Comets
01.102.012
02.102.019 .034
06.102.012
07.102.022
10.102.016

Cosmic Rays
09.074.101

Densities
01.074.031
04.074.105
10.074.042

Disturbances
04.074.021
10.074.004

Dynamics
02.074.051
04.074.072
07.074.050 .058 .090

Electric Fields
04.074.009 .071
06.074.053

Electromagnetic Waves
04.074.009 .080
07.074.037

Electron Densities
04.074.020

Electron Temperatures
07.074.048

Electrons
06.074.019 .085
07.074.054
10.074.043

Element Abundances
04.074.034 .057 .060
.061 .062 .077
07.074.094

Expansion
07.074.053
09.074.053
10.074.041

Filaments
04.074.005

Heating
01.074.006 .034 .052
02.074.019 .053
03.074.002 .018
04.074.078
05.074.010 .022 .024
.051
06.074.086
07.074.047
08.074.008 .081
09.074.001 .009 .010
.054 .093 .100
10.074.006 .054

Solar Wind

Helium Abundance
02.074.005
03.074.004
07.074.072
08.074.003 .019

High-Velocity Streams
08.074.060
09.074.005 .046 .072
.083

Hydrogen Abundance
07.074.072

Hydromagnetic Waves
06.062.011
074.084
07.074.057 .064
08.074.004

Instabilities
04.074.049
09.074.008
10.062.031
074.044

Interplanetary Matter
08.074.061
09.106.029
10.106.013

Interstellar Matter
03.131.067
04.074.053 .076
05.074.089
06.074.010 .013 .023
131.081
08.074.059
106.021 .022
09.131.088 .119
10.074.028

Ions
03.074.055

Irregularities
10.074.017

Jovian Planets
10.091.004

Magnetic Fields
05.074.013 .084
06.074.002 .024
07.074.066
08.074.097 .098
09.074.005 .038 .044
.090
078.043
10.074.019 .037 .047
.065 .130

Mars
07.074.071
097.052
09.097.005 .006

Mercury
07.092.005
08.092.010
10.091.026

Models
01.074.004 .053
02.074.043 .049 .072
03.074.011 .012 .016
.028 .029 .051
04.074.016 .035 .048
.058 .059 .078

Solar Wind

Models
05.074.004 .008 .032
06.074.047 .048 .054
.056 .061 .062
.063 .098
143.003
07.074.029 .033 .038
.039 .049 .051
.059
08.074.018 .075 .090
.103 .114
09.074.043 .047 .055
.091 .102
10.074.055 .056 .073
.108

Moon
02.074.065
03.074.015
094.011
04.074.036
094.115 .329
05.074.057
094.160 .181
07.074.091 .098
094.032 .087
08.074.048 .064
094.183 .216
09.074.048
094.052 .580
10.074.112 .115 .116
.117
094.010 .012 .019
.032 .045 .100
.156 .160 .164
.495

Motions
02.074.045

Origin
03.074.059

Oscillations
06.074.076

Outer Planetary System
09.074.031

Planetary Atmospheres
06.091.017
10.074.022 .072

Planetary Interactions
03.074.017
084.264
04.074.010 .012
05.074.021 .053 .083
092.007
06.074.094 .095

Planets
07.074.098
08.074.102
09.091.014 .015
10.074.018 .115
091.026

Pluto
10.091.004

Propagation
06.098.010

Protons
04.074.022
07.073.022
08.074.017
09.074.069 .095

Solar Wind
　Protons
　　10.074.041
Solar Wind
　Shock Waves
　　01.074.005
　　02.074.004
　　04.074.017 .021 .079
　　　　106.036
　　05.074.024 .025
　　06.074.065 .101
　　07.073.022
　　09.074.073
　　10.074.027 .061 .074
Solar Wind
　Spectra
　　09.074.022
Solar Wind
　Stability
　　04.074.025
　　09.074.045
Solar Wind
　Structure
　　02.074.071
　　03.074.019
　　04.074.037
　　06.074.083
　　07.074.035 .036 .048
　　　　　.058 .095
　　08.074.065 .077
　　09.074.005 .070 .104
　　10.074.040
Solar Wind
　Temperatures
　　09.074.071 .090
　　10.074.042
Solar Wind
　Thermal Conductivity
　　09.074.099
Solar Wind
　Turbulence
　　04.074.008
　　07.074.070
　　08.074.079 .095
　　09.074.007
Solar Wind
　Variations
　　05.074.005
　　06.074.006
Solar Wind
　Velocities
　　01.074.016 .019 .030
　　02.074.075
　　03.074.058 .060
　　04.074.006 .082 .105
　　05.074.002 .012 .037
　　06.074.018 .024 .042
　　　　　.054 .060
　　07.074.029 .034 .046
　　　　　.074 .077 .092
　　08.074.062 .063 .067
　　09.074.036 .071
　　　　106.011
　　10.074.001 .042 .107
　　　　106.014 .077
Solar Wind
　Venus
　　07.093.009
Solar Wind
　X Rays
　　04.074.018
Solar X Rays
　　076.000
　　01.073.047 .048
　　08.012.012
Solar X Rays
　Bursts
　　01.076.002 .009 .010
　　　　　.012 .018 .025
　　　　　.031

Solar X Rays
　Bursts
　　02.076.009 .027 .032
　　　　　.038 .042 .043
　　03.076.004
　　04.076.024
　　　　076.007
　　　　077.024 .043
　　05.076.011 .043
　　06.076.009
　　07.076.024 .044
　　08.076.002 .005 .008
　　　　　.009 .025 .041
　　　　　.042
　　　　077.040
　　09.076.004 .013 .037
　　10.076.010 .017 .030
Solar X Rays
　Distribution
　　04.076.036
Solar X Rays
　Energy Spectra
　　03.076.029
Solar X Rays
　Fluxes
　　10.076.015
Solar X Rays
　Polarization
　　08.076.026
　　10.076.029
　　　　077.033
Solar X Rays
　Spectra
　　02.076.004 .013 .025
　　03.076.027
　　04.076.010 .024
　　08.076.006
Solar X Rays
　Spectroheliograms
　　09.076.029
Solar X Rays
　Variations
　　04.076.032
　　07.076.004
　　08.076.047
　　　　077.055
　　09.076.002
Solar-Terrestrial
　Relations
　　085.000
　　01.012.002
　　02.012.030
　　03.012.016 .017
　　07.012.012 .013 .014
　　　　　.015
　　10.012.025
Source Functions
　Close Binaries
　　10.064.056
Source Functions
　Photosphere
　　08.071.037
　　09.071.023
Source Functions
　Prominences
　　06.073.054
Source Functions
　Solar Corona
　　09.074.096
Source Functions
　Stellar Atmospheres
　　02.064.020
　　05.064.001 .059
　　08.064.037
　　09.065.073
Source Functions
　Venus Atmosphere
　　09.093.046

Southern Sky
　Surveys
　　08.114.108
Southern Stars
　Photometry
　　07.113.040
　　09.113.039 .051
　　10.113.056 .115
Southern Stars
　Surveys
　　10.114.112
Space Motions
　　112.000
Space Motions
　A Stars
　　02.112.020
　　08.115.025
Space Motions
　B Stars
　　04.155.023
Space Motions
　Disk Population
　　09.155.099
Space Motions
　F Stars
　　01.112.002
　　04.112.012
　　08.115.004
Space Motions
　Globular Clusters
　　07.154.012
Space Motions
　High Luminosity Stars
　　10.115.037
Space Motions
　K Dwarfs
　　07.112.002
Space Motions
　K Giants
　　02.115.012
Space Motions
　Late Type Dwarfs
　　08.115.011
Space Motions
　M Dwarfs
　　07.112.002
Space Motions
　Red Giants
　　06.113.032
Space Motions
　Stellar Groups
　　05.155.055
Space Probes
　Observations
　　055.000
Space Probes
　Orbits
　　01.052.003 .004 .014
　　03.052.012
Space Research
　　02.012.015 .020
　　03.012.026
　　05.012.007
　　06.012.004
　　08.012.005 .016
　　09.012.018
Space Vehicles
　Navigation
　　052.000
Space Velocities
　Early Type Stars
　　08.112.014
Space Velocities
　G Giants
　　06.112.010
Space Velocities
　Galactic Clusters
　　07.155.004

Space Velocities
  K Giants
    06.112.010
Space Velocities
  Nearby Stars
    04.155.037
    06.155.015
Spaceflight
    051.000
Spectral Classification
    02.114.112
       115.009
    03.114.015 .016 .017
       .020 .061 .069
       .121
    04.113.001
       114.027 .070
       131.137
       152.006
       153.016 .017 .031
    05.114.033 .043 .048
       .052 .109
       131.057
       152.002
    06.112.014
       113.014
       114.027 .028 .058
       115.001
       153.019
    07.114.015 .045 .071
       115.007
    08.113.050
       114.066 .067 .172
    09.114.041 .059 .174
       115.003
       122.003
    10.012.015
       064.078
       112.003
       113.064
       114.033 .035 .044
       .125 .126 .127
       .133 .134 .136
       .139 .140 .141
       .142 .152 .182
       .184
Spectral Surveys
    02.114.089
Spectral Types
    05.152.001
    06.152.001
Spectral Types
  A Stars
    04.114.034
Spectral Types
  Early Type Stars
    04.113.001
       114.127 .128
    07.114.046
Spectral Types
  Giants
    01.114.046
    02.114.020
Spectral Types
  K Giants
    04.114.002
Spectral Types
  Late Type Stars
    09.114.050
Spectral Types
  M Giants
    09.114.098
Spectral Types
  M Stars
    08.122.014
    09.114.059
Spectral Types
  Main Sequence Stars
    05.114.049
       115.015

Spectral Types
  Metallic Line Stars
    09.114.140
Spectral Types
  Star Catalogues
    08.114.140
    10.113.021 .022 .023
       .024 .025
       114.046
Spectral Types
  Supergiants
    07.113.027
    10.114.077
Spectral Types
  Variables
    08.122.126
Spectral Types
  White Dwarfs
    10.126.006
Spectrographs
    01.034.019
    02.034.031 .033 .034
    04.034.066 .082
    05.034.016 .018 .061
    06.034.004 .085
    07.034.033 .050 .065
       .118
    08.033.036 .050 .067
       034.009 .045 .108
       .141 .160
    09.012.017
       034.035
    10.033.037
       034.003 .010 .100
       .101 .111
Spectrographs
  Cassegrain
    02.034.071
Spectrographs
  Coude
    01.034.012
    02.032.023
       034.043
    04.034.021
Spectrographs
  Extreme UV
    03.034.020
Spectrographs
  Solar
    01.034.004
    04.034.064
Spectrographs
  Solar UV
    05.034.019
Spectrographs
  X Rays
    04.034.100
Spectroheliograms
    01.071.034
    02.071.058
       076.011
    07.071.026
    08.071.007 .057
Spectroheliograms
  Extreme UV
    04.076.009
    08.074.013
Spectroheliograms
  Helium
    02.071.006
Spectroheliograms
  Magnesium
    02.071.059
Spectroheliograms
  Metal Lines
    02.073.068
Spectroheliograms
  Prominences
    08.073.099

Spectroheliograms
  XUV
    06.074.005
Spectroheliographs
    01.032.048
    04.034.062
    05.034.113
    06.034.035
    07.034.030
    10.034.078
Spectrometers
    02.034.019
    04.034.016 .030 .044
       .059 .103
    06.034.006 .038 .111
       158.078
    07.034.012 .112 .115
       .125 .131 .147
    08.034.059 .060 .070
       .116 .139
       114.007
    09.034.007 .012 .016
       .044 .111
       114.049
    10.033.041
       034.002 .020 .036
       .037 .038 .045
       .055 .082 .106
Spectrometers
  Extreme UV
    04.034.026
Spectrometers
  Fabry Perot
    02.034.053
Spectrometers
  Infrared
    04.034.036
Spectrometers
  Photoelectric
    01.034.027
Spectrometers
  Rocket Borne
    07.034.128
Spectrometers
  UV
    05.034.066
Spectrometers
  XUV
    04.034.023
Spectrophotometers
    02.034.056 .057
    03.034.046
    05.034.070 .096 .104
    08.034.008 .061
    09.034.114 .123
    10.034.021
Spectrophotometric
  Calibrations
    01.012.003
Spectrophotometry
    02.114.058
    04.114.134 .141 .142
    05.021.001
       114.062
    06.034.116
    08.114.161
    10.114.241
Spectrophotometry
  A Stars
    06.114.014
Spectrophotometry
  B Stars
    02.114.050
    03.114.033
    05.113.002
    10.114.155 .156
Spectrophotometry
  Binaries
    02.119.019

Spectrophotometry
 Bright Stars
 08.114.175
Spectrophotometry
 Carbon Stars
 07.114.084
 08.113.061
Spectrophotometry
 Chromosphere
 10.073.002
Spectrophotometry
 Close Binaries
 05.117.017
Spectrophotometry
 Cool Stars
 03.113.058
 06.114.073
 08.114.079
Spectrophotometry
 Diffuse Nebulae
 08.132.008 .009
Spectrophotometry
 Early Type Stars
 02.114.110
 04.114.024 .081
 06.114.005
 07.114.060
 08.114.107
 09.114.032 .033
Spectrophotometry
 Eclipsing Variables
 06.121.035 .090
 07.121.012
 08.121.085
 09.121.034
 10.121.021 .034 .111
Spectrophotometry
 F Stars
 06.114.014
Spectrophotometry
 Galaxies
 04.158.091
 05.158.021 .022
 07.158.005 .161
 09.158.111
 10.158.143 .144
Spectrophotometry
 Galaxy
 04.113.024
Spectrophotometry
 Gaseous Nebulae
 08.132.016
Spectrophotometry
 High Velocity Stars
 07.114.066
Spectrophotometry
 Infrared Sources
 10.113.012
 132.012
Spectrophotometry
 Jupiter
 05.099.048
 06.099.048
Spectrophotometry
 Jupiter Atmosphere
 07.099.016 .019
Spectrophotometry
 K Giants
 04.021.002
Spectrophotometry
 K Stars
 05.114.011
 10.114.238
Spectrophotometry
 Late Type Stars
 10.114.143
Spectrophotometry
 Low-Luminosity Stars
 05.126.007

Spectrophotometry
 M Giants
 10.114.180
Spectrophotometry
 M Stars
 10.114.238
Spectrophotometry
 Magnetic Variables
 09.114.105
 10.116.007
Spectrophotometry
 Mars
 02.097.074
 06.094.320
Spectrophotometry
 Mars Surface
 07.097.097
Spectrophotometry
 Meteors
 04.104.001
Spectrophotometry
 Minor Planets
 10.098.002 .003
Spectrophotometry
 Mira Variables
 04.122.044
Spectrophotometry
 Moon
 06.094.320
Spectrophotometry
 O Stars
 04.114.001 .105
Spectrophotometry
 Peculiar A Stars
 07.114.051
Spectrophotometry
 Planetary Nebulae
 04.133.029
 05.133.024
 06.133.009
 10.133.011 .013 .022
Spectrophotometry
 Pleiades
 10.153.020
Spectrophotometry
 Pluto
 04.101.005
Spectrophotometry
 Prominences
 04.073.064
 06.073.051
 07.074.009
 08.073.077
Spectrophotometry
 Quasars
 04.141.024
 05.141.006
Spectrophotometry
 Quasi-Stellar Objects
 03.141.016
Spectrophotometry
 Radio Sources
 09.158.002
 10.113.012
Spectrophotometry
 Saturn
 04.100.012
 05.099.048
Spectrophotometry
 Seyfert Galaxies
 05.158.040
Spectrophotometry
 Solar Corona
 07.074.009
Spectrophotometry
 Solar Flares
 04.073.068
Spectrophotometry
 Spectroscopic Binaries
 10.119.010

Spectrophotometry
 Standard Stars
 03.114.005
Spectrophotometry
 Stellar Associations
 10.152.012
Spectrophotometry
 Supergiants
 03.114.048
Spectrophotometry
 Techniques
 01.114.062
Spectrophotometry
 Uranus
 05.099.048
 06.094.320
 10.101.012 .013
Spectrophotometry
 UV
 02.114.021
 03.114.027
 09.114.121
Spectrophotometry
 Variables
 09.114.166 .167
Spectrophotometry
 Venus
 02.093.053
Spectrophotometry
 White Dwarfs
 07.126.006
Spectrophotometry
 Wolf Rayet Stars
 06.114.046
 09.114.104
Spectroscopic Binaries
 119.000
 09.012.004
Spectroscopic Binaries
 Absolute Magnitudes
 07.119.001
Spectroscopic Binaries
 Atmospheres
 10.012.005
Spectroscopic Binaries
 Catalogues
 05.119.006
 06.119.008
 09.119.007
Spectroscopic Binaries
 Frequencies
 04.119.008
Spectroscopic Binaries
 Galactic Clusters
 03.153.003
 07.119.002 .003
Spectroscopic Binaries
 Hyades
 10.119.007
Spectroscopic Binaries
 Light Curves
 07.119.010
Spectroscopic Binaries
 Magnetic Fields
 10.116.008
Spectroscopic Binaries
 Main Sequences
 07.119.008
Spectroscopic Binaries
 Masses
 07.119.001 .015
 08.121.055
 09.119.001 .006
Spectroscopic Binaries
 Metal Abundances
 03.119.001
 09.119.013
Spectroscopic Binaries
 Orbits
 See also Binaries Orbits

Spectroscopic Binaries
  Orbits
  01.119.001 .002 .004
       .005 .009
  06.119.001
Spectroscopic Binaries
  Parallaxes
  07.119.005
  08.119.002
Spectroscopic Binaries
  Photometry
  03.119.009
  05.119.011
  08.119.007
  09.119.025
Spectroscopic Binaries
  Pleiades
  06.119.010
Spectroscopic Binaries
  Radial Velocities
  04.119.003
  05.112.008
  06.119.013
Spectroscopic Binaries
  Spectra
  03.119.013
  04.119.004 .006 .010
  06.119.002 .011
  09.119.016
Spectroscopic Binaries
  Spectrophotometry
  10.119.010
Spectroscopic Binaries
  Wolf Rayet Stars
  09.119.012
Spectroscopic Binaries
  X Ray Sources
  10.119.011
Spectroscopic Binaries
  X Rays
  09.142.029
Spectroscopy
  114.000
  05.031.002
Spectroscopy
  Infrared
  04.034.012
Spectroscopy
  Planets
  05.091.017
Spectroscopy
  XUV
  04.034.013
Spectrum Variables
  02.114.105
     122.036
  03.114.047 .071
     116.007
  04.114.085 .109
     116.018
  05.114.074
  06.114.008
  07.012.006
     114.024 .054 .072
         .082 .085 .110
  08.114.106 .114 .120
         .142
     116.001
  09.114.009 .057 .110
         .138 .155 .173
     122.075
     152.003
  10.114.004 .034 .055
         .117 .118
Spherules
  01.105.043
  02.105.183
  03.105.069 .085 .099
         .100 .104
  04.105.025

Spherules
  06.105.008 .074 .160
  07.105.014 .032
Spicules
  01.073.002 .015
  02.073.014 .049 .070
  03.073.026 .027 .050
  04.073.006 .028 .066
  05.073.017 .022 .035
         .052
  06.073.002 .003 .011
         .059 .075
  07.073.080 .082
  08.073.084
  09.073.102
  10.073.079 .080
Spiral Arms
  09.151.011
     155.026 .049 .066
         .067 .069
  10.155.034 .048
     158.057
Spiral Structure
  01.151.015 .016 .017
         .019 .020 .027
         .039
  02.151.001 .008 .009
         .013 .034 .035
         .036 .042
     155.008 .009
     158.044
  03.012.013
     151.010 .011 .019
         .027 .028 .029
         .051 .056 .057
     155.019 .021 .040
         .041 .055
     158.008
  04.131.108
     151.022 .023 .046
         .047
     155.002 .003 .009
         .012 .028
     158.014
     159.009
  05.151.018 .020 .036
         .038 .039 .043
         .044 .048
     155.001 .005 .027
         .044
     158.112
  06.151.015 .025 .026
         .027 .028 .060
         .063
     155.039
  07.012.019
     141.165
     151.021 .049 .065
         .080
     155.034 .038 .081
     158.115
     159.008
  08.151.005 .020 .022
         .028 .033 .049
         .051
     155.018 .044 .054
     158.067 .095 .096
  09.151.020 .028 .036
     155.026 .067 .070
         .093
     158.116 .120
  10.012.010
     151.005 .007 .068
         .088 .089
     152.007
     155.005 .019 .026
Spiral Waves
  04.151.027
     155.012
  05.151.001 .018

Spiral Waves
  06.151.021 .023 .025
         .026 .027 .028
     155.048
  08.155.033
Stability
  Baryon Stars
  09.065.037
Stability
  Binaries
  02.117.025
  07.117.007
Stability
  Carbon Stars
  07.065.078
  10.065.007 .136
Stability
  Clusters of Galaxies
  04.162.081
  05.160.008
  06.160.006
  07.160.003 .023
  08.160.016
  09.160.002
Stability
  Fluid Spheres
  10.065.016
Stability
  Gaseous Spheres
  02.065.035
Stability
  Helium Stars
  02.064.015
  05.065.016
  07.065.102
Stability
  Hydromagnetic
  02.151.019
  09.062.002
Stability
  Intergalactic Clouds
  07.160.012
Stability
  Interstellar Clouds
  04.131.087
Stability
  Interstellar Gas
  04.131.032
Stability
  Low-Mass Stars
  07.065.079
Stability
  Maclaurin Spheroids
  04.061.001
  09.065.092
  10.065.015
Stability
  Magnetic Stars
  09.065.157 .162
Stability
  Mars Atmosphere
  10.097.044
Stability
  Massive Stars
  04.065.003
Stability
  Multiple Stars
  08.117.025
Stability
  Neutron Stars
  06.065.035
  07.065.023 .074
  09.065.008 .099
     126.014
Stability
  Orbits
  08.042.042
Stability
  Planetary System
  04.107.002

Stability
  Planetary System
    06.107.007
    08.098.025
    09.091.017
Stability
  Plasma
    04.062.012 .015 .019
         .043 .060
    05.012.010
    08.062.028
    09.062.053 .064
Stability
  Polytropes
    03.065.045
    09.065.007 .091
    10.065.011
Stability
  Population I Stars
    05.065.066
Stability
  Prominences
    03.073.054
Stability
  Quasars
    10.141.134
Stability
  Red Dwarfs
    01.065.047 .074
Stability
  Relativistic Stars
    03.066.061
    04.065.016 .045
    05.065.038
         066.037
Stability
  Rotating Bodies
    06.151.064
    08.066.024
Stability
  Rotating Stars
    03.065.082
    04.065.031
         116.002
    06.065.071
    08.065.008 .009
    09.065.023 .039 .158
    10.065.081 .115
Stability
  Solar Wind
    04.074.025
    09.074.045
Stability
  Star Clusters
    03.151.021
         162.047
    04.151.043
    05.151.024
    06.151.008
Stability
  Stars
    01.065.031 .044 .059
         116.009
    02.065.013
         066.037
    04.065.047
Stability
  Stellar Atmospheres
    07.064.023
Stability
  Stellar Envelopes
    07.064.028
Stability
  Stellar Evolution
    04.065.097
    09.065.054 .062
    10.065.001
Stability
  Stellar Interiors
    10.065.037 .075 .124

Stability
  Stellar Models
    02.065.050
    04.065.058
Stability
  Stellar Systems
    01.151.005 .021 .046
    02.151.003 .008 .019
         .046
    03.151.001 .007 .030
         .061 .068
    04.151.003 .004
    05.151.008 .011 .024
         .037 .041 .042
    06.151.016 .019 .040
         .045
    07.151.017
    08.151.003 .025 .034
    09.151.004 .023 .024
         .041 .046 .052
    10.151.001 .008 .041
         .045 .075 .078
         .081
Stability
  Sunspots
    02.072.021
Stability
  Supergiants
    06.065.012
Stability
  Supermassive Stars
    03.065.005
    05.065.017
    06.065.076 .136
    08.065.060
    09.065.095 .099 .179
    10.065.013
Stability
  Variables
    06.122.046
Stability
  White Dwarfs
    04.065.011
    05.126.031
    06.126.015
    07.065.023
    08.126.009
    09.065.099
         122.139
         126.007 .014
Star Catalogues
  Colors
    09.113.054
    10.113.021 .022 .023
         .024 .025
Star Catalogues
  Comparisons
    06.041.038
    07.041.005
    08.041.044
    09.041.009 .017
    10.041.030 .031
Star Catalogues
  Declinations
    04.041.032 .034
    05.041.009 .012 .020
    06.041.019
    07.041.011 .012 .014
    08.041.039
    10.041.002
Star Catalogues
  Luminosities
    10.113.021 .022 .023
         .024 .025
Star Catalogues
  Meridian
    09.041.002
Star Catalogues
  Parallaxes
    04.041.011

Star Catalogues
  Parallaxes
    07.111.005
Star Catalogues
  Photoelectric
    01.113.036
    09.113.014
Star Catalogues
  Photometric
    10.113.003
Star Catalogues
  Positions
    03.041.005
    04.041.032
    06.041.030
    09.041.001 .030 .038
         .040 .041 .042
    10.041.011
Star Catalogues
  Proper Motions
    03.041.005
    05.041.027
    06.041.030
         112.005
    07.041.006
         112.005 .006
    08.112.010
    09.041.042
    10.041.011
Star Catalogues
  Right Ascensions
    04.041.027 .032 .033
    05.041.010 .021 .034
    07.041.006 .009 .010
         .012 .015
    09.041.006 .037
Star Catalogues
  Spectral Types
    08.114.140
    10.113.021 .022 .023
         .024 .025
         114.046
Star Catalogues
  Systematic Errors
    05.041.002
    06.041.010
    08.041.003
Star Catalogues
  Zero-Points
    07.041.001
    08.041.053
Star Chains
    01.152.002
Star Clusters
  Binaries
    06.151.035
Star Clusters
  C-M Diagrams
    05.159.009
Star Clusters
  Catalogues
    04.153.051
Star Clusters
  Diameters
    05.155.026
    09.151.018
Star Clusters
  Disruption Time
    06.151.008
    08.151.024
Star Clusters
  Dynamics
    04.042.034
         151.014 .033
    06.151.067
    08.151.014
    09.151.048
    10.012.034

Star Clusters
  Escape Rates
    03.151.060
    06.151.034
Star Clusters
  Evolution
    03.151.016
    04.151.002
    05.151.035
    07.151.032
    10.151.080
Star Clusters
  Galactic Orbits
    09.151.018
Star Clusters
  HR Diagrams
    01.065.030
Star Clusters
  Interstellar Clouds
    06.151.008
Star Clusters
  Kinematics
    07.151.084
    10.151.046
Star Clusters
  Magellanic Clouds
    04.159.006 .008
    05.159.009
    07.159.011 .012
    08.159.005
    10.159.007
Star Clusters
  Main Sequence Stars
    04.159.008
Star Clusters
  Masses
    07.151.013
Star Clusters
  Models
    05.151.030
    06.151.032 .035
    08.151.011 .019 .038
    09.151.040 .047
Star Clusters
  Photometry
    08.159.005
Star Clusters
  Positions
    05.155.026
Star Clusters
  Relativistic
    01.066.059
      151.036
    02.151.012
    03.151.021 .065
      162.047
    05.151.029
    06.151.068
Star Clusters
  Relaxation Times
    06.151.047
Star Clusters
  Runaway Stars
    06.151.036
Star Clusters
  Stability
    03.151.021
      162.047
    04.151.043
    05.151.024
    06.151.008
Star Clusters
  Velocity Distribution
    04.151.029
    05.151.023
    06.151.020
    07.151.064
Star Formation
    01.065.019 .027 .028
    02.065.024 .038 .058

Star Formation
    02.065.059 .060 .066
      131.071
      151.013 .017
    05.065.031 .068 .069
        .072 .084 .121
        .134
      131.070
      158.007
    06.065.142
    07.065.004 .047 .076
        .146
    08.065.014 .029 .133
      151.022
    09.012.015
      065.004 .009 .016
    10.065.027 .096 .105
        .106 .116
Star Formation
  Galactic Clusters
    05.153.023
    09.152.013
      153.042
Star Formation
  Galaxies
    03.065.080
    07.158.050
    08.158.021
    09.065.010 .016
Star Formation
  Galaxy
    07.065.046
    08.117.019
    09.155.066
    10.155.037
Star Formation
  Interstellar Clouds
    05.065.070
    06.065.078
    07.065.115
      131.080
    08.065.148
    09.151.009
Star Formation
  Interstellar Matter
    07.131.152
    10.151.088
Star Formation
  Interstellar Space
    08.131.064
Star Formation
  Stellar Associations
    06.152.004
Star Streams
    02.153.037
    04.155.037
    05.151.013
      155.046
    06.151.072
      152.010
Stars
  Ages
    09.012.015
Stars
  Collapse
    01.066.004 .025 .031
    02.022.009
    03.066.043 .051
Stars
  Diameters
    115.000
Stars
  Figure
    116.000
Stars
  Limb Darkening
    09.113.024
Stars
  Lithium Abundance
    02.061.009

Stars
  Luminosities
    115.000
    10.012.008
Stars
  Magnetic Field
    116.000
Stars
  Magnitudes
    113.000
Stars
  Masses
    115.000
    02.118.040
Stars
  Parallaxes
    111.000
Stars
  Pulsation Theory
    02.065.021 .039
Stars
  Rotation
    116.000
    04.012.007
Stars
  Space Density
    02.155.007
    04.155.031
Stars
  Stability
    01.065.031 .044 .059
      116.009
    02.065.013
      066.037
    04.065.047
Stars
  Temperatures
    114.000
    10.012.008
Stars
  Velocity Distribution
    02.151.051
Stellar Activity
  Cycles
    07.065.045
Stellar Associations
    152.000
Stellar Associations
  A Stars
    04.152.003
Stellar Associations
  C-M Diagrams
    04.159.005
Stellar Associations
  Catalogues
    04.153.051
Stellar Associations
  Cepheids
    05.152.007
Stellar Associations
  Distances
    04.152.004
    07.152.013
Stellar Associations
  Dynamics
    10.152.009
Stellar Associations
  Emission-Line Stars
    09.152.003
Stellar Associations
  Evolution
    05.151.035
    158.007
Stellar Associations
  Formation
    03.152.007
    09.065.004
Stellar Associations
  Galaxies
    04.158.062

Stellar Associations
  H II Regions
    07.152.007
Stellar Associations
  Helium Abundance
    09.153.014
Stellar Associations
  Instability
    04.153.033
Stellar Associations
  Internal Motions
    09.152.004
Stellar Associations
  K Stars
    04.152.003
Stellar Associations
  Kinematics
    04.152.009
    05.152.008
    08.152.007
Stellar Associations
  M Supergiants
    10.113.116
Stellar Associations
  Magellanic Clouds
    03.159.001
    04.159.003 .005
Stellar Associations
  Membership
    09.112.007
Stellar Associations
  OH Sources
    04.152.005
Stellar Associations
  Photometry
    04.152.004
    05.152.005 .011
    06.152.003 .008
    08.113.027
Stellar Associations
  Red Supergiants
    05.153.003
Stellar Associations
  Rotational Velocities
    04.153.021
Stellar Associations
  Spectrophotometry
    10.152.012
Stellar Associations
  Star Formation
    06.152.004
Stellar Associations
  Supergiants
    03.152.016
    08.115.003
    10.117.005
Stellar Associations
  Variables
    02.152.009
Stellar Associations
  X Ray Sources
    04.142.031
    05.152.004
Stellar Atmospheres
    064.000
    03.012.023
    04.012.008 .009 .013
    06.012.008
Stellar Atmospheres
  Absorption
    04.064.024
    05.064.013
    06.064.040
    08.114.035
    09.064.088
    10.064.005 .042
Stellar Atmospheres
  Acoustic Waves
    05.064.028

Stellar Atmospheres
  Calcium Abundance
    09.064.004
Stellar Atmospheres
  Chemical Composition
    08.114.036
Stellar Atmospheres
  Convection
    01.064.005
    03.064.028 .061
    05.064.002 .037
    06.063.010
      064.004
    09.064.066
      080.008
Stellar Atmospheres
  Convective Zones
    04.064.042 .044
    05.064.042
Stellar Atmospheres
  Curves-of-Growth
    10.114.003
Stellar Atmospheres
  Dust
    10.064.050
Stellar Atmospheres
  Dynamics
    04.064.005
    10.064.052
Stellar Atmospheres
  Electric Conductivity
    09.064.005
Stellar Atmospheres
  Electron Densities
    09.064.002
Stellar Atmospheres
  Element Abundances
    01.064.009 .041 .044
      114.026
    02.064.054
    03.064.019 .040
    04.064.010 .025
    05.064.047
    06.064.022
      114.092
    07.114.011
    08.064.030
      114.062
    09.012.015
      064.074
      114.093
    10.064.010
      114.058
Stellar Atmospheres
  Expansion
    02.064.022
    08.064.014 .015
    10.064.024
Stellar Atmospheres
  Fine Analyses
    02.064.006 .007 .021
    03.064.007
      114.080
    05.064.004
    06.126.002
    07.064.007
    08.064.070
    09.064.073
    10.064.039 .041
Stellar Atmospheres
  Grains
    04.064.016
    08.064.067
Stellar Atmospheres
  Helium Abundance
    06.064.052
    09.114.103
Stellar Atmospheres
  Iron Abundance
    10.064.046

Stellar Atmospheres
  Line Intensities
    04.064.013
    05.064.022
Stellar Atmospheres
  Line Profiles
    03.063.025
    04.064.096
      114.019
    05.064.005 .041 .061
    06.064.045
    07.064.008
    08.064.037 .072
    09.064.010 .026 .049
           .075 .078
    10.064.074
Stellar Atmospheres
  Lithium Abundance
    02.061.009
Stellar Atmospheres
  LTE Models
    04.064.012
    08.064.046
    10.064.006
Stellar Atmospheres
  Magnetic Fields
    09.064.043
Stellar Atmospheres
  Mass Loss
    01.064.007
    02.064.032
    03.064.033
    04.064.090 .091
      114.020
Stellar Atmospheres
  Metal Abundances
    04.064.014
    06.064.004
    07.064.057 .058
      114.010
Stellar Atmospheres
  Microturbulence
    06.064.004
    09.064.021
Stellar Atmospheres
  Models
    01.064.016 .017 .025
           .029 .036 .038
           .040 .049 .053
           .054 .055
    02.064.003 .040
    03.064.016 .017 .021
           .036 .040 .043
           .044 .053
      114.082
    04.064.003 .049 .069
           .070 .071 .077
           .095
      114.106
    05.064.002 .007 .038
           .060
      114.008
    06.064.007 .009 .042
           .062
    07.064.005 .029 .030
           .042 .043
      114.005
    08.064.028 .050 .069
           .070
      114.012 .170
    09.064.050
      114.074
    10.064.008 .048 .049
           .071 .076
      114.062
Stellar Atmospheres
  Molecules
    06.064.011
    07.064.045
    08.114.046

Stellar Atmospheres
Molecules
08.131.013
09.064.020 .051
10.064.050
114.181 .183
131.188
Stellar Atmospheres
Non LTE Models
02.064.016 .042 .045
03.064.032 .046 .051
04.064.032 .084
05.064.034
06.064.001
07.064.006
08.064.008 .075
09.064.023 .024
10.063.013
064.014 .016
Stellar Atmospheres
Nuclear Reactions
04.064.015
Stellar Atmospheres
Opacities
01.064.015 .052
04.064.048
05.064.045
06.064.023 .026
07.064.019
09.064.015 .048
114.020
Stellar Atmospheres
Polarization
07.064.047
Stellar Atmospheres
Promethium
09.064.022
Stellar Atmospheres
Radiative Transfer
04.063.032
064.021 .022 .075
.078
05.064.012 .033 .048
.050 .051 .058
06.063.007
064.063
07.064.056
08.064.038 .040 .068
09.063.029
064.013 .024 .064
.082 .085
Stellar Atmospheres
Reflection Effect
07.064.018
Stellar Atmospheres
Rotation
03.064.038
05.064.040
Stellar Atmospheres
Scattering
10.064.005 .017
Stellar Atmospheres
Shock Waves
01.061.007
02.064.014 .019
03.064.005 .011 .014
04.064.088 .101
06.064.025
10.064.068 .082
Stellar Atmospheres
Source Functions
02.064.020
05.064.001 .059
08.064.037
09.065.073
Stellar Atmospheres
Stability
07.064.023

Stellar Atmospheres
Structure
06.073.034
Stellar Atmospheres
Temperatures
09.064.087
10.064.055
Stellar Atmospheres
Thermal Conductivity
03.064.030
Stellar Atmospheres
Turbulence
06.064.044 .057
07.071.004
09.064.055 .072
122.032
10.064.012 .043
065.014
Stellar Atmospheres
Velocities
05.080.027
Stellar Coronae
01.064.008
02.064.033
04.064.085 .086
05.064.036
126.030
06.064.030
10.064.073
Stellar Coronae
Radio Radiation
09.064.041
Stellar Coronae
X Rays
04.064.020
09.064.041
Stellar Envelopes
064.000
05.133.008
Stellar Envelopes
Chemical Composition
10.064.081
Stellar Envelopes
Convection
01.064.011
03.064.039
06.064.028 .058
08.064.034
065.005
09.064.052
Stellar Envelopes
Dust
05.064.023
08.064.024
Stellar Envelopes
Electron Densities
08.064.048
Stellar Envelopes
Expansion
08.064.048
10.064.023
Stellar Envelopes
Grains
08.064.049
Stellar Envelopes
Graphite
10.064.053
Stellar Envelopes
Instability
08.064.006
Stellar Envelopes
Ionization
04.064.001
Stellar Envelopes
Luminosities
10.064.004
Stellar Envelopes
Models
03.064.052 .053
04.065.152

Stellar Envelopes
Models
05.064.006
06.064.028 .031
07.064.002
08.064.009 .031
09.064.037 .071
10.064.080
Stellar Envelopes
Opacities
09.064.057
Stellar Envelopes
Oscillations
08.064.013
Stellar Envelopes
Pulsations
07.117.034
Stellar Envelopes
Radiative Transfer
05.064.023
06.065.029
10.063.011
Stellar Envelopes
Rotation
04.064.002
07.064.046
Stellar Envelopes
Shock Waves
10.064.007
Stellar Envelopes
Stability
07.064.028
Stellar Envelopes
Structure
05.064.026
Stellar Evolution
065.000
05.012.001
06.142.064
09.012.014 .015
Stellar Evolution
Carbon Burning
01.065.011
04.065.017 .044 .095
06.065.119 .129
07.065.089
08.065.050
09.065.012 .049 .087
Stellar Evolution
Carbon Cores
06.065.075
08.065.067
09.065.036
Stellar Evolution
Chemical Composition
07.065.025
Stellar Evolution
Collapse
07.065.089
Stellar Evolution
Convection
10.065.135
Stellar Evolution
Convective Envelopes
07.065.081
08.065.006
Stellar Evolution
Dense Cores
07.065.080
Stellar Evolution
Deuterium Abundance
10.065.020
Stellar Evolution
Explosions
05.065.063
06.065.119
Stellar Evolution
Galactic Clusters
04.153.032
05.153.002 .005 .027

Stellar Evolution
　Galactic Clusters
　06.153.023 .029
　08.065.078
Stellar Evolution
　Galaxies
　03.065.080
　08.065.096
　10.065.105 .106
　　　158.103
Stellar Evolution
　Globular Clusters
　03.154.005
　04.065.018
　　　154.008
　06.154.006 .021
　07.154.017
　10.065.055
　　　154.001 .016
Stellar Evolution
　Helium Burning
　01.065.001 .063
　04.065.035
　05.065.001 .011 .030
　　　　.042 .043 .048
　　　　.092 .118
　06.065.012 .014 .016
　　　　.043 .066 .067
　　　　.089 .093
　07.065.009 .013 .024
　　　　.030 .104
　08.065.049 .055 .068
　　　　.095 .097
　09.065.041 .042 .051
　　　　.071 .118 .145
　　　　.146
　10.065.133 .134
Stellar Evolution
　Helium Flash
　02.065.067
　03.065.007
　04.065.093
　05.065.006 .045
　06.065.039
Stellar Evolution
　Horizontal Branches
　07.065.024
Stellar Evolution
　Hydrodynamics
　08.065.011
Stellar Evolution
　Hydrogen Burning
　02.065.002
　08.065.065
　09.065.072
　10.065.052 .114
Stellar Evolution
　Magellanic Clouds
　10.159.005
Stellar Evolution
　Magnetic Fields
　04.065.020
　09.065.047 .062
　　　116.001
Stellar Evolution
　Mass Loss
　01.065.034
　03.065.016 .061 .066
　04.064.100
　05.065.026 .054
　08.064.022
　　　065.082
　09.065.089
Stellar Evolution
　Metal Abundances
　06.065.128
Stellar Evolution
　Neutrinos
　02.065.026
　09.065.048 .050

Stellar Evolution
　Neutrinos
　10.061.009
Stellar Evolution
　Nuclear Reactions
　03.065.019 .053
　05.065.002 .063
　06.065.018
　07.065.029 .065
　08.065.136
Stellar Evolution
　Nucleosynthesis
　06.065.090
　08.065.024 .103
Stellar Evolution
　Oxygen Burning
　03.065.046
　04.065.044
　07.065.071
　08.065.023
Stellar Evolution
　Pre-Main-Sequence
　05.065.067 .078 .139
　06.065.014
　08.064.065
　　　065.148
　09.065.015 .144
　　　122.137
Stellar Evolution
　Pre-Supernovae
　09.065.163
Stellar Evolution
　Pulsations
　03.065.060
　06.115.002
Stellar Evolution
　Red Giants
　09.065.079
Stellar Evolution
　Rotation
　02.065.078
　03.065.058 .061 .063
　04.065.020 .055
　05.153.002
　06.065.041
　07.065.009
　10.064.071
　　　066.001
Stellar Evolution
　Secular Stability
　06.065.070
　07.065.048 .068
　08.065.035
　09.065.019 .027 .053
　　　　.071 .078 .118
　　　　.175
　10.065.006 .029
Stellar Evolution
　Semiconvection
　07.065.013
　08.065.034 .077 .089
Stellar Evolution
　Silicon Burning
　06.065.080 .081
Stellar Evolution
　Stability
　04.065.097
　09.065.054 .062
　10.065.001
Stellar Evolution
　Weak Interactions
　03.065.062
Stellar Groups
　02.113.054 .055
　　　114.097
　　　153.021
　　　154.014 .015
　　　155.013
　03.114.083
　　　152.002 .015

Stellar Groups
　03.153.024
　04.151.012
　05.151.023
　07.114.060
　　　152.003
　08.115.010
　　　152.001 .006
　09.003.012
　10.113.004
Stellar Groups
　Disk Population
　05.155.055 .056
Stellar Groups
　Infrared Spectra
　09.152.002
Stellar Groups
　Photometry
　05.155.055 .056
　06.153.005
Stellar Groups
　Space Motions
　05.155.055
Stellar Groups
　Velocity Distribution
　02.151.047
Stellar Interiors
　Absorption Coefficient
　01.065.035 .039
Stellar Interiors
　Convection
　02.065.061 .068
　03.065.001 .014 .044
　04.065.045 .065
　05.065.030
　06.065.019
　07.065.026 .050 .065
　08.065.070
　09.065.089 .169
　10.065.018 .038 .041
　　　　.104
Stellar Interiors
　Densities
　02.065.056
Stellar Interiors
　Element Abundances
　01.061.039 .041
　02.065.057
Stellar Interiors
　Energy Loss
　03.065.071 .072
Stellar Interiors
　Evolution
　10.065.104
Stellar Interiors
　Explosions
　03.065.099
　04.065.004
　05.065.052
Stellar Interiors
　Gas Dynamics
　10.065.060
Stellar Interiors
　Helium Abundance
　06.065.110 .111 .112
Stellar Interiors
　Helium Burning
　10.065.006
Stellar Interiors
　Magnetic Fields
　10.065.036
Stellar Interiors
　Mass Loss
　02.065.052
　10.065.088
Stellar Interiors
　Models
　04.116.001
　05.065.033
　09.065.031

SUBJECT INDEX - VOL.1-10

Stellar Interiors
  Neutrons
    02.022.008
Stellar Interiors
  Nuclear Reactions
    01.065.006 .012 .014
    02.065.019 .020 .023
         .029 .063 .069
    04.065.006
    05.065.090
    06.065.005 .060 .140
    07.065.022 .100
    08.065.143
    10.065.003 .034 .035
       131.085
Stellar Interiors
  Opacities
    01.065.062
    02.065.006 .043 .062
         .086
    03.061.018
       065.015 .022 .023
         .024 .068
    04.065.007
    06.065.077
    08.065.020 .064
    10.061.014
       065.019 .151
Stellar Interiors
  Oscillations
    01.065.043
    08.065.022 .036
Stellar Interiors
  Perturbation Theory
    03.065.008
Stellar Interiors
  Proton-Proton Cycle
    02.065.092
Stellar Interiors
  Pulsations
    09.065.174
       122.138 .139
    10.065.124
       122.112
Stellar Interiors
  Rotation
    04.065.049 .050
    05.065.106
    10.065.084
Stellar Interiors
  Shock Waves
    06.065.133 .146
    08.065.004
Stellar Interiors
  Stability
    10.065.037 .075 .124
Stellar Interiors
  Thermal Waves
    08.065.037 .152
    09.065.153
    10.065.062
Stellar Models
  Evolution
    09.065.055
Stellar Models
  Stability
    02.065.050
    04.065.058
Stellar Nucleosynthesis
    065.000
Stellar Occultations
    06.012.018
Stellar Occultations
  Jupiter
    07.099.013 .014 .015
    08.099.020 .061 .068
         .078
       117.009
    09.099.002 .041
    10.099.054 .061 .091

Stellar Occultations
  Neptune
    01.041.012 .014 .015
         .016
    02.101.001
    03.101.003 .004
    05.101.009
Stellar Orbits
  Galactic Clusters
    08.151.052
Stellar Orbits
  Galaxies
    09.151.020
Stellar Orbits
  Galaxy
    10.155.015
Stellar Populations
    06.115.017
       122.158
    07.155.026 .044
Stellar Populations
  Galaxies
    06.158.088
    08.158.024
Stellar Rings
    04.114.017
       152.002
    05.065.055
       152.001 .009 .012
    06.152.001 .005
    07.152.001 .002
    08.152.005 .012
    09.153.033
    10.152.001 .003 .004
         .006 .007
Stellar Spectra
    114.000
    01.012.012
    04.012.013
Stellar Spectra
  Absorption Lines
    09.114.164
Stellar Spectra
  Barium Abundance
    03.114.116 .118
Stellar Spectra
  Calcium Abundance
    01.114.001
Stellar Spectra
  Calcium Lines
    03.114.077
    07.131.062
Stellar Spectra
  Carbon Abundance
    10.114.078
Stellar Spectra
  Catalogues
    03.114.020
Stellar Spectra
  Emission Lines
    04.114.135
    06.064.033 .034 .035
         .036
       114.011
    08.114.025 .077
Stellar Spectra
  Energy Distribution
    09.114.014 .090
Stellar Spectra
  Hydrogen Lines
    08.114.039
Stellar Spectra
  Infrared
    02.114.016 .066
    03.114.030
    05.114.090
Stellar Spectra
  Iron Abundance
    01.114.035
    08.071.067

Stellar Spectra
  Iron Abundance
    08.114.062
Stellar Spectra
  Line Intensities
    06.064.036
Stellar Spectra
  Line Profiles
    06.114.124
    08.114.026
Stellar Spectra
  Lithium Abundance
    01.114.036 .037
    06.114.066
Stellar Spectra
  Lyman Alpha
    06.114.074
Stellar Spectra
  Mercury
    06.114.091
Stellar Spectra
  Nitrogen Abundance
    04.114.005
    10.114.114
Stellar Spectra
  Uranium Abundance
    08.114.129
Stellar Spectra
  UV
    02.114.019
    03.012.014
    04.113.052
    07.114.128
    08.114.029
    09.114.121 .122 .123
         .124 .125 .129
         .155
       131.014 .137 .165
    10.114.111
Stellar Spots
    04.064.017
Stellar Structure
    065.000
    03.012.012
Stellar Surfaces
  Helium Abundance
    07.065.067
Stellar Surfaces
  Nuclear Reactions
    07.065.067
Stellar Systems
  Collapse
    07.151.025
    10.151.042
Stellar Systems
  Collisions
    06.151.050
    07.151.087
Stellar Systems
  Density Waves
    04.151.004
    05.151.032 .039
    06.151.012
    07.151.007 .067
    08.061.003
       151.006
    09.151.003 .008 .032
         .056
    10.151.072 .073
Stellar Systems
  Dynamics
    151.000
    07.012.004
    09.155.100
    10.012.010 .020 .034
Stellar Systems
  Evolution
    01.151.013
    02.151.043
    06.151.042 .043 .058

Stellar Systems
Evolution
06.151.070
158.107
07.151.001 .068 .088
.102
10.012.010
Stellar Systems
Formation
04.151.008
Stellar Systems
Halo
07.151.068
Stellar Systems
Instability
04.151.040
05.151.031
06.151.030 .053
Stellar Systems
Interactions
07.151.083
Stellar Systems
Kinematics
151.000
07.012.004
Stellar Systems
Masses
05.152.010
Stellar Systems
Models
01.151.030 .031 .032
.033 .034 .035
.043 .044
02.151.011 .050
03.151.031 .033 .052
.053 .054 .055
04.151.010 .028 .031
.037 .039
158.023
05.151.005 .038 .040
.052
06.151.001 .009 .010
.013 .014 .024
.044 .055 .056
.059
158.121
07.151.004 .005 .007
.009 .019 .066
.088
08.151.012 .015 .016
.032
155.043
09.151.001 .005 .022
.038 .043 .045
.049 .053
10.151.010 .012 .013
.015 .027 .058
.076 .082 .083
158.048
Stellar Systems
Orbit Theory
03.151.004 .005
05.151.012
06.151.007
Stellar Systems
Perturbations
09.151.044
Stellar Systems
Poisson Equation
01.151.003
Stellar Systems
Relaxation
02.151.027 .028
03.151.002 .014
04.151.020
06.151.037 .052
Stellar Systems
Stability
01.151.005 .021 .046
02.151.003 .008 .019

Stellar Systems
Stability
02.151.046
03.151.001 .007 .030
.061 .068
04.151.003 .004
05.151.008 .011 .024
.037 .041 .042
06.151.016 .019 .040
.045
07.151.017
08.151.003 .025 .034
09.151.004 .023 .024
.041 .046 .052
10.151.001 .008 .041
.045 .075 .078
.081
Stellar Systems
Velocity Distribution
01.151.014
02.151.044 .052
03.151.059
04.151.021
05.151.003 .017
10.151.014
Stellar Winds
01.064.014 .050
02.064.005 .043
03.064.003 .031 .045
.048
132.003
04.062.007
064.030
05.064.035 .039 .046
06.064.005 .032 .043
074.076
07.064.052
08.064.022 .025 .026
.039 .064
09.064.003
10.064.009
Stone Meteorites
01.105.008 .017 .034
.045 .052 .053
.054 .055 .058
02.105.002 .004 .085
.096 .099 .106
.114 .120 .181
03.105.002 .075 .083
.106
04.105.010 .016 .063
05.105.014 .044 .057
.060 .067
06.105.169
07.105.005 .031
08.105.002 .004 .008
.011 .013 .018
.045 .081 .131
09.105.015 .022
10.105.007 .028 .032
.036 .088 .089
.093
Stonehenge
01.004.006 .027
03.004.002
06.004.008
10.003.055
Subdwarfs
126.000
04.126.012
Subdwarfs
Atmospheres
03.064.017 .059
04.064.047
09.064.066
Subdwarfs
Chemical Composition
07.126.012 .017

Subdwarfs
Element Abundances
10.126.001
Subdwarfs
Evolution
06.126.002
08.065.033
Subdwarfs
Galactic Halo
07.065.072
Subdwarfs
Helium Abundance
01.126.003
Subdwarfs
Hyades
09.126.030
Subdwarfs
Non LTE Analyses
08.126.001
Subdwarfs
O Type
09.126.002
Subdwarfs
Photometry
01.153.007
02.126.007
04.126.015
Subdwarfs
Radial Velocities
02.126.007
Subdwarfs
Search
01.126.001
Subdwarfs
Spectra
02.114.012
03.114.137
08.114.002
Subgiants
Atmospheres
08.064.032
114.048
Subgiants
Chemical Composition
04.114.073
Subgiants
Colors
09.113.032
Subgiants
Element Abundances
05.114.024
Subgiants
Metal Abundances
06.114.019
Subgiants
Spectra
04.114.120
Subluminous Stars
Photometry
02.126.004 .005
03.115.005
126.006
Subluminous Stars
Proper Motions
09.113.057
Sun
10.012.004
Sun
Active Regions
02.072.044 .075 .080
03.072.003 .004 .008
.024
04.073.007 .008 .029
.030
076.005
077.002 .003
05.071.031
072.032
073.036 .050 .060
076.021

SUBJECT INDEX - VOL.1-10

Sun
  Active Regions
    06.072.008 .023 .026
          .031 .036 .039
          .054
    073.040 .087
    074.005
    076.029
    077.023 .042 .044
    078.024
    080.061
    07.071.042
    072.026 .038
    073.062 .063
    076.042
    08.072.014
    073.064 .102 .105
    076.003
    080.056
    09.072.077 .078
    073.002 .042 .043
    077.003
    10.071.019
    072.011 .012 .015
        .041 .043 .050
        .066 .078 .086
    073.049
    076.037
    077.038
Sun
  Brightness Temperature
    06.071.017
    08.071.004
    076.048
    09.064.025
    091.059
    10.071.006
    077.061
Sun
  Brightness Variations
    02.080.026
Sun
  Color Indices
    05.080.015
    08.080.023
Sun
  Convective Envelopes
    04.080.007
    05.080.026
    06.080.008
Sun
  Convective Zones
    07.080.024
    08.080.044
Sun
  Declinations
    05.041.014
Sun
  Diameter
    07.080.012
    09.077.006
    080.035
Sun
  Differential Rotation
    04.071.011
    080.001
    05.065.009
    08.080.020 .031 .032
    09.080.030
    10.074.105
Sun
  Evolution
    01.080.002
Sun
  Figure
    080.000
Sun
  Gravitational Field
    08.080.027

Sun
  Helium Neutral
    01.076.001
Sun
  Interior
    080.000
    02.022.010
    03.080.017
    04.080.019 .042
Sun
  Iron Abundance
    08.071.067
Sun
  Limb Darkening
    10.080.020
Sun
  Lithium Abundance
    01.080.009
    06.080.002
Sun
  Oscillations
    08.080.021 .036
    09.071.014
    080.041
Sun
  Positions
    10.041.048
Sun
  Radar Echoes
    01.074.040
Sun
  Radio Brightness
    08.077.016
Sun
  Radio Maps
    03.077.029
    04.077.002 .012 .013
    06.077.042 .057
    07.077.007
    08.077.068
Sun
  Right Ascensions
    05.041.013 .023
Sun
  Rotation
    080.000
Sun
  Surface
    10.080.002 .034
Sun
  Temperatures
    05.107.007
Sundials
  02.004.023
  07.004.023
    035.004 .006
  08.004.059
    035.002
  10.003.083
Sunspot Groups
  01.072.004 .007 .047
      .048
  02.072.006 .023 .071
      .074 .083 .087
  03.072.005 .027 .046
    076.010
  04.072.015 .053
    077.048
  05.072.011 .030 .039
      .044 .047
    077.045
  06.072.017 .050 .070
    073.064
    077.035
  07.072.011 .020 .029
      .040
    073.032
  08.072.041
  09.072.006 .034 .067
      .072 .075 .079

Sunspot Groups
  09.073.003 .111
  10.072.001 .002 .003
      .038 .078 .082
      .086 .092
    073.115
    077.001 .014
Sunspots
  072.000
Sunspots
  Areas
    03.072.017
    04.072.014
    05.072.015
    06.072.053
Sunspots
  Brightnesses
    01.072.006
Sunspots
  Classification
    05.077.009
Sunspots
  Convection
    06.072.082
Sunspots
  Cooling
    08.072.070 .071
Sunspots
  Curves-of-Growth
    08.072.043
    10.072.004
Sunspots
  Distribution
    02.072.019
    03.072.020
    08.072.057
Sunspots
  Electric Conductivity
    01.071.010
    04.071.022
    072.009
    06.072.060 .076
Sunspots
  Electric Fields
    07.072.044
Sunspots
  Element Abundances
    01.072.010
Sunspots
  Emission Lines
    09.072.010
Sunspots
  Evolution
    04.072.026 .042
    05.072.028
    08.071.057
    10.072.049
Sunspots
  Formation
    07.072.007
    08.072.037 .060
Sunspots
  Fragmentation
    07.072.042
Sunspots
  Heating
    07.072.033
Sunspots
  Hydromagnetic Waves
    01.072.040
Sunspots
  Infrared Photometry
    07.072.006
Sunspots
  Infrared Spectra
    07.072.008
    08.072.002
    09.071.051

Sunspots
  Intensities
  04.072.004
  06.072.005 .006
  10.072.056 .072
Sunspots
  Line Formation
  10.072.019
Sunspots
  Line Profiles
  07.072.012 .013
  08.072.046
Sunspots
  Lithium Abundance
  04.072.017
  05.072.003
  06.072.065
Sunspots
  Magnetic Fields
  01.072.001 .018 .032
  02.072.005 .008 .017
        .028 .029 .046
        .047 .048 .049
        .065 .072
  03.072.005 .006 .018
        .021 .025 .028
        .029 .032 .033
        .036
  04.072.002 .015 .036
  080.040
  05.072.005 .006 .013
        .014 .020 .026
        .039 .049
  073.021
  06.072.002 .018 .019
        .023 .024 .025
        .027 .028 .029
        .035 .037 .038
        .040 .046 .050
        .052 .056 .058
        .072 .079 .088
  077.035
  07.072.004 .013 .016
        .017 .026 .027
  080.013
  08.072.012 .020 .058
        .060 .070 .071
  09.072.001 .004 .026
        .045 .066
  10.072.005 .018 .033
        .036 .037 .042
        .057 .070 .077
        .091 .092
  073.085
Sunspots
  Magneto-Sonic Waves
  04.072.005
Sunspots
  Models
  02.072.011 .055 .076
        .077
  03.072.001
  04.072.007 .052
  05.072.021 .028
  06.072.009 .065 .087
  07.072.042
  08.080.046
  09.072.037 .044 .073
  10.072.070 .090 .091
Sunspots
  Motion
  02.072.054
  10.072.013
Sunspots
  Oscillations
  08.072.054 .055 .056
  09.072.074
  10.072.069

Sunspots
  Penumbrae
  02.072.002 .045 .076
        .085
  04.072.007 .021
  05.072.004 .024 .025
        .050
  06.072.032 .062
  08.072.019 .023 .045
        .053 .066
  09.072.010 .011 .023
        .025 .027 .039
        .040
  10.072.002 .010 .036
        .068
Sunspots
  Photometry
  02.072.063
  04.072.018
Sunspots
  Pictures
  09.072.008
Sunspots
  Polarization
  08.077.033
Sunspots
  Proper Motions
  10.072.033 .044
Sunspots
  Radio Radiation
  10.077.017
Sunspots
  Rotation
  05.072.018
Sunspots
  Spectra
  01.072.005 .039 .043
  02.072.001 .003 .020
        .027 .040 .042
        .051 .053 .056
        .058 .060 .090
  03.071.037
     072.002 .007 .013
        .019 .045
  04.072.001 .005 .013
        .017 .019 .020
        .023 .047 .054
  05.072.001 .008 .010
        .012 .016 .017
        .043 .048 .068
  06.071.043
     072.007 .021 .022
        .042 .047 .057
        .096
  07.072.002
  08.022.085
     072.003 .007 .008
        .009 .013 .022
  09.072.002 .015 .049
  10.072.007 .008 .018
        .089
Sunspots
  Stability
  02.072.021
Sunspots
  Statistics
  03.072.034
  04.072.026
Sunspots
  Structure
  02.072.064 .079 .081
  05.072.040
  08.072.044 .051
  09.072.006
  10.072.049
Sunspots
  Temperatures
  08.072.006

Sunspots
  Turbulence
  06.072.024
Sunspots
  Umbrae
  02.072.004 .040 .045
        .052 .066 .076
  04.072.003 .007 .045
        .046
  05.072.006 .017 .019
  06.072.005 .007 .028
        .032 .038 .051
        .062 .067
  07.072.005 .018 .019
        .022 .023 .036
  08.072.006 .009 .047
        .049 .056
  09.072.003 .009 .010
        .024 .035 .040
        .074
  10.072.007 .010 .031
        .035 .067 .087
        .089 .090
Sunspots
  Variations
  10.072.014
Sunspots
  Velocity Fields
  02.072.024
  04.072.057
  05.072.034 .045
  073.073
  06.072.012
  07.072.018
  08.072.010
Sunspots
  Water
  08.072.048
Superdense Stars
  03.065.005
  07.065.063
  08.065.080
Supergiants
  01.115.006
  08.012.020
  122.031
Supergiants
  A Type
  08.064.003
  10.114.043
Supergiants
  Absolute Magnitudes
  08.115.001
Supergiants
  Atmospheres
  01.064.031
  03.064.024
  05.064.008
  114.034
  07.064.016
  114.052 .053
  08.064.003 .023 .043
  114.078 .112
  09.064.014
  114.107
  10.064.016 .021 .039
        .054
  114.007 .077
Supergiants
  B Type
  04.113.048
  08.114.014
Supergiants
  Chemical Composition
  10.065.040
Supergiants
  Classification
  05.114.081

Supergiants
  Colors
    05.115.005
    08.122.037
Supergiants
  Curves-of-Growth
    07.114.023 .049
    08.114.085
Supergiants
  Early Type
    07.114.003
    10.114.030
Supergiants
  Element Abundances
    01.114.013 .020 .021
    09.114.043
Supergiants
  Envelopes
    01.064.019 .051
    03.064.054
    04.114.104
    08.064.033 .034 .063
    09.065.070
    10.064.044
Supergiants
  Evolution
    02.065.070
    03.065.002
    04.065.114
    06.065.154
    08.114.102
    10.065.040 .134
Supergiants
  F Type
    09.114.175
Supergiants
  Fine Analyses
    03.064.013
    07.064.005
    08.114.078
Supergiants
  G Type
    05.115.011
Supergiants
  Galactic Clusters
    03.152.016
    04.153.024
    08.115.003
       153.006
    09.114.171
Supergiants
  Galactic Distribution
    03.155.054
    04.155.026
    08.155.006
Supergiants
  Hydrogen Abundance
    01.064.023
Supergiants
  Infrared Excesses
    08.113.039
Supergiants
  Infrared Photometry
    10.113.028
Supergiants
  Infrared Spectra
    04.114.077
Supergiants
  Kinematics
    08.155.006
Supergiants
  Lithium Abundance
    10.114.050
Supergiants
  Luminosities
    05.115.011
    07.115.003
    10.115.002

Supergiants
  Magellanic Clouds
    03.159.017
    04.159.004
    05.114.055
       122.107
    06.113.030
       159.009
    07.114.017
       159.022
    08.064.007
       114.008
       159.007 .011
    09.113.008
       159.005
    10.114.056
       159.004
Supergiants
  Mass Loss
    02.114.045 .047
    04.115.002
    08.114.120
    09.064.047 .084
       114.156
Supergiants
  Metal Abundances
    07.114.049
Supergiants
  Microturbulence
    03.065.055
Supergiants
  MK Types
    03.114.109
    04.114.139
    09.114.012 .045
Supergiants
  Models
    04.065.147
    05.064.024
Supergiants
  Photometry
    07.113.011
    08.113.008
    09.113.008
       114.045
Supergiants
  Polarization
    02.131.119
    05.114.035
       131.107
Supergiants
  Pulsations
    01.064.010
       122.054
Supergiants
  Radial Velocities
    01.112.004
    07.114.023
    08.114.112
Supergiants
  Radio Radiation
    05.141.013
Supergiants
  Rotation
    03.065.002
    04.065.056
       115.002
Supergiants
  Spectra
    03.114.035 .081
    04.114.074 .113 .144
    05.114.030 .034 .080
    08.114.014 .040 .084
           .085 .100 .144
       121.049
    09.114.057 .157
    10.064.040
       114.003 .056 .161

Supergiants
  Spectral Types
    07.113.027
    10.114.077
Supergiants
  Spectrophotometry
    03.114.048
Supergiants
  Stability
    06.065.012
Supergiants
  Stellar Associations
    03.152.016
    08.115.003
    10.117.005
Supergiants
  Surface Gravities
    04.065.153
    05.115.005
Supergiants
  Temperatures
    05.115.005
Supergiants
  Turbulence
    04.065.056
Supergiants
  Velocities
    05.155.003
Supermassive Objects
    05.065.096
Supermassive Stars
    03.065.105
    05.065.107
Supermassive Stars
  Collapse
    07.065.053
Supermassive Stars
  Evolution
    04.065.038
    06.065.063
    08.065.057
    09.065.080 .143
    10.065.017 .030 .093
Supermassive Stars
  Formation
    03.065.021
Supermassive Stars
  Magnetic Fields
    02.162.094
Supermassive Stars
  Models
    05.066.018
    06.065.027 .063
    07.065.053 .110
    08.065.057 .071
Supermassive Stars
  Photospheres
    09.064.079
Supermassive Stars
  Rotation
    03.065.049
    06.065.085
    10.065.093
Supermassive Stars
  Stability
    03.065.005
    05.065.017
    06.065.076 .136
    08.065.060
    09.065.095 .099 .179
    10.065.013
Supernova in IC 3476
    03.125.102
    04.125.100
Supernova in IC 4798
    06.125.106
Supernova in NGC 0493
    06.125.107
    07.125.106
    08.125.108

SUBJECT INDEX - VOL.1-10

Supernova in NGC 0735
  08.125.106
Supernova in NGC 1058
  02.125.022 .023 .024
  03.125.101
  04.125.101
  05.125.107
  06.125.101
Supernova in NGC 1090
  06.125.108
Supernova in NGC 1533
  04.125.104
Supernova in NGC 2276
  01.125.101
Supernova in NGC 2841
  09.125.105
Supernova in NGC 2968
  04.125.106
Supernova in NGC 3051
  05.125.103
Supernova in NGC 3147
  08.125.100
Supernova in NGC 3198
  05.125.100
  08.125.101
Supernova in NGC 3389
  03.125.100
  05.125.101
Supernova in NGC 3556
  01.125.100
Supernova in NGC 3656
  09.125.104
  10.125.102
Supernova in NGC 3811
  01.125.103
  05.125.104
  06.125.104
  07.125.103
Supernova in NGC 3904
  05.125.102
Supernova in NGC 4027
  07.125.104
Supernova in NGC 4165
  05.125.108
  06.125.102
Supernova in NGC 4214
  07.125.100
Supernova in NGC 4254
  08.125.107
Supernova in NGC 4472
  01.125.105
Supernova in NGC 4526
  01.125.104
Supernova in NGC 4725
  01.125.106
  04.125.105
Supernova in NGC 4939
  01.125.102
  09.125.107
Supernova in NGC 4944
  09.125.106
Supernova in NGC 4975
  09.125.103
Supernova in NGC 5055
  05.125.109
  06.125.103
  07.125.102
  08.125.104
  09.125.100
Supernova in NGC 5230
  10.125.103
Supernova in NGC 5236
  07.125.105
Supernova in NGC 5253
  07.125.107
  08.125.102
  09.125.101
  10.125.101
Supernova in NGC 5457
  04.125.103

Supernova in NGC 5457
  05.125.105
  07.125.101
  08.125.103
  09.125.102
Supernova in NGC 6384
  05.125.110
  06.125.100
Supernova in NGC 6946
  05.125.106
Supernova in NGC 7319
  06.125.105
  10.125.100
Supernova in NGC 7337
  10.125.105
Supernova in NGC 7495
  10.125.104
Supernova in NGC 7619
  04.125.102
Supernova in NGC 7634
  08.125.105
Supernova Remnants
  125.000
  01.157.001
  04.012.018
  05.012.013
Supernova Remnants
  Catalogues
  03.125.016
Supernova Remnants
  Diameters
  09.155.023
Supernova Remnants
  Distances
  04.125.018
  06.131.089
  07.125.012
  10.125.019 .052
Supernova Remnants
  Element Abundances
  06.141.021
Supernova Remnants
  Evolution
  06.125.032
  08.125.020 .023 .024
  09.125.001 .002 .031
  10.125.040
Supernova Remnants
  Expansion
  06.125.003
  07.125.005
Supernova Remnants
  Extragalactic
  09.125.031
Supernova Remnants
  Flux Densities
  09.125.028
Supernova Remnants
  Formation
  02.125.003
Supernova Remnants
  Galactic
  09.125.031
Supernova Remnants
  Galactic Distribution
  03.125.016
  07.125.012
Supernova Remnants
  Gamma Rays
  01.125.002 .010
  03.125.017
  09.125.006
Supernova Remnants
  High Velocity Clouds
  09.125.022
Supernova Remnants
  Identifications
  04.141.104

Supernova Remnants
  Magellanic Clouds
  06.125.017
  08.125.002 .027
  09.125.010 .042
  141.009
  10.125.029
Supernova Remnants
  Magnetic Fields
  05.125.033
Supernova Remnants
  Masses
  07.125.004
Supernova Remnants
  Models
  10.125.005
Supernova Remnants
  Photographs
  10.125.013
Supernova Remnants
  Photometry
  06.113.026
Supernova Remnants
  Polarization
  04.125.014
  05.125.003 .012
  08.125.006
  09.125.009
  10.125.037
Supernova Remnants
  Pulsars
  01.141.041
  03.125.001
  141.008
  05.141.066 .126
  07.125.001
  141.505 .527
  08.125.008 .024 .036
  141.524
  09.125.004
  141.504 .563
  10.125.001
Supernova Remnants
  Radio Radiation
  01.125.001 .008
  02.125.008
  03.125.004 .016
  04.125.014 .017
  141.161
  05.125.001 .018 .033
  06.125.002 .026 .029
  07.125.017 .027
  141.024
  08.125.011 .018 .020
  09.125.020 .027
  10.125.002 .003 .004
       .010 .030 .031
       .036
Supernova Remnants
  Radio Sources
  06.141.223
  09.141.009 .078
Supernova Remnants
  Recombination Lines
  08.125.021
Supernova Remnants
  Search
  03.125.011
Supernova Remnants
  Spectra
  05.125.013
  06.141.021
  10.125.007 .029
Supernova Remnants
  Structure
  09.125.002
Supernova Remnants
  X Rays
  03.125.007
  141.036

Supernova Remnants
X Rays
03.142.043
04.125.007 .017
142.004 .020 .033
05.125.009
06.125.018
07.125.009 .014
08.125.014 .019 .035
09.125.007 .019 .041
141.507
10.125.005 .035
Supernova Remnants
21 cm Radiation
10.125.038
Supernovae
125.000
04.012.018
Supernovae
Binaries
03.125.002
10.117.038
Supernovae
Catalogues
02.125.007
Supernovae
Cosmic Rays
04.125.008
05.125.037 .038 .039
10.064.013
143.046
Supernovae
Distances
10.125.020
Supernovae
Element Abundances
05.125.034
Supernovae
Envelopes
04.125.003
06.125.004
07.125.002
08.125.026
10.125.041
Supernovae
Evolution
05.065.010
125.002
08.125.025
10.065.132
Supernovae
Explosions
04.125.003
05.125.007
06.125.010 .011
07.125.011
08.125.008
09.124.009
125.039
10.125.014 .042
Supernovae
Fragmentation
04.125.031
Supernovae
Frequencies
03.125.011
04.125.004
Supernovae
Galaxies
04.125.004 .005
Supernovae
Galaxy
03.125.011
Supernovae
Gamma Rays
07.141.530
09.125.005
10.125.012

Supernovae
Light Curves
02.125.017
03.064.054
125.006
05.125.002 .006
09.125.024
10.125.006
Supernovae
Lists
06.125.023
Supernovae
Luminosities
09.012.014
Supernovae
Magnetic Fields
04.125.003
07.125.015
Supernovae
Models
01.125.003
02.125.010 .014 .016
06.125.001
07.125.024
09.125.008
10.125.033
Supernovae
Neutron Stars
06.125.031
Supernovae
Nucleosynthesis
01.125.013
03.125.013
05.125.007 .011
06.125.011
07.065.001
09.065.001
10.125.015 .053
Supernovae
Photometry
04.125.015
10.125.032
Supernovae
Pulsars
07.141.530
09.141.510
10.141.530
Supernovae
Radio Radiation
05.125.004 .014
06.158.064
Supernovae
Recombination Lines
10.125.054
Supernovae
Search
05.125.032
06.125.019
10.125.011
Supernovae
Shock Waves
09.061.063
125.021
Supernovae
Spatial Distribution
06.158.064
09.141.535
Supernovae
Spectra
03.125.003
04.125.016 .037
05.125.005 .035
06.125.020
08.125.001 .004 .005
09.125.003 .030
10.125.006 .016 .041
Supernovae
X Rays
04.125.009
07.125.010

Supernovae
X Rays
07.158.011
08.125.007
09.125.032
Supernovae
21 cm Radiation
10.125.020
Surges
01.073.020 .058
06.072.061
073.079
07.074.028
09.071.026
072.005
073.011 .107
10.073.064 .076 .077
.083
Symbiotic Stars
02.122.076 .119
03.122.008
04.122.011 .024 .129
05.122.006 .034
06.122.058
07.114.119
122.042 .070
08.113.019 .020 .063
114.141 .167
117.036
09.117.007
10.117.006 .007
122.170
Symposia Proceedings
012.000
Symposia Reports
011.000
Synchrotron Radiation
02.061.016
03.022.007 .011
04.141.014 .150
05.061.017 .018
062.022
141.095
06.022.009 .055 .105
07.062.007
066.072
08.061.025 .054
066.128
09.022.026
061.007
066.113
141.047 .122 .564
10.022.010
061.010
066.157
Synchrotron Radiation
Crab Nebula
03.134.004
04.022.005
05.134.029
08.134.003 .011 .012
09.134.005
10.134.002 .013
Synchrotron Radiation
Interstellar Matter
07.131.094
Synchrotron Radiation
Jupiter
10.099.012
Synchrotron Radiation
Plasma
08.062.055
Synchrotron Radiation
Pulsars
09.141.515
10.141.510 .532
Synchrotron Radiation
Quasars
05.141.201

SUBJECT INDEX - VOL.1-10

Synchrotron Radiation
Solar Corona
10.074.132

T Tauri Stars
01.122.017 .057 .109
.110
02.012.007
122.043 .046 .047
.048 .091
03.122.010 .078
04.114.020 .036 .143
122.072 .113 .135
05.122.035 .037 .045
.046 .047 .049
.120 .121
06.122.095 .136
131.005
07.114.127
122.054 .071
09.065.044 .144 .159
113.042
114.003 .116 .165
10.064.047 .077
065.014
122.032 .088
131.021
T Tauri Stars
Finding Lists
09.114.036
T Tauri Stars
Orion Nebula
06.132.034
T Tauri Stars
Photometry
06.122.100
08.113.033
122.024
T Tauri Stars
X Rays
04.064.015
Taurids
07.104.031
Teaching In Astronomy
014.000
09.012.020
Tektites
01.105.021 .022 .025
.033 .038 .095
.096 .103
02.012.003
105.007 .009 .010
.011 .012 .013
.014 .016 .018
.065 .069 .072
.073 .165 .166
.167 .168 .169
.171 .172 .175
.192 .196
03.105.068 .073 .074
.081 .101 .102
.115
04.094.091
105.018 .019 .023
.035 .040 .079
.083 .084
05.105.002 .017 .058
.059 .061
06.105.011 .036 .066
.163 .168
07.105.002 .034 .073
08.105.020 .031 .057
09.105.055 .154
10.003.021
105.029 .053 .114
Tektites
Microtektites
05.105.091
06.105.001

Tektites
Microtektites
07.105.029
08.105.132
09.105.148
Telescopes
032.000
05.012.011
07.012.018
Telescopes
Astrometric Reflectors
08.032.019
Telescopes
Balloon Borne
01.032.051
08.032.036
Telescopes
Cassegrain Reflectors
08.032.021
Telescopes
Gamma Rays
08.032.040
Telescopes
Guiding
01.032.038
Telescopes
Infrared Telescopes
04.032.024 .025
05.032.024
Telescopes
Photo Zenith Tubes
01.032.078
Telescopes
Reflectors
02.032.017
Telescopes
Ritchey-Chretien
01.032.050 .074
02.032.016
Telescopes
Rocket Borne
01.032.049 .064 .072
02.032.018 .040 .041
05.032.015
Telescopes
Satellite Telescopes
03.032.011
Telescopes
Schmidt Telescopes
01.032.002 .041 .055
.056
02.031.026
08.012.014
032.039
09.032.019
10.032.005 .006
Telescopes
X Rays
01.032.001 .014
Television Cameras
04.034.006
05.034.001 .067
06.034.010 .013
07.034.014 .111
10.034.076
Television Systems
09.012.017
10.034.052
Temperatures
A Stars
05.114.063
Temperatures
B Stars
01.114.042
05.114.063
09.114.061
Temperatures
Cepheids
10.122.002

Temperatures
Chromosphere
03.073.034
Temperatures
Emission Nebulae
04.132.037
Temperatures
F Dwarfs
06.113.031
Temperatures
Faculae
09.072.062
Temperatures
Gaseous Nebulae
04.132.037
05.132.001
Temperatures
H I Clouds
06.131.110
08.131.020
Temperatures
Jupiter Atmosphere
09.091.058
10.099.061 .100
Temperatures
Late Type Stars
07.115.005
Temperatures
M Stars
06.114.026
Temperatures
Metallic Line Stars
10.114.060
Temperatures
Moon
07.094.275
08.094.008
09.091.059
094.031
Temperatures
Moon Surface
07.094.040
Temperatures
O Stars
09.114.018
Temperatures
Peculiar A Stars
10.114.060
Temperatures
Photosphere
01.071.026
02.071.025 .054
03.071.043
04.071.003
07.071.011
Temperatures
Planetary Atmospheres
07.091.028
08.091.007 .045
09.091.058
Temperatures
Planetary Nebulae
05.132.001
06.132.004
Temperatures
Planets
06.091.013
09.091.059
Temperatures
Solar Atmosphere
10.080.007
Temperatures
Solar Corona
01.074.003
02.074.015 .063
03.074.010 .037 .068
04.074.100
08.074.005 .012 .057
.107
09.074.003 .029

Temperatures
  Solar Corona
    10.074.063 .110
Temperatures
  Solar Disk
    09.071.005
Temperatures
  Solar Flares
    10.073.029
Temperatures
  Solar Wind
    09.074.071 .090
    10.074.042
Temperatures
  Stars
    114.000
    10.012.008
Temperatures
  Stellar Atmospheres
    09.064.087
    10.064.055
Temperatures
  Sun
    05.107.007
Temperatures
  Sunspots
    08.072.006
Temperatures
  Supergiants
    05.115.005
Temperatures
  Venus Atmosphere
    07.093.029
Temperatures
  White Dwarfs
    04.126.013
    05.126.011 .022
    07.126.004
    08.126.015
Temperatures
  Wolf Rayet Stars
    03.114.066
    10.114.245
Terrestrial Planets
    09.091.038
Three Body Problem
    02.117.013
    03.042.011 .042
    04.042.016 .027 .035
         .041 .042
    05.042.008 .060
    06.042.004 .017 .023
    07.042.013 .018 .054
    08.042.032 .036 .038
         .039 .051 .057
         .068 .075
    09.042.012 .025 .031
         .034 .055
    117.002
    10.042.011 .012 .015
         .016 .086 .090
         .108 .111
Three Body Problem
  Restricted
    01.042.001 .003 .019
         .027 .029 .038
         .046
    02.042.002 .004 .005
         .007 .017 .025
         .029 .036 .041
         .042
    052.029 .030 .033
    03.042.008 .009 .010
         .013 .022 .025
         .034 .036 .038
         .040 .041 .044
         .057 .077 .078
    04.042.002 .033 .034
         .037 .039 .048
         .082 .084

Three Body Problem
  Restricted
    05.042.004 .006 .007
         .012 .014 .016
         .019 .020 .021
         .026 .027 .034
         .036 .037 .053
         .055 .059
    06.042.001 .005 .007
         .009 .015 .016
         .019 .020 .031
         .037 .042 .043
         .066 .067
    07.042.008 .020 .026
         .048 .050 .065
         .066
    08.042.009 .011 .013
         .015 .016 .025
         .026 .027 .031
         .042 .048 .052
         .053 .061 .089
         .095
    098.019
    09.042.006 .007 .008
         .027 .029 .033
         .041 .042 .049
         .053 .054
    10.042.002 .008 .009
         .017 .018 .019
         .020 .028 .031
         .033 .034 .035
         .036 .039 .054
         .057 .085 .091
         .097 .104 .105
         .112
Time
    044.000
    02.012.002 .023
Toro
    10.098.001 .002 .003
         .004 .005
Transit Circles
    02.032.001 .033 .034
         .037 .046 .065
         .066
    03.032.013
    04.032.001 .003 .015
    05.032.018 .072
    06.032.038
    07.032.028 .048 .049
    08.032.023 .035
    09.031.033
    032.008 .020 .021
         .022 .030
    10.032.015 .030 .049
    041.014
Transition Probabilities
    01.022.002 .005 .006
         .030 .038 .057
         .058 .064 .069
         .091
    062.022
    02.022.013 .017 .060
         .089 .090 .091
         .092 .098 .102
         .107
    03.022.003 .027 .074
         .095
    04.022.005 .056 .076
         .086
    062.003
    114.009 .103 .115
    05.022.022 .041 .064
         .095
    072.010
    06.022.013 .034 .041
         .043 .045 .058
         .067 .101 .116
         .122 .139 .140
         .143 .150 .151

Transition Probabilities
    06.022.152
    064.034
    114.078
    07.022.002 .009 .024
         .072 .077
    08.022.015 .037 .039
         .054 .101 .105
         .124 .130 .136
    09.022.006 .007 .008
         .016 .020 .023
         .048 .070
    071.017 .031
    10.022.006 .012 .025
         .073 .078 .092
         .096 .109
    071.004
    131.057
Transneptunian Planets
    06.102.025
Transplutonian Planet
    101.000
Turbulence
    02.022.049
Turbulence
  Chromosphere
    05.071.030
    073.016
    10.073.039 .040
Turbulence
  Earth Atmosphere
    082.000
    02.104.045
Turbulence
  Faculae
    04.072.011
Turbulence
  H II Regions
    04.131.038
Turbulence
  Hydromagnetic
    03.062.013
Turbulence
  Interplanetary Matter
    10.106.022
Turbulence
  Interstellar Matter
    02.131.026
    03.131.019
    04.131.096
    09.131.041
    10.062.035
Turbulence
  Neutron Stars
    04.065.002
Turbulence
  Photosphere
    02.071.024
    03.071.045
    04.071.038 .066 .067
    072.011
    05.071.012 .030 .037
    06.071.009 .050 .065
    07.071.004 .008
    08.071.013
    09.071.019
    073.006
    10.071.012 .020 .031
         .062
Turbulence
  Planetary Atmospheres
    09.091.081
Turbulence
  Plasma
    02.062.014 .016
    03.062.017
    04.062.025 .040
    05.062.012
    08.062.058
    09.062.009 .026 .033

SUBJECT INDEX - VOL.1-10

Turbulence
  Plasma
  09.062.059 .066
Turbulence
  Prominences
  02.073.069
Turbulence
  Solar Atmosphere
  06.071.067
Turbulence
  Solar Corona
  05.074.047
Turbulence
  Solar Wind
  04.074.008
  07.074.070
  08.074.079 .095
  09.074.007
Turbulence
  Stellar Atmospheres
  06.064.044 .057
  07.071.004
  09.064.055 .072
      122.032
  10.064.012 .043
      065.014
Turbulence
  Sunspots
  06.072.024
Turbulence
  Supergiants
  04.065.056
Turbulence
  Universe
  04.162.093
  05.162.002 .051
  06.162.068
  07.162.041
  08.162.053
  09.151.031
      162.001
  10.162.002 .072 .077
Turbulence
  Venus Atmosphere
  03.093.004
  05.093.039
  07.093.022
  08.093.036
Twilight
  082.000
Two Body Problem
  01.021.013
      117.008
  02.042.010 .020 .040
  03.042.027 .029 .030
      .037 .043 .055
      .056 .064
  04.042.036
      117.013
  05.042.054
  06.042.056
      066.025
  07.042.003 .015 .040
  08.042.014 .017 .029
      .043 .050 .062
      .097
  09.042.010 .022 .035
  10.042.032 .040

U Geminorum Stars
  01.122.009
  02.112.021
      122.071 .073 .075
      .099
  04.121.078
      122.096 .128 .177
      .178 .180
  05.121.017 .026 .078
      123.050

U Geminorum Stars
  06.117.023
      122.010
  08.114.126
  09.122.014 .061
  10.122.010 .048 .108
Universe
  Density
  04.158.073
      162.003
  05.162.034 .036 .040
      .042
Universe
  Early History
  04.162.011 .097
  05.162.038
  06.162.008 .048 .067
  07.162.067
  09.162.058 .063 .087
  10.162.014
Universe
  Einstein Universe
  03.162.036
  04.162.013 .035 .061
Universe
  Evolution
  162.000
Universe
  Expansion
  03.162.023 .024 .041
  04.162.024 .057 .073
      .090
  05.162.028 .037 .058
      .072 .085
  06.162.003 .013 .043
  07.065.105
      162.033 .075
  08.162.037 .062 .063
      .064
  10.162.076
Universe
  Friedmann Universe
  01.162.006 .014 .016
      .059
  02.162.019 .027 .035
      .038 .047 .073
  03.162.032 .059
  04.162.020 .046
  05.162.004 .019 .035
  06.162.002 .037
  07.162.001 .062
  08.162.002 .047 .078
      .081
  09.162.040 .082 .086
  10.162.031
Universe
  Lemaitre Universe
  01.162.011 .052
  02.162.041 .052
  03.162.040 .059
  05.162.016
Universe
  Magnetic Fields
  02.162.055
  03.162.021 .031
  04.141.158
      158.004
      162.017 .033 .054
  05.162.020
  07.142.036
      162.032 .064
  08.162.059 .060
  09.162.067
  10.162.033
Universe
  Models
  06.162.026
  07.066.002 .003

Universe
  Nuclear Reactions
  03.162.032
Universe
  Rotation
  01.162.001
  02.162.017 .021
  03.162.002
  04.162.069
Universe
  Structure
  162.000
Universe
  Thermal History
  06.162.068
Universe
  Turbulence
  04.162.093
  05.162.002 .051
  06.162.068
  07.162.041
  08.162.053
  09.151.031
      162.001
  10.162.002 .072 .077
Universe
  UV Radiation
  05.162.005
Uranus
  101.000
Uranus
  Albedo
  10.101.006
Uranus
  Atmosphere
  02.101.005
  03.091.014
  05.101.004 .006
  07.101.002
  08.101.014
  09.101.002 .003 .019
  10.099.086
      100.006
      101.003 .016
Uranus
  Brightness Temperature
  09.101.001
Uranus
  Diameter
  03.091.036
  08.101.022
Uranus
  Magnetic Field
  05.101.008
Uranus
  Mass
  04.100.003 .007
  08.101.012
Uranus
  Microwave Radiation
  06.101.006
Uranus
  Orbit
  02.101.002
Uranus
  Orbit Theory
  01.042.035
Uranus
  Photometry
  06.101.001
  10.101.006
Uranus
  Positions
  05.041.025
Uranus
  Radio Radiation
  01.100.008
  03.099.054
  04.097.037
      101.001

Uranus
  Radio Radiation
    05.101.002 .015
    06.101.007 .008
    09.101.020
Uranus
  Satellites
    04.101.006
    10.101.004 .011 .018
Uranus
  Spectra
    05.101.007
    07.101.006
    08.101.006
    09.101.019
    10.091.017
       101.007
Uranus
  Spectrophotometry
    05.099.048
    06.094.320
    10.101.012 .013
UV Astronomy
    06.012.017
UV Background
    04.161.003
    09.162.005
UV Ceti Stars
    02.012.007
       122.049 .050 .051
       .120
    06.122.138
UV Photometry
    02.113.034
UV Photometry
  Cool Stars
    08.114.134
UV Photometry
  Early Type Stars
    10.113.001
UV Photometry
  Eclipsing Variables
    10.121.058 .132
UV Photometry
  Galactic Plane
    09.113.021
UV Photometry
  Galaxy
    06.113.025
UV Photometry
  Interstellar Matter
    09.131.129
UV Photometry
  Late Type Stars
    08.113.052
UV Photometry
  Magnetic Stars
    09.116.004
UV Photometry
  Moon
    08.094.109
UV Photometry
  Peculiar A Stars
    10.113.049
UV Photometry
  Planets
    07.091.005
UV Radiation
  Chromosphere
    05.073.048
UV Radiation
  Early Type Stars
    07.114.013
    09.114.020
       131.198
UV Radiation
  Galaxies
    07.158.063
    09.158.030 .031

UV Radiation
  Galaxy
    06.155.010
UV Radiation
  Interplanetary Matter
    09.106.032
UV Radiation
  Jupiter
    06.099.031
UV Radiation
  Mars Atmosphere
    08.097.093
    09.097.048
    10.097.038
UV Radiation
  Photosphere
    03.071.008
UV Radiation
  Planetary Nebulae
    04.133.018
UV Radiation
  Prominences
    06.073.033
UV Radiation
  Solar Corona
    06.022.001
UV Radiation
  Solar Flares
    05.076.016
    06.073.053
       076.020
    07.076.037
UV Radiation
  Universe
    05.162.005
UV Radiation
  Venus Atmosphere
    06.093.020
UV Spectra
  A Stars
    10.114.018
UV Spectra
  B Stars
    08.114.089 .090
    10.114.155 .156
UV Spectra
  Chromosphere
    09.073.094
UV Spectra
  Early Type Stars
    08.114.128
    09.064.057
UV Spectra
  Jupiter
    10.099.030
UV Spectra
  K Stars
    07.114.114
UV Spectra
  Late Type Stars
    07.114.122
UV Spectra
  Line Intensities
    01.022.019
UV Spectra
  Mars
    10.097.026
UV Spectra
  Mars Atmosphere
    10.097.085
UV Spectra
  O Stars
    08.114.089 .090
UV Spectra
  Planetary Nebulae
    10.133.021
UV Spectra
  Prominences
    08.073.099

UV Spectra
  Venus
    10.093.028
UV Spectra
  Venus Atmosphere
    10.097.085
UV Spectra
  Wolf Rayet Stars
    09.114.176
UV Stars
  Evolution
    09.131.057
UV Stars
  Galaxies
    10.158.039
UV Stars
  Interstellar Matter
    10.131.012
UV-Bright Stars
  Globular Clusters
    07.154.017

Variables
  Cataclysmic
    07.122.038
    08.117.022
    09.117.036
Variables
  Catalogues
    120.000
    09.003.003
Variables
  Cygnus Cloud
    06.123.029
Variables
  Eclipsing
    121.000
Variables
  Ephemerides
    120.000
Variables
  Galactic Clusters
    01.153.031
    02.153.009
    05.153.022
    08.153.002
    09.115.010
       153.029
Variables
  Galactic Distribution
    07.155.045
Variables
  Galaxies
    06.122.144
Variables
  Globular Clusters
    01.154.003 .012 .013
       .014
    02.154.008 .016 .017
    04.154.001
    05.154.011
    06.122.092 .093 .115
       154.010
    07.154.009
    10.012.006
       065.055
       120.005
       122.037
Variables
  High Luminosity
    04.122.126
Variables
  Identifications
    10.122.005
Variables
  Infrared Spectra
    01.122.044

SUBJECT INDEX - VOL.1-10

Variables
Irregular
02.122.117
03.122.080
04.122.089 .091 .094
.095 .102 .107
.132
06.122.025 .068 .095
.098
141.171
07.122.060 .061 .143
08.122.032 .086 .099
.138 .141
09.065.159
122.022 .028
10.122.035 .074 .183

Variables
Long Period
01.122.059
02.064.057
122.040 .092 .104
.179
03.112.018
114.063
122.036 .046 .054
.115
123.013
04.065.026 .027
114.075
122.033 .040 .043
.063 .078 .088
.168
05.122.022 .029 .036
.064 .069
06.003.005
122.061 .074 .085
.099
131.006 .037
07.012.006
122.014 .033 .055
123.028
08.114.132
122.014 .038
09.065.056
122.050 .074 .079
10.113.092
122.041 .043 .087
.103 .182

Variables
Lunar Occultations
10.122.041

Variables
Magellanic Clouds
06.122.133
159.007 .010
07.159.023

Variables
Mass Loss
02.122.086

Variables
Nova Like
04.121.026
08.121.043

Variables
Observations
123.000

Variables
Orion Nebula
06.122.145
123.071

Variables
Photometry
01.122.008 .015 .027
04.122.120
05.122.007
07.122.054
08.122.062
09.031.036
122.130 .142

Variables
Physical
122.000

Variables
Polarization
02.122.116
03.121.061
07.012.006

Variables
Radial Velocities
05.122.001

Variables
Radio Radiation
02.122.097

Variables
Semiregular
02.122.086
04.122.001 .017 .073
.089 .107
05.114.110
122.033 .069
06.122.096
07.122.007
08.115.012
122.016
09.122.026
10.122.087 .109 .180

Variables
Short Period
03.122.048
04.122.009 .010
05.034.001
122.001 .002 .010
.053 .061
07.113.022
122.013
08.122.062 .096
09.122.013 .025
10.122.017 .042

Variables
Spectral Types
08.122.126

Variables
Spectrophotometry
09.114.166 .167

Variables
Stability
06.122.046

Variables
Stellar Associations
02.152.009

Vela
Pulsars
01.141.074 .126
02.141.085
03.141.076 .155
04.141.054 .174 .175
06.141.167 .229
07.141.520 .531 .540
.557
08.141.506
09.141.519
10.141.558
142.022

Vela
X Ray Sources
10.142.022

Velocities
Chromosphere
06.073.073
10.073.012

Velocities
Galaxies
09.151.039

Velocities
Interstellar Clouds
07.131.053

Velocities
Meteors
10.104.040

Velocities
Photosphere
05.071.008 .012 .016
.025
10.071.003 .070 .081
.082

Velocities
Quasars
09.141.117

Velocities
Red Giants
10.113.027

Velocities
Solar Atmosphere
04.080.032
05.080.007 .027
07.071.018
080.036
08.080.055
10.071.035

Velocities
Solar Corona
02.074.015

Velocities
Solar Wind
01.074.016 .019 .030
02.074.075
03.074.058 .060
04.074.006 .082 .105
05.074.002 .012 .037
06.074.018 .024 .042
.054 .060
07.074.029 .034 .046
.074 .077 .092
08.074.062 .063 .067
09.074.036 .071
106.011
10.074.001 .042 .107
106.014 .077

Velocities
Stellar Atmospheres
05.080.027

Velocities
Supergiants
05.155.003

Velocities
White Dwarfs
07.126.014

Velocity Fields
Chromosphere
07.073.009

Velocity Fields
Galaxies
04.158.021
07.158.109 .158
09.158.008

Velocity Fields
Photosphere
05.071.055 .056
06.071.004 .033 .046
07.071.006 .028
08.071.014 .015
09.071.042
10.071.062 .064 .065
072.064

Velocity Fields
Prominences
07.073.043

Velocity Fields
Solar Neighbourhood
09.155.042

Velocity Fields
Sunspots
02.072.024
04.072.057
05.072.034 .045
073.073
06.072.012
07.072.018
08.072.010

SUBJECT INDEX - VOL.1-10

Velocity of Light
  01.022.029
  02.022.016
  141.105
  08.022.106 .127 .129
    .139
  09.022.088
  099.023
  10.022.101
Venus
  093.000
  09.012.024
Venus
  Albedo
  01.093.002 .035 .037
    .071
  04.093.073
  10.093.006
Venus
  Ashen Light
  01.093.044
  06.093.006
Venus
  Brightness Temperature
  01.093.011 .033
  04.093.022
  07.093.017
  08.093.038 .045
  10.093.007 .008
Venus
  Declinations
  05.041.014
Venus
  Diameter
  02.093.035
  04.093.062 .063 .064
  08.093.007
  10.093.024
Venus
  Exosphere
  02.097.002
  04.093.020
  05.093.020 .068
  08.093.046
Venus
  Figure
  01.093.020 .026 .028
Venus
  Gravity
  09.093.003 .082
Venus
  Halo
  06.093.011
  07.093.018
Venus
  Ionosphere
  01.093.008 .009 .031
  02.093.014 .016 .017
    .039 .047
  03.093.001 .007 .008
  097.038
  04.093.001 .061 .077
    .082
  05.093.021 .038 .067
  06.093.027
  07.093.030
  09.093.045
  10.093.003
Venus
  Magnetic Field
  04.093.084 .085
  106.037
Venus
  Mass
  02.093.011
  04.093.067
Venus
  Models
  05.093.009

Venus
  Oblateness
  04.093.067
Venus
  Obliquity
  03.093.009
Venus
  Observations
  06.041.028
Venus
  Photographs
  02.093.022 .023 .024
Venus
  Photometry
  02.093.052
  05.093.052
Venus
  Polarization
  01.093.062 .077
  04.093.019
  05.091.023
Venus
  Positions
  05.041.015
  10.093.012 .013
Venus
  Radar Echoes
  02.094.032
  03.093.018 .024
  04.093.003 .041 .045
    .053 .055 .056
    .066
  05.093.007 .070
  07.093.002
  08.093.025 .040 .048
  10.093.001
Venus
  Radio Radiation
  01.093.001 .004 .079
  02.093.008 .041
  03.097.022
  04.093.022
  05.093.005 .071
  06.093.010
  07.099.071
  08.093.037 .038
  09.093.008
  10.093.007 .008
Venus
  Right Ascensions
  05.041.013
Venus
  Rocks
  09.093.002
  10.093.018
Venus
  Rotation
  02.092.001
  03.093.003 .011 .012
  04.093.042
  05.093.017 .063
  06.093.004
  10.093.004
Venus
  Seismicity
  07.093.031
Venus
  Solar Wind
  07.093.009
Venus
  Spectra
  02.093.006 .015 .037
  03.093.015
  04.093.036 .070 .071
  05.093.025
  08.093.001
  09.093.006
Venus
  Spectrophotometry
  02.093.053

Venus
  Stratosphere
  08.093.029
Venus
  Surface
  02.093.004
  04.093.003 .013
  07.093.025
  094.162
  08.093.004 .030 .039
  10.093.014 .026
Venus
  Thermal History
  01.092.008
Venus
  Topography
  07.093.008
Venus
  UV Spectra
  10.093.028
Venus Atmosphere
  01.012.009
  02.093.001 .040 .043
    .044 .045 .046
    .049
  097.072
  03.093.023 .025 .026
  097.007
  04.012.027
  093.025 .032 .034
  097.021
  05.091.005
  093.006 .012 .013
    .016 .022 .023
    .034 .069
  06.093.003 .015 .017
    .018 .019
  07.093.032 .036 .037
    .038 .039 .040
  097.112 .114
  08.093.004 .030
  09.093.004 .037 .039
    .084
  10.093.005 .019 .023
    .027 .030
  097.075
Venus Atmosphere
  Absorption
  06.093.008
  07.093.034
Venus Atmosphere
  Ammonia
  10.093.021
Venus Atmosphere
  Carbon Abundance
  03.093.022
  06.097.046
Venus Atmosphere
  Carbon Dioxide
  01.093.014 .021 .063
    .064
  02.093.031
  03.093.014 .016 .017
  04.093.023 .026 .027
    .033 .081
  097.048
  05.093.018 .026 .027
    .044 .048
  097.044
  06.093.009
  07.093.019
  08.093.035 .047
  09.093.006
  10.022.019
  093.002 .011 .016
Venus Atmosphere
  Chemical Composition
  01.093.007 .023 .030
    .032
  02.093.010 .018 .042

Venus Atmosphere
  Chemical Composition
    03.093.013 .019
    04.093.035 .046 .059
    05.093.019
    06.093.016
    097.008
    09.093.007
Venus Atmosphere
  Circulation
    09.093.036
Venus Atmosphere
  Clouds
    01.093.068 .069 .076
    02.093.007 .021
    03.093.002
    04.093.018 .019 .021
         .037 .038 .052
         .074 .075 .088
    05.093.003 .014 .015
         .031 .032 .033
         .045
    06.093.014 .022 .023
    07.091.006
         093.001 .003 .004
              .012 .013 .015
              .028
    08.093.006 .032
    09.093.001 .012 .017
         099.043
    10.093.017 .020
Venus Atmosphere
  Deuterium
    06.093.002
Venus Atmosphere
  Dust
    01.093.005 .012
Venus Atmosphere
  Greenhouse Effect
    01.093.065 .075
    02.093.032 .033
    06.093.001 .012
    07.093.029
Venus Atmosphere
  Hydrogen
    01.093.046 .082
    04.093.078
Venus Atmosphere
  Infrared Radiation
    07.093.035
Venus Atmosphere
  Mercury
    08.093.006
Venus Atmosphere
  Models
    01.093.073 .074 .081
    04.093.060 .079
    05.093.001 .002 .036
    06.093.013
    07.093.015
    08.093.002 .003 .022
    09.082.123
         091.080
         093.009 .010 .011
              .081
    10.093.029
Venus Atmosphere
  Opacities
    01.093.010 .027 .067
Venus Atmosphere
  Oxygen
    01.093.017
    09.093.044
Venus Atmosphere
  Ozone
    01.093.047
Venus Atmosphere
  Photometry
    07.093.026

Venus Atmosphere
  Polarization
    07.093.026
Venus Atmosphere
  Radiation Flux
    04.093.012
Venus Atmosphere
  Radiative Transfer
    05.093.072
    07.097.063
Venus Atmosphere
  Refraction
    01.093.083
    04.093.061 .068
Venus Atmosphere
  Rotation
    08.093.031 .033
    10.093.009 .010
Venus Atmosphere
  Scattering
    01.093.045
    04.093.072
Venus Atmosphere
  Source Functions
    09.093.046
Venus Atmosphere
  Spectra
    05.093.011
Venus Atmosphere
  Structure
    05.093.008
    06.093.029
Venus Atmosphere
  Temperatures
    07.093.029
Venus Atmosphere
  Turbulence
    03.093.004
    05.093.039
    07.093.022
    08.093.036
Venus Atmosphere
  UV Radiation
    06.093.020
Venus Atmosphere
  UV Spectra
    10.097.085
Venus Atmosphere
  Water
    01.093.015 .036
    02.093.020
    03.093.027
    04.093.024 .069 .092
    05.093.029
    07.093.019 .033
    08.093.022 .034
    09.093.008
Virgo
  Clusters of Galaxies
    02.160.015 .016
    03.160.003
    04.160.001
    05.160.009
    08.160.008 .018
    09.160.002 .025
    10.160.014
Visual Binaries
    118.000
    05.012.004
    09.012.004
Visual Binaries
  Absolute Magnitudes
    05.118.030
Visual Binaries
  Chemical Composition
    08.114.093
Visual Binaries
  Masses
    05.118.003 .030
    07.118.008 .010

Visual Binaries
  Masses
    08.118.007
    10.118.020 .021 .022
Visual Binaries
  Orbits
    See Binaries Orbits
Visual Binaries
  Parallaxes
    07.118.008 .009 .010
         .024
    08.118.007 .010
    10.118.022
Visual Binaries
  Periods
    06.117.002
Visual Binaries
  Photometry
    04.118.012
    05.034.082
    06.113.029
         118.003 .005
    07.118.022
    09.118.013
    10.118.013
Visual Binaries
  Planetary Nebulae
    10.118.007
Visual Binaries
  Proper Motions
    07.118.024
    08.118.010
Visual Binaries
  Spectra
    05.118.016 .029
    07.118.006
    10.118.010
Visual Binaries
  Statistics
    07.117.014
Visual Binaries
  Surveys
    06.117.002
    08.118.003
VV Cephei Stars
    02.121.014 .015
    07.122.005
    08.113.019
    09.122.034

W UMa Stars
    01.122.039 .041
    02.114.042
         121.040
         122.112
    03.117.023 .024
    04.117.014
         121.072
    05.121.012 .036 .042
         .044 .073 .077
    06.121.055 .069
    07.117.002
         121.001 .003 .004
              .024 .028 .031
    08.121.052 .069
    09.117.003 .009 .032
         .035
         121.003 .035 .047
              .055 .063
    10.119.008
         121.003 .010 .017
              .020 .037 .054
              .086 .113
W Virginis Stars
    10.065.019
         122.063 .169
Water
  Interstellar Matter
    01.131.006 .021 .031

Water
  Interstellar Matter
  01.131.116
  02.131.045
  03.131.065 .075 .133
  04.131.042 .093 .126
  05.131.005 .081 .091
  06.131.003 .103 .109
  07.131.010 .016 .124
  08.131.005 .014 .015
       .102
  09.131.194
  10.131.121 .217 .224
Water
  Mars Atmosphere
  02.097.008
  03.097.004 .005 .027
       .032
  04.097.023 .034 .044
  05.097.019 .032 .033
       .034 .036
  06.097.035 .084
  07.097.010
  08.097.072 .082
  09.097.012 .022 .099
  10.097.088
Water
  Moon
  01.094.015
  04.094.087
  07.094.080
Water
  Sunspots
  08.072.048
Water
  Venus Atmosphere
  01.093.015 .036
  02.093.020
  03.093.027
  04.093.024 .069 .092
  05.093.029
  07.093.019 .033
  08.093.022 .034
  09.093.008
White Dwarfs
  126.000
  05.012.003
     065.034 .053
  07.061.015
     065.007
  09.012.014
     061.044
     099.040
  10.061.031
White Dwarfs
  Accretion
  05.065.004
     126.003
  10.126.008
White Dwarfs
  Atmospheres
  01.064.027 .028 .057
  02.064.062
  03.126.010
  04.064.045
  05.064.029
     126.025 .029 .043
  08.064.002 .005
     126.004
  09.126.024
  10.064.028
     126.009
White Dwarfs
  Binaries
  10.126.015
White Dwarfs
  Collapse
  05.126.039

White Dwarfs
  Convective Zones
  04.126.003
  05.126.010 .030
White Dwarfs
  Cooling
  07.126.007
White Dwarfs
  Coronae
  05.126.030
White Dwarfs
  Cosmic Rays
  08.143.001
White Dwarfs
  Diameters
  01.126.021
  08.126.017 .020
White Dwarfs
  Eclipsing Variables
  08.126.002
White Dwarfs
  Element Abundances
  06.126.007
  07.126.008
White Dwarfs
  Envelopes
  03.064.035
  05.126.010
  07.065.061
     126.007
  08.126.021
  10.133.007
White Dwarfs
  Evolution
  01.126.022 .023 .024
       .025
  03.126.005 .007
  04.065.029 .041
     126.014
  05.126.047
  06.065.096
  07.065.027 .126
  08.126.021
  09.126.003 .006 .027
  10.126.004 .010
White Dwarfs
  Flares
  09.126.008
White Dwarfs
  Galaxies
  10.158.039
White Dwarfs
  Helium Abundance
  06.126.014
White Dwarfs
  Hyades
  05.126.001
White Dwarfs
  Interiors
  01.126.019
  07.065.060
White Dwarfs
  Limb Darkening
  06.126.008
White Dwarfs
  Line Profiles
  10.126.003
White Dwarfs
  Luminosities
  05.126.011 .036 .040
  09.126.028
White Dwarfs
  Magnetic Fields
  01.126.004
  03.126.011 .012
  05.065.097
     126.041 .042
  06.062.046
     065.139
     126.018

White Dwarfs
  Magnetic Fields
  06.141.019
  07.126.005
  08.065.090
     114.155
     126.013
  09.126.001 .031
  10.065.036 .090 .092
     126.002 .010
     155.077
White Dwarfs
  Mass-Lumin Relation
  06.126.023
White Dwarfs
  Mass-Radius Relation
  08.065.012
White Dwarfs
  Masses
  01.126.021
  03.126.004
  08.126.017
  10.126.012
White Dwarfs
  Metal Abundances
  07.126.004
White Dwarfs
  Models
  03.126.003
  04.065.116
  05.126.001 .032
  06.065.098
     126.003 .020
  08.065.091
     126.008
  10.065.004 .005
     066.001
     126.005 .011
White Dwarfs
  Neutrino Luminosity
  04.065.041
  05.061.008
White Dwarfs
  Origin
  05.126.028
White Dwarfs
  Oscillations
  10.126.011
White Dwarfs
  Parallaxes
  05.126.014 .015 .040
White Dwarfs
  Periods
  07.126.015
  08.126.011
White Dwarfs
  Photometry
  01.126.016
  06.113.026
  07.126.011 .013
  08.126.019
White Dwarfs
  Polarization
  04.126.001 .005 .006
       .007
  05.126.008 .009 .024
       .034 .035
  06.126.011
  07.126.002 .003 .023
  08.126.003 .007 .018
  09.126.004 .009 .023
White Dwarfs
  Proper Motions
  04.126.008
White Dwarfs
  Pulsations
  01.126.005 .006 .008
  02.065.012 .014 .034
     126.002
  04.065.133

White Dwarfs
Pulsations
04.126.009
05.065.004
126.002 .005 .047
07.065.027
126.016
08.126.005 .009 .012
.022
09.126.005 .007 .017
White Dwarfs
Radio Radiation
06.126.018
09.126.001
White Dwarfs
Redshifts
07.126.014 .024
08.126.014
White Dwarfs
Rotation
02.126.003 .008
03.126.002 .005 .009
05.126.004 .046
06.126.013
07.126.021
08.126.012
09.126.015
White Dwarfs
Spectra
04.126.004
05.064.029
126.027 .037 .038
06.126.011
07.126.008 .024
08.126.023
09.126.015
10.126.006 .015
White Dwarfs
Spectral Types
10.126.006
White Dwarfs
Spectrophotometry
07.126.006
White Dwarfs
Stability
04.065.011
05.126.031
06.126.015
07.065.023
08.126.009
09.065.099
122.139
126.007 .014
White Dwarfs
Structure
01.065.013
02.065.008
04.065.129
08.065.012
09.126.010
White Dwarfs
Surveys
02.126.006
08.126.016
White Dwarfs
Temperatures
04.126.013
05.126.011 .022
07.126.004
08.126.015
White Dwarfs
Velocities
07.126.014
White Dwarfs
X Ray Sources
10.126.021
White Dwarfs
X Rays
07.126.019
08.126.012

White Dwarfs
X Rays
08.142.021
10.142.128 .130
Wolf Rayet Stars
01.012.020
02.114.100 .101 .102
.103 .104
121.007
155.001
03.114.019 .044
119.004
121.049 .050
04.114.001 .009 .112
.118
115.003 .007
05.065.085
114.040 .091 .103
119.001 .003
121.078
131.120
159.007
06.114.080 .085 .131
07.064.001
158.040
08.113.006
114.005
141.025
09.064.026
114.153 .159
131.168
132.025
152.001
10.012.007
064.025
065.058
114.039 .048 .065
.066 .067 .068
.070 .071 .072
Wolf Rayet Stars
Absolute Magnitudes
07.152.013
Wolf Rayet Stars
Atmospheres
04.064.023
09.064.016 .044 .086
Wolf Rayet Stars
Binaries
09.119.011
142.039
10.114.246
Wolf Rayet Stars
Chemical Composition
10.114.244
Wolf Rayet Stars
Companions
05.117.002
Wolf Rayet Stars
Diffuse Nebulae
06.132.002
Wolf Rayet Stars
Eclipsing Variables
07.121.073
08.121.018 .027 .099
09.121.054
10.121.032 .137
Wolf Rayet Stars
Emission Nebulae
03.132.029
Wolf Rayet Stars
Envelopes
03.114.113
04.064.011
05.117.002
09.114.103
Wolf Rayet Stars
Galactic Clusters
06.114.015

Wolf Rayet Stars
Galactic Distribution
09.155.002
Wolf Rayet Stars
Gaseous Nebulae
06.132.030
Wolf Rayet Stars
H II Regions
06.114.015
Wolf Rayet Stars
Helium Lines
08.114.101
Wolf Rayet Stars
Infrared Photometry
09.113.001
Wolf Rayet Stars
Infrared Spectra
09.114.086
Wolf Rayet Stars
Mass Loss
01.114.006
02.114.041
09.064.084
Wolf Rayet Stars
Origin
10.114.172
Wolf Rayet Stars
Photometry
02.113.044
08.113.040
Wolf Rayet Stars
Planetary Nebulae
05.133.029
06.132.002
Wolf Rayet Stars
Spectra
04.064.011
114.136
07.114.131
09.114.047
10.114.246
Wolf Rayet Stars
Spectrophotometry
06.114.046
09.114.104
Wolf Rayet Stars
Spectroscopic Binaries
09.119.012
Wolf Rayet Stars
Temperatures
03.114.066
10.114.245
Wolf Rayet Stars
UV Spectra
09.114.176

X Ray Astronomy
061.000
02.012.019
142.042
04.012.002
034.032
05.142.006
06.012.017
09.012.002
X Ray Background
01.142.007 .013 .016
.037
02.066.006
142.002 .003 .014
.016 .022 .037
.043 .049
161.007
162.022 .025
03.134.013
141.057
142.004 .010 .012
.016 .033 .048
162.004

X Ray Background
04.125.009
141.031
142.011 .039 .040
 .044 .046 .049
 .050 .058 .059
 .070 .088 .090
 .096
158.033
161.003 .004
162.029
05.141.119
142.003 .020 .030
 .031 .048 .052
 .058 .062
161.003
06.125.018
142.017 .056 .063
07.122.115
125.001
142.004 .015 .076
 .106
160.015
08.125.007 .019
142.002 .082 .083
 .095 .139
155.015 .050
09.064.041 .042
142.005 .020 .021
 .082 .085 .090
 .112 .123 .147
 .148
160.023
10.061.040 .060
142.070
155.025
X Ray Sources
142.000
01.064.008
10.012.029
X Ray Sources
Angular Sizes
03.142.007
04.142.022
X Ray Sources
Binaries
04.142.087
07.142.038 .048 .116
08.119.003
121.078 .091 .107
142.004 .005 .022
 .036 .043 .047
 .097 .098 .105
09.142.006 .007 .022
 .023 .024 .025
 .027 .039 .042
 .043 .044 .045
 .079 .081 .087
 .091 .092 .098
 .099 .102 .114
 .117 .124 .146
 .150 .151
10.065.042
113.095
117.008
121.002 .043 .044
 .069 .089
141.010
142.002 .015 .023
 .025 .032 .033
 .035 .037 .046
 .049 .050 .051
 .057 .065 .068
 .073 .074 .098
 .128 .131 .133
 .137
X Ray Sources
Black Holes
08.142.023 .106
09.142.023 .024 .025

X Ray Sources
Black Holes
10.142.065
X Ray Sources
Bursts
07.142.009
X Ray Sources
Catalogues
03.142.013
08.142.101
X Ray Sources
Close Binaries
10.117.023
X Ray Sources
Clusters of Galaxies
06.142.002
X Ray Sources
Colors
08.142.053
X Ray Sources
Compact
06.142.060
X Ray Sources
Discovery
05.142.025
06.142.073
07.142.031 .044 .116
08.142.039
09.142.034
10.142.034 .053
X Ray Sources
Distances
01.142.005
02.142.017
03.142.001
05.142.007 .065
08.142.060 .099
09.112.007
 142.032 .094 .096
 .103
10.142.071 .072
X Ray Sources
Distribution
01.142.046
X Ray Sources
Emission Lines
08.142.024
X Ray Sources
Energy Spectra
04.142.017 .018
05.142.046 .049
09.142.002
X Ray Sources
Extragalactic
04.142.014
05.142.072
07.142.100 .118
09.142.082
158.024
10.142.044 .097
X Ray Sources
Flares
07.142.055 .130
X Ray Sources
Fluctuations
07.142.077
X Ray Sources
Flux Densities
05.142.039
06.142.067
08.142.068 .069 .074
09.142.031
X Ray Sources
Fluxes
10.142.055 .132
X Ray Sources
Galactic
04.142.014 .033
05.142.027 .051
08.142.099

X Ray Sources
Galactic
10.142.088
X Ray Sources
Galactic Center
08.142.006
09.155.055
X Ray Sources
Galactic Distribution
04.142.005 .020 .027
 .070
09.142.017
X Ray Sources
Galactic Nuclei
09.142.104
158.057
X Ray Sources
Gamma Rays
03.142.015
05.142.078
06.142.082
07.142.014
10.142.018 .047 .077
 .095 .139
X Ray Sources
Gum Nebula
10.142.054
X Ray Sources
Identifications
05.142.040
06.142.012 .022 .023
 .034
07.122.060 .061
 142.051 .052 .070
 .071 .073
08.121.107
125.036
142.007 .027 .035
 .045 .058 .092
 .093 .094 .144
 .148
09.142.013
10.142.099 .138
X Ray Sources
Infrared Photometry
10.142.084
X Ray Sources
Infrared Radiation
05.142.021
10.142.048
X Ray Sources
Intensities
01.142.043
02.142.025 .027
X Ray Sources
Intensity Variations
04.142.019 .093
05.142.073
X Ray Sources
Interstellar Matter
08.142.012
X Ray Sources
Ionization
08.142.089
X Ray Sources
Luminosities
05.142.007
08.142.099
09.142.086
X Ray Sources
Luminosity Function
10.142.085
X Ray Sources
Lunar Occultations
10.142.009
X Ray Sources
Magellanic Clouds
08.142.094 .105
10.142.028

SUBJECT INDEX - VOL.1-10

X Ray Sources
Magnetic Fields
06.142.076
09.142.016 .086 .115
10.142.046

X Ray Sources
Masses
07.142.062
08.142.015 .036
09.142.025

X Ray Sources
Models
01.142.056
02.141.089
    142.006 .028 .033
         .055
04.065.037
   141.025
   142.034 .035
05.142.036 .054 .064
06.065.088
   126.006
   142.006 .036 .040
         .048 .064
07.062.008
   142.033 .040 .136
08.065.087
   142.006 .013 .015
         .026 .040 .041
         .063 .104
09.142.001 .008 .010
         .014 .042 .046
         .088 .098 .102
         .124
10.141.102
   142.015 .023 .027
         .075 .134 .135

X Ray Sources
Neutron Stars
07.142.063
08.142.044
09.142.001 .019
10.142.027 .075

X Ray Sources
Observations
03.142.050
06.142.001
07.142.065 .131
08.142.052 .075 .109
09.142.009 .011 .081
         .101 .120

X Ray Sources
Optical Identification
04.142.028 .077
06.142.037
07.122.117
   142.057 .101 .115
         .134 .135
08.121.078 .079
   142.010 .011 .085
         .096
09.141.088
   142.015 .022 .044
         .091 .099 .121
         .125 .144 .150
10.142.004 .024 .028
         .096

X Ray Sources
Optical Observations
01.142.025 .064
02.142.034
03.142.005 .009 .033
04.142.026 .069 .071
         .073 .093 .098
05.141.016
   142.024

X Ray Sources
Origin
07.142.037
08.142.009

X Ray Sources
Oscillations
04.142.086
06.142.061 .062

X Ray Sources
Parallaxes
08.142.110

X Ray Sources
Periodicities
05.142.055
06.142.019

X Ray Sources
Periods
08.142.076 .103
09.142.080 .100 .111

X Ray Sources
Photometry
01.142.028
03.142.030 .039
04.142.007 .030 .074
05.142.002
07.142.067
08.142.048 .100
09.142.093 .109
10.142.136

X Ray Sources
Polarization
01.142.019
02.142.026
07.142.012 .054
   158.111
08.131.013
   142.038 .062 .070
         .086
09.142.016 .149
10.116.005
   142.057

X Ray Sources
Positions
02.142.044
03.142.008 .043
04.142.005 .022 .076
05.142.037 .042 .079
06.142.008 .009 .010
         .070
08.142.098
09.142.033
10.142.009 .010 .076

X Ray Sources
Proper Motions
04.112.025
08.142.110

X Ray Sources
Pulsations
05.142.047 .071
06.065.088
   142.005 .018 .032
         .038 .058 .070
         .072
07.142.049 .064 .102
08.142.005 .014 .047
         .096 .149
09.065.117
   142.019 .079 .107
         .114
10.142.001 .002 .013
         .025 .050 .067

X Ray Sources
Radial Velocities
05.142.036

X Ray Sources
Radio Radiation
01.141.140 .189 .212
   142.042
03.142.031
04.142.036 .078
05.142.024 .032 .043
         .074
06.142.003 .011 .033
         .068 .077 .090

X Ray Sources
Radio Radiation
07.141.075 .185
   142.011 .069 .103
         .104 .118
08.142.014 .040 .041
         .055 .056 .057
         .061 .062 .063
         .064 .065 .066
         .068 .069 .071
         .072 .074 .077
         .079 .090 .091
09.141.100
   142.011 .012 .031
         .036 .038 .108
10.142.021 .044 .081

X Ray Sources
Recombination Lines
08.142.067

X Ray Sources
Rocket Observations
04.142.016 .021
06.142.069

X Ray Sources
Search
05.142.061
08.142.003

X Ray Sources
Space Distribution
09.142.097

X Ray Sources
Spectra
02.142.004 .005 .045
         .055
03.142.003 .018 .019
         .035 .041 .045
         .052
04.142.015 .023 .027
         .079 .109
05.142.002 .026 .035
06.142.048 .060 .081
07.142.001 .006 .032
         .113
08.121.079
   142.034 .054 .084
         .102 .145
09.142.041
10.142.003 .006 .017
         .026 .038 .076

X Ray Sources
Spectroscopic Binaries
10.119.011

X Ray Sources
Stellar Associations
04.142.031
05.152.004

X Ray Sources
Structure
06.142.034
07.142.010
10.142.012 .126

X Ray Sources
Surveys
04.142.005
05.142.033 .041
07.142.141
08.142.037 .108

X Ray Sources
Thermal Radiation
09.064.079

X Ray Sources
Variations
02.142.010
03.142.006 .017 .035
04.142.015
05.142.022 .038 .050
         .056 .057
06.142.007 .061 .078
07.142.045 .058 .114
08.142.001 .046 .097

SUBJECT INDEX - VOL. 1-10

X Ray Sources
Variations
08.142.103 .140 .151
09.142.002 .004 .007
　　　.028 .035
10.122.131
　142.025 .048 .063
　　　.068

X Ray Sources
Vela
10.142.022

X Ray Sources
White Dwarfs
10.126.021

X Ray Surveys
Galactic Center
07.155.006

X Ray Surveys
Galactic Plane
09.155.008

X Rays
Absorption
02.142.008

X Rays
Algol
10.121.012

X Rays
Balloon Observations
05.142.034

X Rays
Clusters of Galaxies
05.160.009 .015
06.160.007 .009
07.142.013 .108
　160.020
08.160.006 .007 .019
　　　.027
09.142.083
　160.003 .012 .023
10.142.052
　160.001 .005 .009
　　　.019 .025 .027

X Rays
Crab Nebula
01.142.026
02.134.003 .005 .006
　142.008
03.125.007
　134.008 .013 .021
　　　.022 .029
　142.014 .046 .051
04.134.002 .004 .006
　　　.007
　142.015 .032 .033
05.134.004
　141.071
07.134.001 .003
09.142.009
10.134.012 .014

X Rays
Cygnus Loop
04.142.004
05.125.016 .017

X Rays
Detection
05.142.082 .098

X Rays
Eclipsing Variables
07.142.063 .107

X Rays
Energy Spectrum
04.142.037 .094
05.142.076
10.142.086

X Rays
Flare Stars
06.122.002
07.122.126

X Rays
Galactic Center
01.142.034
02.142.019 .066
03.142.054
05.142.005
06.142.057 .070 .071
　155.026
09.155.008

X Rays
Galactic Disk
04.142.001 .057
06.155.038
07.155.067 .071

X Rays
Galactic Plane
08.142.025

X Rays
Galactic Spurs
05.142.077
06.142.066
07.155.010

X Rays
Galaxies
02.158.027
03.158.006
04.142.003
　158.029
05.158.012 .045 .051
09.158.011

X Rays
Galaxy
04.142.054
05.142.029 .051
08.155.012

X Rays
H I Regions
08.131.016

X Rays
Heating
02.131.053

X Rays
Infrared Objects
05.142.021

X Rays
Intensities
01.142.045

X Rays
Intergalactic Matter
04.161.005 .006 .007
07.161.011
08.161.001
09.161.002
10.160.004

X Rays
Interstellar Matter
06.125.018
07.142.056
09.131.180 .204
10.131.088 .214
　142.080

X Rays
Ionization
04.142.025

X Rays
Jupiter
06.099.082
07.099.008

X Rays
Low Energy
04.142.043
05.142.023 .063
09.142.021

X Rays
Magellanic Clouds
01.142.022
06.159.001 .012
07.159.015

X Rays
Metagalaxy
09.142.145

X Rays
Moon
04.094.409

X Rays
Neutron Stars
02.065.076
04.065.037
08.065.155
　142.044
10.065.130

X Rays
Novae
08.142.003

X Rays
Origin
01.142.053
02.142.013
07.142.056

X Rays
Planetary Atmospheres
04.091.053

X Rays
Planetary Nebulae
02.133.032

X Rays
Planetary System
03.091.013

X Rays
Prominences
05.076.019
07.076.021

X Rays
Pulsars
01.141.214
02.141.049 .127
03.141.036 .056 .067
　　　.219
04.061.005
　065.037
　141.068
05.141.004 .070 .119
06.141.142
07.142.050 .072
08.125.014
　141.542 .554
　142.150
09.141.507
10.141.503 .508
　142.059 .132

X Rays
Radio Galaxies
04.142.006
06.142.093
08.158.098
10.141.095
　158.028

X Rays
Radio Sources
04.142.003
05.141.208
07.142.003
08.125.014
09.141.096
　142.040
　158.057

X Rays
Scattering
03.142.036
04.142.056

X Rays
Solar
076.000

X Rays
Solar Corona
04.074.014 .055 .088
　　　.092
　076.001 .041

X Rays
Solar Corona
04.077.005
05.074.035 .040
   076.034
06.074.017 .032
08.074.072 .078
09.074.018 .083
   076.009
10.074.036 .051
   077.006
X Rays
Solar Flares
01.076.011
02.073.011
   076.033 .035 .036
       .037
03.073.010
   076.001 .002 .018
04.073.012 .017 .024
       .063
   076.002 .003 .006
       .022 .023 .029
       .033 .037 .038
05.073.038
   076.001 .002 .012
       .013 .014 .015
       .016 .017 .018
       .023 .025 .043
       .044
06.073.029 .081 .082
   074.075
   076.003 .026 .027
       .041
07.073.003 .035
   076.010 .019 .022
       .043
   077.031
08.073.001 .006 .011
       .013 .063 .095
       .111
   076.010 .026 .038
       .049 .050
09.003.009
   073.004 .005 .012
       .016
   076.003 .005 .014
       .030 .031
10.073.025 .026 .043
       .063 .066 .082
   076.002 .006 .017
       .026 .029

X Rays
Solar Wind
04.074.018
X Rays
Spectroscopic Binaries
09.142.029
X Rays
Stellar Coronae
04.064.020
09.064.041
X Rays
Supernova Remnants
03.125.007
   141.036
   142.043
04.125.007 .017
   142.004 .020 .033
05.125.009
06.125.018
07.125.009 .014
08.125.014 .019 .035
09.125.007 .019 .041
   141.507
10.125.005 .035
X Rays
Supernovae
04.125.009
07.125.010
   158.011
08.125.007
09.125.032
X Rays
Surveys
01.142.029
X Rays
T Tauri Stars
04.064.015
X Rays
White Dwarfs
07.126.019
08.126.012
   142.021
10.142.128 .130

Zeta Aurigae
04.117.033
   121.077
Zodiacal Dust
Particles
02.106.007
03.106.019
04.106.007
Zodiacal Dust Cloud
02.106.007
04.106.007
   131.022
Zodiacal Light
01.051.027
10.106.000
Zodiacal Light
Brightness
09.074.024
10.106.007 .035
Zodiacal Light
Infrared Spectra
10.106.006
Zodiacal Light
Line Profiles
01.106.001
Zodiacal Light
Models
09.106.005 .034
10.106.020 .034
Zodiacal Light
Photometry
01.106.016 .017 .018
08.106.035
09.106.004
Zodiacal Light
Polarization
07.106.024
08.106.003
09.074.024
10.106.005 .035 .062
Zodiacal Light
Spectra
01.106.003
Zodiacal Light
Variations
10.106.033

ASTRONOMY AND ASTROPHYSICS ABSTRACTS

A Publication of the
Astronomisches Rechen-Institut Heidelberg
Member of the Abstracting Board
of the International Council of Scientific Unions

Editors:
S. Böhme, U. Esser, W. Fricke, U. Güntzel-Lingner, I. Heinrich,
F. Henn, D. Krahn, L. Schmadel, H. Scholl, G. Zech

Vol. 1   Literature 1969, Part 1, X + 435 pp. (1969)
Vol. 2   Literature 1969, Part 2, X + 516 pp. (1970)
Vol. 3   Literature 1970, Part 1, X + 490 pp. (1970)
Vol. 4   Literature 1970, Part 2, X + 562 pp. (1971)
Vol. 5   Literature 1971, Part 1, X + 505 pp. (1971)
Vol. 6   Literature 1971, Part 2, X + 560 pp. (1972)
Vol. 7   Literature 1972, Part 1, X + 526 pp. (1972)
Vol. 8   Literature 1972, Part 2, X + 594 pp. (1973)
Vol. 9   Literature 1973, Part 1, X + 610 pp. (1973)
Vol. 10 Literature 1973, Part 2, X + 661 pp. (1974)
Vol. 11 Literature 1974, Part 1, X + 579 pp. (1974)
Vol. 12 Literature 1974, Part 2, X + 699 pp. (1975)
Vol. 13 Literature 1975, Part 1, X + 632 pp. (1975)
Vol. 14 Literature 1975, Part 2, X + 747 pp. (1976)
Vol. 15/16 Author and Subject Indexes to Volumes 1-10
Literature 1969-1973   VII + 655 pp. (1976)

A. Unsöld
Der neue Kosmos
2. stark erweiterte Auflage
167 Abbildungen. XII, 438 Seiten. 1974
(1. Auflage erschien als Heidelberger Taschenbuch, Band 16/17)

Inhaltsübersicht: Klassische Astronomie. – Sonne und Sterne: Astrophysik des einzelnen Sterns. – Sternsysteme: Milchstraße und Galaxien. Kosmogonie und Kosmologie. – Naturkonstanten und Zahlenwerte.

Problems in Stellar Atmospheres and Envelopes
Editors: *B. Baschek, W. H. Kegel, G. Traving*
75 figures. XVII, 375 pages. 1975

Contents: D. Labs, The Energy Flux of the Sun. – E. Böhm-Vitense, Model Stellar Atmospheres and Heavy Element Abundances. – K. Hunger, Properties and Problems of Helium Stars. – B. Baschek, Abundance Anomalies in Early-Type Stars. – K. Kodaira, A-Type Horizontal-Branch Stars. – V. Weidemann, White Dwarfs: Composition, Mass Budget and Galactic Evolution. – K.-H. Böhm, Herbig-Haro Objects and T Tauri Nebulae. – D. Reimers, Circumstellar Envelopes and Mass Loss of Red Giant Stars. – W. H. Kegel, Cosmic Masers. – L. Oster, Radio Emission from Stellar and Circumstellar Atmospheres. – G. Traving, Line Formation in Turbulent Media.
Subject Index. – Index of Astronomical Objects.

Astrophysics
13 figures. III, 121 pages. 1973 (Springer Tracts in Modern Physics, Vol. 69).

Contents: G. Börner, On the Properties of Matter in Neutron Stars. – J. Stewart; M. Walker, Black Holes: the Outside Story. – Classified Index of Authors and Titles. Volumes 36–69.

Springer-Verlag Berlin Heidelberg New York

GPSR Compliance

The European Union's (EU) General Product Safety Regulation (GPSR) is a set of rules that requires consumer products to be safe and our obligations to ensure this.

If you have any concerns about our products, you can contact us on

ProductSafety@springernature.com

In case Publisher is established outside the EU, the EU authorized representative is:

Springer Nature Customer Service Center GmbH
Europaplatz 3
69115 Heidelberg, Germany